Walter Schunack

Klaus Mayer

Manfred Haake

ARZNEISTOFFE

Lehrbuch der Pharmazeutischen Chemie

2., überarbeitete Auflage

Mit 43 Abbildungen und 103 Tabellen

Friedr. Vieweg & Sohn   Braunschweig/Wiesbaden

Professor Dr. rer. nat. Dr. med. Walter Schunack
Freie Universität Berlin
Fachbereich Pharmazie
Königin-Luise-Str. 2 + 4   D-1000 Berlin 33

Dr. rer. nat. Klaus Mayer
Pharmaziedirektor
Am Damsberg 114   D-6500 Mainz 43

Professor Dr. rer. nat. Manfred Haake
Philipps-Universität
Fachbereich Pharmazie und Lebensmittelchemie
Marbacher Weg 6   D-3550 Marburg

CIP-Kurztitelaufnahme der Deutschen Bibliothek

Schunack, Walter:
Arzneistoffe: Lehrbuch d. pharmazeut. Chemie/
Walter Schunack; Klaus Mayer; Manfred Haake. —
2., überarb. Aufl. — Braunschweig; Wiesbaden:
Vieweg, 1983.
ISBN-13:978-3-528-18405-6   e-ISBN-13:978-3-322-83553-6
DOI: 10.1007/978-3-322-83553-6
NE: Mayer, Klaus:; Haake, Manfred:

1. Auflage 1981
2., überarbeitete Auflage 1983
   Nachdruck 1984

Satz: Vieweg, Braunschweig

Umschlaggestaltung: Atelier C. W. Niemeyer, Hameln

ISBN-13:978-3-528-18405-6

Vorwort

Die Pharmazeutische Chemie befaßt sich mit Struktur, Eigenschaften, Synthese und Analytik der Arzneistoffe. Wirkungen der Pharmaka auf den Organismus sowie Wirkungen des Organismus auf das Pharmakon (z.B. Biotransformation) sind — soweit chemischer Betrachtung zugänglich — Bestandteil der biochemisch orientierten Pharmazeutischen Chemie.

Im vorliegenden Lehrbuch wird eine Synthese stofflich-chemischer und biochemischer Aspekte angestrebt, auf deren Basis wichtige Themen wie Arzneistoffentwicklung oder Struktur-Wirkungs-Beziehungen, in die chemische und biologische Aspekte gleichermaßen einfließen, zusammenhängend verständlich gemacht werden können. Das Buch wendet sich an Studierende der Pharmazie sowie an interessierte Chemiker, Biologen und Mediziner. Dem praktischen Apotheker kann es zur Fort- und Weiterbildung sowie als Nachschlagewerk dienen.

Den inhaltlichen Schwerpunkt bildet der „Spezielle Teil", in dem der Wissensstoff nach einer pharmakodynamisch-therapeutischen Systematik gegliedert ist, die im Grundsatz dem Gegenstandskatalog für den Zweiten Abschnitt der Pharmazeutischen Prüfung folgt. Diese Systematik wird durch ein für die einzelnen Kapitel weitgehend einheitliches Aufbauprinzip ergänzt, das eine geschlossene, monographieartige Präsentation der Wirkstoffgruppen ermöglicht. Dies erleichtert ein „Quereinsteigen", das bei Gebrauch des Lehrbuchs neben Vorlesungen erforderlich sein kann. Hierbei werden auch die Textverweise von Vorteil sein.

Es war ein besonderes Anliegen, Querverbindungen zu anderen Fachgebieten aufzuzeigen, da das Vermitteln von Wissen über den Arzneistoff eine interdisziplinäre Aufgabe darstellt. Die Systematik des Buches erlaubt eine zwanglose Einordnung pharmakologischer, gegebenenfalls auch physiologischer und mikrobiologischer Wissensinhalte, wodurch die medizinische Zweckgebundenheit der Arzneistoffe verdeutlicht wird. Auf diese Weise kann eine Brücke zu Nachbarfächern geschlagen und Anregung zum „integrierten Lernen" gegeben werden.

Dem „Speziellen Teil" sind ein „Allgemeiner Teil" und ein „Analytischer Teil", der die Klinische Chemie einschließt, vorangestellt. Diese knapp gefaßten Teile enthalten Schwerpunkte, die besonderes Interesse verdienen. Mit Ausnahme der Biochemie des Intermediärstoffwechsels werden alle in der geltenden Approbationsordnung für Apotheker angesprochenen Gebiete konsequent erfaßt.

Die Wahl der Arzneistoffe richtete sich nach didaktischen Gesichtspunkten und nach ihrer aktuellen Bedeutung für die Pharmakotherapie; bei den Handelspräparaten handelt es sich naturgemäß um eine Auswahl. In den infrage kommenden Kapiteln sind die von einer Expertengruppe der WHO als essentiell erachteten Pharmaka berücksichtigt. Die in der fünften Kumulativliste der WHO aufgeführten empfohlenen und vorgeschlagenen Freinamen werden durchgängig verwendet. Sofern in Einzelfällen keine anderweitigen Gesichtspunkte wie etwa die Vergleichbarkeit von Formelreihen entgegenstehen, erfolgt die Formelschreibweise kondensierter Ringsysteme nach "The Ring Index". Hierbei finden stereochemische Aspekte besondere Berücksichtigung. Die Enzymnomenklatur entspricht „Enzyme Nomenclature", gebräuchliche Synonyme sind zusätzlich aufgeführt. Der Bedeutung der chemischen Nomenklatur tragen die in den Text eingegliederten Beispiele Rechnung. Prüfungsvorschriften des Europäischen Arzneibuches (Ph. Eur.) sowie des Deutschen Arzneibuchs, 8. Ausgabe (DAB 8), sind bei den entsprechenden Arzneistoffen bzw. Arzneistoffgruppen unter „Analytik" aufgeführt. Vom Leser werden allgemeine chemische Kenntnisse und eine gewisse Vertrautheit mit der medizinischen Terminologie vorausgesetzt.

Die Autoren danken Herrn Dr. K. Wegner für die kritische Durchsicht des Manuskriptes sowie Herrn Dr. H.-J. Sattler für die Entwicklung eines EDV-Konzeptes zur Stichworterfassung des umfangreichen Sachregisters. Frau Hannelore Sitzius und insbesondere Frau Edda Steeg danken wir für vielfältige Mithilfe bei der Erstellung des Manuskriptes, Herrn G. Wagner für die sorgfältige Ausführung der Zeichnungen. Zahlreiche Kollegen unterstützten uns durch Anregungen und Kritik. Hervorzuheben ist die sehr gute Zusammenarbeit mit dem Verlag, der auf viele Wünsche großzügig einging.

W. Schunack, K. Mayer, M. Haake

Mainz und Marburg, im August 1980

Vorwort zur zweiten Auflage

Bereits nach zwei Jahren wurde eine Neuauflage des vorliegenden Lehrbuchs erforderlich, die uns die Durchführung einer Reihe notwendig gewordener Korrekturen ermöglichte. Dagegen mußte auf eine durchgängige Aktualisierung aus Zeitgründen verzichtet werden. Auch konnten die an uns herangetragenen Anregungen nicht in vollem Maße Berücksichtigung finden. Sie sollen jedoch, ebenso wie Kritik, Ansporn für die Weiterentwicklung des Buches sein.

W. Schunack, K. Mayer, M. Haake

Mainz und Marburg, im Juli 1982

Inhaltsverzeichnis

Allgemeiner Teil

1 Strukturbedingte Eigenschaften von Arzneistoffen

1.1 Arzneistoff und biologisches System

Arzneistoffe (Pharmaka) sind bioaktive Substanzen, die als Wirkbestandteile von *Arzneimitteln* dazu dienen, Körperfunktionen zu beeinflussen und insbesondere Krankheiten vorzubeugen, sie zu lindern oder zu heilen. Ihre Wirkung kann sich erst nach vielfältigen Wechselbeziehungen mit dem biologischen System manifestieren. Dieser komplexe Vorgang läßt sich nach Ariens in drei Hauptphasen unterteilen:

- In der *pharmazeutischen Phase* (Expositionsphase) erfolgt die Freisetzung des Arzneistoffs aus der Arzneiform und seine Auflösung. Damit ist die Voraussetzung für die Resorption gegeben. Unterschiedlich formulierte Arzneimittel bedingen unterschiedliche pharmazeutische Verfügbarkeit.
- Die *pharmakokinetische Phase* umfaßt die Vorgänge Resorption, Verteilung, Metabolismus (Biotransformation) und Ausscheidung (vgl. 4) und bestimmt die biologische Verfügbarkeit.
- In der *pharmakodynamischen Phase* kommt es zu einer die Pharmakonwirkung auslösenden Interaktion zwischen Arzneistoff und speziellen Bindungsstellen des biologischen Systems.

Diese biologisch aktiven Bindungsstellen werden als *Rezeptoren* bezeichnet, wenn sie bestimmten Kriterien genügen. Dazu zählen hohe Affinität zum Wirkstoff, spezifisches und reversibles Bindungsvermögen sowie Korrelation zwischen Wirkstoffbindung und biologischem Effekt. Als weiteres Kriterium gilt — aufgrund der begrenzten Anzahl der Bindungsstellen — eine Sättigungskinetik.

Die Vorstellung, daß Pharmaka mit spezifischen Rezeptoren in Interaktion treten, hatte ursprünglich reinen Modellcharakter. Die Lokalisation und Isolierung von Protein-Fraktionen mit Rezeptoreigenschaften gelang erst in einigen Fällen.

Als Rezeptorstrukturen kommen *Biopolymere* wie z.B. Proteine, Nucleinsäuren oder Phospholipide in Betracht. Diese können Bestandteile organisierter Aggregate sein. So wird den zellulären Lipidmembranen (Biomembranen) besondere Bedeutung als Angriffsort für Pharmaka beigemessen. Das in der Abbildung wiedergegebene Flüssigmosaik-Modell einer Biomembran zeigt in die Lipiddoppelschicht eingebettete Globulärproteine, die Rezeptoreigenschaften aufweisen können. An der Weiterleitung des durch den Arzneistoff ausgelösten Reizes von der Membranoberfläche in das Zytoplasma dürften mit Konformationsänderungen verbundene Prozesse wesentlich beteiligt sein.

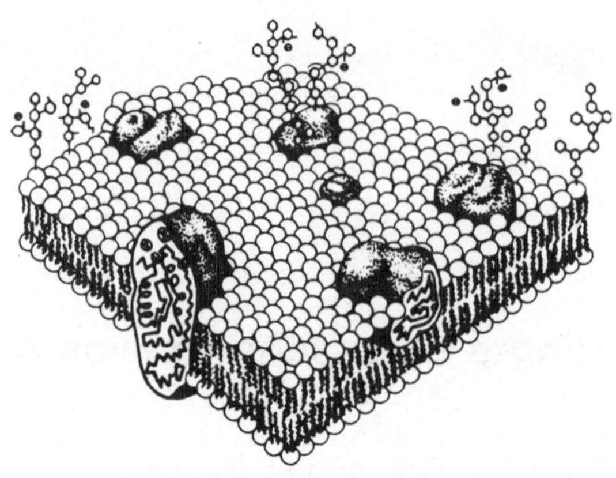

In die Lipidmembran integrierte Globulärproteine
Flüssigmosaik-Modell nach J. S. Singer und G. L. Nicolson, Science *175*, 720 (1972)

Art und Intensität der Wechselbeziehungen zwischen Arzneistoff und biologischem System hängen in entscheidendem Maß von den physikalischen und chemischen Eigenschaften des Pharmakon-Moleküls ab. Diese resultieren aber ihrerseits aus der Art und Anzahl sowie der gegenseitigen Verknüpfung und räumlichen Anordnung der Atome, aus denen sich das Molekül aufbaut. Daraus folgt, daß zwischen strukturellen bzw. stereochemischen Eigenschaften und pharmakodynamischem Verhalten ein Zusammenhang besteht, der sowohl qualitativ als auch quantitativ erfaßbar sein kann (*Struktur-Wirkungs-Beziehungen*). Da Resorption, Verteilung, Biotransformation und Ausscheidung ebenfalls strukturabhängig sind, müssen diese Vorgänge bei Struktur-Wirkungs-Betrachtungen mitberücksichtigt werden.

Hinsichtlich des Zusammenhangs zwischen chemischer Struktur und biologischer Wirkung kann man die Arzneistoffe in zwei Gruppen einteilen:

- *Strukturunspezifische Arzneistoffe* beeinflussen das biologische System in erster Linie aufgrund physikochemischer Eigenschaften. Die Struktur spielt nur insoweit eine Rolle, als sie diese Eigenschaften determiniert. Strukturell sehr unterschiedliche Substanzen können den gleichen biologischen Effekt auslösen, wenn sie in den dafür verantwortlichen physikochemischen Eigenschaften übereinstimmen. Bekanntestes Beispiel für strukturunspezifische Arzneistoffe sind die Inhalationsanästhetika (vgl. 7.6.1).

- *Strukturspezifische Arzneistoffe* entfalten ihre Wirkung über Pharmakon-Rezeptor-Interaktionen. Bereits geringfügige Abänderungen derjenigen Molekülteile des Pharmakons, die an der Wechselwirkung beteiligt sind, können die biologische Aktivität stark beeinflussen.

Für die Wirkungen strukturspezifischer Arzneistoffe kommen agonistische und antagonistische Mechanismen in Betracht.

— *Agonisten* induzieren über die auf molekularer Ebene ablaufende Interaktion mit dem Rezeptor (Primärreaktion) Änderungen von Zellfunktionen (Sekundärreaktion), die in der weiteren Folge zu einer makroskopisch beobachtbaren Wirkung führen. Sie besitzen Rezeptoraffinität und *intrinsic activity* (Wirkaktivität).

— *Kompetitive Antagonisten* besitzen zwar ebenfalls Affinität zum Rezeptor, aber keine intrinsic activity. Eine Erklärungsmöglichkeit dafür ist, daß sie im Gegensatz zu den Agonisten nicht in der Lage sind, mit einer Reizauslösung verbundene Änderungen der Rezeptorkonformation zu induzieren. Die kompetitiven Antagonisten entfalten ihre Wirkung über die Verdrängung körpereigener Agonisten vom Rezeptor.

1.2 Struktur und biologische Aktivität

Nachfolgend werden diejenigen strukturchemischen und stereochemischen Aspekte der Arzneistoffe erörtert, die in unmittelbarem Bezug zur biologischen Wirkung stehen. Zusammenhänge, bei denen die ebenfalls strukturbedingten physikalisch-chemischen Eigenschaften ausschlaggebend sind, werden im Abschnitt 1.3 behandelt.

Unter „*Struktur*" sei nicht nur die gegenseitige Verknüpfung der einzelnen Atome eines Moleküls, wie sie in der Konstitutionsformel (Strukturformel) zum Ausdruck kommt, sondern auch der stereochemische Bau (Konfiguration, Konformation) verstanden.

Konstitution   Die Aufklärung von Zusammenhängen zwischen Konstitution und biologischer Aktivität erfordert vergleichende Untersuchungen innerhalb einer Reihe chemisch verwandter Substanzen. Dieses Vorgehen ist von allgemeiner Bedeutung für die Erstellung von Struktur-Wirkungs-Beziehungen.

Durch Strukturvariation eines biologisch aktiven Grundmoleküls (Derivatisierung, Darstellung von Strukturanalogen) und Messung des jeweiligen Effektes mittels eines geeigneten pharmakologischen Testmodells kann festgestellt werden, welche Molekülteile für die Wirkung als *essentiell* anzusehen sind. *Nicht-essentielle* (variable) Molekülteile modifizieren die pharmakologischen Eigenschaften. Beispiele hierzu finden sich im Speziellen Teil.

Vergleicht man strukturelle Varianten unterschiedlicher Grundmoleküle, so stellt man fest, daß sich häufig Partialstrukturen unter Erhalt des jeweiligen Typs biologischer Wirkung austauschen lassen. Solche Strukturelemente bezeichnet man als „*bioisoster*". Der Begriff der Bioisosterie umschließt und erweitert das aus der Allgemeinen Chemie bekannte *Isosterie-Prinzip*. Nach Langmuir werden Moleküle gleicher Atom- und Elektronenzahl und gleicher Elektronenanordnung als isoster (isoelektronisch) bezeichnet. Hierunter fallen z.B. die Molekülpaare CO/N_2 und CO_2/N_2O. Später wurde das Isosterie-Prinzip umfassender interpretiert. Nach Erlenmeyer sind Atome, Ionen oder Moleküle bzw. Molekülgruppen mit gleicher Anzahl an Außenelektronen (z.B. $O/NH/CH_2$) isoster.

Bioisoster können solche Strukturen sein, die der Erlenmeyerschen Definition genügen (*klassische Isostere*) oder die — unabhängig von der Zahl der Außenelektronen — sterische bzw. elektronische Gemeinsamkeiten mit dem entsprechenden Strukturelement des Grundmoleküls aufweisen (*nichtklassische Isostere*), sofern der Angriff am gleichen biologischen Wirkort erfolgt. In Bezug auf das Grundmolekül kann die Wirkung agonistischer oder antagonistischer Natur sein.

Bioisostere Strukturelemente		
	klassische Isostere	nichtklassische Isostere
einbindig	$-CH_3/-NH_2$	$-H/-F$ $-COOH/-SO_3H$
zweibindig	$-CH_2-/-NH-/-O-$	$-CO-/-SO_2-$
dreibindig	$-CH=/-N=$	$-$

H und F ähneln sich aufgrund des in beiden Fällen sehr geringen Atomradius. Dagegen ist die Elektronegativität bekanntermaßen sehr unterschiedlich.

In einer Reihe von biologisch aktiven Molekülen lassen sich *Ringsysteme* unter Erhalt der Wirkung austauschen. Dies gilt beispielsweise für Benzol und Thiophen, die dementsprechend als bioisoster zu betrachten sind. Die nachfolgende Tabelle verdeutlicht das Prinzip der Bioisosterie anhand von Wirkstoffbeispielen.

Wirkstoffe mit bioisosteren Strukturelementen	
Stoffklasse	Beispiele
Direkte Parasympathomimetika (vgl. 7.1.1)	$H_3C-\overset{O}{\underset{\parallel}{C}}-O-CH_2-CH_2-\overset{\oplus}{N}(CH_3)_3 \quad X^{\ominus}$ **Acetylcholin** $\qquad$ $H_2N-\overset{O}{\underset{\parallel}{C}}-O-CH_2-CH_2-\overset{\oplus}{N}(CH_3)_3 \quad Cl^{\ominus}$ **Carbachol**
H_1-Antihistaminika (vgl. 12.7.2)	$\underset{R}{\overset{R}{>}}N-CH_2-CH_2-N\underset{R}{\overset{R}{<}}$ **Ethylendiamin-Typ** $\qquad$ $\underset{R}{\overset{R}{>}}CH-CH_2-CH_2-N\underset{R}{\overset{R}{<}}$ **Propylamin-Typ**
Penicilline (vgl. 13.2.1)	Benzol–$CH-\overset{O}{\underset{\parallel}{C}}-R$, $COOH$ **Carbenicillin** $\qquad$ Thiophen–$CH-\overset{O}{\underset{\parallel}{C}}-R$, $COOH$ **Ticarcillin**

Die Erkennung essentieller Teilstrukturen und das Bioisosterie-Konzept sind von praktischer Bedeutung für die Arzneistoffentwicklung. Unter vorwiegend molekular-pharmakologischen Gesichtspunkten lassen sich weitere *biofunktionelle Gruppen* unterscheiden. Hierzu zählen *pharmakophore Gruppen,* denen besondere Bedeutung für die Auslösung des biologischen Effekts zugemessen wird, sowie *haptophore Gruppen,* die die Bindung des Pharmakons an den Rezeptor unterstützen. Zu den in verschiedenen Wirkstoffklassen wiederkehrenden haptophoren Gruppen zählt z.B. der *Diphenylmethyl-Rest,* der aufgrund hydrophober Wechselwirkungen (vgl. 1.3) offenbar günstige Voraussetzungen für die Rezeptorbindung mitbringt.

Konfiguration Die bei Stereoisomeren häufig zu beobachtenden Wirkunterschiede zeigen, daß die biologische Aktivität nicht allein durch die Konstitution bestimmt wird. Eine Bindung an spezifische räumliche Strukturen des biologischen Systems kann nur erfolgen, wenn das Pharmakon dazu passende stereochemische Eigenschaften aufweist. Dementsprechend kommt der Konfiguration und Konformation der Wirkstoffmoleküle eine zentrale Bedeutung zu.

Unter *Konfiguration* versteht man die räumliche Anordnung der Atome oder Atomgruppen in Bezug auf ihre Verknüpfung mit einem unsymmetrischen oder starren Molekülteil, wobei die zahlreichen, durch Rotation um Einfachbindungen möglichen Atomanordnungen unberücksichtigt bleiben. Stereoisomere gegebener Konstitution, aber unterschiedlicher Konfiguration, werden *Konfigurationsisomere* genannnt.

Konfigurationsisomere können zueinander

- spiegelbildlich sein (*Enantiomere*)
- nicht spiegelbildlich sein (*Diastereomere*).

Chirale Moleküle sind durch das Fehlen bestimmter Symmetrieelemente charakterisiert. Häufigste Ursache der Molekülchiralität ist das Vorhandensein *asymmetrischer Kohlenstoff-Atome.* Chiralität ist die notwendige und hinreichende Bedingung für das Auftreten von Enantiomeren. Aufgrund ihres optischen Verhaltens gegenüber polarisiertem Licht werden Enantiomere auch als *optische Isomere* oder *optische Antipoden* bezeichnet.

Optische Aktivität kann auch bei Diastereomeren auftreten. Dies ist der Fall bei Molekülpaaren wie 1 R, 2 S-Ephedrin/1 R, 2 R-Pseudoephedrin (vgl. 7.2.2), die ein gleiches und ein unterschiedlich konfiguriertes Chiralitätszentrum aufweisen und sich somit nicht spiegelbildlich verhalten.

Zu den Diastereomeren zählen auch die *cis-trans-Isomeren* (geometrische Isomere), die durch unterschiedliche Atomanordnung an starren Molekülteilen (Doppelbindungen, Ringsysteme) charakterisiert sind. Cis-trans-Isomere wie Maleinsäure/Fumarsäure sind optisch inaktiv, während Lysergsäure/Isolysergsäure (vgl. 7.2.3) ein infolge chiraler Zentren optisch aktives Diastereomerenpaar darstellt.

Die Unterteilung in Enantiomere und Diastereomere gilt über den hier betrachteten Fall der Konfigurationsisomerie hinaus für alle Fälle der Stereoisomerie. Zwei stereoisomere Moleküle können nicht gleichzeitig enantiomer und diastereomer sein.

Konfigurationsisomere weisen häufig Unterschiede in der Wirkungsstärke und -qualität auf. Dabei ist nicht allein die pharmakodynamische Phase in Betracht zu ziehen. Abweichungen können auch durch Unterschiede hinsichtlich der Resorption, der Verteilung in Geweben, des Metabolismus und der Exkretion bedingt sein.

Konfigurationsisomerie und biologische Auswirkungen			
Art der Isomerie	Wirkstoff	Stereochemische Spezifikation	Biologischer bzw. metabolischer Effekt
cis-trans-Isomerie (Doppelbindung)	Clomifen (vgl. 12.5.2)	Z-Form	östrogen
		E-Form	antiöstrogen
cis-trans-Isomerie (Ringsystem)	Hexachlor-cyclohexan (vgl. 15.3.1)	γ-Isomer (Lindan)	insektizid
		übrige Formen	schwach insektizid bzw. unwirksam
Optische Isomerie	Propranolol (vgl. 7.2.3)	S-(−)-Form	β-sympatholytisch; chinidinartig
		R-(+)-Form	praktisch nicht β-sympatholytisch; chinidinartig
Optische Isomerie	Glutethimid (vgl. 7.4.3)	R-(+)-Form	Abbau über Ringhydroxylierung
		S-(−)-Form	Abbau über Seiten-kettenhydroxylierung

Ist die Arzneistoffwirkung ausschließlich an eine isomere Form gebunden, so spricht man von *Stereospezifität*, während bei *Stereoselektivität* eines der Isomere lediglich bevorzugt wirksam ist.

Die nachfolgende Abbildung demonstriert die Bedeutung der Konfiguration von optischen und cis-trans-Isomeren für die Fixierung an den Rezeptor. Dargestellt sind Rezeptor-areale mit jeweils drei Bindungsstellen. Man erkennt, daß nur dann alle entsprechenden funktionellen Gruppen des Pharmakons mit dem Rezeptor in Interaktion treten können, wenn sie die richtige Konfiguration aufweisen.

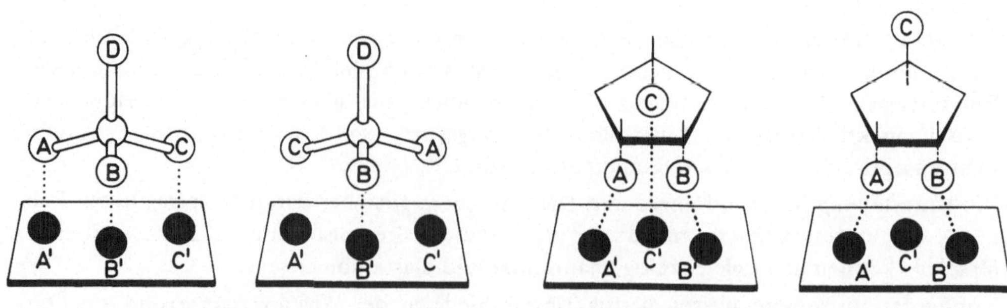

Optische Isomere   cis-trans-Isomere

Konfiguration und Rezeptorbindung

Eine hohe Komplementarität von Pharmakon und Rezeptor ist Voraussetzung für eine hohe biologische Aktivität. Bei Konfigurationsisomeren stark wirksamer, der Rezeptorstruktur besonders gut angepaßter Pharmaka sind deshalb die größten Aktivitätsunterschiede zu erwarten.

Verantwortlich für Wirkungsunterschiede bei cis-trans-Isomeren sind aber auch die hier bekanntlich ungleich ausgeprägten physikalisch-chemischen Eigenschaften, die bereits unterschiedliches Verhalten in der pharmakokinetischen Phase bedingen können.

Konformation Moleküle gegebener Struktur bzw. Konfiguration können, sofern sie hinreichend flexibel sind, in unterschiedlichen räumlichen Anordnungen, für die der Begriff „*Konformation*" geprägt wurde, existieren. Konformationsisomere (*Konformere*) entstehen durch Rotation um Einfachbindungen oder durch Deformationsvorgänge. In Lösung liegen Konformere im Gleichgewicht nebeneinander vor, wobei allerdings thermodynamisch bevorzugte Konformationen im statistischen Mittel zahlreicher auftreten und zu einer höheren Populationsrate der entsprechenden Konformere führen. Im Formelbild können Konformere u. a. durch Newman-Projektion dargestellt werden.

Die *Bedeutung der Konformation für die Rezeptorbindung* und die zu einem Reiz führende Auslösung einer Rezeptordeformation geht aus der nachfolgenden modellhaften Abbildung hervor.

Konformation und Rezeptorbindung

Während das Konformer I die räumlichen Voraussetzungen für Rezeptorbindung und Induzierung einer Rezeptordeformation aufweist, wird das Konformer II zwar an den Rezeptor gebunden, vermag aber keinen biologischen Effekt auszulösen. Die Gruppe A kann als *haptophore*, die Gruppe B als *pharmakophore Gruppe* interpretiert werden. Die Konformation eines Moleküls, welche sowohl die spezifische Bindung an den Rezeptor als auch die Auslösung der Wirkung erlaubt, muß nicht notwendigerweise mit einer im Kristall oder in Lösung bevorzugten Konformation übereinstimmen.

Empirische Beziehungen Über eine deskriptive Betrachtungsweise hinaus lassen sich Beziehungen zwischen Strukturmerkmalen und Wirkung auch quantitativ beschreiben. Dazu werden auf den biologischen Effekt sich beziehende Parameter mit *strukturbeschreibenden Parametern*, d.h. veränderlichen Größen, über die der Molekülbau erfaßt wird, korreliert. Für den einfachen Fall einer homologen Reihe strukturunspezifischer Arzneistoffe kann die Anzahl der Methylen-Gruppen als strukturbeschreibende Größe herangezogen werden. Bei solchen Pharmaka nimmt die biologische Wirkung häufig mit wachsender Kettenlänge bis zu einem Maximum zu, um dann wieder abzufallen. Ein Beispiel ist die hypnotische Wirkung von *Ethanol* und seiner geradkettigen Homologen (vgl. 7.4.1).

Durch Röntgenstrukturanalyse oder andere physikalische Methoden gewonnene strukturelle Daten können ebenfalls mit Wirkungsparametern korreliert werden.

1.3 Struktur, physikalisch-chemische Eigenschaften und biologisches System

Struktur und physikalisch-chemische Eigenschaften sind, wie aus der Allgemeinen Chemie bekannt, eng miteinander verknüpft. Dies zeigt das Beispiel der *Polyene*, bei denen die Lichtabsorption (λ_{max} und ϵ) in charakteristischer Weise von der Anzahl der konjugierten Doppelbindungen abhängt. Im Hinblick auf Struktur-Wirkungs-Beziehungen werden die Verhältnisse komplizierter, da zusätzlich das biologische System in die Betrachtung mit einbezogen werden muß.

Die biologische Aktivität eines Wirkstoffmoleküls wird von den bereits diskutierten

- *strukturellen Eigenschaften* sowie von
- *elektronischen Eigenschaften* und der
- *Lipophilie* bzw. *Hydrophilie*

bestimmt.

Elektronische Eigenschaften

Bindungskräfte Die Bindung von Pharmaka an Rezeptoren beruht im typischen Fall auf intermolekularen Bindungskräften. Damit kommt den elektronischen Eigenschaften beider Partner eine ausschlaggebende Bedeutung zu. Pharmaka, die in der Biophase ionisiert (protoniert oder deprotoniert) vorliegen, können über *Ionenbindung* oder *Ion-Dipol-Wechselwirkung* an den Rezeptor angelagert werden. Weiterhin tragen zur Rezeptorbindung *Dipol-Dipol-Wechselbeziehungen* bei, die auf der Anziehung von Gruppen mit unsymmetrischer Ladungsverteilung beruhen. Voraussetzung für diesen Bindungstyp ist die Polarisierung von Bindungselektronen, die zu einem permanenten Dipolmoment führt.

Wasserstoff-Atome, die an elektronegative Atome kovalent gebunden sind, werden positiviert und können ihrerseits mit elektronegativen Atomen in Wechselwirkung treten. Diese Bindungsart wird als *Wasserstoffbrücken-Bindung* (Wasserstoffbindung) bezeichnet. Als H-Donatoren fungieren insbesondere OH-, NH_2- und SH-Gruppen. Akzeptoreigenschaften besitzen z. B. F-, O- und N-Atome.

Schwache Anziehungskräfte treten auch auf, wenn sich Moleküle bzw. Molekülteile, die weder Ladungen tragen, noch permanente Dipolmomente aufweisen, bis auf einen bestimmten Abstand nähern. Solche *Dispersionskräfte* („van der Waals-Kräfte", genauer: London-Kräfte) werden über momentane Ladungsungleichgewichte, die sich infolge einer ständigen „Fluktuation" von Elektronen ausbilden, erklärt. Sie können grundsätzlich zwischen beliebigen Molekülgruppen auftreten, spielen aber zwischen unpolaren Strukturen (z. B. Alkyl-Gruppen) eine besondere Rolle. Obwohl die Dispersionskräfte zu den schwachen zwischenmolekularen Kräften zählen, sind sie aufgrund der Summation von Einzelbeiträgen an der Pharmakon-Rezeptor-Bindung wesentlich beteiligt.

Als *hydrophobe Wechselbeziehung* bezeichnet man die Assoziationstendenz unpolarer Moleküle bzw. Molekülteile im wäßrigen Milieu. Dieser Effekt dürfte durch Entropiezunahme verursacht sein: In der Nähe hydrophober Bezirke sind die Wassermoleküle aufgrund zwischenmolekularer Kräfte geordnet. Durch „Zusammenfließen" dieser Bezirke, wie es auch bei Öltröpfchen in Wasser beobachtet werden kann, werden die dazwischenliegenden Wassermoleküle verdrängt und gehen somit in einen Zustand größerer Unordnung über. Die hydrophobe Wechselbeziehung kann als ein Spezialfall der „van der Waals-Kräfte" betrachtet werden und trägt zur Bindung zwischen lipophilen Pharmakon- und Rezeptorstrukturen bei.

Charge-transfer-Wechselwirkungen treten zwischen Elektronendonatoren (D) und Elektronenakzeptoren (A) auf. Der Bindungszustand kann als intermolekulare Mesomerie aufgefaßt werden:

$$D + A \rightleftharpoons [D \ldots A \leftrightarrow D^{\oplus} - A^{\ominus}]$$
$$I II$$

I beschreibt einen Zustand, bei dem lediglich allgemeine intermolekulare Kräfte zwischen beiden Partnern auftreten. Der Zustand II kommt durch Ladungsüberführung vom Donator zum Akzeptor zustande. Typische Donatoren sind Aromaten hoher π-Elektronendichte (z. B. Anilin, Hydrochinon), während umgekehrt Aromaten und andere Verbindungen geringer π-Elektronendichte (z. B. Nitrobenzol, Benzochinon) als Akzeptoren fungieren. Da Rezeptorproteine Strukturen enthalten, die als Donatoren bzw. Akzeptoren dienen können, mißt man der charge-transfer-Wechselwirkung Bedeutung für die Rezeptorbindung von Pharmaka bei.

Eine Reihe von Pharmaka bindet *kovalent* an biologische Strukturen. Dazu zählen u. a. die *alkylierenden Zytostatika* vom Typ der Bis(2-chlorethyl)-amin-Derivate (vgl. 14.1.2). Bei diesen Verbindungen sind chemische *Reaktivität* und biologische Wirkung eng verknüpft. Die chemische Reaktivität hängt u. a. von der Basizität des Amin-Stickstoffs ab, die durch elektronische Substituenteneffekte beeinflußt wird.

Bei einigen Arzneistoffen sind weiterhin *komplexierende Eigenschaften* für den biologischen Effekt entscheidend. So beruht die antimikrobielle Wirkung von 8-Hydroxychinolin-Derivaten (vgl. 13.6.5) auf ihrer Befähigung zur Chelatisierung von Metallionen.

Dissoziation Viele Pharmaka stellen schwache Säuren (meist Carbonsäuren, Phenole oder NH-acide Verbindungen) oder schwache Basen (in der Regel Stickstoff-Basen) dar, die in der Biophase partiell in ionisierter, d. h. protonierter bzw. deprotonierter Form vorliegen. Die Dissoziation und damit das Verhältnis von ionisierter zu nichtionisierter Form wird durch die Dissoziationskonstante K bzw. den pK_a-Wert der Substanz und den pH-Wert der Umgebung bestimmt. Diesen Zusammenhang beschreibt die *Henderson-Hasselbalch-Gleichung:*

$$\text{Säuren, z.B. } R{-}COOH \qquad pK_a = pH + \log \frac{[R{-}COOH]}{[R{-}COO^{\ominus}]}$$

$$\text{Basen, z.B. } R_3N \qquad pK_a = pH + \log \frac{[R_3\overset{\oplus}{N}H]}{[R_3N]}$$

Ionisierte und nichtionisierte Form zeigen in der Regel konträres Löslichkeitsverhalten. Während bei der nichtionisierten Form die lipophilen Eigenschaften stärker ausgeprägt sind, ist die ionisierte Form meist gut wasserlöslich. Bei sauren und basischen Pharmaka hängen Resorption und Verteilung sowie auch die Interaktion mit Rezeptorstrukturen in erheblichem Maß von ihrem Dissoziationsgrad ab. Dementsprechend kommt den Parametern pH-Wert und pK-Wert große Bedeutung zu.

pK_a-Wert und Ionisation von Arzneistoffen		
Arzneistoff	pK_a	nichtionisierter Anteil bei pH 7,4
Salicylsäure* (vgl. 13.6.3)	3,0	0,004 %
Thiopental* (vgl. 7.6.2)	7,6	61,3 %
Aminophenazon** (vgl. 7.7.8)	5,0	99,6 %
Chinin** (vgl. 13.4.1)	8,4	9,09 %
* saurer Charakter ** basischer Charakter	Werte nach Remington's Pharmaceutical Sciences, 1975	

Im menschlichen Organismus bestimmen u.a. die besonderen pH-Verhältnisse im Gastrointestinaltrakt (je nach Abschnitt zwischen pH 1–8) und im Blut (pH ~ 7,4) sowie der pK_a-Wert der applizierten Substanz den dissoziationsabhängigen biologischen Effekt.

Antibakteriell wirksame Säuren wie *Benzoesäure, Salicylsäure* oder *Phenol* (vgl. 13.6.4) wirken in der undissoziierten Form und zeigen deshalb im sauren Milieu die höchste Aktivität. Als Kationen wirksam sind neben *quartären Ammonium-Verbindungen* viele protonierte Basen mit *Amin-, Amidin-, Guanidin-* oder *Biguanid-Struktur.* Andere Wirkstoffe, bei denen sowohl die ionisierte als auch die nichtionisierte Form den biologischen Effekt beeinflussen, können ein Wirkungsoptimum innerhalb eines bestimmten pK_a-Bereiches aufweisen. Dazu gehören beispielsweise Lokalanästhetika wie *Procain* (vgl. 7.6.3) oder *antibakteriell wirksame Sulfonamide,* für die die Korrelation zwischen biologischer Aktivität und pK_a-Wert nachfolgend graphisch dargestellt ist.

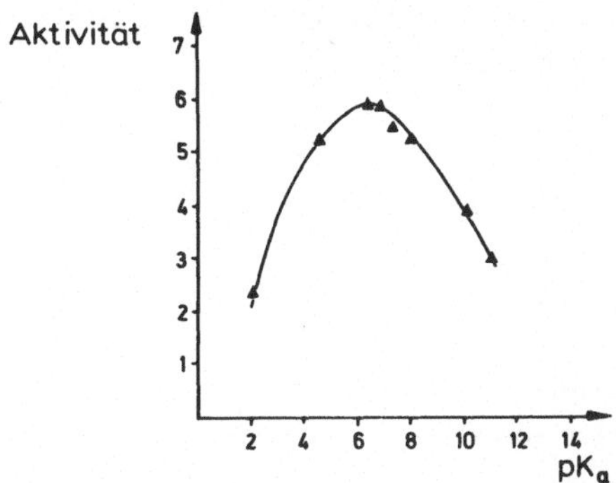

Beziehung zwischen pK$_a$-Wert antibakterieller Sulfonamide und biologischer Aktivität

(Die biologische Aktivität ist als $\log \frac{1}{c}$ ausgedrückt. c ist die minimale molare Hemmkonzentration bei annähernd physiologischem pH. Werte nach Bell und Roblin)

σ-Werte nach Hammett Der pK$_a$-Wert bezieht sich auf das Dissoziationsverhalten als eine Eigenschaft des *Gesamtmoleküls* in einem bestimmten Solvens. Da die Dissoziationskonstanten bzw. die pK$_a$-Werte häufig dem elektronischen Einfluß von *Molekülsubstituenten* unterliegen, kann deren Beitrag in Bezug auf das unsubstituierte Grundmolekül quantitativ erfaßt werden. Man erhält auf diese Weise, wie nachfolgend am Beispiel der Dissoziation substituierter Benzoesäuren aufgeführt, *empirische Konstanten,* die die elektronischen Substituenteneffekte beschreiben (*σ-Werte nach Hammett*).

Für die Dissoziation von Benzoesäure und X-substituierten Derivaten gilt:

Nach der von Hammett empirisch gefundenen Beziehung sind die Dissoziationskonstanten der substituierten Benzoesäure (K$_X$) und der undissoziierten Benzoesäure (K$_H$; X = H) wie folgt verknüpft:

$$\boxed{\log K_x = \log K_H + \rho\,\sigma_x}$$ **Hammett-Beziehung**

— ρ ist als *Reaktionskonstante* von der Natur des Reaktionszentrums (hier die COOH-Gruppe) und den Reaktionsbedingungen (Lösungsmittel, Temperatur etc.) abhängig. Dagegen ist sie von X weitgehend unabhängig.

— σ_X ist als *Substituentenkonstante* von der Natur von X und seiner Position am Ring abhängig. Sie ist meist weitgehend unabhängig von der Art des Reaktionszentrums und vom Reaktionstyp.

Setzt man die Reaktionskonstante ρ aufgrund ihrer Unabhängigkeit von Substituenten X willkürlich gleich 1, so vereinfacht sich die Gleichung zu:

$$\log K_X = \log K_H + \sigma_X$$

Für die σ-Konstante des Substituenten X gilt demnach:

$$\sigma_X = pK_H - pK_X$$

Mit den σ-Werten nach Hammett, die über Ermittlung der pK_a-Werte relativ leicht experimentell bestimmbar sind, lassen sich die elektronischen Substituenteneinflüsse auf die Dissoziationskonstante quantitativ erfassen.

Voraussetzung ist, daß keine weiteren Faktoren — etwa sterischer Art — auf den Dissoziationsvorgang einwirken.

Außer auf Dissoziationsgleichgewichte kann die Hammett-Beziehung auch zur Beschreibung weiterer Zusammenhänge zwischen elektronischen Substituenteneigenschaften und chemischer Reaktivität angewendet werden. Als Beispiel sei die alkalische Hydrolyse substituierter Benzoesäureester angeführt. Hierbei sind anstelle der Dissoziationskonstanten die Geschwindigkeitskonstanten k_H und k_X einzusetzen.

Die σ-Werte sind um so positiver, je stärker die *elektronenziehende* Wirkung des Substituenten X ist. Auf Dissoziationsgleichgewichte bezogen bedeutet dies, daß Aciditätserhöhung (bzw. Erniedrigung des pK_a-Wertes) mit positiven σ-Werten korreliert. Umgekehrt werden für Substituenten mit *elektronenschiebender* Wirkung negative σ-Werte erhalten. Die Hammett-Konstante spiegelt also die Summe des Induktions- und Mesomerieeffektes des Substituenten X wieder. Für das Grundmolekül (X = H) selbst gilt definitionsgemäß $\sigma_H = 0$. Da die Substituenten bei aromatischen Systemen je nach Substitutionsort unterschiedliche elektronische Auswirkungen auf das Reaktionszentrum ausüben, erhält man für einen gegebenen Substituenten X stellungsabhängig unterschiedliche σ-Werte. So werden entsprechend der para- und meta-Position des Phenyl-Rests σ_p- und σ_m-Werte unterschieden. Auf ortho-Substituenten kann die Hammett-Beziehung nur in Sonderfällen angewendet werden, da dort zusätzlich Nachbargruppeneffekte auftreten.

σ_p- und σ_m-Konstanten für die Dissoziation substituierter Benzoesäuren		
Substituent X	σ_p-Wert	σ_m-Wert
NO_2	0,78	0,71
CN	0,66	0,56
Cl	0,23	0,37
H	0,00	0,00
CH_3	$-0,17$	$-0,07$
OCH_3	$-0,27$	0,12
NH_2	$-0,66$	$-0,16$

Da die σ-Werte weitgehend unabhängig vom Reaktionstyp sind, können die für die Dissoziation der Benzoesäuren aufgefundenen Werte auf weitere Systeme des nachfolgenden Typs, bei dem Y das Reaktionszentrum kennzeichnet, übertragen werden.

Bei mehrfach substituierten Aromaten verhalten sich die σ-Werte annähernd additiv, falls keine starke gegenseitige Beeinflussung der Substituenten auftritt.

Die Hammett-Konstante kann mit der biologischen Aktivität korreliert werden, sofern die Aktivität eng mit elektronischen Substituenteneffekten in Beziehung steht. Eine solche Abhängigkeit stellt aber eher die Ausnahme dar, da andere Parameter die biologische Aktivität meist wesentlich stärker beeinflussen. Anstelle der σ-Werte können auch *spektroskopische Daten,* die Ausdruck einer elektronischen Beeinflussung des Reaktionszentrums durch Substituenten sind, mit der biologischen Wirkung korreliert werden. Infrage kommt beispielsweise die ^{1}H-NMR-spektroskopisch gemessene *chemische Verschiebung* (δ-Werte) oder die Lage der CO-Valenzschwingung im *IR-Spektrum.* Zwischen den spektroskopischen Daten und den σ-Werten besteht in vielen Fällen eine lineare Beziehung.

Lipophilie/Hydrophilie

Löslichkeit, Verteilung Beim Übertritt eines Pharmakons aus einem wäßrigen Kompartiment (z.B. Interstitium) in ein anderes sind Biomembranen zu passieren, die den Charakter einer lipophilen Barriere besitzen. Da bis zum Erreichen des Wirkorts in der Regel ein mehrfacher „Phasenwechsel" erforderlich ist, wird das pharmakokinetische Verhalten der Arzneistoffe in erheblichem Maß durch lipophile und hydrophile Eigenschaften bzw. durch das daraus resultierende Verteilungsverhalten bestimmt. Weiterhin ist auch die Anlagerung an den Rezeptor von der Lipophilie bzw. Hydrophilie des Wirkstoffmoleküls abhängig.

Das Bestreben eines Arzneistoffs, aus der wäßrigen in die damit nicht mischbare lipophile Phase überzuwechseln (die Lipophilie), ergibt sich aus dem *Verteilungskoeffizienten,* d.h. dem Konzentrationsverhältnis in beiden Phasen (vgl. Nernstscher Verteilungssatz, 5.1). Im Zusammenhang mit Struktur-Wirkungs-Beziehungen hat sich für den Lipid-Wasser-Verteilungskoeffizienten das Symbol P eingebürgert.

$$P = \frac{c_{Lipid}}{c_{H_2O}}$$

Der Verteilungskoeffizient P stellt dementsprechend ein Maß für die Lipophilie von Wirkstoffmolekülen dar. Ausgeprägt lipophile (hydrophobe) Stoffe zeigen hohe P-Werte, während wenig lipophile (hydrophile) Substanzen niedrige P-Werte besitzen. Da der Verteilungskoeffizient lösungsmittelabhängig ist, muß das verwendete System angegeben werden. Die experimentelle Bestimmung erfolgt meist im System *Octanol/Wasser* (bzw. Octanol/Pufferlösung), das die biologischen Verhältnisse in vielen Fällen am besten simuliert.

Ähnlich wie die pK_a-Werte beziehen sich die P-Werte bzw. deren dekadische Logarithmen (*logP-Werte*) auf die Eigenschaften des Gesamtmoleküls. Eine weitere Gemeinsamkeit besteht darin, daß pK_a- und log P-Werte Ausdruck einer Wechselwirkung mit dem umgebenden System darstellen (Wechselwirkungsparameter).

Der Verteilungskoeffizient P kann — insbesondere bei strukturunspezifischen Pharmaka — mit dem biologischen Effekt in Beziehung gebracht werden. Erste Untersuchungen hierzu wurden bereits um die Jahrhundertwende von Meyer und Overton an Inhalationsanästhetika unternommen (vgl. 7.6.1). Die Abstufung von Verteilungskoeffizienten bei Pharmaka demonstrieren die drei folgenden Beispiele.

Arzneistoff	Verteilungskoeffizient (Octanol/Wasser)	Lipophilie
Noradrenalin (vgl. 7.2.1)	P = 0,06	sehr gering
Paracetamol (vgl. 7.7.7)	P = 6,23	mäßig
Chlorpromazin (vgl. 7.5.3)	$P = 2,2 \cdot 10^5$	sehr hoch

π-Werte nach Hansch In Analogie zu den σ-Werten nach Hammett stellen die π-Werte nach Hansch Substituentenkonstanten dar. Sie geben den substituentenbedingten Beitrag zur Lipophilie in Bezug auf das Grundmolekül wieder:

$$\log P_{R-X} = \log P_{R-H} + \pi_X$$

π-**Wert nach Hansch,** Definitionsgleichung

In dieser Gleichung wird der log P-Wert des abgeleiteten Moleküls mit R—X, der des Grundmoleküls mit R—H (X = H) indiziert. π_X ist die Lipophiliekonstante (hydrophobic constant) des Substituenten X.

Für Toluol als homologes Derivat von Benzol gilt z.B.:

$$\log P_{Toluol} = \log P_{Benzol} + \pi_{CH_3}$$

Im Vergleich zum Grundmolekül (der π_H-Wert ist nach Hansch definitionsgemäß null) ergeben sich für stärker lipophile Derivate positive, für weniger lipophile Derivate dagegen negative π-Werte. Die Ermittlung dieser Substituentenkonstanten kann über die Messung der Verteilungskoeffizienten erfolgen.

Die π-Werte haben additiven Charakter. Dementsprechend läßt sich der log P-Wert mehrfach substituierter Moleküle als Summe des log P-Wertes für das Grundmolekül und der π-Werte der Substituenten näherungsweise errechnen. Für ein X, Y, Z-substituiertes Grundmolekül gilt:

$$\log P_{R-X,Y,Z} = \log P_{R-H} + \Sigma \, \pi_{X,Y,Z}$$

Die π-Werte sind innerhalb der aromatischen und aliphatischen Reihe jeweils weitgehend unabhängig vom Grundmolekül. Bei Kenntnis des log P_{R-H}-Wertes und den aus Tabellenwerken zugänglichen π-Werten lassen sich somit die log P_{R-X}-Werte noch zu synthetisierender Derivate voraussagen. Als prognostisches Instrument sind die π-Werte jedoch nur unter der Voraussetzung geeignet, daß keine elektronischen oder sterischen Wechselwirkungen auftreten.

Innerhalb einer von einem Grundmolekül abgeleiteten Reihe lassen sich die π-Werte mit dem biologischen Effekt korrelieren. Für den Fall, daß die Wirkung hauptsächlich durch das lipophile Verhalten der Moleküle bestimmt wird, erhält man einen engen Zusammenhang. Dies ist nachfolgend am Beispiel der Hemmwirkung *substituierter N-Phenyl-urethane* auf ein biologisches Testsystem dargestellt.

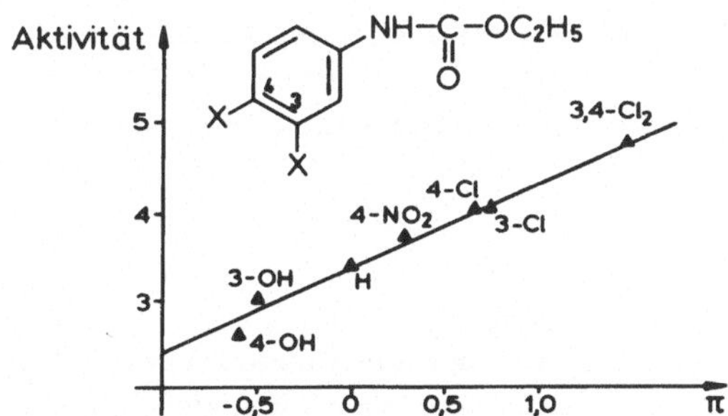

Beziehung zwischen π-Werten und biologischer Aktivität bei substituierten N-Phenyl-urethanen

(Die Aktivität ist ausgedrückt als $\log \frac{1}{c}$; c ist die Konzentration, die einen bestimmten Effekt auslöst. Nach C. Hansch und E. W. Deutsch, 1966).

Es sei darauf hingewiesen, daß lineare Zusammenhänge nur für einen mehr oder weniger eng gesteckten Rahmen aufgefunden werden. Wenn Substanzen sehr unterschiedlicher Lipophilie in die biologische Testung einbezogen werden, zeigen sich Abweichungen von der Linearität. So kann oft ein parabelartiger Kurvenverlauf erhalten werden. Dies entspricht der Regel, daß innerhalb einer Reihe verwandter Verbindungen sehr stark und sehr schwach lipophile Substanzen meist weniger wirksam sind als mittlere Glieder.

π-Werte nach Hansch		
Substituent X	aromatisches System	aliphatisches System
I	1,15	1,00
Br	0,94	0,60
Cl	0,76	0,39
CH_3	0,50	0,50
F	0,13	$-0,17$
H	0	0
COOH	$-0,28$	$-1,26$
OH	$-0,67$	$-1,16$
CH_2OH	$-1,03$	$-0,66$
NH_2	$-1,23$	$-1,19$
Werte nach Remington's Pharmaceutical Sciences, 1975		

Zur Beschreibung der lipophilen Eigenschaften können auch durch Verteilungschromatographie (z. B. „reversed phase"-Dünnschichtchromatographie) gewonnene R_f-Werte herangezogen werden. Diese werden entsprechend der nachfolgenden Gleichung in logarithmische Werte transformiert.

$$R_m = \log \frac{(1 - R_f)}{R_f}$$

Durch Bildung der Differenz zwischen dem R_m-Wert der substituierten Verbindung $R-X$ und dem R_m-Wert des Grundmoleküls $R-H$ erhält man einen Lipophilieparameter, der dem π-Wert analog ist.

$$\Delta R_{m_X} = R_{m_{R-X}} - R_{m_{R-H}}$$

Quantitative Struktur-Wirkungs-Analyse

Die Quantitative Struktur-Wirkungs-Analyse geht davon aus, daß sich die biologische Aktivität der einzelnen Wirkstoffe innerhalb einer von einem Grundmolekül abgeleiteten Reihe als Funktion substitutionsbedingter Einflüsse mathematisch-statistisch erfassen läßt. Dadurch sollte es im Prinzip möglich werden, die Stärke des biologischen Effektes einer Substanz vorherzusagen. Wie aus den vorausgegangenen Abschnitten ersichtlich, gelten für solche Verfahren eine Reihe einschränkender Bedingungen. Einigermaßen zuverlässige Ergebnisse sind in der Regel nur bei relativ einfachen Verbindungsklassen und bei möglichst wenig komplexen biologischen Effekten zu erwarten.

Hansch-Analyse Ausgehend von Modellvorstellungen zur Arzneistoffwirkung entwickelte Hansch einen mathematischen Ansatz, der einen Zusammenhang zwischen biologischer Aktivität und Molekülparametern herstellt. Als für die Wirkung essentiell werden

— wie bereits ausgeführt — Parameter angesehen, die sich auf strukturelle (sterische) und elektronische Eigenschaften sowie auf die Lipophilie/Hydrophilie beziehen.

Geht man von dem Fall aus, daß die biologische Aktivität (A) einer Wirkstoffserie allein durch die Lipophilie (ausgedrückt als π-Wert) bestimmt wird, so gilt:

$$A = f(\pi)$$

Eine solche Funktion kann, wie das Beispiel der N-Phenyl-urethane zeigt, linear sein, wenn die Aktivität in geeigneter Form — z.B. als $\log \frac{1}{c}$ — ausgedrückt wird. c ist die für die Auslösung eines definierten biologischen Effekts notwendige Wirkstoffkonzentration. Stark wirkende Verbindungen sind dementsprechend durch einen niedrigen c-Wert bzw. einen hohen $\log \frac{1}{c}$-Wert charakterisiert. Der Ausdruck $\log \frac{1}{c}$ ist der freien Enthalpie des den biologischen Effekt auslösenden Prozesses (Bildung des Wirkstoff-Rezeptor-Komplexes) proportional. Daher eignet er sich sowohl zur Verknüpfung mit der Hansch-Lipophiliekonstante als auch mit der Hammett-Substituentenkonstante, die beide log-Ausdrücke darstellen und strukturbedingte Differenzen dieser freien Enthalpie widerspiegeln.

Durch Austausch von A gegen $\log \frac{1}{c}$ erhält man für lineare Beziehungen zwischen Aktivität und π-Werten nachfolgende Geradengleichung:

$$\log \frac{1}{c} = a\,\pi + b$$

Die Ermittlung des numerischen Zusammenhangs der experimentellen Daten kann graphisch erfolgen. Dazu werden die Wertepaare in ein Diagramm eingetragen und eine Ausgleichsgerade (Regressionsgerade) angelegt. Der Zahlenwert von a entspricht dann der Steigung, der von b dem Ordinatenabschnitt. So ergibt sich beispielsweise für die N-Phenyl-urethan-Reihe folgende quantitative Struktur-Wirkungs-Beziehung:

$$\log \frac{1}{c} = 0,97\,\pi + 3,32$$

Nach dieser Gleichung kann also bei Kenntnis des π-Wertes die unbekannte biologische Aktivität von N-Phenyl-urethanen errechnet werden.

Für den Fall, daß die biologische Aktivität durch zwei voneinander unabhängige Variable (π, σ) bestimmt wird, hat Hansch die folgende Gleichung entwickelt:

$$\log \frac{1}{c} = -k\,\pi^2 + k'\pi + \rho\,\sigma + k''$$

Durch das quadratische Glied entspricht diese Gleichung einem parabolischen Zusammenhang. In der vorliegenden Form werden sterische Faktoren als konstant angesehen. Die Gleichung kann jedoch durch Einführung eines Terms, der sich auf sterische Eigenschaften bezieht, erweitert werden. Anstelle von π und σ können auch andere geeignete lipophile und elektronische Parameter (z.B. R_m-Werte und chemische Verschiebungen) eingesetzt werden.

Die Koeffizienten k, k', k'' sowie die das System charakterisierende Reaktionskonstante ρ müssen durch *multiple Regressionsanalyse* ermittelt werden. Dieses mathematisch-statistische Verfahren ermöglicht die Untersuchung des Einflusses mehrerer unabhängiger Variabler auf eine Zielgröße (hier die biologische Aktivität). Dadurch kann die den experimentellen Ergebnissen am besten angepaßte mathematische Formulierung herausgefunden werden. Aufgrund des hohen Rechenaufwands ist das Verfahren an Computereinsatz gebunden.

2 Arzneistoffsynthese

Die vor mehr als 100 Jahren mit dem raschen Fortschritt der Chemie einsetzende Entwicklung synthetischer Arzneistoffe hat zu einer fast unübersehbaren Fülle neuer Präparate geführt.

Neben allgemeinen Syntheseprinzipien der Organischen Chemie für den Aufbau *offenkettiger* und *zyklischer Strukturen* sowie die Einführung *funktioneller Gruppen*, auf die im einzelnen im Speziellen Teil jeweils unter dem Abschnitt *„Synthese"* eingegangen wird, stehen häufig „arzneistoffspezifische" Gesichtspunkte im Vordergrund.

Beispielhaft soll hier auf Prinzipien der *Peptid-Synthese* sowie der *Enantiomeren-Gewinnung* eingegangen werden.

2.1 Peptid-Synthese

Die pharmazeutische Bedeutung zahlreicher Peptide (z. B. Peptid-Hormone, Peptid-Antibiotika) bedingt das besondere Interesse für die Peptid-Chemie. Peptide bestehen aus Aminosäuren, die über Amid-Bindungen (*Peptid-Bindungen*) kettenartig miteinander verknüpft sind. Je nach Zahl der verknüpften Aminosäuren unterscheidet man

- Oligopeptide (bis 10 Aminosäuren)
- Polypeptide (10 bis 100 Aminosäuren)
- Proteine (über 100 Aminosäuren)

Im menschlichen Organismus vorkommende Peptide sind aus L-konfigurierten Aminosäuren aufgebaut. Die Reihenfolge der Aminosäuren in einem Peptid wird als *Sequenz* bezeichnet. Die chemische Nomenklatur in Form der Kurzschreibweise, welche ein Peptid — bezogen auf die C-terminale Aminosäure — als *Acylaminosäure* auffaßt, sei am Beispiel des Nonapeptids *Bradykinin* (vgl. 12.7.7) erläutert.

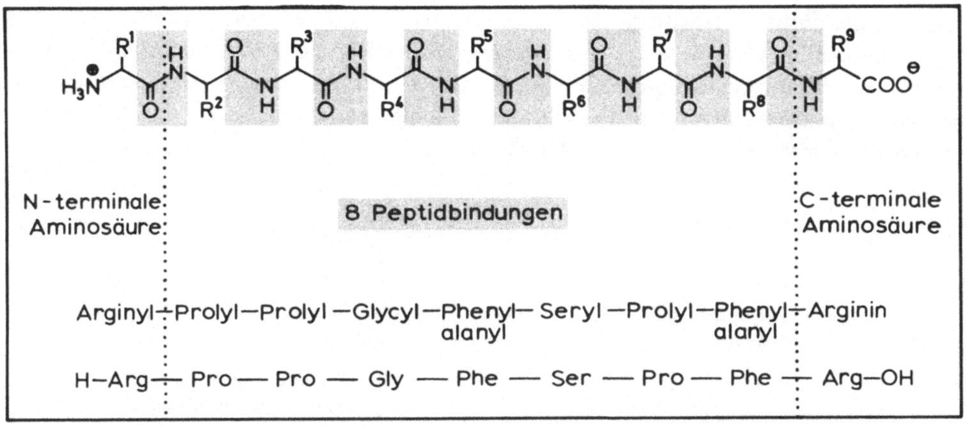

Aufbauprinzip und Aminosäuresequenz des Nonapeptids Bradykinin

Für die Konformation der Peptid-Kette sind neben der Sequenz (*Primärstruktur*) und anderen Faktoren auch die besonderen Eigenschaften der Peptid-Bindung maßgebend.

Eigenschaften der Peptid-Bindung Als Carbonsäureamid-Gruppierung ist die Peptid-Bindung mesomeriestabilisiert (Amid-Mesomerie). Der partielle Doppelbindungscharakter der CN-Bindung beträgt (ebenso wie der partielle Einfachbindungscharakter der CO-Bindung) etwa 40 %.

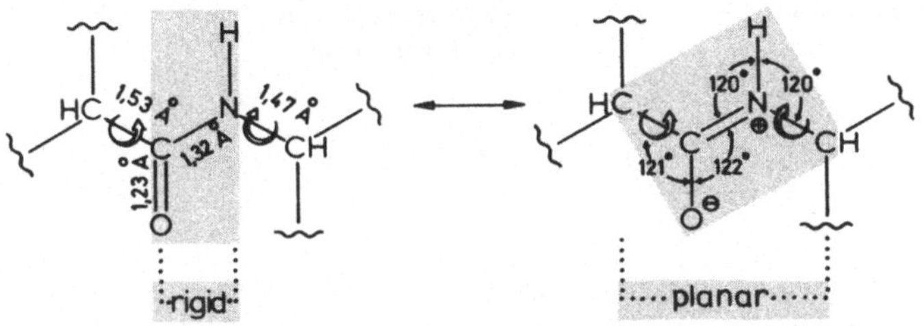

Interatomare Abstände und Bindungswinkel bei Peptiden (1 Å = 0,1 nm)

Als Folgen des partiellen Doppelbindungscharakters sind zu nennen:

- schwach ausgeprägte Basizität
- Einschränkung der freien Rotation um die CN-Bindung, wodurch die Zahl der möglichen Konformationen vermindert ist.
- *Planarität* und *Rigidität* im Amid-Bereich. Sie beeinflussen den dreidimensionalen Bau der Peptid-Kette (*Sekundärstruktur*) entscheidend.

Weitere Charakteristika der Peptid-Bindung sind:

- ausgeprägte Neigung zur Ausbildung von Wasserstoffbrücken-Bindungen
- relativ leichte Hydrolysierbarkeit, vor allem durch Einwirkung von Säuren oder spezifisch spaltender Enzyme (Peptidasen, Proteinasen).

Bildung der Peptid-Bindung Die Aufgabe der Peptid-Synthese besteht im Prinzip darin, die Amino-Gruppe einer Aminosäure (Amin-Komponente) durch eine zweite Aminosäure (Carboxyl-Komponente) zu acylieren. Für die gezielte Verknüpfung sind mehrere Reaktionsschritte erforderlich. Das Prinzip ist im nachfolgenden Schema am Beispiel der Synthese eines Dipeptids beschrieben.

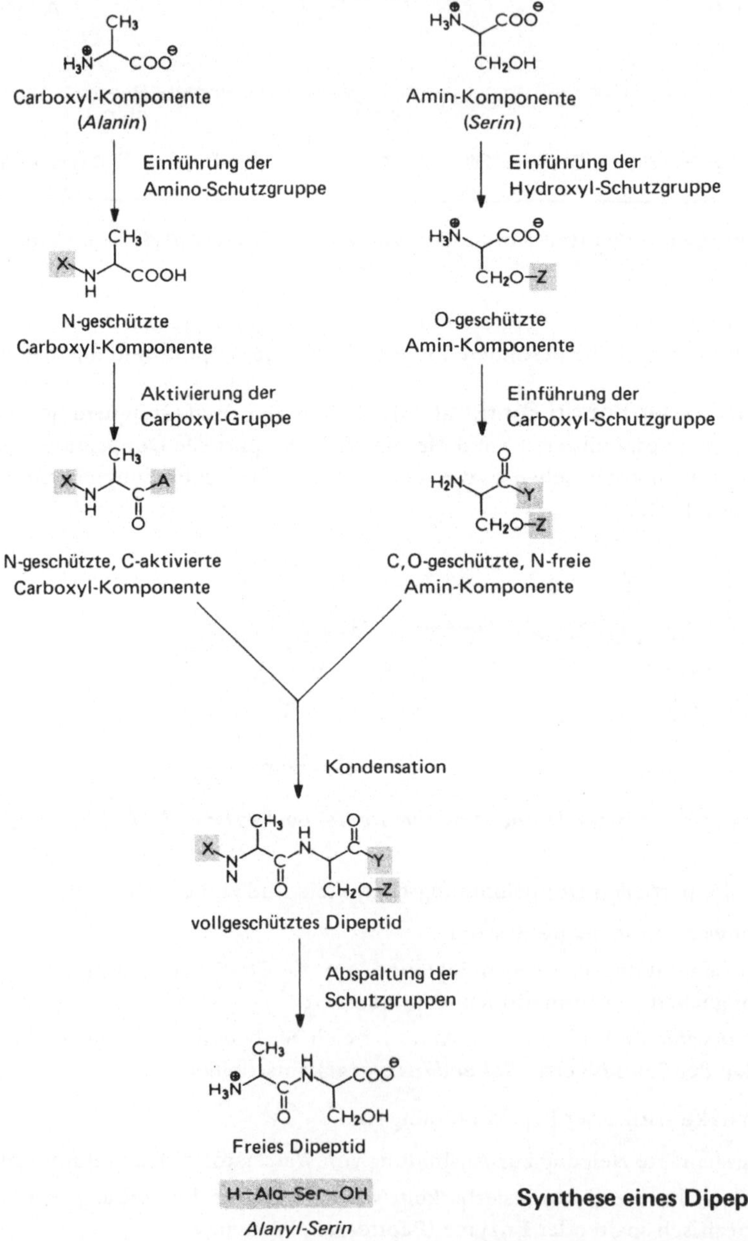

Synthese eines Dipeptids

Die Peptid-Synthese läßt sich in folgende Reaktionsschritte gliedern:

Einführung von Schutzgruppen Dies ist für alle funktionellen Gruppen erforderlich, die während der Peptid-Synthese unerwünschte Reaktionen eingehen können. Neben der in jedem Fall erforderlichen Bildung der N-geschützten Carboxyl- sowie der C-geschützten Amin-Komponente sind gegebenenfalls weitere, im Seitenrest stehende funktionelle Gruppen zu blockieren. Der Einführung derartiger Schutzgruppen liegen allgemeine chemische Prinzipien wie Acylierung, Alkylierung oder Veresterung zugrunde. Besondere Bedeutung kommt der leichten Abspaltbarkeit der Schutzgruppe zu. Die nachfolgende Tabelle enthält Beispiele für häufig verwendete Schutzgruppen.

Schutzgruppen für die Peptid-Synthese			
Bezeichnung	Abkürzung	Formel	Abspaltung
Amino-Schutzgruppe X			
Benzyloxycarbonyl	Cbo	$C_6H_5-CH_2-O-CO-$	HBr; HF; $F_3C-COOH$; H_2/Pd; $Na/fl.\ NH_3$
tert.-Butyloxycarbonyl	Boc	$(H_3C)_3C-O-CO-$	HF; $HBr/F_3C-COOH$; $F_3C-COOH$
2-Nitrophenylsulfenyl	Nps	$C_6H_4(NO_2)-S-$	HF; $HBr/F_3C-COOH$; C_6H_5-SH; HCl/C_2H_5OH
Carboxyl-Schutzgruppe Y			
O-Methyl	OMe	$O-CH_3$	$NaOH$
O-Benzyl	OBzl	$O-CH_2-C_6H_5$	$HBr/F_3C-COOH$; HF; Pd/H_2; $NaOH$; $Na/fl.\ NH_3$
O-tert.-Butyl	OBu^t	$O-C(CH_3)_3$	$HBr/F_3C-COOH$; $F_3C-COOH$; HF
Hydroxyl-Schutzgruppe Z (bzw. Thiol-Schutzgruppe)			
Benzyl	Bzl	$CH_2-C_6H_5$	$HBr/F_3C-COOH$, HF; H_2/Pd; $Na/fl.\ NH_3$
Triphenylmethyl (Trityl)	Trt	$C(C_6H_5)_3$	$HBr/F_3C-COOH$; $F_3C-COOH$; HF

Aktivierung und Kondensation   Die sich an die Schutzmaßnahmen anschließende Bildung der Peptid-Bindung stellt formal eine Wasserabspaltung zwischen Carboxyl- und Amin-Komponente dar, die in zwei Teilschritten verläuft. Im ersten Schritt wird die Carboxyl-Gruppe in ein energiereiches Derivat übergeführt. Diese *Aktivierung* erfolgt durch Einführung elektronenziehender Gruppen (A), die den Carboxyl-Kohlenstoff stärker positivieren. Erst im folgenden Schritt werden die beiden Aminosäuren zum Dipeptid verknüpft („Peptid-Kupplung", *Kondensation*). Hierbei greift die freie Amino-Gruppe nucleophil unter Verdrängung des Restes A an. Die Verfahren zur Bildung einer Peptid-Bindung unterscheiden sich demzufolge in dem zur „Carboxyl-Aktivierung" verwendeten Rest A. Aus der Vielzahl der zum Teil sehr unterschiedlichen Methoden, unter denen die von Emil Fischer Anfang des Jahrhunderts erstmals für Peptid-Synthesen verwendete *Säurechlorid-Methode* nur noch geringe Bedeutung besitzt, haben sich bevorzugt bewährt:

- die *Azid-Methode* (Fischer, Curtius, 1902), die als racemisierungssicherste Kupplungsreaktion trotz einiger Nebenreaktionen noch eine wesentliche Rolle spielt

- die *gemischte Anhydrid-Methode* (Boissonnas, Vaughan, Wieland, 1951), die zur „Carboxyl-Aktivierung" häufig von Chlorameisensäure ausgeht. Sie gilt als racemisierungsunsicher. Mit Hilfe dieses Verfahrens gelang du Vigneaud 1953 erstmals die Totalsynthese eines Peptid-Hormons (Oxytocin, vgl. 12.1.3).

- die *aktivierte Ester-Methode* (Bodanszky, Kenner, Schwyzer, 1956), bei der die aktivierende Gruppe wie im Fall des 4-Nitrophenylesters leicht als Anion abspaltbar ist. Nachteilig ist jedoch die hohe Racemisierungstendenz bei der Herstellung der aktivierten Ester.

- die *Carbodiimid-Methode* (Sheehan und Hess, 1955), die vorzugsweise N,N'-Dicyclohexyl-carbodiimid (DCC) verwendet und über ein aktiviertes O-Acyl-isoharnstoff-Derivat als Intermediärprodukt verläuft. Als Nebenreaktion kann durch O → N-Acyl-Wanderung ein N-Acylharnstoff entstehen, der nicht aminolytisch (z.B. mit der C-geschützten Amin-Komponente) spaltbar ist. Außerdem gilt die Methode als racemisierungsanfällig.

Die genannten Methoden sind im nachfolgenden Reaktionsschema charakterisiert. Sie genügen hinsichtlich optischer Reinheit, einheitlicher Reaktion, Aufarbeitung, Ausbeute und Reaktionsdauer häufig nur unzureichend allen Anforderungen.

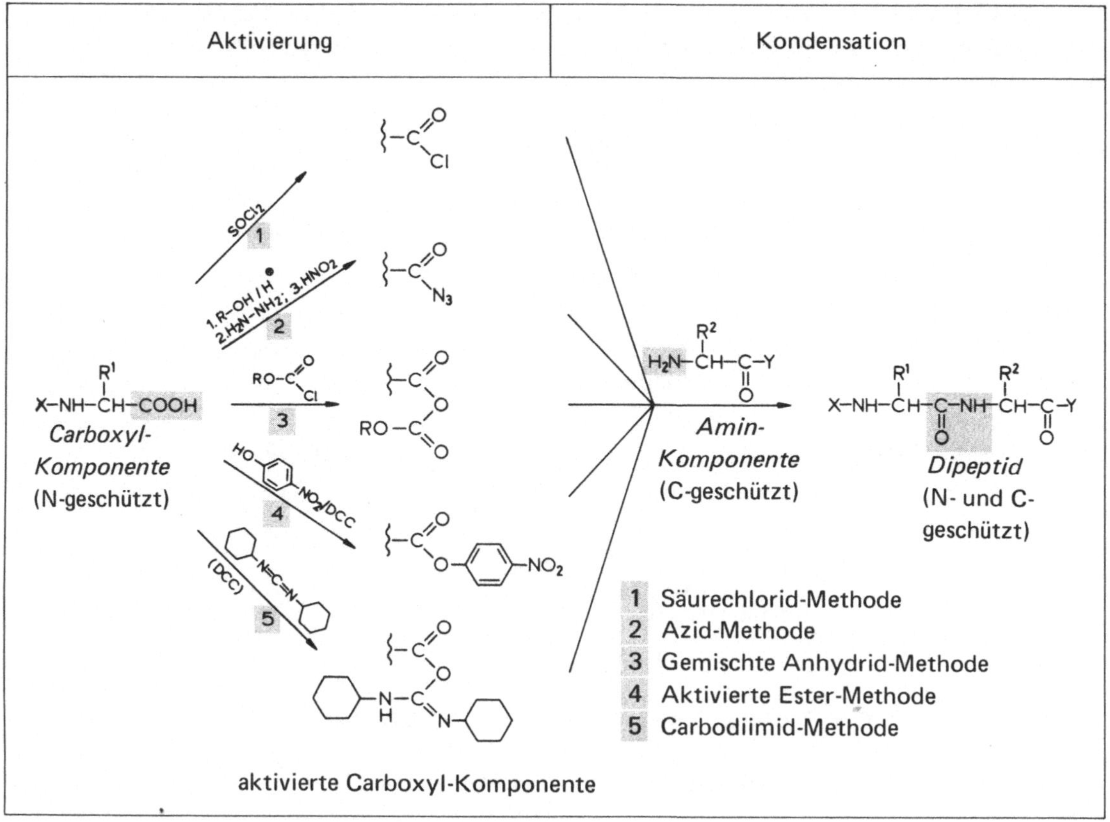

Methoden der Aktivierung und Kondensation bei der Peptid-Synthese

Abspaltung der Schutzgruppen (vgl. Tab. Schutzgruppen für die Peptid-Synthese)
Nach der Kondensation von Carboxyl- und Amin-Komponente werden die Schutzgruppen
abgespalten. Unter präparativen Gesichtspunkten sind nur solche Gruppen geeignet, die
aus dem Molekül wieder leicht entfernt werden können. So läßt sich etwa der Benzyloxy-
carbonyl-Rest („Carbobenzoxy"-Rest nach Bergmann und Zervas, 1932) hydrogenolytisch
(H_2/Pd) leicht abspalten, wobei außer der Amin-Komponente nur CO_2 und Toluol entstehen. Auch der 2-Nitro-phenylsulfenyl-Rest (Goerdeler und Holst, 1953) kann in
schonender Weise bereits durch Acidolyse mit Pyridiniumchlorid oder durch Mercapto-
lyse mit Thiophenol abgespalten werden.

Die Abspaltung der Schutzgruppen kann bei der Peptid-Synthese entweder eine Zwischenstufe auf dem Weg zu höheren Peptiden oder der abschließende Schritt zum Endprodukt
sein. Im letzten Fall werden die Reaktionsbedingungen in der Regel so gewählt, daß alle
Schutzgruppen gleichzeitig abspalten. Im anderen Fall werden bestimmte Schutzgruppen
selektiv entfernt, so daß die erhaltenen teilgeschützten Peptid-Fragmente unter Kettenverlängerung direkt weiterkondensiert werden können.

Nach dem Prinzip einer derartigen *Fragment-Kondensation* wird beispielsweise das zyklische Peptid-Hormon *Oxytocin* (vgl. 12.1.3) unter Verwendung von N- und S-Trityl-Schutzgruppen gewonnen. Die abschließende Zyklisierung des offenkettigen Nonapeptids in dem angegebenen Reaktionsschema wird auf oxidativem Wege über die freien Cystein-SH-Gruppen zum Disulfid (Cystin-Bildung) bewirkt.

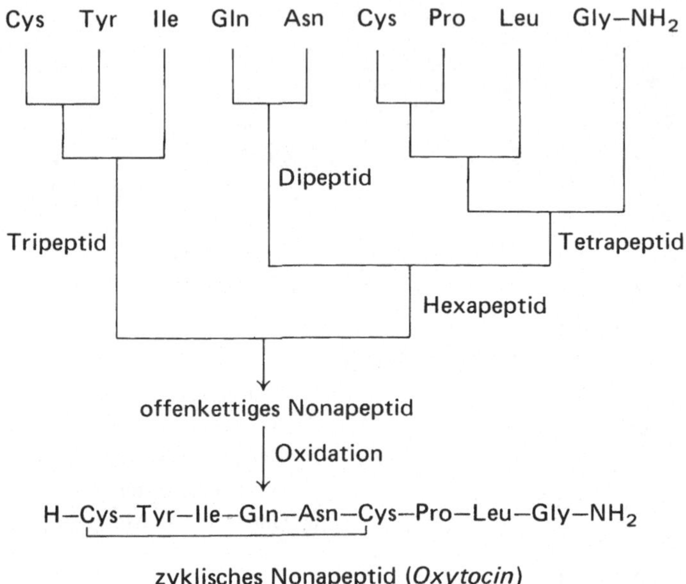

Syntheseschema zur Darstellung von Oxytocin

Festphasen-Peptid-Synthese   Ein bewährtes Prinzip der Peptid-Synthese, welches die Schwierigkeiten der Isolierung und Aufarbeitung von Zwischenprodukten umgeht, ist die Methode der *Festphasen-Peptid-Synthese nach Merrifield*. Wie das nachfolgende Schema zeigt, erfolgt der Aufbau der Peptid-Kette schrittweise in heterogener Phase an einem unlöslichen polymeren Träger (Divinylbenzol-vernetztes Polystyrol), in den zunächst Chlormethyl-Gruppen eingeführt werden. Nach Anheftung der C-terminalen Aminosäure wächst die Peptid-Kette bis zur gewünschten Sequenz, so daß die Isolierung des Endprodukts erst nach dem abschließenden Abspaltungsschritt vom Träger erfolgt. Ein besonderer Vorteil der Merrifield-Synthese besteht darin, daß die Reagenzien nach jedem Kondensationsschritt durch Auswaschen leicht entfernt werden können.

Chlormethyl-Polymer

Abspaltung der Schutzgruppe X

DCC

Boc-Aminosäure

Boc-Peptidyl-Polymer

HBr / CF_3-COOH

Peptid

**Schema der Festphasen-Peptid-Synthese
nach Merrifield**

Obwohl die Festphasen-Peptid-Synthese ihre Leistungsfähigkeit bei der Synthese zahlreicher biologisch aktiver Peptide bewiesen hat (z.B. Oxytocin, Bradykinin, Angiotensin, Insulin), weist sie auch eine Reihe von Schwächen auf, wie z.B. das Auftreten von trägergebundenen Rumpfsequenzen, die durch unvollständige Umsetzung entstehen. Beteiligen sich diese an nachfolgenden Kupplungsschritten, entstehen Fehlsequenzen.

2.2 Gewinnung von Enantiomeren

Enantiomere zeichnen sich häufig durch unterschiedliche biologische Eigenschaften aus. In diesen Fällen ist es von Interesse, das eine oder andere Enantiomer in optisch möglichst reiner Form zu gewinnen. Dies kann entweder über *Racemattrennung* oder im Prinzip auch direkt durch *asymmetrische Synthese* erfolgen.

Racemattrennung   Die Synthese chiraler Produkte aus achiralen Edukten führt, sofern achirale Reagenzien, Katalysatoren und Lösungsmittel angewendet werden, stets zur *Racemform,* d.h., beide Antipoden liegen im äquimolaren Verhältnis vor. Eine Auftrennung in Enantiomere gelang erstmals Pasteur (1848). Er beobachtete, daß das Natrium-Ammonium-Salz der Traubensäure (Racemform der beiden optisch aktiven Weinsäuren) unter bestimmten Bedingungen als *Konglomerat* (Gemisch) geometrisch unterscheidbarer (enantiomorpher) Salze auskristallisiert. Nach mechanischem Auslesen erhielt er durch Ansäuern die beiden optisch aktiven Weinsäuren. Diese aufwendige Trenntechnik ist jedoch nur in Sonderfällen anwendbar, da die Antipoden häufiger als 1:1-Molekülverbindungen (*Racemate*) auskristallisieren.

Die *präparative Trennung von Racematen* bzw. Racemformen erfolgt heute fast ausschließlich über diastereomere Derivate (*Diastereomerentrennung*). Diese Methode geht ebenfalls auf Pasteur zurück. Sie fußt auf der Umsetzung eines Enantiomerenpaares mit einem chiralen Reagenz zu zwei zueinander diastereomeren Verbindungen, die aufgrund ihrer unterschiedlichen physikalisch-chemischen Eigenschaften beispielsweise über fraktionierte Kristallisation oder auch durch chromatographische Techniken relativ gut getrennt werden können. Die anschließende Spaltung der beiden *Diastereomere* liefert in der Regel reine *Enantiomere.* Im Falle racemischer Säuren und Basen können Diastereomerenpaare häufig über Salzbildung mit chiralen Partnern erhalten werden. Zur Trennung racemischer Säuren kann man chirale Alkaloidbasen wie (−)-*Brucin* und (−)-*Chinin* einsetzen, während für racemische Basen z.B. (+)-*Weinsäure, substituierte Weinsäuren* sowie (+)-*β-Camphersulfonsäure* geeignet sind. Das Prinzip der Diastereomerentrennung ist im nachfolgenden Formelschema am Beispiel von 1-Amino-1-phenyl-ethan (α-Phenylethylamin) dargelegt.

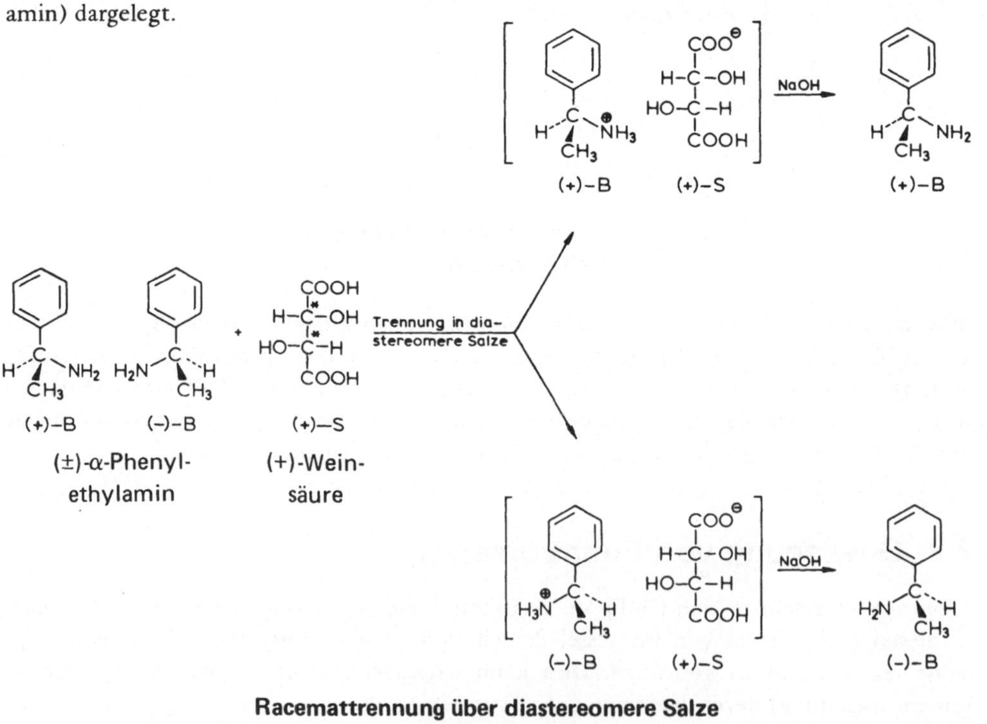

Racemattrennung über diastereomere Salze
B = Base, S = Säure

Racemische Alkohole und andere neutrale Stoffe lassen sich über funktionelle diastereomere Derivate auftrennen, jedoch ergibt deren Herstellung und spätere Zerlegung ohne Verlust der optischen Aktivität neue Probleme.

Aus synthetischen, in racemischer Form anfallenden Aminosäuren lassen sich über eine *enzymatische Racemattrennung* ihrer Acetyl-Derivate ebenfalls reine Enantiomere gewinnen. So setzt z.B. eine aus Schweinenieren gewonnene Acylase aus den Acetyl-Derivaten nur die natürlichen L-Aminosäuren hydrolytisch frei, die sich von den D-Acetyl-Derivaten leicht abtrennen lassen. Diese Methode geht im Prinzip ebenfalls auf Pasteur zurück, der aus Traubensäure nach Einwirkung des Schimmelpilzes Penicillium glaucum (−)-Weinsäure isolieren konnte, nachdem das natürliche (+)-Enantiomer durch den Pilz enzymatisch abgebaut worden war.

Eine in neuerer Zeit entwickelte Trenntechnik ist die *chromatographische Racemattrennung.* Hierbei wird eine teilweise bis vollständige Separierung der Enantiomeren an Trennsäulen mit Hilfe optisch aktiver Sorptionsmittel (z.B. Milchzucker, Cellulose, Stärke, chirale synthetische Polymere) erreicht. Die Wirksamkeit jeder Racemattrennung wird durch die *optische Reinheit* des erhaltenen Materials bestimmt. Sie entspricht dem Verhältnis der spezifischen Drehung des angefallenen Materials zu der maximal möglichen spezifischen Drehung des reinen Enantiomers. Nach dieser Definition hat ein racemisches Gemisch die optische Reinheit p = 0, für ein reines Enantiomer ist p = 1. Der mit 100 multiplizierte Wert der optischen Reinheit ergibt die *optische Ausbeute.* Diese wird in % ausgedrückt und ist nicht identisch mit dem absoluten prozentualen Anteil eines Enantiomers im Enantiomerengemisch.

$$p = \frac{[\alpha]}{[\alpha]_{max}} \qquad\qquad P = \frac{[\alpha]}{[\alpha]_{max}} \cdot 100\,\%$$

Definition für optische Reinheit (p) und optische Ausbeute (P)

Stereospezifische und stereoselektive Synthese Bei Einhaltung bestimmter Reaktionsbedingungen addiert (E)-2-Brom-2-buten Bromwasserstoff unter ausschließlicher Bildung von meso-Dibrombutan.

meso-Form

Solche Reaktionen, bei denen — ausgehend von einem stereochemisch eindeutig definierten Edukt — nur eines von mehreren möglichen stereoisomeren Produkten gebildet wird, bezeichnet man als *stereospezifisch.* Wird dagegen — unabhängig von der Stereochemie des Edukts — lediglich eines von mehreren Stereoisomeren bevorzugt gebildet, so spricht man von *Stereoselektivität.* Stereospezifität kann als Spezialfall der Stereoselektivität aufgefaßt werden.

Asymmetrische Synthese   Ist eine stereoselektive (bzw. stereospezifische) Synthese mit der Bildung eines asymmetrischen C-Atoms verknüpft, und wird eines der beiden Enantiomere bevorzugt gebildet, so ist die zugrundeliegende Reaktion *enantioselektiv* (bzw. *enantiospezifisch*). Derartige Reaktionen, die einen Spezialfall stereoselektiver (bzw. stereospezifischer) Synthesen darstellen, werden auch unter dem Begriff „*asymmetrische Synthese*" zusammengefaßt.

Asymmetrische Synthesen erfordern in der Regel die Anwendung optisch aktiver (chiraler) Reagenzien auf Substrate, bei denen sie prochirale Gruppen stereoselektiv in chirale Gruppierungen einer bestimmten Konfiguration überführen. Das bekannteste Beispiel stark stereoselektiv wirkender chiraler Agentien sind Enzyme, deren *asymmetrische Katalyse* im biochemischen Stoffwechselgeschehen die Vielfalt asymmetrischer Synthesemöglichkeiten mit praktisch 100 % optischer Ausbeute demonstriert.

Im Bereich der *asymmetrischen Wirkstoffsynthese* besitzt daher der Einsatz von Enzymen bzw. Mikroorganismen nach wie vor besondere Bedeutung (vgl. Ephedrin-Synthese 7.2.2). Jedoch gewinnt auch die asymmetrische Katalyse mit Hilfe von chiralen Übergangsmetall-Komplexen wachsendes Interesse. In speziellen Fällen sind sehr hohe optische Ausbeuten zu erzielen. Als Beispiel sei die katalytische Hydrierung eines olefinischen Substrates mittels eines chiralen Rhodium-Komplexes zu (−)-N-Acetylphenylalanin erwähnt, das mit etwa 90 proz. optischer Ausbeute entsteht.

Für die Aminosäure *Levodopa* (vgl. 7.8.2) wurde mittlerweile eine industriell anwendbare asymmetrische Synthese, die auf Rhodium-Katalyse basiert, entwickelt.

3 Arzneistoffentwicklung

Kernpunkt der Arzneistoff-Forschung ist die Entwicklung neuer Wirksubstanzen zur Behandlung von Krankheiten, die der Arzneimitteltherapie bisher nicht bzw. nicht im erwünschten Maß zugänglich sind, oder zur Verringerung des therapeutischen Risikos gegenüber herkömmlichen Pharmaka. Aufgrund der Komplexität biologischer Vorgänge gibt es für die gezielte Entwicklung von Arzneistoffen mit neuartigen Wirkungsqualitäten kein allgemeingültiges Konzept. *Screening-Methoden* (biologische Prüfung einer großen Zahl potentieller Wirkstoffe) kommt bis heute eine entscheidende Bedeutung zu. Da dabei in der Regel keine unmittelbar für die Therapie geeigneten Arzneistoffe erhalten werden, muß sich an den zufallsbehafteten Prozeß der Auffindung bioaktiver Substanzen eine Phase der chemischen Abwandlung mit dem Ziel der *Wirkstoffoptimierung* anschließen.

3.1 Auffindung neuer Wirkstoffe

Wirkstoffe biogenen Ursprungs   Zu den ältesten, für die Pharmakotherapie bis heute unentbehrlichen Wirksubstanzen gehören Pflanzeninhaltsstoffe. Unter diesen kommt den *Alkaloiden* eine dominierende Stellung zu. Alkaloide sind pflanzliche Sekundärstoffwechselprodukte mit ausgeprägter biologischer Aktivität, die basischen Stickstoff enthalten. Dieser ist in der Regel Bestandteil eines heterozyklischen Systems. Die Beobachtung von Wirkungen bei volkstümlich verwendeten Drogen oder Pflanzenextrakten gab häufig den Anstoß zu einer wissenschaftlichen Bearbeitung. Stationen dabei sind die Isolierung des Wirkstoffs, seine analytische und pharmakologische Charakterisierung sowie die Strukturanalyse, die nach Möglichkeit mit der Vollsynthese abgeschlossen wird.

Seit der Entdeckung der *Penicilline* (vgl. 13.2.1) kommt den „Mikroorganismen" (Bakterien, Pilze) eine besondere Bedeutung als Quelle für neue Wirkstoffe zu. Die Therapie von Infektionskrankheiten wird weitgehend durch die aus Mikroorganismen gewonnenen Antibiotika bestritten.

Tierischen Ursprungs sind *Hormone* und einige *Enzyme*, die vorwiegend zur Substitutionstherapie eingesetzt werden.

Synthetische Wirkstoffe   Bei der Auffindung der ersten synthetischen Arzneistoffe (z. B. *Acetanilid*, vgl. 7.7.7) gegen Ende des vorigen Jahrhunderts spielte der Zufall eine große Rolle. Mit dem Aufschwung der Organischen Chemie seit dieser Zeit wuchs die anfänglich begrenzte Zahl synthetischer Verbindungen. Damit eröffnete sich zwar die Möglichkeit eines breiten Screenings auf Anhaltspunkte für therapeutisch nutzbare Wirkungen, jedoch ist dieser Weg nicht zuletzt aus wirtschaftlichen Gründen wenig befriedigend. Erfolgversprechender ist es, sich auf „*Leitbilder*" zu stützen. Diese kommen häufig aus der Naturstoffchemie. Musterbeispiel hierfür sind die stark wirksamen Analgetika (vgl. 7.7.1–7.7.6), die in der Reihenfolge *Morphinane, Benzomorphane, Pethidin-* und *Methadon*-Gruppe schrittweise Vereinfachungen des *Morphin*-Moleküls darstellen. Als Modellsubstanz für die Entwicklung synthetischer *Sympathomimetika* kann *Epinephrin* (Adrenalin, vgl. 7.2.1) angesehen werden. Ebenso wurde die Entwicklung von *Lokalanästhetika, Spasmolytika* und *Malariamitteln* (Chinin → *Chloroquin*, vgl. 13.4.1) durch biogene Modellsubstanzen beeinflußt. Als Beispiel für eine an synthetischen Leitbildern orientierte Entwicklung seien die *Piperidindione* angeführt, die strukturelle Gemeinsamkeiten mit den *Barbitalen* aufweisen (vgl. 7.4.3 und 7.4.4). Davon ausgehend, daß biologisch aktive Naturstoffe wie Alkaloide heterozyklische Strukturen aufweisen, scheint auch der rein synthetisch orientierte Weg lohnend, neue heterozyklische Stoffklassen zu erschließen und auf biologische Wirksamkeit zu überprüfen. Ein Beispiel für dieses Vorgehen ist die Auffindung der *1,4-Benzodiazepine* (vgl. 7.5.1).

Biochemisch orientierte Konzepte   Mit der Erforschung der biochemischen Grundlagen physiologischer und pathologischer Vorgänge eröffnet sich die Möglichkeit zu einer am Wirkungsmechanismus orientierten Arzneistoffentwicklung. So führte die Aufklärung pathobiochemischer Grundlagen des Morbus Parkinson zur Einführung von *Levodopa* und *weiterer Antiparkinsonmittel* (vgl. 7.8.2). Ein biochemisches Konzept liegt auch dem therapeutischen Einsatz von *Antimetaboliten* zugrunde. Als Antimetaboliten werden Strukturanaloge physiologischer Stoffwechselprodukte (Metaboliten) bezeichnet, die

Stoffwechselwege zu blockieren vermögen. Aufgrund ihrer strukturellen Ähnlichkeit zu Metaboliten wirken sie als — vorzugsweise kompetitive — Enzyminhibitoren, oder sie werden als „falsche" Substrate anstelle des Metaboliten umgesetzt. Dies führt in der weiteren Folge zu Störungen im Stoffwechsel bzw. zur Hemmung der Zellteilung.

Eine begriffliche Differenzierung zwischen Antimetaboliten und Rezeptor-Antagonisten kann auf der Ebene der *Organ-* bzw. *Zellselektivität* erfolgen. Die Antimetaboliten greifen in Stoffwechselsequenzen ein, die den meisten Zellen gemeinsam sind. Sie wirken daher häufig stark toxisch. Rezeptor-Antagonisten können selektiv wirken, da die einzelnen Organe in der Regel eine unterschiedliche Rezeptorverteilung aufweisen.

In die Nucleinsäure-Biosynthese eingreifende Antimetaboliten haben insbesondere Bedeutung als *Zytostatika* erlangt. Ein Beispiel ist *Fluorouracil* (vgl. 14.1.1), das sich lediglich durch Fluor-Substitution von der Pyrimidin-Base Uracil unterscheidet. *Antibakterielle Sulfonamide* (vgl. 13.2.6) sind Antimetaboliten des Bakterienwuchsstoffs p-Aminobenzoesäure. Ihre Wirkung ist spezifisch gegen Bakterien gerichtet, da höhere Organismen nicht auf die Zufuhr von p-Aminobenzoesäure angewiesen sind. Im Falle der Sulfonamide wurde zunächst der Antimetabolit und erst später der Metabolit aufgefunden.

3.2 Abwandlung von Wirkstoffen

Zielsetzungen Der Auffindung einer bioaktiven Substanz mit pharmakologisch interessanten Eigenschaften folgt eine Phase der chemischen Bearbeitung. Zielsetzungen sind dabei

- die Herausarbeitung einer bestimmten Wirkungsqualität, die Verminderung von Begleitwirkungen sowie die Erniedrigung der Toxizität
- die Beeinflussung des pharmakokinetischen Verhaltens
- die Beeinflussung physikalischer und chemischer Eigenschaften im Hinblick auf biopharmazeutische und pharmazeutisch-technologische Anforderungen.

Die gleichen Gesichtspunkte bestimmen auch die Weiterentwicklung bereits therapeutisch genutzter Arzneistoffe.

Optimierung von Leitstrukturen Als bioaktiv erkannte Stoffe können durch Optimierung zu therapeutisch verwendbaren Arzneistoffen entwickelt werden. Die Bearbeitung beginnt mit der Suche nach dem für die Wirkung essentiellen Strukturelement. Dazu ist es erforderlich, strukturelle Varianten des Grundmoleküls zu synthetisieren und auf biologische Wirksamkeit zu überprüfen. Auf diese Weise erhält man eine *Leitsubstanz*, deren weitere chemische Abwandlung zu einem für die Therapie geeigneten Arzneistoff führen kann. Um hierbei die Anzahl der zu synthetisierenden und pharmakologisch zu testenden Substanzen gering zu halten, ist ein planmäßiges Vorgehen erforderlich. So können nach statistischen Methoden aufgebaute Stichprobenverfahren herangezogen werden, bei denen möglichst unterschiedliche Varianten der Leitsubstanz zur Testung gelangen. Bei Kenntnis der für die Wirkung entscheidenden Strukturparameter ist eine Optimierung mit Hilfe der *Quantitativen Struktur-Wirkungs-Analyse* (vgl. 1.3) möglich. Dieses theorieorientierte Verfahren hat bisher noch keine allgemeine Bedeutung erlangt.

Unter dem Gesichtspunkt der Optimierung kann auch die *partialsynthetische Abwandlung* von Naturstoffen betrachtet werden. Für die Therapie geeignete Partialsynthetika wurden mitunter — wie im Fall der ersten Morphin-Derivate — bereits vor der Strukturaufklärung der Ausgangsverbindung aufgefunden. Partialsynthetika haben insbesondere im Bereich der Steroid-Hormone und Antibiotika zum therapeutischen Fortschritt beigetragen.

Pro-drugs Wirkstoffe, die erst im Organismus zur eigentlichen Wirkform umgewandelt werden, bezeichnet man als *pro-drugs* (Pro-Pharmaka). Die Umwandlung, die an die Anwesenheit in vivo abspaltbarer Gruppierungen gebunden ist, kann enzymatischer oder nicht-enzymatischer Natur sein.

Das pro-drug-Prinzip ermöglicht es, Grundmoleküle hinsichtlich ihres pharmakokinetischen Verhaltens gezielt abzuwandeln. Ein Beispiel hierfür ist *Pivampicillin*, dessen Pivaloyloxymethylester-Gruppierung eine im Vergleich zur Ausgangsverbindung Ampicillin verbesserte Resorption bedingt (vgl. 13.2.1). Pro-drugs können auch zur Erzielung einer verlängerten Wirkungsdauer konzipiert werden. Durch Veresterung geeigneter Pharmaka mit längerkettigen Fettsäuren entstehen Derivate mit erhöhter Lipophilie, die sich nach parenteraler Applikation bevorzugt in lipophilen Kompartimenten anreichern und die Wirkform nur langsam freigeben. Auf diese Weise abgewandelte Steroid-Hormone (z.B. *Estradiol-17-valerat*, vgl. 12.5.1) werden als Depot-Arzneimittel eingesetzt.

In der pharmazeutischen Technologie tritt häufig das Problem auf, wäßrige Injektionslösungen schwerlöslicher Arzneistoffe herzustellen. In diesen Fällen besteht die Möglichkeit, Grundmoleküle durch Einführung hydrophiler Gruppen in besser lösliche pro-drugs zu überführen. Geeignete Maßnahmen sind die Veresterung mit Bernsteinsäure zum Hemisuccinat oder mit Phosphorsäure zum Monophosphat (vgl. 12.4.2).

Auch erst nachträglich als Muttersubstanzen aktiver Metaboliten erkannte Pharmaka werden als pro-drugs bezeichnet. Einige der aktiven Metaboliten wurden in die Therapie eingeführt. Die Aufklärung der Biotransformation kann somit zur Entwicklung neuer Arzneistoffe beitragen. Nachstehend sind Beispiele tabelliert.

Muttersubstanz	Aktiver Metabolit
Diazepam	Oxazepam (vgl. 7.5.1)
Imipramin	Desipramin (vgl. 7.5.5)
Phenacetin	Paracetamol (vgl. 7.7.7)
Phenylbutazon	Oxyphenbutazon (vgl. 7.7.8)
Spironolacton	Canrenon (vgl. 9.1.2)
Bromhexin	Ambroxol (vgl. 10.1.2)

Im Zusammenhang mit pro-drugs sei auf das Prinzip der „*Sollbruchstelle*" eingegangen, das z.B. bei *Fluocortinbutylester* (vgl. 12.4.2), einem zur topischen Anwendung bestimmten Glukokortikoid, realisiert ist. Bei dieser Verbindung sind auch im Falle einer Resorption keine systemischen Wirkungen zu erwarten, da rasche Hydrolyse zu inaktiven

Bruchstücken erfolgt. Auch die kurze Wirkungsdauer des Injektionsanästhetikums *Propanidid* (vgl. 7.6.2) beruht im wesentlichen auf dem Vorhandensein biolabiler Gruppierungen.

Voraussetzung für die Synthese von pro-drugs sind reaktive funktionelle Gruppen, deren Umsetzung mit geeigneten Reaktionspartnern den Aufbau biolabiler Strukturen ermöglicht. Von besonderer Bedeutung sind *Hydroxyl-* und *Carboxyl*-Gruppen sowie die *Amino*-Gruppe, die sich in die reduktiv spaltbare Azo-Gruppe überführen läßt (vgl. *Salazosulfapyridin*, 13.2.6).

Beeinflussung von Wirkungsparametern

Für viele Arzneistoffe ist charakteristisch, daß sie neben der erwünschten Hauptwirkung weitere *Wirkungsqualitäten* zeigen, die zum Ausgangspunkt für die Entwicklung neuer Wirkstoffklassen werden können. Ein Beispiel dafür sind die *antibakteriellen Sulfonamide* (vgl. 13.2.6), deren Bearbeitung u. a. zu *Antidiabetika vom Typ der Sulfonylharnstoffe* und zu *Sulfonamid-Diuretika* führte. Eine ähnlich vielfältige Entwicklung ging auch von dem H_1-*Antihistaminikum Promethazin* (vgl. 7.5.3) aus. Die *trizyklischen Neuroleptika* und *Antidepressiva* können als Abwandlungsprodukte dieser Leitsubstanz betrachtet werden.

Bei den *männlichen Sexualhormonen* ist eine vollständige Trennung der androgenen von der anabolen Wirkung bisher nicht gelungen (vgl. 12.5.4 und 12.5.6). Weiterhin ungelöst ist das Problem der Separierung schmerzstillender und suchterregender Wirkungen bei *morphinartig wirksamen Analgetika*. Dagegen gelang die Entwicklung von *Morphin-Antagonisten*, die als Antidot die atemdepressive Wirkung der stark wirksamen Analgetika aufheben (vgl. 7.7.3).

Ein eindrucksvolles Beispiel für die Erhöhung der *Wirkungsstärke* durch Molekülabwandlung stellen die neueren Sulfonylharnstoff-Antidiabetika wie *Glibenclamid* dar, die die Standardsubstanz *Tolbutamid* um den Faktor 100 bis 1000 übertreffen. Die im Vergleich zu Tolbutamid verlängerte *Wirkungsdauer* von *Chlorpropamid* ist auf den Austausch der metabolisch leicht angreifbaren p-ständigen Methyl-Gruppe gegen den Chlor-Substituenten zurückzuführen. Große Unterschiede hinsichtlich der Wirkungsdauer treten auch in der Reihe der antibakteriellen Sulfonamide auf.

Beeinflussung der Pharmakokinetik

Resorption und *Verteilung* lassen sich ebenfalls durch „molekulare Manipulation" beeinflussen, wodurch u. a. Organselektivität zu erreichen ist. *Sulfaguanidin* und *Sulfaguanol*, die eine Guanidino-Struktur aufweisen, werden im Gegensatz zu anderen Sulfonamiden nur in geringem Ausmaß gastrointestinal resorbiert. Sie eignen sich daher als lokale Darmantiseptika. Durch Einführung resorptionsbehindernder Gruppen, die erst im Darm abgespalten werden (pro-drug-Prinzip) kann das gleiche Ziel erreicht werden.

Beeinflussung im Hinblick auf pharmazeutisch-technologische Anforderungen

Prinzipiell kann die *Wasserlöslichkeit* durch Einführung hydrophiler, die *Lipoidlöslichkeit* durch Einführung lipophiler Strukturen erhöht werden. Erfolgt diese Abwandlung nach dem pro-drug-Prinzip, so ist nicht mit einer Änderung der pharmakodynamischen, wohl aber der pharmakokinetischen Eigenschaften zu rechnen. Werden dagegen nichtabspaltbare Gruppen eingeführt, so resultieren bleibende Veränderungen der physikochemischen

Eigenschaften gegenüber dem Grundmolekül. Damit sind in der Regel auch pharmakodynamische Veränderungen (meist Wirkungsverlust) verbunden. So zeigt das durch Einführung einer Hydroxyethyl-Gruppe aus *Theophyllin* hervorgegangene *Etofyllin* zwar verbesserte Wasserlöslichkeit, gleichzeitig aber auch geringere Wirkungsstärke (vgl. 8.2.2). Ohne Wirkungseinbuße kann dagegen eine N-ständige Methyl-Gruppe von *Aminophenazon* gegen die Methansulfonat-Gruppe ausgetauscht werden. Es resultiert *Noramidopyrin-methansulfonat-Natrium* (vgl. 7.7.8), das als Salz einer starken Säure sehr gut wasserlöslich ist und praktisch neutral reagiert. *Canrenon*, die Wirkform des Aldosteron-Antagonisten *Spironolacton*, enthält eine Lacton-Struktur. Durch hydrolytische Ringöffnung gelangt man zur korrespondierenden Säure, deren Kalium-Salz (*Kaliumcanrenoat*, vgl. 9.1.2) die Bereitung wäßriger Injektionslösungen ermöglicht.

Ein weiteres Prinzip zur Verbesserung der Löslichkeit besteht in der Darstellung von „*Molekülkomplexen*" wie etwa *Aminophyllin* (vgl. 7.5.8), eine salzartige Additionsverbindung, die Theophyllin und Ethylendiamin im Verhältnis 2:1 enthält.

Die Zersetzungstendenz mancher Arzneistoffe führt zu Schwierigkeiten bei der Formulierung ausreichend haltbarer Arzneimittel. Chemische Instabilität ist insbesondere bedingt durch

- *Hydrolyse-Empfindlichkeit*
- *leichte Oxidierbarkeit*
- *Lichtempfindlichkeit*
- *Tendenz zu Racemisierung bzw. Epimerisierung*

Durch Einführung „flankierender" Substituenten, die das Reaktionszentrum sterisch abschirmen, kann die Hydrolysegeschwindigkeit von *Acylaniliden* (vgl. *Lidocain*, 7.6.4) verringert werden. Die hydrolytische Aufspaltbarkeit des β-Lactam-Systems der *Penicilline* läßt sich durch Variation des seitenkettenständigen Acyl-Restes beeinflussen (vgl. 13.2.1). Insbesondere Brenzkatechine werfen aufgrund ihrer leichten Oxidierbarkeit Stabilitätsprobleme auf. Bei synthetischen Sympathomimetika konnte durch Übergang von der Brenzkatechin- zur Resorcin-Struktur (Verhinderung der Oxidation zum o-Chinon) eine Erhöhung der Stabilität erreicht werden (vgl. *Isoprenalin* → *Orciprenalin*, 7.2.1). Die Hydrierung der $\Delta^{9,10}$-Doppelbindung der Mutterkorn-Alkaloide wirkt stabilitätserhöhend durch Verringerung der Lichtempfindlichkeit und der Epimerisierungstendenz an C-8 (vgl. 7.2.3). Gleichzeitig wird jedoch auch das Wirkungsprofil geändert.

4 Biotransformation

Die Wechselbeziehungen zwischen Arzneistoff und Organismus können eingeteilt werden in

- Wirkungen des Arzneistoffs auf den Organismus (*Pharmakodynamik*) und
- Wirkungen des Organismus auf den Arzneistoff (*Pharmakokinetik, Biotransformation*).

Die Pharmakokinetik befaßt sich mit dem quantitativen Verlauf von *Resorption, Verteilung, Metabolismus* und *Ausscheidung* der Arzneistoffe. Unter *Biotransformation* versteht man die biochemische Umwandlung von Arzneistoffen und anderen Fremdstoffen (Fremdstoffmetabolismus). Da die Biotransformation eine der Voraussetzungen für die Ausscheidbarkeit vieler Arzneistoffe darstellt, wird sie häufig als Teilgebiet der Pharmakokinetik betrachtet.

Biotransformationsreaktionen bewirken im allgemeinen eine Erhöhung der Hydrophilie bzw. Senkung der Lipoidlöslichkeit des Ausgangssubstrats. Da lipophile Stoffe in der Regel aus Niere und Darm leicht rückresorbiert werden, wird durch die Biotransformation häufig eine verbesserte Ausscheidbarkeit erreicht. Gleichzeitig verringert sich die Kumulationsgefahr. Die durch Biotransformationsreaktionen bewirkten Strukturänderungen an Arzneistoffen können folgende Auswirkungen zeigen:

- Die Metaboliten sind abgeschwächt wirksam bzw. unwirksam (*Entgiftung*).
- Die Metaboliten weisen höhere Toxizität als die Ausgangssubstanz auf (*Giftung*).
- Der an sich unwirksame Ausgangsstoff wird in einen aktiven Metaboliten übergeführt (*Bioaktivierung*).

Die Entgiftung — in teleologischer Betrachtungsweise das eigentliche Ziel der Biotransformation — stellt den am häufigsten auftretenden Fall dar.

Biotransformationsreaktionen werden in der Regel durch relativ unspezifische Enzyme katalysiert. Hauptorgan des Metabolismus ist die Leber. Intrazellulär sind die zum Teil membrangebundenen Enzyme bzw. Enzymsysteme im endoplasmatischen Retikulum (ER) lokalisiert. Durch Zentrifugation von Leberhomogenisaten kann die *Mikrosomenfraktion* gewonnen werden, die neben Ribosomen Bruchstücke des endoplasmatischen Retikulums als bläschenförmige Partikel enthält. Die Mikrosomenfraktion hat für die in vitro-Untersuchung von Biotransformationsvorgängen Bedeutung erlangt.

Die im Rahmen der Biotransformation auftretenden biochemischen Umwandlungen lassen sich unterteilen in

- *Phase-I-Reaktionen* (strukturverändernde bzw. abbauende Reaktionen) und
- *Phase-II-Reaktionen* (Konjugatbildung durch Kopplung mit körpereigenen Substanzen).

4.1 Phase-I-Reaktionen

Eine Erhöhung der Hydrophilie kann durch Einführung neuer funktioneller Gruppen, Umwandlung vorhandener Gruppen sowie durch Abbaureaktionen erreicht werden. Grundlegende Reaktionstypen der Phase-I sind *Oxidation, Reduktion* und *Hydrolyse*.

Oxidationsreaktionen Wichtigste Oxidationsreaktion ist die C-Hydroxylierung durch *Monooxygenase-Systeme* der Leber, die molekularen Sauerstoff aktivieren und Substrate nach folgender allgemeinen Gleichung umsetzen:

$$-\overset{|}{\underset{|}{C}}-H \;+\; NADPH+H^{\oplus} \;+\; O_2 \;\longrightarrow\; -\overset{|}{\underset{|}{C}}-OH \;+\; NADP^{\oplus} \;+\; H_2O$$

Die Monooxygenasen werden auch als mischfunktionelle Oxidasen (Hydroxylasen) bezeichnet, da der von ihnen übertragene Sauerstoff einerseits das Substrat oxidiert, andererseits zu Wasser reduziert wird.

Die hydroxylierenden Enzymsysteme der Leber benötigen *NADPH* (reduziertes Nicotin-amid-adenin-dinucleotidphosphat, vgl. 12.8.5), ein FAD-haltiges *Flavoprotein* (FAD = Flavin-adenin-dinucleotid, vgl. 12.8.3) und ggf. weitere Redox-Systeme, die als Elektronentransportkette angeordnet sind (I, vgl. Abb.). Die Reaktion zwischen Substrat und aktiviertem Sauerstoff erfolgt in Bindung an *Cytochrom P-450* (Cyt P-450) (II, vgl. Abb.). Die Bezeichnung Cytochrom P-450 resultiert aus dem Absorptionsmaximum des Cyt P-450-Kohlenmonoxid-Komplexes (λ_{max} = 450 nm).

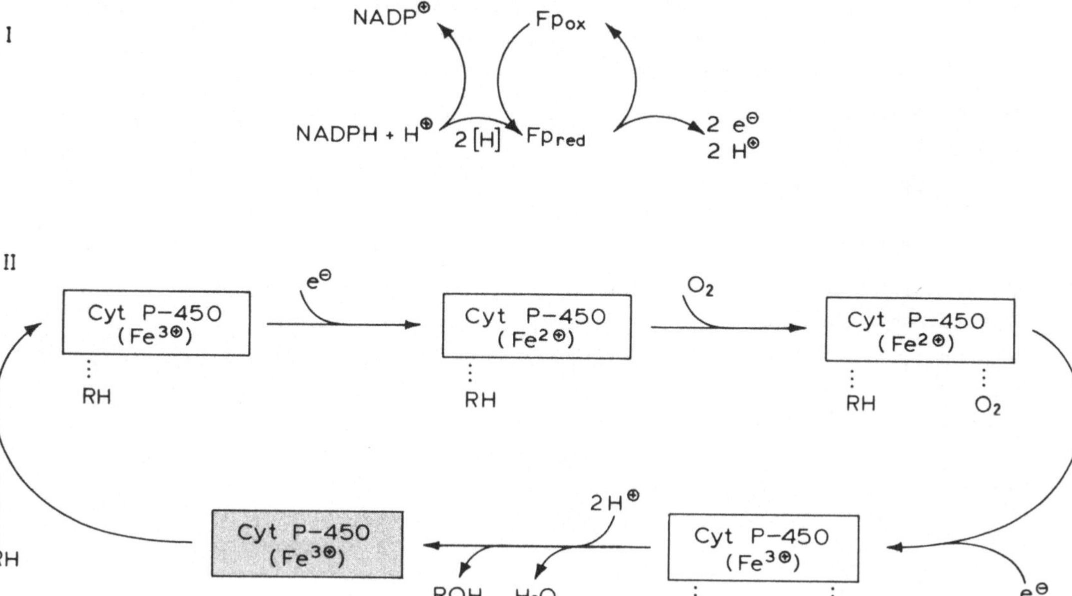

Mechanismus der Monooxygenase-Reaktion (vereinfacht)

Fp = Flavoprotein
RH = Substrat

Cytochrom P-450 bindet im oxidierten Zustand (Fe$^{3\oplus}$-Form) das Substrat. Nach Aufnahme eines Elektrons aus der vorgeschalteten Elektronentransportkette wird molekularer Sauerstoff an den Cyt P-450-Substrat-Komplex angelagert. Durch Übertragung eines weiteren Elektrons entsteht als Peroxid-Sauerstoff ($O_2^{2\ominus}$) formulierbarer *aktiver Sauerstoff*, von dem ein Atom in das Substrat eingebaut wird. Das andere Sauerstoff-Atom wird unter Protonenaufnahme als Wasser abgespalten. Man nimmt an, daß die Einschiebung des Sauerstoffs in das Substrat nach einem „oxenoiden" Mechanismus erfolgt. Oxenoider Sauerstoff besitzt 6 Außenelektronen und stellt — in Analogie zu den Carbenen — aufgrund seiner Elektronenlücke ein sehr reaktives elektrophiles Agens dar.

Beispiele für die *Hydroxylierung* aliphatischer Seitenketten bietet u.a. der Metabolismus von *Pentobarbital* (vgl. 7.4.4) und *Meprobamat* (vgl. 7.5.2). Wie in diesen beiden Fällen werden bei Arzneistoffen häufig ($\omega - 1$)-Oxidationen beobachtet. Allgemein gilt, daß tertiäre CH-Bindungen leichter als sekundäre und diese wiederum leichter als primäre angegriffen werden. Die Kernhydroxylierung von *Phenobarbital* (vgl. 7.4.4) stellt ein Beispiel für eine aromatische Hydroxylierung dar. Die Reaktion verläuft über ein instabiles Epoxid (s.u.). Hydroxylierungsreaktionen können stereochemische Probleme aufwerfen. So ist bei Arzneistoffen, die als Racemat vorliegen, eine unterschiedliche Metabolisierung der Enantiomere möglich (vgl. *Glutethimid*, 7.4.3). *Prochirale* Moleküle können unter Ausbildung eines Asymmetriezentrums stereospezifisch hydroxyliert werden (vgl. *Phenytoin*, 7.9.2). Bestimmte Arzneistoffe vermögen durch Steigerung der Cytochrom P-450-Aktivität (Erhöhung der Enzymmenge) ihren eigenen Metabolismus und den weiterer Fremdstoffe zu steigern (*Enzyminduktion*). Die Hemmung des Metabolismus bei gleichzeitiger Gabe verschiedener Fremdstoffe wird als *Enzyminhibition* bezeichnet. *Phenobarbital* besitzt induzierende, *Metyrapon* (vgl. 9.1.2) inhibierende Eigenschaften.

Neben der Hydroxylierung verlaufen u.a. folgende Reaktionen unter Cytochrom P-450-Katalyse:

- Epoxidation
- oxidative N- und O-Desalkylierung
- oxidative Desaminierung

Diesen Reaktionen ist gemeinsam, daß zumindest intermediär eine Oxigenierung (Einbau von Sauerstoff) stattfindet.

Verbindungen mit olefinischer Doppelbindung und Aromaten können Sauerstoff unter Bildung von Epoxiden bzw. Arenoxiden addieren. Die meist (metabolisch) instabilen Epoxide gehen unter enzymatischer Hydratisierung leicht in Diole über (Epoxid-Diol-Weg). Die Umwandlung der Arenoxide zu Phenolen erfolgt spontan, während die Wasseranlagerung zu Dihydro-diolen enzymkatalysiert ist.

OH   O   OH   OH

Phenol   Arenoxid   Dihydro-diol

Die *oxidative N-* und *O-Desalkylierung* verläuft bei Aminen über die Carbinolamin-Zwischenstufe, bei Ethern über Halbacetale bzw. -ketale. Ebenso wie die oxidative N-Desalkylierung führt die oxidative Desaminierung zur Spaltung von C-N-Bindungen. Zwischen beiden Vorgängen bestehen keine prinzipiellen Unterschiede.

Ein oxidativer Biotransformationsvorgang, an dem Monooxygenasen nicht beteiligt sind, ist die in der Leber stattfindende *Oxidation von Alkoholen* zu Aldehyden bzw. Ketonen durch Alkohol-Dehydrogenasen. Bei Aldehyden schließt sich meist eine rasche Weiteroxidation zu Carbonsäuren an. Primäre Alkohole werden schneller oxidiert als sekundäre Alkohole. Bei komplizierteren Molekülen stellen Konjugationsreaktionen den bevorzugten Reaktionsweg dar.

Oxidative Biotransformationsreaktionen	
Reaktionstyp	Beispiele
$-\overset{\mid}{\underset{\mid}{C}}-H \longrightarrow -\overset{\mid}{\underset{\mid}{C}}-OH$ Hydroxylierung	vgl. Text
$-\overset{\mid}{C}=\overset{\mid}{C}- \longrightarrow -\overset{\mid}{\underset{O}{C}}-\overset{\mid}{C}- ---\rightarrow -\underset{HO}{\overset{\mid}{C}}-\underset{OH}{\overset{\mid}{C}}-$ Epoxidation	Carbamazepin (vgl. 7.9.3)
$-\overset{\mid}{\underset{\mid}{N}}-\overset{\mid}{\underset{\mid}{C}}-H \longrightarrow \left[-\overset{\mid}{\underset{\mid}{N}}-\overset{\mid}{\underset{\mid}{C}}-OH\right] \longrightarrow -\overset{\mid}{N}H + -\overset{\mid}{C}=O$ Oxidative N-Desalkylierung	Diazepam (vgl. 7.5.1) Imipramin (vgl. 7.5.5)
$-\overset{\mid}{\underset{\mid}{C}}-O-\overset{\mid}{\underset{\mid}{C}}-H \longrightarrow \left[-\overset{\mid}{\underset{\mid}{C}}-O-\overset{\mid}{\underset{\mid}{C}}-OH\right] \longrightarrow -\overset{\mid}{C}-OH + -\overset{\mid}{C}=O$ Oxidative O-Desalkylierung	Codein (vgl. 7.7.1) Phenacetin (vgl. 7.7.7)
$-\overset{H}{\underset{\mid}{\overset{\mid}{C}}}-NH_2 \longrightarrow \left[-\overset{OH}{\underset{\mid}{\overset{\mid}{C}}}-NH_2\right] \longrightarrow -\overset{\mid}{C}=O + NH_3$ Oxidative Desaminierung	Amphetamin (vgl. 7.5.7)
$-\overset{\mid}{\underset{H}{\overset{\mid}{C}}}-OH \longrightarrow -\overset{\mid}{\underset{H}{C}}=O ---\rightarrow -COOH$ Oxidation von Alkoholen	Ethanol (vgl. 6.3)

Reduktionsreaktionen Im Vergleich zu oxidativen Biotransformationsvorgängen kommen reduktive Prozesse weniger häufig vor. Substrate sind u. a. *Carbonyl-Verbindungen, Nitro-* und *Azo-Verbindungen* sowie *Halogen-Verbindungen.* Die Reduktionen erfolgen unter dem Einfluß unterschiedlicher Enzymsysteme, die teils in Cytoplasma gelöst, teilweise aber auch strukturgebunden vorliegen. Die Carbonyl-Reduktion wird — wie die in umgekehrter Richtung verlaufende Alkoholoxidation — durch Alkohol-Dehydrogenasen (Aldehyd-Reduktasen) katalysiert.

Reduktive Biotransformationsreaktionen	
Reaktionstyp	**Beispiele**
$-\underset{\|}{\overset{\|}{C}}=O \longrightarrow -\underset{\|}{\overset{\|}{C}}-OH$	Chloralhydrat (vgl. 7.4.1)
$-\underset{\|}{\overset{\|}{C}}-NO_2 \longrightarrow -\underset{\|}{\overset{\|}{C}}-NH_2$	Nitrazepam (vgl. 7.5.1) Chloramphenicol (vgl. 13.2.3)
$R-N=N-R' \longrightarrow R-NH_2 + R'-NH_2$	Sulfamidochrysoidin (vgl. 13.2.6) Salazosulfapyridin (vgl. 13.2.6)
$-\underset{\|}{\overset{\|}{C}}-Br \longrightarrow -\underset{\|}{\overset{\|}{C}}H + Br^{\ominus}$	Carbromal (vgl. 7.4.2)

Hydrolysen Die Biohydrolyse sowohl von Carbonsäureestern als auch von -amiden erfolgt durch Hydrolasen, die außer in Organgeweben auch im Plasma vorkommen. Carbonsäureamide werden in der Regel langsamer gespalten als vergleichbare Carbonsäureester. Organische Phosphorsäureester und Acetale (z. B. Glykoside) können ebenfalls enzymatisch hydrolysiert werden.

Hydrolytische Biotransformationsreaktionen	
Reaktionstyp	**Beispiele**
$-\underset{\overset{\|\|}{O}}{\overset{\|}{C}}-O-\overset{\|}{\underset{\|}{C}}- \longrightarrow -COOH + HO-\overset{\|}{\underset{\|}{C}}-$	Procain (vgl. 7.6.3) Acetylsalicylsäure (vgl. 7.7.9)
$-\underset{\overset{\|\|}{O}}{\overset{\|}{C}}-NH-\overset{\|}{\underset{\|}{C}}- \longrightarrow -COOH + H_2N-\overset{\|}{\underset{\|}{C}}-$	Lidocain (vgl. 7.6.4) Phenacetin (vgl. 7.7.7)
$-\overset{\|}{\underset{\|}{C}}-O-\underset{\overset{\|\|}{O}}{\overset{OH}{P}}-OH \longrightarrow -\overset{\|}{\underset{\|}{C}}-OH + H_3PO_4$	Fosfestrol (vgl. 14.1.4)
$\begin{array}{c} O-\overset{\|}{\underset{\|}{C}}- \\ -\overset{\|}{C}H \\ O-\overset{\|}{\underset{\|}{C}}- \end{array} \longrightarrow \begin{array}{c} OH \\ -\overset{\|}{C}H \\ O-\overset{\|}{\underset{\|}{C}}- \end{array} + HO-\overset{\|}{\underset{\|}{C}}-$	Digitoxin (vgl. 8.2.1)

Anhang: Metabolisch inerte Strukturen Zu den Verbindungen, die nicht metabolisiert werden, zählen vor allem hoch dissoziierte Carbon- und Sulfonsäuren (z.B. *Cyclamat*, vgl. 15.2.4) und quartäre Ammonium-Verbindungen wie *Decamethoniumbromid* (vgl. 7.8.4). Voraussetzung ist, daß im Molekül keine biolabilen Gruppen vorliegen.

4.2 Phase-II-Reaktionen

Die Konjugatbildung mit körpereigenen Substanzen erfordert das Vorhandensein reaktiver Stellen im Fremdstoff-Molekül. In der Regel sind dies OH-, NH_2-, SH- und COOH-Gruppen, die im Verlauf der Phase-I gebildet werden oder bereits ursprünglich im Molekül enthalten sind. Die Konjugationsreaktionen laufen im allgemeinen aus energetischen Gründen nur in Anwesenheit eines aktivierten Partners ab. In den meisten Fällen ist dies die körpereigene Kopplungskomponente.

Konjugation mit Glucuronsäure Die *Glucuronidierung* stellt die häufigste Phase-II-Reaktion dar. Mit Alkoholen und Phenolen entstehen glykosidische Verbindungen, die als *„Ether-Glucuronide"* bezeichnet werden. Als aktivierter Partner fungiert *Uridin-5'-diphosphat-D-glucuronsäure* (UDP-Glucuronsäure), die im Organismus aus D-Glucose-1-phosphat und Uridintriphosphat aufgebaut wird. Dabei entsteht zunächst UDP-Glucose, die in einem weiteren Reaktionsschritt zu UDP-Glucuronsäure (*„aktive Glucuronsäure"*) oxidiert wird. Die Übertragung des Glucuronsäure-Anteils auf das Substrat vollzieht sich in Gegenwart von UDP-Glucuronosyl-Transferase (Konfigurationsumkehr an C-1). Analog reagieren Verbindungen mit SH- und NH_2-Gruppen. Mit Carbonsäuren werden *„Ester-Glucuronide"* gebildet. Die vorzugsweise in der Leber ablaufenden Glucuronidierungen führen zu stark hydrophilen Metaboliten mit geringer oder fehlender biologischer Aktivität, die renal ausscheidbar sind.

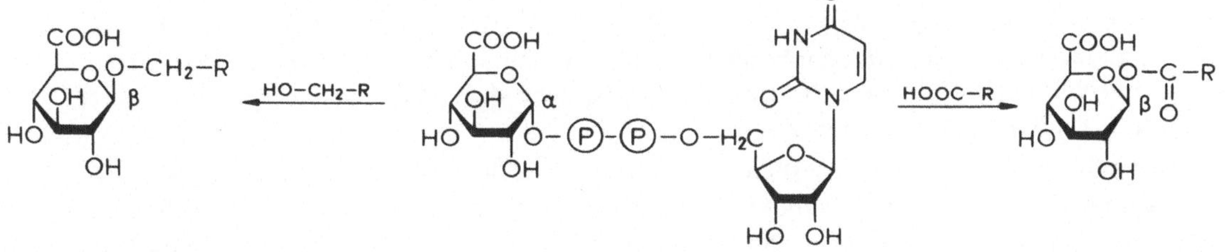

Ether-Glucuronid UDP-Glucuronsäure Ester-Glucuronid

Konjugation mit Schwefelsäure Die Überführung von Alkoholen und Phenolen, seltener von primären oder sekundären Aminen in Schwefelsäurehalbester ($R-O-SO_3^\ominus$) bzw. Sulfamate ($R-NH-SO_3^\ominus$) erfolgt mit *3'-Phosphoadenosin-5'-phosphosulfat* (PAPS, *„aktives Sulfat"*), einem gemischten Säureanhydrid mit hohem Gruppenübertragungspotential.

„Aktives Sulfat" → 3'-Phosphoadenosin-5'-phosphat

Konjugation mit Essigsäure Durch Übertragung des Acetyl-Restes auf primäre Amine können im Stoffwechsel Amide (N-Acetylamino-Verbindungen) gebildet werden. Die enzymatische Acylierung erfolgt durch Acyltransferasen, die *Acyl-* bzw. *Acetyl-Coenzym A* (vgl. 12.8.6) als Cosubstrat benötigen. Eine Erhöhung der Hydrophilie ist damit nicht verbunden.

$$H_3C-\underset{O}{\overset{\parallel}{C}}-S-\overline{CoA} \ + \ H_2N-CH_2-R \ \longrightarrow \ H_3C-\underset{O}{\overset{\parallel}{C}}-NH-CH_2-R \ + \ HS-\overline{CoA}$$

Konjugation mit Glycin Amide können auch durch Reaktion körpereigener Aminosäuren mit Carbonsäuren oder Stoffen, die im Verlauf der Phase-I zu Carbonsäuren abgebaut werden, entstehen. Aktivierter Partner ist hierbei der Fremdstoff, der im Organismus mit Adenosintriphosphat (ATP, vgl. 7.2.1) und Coenzym A (HS—CoA) unter Abspaltung von Adenosinmonophosphat (AMP) und Diphosphat in die energiereiche Thioester-Verbindung übergeführt wird. Dies entspricht dem einleitenden Reaktionsschritt der β-Oxidation der Fettsäuren.

Die Glycin-Konjugation ist insbesondere für aromatische und heteroaromatische Carbonsäuren charakteristisch, die somit in hydrophilere Derivate übergehen. So wird aus Benzoesäure Hippursäure gebildet, Nicotinsäure oder Salicylsäure ergeben Nicotinursäure bzw. Salicylursäure.

$$R-COOH \ + \ ATP \ + \ HS-\overline{CoA} \ \longrightarrow \ R-\underset{O}{\overset{\parallel}{C}}-S-\overline{CoA} \ + \ AMP \ + \ \textcircled{P}-\textcircled{P}$$

$$R-\underset{O}{\overset{\parallel}{C}}-S-\overline{CoA} \ + \ H_3\overset{\oplus}{N}-CH_2-COO^\ominus \ \longrightarrow \ R-\underset{O}{\overset{\parallel}{C}}-NH-CH_2-COOH \ + \ HS-\overline{CoA}$$

Glycin　　　　　　Glycinkonjugat

Konjugation mit Glutathion Als *Glutathion* wird das Tripeptid γ-Glutamyl-cysteinyl-glycin bezeichnet, das mit Aromaten, Alkenen, Alkyl- und Arylhalogeniden sowie Estern (Carbonsäureester und Organophosphate) zu reagieren vermag.

$$H_3\overset{\oplus}{N}-CH-CH_2-CH_2-C-NH-CH-C-NH-CH_2-COOH$$

Glutaminsäure   Cystein   Glycin

Glutathion

Der Konjugation mit Aromaten und Alkenen dürfte in vielen Fällen eine Aktivierung durch Epoxidation vorausgehen. Modellbeispiel ist die durch Glutathion-S-Epoxytransferase katalysierte Reaktion mit *Naphthalin.*

Prämercaptursäure-
Verbindung

(1-Naphthyl)-mercaptursäure

Dem nucleophilen Angriff des Glutathions (SH-Gruppe) schließt sich die schrittweise Abspaltung zweier Aminosäuren an. Es resultiert ein Cystein-Derivat, das nach Acetylierung eine sog. *Prämercaptursäure* liefert. Im Harn werden meist nur *Mercaptursäuren* (N-Acetyl-S-aryl-cysteine) nachgewiesen, da die Dihydro-Verbindungen unter Wasserabspaltung leicht rearomatisieren.

Obwohl die durch Konjugation mit Glutathion entstehenden Verbindungen im allgemeinen als Nebenmetaboliten anzusehen sind, ist diesem Biotransformationsweg eine wichtige physiologische Bedeutung beizumessen. Diese besteht im Abfangen reaktiver Zwischenprodukte, die wie im Fall der Arenoxide mit nucleophilen Biomolekülen reagieren könnten.

Methylierungsreaktionen Die Methylierung von Phenolen, Thiolen und Aminen wird den Reaktionen der Phase-II zugerechnet. Es entstehen O-, S- und N-Methyl-Derivate, deren Lipophilie gegenüber der Ausgangsverbindung erhöht ist. Insbesondere bei physiologischen Substraten (z.B. Katecholamine, vgl. 7.2.1) wird durch die Methylierung eine biologische Inaktivierung erreicht. Die Methylierungsreaktionen werden von Methyltransferasen katalysiert, die die sehr reaktionsfähige Sulfonium-Verbindung *S-Adenosylmethionin* („*aktives Methyl*"), die aus der Aminosäure Methionin und ATP gebildet wird, als Co-Substrat benötigen.

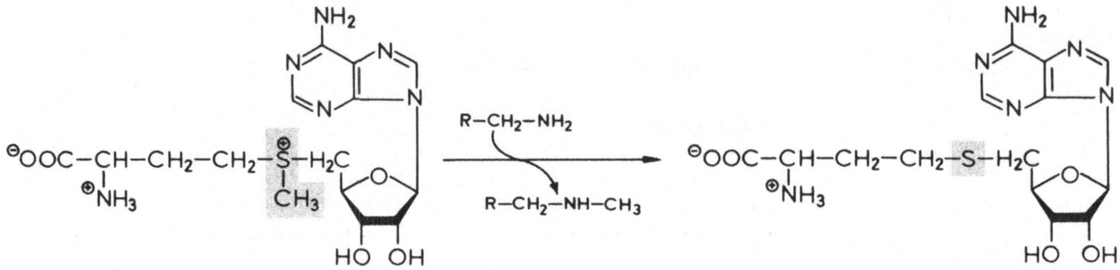

S-Adenosyl-methionin

S-Adenosyl-homocystein

Phase-II-Reaktionen	
Reaktionstyp	Beispiele*
$R-\overset{\mid}{\underset{\mid}{C}}-OH$ + Glucuronsäure	Acetylsalicylsäure (vgl. 7.7.9)
R—COOH + Glucuronsäure	Acetylsalicylsäure
$R-\overset{\mid}{\underset{\mid}{C}}-OH$ + Schwefelsäure	Paracetamol (vgl. 7.7.7)
$R-\overset{\mid}{\underset{\mid}{C}}-NH_2$ + Schwefelsäure	Anilin
$R-\overset{\mid}{\underset{\mid}{C}}-NH_2$ + Essigsäure	Nitrazepam (vgl. 7.5.1) Sulfanilamid (vgl. 13.2.6)
R—COOH + Glycin	Fenfluramin (vgl. 7.5.7) Nicotinsäure (vgl. 8.8.1)
Aromat + Glutathion	Phenacetin (vgl. 7.7.7) Parathion (vgl. 15.3.2)
O-Methylierung	Methyldopa (vgl. 8.5.2)
N-Methylierung	Levarterenol (vgl. 7.2.1)

* Die Konjugationen setzen teilweise Phase-I-Reaktionen voraus.

5 Arzneimittelanalytik

Die *Pharmazeutische Analytik* befaßt sich mit Methodik und Durchführung der Untersuchung pharmazeutisch verwendeter Einzelsubstánzen (*Wirkstoffe, Hilfsstoffe*) sowie mit Stoffen als Bestandteile komplexer Systeme. Hierunter fallen die *Arzneimittel*. Diese setzen sich aus Wirk- und Hilfsstoffen zusammen, die in eine den Anwendungszwecken entsprechende *Arzneiform* (z.B. Tabletten, Suppositorien etc.) gebracht sind. Die toxikologische Analytik und die Aufklärung von Biotransformationsvorgängen erfordern den Nachweis von Wirkstoffen und deren Metaboliten in Organen und Körperflüssigkeiten.

Zur qualitativen Untersuchung von Arzneimitteln, die mehrere Wirkstoffe enthalten, kann nachfolgender Weg eingeschlagen werden:

- Durchführung von Vorproben
- Isolierung der Wirkstoffe aus der Arzneiform
- Auftrennung der Wirkstoffe in chemisch definierte Gruppen
- Nachweis der Wirkstoffe
- Nachweis der Hilfsstoffe (Trägerstoffe)

5.1 Isolierung von Wirk- und Hilfsstoffen aus der Arzneiform und Auftrennung in chemisch definierte Gruppen

Vorproben Hinweise für die einzuschlagende Untersuchungsstrategie erhält man durch Vorproben. Dazu gehören beispielsweise die Prüfung auf das Vorliegen anorganischer Substanzen, Nachweis von N, P, S und Halogenen, Untersuchung des Löslichkeitsverhaltens und Gruppenreaktionen auf bestimmte organische Verbindungsklassen. Von Wichtigkeit für den weiteren Analysengang sind insbesondere auch Informationen über die Natur der vorliegenden Träger- bzw. Hilfsstoffe. Angaben zu deren speziellen Analytik finden sich unter 15.2.

Isolierung der Wirkstoffe aus der Arzneiform Die Abtrennung der Wirkstoffe vom Träger erfordert je nach Arzneiform ein unterschiedliches Vorgehen, das hier nur grob umrissen werden kann.

Zu den *festen Arzneiformen* zählen u.a. Tabletten und Pulver. Als Trägerstoffe sind Kohlenhydrate (Stärke, Lactose) und Anorganika wie Talkum zu erwarten. Die fein verriebene Probe kann nach dem Aufschlämmen in wäßriger Weinsäure-Lösung oder in schwefelsaurer Lösung (pH $\approx$ 1) unmittelbar dem Trennungsgang (s. u.) unterworfen werden. Häufig dürfte es zweckmäßig sein, die — organischen — Wirkstoffe durch Extraktion mit weinsaurem Ethanol von den darin praktisch unlöslichen Trägerstoffen zu separieren.

Halbfeste Arzneiformen wie Salben und Suppositorien enthalten als Träger hauptsächlich Fette, Fettalkohole und Kohlenwasserstoffe. Sofern keine Emulsion oder kein Hydrogel vorliegt, kann die Trennung vom Träger durch Extraktion mit Petrolether erfolgen. Im Rückstand befinden sich mehr oder weniger polare (in Petrolether unlösliche) Wirkstoffe und Anorganika. Deren weitere Untersuchung entspricht den festen Arzneiformen. Alternativ kann mit 60 proz. wäßrigem Ethanol extrahiert werden. Dazu wird die Probe mit etwas Hartparaffin versetzt und nach Ansäuern mit Weinsäure-Lösung zusammen mit dem Extraktionsmittel erhitzt. Nach dem Erkalten trennt man die feste Fettschicht ab und engt die wäßrig-ethanolische Phase zur Trockne ein.

Flüssige Arzneiformen werden zur Abtrennung der nichtflüchtigen Komponenten fraktioniert destilliert. Der Siedeverlauf erlaubt Rückschlüsse auf die Art der verwendeten Lösungsmittel. Der Rückstand wird dem Trennungsgang zugeführt.

Grundlagen des Trennungsganges   Der um die Mitte des vorigen Jahrhunderts von Stas ausgearbeitete und von Otto verbesserte Analysengang für Arzneistoffe bzw. Gifte, der in der Folgezeit vielfach abgewandelt wurde, hat bis heute Bedeutung für die Arzneimitteluntersuchung und die toxikologische Analyse. Der Trennungsgang gestattet es, Arzneistoffgemische aufgrund des physikochemischen Verhaltens der Einzelkomponenten durch Verteilung zwischen zwei flüssigen Phasen (Wasser und damit nicht mischbares organisches Lösungsmittel) in Fraktionen zu zerlegen.

Zu den theoretischen Grundlagen des Stas-Otto-Ganges gehören *Verteilungs-* und *Dissoziationsvorgänge.*

Verteilt sich ein Stoff zwischen zwei nicht mischbaren flüssigen Phasen, so wird nach Einstellung des Gleichgewichts ein konstantes Konzentrationsverhältnis erreicht (vgl. 1.3). Demnach gilt:

$$\frac{c_1}{c_2} = K$$

c_1 = Konzentration in der Phase 1
c_2 = Konzentration in der Phase 2
K = Verteilungskoeffizient   (Für den Lipid/Wasser-Verteilungskoeffizienten ist das Symbol P üblich.)

Die als *Nernstscher Verteilungssatz* bekannte Beziehung stellt einen Sonderfall des Massenwirkungsgesetzes dar. Bei gegebener Temperatur und gegebenem Druck hängt der Verteilungskoeffizient von der Art des verteilten Stoffes und den verwendeten Solventien ab und ist konzentrationsunabhängig, sofern Assoziations- und Dissoziationsvorgänge auszuschließen sind. Meist wird die Stoffkonzentration in der organischen Phase als c_1, die in der wäßrigen Phase als c_2 festgelegt. Ein hoher Wert für K bedeutet dann gute Löslichkeit in der organischen Phase. Wie rechnerisch gezeigt werden kann, ist durch mehrmaliges Ausschütteln mit geringem Volumen eine höhere Ausbeute zu erreichen als bei einmaliger Extraktion mit dem Gesamtvolumen.

Durch einfaches Ausschütteln lassen sich nur Stoffe mit weit auseinanderliegenden Verteilungskoeffizienten in befriedigender Weise voneinander trennen. Dagegen ist durch Extraktion unter Variation des pH-Wertes eine Separierung in saure, basische und neutrale Fraktionen leicht durchführbar. In wäßriger Phase vorliegende saure Stoffe werden durch

Zusatz stärkerer Säuren in ihrer Dissoziation zurückgedrängt. Es resultiert eine höhere Konzentration der nichtionischen und damit lipophileren Form, die mit organischen Lösungsmitteln extrahierbar ist. Umgekehrt werden Stickstoff-Basen im Sauren protoniert und damit hydrophil. Da nur lipophile Stoffe mit organischen Lösungsmitteln extrahierbar sind, ist somit eine Trennung der sauren von den basischen Verbindungen möglich.

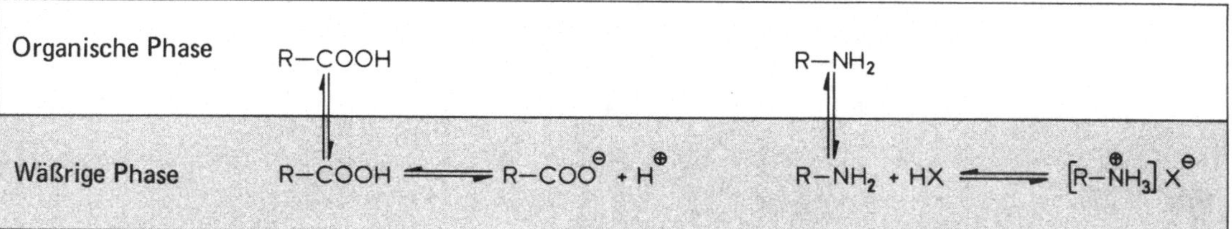

Neutralstoffe gehen in die organische Phase mit über. Ihre Isolierung gelingt, indem man die freien Säuren bzw. Basen bei entsprechendem pH-Wert mit wäßriger Phase rückextrahiert.

Durchführung des Trennungsgangs   Das aus der Arzneiform isolierte Stoffgemisch wird als saure Lösung (ggf. Suspension) dem Analysengang zugeführt. Gegenüber Weinsäure bringt die Verwendung von Schwefelsäure den Vorteil, schwächere Säuren in ihrer Dissoziation stärker zurückzudrängen. Umgekehrt werden schwächere Stickstoff-Basen in stärkerem Maß protoniert, so daß sich der im Hydrolysegleichgewicht vorliegende Anteil an freier Base verringert.

Bei der Ether-Extraktion aus saurem Milieu gehen etherlösliche Säuren und Neutralstoffe in die organische Phase über. Durch sukzessive Extraktion mit Natriumhydrogencarbonat- und Natriumhydroxid-Lösung können die Säuren in zwei Fraktionen aufgetrennt werden. Stärker acide Verbindungen (neben Carbonsäuren auch Stoffe mit ausgeprägter CH- und NH-Acidität) gehen bereits im schwächer alkalischen Bereich in die wäßrige Phase über, während weniger acide Verbindungen wie Phenole und Ureide (NH-Acidität der Imid-Struktur) erst unter Verwendung starker Basen ausschüttelbar sind. Dabei ist nicht die Art der verwendeten Base, sondern der eingestellte pH-Wert entscheidend. Nach Extraktion der aciden Verbindung enthält die Ether-Phase nur noch Neutralstoffe.

Zur Fraktionierung der in der schwefelsauren Wasserphase verbliebenen Stoffe wird neutralisiert (Natriumhydrogencarbonat) und anschließend mit Weinsäure auf pH 4—5 eingestellt. Bei der nachfolgenden Extraktion mit Chloroform gehen in Ether schwerlösliche Neutralstoffe und schwache Säuren sowie schwache Stickstoff-Basen — diese liegen bei pH 4—5 weitgehend in freier Form vor — in die organische Phase über. Nach Alkalisierung mit NaOH (pH > 11) werden die stärkeren Stickstoff-Basen freigesetzt und mit Ether ausgeschüttelt. Phenolbasen sind wegen ihres amphoteren Charakters nicht aus stark basischem Milieu extrahierbar (Phenolat-Bildung). Ihre Ausschüttelung gelingt bei pH 9, was in etwa dem isoelektrischen Punkt entspricht, mit Chloroform/2-Propanol (3 + 1). Die verbleibende Wasserphase enthält die nicht ausschüttelbaren Stoffe. Dazu gehören stark dissoziierte Säuren (z. B. Sulfonsäuren) und Säuren, die aufgrund zusätzlicher hydrophiler Gruppen auch im undissoziierten Zustand nicht in die organische Phase übergehen sowie quartäre Ammonium-Verbindungen und sehr leicht wasserlösliche Neutralstoffe.

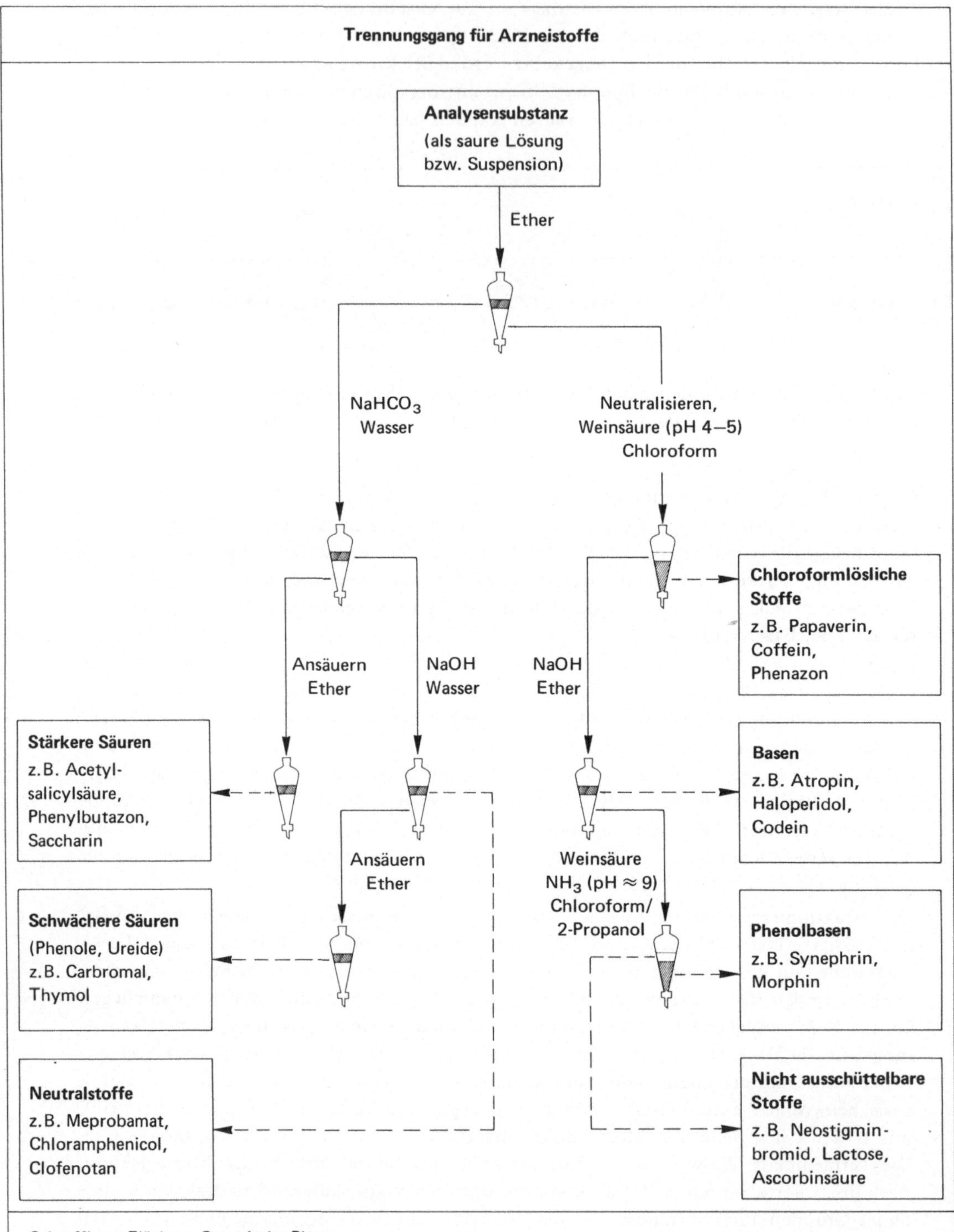

Trennungsgang für Arzneistoffe
Analysensubstanz
(als saure Lösung bzw. Suspension)
Ether
NaHCO₃ Wasser
Neutralisieren, Weinsäure (pH 4–5) Chloroform
Chloroformlösliche Stoffe
z.B. Papaverin, Coffein, Phenazon
Ansäuern Ether
NaOH Wasser
NaOH Ether
Stärkere Säuren
z.B. Acetylsalicylsäure, Phenylbutazon, Saccharin
Basen
z.B. Atropin, Haloperidol, Codein
Ansäuern Ether
Weinsäure NH₃ (pH ≈ 9) Chloroform/ 2-Propanol
Schwächere Säuren
(Phenole, Ureide) z.B. Carbromal, Thymol
Phenolbasen
z.B. Synephrin, Morphin
Neutralstoffe
z.B. Meprobamat, Chloramphenicol, Clofenotan
Nicht ausschüttelbare Stoffe
z.B. Neostigminbromid, Lactose, Ascorbinsäure
Schraffierte Flächen: Organische Phase

5.2 Identifizierung und quantitative Analyse der Einzelkomponenten von Arzneimitteln durch chromatographische Methoden

Dünnschichtchromatographie Der Zerlegung der Analysensubstanz in definierte Fraktionen folgt zweckmäßigerweise eine chromatographische Feindifferenzierung. Hierzu eignet sich insbesondere die apparativ wenig aufwendige *Dünnschichtchromatographie (DC)*. Ihr Hauptanwendungsgebiet ist die qualitative Analyse komplexer Substanzgemische, wobei in der üblichen Ausführung als Adsorptionschromatographie Polaritätsunterschiede für die Trennung der Einzelkomponenten ausschlaggebend sind. Die Auswahl der Fließmittel richtet sich nach den in den einzelnen Fraktionen zu erwartenden Stoffgruppen. Zur Identifizierung werden die in unterschiedlichen Fließmittelsystemen erhaltenen R_f-Werte sowie Farbreaktionen mit Sprühreagenzien herangezogen. Nach Möglichkeit sollte eine authentische Probe der vermuteten Substanz mitchromatographiert werden. Die weitere Absicherung erfolgt mit den in der Analytischen Chemie üblichen Methoden der Stoffidentifizierung (z.B. Mischschmelzpunkt, IR-Spektrum, Identitätsreaktionen).

Die *quantitative Direktauswertung von Dünnschichtchromatogrammen* ist auf spektralphotometrischem Weg durch *Absorptions-* oder *Fluoreszenzmessung* möglich.

Absorptionsmessungen können auf unterschiedlichem Weg durchgeführt werden. Bei der *Transmissionsmessung* (Messung im Durchlicht) durchdringt der senkrecht auf die DC-Platte einfallende monochromatische Lichtstrahl die mit einem absorbierenden Substanzfleck belegte Schicht. Die Messung erfolgt im Absorptionsmaximum. Die Auswertung basiert auf dem Intensitätsunterschied zwischen belegter und unbelegter Zone.

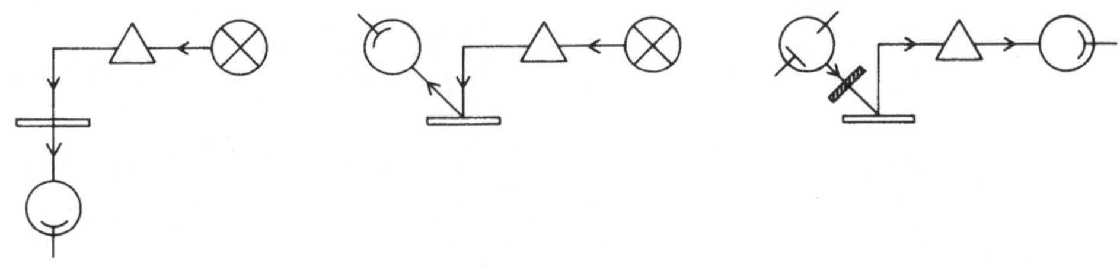

Transmissionsmessung   Remissionsmessung   Fluoreszenzmessung

Schematische Meßanordnungen zur Direktauswertung von Dünnschichtchromatogrammen

⊗ Kontinuumstrahler   △ Monochromator

Quecksilberdampflampe   Filter

Photomultiplier
(Empfänger)   DC-Platte

Von größerer Bedeutung sind *Remissionsmessungen* (Messung des diffus reflektierten Lichts). Hierzu wird Licht geeigneter Wellenlänge auf den Substanzfleck gestrahlt und das reflektierte Streulicht unter einem geeigneten Winkel (z. B. 45°) gemessen. Durch die substanzbedingte Absorption mindert sich die Intensität der remittierten Strahlung im Vergleich zur unbelegten Sorbensschicht.

Die *Fluoreszenzmessung* stellt eine sehr empfindliche Direktauswertungsmethode für Substanzen dar, die im UV-Bereich zur Emission von Sekundärstrahlung angeregt werden können. Die Intensität des Fluoreszenzlichts, das nach Durchtritt durch einen Monochromator selektiv gemessen wird, ist unter geeigneten Voraussetzungen der Substanzmenge pro Fleck direkt proportional. Die Durchführung erfolgt in Remissionsanordnung. Kommerzielle *Dünnschichtchromatogramm-Spektralphotometer* lassen sich sowohl für Absorptions- wie Fluoreszenzmessungen einsetzen. Zur Remissionsmessung nicht fluoreszierender Substanzen wird der Meßstrahl auf die sich auf einem Kreuztisch befindende DC-Platte gerichtet. Durch Vorschub in Laufrichtung kann der Meßkopf die einzelnen Bahnen des Chromatogramms optisch „abtasten". Der angeschlossene Schreiber registriert

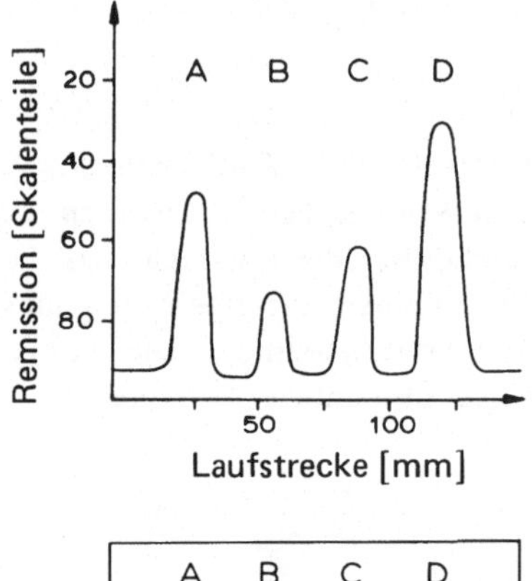

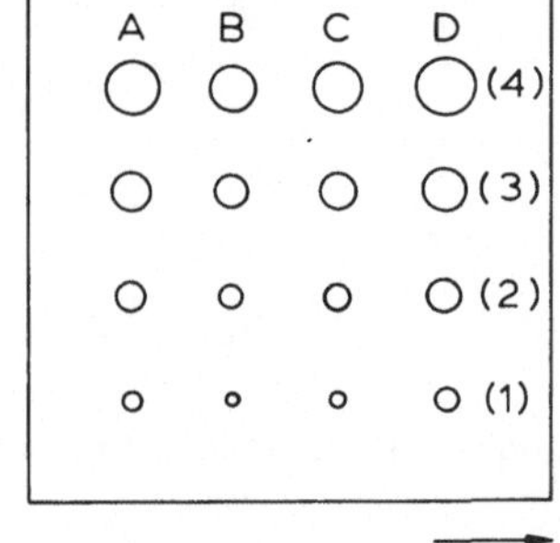

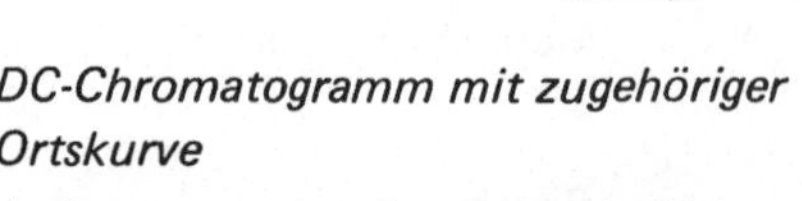

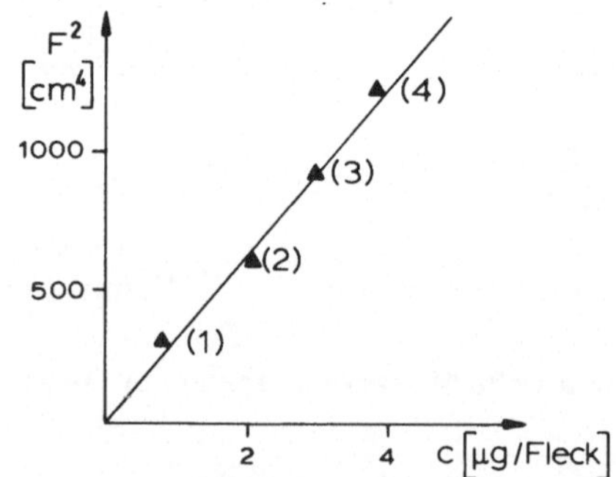

DC-Chromatogramm mit zugehöriger Ortskurve

Auftrennung von 4 unterschiedlichen Substanzen A–D mit vergleichbarem Absorptionsmaximum. Der Pfeil markiert die Laufrichtung.

Zusammenhang zwischen Flächenquadrat und Substanzmenge pro Fleck

Eichkurve für die Substanz D

Quantitative Auswertung eines Dünnschichtchromatogramms durch Remissionsmessung

die Intensitätsunterschiede (die unterschiedliche Remission) längs einer Bahn als sog. *Ortskurve*. Im Bereich geeigneter Konzentrationen ist das Quadrat der unter einer Bande liegenden Fläche der Substanzmenge pro Fleck proportional. Unbekannte Stoffkonzentrationen lassen sich daher nach Ermittlung des Flächenquadrats (ggf. über einen angeschlossenen Integrator) aus Eichkurven ablesen.

Die Auswertung von Fluoreszenzmessungen kann aus Eichkurven erfolgen, in denen die Fluoreszenzintensität gegen die Konzentration aufgetragen ist.

Hochdruckflüssigkeitschromatographie Neben der DC hat die *Hochdruckflüssigkeitschromatographie* (high pressure bzw. high performance liquid chromatography, *HPLC*) Bedeutung für die Analyse komplexer Stoffgemische gewonnen. Die Methode stellt eine Weiterentwicklung der Säulenchromatographie dar, die ursprünglich im wesentlichen zur Stoffauftrennung eingesetzt wurde. Kennzeichnend für die HPLC ist die Verwendung von Sorbentien geringer Korngröße ($< 50~\mu m$) und englumiger Säulen, durch die das Elutionsmittel unter hohem Druck ($10-400$ bar) bei konstanter Durchflußrate strömt. Dadurch wird eine erhebliche Verkürzung des Trennvorgangs bei verbesserter Trennleistung erreicht. Die Registrierung erfolgt — in Analogie zur Gaschromatographie — unter Verwendung eines Detektors, der ein der Stoffkonzentration proportionales elektrisches Signal erzeugt, und eines Kompensationsschreibers. Gebräuchlich sind u. a. Detektoren, die die UV-Absorption messen. Die Darstellung des so erhaltenen Chromatogramms (externes Chromatogramm) erfolgt als Aufzeichnung der Absorption gegen die Zeit. Die aufgetrennten Substanzen erscheinen als Peaks (Banden), wobei die zugehörige Retentionszeit (bzw. das Retentionsvolumen) ein Stoffcharakteristikum und die Fläche unter der Kurve ein Maß für die Konzentration darstellen. In der Mehrzahl der Fälle wird die HPLC als Adsorptionschromatographie durchgeführt. Die relative Molekülmasse der aufzutrennenden Substanzen liegt in der Regel zwischen 100 und 2000. Damit entspricht der Anwendungsbereich weitgehend dem der DC.

Gaschromatographie Domäne der *Gaschromatographie (GC)* ist die Analyse leicht flüchtiger Verbindungen. Schwer flüchtige, polare Substanzen, die sich nicht unzersetzt verdampfen lassen, können ggf. durch chemische Reaktionen in leichter flüchtige Derivate übergeführt werden. Eine häufig angewandte Methode stellt die Umsetzung von Verbindungen, die aktiven Wasserstoff aufweisen ($R-COOH$, $R-OH$, $R-NH_2$), mit Trimethylsilyl-Derivaten dar. Dadurch wird die Ausbildung von Wasserstoff-Brücken verhindert, was mit einer Erhöhung der Flüchtigkeit verbunden ist. Die *Silylierung* von Alkoholen kann mit Trimethylchlorsilan erfolgen. Um eine möglichst quantitative Ausbeute zu erzielen, muß die Reaktion in Anwesenheit von Basen wie Pyridin (Abfangen von HCl) durchgeführt werden.

$$R-OH + (H_3C)_3SiCl \xrightarrow{\text{Pyridin}} R-O-Si(CH_3)_3 + HCl$$

Aminosäuren können durch Veresterung mit Methanol und anschließende Acylierung mit Trifluoressigsäure-anhydrid in leicht flüchtige Ester mit Trifluoracetamido-Funktion übergeführt werden.

5.3 Qualitative Analytik spezieller Stoffgruppen

An dieser Stelle werden chemische Nachweismethoden für Stoffgruppen, die aufgrund der Systematik des „Speziellen Teils" in unterschiedlichen Kapiteln abgehandelt werden, zusammenfassend dargestellt.

Phenole Verbindungen mit phenolischer Hydroxyl-Gruppe findet man insbesondere unter den Desinfektionsmitteln. Beispiele sind *Phenol, Propylparaben* und *Hexachlorophen.*

Die *Katecholamine* (vgl. 7.2.1) besitzen als Brenzkatechin-Derivate ebenfalls phenolischen Charakter. Bei vielen polyfunktionellen Verbindungen (z. B. *Morphin* oder *Salicylsäure*) ist die phenolische Hydroxyl-Gruppe von analytischer Bedeutung.

Zur Identifizierung von *Phenolen,* aber auch von *Enolen* und *Endiolen* werden Farbreaktionen mit Eisen(III)-chlorid (1 proz. wäßrige Lösung) herangezogen. Bei Phenolen, die in o-Stellung chelatfähige Substituenten tragen, beruht die Farbgebung auf der Ausbildung von Chelatkomplexen (vgl. Nachweis von Acetylsalicylsäure über Salicylsäure 7.7.9). Die cis-Enole der β-Dicarbonyl-Verbindungen liefern ebenfalls farbige Chelatkomplexe. Auch *Pyrazolinone* wie *Phenazon,* das in der Formulierung als Zwitterion eine Enolat-Struktur aufweist, reagieren mit Eisen(III)-chlorid unter Farbbildung (vgl. 7.7.8). Bei den Farbreaktionen mit Brenzkatechinen und Hydrochinonen dürften oxidative Vorgänge (Ausbildung von Chinonen) im Vordergrund stehen. Die Eisen(III)-chlorid-Reaktion der *Phenothiazine* — diese enthalten kein phenolisches bzw. enolisches Hydroxyl — beruht ebenfalls auf der Oxidationswirkung des Reagenzes (vgl. 7.5.3).

Eine weitere Nachweismöglichkeit für Phenole stellt die Farbreaktion mit *Millons-Reagenz* (Ph. Eur.) dar. Man erhält das Reagenz durch Auflösen von metallischem Quecksilber in rauchender Salpetersäure. Mit Phenol entsteht eine rote Färbung.

Kupplungsfähige Phenole — Voraussetzung ist eine freie o- oder p-Stellung — reagieren mit Diazonium-Verbindungen (z. B. diazotierte Sulfanilsäure) zu Azofarbstoffen.

Abspaltbaren Formaldehyd enthaltende Verbindungen Wird Formaldehyd in Gegenwart von *Chromotropsäure* und konz. Schwefelsäure erhitzt, so entsteht innerhalb weniger Minuten eine Violettfärbung. Der sehr empfindliche Nachweis kann auch als Gruppenreaktion auf Verbindungen dienen, die unter diesen Bedingungen Formaldehyd abspalten. Dazu gehören u. a. *Noramidopyrin-methansulfonat-Natrium, Hydrochlorothiazid* und Hexosen wie *Glucose* (Abspaltung von Formaldehyd aus dem sich intermediär bildenden Hydroxymethylfurfural).

Chromotropsäure

violettes Reaktionsprodukt
(eine mesomere Form)

Chromotropsäure-Reaktion

Die Chromotropsäure-Reaktion folgt dem Prinzip der protonenkatalysierten Kondensation phenolischer Substanzen mit Formaldehyd zu farbigen Verbindungen (Dibenzo[c, h] xanthene). Die Farbgebung beruht auf der Bildung mesomeriestabilisierter Carbenium-Oxonium-Ionen. Ein analoges Beispiel ist die Marquis-Reaktion zum Nachweis von Morphin (vgl. 7.7.1).

Nitrierbare Aromaten Eine Reihe nitrierbarer aromatischer Verbindungen kann über die *Farbreaktion nach Vitali-Morin* nachgewiesen werden. Die Durchführung erfolgt, indem man eine Substanzprobe mit rauchender Salpetersäure zur Trockne eindampft, den Rückstand in Aceton aufnimmt und mit methanolischer Kalilauge versetzt. Der Atropin-Nachweis als bekanntestes Beispiel für diese Reaktion ist unter 7.1.3 beschrieben. Weitere nitrierfähige Aromaten findet man u.a. in der Stoffgruppe der

- Anilin-Derivate (z.B. *Tetracain*)
- (1-Phenyl)-pyrazolinone (z.B. *Propyphenazon*)
- Salicylsäure-Derivate (z.B. *Salicylsäure*)
- Penicilline (z.B. *Benzylpenicillin, Phenoxymethylpenicillin*)

Stickstoff-Basen Eine Vielzahl organischer Arzneistoffe weist basischen Charakter auf, der durch die Anwesenheit von Amino-Gruppen bedingt ist. Hierzu zählen *Alkaloide* und vergleichbare synthetische Stickstoff-Basen. Zum Gruppennachweis dieser Substanzen werden häufig Fällungsreaktionen, z.B. mit *Mayers-* oder *Dragendorffs-Reagenz* herangezogen. Mayers-Reagenz (Ph. Eur.) enthält $K_2[HgI_4]$ und wird durch Auflösen von Kaliumiodid in wäßriger Quecksilber(II)-chlorid-Lösung hergestellt. Mit Stickstoff-Basen bilden sich weiße bis gelbe Niederschläge. Dragendorffs-Reagenz (Ph. Eur.) erhält man durch Mischen einer Lösung von basischem Bismutnitrat in Wasser/Eisessig und einer wäßrigen Kaliumiodid-Lösung. Das $K[BiI_4]$ enthaltende Reagenz liefert mit Stickstoff-Basen in der Regel gelblichrote Niederschläge und wird häufig in der Papier- und Dünnschichtchromatographie zur Sichtbarmachung der Flecke angewendet.

Mutterkorn-Alkaloide Verbindungen, die das Ergolin-Grundgerüst aufweisen (Lysergsäure-Derivate und einfachere Ergolin-Alkaloide) können durch die „*Cornutin-Reaktion" nach Keller* nachgewiesen werden. Zur Durchführung wird eine geringe Substanzmenge in Eisen(III)-chlorid-haltigem Eisessig gelöst und mit konz. Schwefelsäure unterschichtet. An der Phasengrenze entsteht ein blauvioletter Ring. Nach dem Durchschütteln bilden sich blaue oder grüne Farbtöne. Die im Eisessig als Verunreinigung enthaltene Glyoxylsäure ist für die Farbstoffbildung von entscheidender Bedeutung. Unter standardisierten Bedingungen ist ein differenzierender Nachweis der einzelnen Alkaloide möglich. Die Ph. Eur.-Variante der Kellerschen Farbreaktion ist unter 7.2.3 aufgeführt.

Weiterhin können Mutterkorn-Alkaloide durch *van-Urk-Reaktion* identifiziert werden (vgl. 7.2.3). Lysergsäure-Alkaloide mit unsubstituiertem C-2 liefern eine Blaufärbung. Das 2-Brom-Derivat *Bromocriptin* zeigt unter diesen Bedingungen keine deutliche Reaktion. Zur Sichtbarmachung der Mutterkorn-Alkaloide auf Dünnschichtchromatogrammen verwendet man zweckmäßigerweise ein modifiziertes van-Urk-Reagenz, in dem Schwefelsäure gegen Salzsäure ausgetauscht ist. Die Farbentwicklung tritt nach Abflammen mit dem Bunsenbrenner ein.

Barbitale, Thiobarbitale, Hydantoine Die auf Parri zurückgehende „*Zwikker-Reaktion"* dient zum Gruppennachweis der Barbitale (vgl. 7.4.4). Nach Ph. Eur. wird die in Methanol gelöste Probe in Anwesenheit von Cobalt(II)-acetat erwärmt. Nach Zusatz von festem Natriumtetraborat erhitzt man zum Sieden, worauf eine blauviolette Färbung auftritt. Die basische Komponente ist austauschbar. So verwendete das DAB 7 Piperidin anstelle von Natriumtetraborat. Es kann angenommen werden, daß unter diesen Bedingungen zunächst ein Cobalt(II)-Salz entsteht, das mit der Base einen Komplex der Zusammensetzung [Barb]$_2$ Co[Piperidin]$_2$ bildet (Barb = Barbiturat-Rest). Thiobarbitale und Hydantoine, die mit Barbitalen ein gemeinsames Strukturelement besitzen (vgl. 7.9.2), können ebenfalls über die Zwikker-Reaktion identifiziert werden. Der nicht sehr spezifische Nachweis fällt auch bei Piperidindionen wie Glutethimid, Purinen, einigen Sulfonamiden und Saccharin positiv aus.

Purine Eine häufig angewendete Nachweismethode für Purine ist die unter 7.5.8 aufgeführte *Murexid-Reaktion.* Sie beruht auf dem oxidativen Abbau der Purine. Beim Nachweis von *Harnsäure* bildet sich Purpursäure, deren Färbung durch ein mesomeriestabilisiertes Anion im Ammonium-Salz (Murexid) verursacht ist. Als Oxidationsmittel dienen neben Wasserstoffperoxid/Salzsäure (Ph. Eur.-Variante) auch Chlorwasser bzw. Bromwasser. Führt man die Reaktion mit Salpetersäure durch, so reagieren nichtmethylierte Purine wie Harnsäure positiv, während Methylxanthine wie *Coffein* keine Färbung geben.

Steroide Wichtige Nachweisreaktionen im Rahmen der Analytik von Steroiden sind die *TTC-Reaktion* auf α-Ketolsteroide (vgl. 12.4.1) und die Zimmermann-Reaktion auf Ketosteroide (vgl. 12.5.1). Sterine wie *Cholesterin* sowie die als Seco-Derivate der Sterine aufzufassenden *D-Vitamine* können durch die *Liebermann-Burchard-Reaktion* identifiziert werden. Dazu wird die in Chloroform gelöste Probe mit Acetanhydrid und wenig Schwefelsäure versetzt. Es entstehen unterschiedliche, für die einzelnen Sterine charakteristische Färbungen. Auf der Liebermann-Burchard-Reaktion basiert eine photometrische Bestimmung für Cholesterin.

6 Klinische Chemie

Die Anwendung analytisch-chemischer Methoden auf körpereigenes Untersuchungsmaterial liefert grundlegende Daten für die Erkennung und Therapie von Krankheiten. Bei der Beurteilung dieser Daten (*Befunderstellung*) sind neben methodischen Gesichtspunkten auch patientenbedingte Einflußfaktoren (Alter, Geschlecht, Ernährung etc.) zu berücksichtigen. Quantitative Analysenergebnisse müssen mit den Werten (anscheinend) gesunder Personen, die über einen weiten Bereich streuen können, verglichen werden. Der Bereich, in den 95,5 % der Werte aller Gesunden fallen, wird als *Normbereich* angesehen. Bei Vorliegen einer Normalverteilung entspricht dies den zwischen $\bar{x} + 2s$ und $\bar{x} - 2s$ liegenden Werten.

Da sich die Klinische Chemie zu einer umfangreichen Spezialdisziplin entwickelt hat, kann von den nachfolgenden Ausführungen keine Vollständigkeit erwartet werden. Der Schwerpunkt liegt bei der Behandlung methodischer Grundlagen (enzymatische Analyse, serologische Methoden) sowie ausgewählter Untersuchungsverfahren für Körperflüssigkeiten (Blut- und Harnuntersuchung).

6.1 Enzymatische Analyse

Enzyme werden einerseits als Hilfsmittel zur Bestimmung enzymatisch umsetzbarer Substrate (*Substratbestimmungen*) eingesetzt, andererseits sind sie im Rahmen von *Enzymaktivitätsbestimmungen* selbst Gegenstand analytischer Untersuchungen. Der Begriff „enzymatische Analyse" umfaßt beide Aspekte.

Enzymaktivitätsbestimmungen   Ein Beispiel für die Aktivitätsbestimmung eines pharmazeutisch verwendeten Enzympräparates ist die Ermittlung des Wirkwertes von Pepsin nach DAB 8 (vgl. 11.1.1).

Die Enzymdiagnostik hat sich zu einem bedeutsamen Hilfsmittel der Erkennung und Verlaufskontrolle von Krankheiten entwickelt (vgl. 6.3). Die diagnostisch wichtigen Enzyme kommen im Untersuchungsmaterial — meist Serum — nur in sehr geringer Konzentration vor, so daß sie sich mit den üblichen Methoden der Protein-Analytik nicht voneinander unterscheiden lassen. Von daher werden in der Enzymdiagnostik keine Absolutmengen bestimmt, sondern man bedient sich der Messung der Substrat- bzw. Produktmenge, die von dem zu charakterisierenden Enzym pro Zeiteinheit umgesetzt oder gebildet wird. Die so definierte *Enzymaktivität* wird nach dem SI-System in der Einheit Katal ($1 \text{ kat} = 1 \text{ mol} \cdot \text{s}^{-1}$) angegeben, gebräuchlicher ist jedoch die Internationale Einheit U ($1 \text{ U} = 1 \, \mu\text{mol} \cdot \text{min}^{-1}$; $60 \text{ U} \triangleq 1 \, \mu\text{kat}$). Von der katalytischen Aktivität leitet sich die *katalytische Aktivitätskonzentration* ab. Diese entspricht der Enzymaktivität pro Volumeneinheit (*Volumenaktivität*) und wird in U/l ausgedrückt. In dieser Form wird die katalytische Aktivität von Enzymen in Körperflüssigkeiten angegeben.

Da der Definition der katalytischen Aktivität die Geschwindigkeit der katalysierten Reaktion zugrunde liegt, die von einer Reihe von Einflußgrößen abhängig ist, kommt man nur unter standardisierten Bedingungen zu vergleichbaren Ergebnissen. Die Standardisierung bezieht sich auf

- Temperatur
- pH-Wert und Ionenstärke
- Substrat- und Coenzym-Konzentration
- Konzentration an Aktivatoren.

Bei vorgegebener Temperatur (üblich sind 25 °C) sollen die Variablen so gewählt sein, daß die maximal mögliche Reaktionsgeschwindigkeit erreicht wird.

Die Reaktionen diagnostisch wichtiger Enzyme werden in der Regel so eingestellt, daß der Stoffumsatz pro Zeiteinheit (die Reaktionsgeschwindigkeit) während der gesamten Reaktionsdauer konstant bleibt (*Reaktion nullter Ordnung*).

$$-\frac{d\,[A]}{dt} = k \qquad \begin{array}{l} A = \text{Ausgangssubstanz (Substrat)} \\ k = \text{Geschwindigkeitskonstante} \end{array}$$

Der Stoffumsatz (Substratabnahme oder Produktzunahme) wird in der Mehrzahl der Fälle *photometrisch* bestimmt. Meßgröße ist die Extinktionsabnahme bzw. -zunahme pro Zeiteinheit. Die Extinktionsänderung ist dem Stoffumsatz und damit der Enzymaktivität proportional. Voraussetzung für eine direkte photometrische Verfolgung des Reaktionsverlaufs ist, daß sich einer der Reaktionspartner aufgrund seiner Absorptionseigenschaften selektiv erfassen läßt, d.h., der Ansatz darf keine störenden Fremdabsorptionen aufweisen.

Diagnostisch bedeutsam als Indikatorsubstanzen sind die *Pyridinnucleotide* (Nicotinamid-adenin-dinucleotid, *NAD*$^\oplus$ oder Nicotinamid-adenin-dinucleotidphosphat, *NADP*$^\oplus$, vgl. 12.8.5). Diese nehmen bei Dehydrierungsreaktionen Substrat-Wasserstoff auf und gehen dabei in die Dihydropyridin-Form (NADH bzw. NADPH) über. Umgekehrtes gilt für enzymkatalysierte Reduktionen. Die allgemeine Formulierung lautet:

$$DH_2 + NAD^\oplus \; \underset{\longleftarrow}{\overset{Enzym}{\longrightarrow}} \; D + NADH + H^\oplus$$

DH_2 = reduziertes Substrat
D = dehydriertes Substrat

Dehydrierte und reduzierte Formen der Pyridinnucleotide weisen unterschiedliche Chromophore und damit unterschiedliche UV-Spektren auf, wie aus der nachstehenden Darstellung für NAD$^\oplus$/NADH hervorgeht.

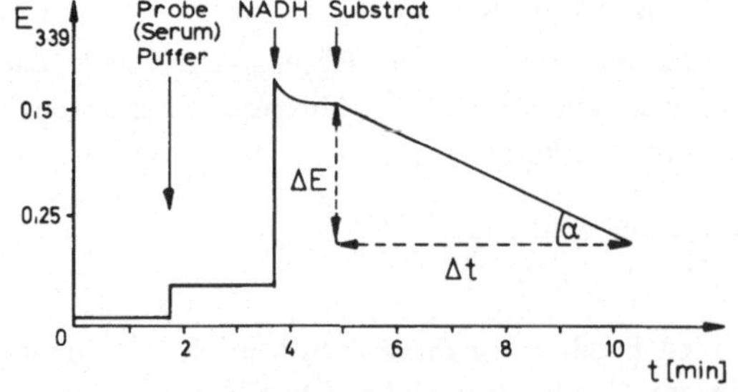

Die photometrische Auswertung von Pyridinnucleotid-abhängigen Aktivitätsbestimmungen basiert auf der Extinktionsänderung der im langwelligen UV-Bereich auftretenden NADH-Bande (λ_{max} = 339 nm).

Die auf Warburg zurückgehende Methode wird in der klinisch-chemischen Praxis sehr häufig eingesetzt und als „*optischer Test*" oder „*UV-Test*" bezeichnet. Die nachfolgende schematische Abbildung zeigt die zeitabhängige Änderung der Extinktion für einen optischen Test, bei dem NADH verbraucht wird.

Optischer Test

(Graphische Darstellung der zeitlichen Extinktionsänderung; die Pfeile kennzeichnen den Zeitpunkt des Einpipettierens der einzelnen Bestandteile in die Küvette).

Der erste Extinktionssprung ist durch die Untergrundabsorption des Serums bedingt. Da das Substrat der enzymatischen Reaktion in geringen Mengen im Serum vorhanden sein kann, wird nach dem Einpipettieren des Coenzyms häufig eine Vorreaktion beobachtet.

Die eigentliche Meßreaktion beginnt nach Zugabe des Substrats. Unter den Bedingungen einer Kinetik nullter Ordnung wird eine lineare Extinktionsabnahme (bzw. -zunahme) beobachtet.

Zur Erstellung der Kurve wird die Extinktion in kurzen Zeitabständen gemessen oder über einen angeschlossenen Schreiber fortlaufend registriert (*kinetische Methode*). Bei vorgegebenen Versuchsbedingungen erhält man die Volumenaktivität der Probe durch Multiplikation der Meßgröße $\Delta E/\Delta t$ mit einer Methodenkonstante. Da $\Delta E/\Delta t = \mathrm{tg}\,\alpha$, kann die graphische Auswertung in einfacher Weise über eine Winkelmessung erfolgen.

Enzyme, die Pyridinnucleotide als Coenzyme benötigen, können in einem einfachen *optischen Test* bestimmt werden, während Enzyme ohne Pyridinnucleotide als Cosubstrat einem einfachen optischen Test nicht zugänglich sind. Liefert die Meßreaktion (Hauptreaktion) jedoch ein Produkt, das gleichzeitig Substrat einer $NAD(P)^{\oplus}$ bzw. $NAD(P)H$-abhängigen Reaktion ist, so kann ein *zusammengesetzter optischer Test* aufgebaut werden. In einigen Fällen ist es erforderlich, zwischen *Meß-* und *Indikatorreaktion* eine vermittelnde *Hilfsreaktion* zu schalten.

Bei gekoppelten Reaktionen muß die Meßreaktion stets geschwindigkeitsbestimmend sein. Dazu ist es notwendig, die Enzyme der Hilfs- und Indikatorreaktion in sehr hohem Überschuß einzusetzen. Unter diesen Bedingungen kann Proportionalität zwischen dem Substratumsatz der Meßreaktion und dem Umsatz der Pyridinnucleotide des Indikatorsystems erreicht werden.

Neben dem optischen Test werden in einigen Fällen auch „*Farbtests*" zur Bestimmung von Enzymaktivitäten eingesetzt. Wird bei einer enzymatischen Reaktion ein farbiges Produkt gebildet, so kann über die Extinktionszunahme im sichtbaren Bereich ausgewertet werden. Es besteht auch die Möglichkeit, eine Meßreaktion mit einer Farbreaktion zu koppeln.

Substratbestimmungen   Die enzymkatalysierte Umsetzung von Stoffen kann zu deren quantitativen Bestimmung herangezogen werden. Voraussetzung bei *Endwertmethoden* ist ein vollständiger Reaktionsablauf, der bei ungünstiger Gleichgewichtslage u. a. durch entsprechende Variation der Konzentration der Reaktionspartner erreicht werden kann. So lassen sich Protonen durch Einstellung eines alkalischen Milieus abfangen, wobei jedoch die pH-Labilität der Enzyme zu berücksichtigen ist. Aldehyde und Ketone können ggf. als Semicarbazone oder Hydrazone aus dem Gleichgewicht entfernt werden.

Zur Auswertung enzymatischer Bestimmungen werden, sofern das Substrat oder das Produkt geeignete Absorptionsmaxima aufweisen und keine Störungen durch andere, eventuell in der Probe vorhandene Substanzen zu erwarten sind, photometrische Methoden bevorzugt. Meßgröße ist ΔE, die Differenz der vor und nach der Umsetzung ermittelten Extinktion.

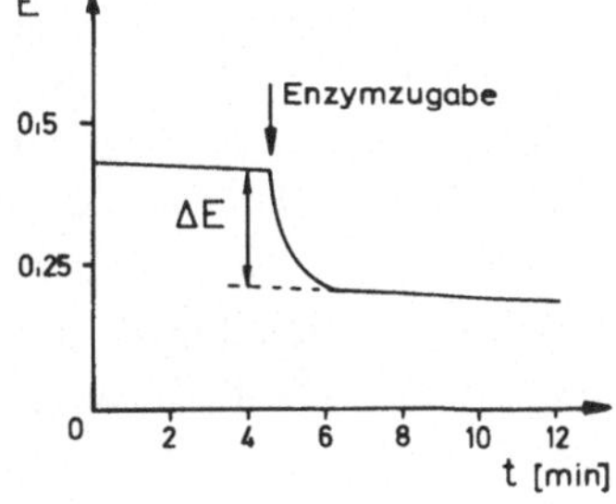

**Schematische Darstellung
des Extinktionsverlaufs
bei der Endwertmethode**

Grundsätzlich können neben der Extinktion auch andere Parameter zur Auswertung von Substratbestimmungen herangezogen werden. Entstehen während der Reaktion Protonen, so läßt sich beispielsweise eine Titration durchführen. Weiterhin können manometrische und elektrochemische Methoden eingesetzt werden. Auch über die Veränderung der optischen Drehung lassen sich Bestimmungen durchführen. Gegenüber der Photometrie kommt diesen Methoden jedoch keine große praktische Bedeutung zu.

6.2 Serologische Methoden

Höher entwickelte tierische Organismen können zwischen „Selbst" und „Nicht-Selbst" unterscheiden. Diese Fähigkeit stellt eine Leistung ihres *Immunsystems* dar. Substanzen oder Partikel, die vom Organismus als körperfremd erkannt werden, bezeichnet man als *Antigene.* Als Antwort werden *Antikörper* gebildet, die spezifisch mit den Antigenen (z.B. Bakterientoxine) zu reagieren vermögen und diese dadurch neutralisieren.

Antigene Sie wirken *immunogen*, da sie die Bildung von Antikörpern induzieren. Ihrer chemischen Natur nach gehören immunogene Substanzen vor allem zu den *Proteinen* bzw. zusammengesetzten Proteinen (Glyko- und Lipoproteine) sowie zu den *Polysacchariden.* Unter bestimmten Voraussetzungen können auch *Nucleinsäuren* immunogen sein. Die Antigene enthalten *determinante Gruppen,* die von korrespondierenden Antikörpern „erkannt" werden. Große Moleküle besitzen in der Regel mehrere Determinanten mit zum Teil unterschiedlicher Spezifität (Polyvalenz und Polyspezifität).

Die Basis für das Erkanntwerden kann eine ungewöhnliche, dem Organismus nicht vertraute Raumstruktur sein. An der Ausbildung solcher Determinanten sind bei *Proteinen* etwa drei bis sechs Aminosäuren beteiligt. Lineare Polymere aus nur einer Aminosäure wirken im allgemeinen nicht immunogen, da sich keine komplexen Raumstrukturen ausbilden können. Die Determinante der *Dextrane* (verzweigte Polysaccharide, vgl. 8.6.5) ist aus 6 Glucose-Einheiten aufgebaut. Weiterhin können auch „unphysiologische" chemische Gruppen, mit denen der Organismus normalerweise nicht konfrontiert wird, als Determinanten fungieren. Neben den Faktoren „molekulare Komplexität" und „strukturelle Fremdheit" ist das Überschreiten einer bestimmten Mindestmolekülmasse eine weitere Voraussetzung der Immunogenität. Für Proteine liegt die Grenze bei einer relativen Molekülmasse um 5000, jedoch weisen hochwirksame Immunogene relative Molekülmassen von über 40000 auf. Dextrane zeigen erst bei wesentlich höheren relativen Molekülmassen (> 600000) ausgeprägte immunogene Potenz. Immunologisch aktive Kohlenhydrat-Strukturen kommen auch bei *partikulären Antigenen* (z.B. Viren, Bakterien) vor.

Als *Haptene* bezeichnet man niedermolekulare Stoffe, die zwar mit Antikörpern zu reagieren vermögen, aber in vivo keine Antikörperbildung auslösen. Sie können erst in Bindung an höhermolekulare Trägermoleküle immunogen wirksam werden und gewinnen dann die Funktion einer antigenen Determinante. Arzneistoffe, die mit Proteinen oder anderen Zellbestandteilen in vivo reagieren können, sind in der Lage, in empfänglichen Organismen eine Immunantwort auszulösen. Ein Beispiel dafür ist Benzylpenicillin, das acylierende Eigenschaften besitzt (vgl. 13.2.1).

Die *Synthese von Immunogenen* für niedermolekulare Verbindungen hat durch die Einführung radio- und enzymimmunologischer Tests praktische Bedeutung gewonnen. Das

Prinzip besteht in der kovalenten Bindung der niedermolekularen Komponente (Hapten) an ein Trägerprotein. Wichtig ist, daß die funktionelle Gruppe des Haptens, über die die Verknüpfung getätigt wird, nicht selbst Bestandteil eines determinanten Bezirks ist, da sonst die Spezifität verloren geht.

Enthält die niedermolekulare Verbindung eine Carboxyl-Gruppe, so kann eine Bindungs-knüpfung mit freien Amino-Gruppen eines Trägerproteins z.B. mittels der *Carbodiimid-Methode* (vgl. 2.1) erfolgen. Eine andere Möglichkeit zur Kopplung der nieder- an die hochmolekulare Komponente besteht in der Verknüpfung über geeignete bifunktionelle Verbindungen. So lassen sich beispielsweise Wirkstoffe mit primärer Amino-Gruppe über *Glutaraldehyd* an Amino-Gruppen des Trägerproteins binden (Azomethin-Bildung).

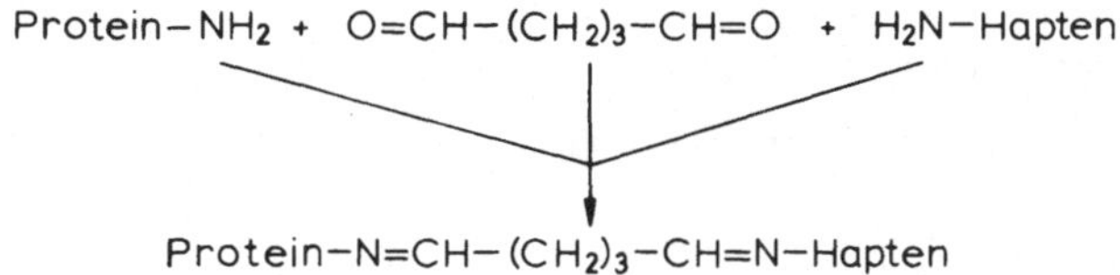

Enthält das Hapten keine geeignete reaktive Gruppe, so muß versucht werden, durch Derivatisierung die Voraussetzung für die Immunogen-Synthese zu schaffen.

Antikörper   Immunogene stimulieren die Antikörperbildung durch *immunkompetente Zellen* (B- und T-Lymphozyten). Ihrer chemischen Natur nach stellen die Antikörper eine heterogene Gruppe von Glykoproteinen dar, die als *Immunglobuline* (Ig) bezeichnet wer-den. Beim Menschen unterscheidet man 5 Klassen: IgG, IgA, IgM, IgD und IgE. Unter den im Blut zirkulierenden Antikörpern dominiert IgG (Serumkonzentration 8–16 mg/ml), das seiner serumelektrophoretischen Charakteristik entsprechend zur γ-Globulin-Fraktion gehört (vgl. 6.3). IgG weist eine relative Molekülmasse von ca. 150000 auf, sein Kohlen-hydrat-Anteil beträgt etwa 3 %. Nach Sichtbarmachung mit elektronenmikroskopischen Techniken erscheint IgG als Y-förmiges *Molekül*. Die Strukturaufklärung und Lokalisa-tion der Bereiche, an die spezielle biologische Funktionen gebunden sind, wurde u.a. er-möglicht durch

- enzymatische und chemische Abbaureaktionen
- Sequenzanalyse
- Affinitätsmarkierung

Die begrenzte Proteolyse mit *Papain* liefert zwei identische, antigenbindende Fragmente (F_{ab} = fragment antigen binding) sowie ein kristallisierbares Bruchstück (F_c = fragment crystallizable), das nicht zur Antigenbindung befähigt ist. Die relative Molekülmasse be-trägt jeweils 50000. Daß IgG aus Ketten unterschiedlicher Größe, die über Disulfid-Brücken verbunden sind, aufgebaut ist, konnte durch *Spaltung mit Sulfhydryl*-Reagenzien (z.B. 2-Mercapto-ethanol) nachgewiesen werden.

Danach erhält man schwere Ketten (heavy chaines, *H-Ketten*) mit einer relativen Molekülmasse von 50 000 und etwa halb so schwere *L-Ketten* (light chaines). Aus diesen und weiteren Untersuchungen konnte auf das nachstehende *4-Ketten-Grundmodell* für *IgG* geschlossen werden.

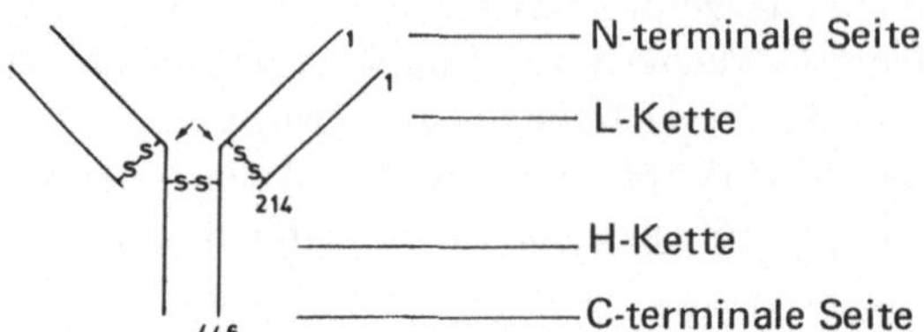

Modell eines IgG-Moleküls (vereinfacht)
(Die Pfeile markieren die Orte der Papain-Spaltung.)

Die *Sequenzanalyse* bestimmter Immunglobuline ergab, daß sowohl die leichten als auch die schweren Ketten aus Regionen mit variabler und solchen mit (weitgehend) konstanter Aminosäure-Sequenz aufgebaut sind.

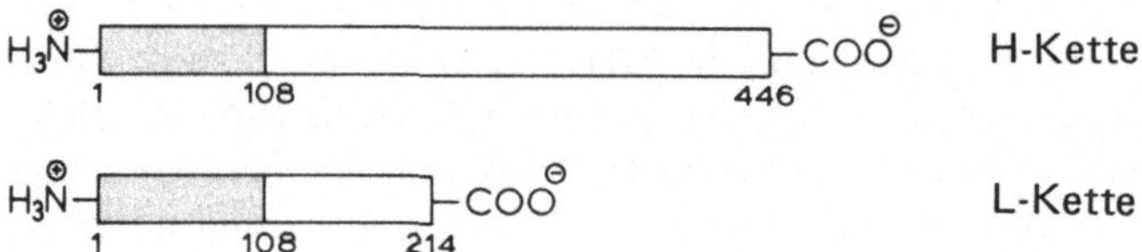

Schematische Darstellung „konstanter" und variabler Bezirke.
(Die Zahlen beziehen sich auf die Aminosäure-Sequenz.)

An der Antigenbindung sind jeweils paarweise H- und L-Kette des IgG-Moleküls beteiligt. Daraus resultiert eine *doppelte Valenz* des Antikörpers. Für die Lokalisation des antigenbindenden Bereichs an den N-terminalen Abschnitten der variablen Regionen (F_{ab}-Fragment) sprechen u.a. durch *Affinitätsmarkierung* erhaltene Ergebnisse:

Haptene, die eine zusätzliche, zur Ausbildung kovalenter Bindungen befähigte Gruppe enthalten, können irreversibel an den korrespondierenden Antikörper angelagert werden. Die Lokalisation der auf diese Weise chemisch markierten Aminosäure ist durch sequentiellen Abbau der Peptid-Kette möglich. Das Experiment kann unter Verwendung von Haptenen, in die eine Azid-Gruppe eingebracht wurde, durchgeführt werden. Nach Anlagerung an die Antigenbindungsstelle des Antikörpers wird mit UV-Licht bestrahlt. Dabei bildet sich unter N_2-Abspaltung ein reaktives *Nitren*, das fast wahllos mit einer benachbarten Gruppe der Peptid-Kette (in der Abbildung die Methyl-Gruppe von Alanin) reagiert.

Affinitätsmarkierung

(Der grau unterlegte Bereich kennzeichnet einen Ausschnitt aus der antigenbindenden Region der Peptid-Kette)

Biologische Eigenschaften, die mit dem F_c-Fragment assoziiert sind, können hier nur kurz angedeutet werden. Es zählen dazu

- die Komplement-Aktivierung. *Komplement* ist ein System von Serumproteinen, das für die volle Wirksamkeit von Antikörpern gegen Zellen notwendig ist und zu Zyto- bzw. Hämolyse führt.
- die Bindung von Monozyten (Makrophagen). Diese spielen eine kooperative Rolle bei der Antikörperbildung.
- die Befähigung zum Durchdringen der Plazentamembran.

Antigen-Antikörper-Reaktion (AAR) Voraussetzung ist ein komplementäres Strukturverhältnis zwischen Antigen und Antikörper. Für ein vorgegebenes Antigen existieren in der Regel mehrere Antikörper mit unterschiedlichem Bindungsvermögen. Die — reversible — Bindung erfolgt im wesentlichen über

- Ionenbindungen
- Wasserstoffbrücken-Bindungen
- Dispersionskräfte
- hydrophobe Wechselbeziehungen

Charakteristisch ist, daß keine kovalenten Bindungen getätigt werden. Die AAR unterliegt dem Massenwirkungsgesetz. Für den Fall der Reaktion eines monovalenten Antigens (Ag) mit einem monovalenten Antikörper (Ak) gilt:

$$\text{Ag} + \text{Ak} \rightleftharpoons \text{AgAk} \qquad \frac{[\text{AgAk}]}{[\text{Ag}][\text{Ak}]} = K$$

Antikörper mit hohem Bindungsvermögen weisen eine hohe Affinitätskonstante K auf, die Neigung zur Dissoziation des Komplexes ist dementsprechend gering. Reagieren polyvalente Partner miteinander, so ist die resultierende Gesamtbindungsstärke höher als es für die Summe der einzelnen Bindungen zu erwarten wäre. Für diesen überadditiven Effekt wurde der Begriff *Avidität* geprägt.

Polyvalente Antigene und Antikörper reagieren in wechselnden Proportionen miteinander. Lösliche Partner vernetzen bei geeignetem Konzentrationsverhältnis zu einem sichtbaren Präzipitat.

Werden zu einer gegebenen Menge antikörperhaltigen Serums (*Antiserum*) steigende Mengen Antigen zugefügt, so nimmt die Präzipitatbildung bis zu einem Maximum zu, um dann wieder abzusinken. Zur Aufstellung einer solchen *Präzipitationskurve* werden Einzelproben inkubiert. Nach Zentrifugation erfolgt die Bestimmung der Präzipitatmenge (z. B. als Gesamt-N).

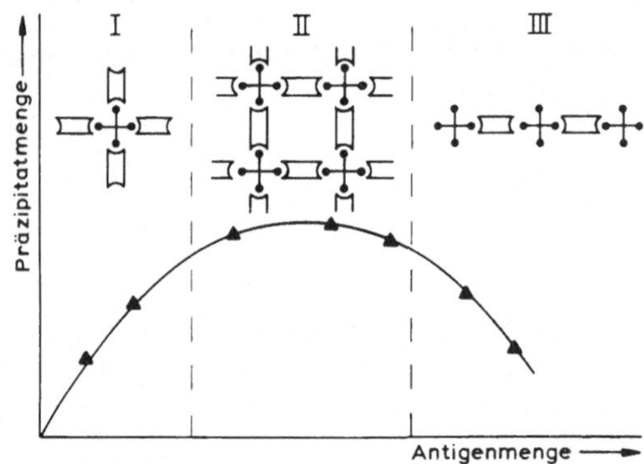

Präzipitationskurve

□   bivalenter Antikörper   +   tetravalentes Antigen

I   Antikörper-Überschußzone (Beispiel für einen löslichen Komplex bei extremem Antikörper-Überschuß)

II   Äquivalenzzone (Ausschnitt aus einem dreidimensionalen Präzipitatgitter)

III   Antigen-Überschußzone (Beispiel eines löslichen Komplexes bei Antigen-Überschuß)

Die Präzipitationsreaktion kann als serologische Methode zum in-vitro-Nachweis und zur quantitativen Bestimmung von Antigenen und Antikörpern herangezogen werden. Empfindlicher als die Präzipitationsreaktion ist die *Agglutinationsreaktion*. Man versteht darunter die Verklumpung partikulärer (nicht löslicher) Antigene in Gegenwart mindestens bivalenter Antikörper. Eine (passive) Agglutinationsreaktion kann auch durchgeführt werden, indem man lösliche Antigene durch Adsorption an *Polystyrol-Latex-Partikel* insolubilisiert. Dieses Prinzip findet beim Schwangerschaftstest (vgl. 6.3) Anwendung.

Radio-Immunoassay   Die hohe *Spezifität* der Antigen-Antikörper-Reaktion sowie die durch Verwendung radioaktiv markierter Substanzen gegebene hohe *Nachweisempfindlichkeit* sind Kennzeichen des Radio-Immunoassays (RIA), einer mikroanalytischen Methode, die es gestattet, Picogramm-Mengen von Wirkstoffen ohne vorherige Abtrennung in komplexen Systemen (z. B. Körperflüssigkeiten) zu bestimmen.

Prinzip: Einer Probe des zu bestimmenden Antigens (bzw. Haptens) wird eine definierte Menge radioaktiv markierten Antigens (Marker-Antigen) beigemischt. Nach Zufügen einer unterstöchiometrischen Menge antikörperhaltigen Testserums konkurrieren die beiden

Antigen-Spezies um die limitierten Bindungsstellen des Antiserums. Für monovalente Reaktionspartner stellen sich nach Inkubation folgende Gleichgewichte ein:

$$Ag + Ak \rightleftharpoons AgAk$$
$$Ag^* + Ak \rightleftharpoons Ag^*Ak$$

Je höher die Antigenkonzentration der zu messenden Probe ist, um so geringer ist der Anteil des im Immunkomplex gebundenen Marker-Antigens. Die Höhe der *gebundenen Radioaktivität (B)* bzw. das Verhältnis von gebundener zu *freier Radioaktivität (F)* sind konzentrationsabhängig und bilden die Grundlage für die quantitative Auswertung. Diese kann über Eichkurven erfolgen, in denen B bzw. B/F gegen die Konzentration aufgetragen ist. In dieser Darstellungsform erhält man nicht-lineare Kurven.

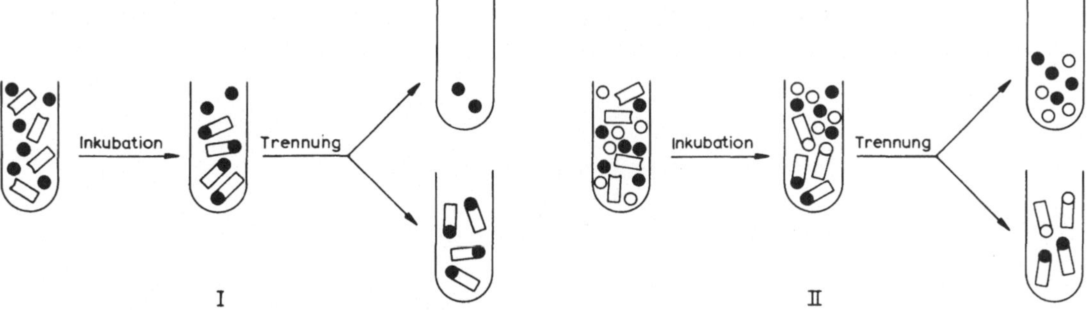

Funktionsprinzip des Radio-Immunoassays
(Zur Vereinfachung wird quantitativer Reaktionsverlauf vorausgesetzt; Zahlenbeispiele sind willkürlich ausgewählt.)

●   Marker-Antigen

○   zu bestimmendes Antigen (Hapten)

▯   Antikörper

I   *Standardbezugssystem:* $6Ag^* + 4Ak \longrightarrow 4Ag^*Ak + 2Ag^*$
Das Verhältnis von markiertem gebundenen zu markiertem freien Antigen beträgt 2:1.

II   *Versuch:* $6Ag^* + 6Ag + 4Ak \longrightarrow 2Ag^*Ak + 2AgAk + 4Ag^* + 4Ag$
Das Verhältnis von markiertem gebundenen zu markiertem freien Antigen beträgt 1:2.

Reagenzien: Die Markierung der *Antigene* erfolgt vorzugsweise durch Einführung des Nuklids ^{125}I. Für Iod-haltige Verbindungen wie Levothyroxin (T4, vgl. 12.2.1) ist dies durch Austauschreaktion möglich. Markiertes und nicht markiertes Hapten werden sich in diesem Fall immunchemisch äquivalent verhalten. Ein unterschiedliches Bindungsverhalten kann auftreten, wenn Iod-freie Verbindungen in iodierte Derivate übergeführt werden. ^{125}I, das eine Halbwertzeit von ca. 60 d besitzt, ist als γ-Strahler und wegen seiner relativ hohen spezifischen Aktivität zur Messung besonders geeignet.

Die Herstellung der antikörperhaltigen *Testseren* (Antiseren) erfolgt durch Immunisierung von Versuchstieren. Niedermolekulare Stoffe müssen zuvor durch Kopplung an Träger in wirksame Immunogene übergeführt werden.

Trennung: Der Radioaktivitätsmessung muß eine Separierung des freien vom gebundenen Antigen-Anteil vorausgehen. *Die Festphasentechnik*, die häufig bei kommerziellen RIA-Bestecken angewendet wird, ermöglicht ein besonders einfaches Vorgehen. Bei diesem Verfahren werden an der Teströhrchenwand adsorptiv fixierte Antikörper eingesetzt, die Trennung wird durch Ausgießen des Reaktionsansatzes erreicht.

Messung der Radioaktivität: Die Bestimmung der Radioaktivität ^{125}I-markierter Proben erfolgt durch *Szintillationszähler*. Die emittierte γ-Strahlung wird von Szintillatoren (z. B. Anthracen- oder NaI-Kristalle) aufgenommen und in Form von kleinen Lichtblitzen wieder abgegeben. Die pro Zeiteinheit abgegebenen Lichtblitze, die über Photomultiplier in Stromimpulse umgewandelt werden, sind der Zerfallsrate des Radionuklids proportional.

Die zur Entwicklung und Durchführung eines Radio-Immunoassays erforderlichen Schritte zeigt das nachfolgende Schema.

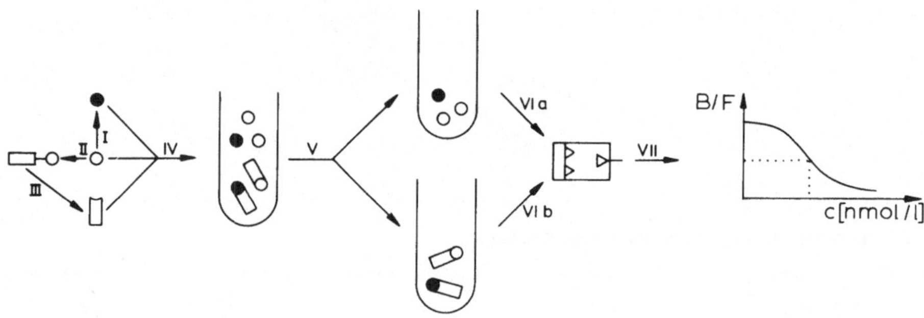

Radio-Immunoassay

⊏─o	Immunogen
	Szintillationszähler
I	Synthese des markierten Haptens (Marker-Antigen)
II	Immunogen-Synthese
III	Immunisierung von Versuchstieren und Gewinnung des antikörperhaltigen Testserums
IV	Inkubation
V	Trennung
VI	Aktivitätsmessungen
VII	Aufstellung einer Eichkurve und graphische Auswertung

Enzym-Immunoassay Beim Enzym-Immunoassay (EIA) werden enzymmarkierte Antigene als Marker eingesetzt. In der Ausführung als *heterogener Enzym-Immunoassay* (EIA-ELISA, enzyme linked immuno sorbent assay) ist dieser Test dem RIA analog.

Heterogener Enzym-Immunoassay

⬚⬚-O	Enzymmarkiertes Antigen
S	Substrat (für die enzymatische Reaktion)
P	Produkt

Zur Trennung des Immunkomplexes vom freien Antigen bzw. Antigen-Enzym-Komplex wird meistens die Festphasentechnik angewendet. Anstelle der Messung der Radioaktivität erfolgt eine photometrische Enzymaktivitätsbestimmung (vgl. 6.1). Die Aktivität der gebundenen Marker verhält sich gegensinnig zur Konzentration des zu messenden Antigens.

Die katalytische Aktivität bestimmter Markerenzyme wird bei der Bindung an Antikörper gehemmt. Dieser Effekt bildet die Grundlage des *homogenen Enzym-Immunoassays* (EIA-EMIT®, enzyme multiplied immunoassay technique). Bei dieser Technik entfällt der Trennungsschritt. Die im Analysenansatz gefundene Aktivität verhält sich gleichsinnig zur Probenkonzentration.

Markerantigene: Die kovalente Bindung von Enzymen an Antigene erfolgt nach den gleichen Prinzipien wie die Immunogen-Synthese. Im Idealfall sollten sich die für heterogene Enzym-Immoassays benötigten Marker weder in ihren immunochemischen Eigenschaften noch in ihrer katalytischen Aktivität von den Ausgangskomponenten unterscheiden.

Spezifität, Empfindlichkeit: Hinsichtlich dieser Kriterien entspricht der Enzym-Immunoassay weitgehend dem Radio-Immunoassay. Die hohe Empfindlichkeit des EIA kommt durch die Verstärkerwirkung der Enzymkatalyse zustande. Bei hoher molekularer Aktivität (hohe Wechselzahl) kann eine geringe Enzymmenge eine große Anzahl von Substratmolekülen umsetzen.

Anwendung radio- und enzymimmunologischer Methoden   RIA und EIA sind häufig die Methoden der Wahl, wenn es gilt, geringe Spuren biologisch aktiver Substanzen in Systemen, die hohe Fremdstoffkonzentrationen aufweisen, quantitativ zu erfassen. Als Anwendungsbeispiele sind die Bestimmung von Hormonen (z.B. *Insulin* und *Schilddrüsenhormone*), denen für die Diagnose und Verlaufskontrolle von Krankheiten Bedeutung zukommt, sowie die Blutspiegelkontrolle von Pharmaka (z.B. *Digoxin* und *Phenytoin*) und der Einsatz in der Toxikologie (*LSD-Bestimmung*) zu nennen.

6.3 Blutuntersuchung

Untersuchungsmaterial Orientierende Angaben zur Zusammensetzung des Blutes finden sich unter 8.6. Auf die morphologische Untersuchung der Formelemente des Blutes sei hier nicht näher eingegangen.

Als Probenmaterial für klinisch-chemische Untersuchungen verwendet man

- *venöses Blut,* das nach kurzer Stauung einer Cubital-(Ellenbogen-)-vene entnommen wird, sowie
- *kapillares Blut,* das nach Punktion einer Fingerbeere spontan austritt.

Hinsichtlich der Mehrzahl der zu untersuchenden Parameter bestehen keine bedeutsamen Unterschiede zwischen venösem und kapillarem Blut. Wichtige Ausnahmen sind die Glucose-Konzentration, die im Kapillarblut erhöht ist, sowie die Lactat- und Pyruvat-Konzentration, die dort niedriger liegen.

Plasma gewinnt man aus ungerinnbar gemachtem Blut durch Abzentrifugieren der Formelemente, wobei keine Hämolyse eintreten darf. Als Antikoagulantien werden u. a. Natriumcitrat, Natriumfluorid oder Heparin eingesetzt (vgl. 8.6.2).

Serum erhält man aus spontan geronnenem Blut nach Entfernung des Blutkuchens und anschließendem Zentrifugieren. Im Gegensatz zum Plasma enthält Serum kein Fibrinogen. Auch fehlen die bei der Gerinnung verbrauchten Gerinnungsfaktoren.

Manche Untersuchungen erfordern eine vorherige *Enteiweißung* des Plasmas oder Serums. Dazu werden anionenaktive Fällungsmittel wie Trichloressigsäure und Perchlorsäure oder kationenaktive Fällungsmittel wie Uranylacetat eingesetzt.

Hämoglobin Der rote Blutfarbstoff Hämoglobin (Hb) ist ein Eisen-Porphyrin-Protein, dessen physiologische Aufgabe der Sauerstoff-Transport im Blut darstellt. Erniedrigte Hämoglobin-Werte findet man bei Anämien (vgl. 8.7).

Prinzip der Hämoglobin-Bestimmung: Im *Häm* (Porphyrin-Komponente des Hb) liegt Eisen in zweiwertiger Form vor. Durch Kaliumhexacyanoferrat(III) wird Hb zu *Methämoglobin* (Ferrihämoglobin) oxidiert, das dreiwertiges Eisen enthält. Mit Kaliumcyanid entsteht die stabile Verbindung *Methämoglobincyanid* (Cyanhämiglobin), die bei 540 nm ein zur photometrischen Messung geeignetes Extinktionsmaximum aufweist.

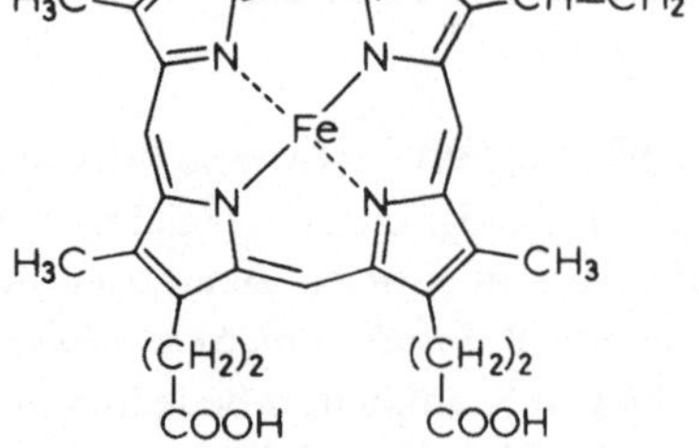

Häm

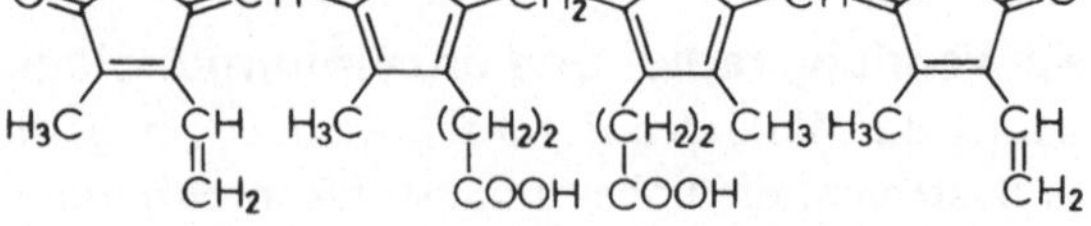

Bilirubin

Bilirubin Der Abbau von Hämoglobin (bzw. Häm) findet insbesondere in den Kupfferschen Sternzellen der Leber, aber auch im retikuloendothelialen System anderer Organe statt. Durch oxidative Spaltung des Porphyrin-Systems entsteht zunächst das offenkettige Tetrapyrrol-Derivat *Verdoglobin*, das über *Biliverdin* in den Gallenfarbstoff *Bilirubin* umgewandelt wird. Bilirubin ist sehr schwer wasserlöslich und liegt im Blut vor allem an Albumin gebunden vor („indirektes Bilirubin"). *Bilirubindiglucuronid* („direktes Bilirubin") wird in der Leber durch Konjugation gebildet und beim Gesunden über die Galle ausgeschieden. Die Bilirubin-Bestimmung ist für die Differentialdiagnostik der verschiedenen *Ikterusformen* von Bedeutung.

Die Bestimmung im Serum erfolgt durch photometrische Auswertung einer Kupplungsreaktion mit diazotierter Sulfanilsäure. Dabei entstehen wasserlösliche Farbstoffe, die im stark sauren und alkalischen Milieu blau, im neutralen Bereich rot vorliegen. *Indirektes Bilirubin* reagiert erst nach Zusatz von „Akzeleratoren" wie Ethanol oder Coffein-Natriumbenzoat, die den Gallenfarbstoff aus der Plasmaeiweiß-Bindung freisetzen.

Gesamtbilirubin (indirektes und direktes Bilirubin) wird in alkalischem Milieu nach Zusatz eines Akzelerators bestimmt. Bilirubindiglucuronid wird in direkter Reaktion unter Bildung roter Farbstoffe erfaßt. Die Differenz beider Messungen ergibt den Anteil an indirektem Bilirubin.

Eisen Im Serum erfolgt der Transport von dreiwertigem Eisen in Bindung an das Protein Transferrin (vgl. 8.7.1). Erhöhte Serumeisen-Werte findet man u.a. bei hämolytischen Anämien und akuter Hepatitis, während die Werte bei Eisenmangelanämien erniedrigt sind.

Zur quantitativen Bestimmung wird das Serumeisen durch Salzsäure oder Detergentien aus der Bindung an Transferrin freigesetzt und — ggf. nach Enteiweißung mit Trichloressigsäure — zu zweiwertigem Eisen reduziert. Hierzu eignet sich z.B. Ascorbinsäure. Mit dem Chelatbildner Bathophenanthrolindisulfonat entsteht ein roter Komplex, dessen Intensität photometrisch gemessen wird.

Eisenbindungskapazität Das Transferrin des Serums ist normalerweise nur zu einem Drittel seiner maximalen Aufnahmefähigkeit mit Eisen beladen. Durch Zugabe eines Überschusses an $Fe^{3\oplus}$ kann Transferrin abgesättigt werden. Die *totale Eisenbindungskapazität* gibt die Menge Eisen an, die von einem bestimmten Serum-Volumen gebunden wird und ist damit ein Maß für die Transferrin-Konzentration im Serum. Die Bestimmung erfolgt, indem man nach Absättigung das nicht gebundene $Fe^{3\oplus}$ mit basischem Magnesiumcarbonat fällt, zentrifugiert und den Eisen-Gehalt im Überstand ermittelt.

Serumelektrolyte Die klinisch-chemisch relevanten Kationen $Na^{\oplus}$, $K^{\oplus}$, $Ca^{2\oplus}$ und $Mg^{2\oplus}$ werden durch *Flammenspektrometrie* oder *Atomabsorptionsspektrometrie* bestimmt. Die Flammenspektrometrie beruht auf der Messung der von thermisch angeregten Elementen ausgehenden Strahlung. Demgegenüber basiert die Atomabsorptionsspektrometrie auf der Tatsache, daß Atome im Grundzustand Licht der Wellenlänge ihrer Resonanzlinien absorbieren. Die Flammenspektrometrie eignet sich insbesondere für die thermisch leicht anregbaren Alkalimetalle, während die Atomabsorptionsspektrometrie für die Bestimmung von $Ca^{2\oplus}$ und $Mg^{2\oplus}$ die Methode der Wahl darstellt.

Der *Chlorid-Gehalt* des Serums wird in der Regel potentiometrisch oder coulometrisch ermittelt.

Enzymaktivitäten   Nach ihrer physiologischen Bedeutung unterscheidet man

- organspezifische und organunspezifische Enzyme mit physiologischer Funktion in der Zelle selbst (Zellenzyme). Dazu zählen u.a. die Enzyme der Zellatmung sowie die später zu behandelnden Enzyme GOT, LDH und γ-GT.
- von exokrinen Organen sezernierte Enzyme (z.B. α-Amylase, Pankreas-Lipase)
- Plasmaenzyme, die ihre Wirkung in der Blutbahn entfalten (z.B. Gerinnungsenzyme, Cholinesterase)

Die unterschiedlichen Funktionen der Organe spiegeln sich in einer differenzierten Enzymausstattung ihrer Zellen wieder. Ein Übertritt der Zellenzyme in das Interstitium und den Intravasalraum findet in geringem Umfang im Rahmen der Zellerneuerung statt. Treten größere Mengen über, so ist dies ein Anzeichen für eine mit erhöhter Membrandurchlässigkeit einhergehende Zellschädigung. Die Bestimmung der im Plasma auftretenden organspezifischen Enzyme bzw. des Enzymmusters erlaubt deshalb Rückschlüsse auf das erkrankte Organ. Ebenso wie die Zellenzyme finden sich auch die exokrin sezernierten Enzyme unter physiologischen Bedingungen nur in geringer Menge im Blut. Erniedrigte Plasmaenzym-Werte findet man bei gestörter Enzymsynthese (z.B. bei Lebererkrankungen).

Lactat-Dehydrogenase (LDH)   Dieses in multiplen Formen auftretende Zellenzym (es sind 5 Isoenzyme bekannt) katalysiert den letzten Schritt der Glykolyse und ist in den meisten Geweben vorhanden. Hohe Aktivitäten weisen Herz, Leber und Erythrozyten auf. Dementsprechend kommt der Bestimmung von LDH bzw. einzelner Isoenzyme diagnostische Bedeutung bei Herzerkrankungen (Infarkt und dessen Verlaufskontrolle), Lebernekrosen und Anämien zu.

Die LDH-Bestimmung ist ein Beispiel für den einfachen *optischen Test* (UV-Test). Meßgröße ist die Abnahme der Extinktion von NADH pro Zeiteinheit.

$$\begin{array}{ccc}
COO^{\ominus} & & COO^{\ominus} \\
| & & | \\
C{=}O \;+\; NADH \;+\; H^{\oplus} \;\; \underset{\longleftarrow}{\overset{LDH}{\longrightarrow}} \;\; HO{-}C{-}H \;+\; NAD^{\oplus} \\
| & & | \\
CH_3 & & CH_3
\end{array}$$

Pyruvat   L-Lactat

Aktivitätsbestimmung von LDH

Aspartat-Aminotransferase (Glutamat-Oxalacetat-Transaminase, GOT)   Diese wenig organspezifische Transaminase existiert ebenfalls in multiplen Formen. Ihre Aktivitätsbestimmung ist in der Herzinfarkt- und Leberdiagnostik von Bedeutung. GOT katalysiert den Transfer der Amino-Gruppe des L-Aspartats auf 2-Oxoglutarat (α-Ketoglutarat), wobei L-Glutamat und Oxalacetat entstehen. Da diese Meßreaktion nicht unmittelbar photometrisch verfolgbar ist, wird eine NADH-verbrauchende Indikatorreaktion nachgeschaltet, in der Oxalacetat durch Malat-Dehydrogenase (MDH) zu L-Malat umgesetzt wird. Es handelt sich also um einen zusammengesetzten optischen Test. Meßgröße ist wiederum die durch Dehydrierung von NADH bedingte Extinktionsabnahme pro Zeiteinheit.

$$L\text{-Aspartat} + 2\text{-Oxoglutarat} \xrightleftharpoons{\text{GOT}} L\text{-Glutamat} + \text{Oxalacetat} \qquad \textit{Meßreaktion}$$

$$\text{Oxalacetat} + NADH + H^{\oplus} \xrightleftharpoons{\text{MDH}} L\text{-Malat} + NAD^{\oplus} \qquad \textit{Indikatorreaktion}$$

Aktivitätsbestimmung von GOT

Neben GOT ist als weitere Transaminase *Alanin-Aminotransferase* (Glutamat-Pyruvat-Transaminase, **GPT**) von diagnostischer Bedeutung.

γ-Glutamyl-Transpeptidase (γ-Glutamyl-Transferase, γ-GT) Obwohl sich in der Niere die höchsten Konzentrationen dieses Enzyms finden, liegt die Hauptbedeutung in der Diagnostik von Lebererkrankungen. γ-GT ermöglicht die Übertragung des Glutamyl-Restes von Peptiden auf andere Peptide oder Aminosäuren. Zur Aktivitätsbestimmung verwendet man das synthetische Substrat γ-Glutamyl-p-nitranilid, dessen Aminosäure-Rest unter Abspaltung von p-Nitranilin auf Glycylglycin transferiert wird. Das Reaktionsprodukt p-Nitranilin ist gelb gefärbt, so daß dessen Extinktionszunahme pro Zeiteinheit als Meßgröße herangezogen wird (Farbtest).

$$\text{γ-Glutamyl-p-nitranilid} + \text{Gly-Gly} \xrightleftharpoons{\text{γ-GT}} \text{Glu-Gly-Gly} + H_2N\text{—C}_6H_4\text{—}NO_2$$

Aktivitätsbestimmung von γ-GT

Cholinesterase (CHE) Im Plasma kommen Hydrolasen vor, die Substrate wie Ester kurzkettiger Fettsäuren und Thioester spalten. Diese Enzyme werden als *Cholinesterase* („unspezifische Cholinesterase", „Pseudocholinesterase") bezeichnet. Ihr Bildungsort ist die Leber. Bei Leberparenchymschädigungen sinkt der Plasmaspiegel ab.

Zur Aktivitätsmessung werden Propionylthiocholin oder andere Thiocholinester als Substrat eingesetzt. Das Produkt Thiocholin reagiert im alkalischen Milieu (z.B. Trispuffer) mit dem Indikator 5,5′-Dithio-bis-2-nitrobenzoat (DTNB) in stöchiometrischer Weise. Unter Aufspaltung der Disulfid-Brücke entsteht gelb gefärbtes 5-Thio-2-nitrobenzoat (TNB) und das entsprechende Thiocholin-Derivat. Meßgröße ist die durch TNB bedingte Extinktionszunahme pro Zeiteinheit.

$$H_5C_2-\overset{O}{\underset{\|}{C}}-S-CH_2-CH_2-\overset{\oplus}{N}(CH_3)_3 \xrightleftharpoons{CHE} H_5C_2-COOH + HS-CH_2-CH_2-\overset{\oplus}{N}(CH_3)_3 \qquad \textit{Meßreaktion}$$

Propionylthiocholin   Thiocholin

$$HS-(CH_2)_2-\overset{\oplus}{N}(CH_3)_3 + DTNB \longrightarrow TNB + \text{Thiocholin-Derivat} \qquad \textit{Indikatorreaktion}$$

Aktivitätsbestimmung von CHE

Harnsäure Dieser Metabolit stellt das Endprodukt des Purin-Stoffwechsels beim Menschen dar (vgl. 7.7.12). Erhöhte Blutspiegel (Hyperurikämie) findet man außer bei Gicht auch bei Erkrankungen, die mit vermehrtem Nucleinsäure-Abbau einhergehen (z.B. Leukämie). Das Enzym *Urat-Oxidase* (Uricase) katalysiert den oxidativen Abbau von *Harnsäure* zu *Allantoin*. Diese Reaktion eignet sich zur Substanzbestimmung in Körperflüssigkeiten (Plasma bzw. Serum und Harn). Harnsäure zeigt bei 293 nm ein Extinktionsmaximum, während Allantoin in diesem Bereich nicht absorbiert. Daher kann die nach Ablauf der Reaktion ermittelte Extinktionsdifferenz als Meßgröße benutzt werden (*Endwertmethode*). Da Serum bei 293 nm eine relativ hohe Untergrundabsorption aufweist, sind auch Verfahren mit nachgeschalteter Indikatorreaktion entwickelt worden.

$$\text{Harnsäure} + O_2 + 2 H_2O \xrightarrow{\text{Urat-Oxidase}} \text{Allantoin} + CO_2 + H_2O_2 \qquad \textit{Meßreaktion}$$

Harnsäure   Allantoin

$$H_2O_2 + C_2H_5OH \xrightarrow{\text{Peroxidase}} H_3C-\overset{O}{\underset{\|}{C}}-H + 2 H_2O \qquad \textit{Hilfsreaktion}$$

$$H_3C-\overset{O}{\underset{\|}{C}}-H + NAD^{\oplus} + H_2O \xrightarrow[\text{Dehydrogenase}]{\text{Aldehyd-}} H_3C-COOH + NADH + H^{\oplus} \qquad \textit{Indikatorreaktion}$$

Harnsäure-Bestimmung

Der qualitative Nachweis von Harnsäure (*Murexid-Reaktion*) ist unter 5.2 beschrieben.

Harnstoff   Harnstoff ist das wichtigste Stickstoff-haltige Ausscheidungsprodukt des Menschen. Die Blutkonzentration ist u. a. stark von der Art der Ernährung abhängig. Bei gesteigertem Eiweißabbau (z. B. infolge von Infektionskrankheiten) und bei eingeschränkter Nierenfunktion sind die Serumwerte erhöht.

Die Bestimmung (Serum bzw. Plasma; Harn) erfolgt meist enzymatisch mittels der *Urease-Reaktion,* die in unterschiedlicher Weise ausgewertet werden kann. So reagiert das gebildete Ammoniak mit Phenol und Hypochlorit zu einem blauen *Indophenol-Farbstoff* (Berthelot-Reaktion), dessen Intensität photometrisch meßbar ist.

$$H_2N{-}\underset{\underset{O}{\|}}{C}{-}NH_2 \;+\; H_2O \quad \xrightarrow{\;Urease\;} \quad 2\,NH_3 \;+\; CO_2$$

Harnstoff-Bestimmung (Meßreaktion)

Proteine   Als *Gesamteiweiß* bezeichnet man die Summe der im Serum enthaltenen Proteine (einschließlich des Eiweiß-Anteils der zusammengesetzten Proteine). Bei der Vielzahl der im Serum vorkommenden Proteine ist eine Gesamtbestimmung für sich allein genommen wenig aussagekräftig. Wird eine Hypo- oder Hyperproteinämie festgestellt, sind stets weitere diagnostische Maßnahmen erforderlich.

Die Eiweiß-Bestimmung erfolgt meist über *Biuret-Reaktion.* Biuret-Reagenz ist eine alkalische, Komplexbildner enthaltende Kupfersulfat-Lösung. Mit Proteinen bildet sich ein $Cu^{2\oplus}$-Eiweiß-Komplex, in dem 4 Amidstickstoff-Atome als Liganden fungieren.

Die Farbintensität (photometrische Auswertung) ist der Anzahl der Peptid-Bindungen und damit der Eiweiß-Konzentration proportional. Die Reaktion fällt bei allen Peptiden, die mindestens zwei Amid-Bindungen aufweisen, positiv aus.

Serumproteine lassen sich durch *Elektrophorese* in charakteristische Fraktionen auftrennen, deren quantitatives Verhältnis diagnostische Rückschlüsse zuläßt.

Serumprotein-Fraktionen	IEP
Albumine	$pH \approx 4{,}6$
α_1- und α_2-Globuline	$pH \approx 4{,}8$
β-Globuline	$pH \approx 5{,}2$
γ-Globuline	$pH \approx 6{,}4$

Das Verfahren beruht auf der unterschiedlichen Wanderungsgeschwindigkeit geladener Partikel bei Anlegung eines elektrischen Feldes. Proteine zeigen am isoelektrischen Punkt (IEP), der dem pH-Wert entspricht, bei dem sich positive und negative Ladungen kompensieren, keine Wanderungstendenz. In basischen Puffern tragen alle Serumproteine eine negative Überschußladung. Unter Außerachtlassung anderer Einflußgrößen hängt die Wanderungsgeschwindigkeit dann nur von der Höhe der negativen Überschußladung ab. Proteine, bei denen die Carboxyl-Gruppen gegenüber den Amino-Gruppen stark überwiegen, und die dementsprechend einen niedrigen IEP aufweisen, wandern bei der Serumelektrophorese am schnellsten. Die praktische Durchführung erfolgt in der Regel als

Trägerelektrophorese. Die einzelnen Fraktionen können auf dem Träger angefärbt und — ähnlich wie bei der quantitativen Dünnschichtchromatographie (vgl. 5.2) — photometrisch ausgewertet werden. Die Serumelektrophorese wird auch zur Bestimmung der Lipoproteine (vgl. 8.8) angewendet.

Weiterhin können Proteine durch *Gelchromatographie* (Gelfiltration) fraktioniert werden. Das Prinzip dieses säulenchromatographischen Verfahrens beruht auf dem „inversen Molekülsiebeffekt" dreidimensional vernetzter Makromoleküle (z. B. Sephadex®, ein vernetztes *Dextran*, vgl. 8.6.5). Solche Makromoleküle dienen in granulierter und vorgequollener Form als stationäre Phase. Die mobile (flüssige) Phase enthält das aufzutrennende Stoffgemisch. Moleküle, die kleiner sind als der Porendurchmesser, können in das Gel eindringen und wandern deshalb langsamer (längere Wegstrecke). Umgekehrt diffundieren große Moleküle relativ ungehindert zwischen den Gelpartikeln hindurch.

Zur Bestimmung der *Blutkörperchensenkungsgeschwindigkeit (BSG)* wird mit Citrat ungerinnbar gemachtes Vollblut in eine Spezialpipette (Pipette nach Westergren) aufgezogen und senkrecht an einem Stativ befestigt. Nach ein, zwei und ggf. 24 h wird die Höhe des flüssigen Überstands über den sedimentierten Formelementen an der Graduierung abgelesen. Die BSG hängt im wesentlichen von der Zusammensetzung der Plasmaproteine und der Beschaffenheit der Erythrozyten ab. Erhöhte Werte findet man u. a. bei akuten und chronischen Entzündungen, malignen Tumoren, Nephrose und verschiedenen Blutkrankheiten.

Glucose Grundzüge des Kohlenhydrat-Stoffwechsels, Normalwerte für Glucose vgl. 12.6.1.

Die Bestimmung von Glucose erfolgt in der Regel durch enzymatische Analyse. Angewendet werden

— *die Glucose-Oxidase/Peroxidase-Methode (GOD/POD)* sowie
— *die Hexokinase/Glucose-6-phosphat-Dehydrogenase-Methode (HK/G-6-P-DH),*

die als Substrat-Bestimmungsmethoden außer für Blut auch für Harn und andere Körperflüssigkeiten geeignet sind.

Die *GOD/POD-Methode* untergliedert sich in eine enzymkatalysierte Meßreaktion, die spezifisch auf β-D-Glucose ist und in eine relativ unspezifische enzymatische Indikatorreaktion, die durch reduzierende Substanzen gestört werden kann.

Glucose-Oxidase/Peroxidase-Methode

β-D-Glucose wird durch GOD zu D-Glucono-δ-lacton dehydriert, das spontan zu D-Gluconsäure hydrolysiert. Das in der Meßreaktion gebildete Wasserstoffperoxid oxidiert in Gegenwart von POD den Indikator ABTS (2,2′-Azino-bis-(3-ethyl-benz-thiazolin-6-sulfonsäure)-Diammonium-Salz) zu einem blaugrün gefärbten Radikalkation, dessen Farbintensität photometrisch bestimmt wird.

Die *HK/G-6-P-DH-Methode* umfaßt eine Meßreaktion, bei der außer Glucose auch einige andere Zucker phosphoryliert werden können, sowie eine streng Glucose-spezifische Indikatorreaktion. Dementsprechend ist dieses Verfahren weniger störanfällig als die GOD/POD-Methode. Die auf der NADPH-Bildung beruhende Extinktionszunahme ist Grundlage der rechnerischen Auswertung.

$$\text{D–Glucose} + \text{ATP} \xrightarrow{\text{Hexokinase}} \text{D–Glucose–6–phosphat} + \text{ADP} \qquad \textit{Meßreaktion}$$

D-Glucose-6-phosphat + NADP$^{\oplus}$ $\xrightarrow{\text{Glucose–6–phosphat–Dehydrogenase}}$ D-Gluconolacton-6-phosphat + NADPH + H$^{\oplus}$ *Indikatorreaktion*

Hexokinase/Glucose-6-phosphat-Dehydrogenase-Methode

Ethanol wird durch NAD$^{\oplus}$ in Gegenwart von Alkohol-Dehydrogenase (vgl. 4.1) zu Acetaldehyd oxidiert.

$$H_3C-CH_2OH + NAD^{\oplus} \xrightarrow[\text{Dehydrogenase}]{\text{Alkohol–}} H_3C-\underset{\underset{O}{\|}}{C}-H + NADH + H^{\oplus}$$

Diese Reaktion bildet die Grundlage der enzymatischen Blutalkohol-Bestimmung. Meßgröße ist die durch die NADH-Bildung bedingte Extinktionszunahme. Um einen quantitativen Ablauf zu gewährleisten, wird der entstandene Acetaldehyd als Semicarbazon abgefangen.

Lipide Klinische Bedeutung vgl. 8.8.

Die im Serum enthaltenen *Neutralfette* (Triglyceride) werden als Glycerin bestimmt. Die Hydrolyse kann entweder alkalisch (mit ethanolischer Kalilauge) oder enzymatisch (Lipasen) erfolgen. Die Glycerin-Bestimmung gliedert sich in Meß-, Hilfs- und Indikatorreaktion.

$$
\begin{array}{l}
H_2C-O-CO-R \\
HC-O-CO-R' \\
H_2C-O-CO-R''
\end{array}
+ 3\,H_2O \xrightarrow{\text{Lipasen}}
\begin{array}{l}
H_2C-OH \\
HC-OH \\
H_2C-OH
\end{array}
+
\begin{array}{l}
R-COOH \\
R'-COOH \\
R''-COOH
\end{array}
\qquad \textit{Hydrolyse}
$$

Triglycerid   Glycerin

$$
\begin{array}{l}
H_2C-OH \\
HC-OH \\
H_2C-OH
\end{array}
+ ATP \xrightarrow[\text{Kinase}]{\text{Glycerol-}}
\begin{array}{l}
H_2C-OH \\
HC-OH \\
H_2C-O-\textcircled{P}
\end{array}
+ ADP
\qquad \textit{Meßreaktion}
$$

Glycerin-3-phosphat

$$
ADP + \underset{\substack{CH_2}}{\overset{\substack{COO^{\ominus}}}{C}}-O-\textcircled{P}
\xrightarrow[\text{Kinase}]{\text{Pyruvat-}}
ATP + \underset{\substack{CH_3}}{\overset{\substack{COO^{\ominus}}}{C}}=O
\qquad \textit{Hilfsreaktion}
$$

Phosphoenol-pyruvat   Pyruvat

$$
\underset{\substack{CH_3}}{\overset{\substack{COO^{\ominus}}}{C}}=O
+ NADH + H^{\oplus}
\xrightarrow[\text{Dehydrogenase}]{\text{Lactat-}}
HO-\underset{\substack{CH_3}}{\overset{\substack{COO^{\ominus}}}{C}}-H
+ NAD^{\oplus}
\qquad \textit{Indikatorreaktion}
$$

L-Lactat

Neutralfett-Bestimmung

Meßgröße ist die durch NAD$^{\oplus}$-Bildung bedingte Extinktionsabnahme. Das im Serum auftretende freie Glycerin muß durch eine gesonderte Bestimmung ohne vorherige Verseifung erfaßt werden und ist bei der Auswertung zu berücksichtigen.

Im Serum vorhandenes *Gesamtcholesterin* (Cholesterin und Cholesterinester) kann durch photometrische Auswertung der *Liebermann-Burchard-Reaktion* (vgl. 5.2) oder enzymatisch bestimmt werden. Die enzymatische Bestimmung basiert auf der durch Cholesterin-Oxidase katalysierten Oxidation des freien Cholesterins zu 4-Cholesten-3-on. Gleichzeitig entstehendes Wasserstoffperoxid bewirkt in der nachgeschalteten Peroxidase-Reaktion die Umwandlung eines Indikatorsystems in eine farbige Verbindung (photometrische Auswertung in Analogie zur GOD/POD-Methode).

Cholesterinester   Cholesterin

Hydrolyse

4-Cholesten-3-on   *Meßreaktion*

H_2O_2 + Indikatorsystem $\xrightarrow{\text{Peroxidase}}$ Farbstoff + H_2O *Indikatorreaktion*

Cholesterin-Bestimmung

6.4 Harnuntersuchung

Untersuchungsmaterial Die Zusammensetzung und Konzentration des Harns hängt von der Nahrungsaufnahme und Flüssigkeitszufuhr ab. Quantitative Untersuchungen können daher nur an Durchschnittsproben vorgenommen werden. Meist verwendet man 24-Stunden-Sammelharn. Für qualitative Untersuchungen kann Spontanharn eingesetzt werden. Besonders geeignet hierzu ist Morgenharn, der im Vergleich zum Tagesharn stärker konzentriert ist.

Da Harn leicht mikrobiell zersetzt wird, empfiehlt sich, sofern eine sofortige Untersuchung nicht möglich ist, eine Konservierung, die durch Thymol/2-Propanol bzw. andere keimwachstumshemmende Zusätze oder durch Einfrieren erfolgen kann.

Trübe Harne werden vor der Untersuchung zentrifugiert. Die Klärung mit Hilfe von Aktivkohle oder Kieselgur kann zu Verlusten durch Adsorption führen.

Allgemeine Untersuchung Erste Hinweise auf pathologische Zustände können bereits durch Bestimmung des Harnvolumens (24-Stunden-Harn), der Dichte und Osmolarität, des pH-Wertes sowie der Prüfung auf Farbe und Klarheit erhalten werden.

<table>
<tr><td colspan="2" align="center">Diagnostisch wichtige Harnbestandteile</td></tr>
<tr><td>Elektrolyte</td><td>$NH_4^{\oplus}$, $Na^{\oplus}$, $K^{\oplus}$, $Ca^{2\oplus}$, $Mg^{2\oplus}$
$Cl^{\ominus}$, $PO_4^{3\ominus}$, $SO_4^{2\ominus}$, $NO_2^{\ominus}$*</td></tr>
<tr><td>Stickstoff-
Verbindungen</td><td>Harnstoff (normale Ausscheidung 25–35 g/24 h)
Harnsäure (normale Ausscheidung bis 1 g/24 h)
Kreatin, Kreatinin, Indoxylschwefelsäure (Harnindikan)*,
Proteine und Enzyme (z.B. α-Amylase)</td></tr>
<tr><td>Kohlenhydrate</td><td>Glucose, Fructose(*), Galaktose*, Lactose(*), Pentosen</td></tr>
<tr><td>Ketonkörper</td><td>Aceton*, Acetessigsäure*, β-Hydroxybuttersäure*</td></tr>
<tr><td>Gallenfarbstoffe</td><td>Bilirubin, Urobilinogen</td></tr>
<tr><td>Hormone,
Metaboliten</td><td>4-Hydroxy-3-methoxy-mandelsäure (vgl. 7.2.1)
17-Ketosteroide (vgl. 12.4.1), Choriongonadotrophin (vgl.
12.1.2), Phenylbrenztraubensäure*</td></tr>
<tr><td colspan="2">Die mit einem Stern gekennzeichneten Stoffe sind als pathologische Harnbestand-
teile anzusehen. Einige andere Stoffe (z.B. Proteine) treten normalerweise nur in
Spuren auf.</td></tr>
</table>

Harnsediment Frisch ausgeschiedener Harn ist in der Regel klar und enthält kein *Sediment*. Trübungen können durch nicht-organisierte (meist kristalline) und organisierte Bestandteile verursacht sein. In Abhängigkeit vom pH-Wert sind folgende nicht-organisierte Sedimente zu erwarten:

Saurer Harn	Harnsäure und ihre Alkali- und Erdalkalisalze (Urate), Calcium-oxalat und -sulfat, einige Aminosäuren
Neutraler Harn	Erdalkaliurate, Calciumoxalat, -sulfat und -hydrogenphosphat
Alkalischer Harn	Ammoniumurat, Calcium- und Magnesiumphosphate, Ammoni-ummagnesiumphosphat, Calciumoxalat, -sulfat, -carbonat, Mag-nesiumcarbonat

Das *nicht-organisierte Sediment* kristallisiert in typischen Formen aus und kann daher häufig schon mikroskopisch identifiziert werden. Zum chemischen Nachweis werden übliche Identitätsreaktionen herangezogen.

Die Untersuchung des *organisierten Sediments* erfolgt ausschließlich mikroskopisch. Neben Blutzellen (Erythrozyten, Leukozyten) können Harnzylinder (durch Ablagerung von Proteinen in den Nierentubuli entstandene Gebilde, die manchmal Einschlüsse – z.B. Erythrozyten – enthalten) sowie Bakterien und andere Mikroorganismen vorhanden sein. Das Auftreten von Erythrozyten und Zylindern weist auf schwere Erkrankungen im Harnsystem hin.

Blut Neben der mikroskopischen Untersuchung auf Erythrozyten kann der Blutnachweis auch auf chemischem Weg erfolgen. Einerseits enthalten Erythrozyten Peroxidasen, andererseits besitzt *Hämoglobin* selbst *Peroxidase-Aktivität*, wodurch die Übertragung von Wasserstoff aus geeigneten Substraten auf Wasserstoffperoxid oder andere Peroxide katalysiert wird. So werden *Benzidin* oder *o-Tolidin* (3,3'-Dimethylbenzidin) als Wasserstoff-Donatoren zu blauen Farbstoffen oxidiert (Analogie zur Indikatorreaktion der GOD/POD-Methode). Durch den chemischen Blutnachweis wird sowohl eine *Hämaturie* (Ausscheidung von Blutzellen, die unter den Versuchsbedingungen hämolysieren) als auch eine *Hämoglobinurie* erfaßt. Der Nachweis von Blut im Stuhl, dem besondere Bedeutung für die Früherfassung von Krebserkrankungen im Darmbereich zukommt, erfolgt in gleicher Weise.

Proteine Werden mehr als 70 mg Protein pro 24 h ausgeschieden, so liegt eine *Proteinurie* vor, die durch Veränderung der Permeabilität der Glomeruli bedingt sein kann.

Zum qualitativen Nachweis von Eiweiß im Harn kann die *Kochprobe* mit Sörensen-Puffer (Essigsäure/Natriumacetat) durchgeführt werden. Der Puffer begünstigt die Ausflockung durch Einstellung eines dem isoelektrischen Punkt nahekommenden pH-Wertes und verhindert die Fällung von Phosphaten. Geringe Eiweißmengen, wie sie physiologischerweise im Harn auftreten, werden nicht erfaßt. Eine irreversible Eiweißfällung kann auch durch Zusatz einer 20 proz. Lösung von *Sulfosalicylsäure* (3-Carboxy-4-hydroxy-benzolsulfonsäure) erfolgen.

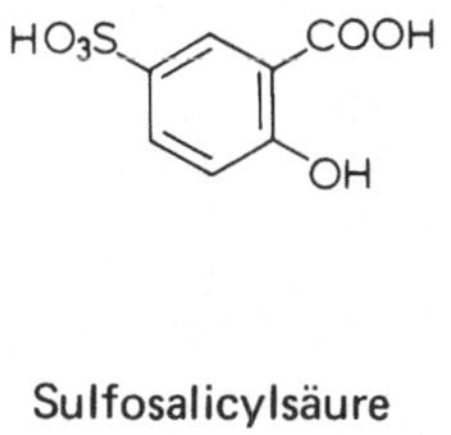

Sulfosalicylsäure 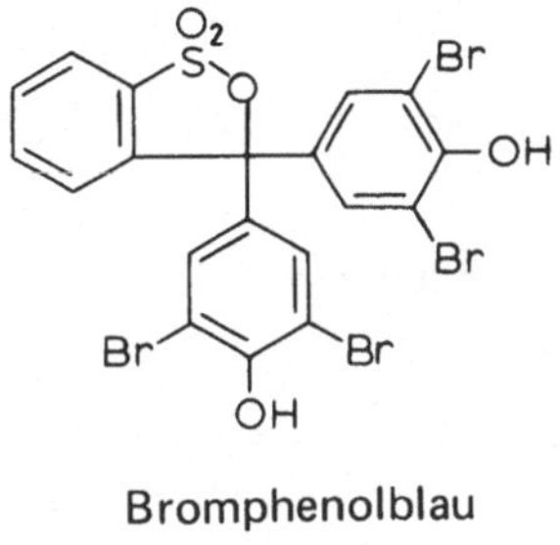   Bromphenolblau

Teststreifen auf Eiweiß enthalten z.B. den Säure-Base-Indikator Bromphenolblau, der unter Farbumschlag an die protonierten Amino-Gruppen von Proteinen gebunden wird. Bei konstantem pH-Wert (Pufferung der Teststreifen auf pH 3) ist der Farbumschlag von der Proteinkonzentration abhängig (sog. Eiweißfehler der Indikatoren).

Die quantitative Bestimmung von Eiweiß im Harn erfolgt wie die Bluteiweiß-Bestimmung über die *Biuret-Reaktion.*

Glucose Obwohl Diabetes mellitus nicht immer mit *Glucosurie* einhergeht, kommt dem leicht durchzuführenden Harnzuckernachweis als Suchtest große Bedeutung zu. Die qualitative Prüfung erfolgt meist mit Teststreifen, denen die GOD/POD-Methode zugrunde liegt. Früher häufig angewandt wurde die *Fehlingsche Probe,* die auf der Reduktion von Kupfer(II)-salzen (Kupfersulfat, im Alkalischen durch Kaliumnatriumtartrat in Lösung gehalten) zu Kupfer(I)-hydroxid bzw. -oxid beruht. Bei positivem Ausfall entstehen gelbrote Niederschläge. Die *Nylandersche Probe* basiert auf der Reduktion einer alkalischen Bismutsalz-Lösung zu metallischem Bismut. Reduzierende Substanzen wie Harnsäure, Ascorbinsäure sowie die meisten Zuckerarten stören diese Proben.

Die quantitative Bestimmung von Glucose im Harn kann auch durch *polarimetrische Messung* erfolgen ($[\alpha]_D^{20} = +52{,}8°$). Andere optisch aktive Substanzen (z.B. Fructose,

Ascorbinsäure) beeinflussen naturgemäß das Ergebnis. Zuverlässigere Werte liefern die zuvor genannten enzymatischen Bestimmungsmethoden.

Ketonkörper In der Klinischen Chemie versteht man unter Ketonkörpern *Acetessigsäure*, das durch spontane Decarboxylierung daraus entstehende *Aceton* sowie den Metaboliten *β-Hydroxybuttersäure* (kein Ketonkörper im chemischen Sinne). Ketonkörper entstehen u.a. bei Diabetes mellitus wenn gleichzeitig der Fettstoffwechsel gestört ist sowie bei langandauerndem Hunger. Der Nachweis von Aceton und Acetessigsäure im Harn kann mit Natriumnitroprussid (vgl. 8.5.2) in alkalischem Medium erfolgen, wobei Violettfärbung entsteht (*Legal-Probe*). β-Hydroxybuttersäure reagiert nicht, während Phenylketone einen anderen Farbton liefern.

Phenylbrenztraubensäure Die Umwandlung der Aminosäure L-*Phenylalanin* in L-*Tyrosin* erfolgt unter dem Einfluß von *Phenylalanin-4-Monooxygenase* (Phenylalanin-4-Hydroxylase). Fehlt dieses Enzym, so häuft sich Phenylalanin im Stoffwechsel an, und es bilden sich atypische Abbauprodukte wie *Phenylpyruvat*, die mit dem Harn ausgeschieden werden (*Phenylketonurie*). Die angeborene Stoffwechselstörung führt unbehandelt zu Schwachsinn. Der Nachweis einer Phenylketonurie hat daher in den ersten Lebenstagen zu erfolgen.

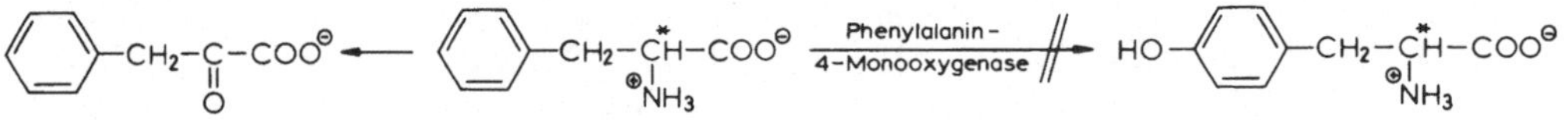

Neben der mikrobiologischen Bestimmung von L-Phenylalanin (Guthrie-Test) kann ein weniger spezifischer Teststreifen-Schnelltest durchgeführt werden, der auf einer Farbreaktion von $Fe^{3\oplus}$-Ionen mit Phenylpyruvat beruht. Die Teststreifen enthalten neben Eisen(III)-chlorid Cyclohexylsulfaminsäure zur Erzielung eines geeigneten pH-Wertes sowie Magnesiumsulfat zur Abschirmung gegen Phosphat. Bei positivem Ausfall entsteht ein graugrüner Farbton.

Schwangerschaftsnachweis Während der Schwangerschaft bildet die Placenta das Hormon *Choriongonadotrophin* (HCG, vgl. 12.1.2), dessen immunologischer Nachweis ab etwa 20 Tagen nach der Konzeption positiv ausfällt.

In der Variante als *Latex-Agglutinationshemmungstest* verwendet man als Reagenzien HCG-beladene Polystyrol-Latex-Partikel in Form einer milchigen Suspension sowie HCG-Antiserum als Antikörperfraktion. Wird HCG-haltiger Schwangerenharn mit Antiserum vermischt, so findet eine Antigen-Antikörper-Reaktion statt. Wenn alle Bindungsstellen der Antikörper besetzt sind, kann nach Zusatz der Latex-Suspension keine weitere Reaktion stattfinden. Der Ansatz bleibt diffus (positiver Ausfall: Schwangerschaft). Ist im Harn kein HCG vorhanden, findet eine Agglutinationsreaktion zwischen der HCG-beladenen Latex-Suspension und dem Antiserum statt (negativer Ausfall: keine Schwangerschaft). Der Latex-Agglutinationshemmungstest wird normalerweise als Objektträgertest durchgeführt. Statt Polystyrol-Latex-Partikel können auch HCG-beladene Erythrozyten eingesetzt werden (*Häm-Agglutinationshemmungstest*).

Beim *Latex-Agglutinationstest* verwendet man mit HCG-Antikörpern beladene Latex-Partikel, die mit HCG-haltigem Schwangerenharn agglutinieren (direkter HCG-Nachweis).

Schnelltests Für eine Reihe harnanalytischer Untersuchungen stehen kommerzielle Teststreifen-Schnelltests zur Verfügung. Die Streifen besitzen eine Reaktionszone, die mit den benötigten Reagenzien imprägniert ist. Nach Eintauchen in den Harn findet im positiven Fall eine Farbreaktion statt, die in einigen Fällen aufgrund des Farbtons bzw. der Farbintensität (visuelle Beurteilung über eine Vergleichsskala) eine semiquantitative Aussage ermöglicht.

Teststreifen-Schnelltests		
Nachweis auf:	Prinzip	Spezifität, Störmöglichkeiten
Proteine	Farbumschlag eines Säure-Base-Indikators aufgrund des sog. Eiweißfehlers	Besonders empfindlich für Albumin; bestimmte Proteine mit niedriger relativer Molekülmasse werden nicht erfaßt; Störungen bei extremen pH-Werten
Blut	o-Tolidin-Probe	Störmöglichkeit durch Oxidations- und Reduktionsmittel, z.B. hohe Ascorbinsäurekonzentrationen
Glucose	GOD/POD-Methode	s. Blut
Ketonkörper	Legal-Probe	Störmöglichkeit durch Phenylketone
Phenylbrenztraubensäure	Eisen(III)-chlorid-Reaktion	Störmöglichkeit durch Arzneistoffe, die mit $FeCl_3$ reagieren
Bilirubin	Diazo-Kupplungsreaktion	Störmöglichkeit durch hohe Ascorbinsäure-Konzentration sowie durch verschiedene Arzneistoffe
Urobilinogen	Reaktion mit 4-Dimethyl-aminobenzaldehyd (Ehrlichs Reagenz)	Negativ in Gegenwart von Formaldehyd und bei hohen Protein-Konzentrationen. Verschiedene Arzneistoffe geben falsch-positive Reaktionen
Nitrit (Bakteriurie)	Bestimmte Bakterien reduzieren das im Harn vorkommende Nitrat zu Nitrit. Nachweis durch Diazotierung einer Amino-Verbindung und anschließende Kupplung	Alte Harnproben können positiv reagieren

7 Stoffe mit Wirkung auf das Nervensystem

Nach vorwiegend topographischen Gesichtspunkten kann das Nervensystem unterteilt werden in

- das *Zentralnervensystem* (ZNS) und
- das *periphere Nervensystem* (PNS).

Das Zentralnervensystem besteht aus Gehirn und Rückenmark. Das periphere Nervensystem umfaßt *afferente* (aufsteigende, sensible) Nervenfasern und *efferente* (absteigende, motorische) Nervenfasern sowie peripher gelegene Nervenzellen (Neurone). Ansammlungen dieser peripheren Nervenzellen werden als Ganglien bezeichnet.

Afferente Nervenfasern verbinden die peripheren Rezeptoren zentripetal mit dem ZNS, efferente Leitungsbahnen führen vom ZNS zentrifugal zu peripheren Effektoren. Aufgrund funktioneller Kriterien kann auch unterteilt werden in

- das *somatische* (willkürliche) Nervensystem und
- das *vegetative* (autonome) Nervensystem.

Beide Systeme besitzen einen zentralen und einen peripheren Teil. Das somatische Nervensystem vermittelt einerseits aufgenommene Sinnesreize und macht sie bewußt, es steuert andererseits die Willkürmotorik.

Das vegetative Nervensystem, das der Willenskontrolle weitgehend entzogen ist, regelt die Funktion der inneren Organe und paßt sie den Bedürfnissen des Organismus an. Es innerviert insbesondere

- die glatte Muskulatur aller Organe,
- das Herz und
- die Drüsen.

Morphologisch und funktionell ist das vegetative Nervensystem in zwei Teilsysteme gegliedert,

- das sympathische Nervensystem (= *Sympathikus*) und
- das parasympathische Nervensystem (= *Parasympathikus*),

die die vegetativ innervierten Organe im allgemeinen entgegengesetzt beeinflussen. Der Sympathikus mobilisiert Körperenergien und steigert das Leistungsvermögen (*ergotrope* Reaktion), der Parasympathikus fördert die Erholung des Organismus, die Konservierung der Körperenergie sowie Verdauung und Ausscheidung (*trophotrope* Reaktion).

Die efferenten Bahnen des peripheren vegetativen Nervensystems bestehen aus zwei hintereinander geschalteten Neuronen,

- dem *präganglionären Neuron* und
- dem *postganglionären Neuron*.

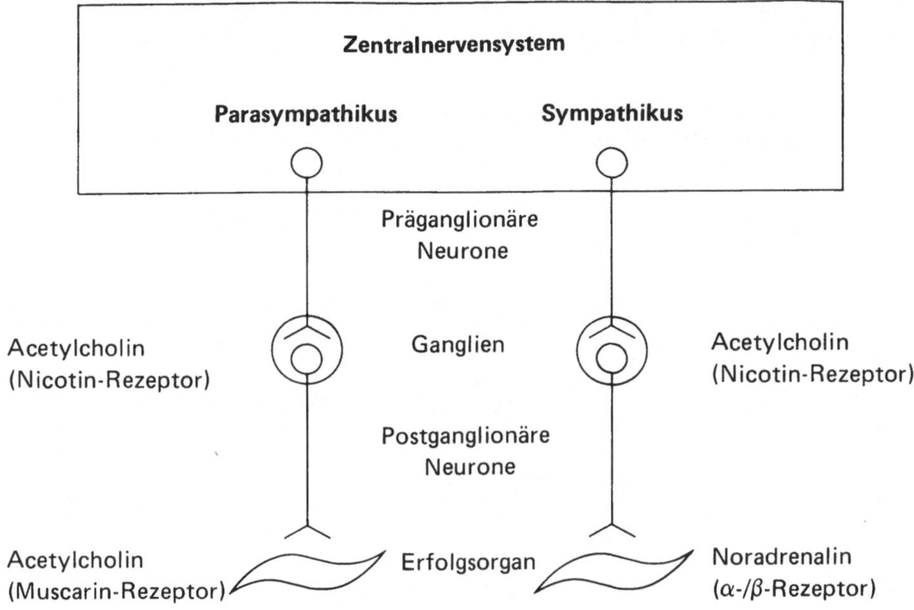

Neurotransmitter im peripheren vegetativen Nervensystem

Die Erregungsübertragung vom präganglionären auf das postganglionäre Neuron erfolgt sowohl in den sympathischen als auch in den parasympathischen Ganglien durch den Neurotransmitter Acetylcholin. *Neurotransmitter* sind Überträgersubstanzen, die Impulse als chemische Signale von Nervenzelle zu Nervenzelle bzw. zum Erfolgsorgan übermitteln.

Die Erregung des postganglionären sympathischen Neurons führt zur Freisetzung von Noradrenalin aus den sympathischen Nervenendigungen, bei der Erregung des postganglionären parasympathischen Neurons wird Acetylcholin aus den parasympathischen Nervenendigungen freigesetzt. Die liberierten Neurotransmitter diffundieren durch den synaptischen Spalt und lösen durch Erregung von Rezeptoren des Erfolgsorgans den jeweiligen Effekt aus.

7.1 Am Parasympathikus angreifende Stoffe

7.1.1 Acetylcholin und direkte Parasympathomimetika

Aufgrund der Möglichkeit, die ganglionären und postganglionären Rezeptoren durch Pharmaka selektiv zu erregen und zu hemmen, lassen sich die Acetylcholin-Wirkungen unterscheiden in

- *nicotinartige Wirkungen*, da die ganglienerregende Wirkung des Acetylcholins durch kleine Dosen Nicotin simuliert werden kann, und in
- *muscarinartige Wirkungen*, da Muscarin spezifisch die postganglionären parasympatischen Rezeptoren erregt.

Direkte Parasympathomimetika stimulieren die postganglionären parasympathischen Muscarin-Rezeptoren durch direkten Angriff.

Direkte Parasympathomimetika	
Freiname (Handelsname)	Formel
Acetylcholin	$H_3C-\overset{\text{O}}{\underset{\parallel}{C}}-O-CH_2-CH_2-\overset{\oplus}{N}(CH_3)_3 \quad X^{\ominus}$
Carbachol (Doryl®)	$H_2N-\overset{\text{O}}{\underset{\parallel}{C}}-O-CH_2-CH_2-\overset{\oplus}{N}(CH_3)_3 \quad Cl^{\ominus}$
Pilocarpin	
Muscarin	

(+)-*Pilocarpin* (absolute Konfiguration: 3 S, 4 R) ist das Hauptalkaloid der Jaborandi-blätter, in denen es zu etwa 1 % enthalten ist. Die Ethyl-Gruppe an C-3 und der Imidazolyl-methyl-Substituent an C-4 des 2-Tetrahydrofuranon-Rings (γ-Butyrolacton) sind im Pilocarpin cis-ständig, im *Isopilocarpin* (absolute Konfiguration: 3 R, 4 R) trans-ständig angeordnet.

(+)-*Muscarin* ist ein Alkaloid aus dem Fliegenpilz (Amanita muscaria). Struktur und absolute Konfiguration (2 S, 3 R, 5 S) wurden erst durch die Arbeiten von Eugster (1956) und Kögl (1957) geklärt.

Pharmakologie Die Bindung von *Acetylcholin* an den postganglionären parasym-pathischen Rezeptor führt zu einer Erhöhung der Membranpermeabilität für Natrium-, Kalium- und Calcium-Ionen. Dies äußert sich insbesondere in einer

— Kontraktion der glatten Muskulatur

— Stimulation der Drüsensekretion

— Blutdrucksenkung über negativ chronotropen Effekt (Senkung der Herzfrequenz) und Vasodilatation

— Minderung der Kontraktionskraft des Herzens (negativ inotroper Effekt)

— Verengung der Pupillen (Miosis).

Carbachol, das langsamer hydrolysiert wird als Acetylcholin, findet hauptsächlich bei postoperativer Darm- und Blasenatonie Anwendung.

Pilocarpin wird nur lokal am Auge angewendet. Bei Glaukom (grüner Star) erleichtert es durch Pupillenverengung den Abfluß des Kammerwassers, wodurch der intraokulare Druck sinkt. Bei systemischer Anwendung, die sich wegen Beeinträchtigung der Herzfunktion verbietet, steht die besonders starke Erregung der Sekretion von Speichel- und Schweißdrüsen im Vordergrund.

Eigenschaften Beim Erhitzen oder bei Behandlung mit Alkali tritt Epimerisierung von *Pilocarpin* zum thermisch stabileren *Isopilocarpin* ein. In Lösung wird Pilocarpin unter Öffnung des Lacton-Rings zu Pilocarpsäure verseift. Diese Reaktion ist reversibel, wobei das Gleichgewicht nur in stark saurem Milieu auf der Seite des Pilocarpins liegt.

Pilocarpin ist eine schwache Base ($pK_a = 7{,}0$ für $N-3'$, $pK_a = 1{,}6$ für $N-1'$). Bei der Salzbildung findet die Protonierung am $N-3'$ des Imidazol-Rings unter Bildung eines mesomeriestabilisierten Kations statt.

Struktur-Wirkungs-Beziehungen *Acetylcholin* gehört zu den am ausführlichsten untersuchten Wirkstoffen. An zahlreichen aliphatischen und zyklischen Analogen konnte nachgewiesen werden, daß für eine muscarinartige Wirkung zunächst ein quartärer oder — wie bei *Pilocarpin* — ein protonierter Stickstoff vorhanden sein muß. Durch elektrostatische Wechselwirkung dieses „kationischen Kopfes" mit einer anionischen (nucleophilen) Bindungsstelle, dem sogenannten *„anionischen Zentrum"* des Rezeptorproteins, kommt es zu einer ersten Reaktion des Wirkstoffs mit seinem Wirkort. Zur Bindungsfestigkeit an das anionische Zentrum tragen auch die Methyl-Gruppen am quartären Stickstoff des Acetylcholins bei. Dies zeigt sich in einer starken Zunahme der Wirkung von der primären zur quartären Ammonium-Verbindung.

Die Ester-Gruppe des Acetylcholins wird zusätzlich am sogenannten *„esteratischen Zentrum"* des Rezeptors über eine Wasserstoff-Brücke gebunden. Als Ligand kommt das Sauerstoff-Atom zwischen den C-Atomen ($C-O-C-$), der sog. „Ether-Sauerstoff", in Betracht, da *Muscarin* und andere Stoffe ohne Carbonyl-Funktion ebenfalls gebunden werden. Weiterhin dürfte auch der Methyl-Rest der Acetyl-Gruppe mit dem Rezeptor in Wechselwirkung treten.

Die Bindung an das anionische Zentrum soll die *Affinität* bestimmen, die Reaktion mit dem esteratischen Zentrum die *„intrinsic activity"* (Wirkaktivität), worunter man die Fähigkeit versteht, einen Effekt auszulösen.

Als für eine Muscarin-Wirkung besonders günstiger N-O-Abstand werden 0,5 nm diskutiert. Eine genaue Festlegung dieses Wertes ist nicht möglich, da Untersuchungen an zyklischen Acetylcholin-Analogen gezeigt haben, daß bei der Reaktion mit dem Muscarin-Rezeptor eine Konformationsänderung im Wirkstoff-Molekül und damit eine Änderung des N-O-Abstandes induziert wird.

Die agonistische Wirksamkeit in der Acetylcholin-Reihe geht mit zunehmender Größe der Substituenten am Stickstoff schnell verloren. Ersatz der Acetyl-Gruppe durch größere lipophile Acyl-Reste führt zu antagonistisch wirksamen Verbindungen (vgl. Parasympatholytika). Wird Cholin mit Dicarbonsäuren wie Bernsteinsäure verestert, so erhält man Substanzen mit muskelrelaxierender Wirkung (vgl. Muskelrelaxantien).

Biotransformation *Acetylcholin* wird besonders in den post- und präsynaptischen Membranen durch die strukturgebundene spezifische *Acetylcholinesterase* sowie im Blut durch die unspezifische Cholinesterase zu Cholin und Essigsäure verseift (zum Mechanismus vgl. 7.1.2).

$$HO-CH_2-CH_2-\overset{\oplus}{N}(CH_3)_3 \underset{\text{Acetylcholinesterase}}{\overset{\text{Cholinacetyltransferase}}{\rightleftharpoons}} H_3C-\underset{O}{\overset{O}{C}}-O-CH_2-CH_2-\overset{\oplus}{N}(CH_3)_3$$

In Umkehrung der Inaktivierungsreaktion erfolgt die Biosynthese des Acetylcholins innerhalb der cholinergen Neurone aus Cholin und Acetyl-Coenzym A durch das Enzym *Cholinacetyltransferase.*

Da Carbaminsäureester langsamer gespalten werden, besitzt *Carbachol* längere Wirkungsdauer als Acetylcholin.

Synthese *Carbachol* kann durch Umsetzung von 2-Chlor-ethanol (Ethylenchlorhydrin) mit Phosgen, anschließende Ammonolyse und Reaktion mit Trimethylamin erhalten werden.

$$Cl-CH_2-CH_2-OH + COCl_2 \longrightarrow Cl-CH_2-CH_2-O-\underset{O}{\overset{}{C}}-Cl \overset{NH_3}{\longrightarrow}$$

$$Cl-CH_2-CH_2-O-\underset{O}{\overset{}{C}}-NH_2 \overset{(H_3C)_3N}{\longrightarrow} (H_3C)_3\overset{\oplus}{N}-CH_2-CH_2-O-\underset{O}{\overset{}{C}}-NH_2 \quad Cl^{\ominus}$$

Carbachol

Analytik Nach Ph. Eur. wird *Pilocarpinnitrat* durch *Helch-Reaktion* identifiziert. Dabei bildet sich aus Pilocarpin in Anwesenheit von Kaliumchromat und Wasserstoffperoxid ein Pilocarpin-Chrom(VI)-peroxid-Komplex, der sich mit violetter Farbe in Chloroform löst. Die Reaktion ist auch bei Phenazon und anderen basischen Substanzen, die gegen Chromperoxid stabil sind und deren Additionsverbindung sich in organischen Lösungsmitteln wie Chloroform oder Benzol löst, positiv.

Zur Gehaltsbestimmung nach Ph. Eur. wird das Nitrat-Anion mit Perchlorsäure in wasserfreier Essigsäure titriert, wobei der Endpunkt potentiometrisch bestimmt wird.

7.1.2 Indirekte Parasympathomimetika

Indirekte Parasympathomimetika vermindern durch kompetitive Hemmung der *Acetylcholinesterase* („Cholinesterase-Blocker") die Abbaugeschwindigkeit des *Acetylcholins.* Der parasympathomimetische Effekt kommt somit über eine Anreicherung von Acetylcholin zustande. Therapeutisch genutzt werden vorzugsweise die zur Stoffklasse der Carbaminsäureester zählenden Verbindungen (Carbamate). Die Phosphorsäureester finden hauptsächlich als Insektizide Anwendung.

Indirekte Parasympathomimetika		
Stoffklasse	Freiname (Handelsname)	Formel
Carbamin-säureester	Physostigmin	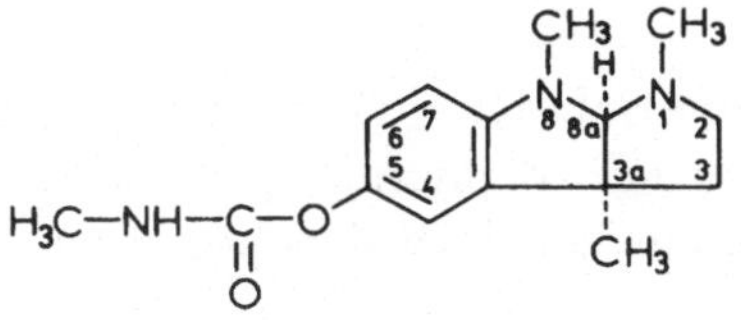
	Neostigminbromid (Prostigmin®)	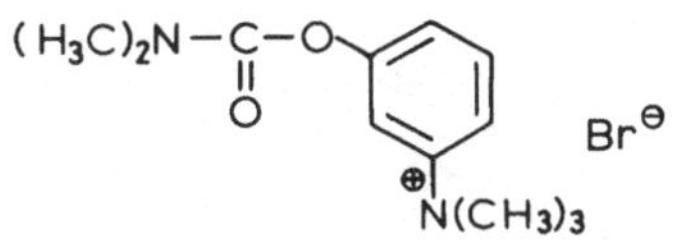
	Pyridostigminbromid (Mestinon®)	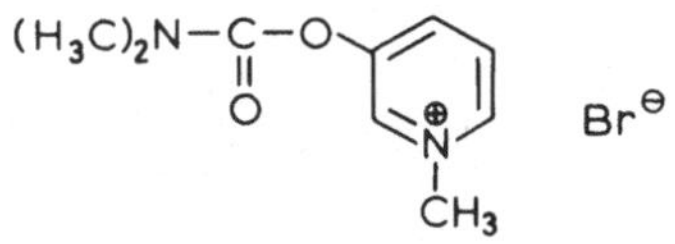
Phosphorsäure-ester (vgl. Insektizide)	Parathion (E 605)	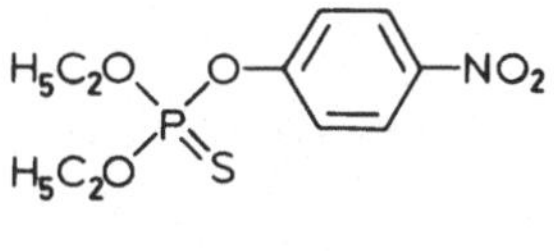
	Paraoxon (E 600, Mintacol®)	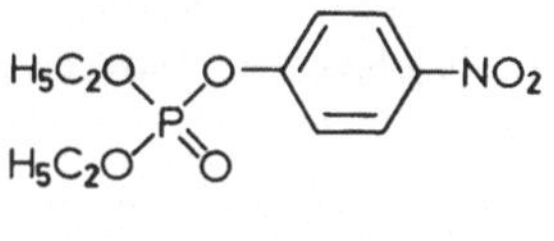

(–)-*Physostigmin,* auch als *Eserin* bekannt, ist das Hauptalkaloid der Kalabarbohnen, in denen es zu etwa 0,1 % enthalten ist. Der Grundkörper, ein Pyrrolo[2.3-b]indol, ist stark gewinkelt, da die beiden Pyrrolidin-Ringe an den chiralen C-Atomen 3a (S-Konfiguration) und 8a (R-Konfiguration) cis-verknüpft sind. Das Alkaloid diente als Modell für die Entwicklung der synthetischen Carbaminsäureester *Neostigminbromid* und *Pyrido-stigminbromid,* die dem Naturstoff hinsichtlich Stabilität und Wirkungsspezifität überlegen sind.

Pharmakologie Die Wirkungen der indirekten Parasympathomimetika sind als *Acetyl-cholin-Effekte* aufzufassen, da es durch die Enzymblockade zu einer Kumulation von Acetylcholin kommt. Der Einsatzbereich entspricht dem der direkten Parasympatho-mimetika.

Physostigmin wird wegen einer starken Erregung der Darmperistaltik sowie einer ausgeprägten Hemmung der Herzfunktion nur noch lokal am Auge angewandt. *Neostigmin,* das als Verbindung mit quartärem Stickstoff keine zentralen Wirkungen besitzt, wird besonders bei Darm- und Blasenatonie sowie bei Glaukom und Myasthenia gravis eingesetzt. Es ist auch als Antidot bei *Curare-Intoxikationen* indiziert. *Pyridostigminbromid* und *Distigminbromid* (Ubretid®) erzielen eine länger anhaltende Wirkung.

Eigenschaften *Physostigmin* hydrolysiert in alkalischem Milieu leicht, wobei Eserolin, CO_2 und Methylamin gebildet werden. *Eserolin* wird durch den Luftsauerstoff schnell zum rot gefärbten chinoiden *Rubreserin* oxidiert.

Eserolin

Rubreserin

Daher sind wäßrige Lösungen von Physostigmin-Salzen wenig haltbar, Hitzesterilisation verbietet sich. Physostigminsalicylat ist in Ethanol gut, in Wasser dagegen nur wenig löslich. Aufgrund seines guten Kristallisationsvermögens und seiner geringen Hygroskopizität wird es gegenüber anderen Salzen bevorzugt. Bei der Salzbildung findet die Protonierung an $N-1$ statt.

Neostigminbromid und *-methylsulfat* ($H_3COSO_3^{\ominus}$) sind sehr leicht wasserlöslich. Die Lösungen können im Autoklaven ohne Zersetzung sterilisiert werden. Das Bromid ist weniger hygroskopisch als das leicht zerfließliche Methylsulfat und kann deshalb zu Tabletten verarbeitet werden.

Wirkungsmechanismus, Struktur-Wirkungs-Beziehungen Als Wirkungsmechanismus wird angenommen, daß die indirekten Parasympathomimetika wie *Acetylcholin* zunächst mit ihrem kationischen Kopf (quartärer oder protonierter Stickstoff) am anionischen Zentrum der Acetylcholinesterase gebunden werden. Die Bindung soll über eine ω-ständige Carboxyl-Gruppe von Asparaginsäure bzw. Glutaminsäure erfolgen.

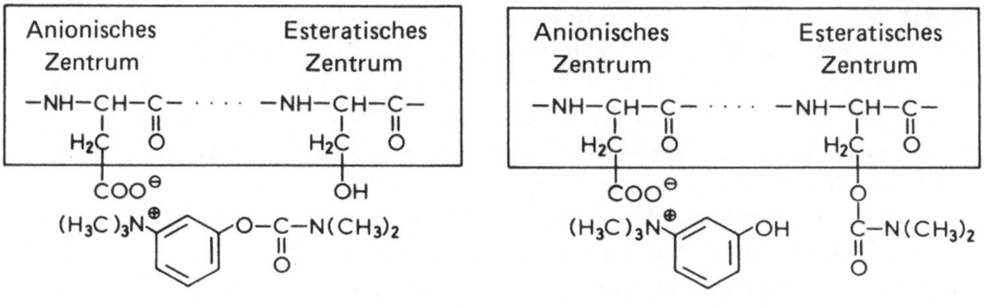

Blockade von Acetylcholinesterase durch Neostigmin

Anschließend findet eine Umesterung statt, wobei der Carbamoyl-Rest auf die alkoholische Gruppe eines im esteratischen Zentrum lokalisierten Serin-Moleküls übertragen wird. An dieser Reaktion sollen auch ein Histidin- und ein Tyrosin-Rest der Acetylcholinesterase beteiligt sein.

Die Verseifung des Serin-Esters sowie die damit verbundene Regenerierung des Enzyms erfolgt bei Acetylcholin sehr schnell. Die Hydrolyse der Carbaminsäureester des Serins erfolgt ebenfalls relativ rasch, so daß es sich um eine *reversible* Blockade der Acetylcholinesterase handelt. Demgegenüber werden die als Insektizide verwendeten Phosphorsäureester weitgehend „*irreversibel*" gebunden, d.h. eine Regenerierung des esteratischen Zentrums ist erst mit Hilfe eines geeigneten *Reaktivators* möglich (vgl. Anhang).

Synthese Als zentrale Ausgangsverbindung für die Synthese von *Neostigmin* wird 3-N,N-Dimethylamino-phenol benötigt, das aus N,N-Dimethylanilin durch Nitrierung in stark saurer Lösung (m-Substitution), Reduktion, Diazotierung und anschließendes Verkochen erhalten wird.

Veresterung mit N,N-Dimethylcarbaminsäurechlorid und Quaternisierung mit Methylbromid oder Dimethylsulfat ergibt das entsprechende Neostigmin-Salz.

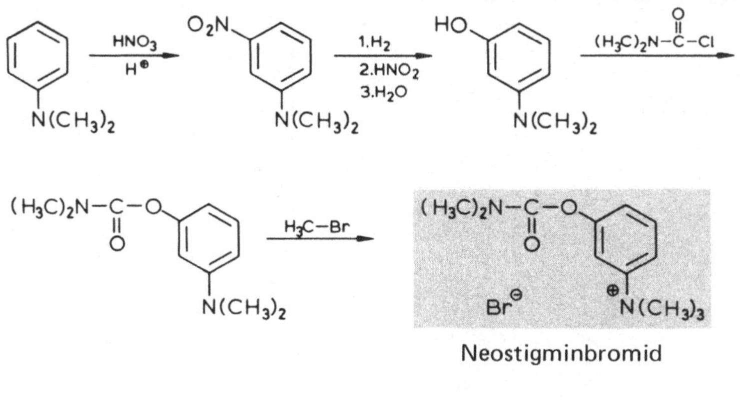

Neostigminbromid

Analytik Nach Ph. Eur. wird *Physostigminsalicylat* durch „*Rubreserin-Reaktion*" (s. o.) und „*Physostigminblau-Reaktion*" identifiziert. Zur Durchführung der Physostigminblau-Reaktion dampft man die gelbrote Lösung von Physostigminsalicylat in Ammoniak auf dem Wasserbad zur Trockne. Der verbleibende Rückstand löst sich in Ethanol mit blauer Farbe, die beim Ansäuern mit Eisessig nach Violett umschlägt. Die saure Lösung fluoresziert rot. Zur Gehaltsbestimmung nach Ph. Eur. wird das Salicylat-Anion mit Perchlorsäure in einer Mischung gleicher Volumina Chloroform und wasserfreier Essigsäure titriert. Die Endpunktbestimmung erfolgt potentiometrisch.

Neostigminbromid wird nach Ph. Eur. durch Diazo-Kupplungsreaktion identifiziert, wobei das durch alkalische Verseifung von Neostigmin unter Methanol-Abspaltung gebildete 3-N,N-Dimethylaminophenolat mit diazotierter Sulfanilsäure zu einem roten Azofarbstoff kuppelt.

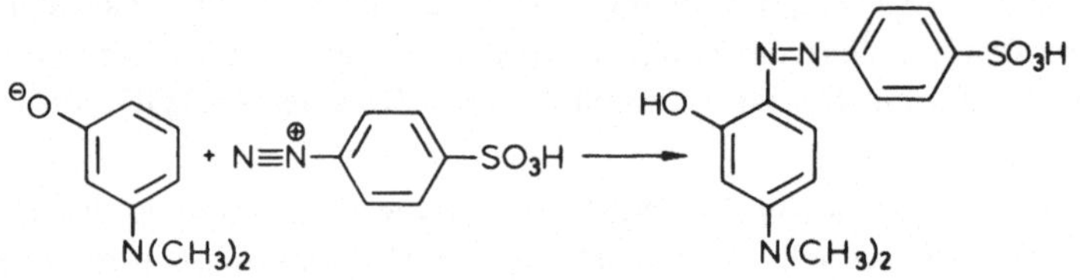

Anhang: Reaktivatoren der Acetylcholinesterase

Bei Intoxikationen mit den als Insektizide verwendeten Thiophosphorsäureestern vom Typ des *Parathions* (Nitrostigmin), die in vivo zu hoch toxischen Phosphorsäureestern metabolisiert werden (Bioaktivierung), steht die Behandlung mit extrem hohen Dosen Atropinsulfat (100 mg) ganz im Vordergrund.

Aufgrund theoretischer Überlegungen wurde als chemischer Reaktivator der Acetylcholinesterase *Pralidoxim* (PAM = 2-Pyridinaldoxim-methoiodid) entwickelt.

Reaktivatoren der Acetylcholinesterase	
Freiname (Handelsname)	Formel
Pralidoxim (PAM)	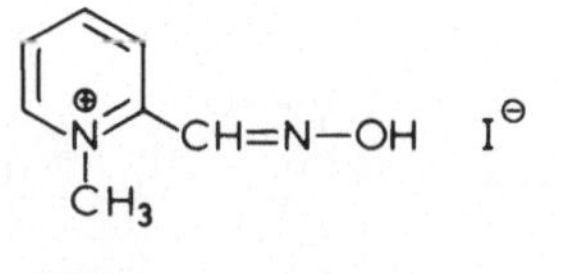
Obidoxim (Toxogonin®)	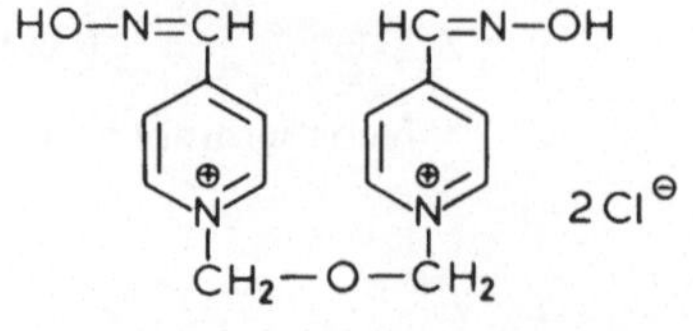

In der Therapie wird ausschließlich das weniger gefährliche *Obidoxim* verwendet, das jedoch ebenfalls mit erheblichen Nebenwirkungen belastet ist. Im Gegensatz zu Pralidoxim vermag Obidoxim die Blut-Hirn-Schranke sowie die Zellwände zu passieren, was für die Reaktivierung der inhibierten Acetylcholinesterase im ZNS von Bedeutung ist.

Reaktivierung von phosphorylierter Acetylcholinesterase

links: durch Paraoxon blockiertes Enzym
rechts: durch Pralidoxim reaktiviertes Enzym

Bei der Hemmung der Acetylcholinesterase durch Paraoxon bildet sich neben freiem p-Nitrophenol der Diethylphosphorsäureester des im esteratischen Zentrum lokalisierten Serins. Die *Reaktivierung* mittels Pralidoxim erfolgt nach Fixierung des quartären Stickstoffs am anionischen Zentrum der Acetylcholinesterase durch nucleophilen Angriff des Oximsauerstoffs auf den Phosphor, wodurch es zur Dephosphorylierung des Enzyms kommt. Das phosphorylierte Oxim zerfällt durch β-Elimination in das Nitril und Diethylphosphorsäure. Die einer Gleichgewichtsreaktion entsprechende rückläufige Phosphorylierung des Enzyms ist somit nicht möglich. Für den Therapieerfolg ist eine schnelle Reaktivierung von größter Bedeutung, weil sonst durch sogenannte „*Alterung*" (Verseifung) eine sehr stabile monoethyl-phosphorylierte Acetylcholinesterase entsteht.

7.1.3 Tropan-Derivate und synthetische Parasympatholytika
(Neurotrope Spasmolytika)

Parasympatholytika weisen eine hohe Affinität zu den postganglionären parasympatischen Rezeptoren auf, erregen diese jedoch nicht, da sie keine intrinsic activity besitzen. Sie verdrängen *Acetylcholin* kompetitiv und heben dessen muscarinartige Wirkung auf.

Entwicklung Das klassische Parasympatholytikum ist *Atropin*, das 1833 gleichzeitig von Geiger und Hesse sowie von Mein aus den Wurzeln der Tollkirsche (Atropa bella-donna) isoliert wurde. 1888 fand E. Schmidt *Scopolamin*. Atropin und Scopolamin sind die Hauptvertreter der *Belladonna-Alkaloide*. Als Stammkörper dieser Stoffklasse ist das *Nortropan*, 8-Aza-bicyclo[3.2.1]octan, bzw. dessen N-Methyl-Derivat *Tropan* anzusehen, von dem sich die Bezeichnung *Tropan-Alkaloide* ableitet.

Nortropan

Nortropan besteht — formal gesehen — aus einem cis-verknüpften Pyrrolidin-Piperidin-Ringsystem, dessen Konstitution von Willstätter 1903 geklärt wurde.

Von den Naturstoffen leiten sich als Partialsynthetika vorzugsweise Ester mit anderen Acyl-Resten sowie quartäre Verbindungen ab. Als Synthetika sind besonders antago-nistisch wirksame Acetylcholin-Analoge von Bedeutung.

Parasympatholytika		
Stoffklasse	**Freiname** **(Handelsname)**	**Formel**
Tropan-Derivate	Atropin	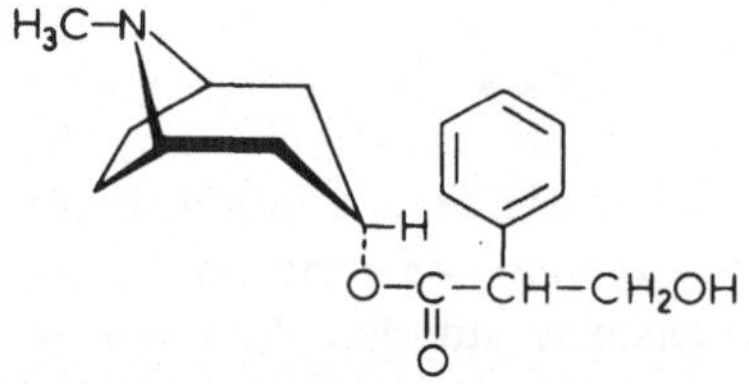
	Scopolamin	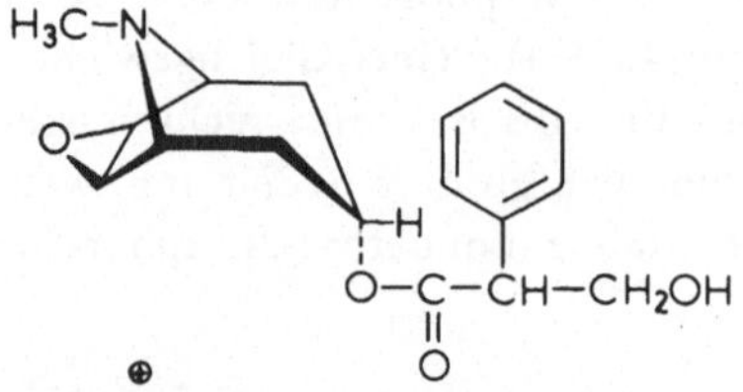
	N-Butylscopola-miniumbromid (Buscopan®)	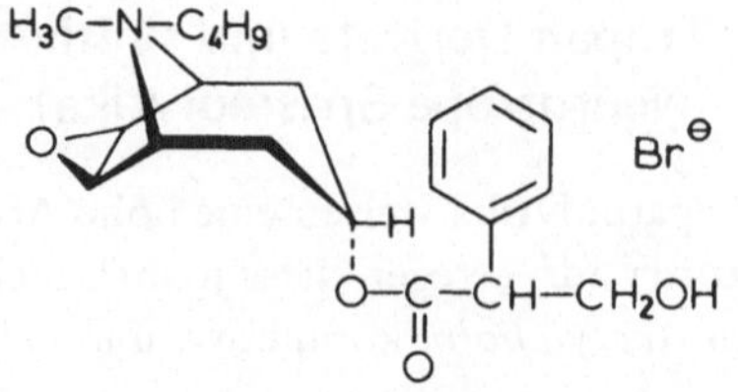

Fortsetzung der Tabelle

Stoffklasse	Freiname (Handelsname)	Formel
Synthetische Parasympatholytika	Tropicamid (Mydriaticum „Roche"®)	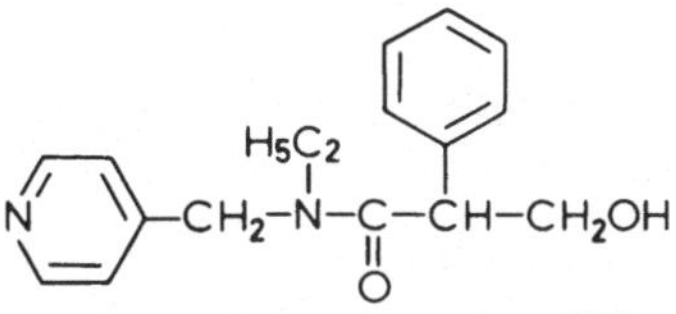
	Oxyphenonium-bromid (Antrenyl®)	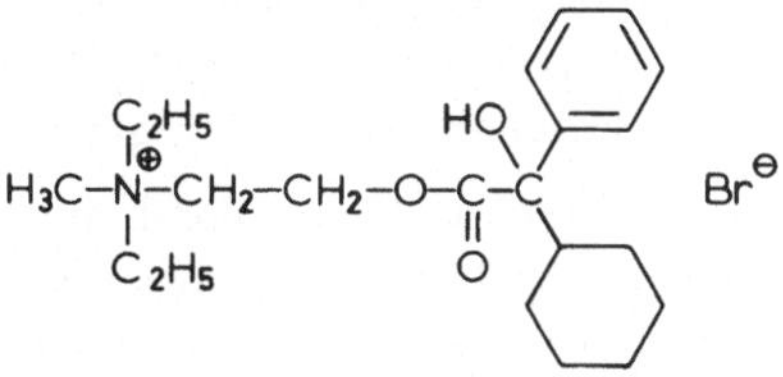
	Methanthelinium-bromid (Vagantin®)	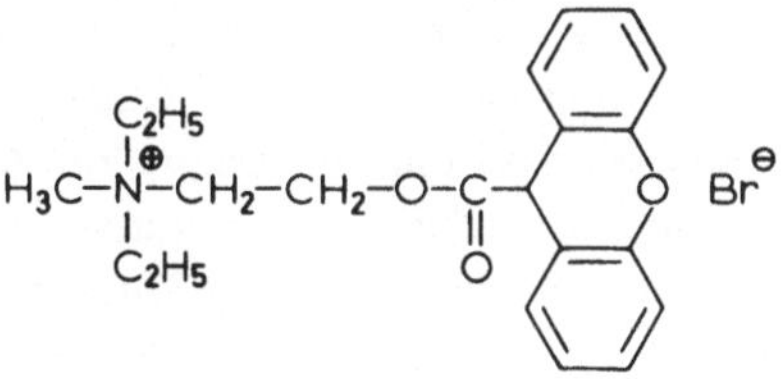

Atropin ist ein Ester aus 3α-Tropanol und racemischer Tropasäure (3-Hydroxy-2-phenyl-propionsäure). Durch Racemattrennung erhält man aus Atropin die Enantiomere *S*-(−)-*Hyoscyamin* und *R*-(+)-*Hyoscyamin*.

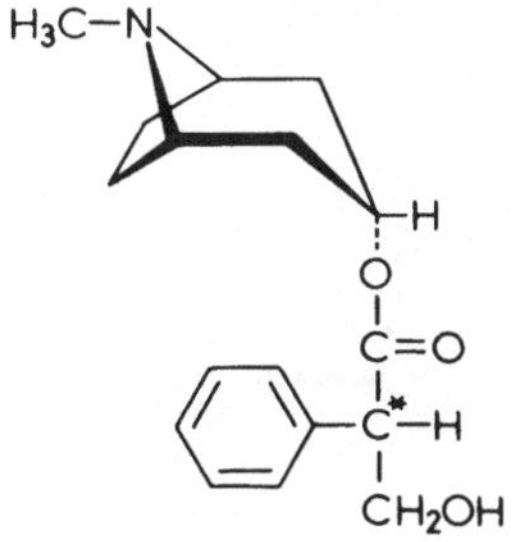

S-(−)-Hyoscyamin
(L-Hyoscyamin)

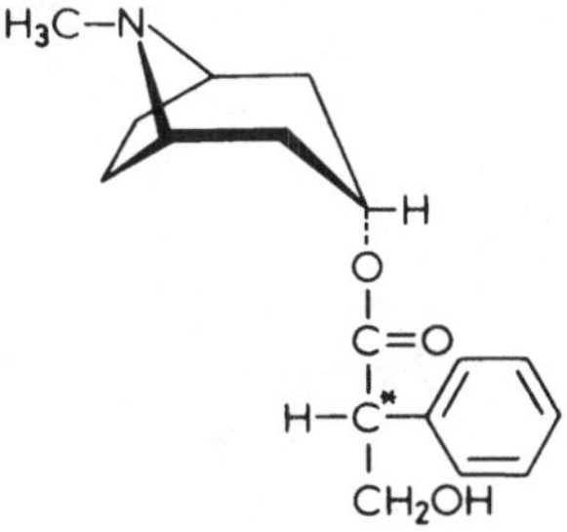

R-(+)-Hyoscyamin
(D-Hyoscyamin)

Racemat: Atropin

Das bei der Biosynthese in Solanaceen gebildete L-Hyoscyamin (Ph. Eur.) racemisiert bereits bei der Isolierung partiell zu Atropin. Die Racemisierung kann durch Erwärmen in alkalischem Ethanol vervollständigt werden.

L-*Scopolamin* (Hyoscin) ist ein Ester aus Scopin und L-Tropasäure. Das Racemat *Atroscin* ist ohne therapeutische Bedeutung.

Pharmakologie   Die Blockade der postganglionären parasympathischen Rezeptoren äußert sich insbesondere in einer

- Spasmolyse der glatten Muskulatur
- Hemmung der Drüsensekretion
- Pupillenerweiterung (Mydriasis)
- Erhöhung der Herzfrequenz.

Während tertiäre Parasympatholytika auch über zentrale Wirkungen verfügen, überschreiten quartäre Verbindungen die Blut-Hirn-Schranke nicht. Sie besitzen dagegen eine ganglienblockierende Wirkungskomponente.

Therapeutisch werden Parasympatholytika als *neurotrope Spasmolytika* etwa bei Spasmen des Magen-Darm-Kanals, der Gallen- und Harnwege sowie des Uterus eingesetzt. Bei der Narkosevorbereitung dienen sie zur Ausschaltung vagaler Reflexe und zur Verminderung der Schleimsekretion in den Luftwegen. Als Mydriaticum im Rahmen der diagnostischen Pupillenerweiterung kommt *Tropicamid* wegen der kurzen Wirkungsdauer bevorzugt zur Anwendung. *Homatropin*, ein Ester aus 3α-Tropanol und racemischer Mandelsäure, ist ebenfalls kürzer wirksam als Atropin. *Scopolamin* wirkt überwiegend zentraldämpfend und wird in Kombination mit starken Analgetika (Morphin) eingesetzt.

Die quartären Verbindungen *N-Butylscopolaminiumbromid* (N-Butylhyosciniumbromid), *Oxyphenoniumbromid* und *Methantheliniumbromid* werden als Spasmolytika sowie zur Ulcustherapie angewendet.

Eigenschaften, Reaktionen   *3α-Tropanol* (Tropin), mit axial-ständigem Hydroxyl an C-3, ist das Alkamin (Aminoalkohol) des *Atropins*, während *3β-Tropanol* (Pseudotropin), mit äquatorialem Hydroxyl an C-3, das Alkamin des *Cocains* (vgl. Lokalanästhetika) darstellt.

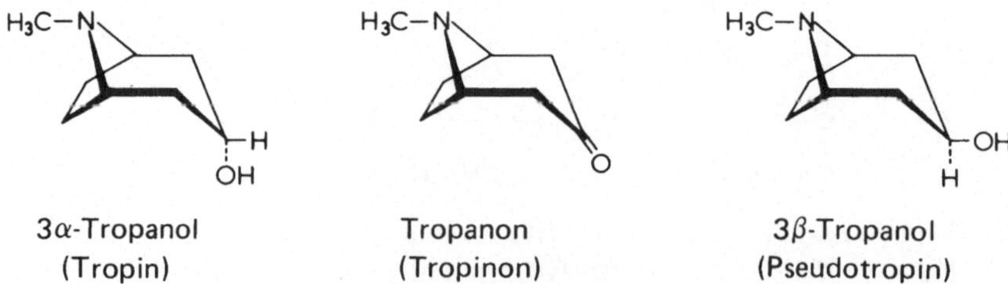

3α-Tropanol   Tropanon   3β-Tropanol
(Tropin)   (Tropinon)   (Pseudotropin)

Tropanon entsteht sowohl aus 3α- als auch 3β-Tropanol durch Oxidation mit Permanganat oder Chromsäure. Bei den verschiedenen Methoden der Reduktion von Tropanon bildet sich das thermodynamisch stabilere 3β-Tropanol in der Regel bevorzugt. Wird die Reak-

tion mit Natrium/n-Pentanol ausgeführt, so stellt sich ein Gleichgewicht von etwa 90 %
3 β-Tropanol und 10 % 3 α-Tropanol ein. Daß das Hydroxyl im Pseudotropin β-ständig ist
und damit dem Stickstoff räumlich näher steht als das Hydroxyl des Tropins, konnte
durch Fodor 1952 bewiesen werden. So ist eine *Acyl-Wanderung* vom N zum O nur im
Norpseudotropin möglich.

N-Acetyl-norpseudotropin   O-Acetyl-norpseudotropin

Acyl-Wanderung nach Fodor

Die Tropanole weisen, ebenso wie Scopin, eine Symmetrieebene auf. Sie sind deshalb
optisch inaktiv.

Atropin unterliegt in wäßriger Lösung einer säure- und basenkatalysierten Hydrolyse,
die bei pH 3,7 eine minimale Geschwindigkeit aufweist. Für die Stabilität ist weiterhin
die Dehydratisierung zu *Atropamin* (Apo-Atropin) von Bedeutung, die ebenfalls durch
Säure- und Basenkatalyse sowie durch höhere Temperatur begünstigt wird. Atropamin
kann zu 3 α-Tropanol und *Atropasäure* hydrolysieren. Dimerisierung von Atropamin zu
Belladonnin wird nur bei extremen Bedingungen beobachtet.

Atropin   Atropamin

Aus L-*Scopolamin* kann das Alkamin *Scopin* mit zur N-Brücke cis-ständigem Epoxid-
Ring nur bei sehr schonender Hydrolyse (z. B. mit Ba (OH)$_2$ oder NH$_3$/NH$_4$ Cl) erhalten
werden. Scopin wird bei Einwirkung von Säuren oder Basen über Glykol-Bildung und
erneute Veretherung leicht zu *Scopolin* isomerisiert, dessen Hydroxyl an C-6 cis-ständig
zur N-Brücke steht. Scopolin fällt bei üblicher alkalischer oder saurer Verseifung von
Scopolamin ausschließlich an.

Struktur-Wirkungs-Beziehungen Generalisierbare Struktur-Wirkungs-Beziehungen sind bei antagonistisch wirksamen Pharmaka wie z. B. den Parasympatholytika schwerer zu erhalten als bei agonistisch wirksamen Substanzen. Für *Acetylcholin*-Analoge ohne intrinsic activity wie *Oxyphenoniumbromid* und *Methantheliniumbromid* sind voluminöse lipophile Acyl-Reste charakteristisch. Diese sollen an auxiliären Rezeptorstrukturen in der Umgebung des Muscarin-Rezeptors fixiert werden und dadurch die hohe Affinität der Substanzen bewirken.

Die Interferenz mit dem Muscarin-Rezeptor erfolgt durch Bindung des quartären bzw. des protonierten tertiären Stickstoffs der Parasympatholytika an das anionische Zentrum, wodurch Acetylcholin kompetitiv verdrängt wird.

Die parasympatholytische Aktivität des Alkaloids L-*Hyoscyamin* ist 100 mal höher als die von D-*Hyoscyamin*.

Biotransformation Nach schneller Resorption wird *Atropin* zur Hälfte unverändert ausgeschieden. Die Esterhydrolyse stellt vermutlich nicht den Hauptabbauweg dar, da im Harn nur 2 % freie Tropasäure nachgewiesen werden können.

Synthese Nach Robinson-Schöpf bildet sich *Tropanon* aus Succindialdehyd, Methylamin und Acetondicarbonsäure in verdünnter wäßriger Lösung im pH-Bereich 3—11 bei Raumtemperatur in 50—85 % Ausbeute. Das Verfahren, das somit auch unter physiologischen Bedingungen ablaufen könnte, gilt als Musterbeispiel einer „*biomimetischen Synthese*" nach dem Prinzip der Mannich-Kondensation.

Atropin, das bisher ausschließlich durch Extraktion von Solanaceen-Drogen gewonnen wurde, ist in neuester Zeit auch synthetisch in genügender Ausbeute zugänglich geworden. Danach werden N-Methoxycarbonylpyrrol und α, α, α', α'-Tetrabromaceton unter Eisencarbonyl-Katalyse zu N-Methoxycarbonyl-2,4-dibrom-6,7-dehydro-nortropanon umgesetzt, das ohne Isolierung mit Palladium/Kohle als Katalysator zu N-Methoxycarbonyltropanon hydriert wird. Reduktion mit Diisobutylaluminiumhydrid (DIBAH) ergibt durch gleichzeitige Reduktion des Ketons zum sekundären Hydroxyl sowie des Carbamats zum N-Methyl 3α-Tropanol und 3β-Tropanol im Verhältnis 90:10. 3α-Tropanol wird anschließend mit O-Acetyltropylchlorid verestert und der Acetyl-Rest mit Salzsäure bei Raumtemperatur schonend abgespalten.

3α-Tropanol

Atropin

Die Probleme der synthetischen Darstellung von Atropin liegen besonders in der stereoselektiven Synthese von 3α-Tropanol aus Tropanon, in der selektiven Abspaltung des als Schutzgruppe fungierenden Acetyl-Restes ohne Verseifung des Tropasäureesters sowie in der Atropamin-Bildung.

N-Butylscopolaminiumbromid wird durch Quaternisierung von L-*Scopolamin* mit n-Butylbromid erhalten.

Analytik *Atropinsulfat* und *Scopolaminhydrobromid* werden nach Ph. Eur. durch Vitali-Morin-Reaktion nachgewiesen, wobei zunächst mit rauchender Salpetersäure auf dem Wasserbad zur Trockne gedampft wird. Der gelbliche Rückstand färbt sich nach Zusatz von Aceton und methanolischer Kalilauge violett. Bei der Reaktion mit Atropin bilden sich durch Nitrierung des Phenyl-Rings der Tropasäure in p-Stellung u.a. neben 4′-Nitro-atropamin besonders der 4′-Nitro-atropinsalpetersäureester, dessen Verseifung zum mesomeriestabilisierten Anion des 4′-Nitro-atropins führt.

Ein möglicher Restgehalt von L-*Hyoscyamin* in *Atropin* kann durch Bestimmung der optischen Drehung ermittelt werden. Verunreinigungen mit *Atropamin* sind durch Entfärbung einer Kaliumpermanganat-Lösung oder durch Messung der UV-Absorption im Absorptionsmaximum des Atropamins (245 nm) nachweisbar.

Die Gehaltsbestimmung von Atropinsulfat und Scopolaminhydrobromid erfolgt nach Ph. Eur. durch wasserfreie Titration mit Perchlorsäure bei potentiometrischer Endpunktanzeige.

7.1.4 Neurotrop-muskulotrop und muskulotrop wirksame Spasmolytika

Im Gegensatz zu den neurotrop (atropinartig) wirksamen Spasmolytika greifen die muskulotrop (papaverinartig) wirksamen Spasmolytika an der glatten Muskelfaser direkt — also unabhängig von der parasympathischen Innervation — an. Viele synthetische Spasmolytika sind sowohl neurotrop als auch muskulotrop wirksam.

Neurotrop-muskulotrope und muskulotrope Spasmolytika	
Freiname (Handelsname)	Formel
Papaverin	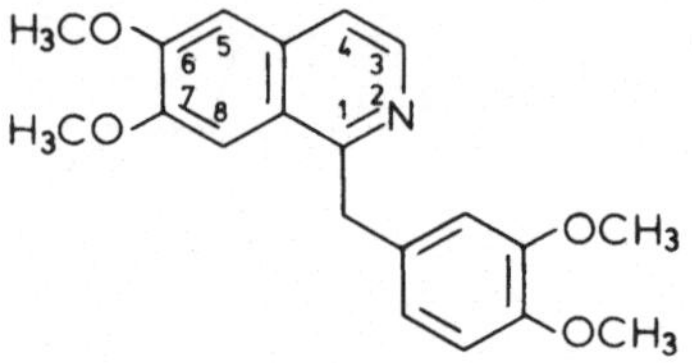
Moxaverin (Eupaverin®)	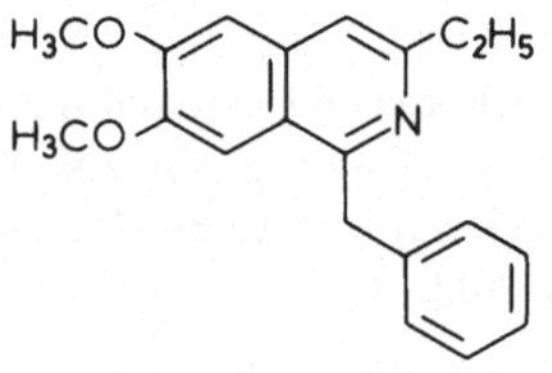
Hexahydroadiphenin (Bestandteil von Spasmo-Cibalgin® und Cibalen®)	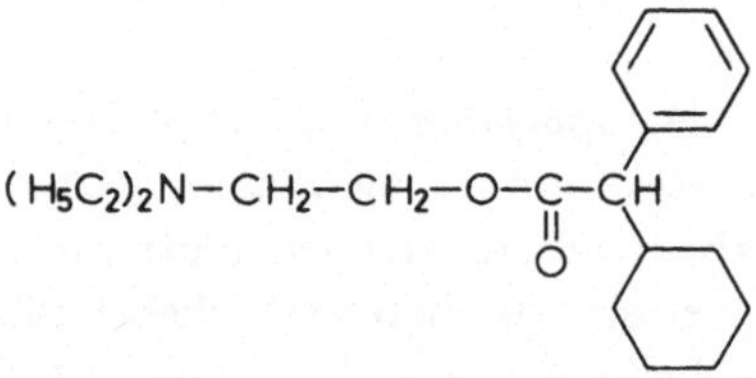
Cicloniumbromid (Bestandteil von Dolo- und Tranquo-Adamon®)	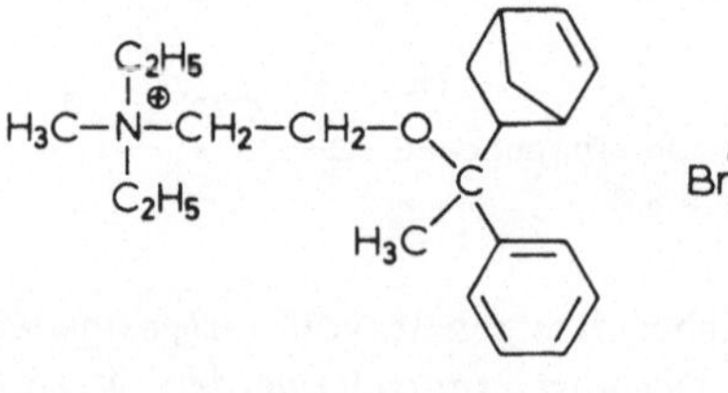

Papaverin, 6,7-Dimethoxy-1-(3,4-dimethoxy-benzyl)-isochinolin, kommt im Opium zu etwa 0,8—1 % vor. Es wurde 1848 von G. Merck isoliert und gehört zur Klasse der *Opium-Alkaloide* mit 1-Benzylisochinolin-Struktur. Aufgrund des Heteroaromaten verfügt Papaverin nur über sehr schwach basische Eigenschaften (pK$_a$ = 6,4).

Pharmakologie *Papaverin* bewirkt eine Spasmolyse aller glatten Muskeln, so daß Darm-, Bronchial- und Gefäßmuskulatur (einschließlich der Koronar- und Hirngefäße) gleichermaßen erschlaffen. Die Wirkung tritt bei erhöhtem Tonus besonders hervor.

Papaverin wird auch bei peripheren Durchblutungsstörungen und bei Angina pectoris eingesetzt. In therapeutischen Dosen zeigt es keine zentrale Wirksamkeit.

Zahlreiche Synthetika wie *Hexahydroadiphenin* (= Drofenin) oder *Cicloniumbromid* finden besonders in Kombination mit Analgetika Anwendung.

Synthese Die Darstellung von *Papaverin* geht vorteilhaft von Veratrol aus, das durch Chlormethylierung mit Formaldehyd und Chlorwasserstoff (Blanc-Reaktion) zu 3,4-Dimethoxy-benzylchlorid umgesetzt werden kann. Anschließende Kolbe-Nitril-Synthese ergibt 3,4-Dimethoxy-phenylacetonitril, das einerseits durch Hydrierung mit Raney-Nickel in Homoveratrylamin und andererseits durch Verseifung in Homoveratrumsäure übergeführt wird.

Durch Erhitzen beider Substanzen in Dekalin bildet sich ein Acyl-Derivat eines β-Phenyl-ethylamins, das nach Bischler-Napieralski mit Phosphoroxidchlorid zum Dihydroiso-chinolin-Derivat (3,4-Dihydropapaverin) zyklisiert. Die Dehydrierung zu Papaverin erfolgt durch Erhitzen mit Palladium in Tetralin.

Analytik Nach Ph. Eur. wird *Papaverinhydrochlorid* durch *Coralyn-Reaktion* identifiziert. Dazu erwärmt man mit Essigsäureanhydrid und etwas konz. Schwefelsäure, wobei gelbes Coralynacetat entsteht, das grünlich fluoresziert.

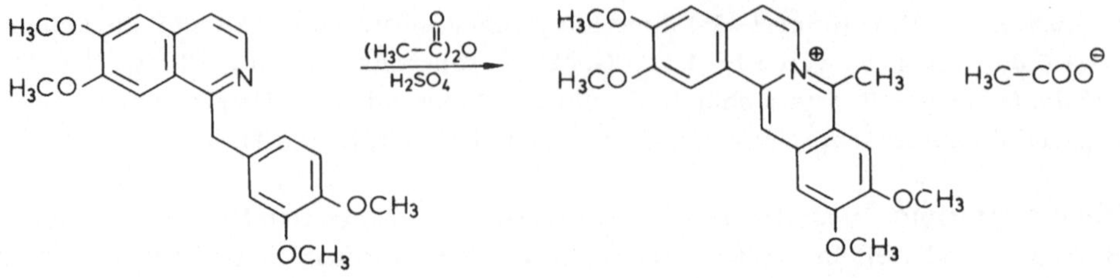

Papaverin   Coralynacetat

Die titrimetrische Gehaltsbestimmung von Papaverinhydrochlorid nach Ph. Eur. erfolgt mit Perchlorsäure in wasserfreier Essigsäure in Gegenwart von Quecksilber(II)-acetat.

7.2 Am Sympathikus angreifende Stoffe

7.2.1 Katecholamine und weitere direkte Sympathomimetika

Der Sympathikus bewirkt durch ergotrope Reaktion (Stimulation des Leistungsvermögens) eine Anpassung des Organismus an wechselnde innere und äußere Erfordernisse (Umwelteinflüsse). Das sympatho-adrenale System besteht aus dem sympathischen Nervensystem und dem Nebennierenmark. Die als Neurotransmitter des sympatho-adrenalen Systems fungierenden *Katecholamine* (Katechol = Brenzkatechin) *Dopamin*, *Noradrenalin* und *Adrenalin* werden vom Organismus wie folgt synthetisiert:

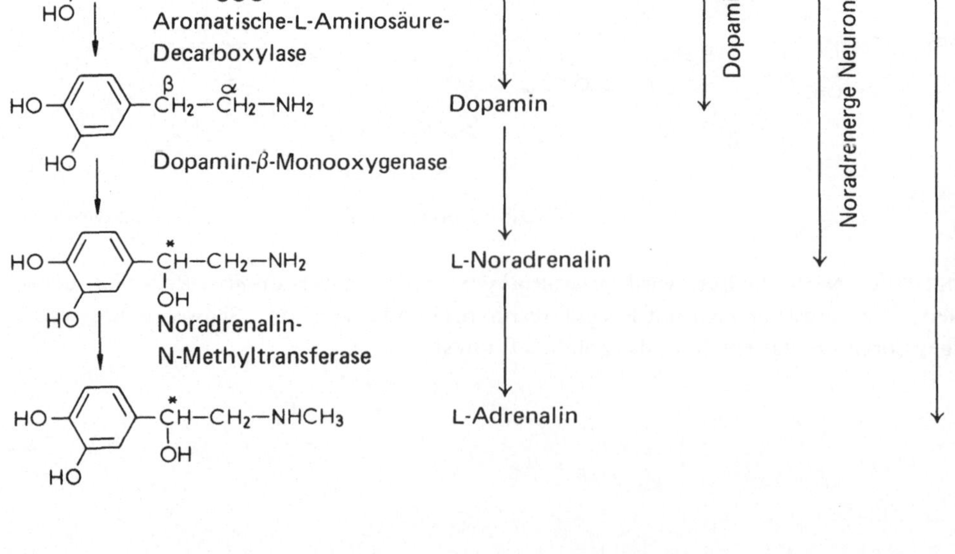

Die Aminosäure L-Tyrosin wird durch die Tyrosin-3-Monooxygenase zu L-*Dopa* (3,4-Dihydroxy-phenylalanin) hydroxyliert, das durch die Aromatische-L-Aminosäure-Decarboxylase (Dopa-Decarboxylase) zu *Dopamin, β-(3,4-Dihydroxyphenyl)-ethylamin*, decarboxyliert wird. In dopaminergen Neuronen des ZNS endet die Biosynthese an dieser Stelle. In noradrenergen Neuronen und im Nebennierenmark wird Dopamin mittels Dopamin-β-Monooxygenase (Dopamin-β-Hydroxylase) zu L-*Noradrenalin* hydroxyliert. Während L-Noradrenalin im Nebennierenmark durch die Noradrenalin-N-Methyltransferase überwiegend (ca. 80 %) zu L-*Adrenalin* methyliert wird, endet die Biosynthesekette in den noradrenergen Neuronen bei L-Noradrenalin, da die N-Methyltransferase hier fehlt.

Die Erregung des postganglionären sympathischen Neurons führt somit ausschließlich zur Freisetzung des Neurotransmitters Noradrenalin. Gespeichert wird Noradrenalin in Vesikeln, die sich in den sympathischen Nervenendigungen in sog. Varikositäten (,,Auftreibungen") befinden. Das aus den Varikositäten in den synaptischen Spalt freigesetzte Noradrenalin erregt die Rezeptoren der Effektorzellen.

Andererseits gibt das Nebennierenmark, das sich wie ein sympathisches Ganglion verhält, bei Erregung vorwiegend Adrenalin direkt in die Blutbahn ab. Adrenalin wirkt als Hormon auf alle Zellen mit adrenergen Rezeptoren.

Nach Ahlquist werden die qualitativ unterschiedlichen Wirkungen der Katecholamine durch Angriff an zwei verschiedenen sympathischen Rezeptortypen hervorgerufen, die als *α- und β-Rezeptoren* bezeichnet werden. So bewirkt z. B. die Stimulation der α-Rezeptoren eine Kontraktion, die Stimulation der β-Rezeptoren eine Erschlaffung der Gefäßmuskulatur. Die Existenz der α- und β-Rezeptoren konnte durch spezifische kompetitive Antagonisten (α- und β-Sympatholytika) gesichert werden.

β-Rezeptoren werden aufgrund selektiver Wirkungen an bestimmten Organen weiterhin in $β_1$-*(cardiale)* und $β_2$-*(bronchiale) Rezeptoren* unterteilt. Neuerdings wird auch zwischen $α_1$- und $α_2$-Rezeptoren unterschieden. Als selektiv wirksame kompetitive Antagonisten dienen zwei Stereoisomere des *Yohimbins* ($α_1$: *Corynanthin;* $α_2$: *Rauwolscin*).

Die direkten Sympathomimetika, die die postganglionären sympathischen Rezeptoren durch direkten Angriff stimulieren, werden in α- und β-Sympathomimetika unterteilt.

Strukturchemische Gesichtspunkte führen zu einer Gliederung der direkten Sympathomimetika in Katecholamine und Analoge sowie in 2-Imidazoline. Als Grundkörper der Katecholamine ist 2-Phenylethylamin anzusehen.

Epinephrin (L-Adrenalin, Suprarenin®), ein R-konfiguriertes (−)-1-(3,4-Dihydroxyphenyl)-2-methylamino-1-ethanol, wurde 1901 von Takamine aus Nebennierenmark isoliert und 1904 von Stolz synthetisiert.

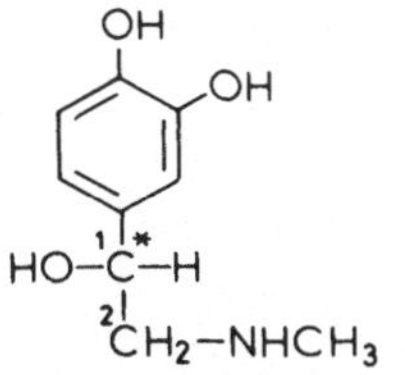

Epinephrin
R-(−)-Adrenalin
L-Adrenalin

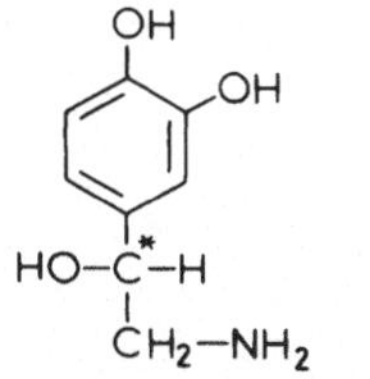

Norepinephrin
R-(−)-Noradrenalin
L-Noradrenalin

Direkte Sympathomimetika

Stoffklasse	Freiname (Handelsname)	Formel
α-Sympathomimetika a) Katecholamin-Analoge	Norfenefrin (Novadral®)	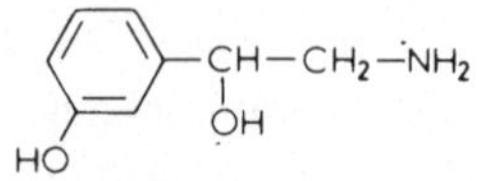
	Etilefrin (Effortil®)	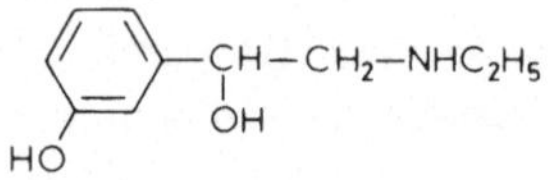
	Synephrin (Sympatol®)	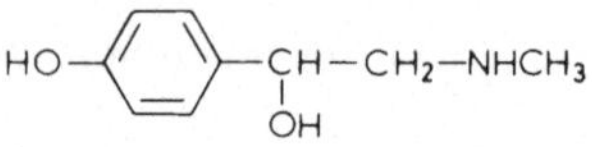
	Phenylephrin (Visadron®, Bestandteil von Rhinopront®)	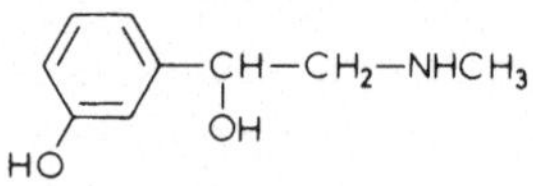
b) 2-Imidazoline	Naphazolin (Privin®)	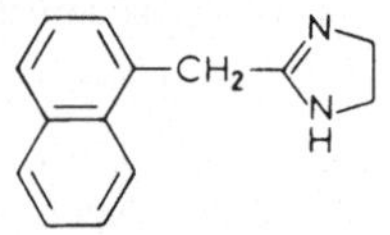
	Tetryzolin (Tyzine®, Yxin®)	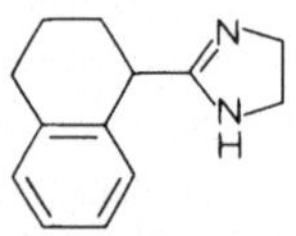
	Xylometazolin (Otriven®)	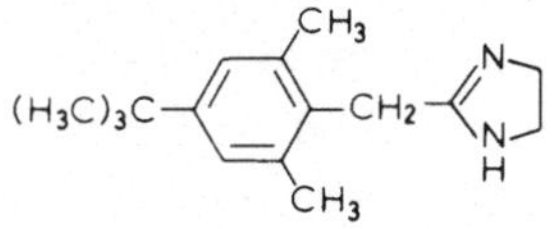
	Oxymetazolin (Nasivin®)	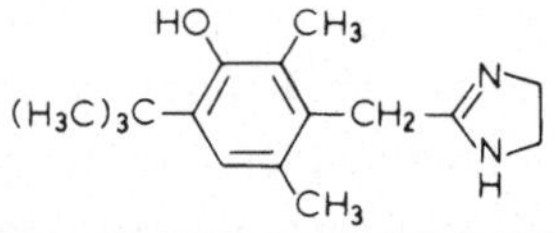
β-Sympathomimetika a) β_1- und β_2-Aktivität	Isoprenalin (Aludrin®)	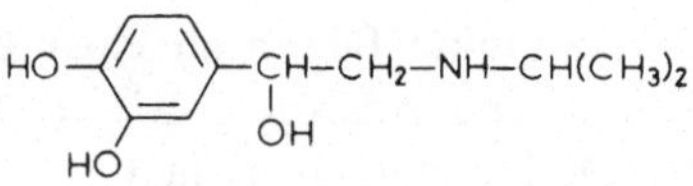
	Orciprenalin (Alupent®)	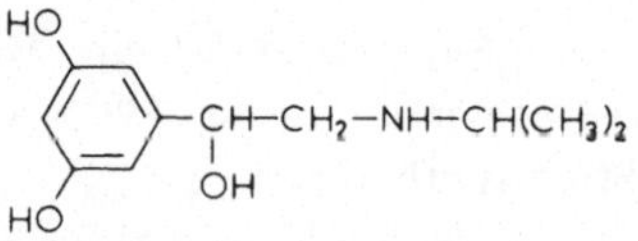
b) vorwiegend β_2-Aktivität	Terbutalin (Bricanyl®)	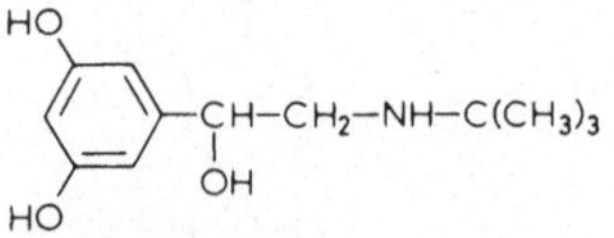
	Fenoterol (Berotec®)	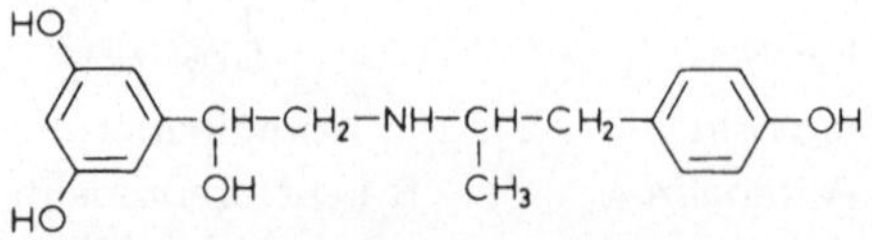
	Salbutamol (Sultanol®)	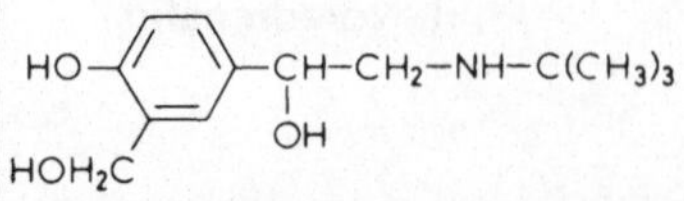

Norepinephrin (L-Noradrenalin, Arterenol®) wurde wenig später dargestellt. Seine Funktion als Neurotransmitter konnte erst 1949 durch v. Euler und Holtz gesichert werden. Das Vorkommen von *Isoprenalin* (N-Isopropyl-L-noradrenalin) in der Natur ist nicht zweifelsfrei gesichert.

Pharmakologie Die Erregung der verschiedenen sympathischen Rezeptoren äußert sich insbesondere in folgenden Wirkungen:

α-Rezeptor: Kontraktion der Blutgefäße

                 Erschlaffung der Darmmuskulatur

β_1-Rezeptor: Steigerung der Herzfrequenz (positiv chronotrope Wirkung)

                 Erhöhung der Kontraktionskraft des Herzens (positiv inotrope Wirkung)

                 Erschlaffung der Darmmuskulatur

β_2-Rezeptor: Erschlaffung der Bronchialmuskulatur

Die Wirkungsunterschiede der verschiedenen Sympathomimetika ergeben sich aus dem unterschiedlichen Angriff an α- und β-Rezeptoren.

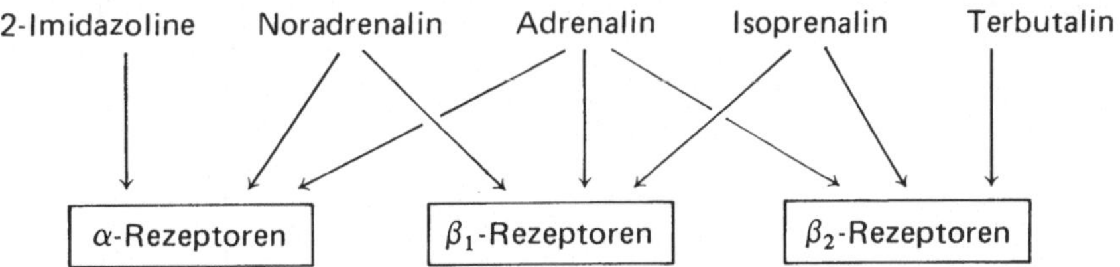

Noradrenalin erhöht durch vorzugsweisen Angriff an α-Rezeptoren den systolischen und diastolischen Blutdruck. Eine Steigerung der Herzfrequenz wird in vivo durch parasympathische Gegenregulation verhindert. *Adrenalin* kontrahiert die Haut- und Eingeweide-Gefäße, erweitert dagegen die Gefäße des Herzens sowie der Skelettmuskulatur, so daß es zu einer Blutumverteilung zugunsten von Skelettmuskel und Herzmuskel kommt. Der systolische Druck steigt, der diastolische Druck bleibt dagegen unverändert. Am Herzen bewirkt Adrenalin eine Steigerung der Kontraktionskraft sowie der Frequenz. Durch Erhöhung des Sauerstoffverbrauchs kann deshalb ein Angina-pectoris-Anfall ausgelöst werden. Darm- und Bronchialmuskulatur erschlaffen.

Während *Isoprenalin* neben β_2- auch über β_1-Aktivität verfügt, bewirkt *Terbutalin* eine selektive Bronchospasmolyse ohne „Kardiostimulation". *Die 2-Imidazoline* sind andererseits selektiv α-sympathomimetisch wirksam.

Noradrenalin und Adrenalin besitzen nur eine sehr kurze Wirkungsdauer. Nach oraler Applikation sind sie sehr schwach wirksam, da sie im Magen-Darm-Trakt schnell zerstört werden. Bei hypotoner Kreislaufdysregulation werden die Katecholamin-Analogen *Norfenefrin, Etilefrin* und *Synephrin* (Oxedrin, Ph. Eur.) eingesetzt. Von diesen zeigt Etilefrin aufgrund seiner N-Ethyl-Gruppierung auch eine deutliche β-sympathomimetische Wirkungskomponente. Die Substanz ist oral gut wirksam. Bei *Phenylephrin* und *2-Imidazolinen* steht die über Vasokonstriktion bewirkte Schleimhautabschwellung im

Vordergrund. Phenylephrin kann topisch und systemisch angewendet werden. Die 2-Imidazoline werden in Form von Zubereitungen für Nase und Augen ausschließlich äußerlich angewandt.

β-Sympathomimetika sind wegen der Erschlaffung der Bronchialmuskulatur als Bronchospasmolytika indiziert. Während Isoprenalin und Orciprenalin neben der β_2- auch β_1-Aktivität besitzen und damit unerwünschte kardiale Nebenwirkungen wie Tachykardie zeigen, sind *Terbutalin, Fenoterol* und *Salbutamol* selektive β_2-Agonisten, die als Bronchospasmolytika (vgl. 10.1.3) große Bedeutung bei der Therapie des Asthma bronchiale erlangt haben.

Dopamin (Dopamin Giulini®) erregt β_1- und α-Rezeptoren, das Herzzeitvolumen steigt, die Nierendurchblutung wird stark verbessert. Daher wird Dopamin zur Behandlung von Schock und schwer beeinflußbarer Herzinsuffizienz eingesetzt. *Dobutamin* (Dobutrex®), ein N-substituiertes Dopamin-Derivat, ist ein selektives β_1-Sympathomimetikum. Es wird bei Herzversagen infolge von Kardiomyopathien, Herzinfarkt oder nach Herzoperationen eingesetzt.

Biochemische Wirkungen Die biochemischen Effekte des Adrenalins sowie der β-Sympathomimetika sind über eine Stimulation der Zytoplasmamembran-gebundenen *Adenylat-Cyclase* zu erklären, die nach Sutherland die intrazelluläre Bildung von *zyklischem 3',5'-Adenosinmonophosphat (c-AMP)* aus Adenosintriphosphat (ATP) katalysiert.

Synthese und Abbau von c-AMP

———→ Aktivierung   — — —→ Hemmung

Als Wirkungen des c-AMP kommen in Betracht:

— Steigerung der *Kontraktionskraft* des Herzens durch Erhöhung der zytoplasmatischen Calcium-Ionen-Konzentration. Dabei fungiert c-AMP als zweiter Botenstoff (second messenger), während das Hormon Adrenalin, das die c-AMP-Bildung stimuliert, den ersten Botenstoff (first messenger) darstellt (vgl. 12).

— Steigerung der *Glykogenolyse* durch Aktivierung einer Phosphorylase-Kinase, die die Bildung von aktiven Leber- und Muskel-Phosphorylasen aus inaktiven Vorstufen bewirkt. Die aktiven Phosphorylasen katalysieren den Abbau von Glykogen zu Glucose-1-phosphat in Leber und Skelettmuskulatur. In der Leber entsteht aus Glucose-1-phosphat über Glucose-6-phosphat durch Dephosphorylierung Glucose, die an das Blut abgegeben wird. Im Skelettmuskel wird Glucose-1-phosphat glykolytisch gespalten.

— Steigerung der *Lipolyse* durch Aktivierung von Lipasen, wodurch der Gehalt des Blutes an freien Fettsäuren zunimmt.

Glucagon, Corticotrophin (ACTH) und Thyrotrophin (TSH) stimulieren das Adenylat-Cyclase-System ebenfalls.

Methylxanthine wie Coffein und Theophyllin hemmen das Enzym *Phosphodiesterase*, das den Abbau des c-AMP zu Adenosinmonophosphat (AMP) bewirkt, wodurch es zu einem Anstieg der c-AMP-Konzentration kommt.

Chemische Eigenschaften, Reaktionen *Adrenalinhydrogentartrat* färbt sich durch Luft- und Lichteinwirkung dunkel. Die Substanz muß daher vor Licht geschützt, in evakuierten oder mit einem indifferenten Gas gefüllten, zugeschmolzenen Glasröhrchen oder in luftdicht verschlossenen Gefäßen aufbewahrt werden.

Während andere Katecholamine als o-Diphenole gleichermaßen labile Substanzen darstellen, sind die Katecholamin-Analogen mit 3,5-Dihydroxyphenyl-Struktur wesentlich stabiler.

Wäßrige Lösungen des *Adrenalinhydrogentartrats* werden durch Luftoxidation unter Bildung von *Adrenochrom* schwach rot gefärbt. Die Oxidation des Adrenalins findet in alkalischem Milieu beschleunigt statt.

Adrenalin   Adrenochrom

Die physikalischen und chemischen Eigenschaften des Adrenochroms lassen sich durch Formulierung als Zwitterion am besten erklären. So bildet Adrenochrom mit Keton-reagenzien nur Monoderivate. Der Grundkörper, ein 2,3-Dihydroindol-5,6-chinon kommt auch im *Rubreserin* (vgl. 7.1.2) vor. Für Verbindungen dieses Typs wird auch der Name „*Aminochrome*" verwendet.

Die Adrenochrom-Bildung wird durch Schwermetallspuren, besonders Kupfer, Mangan und Nickel in Gang gesetzt. Danach dominiert die Autoxidation durch Adrenochrom-Katalyse. Die Reaktionsgeschwindigkeit sinkt mit Erniedrigung des pH-Wertes.

Für die Wirksamkeit wäßriger Adrenalin-Lösungen ist auch die Racemisierung von Bedeutung. Die Racemisierungsgeschwindigkeit weist bei pH 4—5 ein Minimum auf. Um Racemisierung und Adrenochrom-Bildung möglichst zu vermeiden, werden Adrenalin-hydrogentartrat-Lösungen auf pH 3,0—3,8 eingestellt.

Struktur-Wirkungs-Beziehungen Die Grundstruktur der Sympathomimetika vom Katecholamin-Typ ist das *2-Phenylethylamin*, das unter physiologischen Bedingungen als Phenylethylammonium-Ion vorliegt. Die Kettenlänge von zwei C-Atomen bedingt ein

Optimum der pressorischen Wirkung. Eine direkte sympathomimetische Wirkung wird erst durch Einführung des alkoholischen Hydroxyls, insbesondere jedoch durch zusätzliche Substitution mit phenolischen Hydroxyl-Gruppen erreicht, wodurch sich folgende Abstufung der Wirkungsstärke ergibt: $3,4\text{-}(OH)_2 > 3,5\text{-}(OH)_2 > 4\text{-}OH > 3\text{-}OH > 2\text{-}OH$. Da die Monohydroxy- und 3,5-Dihydroxy-phenyl-Analogen gegenüber den Katecholaminen in der Leber durch Katechol-O-Methyltransferase nicht metabolisiert werden, sind sie für orale Applikation besser geeignet.

Mit zunehmender Größe des N-Alkyl-Substituenten geht die α- in eine β-sympathomimetische Wirkung über. So bewirkt Methylierung des Stickstoffs bei Noradrenalin eine Affinitätserhöhung zu den β-Rezeptoren. Die Einführung eines N-Isopropyl-Substituenten ergibt β-Sympathomimetika mit β_1- und β_2-Aktivität. N-tert. Butyl-Derivate sind selektive β_2-Sympathomimetika.

In Abhängigkeit von Spezies und Organ sind L-*Noradrenalin* und L-*Adrenalin* 10–100 mal stärker wirksam als das jeweilige D-Enantiomer. Für L-*Isoprenalin* ergibt sich sogar eine 500–1 500 fach höhere Aktivität. Allgemein weist der β-Rezeptor einen höheren Grad an Stereoselektivität auf als der α-Rezeptor.

Abbau von Noradrenalin und Adrenalin

NMT   = Noradrenalin-N-Methyltransferase
COMT = Katechol-O-Methyltransferase
MAO = Monoamin-Oxidase

AR   = Alkohol-Dehydrogenase
      (Aldehyd-Reduktase)
AD   = Aldehyd-Dehydrogenase

Biotransformation Die Inaktivierung des freigesetzten *Noradrenalins* erfolgt überwiegend durch Wiederaufnahme in die Varikosität, andererseits werden die Katecholamine auch enzymatisch abgebaut.

Für die enzymatische Inaktivierung ist die rasche O-Methylierung der 3-Hydroxy-Gruppe mittels Katechol-O-Methyltransferase, die bevorzugt in der Extrazellularflüssigkeit abläuft, von besonderer Bedeutung.

Die oxidative Desaminierung mittels einer Monoamin-Oxidase der Mitochondrien, die sich intrazellulär abspielt, führt zu den entsprechenden Mandelaldehyden, die im Gewebe nicht nachweisbar sind. Dehydrierung durch Aldehyd-Dehydrogenase ergibt die zugehörigen Mandelsäuren, Reduktion mittels Alkohol-Dehydrogenase die Phenylethylenglykole. 4-Hydroxy-3-methoxy-mandelsäure (,,*Vanillinmandelsäure*''), *Metanephrin* und 4-Hydroxy-3-methoxy-phenylethylenglykol bilden die Hauptmetaboliten, die in Form ihrer Konjugate mit dem Harn ausgeschieden werden.

Synthese Zur technischen Darstellung von *Adrenalin* wird Brenzkatechin mit Chloressigsäure in Gegenwart von $POCl_3$ umgesetzt. Alternativ kann auch mit Chloracetylchlorid/$POCl_3$ acyliert werden. Der Reaktionsverlauf läßt sich als *Fries-Umlagerung* interpretieren. Das entstehende ω-Chlor-3,4-dihydroxy-acetophenon reagiert mit Methylamin zu *Adrenalon*, das durch Hydrierung mit Raney-Nickel als Katalysator in racemisches Adrenalin übergeführt wird. Racemattrennung mit (+)-Weinsäure ergibt L-Adrenalin.

Adrenalon

Racem. Adrenalin

Noradrenalin wird analog dargestellt, wobei mit konz. Ammoniaklösung anstelle von Methylamin umgesetzt wird.

Analytik Nach Ph. Eur. wird die Identität von *Adrenalinhydrogentartrat* und *Noradrenalinhydrogentartrat* durch Bestimmung des Extinktionsmaximums sowie der spezifischen Extinktion bei 279 nm geprüft. Das Extinktionsmaximum ist charakteristisch für das Brenzkatechin-System, kann aber nicht zur Unterscheidung der Katecholamine herangezogen werden. Reaktion mit Eisen(III)-chlorid ergibt für Brenzkatechin-Derivate charakteristische Grünfärbungen. 2-Phenylethylamin-Derivate mit alkoholischer Hydroxyl-Gruppe geben die *Hydraminspaltung* (vgl. Ephedrin 7.2.2).

Noradrenalin kann nach Ph. Eur. auch durch Oxidation zum intensiv rotviolett gefärbten *Noradrenochrom* identifiziert werden, wozu Anwesenheit von Quecksilber(II)-chlorid erforderlich ist. Adrenalin ergibt hierbei nur eine rosa Färbung.

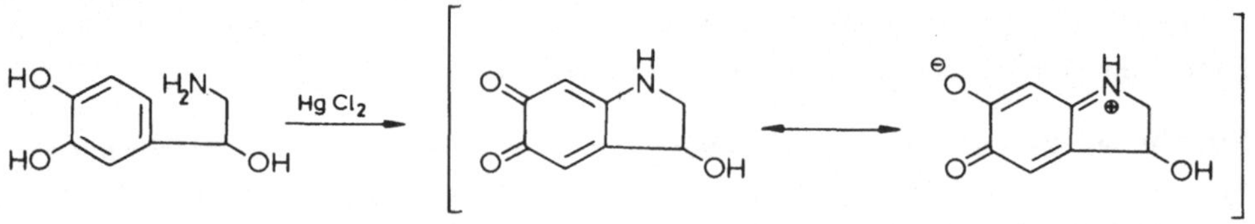

Noradrenalin   Noradrenochrom

Andererseits oxidiert Iod-Lösung bei pH 3,5 lediglich *Adrenalin* zu *Adrenochrom*, bei pH 6,6 wird dagegen auch *Noradrenalin* in *Noradrenochrom* übergeführt.

Verunreinigungen von Adrenalintartrat mit *Adrenalon* sind durch Messung der UV-Absorption im Absorptionsmaximum des Adrenalons (310 nm) nachweisbar, da Adrenalin in diesem Bereich kaum absorbiert. Eine Verunreinigung mit *Noradrenalin* kann durch Grenzprüfung mit 1,2-Naphthochinon-4-natriumsulfonat-Lösung festgestellt werden, die mit dem primären Amin Noradrenalin ein rotes Chinonimin ergibt.

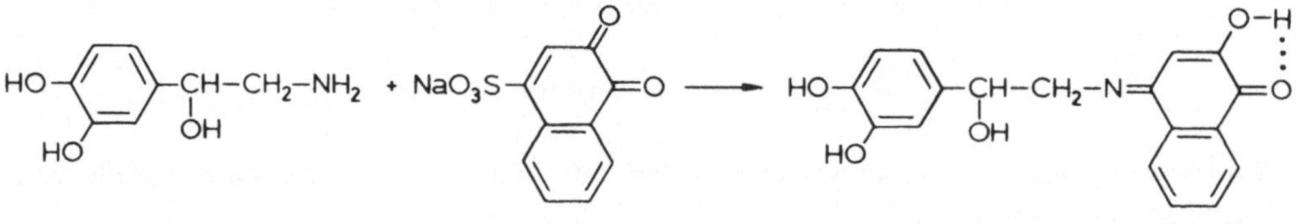

7.2.2 Ephedrin und weitere indirekte Sympathomimetika

Indirekte Sympathomimetika setzen aufgrund ähnlicher Struktur *Noradrenalin* aus den Speichervesikeln frei und hemmen gleichzeitig dessen Wiederaufnahme aus dem synaptischen Spalt in das Axoplasma. Dadurch wird die Noradrenalin-Konzentration an den Rezeptoren und gleichzeitig der Sympathotonus erhöht.

Indirekte Sympathomimetika	
Freiname (Handelsname)	Formel
Ephedrin	Phenyl—CH—CH—CH_3, mit OH und $NHCH_3$
Pholedrin (Veritol®)	HO—Phenyl—CH_2—CH—CH_3, mit $NHCH_3$

Unter den indirekt wirkenden Sympathomimetika hat das Alkaloid L-*Ephedrin*, ein 2-Methylamino-1-phenyl-1-propanol, das 1887 erstmals aus Ephedra distachya isoliert wurde, besondere Bedeutung. Es besitzt zwei Chiralitätszentren, so daß folgende 4 optisch aktive Formen — dargestellt in Fischer-Projektion — existieren:

1 R, 2 S-(−)-Ephedrin 1 S, 2 R-(+)-Ephedrin 1 R, 2 R-(−)-Pseudo-ephedrin 1 S, 2 S-(+)-Pseudo-ephedrin

(L-Ephedrin) (D-Ephedrin) (L-Form bezogen auf C-1) (D-Form bezogen auf C-2) (D-Form bezogen auf C-1) (L-Form bezogen auf C-2)

Racem. Ephedrin Racem. Pseudoephedrin

So wie L-*Ephedrin* und D-*Ephedrin* enantiomer sind, stellen auch L- *und* D-*Pseudoephedrin* Enantiomere dar. Dagegen sind die Ephedrine Diastereomere der Pseudoephedrine.

Zur Bezeichnung der Konfigurationsverhältnisse bei Verbindungen mit zwei benachbarten Chiralitätszentren wird die Konfiguration der Zucker *Erythrose* und *Threose* zum Vergleich herangezogen.

L-Erythrose   L-Threose

Danach bezeichnet man Verbindungen, die die Konfiguration der Erythrose besitzen, als erythro-konfiguriert; entsprechend weisen Verbindungen, deren Konfiguration der Threose entspricht, threo-Konfiguration auf. Daraus folgt, daß Ephedrine *erythro-*, Pseudoephedrine *threo*-konfiguriert sind.

Die Darstellung der *Konfigurationsformeln* in *Fischer-Projektion* erlaubt keine Aussage über die wahren räumlichen Verhältnisse. Besonders darf nicht etwa angenommen werden, daß die Hydroxyl- und die Methylamino-Gruppe des Ephedrins, die nach Fischer-Konvention auf der gleichen Seite geschrieben werden, auch räumlich nahe stehen.

Die Konformationsverhältnisse können den *Projektionsformeln* nach *Newman* entnommen werden. Von den verschiedenen Konformationen ist die gestaffelte (trans-Konformation mit dihedralem Winkel der C-Reste von $180°$) thermodynamisch besonders begünstigt.

L-Erythrose   L-Threose

Aus der Newman-Darstellung der L-*Erythrose* ist ersichtlich, daß die beiden Hydroxyl-Gruppen, die nach Fischer-Konvention auf der gleichen Seite geschrieben werden, in der bevorzugten gestaffelten Konformation räumlich entfernt stehen. Umgekehrt befinden sich die Hydroxyl-Gruppen der L-*Threose* in Newman-Projektion in räumlicher Nähe, obwohl sie in Fischer-Projektion auf verschiedenen Seiten geschrieben werden.

Für die *Ephedrine* und *Pseudoephedrine* ergeben sich beispielsweise folgende gestaffelte Konformationen:

1 R, 2 S-Ephedrin   1 S, 2 R-Ephedrin   1 R, 2 R-Pseudoephedrin   1 S, 2 S-Pseudoephedrin

Diejenigen *Konformationen*, in denen die Moleküle bevorzugt auftreten, werden allerdings durch *intramolekulare Wasserstoffbrücken* zwischen Hydroxyl- und Methylamino-Gruppe bestimmt. NMR-Messungen und andere spektroskopische Studien (ORD; CD) haben bestätigt, daß sowohl in der Ephedrin- als auch in der Pseudoephedrin-Reihe gestaffelte Konformationen mit cis-ständiger Hydroxyl- und Methylamino-Gruppe begünstigt sind.

Eine aus solchen Konformationen mögliche Acylgruppenwanderung vom N zum O verläuft jedoch bei N-Acylpseudoephedrinen (wegen des energetisch günstigeren Übergangszustandes) wesentlich schneller als bei N-Acylephedrinen.

Pharmakologie Die indirekten Sympathomimetika wirken in der Peripherie qualitativ wie *Noradrenalin*. Die Wirkungsstärke nimmt bei wiederholter Gabe schnell ab (Tachyphylaxie). Der Wirkungsverlust ist einerseits auf die Abnahme der Noradrenalin-Konzentration in den Speichervesikeln der noradrenergen Neurone zurückzuführen, andererseits werden inaktive Metaboliten der indirekten Sympathomimetika in die Vesikel aufgenommen.

L-*Ephedrin* wird vorzugsweise als Bronchospasmolytikum bei Asthma bronchiale verwendet. Es ist auch zentral wirksam und kann zu psychischer Abhängigkeit führen. *Pholedrin* ist bei hypotoner Kreislaufdysregulation indiziert.

Struktur-Wirkungs-Beziehungen Die Abhängigkeit der Wirkung von der Konfiguration ist bei indirekt wirkenden Sympathomimetika geringer als bei direkt wirkenden. Entsprechend wird sowohl L-*Ephedrin* als auch *racemisches Ephedrin* (Ephetonin®) therapeutisch verwendet. Für die Ephedrin-Isomeren ergibt sich folgende Reihenfolge der Wirkungsstärke: (–)-Ephedrin > (+)-Ephedrin ≥ (+)-Pseudoephedrin ≫ (–)-Pseudoephedrin. *1 S, 2 S-Norpseudoephedrin* findet als Appetitzügler Anwendung (s. 7.5.7).

Die zentrale Wirksamkeit ist gegenüber den direkten Sympathomimetika durch die höhere Lipophilie verursacht. Diese ist bei Ephedrin auf fehlende phenolische Hydroxyl-Gruppen und eine zusätzliche Methylen-Gruppe zurückzuführen.

Synthese *Racemisches Ephedrin* wird aus Methyl-phenyl-1,2-diketon und Methylamin unter Hydrierung mit Platin als Katalysator erhalten. Bei Verwendung von Raney-Nickel wird auch racemisches Pseudoephedrin gebildet.

Racem. Ephedrin

Optisch aktives L-*Ephedrin* ist mit Hilfe eines mikrobiologischen Verfahrens auch direkt darstellbar. Beim Vergären von Saccharose (Melasselösung) durch Hefen entsteht aktiver Acetaldehyd als Zwischenprodukt. Dieser reagiert mit zugesetztem Benzaldehyd in einer enzymatisch gesteuerten Acyloin-Addition zu (–)-1-Hydroxy-1-phenyl-aceton, das durch katalytische Hydrierung mit Platin in Gegenwart von Methylamin zu L-Ephedrin reduziert wird.

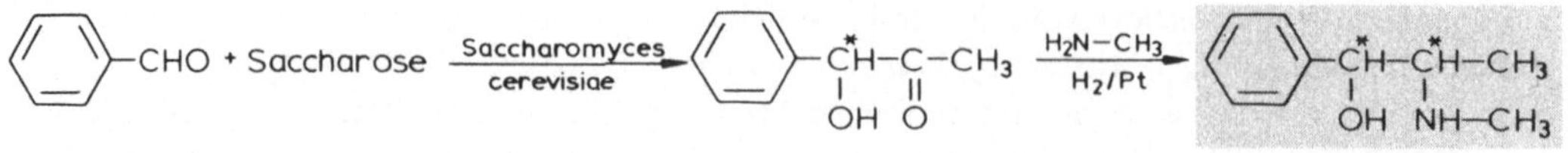

L-Ephedrin

Analytik   Nach Ph. Eur. wird *Ephedrinhydrochlorid* durch *Chen-Kao-Reaktion* identifiziert. Dazu wird die Lösung mit Kupfersulfat und Natronlauge versetzt, wobei Violettfärbung entsteht. Beim Schütteln mit Ether färbt sich die Etherschicht blau. Die Reaktion beruht auf der Bildung eines etherlöslichen Ephedrin-Kupfer-Komplexes. Ephedrin läßt sich auch mit *Ninhydrin* in schwach alkalischer Lösung durch Violettfärbung nachweisen.

Beim trockenen Erhitzen von Ephedrin bzw. Ephedrinhydrochlorid tritt *Hydraminspaltung* zu Methylamin und Propiophenon ein.

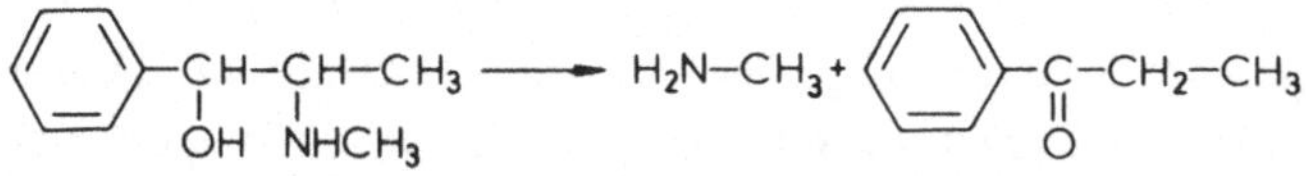

Wird dagegen mit konz. Phosphorsäure erhitzt, entsteht Phenylaceton anstelle von Propiophenon (Hydraminspaltung 2. Art). Die Hydraminspaltung kann prinzipiell bei aromatischen Verbindungen ablaufen, die in α-Stellung zum Ring eine Hydroxy- sowie in β-Stellung eine Amino-Gruppe besitzen.

7.2.3 Mutterkorn-Alkaloide und synthetische α-Sympatholytika

α-Sympatholytika verdrängen die Katecholamine von den postganglionären α-Rezeptoren. Sie wirken als kompetitive Hemmstoffe mit hoher Affinität zum α-Rezeptor, ohne diesen zu erregen, da sie über keine intrinsic activity verfügen. Besondere Bedeutung als α-Sympatholytika besitzen die Mutterkorn-Alkaloide und ihre 9,10-Dihydro-Derivate. Demgegenüber spielen die synthetischen α-Blocker eine untergeordnete Rolle.

α-Sympatholytika			
Stoffklasse	Freiname (Handelsname)	Formel	
		R^1	R^2
Mutterkorn-Alkaloide	Ergotamin	CH_3 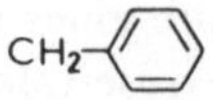 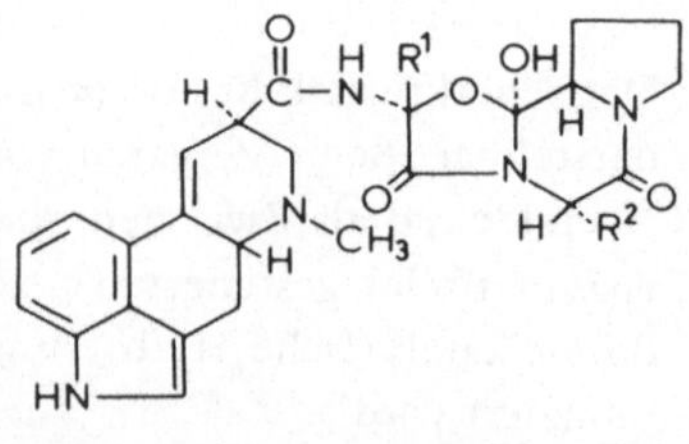	CH_2-C₆H₅
	Ergocristin	$CH(CH_3)_2$	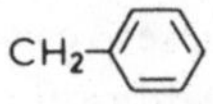 CH_2-C₆H₅
	α-Ergocryptin	$CH(CH_3)_2$	$CH_2-CH(CH_3)_2$
	Ergocornin	$CH(CH_3)_2$	$CH(CH_3)_2$

Fortsetzung der Tabelle

Stoffklasse	Freiname (Handelsname)	Formel
Synthetische α-Blocker	Tolazolin (Priscol®)	$\text{C}_6\text{H}_5\text{-CH}_2\text{-}$ Imidazolin
	Moxisylyt (Vasoklin®)	$\text{H}_3\text{C-C(=O)-O-}\ldots\text{-O-CH}_2\text{-CH}_2\text{-N(CH}_3)_2$

Mutterkorn-Alkaloide werden von Claviceps purpurea, einem vorzugsweise auf Roggen parasitierenden Schlauchpilz sowie einigen anderen Claviceps-Arten gebildet. Die therapeutisch wichtigen Alkaloide können in folgende Gruppen unterteilt werden:

— *Ergotamin-Gruppe*: Dazu gehört das 1918 von Stoll isolierte *Ergotamin* sowie das therapeutisch unbedeutende *Ergosin*.

— *Ergotoxin-Gruppe*: Ergotoxin, zunächst als einheitliches Alkaloid betrachtet, erwies sich als ein Gemisch, bestehend aus *Ergocristin*, *Ergocryptin* und *Ergocornin*. Während Ergocristin und Ergocornin einheitliche Substanzen darstellen, konnte Ergocryptin in zwei Stellungsisomere, α- und β-Ergocryptin, aufgetrennt werden.

— *Ergometrin-Gruppe*: Das 1935 isolierte *Ergometrin*, auch Ergobasin genannt, besitzt keine α-sympatholytischen Eigenschaften. Aufgrund seiner uteruskontrahierenden Wirkung findet es in der Geburtshilfe Anwendung (vgl. 12.1.4).

Die therapeutisch wichtigen Mutterkorn-Alkaloide sind Derivate der *Lysergsäure*, deren Konstitution insbesondere durch Stoll sowie Jacobs geklärt wurde. Die Totalsynthese gelang Kornfeld et al. (1954). Der Lysergsäure liegt das tetrazyklische *Ergolin*-System, das ein Indol-Strukturelement enthält, zugrunde.

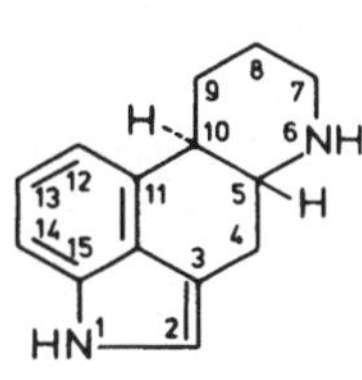

Ergolin

Lysergsäure
(Konfiguration: 5 R, 8 R)

Isolysergsäure
(Konfiguration: 5 R, 8 S)

Die natürlich vorkommende Lysergsäure ist an den beiden Chiralitätszentren C-5 und C-8 R-konfiguriert. In einer durch Alkali oder Säure katalysierten reversiblen Reaktion tritt an C-8 Epimerisierung zu *Isolysergsäure* ein. Die Trivialbezeichnungen der hiervon abgeleiteten Naturstoffe werden aus den Namen der i.a. linksdrehenden 5 R, 8 R-konfigurierten Alkaloide und dem Suffix *in* gebildet (z.B. Ergotamin/Ergotaminin). Die Verknüpfung der Ringe C und D mit R-konfiguriertem C-5 bleibt in allen Alkaloiden unverändert.

In den Alkaloiden der Ergotamin- und Ergotoxin-Gruppe ist die Lysergsäure amidartig mit einem kompliziert gebauten Peptid-Rest verknüpft. Bei alkalischer Hydrolyse erhält man neben Lysergsäure Prolin, eine variable Aminosäure sowie eine instabile α-Hydroxy-aminosäure, die ihrerseits in eine α-Ketosäure und Ammoniak zerfällt.

Ergotamin enthält als variable Aminosäure L-Phenylalanin sowie α-Hydroxy-alanin, aus dem Brenztraubensäure und Ammoniak entstehen. Bei der Ergotoxin-Gruppe ist α-Hydroxy-alanin durch α-Hydroxy-valin, aus dem sich Dimethylbrenztraubensäure bildet, ersetzt. Die variable Aminosäure ist im Fall von α-*Ergocryptin* L-Leucin, im Fall von *Ergocornin* L-Valin.

Peptid-Rest von Ergotamin

a) α-Hydroxy-Alanin   c) L-Phenylalanin
b) L-Prolin   (variable Aminosäure)

Pharmakologie Pharmakologisch sind hauptsächlich Lysergsäure- bzw. Dihydrolysergsäure-Derivate von Interesse. Isolysergsäure-Derivate sind praktisch unwirksam. Die Alkaloide der *Ergotamin*- und *Ergotoxin*-Gruppe bewirken durch α-Sympatholyse eine Gefäßerweiterung und Blutdrucksenkung. Dieser Effekt wird jedoch durch direkten konstriktorischen Angriff, vor allem auf die erschlaffte Gefäßmuskulatur, teilweise wieder aufgehoben. Der direkte Angriff ist bei den 9,10-Dihydro-Derivaten (*Dihydroergotamin*, *Dihydroergocristin* etc.) deutlich vermindert, so daß die α-Sympatholyse überwiegt. Hydergin® („*Dihydroergotoxin*") findet bei Durchblutungsstörungen, Dihydroergotamin (Dihydergot®) zur Migräneprophylaxe Anwendung. Zur Behandlung des akuten Migräne-Anfalls wird aufgrund einer direkten vasokonstriktorischen Komponente Ergotamin (Cafergot®) eingesetzt.

Die Synthetika *Tolazolin* und *Moxisylyt* sind bei peripheren Durchblutungsstörungen indiziert.

Eigenschaften Die Alkaloide der *Ergotamin*- und *Ergotoxin*-Gruppe sind als freie Basen sehr schlecht wasserlöslich (1 : 6000), dagegen ist das einfacher gebaute *Ergometrin* als relativ wasserlöslich (1 : 600) anzusehen.

Bei der Salzbildung findet die Protonierung an N-6 (Ring D) statt. Der Indol-Stickstoff weist keine basischen Eigenschaften auf. Die Salze (z.B. Tartrate, Ethansulfonate, Maleinate) sind in der Regel gut wasserlöslich.

Für die Inaktivierung wäßriger Lösungen von Alkaloidsalzen kommen folgende Vorgänge in Betracht:

— *Epimerisierung* der linksdrehenden Lysergsäure-Derivate zu rechtsdrehenden Isolysergsäure-Derivaten.

— Bildung von unwirksamen *Aci-Alkaloiden*. Hierbei handelt es sich um eine im Sauren auftretende Epimerisierung an C-2′ des Peptid-Restes.

— Bildung von „*Lumi-Derivaten*". Diese entstehen unter Lichteinwirkung ebenfalls in saurer Lösung. Die Photoreaktion führt zu einer Wasseranlagerung an die $\Delta^{9,10}$-Doppelbindung, wobei Stereoisomere mit unterschiedlicher Konfiguration an C-10 gebildet werden.

— *Zersetzung* infolge der labilen Indol-Struktur zu schwer definierbaren Abbauprodukten, die keine van Urk-Reaktion (s.u.) ergeben.

Lumi-Derivate

Die Dihydro-Derivate sind wesentlich stabiler, da aufgrund der fehlenden Doppelbindung eine Epimerisierung an C-8 nicht stattfindet und die Bildung von Lumi-Derivaten nicht möglich ist.

Gewinnung Mutterkorn-Alkaloide werden durch Extraktion der Sklerotien (Drogenname: Secale cornutum) von Claviceps purpurea erhalten. Daneben gewinnt die Partialsynthese an Bedeutung. Dazu wird *Paspalsäure,* die der Lysergsäure isomere $\Delta^{8,9}$-ungesättigte Carbonsäure, die durch Submerskultur (Tankverfahren) von Claviceps paspali zugänglich ist, zu Lysergsäure isomerisiert und mit dem synthetisch darstellbaren Peptid-Rest verknüpft.

Paspalsäure   Dihydrolysergsäure-(I)

Die Dihydro-Derivate der Lysergsäure-Reihe werden durch Druckhydrierung in Gegenwart von Platin gewonnen. Dabei entsteht an C-10 ein neues Asymmetrie-Zentrum, wodurch zwei Reihen von Dihydrolysergsäure-Derivaten denkbar sind. Die therapeutisch genutzten Verbindungen gehören der *Dihydrolysergsäure-(I)*-Reihe an, bei welcher der an C-10 neu eingetretene Wasserstoff trans-ständig zum Wasserstoff an C-5 angeordnet ist.

Analytik   Die wichtige Unterscheidung der 8 R- (*Lysergsäure*-Derivate) von den 8 S-Verbindungen (*Isolysergsäure*-Derivate) kann einerseits durch Messung der spezifischen Drehung erfolgen. Nach Ph. Eur. wird diese Methode zur Charakterisierung von *Ergotamintartrat* benutzt. Andererseits kann durch Dünnschichtchromatographie zwischen beiden Reihen differenziert werden. Die Auftrennung ist an Kieselgel-Schichten unter Verwendung von Chloroform/Ethanol (90 + 10) möglich. Detektiert wird mit van Urk-Reagenz (s. u.) und im langwelligen UV-Licht. Dabei zeigen $\Delta^{9,10}$-ungesättigte Verbindungen aufgrund der zum Indol-Ring in Konjugation stehenden Doppelbindung hellblaue Fluoreszenz, die bei den Dihydro-Derivaten fehlt. Gegenüber den 8 R-Verbindungen weisen Alkaloide der 8 S-Reihe höhere, die entsprechenden Dihydro-Derivate niedrigere R_f-Werte auf.

Der chemische Nachweis der Mutterkorn-Alkaloide kann durch „*Cornutin-Reaktion*" nach Keller erfolgen. Nach Ph. Eur. gibt man zu der in Eisessig gelösten Substanz etwas Eisen(III)-chlorid und erwärmt mit Phosphorsäure, wobei Blau-Violettfärbung entsteht.

Zur photometrischen Bestimmung wird hauptsächlich die „*van Urk-Reaktion*" verwendet. Umsetzung mit 4-Dimethylamino-benzaldehyd in konz. schwefelsaurer Lösung ergibt in Gegenwart katalytischer Mengen Eisen(III)-Ionen (bei Mutterkorn-Alkaloiden als Indol-Derivate mit unsubstituiertem C-2) Blaufärbung.

Hauptprodukt der van Urk-Reaktion
(eine mesomere Grenzform)

Nach Ph. Eur. wird dieses Verfahren zur Gehaltsbestimmung von Ergotamintartrat verwendet. Die photometrische Messung der Blaufärbung erfolgt bei 578 nm gegen Ergometrinmaleat als Referenzsubstanz.

Eine sehr empfindliche Methode zur Bestimmung $\Delta^{9,10}$-ungesättigter Mutterkorn-Alkaloide stellt auch die fluorimetrische Gehaltsbestimmung dar. Hierbei erfolgt die Anregung bei 325 nm, während das emittierte Fluoreszenzlicht bei 445 nm gemessen wird.

7.2.4 β-Sympatholytika (β-Rezeptorenblocker)

β-Sympatholytika verdrängen die Katecholamine kompetitiv von den postganglionären β-Rezeptoren. Therapeutisch werden solche β-Blocker benötigt, die die kardialen β_1-Rezeptoren „kardioselektiv" hemmen, also ohne Blockade der bronchialen β_2-Rezeptoren. Eine echte „Kardiospezifität" konnte bisher nicht erreicht werden.

Entwicklung *Dichlorisoprenalin* (DCI), bei dem die phenolischen Hydroxyle des *Isoprenalins* durch Chlor ersetzt sind, wurde als erstes β-Sympatholytikum entwickelt.

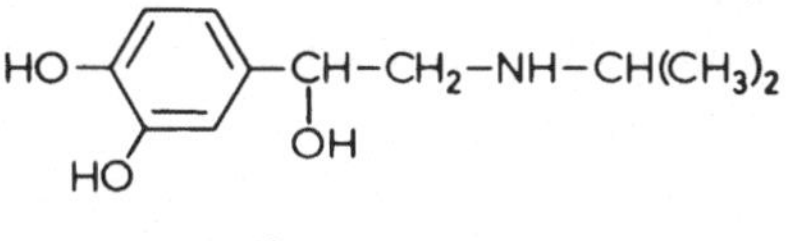

Isoprenalin 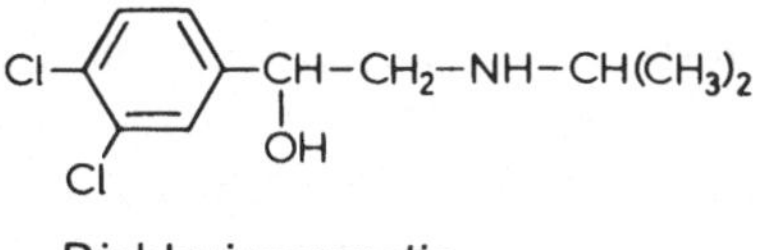 $\qquad$ Dichlorisoprenalin

Die Verbindung konnte wegen zu starker Nebenwirkungen therapeutisch nicht eingesetzt werden, erlangte jedoch Bedeutung in der experimentellen Pharmakologie. Mit *Propranolol*, 1-Isopropylamino-3-(1-naphthoxy)-2-propanol, wurde schließlich eine Verbindung gefunden, die einen neuen Weg für die Pharmakotherapie kardiovaskulärer Erkrankungen eröffnete. Die therapeutisch verwendeten β-Rezeptorenblocker bilden strukturchemisch eine einheitliche Klasse und sind als Arylether chiraler 1-Amino-2,3-propandiole aufzufassen. Die zahlreichen β-Sympatholytika unterscheiden sich in der Struktur des Aryl-Restes, während die Seitenkette in der Regel gleich ist.

β-Sympatholytika	
Freiname (Handelsname)	Formel
Propranolol (Dociton®)	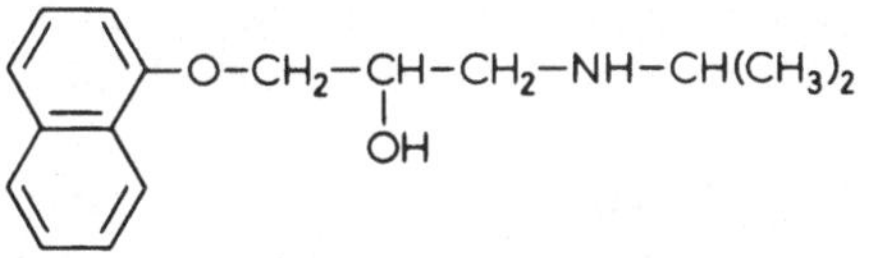
Pindolol (Visken®)	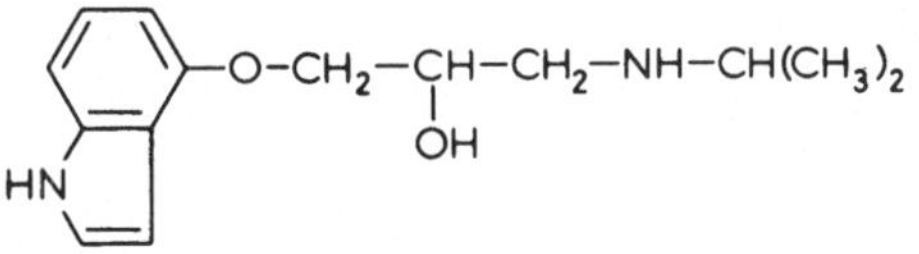
Oxprenolol (Trasicor®)	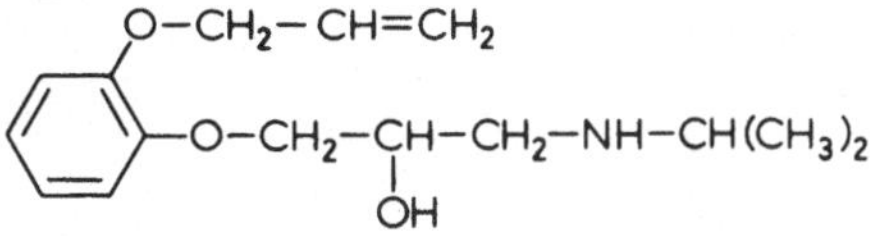
Metoprolol (Beloc®, Lopresor®)	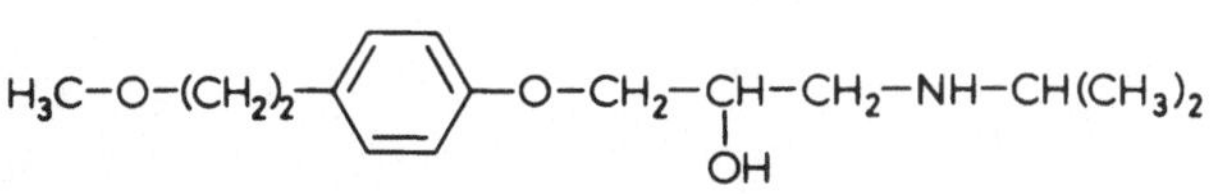
Atenolol (Tenormin®)	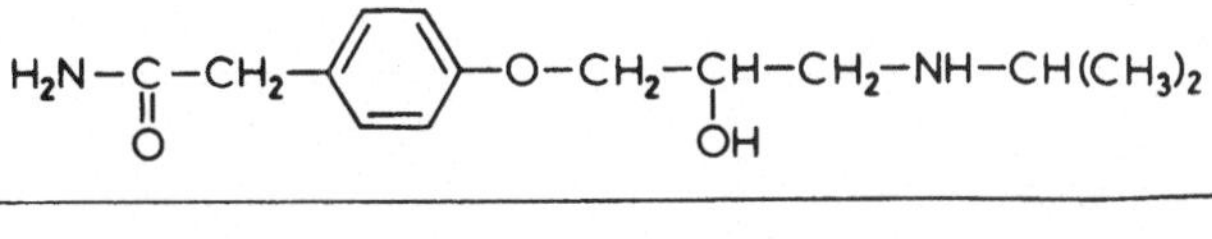

Pharmakologie   Durch die Blockade der β-Rezeptoren kommt es insbesondere zu einer

- Hemmung der erregenden Wirkungen der Katecholamine am Herzen (β_1-Blockade)
- Hemmung der erschlaffenden Wirkung der Katecholamine an Darm- (β_1-) und Bronchial-Muskulatur (β_2-Blockade)
- Hemmung der Glykogenolyse und Lipolyse

β-Rezeptorenblocker vermeiden den Anstieg des β-Sympathotonus bei körperlicher und psychischer Belastung. Bei Patienten mit koronarer Herzkrankheit wird somit ein zu starker Anstieg des myokardialen Sauerstoffverbrauchs, der einen Angina-pectoris-Anfall auslösen kann, verhindert.

Die β_1-Blockade bewirkt eine Senkung der Herzfrequenz, Reduktion der Herzarbeit sowie Minderung des Sauerstoffverbrauchs des Herzmuskels und Blutdrucksenkung. β-Blocker sind insbesondere bei Tachyarrhythmien, Angina pectoris und Hypertonie indiziert.

Wegen Strukturähnlichkeit mit Katecholaminen besitzen manche Substanzen auch agonistische Eigenschaften (partielle Agonisten). Durch Minderung der Anpassungsfähigkeit des Herzens und durch kardiodepressive (chinidinartige) Wirkung kann es zur Herzinsuffizienz kommen. Bei Patienten mit obstruktiven Bronchialerkrankungen besteht die Gefahr der Auslösung eines Asthmaanfalls durch β_2-Blockade (Bronchokonstriktion).

Struktur-Wirkungs-Beziehungen   In der Stoffklasse der β-Sympatholytika fällt zunächst die Strukturkonstanz der Seitenkette auf. Schon geringfügige Änderungen verursachen in der Regel eine Abschwächung der Wirkung.

Obwohl die β-sympatholytische Aktivität der ($-$)-konfigurierten Enantiomere 50–100 mal höher ist als die der entsprechenden (+)-Formen, sind vorwiegend Racemate im Handel. Die unspezifischen „Membranwirkungen" (chinidinartige Wirkung) sind von der Konfiguration unabhängig.

Der aromatische Substituent bestimmt die Wirkungsstärke, das Aktivitätsverhältnis β_1/β_2 sowie auch die β-sympathomimetische Wirkung.

Biotransformation   *Propranolol* wird nach oraler Applikation zu 70–100 % resorbiert und anschließend in der Leber rasch metabolisiert, wobei Kernhydroxylierung und Seitenkettenoxidation im Vordergrund stehen. Hauptmetaboliten sind:

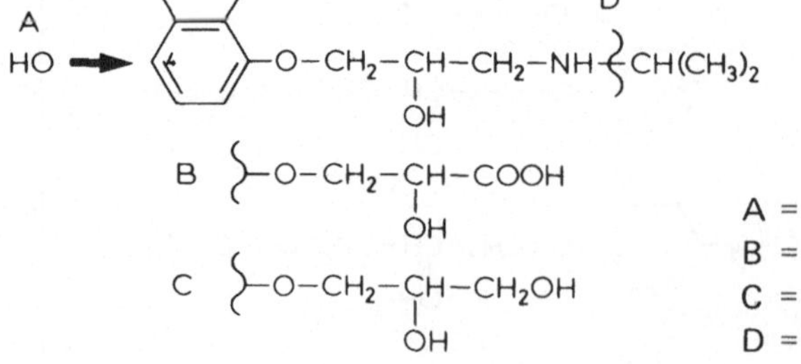

A = 4-Hydroxy-Propranolol
B = 3-(1-Naphthoxy)-milchsäure
C = 3-(1-Naphthoxy)-1,2-propylenglykol
D = N-Desisopropyl-Propranolol

4-Hydroxy-Propranolol ist noch β-sympatholytisch wirksam. Die Metaboliten werden überwiegend in konjugierter Form über die Niere eliminiert.

Synthese Zur Darstellung von *Propranolol* wird 1-Naphthol mit α-Epichlorhydrin (1-Chlor-2,3-epoxy-propan) zu 1-Chlor-3-(1-naphthoxy)-2-propanol verethert. Umsetzung mit Isopropylamin ergibt Propranolol.

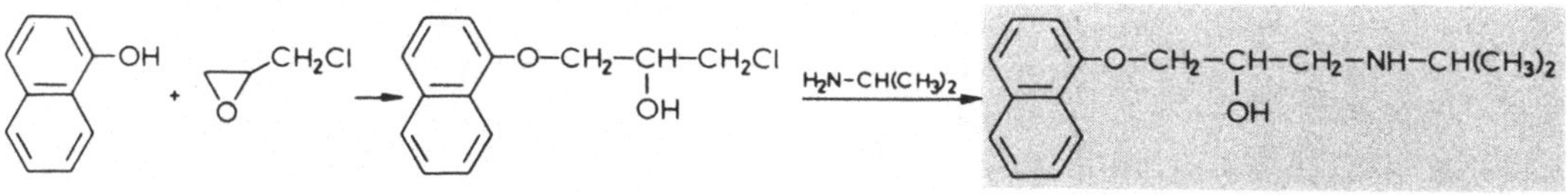

Propranolol

7.3 Ganglionär wirksame Stoffe

7.3.1 Nicotin und andere ganglionär erregende oder blockierende Stoffe

Vegetative Ganglien können durch ganglionär wirksame Stoffe erregt oder gehemmt werden. *Ganglienblocker* (Ganglioplegika) hemmen die Erregungsübertragung sowohl in den sympathischen als auch in den parasympathischen Ganglien.

Nicotin stimuliert die Ganglien durch Depolarisation der postsynaptischen Membran. In höheren Dosen sowie bei längerer Einwirkung wird die ganglionäre Erregungsübertragung durch Dauerdepolarisation geblockt.

Ganglienblocker	
Freiname (Handelsname)	Formel
Mecamylamin (Mevasine®)	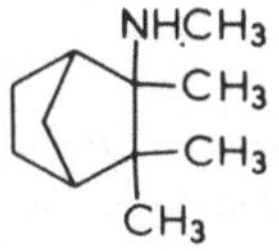
Hexamethoniumbromid	$H_3C-N^{\oplus}(CH_3)_2-(CH_2)_6-N^{\oplus}(CH_3)_2-CH_3$ $2\,Br^{\ominus}$

L-Nicotin, das Hauptalkaloid der Blätter verschiedener Nicotiana-Arten, ist ein S-konfiguriertes 3-(1-Methyl-2-pyrrolidinyl)-pyridin.

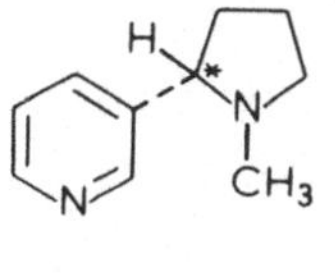

S-(–)-Nicotin
(L-Nicotin)

Es besitzt als Genußgift große Bedeutung. Beim Rauchen wird das im Tabak als Salz vorliegende Nicotin als Base freigesetzt und mit dem Rauch inhaliert.

Beim oxidativen Abbau mit Chrom(VI)-oxid entsteht Nicotinsäure. Wird L-Nicotin mit Methyliodid am Pyridin-Stickstoff in das Methoiodid übergeführt und dieses anschließend in alkalischem Milieu mit Kaliumhexacyanoferrat(III) oxidiert, so erhält man L-1-Methylnicoton, das mit Chrom(VI)-oxid zu L-Hygrinsäure oxidiert werden kann.

Nicotinsäure   L-Nicotin   L-1-Methylnicoton   L-Hygrinsäure

Pharmakologie

Pharmakologie Ganglioplegika können zur Therapie schwerer Hypertonien verwendet werden. Da jedoch die Erregungsübertragung vom präganglionären auf das postganglionäre Neuron sowohl in den sympathischen als auch in den parasympathischen Ganglien durch Acetylcholin erfolgt, ist eine Blutdrucksenkung durch spezifische Blockade der sympathischen Ganglien nicht möglich. Aus diesem Grund und wegen schwerer orthostatischer Regulationsstörungen, die zum Kollaps beim Aufrichten des Körpers aus der Horizontalen führen können und auf das Fehlen der sympathischen Regulation zurückzuführen sind, ist die Bedeutung der Ganglienblocker ständig zurückgegangen.

Nicotin führt nach chronischem Abusus zu peripheren Durchblutungsstörungen, die durch erhöhten Sympathotonus sowie direkte Erregung der Gefäßmuskulatur verursacht sind. Vasopressin-Freisetzung aus dem Hypophysenhinterlappen und damit verbundene Diuresehemmung führt zu einem Anstieg des Blutdrucks. *Mecamylamin* ist nur bei chirurgischen Eingriffen und schwersten Hypertonien indiziert.

Struktur-Wirkungs-Beziehungen

Struktur-Wirkungs-Beziehungen Einfach gebaute monoquartäre Ammonium-Verbindungen wie z.B. *Tetramethylammoniumbromid* besitzen ganglienstimulierende Eigenschaften. Werden die Methyl-Gruppen des Tetramethylammoniums durch größere Substituenten ersetzt, tritt eine Änderung des Wirkungsbildes ein. So hemmt *Tetraethylammoniumbromid* die ganglionäre Erregungsübertragung.

Substanzen mit zwei quartären Stickstoffen, die durch eine Polymethylenkette miteinander verbunden sind („*Methonium*"-Verbindungen), wirken stärker und länger. Das Maximum der ganglienblockierenden Wirkung liegt bei einer Kettenlänge von 5 (*Pentamethoniumbromid*) bis 6 C-Atomen (*Hexamethoniumbromid*). Als Begleitwirkung tritt ein muskelrelaxierender Effekt auf. *Decamethonium*, mit einer Kettenlänge von 10 C-Atomen, ist ein peripheres Muskelrelaxans (vgl. 7.8.4).

Penta- und Hexamethoniumbromid werden ausschließlich in der experimentellen Pharmakologie eingesetzt.

Biotransformation *Nicotin* wird als Base von Haut und Schleimhäuten resorbiert. Die rasche Metabolisierung im Organismus schützt starke Raucher vor Vergiftung. Als Hauptmetaboliten werden Nicotin-N-oxid und Cotinin gebildet, das durch Ringspaltung zu 3-Pyridinessigsäure abgebaut werden kann. N-Demethylierung ergibt Nornicotin.

Nicotin-N-oxid   Nicotin   Cotinin

7.4 Den Schlaf und die Psyche beeinflussende Stoffe: Hypnotika

Beim physiologischen Schlaf, einem aktiven Prozeß, der durch Regenerationsvorgänge charakterisiert ist, lassen sich durch Aufzeichnung der Hirnströme im Elektroencephalogramm (EEG) oder über Registrierung der Augenbewegungen zwei Phasen unterscheiden:

— Der *paradoxe Schlaf* (REM-Schlaf) ist durch hohe EEG-Frequenz, Träume und schnelle Augenbewegungen (rapid eye movements) gekennzeichnet.

— Beim *orthodoxen Schlaf* (NREM-Schlaf) ist die EEG-Frequenz erniedrigt, Träume sowie Augenbewegungen fehlen.

Beide Phasen wechseln pro Nacht etwa vier- bis fünfmal, körperliche und geistige Erholung hängen von ihrem ausgewogenen Verhältnis ab.

Hypnotika sollen einen dem natürlichen Schlaf möglichst ähnlichen Zustand herbeiführen. Benötigt werden kurz wirksame Mittel gegen Einschlaf- und Wiedereinschlafstörungen sowie länger wirksame Stoffe (max. 8 h) gegen Durchschlafstörungen.

Die klassischen Hypnotika, beispielsweise aus der Gruppe der Barbitale, sind zentral dämpfende Pharmaka geringer Selektivität, die in therapeutischer Dosis hauptsächlich auf Formatio reticularis und Großhirnrinde einwirken, im toxischen Bereich schließlich auch das Atemzentrum lähmen. Sie wirken dosisabhängig sedativ, hypnotisch und — entsprechende therapeutische Breite vorausgesetzt — narkotisch. Durch sie wird ein als „medikamentöser Schlaf" zu bezeichnender Zustand erzwungen, der durch weitgehende Unterdrückung der REM-Phasen charakterisiert ist („Kater"-Effekt).

Daneben haben Tranquillantien aus der Gruppe der *1,4-Benzodiazepine* (*Diazepam* und insbesondere *Nitrazepam* und *Flurazepam*, vgl. 7.5.1) Bedeutung in der Pharmakotherapie von Schlafstörungen gewonnen. Diese Stoffe wirken eher schlafanbahnend (hypnogen) als hypnotisch. Sie zeigen geringeren Einfluß auf die Schlafphasen und führen selbst in hoher Dosierung nicht zu einer Narkose.

Barbitale, Bromureide, Piperidindione, Alkohole und die heute nicht mehr gebräuchlichen *Sulfone* weisen physikochemische und strukturelle Gemeinsamkeiten auf. Sie enthalten stark polare, hydrophile Gruppen, die mit einem lipophilen Molekülteil verbunden sind. Der lipophile Charakter überwiegt. Das Wirkungsmaximum liegt häufig bei

Substanzen mit einem Octanol/Wasser-Verteilungskoeffizienten P von 100 (log P = 2), (vgl. 1.3). Die genannten Eigenschaften bestimmen Resorbierbarkeit und Membranpermeationsvermögen (Blut-Hirn-Schranke) und können als eine der Voraussetzungen für die hypnotische Wirksamkeit innerhalb dieser Stoffgruppen angesehen werden.

7.4.1 Alkohole und Aldehyde

Ethanol und seine geradkettigen Homologen zeigen hypnotische bzw. narkotische Wirkung. Das Maximum wird bei *n-Octanol* erreicht. Praktisch anwendbar sind jedoch nur die niedriger dosierbaren tertiären Alkohole. Im Gegensatz zu den primären und sekundären Alkoholen können diese nicht durch Oxidation der Hydroxyl-Gruppe metabolisch inaktiviert werden. Halogen-Substitution sowie ungesättigte Strukturen − insbesondere Ethinyl-Gruppen − erweisen sich als wirkungsverstärkend. Gebräuchlich sind *Methylpentynol* (3-Hydroxy-3-methyl-1-pentin) und analoge Alkinole.

Methylpentynol
(Allotropal®)

3,4-Dihydroxy-3-methyl-4-phenyl-1-butin
(Bestandteil von Centalun® compositum)

Die Aldehyd-Derivate *Paraldehyd* und *Chloralhydrat* besitzen aufgrund ihrer unvorteilhaften Gebrauchseigenschaften nur eine untergeordnete Bedeutung als Hypnotika. Beide Substanzen haben schlechten Geschmack und wirken schleimhautreizend, bei Paraldehyd ist darüberhinaus der unangenehme Geruch beim Ausatmen nachteilig.

Paraldehyd

Chloralhydrat
(Chloraldurat®)

Eigenschaften Die Alkinole sind flüssige Substanzen, die als Lösung oder in Form von Kapseln Anwendung finden.
Paraldehyd (2,4,6-Trimethyl-1,3,5-trioxan), das zyklische Trimer des Acetaldehyds, stellt ebenfalls eine Flüssigkeit dar. Bei der Lagerung kann durch Rückbildung des Monomers und anschließende Oxidation an der Luft Essigsäure entstehen. Ph. Eur. erlaubt deshalb Zusatz von Antioxidantien. *Chloralhydrat* bildet sehr leicht wasserlösliche Kristalle. Beim Versetzen mit Alkalilauge zerfällt die Substanz unter Deprotonierung in Chloroform und Formiat.

Biotransformation *Chloralhydrat* wird in der Leber unter dem Einfluß von Aldehyd-Reduktasen (Alkohol-Dehydrogenasen) zu Trichlorethanol, der mutmaßlichen Wirkform, reduziert. Dieses wird als Glucuronid ausgeschieden. Die Oxidation zur stark sauren Trichloressigsäure ist als metabolischer Nebenweg anzusehen.

Synthese *Methylpentynol* kann durch Ethinylierung von 2-Butanon in Gegenwart von Natrium in flüssigem Ammoniak erhalten werden.

Methylpentynol

Chloralhydrat gewinnt man technisch durch Einleiten von Chlor in wäßriges Ethanol. Bei dieser über verschiedene Zwischenstufen verlaufenden Reaktion wirkt das Halogen gleichzeitig oxidierend.

Analytik Ph. Eur. läßt *Paraldehyd* auf Acetaldehyd, Peroxide und sauer reagierende Verunreinigungen prüfen. Die Grenzwertbestimmung auf Acetaldehyd erfolgt über Oxim-Titration. Peroxide werden durch Oxidation von Iodid zu Iod und anschließende Titration mit Thiosulfat erfaßt.
Zum Nachweis von *Chloralhydrat* wird nach Ph. Eur. die Spaltung mit Alkalilauge herangezogen, dabei gebildetes Chloroform erkennt man an der entstehenden Trübung und am Geruch. Da die Reaktion quantitativ verläuft, kann sie durch Rücktitration überschüssiger Lauge zur Gehaltsbestimmung verwendet werden (Ph. Eur.).

7.4.2 Urethane und Bromureide

Urethane sind Ester der Carbaminsäure (Carbamate). Einfachstes Hypnotikum dieser Gruppe ist Ethylurethan, meist nur als Urethan bezeichnet. Die Anwendung am Menschen verbietet sich wegen schwerwiegender Nebenwirkungen. In der experimentellen Pharmakologie wird Urethan zur Narkotisierung von Versuchstieren eingesetzt. *Ethinamat* (1-Ethinyl-cyclohexanol-carbamat) ist pharmakologisch einem schwach wirksamen Barbital vergleichbar und besitzt gegenüber den Alkinolen den Vorzug des festen Aggregatzustandes.

Urethan

Ethinamat (Valamin®)

Die sedativ-hypnotisch wirksamen *Bromureide* (Bromcarbamide) stellen eher schwach wirksame Schlafmittel dar, die als azyklische Acylharnstoffe den Barbitalen strukturverwandt sind.

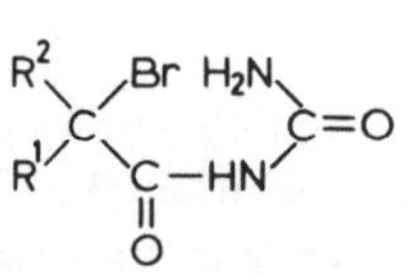

Bromureide

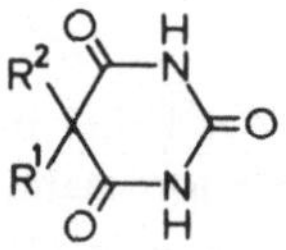

Barbitale

Bromureide wie *Carbromal*, (2-Brom-2-ethyl-butyryl)-harnstoff, und *Bromisoval* waren lange Zeit zur Selbstmedikation von Schlafstörungen und als Sedativa beliebt. Da bei Mißbrauch die Gefahr toxischer Nebenwirkungen gegeben ist, wurde ihre Anwendung durch Verschreibungspflicht eingeschränkt.

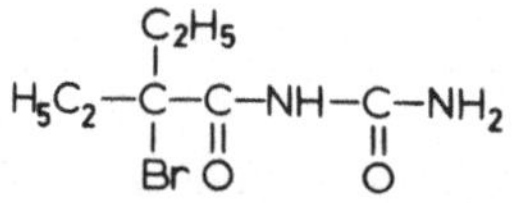

Carbromal
(Adalin®)

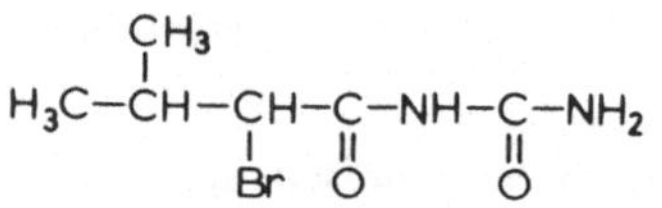

Bromisoval
(Bromural®)

Biotransformation Im Vordergrund steht die enzymatische Debromierung. Bromid-Ionen besitzen im Gegensatz zu den Ausgangsverbindungen eine sehr lange Halbwertzeit ($t_{1/2} \approx 12$ Tage). Dies führt bei chronischer Zufuhr zur Kumulation. Das Vergiftungsbild ist u.a. durch Bromakne und neurotoxische Symptome charakterisiert und wird als „Bromismus" bezeichnet. Die akute Intoxikation — etwa bei Suizidversuchen — ist schwerer therapierbar als bei den meisten anderen Hypnotika.

Die Debromierung von *Carbromal* ergibt *Debromcarbromal* (2-Ethyl-butyryl-harnstoff). Als mengenmäßig bedeutsamster bromhaltiger Metabolit entsteht durch Abspaltung der Carboxamid-Gruppierung *Carbromid* (2-Brom-2-ethyl-butyramid).

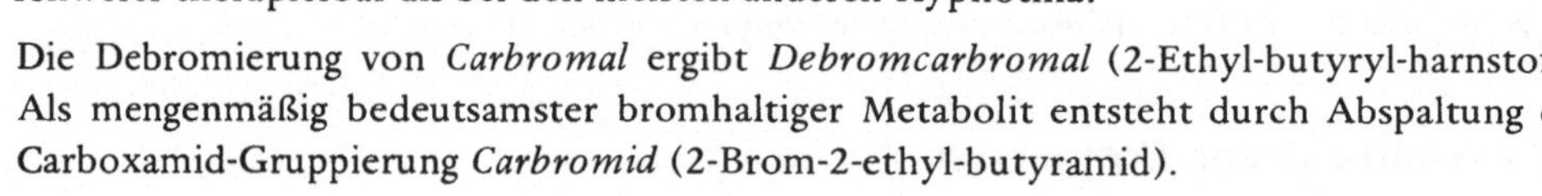

Carbromid

Carbromal

Debromcarbromal

Synthese Zur Darstellung von *Carbromal* wird 2-Ethyl-buttersäure (Diethylessigsäure) mit Brom und rotem Phosphor nach Hell-Volhard-Zelinsky zum α-Brom-acylbromid umgesetzt und anschließend mit Harnstoff kondensiert. Die Synthese von *Bromisoval* erfolgt analog.

Carbromal

Analytik Nach DAB 8 kann der Nachweis von *Bromisoval* und *Carbromal* durch reduktive Debromierung mit Zinkstaub/Essigsäure und anschließende Schmelzpunktbestimmung der bromfreien Acylharnstoffe erfolgen. Die Gehaltsbestimmung basiert auf der leichten Hydrolysierbarkeit der α-Halogen- zur α-Hydroxy-carbonyl-Funktion. Zur Durchführung wird mit Alkalilauge zu den α-Hydroxysäuren hydrolysiert und das abgespaltene Bromid argentometrisch nach Volhard titriert.

7.4.3 Piperidindione

Die sedativ-hypnotisch wirksamen 2,4- und 2,6-Dioxo-Derivate des Piperidins sind hinsichtlich Struktur und pharmakologischer Eigenschaften den Barbitalen (vgl. 7.4.4) verwandt. Gebräuchlich sind *Methyprylon*, 3,3-Diethyl-5-methyl-2,4-piperidindion, und *Glutethimid*, ein 2,6-Piperidindion, das auch als Glutarsäureimid-Derivat aufgefaßt werden kann. Glutethimid besitzt an C-3 ein Chiralitätszentrum. Die Wirkung ist überwiegend an das R-(+)-Enantiomer gebunden. Ebenfalls zu den 2,6-Piperidindionen gehörig ist das als Hypnotikum nicht mehr im Handel befindliche *Thalidomid* (Contergan®), das aufgrund seiner teratogenen Wirkung schwere fetale Mißbildungen (Phokomelien = Robbengliedrigkeit) verursachte.

Methyprylon
(Noludar®)

Glutethimid
(Doriden®)

Barbitale

Biotransformation Der *Glutethimid*-Abbau wird durch Hydroxylierungsreaktionen eingeleitet, wobei die optischen Antipoden in unterschiedlicher Weise angegriffen werden. S-(−)-Glutethimid wird an der Ethyl-Seitenkette, R-(+)-Glutethimid am Glutarimid-Ring hydroxyliert.

S-(−)-Glutethimid

R-(+)-Glutethimid

Synthese Zur Darstellung von *Glutethimid* wird 2-Phenyl-butyronitril mit Acrylsäure-methylester umgesetzt (Michael-Addition), alkalisch hydrolysiert und anschließend mit Essigsäure/Schwefelsäure zyklisiert.

Glutethimid

Analytik *Glutethimid* kann — im Gegensatz zu Methyprylon — durch Zwikker-Reaktion (Blauviolettfärbung) nachgewiesen werden.

7.4.4 Barbitale und Thiobarbitale

Entwicklung *Barbitursäure* (Malonylharnstoff) wurde erstmals von A. v. Baeyer (1863) synthetisiert. Die Darstellung durch Kondensation von Malonsäure und Harnstoff geht auf Grimaux (1879) zurück. Die Substanz, selbst physiologisch unwirksam, ist Stammverbindung der Barbitale und damit der bedeutendsten Gruppe klassischer Hypnotika. Als *Barbitale* bezeichnet man 5,5-disubstituierte Barbitursäuren. *Barbital*, 5,5-Diethylbarbitursäure, wurde 1903 von E. Fischer synthetisiert und im gleichen Jahr nach pharmakologischer Prüfung durch v. Mering als erster Vertreter dieser Gruppe unter dem Namen Veronal® in die Therapie eingeführt. Außer zur Behandlung von Schlafstörungen haben einige Barbitale als Antiepileptika (vgl. 7.9.2) und Narkosemittel Bedeutung erlangt. Die den Barbitalen isosteren *Thiobarbitale* werden ausschließlich als Injektionsanästhetika (vgl. 7.6.2) verwendet.

Pharmakologie Barbitale verkörpern den Prototyp zentral dämpfender Substanzen. In niedriger Dosierung finden sie Anwendung als Sedativa und als Kombinationsbestandteil analgetischer Mischpräparate. Zur Therapie von Schlafstörungen steht eine Reihe von Substanzen zur Verfügung, die sich in Wirkungsstärke, Wirkungseintritt und Wirkungsdauer unterscheiden. Mittellang wirkende Barbitale werden bevorzugt zur Behandlung von Durchschlafstörungen eingesetzt, während bei Einschlafstörungen z.B. das sehr kurz wirkende N-Methyl-Derivat *Hexobarbital* geeignet ist. *Barbital* wird aufgrund zu langer Halbwertzeit und damit verbundener Kumulationsgefahr nicht mehr angewendet. Das ebenfalls langwirkende *Phenobarbital* ist hauptsächlich als Antiepileptikum von Bedeutung.

Barbitale und Thiobarbitale			
Stoffklasse	R^1 $\qquad$ R^2	Freiname (Handelsname)	Anwendung, Wirkungsdauer
Barbitale X = O R^3 = H	C_2H_5	Phenobarbital (Luminal®)	A, H, l
	C_2H_5	Cyclobarbital (Phanodorm®)	H, m
	C_2H_5 $\quad$ $CH_2-CH_2-\underset{\underset{CH_3}{\vert}}{CH}-CH_3$	Amobarbital (Stadadorm®)	H, m
	C_2H_5 $\quad$ $\underset{\underset{CH_3}{\vert}}{CH}-(CH_2)_2-CH_3$	Pentobarbital (Nembutal® Repocal®)	H, m
	$CH=CH_2$ $\quad$ $\underset{\underset{CH_3}{\vert}}{CH}-(CH_2)_2-CH_3$	Vinylbital (Speda®)	H, m
N-Methyl-barbitale X = O R^3 = CH_3	C_2H_5	Methylphenobarbital (Prominal®)	A, l
	CH_3	Hexobarbital (Evipan®)	H, IA, sk
Thio-barbitale X = S R^3 = H	C_2H_5 $\quad$ $\underset{\underset{CH_3}{\vert}}{CH}-(CH_2)_2-CH_3$	Thiopental (Trapanal®)	IA, sk
H = Hypnotikum $\qquad$ l = lang A = Antiepileptikum $\qquad$ m = mittellang bis kurz IA = Injektionsanästhetikum $\qquad$ sk = sehr kurz			

Eigenschaften, Reaktionen *Barbitursäure* (pK_a = 4) und ihre C-5-monosubstituierten Derivate zeigen eine der Essigsäure (pK_a = 4,75) vergleichbare Säurestärke. Die ausgeprägte Acidität der Barbitursäure liegt in der hohen Mesomeriestabilisierung des Anions begründet. Substitution beider Wasserstoff-Atome an C-5 bedingt einen wesentlichen Aciditätsverlust. Der pK_a-Wert der *Barbitale* liegt im Bereich von ungefähr 7,2 bis 7,9.

Unter physiologischen Bedingungen (pH = 7,4) sind Barbitale zu etwa 50 % dissoziiert. Da das Durchdringungsvermögen für Biomembranen und damit der Übertritt in das ZNS an die undissoziierte Form gebunden sind, kann für Barbitursäure und ihre C-5-monosubstituierten Derivate, die bei pH 7,4 praktisch vollständig ionisiert vorliegen, keine Wirksamkeit erwartet werden.

Eine weitere Abschwächung der Acidität tritt beim Übergang zu den *N-Methylbarbitalen* ($pK_a > 8$) ein, gleichzeitig erhöht sich auch die Lipophilie. Die Verminderung der Acidität sowie vor allem die Steigerung der Lipophilie begünstigen einen schnellen Wirkungseintritt.

Thiobarbitale zeigen im Vergleich zu den entsprechenden Barbitalen eine geringfügig erhöhte Acidität, sind jedoch aufgrund des Schwefel-Atoms ausgesprochen lipophile Substanzen, deren nicht-ionisierte Form gut resorbiert wird, und deren Wirkung rasch einsetzt.

Barbitale lösen sich in Alkalilaugen unter Bildung der Monoalkalisalze. Für hochverdünnte Lösungen wurde in 1-normaler Natronlauge auch das Vorliegen von Dianionen postuliert (vgl. Analytik). Mono- und Dianion sind mesomeriestabilisiert.

Monoanion   Dianion

Die im Gegensatz zu den freien Säuren leicht wasserlöslichen Mononatrium-Salze der Barbitale und Thiobarbitale reagieren infolge Hydrolyse alkalisch. Mit sauren Stoffen, Alkaloid- oder Schwermetall-Salzen treten daher Inkompatibilitäten auf.

In wäßrig-alkalischer Lösung werden Barbitale allmählich zersetzt. Unter Ringöffnung an C-4 bzw. C-6 entsteht dabei disubstituierte Malonursäure, die zum entsprechenden Acylharnstoff decarboxyliert. Bei sterischer Hinderung (voluminöse Substituenten an C-5) tritt vorwiegend Spaltung an C-2 ein, wobei Malondiamid-Derivate resultieren.

Alkalische Zersetzung von Barbitalen

Struktur-Wirkungs-Beziehungen Barbitursäure und 5-monosubstituierte Derivate zeigen keine pharmakodynamische Aktivität, da sie die Blut-Hirn-Schranke nicht überschreiten. Für 5,5-disubstituierte Barbitursäuren gilt, daß zur Erreichung optimaler Wirksamkeit beide Substituenten zusammen etwa 8 Kohlenstoff-Atome aufweisen sollen. Nur einer der beiden Reste darf zyklisch sein. Verzweigte, ungesättigte und alizyklische Strukturen verstärken die Wirkung und verkürzen die Wirkungsdauer im Vergleich zu geradkettigen Resten gleicher Kohlenstoff-Zahl. Beim Übergang zu N-Methyl- und Thiobarbitalen tritt ebenfalls eine Wirkungssteigerung auf. Wird bei *Phenobarbital* die C-2-Carbonyl-Funktion durch eine Methylen-Gruppe ersetzt, so gelangt man zu *Primidon*, einem Antiepileptikum (vgl. 7.9.2).

Das Barbitursäure-Grundgerüst kann auch Träger zentral erregender Wirkungen sein. Diese manifestieren sich bei Derivaten mit langer Kohlenstoff-Kette an C-5 sowie bei Alkylierung beider Stickstoff-Atome. Eine Auftrennung in Enantiomere von entgegengesetztem Wirktyp (sedativ-hypnotisch bzw. zentral erregend) ist bei bestimmten N-Methylbarbitalen mit asymmetrischem C-5 möglich.

Biotransformation Die Pharmakokinetik der Barbitale und Thiobarbitale wird außer durch Acidität und Lipophilie auch durch enzymatische Reaktionen bestimmt, die ihrerseits von strukturellen und physikochemischen Faktoren abhängen. Allgemein wird mit zunehmender Lipophilie das Ausmaß der Metabolisierung erhöht und die Wirkungsdauer verkürzt.

Folgende Reaktionen stehen im Vordergrund:

- Oxidation der Substituenten an C-5
- N-Demethylierung (bei N-Methylbarbitalen)
- Austausch von Schwefel gegen Sauerstoff (bei Thiobarbitalen)

Während bei *Barbital* als Derivat mit der längsten Halbwertzeit nur Elimination in unveränderter Form von Bedeutung ist, unterliegt das ebenfalls langwirkende *Phenobarbital* (Halbwertzeit ungefähr drei Tage) weitgehender Umwandlung in der Leber. Hauptmetabolit ist 5-Ethyl-5-p-hydroxyphenyl-barbitursäure, die über das Epoxid gebildet wird und teils in freier, teils in konjugierter Form (u.a. als Glucuronid) ausgeschieden wird.

Phenobarbital

Phenobarbital bewirkt bei längerer Anwendung eine vermehrte Synthese hydroxylierender Enzyme (Monooxygenasen), ein Vorgang, den man als *Enzyminduktion* bezeichnet. Dadurch beschleunigt Phenobarbital seine eigene Inaktivierung, die Folge ist Toleranzentwicklung. Auch andere hydroxylierbare Substrate — körperfremde wie körpereigene — können von der Enzyminduktion betroffen sein.

Pentobarbital wird am 1-Methyl-butyl-Substituenten hydroxyliert sowie durch ω-Oxidation in die entsprechende Carbonsäure übergeführt.

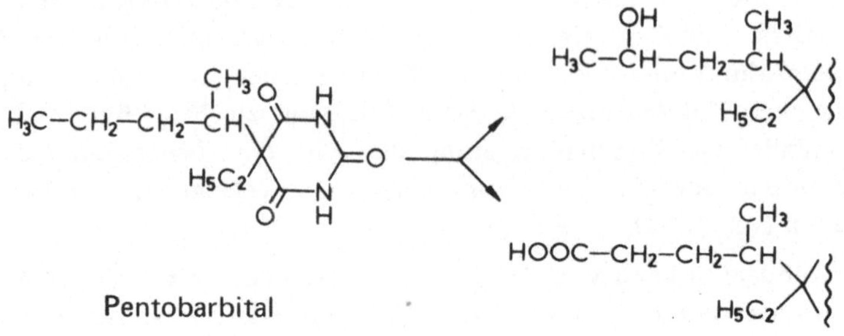

Pentobarbital

Hauptmetabolit von *Thiopental* ist die analoge, von Thiobarbitursäure abgeleitete ω-Carboxyl-Verbindung; Schwefelaustausch zu Pentobarbital ist von untergeordneter Bedeutung. Bei *Methylphenobarbital* steht N-Demethylierung im Vordergrund. Das so gebildete Phenobarbital wird nur in geringem Maße in para-Stellung des Phenyl-Restes hydroxyliert.

Synthese   Zur Darstellung von *Barbital* nach dem von E. Fischer entwickelten *Malonester-Verfahren* werden Diethyl-malonsäure-diethylester und Harnstoff in Anwesenheit von Natriumethylat kondensiert. Da sich dabei das Natrium-Salz bildet, sind mindestens äquimolare Mengen Alkoholat erforderlich. Beim Ansäuern des Reaktionsansatzes fällt Barbital aus.

Das Malonester-Verfahren ist vielfältig abwandelbar. Anstelle von Harnstoff kann auch Guanidin eingesetzt werden. Man gelangt so zu Iminobarbitursäure-Derivaten, die durch saure Hydrolyse in die entsprechenden Barbitale übergeführt werden. Wird Methylharnstoff eingesetzt, so resultieren N-Methylbarbitale; Thiobarbitale entstehen analog mit Thioharnstoff.

Ungleich dialkylierte Malonester, wie sie z.B. für Pentobarbital benötigt werden, lassen sich durch stufenweise Umsetzung von Malonester mit Alkylhalogeniden in Gegenwart von Natriumalkoholat gewinnen.

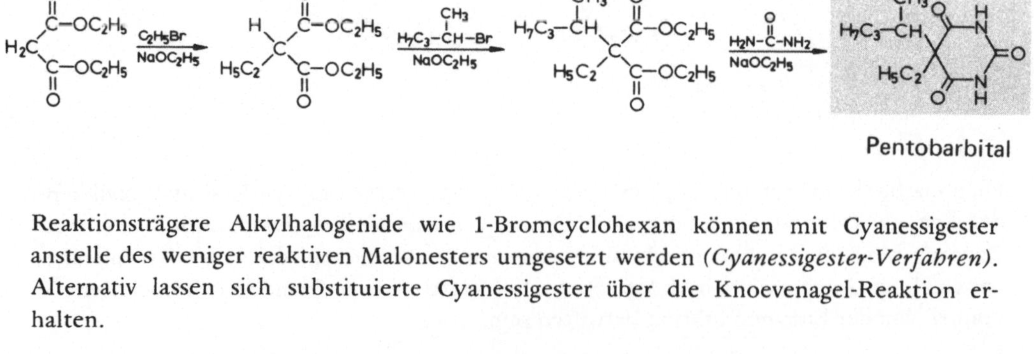

Pentobarbital

Reaktionsträgere Alkylhalogenide wie 1-Bromcyclohexan können mit Cyanessigester anstelle des weniger reaktiven Malonesters umgesetzt werden (*Cyanessigester-Verfahren*). Alternativ lassen sich substituierte Cyanessigester über die Knoevenagel-Reaktion erhalten.

Zur Synthese von *Cyclobarbital* wird Cyclohexanon mit Cyanessigsäuremethylester kondensiert, wobei sich Cyclohexyliden-cyanessigsäure-methylester bildet. Die Einführung des zweiten Substituenten erfolgt mit Ethylbromid in Gegenwart von Natriumalkoholat. Der disubstituierte Cyanessigester kann mit Harnstoff oder Harnstoff-Analogen unter Einwirkung von Alkoholat zyklisiert werden. Bei der technischen Synthese wird Dicyandiamid (Cyanguanidin) eingesetzt. Das intermediär entstehende Cyan-substituierte Diiminobarbital liefert bei Hydrolyse mit Schwefelsäure Cyclobarbital.

Cyclobarbital

Aryl-substituierte Barbitale können weder nach dem Malonester- noch nach dem Cyanessigester-Verfahren erhalten werden, da Arylhalogenide (z.B. Brombenzol) unter diesen Bedingungen mit CH-aciden Verbindungen nicht reagieren. Die Darstellung des zur Synthese von *Phenobarbital* benötigten Phenylmalonsäure-diethylesters gelingt über das *Oxalester-Verfahren.* Dazu geht man von Benzylcyanid aus. Nach Überführung in Phenylessigsäure-ethylester wird mit Oxalsäure-diethylester kondensiert (Claisen-Esterkondensation). Das entstehende Oxalessigester-Derivat unterliegt beim Erhitzen der Decarbonylierung zu Phenylmalonsäure-diethylester. Dieser wird ethyliert und mit Harnstoff zu Phenobarbital zyklisiert.

Phenobarbital

Analytik *Barbitale* und *Thiobarbitale* können durch *Zwikker-Reaktion* nachgewiesen werden. In der Ausführung nach Ph. Eur. (vgl. 5.3) entsteht Blauviolettfärbung. Zur Differenzierung beider Substanzklassen löst man unter Basenzusatz (Piperidin) und versetzt mit Kupfersulfat-Lösung. Dabei reagieren Barbitale unter Violettfärbung, ihre Thio-Analogen unter Grünfärbung.

N-unsubstituierte Barbitale werden von den *N-Methyl*-Derivaten durch Reaktion mit Quecksilber(II)-Salzen unterschieden. Im ersten Fall bildet sich ein Niederschlag der Zusammensetzung [Barb]HgX (Barb = Anion eines Barbitals), im zweiten Fall besitzt der Niederschlag die Zusammensetzung [Barb]Hg[Barb]. Auf Zugabe von Ammoniak gehen die N-unsubstituierten Verbindungen in Lösung, während bei N-Methylbarbitalen vor völligem Auflösen eine erneute Fällung (Quecksilber(II)-amidochlorid) auftritt.

Barbitale und ihre N-Methyl-Derivate zeigen in 0,01-normaler Natronlauge bei 240 bis 245 nm ein UV-Maximum. Dieses wird dem Monoanion (vgl. Eigenschaften) zugeschrieben, das als Chromophor eine in Konjugation stehende Carbonyl-Gruppe aufweist. Bei genügender Stabilität kann die UV-Absorption zur spektrophotometrischen Bestimmung von Barbitalen herangezogen werden. Eine nur bei den N-unsubstituierten Barbitalen in 1-normaler Natronlauge auftretende bathochrome Verschiebung des Maximums nach etwa 255 nm ist mit der Verlängerung des Chromophors im Dianion (vgl. Eigenschaften) in Beziehung gebracht worden.

Nach Ph. Eur. wird zur Gehaltsbestimmung von *Phenobarbital* und weiterer Barbitale (H_2[Barb]) in Pyridin (Py) gelöst und mit Silbernitrat versetzt. Wie Phenytoin (vgl. 7.9.2) binden auch Barbitale Silber-Ionen unter Abspaltung von Protonen, die in Pyridin als Pyridinium-Ionen mit Natronlauge gegen Thymolphthalein titriert werden können. Ein Mol Phenobarbital entspricht zwei Mol Lauge, d.h. es findet zweifache Deprotonierung statt, wobei sich wahrscheinlich ein Disilberbarbiturat-Pyridin(2 : 1)-Komplex ausbildet.

$$H_2\left[Barb\right] + 2\,Ag^{\oplus} + 4\,Py \longrightarrow Ag_2\left[Barb\right]\left[Py\right]_2 + 2\,HPy^{\oplus}$$

Die *Budde-Titration* stellt eine argentometrische Methode zur Bestimmung N-unsubstituierter Barbitale dar. Dazu wird mit Natriumcarbonat in Wasser gelöst und mit Silbernitrat-Lösung bis zur anhaltenden Trübung titriert. Im Äquivalenzpunkt liegt ein löslicher Silberbarbiturat-Komplex(1 : 1) vor. Geringer Überschuß an Silber-Ionen führt zur Ausfällung eines unlöslichen Disilberbarbiturat-Komplexes(2 : 1).

Auch N-substituierte Barbitale sind argentometrisch erfaßbar. Hierbei bildet sich jedoch ein löslicher Silberdibarbiturat-Komplex(1 : 2), am Endpunkt entsteht mit überschüssigen Silber-Ionen schwer lösliches Disilberdibarbiturat(2 : 2).

7.4.5 4-Chinazolinone

Die 4-Chinazolinone haben zwar mit den Barbitalen, Bromureiden und Piperidindionen eine Säureamid-Partialstruktur gemeinsam, unterscheiden sich aber hinsichtlich ihrer Neben- bzw. toxischen Wirkungen von diesen. Bei Überdosierung kommen Erregungszustände oder Krämpfe vor. Dies weist auf einen andersartigen Wirkungsmechanismus hin. Der REM-Schlaf soll praktisch nicht beeinflußt werden.

Methaqualon, 2-Methyl-3-(2-tolyl)-3,4-dihydro-4-chinazolon, ist ein verbreitetes Hypnotikum, das häufig auch in Kombinationspräparaten angetroffen wird. Aufgrund des basischen N-1 ist Salzbildung möglich.

Synthese *Methaqualon* wird durch Kondensation von N-Acetylanthranilsäure mit o-Toluidin in Gegenwart von Phosphoroxidchlorid dargestellt.

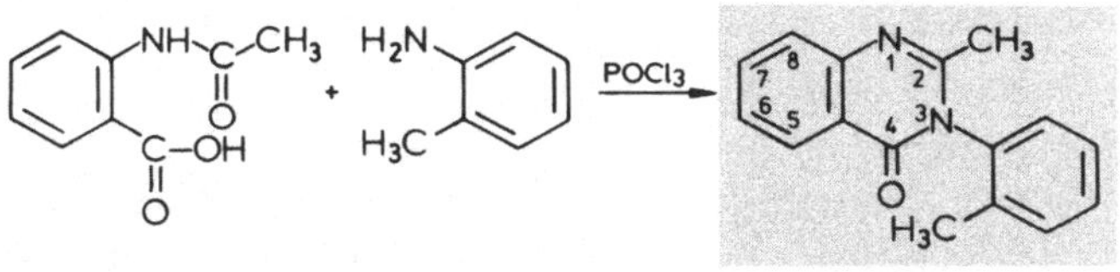

Methaqualon
(Revonal®)

Analytik *Methaqualon* wird durch Erhitzen mit Natriumhydroxid in 1,2-Propandiol (Propylenglykol) zu Anthranilsäure gespalten, die als primäres aromatisches Amin durch Diazotierung und Kupplung nachgewiesen werden kann.

7.5 Den Schlaf und die Psyche beeinflussende Stoffe: Psychopharmaka

Psychopharmaka sind zentral wirksame Arzneistoffe, die psychische Funktionen zu beeinflussen vermögen. Sowohl zwischen den einzelnen Gruppen der Psychopharmaka als auch zu anderen zentral wirksamen Stoffgruppen bestehen fließende Übergänge. Psychopharmaka können folgendermaßen unterteilt werden:

- Tranquillantien
- Neuroleptika
- Antidepressiva
- Psychostimulantien
- Psychotomimetika

Tranquillantien und Neuroleptika wirken dämpfend auf das Zentralnervensystem (ZNS), während Antidepressiva, Psychostimulantien und Psychotomimetika vorwiegend zentral erregende Eigenschaften aufweisen. Die Tranquillantien lassen sich mit den Hypnotika — diese werden im allgemeinen nicht den Psychopharmaka zugerechnet — als sedativhypnotische Substanzen zusammenfassen. Neuroleptika und Antidepressiva, psychotrope Stoffe mit antipsychotischer Wirksamkeit, werden mitunter als *Psychopharmaka im engeren Sinne* bezeichnet.

7.5.1 1,4-Benzodiazepine

Unter *Tranquillantien* werden Arzneistoffe verstanden, die angstlösende (anxiolytische) und sedierende, im Regelfall auch muskelrelaxierende Eigenschaften aufweisen. Die wirksamsten Vertreter findet man in der Stoffklasse der *1,4-Benzodiazepine.* Barbitale und andere Hypnotika zeigen in niedriger Dosierung vergleichbare Wirkungen.

Entwicklung Die erfolgreiche Einführung von *Meprobamat* (vgl. 7.5.2) sowie der ersten Neuroleptika war Anlaß zur Entwicklung weiterer Psychopharmaka. In diesem Zusammenhang wurde von Sternbach Mitte der fünfziger Jahre die Bearbeitung der *„Benzheptoxdiazine"* aufgenommen. Statt zu dieser Verbindungsklasse gelangte er dabei zu *Chinazolin-3-oxid-Derivaten* und über diese durch eine unvorhergesehene Ringerweiterungsreaktion zu den bis dahin unbekannten *1,4-Benzodiazepinen*, die die gesuchten psychotropen Eigenschaften aufwiesen.

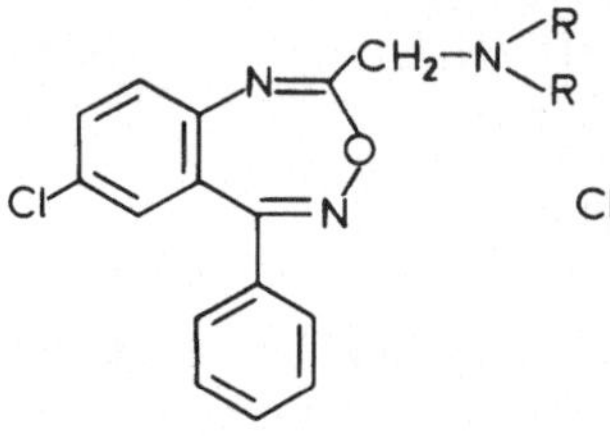

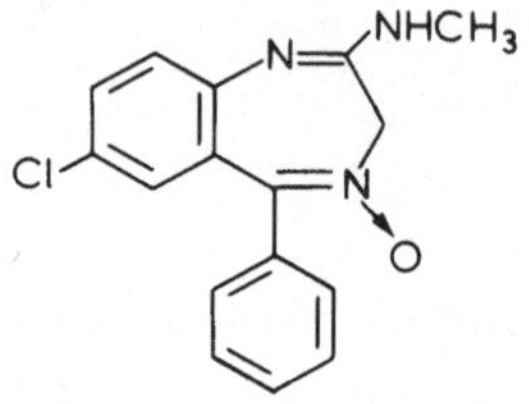

„Benzheptoxdiazine" 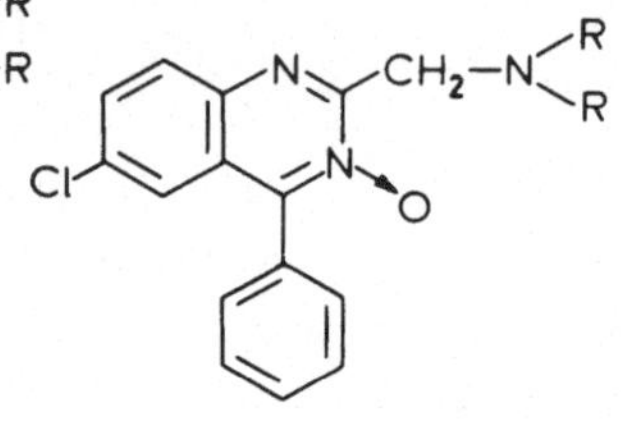   Chinazolin-3-oxid-   Chlordiazepoxid
                             Derivate

Als erstes Präparat wurde 1960 *Chlordiazepoxid*, 7-Chlor-2-methylamino-5-phenyl-3H-1,4-benzodiazepin-4-oxid (Librium®), in die Therapie eingeführt. Für die Entwicklung neuerer 1,4-Benzodiazepine waren Untersuchungen zur Biotransformation von Bedeutung. So ist z.B. *Oxazepam* ein aktiver Metabolit des länger bekannten *Diazepams*.

1,4-Benzodiazepine		
Formel	Freiname (Handelsname)	Hauptanwendung
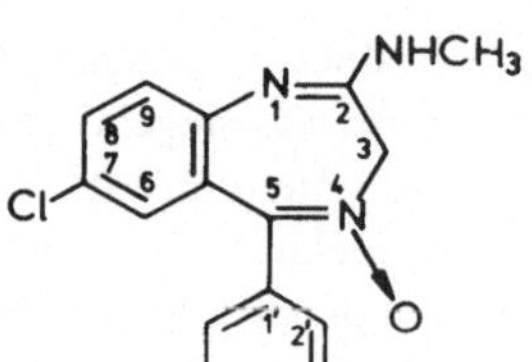	Chlordiazepoxid (Librium®)	Tranquillans
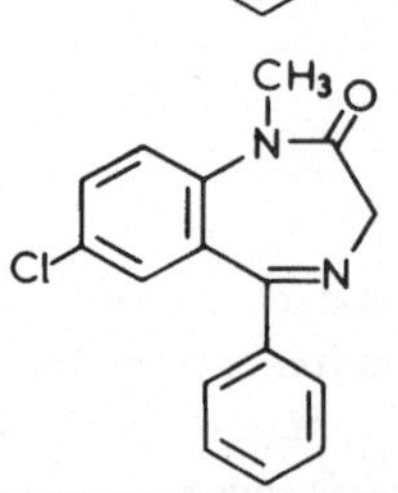	Diazepam (Valium®)	Tranquillans

Fortsetzung der Tabelle

Formel	Freiname (Handelsname)	Hauptanwendung
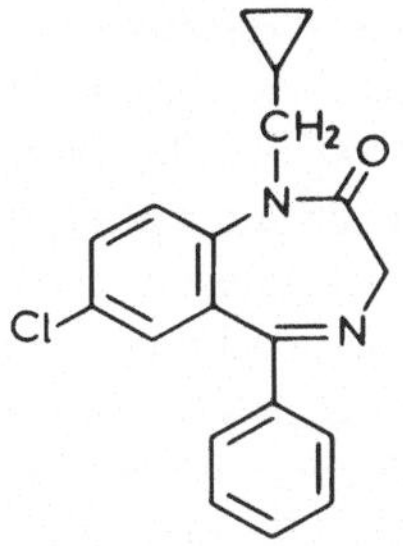 (Strukturformel)	Prazepam (Demetrin®)	Tranquillans
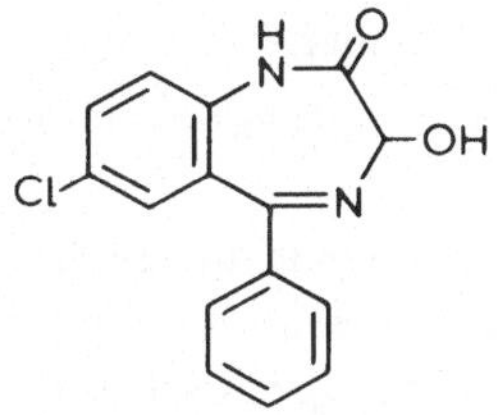 (Strukturformel)	Oxazepam (Adumbran® Praxiten®)	Tranquillans
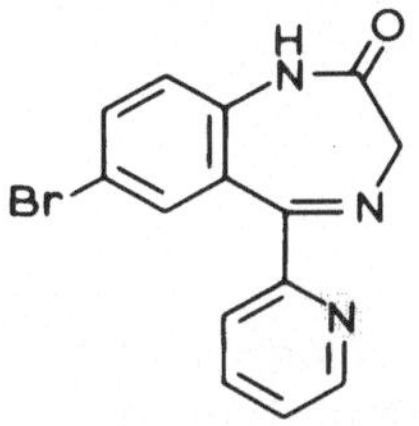 (Strukturformel)	Bromazepam (Lexotanil®)	Tranquillans
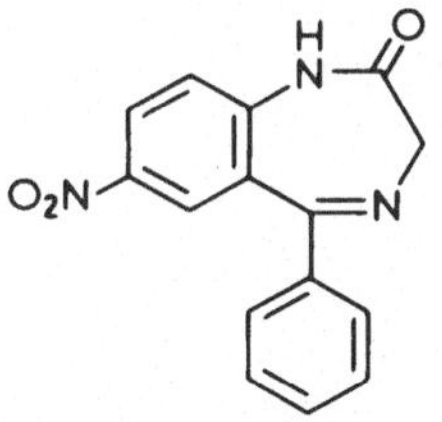 (Strukturformel)	Nitrazepam (Mogadan®)	Hypnotikum
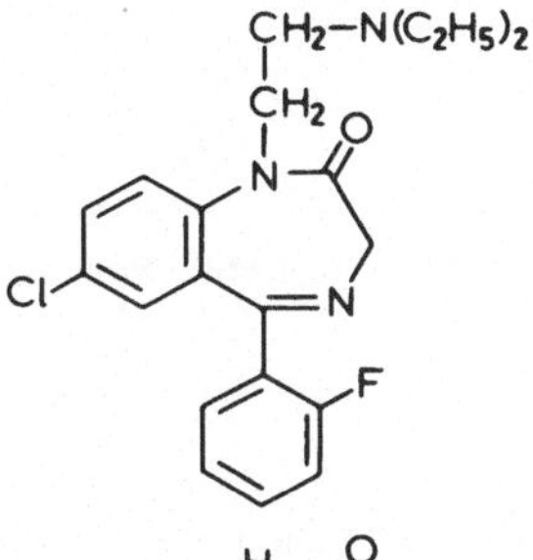 (Strukturformel)	Flurazepam (Dalmadorm®)	Hypnotikum
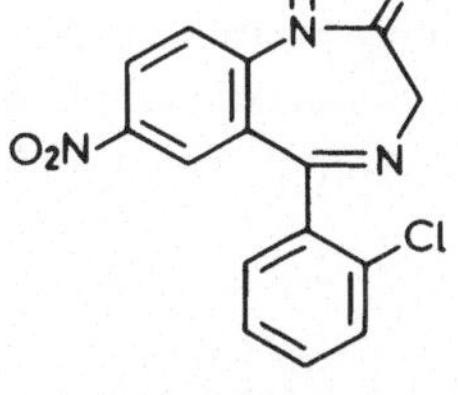 (Strukturformel)	Clonazepam (Rivotril®)	Antiepileptikum

Pharmakologie 1,4-Benzodiazepine nehmen, was den Verbrauch angeht, unter den Psychopharmaka die führende Position ein und gehören in allen Industriestaaten zu den am meisten verordneten Arzneimitteln überhaupt. Die am Beispiel von *Diazepam* (vgl. nachstehende Tabelle) angeführten Effekte — Anxiolyse, Sedation, hypnotische sowie antikonvulsive Wirkung — sind allen gebräuchlichen 1,4-Benzodiazepinen in unterschiedlichem Maß eigen. Für einzelne Vertreter ergeben sich spezielle Indikationsschwerpunkte. Als Tranquillantien eignen sich naturgemäß die Substanzen, bei denen die anxiolytische Wirkung im Vordergrund steht. Sie sind indiziert bei innerer Unruhe, Angst- und Spannungszuständen — auch im Zusammenhang mit Neurosen und psychosomatischen Erkrankungen. Zur Therapie von Schlafstörungen werden neben Diazepam insbesondere *Nitrazepam* und *Flurazepam* eingesetzt (vgl. 7.4). Diazepam und speziell *Clonazepam* haben Bedeutung als Antiepileptika erlangt. Bei Diazepam ist darüber hinaus die zentral muskelrelaxierende Wirkung stark ausgeprägt und therapeutisch nutzbar.

Die anxiolytische Wirkung der 1,4-Benzodiazepine wird mit einer Dämpfung des limbischen Systems in Zusammenhang gebracht.

1,4-Benzodiazepine binden an spezifische, nur im ZNS vorkommende Benzodiazepin-Rezeptoren. Man nimmt an, daß diese Rezeptoren mit GABA-Rezeptoren eine funktionelle Einheit bilden. Die Interaktion der Benzodiazepine mit ihren spezifischen Rezeptoren soll die Empfindlichkeit der GABA-Rezeptoren steigem (vgl. 7.8.3).

Vergleich zentral dämpfender Pharmaka			
Wirkungsqualität	Diazepam (Tranquillans)	Phenobarbital (Hypnotikum)	Chlorpromazin (Neuroleptikum)
anxiolytisch, sedierend	++	+	++
hypnotisch	+	++	+
narkotisch	−	+	−
zentral muskel-relaxierend	++	+	−
antikonvulsiv	++	++	−
antipsychotisch	−	−	++
− Keine oder therapeutisch nicht nutzbare Wirkung; + Wirkung in Abhängigkeit von der Dosis vorhanden; ++ Hauptwirkungen			

Eigenschaften, Reaktionen *Chlordiazepoxid* und die 1,4-Benzodiazepin-2-one unterliegen in saurer wäßriger Lösung der Hydrolyse zu Benzophenon-Derivaten. Die 1,4-Benzodiazepine sind schwache Basen. Aufgrund seiner strukturellen Sonderstellung bildet Chlordiazepoxid stabile Hydrochloride (Protonierung der Amidin-Gruppe). Es ist außerdem lichtempfindlich.

An 1,4-Benzodiazepinen können eine Reihe von Reaktionen unter Erhalt des Diazepin-Ringes durchgeführt werden, die teilweise von präparativem Interesse sind. So entsteht aus dem N-Oxid *Demoxepam* beim Erhitzen mit Acetanhydrid (Bedingungen der Polonovski-Reaktion) das entsprechende 3-Acyloxy-Derivat, das durch nachfolgende Hydrolyse *Oxazepam* ergibt. Die Carbonyl-Gruppe des Lactam-Strukturelementes läßt sich mit LiAlH₄ zur Methylen-Gruppe reduzieren. Umgekehrt können 1,4-Benzodiazepine ohne Sauerstoff-Funktion an C-2 durch Chromat-Oxidation in die Lactame übergeführt werden.

Chlordiazepoxid Demoxepam 2-Amino-5-chlor-benzophenon

Oxazepam

Struktur-Wirkungs-Beziehungen Die pharmakodynamische Aktivität der 1,4-Benzodiazepine ist an den intakten Diazepin-Ring gebunden. Hydrolytische Aufspaltung führt zu vollständigem Wirkungsverlust. Die strukturellen Besonderheiten des *Chlordiazepoxid*-Moleküls — Methylamino-Gruppe als Bestandteil eines semizyklischen Amidin-Systems und N-Oxid-Funktion — erwiesen sich als unbedeutend für die Wirksamkeit.

Nachfolgend werden Beziehungen zwischen Struktur und Wirkung am Beispiel der 1,4-Benzodiazepin-2-one aufgezeigt.

1,4-Benzodiazepin-2-one Flunitrazepam (Rohypnol®)

Elektronenanziehende Substituenten R^1 wirken aktivitätssteigernd. Man findet die Reihenfolge $CH_3 < H \approx F < Cl < Br < NO_2$.

Als Substituent R^2 zeigt die Methyl-Gruppe einen begünstigenden Einfluß. Die Ethyl- und insbesondere die tertiäre Butyl-Gruppe sind aktivitätsmindernd. Dies dürfte mit einer Erschwerung der metabolischen Desalkylierung zusammenhängen. Einführung von Fluor oder Chlor als R^3 in ortho-Position des Phenyl-Restes führt ebenfalls zu Erhöhung der Wirksamkeit, während sich meta- und paraständige Substituenten ungünstig auswirken. Der Phenyl-Ring an C-5 ist nur durch wenige andere Gruppierungen wie z. B. den 2-Pyridyl-Rest austauschbar.

Die aktivitätsbeeinflussenden Effekte verhalten sich im allgemeinen additiv. So ist Flunitrazepam, das jeweils die optimalen Substituenten R^1, R^2, R^3 aufweist, die aktivste Verbindung aus der Reihe der 1,4-Benzodiazepinone.

Verbindungen mit anxiolytischen Eigenschaften finden sich auch unter Strukturanalogen der 1,4-Benzodiazepine. Als Vertreter der *1,5-Benzodiazepine* wurde *Clobazam* (Frisium®) in die Therapie eingeführt.

Biotransformation　Die 1,4-Benzodiazepine weisen relativ lange Plasmahalbwertzeiten auf, was zu Kumulation führen kann. Vorherrschende Biotransformationsreaktionen sind Desalkylierungen und Hydroxylierungen am intakten Ringgerüst. Die Ausscheidung der oft selbst aktiven Metaboliten erfolgt teils in freier, teils in konjugierter Form.

Chlordiazepoxid nimmt aufgrund seiner Amidin-Struktur und als N-Oxid eine Sonderstellung ein. Über Demethylierung der Amidin-Gruppe zu Demethyl-Chlordiazepoxid und nachfolgende Hydrolyse bzw. über hydrolytische Abspaltung der Methylamino-Gruppe entsteht *Demoxepam*. Daraus bildet sich durch Reduktion der N-Oxid-Funktion *Desoxy-Demoxepam* (Demethyl-Diazepam), während Hydrolyse zur Spaltung des Diazepin-Rings führt. 2-Amino-5-chlor-benzophenon (vgl. Eigenschaften) kann im Harn, insbesondere nach längerem Stehen, nachgewiesen werden und ist als Artefakt zu betrachten.

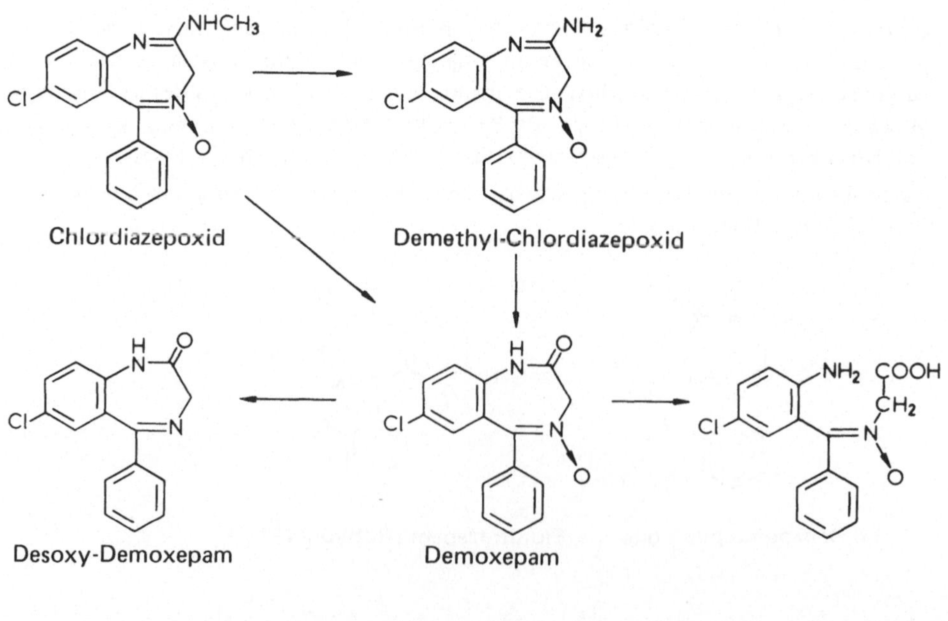

Chlordiazepoxid

Demethyl-Chlordiazepoxid

Desoxy-Demoxepam

Demoxepam

Diazepam wird einerseits rasch demethyliert und anschließend an C-3 hydroxyliert (Hauptweg), andererseits ist auch die umgekehrte Reaktionsfolge — über *Temazepam* — möglich. In beiden Fällen entsteht *Oxazepam*, das als Glucuronid ausgeschieden wird. Oxazepam-Glucuronid ist gleichzeitig auch der Hauptmetabolit von Oxazepam.

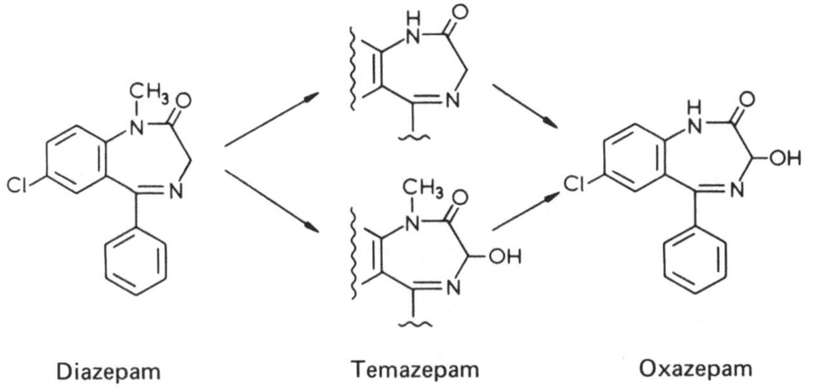

Diazepam   Temazepam   Oxazepam

Nitrazepam wird nach Reduktion der Nitro-Gruppe hauptsächlich als N-acetyliertes Amin ausgeschieden.

Synthese *Chlordiazepoxid* läßt sich technisch durch Umsetzung von 6-Chlor-2-chlor-methyl-4-phenyl-chinazolin-3-oxid mit Methylamin über die schon angesprochene Ringerweiterungsreaktion darstellen. Die Umlagerung des Chinazolin-Rings verläuft nach einem ionischen Mechanismus. Abhängig von den Versuchsbedingungen und den Ausgangspartnern tritt als Konkurrenzreaktion nucleophile Substitution an der Chlormethyl-Gruppe auf.

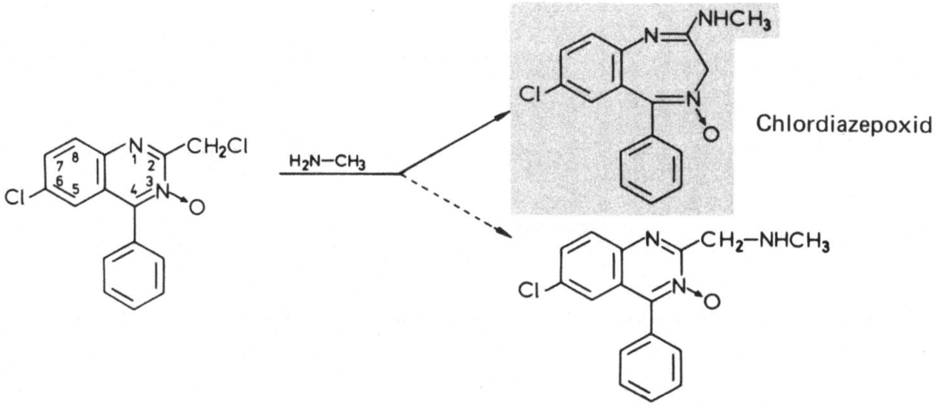

Chlordiazepoxid

Zur Synthese von *Diazepam* geht man von 5-Chlor-2-methylamino-benzophenon aus, das aus 6-Chlor-2,4-diphenyl-chinazolin durch Reaktion mit Dimethylsulfat in alkalischem Milieu erhältlich ist, und setzt mit Chloracetylchlorid um. Das acylierte Zwischenprodukt wird mit Ammoniak zu Diazepam zyklisiert.

Diazepam

Analytik   Zum Nachweis von *Chlordiazepoxid* und der 1,4-Benzodiazepine wie *Nitrazepam* und *Oxazepam* wird sauer hydrolysiert. Die gebildeten 2-Amino-benzophenone werden diazotiert und mit einem geeigneten Reagenz gekuppelt.

Ph. Eur. verwendet zur Identitätsprüfung von *Chlordiazepoxid* N-(1-Naphthyl)-ethylendiamin als Kupplungskomponente und läßt überschüssiges Nitrit mit Sulfaminsäure entfernen (Bratton-Marshall-Reaktion).

Reaktion nach Bratton-Marshall

Auf diese Weise können auch die Hydrolyseprodukte der Benzodiazepin-Metaboliten im Harn nachgewiesen werden. *Diazepam*, das nach Aufspaltung des Azepin-Rings ein sekundäres Amin liefert, kann nicht diazotiert werden. Zur Gehaltsbestimmung von Chlordiazepoxid wird nach Ph. Eur. eine wasserfreie Titration durchgeführt.

7.5.2 Weitere Tranquillantien; Clomethiazol

Entwicklung *Meprobamat* (2-Methyl-2-propyl-1,3-propandiol-dicarbamat), das erste Tranquillans im engeren Sinne, wurde 1954 in die Therapie eingeführt. Die Substanz, die viel von ihrer ursprünglichen Bedeutung eingebüßt hat, kann hinsichtlich ihrer Wirkungen zwischen den Barbitalen und den 1,4-Benzodiazepinen eingeordnet werden. Der zentral muskelrelaxierende Effekt ist verhältnismäßig stark ausgeprägt. Anstoß zur Entwicklung von Meprobamat war die Beobachtung, daß Penicillin-Zubereitungen, denen zur Stabilisierung Glykol-Derivate zugesetzt wurden, bei Laboratoriumstieren Lähmungserscheinungen auslösten. Aus der Reihe der Glykole ging zunächst *Mephenesin* (ein o-Kresol-glycerinether) als zentral muskelrelaxierende Verbindung hervor. Später stellte sich in einer breit angelegten Versuchsserie Meprobamat als die wirksamste von 500 getesteten Verbindungen heraus. Das N-(2-Propyl)-Derivat des Meprobamats, *Carisoprodol* (Sanoma®), ist als zentrales Muskelrelaxans im Handel (vgl. 7.8.3).

Hydroxyzin ist ein basisch substituiertes Diphenylmethan-Derivat und zeigt strukturelle Ähnlichkeit zu H_1-Antihistaminika vom Ethylendiamin-Typ sowie zu Spasmolytika. Damit in Zusammenhang stehen antihistaminische und adrenolytische Begleitwirkungen. Die Diphenylmethan-Derivate haben als Tranquillantien keine große Verbreitung gefunden.

Meprobamat
(Cyrpon®, Miltaun®)

Hydroxyzin
(Atarax®, Masmoran®)

Clomethiazol, 5-(2-Chlorethyl)-4-methyl-thiazol, ist eine zentral dämpfende, Erregungszustände mindernde Substanz, die bei der Untersuchung von Abwandlungsprodukten des Thiamins (vgl. 12.8.2) aufgefunden wurde und hauptsächlich zur Behandlung des Alkoholdelirs eingesetzt wird. Da Clomethiazol Arzneimittelabhängigkeit verursachen kann, kommt eine allgemeine Anwendung nicht in Betracht.

Clomethiazol
(Distraneurin®)

Biotransformation *Meprobamat* wird zu einem geringen Teil unverändert, zum Teil als N-Glucuronid ausgeschieden. Durch Hydroxylierung entsteht die 2-Hydroxypropyl-Verbindung, die sowohl in freier als auch in glucuronidierter Form eliminiert wird. Die Urethan-Gruppierung verhält sich metabolisch inert.

Synthese Zur Darstellung von *Meprobamat* wird das aus zwei Mol Propionaldehyd entstehende Aldol-Additionsprodukt dehydratisiert und die ungesättigte Verbindung zu 2-Methylpentanal hydriert. Bei der anschließenden Umsetzung mit Formaldehyd entsteht über Aldol-Addition und gekreuzte Cannizzaro-Reaktion ein 1,3-Propandiol-Derivat, das mit Phosgen zum Chlorkohlensäureester umgesetzt wird. Nachfolgende Ammonolyse führt zur Carbaminsäure-Verbindung Meprobamat.

Meprobamat

Analytik Ph. Eur. läßt *Meprobamat* als Diacetyl-Derivat (Schmp.) nachweisen. Daneben werden Farbreaktionen mit 4-Dimethylamino-benzaldehyd und, nach vorausgegangener Verseifung, mit Cobaltnitrat angegeben. Zur Gehaltsbestimmung wird durch Hydrolyse abgespaltenes Ammoniak titrimetrisch erfaßt.

7.5.3 Phenothiazine und Thioxanthene mit neuroleptischer Wirkung

Phenothiazine und Thioxanthene sowie Butyrophenone, Diphenylbutylpiperidine und das Rauwolfia-Alkaloid Reserpin repräsentieren die typischen Vertreter der *Neuroleptika*. Hierunter werden Arzneistoffe zur Behandlung von Psychosen verstanden, die im affektiven Bereich dämpfend wirken, ohne das Bewußtsein wesentlich zu beeinträchtigen.

Entwicklung Die neuroleptisch wirksamen Phenothiazine und Thioxanthene können aufgrund ihrer Ringsysteme als *trizyklische Neuroleptika* zusammengefaßt werden. Ausgangspunkt der Entwicklung war die zentral dämpfende Nebenwirkung des Phenothiazin-Derivates *Promethazin* (Atosil®), eines H_1-Antihistaminikums (vgl. 12.7.2). Klinische Versuche mit Analogen des Promethazins zeigten die zentral dämpfende, antipsychotische Wirkung von *Chlorpromazin,* 2-Chlor-10-(3-dimethylamino-propyl)-phenothiazin, das heute als Prototyp trizyklischer Neuroleptika gilt (Delay und Deniker, 1952).

Vergleicht man *Promethazin* mit den Neuroleptika *Promazin* und *Chlorpromazin,* so ist ersichtlich, daß die Änderungen im Wirkungsbild durch den Übergang von der Ethylen- zur Trimethylen-Kette bedingt sind. Dies ist durch die Entwicklung einer Vielzahl weiterer Phenothiazin-Neuroleptika belegt.

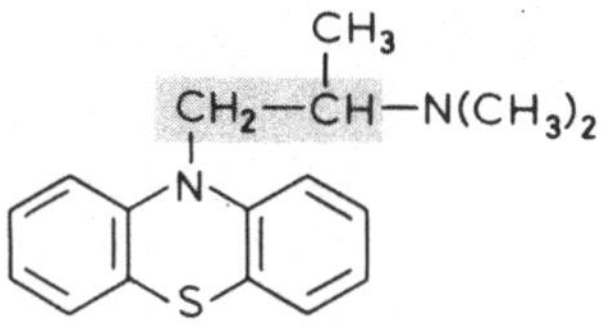

Promethazin

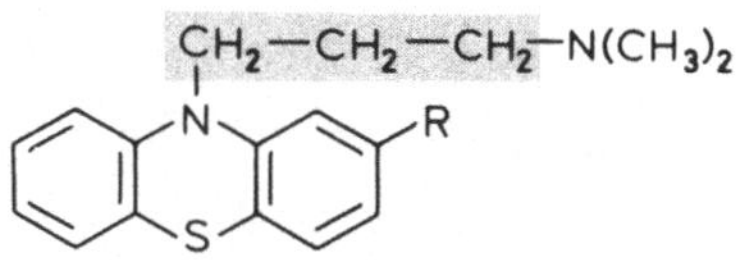

Promazin (R = H)
Chlorpromazin (R = Cl)

Nach ihren basischen Substituenten können die Phenothiazine in drei Untergruppen eingeteilt werden. Beim *Promazin-Typ* ist der Aminoalkyl-Substituent nicht zyklisiert, während der *Pecazin-Typ* durch einen Piperidylalkyl- und der *Perazin-Typ* durch einen Piperazinylalkyl-Rest gekennzeichnet sind.

Phenothiazine 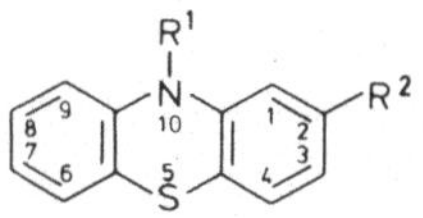		
Untergruppe	**Freiname (Handelsname)**	R^1	R^2

Untergruppe	Freiname (Handelsname)	R^1	R^2
Promazin-Typ	Promazin (Protactyl®)	$CH_2-CH_2-CH_2-N(CH_3)_2$	H
	Chlorpromazin (Megaphen®)	$CH_2-CH_2-CH_2-N(CH_3)_2$	Cl
	Triflupromazin (Psyquil®)	$CH_2-CH_2-CH_2-N(CH_3)_2$	CF_3
	Levomepromazin (Neurocil®)	$CH_2-\overset{*}{C}H-CH_2-N(CH_3)_2$ $\quad\quad\;\; CH_3$	OCH_3

Fortsetzung der Tabelle

Untergruppe	Freiname (Handelsname)	R^1	R^2
Pecazin-Typ	Pecazin (Pacatal®)	CH_2—[1-Methylpiperidin-3-yl]	H
	Thioridazin (Melleril®)	CH_2—CH_2—[1-Methylpiperidin-2-yl]	SCH_3
Perazin-Typ	Perazin (Taxilan®)	CH_2—CH_2—CH_2—N⟨Piperazin⟩N—CH_3	H
	Perphenazin (Decentan®)	CH_2—CH_2—CH_2—N⟨Piperazin⟩N—CH_2—CH_2—OH	Cl
	Fluphenazin (Lyogen®, Omca®)	CH_2—CH_2—CH_2—N⟨Piperazin⟩N—CH_2—CH_2—OH	CF_3
	Fluphenazin-decanoat (Dapotum D®)	CH_2—CH_2—CH_2—N⟨Piperazin⟩N—CH_2—CH_2—O—C(=O)—C_9H_{19}	CF_3

Thioxanthene

[Thioxanthen-Grundgerüst mit Positionen 1–10, R^1 an Position 9, R^2 an Position 2]

	Freiname (Handelsname)	R^1	R^2
	Chlorprothixen (Truxal®)	CH—CH_2—CH_2—N($CH_3)_2$	Cl
	Flupenthixol (Fluanxol®)	CH—CH_2—CH_2—N⟨Piperazin⟩N—CH_2—CH_2—OH	CF_3
	Flupenthixol-decanoat (Fluanxol-Depot®)	CH—CH_2—CH_2—N⟨Piperazin⟩N—CH_2—CH_2—O—C(=O)—C_9H_{19}	CF_3

Pharmakologie Die psychotropen Effekte der Neuroleptika äußern sich in Sedierung und antipsychotischer Wirkung. Dadurch wird eine Distanzierung von psychotischen Inhalten (z.B. Wahnvorstellungen Schizophrener) ermöglicht. Mit dem therapeutischen Effekt sind in der Regel Begleitwirkungen auf die Motorik (parkinsonartige extrapyramidale Störungen) und auf das vegetative Nervensystem verbunden. Die einzelnen trizyklischen Neuroleptika unterscheiden sich u.a. hinsichtlich ihrer Wirkungsstärke („neuroleptische Potenz") und dem Ausprägungsgrad unerwünschter Effekte. *Promazin* ist ein schwach wirksames Neuroleptikum. *Chlorpromazin* zeichnet sich durch mittelstarke, *Fluphenazin* durch sehr starke neuroleptische Potenz aus. Mit den als ölige Lösungen in den Handel kommenden Fettsäureestern *Fluphenazin-decanoat* und *Flupenthixol-decanoat* stehen intramuskulär injizierbare Depotpräparate aus der Gruppe der trizyklischen Neuroleptika zur Verfügung, die sich insbesondere für die Langzeittherapie eignen. In niedriger Dosierung zeigen Neuroleptika anxiolytische Eigenschaften und ähneln somit den Tranquillantien. Hinsichtlich antiemetischer Eigenschaften vgl. 7.9.4.

Auf molekularer Ebene bewirken Neuroleptika aus der Gruppe der Phenothiazine und Butyrophenone in bestimmten Bereichen des ZNS eine reversible Blockade der Rezeptoren für Neurotransmitter wie *Noradrenalin, Serotonin* und insbesondere *Dopamin*. Die Überträgersubstanzen werden somit in ihrer Funktion beeinträchtigt.

Eigenschaften Neuroleptika der Phenothiazin-Reihe sind relativ wenig stabile Substanzen, deren Salze sich unter Licht- und Sauerstoff-Einfluß dunkel färben und entsprechend vorsichtig aufbewahrt werden müssen. Die oxidative Zersetzung wird durch Schwermetallionen gefördert. Wäßrige Arzneiformen können durch Antioxidantien wie Ascorbinsäure stabilisiert werden. In saurer Lösung verläuft die oxidative Zersetzung über ein mesomeriestabilisiertes Radikalkation:

Struktur-Wirkungs-Beziehungen Die trizyklischen Neuroleptika zeichnen sich durch ein annähernd planares Ringsystem (vgl. 7.5.5) aus. Bei allen Vertretern ist ein Stickstoff-Atom des basischen Substituenten über drei Kohlenstoff-Atome mit dem Ringsystem verknüpft. Beide Strukturmerkmale, das annähernd planare Ringsystem sowie die Kohlenstoff-Brücke, können als bestimmend für die neuroleptische, d.h. zentral dämpfende und antipsychotische Wirkung innerhalb dieser Arzneistoffgruppe angesehen werden.

Die *Thioxanthene* sind als Analoge der Phenothiazine aufzufassen, bei denen der Ringstickstoff durch sp^2-hybridisierten Kohlenstoff ersetzt ist. Weitere Variationen des Phenothiazin-Systems unter Erhalt der neuroleptischen Wirksamkeit sind möglich, sofern dadurch die räumliche Struktur nicht wesentlich geändert wird. Dies zeigt das Beispiel der *1-Azaphenothiazine*, von denen *Prothipendyl* therapeutische Bedeutung besitzt.

Prothipendyl
(Dominal®)

Bei Thioxanthen-Derivaten, die an einem der Benzol-Ringe substituiert sind, wird aufgrund der exozyklischen Doppelbindung geometrische Isomerie beobachtet. Die Z-Form weist höhere biologische Aktivität auf. Durch Hydrierung geht die neuroleptische Wirksamkeit weitgehend verloren.

Innerhalb der Phenothiazin-Untergruppen prägt die Art des basischen Substituenten das Wirkungsbild. Für den *Promazin-Typ* ist die zentral dämpfende, für den *Perazin-Typ* eine starke antipsychotische Wirkung charakteristisch, während der *Pecazin-Typ* eine Zwischenstellung einnimmt. Das Thioxanthen-Derivat *Chlorprothixen* steht dem Promazin-Typ nahe, weist aber zusätzlich einen antidepressiven Effekt auf und leitet zu den Thymoleptika über.

Durch Substitution der Phenothiazine und Thioxanthene an C-2 ändert sich die Wirkungsstärke. So wird innerhalb des Promazin-Typs die Reihenfolge H < Cl < OCH₃ < CF₃ gefunden. Substitution anderer Positionen und Mehrfachsubstitution führen zu Wirkungsabfall.

Synthese *Phenothiazin* wird durch Erhitzen von Diphenylamin mit Schwefel erhalten. Die Ringschlußreaktion kann durch Aluminiumchlorid oder Iod katalysiert werden. Gegenüber basischen Kondensationsmitteln wie Natriumamid oder Natriumhydrid verhält sich Phenothiazin acide. Es entsteht die N-10-Natriumverbindung, die mit Alkylhalogeniden in die entsprechenden Derivate überführbar ist. Kernsubstitutionen (S_E-Reaktionen) verlaufen meist unbefriedigend. Deshalb müssen 2-Chlor-Derivate des Phenothiazins aus geeignet substituierten Vorstufen dargestellt werden.

Chlorpromazin wird durch Schwefelung von 3-Chlordiphenylamin und anschließende basische Alkylierung erhalten. Die Ausgangssubstanz ist durch Umsetzung von 3-Chloranilin mit 2-Chlorbenzoesäure und anschließende Decarboxylierung zugänglich.

Die Darstellung von Chlorpromazin kann auch durch Umsetzung von 2-Chlorpheno-
thiazin mit Acrylnitril zur 10-(2-Cyanoethyl)-Verbindung, Reduktion zum Amin und anschließende Methylierung erfolgen. Der schrittweise Aufbau des Aminoalkyl-Substituen-
ten erscheint zwar umständlicher, jedoch ist zu berücksichtigen, daß die Ausgangssubstanz
1-Chlor-3-dimethylamino-propan über einen ähnlich verlaufenden Mehrstufenprozeß hergestellt werden muß.

Ein alternativer Weg zu Phenothiazin-Neuroleptika besteht in der N-Alkylierung von
Diphenylamin-Derivaten und nachfolgendem Ringschluß durch Umsetzung mit Schwefel.

Biotransformation Von *Chlorpromazin* sind über 50 Metaboliten bekannt. Ähnlich
komplex ist die Biotransformation der weiteren Phenothiazin-Neuroleptika. Für die Substanzklasse stehen folgende Reaktionen im Vordergrund:

- Hydroxylierung des Ringsystems (bei Chlorpromazin an C-7) und Glucuronidierung
- Oxidation zum Sulfoxid
- bei Dimethylaminoalkyl-Substitution zusätzlich: oxidative N-Demethylierung
  über das N-Oxid

Beim Thioxanthen-Derivat *Chlorprothixen* wird ebenfalls Oxidation zum Sulfoxid und
Demethylierung beobachtet.

Analytik Phenothiazine ergeben mit Oxidationsmitteln farbige Produkte. Ph. Eur. verwendet zum Nachweis von *Chlorpromazin* die Reaktion mit Blei(II)-oxid (Rotfärbung).
Zur Gehaltsbestimmung des Hydrochlorids eignet sich die wasserfreie Titration mit Per-
chlorsäure/Eisessig in Gegenwart von Quecksilber(II)-acetat.

7.5.4 Butyrophenone, Diphenylbutylpiperidine und weitere Neuroleptika

Entwicklung Neuroleptika aus der Substanzklasse der Butyrophenone (Peridole)
wurden um 1958 von Janssen aufgefunden. Die Entwicklung ging von Analgetika der
Pethidin-Reihe (vgl. 7.7.4) aus. *Haloperidol*, 4-[4-(4-Chlorphenyl)-4-hydroxy-piperidino]-
4'-fluor-butyrophenon, Prototyp der Butyrophenone, kann man sich formal von inversen
Estern der Pethidin-Reihe — z.B. Alphaprodin — abgeleitet denken.

Alphaprodin   Haloperidol

Als Weiterentwicklung der Butyrophenone sind die Diphenylbutylpiperidine zu betrachten. Neuroleptika dieser Substanzklasse wurden erst in jüngster Zeit in die Therapie
eingeführt.

Stoffklasse	Freiname (Handelsname)	Formel
Butyrophenone	Haloperidol (Haldol®)	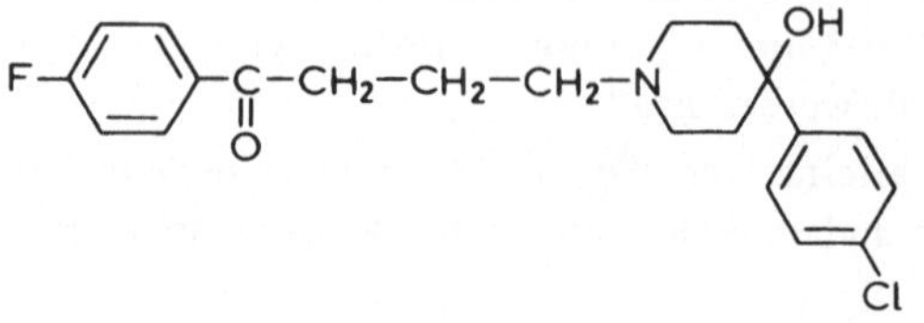
	Droperidol (Dehydrobenzperidol®)	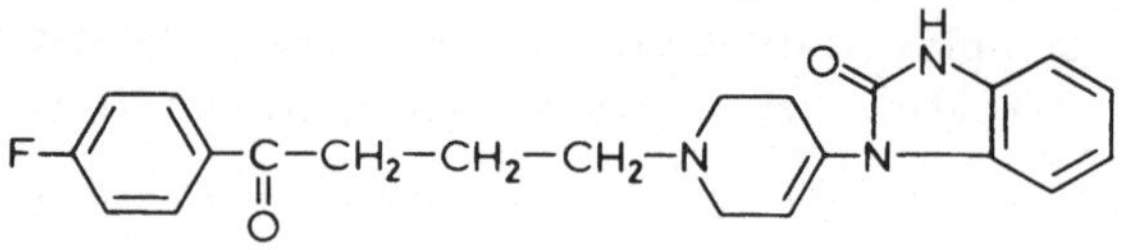
Diphenylbutylpiperidine	Fluspirilen (Imap®)	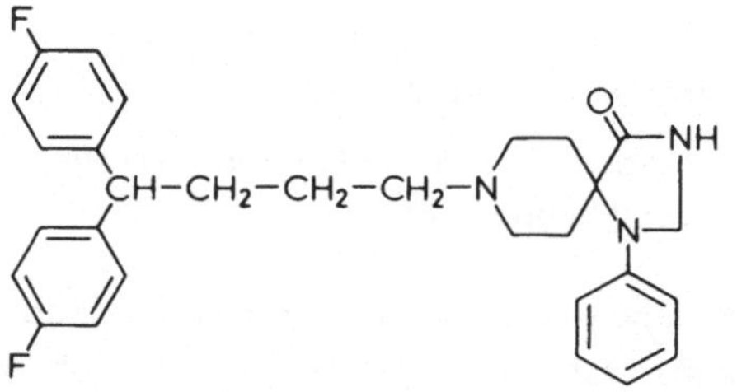
	Pimozid (Orap®)	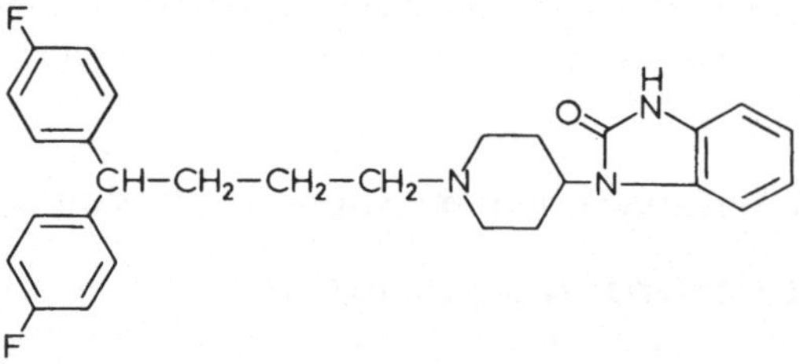

Pharmakologie Die Butyrophenone sind potente Neuroleptika mit verhältnismäßig stark ausgeprägten extrapyramidalen Begleitwirkungen. Gleich den Phenothiazinen führen sie in bestimmten Gehirnregionen zu einer reversiblen Blockade der Rezeptoren für Dopamin. *Droperidol* hat als Kombinationspartner für die Neuroleptanalgesie (vgl. 7.6.2) Bedeutung erlangt.

Die Diphenylbutylpiperidine *Fluspirilen* und *Pimozid* eignen sich für die neuroleptische Langzeittherapie. Fluspirilen gelangt als Depotpräparat zur i.m. Injektion in den Handel. Das Dosierungsintervall beträgt etwa eine Woche. Pimozid ist ein oral anzuwendendes Neuroleptikum, dessen Wirkung nach einmaliger Gabe ca. 24 h anhält.

Struktur-Wirkungs-Beziehungen Als essentiell für neuroleptisch wirksame Butyrophenone kann die 4-Aminobutyrophenon-Struktur angesehen werden. Änderungen des Kohlenstoffgerüstes (Kettenverlängerung, Kettenverkürzung) führen zu Wirkungsabfall.

Das gleiche gilt für Abwandlungen der Carbonyl-Funktion. Eine Ausnahme stellt der Übergang zu Diphenylbutylpiperidinen dar. Vertreter dieser Stoffgruppe zeichnen sich durch verlängerte Wirkungsdauer aus. Fluor-Substitution am Aromaten in p-Stellung erweist sich bei Butyrophenonen wie Diphenylbutylpiperidinen als begünstigend für eine starke neuroleptische Wirksamkeit. Die Amino-Gruppe ist bei den therapeutisch genutzten Wirkstoffen beider Substanzklassen im Regelfall Bestandteil eines Piperidin-Ringes, der an C-4 weitere Substituenten trägt.

Biotransformation *Haloperidol* und andere Butyrophenone werden durch oxidativen Abbau inaktiviert. Unter Abspaltung des Piperidin-Restes entsteht zunächst eine Keto-carbonsäure. Weitere Metabolisierung führt zu 4-Fluorphenylessigsäure, die als Glycin-Konjugat ausgeschieden wird.

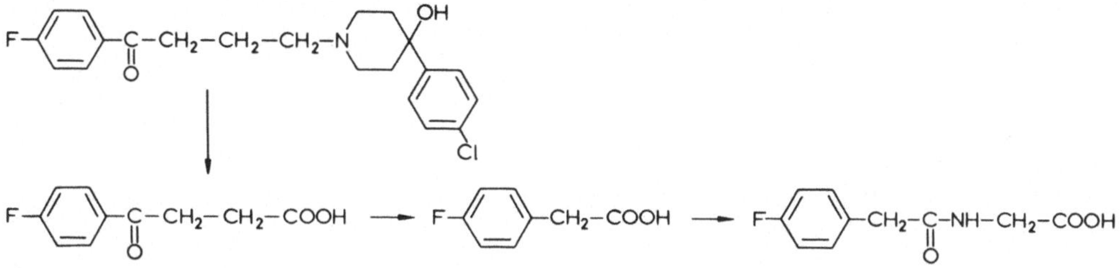

Synthese Die Darstellung von *Haloperidol* gliedert sich in den Aufbau der Piperidin-Komponente (Baustein A), die Synthese von 4-Chlor-4′-fluor-butyrophenon als Alkylierungsmittel (Baustein B) und die anschließende Verknüpfung der beiden Bausteine. Nach diesem Prinzip können auch andere Butyrophenone hergestellt werden. Der basische Substituent des Haloperidols kann z.B. durch Reaktion von N-Benzyl-4-piperidon mit 4-Chlorphenylmagnesiumbromid und anschließende Abspaltung des Benzyl-Restes durch katalytische Hydrierung erhalten werden. Die Butyrophenon-Komponente ist aus Fluorbenzol und 4-Chlorbutyrylchlorid zugänglich.

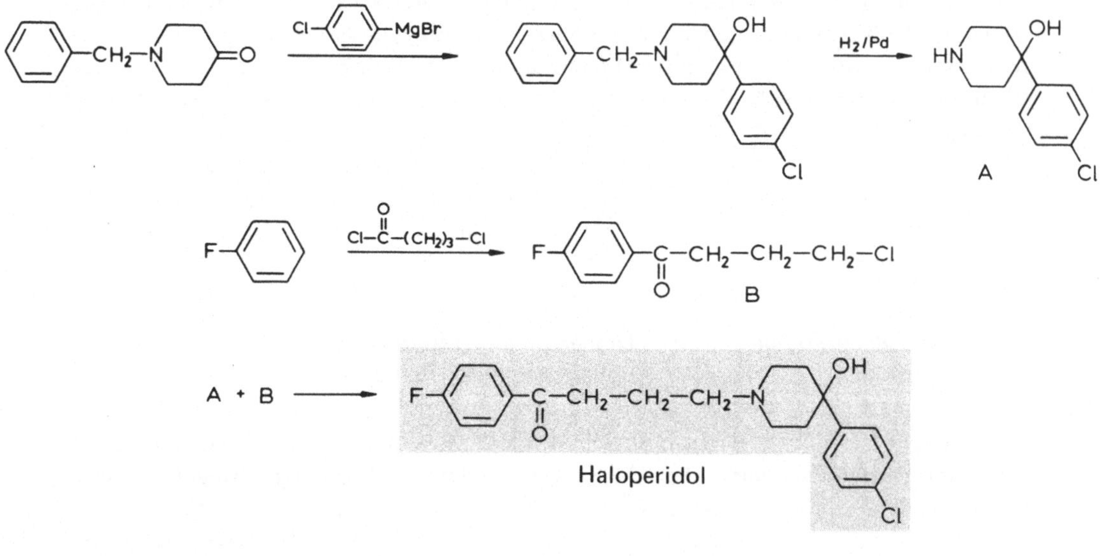

Analytik *Haloperidol* kann als schwache Base mit Perchlorsäure in Eisessig titriert werden. Ein geeigneter Indikator ist 1-Naphtholbenzein.

Anhang: Weitere Neuroleptika

Etwa zeitgleich mit Chlorpromazin wurde das Rauwolfia-Alkaloid *Reserpin* als starkes Neuroleptikum in die Therapie eingeführt. Seine Hauptanwendung findet Reserpin heute als Antihypertensivum (vgl. 8.5.1).

Mit *Sulpirid* fand erstmals ein Psychopharmakon aus der Stoffklasse der Sulfamoylbenzamide therapeutische Anwendung. Die Verbindung stellt ein mildes Neuroleptikum mit deutlich antidepressiver Wirkungskomponente dar.

Sulpirid
(Dogmatil®)

7.5.5 Trizyklische Antidepressiva

Antidepressiva zeigen antriebssteigernde, stimmungsaufhellende (depressionslösende) und ängstliche Erregung dämpfende Eigenschaften. Ihr Anwendungsschwerpunkt liegt bei der Behandlung endogener Depressionen (Affektpsychosen). Weniger stark werden reaktive und neurotische Depressionen beeinflußt. Die Stimmungslage psychisch Gesunder erfährt unter Antidepressiva keine auffällige Veränderung.

Entwicklung Durch Molekülvariationen am Ringsystem der Phenothiazine und Thioxanthene gelangte man zu trizyklischen Antidepressiva (*Thymoleptika*). Als erste Substanz wurde 1957 *Imipramin*, 5-(3-Dimethylaminopropyl)-10,11-dihydro-dibenz[b,f] azepin, in die Therapie eingeführt. Die Mehrzahl der trizyklischen Antidepressiva können als basisch substituierte, zyklisierte Diphenylamin- bzw. Diphenylmethan-Derivate angesehen werden. Der mittlere, im Regelfall siebengliedrige Ring („*6-7-6*"-*Substanzen*) ist vielfältig abgewandelt worden.

Diphenylamin-Reihe

Diphenylmethan-Reihe
(Diphenylmethylen-Reihe)

$$X = CH_2-CH_2$$
$$CH=CH$$
$$CH_2-O$$

Als Weiterentwicklung der trizyklischen Antidepressiva sind die tetrazyklischen 9,10-Ethanoanthracene anzusehen, bei denen der mittlere, sechsgliedrige Ring überbrückt ist.

Trizyklische Antidepressiva (Thymoleptika)		
Stoffklasse	**Freiname** (Handelsname)	**Formel**
10,11-Dihydro-dibenz [b,f]azepine (Iminodibenzyl- Derivate)		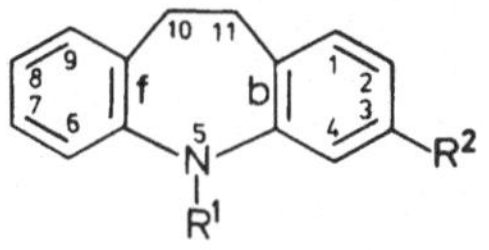
	Imipramin (Tofranil[®])	$R^1 = CH_2-CH_2-CH_2-N(CH_3)_2$ $R^2 = H$
	Desipramin (Pertofran[®])	$R^1 = CH_2-CH_2-CH_2-NHCH_3$ $R^2 = H$
	Clomipramin (Anafranil[®])	$R^1 = CH_2-CH_2-CH_2-N(CH_3)_2$ $R^2 = Cl$
Dibenz[b,f]azepine (Iminostilben- Derivate)	Opipramol (Insidon[®])	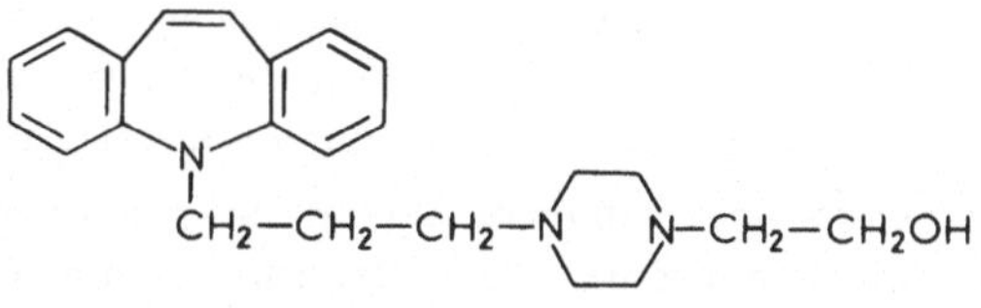
10,11-Dihydro-dibenzo [a,d]cycloheptene		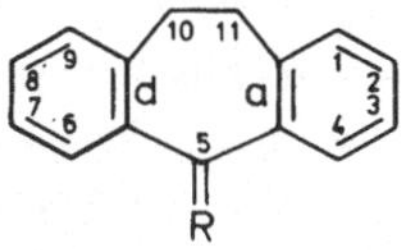
	Amitriptylin (Tryptizol[®], Saroten[®])	$R = CH-CH_2-CH_2-N(CH_3)_2$
	Nortriptylin (Nortrilen[®])	$R = CH-CH_2-CH_2-NHCH_3$
Dibenzo[a,d] cycloheptene	Protriptylin (Maximed[®])	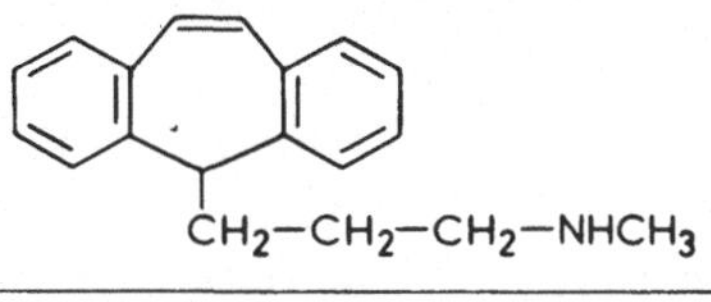
Dibenz[b,e]oxepine	Doxepin (Aponal[®])	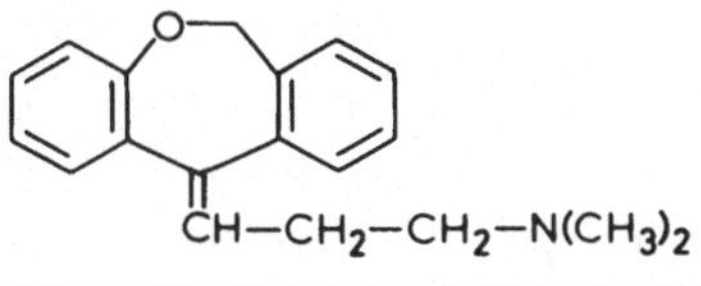

Fortsetzung der Tabelle

Stoffklasse	Freiname (Handelsname)	Formel
Dibenzo[b,e] [1,4]diazepine	Dibenzepin (Noveril®)	
9,10-Ethanoanthracene	Maprotilin (Ludiomil®)	

Pharmakologie Unter den antidepressiven Wirkstoffen nehmen trizyklische Substanzen die wichtigste Stellung ein. Die zahlreichen therapieüblichen Arzneistoffe können unter pharmakologischen Gesichtspunkten in drei Gruppen eingeteilt werden. Beim *Desipramin-Typ* steht die antriebssteigernde Komponente im Vordergrund. Substanzen vom *Imipramin-Typ* wirken vorwiegend stimmungsaufhellend, während der *Amitriptylin-Typ* außer durch stimmungsaufhellende auch durch ausgeprägte dämpfende Eigenschaften gekennzeichnet ist und somit zu den Neuroleptika überleitet.

Opipramol kann nur bedingt zu den trizyklischen Antidepressiva gerechnet werden. Bei dieser Substanz, deren Hauptindikation psychosomatische Störungen darstellen, ist die dämpfende Komponente deutlich überwiegend.

Der Wirkungsmechanismus trizyklischer Antidepressiva ist nicht gesichert. Man nimmt an, daß die Substanzen in bestimmten Gehirnregionen die Wiederaufnahme von freigesetzten Neurotransmittern, insbesondere von *Noradrenalin* und *Serotonin*, in die präsynaptische Nervenendigung hemmen („Reuptake-Hemmer") und so die pathologisch erniedrigte Konzentration der Überträgerstoffe am Rezeptor erhöhen (Noradrenalin/Serotonin-Mangel-Hypothese der Depression).

Pharmakologische Einteilung trizyklischer Antidepressiva		
Wirktyp	Hauptwirkung	Beispiele
Desipramin-Typ	antriebssteigernd, depressionslösend	Desipramin, Nortriptylin
Imipramin-Typ	stimmungsaufhellend, depressionslösend	Imipramin, Clomipramin
Amitriptylin-Typ	psychomotorisch dämpfend, depressionslösend	Amitriptylin, Dibenzepin, Doxepin

Die Begleitwirkungen der trizyklischen Antidepressiva äußern sich vor allem in einer Beeinflussung des Vegetativums. Dabei dominieren anticholinerge Effekte. Störungen der Motorik (extrapyramidale Symptome), wie sie bei den in verschiedener Hinsicht verwandten Neuroleptika auftreten können, werden kaum beobachtet. Während der ersten Behandlungstage macht sich meist Sedierung bemerkbar, die auch ohne Reduzierung der Dosis in die antidepressive Wirkung übergeht (zweiphasige Wirkung).

Eigenschaften Unter dem Einfluß von Licht, Feuchtigkeit und Sauerstoff unterliegt *Imipraminhydrochlorid* Zersetzungs- bzw. Abbaureaktionen. Die Produkte können über Hydroxylierung, Ringverengung oder Seitenkettenabspaltung entstehen.

10-Hydroxy-Imipramin

Iminostilben-Derivat

Acridan-Derivat

Iminodibenzyl

Zersetzungsprodukte von Imipramin

Struktur-Wirkungs-Beziehungen Unterschiede in der Molekülgeometrie zwischen den Phenothiazinen und Thioxanthenen einerseits und den trizyklischen Antidepressiva vom „6-7-6"-Typ andererseits zeigen sich bereits bei zweidimensionaler Betrachtungsweise. Während die Neuroleptika linear anelliert sind, weisen die „6-7-6"-Substanzen eine Winkelung auf. Bei räumlicher Betrachtung der Phenothiazine wird eine Abknickung des Moleküls entlang der N-S-Symmetrieachse erkennbar. Die beiden Benzol-Ringe weichen also von der Ebene ab und bilden einen Winkel von etwa 140°. Dieser stumpfe Winkel ist für neuroleptisch wirksame Substanzen charakteristisch. Bei den „6-7-6"-Verbindungen verkleinert sich der Winkel. Für Imipramin (Abknickung entlang der C-N-Achse) beträgt er etwa 120°. Als Regel, die für die Mehrzahl der gebräuchlichen Substanzen anwendbar ist, läßt sich zusammenfassen: Schwach gewinkelte trizyklische Ringsysteme weisen − entsprechend substituiert − neuroleptische Wirksamkeit auf. Mit zunehmender Abweichung von der Planarität steigt die antidepressive Aktivität.

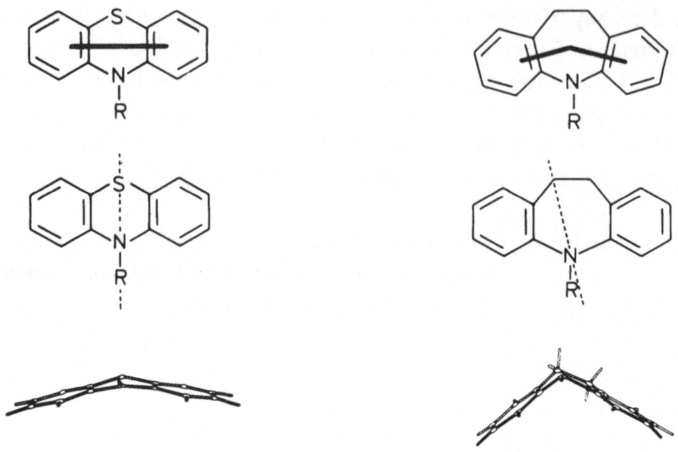

Phenothiazine   Iminodibenzyl-Derivate

Anellierung und Winkelung trizyklischer Ringsysteme in zwei- und
dreidimensionaler (Dreiding-Modelle, nach Schmutz) Betrachtungsweise

Im Gegensatz zu den Phenothiazinen wird bei trizyklischen Antidepressiva durch Kernsubstitution mit elektronegativen Gruppen keine Wirkungssteigerung erreicht.

Die geometrischen Merkmale des Trizyklus können nicht als alleinige Voraussetzung für
die antidepressive Aktivität gewertet werden. Von Bedeutung ist auch der basische Substituent. Als optimal kann die N-Methyl-aminopropyl-Gruppe bzw. der entsprechende
Propyliden-Rest angesehen werden. Ist der seitenkettenständige Stickstoff über zwei oder
vier Kohlenstoff-Atome mit dem Ringsystem verbunden, resultieren abgeschwächt wirksame oder unwirksame Substanzen. Eine Ausnahme stellen Dibenzo[b,e][1,4]diazepine
vom Typ des *Dibenzepins* dar.

Biotransformation Trizyklische Antidepressiva vom Typ des *Imipramins* werden
relativ rasch resorbiert und nach weitgehender Verstoffwechslung langsam ausgeschieden.
Vom besonderen Interesse ist die N-Demethylierung tertiärer Amine. So entsteht aus
Imipramin der Metabolit *Desipramin*, der stärker antidepressiv wirksam ist als die Muttersubstanz. Weiterhin können sowohl das zweite Methyl als auch die gesamte Aminoalkyl-
Seitenkette abgespalten werden. Hydroxylierung findet bevorzugt an C-2 (Benzol-Ring)
statt. Von untergeordneter Bedeutung ist die N-Oxidbildung. Die Metaboliten des
Imipramins, unter denen mengenmäßig 2-Hydroxy-demethyl-Imipramin dominiert, werden teilweise als Glucuronide ausgeschieden.

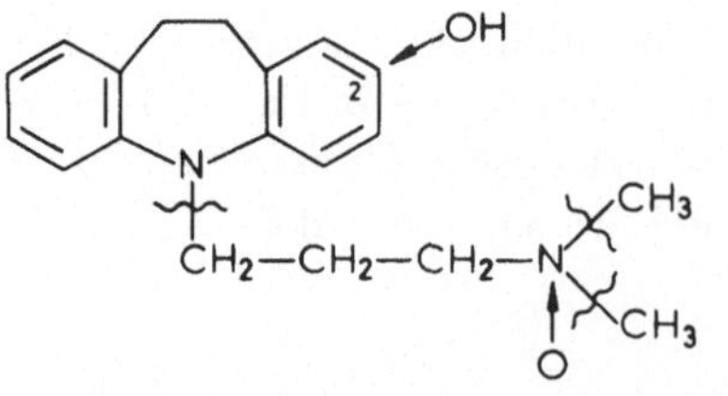

Biotransformation von Imipramin

Synthese Die Kondensation von zwei Molekülen 2-Nitro-benzylchlorid ergibt ein Stilben-Derivat, das mit Raney-Nickel katalytisch zu 2,2′-Diamino-diphenyl-ethan hydriert wird. Thermischer Ringschluß führt zu 10,11-Dihydro-dibenz[b,f]azepin (*Iminodibenzyl*), der Schlüsselsubstanz zur Synthese von Dihydrodibenzazepinen und Dibenzazepinen. *Imipramin* läßt sich in Analogie zur Darstellung von Phenothiazin-Derivaten durch Umsetzung von Iminodibenzyl mit 1-Chlor-3-dimethylamino-propan unter basischen Bedingungen erhalten.

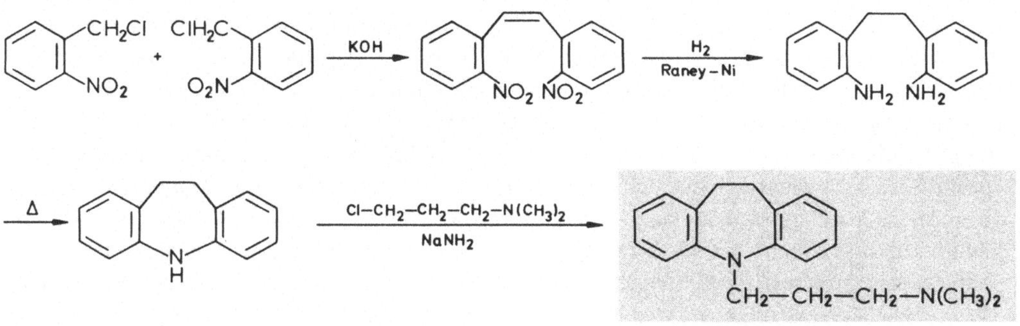

Imipramin

Zur Darstellung von *Amitriptylin* wird 2-(2-Phenylethyl)-benzoesäure mit Polyphosphorsäure zum trizyklischen Keton kondensiert. Der basische Substituent wird über eine Grignard-Reaktion eingeführt. Dabei entsteht ein Carbinol, das durch Dehydratisierung in die gewünschte Verbindung übergeht.

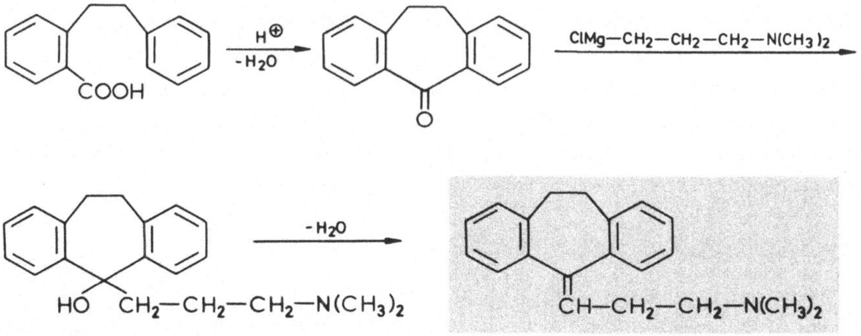

Amitriptylin

Analytik Die Dihydrodibenzazepine *Imipramin* und *Desipramin* werden nach Ph. Eur. durch Farbreaktion mit Salpetersäure (intensive Blaufärbung durch Radikalbildung) nachgewiesen. Neben einer dc-Reinheitsprüfung wird bei Imipramin eine Grenzwertbestimmung auf *Iminodibenzyl* durchgeführt. Die Konzentration dieser Verbindung kann als Parameter für den Gesamtgehalt an Abbauprodukten angesehen werden. Iminodibenzyl kondensiert unter sauren Bedingungen mit Furfural zu einem roten Farbstoff, dessen Gehalt photometrisch erfaßt wird. Zur quantitativen Bestimmung nach Ph. Eur. werden Imipraminhydrochlorid und Desipraminhydrochlorid mit Perchlorsäure in Gegenwart von Quecksilber(II)-acetat titriert.

7.5.6 Monoaminoxidase-Hemmer und weitere Antidepressiva; Lithium-Salze

Entwicklung Monoaminoxidase-Hemmer (MAO-Hemmer, Thymeretika) sind Antidepressiva ohne sedierende Eigenschaften, die vorwiegend hemmungslösend wirken. Zu ihrer Entdeckung führte die Beobachtung zentral erregender Nebenwirkungen bei *Iproniazid*, einem als Antituberkulotikum entwickelten Isonicotinsäurehydrazid-Derivat (vgl. 13.2.8). Davon ausgehend wurden weitere thymeretisch wirksame Hydrazin-Verbindungen gefunden, die teilweise Strukturverwandtschaft zu sympathomimetisch wirksamen Phenylethylamin- bzw. Phenylpropylamin-Derivaten aufweisen. *Tranylcypromin*, (±)-trans-2-Phenyl-cyclopropylamin, derzeit in der Bundesrepublik als einziger MAO-Hemmer gebräuchlich, besitzt kein Hydrazin-Strukturelement, zeigt aber ebenfalls Verwandtschaft zu sympathomimetisch wirksamen Pharmaka. Die Substanz kann als zyklisiertes Amphetamin aufgefaßt werden.

Tranylcypromin (Parnate®)
(±)-trans-Form

Pharmakologie MAO-Hemmer sind indiziert bei Depressionen, die mit psychomotorischer Hemmung einhergehen. Ihre Wirkung wird — ebenso wie die der trizyklischen Antidepressiva — mit einer Erhöhung der *Noradrenalin-* und *Serotonin*-Konzentration in Zusammenhang gebracht. Bei den MAO-Hemmern ist diese Konzentrationserhöhung auf eine Verminderung der durch Monoaminoxidasen katalysierten oxidativen Desaminierung zu Aldehyden zurückzuführen.

$$R-CH_2-NH_2 \xrightarrow{-2H} R-CH=NH \xrightarrow{H_2O} R-CHO + NH_3$$

Aufgrund der Interaktion mit Katecholaminen sowie mit Nahrungsmitteln, die Tyrosin bzw. Tyramin in höherer Konzentration enthalten, kann es zu einem starken Blutdruckanstieg kommen.

Struktur-Wirkungs-Beziehungen Die Enantiomeren von *Tranylcypromin* weisen Wirkungsunterschiede auf. Die (+)-trans-Verbindung ist hinsichtlich der Monoaminoxidase-Hemmung etwa 10 x aktiver als die (−)-trans-Verbindung, die jedoch zusätzlich eine den trizyklischen Antidepressiva vergleichbare Wiederaufnahmehemmung für Katecholamine zeigt.

Synthese Zur Darstellung von *Tranylcypromin* wird Styrol mit Diazoessigester zum 2-Phenyl-cyclopropan-carbonsäureester umgesetzt. Bei dessen Verseifung fallen cis- und trans-Form der korrespondierenden Carbonsäure an. Nach Abtrennung der labileren cis-Säure wird die trans-Form mit Thionylchlorid in das Säurechlorid übergeführt. Reaktion mit Natriumazid ergibt das Säureazid, das nach Curtius-Abbau das primäre Amin liefert.

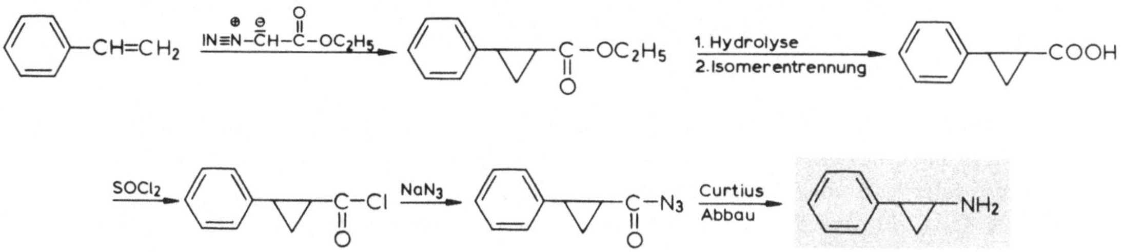

Tranylcypromin

Anhang: Weitere Antidepressiva

Mianserin (Tolvin®) ist eine tetrazyklische Substanz, die strukturelle Ähnlichkeit mit *Dibenzepin* (vgl. 7.5.5) aufweist.

Nomifensin (Alival®) zeigt als Tetrahydroisochinolin-Derivat keine Strukturverwandtschaft zu bisher bekannten Antidepressiva.

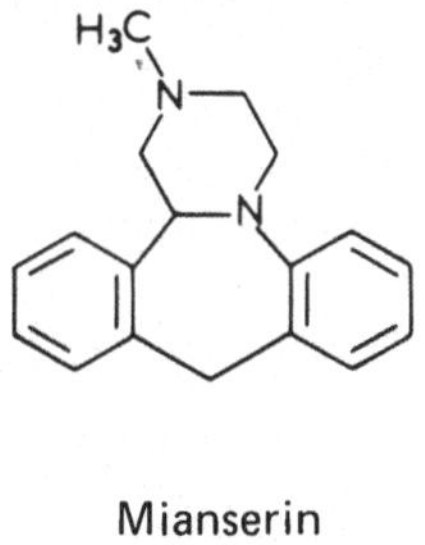

Mianserin
(Tolvin®)

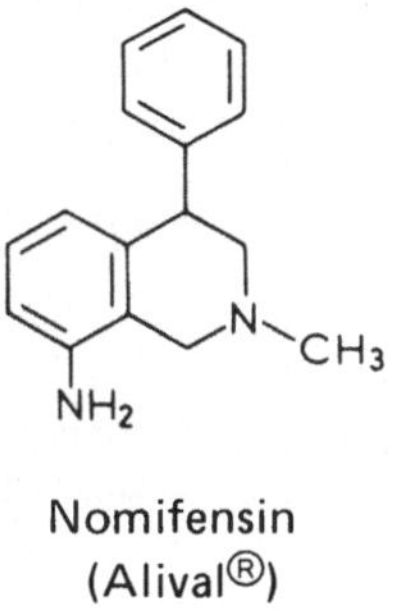

Nomifensin
(Alival®)

Anhang: Lithium-Salze

Durch Lithium-Salze ist bei bestehender Manie Symptomunterdrückung erreichbar. Darüberhinaus eignet sich die Lithium-Therapie zur Prophylaxe rezidivierender manisch-depressiver Psychosen, wobei auch Stärke und Häufigkeit depressiver Phasen gesenkt werden. Anwendung finden Lithiumacetat (Quilonum®), Lithiumcarbonat (Hypnorex®) und Lithiumsulfat (Lithium Duriles®). Da die therapeutische Breite relativ klein ist, sollte der Lithium-Blutspiegel überwacht werden. Zur quantitativen Bestimmung von Lithium im Serum eignen sich Flammenspektrometrie und Atomabsorptionsspektrometrie.

7.5.7 Psychostimulantien und Appetitzügler vom Typ der Phenylaminopropane

Psychostimulantien (Psychotonika) sind zentral erregende Substanzen, die die psychische und körperliche Aktivität erhöhen. Von den Antidepressiva unterscheiden sie sich insbesondere durch das Fehlen antipsychotischer Eigenschaften. Im Vergleich zu den ebenfalls zentral stimulierenden Analeptika ist die Wirkung auf das Atem- und Vasomotorenzentrum weniger stark ausgeprägt. Typische Psychostimulantien finden sich unter den Phenylaminopropan- und Purin-Derivaten.

Entwicklung Prototyp der Phenylaminopropane ist das *Amphetamin*, 2-Amino-1-phenyl-propan, dessen zentral stimulierende Wirkung 1933 entdeckt wurde. Die Substanz unterscheidet sich vom Alkaloid Ephedrin (vgl. 7.2.2) durch das Fehlen der Hydroxyl- und N-Methyl-Funktion. Vom Amphetamin leiten sich eine Reihe von Verbindungen mit gemeinsamem Phenylaminopropan-Strukturelement ab, bei denen die Kohlenstoff-Kette, die Amino-Gruppe bzw. der Phenyl-Rest substituiert sind. *Fenetyllin* läßt sich als Theophyllinylethyl-Derivat des Amphetamins auffassen. Die Beobachtung, daß Amphetamin und ähnliche Psychostimulantien das Hungergefühl vermindern, gab Anlaß zur Entwicklung der Appetitzügler.

Phenylaminopropan-Derivate		
Formel	Freiname (Handelsname)	(Haupt)-Anwendungsbereich
C₆H₅–CH₂–CH(NH₂)–CH₃	Amphetamin	Psychostimulans
C₆H₅–CH₂–CH(NHCH₃)–CH₃	Methamphetamin (Pervitin®)	Psychostimulans
C₆H₅–CH₂–CH(NH–(CH₂)₂–Theophyllinyl)–CH₃	Fenetyllin (Captagon®)	Psychostimulans

Fortsetzung der Tabelle

Formel	Freiname (Handelsname)	(Haupt)-Anwendungs- bereich
OH | CH—CH—CH₃ (Phenyl) | NH₂	1 S, 2 S-Norpseudoephedrin („D"-Norpseudoephedrin) (Mirapront®N)	Appetitzügler
C—CH—CH₃ ‖ | O N(C₂H₅)₂ (Phenyl)	Amfepramon (Regenon®, Tenuate®)	Appetitzügler
CH₂—CH—CH₃ | NHC₂H₅ (CF₃-Phenyl)	Fenfluramin (Ponderax®)	Appetitzügler

Pharmakologie Phenylaminopropane wie *Amphetamin* sind indirekte Sympathomimetika (vgl. 7.2.2), bei denen die zentrale Wirkung im Vordergrund steht. Sie führen bei Ermüdung zur Erhöhung der körperlichen und geistigen Leistungsfähigkeit. Anhebung der Stimmungslage wird auch bei nicht ermüdeten Personen beobachtet. Damit im Zusammenhang steht der relativ häufige Mißbrauch dieser Stoffe, die zu Arzneimittelabhängigkeit führen können. Bei den als Appetitzüglern angewendeten Phenylaminopropanen, die über einen im Hypothalamus lokalisierten Angriffspunkt Verminderung des Hungergefühls bewirken, ist die psychische Stimulierung für den therapeutischen Effekt nicht ausschlaggebend. Dies zeigt der Vertreter *Fenfluramin*, der eher zentral dämpfende Eigenschaften aufweist.

Struktur-Wirkungs-Beziehungen Die im Vergleich zu Ephedrin erhöhte zentrale Wirksamkeit von *Amphetamin* und *Methamphetamin* erklärt sich aus dem Verlust der alkoholischen Hydroxyl-Gruppe und dem dadurch verstärkten lipophilen Charakter. Innerhalb ihrer Substanzklasse zeigen Amphetamin und Methamphetamin die höchste zentrale Wirksamkeit. Die Phenylaminopropane weisen an C-2 ein asymmetrisches Zentrum auf. Die optischen Isomere können unterschiedlich ausgeprägte Wirkungsqualitäten besitzen. Das in den USA gebräuchliche *Dexamphetamin*, S-(+)-Amphetamin, wirkt im Vergleich zu seinem Antipoden drei- bis viermal stärker zentral, aber schwächer peripher. Die rechtsdrehende, im DAB 8 aufgeführte Form des Methamphetamins (S-(+)-Methamphetamin, Pervitin®) weist gegenüber der enantiomeren Verbindung ebenfalls stärkere zentrale Aktivität auf.

Biotransformation Für die Phenylaminopropane sind nachfolgende Biotransformationsreaktionen charakteristisch:

- N-Desalkylierung
- oxidative Desaminierung
- Hydroxylierung des Aromaten
- Hydroxylierung der Seitenkette an C-1

N-Desalkylierung wird u. a. bei *Methamphetamin* beobachtet. Dabei entsteht *Amphetamin* als aktiver Metabolit. Die oxidative Desaminierung primärer Amine führt zu Keto-Verbindungen, die nach Oxidation zu Benzoesäure bzw. Benzoesäure-Derivaten als Glycin-Konjugate ausgeschieden werden. Amphetamin und Methamphetamin bilden Hippursäure, aus *Fenfluramin* entsteht über das N-Desethyl-Derivat Norfenfluramin m-Trifluormethylhippursäure. Die Oxidation des Stickstoff-Atoms führt vorzugsweise zu Hydroxylamin-Derivaten. Dieser Biotransformationsweg ist, ebenso wie Hydroxylierungsreaktionen, bei den meisten Phenylaminopropan-Derivaten quantitativ von untergeordneter Bedeutung.

Synthese *Amphetamin* wird durch Umsetzung von Propiophenon mit Salpetriger Säure (Nitrosierung der aktiven Methylen-Gruppe und Isomerisierung zum Oxim) und anschließende Reduktion als Racemat erhalten. Kondensation von Benzaldehyd mit Nitroethan als CH-acide Methylen-Komponente und nachfolgende Reduktion der ungesättigten Nitro-Verbindung führen ebenfalls zum racemischen Produkt, das mit L-(+)-Weinsäure (2 R, 3 R-(+)-Weinsäure) über diastereomere Salze in die Enantiomeren aufgetrennt werden kann.

Amphetamin

Methamphetamin (Racemform) kann industriell durch Kondensation von Phenylaceton mit Methylamin unter gleichzeitiger katalytischer Hydrierung dargestellt werden. Die Synthese gelingt auch mit Ameisensäure als Reduktionsmittel (Leukart-Wallach-Reaktion). Außer durch Racemattrennung kann das therapeutisch wertvollere S-(+)-Enantiomer auch durch katalytische Hydrierung von natürlich vorkommendem L-Ephedrin (1 R, 2 S-(−)-Ephedrin) oder 1 S, 2 S-(+)-Pseudoephedrin gewonnen werden. Die Reaktion wird in Anwesenheit von Mineralsäuren mit Pd-Mohr in Eisessig durchgeführt.

S-(+)-Methamphetamin
(L-Methamphetamin)

1 R, 2 S-(−)-Ephedrin
(L-Ephedrin)

Analytik Nach Ph. Eur. wird *Amphetaminsulfat* als Benzoyl-Derivat charakterisiert (Schmp.). Mit Pikrinsäure bildet sich im Gegensatz zu Methamphetamin kein Niederschlag. Zur Gehaltsbestimmung setzt man die Base mit Natronlauge frei, destilliert in Salzsäure und titriert mit Natronlauge gegen Methylrot zurück.

Methamphetaminhydrochlorid wird nach DAB 8 als Pikrat nachgewiesen (Schmp.). Die Gehaltsbestimmung erfolgt argentometrisch nach Volhard.

7.5.8 Xanthin-Derivate als Psychostimulantien

Purin ist Grundkörper bzw. Strukturelement einer Reihe biochemisch bedeutsamer Substanzen, darunter Nucleinsäuren und Coenzyme wie Adenosintriphosphat und Nicotinamid-adenin-dinucleotid. Von Purin leiten sich die Oxidationsprodukte Hypoxanthin (6-Hydroxy-purin), Xanthin (2,6-Dihydroxy-purin) und Harnsäure (2,6,8-Trihydroxy-purin) ab. Die N-Methylxanthin-Derivate *Coffein* (1,3,7-Trimethyl-xanthin), *Theophyllin* (1,3-Dimethyl-xanthin) und *Theobromin* (3,7-Dimethyl-xanthin) stellen das Wirkprinzip von Semen Coffeae, Folia Theae, Semen Cacao, Semen Colae und einiger anderer Drogen dar. Bereits um 1820 gelang Runge die Isolierung von Coffein aus Kaffee. Von den Purin-Synthesen hat das seit 1900 bekannte Verfahren nach Traube die größte Bedeutung erlangt.

Purin, Xanthine		
	Purin	
Formel	Xanthine	Vorkommen
	Theophyllin	Folia Theae (geringe Mengen)
	Theobromin	Semen Cacao
	Coffein	Folia Theae Semen Coffeae Semen Colae

Pharmakologie Methylxanthine und davon abgeleitete Stoffe zeigen vielfältige pharmakologische Wirkungen. Einzelne Vertreter finden Anwendung wegen ihrer psychostimulierenden, positiv inotropen, broncholytischen, vasodilatatorischen bzw. diuretischen Eigenschaften.

Coffein eignet sich aufgrund seines zentral erregenden Effektes, der in therapeutischen Dosen vorwiegend die Großhirnrinde betrifft, als Psychostimulans. Gleich den Phenylaminopropan-Derivaten ist die Wirkung von der Ausgangslage abhängig: Ermüdete Personen reagieren stärker als wache. Coffein besitzt darüberhinaus durch Verengung von Hirngefäßen einen günstigen Einfluß bei Kopfschmerzen und Migräne und ist häufig Bestandteil analgetischer Kombinationspräparate (synergistischer Effekt). Die zentrale Wirksamkeit von *Theophyllin* ist geringer als die von Coffein, während *Theobromin* praktisch keine psychisch stimulierenden Eigenschaften aufweist.

Glykolyse und Lipolyse werden durch *Coffein* gefördert. Diese Stoffwechselwirkungen resultieren aus einer Hemmung der Phosphodiesterase, eines Enzyms, das die Hydrolyse von zyklischem Adenosin-3′,5′-monophosphat (c-AMP) zu Adenosinmonophosphat aktiviert (vgl. 7.2.1). Die nach diesem Mechanismus erklärbare Erhöhung der c-AMP-Konzentration steht möglicherweise mit der psychostimulierenden Wirkung in Zusammenhang.

Vom diuretischen Effekt der Xanthin-Derivate, der bei *Theophyllin* am deutlichsten ausgeprägt ist, wird heute kaum noch therapeutischer Gebrauch gemacht. Wirkungen auf Herz und Bronchien werden unter 8.2.2 und 10.1.3 besprochen.

Eigenschaften Purin bildet in wäßriger Lösung ein durch die Imidazol-Struktur bedingtes Tautomeren-Gleichgewicht aus. Für seine Oxo-Derivate sind weitere tautomere Formen denkbar (Lactam-Lactim-Tautomerie). Neuere ^{13}C-NMR-Untersuchungen haben jedoch gezeigt, daß beispielsweise Xanthin und betreffende N-Methyl-Derivate in Wasser-Dimethylsulfoxid nur als N-7-H-Tautomere in der Lactam-Form vorliegen.

Purin

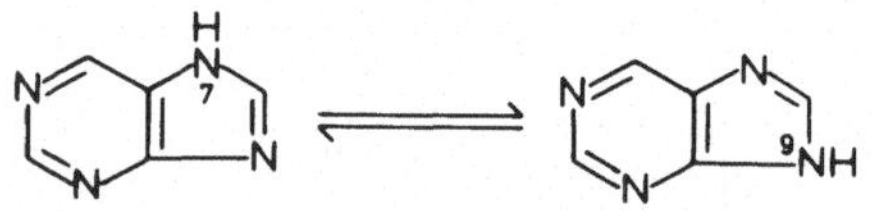

N-7-H-Tautomer   N-9-H-Tautomer

Xanthin

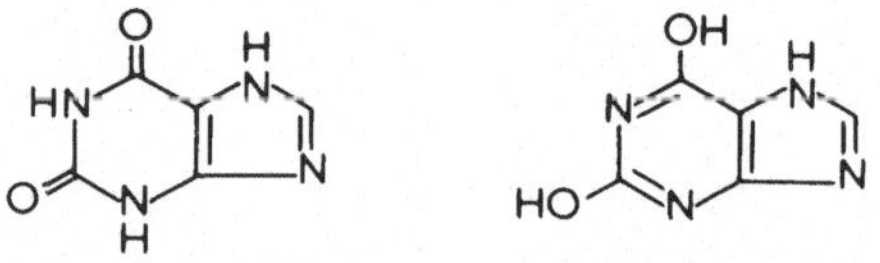

Lactam-Form   Lactim-Form

Als permethyliertes Xanthin-Derivat besitzt *Coffein* keine dissoziierbaren Wasserstoff-Atome. Deshalb ist weder Tautomerie noch saures Verhalten beobachtbar. Coffein wie auch die Dimethyl-xanthine zeigen nur sehr schwach ausgeprägte basische Eigenschaften. Die zusätzlichen sauren Eigenschaften von *Theophyllin* sind durch den aciden Wasserstoff im Imidazol-, die von *Theobromin* durch den aciden Wasserstoff im Pyrimidin-Ring bedingt. Beide Substanzen lösen sich in Laugen und können auf diese Weise von Coffein getrennt werden. Theophyllin (pK_a = 8,8) ist eine etwas stärkere Säure als Theobromin (pK_a = 10,0).

Die methylierten Xanthine sind relativ schlecht wasserlöslich, was sich insbesondere für die Bereitung von Injektionspräparaten als nachteilig erweist. Eine Erhöhung der Löslichkeit kann durch Natrium-Salze organischer Säuren oder durch Stickstoff-Basen erreicht werden. *Coffein-Natriumsalicylat* stellt ein Gemisch dar. *Aminophyllin* (Euphyllin®) ist eine salzartige Verbindung von zwei Mol Theophyllin mit einem Mol Ethylendiamin. Im neutralen und sauren Milieu hydrolysiert Aminophyllin unter Bildung von freiem Theophyllin. Ein weiteres Prinzip zur Verbesserung der Wasserlöslichkeit besteht in der Einführung hydrophiler Substituenten (vgl. 8.2.2).

Biotransformation Die methylierten Xanthine unterliegen im Stoffwechsel Demethylierungs- und Oxidationsreaktionen. *Coffein* wird hauptsächlich als 1-Methyl-harnsäure und 1-Methyl-xanthin ausgeschieden. Die mengenmäßig bedeutsamsten Metaboliten von *Theophyllin* sind 1,3-Dimethyl-harnsäure und 1-Methyl-harnsäure.

Synthese *Coffein* kann durch Extraktion von Teestaub oder als Nebenprodukt bei der Herstellung von coffeinfreiem Kaffee erhalten werden. Zur Partialsynthese geht man vom therapeutisch weniger wertvollen Theobromin (bzw. Xanthin) aus, das mit Dimethylsulfat in alkalischem Milieu methyliert wird. *Theobromin* wird durch Extraktion von Kakaoschalen gewonnen. Seine Darstellung durch selektive Methylierung von Xanthin mit äquimolaren Mengen Dimethylsulfat hat keine praktische Bedeutung.

Die Totalsynthese von *Harnsäure* und Xanthin-Derivaten wird hauptsächlich nach dem Traubeschen Verfahren und seinen Varianten durchgeführt. Hierbei wird — im Gegensatz zur Purin-Biosynthese — zunächst der Pyrimidin- und dann erst der Imidazol-Ring aufgebaut.

Purin-Synthesen		
Produkt	Harnstoff-Komponente (Pyrimidin-Ring)	C-8-Komponente (Imidazol-Ring)
Xanthin	Harnstoff	Ameisensäure oder Formamid
Theophyllin	N,N′-Dimethylharnstoff	
Harnsäure	Harnstoff	Chlorameisensäureethylester oder Harnstoff

Ausgangssubstanzen für *Theophyllin* sind N,N′-Dimethylharnstoff und Cyanessigester, die in Gegenwart von Acetanhydrid kondensiert und anschließend basisch zu 6-Amino-1,3-dimethyl-uracil zyklisiert werden. Durch Nitrosierung und Reduktion mit Natriumdithionit erhält man das 5,6-Diamino-Derivat. Der Imidazol-Ringschluß erfolgt durch Umsetzung mit Ameisensäure nach Philipps-Ladenburg oder durch Erhitzen mit Formamid.

Ein vereinfachtes Verfahren wurde von Bredereck gefunden. Danach können Nitrosierung, Reduktion und Ringschluß unter Verwendung von Formamid als Lösungsmittel
und Reaktionspartner ohne Isolierung von Zwischenstufen (,,Eintopfverfahren'') durchgeführt werden.

Theophyllin

Analytik Die *Murexid-Reaktion* dient zum Gruppennachweis von Purin-Derivaten. In
der Ausführung nach Ph. Eur. wird die zu prüfende Substanz mit Wasserstoffperoxid und
Salzsäure versetzt und zur Trockne eingedampft. Der gelbrote Rückstand färbt sich auf
Zugabe von Ammoniak rot-violett. Die Reaktion verläuft über eine oxidative Spaltung des
Purin-Gerüstes. Beim Nachweis von Harnsäure bildet sich Purpursäure, deren mesomerie-
stabilisertes Anion im Ammonium-Salz (Murexid) die Färbung verursacht. Methylierte
Xanthine reagieren analog.

Murexid
(eine mesomere Form)

Beim Erhitzen von *Theophyllin* mit Kalilauge wird der Pyrimidin-Ring hydrolytisch gespalten, wobei Theophyllidin entsteht, das durch Kupplung mit Diazonium-Salzen am C-2
des Imidazol-Rings Azofarbstoffe bildet. Die *Theophyllidin-Reaktion* ist zum Nachweis
von Theophyllin neben Coffein und Theobromin geeignet, da die nach hydrolytischer
Spaltung der N-7-Methyl-xanthine entstehenden N-Methylimidazol-Derivate mit Diazonium-Salzen nicht kuppeln.

Theophyllidin-Reaktion

Die Trennung von Purinen kann unter Verwendung von Kieselgel-G-Schichten und Fließ-
mitteln wie Benzol-Aceton (3 + 7) in Ammoniak-Atmosphäre erfolgen. In diesem System
zeigt Theophyllin aufgrund seines stärker sauren Charakters einen niedrigeren R_f-Wert als
Theobromin, Coffein wandert am höchsten.

Ph. Eur. läßt Theophyllin und Theobromin als schwache Säuren nach Zusatz von Silbernitrat mit Natronlauge gegen Bromthymolblau titrieren. Die Silber-Ionen führen zur
Bildung schwerlöslicher Silber-Salze und setzen dabei die äquivalente Menge Protonen
frei. Andererseits können die Dimethyl-xanthine, ebenso wie Coffein, aufgrund ihrer
schwach basischen Eigenschaften mit Perchlorsäure im wasserfreien Medium bestimmt
werden.

7.5.9 Phenylalkylamin-, Indol- und Chroman-Derivate mit psychotomimetischer Wirkung

Unter dem Einfluß von *Psychotomimetika* (Psychodysleptika) wird das Wahrnehmungs-
vermögen für die reale Umwelt beeinflußt. Raum, Zeit und Ichempfinden werden in veränderter Weise erlebt, Halluzinationen können auftreten.

Mescalin ist ein Alkaloid der Kakteenart Lophophora williamsii und stellt chemisch ein
Phenylethylamin-Derivat dar, das auch synthetisch zugänglich ist. Von Mescalin abgeleitet ist *DOM*, 1-(2,5-Dimethoxy-4-methyl-phenyl)-2-amino-propan. *Lysergid*, (–)-Lyserg-
säurediethylamid (LSD), wird partialsynthetisch aus Mutterkorn-Alkaloiden (vgl. 7.2.3)
gewonnen (Hofmann, 1943). Das Alkaloid *Psilocybin* wurde aus dem mexikanischen
Rauschpilz Psilocybe semperviva, einem Basidiomyceten, isoliert. Lysergid und Psilocybin
sind als 3,4-disubstituierte Indole aufzufassen. Hauptwirkstoff des Indischen Hanfs
(Cannabis sativa var. indica) und damit der Drogen Haschisch und Marihuana stellt das
linksdrehende *6a,10a-trans-Δ^9-Tetrahydrocannabinol* (Δ^9-THC) dar. Die Stickstoff-freie
Substanz besitzt als Grundkörper das Dibenzo[b,d]pyran-System, in dem als Partial-
struktur das Chroman-System enthalten ist. Der Cyclohexenyl-Ring ist mit dem Chroman-
System an den chiralen C-Atomen 6a und 10a (beide R-Konfiguration) trans-verknüpft.

Psychotomimetika		
Stoffklasse	Freinamen	Formel
Phenylalkylamin-Derivate	Mescalin	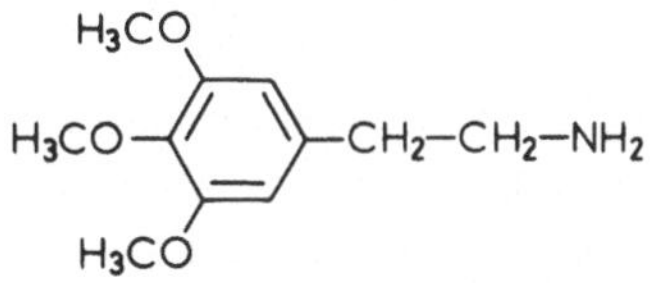 H_3CO, H_3CO-, H_3CO- Ring $-CH_2-CH_2-NH_2$
	DOM	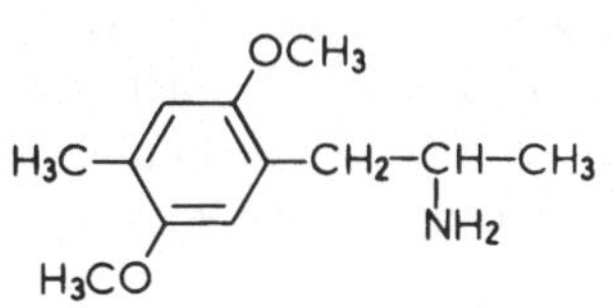 OCH_3, H_3C-, H_3CO- Ring $-CH_2-CH-CH_3$, NH_2

Fortsetzung der Tabelle

Stoffklasse	Freinamen	Formel
Indol-Derivate	Lysergid, LSD	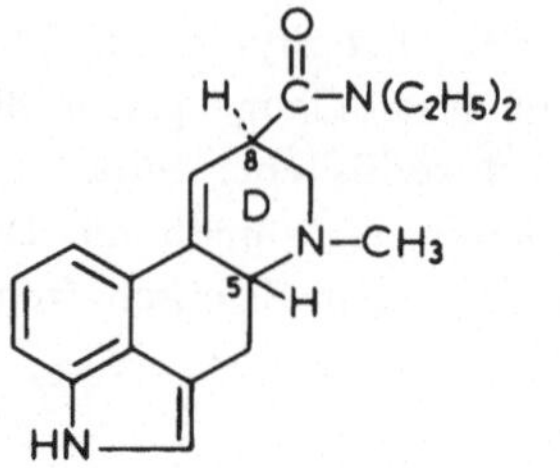
	Psilocybin	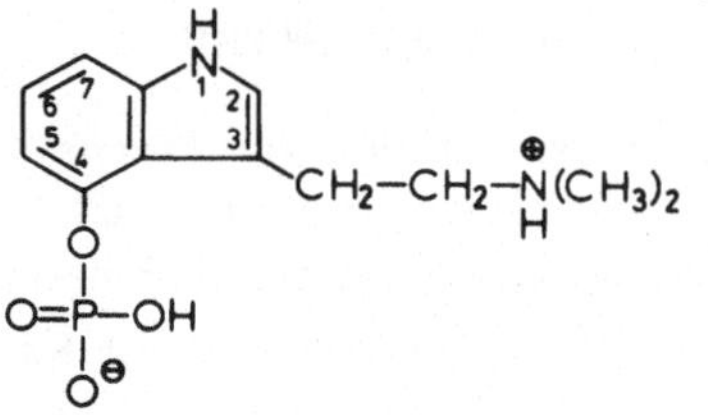
Chroman-Derivate	6a,10a-trans-(−)-Δ^9-Tetrahydrocannabinol	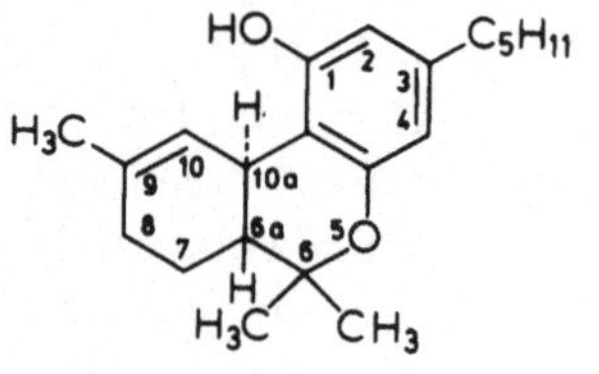

Pharmakologie Der beim gesunden Menschen durch Psychotomimetika vorübergehend ausgelöste Zustand ähnelt dem Bild der Schizophrenie. Die unter diesen Substanzen auftretenden psychischen Veränderungen können durch Neuroleptika wie *Chlorpromazin* (vgl. 7.5.3) aufgehoben werden. Im Gegensatz zur Faszination, die von den Psychotomimetika auszugehen vermag, ist ihr therapeutischer Wert gering. Da keine zwingenden Indikationen gegeben sind, dürfen sie wegen der Gefahr des Mißbrauchs nicht verordnet werden.

Auffällig ist die strukturelle Verwandtschaft einiger, aber nicht aller Psychotomimetika zu Neurotransmittern, wobei der Beziehung zu *Dopamin* und *Serotonin* besondere Bedeutung zugemessen wird.

Lysergid zeigt außer den psychotropen auch ausgeprägte Serotonin-antagonistische Eigenschaften. Die Δ^9-*THC*-haltigen Präparationen fallen nur bedingt unter die Psychotomimetika. Sie bewirken Euphorie, lösen aber normalerweise keine Halluzinationen aus und besitzen eine sedative Wirkungskomponente.

Struktur-Wirkungs-Beziehungen *Mescalin* steht als Phenylethylamin-Derivat den Katecholaminen (vgl. 7.2.1) nahe. Austausch der Aminoethyl- gegen eine 2-Aminopropyl-Struktur, wie sie in *DOM*, einem Amphetamin-Derivat, vorliegt, erhöht die Wirksamkeit stark. Dies ist durch Erschwerung der metabolischen Desaktivierung erklärbar. *Lysergid* und *Psilocybin* enthalten ein Indol-ethylamin-Strukturelement und können als Analoge des Serotonins (vgl. 12.7.4) betrachtet werden.

Für die psychotomimetische Wirkung von Lysergid ist der Lysergsäure-Rest (absolute Konfiguration: 5 R, 8 R) essentiell. Geringe Abwandlungen führen zu praktisch vollständigem Verlust dieser Wirkungsqualität. So zeigt das 2-Brom-Derivat zwar eine dem Lysergid vergleichbare Serotonin-antagonistische Wirkung, vermag jedoch die psychischen Effekte nicht auszulösen. Der Diethylamin-Rest kann als optimaler Substituent für eine starke psychotomimetische Wirkung angesehen werden. Bereits das nahverwandte Dimethylamid zeigt nur noch einen Bruchteil der dem Lysergid eigenen Aktivität und auch Ergin ((−)-Lysergsäureamid), eine natürlich vorkommende psychotomimetische Substanz, ist vergleichsweise schwach wirksam.

Analytik *Mescalin* ergibt mit Formaldehyd-Schwefelsäure (Marquis-Reagenz) eine orange, *Psilocybin* eine schmutzig orange Färbung.

Lysergid kann durch van Urk-Reaktion (vgl. 7.2.3) nachgewiesen werden und zeigt als $\Delta^{9,10}$-ungesättigtes Ergolin-Derivat im langwelligen UV-Licht hellblaue Fluoreszenz. Zur dünnschichtchromatographischen Identifizierung ist die unter 7.2.3 für Mutterkorn-Alkaloide beschriebene Methode anwendbar. Bei illegal hergestelltem Lysergid kann mit der Anwesenheit des C-8-Epimers (Isolysergsäurediethylamid) gerechnet werden.

Als orientierende Probe auf phenolische *Cannabis-Inhaltsstoffe* kann eine Farbreaktion mit Echtblausalz B (bis-diazotiertes Di-o-anisidin) durchgeführt werden. Zur Trennung der Inhaltsstoffe eignet sich die Dünnschichtchromatographie unter Verwendung von Kieselgelplatten und Toluol als Fließmittel.

7.6 Zur Anästhesie führende Stoffe

Die Schmerzempfindung kann durch Allgemeinanästhetika (Narkotika), Analgetika und Lokalanästhetika unterdrückt werden. Die Allgemeinanästhetika bewirken zusätzlich zur Analgesie eine Ausschaltung des Bewußtseins. Lokalanästhetika blockieren die Schmerzempfindung über peripheren Angriff an sensiblen Nerven.

7.6.1 Inhalationsanästhetika

Die Allgemeinanästhetika werden nach ihrer Applikationsart in Inhalations- und Injektionsanästhetika unterteilt. Unter Normalbedingungen liegen Inhalationsanästhetika als gasförmige Stoffe oder als — im Regelfall — leicht flüchtige Flüssigkeiten vor. Narkotisch wirksame Substanzen findet man in den unterschiedlichsten Stoffklassen. Bei den Inhalationsanästhetika sind neben *Distickstoffoxid* (Lachgas) insbesondere Ether (*Diethyl-*

ether und halogenierte Ether) sowie Halogenkohlenwasserstoffe (*Halothan*, 2-Brom-2-chlor-1,1,1-trifluor-ethan) von praktischer Bedeutung, jedoch weisen auch niedere Kohlenwasserstoffe (*Ethylen, Cyclopropan, Acetylen*) und Edelgase (*Xenon*) narkotische Eigenschaften auf.

Inhalationsanästhetika				
Freiname (Handelsname)	Formel	Siedepunkt [°C]	Verteilungs-koeffizienten	
			Blut/Gas	Öl/Wasser
Distickstoffoxid	N_2O	− 90	0,47	0,5
Cyclopropan	H_2C-CH_2 (CH$_2$)	− 35	0,55	−
Diethylether	$H_5C_2-O-C_2H_5$	35	12	3
Methoxyfluran (Penthrane®)	$H_3C-O-CF_2-CHCl_2$	104	11	400
Enfluran (Ethrane®)	$F_2HC-O-CF_2-CHClF$	57	1,9	120
Halothan (Fluothane®)	$F_3C-CHClBr$	50	2,4	330

Pharmakologie Durch die Einführung der ersten Inhalationsanästhetika (*Distickstoffoxid, Diethylether, Chloroform*) Mitte des vorigen Jahrhunderts wurde die Möglichkeit eröffnet, Operationen unter Aufhebung der Schmerzempfindung durchzuführen. Ziel einer Narkose ist die reversible Ausschaltung der Schmerzempfindung, des Bewußtseins, der Abwehrreflexe und der Muskelspannung.

Hinsichtlich der Effekte auf das ZNS unterscheidet man bei der Narkose vier Stadien, die beim Erwachen in umgekehrter Reihenfolge durchlaufen werden:

1. *Analgesiestadium*: Betroffen ist die Hirnrinde. Die Dämpfung ihrer Funktionen bewirkt Analgesie bei allmählicher Einengung des Bewußtseins.

2. *Exzitationsstadium*: Durch Hemmung übergeordneter Zentren kommt es zu verstärkter Aktivität des Mittelhirns. Dies führt zu Hyperreflexie (z.B. verbunden mit Erbrechen), gesteigerter Drüsensekretion und Erhöhung des Muskeltonus. Das Bewußtsein ist ausgeschaltet.

3. *Toleranzstadium*: Es werden zusätzlich tiefere Zentren des ZNS (Stammhirn, Rückenmark) gelähmt. Dadurch läßt die Reflexerregbarkeit und die Drüsensekretion nach, der Skelettmuskeltonus sinkt (muskelrelaxierende Wirkung), die Spontanatmung bleibt erhalten. In diesem Stadium werden chirurgische Eingriffe durchgeführt.

4. *Asphyxie-Stadium*: Durch Blockierung lebenswichtiger vegetativer Zentren der Medulla oblongata kommt es zu Atem- und Herzstillstand.

Die einzelnen Inhalationsanästhetika unterscheiden sich hinsichtlich ihrer Narkosebreite, d.h. des Sicherheitsabstandes zwischen der für das Toleranz- und der für das Asphyxie-Stadium benötigten Konzentration, des Ausprägungsgrades der einzelnen Stadien und der erreichbaren Narkosetiefe. Diese ist bei Distickstoffoxid, das gute analgetische Eigenschaften aufweist, gering. Muskelrelaxation wird insbesondere bei Diethylether beobachtet.

Auch bezüglich der Nebenwirkungen zeigen sich Unterschiede. Diethylether ist schleimhautreizend, bei Halogenkohlenwasserstoffen ist die Hepatotoxizität und die Sensibilisierung des Herzens gegen Katecholamine hervorzuheben. Die Chloroform-Narkose ist wegen ihrer erheblichen Nachteile verlassen worden.

Um die Gefährdung des Patienten zu verringern, wird heute die Kombinationsnarkose (z.B. Halothan/Distickstoffoxid) bevorzugt. Halothan zeigt bereits in niedriger Konzentration starke narkotische Aktivität bei relativ raschem Wirkungseintritt (kurze Anflutzeit). Eine ausreichende Muskelerschlaffung kann durch periphere Muskelrelaxantien herbeigeführt werden.

Zur Minderung der Gefahren der Narkose und zur Einsparung von Anästhetika ist im Rahmen der Narkosevorbereitung eine *Prämedikation* durchzuführen. Dazu werden insbesondere eingesetzt:

- Analgetika zur Minderung der Schmerzempfindung
- Sedativa und Neuroleptika zur Dämpfung der psychischen Erregung
- Parasympatholytika zur Verhinderung des reflektorischen Herzstillstandes sowie zur Hemmung der Speicheldrüsensekretion
- Antihistaminika gegen Brechreiz und freigesetztes Histamin.

Physikalische Eigenschaften Dampfdruck und Verteilungsverhalten sind für die Pharmakokinetik der Inhalationsanästhetika von besonderer Bedeutung. Die gasförmigen Substanzen (*Distickstoffoxid, Cyclopropan*) lösen sich im Vergleich zu den Flüssigkeiten schlechter in Wasser und Blut (niedriger Blut/Gas-Verteilungskoeffizient). Deshalb muß ihr Partialdruck im Einatmungsgemisch hoch sein. So wird das derzeit wichtigste gasförmige Anästhetikum, Distickstoffoxid, in einem Verhältnis 80 % N_2O/20 % O_2 (V_1/V_2) eingesetzt. Andererseits wird bei gasförmigen Anästhetika infolge ihrer geringen Löslichkeit rasch Sättigung des Blutes erreicht. Die Einleitungszeit (Anflutzeit) ist somit kurz, nach Beendigung der Zufuhr erfolgt schnelles Abklingen der Wirkung. Dadurch ist — im Gegensatz zu den flüssigen (dampfförmigen) Anästhetika — gute Steuerbarkeit gewährleistet. Zwischen Lipophilie, die sich als Öl/Wasser-Verteilungskoeffizient ausdrücken läßt, und der narkotischen Aktivität besteht eine positive Korrelation. Dieser Zusammenhang wurde von Meyer und Overton (1899/1901) erkannt.

Chemische Eigenschaften, Reaktionen Brennbarkeit und Explosivität sind bei *Diethylether, Cyclopropan* und weiteren niederen Kohlenwasserstoffen gegeben. *Distickstoffoxid* ist nicht brennbar, unterhält aber die Verbrennung, da bei höheren Temperaturen Zerfall in die Elemente stattfindet. *Chloroform* und *Halothan*, aber auch mehrfach halogenierte Ether wie *Methoxyfluran* und *Enfluran*, sind nicht brennbar.

Die Zersetzung von *Chloroform* zu hochtoxischem Phosgen erfolgt unter Licht- und Sauerstoff-Einwirkung und verläuft über ein Hydroperoxid. Ethanol vermag eventuell entstehendes Phosgen unter Bildung von Diethylcarbonat zu binden.

$$HCCl_3 \xrightarrow[hv]{O_2} HO-O-CCl_3 \xrightarrow[-\frac{1}{2}O_2]{-HCl} Cl-\overset{\overset{\displaystyle O}{\|}}{C}-Cl \xrightarrow[-HCl]{HOC_2H_5} H_5C_2O-\overset{\overset{\displaystyle O}{\|}}{C}-OC_2H_5$$

Phosgen   Diethylcarbonat

Auch *Halothan* ist — insbesondere in Gegenwart von Kupfer — oxidativ zersetzbar. Ph. Eur. schreibt einen Zusatz von 0,01 % Thymol als Stabilisator vor.

Ether unterliegen ebenfalls Autoxidationsreaktionen. Bei Diethylether ist intermediär Bildung eines Hydroperoxids anzunehmen, aus dem nach Ethanol-Abspaltung hoch-explosives *polymeres Etherperoxid* entsteht. Weiterhin kann auch Zerfall des Hydro-peroxids zu Wasserstoffperoxid und Ethylvinylether stattfinden, der hydrolytisch in Acetaldehyd und Ethanol gespalten wird. Vorhandene Peroxide oxidieren Acetaldehyd zu Essigsäure. Nach Ph. Eur. ist der Zusatz von Stabilisatoren zulässig. Geeignet sind u. a. Gallussäureester wie Propylgallat. Die Aufbewahrung erfolgt — wie bei den anderen flüssigen Inhalationsnarkotika — in dicht geschlossenen, lichtgeschützten Flaschen. An-brüche dürfen nicht für Anästhesiezwecke verwendet werden.

polymeres Etherperoxid

Struktur-Wirkungs-Beziehungen Die Tatsache, daß unter den Inhalationsanästhetika sowohl chemisch inerte als auch reaktionsfähige Substanzen zu finden sind, legt nahe, daß ihre Wirkung durch physiko-chemische Eigenschaften bedingt ist. Bei der Zugehörig-keit zu extrem unterschiedlichen Stoffklassen ist Bindung an einen spezifischen Rezeptor nicht zu erwarten. Die Narkotika können als Musterbeispiel strukturunspezifischer Pharmaka (vgl. 1.1) aufgefaßt werden.

Biotransformation *Diethylether* wird zu über 90 % in unveränderter Form über die Lunge abgeatmet. Metabolischer Abbau findet nur in sehr geringem Umfang statt, als Endprodukt tritt Kohlendioxid auf. Aus *Halothan* werden über oxidative Biotransforma-tionsprozesse Chlorid und Bromid abgespalten. Als Hauptausscheidungsprodukt entsteht Trifluoracetat. Neuerdings wurde auch ein Nebenweg festgestellt, in dessen Verlauf be-merkenswerterweise Fluorid-Ionen freigesetzt werden. Die Metabolisierungsrate von Halothan beträgt bis zu 20 %. *Methoxyfluran* wird sogar bis zu 50 % verstoffwechselt. Trotz der hohen Stabilität der Kohlenstoff-Fluor-Bindung werden auch hier geringe Mengen an Fluorid-Ionen gebildet.

Synthese Die technische *Diethylether*-Synthese erfolgt in der Regel durch Hydratisierung von Ethylen. Zur Darstellung von *Methoxyfluran* wird Methanol unter Basenkatalyse an 2,2-Dichlor-1,1-difluor-ethylen addiert.

$$F_2C=CCl_2 \xrightarrow[OH^\ominus]{H_3COH} H_3C-O-CF_2-CHCl_2$$

Methoxyfluran

Die *Halothan*-Synthese geht von Trichlorethylen aus, das mit Antimontrichlorid und Fluorwasserstoff zu Trifluorethylchlorid umgesetzt und anschließend bromiert wird.

$$Cl_2C=CHCl \xrightarrow[130°]{SbCl_3/HF} F_3C-CH_2Cl \xrightarrow[450°]{Br_2} F_3C-CHClBr$$

Halothan

Analytik Ph. Eur. läßt *Diethylether* (Äther zur Narkose) mit Kaliumiodid-Stärkelösung auf Peroxide prüfen. Spezifischer ist der Nachweis mit Vanadin-Schwefelsäure nach DAB 7. Verunreinigungen durch Aceton und Aldehyde werden mit Nesslers Reagenz (alkalische Lösung von $K_2[HgI_4]$) nachgewiesen. Dabei erfolgt Reduktion zu metallischem Quecksilber. *Halothan* wird nach Ph. Eur. auf pH-Wert, Halogenide und freies Halogen geprüft. Für den Stabilisator Thymol ist eine kolorimetrische Grenzwertbestimmung unter Verwendung von Titandioxid/Schwefelsäure-Reagenz angegeben.

7.6.2 Injektionsanästhetika

Die intravenös zu applizierenden Injektionsanästhetika zeichnen sich durch sofortigen Wirkungseintritt und kurze Wirkungsdauer aus. Sie eignen sich für kleinere operative Eingriffe und zur Einleitung von Kombinationsnarkosen, wobei sie das unerwünschte Exzitationsstadium zu unterdrücken vermögen. Wirksame Vertreter findet man in sehr unterschiedlichen Stoffklassen. Neben N-Methyl- und Thiobarbitalen — z. B. *Hexobarbital* und *Thiopental* in Form ihrer Natrium-Salze (vgl. 7.4.4) — werden das Phenoxyessigsäure-Derivat *Propanidid* und das Amino-phenyl-cyclohexanon-Derivat *Ketamin* therapeutisch verwendet. Die Herstellung wäßriger Injektionslösungen des als Ester schwer löslichen Propanidids wird durch Zusatz des Lösungsvermittlers Cremophor®EL (vgl. 15.2.3) ermöglicht. *γ-Hydroxybuttersäure* (Somsanit®), eine im Gehirn vorkommende physiologische Substanz, zeigt ebenfalls narkotische Wirkung.

Die Injektionsanästhetika sind — mit Ausnahme von γ-Hydroxybuttersäure — lipophile Stoffe, deren schneller Wirkungseintritt durch die starke Durchblutung des Gehirns und das gute ZNS-Penetrationsvermögen verursacht wird. Für die Beendigung der Wirkung ist ein Konzentrationsausgleich durch Umverteilung aus dem Gehirn in Muskulatur und Fettgewebe ausschlaggebend. Enzymatische Desaktivierung ist außer bei Propanidid, einem sehr kurz wirksamen Anästhetikum, von untergeordneter Bedeutung.

In Zusammenhang mit den Injektionsanästhetika soll auch die Neuroleptanalgesie erwähnt werden. Bei diesem schonenden Anästhesieverfahren gelangen stark wirksame

Analgetika, insbesondere *Fentanyl* (vgl. 7.7.6) und Neuroleptika, hier vor allem *Droperidol* (vgl. 7.5.4) gemeinsam zur Anwendung. Dies führt — bei Erhalt des Bewußtseins — zu einem Zustand der Analgesie und psychischen Indifferenz, bei dem chirurgische Maßnahmen durchführbar sind.

Injektionsanästhetika		
Stoffklasse	Freiname (Handelsname)	Formel
N-Methylbarbitale	Hexobarbital (Evipan®)	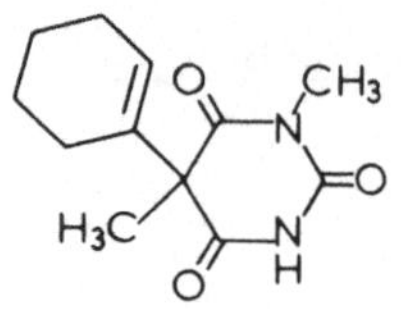
Thiobarbitale	Thiopental (Trapanal®)	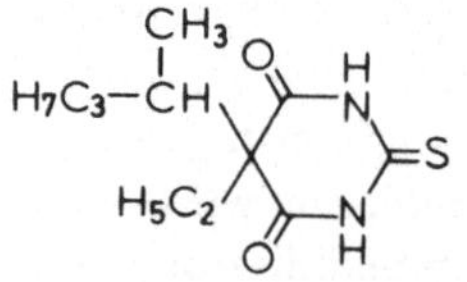
Phenoxyessigsäure-Derivate	Propanidid (Epontol®)	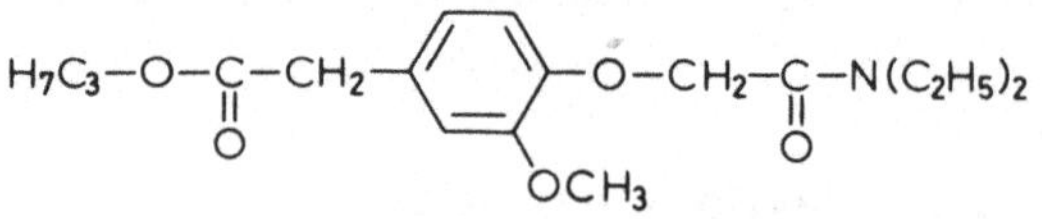
Amino-phenyl-cyclo-hexanon-Derivate	Ketamin (Ketanest®)	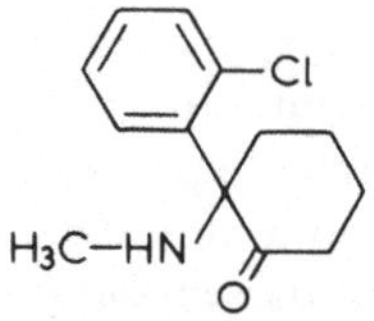

Biotransformation An der raschen Inaktivierung von *Propanidid* sind Biotransformationsvorgänge beteiligt. Hier ist vor allem die Spaltung der Ester-Bindung, die in Leber und Plasma erfolgen kann, von Bedeutung. Als weitere, metabolisch labile Struktur ist die Säureamid-Gruppe (Hydrolyse und Abspaltung einer N-Ethyl-Gruppe) anzusehen.

Synthese Zur Darstellung von *Propanidid* wird das aus Eugenol zugängliche Natrium-Salz des Homovanillinsäure-propylesters mit N,N-Diethyl-chloracetamid umgesetzt.

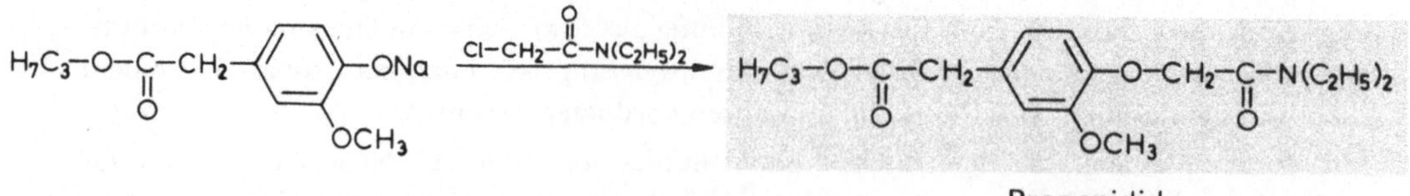

Propanidid

7.6.3 Lokalanästhetika der Benzoesäureester-Gruppe

Lokalanästhetika blockieren örtlich begrenzt die Auslösung und Fortleitung des Aktionspotentials über die schmerzvermittelnden sensiblen Nervenfasern (Schmerzfasern) und schalten dadurch die Schmerzempfindung reversibel aus.

Entwicklung Versuche zur lokalen Schmerzkontrolle — etwa durch Anwendung ätherischer Öle — reichen weit in die Geschichte der Pharmazie und Medizin zurück. Als Ausgangspunkt der Entwicklung neuerer Lokalanästhetika kann die 1862 durch Niemann und Lossen erfolgte Isolierung des *Cocains*, eines in verschiedenen Coca-Arten vorkommenden Esteralkaloids, angesehen werden. Cocain wurde 1884 von Koller bei Augenoperationen erstmals therapeutisch eingesetzt. Aufgrund hoher Toxizität, Gefahr der Arzneistoffabhängigkeit und geringer Stabilität in Lösung hat es nicht an Syntheseversuchen gefehlt, durch strukturelle Abwandlung der Esterkomponenten zu besseren Wirkstoffen zu gelangen. Dies führte zu Eucain®A und weiteren, nicht mehr gebräuchlichen Substanzen.

Den Anstoß zur raschen Entwicklung der heute praktisch ausschließlich verwendeten synthetischen Lokalanästhetika gab jedoch das von Ritsert dargestellte und als Oberflächenanästhetikum eingeführte *Benzocain* (4-Amino-benzoesäure-ethylester). Seine geringe Wasserlöslichkeit und die stark saure Reaktion des Hydrochlorids (pK_a = 2,5) erlauben keine parenterale Anwendung. Erst die Abwandlung in Anlehnung an die tertiäre Aminstruktur des Cocains führte zur Reihe der injizierbaren basischen Benzoesäureester vom Typ des *Procains* (Einhorn und Uhlfelder 1905). Trotz einer Vielzahl von Folgeverbindungen ist Procain, 4-Aminobenzoesäure-(2-diethylamino)-ethylester, bis heute aus der basischen Ester-Reihe das wichtigste injizierbare Anästhetikum für die Infiltrations- und Leitungsanästhesie geblieben.

Lokalanästhetika der Benzoesäureester-Gruppe		
Freiname (Handelsname)	**Formel**	**Bevorzugte Anwendung*)**
Benzocain (Anaesthesin®)	H_2N—⟨Benzolring⟩—C(=O)—O—CH_2—CH_3	O
Procain (Novocain®)	H_2N—⟨Benzolring⟩—C(=O)—O—CH_2—CH_2—$N(C_2H_5)_2$	I, L
Tetracain (Pantocain®)	H_9C_4—HN—⟨Benzolring⟩—C(=O)—O—CH_2—CH_2—$N(CH_3)_2$	O
(Stadacain®)	H_9C_4—O—⟨Benzolring⟩—C(=O)—O—CH_2—CH_2—$N(C_2H_5)_2$	O

*) I = Infiltrationsanästhesie, L = Leitungsanästhesie, O = Oberflächenanästhesie

Im (−)-*Cocain* sind die Bausteine (−)-*Ecgonin*, Methanol und Benzoesäure durch Ester-Bindungen miteinander verknüpft. Ecgonin leitet sich im Unterschied zu den Belladonna-Alkaloiden (vgl. 7.1.3) vom *3 β-Tropanol* (Pseudotropin) ab und besitzt wie dieses ein äquatoriales Hydroxyl an C-3. Unter Einbeziehung der axialen Carboxyl-Gruppe an C-2 sind beide Substituenten zueinander cis-ständig. Somit ist Cocainhydrochlorid Ph. Eur. chemisch (−)-3 β-Benzoyloxy-2 β-methoxycarbonyl-tropaniumchlorid.

(−)-Cocain (−)-Ecgonin 3β-Tropanol (Pseudotropin)

Pharmakologie Die Wirkung der Lokalanästhetika beruht vorrangig auf der Herabsetzung der Membranpermeabilität für Natrium-Ionen. In höheren Konzentrationen ist auch der Kalium-Ionenflux betroffen. Der membranabdichtende Effekt führt zu einer Stabilisierung des Ruhepotentials (Verhinderung der Depolarisation). Dadurch wird die Erregbarkeit der Nervenfaser vermindert bzw. blockiert. Die Wirkung ist nicht auf sensible Nerven beschränkt, jedoch sind die dünnen Schmerzfasern in der Regel empfindlicher als die motorischen Fasern, die einen größeren Durchmesser aufweisen.

Nach Art der Applikation unterscheidet man drei Hauptformen lokaler Anästhesie:

1. *Oberflächenanästhesie* wird durch Diffusion der Lokalanästhetika an sensible Nervenendigungen bewirkt. Sie ist auf Wundflächen sowie auf Schleimhäute beschränkt, da die intakte Epidermis nicht durchdrungen wird.

2. *Infiltrationsanästhesie* ist die Blockierung sensibler Nerven durch flächenhafte Injektion und Verteilung in bestimmte Gewebebezirke. Sie wird bei kleineren Operationen, zu diagnostischen Zwecken und häufig in der Zahnmedizin angewendet.

3. *Leitungsanästhesie* ist eine besondere Form der Infiltrationsanästhesie. Gezieltes Umspritzen bestimmter Nervenstränge führt zu einer Blockade der Erregungsleitung, wodurch große periphere Bereiche schmerzunempfindlich werden.

Aufgrund ihrer gefäßerweiternden Nebenwirkung und des dadurch bedingten raschen Abtransports in das Gewebe werden Lokalanästhetika zur Injektion häufig mit vasokonstriktorisch wirksamen Substanzen wie z.B. *Adrenalin* oder *Ornipressin* (vgl. 12.1.3) kombiniert. *Cocain* kann ohne Vasokonstringens appliziert werden.

Eigenschaften Die meisten Lokalanästhetika sind als Basen Substanzen von öliger oder fester Konsistenz und niedrigem Schmelzpunkt. Ihre gute Lipoidlöslichkeit ist in erster Linie durch den aromatischen Rest bedingt und wird durch weitere lipophile Strukturelemente — bei *Tetracain* oder *Stadacain*® durch den n-Butyl-Rest — noch begünstigt.

Für die Wasserlöslichkeit entscheidend ist die Salzbildung an der aliphatischen oder alicyclischen tertiären bzw. sekundären Amino-Gruppe. In Form der Hydrochloride oder anderer Salze sind Lokalanästhetika daher in Wasser leicht lösliche, schwach dissoziierte Säuren ($pK_a = 8-9$):

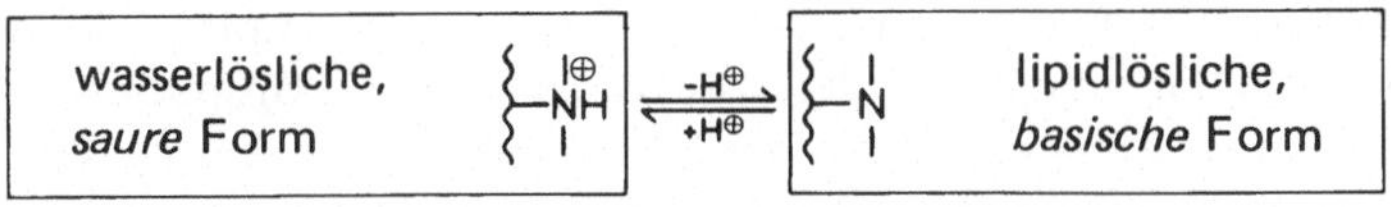

wasserlösliche, *saure* Form	$\{-\overset{\oplus}{N}H-\}$ $\underset{+H^\oplus}{\overset{-H^\oplus}{\rightleftharpoons}}$ $\{-N-\}$	lipidlösliche, *basische* Form

Der pH-Wert der für Injektionszwecke gelösten Salze variiert zwischen 4–6. In diesem Bereich werden Lokalanästhetika vom Benzoesäureester-Typ sehr langsam verseift. So werden bei der üblichen Hitzesterilisation bis zu 1 % des eingesetzten *Procain*hydrochlorids zersetzt. *Cocain* ist im Vergleich zu Procain hydrolyseempfindlicher. Bei diesem Alkaloid fehlt die paraständige Amino-Gruppe, die aufgrund ihres + M-Effektes die Esterbindung stabilisiert. Andererseits bedingt die aromatische Amino-Gruppe von Procain und Benzocain Oxidationsempfindlichkeit.

Struktur-Wirkungs-Beziehungen Lokalanästhetika sind Gegenstand zahlreicher Untersuchungen über Zusammenhänge zwischen chemischer Struktur und pharmakologischer Wirkung. Nach Löfgren (1948) läßt sich ihr Bauprinzip durch das folgende Schema beschreiben:

Bauprinzip von Lokalanästhetika nach Löfgren		
Wirkstoff	Lipophiler Rest — (meist aromatisch)	Zwischenkette — Hydrophiler Rest (mit polarer (meist basisch) Gruppe)
Cocain		
Procain	$H_2N-\langle\text{aromat.}\rangle-\overset{O}{\underset{\parallel}{C}}-O-CH_2-CH_2-N(C_2H_5)_2$	
Lidocain (vgl. 7.6.4)		

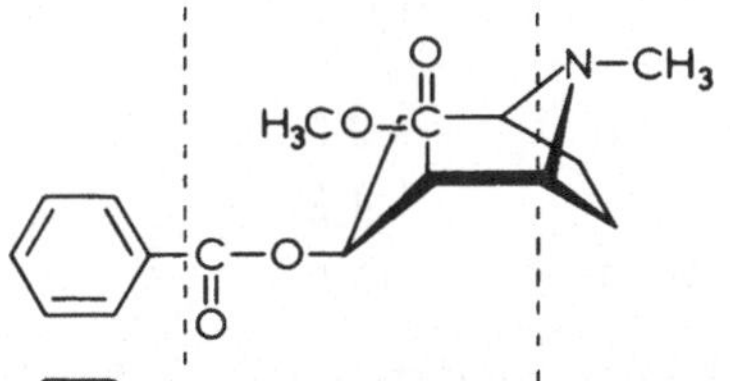

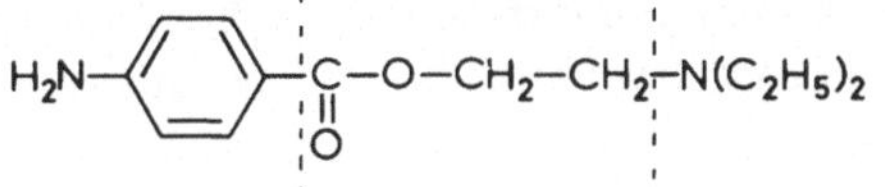

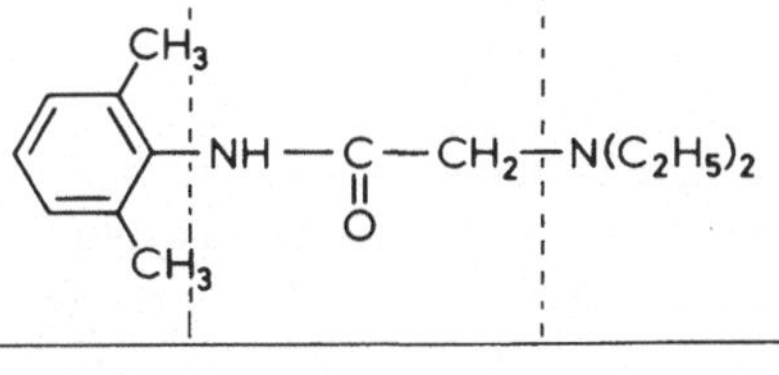

Danach sind in der Regel lipophil-aromatische und hydrophil-basische Strukturelemente über eine Kette mit polarer, elektronegativer Gruppe miteinander verknüpft. Im lipophilen Rest kann der Benzol-Ring auch durch Heteroaromaten (Thiophen, Chinolin) ersetzt sein. In 2- oder 4-Stellung begünstigen elektronendonierende Substituenten die Wirksamkeit der Benzoesäureester. Dies steht in Zusammenhang mit der Stabilisierung der Esterbindung sowie der Erhöhung der Elektronendichte am Carbonyl-Sauerstoff, wodurch die Bindungsfähigkeit an die Zellmembran gefördert wird. Auch die polare Gruppe im Brückenglied ist austauschbar. Der Ersatz der Ester-Gruppe gegen eine stabilere Amid-, Keto- oder Ether-Funktion führt zu Substanzen mit längerer Wirkungsdauer.

Die Steigerung des lipophilen Charakters — sei es durch Verlängerung bzw. Verzweigung der Kohlenstoff-Kette oder durch höhere Alkyl-Reste an den Heteroatomen — verstärkt zwar die Aktivität, meist aber auch die Toxizität (vgl. Tabelle). Sekundäre oder tertiäre Amino-Gruppen sind als hydrophiler Rest für die Wirkung nicht essentiell (Benzocain), erhöhen jedoch die Aktivität und ermöglichen die Anwendung als wasserlösliche Salze, welche leicht an den Wirkort diffundieren können. Das *Protolysegleichgewicht* ist für die Wirksamkeit von besonderer Bedeutung, da einerseits nur die ungeladene freie Base in die Lipoidphase der Nervenzelle einzudringen vermag, andererseits die eigentliche Wirkung höchstwahrscheinlich der protonierten Form zukommt. Die Konzentration der Base im Gleichgewicht wird aber von ihrem pK und dem pH des Milieus bestimmt. Der prozentuale Anteil nicht ionisierter Moleküle beträgt im Gewebe (pH 7,4) bei den meisten Lokalanästhetika nur 3—20 % und nimmt mit steigender Basizität ab (vgl. Tabelle). Daher sind bei pH 7,4 Basen mit $pK_a > 9$ sowie quartäre Salze der Lokalanästhetika unwirksam. Im entzündeten Gewebe (pH 6) ist der Anteil an freier Base sehr gering, die Wirksamkeit der Lokalanästhetika folglich stark herabgesetzt.

Lokal-anästhetikum	pK_a	% freie Base bei pH 7,4	Verteilungs-koeffizient Öl/H$_2$O	Blockierende Wirkung	Toxische Wirkung
Procain	8,98	2,9	1	1	1
Cocain	8,70	4,8	13	2	4
Tetracain	8,24	12,8	54	> 10	9
Beziehung zwischen pK_a und freiem Basenanteil von Lokalanästhetika bei Gewebe-pH 7,4			Beziehung zwischen Lipidlöslichkeit und relativer Wirksamkeit von Lokalanästhetika		

Das allgemeine Löfgren-Schema kann einerseits als nützliches Bauprinzip für Lokalanästhetika angesehen werden, andererseits besitzen aber viele Pharmaka mit gleichem Strukturprinzip keine lokalanästhetische Wirkung. Umgekehrt findet man lokalanästhetische Wirksamkeit auch bei Substanzen, die dem Löfgren-Schema nicht entsprechen, wie z.B. Menthol, Chlorobutanol oder Phenol. Die lokalanästhetische Wirkung ist also nicht an eine spezifische Struktur gebunden, sondern in der Hauptsache durch das günstige Zusammentreffen physikalisch-chemischer Faktoren wie Verteilungskoeffizient, Oberflächenspannung, Diffusion und Basizität bedingt.

Biotransformation Mit Ausnahme von *Cocain* werden Lokalanästhetika vom Ester-Typ nur zum geringen Teil in der Leber, dagegen vorwiegend im Gewebe- bzw. Blutplasma hydrolytisch gespalten. *Procain* wird durch die unspezifische Cholinesterase relativ rasch zu 4-Aminobenzoesäure und 2-Diethylamino-ethanol hydrolysiert. Die Elimination von 4-Aminobenzoesäure erfolgt nach Konjugation mit Glycin. Procain unterliegt in geringem Umfang auch der N-Desalkylierung.

$$H_2N-C_6H_4-\underset{O}{\overset{}{C}}-O-(CH_2)_2-N(C_2H_5)_2 \xrightarrow{\text{Cholinesterase}} H_2N-C_6H_4-COOH \;+\; HO-(CH_2)_2-N(C_2H_5)_2$$

Procain

Synthese Zur Synthese von *Benzocain, Procain, Tetracain* und anderer Lokalanästhetika der 4-Aminobenzoesäureester-Gruppe kann man vom 4-Nitrotoluol ausgehen. Von diesem führen verschiedene Reaktionswege über die Reduktion der Nitro- und Oxidation der Methyl-Gruppe zu den entsprechenden Benzoesäuren sowie deren Estern. Benzocain dient auch als wichtiges technisches Zwischenprodukt, aus dem die basischen Ester vom Typ des Procains heute über eine Umesterung mit den entsprechenden Aminoalkoholen in Gegenwart von Natriumethylat gewonnen werden.

Benzocain · Procain · Tetracain

Analytik *Benzocain* und *Procainhydrochlorid* werden als primäre aromatische Amine nach Ph. Eur. über Bildung Schiffscher Basen (Azomethine) sowie durch Diazotierungs-Kupplungs-Reaktion identifiziert. Die Farbstoffbildung kann photometrisch auch quantitativ ausgewertet werden.

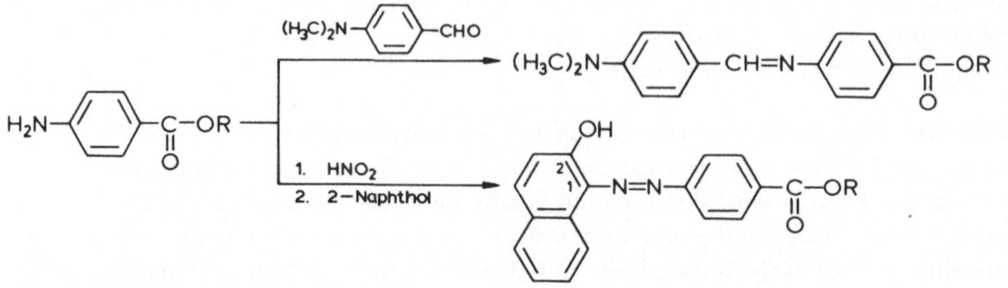

Azomethin (gelborange)

Azofarbstoff (orangerot)

Zur Gehaltsbestimmung läßt Ph. Eur. die aromatische Amino-Gruppe mit Natriumnitrit-Lösung in saurer Lösung titrieren (Bildung des Diazonium-Salzes mit elektrometrischer Endpunktanzeige). Gute Ergebnisse liefert auch die Bromierung in 3,5-Position mittels $KBr/KBrO_3$ in verd. Essigsäure. Die Bestimmung von *Tetracainhydrochlorid* nach Ph. Eur. erfolgt nach Acetylierung der aromatischen Amino-Gruppe über Chlorid-Titration mit Perchlorsäure/Eisessig in Gegenwart von Quecksilber(II)-acetat.

7.6.4 Lokalanästhetika der Anilid-Gruppe

Entwicklung Die Einführung von *Lidocain,* 2-Diethylamino-N-(2,6-dimethyl-phenyl)-acetamid, durch Löfgren (1948) stellt einen wichtigen Schritt in der Entwicklung neuer Lokalanästhetika dar, bei denen die labile Esterfunktion gegen die stabilere Amid-Gruppe ausgetauscht ist.

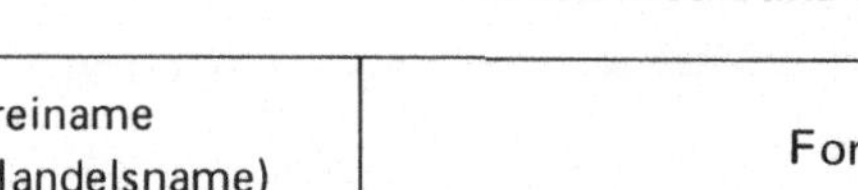

Procain (*Ester-Typ*)

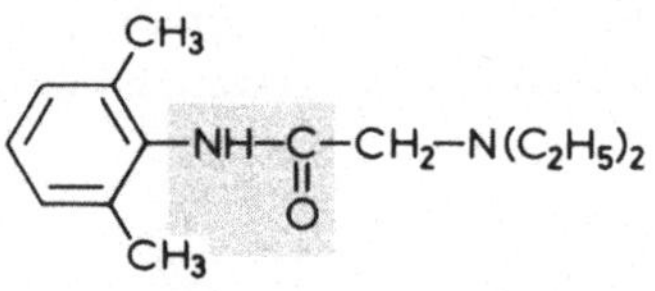

Lidocain (*Amid-Typ*)

Lokalanästhetika der Anilid-Gruppe

Freiname (Handelsname)	Formel	Bevorzugte Anwendung*)
Lidocain (Xylocain®)	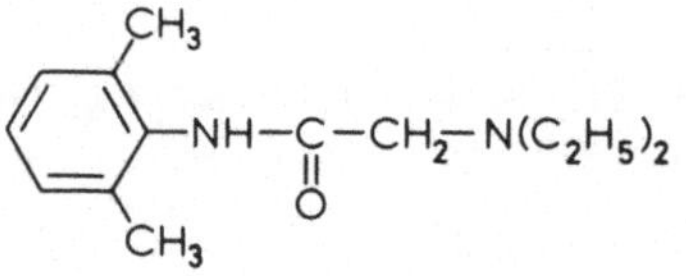	I, L, (O)
Mepivacain (Scandicain®)	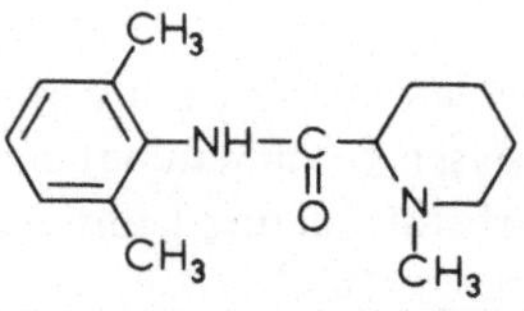	I, L

*) I = Infiltrationsanästhesie, L = Leitungsanästhesie, O = Oberflächenanästhesie

Fortsetzung der Tabelle

Freiname (Handelsname)	Formel	Bevorzugte Anwendung*)
Bupivacain (Carbostesin®)		I, L
Butanilicain (Hostacain®)		I, L
Tolycain (Baycain®)		I, L

*) I = Infiltrationsanästhesie, L = Leitungsanästhesie, O = Oberflächenanästhesie

Pharmakologie und Struktur-Wirkungs-Beziehungen

Die Lokalanästhetika der Anilid-Gruppe zeichnen sich durch schnellen Wirkungseintritt und hohe Wirksamkeit aus. *Lidocain* ist 4 mal aktiver als *Procain* bei nur doppelt so hoher Toxizität.

Die Wirkungsdauer ist vom Substituenten am Aromaten abhängig. So bedingt der Austausch der relativ inerten Methylgruppe des Lidocains durch eine labile Estergruppe (*Tolycain*) eine beträchtliche Wirkungsverkürzung.

langwirkend (Lidocain)
kurzwirkend (Tolycain)

Die Struktur der Lokalanästhetika dieser Gruppe entspricht dem Bauprinzip nach Löfgren (vgl. 7.6.3). Gegenüber den Anästhetika vom Benzoesäureester-Typ ist bei den Aniliden nur ein geringer Zusatz einer vasokonstriktorisch wirksamen Substanz erforderlich, der bei *Mepivacain* ganz entfallen kann. *Bupivacain* dient als Langzeitanästhetikum. Lidocain hat auch als Antiarrhythmikum große Bedeutung erlangt (vgl. 8.1.1).

Eigenschaften Lokalanästhetika der Anilid-Gruppe besitzen nicht nur eine höhere hydrolytische Stabilität als der Ester-Typ, sondern ihre Amid-Bindung widersteht auch besser dem enzymatischen Abbau im Gewebe. Außerdem können sperrige Substituenten, die wie beim Lidocain und den anderen Aniliden in 2,6-Stellung die labile Bindung flankieren, durch sterische Behinderung zusätzlich stabilisierend wirken.

Biotransformation Die Lokalanästhetika vom Anilid-Typ werden im Gegensatz zu den Benzoesäureestern fast ausschließlich in der Leber abgebaut. Daher stehen Monooxygenase-Reaktionen wie oxidative N-Desalkylierung und Hydroxylierung am Aromaten im Vordergrund. Die enzymatische Hydrolyse des Amids verläuft langsam und ist erst nach N-Desalkylierung mengenmäßig von Bedeutung.

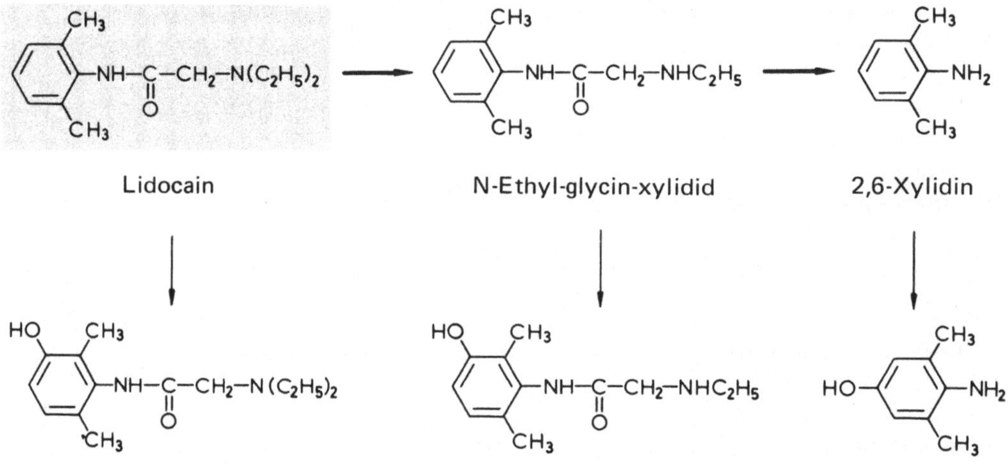

Lidocain   N-Ethyl-glycin-xylidid   2,6-Xylidin

Aufgrund ihrer konjugationsfähigen Amino- bzw. Hydroxy-Gruppen werden die entsprechenden Metaboliten zum Teil in Form ihrer Konjugate mit dem Harn ausgeschieden.

Synthese Zur Knüpfung der Amid-Bindung in Lokalanästhetika der Anilid-Reihe werden die entsprechenden 2,6-disubstituierten Aniline mit Chloracetylchlorid acyliert. Die Einführung des basischen Restes erfolgt durch Reaktion der α-Chloracetanilide mit einem sekundären oder primären Amin:

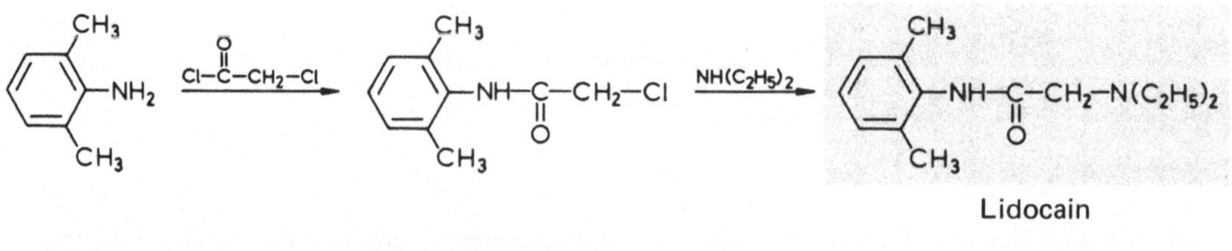

Lidocain

7.6.5 Lokalanästhetika unterschiedlicher Struktur

Neben den Lokalanästhetika vom Ester- bzw. Anilid-Typ gibt es auch andere Lokalanästhetika, die sich in diese Gruppen nicht einordnen lassen.

Lokalanästhetika unterschiedlicher Struktur		
Freiname (Handelsname)	Formel	Bevorzugte Anwendung[*]
Carticain (Ultracain®)	H_3C—Thiophen-NH—C(=O)—CH(CH_3)—NH—C_3H_7, C—OCH_3 (=O)	I
Fomocain (Erbocain®)	C_6H_5—O—CH_2—C_6H_4—$(CH_2)_3$—N(Morpholin)O	O
Polidocanol (Thesit®)	$H_{25}C_{12}$—$(O-CH_2-CH_2)_{9-10}$—OH	O

[*] I = Infiltrationsanästhetikum, O = Oberflächenanästhetikum

Das Thiophen-Derivat *Carticain* wird insbesondere zur Infiltrationsanästhesie verwendet. *Fomocain,* ein Phenylether eines basisch substituierten Benzylalkohols, ist als Oberflächenanästhetikum bei Verbrennungen und Pruritus indiziert. Gegenüber Benzocain sind Toxizität und Sensibilisierungsgefahr erniedrigt. *Polidocanol,* eine Mischung mehrerer Polyglykolether des Dodecylalkohols ist als Stickstoff-freies Oberflächenanästhetikum Bestandteil von Kombinationspräparaten. Als Ether sind Polidocanol und Fomocain hydrolytisch weitgehend inert. Im Polidocanol sorgt die Hydroxy-polyethoxy-Kette für eine ausreichende Wasserlöslichkeit.

Zur kurzzeitigen Oberflächenanästhesie wird auch weiterhin Chlorethyl benutzt, das aufgrund seiner Verdampfungswärme (Sdp. 12 °C) zur oberflächlichen Vereisung unter Schmerzaufhebung der besprühten Hautzonen führt (Kälteanästhesie).

Struktur-Wirkungs-Beziehungen *Carticain* besitzt mit seinem Thiophen-Rest ein den Aniliden „bioisosteres" Strukturelement. Es fügt sich in das Bauprinzip nach Löfgren (vgl. 7.6.3) zwanglos ein. Faßt man dieses Schema etwas weiter, läßt sich auch das N-freie *Polidocanol* mit seinem lipophilen Dodecyl-Rest, der polaren Polyether-Zwischenkette und der hydrophilen Hydroxygruppe diesem Prinzip zuordnen.

7.7 Analgetisch wirksame Stoffe

Als auslösender Reiz für die Schmerzempfindung kommen Gewebeschädigungen bzw. Störungen des Gewebestoffwechsels in Betracht. Dies führt zur Veränderung lokaler Ionen-Konzentrationen (Erniedrigung des Gewebe-pH-Wertes, Erhöhung der extrazellulären Kalium-Ionen-Konzentration) sowie zur Freisetzung von Mediatorsubstanzen (vgl. 12.7). Dadurch werden Schmerzrezeptoren (Nociceptoren), die sich in der Haut, in tiefer gelegenen Geweben (Skelettmuskel, Bindegewebe, Knochenhaut) sowie in viszeralen Organen befinden, erregt. Der Lokalisation entsprechend, unterscheidet man demnach zwischen Oberflächen-, Tiefen- und Eingeweideschmerzen, die qualitativ in unterschiedlicher Weise erlebt werden. Von den Rezeptoren wird der Schmerz als eine Aufeinanderfolge elektrischer Impulse (Aktionspotentiale) über sensible Nervenfasern (Schmerzfasern) zum Rückenmark und schließlich über das Zwischenhirn (Thalamus) zur hinteren Zentralwindung des Großhirns geleitet, wo er bewußt wird.

Analgetika — die Schmerzempfindung unterdrückende Arzneimittel — können nach pharmakologischen Gesichtspunkten in zwei Gruppen unterteilt werden:

- *Morphinartig wirksame Analgetika* (stark wirksame Analgetika, „Opiate"), die am ZNS angreifen

- *Analgetika/Antipyretika* (schwach bis mittelstark wirksame Analgetika), die in der Regel auch entzündungshemmend (antiphlogistisch) wirken und — mit Ausnahme der Anilide (vgl. 7.7.7) — vorwiegend peripher angreifen.

7.7.1 Analgetika und Antitussiva der Morphin- und Dihydromorphin-Gruppe

Entwicklung Während in der frühen Phase der Naturstoffchemie das Hauptaugenmerk auf die Extraktion saurer Pflanzeninhaltsstoffe gerichtet war, gelang dem Apotheker Sertürner 1806 mit der Isolierung von *Morphin* aus Opium, dem eingetrockneten Milchsaft von Papaver somniferum (Schlafmohn), erstmals die Auffindung einer physiologisch aktiven basischen Substanz pflanzlichen Ursprungs. Dies kann als Beginn der Alkaloid-Chemie angesehen werden. Morphin verkörpert den Prototyp stark wirksamer Analgetika. Die Bemühungen zur Strukturaufklärung und Chemie dieses Wirkstoffs demonstrieren in exemplarischer Weise Entwicklung und methodisches Vorgehen der Pharmazeutischen Chemie.

Der Isolierung folgte die Ermittlung der Summenformel und der Nachweis funktioneller Gruppen. Erste Anhaltspunkte für das dem Morphin zugrunde liegende Ringsystem ergaben sich aus der Isolierung von Phenanthren nach Zinkstaubdestillation (Vongerichten und Schrötter, 1881). Nach weiteren Abbaureaktionen, aus denen auf die Lage der Sauerstoff-Atome und des Stickstoffs geschlossen werden konnte, stellten Robinson und Cahn 1926 die Konstitutionsformel auf. Deren Richtigkeit wurde durch die Arbeiten von Schöpf (1927) und schließlich durch die Totalsynthese (Gates und Tschudi, 1952), die auch zur Ermittlung der Konfiguration beitrug, verifiziert. Spätere Arbeiten erbrachten die Abklärung der konformativen Verhältnisse.

Morphin weist neben seinen analgetischen auch antitussive (hustenreizstillende) Eigenschaften auf und führt leicht zur psychischen und physischen Abhängigkeit. Die Separierung der erwünschten Effekte, insbesondere aber die Unterdrückung der suchterregenden Eigenschaften, war schon frühzeitig Zielsetzung für partialsynthetische Abwandlungsprodukte. Dies führte zu *Morphin-* und *Dihydromorphin-Derivaten.* Zur ersten Gruppe gehören neben den Naturstoffen *Morphin* und *Codein* (Morphinmethylether) der entsprechende Ethylether, *Ethylmorphin*, sowie das Acetylierungsprodukt *Diamorphin* (Heroin®). Die zweite Gruppe, bei der die $\Delta^{7,8}$-Doppelbindung abgesättigt ist, umfaßt

Dihydrocodein, die 6-Oxo-Derivate *Hydromorphon*, *Hydrocodon* und *Oxycodon* sowie — mit Einschränkung — auch *Thebacon*, das Enolacetat des Hydrocodons. Bei keinem dieser Stoffe konnte die Eliminierung suchterzeugender Eigenschaften unter Erhalt der analgetischen Aktivität erreicht werden.

Analgetika und Antitussiva der Morphin- und Dihydromorphin-Gruppe			
Stoffklasse	Formel	Freiname (Handelsname)	Hauptanwendung
Morphin-Gruppe	$R^1=H$, $R^2=H$	Morphin	Analgetikum
	$R^1=CH_3$, $R^2=H$	Codein	Antitussivum
	$R^1=C_2H_5$, $R^2=H$	Ethylmorphin (Dionin®)	Antitussivum
	$R^1=C(=O)CH_3$, $R^2=C(=O)CH_3$	Diamorphin	—
Dihydromorphin-Gruppe	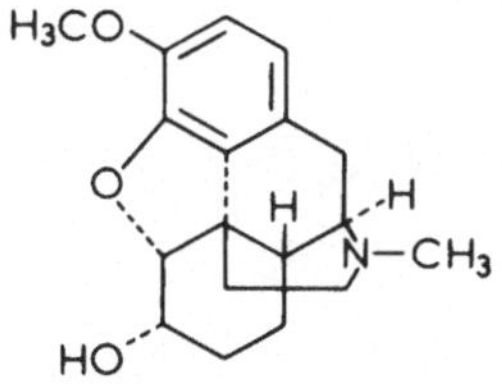 (Strukturformel)	Dihydrocodein (Paracodin®)	Antitussivum
	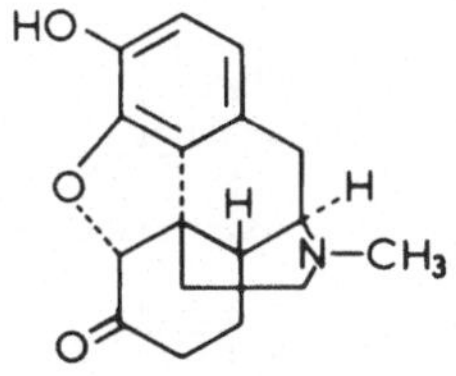 (Strukturformel)	Hydromorphon (Dilaudid®)	Analgetikum
	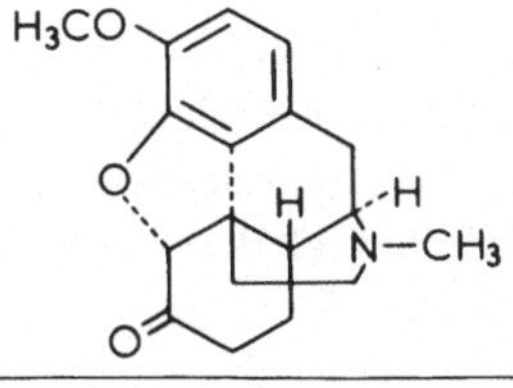 (Strukturformel)	Hydrocodon (Dicodid®)	Antitussivum

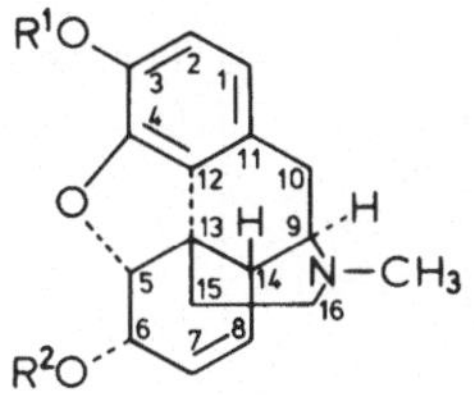

Fortsetzung der Tabelle

Stoffklasse	Formel	Freiname (Handelsname)	Hauptanwendung
Dihydromorphin-Gruppe		Oxycodon (Eukodal®)	Analgetikum
		Thebacon (Acedicon®)	Antitussivum

Eine weitere Gruppe von Partialsynthetika stellen die Endoethenotetrahydrothebaine, z.B. PET dar. Sie sind aus Thebain, einem Nebenalkaloid des Morphins, das selbst keine therapeutische Bedeutung besitzt, durch Dien-Addition zugänglich und weisen extrem hohe analgetische Wirksamkeit auf. Die Endoethenotetrahydrothebaine werden in der Humanmedizin nicht angewendet, sind aber von Interesse im Zusammenhang mit Struktur-Wirkungs-Beziehungen morphinartiger Analgetika (vgl. 7.7.6).

Thebain   PET

Das Morphin-Molekül gab weiterhin Anstoß zur Entwicklung vollsynthetischer Analgetika unterschiedlicher Stoffklassen, die strukturelle Vereinfachungen der Modellsubstanz darstellen. Neuere Anregungen kamen aus dem Bereich der Pharmakologie (Partialantagonisten als Analgetika) sowie aus der Neurobiochemie.

Strukturcharakteristika Die übliche Schreibweise nach Robinson hebt das *Phenanthren-Gerüst* (Ringe A, B und C) besonders hervor. Andererseits läßt sich Morphin auch als Octahydro-Derivat des *1-Benzyl-isochinolins* (Awe-Formel) auffassen. Dadurch wird die Strukturverwandtschaft zu *Papaverin* (vgl. 7.1.4), einem weiteren Opium-Alkaloid, zu dem auch biogenetische Beziehungen bestehen, verdeutlicht.

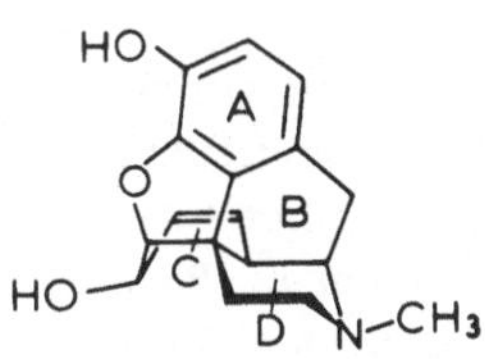

Morphin

Konstitutionsformel
in Isochinolin-
Schreibweise nach Awe

Konfigurationsformel
in Phenanthren-
Schreibweise nach Robinson

Konformationsformel

Die Ringe C und D des Octahydroisochinolin-Systems sind trans-verknüpft, wobei der Piperidin-Ring in Sessel-, der Cyclohexen-Ring in Wannenform vorliegt. Das aus den Ringen A und B sowie dem Dihydrofuran-Ring gebildete System liegt näherungsweise in einer Ebene und ist senkrecht zum Octahydroisochinolin-System angeordnet. Neben dem tertiären Amin-Stickstoff weist Morphin eine sekundäre alkoholische Hydroxyl-Gruppe auf. Die fünf Chiralitätszentren besitzen folgende absolute Konfiguration: 5 R, 6 S, 9 R, 13 S, 14 R.

Pharmakologie *Morphin* wird zur Hemmung stärkster Schmerzen eingesetzt. Die analgetische Dosis beträgt bei der zu bevorzugenden subcutanen Applikation 10 mg. Schon bei geringerer Dosierung tritt Hustenreizstillung über Dämpfung des Hustenzentrums (antitussive Wirkung, vgl. 10.1.1) ein. Das Atemzentrum wird ebenfalls gehemmt (atemdepressive Wirkung). Dies zeigt sich bereits im therapeutischen Bereich und führt bei höherer Dosierung schließlich zur Atemlähmung. Weitere, das ZNS betreffende Effekte sind Sedierung und — bei einem Teil der Patienten — Euphorie. Mit dieser steht die Möglichkeit zur Entwicklung einer Morphin-Abhängigkeit (starke psychische und physische Abhängigkeit, Toleranzentwicklung mit Zwang zur Dosissteigerung) in engem Zusammenhang. Darüberhinaus besitzt Morphin auch zentral erregende Eigenschaften. Diese resultieren aus einem Angriff am zentralen Teil des Parasympathikus und äußern sich u.a. als Miosis. Die zentral stimulierende Wirkung morphinartiger Analgetika ist an der Maus durch eine typische S-förmige Schwanzhaltung (Straubsches Schwanzphänomen) zu erkennen. Zu den peripheren Wirkungen von Morphin zählt die Tonussteigerung der glatten Muskulatur, wodurch spastische Obstipation verursacht wird. Dagegen bewirkt Opium, das zur Ruhigstellung des Darmes eingesetzt werden kann, durch seinen Gehalt an Papaverin eine atonische Obstipation.

Bei *Codein* steht die antitussive (hustenreizstillende) Wirkung im Vordergrund. Die analgetische Wirkung ist wesentlich schwächer als die von Morphin, auch ist die Suchtgefahr geringer. Codein ist häufig Bestandteil analgetischer Kombinationspräparate.

Die Partialsynthetika sind zum Teil stärker analgetisch bzw. antitussiv wirksam als die Bezugssubstanzen Morphin und Codein. *Diamorphin* darf wegen der besonders großen Gefahr der Abhängigkeitsentwicklung nicht angewendet werden.

Eigenschaften, Reaktionen *Morphin* besitzt als Alkaloid durch die tertiäre Amino-Gruppe ($pK_a \approx 8,1$) basische Eigenschaften und bildet mit einer Reihe von Säuren kristalline Salze. Offizinell ist das drei Mol Kristallwasser enthaltende Hydrochlorid (Morphinum hydrochloricum Ph. Eur.). Aufgrund der phenolischen Hydroxyl-Gruppe besitzt Morphin auch sauren Charakter ($pK_a \approx 9,9$) und vermag mit Alkalilaugen, nicht aber mit wäßrigem Ammoniak, Phenolate zu bilden. Der isolektrische Punkt liegt bei pH 9. Natürlich vorkommendes Morphin ist linksdrehend.

Die Zersetzung wäßriger Morphinhydrochlorid-Lösungen wird durch Sauerstoff, UV-Licht und Alkalien begünstigt. Dabei kann durch oxidative Kupplung *2,2′-Dehydrodimorphin* (Pseudomorphin) entstehen. Zur Stabilisierung stellt man auf einen niedrigen pH-Wert ein. Als Antioxidans dient Natriumhydrogensulfit, das bei längerer Lagerung zur Bildung von Sulfit-Additionsverbindungen führen kann.

2,2′-Dehydrodimorphin
(Pseudomorphin)

Beim Erhitzen mit Schwefel- oder Salzsäure unterliegt Morphin der *Apomorphin-Umlagerung*. Die über einen kationischen Mechanismus ablaufende Reaktion wird vermutlich durch Protonierung der alkoholischen Hydroxyl-Gruppe und sich anschließende Wasserabspaltung eingeleitet. In der Folge wird der Ring C unter Öffnung der Ether-Brücke und des Piperidin-Rings aromatisiert. Erneuter Ringschluß unter Verlust eines Protons führt schließlich zu Apomorphin, das als Brenzkatechin-Derivat oxidationsempfindlich ist.

Morphin

Apomorphin

Struktur-Wirkungs-Beziehungen Der Vergleich von *Morphin* und *Codein* legt nahe, daß die Änderungen im Wirkungsbild durch den Übergang von der phenolischen Hydroxyl-Gruppe zur Phenolether-Struktur verursacht sind. Allgemein gilt in der Morphin-Reihe, daß Abwandlungen am phenolischen Hydroxyl Verringerung der analgetischen Aktivität bedingen. Lediglich *Diamorphin* stellt eine Ausnahme dar. Wird dagegen das alkoholische Hydroxyl z.B. verethert, verestert oder zum Keton oxidiert, resultieren stärker analgetisch wirksame Verbindungen.

Schwerer generalisierbar sind die durch Übergang zur Dihydromorphin-Reihe bedingten Auswirkungen.

Ein erstes — hypothetisches — Modell des Opiat-Rezeptors wurde 1954 von Beckett und Casy aufgestellt. In neuerer Zeit hat die Analgesieforschung und darüberhinaus die Neurobiochemie Auftrieb durch die Entdeckung von *Opiat-Rezeptoren* und ihrer körpereigenen Liganden bekommen. Opiat-Rezeptoren sind Strukturen, die Morphin spezifisch zu binden vermögen. Ihre Lokalisation wurde durch Verwendung radioaktiv markierter Morphin-Derivate mit besonders hoher Rezeptor-Affinität ermöglicht. Es gibt Hinweise für das Vorkommen morphologisch und funktionell unterschiedlicher Rezeptortypen.

Betrachtet man die Opiat-Rezeptoren als „Schloß", so stellt sich die Frage nach dem physiologischen „Schlüssel", d.h. nach den endogenen Effektoren (Liganden). Als solche sind die 1975 von Hughes und Kosterlitz sowie von anderen Forschergruppen aufgefundenen *Endorphine* (**endo**gene mor**phin**artig-wirkende Stoffe) anzusehen. Es handelt sich dabei um Peptide, die mit dem aus 91 Aminosäuren aufgebauten β-Lipotropin (β-LPH), einem dem Corticotrophin (vgl. 12.1.2) verwandten Adenohypophysenhormon, gemeinsame Partialsequenzen aufweisen. Man unterscheidet die Polypeptide α, β *und* γ-*Endorphin* sowie die Pentapeptide *Methionin-* und *Leucin-Enkephalin* (Met- und Leu-Enkephalin).

1		61	62	63	64	65		91	
H-Glu-/ /		— Tyr	— Gly	— Gly	— Phe	— Met —	/ / — Glu — OH		β-Lipotropin
	H	— Tyr	— Gly	— Gly	— Phe	— Met —	/ / — Glu — OH		β-Endorphin
	H	— Tyr	— Gly	— Gly	— Phe	— Met — OH			Met-Enkephalin

Primärstruktur von β-Lipotropin und Endorphinen

β-Endorphin, das dem C-Fragment (61—91) des β-Lipotropins entspricht, ist das stärkste morphinartig wirksame Peptid. Auf molarer Basis ist es bei intrazerebraler Applikation etwa 100 mal stärker wirksam als Morphin.

Von Enkephalin-Analogen erwiesen sich nur solche als morphinartig wirksam, die Tyrosin als N-terminale Aminosäure besitzen. Der Tyrosin-Rest, der im Molekül des Morphins leicht erkennbar ist, scheint demnach für die Rezeptorbindung von besonderer Bedeutung zu sein (vgl. 7.7.6).

Neben ihrer noch nicht abschließend beurteilbaren Bedeutung für die physiologische Schmerzkontrolle dürften den Endorphinen weitere Funktionen bei der biochemischen Steuerung neuronaler Prozesse zukommen.

Aufgrund raschen enzymatischen Abbaus kommen die Endorphine nicht als Ersatz für die herkömmlichen Analgetika in Frage. Die Synthese metabolisch stabilerer Analoge brachte bisher keine therapeutischen Erfolge.

Biotransformation *Morphin* wird hauptsächlich in konjugierter Form ausgeschieden. Dabei überwiegt das 3-O-Glucuronid. N-Demethylierung ist von untergeordneter Bedeutung. Hauptmetabolit von *Codein* ist das 6-O-Glucuronid. Weiterhin erfolgen N- und O-Demethylierung, wobei Norcodein bzw. Morphin entstehen. Die Demethylierungsprodukte werden teilweise als Konjugate eliminiert.

Synthese Da eine Totalsynthese von *Morphin* technisch nicht in Betracht kommt, ist man auf den Anbau von Schlafmohn angewiesen. So gewonnenes Rohopium enthält etwa 7 bis 21 % Morphin, vorwiegend als *Meconat* (Salz der Meconsäure) oder als Lactat. *Eingestelltes Opium DAB 8* weist einen Gehalt von 10 % Morphin auf, während *Opiumtinktur DAB 8* 1 % Morphin enthält.

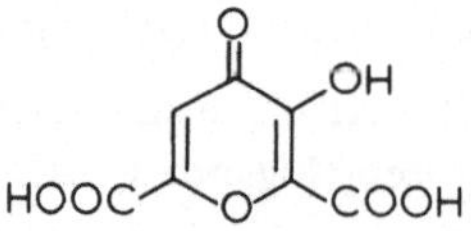

Meconsäure

Der Bedarf an *Codein*, das in geringerer Menge im Opium vorkommt, übersteigt den von Morphin bei weitem. Deshalb wird ein beträchtlicher Anteil zu Codein aufgearbeitet. Als selektives Methylierungsmittel, das bevorzugt an der phenolischen Hydroxyl-Gruppe angreift, ohne zur Quaternisierung des Stickstoffs zu führen, wird Trimethyl-phenyl-ammoniumhydroxid eingesetzt. Technisch wird Morphin mit Trimethyl-phenyl-ammoniumchlorid in methanolischer Kalilauge bei 140 °C unter Druck erhitzt.

Ethylmorphin kann man durch Umsetzung von Morphin mit p-Toluolsulfonsäure-ethyl-ester erhalten.

Codein   Morphin   Ethylmorphin

Die partialsynthetischen Wirkstoffe der Dihydromorphin-Reihe sind nicht nur aus Morphin oder Codein, sondern auch aus *Thebain* zugänglich.

Schonende katalytische Hydrierung von Codein, z.B. in Gegenwart von Palladium, liefert *Dihydrocodein. Hydrocodon* (Dihydrocodeinon) entsteht aus Codein unter dem isomeri-sierenden Einfluß von Platin- oder Palladium-Katalysatoren in saurer Lösung; dabei ist eine enolische Zwischenstufe anzunehmen. Analog wird *Hydromorphon* (Dihydromorphinon) aus Morphin gebildet. Umsetzung von Hydrocodon mit Acetanhydrid/Natriumacetat ergibt *Thebacon.*

Codein   Hydrocodon   Thebacon

Die Darstellung von *Oxycodon* erfolgt aus Thebain oder Codein. Oxidation mit Wasser-stoffperoxid bzw. Kaliumdichromat liefert in beiden Fällen 14-Hydroxycodeinon, das anschließend in Gegenwart von Palladium oder Platin katalytisch hydriert wird.

Thebain   14-Hydroxycodeinon   Oxycodon

Analytik Als Farbreaktionen zum Nachweis von Analgetika der Morphin- und Dihydro-morphin-Reihe werden u.a. verwendet:

- *Reaktion nach Fröhde*:   Violettfärbung mit Ammoniummolybdat/konz. Schwe-felsäure

- *Reaktion nach Mandelin*:Violettfärbung mit Ammoniumvanadat/konz. Schwe-felsäure

In beiden Fällen bildet sich in der konzentrierten Schwefelsäure zunächst *Apomorphin*, das dann zu einem Phenanthrenchinon oxidiert wird.

Oxidationsprodukt
des Apomorphins

Marquis-Reaktion des Morphins
Farbgebende Struktur
(eine mesomere Form)

Nicht über Apomorphin verläuft die *Marquis-Reaktion* (Violettfärbung mit Formaldehyd/konz. Schwefelsäure). Hierbei bildet sich ein dimeres Kondensationsprodukt aus je 2 Molekülen Morphin (als Phenol) und Formaldehyd. Die Farbgebung beruht auf der Bildung mesomeriestabilisierter Carbenium-Oxonium-Ionen.

Durch Kaliumhexacyanoferrat(III) wird Morphin zu 2,2′-Dehydrodimorphin (Pseudo-morphin) oxidiert (*Reaktion nach Kieffer*). Das dabei entstehende Hexacyanoferrat(II) reagiert mit Eisen(III)-chlorid zu Berliner Blau.

Nach DAB 8 werden *Hydromorphon, Hydrocodon* und *Oxycodon* durch *Zimmermann-Reaktion* identifiziert. Hierbei reagiert die C-7 Methylen-Gruppe, die durch die benach-barte Carbonyl-Funktion aktiviert ist, in alkalischer Lösung mit m-Dinitrobenzol zur farbigen Zimmermann-Verbindung.

Zimmermann-Verbindung

Ph. Eur. läßt *Morphinhydrochlorid* durch Marquis-Reaktion, Kieffer-Reaktion sowie durch die Reaktion nach Denigès nachweisen. Dazu wird mit Wasserstoffperoxid, ver-dünntem Ammoniak und Kupfersulfat-Lösung versetzt, wobei eine unbeständige Rot-färbung auftritt, die relativ spezifisch für Morphin ist.

Codeinphosphat wird nach Ph. Eur. mit Schwefelsäure unter Eisen(III)-chlorid-Zusatz erwärmt. Dies führt nach Ether-Spaltung zu Apomorphin, das als Phenol unter Blaufärbung reagiert. Bei Zusatz von Salpetersäure tritt Farbumschlag nach Rot ein.

Der Nachweis von *Diamorphin* ist von forensisch-chemischer Bedeutung. Mit Marquis-Reagenz entsteht Rotviolettfärbung. Beim Erhitzen mit Schwefelsäure in Ethanol erfolgt Umesterung und Bildung von Ethylacetat (Geruch). Nach Erkalten kann das so entstandene Morphin durch Kieffer-Reaktion identifiziert werden.

Opium enthält bei einem Gesamtalkaloidgehalt von bis zu 25 % etwa 40 unterschiedliche Einzelalkaloide. Die Wertbestimmung bezieht sich auf den *Morphin-Gehalt*. Nach DAB 8 wird eine auf Mannich zurückgehende gravimetrische Methode angewendet. Zur Abtrennung von Ballaststoffen erfolgt zunächst adsorptive Filtration an saurem, mit Chlorid-Ionen beladenem Aluminiumoxid. Gleichzeitig erfolgt Austausch der Anionen organischer Pflanzensäuren gegen Chlorid. Das wäßrige Eluat wird mit Natronlauge auf ca. pH 13 eingestellt, wobei nicht-phenolische Nebenalkaloide als freie Basen ausfallen und durch Extraktion mit Chloroform/2-Propanol (3 + 1) abgetrennt werden. Zusatz von Weinsäure als Komplexbildner soll bei weiteren Operationen (Ammoniak-Zusatz) die Abscheidung von Aluminiumhydroxiden verhindern. Die Fällung des in der wäßrigen Phase als Phenolat vorliegenden Morphins erfolgt mit 1-Chlor-2,4-dinitro-benzol unter Bildung des entsprechenden Phenylethers. Bei dieser Substitutionsreaktion fungiert das Phenolat-Anion als Nucleophil.

Morphin-dinitrophenylether

Wird 1-Fluor-2,4-dinitro-benzol eingesetzt, so verläuft die Reaktion rascher, da Fluorid bei der nucleophilen aromatischen Substitution die bessere Abgangsgruppe darstellt. Nachteilig ist jedoch, daß unreinere Fällungsprodukte erhalten werden.

7.7.2 Analgetika und Antitussiva der Morphinan- und Benzomorphan-Gruppe

Morphinan wurde von Grewe (1946) erstmals dargestellt. Das tetrazyklische Morphinan-System unterscheidet sich vom Morphin-Gerüst durch die fehlende Ether-Brücke. Beim trizyklischen *5,9-Dimethyl-benzomorphan* ist der Ring C des Morphin-Moleküls nur noch fragmentarisch durch zwei Methyl-Gruppen angedeutet.

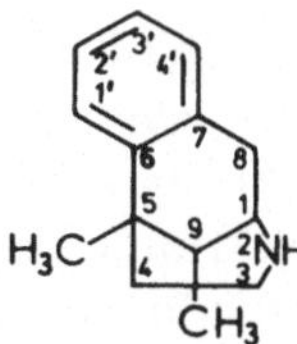

Morphin   Morphinan   5,9-Dimethyl-benzomorphan

Aus der Morphinan-Gruppe haben *Levorphanol* und *Dextromethorphan* praktische Bedeutung erlangt. Levorphanol übertrifft Morphin hinsichtlich seiner analgetischen Potenz, während *Dextrorphan*, das nicht therapieübliche rechtsdrehende Enantiomer, bei fehlenden analgetischen Eigenschaften antitussiv wirkt. Dextromethorphan, der Methylether des Dextrorphans, ist als antitussive Substanz in Kombinationspräparaten enthalten. Als Vertreter der Benzomorphane stellt *Pentazocin* ein Analgetikum von etwa einem Drittel der Wirkungsstärke des Morphins dar, das gleichzeitig schwach ausgeprägte Morphin-antagonistische Eigenschaften aufweist (vgl. 7.7.3).

Die Gefahr einer Abhängigkeitsentwicklung gilt als gering, Pentazocin unterliegt nicht dem Betäubungsmittelgesetz.

Morphinan- und Benzomorphan-Gruppe			
Stoffklasse	Formel	Freiname (Handelsname)	Anwendung
Morphinane		Levorphanol (Dromoran®)	Analgetikum
		Dextromethorphan (Bestandteil von Fluprim® und Wick Formel 44®)	Antitussivum
Benzomorphane		Pentazocin (Fortral®) (±)-α-Form	Analgetikum

Stereochemie, Struktur-Wirkungs-Beziehungen Obwohl *Morphinan* und *5,9-Dimethylbenzomorphan* jeweils drei Chiralitätszentren besitzen, wird die formal zu erwartende Anzahl von $2^3 = 8$ Stereoisomeren nicht erreicht. An C-9 und C-13 (Morphinan-Gruppe) bzw. C-1 und C-5 (Benzomorphan-Gruppe) können der Piperidin-Ring und der Ring B aus sterischen Gründen nur cis-verknüpft sein. Dadurch vermindert sich in beiden Stoffklassen die Zahl der Isomere auf vier. Bei den Morphinanen tritt ein Enantiomerenpaar mit cis-ständiger *((+) und (−)-Morphinan)* und eines mit trans-ständiger *((+) und (−)-Isomorphinan)* Verknüpfung der Ringe B/C auf. (−)-Morphinan entspricht konfigurativ dem natürlichen (−)-Morphin. Die konfigurativen Verhältnisse der Benzomorphane sind denen der Morphinane analog. Verbindungen mit − bezogen auf Ring B − cis-ständigen Substituenten an C-5 und C-9 bilden die *α-Reihe,* während die diastereomeren 5,9-trans-Verbindungen − diese entsprechen den Isomorphinanen − zur *β-Reihe* gehören.

Stereochemie der Benzomorphane
(2′-Hydroxy-2,5,9-trimethyl-6,7-benzomorphane)

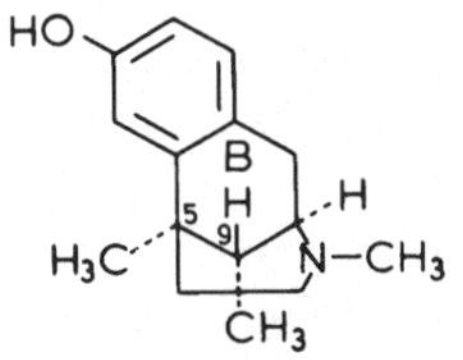

(−)-cis-Form	(+)-cis-Form

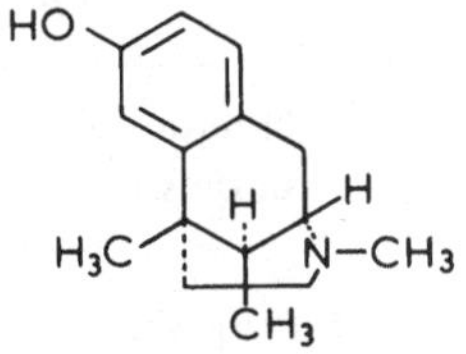

α-Reihe

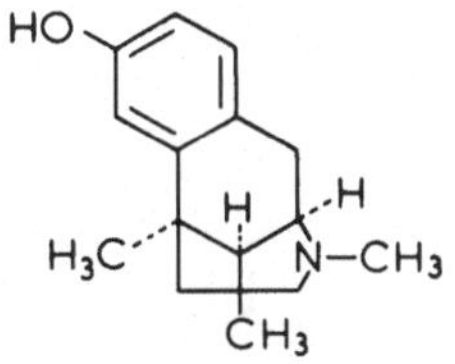

(−)-trans-Form	(+)-trans-Form

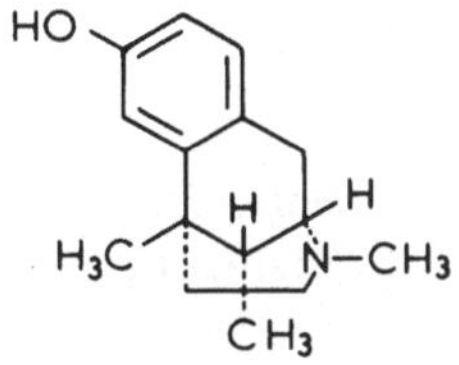

β-Reihe

Insbesondere bei den *Benzomorphanen,* die wegen ihrer relativ leichten synthetischen Zugänglichkeit ausführlich untersucht worden sind, zeigen sich in Abhängigkeit von der Konfiguration auffällige Unterschiede in der Ausprägung agonistischer, antagonistischer und suchterregender Eigenschaften. Als Beispiel sei die analgetische Aktivität der Stereoisomere von 2′-Hydroxy-2,5,9-trimethyl-6,7-benzomorphan angeführt. Die ED_{50} (Effektivdosis 50 %) bezieht sich auf Untersuchungen an der Maus.

2′-Hydroxy-2,5,9-trimethyl-6,7-benzomorphan ED_{50} (mg/kg) der Stereoisomere					
α-Reihe			β-Reihe		
(±)	(−)	(+)	(±)	(−)	(+)
3,0	1,69	inaktiv	0,44	0,39	15,75

Aus der Tabelle ist ersichtlich, daß die Isomere der β-Reihe höhere analgetische Aktivität besitzen als die entsprechenden Vertreter der α-Reihe. Auch sind die (−)-Formen stärker analgetisch wirksam als die (+)-Formen.

7.7.3 Morphin-Antagonisten

Morphin-Antagonisten findet man u.a. in der *Morphin-*, *Dihydromorphin-* und *Morphinan-* Gruppe. Therapeutisch angewendet werden *Nalorphin*, *Naloxon* und *Levallorphan*.

Morphinantagonisten		
Stoffklasse	Freiname (Handelsname)	Formel
Morphin-Gruppe	Nalorphin (Lethidrone®)	
Dihydromorphin-Gruppe	Naloxon (Narcanti®, Bestandteil von Valoron®N)	
Morphinan-Gruppe	Levallorphan (Lorfan®, Bestandteil von Dolantin® Spezial)	

Pharmakologie Die aufgeführten Substanzen antagonisieren zentrale und periphere Wirkungen der „Opiat"-Analgetika, wobei der Aufhebung der Atemdepression besondere Bedeutung zukommt. Die Morphin-Antagonisten eignen sich deshalb als Antidot bei Opiat-Vergiftungen. Bei Opiat-Abhängigen wird ein Entzugssyndrom ausgelöst. Die Antagonisten können gleichzeitig agonistische Eigenschaften aufweisen. So ist *Naloxon* ein „reiner", *Nalorphin* ein partieller Antagonist. Da Verbindungen mit ausgeprägten antagonistischen Eigenschaften keine Euphorisierung und Atemdepression hervorrufen, hoffte man, mit der Entwicklung partieller Antagonisten zu nicht suchterzeugenden Analgetika mit geringer Nebenwirkungsrate zu gelangen. Aus diesen Bemühungen ging der Wirkstoff *Pentazocin* (vgl. 7.7.2) hervor.

Struktur-Wirkungs-Beziehungen Wird der N-Methyl-Rest der Analgetika der Morphin-, Morphinan- und Benzomorphan-Reihe durch Substituenten mit drei bis fünf Kohlenstoff-Atomen ausgetauscht, so resultieren häufig Verbindungen mit starker antagonistischer Wirkung. Als besonders geeignet hat sich der Allyl-Rest erwiesen. Die morphinantagonistische Wirkung ist in der Regel um so größer, je höher die morphinartige Aktivität der Ausgangsverbindung ist.

Synthese Ausgangssubstanz für *Nalorphin* ist *Morphin*. Nach Acetylierung zu *Diamorphin* wird mit Bromcyan (v. Braun-Abbau) unter Eliminierung der Methyl-Gruppe das substituierte Cyanamid gebildet. Hydrolytische Abspaltung des Cyan-Restes sowie der Acetyl-Gruppen ergibt *Normorphin*, das mit Allylbromid alkyliert wird.

Diamorphin

Normorphin   Nalorphin

7.7.4 Analgetika der Pethidin-Gruppe

Entwicklung *Pethidin* wurde von Eisleb mit der Zielsetzung, atropinähnliche Spasmolytika darzustellen, synthetisiert und von Schaumann pharmakologisch geprüft. Dabei fiel neben der erwarteten spasmolytischen auch die morphinartig-analgetische Wirkung dieser Verbindung auf, die 1939 als erstes vollsynthetisches Opiat-Analgetikum in den Handel gebracht wurde.

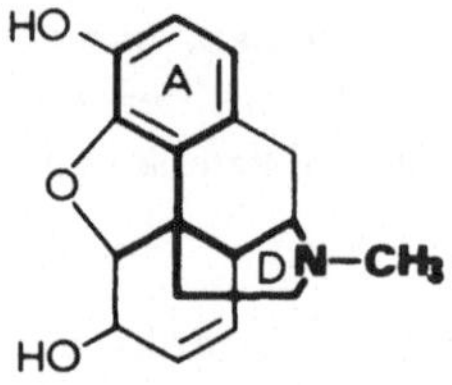

Morphin 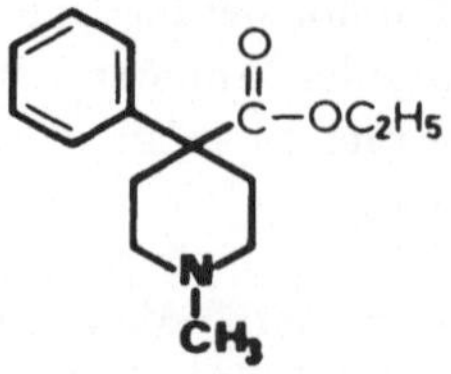   Pethidin

Pethidin (Ph. Eur.) hat als 4-Phenyl-piperidin-Derivat mit dem Morphin-Gerüst die Ringe A und D gemeinsam. Die p-ständigen C-Atome des Piperidin-Rings sind in beiden Verbindungen quartär. Im Vergleich zu Morphin zeigt Pethidin schwächere Wirksamkeit, dafür aber auch geringere Nebenwirkungen. Der zusätzliche spasmolytische Effekt ist insbesondere bei kolikartigen Schmerzen von Vorteil. Das Analogpräparat *Cetobemidon* ist stärker analgetisch wirksam als Morphin, birgt aber auch die Gefahr vermehrter Abhängigkeitsentwicklung. *Tilidin* weist strukturelle Ähnlichkeit mit den 4-Phenyl-piperidinen auf. Bei dieser Substanz tritt die Amino-Gruppe als Substituent eines Cyclohexenyl-Rings und nicht als Bestandteil eines Piperidin-Rings auf. Das Präparat Valoron®N enthält neben Tilidin zusätzlich *Naloxon* (vgl. 7.7.3) und dürfte deshalb als Ersatzstoff für Opiat-Abhängige ungeeignet sein.

Pethidin-Gruppe		
Stoffklasse	Freiname (Handelsname)	Formel
4-Phenyl-piperidin-Derivate	Pethidin (Dolantin®)	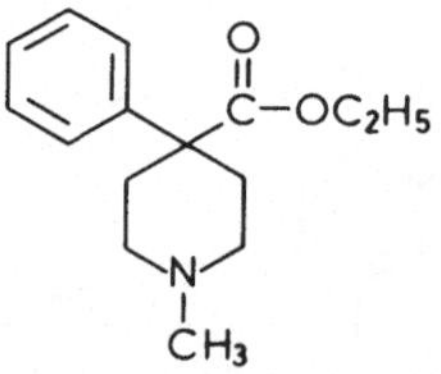
	Cetobemidon (Cliradon®)	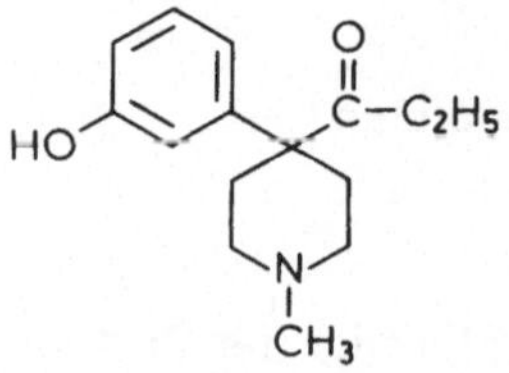
Analoge	Tilidin (Bestandteil von Valoron®N) (±)-trans-Form	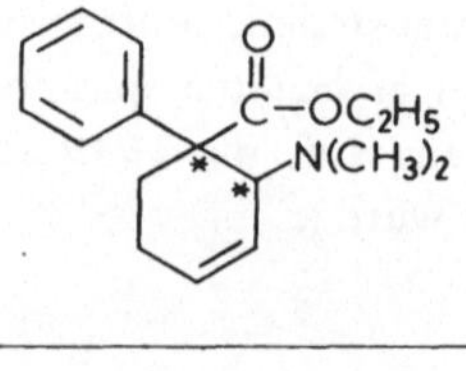

Struktur-Wirkungs-Beziehungen Abwandlungen des *Pethidin*-Moleküls erbrachten folgende Ergebnisse:

- Die Ester-Gruppierung $-COOC_2H_5$ ist unter Erhalt der analgetischen Wirkung gegen die inverse Ester-Struktur $-O-CO-C_2H_5$ (Alphaprodin, vgl. 7.5.4) und einige andere vorzugsweise Sauerstoff-haltige Substituenten austauschbar.
- Substitution am 4-Phenyl-Rest verursacht in der Regel Aktivitätsverlust. Eine Ausnahme stellt die Einführung einer Hydroxyl-Gruppe (Cetobemidon) dar.
- Die N-Methyl-Gruppe ist begrenzt variierbar. Ersatz gegen Wasserstoff und niedere Alkyl-Gruppen vermindert die Wirkung, dagegen erweisen sich einige kompliziertere Reste als begünstigend.
- Wird die Ester-Gruppierung und/oder der Phenyl-Rest aus der 4-Position verschoben, resultieren abgeschwächt wirksame oder inaktive Substanzen.
- Erweiterung oder Verengung des Piperidin-Rings um eine Methylen-Gruppe ist grundsätzlich möglich, jedoch scheint das Wirkungsoptimum beim Sechsring-Heterocyclus zu liegen.

Biotransformation Die Ester-Gruppierung und die N-Methyl-Gruppe stellen metabolisch labile Strukturen des *Pethidin*-Moleküls dar. Als Phase I-Reaktionen treten vorzugsweise Hydrolyse zur Carbonsäure, N-Demethylierung und anschließende Hydrolyse zur Nor-carbonsäure auf. Als weiterer Metabolit wird Pethidin-N-oxid gefunden.

Synthese Als Ausgangsstoffe der *Pethidin*-Darstellung können Benzylcyanid und Bis-(2-chlorethyl)-methylamin (Chlormethin, N-Lost vgl. 14.1.2) eingesetzt werden, die unter basischen Bedingungen zu 4-Cyano-1-methyl-4-phenyl-piperidin kondensieren. Saure Hydrolyse und anschließende Veresterung, die einstufig durchgeführt werden, ergeben Pethidin.

Pethidin

7.7.5 Analgetika und Antitussiva der Methadon-Gruppe

Methadon, 6-Dimethylamino-4,4-diphenyl-3-heptanon, wurde 1941 im Rahmen eines Programmes über basisch substituierte Diphenylmethan-Verbindungen von Bockmühl und Ehrhart dargestellt und von Schaumann pharmakologisch geprüft. In der Bundesrepublik handelsüblich ist das linksdrehende Enantiomer, *Levomethadon* (R-Konfiguration). Es hat mit Morphin ein quartäres Kohlenstoff-Atom, das über eine C-C-Brücke mit einem tertiären Stickstoff verbunden ist, gemeinsam und kann in einer Pethidin-ähnlichen Konformation vorliegen.

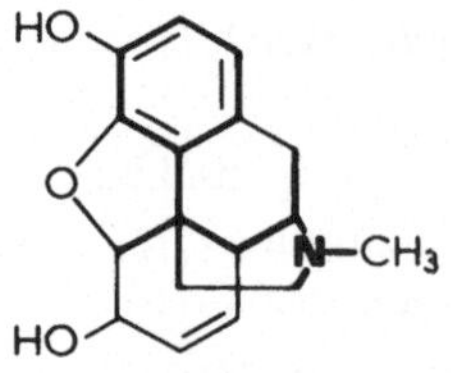

Morphin 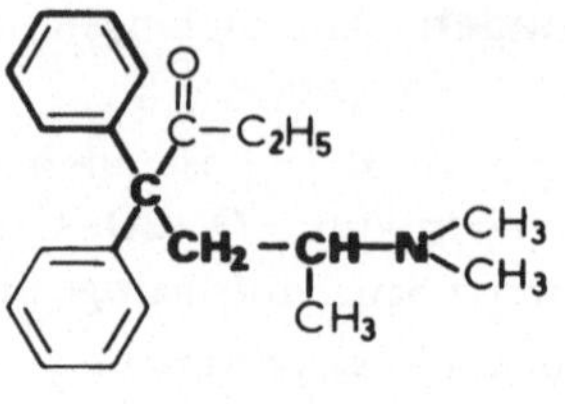   Methadon

Methadon (Ph. Eur.) übertrifft Morphin in seiner analgetischen Aktivität. Die Wirksamkeit ist an das (−)-Enantiomer gebunden. *Normethadon* stellt ein Antitussivum dar. Dem Codein vergleichbar in seiner analgetischen Aktivität ist *Dextropropoxyphen*, das als ein Homologes der Diphenylmethane aufzufassen ist.

Methadon-Gruppe			
Stoffklasse	Formel	Freiname (Handelsname)	Anwendung
Diphenylmethan-Derivate	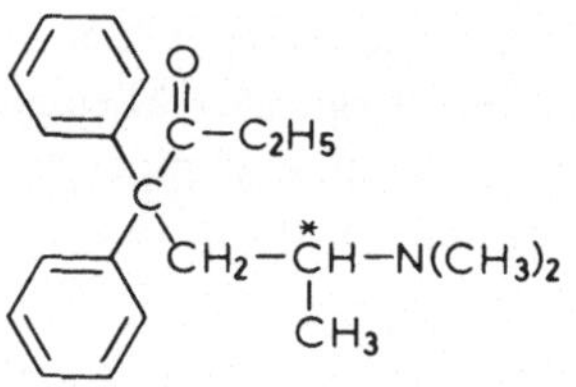	Levomethadon (L-Polamidon® Hoechst)	Analgetikum
	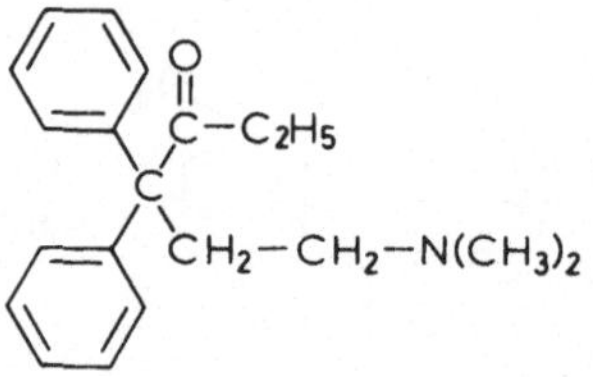	Normethadon (Bestandteil von Ticarda®)	Antitussivum
Analoge	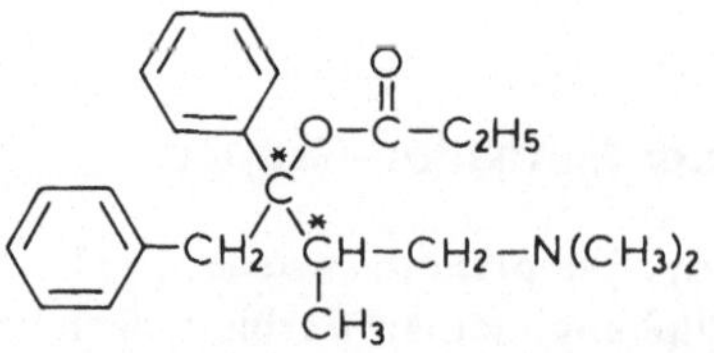	Dextropropoxyphen (Develin® retard, Erantin®)	Analgetikum

Biotransformation *Methadon,* das im Gegensatz zu Pethidin auch bei peroraler Applikation gut wirksam ist, wird hauptsächlich unverändert ausgeschieden. Ein Teil wird nach
p-Hydroxylierung als Glucuronid eliminiert. Die Keto-Seitenkette kann oxidativ bis zur
Carbonsäure abgebaut werden. Nach N-Monodemethylierung tritt Zyklisierung zu einem
Ethyliden-pyrrolidin-Derivat (mit Enamin-Struktur) auf, das in saurem Milieu als Ethyl-
pyrrolinium-Derivat (mit endozyklischer Iminium-Funktion) vorliegt. Die Oxidation zu
Methadon-N-oxid ist umstritten.

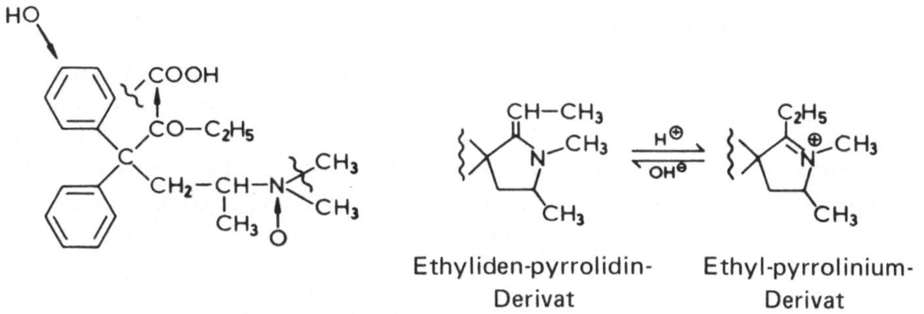

Ethyliden-pyrrolidin-
Derivat

Ethyl-pyrrolinium-
Derivat

Biotransformation von Methadon

Synthese Zur Darstellung von *Methadon* geht man von Diphenylacetonitril aus, das
mit 2-Chlor-1-dimethylamino-propan in Anwesenheit von Natriumamid umgesetzt wird.
Die Reaktion verläuft über das Natrium-Salz des Diphenylacetonitrils (CH-Acidität) und
liefert neben „Methadon-Nitril" das stellungsisomere „Isomethadon-Nitril". Geht man
von 1-Chlor-2-dimethylamino-propan aus, so entsteht das gleiche Isomeren-Gemisch.
Ursache dafür ist das in beiden Fällen intermediär gebildete Aziridinium-Ion, dessen
nucleophile Ringöffnung an beiden C-Atomen erfolgen kann. Die Abtrennung des unerwünschten Isomers kann mittels fraktionierter Kristallisation auf der Nitril-Stufe oder
nach Grignardierung auf der Ketimin-Stufe (unterschiedliche Hydrolyse zum Keton)
durchgeführt werden. Das aus „Methadon-Nitril" durch Grignardierung und nachfolgende
Hydrolyse erhältliche racemische Methadon wird mit optisch aktiver Weinsäure in die
beiden Enantiomere getrennt.

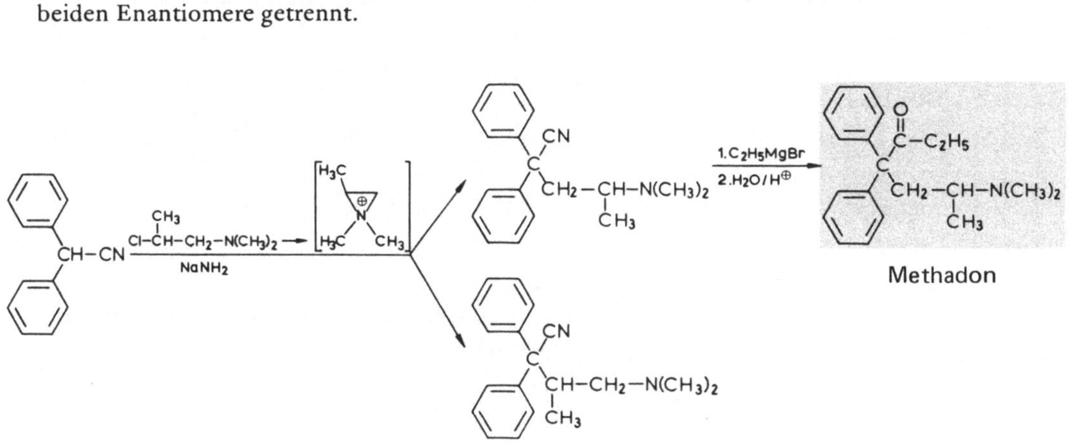

Methadon

7.7.6 Weitere stark wirksame Analgetika

Die unter 7.7.1 bis 7.7.5 aufgeführten Analgetika besitzen als gemeinsame Strukturmerkmale

- ein zentrales (kein Wasserstoff tragendes) Kohlenstoff-Atom
- einen aromatischen Rest am Zentralatom
- eine tertiäre Amino-Gruppe
- einen Abstand von zwei Kohlenstoff-Atomen zwischen Zentralatom und Stickstoff (Ausnahme: Tilidin)

Mit *Fentanyl*, N-[1-(2-Phenyl-ethyl)-4-piperidinyl]-propionanilid, wurde ein morphinartig wirksames Analgetikum in die Therapie eingeführt, das zwei dieser Strukturmerkmale nicht aufweist, aber dennoch etwa 80 x stärker wirksam ist als Morphin. Die Substanz hat Bedeutung in der Neuroleptanalgesie erlangt (vgl. 7.6.2). Das acylierte Stickstoff-Atom kann als Äquivalent für das zentrale Kohlenstoff-Atom angesehen werden. Stickstoff als Zentralatom wird auch bei einigen anderen stark wirksamen Analgetika angetroffen.

Fentanyl
(Fentanyl®, Bestandteil
von Thalamonal®)

Bei der Unterschiedlichkeit morphinartiger Analgetika — einschließlich der Endorphine — stellt sich die Frage der strukturellen Mindestanforderung für eine Rezeptorbindung. Sterische Vergleiche zwischen *Morphin* und *PET* (vgl. 7.7.1) einerseits und den *Enkephalinen* andererseits legen die Existenz analoger, in ihrer sterischen Anordnung korrespondierender Strukturen nahe, die von komplementären Rezeptor-Regionen „erkannt" werden. Es dürften sich u.a. entsprechen

- der Ring A des Morphins (Hydroxyphenyl-Struktur) und der Hydroxyphenyl-Rest des Tyrosins in den Enkephalinen
- die tertiäre Amino-Gruppe des Morphins und die freie, zu Tyrosin gehörige Amino-Gruppe der Enkephaline
- der Phenylalkyl-Rest von PET und das Phenylalanin der Enkephaline.

Man nimmt an, daß für eine morphinartige Wirkung nicht die gleichzeitige Anwesenheit aller Strukturen, die mit dem Rezeptor in Wechselwirkung treten können, erforderlich ist. Die starke analgetische Aktivität von Fentanyl und PET dürfte auf die im Vergleich zu Morphin zusätzliche Phenylalkyl-Gruppe zurückzuführen sein.

Analgetika/Antipyretika/Antiphlogistika

Strukturchemisch können die Wirkstoffe dieser Gruppe wie folgt eingeteilt werden:
- Anilide
- Pyrazolin-5-one und Pyrazolidin-3,5-dione
- Salicylsäure-Derivate
- Anthranilsäure-Derivate
- Indolylessigsäure-, Phenylessigsäure- und Phenylpropionsäure-Derivate

Die *Anilide*, die als einzige der aufgeführten Stoffgruppen überwiegend zentral angreifen, sind wirksame Analgetika und Antipyretika (fiebersenkende Substanzen), zeigen aber keine therapeutisch verwertbaren entzündungshemmenden Eigenschaften.

Trotz vorhandener antiphlogistischer Wirksamkeit werden die *Pyrazolin-5-one* hauptsächlich zur Behandlung schmerzhafter und febriler Zustände eingesetzt, da hohe und über längere Zeiträume zu verabreichende Dosen, wie sie bei entzündlichen Krankheiten erforderlich sein können, mit zu starkem Nebenwirkungsrisiko behaftet sind.

Die *Pyrazolidin-3,5-dione* und die nachfolgenden Aryl- bzw. Heteroarylcarbonsäuren besitzen hydrophile, saure und — aufgrund aromatischer Strukturen — auch lipophile Eigenschaften und stellen somit amphiphile Substanzen dar. Mit Ausnahme der *Salicylsäure-Derivate*, deren Prototyp *Acetylsalicylsäure* in größtem Umfang als Analgetikum/Antipyretikum eingesetzt wird, liegt ihre Hauptbedeutung bei der Behandlung entzündlicher Erkrankungen des rheumatischen Formenkreises. Sie werden häufig als acide oder nichtsteroidartige Antiphlogistika (Antirheumatika) zusammengefaßt.

Die therapeutischen Effekte der Analgetika/Antipyretika/Antiphlogistika, aber auch deren gastrointestinale Nebenwirkungen werden überwiegend auf eine *Hemmung der Biosynthese von Prostaglandinen* der E-Gruppe zurückgeführt (Vane, 1971).

Die *Prostaglandine* sind wichtige Mediatoren des Schmerz- und Entzündungsgeschehens. Chemisch handelt es sich um Derivate der *Prostansäure* (vgl. 12.7.5), die in vivo aus Arachidonsäure, einer vierfach ungesättigten C_{20}-Fettsäure, gebildet werden. Die durch „Prostaglandin-Synthetase" katalysierte Oxidation und Zyklisierung der Arachidonsäure führt zu einem zyklischen Endoperoxid, das als Schlüsselsubstanz zu Prostaglandin E_2 (PGE$_2$) isomerisiert oder in andere Prostaglandine übergeführt wird. Substanzen wie *Acetylsalicylsäure* oder *Indometacin* entfalten ihre analgetische und antiphlogistische Wirkung im wesentlichen über eine Hemmung der im peripheren Gewebe lokalisierten Prostaglandin-Synthetase.

Biosynthese von Prostaglandin E$_2$

Die antipyretische Wirksamkeit wird im Gegensatz zu den analgetischen und antiphlogistischen Effekten auf einen zentralen Hemm-Mechanismus zurückgeführt. Betrachtet
man das im Hypothalamus lokalisierte Wärmezentrum als einen Thermostaten, so bewirken fiebererregende Stoffe (Pyrogene) durch Stimulation der Prostaglandin-Synthese
eine Heraufsetzung des Sollwerts. Dessen Herabsetzung und damit Erniedrigung der
Körpertemperatur ist von solchen Prostaglandin-Synthetase-Inhibitoren zu erwarten, die
gut in das ZNS zu permeieren vermögen.

7.7.7 Analgetika der Anilid-Gruppe

Entwicklung   Als erster Vertreter dieser Gruppe fand 1886 das heute obsolete *Acetanilid* aufgrund einer Zufallsentdeckung Eingang in die Therapie.

$$NH-\overset{\overset{O}{\|}}{C}-CH_3$$

Acetanilid

Schon kurze Zeit später wurde erkannt, daß Acetanilid in vivo zu toxischem *Anilin*
hydrolysiert und zu analgetisch wirksamem *Paracetamol*, N-(4-Hydroxyphenyl)-acetamid,
hydroxyliert wird. Eine weitere „Entgiftung'' versuchte man durch Abwandlung des
phenolischen Hydroxyls zu erreichen. Dies führte zu *Phenacetin*, N-(4-Ethoxyphenyl)-
acetamid, das somit ein frühes Beispiel für eine gezielte, auf Untersuchungen zur Biotransformation basierende Arzneistoffentwicklung darstellt. Die industrielle Realisation wurde
durch den Umstand, daß der Ausgangsstoff 4-Nitrophenol als Nebenprodukt der Teer-
farbenfabrikation zur Verfügung stand, begünstigt. Heute wird Paracetamol (oft auch als
NAPAP = **N-Acetyl-p-a**mino-phenol bezeichnet), das sich als aktiver Metabolit des Phen-
acetins erwies, bevorzugt. *Bucetin*, ein Hydroxybuttersäure-Derivat, findet in geringerem
Umfang therapeutische Anwendung.

Analgetika der Anilid-Gruppe	
Freiname (Handelsname)	Formel
Phenacetin (Bestandteil von Dolviran®, Gelonida®, Optalidon® und weiteren Kombinationspräparaten)	$NH-\overset{\overset{O}{\|}}{C}-CH_3$ OC_2H_5

Fortsetzung der Tabelle

Freiname (Handelsname)	Formel
Paracetamol (Ben-u-ron®, Bestandteil von Lonarid®N, Thomapyrin®N und weiteren Kombinationspräparaten)	
Bucetin (Bestandteil von Doppel-Spalt®, Vivimed®N)	

Pharmakologie Die Anilide gelten bei bestimmungsgemäßem Gebrauch als gut wirksame Analgetika/Antipyretika mit relativ geringer Nebenwirkungsrate. Sie zeigen im Gegensatz zu den nachfolgenden Analgetika praktisch keine antiphlogistischen Eigenschaften. Der Unterschied dürfte durch den vorwiegend zentralen Angriff bedingt sein. Als Wirkungsmechanismus wird eine Hemmung der Gehirn-Prostaglandin-Synthetase diskutiert.

Im Verlauf des *Phenacetin*-Metabolismus entstehen in einem Nebenweg (vgl. Biotransformation) Methämoglobin-(Ferrihämoglobin)-bildende Oxidationsprodukte. Dies kann bei Säuglingen zur Methämoglobinämie führen. Die Gefahr der Methämoglobin-Bildung ist bei *Paracetamol* geringer. Schwerwiegende Nierenschädigungen (interstitielle Nephritis) wurden nach chronischem Phenacetin-Abusus beobachtet. Dabei ist zu berücksichtigen, daß Phenacetin in der Regel in Form antineuralgischer Mischpräparate eingenommen wird. Die häufigsten Kombinationspartner sind Acetylsalicylsäure und Coffein bzw. Codein. Ob Paracetamol hinsichtlich der Nierenschädigungen günstiger zu beurteilen ist als Phenacetin, gilt als fraglich.

Biotransformation Ether-Spaltung zu Paracetamol als wirksamem Metaboliten und anschließende Glucuronid- bzw. Sulfat-Bildung stellen den Hauptweg der *Phenacetin*-Biotransformation dar.

Als einen metabolischen Nebenweg findet man N-Desacetylierung zu p-Phenetidin und nachfolgende Hydroxylierung zu toxischem 2-Hydroxy-p-phenetidin. Andererseits soll p-Phenetidin durch N-Oxidation in N-(4-Ethoxyphenyl)-hydroxylamin und — reversibel — in 4-Ethoxy-nitrosobenzol übergehen. 2-Hydroxy-p-phenetidin und die N-Oxidationsprodukte werden für die *Methämoglobin-Bildung* verantwortlich gemacht.

Man nimmt an, daß nephrotoxische Metaboliten über N-Hydroxy-phenacetin gebildet werden. Auch 2-Hydroxy-p-phenetidin sowie einfache Anilin-Derivate wie p-Amino-phenol, das möglicherweise in vivo entstehen kann, sind nephrotoxisch.

N-Hydroxy-Phenacetin — **Phenacetin** — p-Phenetidin — N-(4-Ethoxy-phenyl)-hydroxylamin — 4-Ethoxy-nitroso-benzol

N-Acetyl-p-benzo-chinonimin — **Paracetamol** — 2-Hydroxy-p-phenetidin

Mercaptursäure-Derivat des Paracetamols — Konjugate (Glucuronid, Sulfat) — Konjugate

Biotransformation von Phenacetin und Paracetamol

Den Nebenwegen der Phenacetin-Biotransformation kommt insbesondere dann Bedeutung zu, wenn durch nicht ausreichende Konjugation die metabolische Eliminierung erschwert ist. Dies ist bei Intoxikationen sowie bei der Verabreichung an Säuglinge (Methämoglobin-Bildung) der Fall.

Paracetamol wird, wie Phenacetin, hauptsächlich als Glucuronid und Sulfat ausgeschieden. Da Paracetamol schneller glucuronidiert als desacetyliert wird, ist die Bildung von Methämoglobin gering. Als potentiell nephrotoxischer Metabolit gilt N-Acetyl-p-benzo-chinonimin, das mit nucleophilen Substraten zu reagieren vermag. Durch Kopplung mit Glutathion bildet sich daraus das Mercaptursäure-Derivat des Paracetamols. Steht im Falle der akuten Intoxikation nicht genügend Glutathion zur Verfügung, so kann N-Acetyl-p-benzochinonimin an Zellbestandteile binden.

Synthese *Phenacetin* wurde ursprünglich durch Ethylierung von p-Nitrophenol mit Diethylsulfat in alkalischem Medium zu 4-Ethoxy-nitrobenzol (p-Nitrophenetol), Reduktion mit „naszierendem" Wasserstoff zu *p-Phenetidin* und anschließende Acetylierung mit Acetanhydrid dargestellt.

Die Synthese von p-Nitrophenol erfolgt durch Nitrierung von Phenol. Als Nebenprodukt fällt das o-Isomer an, das durch Wasserdampfdestillation abgetrennt wird. Wirtschaftlicher sind daher Verfahren unter Umgehung von p-Nitrophenol als Ausgangssubstanz. So läßt sich Benzoldiazoniumchlorid mit Phenol zu 4-Hydroxy-azobenzol kuppeln. Anschließende Ethylierung mit Diethylsulfat ergibt 4-Ethoxy-azobenzol. Die hydrogenolytische Spaltung dieser Verbindung liefert die Phenacetin-Vorstufe *p-Phenetidin* sowie Anilin, das nach Diazotierung in den Prozeß zurückgeführt wird.

Paracetamol ist durch Acetylierung von 4-Aminophenol mit Acetanhydrid darstellbar.

Analytik *Phenacetin* wird nach Ph. Eur. durch saure Verseifung zu p-Phenetidin (4-Ethoxyanilin) und anschließende Oxidation mit Kaliumdichromat nachgewiesen. Über eine Folge von Dehydrierungs- und Kondensationsschritten entstehen als Hauptprodukte die rubinrot gefärbte Phenazinium-Verbindung (1) sowie das rote Anilinophenazin (2).

Im Unterschied zu Phenacetin gibt *Paracetamol* aufgrund der phenolischen Hydroxyl-Gruppe eine positive Eisen(III)-chlorid-Reaktion (Violettfärbung; Identitätsprüfung nach Ph. Eur.). Nach saurer Verseifung entsteht mit Kaliumdichromat ebenfalls Violettfärbung. Als kupplungsfähiges Phenol reagiert Paracetamol mit diazotierter Sulfanilsäure unter Rotfärbung.

Die Gehaltsbestimmung erfolgt cerimetrisch (Ph. Eur.). Dazu wird zunächst sauer hydrolysiert, um das leicht oxidierbare 4-Aminophenol freizusetzen.

7.7.8 Analgetika/Antiphlogistika der Pyrazolin-5-on- und Pyrazolidin-3,5-dion-Gruppe

Entwicklung Neben den Aniliden und den unter 7.7.9 abgehandelten Salicylsäure-Derivaten stellen die von *Pyrazol* ableitbaren *Pyrazolin-5-one* eine weitere Gruppe klassischer Analgetika/Antipyretika/Antiphlogistika dar, deren Entwicklung auf die letzten Jahrzehnte des vorigen Jahrhunderts zurückgeht. Als erstes Pyrazolin-5-on-Derivat wurde das von Knorr 1883 synthetisierte *Phenazon*, 2,3-Dimethyl-1-phenyl-3-pyrazolin-5-on, in die Therapie eingeführt. Die Substanz kommt noch heute in Form von Kombinationspräparaten zur Anwendung. Wesentlich größere Bedeutung erlangte jedoch *Aminophenazon*, 2,3-Dimethyl-4-dimethylamino-1-phenyl-3-pyrazolin-5-on, das 1978 als potentiell kanzerogene Substanz aus dem Handel gezogen wurde. Als Austauschstoff hat *Propyphenazon*, das am C-4 eine 2-Propyl-Gruppe trägt, Bedeutung gewonnen. *Noramidopyrinmethansulfonat-Natrium* (DAB 8-Bezeichnung: Metamizol-Natrium) wurde im Bestreben, zu gut wasserlöslichen Aminophenazon-Derivaten zu gelangen, synthetisiert.

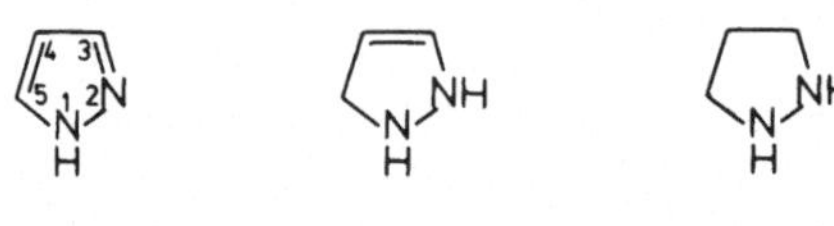

Eine weitere, von Pyrazol ableitbare Stoffgruppe stellen die *Pyrazolidin-3,5-dione* dar. Ihr erster Vertreter, *Phenylbutazon* (4-Butyl-1,2-diphenyl-pyrazolidin-3,5-dion) wurde als Lösungsvermittler für Aminophenazon entwickelt (Wilhelmi, 1949). Nachdem man erkannt hatte, daß Phenylbutazon selbst pharmakodynamisch aktiv ist, folgten weitere, vorwiegend als Antiphlogistika eingesetzte Pyrazolidin-3,5-dione sowie analoge Verbindungen. *Oxyphenbutazon* wurde als wirksamer Metabolit des Phenylbutazons in die Therapie eingeführt.

Stoffklasse	Freiname (Handelsname)	Formel
Pyrazolin-5-one	Phenazon (Antipyrin®, Bestandteil von Quadronal® und weiteren Kombinationspräparaten)	
	Propyphenazon (Bestandteil von Optalidon®, Saridon® und weiteren Kombinationspräparaten)	
	Aminophenazon (Pyramidon®, außer Handel)	
	Noramidopyrin-methansulfonat-Natrium (= Metamizol-Natrium) (Novalgin®)	
Pyrazolidin-3,5-dione und Analoge	Phenylbutazon (Butazolidin®, Bestandteil von Irgapyrin® und weiteren Kombinationspräparaten)	
	Oxyphenbutazon (Tanderil®, Bestandteil von Kombinationspräparaten)	
	Bumadizon (Eumotol®)	
	Azapropazon (Prolixan® 300)	

Bei *Bumadizon*, einem Hydrolyseprodukt des Phenylbutazons, ist der Pyrazolidin-Ring geöffnet, während er bei *Azapropazon* als Teilstruktur eines Pyrazolo-benzotriazin-Systems auftritt.

Pharmakologie *Aminophenazon* besitzt gute analgetische, antipyretische und antiphlogistische Wirksamkeit sowie spasmolytische Eigenschaften. Andererseits besteht die Gefahr einer allergisch bedingten Schädigung des blutbildenden Systems (Leukopenie sowie selten Agranulozytose). Zur Bildung von Dimethylnitrosamin vgl. Eigenschaften, Reaktionen.

Noramidopyrin-methansulfonat-Natrium, parenteral appliziert, eignet sich zur Durchbrechung starker, kolikartiger Schmerzen. Hinsichtlich des Auftretens allergischer Reaktionen ist die Substanz wie Aminophenazon zu bewerten. Bei parenteraler Applikation kann es in seltenen Fällen auch zu einer schockartigen Symptomatik kommen.

Die Pyrazolidin-3,5-dion-Derivate *Phenylbutazon* und *Oxyphenbutazon*, die hauptsächlich als Antiphlogistika eingesetzt werden, besitzen eine hohe Nebenwirkungsrate und relativ geringe therapeutische Breite. Neben der für acide Antiphlogistika üblichen Gefahr der Entstehung von Magen-Darm-Ulzera können auch hier allergische Reaktionen des blutbildenden Systems auftreten.

Eigenschaften, Reaktionen *Phenazon* ist eine sehr schwache Base (pK$_a$ ≈ 1,6), die mit organischen Säuren wie Salicylsäure oder Citronensäure Salze bildet. Die außerordentlich gute Wasserlöslichkeit (1 Teil in 0,6 Teilen Wasser) kann über eine am Grundzustand beteiligte zwitterionische Grenzstruktur erklärt werden.

Phenazon eignet sich als Lösungsvermittler für eine Vielzahl schwer wasserlöslicher Arzneistoffe, wobei jedoch der pharmakodynamischen Eigenaktivität Rechnung getragen werden muß.

Mit Salpetriger Säure wird Phenazon relativ leicht unter elektrophiler Substitution an C-4 in die grüne 4-Nitroso-Verbindung übergeführt.

Aminophenazon stellt im Vergleich zum sehr schwach basischen Phenazon die stärkere Base dar (pK$_a$ ≈ 5,1). Die Substanz ist photochemisch instabil, insbesondere wäßrige Lösungen werden leicht zersetzt. Aminophenazon kann in Anwesenheit von Nitrit im sauren Milieu des Magens in geringer Menge zu 4-Hydroxy-Phenazon und Dimethylnitrosamin gespalten werden.

4-Hydroxy-Phenazon   Dimethylnitrosamin

Die Reaktion ist unter toxikologischen Gesichtspunkten wichtig, da Dimethylnitrosamin ein starkes Karzinogen darstellt. An stärker basischen tertiären Amino-Gruppen — solche Strukturen werden in Arzneistoffen häufig angetroffen — erfolgt die Nitrosamin-Bildung i.a. erst unter drastischeren Bedingungen. Das sehr leicht wasserlösliche *Noramidopyrin-methansulfonat-Natrium* kann parenteral als annähernd neutral reagierende 50proz. wäßrige Lösung verabreicht werden. In saurem Milieu geht die Substanz über ein instabiles Methylol in 4-Methylamino-Phenazon über, wobei Schwefeldioxid und Formaldehyd entstehen.

Methylol-
Verbindung

4-Methylamino-
Phenazon

Phenylbutazon weist als β-Dicarbonyl-Verbindung CH-Acidität auf (pK$_a \approx 4{,}9$) und ist in Wasser schlecht löslich. Auf Basenzusatz geht Phenylbutazon unter Bildung eines mesomeriestabilisierten Anions leicht in Lösung.

In wäßriger Lösung besteht ein Gleichgewicht mit der korrespondierenden ringoffenen Carbonsäure (Bumadizon), die beim Erhitzen CO_2 abspaltet. Andererseits wird unter stark sauren Bedingungen auch die zweite Amid-Bindung hydrolysiert. Dabei entsteht Hydrazobenzol, das sich in Benzidin umlagert.

Phenylbutazon

Benzidin

Biotransformation *Phenazon* wird nur in geringem Umfang unverändert eliminiert. Hauptprodukt des oxidativen Metabolismus stellt 4-Hydroxy-Phenazon dar, das als Glucuronid und als Sulfat ausgeschieden wird.

Aminophenazon wird an der Dimethylamino-Gruppe vollständig demethyliert. Das 4-Amino-Derivat stellt den zweitwichtigsten Metaboliten dar. Es wird durch Acetylierung in den Hauptmetaboliten 4-Acetylamino-Phenazon übergeführt. Weiterhin bildet sich in geringem Umfang auch 4-Hydroxy-Phenazon. Die Rotfärbung des Harns nach Einnahme von Aminophenazon wird vorwiegend von *Rubazonsäure* verursacht, wobei eine nicht-enzymatische Entstehung in Betracht zu ziehen ist, die durch Lufteinwirkung begünstigt wird. Die Struktur der Rubazonsäure ist durch einen 8-Ring charakterisiert, der sich infolge einer intramolekularen Wasserstoffbrücke ausbildet.

Rubazonsäure

Die wichtigsten Biotransformationsreaktionen von *Propyphenazon* sind N-Demethylierung und p-Hydroxylierung, wobei als Hauptmetaboliten Norpropyphenazon und p-Hydroxy-Norpropyphenazon entstehen.

Die Kernhydroxylierung von *Phenylbutazon* liefert den aktiven Metaboliten *Oxyphenbutazon*. Weiterhin tritt auch Seitenkettenhydroxylierung auf. Als Konjugate überwiegen Glucuronide. *Bumadizon* wird partiell zu Phenylbutazon zyklisiert.

Phenylbutazon   Oxyphenbutazon

Synthese Die doppelte Kondensation von Acetessigester mit Phenylhydrazin unter neutralen Bedingungen führt über das Phenylhydrazon zu *3-Methyl-1-phenyl-3-pyrazolin-5-on*, dem sogenannten „technischen Pyrazolon", das als CH-, NH- und OH-Tautomer vorliegen kann.

Aus diesem ist *Phenazon* durch Methylierung mit Methyliodid oder Dimethylsulfat erhältlich.

Phenazon

Propyphenazon

„Technisches Pyrazolon" dient auch als Ausgangsstoff für die Synthese von *Propyphenazon*. Zur Einführung des 2-Propyl-Substituenten an C-4 wird mit Aceton unter gleichzeitiger katalytischer Hydrierung umgesetzt. Aufgrund der CH-Acidität erfolgt zunächst Kondensation zum 4-(2-Propyliden)-Derivat, das anschließend unter Wasserstoff-Aufnahme in die Alkyl-Verbindung übergeht. Die Methylierung an N-2 wird in gleicher Weise wie bei Phenazon durchgeführt.

Zur Darstellung von *Aminophenazon* geht man von Phenazon aus, das an C-4 nitrosiert wird. Reduktion mit Natriumhydrogensulfit und nachfolgende Methylierung mit Formaldehyd/Ameisensäure ergibt Aminophenazon.

Das zur Darstellung von *Noramidopyrin-methansulfonat-Natrium* benötigte Monomethylamino-Derivat erhält man durch Umsetzung des primären Amins mit Benzaldehyd zur Schiffschen Base, Alkylierung mit Dimethylsulfat und anschließende Hydrolyse. Die Einführung der N-Methansulfonat-Gruppe in die Monomethylamino-Verbindung erfolgt mit Natriumhydrogensulfit und Formaldehyd.

Aminophenazon

Noramidopyrin-methan-
sulfonat-Natrium

Phenylbutazon ist durch Kondensation von n-Butylmalonester mit Hydrazobenzol (1,2-Diphenyl-hydrazin) in Gegenwart von Natriumalkoholat darstellbar.

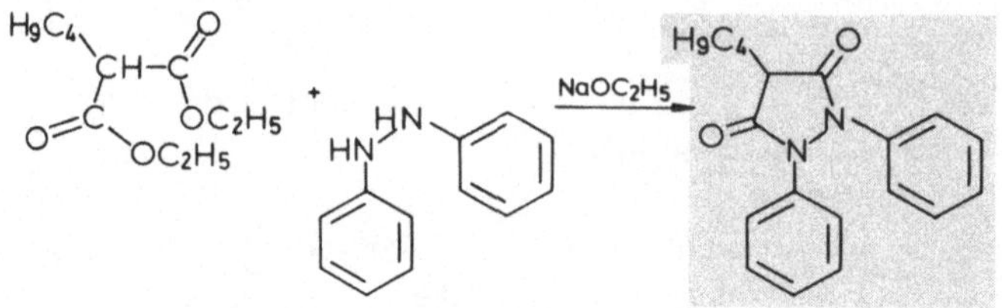

Phenylbutazon

Analytik *Phenazon* gibt nach Ph. Eur. in saurer Lösung mit Natriumnitrit eine intensiv grüne Färbung, die auf der Bildung von 4-Nitroso-Phenazon beruht. Mit Eisen(III)-chlorid entsteht durch Komplexbildung eine tiefrote Färbung. Beide Reaktionen können photometrisch ausgewertet werden.

Propyphenazon reagiert mit Eisen(III)-chlorid unter Rotbraun- bis Rotviolettfärbung, die auf Zusatz von verdünnter Salzsäure in gelbgrün übergeht. Mit Chrom(VI)-oxid entsteht — wie auch bei Phenazon — ein Chrom-Komplex, der sich in Benzol mit violetter Farbe löst (Helch-Reaktion, vgl. 7.1.1 Analytik).

Die Gehaltsbestimmung von Phenazon nach Ph. Eur. erfolgt iodometrisch. Durch überschüssige Iodlösung bildet sich kristallines 4-Iod-Phenazon, das Iod an seiner Oberfläche adsorbiert. Daher wird der Niederschlag zunächst in Chloroform gelöst. Anschließend wird mit Thiosulfat zurücktitriert.

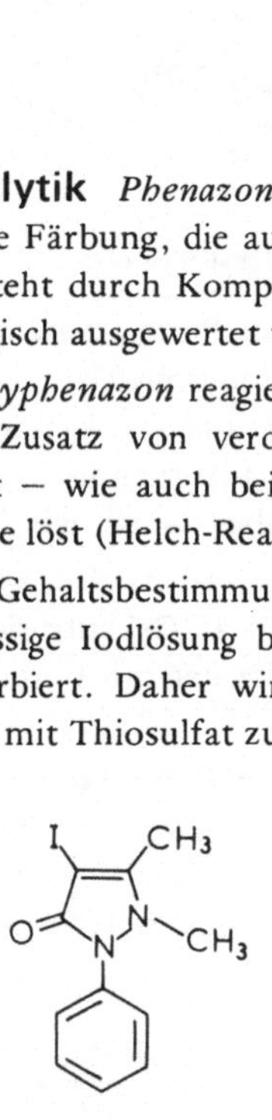

4-Iod-Phenazon

Zur Identifizierung von *Aminophenazon* nach Ph. Eur. versetzt man mit Natriumnitrit, wobei eine verblassende blauviolette Färbung auftritt. Die Farbbildung wird vermutlich durch oxidative Prozesse an der Dimethylamino-Gruppe eingeleitet. Nach Ph. Eur. erfolgt die Gehaltsbestimmung durch wasserfreie Titration mit Perchlorsäure gegen Dimethylgelb.

Zum Nachweis von *Noramidopyrin-methansulfonat-Natrium* (Metamizol-Natrium DAB 8) wird sauer hydrolysiert. Neben freigesetztem Schwefeldioxid bildet sich Formaldehyd, der mit Schiffs Reagenz unter Violettfärbung reagiert. Mit verdünnter Salpetersäure und Natriumnitrit entsteht in Analogie zu Aminophenazon eine kurz anhaltende Blaufärbung.

Unter sauren Bedingungen geht *Phenylbutazon* über Hydrolyse und Umlagerung in Benzidin über (vgl. Eigenschaften), das nach Diazotierung und Kupplung mit 2-Naphthol einen rotbraunen, Ethanol-löslichen Niederschlag ergibt. Aufgrund seines aciden Verhaltens kann in Aceton gelöstes Phenylbutazon mit wäßriger Natronlauge titriert werden (Ph. Eur.).

7.7.9 Analgetika/Antiphlogistika der Salicylsäure-Gruppe

Entwicklung *Natriumsalicylat* fand als erstes synthetisches Antiphlogistikum (Antirheumatikum) ab 1876 medizinische Anwendung. Voraussetzung war eine ergiebige Darstellungsmöglichkeit, die mit der Kolbe-Synthese (1860), die später durch Schmitt verbessert wurde, gegeben war. Die besser verträgliche *Acetylsalicylsäure* wurde 1899 in die Therapie eingeführt. Sie stellt bis heute einen der am häufigsten angewendeten Arzneistoffe dar. Neben Acetylsalicylsäure haben *Salicylamid* und *Ethenzamid*, 2-Ethoxybenzamid, therapeutische Bedeutung erlangt.

Analgetika/Antiphlogistika der Salicylsäure-Gruppe	
Freiname (Handelsname)	**Formel**
Acetylsalicylsäure (Aspirin®, Aspro®, Colfarit®)	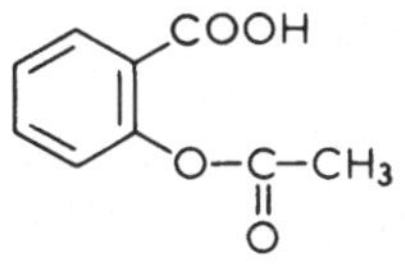 $COOH$, $O-C-CH_3$ ($C=O$)
Salicylamid (Salizell®, Bestandteil von Spalt-Tabletten®)	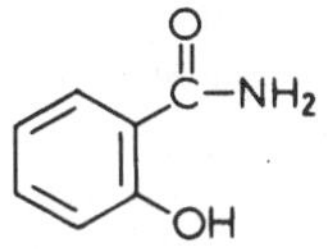 $C(=O)-NH_2$, OH
Ethenzamid (Bestandteil von Octadon®)	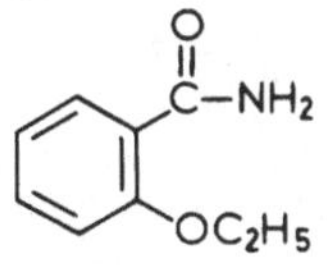 $C(=O)-NH_2$, OC_2H_5

Pharmakologie *Acetylsalicylsäure* ist ein Hemmstoff der Prostaglandin-Synthetase. In niedriger Dosierung (Einzelgabe 0,5–1,0 g) wird Acetylsalicylsäure als Analgetikum sowie zur Fiebersenkung angewendet. Wie die anderen Analgetika/Antipyretika ist auch Acetylsalicylsäure häufig ein Bestandteil von Mischpräparaten. Zur antirheumatischen Therapie müssen relativ hohe Plasmakonzentrationen erreicht werden, was Tagesgaben von etwa 6–7 g erforderlich machen kann. Da Acetylsalicylsäure die Thrombozytenaggregation hemmt, wird sie – in mikroverkapselter Form als Colfarit® – zur Thromboseprophylaxe eingesetzt (vgl. 8.6.1). Bei der Verwendung als Analgetikum sind Nebenwirkungen relativ selten. Dosisabhängig kann es zu Schädigungen der Magenschleimhaut, verbunden mit Mikroblutungen, kommen, jedoch liegt auch bei höherer Dosierung (antirheumatische Therapie) das Verhältnis von unerwünschten Wirkungen zum therapeutischen Effekt im Vergleich zu anderen Analgetika/Antipyretika/Antiphlogistika recht günstig.

Bei Magen-Darm-Ulzera, Blutungsneigung (Verzögerung der Blutgerinnung infolge von Prothrombinmangel) und antithrombotischer Therapie mit Antikoagulantien ist Acetylsalicylsäure kontraindiziert. Da andere Wirkstoffe aus ihrer Plasmaeiweiß-Bindung verdrängt werden können, besteht die Möglichkeit des Auftretens unerwünschter Arzneistoffinteraktionen.

Gelegentlich zu beobachtende allergische Erscheinungen werden vor allem auf Verunreinigungen mit Acetylsalicylsäureanhydrid zurückgeführt, das als reaktives Agens durch Acylierung von Plasmaalbuminen Antigene zu bilden vermag.

Symptome der akuten Vergiftung durch Acetylsalicylsäure, bei der es zu Ungleichgewichten im Säure-Basen-Haushalt kommt, sind — neben gastrointestinalen Beschwerden — Hyperventilation, Seh- und Hörstörungen, Schwindel und Verwirrtheitszustände.

Salicylamid gilt im Vergleich zu Acetylsalicylsäure als besser verträglich, soll aber weniger wirksam sein.

Eigenschaften *Acetylsalicylsäure* ist eine farblose kristalline Substanz, die in Wasser wenig, in polaren organischen Lösungsmitteln wie Ethanol dagegen gut löslich ist. Mit einem pK_a-Wert von 3,8 stellt Acetylsalicylsäure im Vergleich zu Salicylsäure ($pK_a = 3,0$ für —COOH) die schwächere Säure dar. Beim Lösen unter Basenzusatz erfolgt in Abhängigkeit von der $OH^{\ominus}$-Ionenkonzentration mehr oder weniger rasche Hydrolyse zu Salicylat und Acetat. Andererseits tritt auch im sauren Milieu Hydrolyse ein. Um Zersetzung bei der Lagerung zu vermeiden (Essiggeruch), muß für Ausschluß von Luftfeuchtigkeit gesorgt werden. Zur Bereitung konzentrierter wäßriger Injektionslösungen verwendet man D,L-*Lysin-mono-acetylsalicylat*, das Lysin-Salz der Acetylsalicylsäure.

D, L-Lysin-mono-acetylsalicylat
(Aspisol®)

Biotransformation *Acetylsalicylsäure* wird im Organismus durch enzymatische Hydrolyse zum überwiegenden Teil zu Salicylsäure abgebaut. Im weiteren Verlauf der Biotransformation wird diese im Menschen durch Konjugation mit Glycin in Salicylursäure (Hauptmetabolit) übergeführt, die ihrerseits noch zu etwa 10 % glucuronidiert werden kann. Neben diesem Hauptabbauweg wird Salicylsäure auch direkt glucuronidiert, wobei sich durch Reaktion mit der phenolischen OH-Gruppe das Ether-Glucuronid und durch Reaktion mit der Carboxyl-Gruppe das Ester-Glucuronid bilden. Der Ringhydroxylierung, die vor allem zu Gentisinsäure, einem aktiven Metaboliten führt, kommt geringe Bedeutung zu.

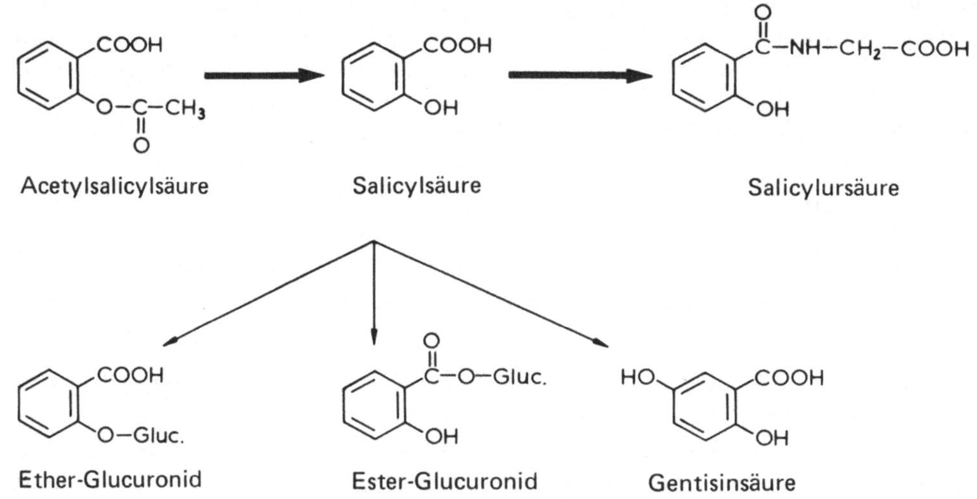

Biotransformation von Acetylsalicylsäure

(Schema: Acetylsalicylsäure → Salicylsäure → Salicylursäure; Salicylsäure → Ether-Glucuronid, Ester-Glucuronid, Gentisinsäure)

Synthese *Salicylsäure* erhält man nach Kolbe-Schmitt durch Umsetzung von Natriumphenolat und Kohlendioxid bei 125 °C und 4—7 bar unter anschließender Hydrolyse in nahezu quantitativer Ausbeute. Die Carboxylierung erfolgt über elektrophilen Angriff des CO_2 am Aromaten, wobei intermediär ein Chelatkomplex auftritt. Geht man von Kaliumphenolat aus, so erhält man bevorzugt 4-Hydroxybenzoesäure, da wegen des größeren Radius der Kalium-Ionen die Chelatbildung erschwert ist. *Acetylsalicylsäure* läßt sich durch Acetylierung der Salicylsäure unter Protonenkatalyse gewinnen. Als Nebenprodukt kann das sehr reaktionsfähige Acetylsalicylsäureanhydrid auftreten.

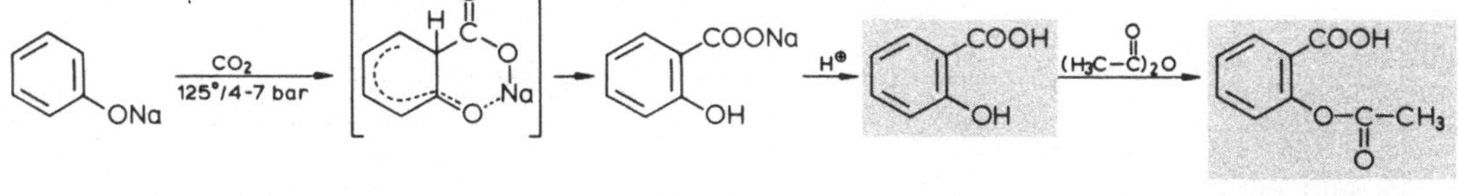

(Reaktionsschema: Phenolat + CO_2, 125°/4–7 bar → Chelatkomplex → Salicylsäure (COONa) → $H^{\oplus}$ → Salicylsäure → $(H_3C-C)_2O$ → Acetylsalicylsäure)

Salicylamid wird durch Ammonolyse von Salicylsäuremethylester dargestellt.

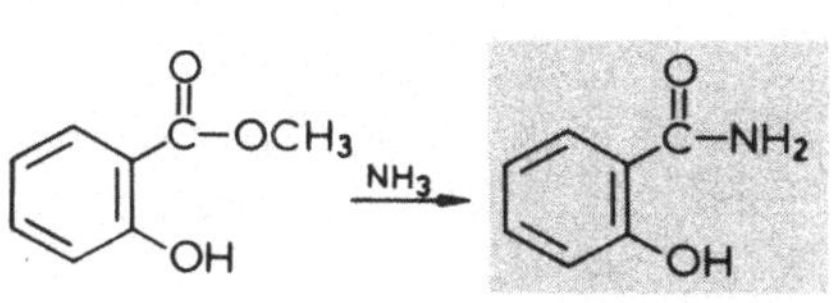

(Reaktionsschema: Salicylsäuremethylester + NH_3 → Salicylamid)

Analytik   *Acetylsalicylsäure*   wird   nach   Ph. Eur.   durch   Verseifung   zu   Salicylsäure (Schmp.) nachgewiesen. Nach Veresterung der entstandenen Essigsäure mit Ethanol tritt der charakteristische Geruch von Ethylacetat auf. Freie, als Verunreinigung enthaltene oder durch Hydrolyse gebildete Salicylsäure kann auch mit Eisen(III)-chlorid nachgewiesen werden (Violettfärbung durch Chelatkomplex-Bildung).

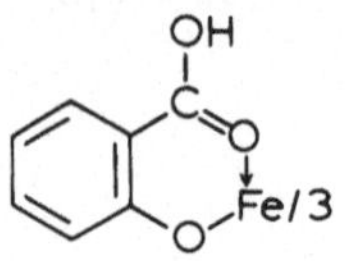

Im Unterschied zu Acetylsalicylsäure gibt *Salicylamid* als freies Phenol unmittelbar eine Violettfärbung mit Eisen(III)-chlorid.

Bei der Gehaltsbestimmung der Acetylsalicylsäure nach Ph. Eur. werden die Carboxyl-Funktion und die Ester-Gruppierung getrennt erfaßt. Die Titration der Carboxyl-Gruppe erfolgt mit Natronlauge gegen Phenolphthalein. Zur Ester-Verseifung wird mit überschüssiger Lauge erhitzt und die nicht verbrauchte Lauge mit Salzsäure gegen Phenolphthalein zurücktitriert. Unzersetze Acetylsalicylsäure weist bei beiden Bestimmungen den gleichen Laugenverbrauch auf. Bei partieller Zersetzung zu Salicyl- und Essigsäure ist der Verbrauch bei der ersten Titration höher. Liegen dagegen Anhydride als Verunreinigung vor, so verringert er sich.

7.7.10 Analgetika/Antiphlogistika der Anthranilsäure-Gruppe

Tauscht man die Hydroxy-Gruppe der Salicylsäure gegen eine Amino-Gruppe aus, so gelangt man zur Anthranilsäure. Unter deren N-Aryl-Derivaten (Fenamate) haben einige Substanzen als Analgetika bzw. Antiphlogistika Eingang in die Therapie gefunden.

Analgetika/Antiphlogistika der Anthranilsäure-Gruppe		
Stoffklasse	Freiname (Handelsname)	Formel
Anthranilsäure- Derivate	Mefenaminsäure (Parkemed®)	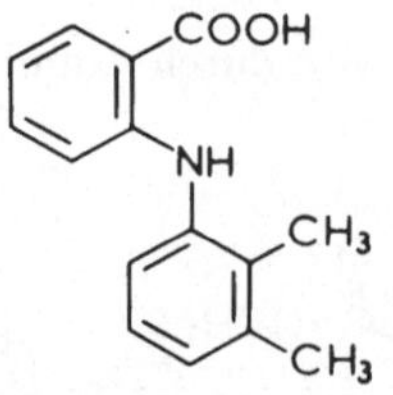

Fortsetzung der Tabelle

Stoffklasse	Freiname (Handelsname)	Formel
Anthranilsäure-Derivate	Flufenaminsäure (Arlef® 200, Surika®)	
Analoge	Nifluminsäure (Actol®)	

Mefenaminsäure besitzt vorwiegend analgetische Eigenschaften, während bei *Flufenamin-säure* die Entzündungshemmung im Vordergrund steht. *Nifluminsäure*, ein Nicotinsäure-Derivat, läßt sich als Isosteres der N-Aryl-Anthranilsäuren auffassen und wird ebenfalls als Antiphlogistikum eingesetzt.

Synthese N-arylierte Anthranilsäure-Derivate erhält man durch Umsetzung von 2-Brom-oder 2-Chlor-benzoesäure bzw. deren Alkali-Salzen mit entsprechend substituierten Anilin-Derivaten (z.B. 2,3-Dimethyl-anilin für *Mefenaminsäure*). Die Reaktion wird unter Kupfer-Katalyse durchgeführt.

Mefenaminsäure

7.7.11 Analgetisch/antiphlogistisch wirksame Indolylessigsäure-, Phenyl-essigsäure- und Phenylpropionsäure-Derivate

Die aciden Antiphlogistika dieser Gruppe werden auch als Aryl- bzw. Heteroarylalkan-säuren zusammengefaßt.

Analgetisch/antiphlogistisch wirksame Aryl- bzw. Heteroaryl-alkansäuren		
Stoffklasse	Freiname (Handelsname)	Formel
Indolylessigsäure-Derivate	Indometacin (Amuno®)	
Phenylessigsäure-Derivate	Diclofenac (Voltaren®)	
2-Arylpropionsäure-Derivate	Ibuprofen (Brufen®)	
	Naproxen (Proxen®) S-(+)-Form	

Indometacin, ein 3-Indolylessigsäure-Derivat, ist ein stark wirksames Antiphlogistikum. Neben Störungen des Magen-Darm-Bereichs können zentral bedingte Nebenwirkungen auftreten. Die Nebenwirkungen sind häufiger und stärker ausgeprägt als bei anderen nicht-steroidartigen Antiphlogistika. Von den vielfältigen biochemischen Wirkungen des Indometacins wird der Prostaglandinsynthetase-Hemmung die größte Bedeutung für den therapeutischen Effekt beigemessen.

Diclofenac, ein acider Entzündungshemmer aus der Stoffklasse der Phenylessigsäuren weist als „Homoanthranilsäure"-Derivat gleichzeitig Strukturverwandtschaft zu den Fenamaten (vgl. 7.7.10) auf.

Den 2-Arylpropionsäuren zugehörig sind *Ibuprofen* und *Naproxen*, ein Naphthalin-Derivat, von dem das pharmakodynamisch aktivere S-(+)-Enantiomer Anwendung findet.

Biotransformation Neben unverändertem *Indometacin* wird das Ester-Glucuronid als Hauptmetabolit ausgeschieden. Weiterhin tritt Spaltung der Amid-Bindung und O-Demethylierung auf.

Naproxen bildet ein Ester-Glucuronid und ein Glycin-Konjugat.

Synthese Zur Darstellung von *Indometacin* kann man von 4-Methoxy-phenylhydrazin ausgehen, das mit Lävulinsäuremethylester nach dem Prinzip der Fischerschen Indol-Synthese zu einem 3-Indolylessigsäuremethylester kondensiert und anschließend zur entsprechenden Carbonsäure hydrolysiert wird. Der im Hinblick auf den weiteren Syntheseverlauf notwendige Schutz der Carboxyl-Gruppe erfolgt durch Veresterung mit tert. Butanol. Dies geschieht in schonender Weise mit Dicyclohexylcarbodiimid (DCC) als Kondensationsmittel. Hierbei entsteht zunächst das O-Acylisoharnstoff-Derivat (vgl. 2.1), dessen Zinkchlorid-katalysierte Alkoholyse den tert. Butylester liefert. Die N-Acylierung erfolgt mit 4-Chlorbenzoylchlorid und verläuft über das mit Natriumhydrid gebildete Natrium-Salz (NH-Acidität des Indol-Stickstoffs). Da das entstehende Acyl-Indol hydrolyseempfindlich ist, wird die Schutzgruppe durch Ester-Pyrolyse abgespalten.

Indometacin

7.7.12 Anhang: Wirkstoffe zur Behandlung der Gicht

Die Gicht ist eine Stoffwechselkrankheit, die durch einen erhöhten Harnsäure-Blutspiegel (Hyperurikämie) charakterisiert ist. Harnsäure (vgl. 7.5.8) stellt beim Menschen das Endprodukt des Purin-Abbaus dar. Erhöhte Blutspiegel können sowohl durch vermehrte Harnsäure-Bildung als auch durch verminderte Harnsäure-Ausscheidung verursacht sein. Da die oberen Serum-Normwerte (6,5—7,0 mg/100 ml für Männer, 6,0 mg/100 ml für Frauen, vgl. 6.3) größenordnungsmäßig der Sättigungskonzentration unter physiologischen Bedingungen entsprechen, können schon geringfügig erhöhte Werte zur Ausfällung führen. Dadurch kann es einerseits zum akuten Gichtanfall kommen, andererseits können chronische Harnsäure-Ablagerungen — vor allem in Gelenken, Subkutis und Niere — auftreten.

Wirkstoffe zur Behandlung der Gicht		
Formel	Freiname (Handelsname)	Anwendung
Colchicin-Struktur	Colchicin (Colchicum-Dispert®)	Akuter Gichtanfall
$HOOC-C_6H_4-SO_2-N(C_3H_7)_2$	Probenecid (Benemid®)	Urikosurikum
Sulfinpyrazon-Struktur	Sulfinpyrazon (Anturano®)	Urikosurikum
Benzbromaron-Struktur	Benzbromaron (Uricovac®)	Urikosurikum
Allopurinol-Struktur	Allopurinol (Foligan®, Urosin®, Zyloric®)	Urikostatikum

Colchicin, der Hauptwirkstoff von Colchicum autumnale (Liliaceae), wird zur Durchbrechung des mit schmerzhaften Entzündungsprozessen einhergehenden Gichtanfalls eingesetzt. Strukturell ist Colchicin durch den Ring C, ein methyliertes Tropolon-System, charakterisiert. Weiterhin eignen sich *Phenylbutazon* (vgl. 7.7.8) und *Indometacin* (vgl. 7.7.11) zur Therapie des akuten Gichtanfalls.

Der pathologisch erhöhte Harnsäure-Blutspiegel kann auf unterschiedlichen Wegen gesenkt werden:

— *Urikosurika* bewirken vermehrte renale Harnsäure-Ausscheidung.
— *Urikostatika* hemmen die Harnsäure-Synthese.

Therapeutisch verwendete Urikosurika sind *Probenecid*, 4-[(N,N-Dipropylamino)-sulfonyl]-benzoesäure, *Sulfinpyrazon*, ein Pyrazolidin-3,5-dion-Derivat, sowie das Benzofuran-Derivat *Benzbromaron*. Als Urikostatikum wird das zu Hypoxanthin (vgl. 6.5.3) strukturisomere *Allopurinol*, 4-Hydroxy-pyrazolo[3,4-d]pyrimidin, eingesetzt, das auf der Suche nach zytostatisch wirksamen Purin-Antimetaboliten entwickelt wurde.

Pharmakologie Die pathophysiologische Entstehung des akuten Gichtanfalls kann wie folgt umrissen werden: Harnsäure-Mikrokristalle werden durch Phagozytose von Leukozyten aufgenommen und führen schließlich zu deren Zerfall. Dabei werden Entzündungsmediatoren und Milchsäure freigesetzt, die in einem „circulus vitiosus" über Herabsetzung des Gewebe-pH-Wertes erneut Auskristallisation von Harnsäure bewirken.

Colchicin unterbricht den akuten Gichtanfall über Hemmung der Phagozytose. Weiterhin zeigt Colchicin antimitotische Wirksamkeit. Die therapeutische Breite ist gering.

In der Niere wird Harnsäure im proximalen Tubulus rückresorbiert, unterliegt jedoch auch der aktiven Sezernierung. Urikosurika hemmen diese Transportvorgänge. Da die Rückresorption quantitativ von größerer Bedeutung ist, führt deren Unterbindung zur vermehrten Harnsäure-Ausscheidung.

Probenecid kann außer als Urikosurikum auch zur Wirkungsverlängerung von Penicillinen eingesetzt werden. *Sulfinpyrazon* zeigt trotz seiner Verwandtschaft zu antiphlogistischen Pyrazolidin-3,5-dion-Derivaten praktisch keine entzündungshemmenden Eigenschaften. Dagegen hemmt es wie Acetylsalicylsäure die Thrombozytenaggregation. *Benzbromaron* weist im Vergleich zu Probenecid und Sulfinpyrazon einen langsameren Wirkungseintritt und eine verlängerte Halbwertzeit auf. Das Urikostatikum *Allopurinol* ist ein Xanthin-Oxidase-Hemmstoff (vgl. Biotransformation). Unter seinem Einfluß werden die im Vergleich zu Harnsäure besser wasserlöslichen Purin-Metaboliten Hypoxanthin und Xanthin ausgeschieden. Gleichzeitig wird die Neusynthese von Purin-Nucleotiden gehemmt.

Eigenschaften *Colchicin* besitzt eine Enolmethylether-Gruppierung, die über zwei weitere Doppelbindungen mit einer Carbonyl-Funktion in Konjugation steht. Die den Carbonsäureestern vergleichbare leichte Verseifbarkeit kann somit über das Vinylogieprinzip erklärt werden. Als Hydrolyseprodukt entsteht Colchicein, das aufgrund seines mesomeriefähigen 6 π-Elektronensystems aromatischen Charakter aufweist.

Colchicein

Biotransformation　*Allopurinol* stellt ein Substrat der Xanthin-Oxidase dar und wird renal hauptsächlich als *Oxipurinol* (Trivialname: Alloxanthin) eliminiert. Sowohl Allopurinol als auch Oxipurinol hemmen die Xanthin-Oxidase und damit die Oxidation von Hypoxanthin zu Xanthin und Harnsäure. Für eine zusätzliche Hemmung der de-novo-Synthese von Purinen könnte der Metabolit Allopurinol-1-ribonucleotid, der in geringen Mengen in Organextrakten nachgewiesen wurde, verantwortlich sein.

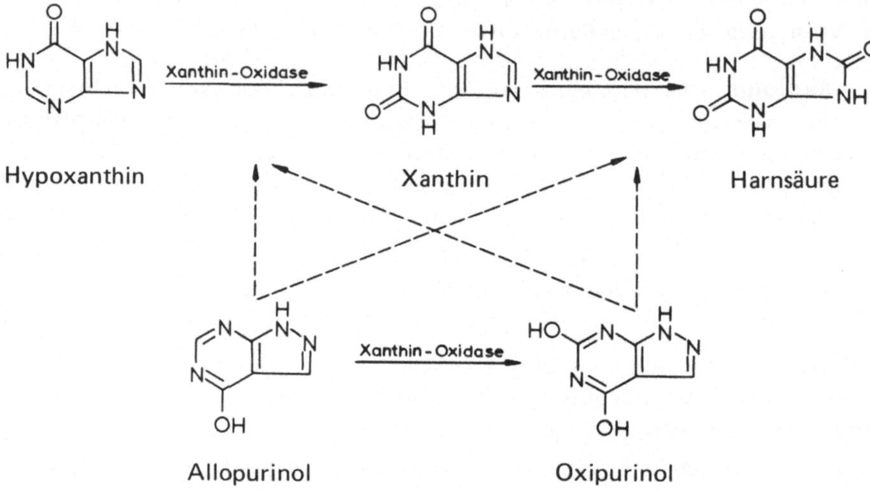

Synthese　Im Gegensatz zur Purin-Synthese nach Traube erfolgt bei der *Allopurinol*-Darstellung zunächst der Aufbau des 5-Ring-Heterozyklus. Ausgangsstoffe sind Ethoxy-methylen-cyanessigsäure-ethylester und Hydrazin, die über Hydrazino-methylen-cyanessigsäure-ethylester als Zwischenstufe zum Pyrazol-Derivat kondensiert werden. Der Pyrimidin-Ringschluß erfolgt mit Formamid, das sowohl das C- als auch das N-Atom liefert.

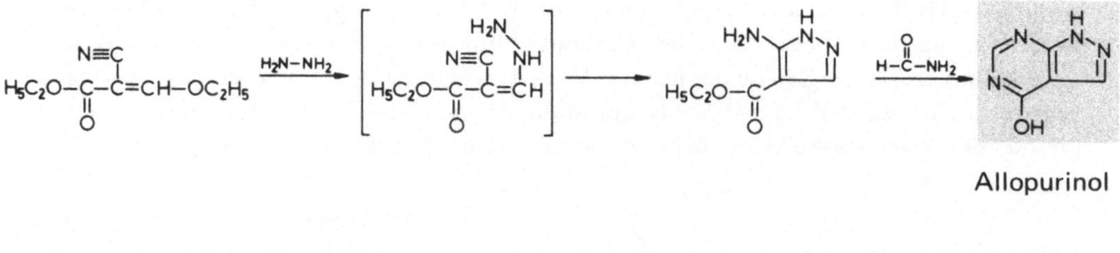

Analytik　Nach DAB 8 wird die Identität von *Colchicin* durch Eisen(III)-chlorid-Reaktion geprüft. Die mit Salzsäure angesäuerte Prüflösung zeigt erst nach Erhitzen (Hydrolyse des Enolmethylethers) eine dunkle, olivgrüne Färbung, die auf der Bildung eines Eisen-Komplexes des Colchiceins beruht. Wird die erkaltete Lösung mit Chloroform ausgeschüttelt, färbt sich die organische Phase rot.

7.8 Die Willkürmotorik beeinflussende Stoffe

7.8.1 Anticholinerg wirksame Antiparkinsonmittel

Degeneration von Nervenzellen des extrapyramidal-motorischen Systems führt zum Krankheitsbild des Morbus Parkinson (Schüttellähmung), zu dessen Symptomatik Bewegungsverlangsamung (Hypokinese bzw. Akinese), Zittern (Tremor), Tonuserhöhung der quergestreiften Muskulatur (Rigor) und vegetative Störungen wie z.B. erhöhter Speichelfluß zählen. Unter der Therapie mit Neuroleptika kann es zu medikamentös bedingten parkinsonartigen Erscheinungen kommen.

Das für die unbewußte Motorik verantwortliche extrapyramidal-motorische System unterliegt einer doppelten, durch Neurotransmitter vermittelten Steuerung. *Dopamin* fungiert als inhibitorischer, *Acetylcholin* als exzitatorischer Überträgerstoff. Beim M. Parkinson ist das Zusammenwirken dieser beiden Substanzen gestört. Infolge Dopamin-Mangels kommt es zu einem funktionellen Überwiegen cholinerger Einflüsse.

Entwicklung Die Besserung der Parkinson-Symptomatik durch Gabe von Anticholinergika (Parasympatholytika) wurde empirisch gefunden. Klassischer, heute jedoch nur noch selten angewandter Wirkstoff ist *Atropin* (vgl. 7.1.3). Neben dem Reinalkaloid hat der Gesamtextrakt aus Belladonnawurzel Bedeutung erlangt. Da Atropin unerwünschte periphere Wirkungen aufweist, suchte man durch Entwicklung vorwiegend zentral wirksamer Anticholinergika zu besser tolerierbaren Substanzen zu gelangen.

Anticholinerg wirksame Antiparkinsonmittel		
Stoffklasse	Freiname (Handelsname)	Formel
3 α-Tropanol-Derivate	Benzatropin (Cogentinol®)	
Aminopropanol-Derivate	Trihexyphenidyl (Artane®)	

Fortsetzung der Tabelle

Stoffklasse	Freiname (Handelsname)	Formel
Aminopropanol-Derivate	Biperiden (Akineton®)	
Thioxanthen-Derivate	Metixen (Tremarit®)	

Benzatropin ist der Benzhydrylether von 3 α-Tropanol. Die Diphenylmethan-Struktur bewirkt im Vergleich zu Atropin eine erhöhte Lipophilie und damit bessere ZNS-Gängigkeit. *Trihexyphenidyl*, 1-Cyclohexyl-1-phenyl-3-piperidino-propanol, und *Biperiden* können als Aminopropanol-Derivate zusammengefaßt werden. *Metixen* leitet sich von den neuroleptisch wirksamen Thioxanthen-Derivaten durch Hydrierung der exozyklischen Doppelbindung ab (vgl. 7.5.3).

Pharmakologie   Die als zentrale Anticholinergika aufzufassenden Antiparkinsonmittel hemmen die infolge Dopamin-Mangels überwiegenden cholinergen Effekte. Es kommt somit zu einer Gleichgewichtseinstellung zwischen Dopamin und Acetylcholin auf erniedrigtem Niveau. Unerwünschte anticholinerge Nebenwirkungen wie beispielsweise Mundtrockenheit kommen vor, sind jedoch schwächer ausgeprägt als bei *Atropin*. Bei *Metixen* überwiegt die tremorhemmende Wirkung, während die anderen anticholinerg wirksamen Antiparkinsonmittel hauptsächlich gegen Rigor gerichtet sind.

Synthese   *Trihexyphenidyl* und *Biperiden* weisen eine gemeinsame 1-Phenyl-3-piperidino-propanol-Struktur auf. Die Synthese verläuft in beiden Fällen über ω-Piperidinopropiophenon, das durch Mannich-Reaktion aus Acetophenon, Paraformaldehyd und Piperidin dargestellt wird. Die Carbinole erhält man durch Grignardierung der Mannichbase. Zur Darstellung von Trihexyphenidyl wird mit Cyclohexylmagnesiumbromid umgesetzt, während für Biperiden die entsprechende Norbornen-Verbindung benötigt wird.

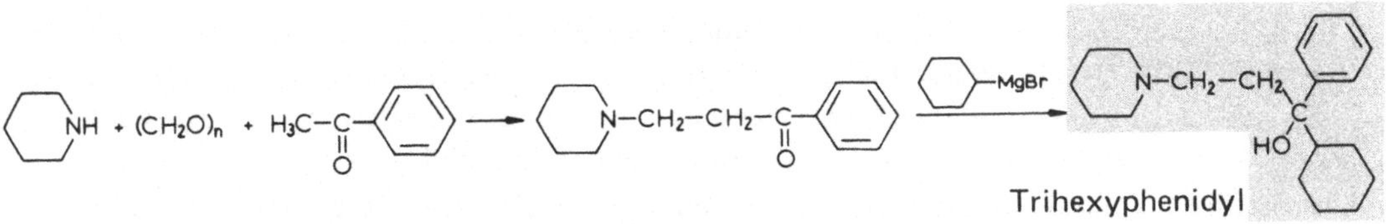

7.8.2 Den Dopamin-Stoffwechsel beeinflussende Antiparkinsonmittel

Als charakteristischer biochemischer Defekt des M. Parkinson ist die deutliche Abnahme des Dopamin-Gehalts in den Basalganglien des Gehirns, besonders in Striatum und Substantia nigra (Ehringer und Hornykiewicz, 1960) anzusehen. Daher hat neben der Behandlung mit Anticholinergika die Therapie mit dopaminerg wirksamen Substanzen besondere Bedeutung erlangt. Eingesetzt werden derzeit:

— *Levodopa*, die Vorstufe des Neurotransmitters Dopamin

— *Decarboxylase-Hemmstoffe*, die eine Verringerung der Levodopa-Dosis ermöglichen, ohne eigene Antiparkinson-Wirksamkeit aufzuweisen

— *„Indirekte Dopamin-Agonisten"*, die die Verfügbarkeit von endogenem Dopamin an den Dopamin-Rezeptoren erhöhen sollen

Den Dopamin-Stoffwechsel beeinflussende Antiparkinsonmittel		
Freiname (Handelsname)	Formel	Pharmakologische Klassifizierung
Levodopa (Larodopa®)	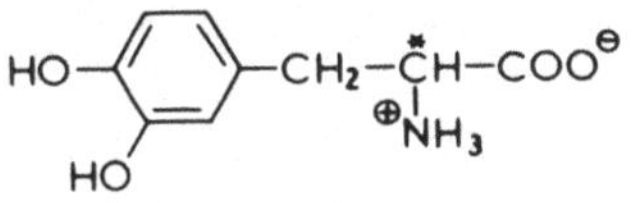 $HO-C_6H_3(OH)-CH_2-\overset{*}{C}H-COO^{\ominus}$ mit $\overset{\oplus}{N}H_3$	Agonist (Vorstufe)
Carbidopa (zusammen mit Levodopa Bestandteil von Nacom®)	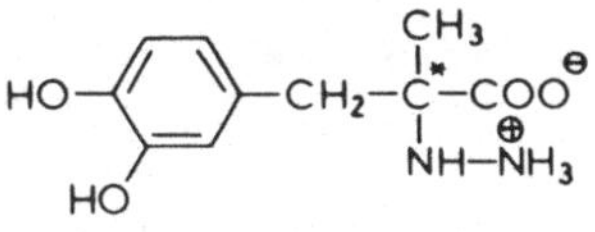 $HO-C_6H_3(OH)-CH_2-\overset{CH_3}{\underset{NH-\overset{\oplus}{N}H_3}{\overset{*}{C}}}-COO^{\ominus}$	Decarboxylase-Hemmstoff
Benserazid (zusammen mit Levodopa Bestandteil von Madopar®)	$HO-C_6H_2(OH)(OH)-CH_2-NH-NH-\underset{O}{\overset{\|}{C}}-\underset{NH_2}{CH}-CH_2OH$	Decarboxylase-Hemmstoff
Amantadin (PK-Merz®, Symmetrel®)	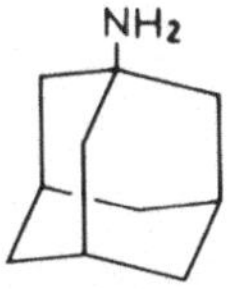 Adamantan-NH_2	„Indirekter Dopamin-Agonist"

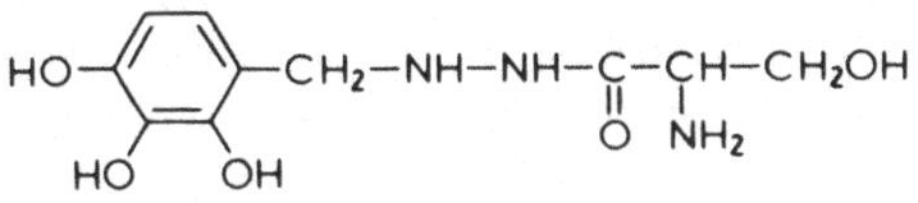

Die Aminosäure *Levodopa* (L-Dopa) entsteht in vivo durch Hydroxylierung von L-Tyrosin (vgl. 7.2.1). Der Decarboxylase-Hemmstoff *Carbidopa* stellt ein Hydrazin-analoges Methyldopa (vgl. 8.5.2) dar. In *Benserazid*, einem weiteren Decarboxylase-Hemmer, ist 2,3,4-Trihydroxy-benzylhydrazin mit D,L-Serin zum Hydrazid verknüpft.

Amantadin wurde als Virustatikum entwickelt (vgl. 13.1.1). Die Hauptbedeutung dieses indirekt wirksamen dopaminergen Agonisten liegt heute in der Behandlung der Parkinsonschen Erkrankung.

Pharmakologie Die Behebung des Dopamin-Mangels des Gehirns kann durch Gabe der natürlichen Überträgersubstanz nicht erreicht werden, weil Dopamin die Blut-Hirn-Schranke nicht zu überwinden vermag. Daher muß als Transportform die ZNS-gängige Vorstufe *Levodopa* verabreicht werden, die am Zielort durch eine intrazerebrale Decarboxylase (vgl. Biotransformation) in das biogene Amin übergeführt wird (Birkmayer, 1961). Da die Substanz jedoch bereits zum größten Teil im peripheren Gewebe der Decarboxylierung unterliegt, sind Gaben bis zu max. 8 g pro Tag erforderlich. Diese hohen Dosen können gastrointestinale, kardiovaskuläre und psychische Störungen verursachen. Durch gleichzeitige Gabe von Decarboxylase-Hemmstoffen, die nicht in das ZNS einzudringen vermögen, kann die Levodopa-Dosis reduziert werden.

Levodopa beeinflußt hauptsächlich die Zielsymptome Akinese und Rigor, während *Amantadin* auch tremorhemmende Wirkung aufweist.

Als neue therapeutische Möglichkeit zeichnet sich der Einsatz von *Dopamin-Agonisten* ab, die wie die natürliche Überträgersubstanz eine direkte Rezeptorstimulation bewirken. Zu ihnen zählt *Apomorphin* (vgl. 7.7.1), das jedoch wegen seiner emetischen Wirkung für eine praktische Anwendung nicht in Frage kommt. Erfolgversprechender sind die von Mutterkorn-Alkaloiden abgeleiteten Substanzen *Bromocriptin*, 2-Brom-α-ergocryptin, und *Lergotril*, ein Ergolin-Derivat. Beide Stoffe sind gleichzeitig Prolactin-Inhibitoren (vgl. 12.1.2).

Eigenschaften *Levodopa* stellt eine in Wasser schwach, in Ethanol praktisch unlösliche Substanz dar, die aufgrund ihrer Brenzkatechin-Struktur — besonders in alkalischem Milieu — oxidationsempfindlich ist. In Gegenwart von Feuchtigkeit und Luft-Sauerstoff tritt Zersetzung ein.

Biotransformation *Levodopa* wird durch die Aromatische-L-Aminosäure-Decarboxylase (Dopa-Decarboxylase) zu Dopamin decarboxyliert. In den dopaminergen Neuronen des ZNS findet eine anschließende Hydroxylierung zu L-Noradrenalin nicht statt.

Dopamin wird einerseits durch Monoamin-Oxidase und Aldehyd-Dehydrogenase zu 3,4-Dihydroxy-phenylessigsäure und andererseits durch Katechol-O-Methyltransferase zu 3-Methoxy-tyramin abgebaut. Endabbauprodukt ist die 4-Hydroxy-3-methoxy-phenylessigsäure.

Levodopa → Dopamin → 3,4-Dihydroxy-phenylessigsäure

AAD

MAO / AD

COMT

3-Methoxy-tyramin

MAO / AD

COMT

4-Hydroxy-3-methoxy-phenylessigsäure

Biosynthese und Abbau von Dopamin

AAD   = Aromatische-L-Aminosäure-Decarboxylase
MAO   = Monoamin-Oxidase
AD   = Aldehyd-Dehydrogenase
COMT = Katechol-O-Methyltransferase

Neben diesem vorherrschenden Biotransformationsweg ist die in vivo-Bildung von Tetrahydroisochinolinen aus Dopamin möglich. Nachgewiesen wurde u.a. *Norlaudanosolin* (Tetrahydropapaverolin), ein Alkaloid, das als Biosynthesevorstufe des Morphins bekannt ist.

Norlaudanosolin

Synthese   Zur Vermeidung einer Racemattrennung geht man bei der *Levodopa*-Synthese von L-Tyrosin aus, das aus Eiweiß-Hydrolysaten gewonnen werden kann. Die spezifische enzymatische Hydroxylierung von L-Tyrosin in 3-Position ist mikrobiologisch durchführbar.

Auf präparativ-chemischem Weg gelingt die Einführung der Hydroxyl-Gruppe durch Umsetzung von L-Tyrosin mit Acetylchlorid/Aluminiumtrichlorid bei 100 °C, wobei über eine Fries-Umlagerung zunächst die 3-Acetyl-Verbindung entsteht, die mit Wasserstoffperoxid/Natriumhydroxid (Dakin-Oxidation) zu Levodopa abgebaut wird.

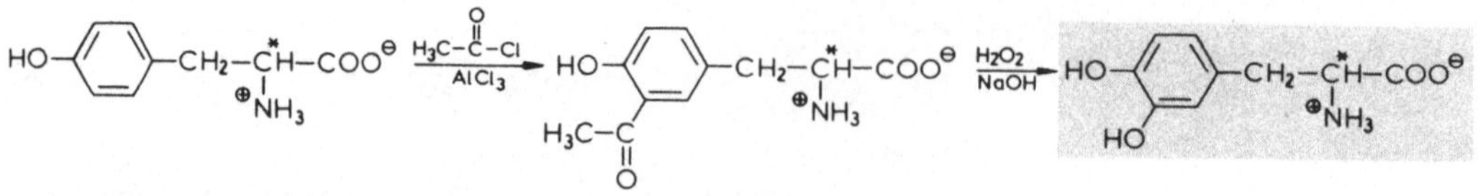

L-Tyrosin   Levodopa

7.8.3 Zentrale Muskelrelaxantien

Ein pathologisch erhöhter Skelettmuskeltonus kann sowohl durch zentrale als auch durch periphere Muskelrelaxantien herabgesetzt werden.

Entwicklung Die Entstehungsgeschichte zentral muskelrelaxierender Wirkstoffe ist eng mit der der Tranquillantien verbunden. Als erstes zentrales Muskelrelaxans erlangte *Mephenesin*, 3-(2-Methylphenoxy)-1,2-propandiol (ein o-Kresylglycerinether), therapeutische Bedeutung. Die Weiterentwicklung führte zu *Meprobamat* (vgl. 7.5.2), einem Carbaminsäureester. Während Meprobamat hauptsächlich als Tranquillans eingesetzt wird, findet dessen N-(2-Propyl)-Derivat *Carisoprodol* bevorzugt als Muskelrelaxans Anwendung. Tranquillantien aus der Stoffklasse der 1,4-Benzodiazepine (z.B. *Diazepam*) zeigen ebenfalls muskelrelaxierende Eigenschaften (vgl. 7.5.1).

Zentrale Muskelrelaxantien	
Freiname (Handelsname)	**Formel**
Carisoprodol (Sanoma®)	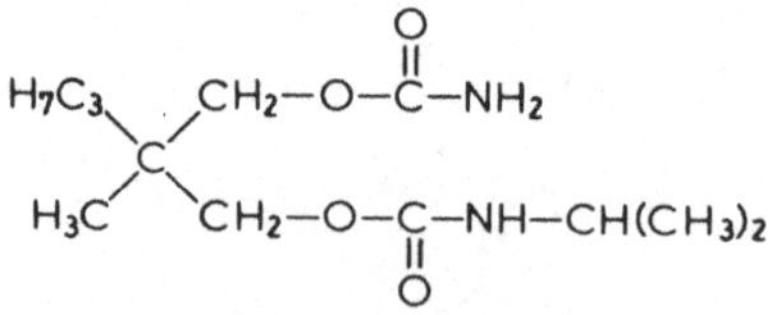
Chlormezanon (Muskel Trancopal®)	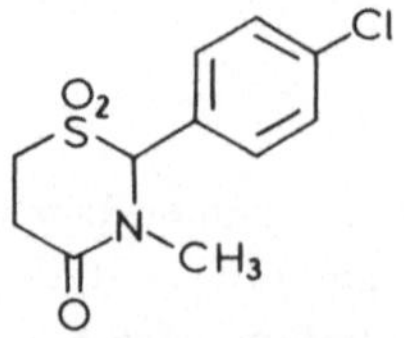
Chlorzoxazon (Paraflex®)	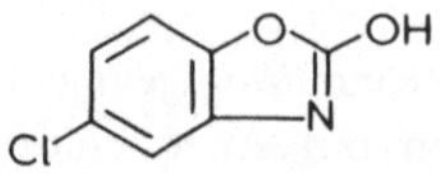

Fortsetzung der Tabelle

Freiname (Handelsname)	Formel
Orphenadrin (Norflex®)	
Baclofen (Lioresal®)	

Weiterhin werden einige Substanzen unterschiedlicher Stoffklassen therapeutisch eingesetzt. Dazu zählen *Chlormezanon*, das als heterozyklisches Sulfon aufgefaßt werden kann, sowie *Chlorzoxazon*, 5-Chlor-2-hydroxy-benzoxazol. *Orphenadrin* leitet sich von H_1-Antihistaminika des Colamin-Typs ab und wird aufgrund seiner zentral anticholinergen Eigenschaften auch als Antiparkinsonmittel eingesetzt.

Baclofen ist das 3-(4-Chlorphenyl)-Derivat der γ-Aminobuttersäure (GABA), eines inhibitorischen Neurotransmitters.

Pharmakologie Die zentral muskelrelaxierende Wirkung kommt hauptsächlich über einen Angriff an den Schaltneuronen der Reflexbögen des Rückenmarks zustande. Insbesondere in höherer Konzentration zeigen die Wirkstoffe dieser Gruppe auch zentral dämpfende, sedierende Eigenschaften. Eingesetzt werden die zentralen Muskelrelaxantien bei Skelettmuskelverspannungen unterschiedlicher Genese, beispielsweise im Zusammenhang mit rheumatischen Erkrankungen oder Bandscheibenschäden. *Baclofen* findet insbesondere bei Multipler Sklerose zur Relaxation von Muskelspasmen Anwendung.

Biochemische Wirkungen Die GABA-Bildung verläuft über einen Nebenweg des Citrat-Zyklus. Ausgangspunkt ist α-Ketoglutarsäure, die nach Überführung in Glutaminsäure zu GABA decarboxyliert wird. Die durch Aminobutyrat-Aminotransferase (GABA-Ketoglutarat-Transaminase) katalysierte Transaminierungsreaktion liefert Succin-semialdehyd. Nach Oxidation zu Bernsteinsäure ist der Anschluß an die normale Reaktionsfolge des Citrat-Zyklus gegeben.

Als Wirkungsmechanismus von *Baclofen* wird eine Hemmung der Aminotransferase angenommen, in deren Folge der inhibitorische Neurotransmitter akkumuliert, wodurch spontane Motilität sowie Hyperkinese verringert werden.

Im Gegensatz zu GABA vermag Baclofen als weniger polare und stärker lipophile Substanz in das ZNS einzudringen. Deshalb wird andererseits auch ein GABA-analoger Wirkungsmechanismus diskutiert.

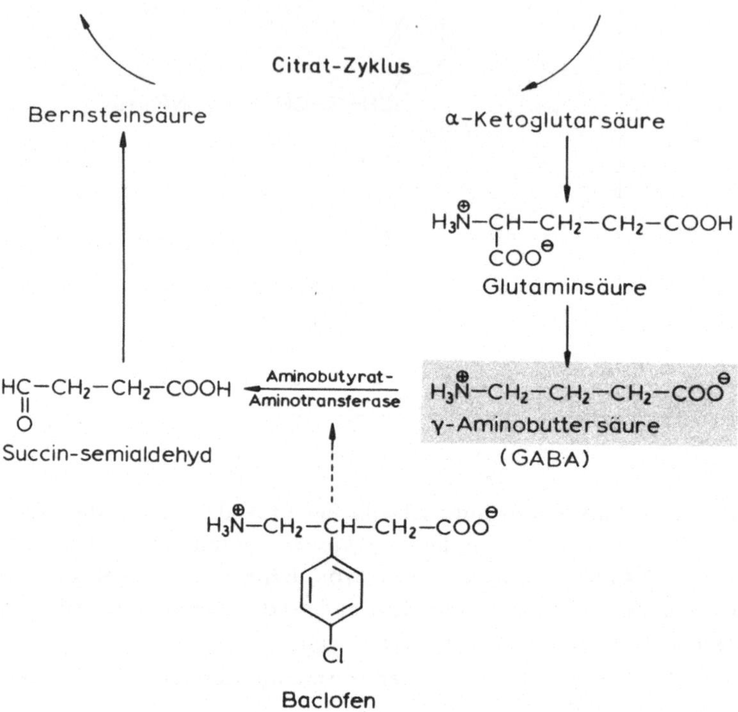

Biosynthese und Metabolismus von GABA

7.8.4 Periphere Muskelrelaxantien

Die quergestreifte Muskulatur wird über motorische Nervenfasern innerviert. Die Erregungsübertragung vom Nerv auf die Muskelfaser erfolgt an der motorischen Endplatte, einer myoneuralen Synapse. Wie an den Synapsen der vegetativen Ganglien und an den Endigungen des postganglionären Parasympathikus fungiert Acetylcholin als Überträgersubstanz. Der Neurotransmitter wird durch ankommende Nervenimpulse in Gegenwart von Calcium-Ionen aus dem präsynaptischen (neuralen) Teil der motorischen Endplatte freigesetzt. Nach Diffusion durch den synaptischen Spalt erregt Acetylcholin die Rezeptoren der myogenen Endplattenmembran. Dies bewirkt Erhöhung der Ionenpermeabilität ($Na^{\oplus}$-Einstrom) und Depolarisation, die bei Erreichen eines Schwellenpotentials über die gesamte Muskelmembran fortgeleitet wird und zur Kontraktion der Muskelfaser führt. Zur Aufrechterhaltung des Kontraktionszustandes der Skelettmuskulatur ist eine rasche Aufeinanderfolge von Aktionspotentialen erforderlich. Voraussetzung dafür ist die außerordentlich schnelle Inaktivierung der Überträgersubstanz durch Acetylcholinesterase.

Die Erregungsübertragung an der motorischen Endplatte kann durch periphere Muskelrelaxantien unterbunden werden. Nach dem Wirkungsmechanismus unterscheidet man zwei Typen:

— *Stabilisierende Muskelrelaxantien* hemmen die neuromuskuläre Übertragung, indem sie Acetylcholin kompetitiv verdrängen, ohne selbst eine Rezeptorerregung auszulösen. Sie besitzen also Rezeptoraffinität, aber keine intrinsic activity (kompetitive Antagonisten).

— *Depolarisierende Muskelrelaxantien* besitzen sowohl Affinität zu den Rezeptoren der myogenen Endplattenmembran als auch intrinsic activity. Da sie nur langsam inaktiviert werden, erfolgt eine Dauerdepolarisation. Nachfolgende Nervenimpulse können deshalb keine erneute Kontraktion auslösen, es resultiert Muskelerschlaffung.

Periphere Muskelrelaxantien		
Untergruppe	Freiname (Handelsname)	Formel
Stabilisierende Muskelrelaxantien	Tubocurarinchlorid (Curarin-Asta®)	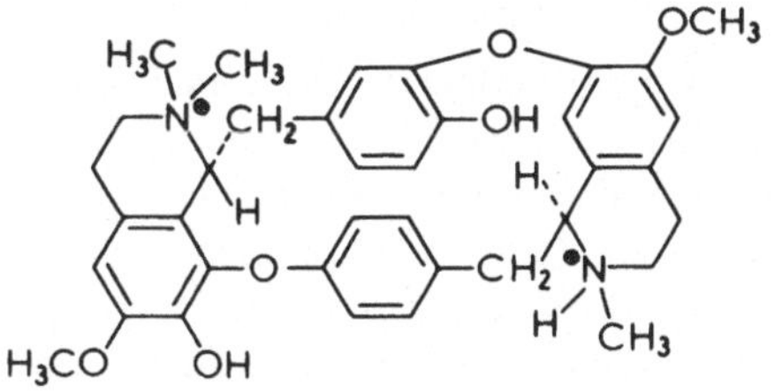
	Alcuroniumchlorid (Alloferin®)	
	Pancuroniumbromid (Pancuronium „Organon")	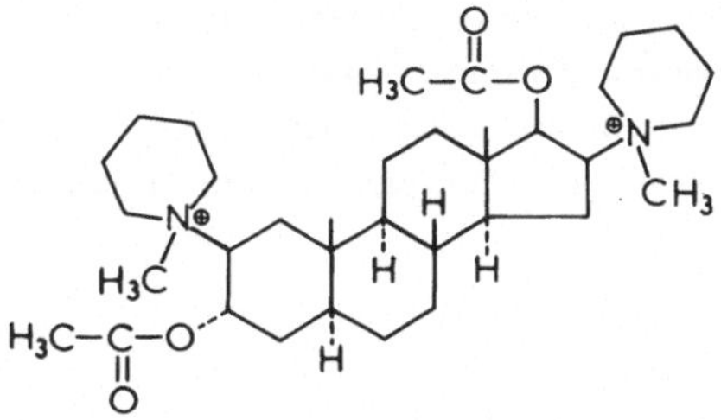

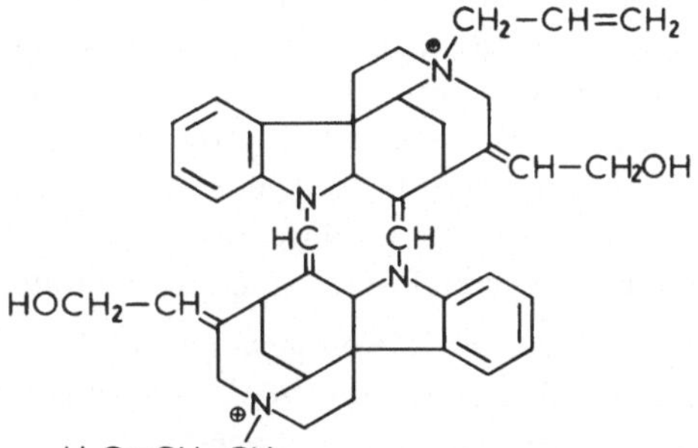

Fortsetzung der Tabelle

Untergruppe	Freiname (Handelsname)	Formel
Depolarisierende Muskelrelaxantien	Decamethoniumbromid	$(H_3C)_3\overset{\oplus}{N}-(CH_2)_{10}-\overset{\oplus}{N}(CH_3)_3$ $2\ Br^{\ominus}$
	Hexcarbacholinbromid (Imbretil®)	$NH-\underset{\underset{O}{\|\|}}{C}-O-CH_2-CH_2-\overset{\oplus}{N}(CH_3)_3$ $(CH_2)_6$ $NH-\underset{\underset{O}{\|\|}}{C}-O-CH_2-CH_2-\overset{\oplus}{N}(CH_3)_3$ $2\ Br^{\ominus}$
	Suxamethoniumchlorid (Lystenon®, Succinyl-Asta®)	$CH_2-\underset{\underset{O}{\|\|}}{C}-O-CH_2-CH_2-\overset{\oplus}{N}(CH_3)_3$ $CH_2-\underset{\underset{O}{\|\|}}{C}-O-CH_2-CH_2-\overset{\oplus}{N}(CH_3)_3$ $2\ Cl^{\ominus}$

Die aus verschiedenen Chondrodendron- und Strychnos-Arten gewonnenen südamerikanischen Pfeilgifte werden unter der Bezeichnung *Curare* zusammengefaßt. Nach Art der Aufbewahrung unterscheidet man u.a. zwischen Tubencurare (Bambusrohre) und Calebassencurare (Flaschenkürbisse). Wichtigster Inhaltsstoff des Tubencurare ist das nach Ph. Eur. offizinelle *Tubocurarinchlorid*, ein rechtsdrehendes Bis-benzyltetrahydroisochinolin-Alkaloid (Biscoclaurin-Alkaloid). Die Verknüpfungsart der beiden Bausteine entspricht der Curin-Struktur. Das natürliche (+)-Tubocurarin ist etwa 50 mal wirksamer als die (−)-Form. Tubocurarinchlorid wurde lange Zeit als bisquartäre Verbindung angesehen, bis Nachuntersuchungen ergaben, daß es sich um eine monoquartäre Verbindung handelt, in der das zweite N-Atom (als tertiäre Ammonium-Gruppe) protoniert vorliegt. Auch mußte die Auffassung über den Abstand der Stickstoff-Atome revidiert werden. Die zunächst angenommene interatomare Distanz der beiden N-Atome von 1,4 nm (14 Å) beträgt nach neueren kristallographischen Daten lediglich etwa 1,0 nm (10 Å).

Das aus Strychnos-Arten gewonnene Calebassencurare enthält als wichtigste Wirkstoffe Bisindolin-Alkaloide mit 40 C- und 4N-Atomen, die dem Strychnin strukturell nahe stehen. Therapeutische Verwendung findet das partialsynthetische *Alcuroniumchlorid*, N,N′-Diallyl-nortoxiferiniumchlorid, ein Derivat des Curare-Alkaloids C-Toxiferin I.

Aufbauend auf den inzwischen unzutreffenden Vorstellungen über Tubocurarinchlorid wurde *Decamethoniumbromid* synthetisiert, das als einfachstes Modell eines bisquartären peripheren Muskelrelaxans angesehen werden kann. Decamethoniumbromid gehört zur Stoffklasse der „Methonium"-Verbindungen (vgl. 7.3.1). Es wird therapeutisch nicht eingesetzt.

Hexcarbacholinbromid ist aus zwei Carbachol-Molekülen (vgl. 7.1.1), die durch eine Hexamethylen-Brücke verknüpft sind, aufgebaut. *Suxamethoniumchlorid* (Ph. Eur.), Bernsteinsäure-bis-cholinester-chlorid, das formal als doppeltes Acetylcholin-Molekül aufgefaßt werden kann, weist wie Decamethoniumbromid einen Abstand von 10 Atomen zwischen den beiden quartären Stickstoff-Atomen auf.

Pancuroniumbromid stellt ein Androstan-Derivat dar, das zwei quartäre Ammonium-Gruppen trägt.

Pharmakologie Periphere Muskelrelaxantien werden hauptsächlich bei chirurgischen Eingriffen im Rahmen der Kombinationsnarkose eingesetzt. Dadurch wird die notwendige Muskelerschlaffung auch ohne hohe Narkotika-Konzentration erreicht. Die einzelnen Muskelgruppen zeigen unterschiedliche Empfindlichkeit: Zunächst wird die Augen- und Kaumuskulatur gelähmt, danach die Extremitäten-, Rumpf- und Bauchmuskulatur. Obwohl die Interkostal- und Zwerchfellmuskulatur erst zuletzt betroffen sind, ist Intubation und künstliche Beatmung erforderlich.

Tubocurarinchlorid ist der Prototyp eines stabilisierenden Muskelrelaxans. Da die Resorption langsamer erfolgt als die Ausscheidung, muß parenteral appliziert werden. Die Wirkung hält etwa 30 bis 40 min an. Als Nebenwirkungen treten u.a. Blutdruckabfall und Bronchokonstriktion auf, die durch freigesetztes Histamin bedingt sind. *Alcuroniumchlorid* und *Pancuroniumbromid* gehören ebenfalls zum Typus der stabilisierenden Muskelrelaxantien und weisen gegenüber Tubocurarin verringerte Nebenwirkungen auf. Die Wirkung stabilisierender Muskelrelaxantien kann durch Cholinesterase-Hemmstoffe wie Neostigmin (vgl. 7.1.2), die die Konzentration von Acetylcholin an der motorischen Endplatte erhöhen, antagonisiert werden. Bei Alcuroniumchlorid besteht bei wiederholter Gabe die Gefahr der Kumulation.

Decamethoniumbromid, Hexcarbacholinbromid und *Suxamethoniumchlorid* sind depolarisierende Muskelrelaxantien. Bei höherer Dosierung kann auf die Depolarisationsphase eine Stabilisationsphase folgen (Dual-Block). Suxamethoniumchlorid zeigt aufgrund seiner metabolischen Labilität besonders kurze Wirkungsdauer. Die Wirkung der depolarisierenden Muskelrelaxantien kann durch Cholinesterase-Hemmstoffe nicht aufgehoben werden.

Biotransformation *Tubocurarinchlorid* wird zu etwa 30 % in unveränderter Form ausgeschieden. Im Gegensatz zum metabolisch stabilen *Decamethoniumbromid* wird *Suxamethoniumchlorid* rasch inaktiviert. Unter dem Einfluß der unspezifischen Cholinesterase entsteht zunächst der noch schwach wirksame Bernsteinsäuremonocholinester, der dann in langsamerer Reaktion zu Bernsteinsäure und Cholin hydrolysiert.

Gewinnung *Tubocurarinchlorid* wird durch Extraktion aus Chondrodendron tomentosum gewonnen. Zur Darstellung von *Alcuroniumchlorid* geht man vom sog. Wieland-Gumlich-Aldehyd, einem Strychnin-Abbauprodukt, aus. Nach Quaternisierung mit Allyliodid wird in Gegenwart von Essigsäure/Natriumacetat dimerisiert (doppelte Enamin-Bildung). Der Ersatz von Iodid gegen Chlorid erfolgt über einen Chlorid-beladenen Ionenaustauscher.

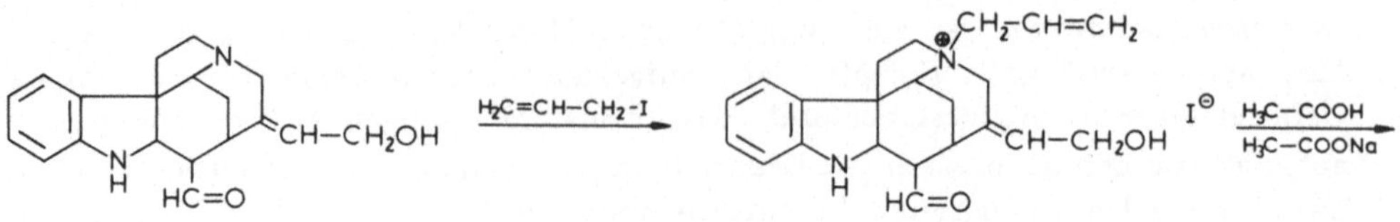

Wieland-Gumlich-Aldehyd

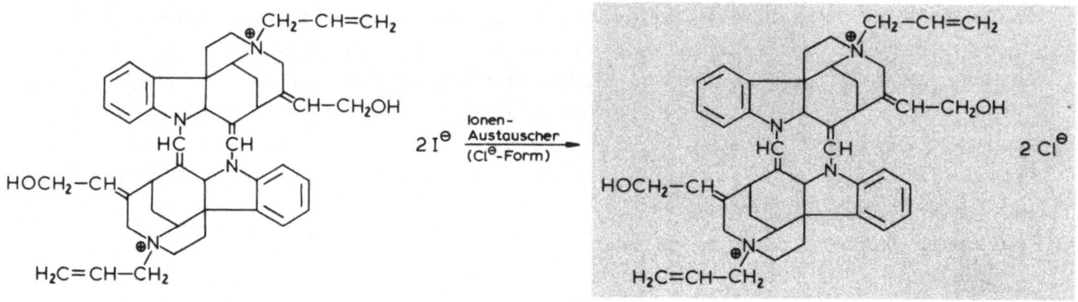

Alcuroniumiodid

Alcuroniumchlorid

Suxamethoniumchlorid kann durch Umsetzung von Bernsteinsäuredichlorid mit 2-Dimethylamino-ethanol und anschließende Quaternisierung mit Methylchlorid erhalten werden.

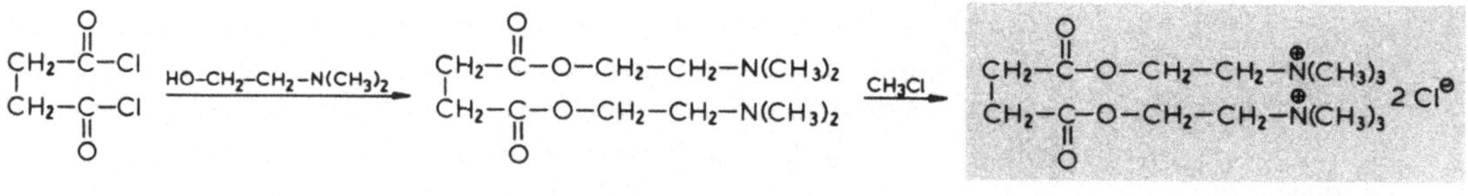

Suxamethoniumchlorid

7.9 Weitere zentral wirksame Stoffe

7.9.1 Analeptika

Analeptika sind Pharmaka, die das Zentralnervensystem (ZNS) — insbesondere das Atemzentrum — stimulieren.

Analeptika	
Freiname **(Handelsname)**	**Formel**
Pentetrazol (Cardiazol®)	
Bemegrid (Eukraton®)	
Nicethamid (Coramin®)	
Fominoben (Noleptan®, Bestandteil von Broncho-Noleptan®)	

Vertreter dieser Wirkstoffe findet man in unterschiedlichen Stoffgruppen. Beispiele sind die Ph. Eur.-Substanzen *Pentetrazol* (Pentamethylentetrazol), 6,7,8,9-Tetrahydrotetrazolo[1,5-a]azepin, und *Nicethamid*, das Diethylamid der Nicotinsäure, sowie *Bemegrid*, ein Glutarimid- bzw. 2,6-Piperidindion-Derivat, das den hypnotisch wirksamen Piperidindionen und Barbitalen strukturverwandt ist. *Fominoben* kann als Derivat des o-Benzotoluidids aufgefaßt werden.

Pharmakologie   Eine Indikation für Analeptika stellen Intoxikationen durch Hypnotika vom Wirkungstyp der Barbitale dar. Hierbei steht als entscheidender therapeutischer Effekt die Verbesserung der Atmung im Vordergrund, während das Wiedererlangen des Bewußtseins (Aufwacheffekt) nachrangig ist.

Unter dem Aspekt lebensrettender Wirkung ist zu beachten, daß *Pentetrazol* und *Bemegrid* die Wirkung toxischer Dosen von Barbitalen mindern und einen Aufwacheffekt besitzen, *Nicethamid* demgegenüber die Toxizität der Barbitale erhöht und keinen Aufwacheffekt zeigt. Bei Vergiftungen durch *Methaqualon* sind Analeptika kontraindiziert. Die Aufhebung der durch Hypnotika verursachten Atemlähmung ist als *funktioneller Antagonismus* zu verstehen. Auch *Bemegrid* wirkt trotz Strukturverwandtschaft zu verschiedenen Hypnotika-Klassen nicht als spezifischer Antagonist. In höherer Dosierung wirken die Analeptika krampfauslösend.

Da in lebensbedrohenden Situationen durch die gegenwärtig bekannten Analeptika kein der künstlichen Beatmung vergleichbarer therapeutischer Effekt erreicht werden kann, ist die Substanzgruppe in den Hintergrund getreten.

Das in neuerer Zeit entwickelte *Fominoben* findet bei gestörter Atmung Anwendung. Es wird bei chronisch obstruktiven Krankheitsbildern wie z.B. Emphysembronchitis eingesetzt.

Synthese *Pentetrazol* wurde erstmals durch Umsetzung von Cyclohexanon mit Stickstoffwasserstoffsäure in Gegenwart starker Mineralsäuren erhalten (Schmidt-Reaktion). Das Keton reagiert dabei zunächst mit HN_3 unter Ringerweiterung zu einer als Carbenium-Ion formulierbaren Zwischenstufe, die mit einem zweiten Molekül HN_3 zur Tetrazol-Verbindung zyklisiert. Aufgrund der Gefährlichkeit der Stickstoffwasserstoffsäure werden zur industriellen Darstellung andere Verfahren herangezogen.

Diese gehen beispielsweise von ϵ-Caprolactam aus, dessen insbesondere für die Polyamidfaser-Produktion wichtige großtechnische Gewinnung aus Cyclohexanon über Oximierung und anschließende Beckmann-Umlagerung erfolgt. Zum Aufbau des Tetrazol-Ringes wird der mit Dimethylsulfat erhaltene Lactim-Ether mit Hydrazin umgesetzt und anschließend mit HNO_2 zyklisiert.

Pentetrazol

Zur Darstellung von *Nicethamid* wird Nicotinsäure mit Diethylamin in Gegenwart von $POCl_3$ in das Amid übergeführt.

Nicethamid

Analytik *Pentetrazol* kann nach Ph. Eur. mit $HgCl_2$-Lösung unter Bildung eines kristallinen Niederschlages nachgewiesen werden. Beim Versetzen mit Kaliumdichromat und H_2O_2 entsteht ein Pentetrazol-Chrom(VI)-peroxid-Komplex, der sich in Benzol mit blauvioletter Farbe löst.

7.9.2 Antiepileptika mit Imid-Strukturelement

Unter dem Begriff Epilepsie werden chronische Anfallsleiden zusammengefaßt, die durch kurze Perioden des Bewußtseinsverlusts oder der Bewußtseinstrübung gekennzeichnet sind und die meist mit motorischen Störungen einhergehen. Ausgelöst werden die Anfälle durch lokale oder sich von einem Herd ausbreitende plötzliche exzessive Entladungen der Neurone bestimmter Gehirngebiete. Die Anfallsformen können wie folgt eingeteilt werden:

Grand-mal-Anfälle	generalisierte Anfälle mit plötzlichem Bewußtseinsverlust und tonisch-klonischen Krämpfen
Petit-mal-Anfälle	generalisierte Anfälle mit kurzen Bewußtseinsstörungen (Absencen) und schwach ausgeprägter motorischer Symptomatik
Partielle Anfälle	Hierzu zählen psychomotorische Anfälle (z.B. Schläfenlappen-Epilepsie) und fokale Anfälle (Herdanfälle). Je nach dem betroffenen Gehirnareal kommt es zu unterschiedlichen klinischen Manifestationen.

Antiepileptika bewirken eine Heraufsetzung der Krampfschwelle. Dadurch kann beim Epileptiker eine Unterdrückung der Anfälle oder eine starke Minderung der Anfallshäufigkeit erreicht werden.

Entwicklung Wenige Jahre nach Einführung der ersten von der Barbitursäure abgeleiteten Hypnotika wurde die antikonvulsive Wirkung von *Phenobarbital* (vgl. 7.4.4) klinisch festgestellt. Als weitere Substanz mit hypnotischen und antiepileptischen Eigenschaften folgte das Hydantoin-Derivat *Nirvanol*®, 5-Ethyl-5-phenyl-hydantoin, das wegen starker Nebenwirkungen später zurückgezogen werden mußte. Aufgrund der ähnlichen pharmakologischen Effekte beider Stoffe ging man zunächst davon aus, daß die antiepileptische mit einer zentral dämpfenden, hypnotischen Wirkung gekoppelt sein müsse.

Barbitale und Hydantoine sind zyklische Ureide, denen das nachstehende Strukturelement gemeinsam ist:

$$-\overset{\overset{\displaystyle R^1}{|}}{\underset{\underset{\displaystyle R^2}{|}}{C}}-\overset{}{\underset{\underset{\displaystyle O}{\|}}{C}}-\overset{}{\underset{\underset{\displaystyle R^3}{|}}{N}}-\overset{}{\underset{\underset{\displaystyle O}{\|}}{C}}-$$

Diese Imid-Gruppierung bewährte sich bei der Suche nach neuen Antiepileptika als Leitstruktur. Begünstigt wurde die Entwicklung antikonvulsiver Arzneistoffe weiterhin durch das Auffinden pharmakologischer Testmodelle. Mit *Pentetrazol* (vgl. 7.9.1) oder durch Elektroschock können an Versuchstieren Krampfanfälle ausgelöst werden, die als experimentelles Äquivalent bestimmter Anfallsformen eine differenzierte Prüfung auf antikonvulsive Wirkung erlauben. Als Resultat planmäßiger Versuche konnte mit *Phenytoin*, 5,5-Diphenyl-2,4-imidazolidindion bzw. 5,5-Diphenyl-hydantoin, erstmals ein stark wirksames Antiepileptikum aufgefunden werden, das in üblicher Dosierung nicht sedativ-hypnotisch wirkt. Die weitere Entwicklung führte zu Wirkstoffen aus der Oxazolidindion-

und Succinimid-Reihe. Beide Substanzklassen weisen die charakteristische Imid-Gruppierung auf. Eine Sonderstellung nimmt das Hexahydropyrimidindion-Derivat *Primidon*, 5-Ethyl-5-phenyl-hexahydro-4,6-pyrimidindion, ein. Diese Substanz enthält als Desoxybarbitursäure-Derivat zwar nicht das Imid-Strukturelement, wird aber in vivo zu Phenobarbital oxidiert.

Antiepileptika mit Imid-Strukturelement		
Stoffklasse	Freiname (Handelsname)	Formel
Barbitale	Phenobarbital (Luminal®)	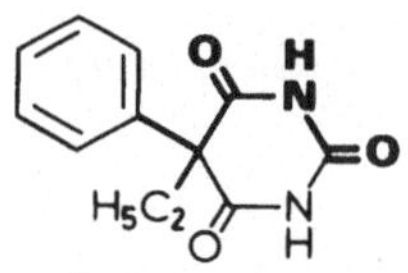
	Methylphenobarbital (Prominal®)	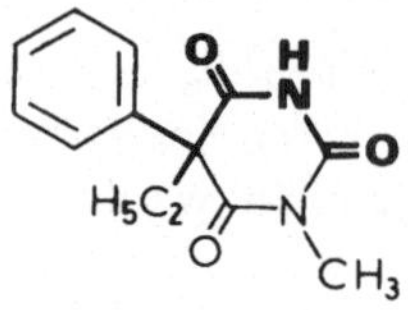
Hexahydropyrimidindione (keine Imide, vgl. Text)	Primidon (Liskantin®, Mylepsinum®)	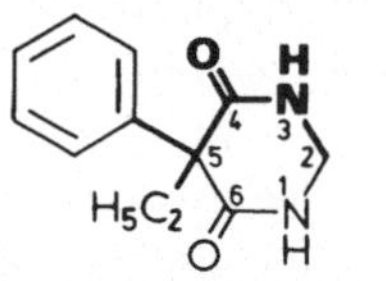
Hydantoine	Phenytoin (Phenhydan®, Zentropil®)	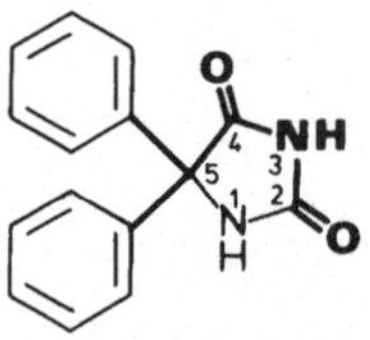
Oxazolidindione	Trimethadion (Tridione®)	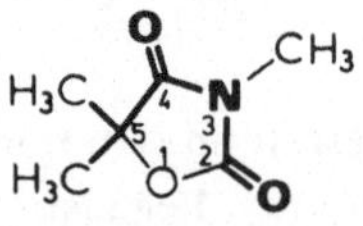
Succinimide	Ethosuximid (Petnidan®, Suxinutin®)	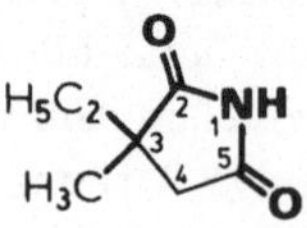

Von den Barbitalen ist neben Phenobarbital auch *Methylphenobarbital*, 5-Ethyl-1-methyl-5-phenyl-barbitursäure, als Antiepileptikum gebräuchlich. Aus der Gruppe der Oxazolidindione findet *Trimethadion*, 3,5,5-Trimethyl-2,4-oxazolidindion therapeutische Anwendung. Wichtigster Vertreter der Succinimide ist *Ethosuximid*, 3-Ethyl-3-methyl-2,5-pyrrolidindion bzw. α-Ethyl-α-methyl-succinimid.

Pharmakologie Die Barbitale, *Primidon* und *Phenytoin* sind bei Grand-mal- und bei partiellen Anfällen indiziert. *Methylphenobarbital* zeigt im Vergleich zu *Phenobarbital* schwächere hypnotische Eigenschaften, bringt jedoch in der Dauertherapie keine Vorteile, da rasche Demethylierung stattfindet. Phenobarbital wird zur Minderung der unerwünschten Müdigkeit häufig zusammen mit *Propylhexedrin* angewendet. Das äquimolare Addukt trägt den Freinamen *Barbexaclon* (Maliasin®). Propylhexedrin ist ein Psychostimulans und kann als hydriertes *Methamphetamin* (vgl. 7.5.7) aufgefaßt werden. *Ethosuximid* ist bei Petit-mal-Anfällen indiziert. Die Bedeutung von *Trimethadion*, das den gleichen Anwendungsbereich hat, ist aufgrund starker Nebenwirkungen zurückgegangen.

Eigenschaften, Reaktionen Die 5,5-disubstituierten Hydantoine zeigen in Analogie zu den Barbitalen saure Eigenschaften und gehen mit Alkalilaugen unter Bildung mesomeriestabilisierter Monoanionen in Lösung.

Im Vergleich zu Barbitalen sind die entsprechenden Hydantoine schwächere Säuren. *Phenytoin* ($pK_a = 8,3$) ist praktisch unlöslich in Wasser. Sein gut lösliches Natrium-Salz, das u.a. in Injektionslösungen zur Anwendung gelangt, reagiert infolge Hydrolyse stark alkalisch. Die Lösungen sind daher CO_2-empfindlich und scheiden bereits an der Luft Phenytoin aus. Die 5,5-disubstituierten Hydantoine lassen sich — im Gegensatz zu den Barbitalen — in 3-Stellung leicht methylieren.

Hydantoine, Oxazolidindione und Succinimide unterliegen beim Erhitzen mit Alkalilaugen Ringspaltungsreaktionen. *Phenytoin* ergibt unter diesen Bedingungen ein Salz der Diphenylureidoessigsäure.

Diphenylureidoessigsäure-
Natrium-Salz

Biotransformation *Primidon*, das auch als metabolisch unveränderte Substanz antikonvulsive Aktivität aufweist, wird in vivo zu etwa 15 % zu Phenobarbital oxidiert. Als Hauptmetabolit entsteht das ebenfalls aktive Ethyl-phenyl-malonsäurediamid. Die Eliminationshalbwertzeiten dieser Metaboliten sind höher als die der Muttersubstanz.

Phenobarbital   Primidon   Ethyl-phenyl-
                                                malonsäurediamid

Biotransformation von Primidon

Phenytoin wird durch p-Hydroxylierung in der Leber zu 5-(4-Hydroxyphenyl)-5-phenyl-hydantoin oxidiert. Da sich die beiden an einem prochiralen Zentrum stehenden Phenyl-Reste bei dieser enzymatischen Reaktion nicht äquivalent verhalten, resultiert ein optisch aktives Produkt, bei dem das S-(−)-Enantiomer im Verhältnis 10 : 1 überwiegt. Die Ausscheidung erfolgt hauptsächlich als Glucuronid. Bemerkenswert ist die Dosisabhängigkeit der Eliminationshalbwertzeit. Wahrscheinlich durch Sättigung von Leberenzymen bedingt, verlangsamt sich die Biotransformation bei höherer Plasmakonzentration. Daher können geringe Dosiserhöhungen zu einem überproportionalen Anstieg der Plasmawerte führen.

Das Oxazolidindion-Derivat *Trimethadion* wird im Organismus in das N-Desmethyl-Derivat (*Dimethadion*) umgewandelt. Der Metabolit zeigt ebenfalls antikonvulsive Aktivität. Für *Ethosuximid* stehen Hydroxylierungsreaktionen am Ethyl-Substituenten im Vordergrund.

Synthese *Primidon* ist durch elektrolytische Reduktion von Phenobarbital oder durch Entschwefelung des entsprechenden Thiobarbitals mit Raney-Nickel zugänglich.

Phenytoin läßt sich durch Umsetzung von Benzil mit Harnstoff in Gegenwart von Natriumalkoholat darstellen. Es ist anzunehmen, daß primär ein Pinakol gebildet wird, das sich anschließend in 5,5-Diphenyl-hydantoin umlagert.

Phenytoin

Alternativ kann Phenytoin durch Erhitzen von Benzophenon mit Kaliumcyanid und Ammoniumcarbonat in verdünntem Ethanol (Bucherer-Bergs-Reaktion) erhalten werden. Dieses allgemein anwendbare Verfahren zur Synthese von Hydantoinen verläuft vermutlich über eine Folge von Zwischenprodukten und abschließende Ringisomerisierung.

Succinimide vom Typ des *Ethosuximids* erhält man durch trockenes Erhitzen der Diammonium-Salze substituierter Bernsteinsäuren.

Ethosuximid

Analytik *Phenytoin* wird nach DAB 8 durch Zwikker-Reaktion (vgl. 5.3) nachgewiesen. Zur Gehaltsbestimmung wird zunächst mit Natronlauge gegen Thymolphthalein titriert. Hierbei wird schon vor Erreichen des Äquivalenzpunktes Indikatorumschlag beobachtet. Durch Zugabe von Silbernitrat wird undissoziiertes Phenytoin ebenso wie das Anion als Monosilbersalz ausgefällt. Pyridin als Lösungsmittel verhindert durch Komplexierung überschüssiger $Ag^{\oplus}$-Ionen die Ausfällung von Ag_2O und bindet gleichzeitig die freiwerdenden Protonen als Pyridinium-Ionen, die gegen Phenolphthalein titrierbar sind. Der Gehalt errechnet sich aus dem Gesamtverbrauch an Natronlauge.

7.9.3 Antiepileptika unterschiedlicher Konstitution

Die Imid-Gruppierung hat sich zwar als empirisches Prinzip zur Auffindung neuer Antiepileptika bewährt, ist aber keine notwendige Bedingung antikonvulsiver Aktivität.

Antiepileptika unterschiedlicher Konstitution		
Stoffklasse	Freiname (Handelsname)	Formel
Dibenz[b,f]azepine	Carbamazepin (Tegretal®)	

Fortsetzung der Tabelle

Stoffklasse	Freiname (Handelsname)	Formel
Sultame	Sultiam (Ospolot®)	SO_2 … N … SO_2-NH_2
Valeriansäure-Derivate	Valproinsäure (Ergenyl®) Na-Salz	$H_3C-CH_2-CH_2-\overset{2}{C}H-COO^{\ominus}\ Na^{\oplus}$ $H_3C-CH_2-\overset{\mid}{C}H_2$
1,4-Benzodiazepine	Diazepam (Valium®)	
	Clonazepam (Rivotril®)	

Besondere Bedeutung unter den Substanzen ohne das charakteristische Imid-Strukturelement hat *Carbamazepin*, ein Dibenz[b,f]azepin-Derivat, erlangt. Der Wirkstoff zeigt Strukturverwandtschaft zu den trizyklischen Antidepressiva. *Sultiam* weist eine freie sowie eine zyklisierte Sulfonamid-Gruppe (Sultam-Struktur) auf. *Valproinsäure*, 2-Propyl-Valeriansäure, ist ein Stickstoff-freies Antiepileptikum. Von den 1,4-Benzodiazepinen werden insbesondere *Diazepam* und *Clonazepam* als Antikonvulsiva eingesetzt (vgl. 7.5.1).

Pharmakologie *Carbamazepin* findet vorzugsweise bei psychomotorischen Anfällen Anwendung. Darüber hinaus eignet sich die Substanz zur Behandlung der Trigeminus-Neuralgie. *Sultiam* zeigt — ebenso wie die Sulfonamid-Diuretika vom Typ des Acetazolamids — Carboanhydrase-hemmende Eigenschaften. Die antikonvulsive Wirkung dürfte mit einer Erhöhung der CO_2-Konzentration im Gehirn zusammenhängen. Sultiam findet als Zusatzmedikament bei sonst nicht beeinflußbaren Anfallsleiden Anwendung.

Für die Wirkung der *Valproinsäure* wird eine Beeinflussung des γ-Aminobuttersäure-(GABA)-Stoffwechsels in Betracht gezogen (vgl. 7.8.3). Valproinsäure wird hauptsächlich als Zusatzmedikament bei unterschiedlichen Anfallsformen eingesetzt. Die *1,4-Benzodiazepine* eignen sich insbesondere zur Durchbrechung des *Status epilepticus.* Darunter versteht man das gehäufte Auftreten von Grand-mal-Anfällen.

Biotransformation Die metabolische Umwandlung von *Carbamazepin* verläuft in zwei Hauptrichtungen. Einerseits bildet sich das 10,11-Epoxid und daraus das entsprechende Diol, das als Glucuronid ausgeschieden wird, andererseits tritt Ringverengung auf, wobei 9-substituierte Acridine, das unsubstituierte Acridin sowie Acridon entstehen.

Carbamazepin

Acridin

Acridon

Biotransformation von Carbamazepin

7.9.4 Emetika und Antiemetika

Zur Resorptionsverhinderung bei Vergiftungen kann die Entleerung des Mageninhaltes angezeigt sein. Falls eine Magenspülung nicht durchführbar ist, besteht die Möglichkeit des Auslösens von Erbrechen durch Gabe von **Emetika.** Dazu ist das dopaminerg wirksame *Apomorphin* (vgl. 7.7.1) einsetzbar, das als Hydrochlorid subkutan injiziert wird. Die Wirkung kommt wahrscheinlich durch zentrale Stimulation des in der Medulla oblongata gelegenen „Brechzentrums" zustande.

Apomorphin

Aufgrund der Brenzkatechin-Struktur ist Apomorphin oxidationsempfindlich. Das in unzersetztem Zustand farblose Hydrochlorid (Ph. Eur.) verfärbt sich in Anwesenheit von Licht und Luftsauerstoff unter Bildung eines Phenanthrenchinons (vgl. 7.7.1) grün. Die Darstellung von Apomorphin erfolgt aus Morphin in Gegenwart von Säure unter Druck (Apomorphin-Umlagerung, vgl. 7.7.1). Auf einfache Art läßt sich Erbrechen durch warme *Kochsalzlösung* (2—3 Teelöffel auf 1 Glas Wasser) auslösen. Die Verwendung von Kupfersulfat ($CuSO_4 \cdot 5H_2O$), das Erbrechen über eine Irritation der Magenschleimhaut reflektorisch auslöst, ist wegen Intoxikationsgefahr abzulehnen.

Antiemetika bewirken z. B. durch Angriff am Chemorezeptoren-Feld der Area postrema bzw. durch zentrale Dämpfung eine Unterdrückung von Brechreiz (Nausea) und Erbrechen. Die Verhinderung von Kinetosen (Bewegungskrankheiten) stellt das häufigste Anwendungsgebiet dar. Der Einsatz bei Schwangerschaftserbrechen ist problematisch.

Antiemetika sind in folgenden Wirkstoffgruppen zu finden:

- Parasympatholytika
- Neuroleptika
- H_1-Antihistaminika

Antiemetika		
Stoffklasse	Freiname (Handelsname)	Formel
Neuroleptika	Perphenazin (Decentan®)	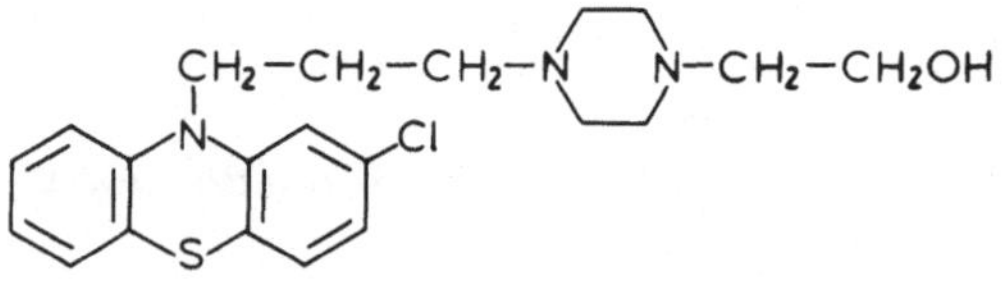 Phenothiazin-Struktur mit $CH_2-CH_2-CH_2-N$ Piperazin $N-CH_2-CH_2OH$, Ringsubstituent Cl
H_1-Antihista-minika	Dimenhydrinat (Bestandteil von Vomex A®)	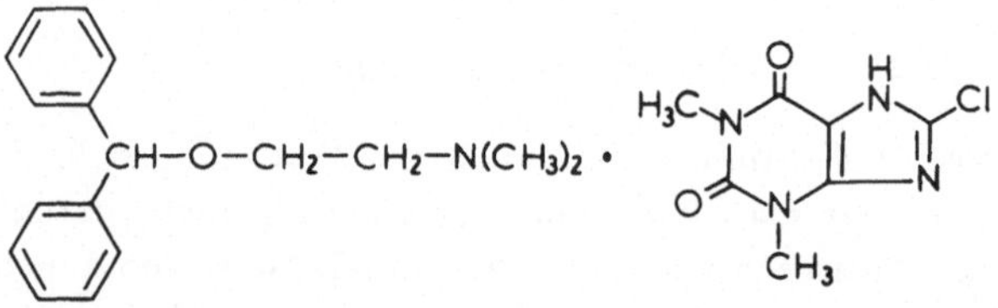 $CH-O-CH_2-CH_2-N(CH_3)_2$ · Theophyllin-Chlortheophyllin-Struktur
Procainamid-Derivate	Metoclopramid (Paspertin®)	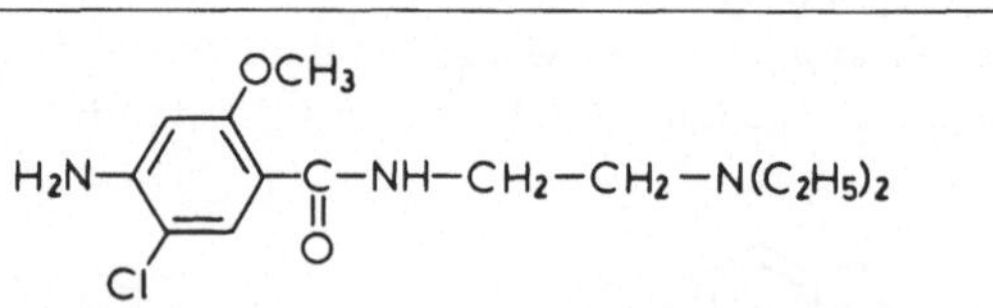 H_2N- Benzolring mit OCH_3, Cl, $C(=O)-NH-CH_2-CH_2-N(C_2H_5)_2$

Die Parasympatholytika *Atropin* und *Scopolamin* (vgl. 7.1.3) gehören zu den am längsten bekannten Antiemetika. Unter den neuroleptisch wirksamen Phenothiazinen zeigen die Piperazin-substituierten Derivate (z. B. *Perphenazin*) den stärksten antiemetischen Effekt. Neben den Butyrophenonen weist auch das als Benzamid-Derivat aufzufassende *Sulpirid* (vgl. 7.5.4) antiemetische Eigenschaften auf.

Von den H_1-Antihistaminika hat vor allem das zum Colamin-Typ gehörige *Diphenhydramin* (Bestandteil vom Emesan®) Bedeutung als Antiemetikum erlangt. Zur Verminderung der sedativen Wirkung wird Diphenhydramin oft mit 8-Chlortheophyllin, einer zentral anregenden Substanz, kombiniert. Das 1:1-Addukt, *Dimenhydrinat* INN, ist häufiger Bestandteil von „Reisetabletten". Aus der Colamin-Reihe findet weiterhin *Chlorphenoxamin* (vgl. 12.7.2), ebenfalls in Kombination mit 8-Chlortheophyllin (Bestandteil von Rodavan®) als Antiemetikum Anwendung. *Meclozin* (Bonamine®, Bestandteil von Peremesin®) stellt ein antiemetisch wirksames H_1-Antihistaminikum vom Ethylendiamin-Typ dar (vgl. 12.7.2).

Metoclopramid, ein Procainamid-Derivat (vgl. 8.1.1), bewirkt neben dem antiemetischen Effekt — ebenfalls durch zentralen Angriff — eine Verstärkung der Magenperistaltik und eine Erweiterung des Pylorus, wodurch der Magen schneller entleert wird. Dies kann bei Ulcus ventriculi von Vorteil sein.

8 Stoffe mit Wirkung auf Herz, Kreislauf und Blut

8.1 Antiarrhythmisch wirksame Stoffe

8.1.1 Antifibrillatorika unterschiedlicher Konstitution

Antifibrillatorika setzen am Herzen durch Beeinflussung der transmembranalen Kationenströme die Erregungsbildung und Erregungsleitung des spezifischen Reizleitungssystems sowie des Myokards herab. Ihr Hauptanwendungsbereich sind Tachyarrhythmien.

Antifibrillatorika	
Freiname (Handelsname)	Formel
Ajmalin (Gilurytmal®)	

Fortsetzung der Tabelle

Freiname (Handelsname)	Formel
Prajmalin (Prajmaliumbitartrat (INN) = Neo-Gilurytmal®)	
Chinidin (Chinidin-Duriles®)	
Procainamid (Novocamid®)	H_2N–C$_6$H$_4$–C(=O)–NH–CH$_2$–CH$_2$–N(C$_2$H$_5$)$_2$

Ajmalin, ein Alkaloid aus den Wurzeln von Rauvolfia serpentina (vgl. 8.5.1), ist durch ein Dihydroindol-Strukturelement charakterisiert. Es handelt sich um eine farblose Base, deren Konstitution durch Robinson sowie endgültig durch Woodward (1956) geklärt wurde. Wird Ajmalin am stärker basischen N-4 ($pK_a = 8,1$) des Chinolizidin-Ringsystems quaternisiert, so gelangt man zu *Prajmalium*-Salzen.

Chinidin (absolute Konfiguration: 3R, 4S, 8R, 9S) ist ein China-Alkaloid (vgl. 13.4.1), das sich vom Chinin nur durch entgegengesetzte Konfiguration an C-8 und C-9 unterscheidet. Chinin und Chinidin sind somit ein Diastereomeren-Paar. Da die Chinarinde Chinidin nur in geringer Menge enthält, wird die überwiegende Menge aus Chinin durch Oxidation zur 9-Oxo-Verbindung (Chininon), anschließende Reduktion und Trennung des entstehenden Isomeren-Gemisches gewonnen.

Pharmakologie *Ajmalin* und *Chinidin* setzen am Herzen Erregbarkeit, Erregungsleitung und Kontraktilität herab. Aufgrund der negativ inotropen Wirkung können bei gleichzeitiger Insuffizienz schwere Myokardschäden auftreten. Der chemotherapeutische Effekt des Chinidins ist im Vergleich zu Chinin geringer.

Procainamid besitzt gegenüber Procain (vgl. 7.6.3) abgeschwächte lokalanästhetische Wirkung. Dagegen ist die Wirkungsdauer verlängert, da Amide langsamer hydrolysiert werden. Die elektrophysiologischen Parameter ändern sich am Herzen in gleicher Weise wie unter dem Einfluß von Chinidin. Große Bedeutung — besonders bei ventrikulären

Arrhythmien — erlangte das Lokalanästhetikum *Lidocain* (vgl. 7.6.4). Es zeigt bei i.v.-Infusion keine depressiven Wirkungen und ist aufgrund seiner relativ kurzen Wirkungsdauer sehr gut steuerbar.

Das Antiepileptikum *Phenytoin* (vgl. 7.9.2) setzt wie Lidocain die Erregungsbildung im Reizleitungssystem herab und findet daher bei ventrikulären Rhythmusstörungen — etwa nach Digitalis-Intoxikationen — Anwendung.

Analytik Ph. Eur. prüft die Identität von *Ajmalin* mit Salpetersäure, wobei eine intensive Rotfärbung auftritt. Zur Gehaltsbestimmung wird mit Perchlorsäure in Eisessig titriert. Die Protonierung findet zuerst am N-4 statt. Der Äquivalenzpunkt (erster Wendepunkt der Kurve) wird potentiometrisch bestimmt.

Chinidinsulfat (DAB 8) kann wie Chinin (vgl. 13.4.1) durch *Thalleiochin-Reaktion* sowie durch blaue Fluoreszenz der schwefelsauren Lösung nachgewiesen werden.

8.2 Positiv inotrop wirksame Stoffe

8.2.1 Herzwirksame Glykoside

Die herzwirksamen Glykoside erhöhen die Kontraktionskraft der Herzmuskulatur (positiv inotrope Wirkung) bei gleichzeitiger Verlangsamung der Schlagfrequenz (negativ chronotrope Wirkung). Sie werden zur Therapie der Herzinsuffizienz verwendet.

Von den natürlich vorkommenden Herzglykosiden haben besonders die Glykoside aus Scrophulariaceen (Digitalis), Apocynaceen (Strophanthus) und Liliaceen (Scilla) Bedeutung erlangt.

Der Anstoß zur rationalen Digitalis-Therapie wurde durch den Arzt Withering (1785) gegeben. Dagegen war die — indirekte — diuretische Wirkung schon lange vorher bekannt. Die Isolierung von annähernd reinem *Digitoxin* gelang 1867 dem Apotheker Nativelle. Für die Darstellung reiner Wirkstoffe im technischen Maßstab waren leistungsfähige Trennungsmethoden wie Gegenstromverteilung und chromatographische Verfahren Voraussetzung.

Chemisch handelt es sich bei den Herzglykosiden um Steroide, deren Hydroxyl am C-3 glykosidisch mit einer Oligosaccharid-Kette verknüpft ist. Aufgrund des Substituenten in 17-β-Stellung des Steroid-Skeletts unterscheidet man

- *Cardenolide*, mit α,β-ungesättigtem γ-Lacton-Ring (Butenolid-Ring), sowie
- *Bufadienolide*, die einen zweifach ungesättigten δ-Lacton-Ring (Cumalin-Ring) besitzen.

Die Grundkörper werden als Cardanolid bzw. Bufanolid bezeichnet.

Herzwirksame Glykoside

Cardenolide

Digitalis-Glykoside

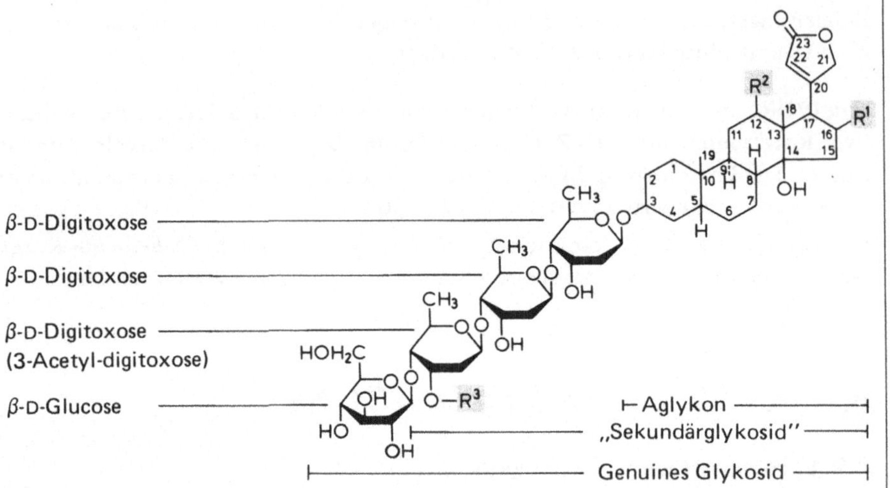

β-D-Digitoxose

β-D-Digitoxose

β-D-Digitoxose
(3-Acetyl-digitoxose)

β-D-Glucose

├─ Aglykon ─┤
├─ „Sekundärglykosid" ─┤
├─ Genuines Glykosid ─┤

Genuines Glykosid	„Sekundärglykosid"	Aglykon	R^1	R^2	R^3
Purpurea-Glykosid A	Digitoxin (Digimerck®)	Digitoxigenin	H	H	H
Purpurea-Glykosid B	Gitoxin	Gitoxigenin	OH	H	H
Lanatosid A	Acetyldigitoxin	Digitoxigenin	H	H	$CO-CH_3$
Lanatosid B	Acetylgitoxin	Gitoxigenin	OH	H	$CO-CH_3$
Lanatosid C (Cedila-nid®, Celadigal®)	Acetyldigoxin	Digoxigenin	H	OH	$CO-CH_3$

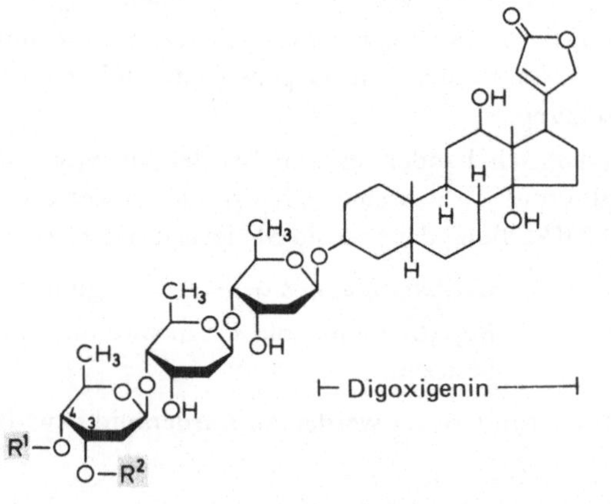

├─ Digoxigenin ─┤

Digoxin und partialsynthetische Derivate	R^1	R^2
Digoxin (Lanicor®)	H	H
Metildigoxin (= β-Methyldigoxin, Lanitop®)	CH_3	H
β-Acetyldigoxin (Novodigal®, in Gladixol®)	$CO-CH_3$	H
α-Acetyldigoxin (Dioxanin®, Sandolanid®)	H	$CO-CH_3$

Fortsetzung der Tabelle

Cardenolide

| **Strophanthus-Glykoside** | 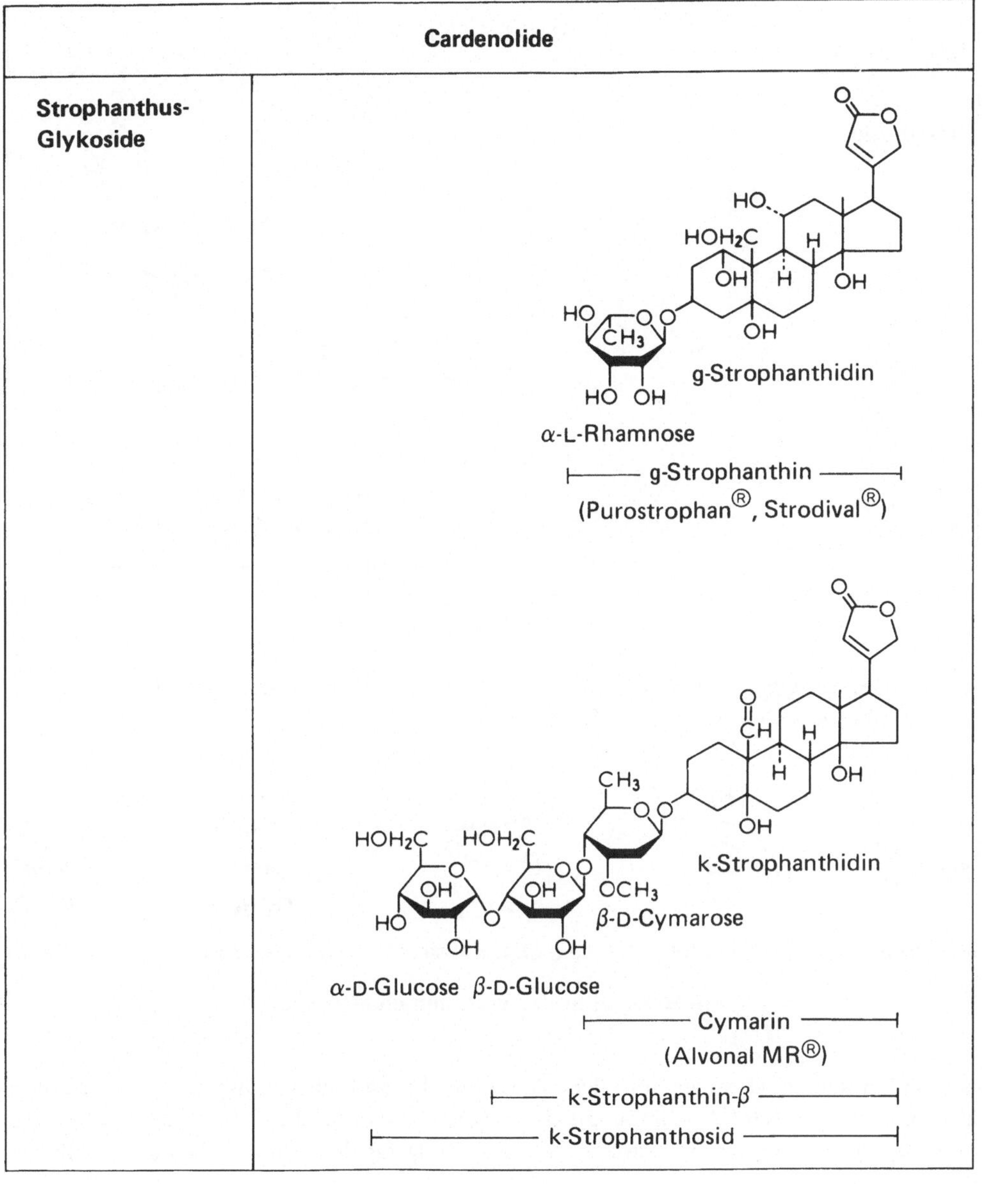 |

Fortsetzung der Tabelle

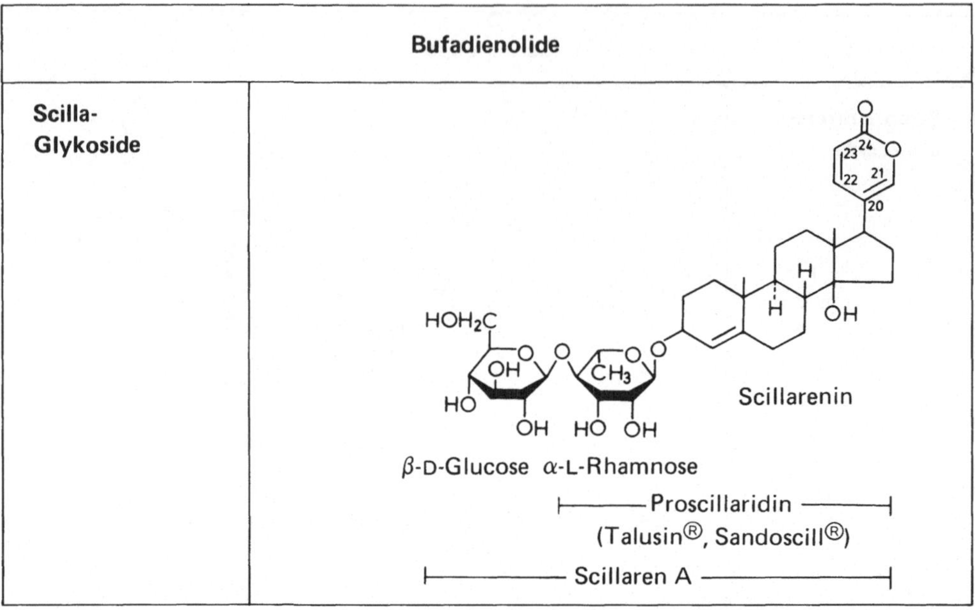

Am Aufbau der *Oligosaccharid-Kette* sind neben Glucose charakteristische *Desoxyzucker* beteiligt, die stets als Pyranosen vorliegen.

In Herzglykosiden vorkommende Zucker

Sie sind miteinander sowie mit dem Aglykon glykosidisch verknüpft. In der linearen Zucker-Kette liegt eine 1,4-Bindung vor. Die Zucker sind für die eigentliche Herzwirkung ohne Bedeutung, spielen jedoch eine wichtige Rolle für die pharmakokinetischen Eigenschaften.

Digitalis-Glykoside

Die Blätter des roten Fingerhutes (Digitalis purpurea) enthalten die genuinen *Purpurea-Glykoside A* und *B*. Ihre Aglykone (Genine), *Digitoxigenin* und *Gitoxigenin*, sind über ein β-ständiges Hydroxyl an C-3 glykosidisch mit einem Tetrasaccharid, bestehend aus 3 Molekülen β-D-Digitoxose und einem Molekül β-D-Glucose verknüpft. Pflanzeneigene

Enzyme können die endständige Glucose abspalten, wodurch aus Purpurea-Glykosid A *Digitoxin*, aus Purpurea-Glykosid B *Gitoxin* gebildet wird. Die in den Blättern von Digitalis purpurea weiterhin vorkommenden Glykoside sind ohne therapeutische Bedeutung.

Die Blätter des wolligen Fingerhutes (Digitalis lanata) enthalten die genuinen *Lanatoside A, B* und *C*. Sie unterscheiden sich von den Purpurea-Glykosiden durch die acetylierte Hydroxyl-Gruppe am C-3 der vom Aglykon am weitesten entfernt stehenden Digitoxose. Die Aglykone der Lanatoside A und B entsprechen denen der Purpurea-Glykoside A und B. Lanatosid C besitzt als Aglykon *Digoxigenin*, das gegenüber Digitoxigenin eine zusätzliche Hydroxyl-Gruppe an C-12 aufweist. Durch Desacetylierung entsteht aus Lanatosid C *Deslanosid C*, aus dem durch hydrolytische Abspaltung der endständigen Glucose *Digoxin* gebildet wird. Von den Lanatosiden sind sowohl Lanatosid C als auch das Gemisch der 3 genuinen Glykoside (Pandigal®) im Handel.

Der Gehalt an herzwirksamen Glykosiden beträgt bei den Blättern von Digitalis purpurea 0,15 bis 0,3 %, bei Digitalis lanata 0,4 bis 1 %.

Partialsynthetische Digoxin-Derivate

Zur Verbesserung der Pharmakokinetik wurde *Digoxin* partialsynthetisch abgewandelt. Im *α-Acetyldigoxin* ist die Hydroxyl-Gruppe — wie in den genuinen Lanatosiden — am C-3 der endständigen Digitoxose acetyliert, während das stellungsisomere *β-Acetyldigoxin* an der C-4-ständigen Hydroxyl-Gruppe acetyliert ist. *Metildigoxin* trägt am C-4 der endständigen Digitoxose eine Methoxy-Gruppe.

Strophanthus-Glykoside

Das Glykosid *g-Strophanthin* ist in den Samen von Strophanthus gratus zu etwa 4 % enthalten. Da es zuerst aus dem Holz von Acokanthera ouabaio isoliert wurde, wird g-Strophanthin auch als *Ouabain* bezeichnet. Das genuine Glykosid stellt ein 3 β-Rhamnosid des Aglykons *g-Strophanthidin* (Ouabagenin) dar. Die Konstitution wurde von Tschesche (1955) bewiesen, nachdem bereits Mannich (1942) einen richtigen Strukturvorschlag gemacht hatte.

Aus den Samen von Strophanthus kombe und anderen Strophanthus-Arten wird das genuine *k-Strophanthosid* gewonnen. Es ist aufgebaut aus dem Aglykon *k-Strophanthidin*, dessen Hydroxyl am C-3 glykosidisch mit einem Trisaccharid, bestehend aus β-D-Cymarose, β-D-Glucose und α-D-Glucose, verknüpft ist. Durch enzymatische Abspaltung der endständigen α-Glucose entsteht *k-Strophanthin-β*. Hydrolytische Abspaltung von α- und β-Glucose ergibt *Cymarin* (k-Strophanthin-α), das auch aus Castilloa elastica und Apocynum cannabinum gewonnen werden kann. Ein Glykosid-Gemisch aus k-Strophanthosid (Hauptanteil), k-Strophanthin-β und Erysimosid ist als *k-Strophanthin* (Kombetin®) im Handel. *Erysimosid* ist von k-Strophanthin-β nur durch Digitoxose anstelle von Cymarose unterschieden.

Scilla-Glykoside

Die in der Meerzwiebel (Scilla maritima) vorkommenden Glykoside gehören zur Gruppe der *Bufadienolide*. Das genuine *Glucoscillaren A* geht schon beim Trocknen der Droge durch enzymatische Abspaltung von β-D-Glucose in *Scillaren A* über. Aus diesem kann durch weitere Hydrolyse mit Hilfe verschiedener Enzyme auch der zweite Glucose-Rest abgespalten werden. Das so darstellbare *Proscillaridin*, ein 3 β-Rhamnosid des Aglykons *Scillarenin*, hat in der Therapie Bedeutung erlangt.

Pharmakologie   Die Wirkung der Herzglykoside äußert sich insbesondere in einer

- Steigerung der Kontraktionskraft der Herzmuskulatur (positiv inotrope Wirkung)
- Erniedrigung der Schlagfrequenz (negativ chronotrope Wirkung)
- Erschwerung der Erregungsleitung (negativ dromotrope Wirkung)

Herzglykoside sind besonders am insuffizienten Herzen wirksam. Durch Verkürzung der überdehnten Muskelfasern wird das pathologisch vergrößerte Herz kleiner. In der Systole nimmt die Restblutmenge in den Kammern ab, während der Diastole kommt es zu einer besseren Füllung. Dies hat eine Druckentlastung in den großen Venen zur Folge. Die negativ chronotrope Wirkung führt zu einer ruhigeren und ökonomischeren Herzarbeit, der Sauerstoff-Verbrauch des Herzmuskels nimmt ab.

Die verstärkte Herzleistung bewirkt indirekt auch eine Steigerung der Diurese.

Durch die Senkung der Reizschwelle bedingt, kann es zu heterotoper Erregungsbildung kommen, die sich in Extrasystolen bis hin zu Kammerflimmern äußert. Wegen der geringen therapeutischen Breite — schon 1,5—3 fache Vollwirkdosen können toxische Symptome hervorrufen — ist eine exakte Dosierung und sorgfältige Einstellung des Patienten unumgänglich. Drogenauszüge mit wechselndem Glykosid-Gehalt sind als obsolet anzusehen. Überdosierungen äußern sich in Arrhythmien, Erbrechen, Sehstörungen und schließlich in partiellem bzw. totalem Herzblock.

Alle Herzglykoside besitzen *gleiche pharmakodynamische Wirkung*. Durch Partialsynthese konnte nur die *Pharmakokinetik verbessert* werden. Die Unterschiede liegen besonders in

- der Resorptionsquote
- der Latenzzeit bis zum Wirkungseintritt
- der Abklingquote
- der Wirkungsdauer

Die tabellierten Daten sind aufgrund starker individueller Schwankungen sowie aufgrund von Unterschieden in der Bioverfügbarkeit peroral applizierbarer Präparate nur als Anhaltswerte zu betrachten.

Pharmakokinetische Daten der Herzglykoside					
Glykosid	Resorptions-quote in %	Latenz bis zum Wirkungsein-tritt in Minuten		Abkling-quote pro Tag in %	Wirkungs-dauer in Tagen
		i.v.	peroral		
Digitoxin	100	30	~ 240	7	~ 18
Digoxin	70	30	~ 120	20	7
Metildigoxin	90	~ 10	20	20	7
α- und β-Acetyldigoxin	80	~ 10	30	20	7
Proscillaridin	30	~ 20	60	35	~ 3
k-Strophanthin	< 10	10	—	40	~ 2

Wegen der günstigen pharmakokinetischen Daten (hohe Resorption, schneller Wirkungs-eintritt, mittlere Abklingquote) werden *Metildigoxin, Acetyldigoxine* und *Digoxin* zur Therapie der Herzinsuffizienz heute bevorzugt eingesetzt. Die Digitalisierung wird in Ab-hängigkeit von Resorptions- und Abklingquote bis zum Erreichen des mittleren Voll-wirkspiegels mit einer höheren Glykosid-Dosis (*Sättigungsdosis*) begonnen und danach mit einer niedrigeren *Erhaltungsdosis* als Dauertherapie fortgesetzt.

Die Bedeutung der *Strophanthus-Glykoside*, die wegen des schnellen Wirkungseintritts besonders bei akuter Herzinsuffizienz gegeben werden, ist zugunsten der Digitalisierung stark zurückgegangen. Aufgrund ihres polaren Charakters werden sie bei peroraler Appli-kation nur sehr schlecht resorbiert. Die hohe Abklingquote erfordert mindestens an jedem zweiten Tag eine intravenöse Applikation. Intramuskuläre Injektionen verbieten sich wegen der starken gewebsschädigenden Wirkung.

Proscillaridin nimmt bezüglich Resorption und Wirkungsdauer eine Mittelstellung zwischen Strophanthus- und Digitalis-Glykosiden ein. *Meproscillarin* (Clift®), ein am C-4-ständigen Hydroxyl der Rhamnose methyliertes Proscillaridin, besitzt eine den halbsynthetischen Digoxin-Derivaten vergleichbare Resorptionsquote.

Der *Wirkungsmechanismus der Herzglykoside* ist nicht vollständig geklärt. Durch Hem-mung einer Membran-ATPase, die durch Spaltung von ATP die Energie für den aktiven transmembranalen Einstrom der Kalium-Ionen und Ausstrom der Natrium-Ionen bereit-stellt, kommt es zu einer Abnahme des intrazellulären $K^{\oplus}/Na^{\oplus}$-Quotienten. Dies bewirkt eine Freisetzung von Calcium-Ionen aus dem longitudinalen tubulären System. Die freien, intrazellulären Calcium-Ionen aktivieren die Myofibrillen-ATPase, welche die Bildung von Aktomyosin aus Aktin und Myosin katalysiert. Dadurch wird die elektromechanische Koppelung und damit die Kontraktionskraft des Herzmuskels verbessert.

Eigenschaften, Reaktionen Die Herzglykoside sind besonders säureempfindlich; es kann zur *Abspaltung von Zucker-Resten,* zur Bildung von *Anhydro-Verbindungen* (vgl. Analytik) sowie zur *Hydrolyse des Lacton-Rings* kommen.

Unter Baseneinwirkung können Cardenolide neben einer Verseifung des Lacton-Rings eine *irreversible Umlagerung* zu unwirksamen *14,21-* oder *16,21-Epoxycardanoliden* (früher „Isoverbindungen" genannt) erfahren. In wäßriger Kalilauge beginnt die basen-katalysierte Isomerisierung der Cardenolide mit Hydrolyse des Lacton-Rings. Es folgt Verlagerung der Doppelbindung von C-20:22 nach C-20:21 und sofortige Tautomerisie-rung des entstehenden Aldenols (Vinylalkohols) zum Aldehyd, der im Fall von Digitoxi-genin mit der Hydroxyl-Gruppe an C-14 ein zyklisches Halbacetal bildet. Aus diesem ent-steht bei stärkerem Ansäuern durch Lactonisierung das 14,21-Epoxycardanolid „Iso-digitoxigenin". Entsprechend ergibt Gitoxigenin das analoge 16,21-Epoxycardanolid.

In absolut methanolischer Kalilauge wird das Epoxycardanolid direkt — ohne Öffnung des Lacton-Rings — gebildet. Bei Wasserzugabe tritt Verseifung zum zyklischen Halbacetal ein, wobei die Geschwindigkeit mit steigendem Wassergehalt zunimmt.

Die *Ozonolyse* des Cardenolid-Rings, die bei der Konstitutionsaufklärung von Bedeutung war, liefert Glyoxylsäure. Bei β,γ-ständiger Doppelbindung (C-20:21) sollte sich Ameisensäure bilden.

Digitoxigenin

In den Lanatosiden kommt es nach Hydrolyse der endständigen Glucose zu einer Isomerisierung. Hierbei *wandert die Acetyl-Gruppe* in einer Gleichgewichtsreaktion vom Hydroxyl an C-3 zum freigewordenen Hydroxyl an C-4. Im Alkalischen verschiebt sich das Gleichgewicht zugunsten der C-3-Acetoxy-Form.

Aus *Scillaren A* ist das Aglykon *Scillarenin* nur durch enzymatische Hydrolyse erhältlich. Bei saurer Hydrolyse bildet sich nach Abspaltung von Glucose und Rhamnose durch Dehydratisierung des Aglykons und nachfolgende Isomerisierung *Scillaridin A*.

Scillarenin   Scillaren A   Scillaridin A

Struktur-Wirkungs-Beziehungen Die Ringverknüpfung des Steroid-Skeletts (A/B-cis, B/C-trans, C/D-cis), die der *Cardenolid-Reihe* entspricht, gilt als wesentliches Strukturmerkmal für die Herzwirksamkeit von Steroiden.

Konfiguration und Konformation des Steroid-Skeletts
Cardenolid-Reihe (cis-trans-cis Verknüpfung)

Als weitere Strukturcharakteristika, die eine starke Wirksamkeit begünstigen, gelten

- ein ungesättigter Lacton-Ring in 17β-Stellung
- β-ständige Hydroxyle an C-3 und C-14.

Der Butenolid-Ring ist unter Erhalt der Herzwirksamkeit begrenzt variierbar. So findet man z.B. unter Verbindungen, die an C-17 ein ungesättigtes Carbonsäureester- oder Nitril-System aufweisen, ebenfalls positiv inotrope Aktivität.

Die *Resorbierbarkeit* wird durch Erhöhung der Lipophilie verbessert. So werden *Metildigoxin* sowie α- und *β-Acetyldigoxin* mit einer veretherten bzw. veresterten Hydroxyl-Gruppe besser resorbiert als *Digoxin* selbst. Auch die Verkürzung der Oligosaccharid-Kette ist mit einer Erhöhung der Lipophilie und damit verbesserter Resorption verbunden. Die Verkürzung der Zucker-Kette bewirkt auch eine stärkere *Plasmaeiweiß-Bindung.* In gleicher Weise wirkt sich eine Verminderung der Zahl der Hydroxyl-Gruppen am Aglykon aus. Daher besitzt *Digitoxin* eine sehr viel höhere Plasmaeiweiß-Bindung als Digoxin. Eine stärkere Bindung an Plasmaproteine bedingt einen späteren Wirkungseintritt und eine höhere Kumulationsgefahr.

Biotransformation   Der metabolische Abbau der Herzglykoside findet vorwiegend in der Leber statt. Er spielt beim Menschen besonders bei *Digitoxin* eine erhebliche Rolle. Die Digitoxose-Reste des Digitoxins werden stufenweise abgespalten. Der Hydrolyse kann sich Hydroxylierung an C-12 anschließen, die langsam und vorzugsweise auf der Stufe der Mono- und Bisdigitoxoside erfolgt. Damit findet ein Übergang von der Digitoxigenin- in die Digoxigenin-Reihe statt. Die Metaboliten werden nach Glucuronidierung sowohl biliär als auch renal eliminiert. Die biliär ausgeschiedenen Metaboliten unterliegen dem enterohepatischen Kreislauf.

Digoxin wird nur zu etwa 10 % metabolisiert. Von der im Körper vorhandenen Glykosid-Menge wird pro Tag etwa ein Drittel vorzugsweise über die Nieren eliminiert.

Metildigoxin wird in der Leber teilweise demethyliert. α-*Acetyldigoxin* wird im Harn unverändert und in desacetylierter Form vorgefunden. *β-Acetyldigoxin* ist nach peroraler Applikation im Harn nur als Digoxin nachweisbar. Die *Strophanthine* werden weitgehend unverändert renal eliminiert.

Synthese   Digoxin ist unter bestimmten Reaktionsbedingungen selektiv methylierbar bzw. acetylierbar. *Metildigoxin* wird nach einem industriellen Verfahren durch Methylierung mit Dimethylsulfat erhalten. Die Acetylierung von Digoxin zu *β-Acetyldigoxin* gelingt mit Essigsäure in Gegenwart von Dicyclohexylcarbodiimid als Kondensationsmittel (Bildung von Dicyclohexylharnstoff). α-*Acetyldigoxin* ist aus Lanatosid C durch enzymatische Abspaltung der endständigen Glucose erhältlich.

Analytik   Beim Nachweis von Cardenoliden mit Polynitroaromaten werden *Meisenheimer-Verbindungen* gebildet. Hierbei entsteht durch Abspaltung eines Protons an der aktivierten Methylen-Gruppe (C-21) des Butenolid-Rings ein Carbanion, das sich nucleophil an die Polynitroaromaten addiert.

Ph. Eur. verwendet zur Identifizierung von *Digitoxin* und *Digoxin* 3,5-Dinitrobenzoesäure (*Kedde-Reaktion*), wobei in alkalischer Lösung Violettfärbung auftritt. Die Gehaltsbestimmung erfolgt spektralphotometrisch (495 nm) nach Reaktion mit Natriumpikrat-

Lösung (*Baljet-Reaktion*). Hierbei tritt Orangefärbung auf. *g-Strophanthin* wird nach DAB 8 analog bestimmt.

Kedde-Reaktion

Baljet-Reaktion

Meisenheimer-Verbindungen der Cardenolide

Die bei der Reaktion mit Polynitroaromaten gebildeten Anionen sind durch den Elektronenzug der Nitro-Gruppen in hohem Maße mesomeriestabilisiert.

Zur Prüfung auf Identität wird nach Ph. Eur. bei *Digitoxin* und *Digoxin* auch die Reaktion nach *Keller-Kiliani* herangezogen, die für *2-Desoxyzucker* (z.B. Digitoxose) charakteristisch ist. Dazu wird die Lösung des Glykosids in Eisessig mit Eisen(III)-chlorid versetzt und mit konz. Schwefelsäure unterschichtet. An der Berührungsstelle entsteht ein brauner Ring (Digitoxigenin), die obere Schicht färbt sich anfangs grün, später blau (Digitoxose).

Ph. Eur. läßt eine Reinheitsprüfung von *Digitoxin* auf *Digitonin* durchführen. Digitonin ist der Hauptbestandteil eines in Digitalis-Blättern und insbesondere in Digitalis-Samen vorkommenden Saponin-Gemisches.

Xylose — Glucose — Galaktose

Glucose — Galaktose

Digitonin

Digitonin bildet mit Cholesterin und anderen Steroid-Alkoholen mit einer freien Hydroxyl-Gruppe in 3β-Stellung schwerlösliche Molekülverbindungen. Nach Ph. Eur. darf daher in einer ethanolischen Digitoxin-Lösung nach Zusatz von Cholesterin mindestens eine Stunde lang kein weißer, kristalliner Niederschlag auftreten.

Digitoxin und Digoxin werden nach Ph. Eur. weiterhin auf ihren Gehalt an *Gitoxin* geprüft, das als Begleitglykosid nur bis zu 5 % enthalten sein darf. Gitoxin ist bei peroraler Applikation unwirksam. Aus seinem Aglykon, *Gitoxigenin*, entsteht beim Erhitzen mit Salzsäure in wasserfreiem Glycerin durch Abspaltung von 2 Molekülen Wasser *Dianhydro-*

Gitoxigenin, das einen Chromophor aus 4 konjugierten Doppelbindungen mit einem Extinktionsmaximum bei 352 nm besitzt.

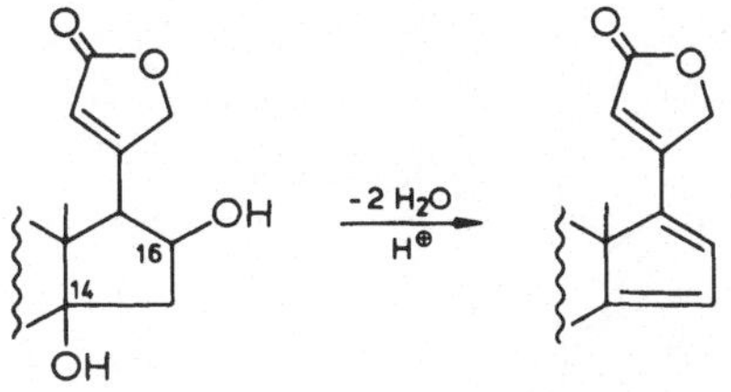

Gitoxigenin   Dianhydro-Gitoxigenin

Unter gleichen Bedingungen bilden Digitoxin und Digoxin, die über kein Hydroxyl an C-16 verfügen, lediglich eine isolierte Doppelbindung aus. Das unter 200 nm liegende Absorptionsmaximum stört bei der spektrophotometrischen Bestimmung des Dianhydro-Gitoxins nicht.

Nach Ph. Eur. wird *Digitoxin* dünnschichtchromatographisch an Formamid-imprägnierten Kieselgur G-Schichten untersucht. Im Vergleich mit einer Standardsubstanz wird die Identität durch R_f-Wert, Farbe und Fluoreszenz nachgewiesen.

Die gleiche Methode wird zur Prüfung auf Reinheit bei *Digoxin* angewendet. Da handelsübliches Digoxin Nebenglykoside enthält, deren vollständige Abtrennung unwirtschaftlich wäre, begrenzt Ph. Eur. den Digitoxin-Gehalt auf 5 %, andere Glykoside wie Gitoxin dürfen nur mit schwacher Intensität vorhanden sein.

Durch die Reaktion mit konz. Schwefelsäure kann *g-Strophanthin* (Rotfärbung mit grüner Fluoreszenz) von *k-Strophanthin* (Grünfärbung) unterschieden werden.

Zur Blutspiegelkontrolle digitalisierter Patienten sind Radio- und Enzym-Immunoassay (vgl. 6.2) besonders geeignet.

8.2.2 Xanthin-Derivate (vgl. 7.5.8)

Die Therapie der Herzinsuffizienz mit Glykosiden kann durch Xanthin-Derivate, insbesondere durch Theophyllin und dessen 7-Hydroxyalkyl-Derivate, unterstützt werden.

Xanthin-Derivate	
Freiname **(Handelsname)**	**Formel**
Theophyllin	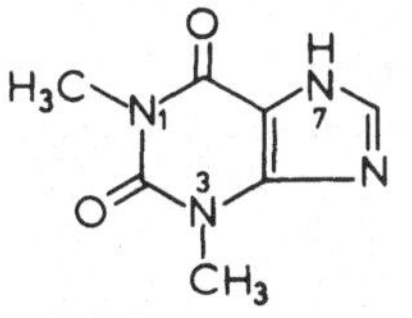

Fortsetzung der Tabelle

Freiname (Handelsname)	Formel
Etofyllin (Bestandteil von Cordalin®)	Theophyllin-Derivat mit N-7-Substituent CH_2-CH_2OH
Diprophyllin (Bestandteil von Asthmolysin®)	Theophyllin-Derivat mit N-7-Substituent $CH_2-CH(OH)-CH_2OH$

Um die Wasserlöslichkeit der methylierten Xanthine zu verbessern, wurden hydrophile Substituenten eingeführt. Als Derivate des Theophyllins mit hydroxylierter Alkyl-Kette an N-7 haben die in Ph. Eur. aufgeführten Substanzen *Etofyllin* (7-(2-Hydroxyethyl)-theophyllin) und *Diprophyllin* Bedeutung erlangt.

Pharmakologie *Theophyllin* steigert die Kontraktionskraft des Herzmuskels durch direkten Angriff. Das Herzminutenvolumen wird erhöht, der Venendruck sinkt, die Koronargefäße werden erweitert. Die gleichzeitig auftretende Bronchospasmolyse ist begleitet von einer Hemmung der Freisetzung von Mediatorsubstanzen wie Histamin, da die Mastzelldegranulation verhindert wird.

Als Wirkungsmechanismus ist die *Hemmung der Phosphodiesterase* (vgl. 7.2.1), die den Abbau von c-AMP katalysiert, in Betracht zu ziehen. Dadurch kommt es zu einem Anstieg des c-AMP-Gehaltes. Die positiv inotrope Wirkung wird schließlich durch eine Erhöhung der zytoplasmatischen Calcium-Ionen-Konzentration bewirkt.

Die Einführung hydrophiler Substituenten ist mit einem starken Wirkungsverlust verbunden, so daß eine höhere Dosierung erforderlich ist. Theophyllin-Derivate werden außer bei Herzinsuffizienz auch bei Angina pectoris, Durchblutungsstörungen sowie als Bronchospasmolytika verwendet.

Synthese Zur Darstellung von *Etofyllin* wird Theophyllin in alkalischem Milieu mit Ethylenchlorhydrin (2-Chlor-ethanol) umgesetzt. Die Hydroxyethyl-Gruppe kann auch durch Reaktion mit Ethylenoxid in Gegenwart von Pyridin eingeführt werden.

Analog wird *Diprophyllin* durch Umsetzung mit 3-Chlor-1,2-propandiol (Glycerinmonochlorhydrin) bzw. mit Glycidol (2,3-Epoxy-1-propanol) erhalten.

Etofyllin   Theophyllin   Diprophyllin

Analytik   Nach Ph. Eur. werden *Etofyllin* und *Diprophyllin* durch wasserfreie Titration mit Perchlorsäure bei potentiometrischer Endpunktanzeige bestimmt. Zur Prüfung auf Identität dienen die für Xanthine charakteristischen Reaktionen (vgl. 7.5.8). Verunreinigungen durch chemisch verwandte Stoffe werden durch Dünnschichtchromatographie an Kieselgel-Schichten nachgewiesen.

8.3 Stoffe gegen koronare Herzerkrankungen

Als kontinuierlich arbeitender Hohlmuskel benötigt das Herz zur Deckung seines Energiebedarfs eine intensive Versorgung mit Substraten und Sauerstoff. Es kann keine Sauerstoffschuld eingehen.

Die koronare Herzkrankheit (Koronarinsuffizienz) ist vor allem durch Koronarsklerose bedingt. In der Folge kommt es zur Mangeldurchblutung des betroffenen Myokard-Bezirks und damit zu einer Erniedrigung des Sauerstoff-Angebots. Andererseits kann eine pathologisch verursachte Steigerung der Herzarbeit, etwa bei Hypertonie oder Herzklappenfehlern, eine Erhöhung des Sauerstoff-Bedarfs bewirken.

Als Manifestation des Mißverhältnisses zwischen Sauerstoff-Angebot und Sauerstoff-Bedarf ist der *Angina-pectoris-Anfall* anzusehen, der durch heftige Schmerzen in der Herzgegend, die in den linken Arm und in den Halsbereich ausstrahlen, charakterisiert ist. Durch akuten Verschluß einer Koronararterie kann es zum *Herzinfarkt* mit umschriebener Nekrose des Herzmuskels kommen.

Als therapeutische Möglichkeiten zur Behandlung stenokardischer Beschwerden kommen in Betracht:

- *β-Rezeptorenblocker* (vgl. 7.2.4), die den Anstieg des β-Sympathotonus bei körperlicher und psychischer Belastung vermeiden und dadurch einen zu starken Anstieg des myokardialen Sauerstoff-Verbrauchs verhindern.

- *Antihypertensiva* (vgl. 8.5), die durch Senkung des arteriellen Blutdrucks die Herzmuskelarbeit mindern.

- *Salpetersäureester* (Nitrate), die die Koronargefäße erweitern und durch Blutdrucksenkung eine Druckentlastung des Herzens bewirken.

- *Koronartherapeutika* mit unterschiedlichem Wirkungsmechanismus, wozu die „Koronardilatatoren" und die Calcium-Antagonisten gehören.

8.3.1 Ester der Salpetersäure (Nitrate)

Während Ester der Salpetrigen Säure in der Therapie keine Rolle mehr spielen, besitzen Salpetersäureester (Nitrate), die im medizinischen Sprachgebrauch fälschlicherweise oft noch als „Nitrite" bezeichnet werden, für die Behandlung des akuten Angina-pectoris-Anfalls große Bedeutung.

Ester der Salpetersäure (Nitrate)	
Freiname **(Handelsname)**	**Formel**
Nitroglycerin (Nitrolingual®, Nitro Mack® Retard)	$CH_2{-}O{-}NO_2$ | $CH{-}O{-}NO_2$ | $CH_2{-}O{-}NO_2$
Pentaerythrityltetranitrat (Dilcoran® 80, Bestandteil von Pentrium®)	$C(CH_2{-}O{-}NO_2)_4$
Trolnitrat (Angitrit®)	$N(CH_2{-}CH_2{-}O{-}NO_2)_3$
Isosorbiddinitrat (isoket®, Maycor®, Sorbidilat®)	(Ringformel Isosorbiddinitrat)

Nitroglycerin, der Salpetersäuretriester des Glycerins — also keine Nitro-Verbindung — gilt als Standardsubstanz der Nitrate.

Pharmakologie Nitrate bewirken als „Gefäßspasmolytika" eine Relaxation der glatten Muskulatur. In niedriger Konzentration werden vorzugsweise Koronararterien und Hautgefäße erweitert. Höhere Konzentrationen verursachen eine Blutdrucksenkung, die in der Regel nur relativ kurz anhält und eine Verbesserung der Hämodynamik bewirkt. Als Folge einer Erweiterung von Kapazitätsgefäßen sinkt der venöse Rückstrom zum Herzen und somit die diastolische Ventrikelfüllung ab. Die dadurch bedingte *Druckentlastung des Herzens* hat eine Verminderung des Sauerstoff-Verbrauchs des Myokards zur Folge, wodurch Angina-pectoris-Anfälle verhindert oder durchbrochen werden können.

Die Nitrate besitzen gleiche pharmakodynamische Wirksamkeit, unterscheiden sich jedoch in der Pharmakokinetik, besonders in Wirkungseintritt und Wirkungsdauer. *Nitroglycerin* ist zur Kupierung des akuten Angina-pectoris-Anfalls unübertroffen. Besonders nach perlingualer Verabreichung — etwa in Form von Zerbeißkapseln — wirkt es sehr schnell. „Langzeitnitrate" wie *Isosorbiddinitrat* werden vorwiegend zur Anfallprophylaxe eingesetzt.

Eigenschaften *Nitroglycerin* ist eine Flüssigkeit von hoher Explosivität. Durch Mischen mit Kieselgur erhielt Nobel den Sprengstoff Dynamit.

Biotransformation *Nitroglycerin* wird in der Leber stufenweise hydrolysiert. Die gebildeten Di- und Mononitrate werden teils unverändert, teils als Glucuronide ausgeschieden. Das Nitrat-Ion ist pharmakodynamisch unwirksam. Durch eine spezifische Glutathion-Nitratreduktase wird es zu Nitrit reduziert, dem möglicherweise die wesentliche Funktion im Wirkungsmechanismus zukommt.

Synthese *Nitroglycerin* wird durch Veresterung von wasserfreiem Glycerin mit Salpetersäure dargestellt. Analog sind *Pentaerythrityltetranitrat* aus Pentaerythrit, *Trolnitrat* aus Triethanolamin und *Isosorbiddinitrat* aus Isosorbid erhältlich. Isosorbid (1,4:3,6-Dianhydro-Sorbit) ist aus D-Sorbit durch säurekatalysierte Dehydratisierung zugänglich.

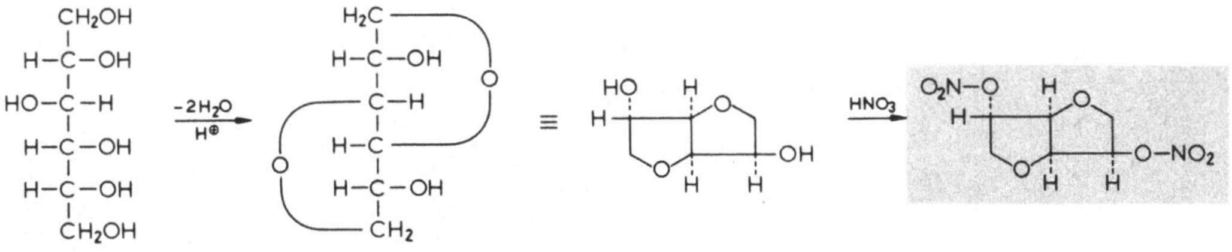

D-Sorbit   Isosorbid   Isosorbiddinitrat

Analytik Zur Gehaltsbestimmung von *Nitroglycerin* in Arzneizubereitungen eignet sich wegen der hohen Empfindlichkeit besonders die Gleichstrompolarographie in Phosphatgepufferter Lösung, wobei die galenischen Hilfsstoffe im allgemeinen nicht abgetrennt werden müssen. Die polarographische Reduktion des Nitroglycerins erfolgt unter Aufnahme von 6 Elektronen nach folgender Reaktionsgleichung:

$$\begin{array}{l} CH_2-O-NO_2 \\ CH-O-NO_2 \\ CH_2-O-NO_2 \end{array} + 3\,H_2O + 6\,e^{\ominus} \longrightarrow \begin{array}{l} CH_2-OH \\ CH-OH \\ CH_2-OH \end{array} + 3\,NO_2^{\ominus} + 3\,OH^{\ominus}$$

Nitroglycerin

Als Reaktionsprodukte entstehen das polarographisch inaktive Glycerin sowie Nitrit-Ionen. Bei einer Spannung von $-1{,}1$ Volt laufen keine weiteren elektronenverbrauchenden Reaktionen ab, so daß das gebildete Nitrit nicht stört.

Die alkalische Hydrolyse von Nitroglycerin ergibt in nichtstöchiometrischer Reaktion Nitrit, das durch Diazo-Kupplungs-Reaktion und spektralphotometrische Bestimmung des entstehenden Azofarbstoffs bei Verwendung eines Standards quantitativ erfaßt werden kann.

8.3.2 Koronartherapeutika unterschiedlicher Konstitution

Die in dieser Gruppe als Koronartherapeutika zusammengefaßten Verbindungen besitzen
sehr unterschiedliche chemische Struktur und uneinheitliche Wirkungsmechanismen.

Koronartherapeutika	
Freiname (Handelsname)	**Formel**
Dipyridamol (Persantin®)	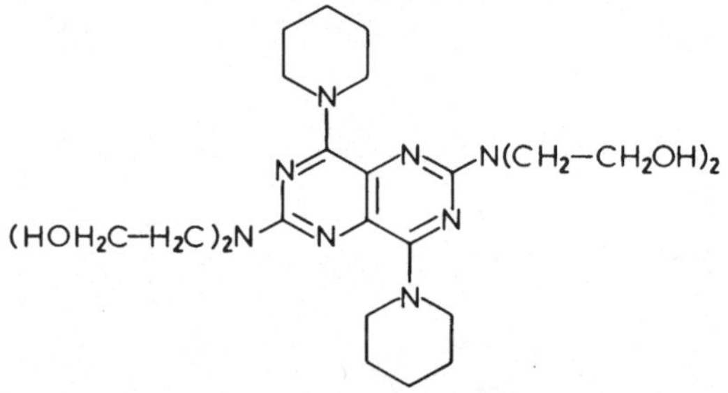
Carbocromen (Intensain®)	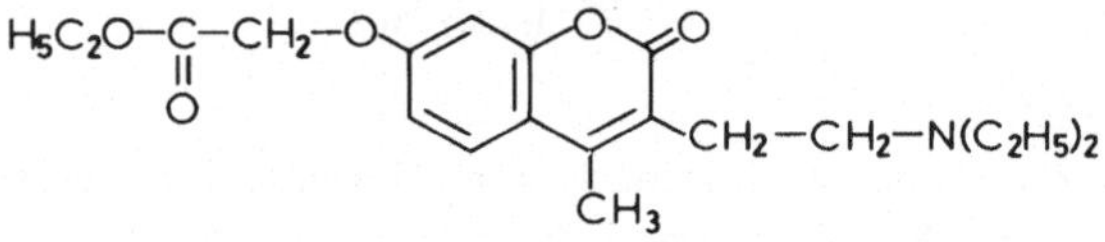
Nifedipin (Adalat®)	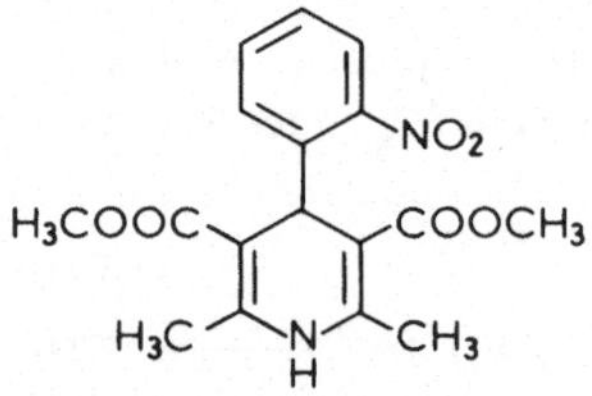
Verapamil (Isoptin®)	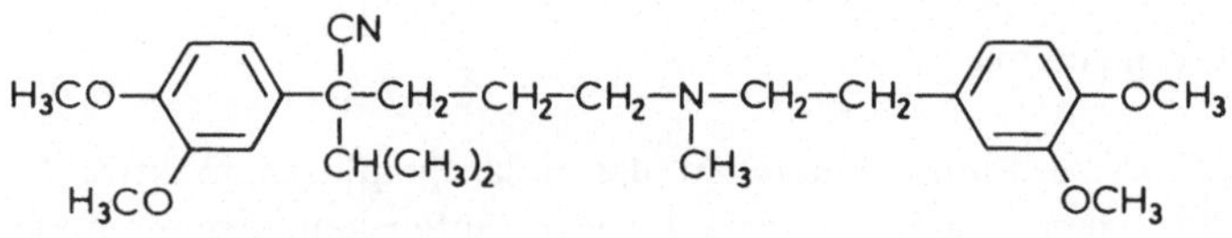
Prenylamin (Segontin®)	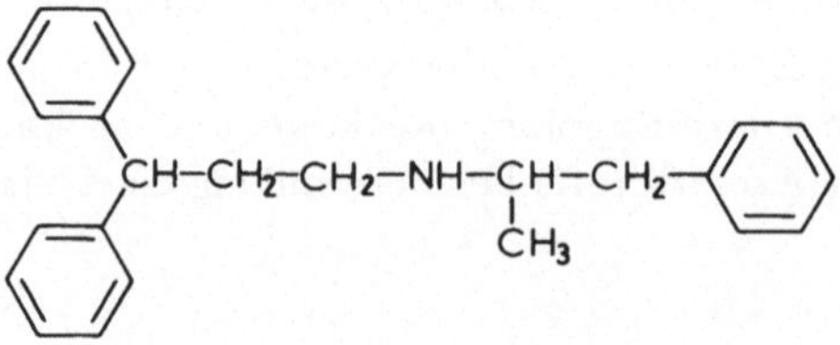

Dipyridamol besitzt als Grundkörper ein ringerweitertes Purin-System („Homopurin"). *Carbocromen* ist ein Cumarin-Derivat, *Nifedipin* gehört zur Stoffklasse der 1,4-Dihydropyridine. *Prenylamin* kann als Amphetamin-Derivat aufgefaßt werden.

Pharmakologie Die Koronartherapeutika können in „Koronardilatatoren" und Calcium-Antagonisten unterteilt werden.

Zu den „Koronardilatatoren" gehören *Dipyridamol* und *Carbocromen*, die am gesunden Herzen eine Dilatation der Koronararterien bewirken, was eine Verbesserung der Sauerstoffversorgung des Myokards zur Folge hat. Da diese Gefäße bei Sauerstoff-Mangel bereits maximal erweitert sind und sich andererseits sklerotisierte Gefäße an einen erhöhten Sauerstoff-Bedarf des Herzmuskels schlecht anpassen können, sind die „Koronardilatatoren" im akuten Anfall wirkungslos. Die im Tierversuch nachgewiesene *Neuerschließung von Kollateralen* ist beim Menschen umstritten.

Der Wirkungsmechanismus ist weitgehend unbekannt. Die durch *Dipyridamol* verursachte Gefäßerweiterung wird mit der Adenosin-potenzierenden Wirkung in Zusammenhang gebracht. Als Begleitwirkung des Dipyridamols tritt eine Hemmung der Thrombozytenaggregation auf.

Calcium-Antagonisten hemmen den Einstrom von Calcium-Ionen in das Zytoplasma. Die Verminderung der freien, intrazellulären Calcium-Ionen (vgl. 8.2.1) hat eine negativ inotrope Wirkung zur Folge. Dies führt zu einer Herabsetzung der Kontraktilität mit Abnahme des myokardialen Sauerstoff-Bedarfs. Gleichzeitig wird der koronare und periphere Gefäßwiderstand verringert. Zu den Calcium-Antagonisten gehören *Nifedipin* und *Verapamil*. Sie besitzen auch eine antihypertensive Wirkungskomponente, Verapamil ist zudem antiarrhythmisch wirksam. Für die Wirkung von *Prenylamin* kommen neben einem schwach ausgeprägten Calcium-Antagonismus auch andere Mechanismen in Betracht.

Koronartherapeutika sind häufig Bestandteil von Kombinationspräparaten. Hierbei spielen besonders Herzglykoside, Barbitale, 1,4-Benzodiazepine und Nitrate eine wichtige Rolle.

Eigenschaften *Nifedipin*, ein 4-(2-Nitrophenyl)-1,4-dihydropyridin-Derivat, geht unter Lichteinwirkung durch photochemische Disproportionierung in das korrespondierende 4-(2-Nitrosophenyl)-pyridin-Derivat über.

Nifedipin

Biotransformation *Dipyridamol* wird im Menschen zum noch wirksamen Mono-O-Glucuronid konjugiert, das überwiegend biliär eliminiert wird und dem enterohepatischen Kreislauf unterliegt.

8.4 Zur Behandlung von Durchblutungsstörungen verwendete Stoffe

Zur Behandlung von peripheren und zerebralen Durchblutungsstörungen werden Derivate des Xanthins und der Nicotinsäure sowie die unter 8.4.2 genannten Verbindungen, die sich aus unterschiedlichen Stoffklassen herleiten, eingesetzt. Daneben haben auch β-Sympathomimetika wie *Isoxuprin* (Duvadilan®, Vasoplex®) sowie die hydrierten Mutterkorn-Alkaloide der Ergotoxin-Gruppe, z.B. Hydergin® (,,Dihydroergotoxin", vgl. 7.2.3) Bedeutung.

8.4.1 Derivate des Xanthins und der Nicotinsäure

Zur Behandlung von Durchblutungsstörungen verwendete Stoffe, die sich von Xanthin oder Nicotinsäure ableiten	
Freiname (Handelsname)	**Formel**
Pentifyllin (Bestandteil von Cosaldon®)	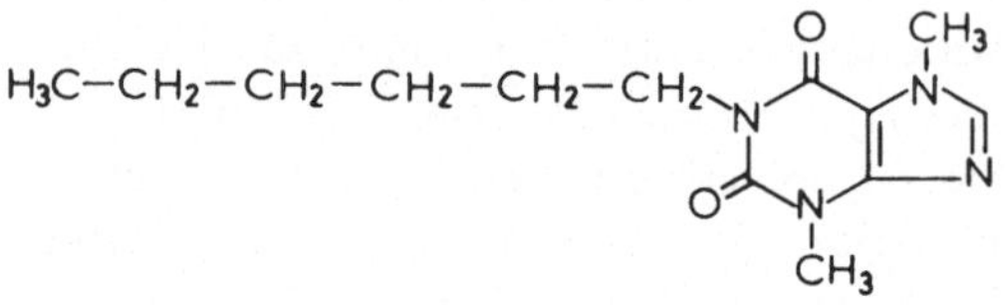 $H_3C-CH_2-CH_2-CH_2-CH_2-CH_2-$ [Xanthin-Gerüst]
Pentoxifyllin (Trental®)	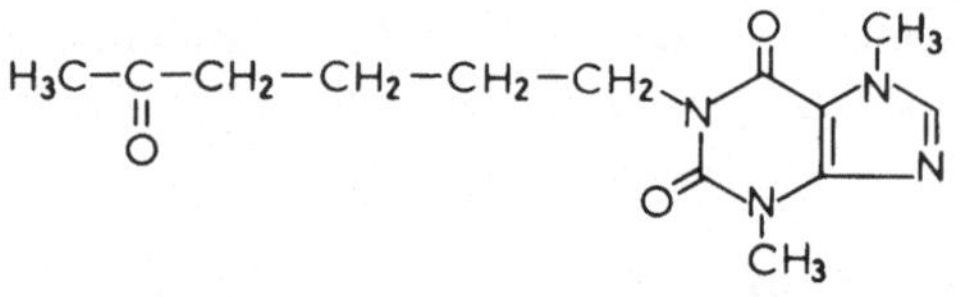 $H_3C-\underset{O}{C}-CH_2-CH_2-CH_2-CH_2-$ [Xanthin-Gerüst]
Xantinolnicotinat (Complamin®)	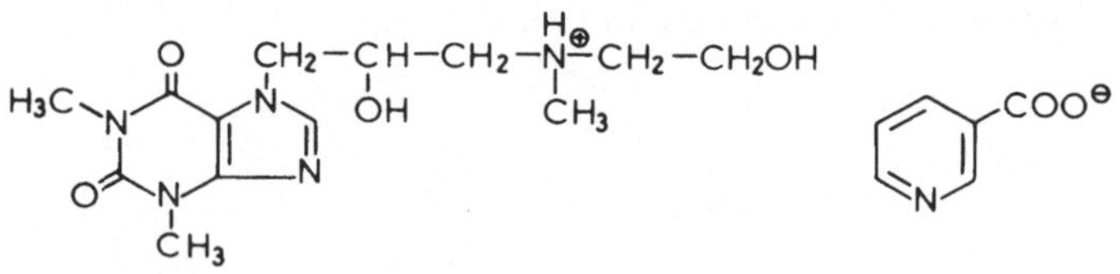 $-CH_2-CH(OH)-CH_2-\overset{H}{\underset{CH_3}{N^\oplus}}-CH_2-CH_2OH$ [Theophyllin-Gerüst] · $[\text{Pyridin}]-COO^\ominus$
Nicotinsäure (Niconacid®)	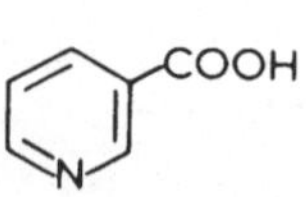 $[\text{Pyridin}]-COOH$
Nicotinylalkohol (Ronicol®)	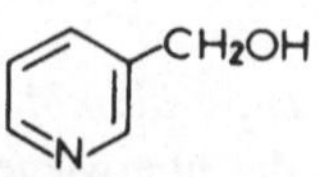 $[\text{Pyridin}]-CH_2OH$

Pentifyllin, 1-Hexyl-3,7-dimethyl-xanthin, ist ein Theobromin-Derivat. Die Untersuchung der Biotransformation führte zu *Pentoxifyllin,* einem Metaboliten des Pentifyllins. *Xantinolnicotinat* stellt ein tertiäres Ammonium-Salz aus Nicotinsäure und Xantinol dar.

Nicotinsäure, 3-Pyridincarbonsäure, eine in der Ph. Eur. aufgeführte Substanz, kommt besonders in Form ihres Amids (Nicotinamid) in allen lebenden Zellen vor. *Nicotinamid* (vgl. 12.8.5), ein Vitamin der B-Gruppe, ist Bestandteil der Pyridin-Nucleotide.

Pharmakologie Die auch als „Vasodilatatoren" bezeichneten Substanzen finden bei peripheren Durchblutungsstörungen sowie bei postapoplektischen und altersbedingten cerebralen Ausfallserscheinungen Anwendung.

Nicotinsäure erweitert die Arteriolen der Haut, des Kopfes und der oberen Körperhälfte. Blutdruck und Herzfrequenz können geringfügig absinken.

Ester der Nicotinsäure wie z.B. Nicotinsäurebenzylester (Rubriment®) werden äußerlich als Hyperämika zur Verbesserung der Hautdurchblutung verwendet. Zum Einsatz von Nicotinsäure bei Hyperlipoproteinämien vgl. 8.8.1.

Biotransformation *Pentifyllin* wird durch Hydroxylierung in das 5'-Hydroxy-Derivat übergeführt, das in einer Gleichgewichtsreaktion zum 5'-Oxo-Derivat *Pentoxifyllin* dehydriert wird. 5'-Hydroxy-Pentifyllin kann weiterhin durch Hydroxylierung an C-4' und Spaltung des gebildeten 1,2-Glykols in den Hauptmetaboliten 1-(3'-Carboxypropyl)-Theobromin übergeführt werden.

Zur Biotransformation von *Nicotinsäure* vgl. 8.8.1.

Nicotinylalkohol wird durch die Alkohol-Dehydrogenase der Leber schnell zu Nicotinsäure oxidiert. Es wird daher angenommen, daß Nicotinsäure die Wirkform darstellt.

Synthese *Nicotinsäure* wird technisch aus β-Picolin (3-Methylpyridin) durch Oxidation mit Permanganat, Salpetersäure oder mit Luft in Gegenwart von Vanadium-Katalysatoren bzw. durch elektrochemische Oxidation hergestellt. Auch die Oxidation von Chinolin ist von Bedeutung, wobei zunächst Chinolinsäure gebildet wird, die durch Erhitzen unter partieller Decarboxylierung in Nicotinsäure übergeht.

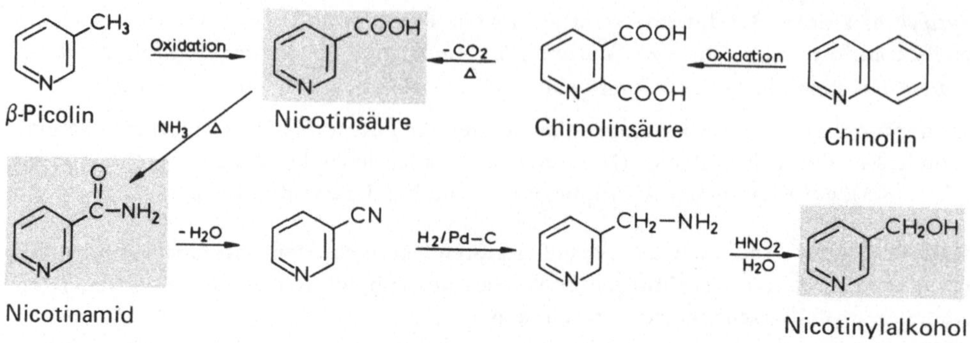
CH₃
Oxidation
COOH
-CO₂
Δ
COOH
COOH
Oxidation
β-Picolin
NH₃ Δ
Nicotinsäure
Chinolinsäure
Chinolin
O
C–NH₂
-H₂O
CN
H₂/Pd–C
CH₂–NH₂
HNO₂
H₂O
CH₂OH
Nicotinamid
Nicotinylalkohol

Nicotinamid kann aus Nicotinsäure und Ammoniak bei Temperaturen über 200 °C direkt erhalten werden. Zur Darstellung von *Nicotinylalkohol* wird Nicotinamid zu 3-Cyanpyridin dehydratisiert, dieses hydriert und das gebildete 3-Aminomethyl-pyridin mit Salpetriger Säure in 3-Pyridincarbinol übergeführt.

8.4.2 Durchblutungsfördernde Stoffe unterschiedlicher Konstitution

Zur Behandlung von Durchblutungsstörungen verwendete Stoffe unterschiedlicher Konstitution	
Freiname (Handelsname)	Formel
Cinnarizin (Gigantén®, Stutgeron®)	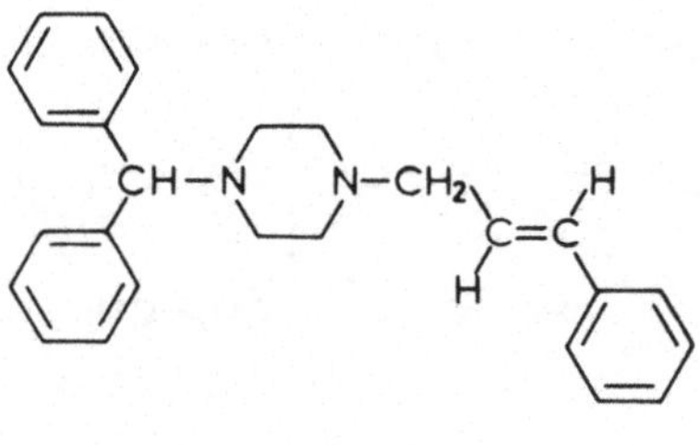
Bencyclan (Fludilat®)	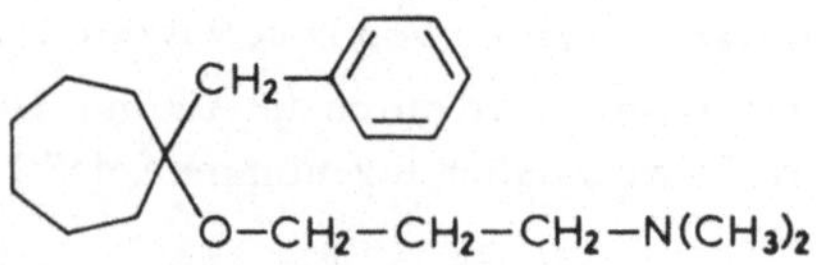
Vincamin (Cetal®, Pervincamin®, Vincapront®)	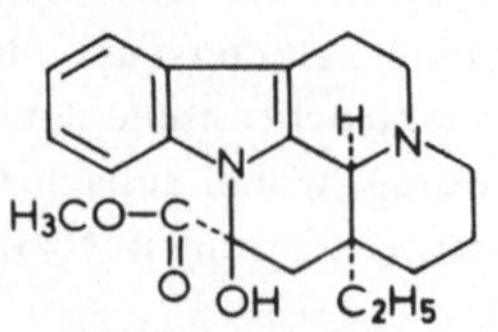

Cinnarizin, 4-Benzhydryl-1-trans-cinnamyl-piperazin, wurde als H_1-Antihistaminikum vom Ethylendiamin-Typ eingeführt. Es findet heute als Antiemetikum, vorzugsweise jedoch als Gefäßspasmolytikum bei Durchblutungsstörungen Anwendung. *(+)-Vincamin* ist das Hauptalkaloid aus Vinca minor.

8.5 Antihypertensiv wirksame Stoffe

Unter Hypertonie versteht man eine Erhöhung des arteriellen Blutdrucks, die die obere Normgrenze (160 Torr systolisch/95 Torr diastolisch) anhaltend überschreitet. Als wichtigste Hypertonie-Formen sind zu nennen:

- die *primäre (essentielle) Hypertonie* (ca. 80 % aller Hypertonie-Fälle), deren Ursache unbekannt ist

- die *sekundäre (symptomatische) Hypertonie,* die durch pathologische Organveränderungen hervorgerufen wird, und deren wichtigste Formen sind:
  - die *renale Hypertonie,* bei der entweder eine Stenose einer Nierenarterie vorliegt oder das Nierenparenchym verändert ist (z.B. durch chronische Glomerulonephritis)
  - die *endokrine Hypertonie,* der hormonelle Störungen (z.B. Cushing-Syndrom oder Hyperthyreose) zugrunde liegen.

Die Entwicklung einer Hypertonie wird vor allem durch Rauchen, hyperkalorische Ernährung, erhöhte Kochsalzzufuhr, Dauerstreß sowie mangelhafte körperliche Betätigung begünstigt.

Bei der essentiellen Hypertonie ist nur eine symptomatische medikamentöse Therapie möglich. Hierbei werden in der Regel Pharmaka mit verschiedenem Angriffsort kombiniert angewendet. Die antihypertensiv wirksamen Verbindungen können nach pharmakologischen Gesichtspunkten wie folgt unterteilt werden:

- *Diuretika* (vgl. 9.1), die als Basistherapeutika Anwendung finden, senken durch Erniedrigung der Natrium-Ionen-Konzentration den peripheren Gefäßwiderstand. Gleichzeitig spricht die glatte Muskulatur der Gefäße auf pressorische Reize weniger stark an.

- *β-Rezeptorenblocker* (vgl. 7.2.4), die den Anstieg des β-Sympathotonus bei körperlicher und psychischer Belastung hemmen und dadurch eine Erhöhung des Herzzeitvolumens verhindern. Darüberhinaus wird die Renin-Sekretion der Niere vermindert und damit die Bildung von Angiotensin (vgl. 12.7.8) reduziert.

- *Antisympathotonika,* wie Reserpin, Clonidin, Methyldopa und Guanethidin, die den Sympathotonus herabsetzen. Die Hemmung des Sympathikus kann durch Angriff an verschiedenen Stellen des sympathischen Nervensystems sowohl zentral als auch peripher erfolgen.

8.5.1 Rauwolfia-Alkaloide

In der indischen Volksmedizin fanden Wurzelextrakte aus verschiedenen *Rauvolfia-Arten* (Apocynaceae) besonders als Sedativa seit langem Anwendung. Nach Entdeckung der antihypertensiven Wirkung (1933) wurden verschiedene Spezies eingehend untersucht und dabei zahlreiche Alkaloide isoliert, deren wichtigste Vertreter in folgende Gruppen unterteilt werden können:

- *Anhydronium-Basen* (z.B. Serpentin), die gelb gefärbt sind und stark basische Eigenschaften besitzen
- *2,3-Dihydroindol-Alkaloide* (z.B. Ajmalin, vgl. 8.1.1) mit mittelstarker Basizität
- *Indol-Alkaloide* im engeren Sinne (z.B. Reserpin) mit schwach basischem Charakter

Aus der letztgenannten Gruppe besitzt *Reserpin* für die antihypertensive Therapie die größte Bedeutung.

(–)-Reserpin wird durch Extraktion der Wurzeln von Rauvolfia serpentina gewonnen. An der Konstitutionsermittlung waren mehrere Arbeitsgruppen beteiligt. Eine stereoselektive Totalsynthese gelang Woodward (1958). Im Reserpin sind die Bausteine Reserpsäure, Methanol und 3,4,5-Trimethoxybenzoesäure durch Ester-Bindungen miteinander verknüpft. *Rescinnamin* enthält anstelle von Trimethoxybenzoesäure die 3,4,5-Trimethoxyzimtsäure.

Aufgrund der Ringverknüpfung (C/D-cis, D/E-cis) ist das Ringgerüst der Reserpsäure der *Epialloyohimban-Reihe* zuzuordnen. Der Name leitet sich vom Yohimban, dem trans-trans-verknüpften Grundkörper des *(+)-Yohimbins* ab, das aus Pausinystalia johimbe gewonnen wird, jedoch auch in Rauvolfia-Arten vorkommt. Es wird als Aphrodisiakum verwendet.

Als heterozyklische Partialstrukturen der Reserpsäure mit unterschiedlichem Hydrierungsgrad kommen folgende Ringsysteme in Betracht: Indol (A/B), Chinolizidin (C/D), Isochinolin (D/E) und β-Carbolin (A/B/C).

Pharmakologie Das Antisympathotonikum *Reserpin* hemmt den aktiven Transport von *Noradrenalin* und *Dopamin* aus dem Axoplasma peripherer noradrenerger Neurone in die Speichergranula. Dies führt zu einer Verarmung der Speicher an Noradrenalin, da somit Dopamin als Biosynthesevorstufe fehlt, und andererseits die freien Katecholamine verstärktem enzymatischen Abbau durch intraneuronale Monoaminoxidasen unterliegen.

Die Wirkungen des Reserpins am ZNS können über einen analogen Wirkungsmechanismus zustande kommen, da der Gehalt des Zentralnervensystems an biogenen Aminen wie Noradrenalin, Dopamin und Serotonin nach Reserpin-Applikation vermindert ist. Dies äußert sich in einem sedativen Effekt. Besonders bei höherer Dosierung besitzt Reserpin auch eine neuroleptische Wirksamkeit (vgl. 7.5.3).

Eigenschaften, Reaktionen *(–)-Reserpin* ist eine schwache Base. Die Protonierung findet am N-4 ($pK_a = 6{,}6$) statt, der im Vergleich zum N-1 (Indol-Stickstoff) stärker basisch ist. Das Hydrochlorid und das Nitrat sind in Wasser relativ schwer löslich. Reserpsäure kann durch schonende alkalische Hydrolyse erhalten werden. Da die Carboxyl-Gruppe an C-16 und die Hydroxyl-Gruppe an C-18 cis-ständig angeordnet sind, ist eine Lactonisierung möglich.

Reserpsäure   Lacton

Reserpin färbt sich bei Belichtung schnell dunkel. Lösungen von Reserpin werden beim Stehen am Licht gelb gefärbt, wobei sich eine intensive Fluoreszenz ausbildet. Die Zersetzung wird durch Säuren begünstigt (vgl. Analytik). Außerdem kann gelöstes Reserpin unter Lichteinfluß zu stärker linksdrehendem 3-Isoreserpin epimerisieren.

Analytik Nach Ph. Eur. werden zur Identitätsprüfung von *Reserpin* verschiedene Farbreaktionen durchgeführt. Mit Natriummolybdat in Schwefelsäure entsteht eine Gelbfärbung, die nach 2 min in einen blauen Farbton übergeht. Reaktion mit Vanillin in Salzsäure ergibt eine Rotfärbung und mit 4-Dimethylaminobenzaldehyd in Eisessig/Schwefelsäure eine grüne Farbe, die durch weitere Zugabe von Essigsäure in einen roten Farbton übergeht.

Reserpin wird mit Natriumnitrit, das hier als Oxidationsmittel wirkt, in essigsaurer Lösung zur gelbgrün fluoreszierenden Anhydronium-Verbindung *3,4-Dehydro-Reserpin* dehydriert.

Reserpin   3,4-Dehydro-Reserpin

Dehydro-Reserpin besitzt ein im Vergleich zu Reserpin bathochrom verschobenes UV-Absorptionsmaximum (388 nm). Die in Ethanol/Schwefelsäure durchgeführte Reaktion wird nach Ph. Eur. zur Gehaltsbestimmung herangezogen. Bei der Titration mit Perchlorsäure in wasserfreier Essigsäure (Kristallviolett als Indikator) reagiert Reserpin als einsäurige Base, die an N-4 protoniert wird.

8.5.2 Synthetische Antihypertensiva

Die synthetischen Antihypertensiva wirken entweder als Antisympathotonika (*Clonidin, Methyldopa, Guanethidin*) oder durch direkten Angriff an der Gefäßmuskulatur (*Dihydralazin, Diazoxid, Natriumnitroprussid*).

Antihypertensiva	
Freiname (Handelsname)	**Formel**
Clonidin (Catapresan®, Isoglaucon®)	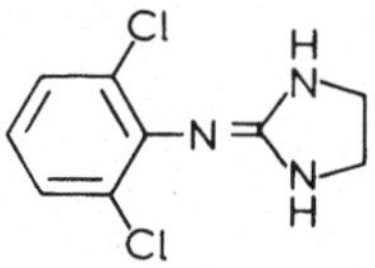
Methyldopa (Presinol®, Sembrina®)	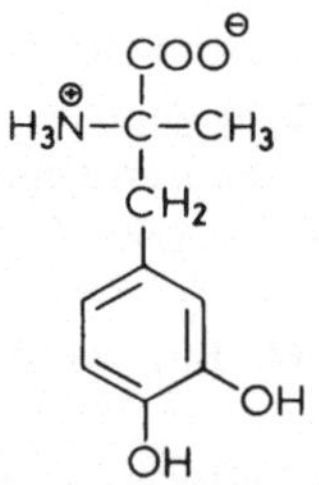
Guanethidin (Ismelin®, Bestandteil von Esimil®)	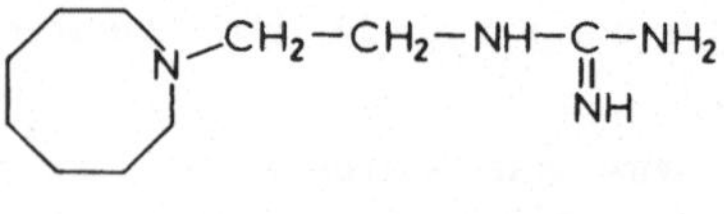
Dihydralazin (Nepresol®, Bestandteil von Adelphan-Esidrix®, Elfanex®)	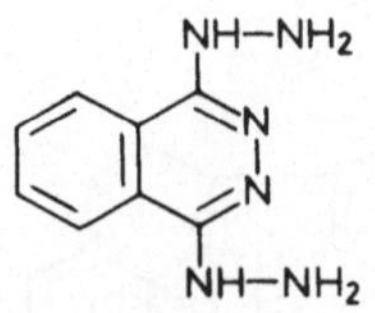

Fortsetzung der Tabelle

Freiname (Handelsname)	Formel
Diazoxid (Hypertonalum®, Proglicem®)	[Strukturformel: 7-Chlor-3-methyl-2H-1,2,4-benzothiadiazin-1,1-dioxid]
Natriumpentacyanonitrosylferrat(II) (Natriumnitroprussid) (nipruss®)	$Na_2[Fe^{II}(CN)_5 NO]$

Clonidin-Base liegt, wie NMR-Untersuchungen ergaben, ausschließlich in der 2-Imino-imidazolidin-Form — also mit exozyklisch lokalisierter Doppelbindung — vor. Eine Tautomerisierung zur 2-Aminoimidazolin-Form ist nicht nachweisbar. In der Salzform (z.B. Hydrochlorid) ist die positive Ladung über das semizyklische Guanidinium-System delokalisiert und somit stabilisiert.

L-α-*Methyldopa*, S-(−)-3-(3,4-Dihydroxy-phenyl)-2-methyl-alanin, ist das α-Methyl-Derivat von L-Dopa. *Guanethidin* besitzt einen Octahydro-azocin-Ring mit einer Guanidinoethyl-Seitenkette.

In der Gruppe der Hydrazino-phthalazine ist *Dihydralazin*, 1,4-Dihydrazino-phthalazin, der wirksamste Vertreter. *Diazoxid* gehört zur Stoffgruppe der Benzo-thiadiazine (Thiazide), die als Diuretika große Bedeutung besitzen (vgl. 9.1.1). *Natriumpentacyanonitrosylferrat(II)*, meist als Natriumnitroprussid (besser: Natrium-nitrosyl-prussiat) bezeichnet, gehört zur Stoffklasse der „Prussiate", bei denen eine Cyano-Gruppe des $Fe(CN)_6$-Ions durch andere Gruppen ersetzt ist. Das Eisen ist in dieser Verbindung zweiwertig, da das NO ein Elektron an das Zentralatom abgibt und somit als Nitrosyl-Kation $NO^{\oplus}$ vorliegt.

Pharmakologie Das Antisympathotonikum *Clonidin* erregt zentrale α-Rezeptoren am Vasomotorenzentrum der Medulla oblongata. Dadurch kommt es nach einer kurzdauernden Blutdrucksteigerung, die der peripheren α-sympathomimetischen Wirkung zuzuschreiben ist, paradoxerweise zu einer langanhaltenden Blutdrucksenkung. Offensichtlich gehören die α-Rezeptoren zu einer Gruppe sympathischer Zentren, die vasokonstriktorische Impulse aus höher gelegenen Hirnteilen, wie z.B. aus dem Hypothalamus, hemmen können. Da zugleich der Augeninnendruck gesenkt wird, kann Clonidin auch zur Therapie des Glaukoms verwendet werden. Nach Langzeittherapie mit Clonidin kann durch plötzliches Absetzen infolge gegenregulatorischer Prozesse ein krisenhafter Blutdruckanstieg ausgelöst werden.

Bei *Methyldopa* steht ebenfalls der zentrale Angriff im Vordergrund. Als Aminosäure wird Methyldopa in das ZNS aufgenommen, dort zum Teil über α-*Methyl-Dopamin* zu α-*Methyl-Noradrenalin* metabolisiert (vgl. Biotransformation), das zentrale α-Rezeptoren stimuliert und somit in gleicher Weise wie Clonidin wirkt. Die α-methylierten Katecholamine werden sowohl in zentralen als auch in peripheren noradrenergen und dopaminergen Neuronen in den Vesikeln gespeichert und − wie die natürlichen Neurotransmitter − bei Erregung als *„falsche Überträgersubstanzen"* freigesetzt. Der über diesen Mechanismus bewirkte Blutdruckabfall soll in der schwächeren Stimulierung der peripheren α-Rezeptoren durch α-Methyl-Noradrenalin begründet sein. Gegenüber dem zentralen Angriff ist der periphere Mechanismus von untergeordneter Bedeutung. Auch die kompetitive Hemmung der Decarboxylierung von L-*Dopa* zu *Dopamin* spielt für die Wirkung von Methyldopa nur eine geringe Rolle.

Guanethidin hemmt die Depolarisation der Axonmembran, wodurch die Freisetzung von Noradrenalin herabgesetzt wird. Das Speichervermögen für Katecholamine ist ebenfalls reduziert. Guanethidin besitzt keine zentralen Effekte, da es die Bluthirnschranke nicht zu überschreiten vermag. Es wird infolge Nebenwirkungen vorzugsweise bei schweren therapieresistenten Hypertonie-Formen eingesetzt.

Dihydralazin bewirkt durch direkten Angriff eine Erschlaffung der glatten Muskulatur der Arteriolen, wodurch der periphere Gefäßwiderstand gesenkt wird. Reflektorisch wird jedoch das Herzzeitvolumen über gesteigerte Herzfrequenz erhöht. Dihydralazin besitzt auch eine zentral dämpfende Wirkungskomponente.

Diazoxid bewirkt ebenfalls eine Erschlaffung der glatten Muskulatur der Arteriolen. Bei rascher intravenöser Injektion wird der Blutdruck oft auch bei sonst therapieresistenten Hypertonie-Formen gesenkt. Durch Hemmung der Insulin-Sekretion aus dem Pankreas und durch gleichzeitige Steigerung der Adrenalin-Freisetzung aus dem Nebennierenmark kommt es zur Hyperglykämie. Diazoxid ist daher auch bei Hypoglykämien verschiedener Ätiologie indiziert.

Natriumnitroprussid senkt den peripheren Widerstand durch direkten Angriff an der glatten Muskulatur der Arteriolen drastisch. Es wird zur Behandlung der hypertonen Krise verwendet. Bei intravenöser Applikation findet ein sofortiger Wirkungseintritt sowie ein sehr schneller Wirkungsverlust nach Infusionsende statt. Durch Regulation der Dosis kann der Blutdruck auf jede gewünschte Höhe eingestellt werden.

Prazosin (Minipress®), ein Chinazolin-Derivat, besitzt neben einer α_1-sympatholytischen zusätzlich eine direkte vasodilatatorische Wirkungskomponente. Als weitere Antihypertensiva werden auch die 9,10-Dihydro-Derivate der Ergotoxin-Gruppe der Mutterkorn-Alkaloide (vgl. 7.2.3) eingesetzt. So ist *Dihydroergocristin* Bestandteil von Briserin®. Ganglienblocker (vgl. 7.3.1) finden nur bei lebensbedrohlicher Hypertonie Anwendung.

Struktur-Wirkungs-Beziehungen   Ringverengung und Ringerweiterung führen bei *Guanethidin-Analogen* zu Wirkungsminderung. Das Wirkungsoptimum liegt somit beim 8-gliedrigen Azocin-Ring, der − ebenso wie die Guanidin-Gruppe − nicht substituiert sein sollte.

Für *Clonidin* gilt, daß ortho-ortho'-ständige Substituenten, die die freie Drehbarkeit des Phenyl-Rings um die C-N-Einfachbindung aufheben und damit eine koplanare Einstellung der Ringe im Molekül verhindern, für eine ausgeprägte antihypertensive Wirkung erforderlich sind. Die Basizität der Guanidin-Gruppe muß durch elektronegative Substitution im Aromaten verringert werden.

Biotransformation *Methyldopa* wird bei peroraler Applikation nur zu etwa 50 % resorbiert. Davon werden ca. 20 % unverändert und ca. 60 % als Mono-O-sulfat eliminiert. Zum Teil wird Methyldopa durch die Aromatische-L-Aminosäure-Decarboxylase (Dopa-Decarboxylase) zu α-*Methyl-Dopamin* decarboxyliert und anschließend mittels Dopamin-β-Monooxygenase zu α-*Methyl-Noradrenalin* hydroxyliert. Auch Methylierung durch Katechol-O-Methyltransferase zu 3-O-Methyl-Methyldopa und oxidative Desaminierung zum entsprechenden Keton sind nachgewiesen.

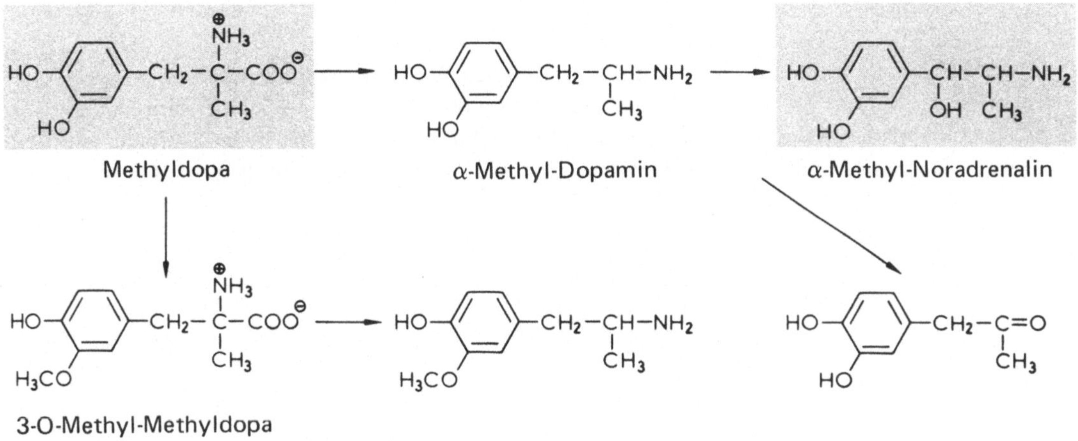

Methyldopa   α-Methyl-Dopamin   α-Methyl-Noradrenalin

3-O-Methyl-Methyldopa

Clonidin wird vom Menschen überwiegend unverändert ausgeschieden. Als Hauptabbaurichtungen sind p-Hydroxylierung am Aromaten, Oxidation zum Imidazolidin-4-on und Spaltung des Imidazolidin-Rings unter Bildung des entsprechend substituierten Arylguanidins gesichert.

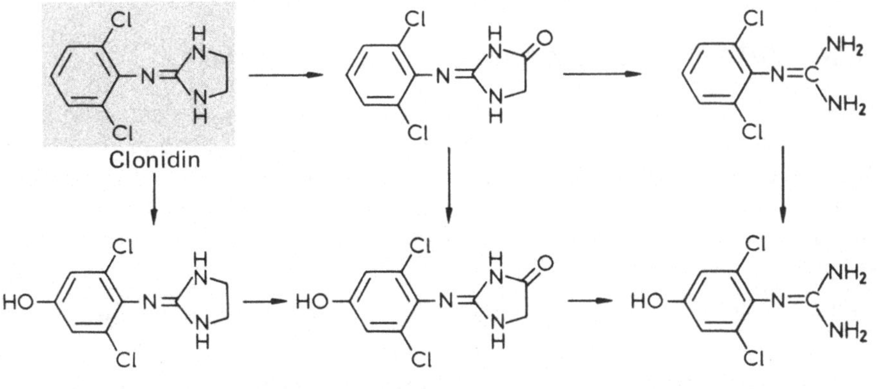

Clonidin

Die kurze Wirkungsdauer von *Natriumnitroprussid* ist auf rasche Metabolisierung zurückzuführen. Die dabei freigesetzten Cyanid-Ionen werden durch das Enzym Thiosulfat-Sulfurtransferase (Rhodanase) in Thiocyanat übergeführt.

Synthese Zur Darstellung von *Clonidin* wird 2,6-Dichloranilin mit Ammoniumrhodanid — in Analogie zur Harnstoff-Synthese nach Wöhler — zum entsprechenden Thioharnstoff umgesetzt. Methylierung mit Methyliodid ergibt ein Isothiouronium-Salz, das mit Ethylendiamin zum 2-Iminoimidazolidin zyklisiert.

Da bei dieser Synthese aus dem Isothiouronium-Salz Methylmercaptan (Geruch!) freigesetzt wird, besteht ein umweltfreundlicheres Verfahren darin, 2,6-Dichloranilin mit 1-Acetyl-imidazolidin-2-on zu 1-Acetyl-Clonidin zu kondensieren, das beim Erhitzen mit polaren Lösungsmitteln wie z. B. Methanol durch Alkoholyse zu Clonidin gespalten wird.

Analytik   Die Guanidin-Gruppe in *Guanethidin* kann durch *Sakaguchi-Reaktion* nachgewiesen werden. Dazu versetzt man Guanethidin in alkalischer Lösung mit 1-Naphthol und Natriumhypobromit- oder Natriumhypochlorit-Lösung. Es tritt eine rotviolette Färbung auf.

8.6 Die Blutgerinnung beeinflussende Stoffe

Das Blutvolumen des Erwachsenen beträgt etwa 4–6 l. Der zelluläre Anteil am Gesamtvolumen (Hämatokrit) entspricht etwa 45 % und besteht überwiegend aus *Erythrozyten* (rote Blutkörperchen), während *Leukozyten* (weiße Blutkörperchen) und *Thrombozyten* (Blutplättchen) nur einen kleinen Teil ausmachen. Den nichtzellulären Teil (55 %) bildet das Blutplasma, das zu etwa 10 % gelöste Stoffe enthält. Davon sind bis zu 3/4 Plasmaproteine (vgl. 6.3).

Aufgrund seiner Zusammensetzung und Zirkulation erfüllt das Blut lebenswichtige Aufgaben:

> — Zur *Transportfunktion* zählt die Versorgung der Gewebe mit dem von den Erythrozyten aufgenommenen Sauerstoff und mit weiteren Substraten sowie der Abtransport von Kohlendioxid und Produkten des Zellstoffwechsels. Weiterhin stehen die osmotische Regulation (Aufrechterhaltung des osmotischen Drucks durch Verteilen von Wasser und Elektrolyten) und die Wärmeregulation (Ausgleichen von Wärmebildung und Wärmeabgabe) in Zusammenhang mit der Transportfunktion des Blutes.

- Die *Eigenfunktion* besteht in der Pufferung und der Blutgerinnung.
- Die *Abwehrfunktion* wird durch verschiedene Immunmechanismen (z.B. Antikörperbildung und Phagozytose durch Leukozyten) ermöglicht.

Die Erhaltung dieser Funktionen setzt voraus, daß das Blut einerseits im Gefäßsystem flüssig bleibt und andererseits bei Verletzungen nicht verloren geht. Beides ist eng an die *Gerinnungseigenschaften* des Blutes gebunden.

Hämostase Am physiologischen Vorgang der Blutstillung (Hämostase) beteiligte Mechanismen sind:

- Vasokonstriktion
- Bildung eines Thrombozyten-Pfropfes
- eigentliche (plasmatische) Blutgerinnung.

Auf die Verletzung kleiner Gefäße erfolgt zunächst Vasokonstriktion und Anheftung von Blutplättchen an die verletzte Gefäßwand (Bildung eines Thrombozyten-Pfropfes). Dadurch wird innerhalb von 1–3 min ein labiler Defektverschluß (*primäre Hämostase*) erreicht. Bis zur endgültigen Wundheilung (Narbenbildung) wird der Defekt durch den etwa 5–7 min dauernden Vorgang der eigentlichen Blutgerinnung (*sekundäre Hämostase*) stabil verschlossen.

Resultat der sekundären Hämostase ist die Ausbildung eines festen *Fibrin-Gerinnsels* (Thrombus) als Folge einer Serie von Reaktionen, an denen neben Calcium-Ionen und Lipiden mehrere *Gerinnungsfaktoren* beteiligt sind.

Ausgelöst wird die sekundäre Hämostase über zwei unterschiedliche Wege:
- Das *intravasale System* (intrinsic system), dessen Gerinnungsfaktoren sich im Blutstrom befinden, wird durch Kontakt mit blutfremden Oberflächen aktiviert.
- Das *extravasale System* (extrinsic system) führt nach Verletzung perivasaler Zellen durch Freisetzung eines Gewebefaktors zur Aktivierung der Gerinnungsfaktoren des Gewebes.

Durch beide Systeme werden die zunächst als unwirksame Proteine vorliegenden Gerinnungsfaktoren aktiviert. Dies geschieht in einer kaskadenartigen Reaktionsfolge, wobei der jeweils übergeordnete Faktor die nachgeordnete Aktivierungsreaktion auslöst.

Die Gerinnungsfaktoren besitzen Enzymcharakter, ihre Bildung aus den als *Proenzyme* (Zymogene) aufzufassenden Vorstufen dürfte allgemein durch Proteolyse erfolgen. Eine Sonderstellung nehmen die Faktoren V und VIII ein, die, ohne selbst enzymatische Reaktionen auslösen zu können, bestimmte Reaktionsstufen aktivieren.

Die Reaktionen des extra- und des komplizierten intravasalen Systems münden in eine gemeinsame Endstrecke und führen schließlich – unter Beteiligung von Thrombokinase (Thromboplastin) – zur Umwandlung des Glykoproteins *Prothrombin* (Faktor II) in *Thrombin* (F II a), dem „eigentlichen" proteolytischen Gerinnungsenzym, das die Bildung des *Fibrin-Monomers* aus der Vorstufe *Fibrinogen* (F I) bewirkt.

Fibrinogen, ein lösliches Protein (relative Molekülmasse ca. 341 000) macht etwa 3–4 % der Plasmaprotein-Menge aus. Es setzt sich aus drei paarweise vorhandenen Polypeptid-Ketten zusammen, die über Disulfid-Brücken verknüpft sind.

Die Bildung des Fibrin-Monomers, das Baustein des *Fibrin-Netzes* ist, erfolgt aus Fibrinogen durch N-terminale Abspaltung von Fibrinopeptiden. Dadurch wird eine End-zu-End- und Seit-zu-Seit-Vernetzung ermöglicht. Das primär gebildete Netz (*lösliches Fibrin*) wird durch weitere Bindungsknüpfung zwischen benachbarten Fibrin-Monomeren stabilisiert (*unlösliches Fibrin*). Damit ist die eigentliche Blutgerinnung beendet. In einem sich anschließenden *Retraktionsprozeß* erfolgt durch Zusammenziehung des Fibrin-Netzes eine weitere Verfestigung des Gerinnsels.

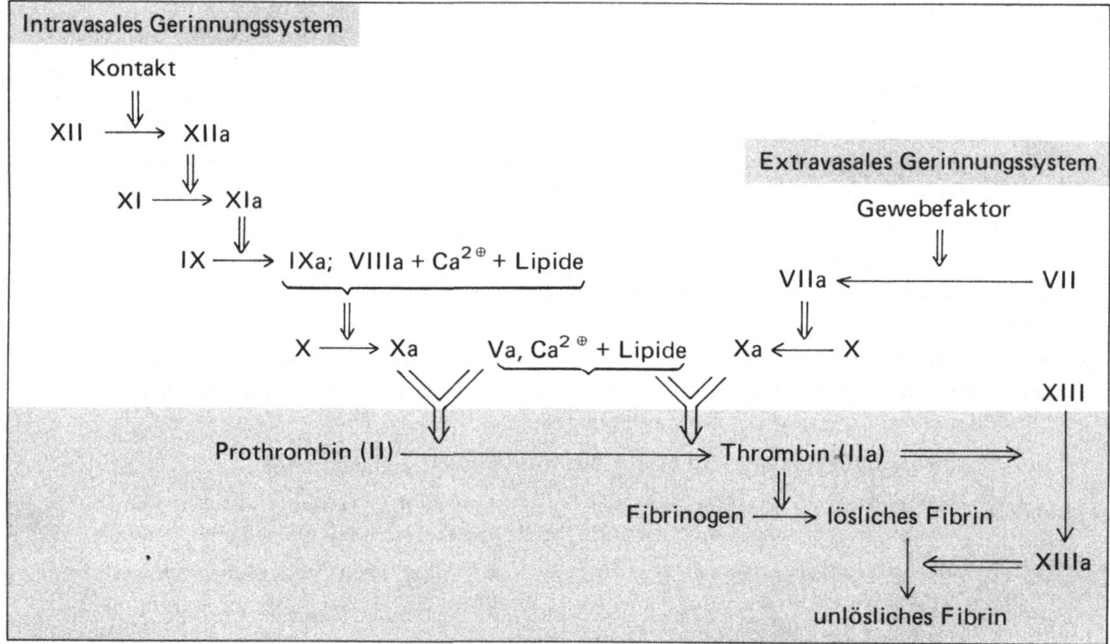

Intra- und extravasales Gerinnungssystem
(Doppelpfeil bedeutet Aktivierung; aktivierte Faktoren sind durch „a" gekennzeichnet)

Fibrinolyse Ebenso wie die Blutgerinnung wird auch ihr gegenläufiger Prozeß, die *Fibrinolyse* (Fibrin-Auflösung) enzymatisch gesteuert. Als Fibrin-spaltendes Enzym fungiert *Plasmin*, das unter Vermittlung von Blut- bzw. Gewebsaktivatoren aus der Vorstufe *Plasminogen* freigesetzt wird.

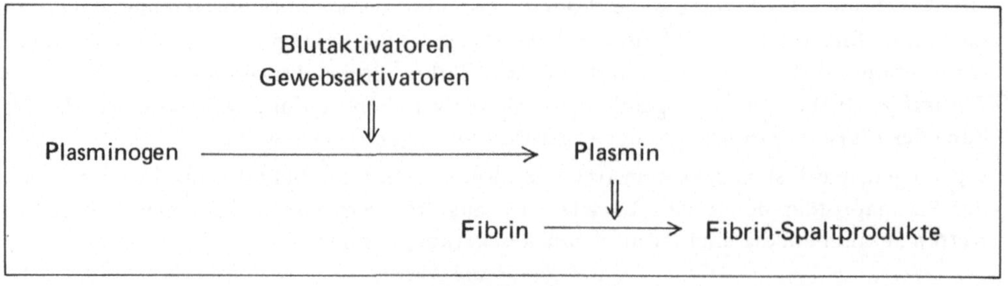

Fibrinolyse

Unter physiologischen Bedingungen laufen Blutgerinnung und Fibrinolyse nacheinander ab. Ihr Zusammenspiel gewährleistet, daß sich zur Blutstillung aus dem löslichen Fibrinogen unlösliches Fibrin bildet, welches — sobald es seine biologische Funktion erfüllt hat — bei der Wundheilung wieder abgebaut wird. Häufig wird daher die Fibrinolyse auch als weitere Phase der Blutgerinnung angesehen.

Störungen des Gerinnungssystems Unterfunktion des Gerinnungssystems führt zu unerwünschten Blutungen, Blutungsneigung und verzögerter Blutgerinnung (*hämorrhagische Diathese*). Gerinnungsstörungen aufgrund des Fehlens einzelner Gerinnungsfaktoren werden als *Koagulopathien* bezeichnet.

Durch zu starke oder anhaltende gerinnungsauslösende Reize oder durch Erschöpfung hemmender Mechanismen kann es zur Bildung intravasaler Gerinnsel kommen, die das Gefäßsystem zu verstopfen vermögen — entweder am Ort ihrer Bildung (*Thrombose*) oder nach dem Weiterspülen mit dem Blutstrom (*Embolie*). Darüberhinaus kommen als Ursachen von Thrombose und Embolie Gefäßwandschädigungen (z.B. bei Arteriosklerose) sowie verlangsamte Blutströmung (z.B. im Bereich funktionsuntüchtiger Venen) in Betracht.

Wirkstoffgruppen Stoffe, die die Aggregationsneigung der Thrombozyten mindern (*Thrombozytenaggregationshemmer*), die Gerinnbarkeit des Blutes herabsetzen (*Antikoagulantien*) bzw. die Auflösung von Gerinnseln ermöglichen (*Fibrinolytika*), können als „*Antithrombotika*" zusammengefaßt werden. Ihre Angriffspunkte sind im nachfolgenden Schema dargestellt.

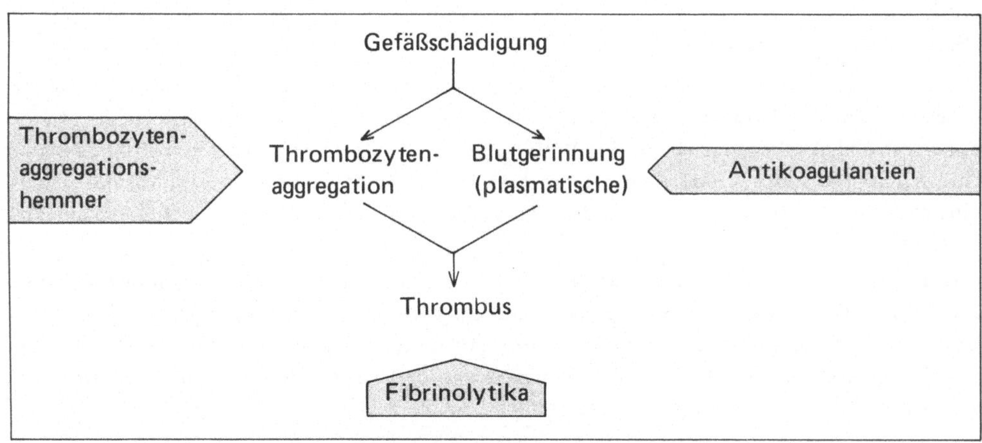

Angriffspunkte von „Antithrombotika"

Als *gerinnungsfördernde Wirkstoffe* werden Fibrinogen und Thrombin, ggf. auch andere Gerinnungsfaktoren und Vitamine der K-Gruppe eingesetzt.

8.6.1 Die Thrombozytenaggregation hemmende Stoffe

Acetylsalicylsäure (vgl. 7.7.9) vermag die Thrombozytenaggregation zu hemmen. Für diesen Anwendungsbereich stehen magensaftresistente Tabletten (Colfarit®), die den Wirkstoff in mikroverkapselter Form enthalten, zur Verfügung. Möglicherweise wird der aggregationshemmende Effekt über Acetylierung und dadurch bedingte Inaktivierung von Plasmaproteinen ausgelöst. Auch weitere Arzneistoffe wie *Sulfinpyrazon* (vgl. 7.7.12) und *Dipyridamol* (vgl. 8.3.2) besitzen thrombozytenaggregationshemmende Begleitwirkungen.

Dextran 40 (vgl. 8.6.5) verbessert die rheologischen Eigenschaften des Blutes und besitzt ebenfalls einen antiaggregativen Effekt. Ein potenter Inhibitor der Thrombozytenaggregation ist auch das *Prostacyclin* (vgl. 12.7.5).

Acetylsalicylsäure und Dextran 40 finden hauptsächlich Anwendung zur Thromboseprophylaxe.

8.6.2 Blutgerinnungshemmende Stoffe

Antikoagulantien hemmen die Blutgerinnung über zwei Mechanismen:

- Direkte Antikoagulantien vermögen bestimmte Gerinnungsfaktoren zu inaktivieren.

- Indirekte Antikoagulantien hemmen die Synthese bestimmter Gerinnungsfaktoren.

Direkte Antikoagulantien

Die Entdeckung von *Heparin*, dessen Name auf das reichliche Vorkommen in der Leber hinweist, geht auf Howell und McLean (ab 1916) zurück. Heparin wird den sauren Mucopolysacchariden (Polysaccharide des Bindegewebes) zugerechnet. Chemisch stellt es keine einheitliche Substanz, sondern ein *Gemisch linearer anionischer Polyelektrolyte* dar. Auch hinsichtlich des Aufbaus aus Monosaccharid-Bausteinen besteht eine gewisse Schwankungsbreite.

Charakteristisch ist, daß in den Ketten vor allem disulfatiertes α-D-Glucosamin (2-Desoxy-2-sulfamido-D-glucose-6-sulfat) jeweils mit einem Uronsäure-Baustein alterniert. Häufigste Uronsäure ist die meist 2-O-sulfatierte α-L-Iduronsäure. Daneben enthalten die Ketten β-D-Glucuronsäure, die in der Regel keinen Sulfat-Rest trägt. Die Hexosen liegen als Pyranosen vor und sind überwiegend 1,4-α-glykosidisch verknüpft.

Hexasaccharid-
Kettenausschnitt
des *Heparin-Anions*

Im Organismus liegen Heparine als Polyanionen vor. Handelsüblich ist neben Natrium-heparinat (Liquemin®, Bestandteil von Hepathrombin®, Thrombophob®) auch das Calcium-Salz (Calciparin®).

Da natürliches Heparin nur über aufwendige Aufarbeitungsprozesse, z.B. aus Lebern und Lungen von Schlachttieren, rein gewonnen werden kann, hat man versucht, es durch preis-wertere halbsynthetische Präparate zu ersetzen. Substanzen dieser Art sind die Stickstoff-freien *Heparinoide*. Sie stellen partiell sulfatierte (in Schwefelsäure-Halbester überführte) Polysaccharide dar. Diese sind als „Mucopolysaccharidpolyschwefelsäureester" (Hiru-doid®), „Natriumpentosanpolysulfat" (Thrombocid®) oder „Polysaccharid-Sulfosäure-Natriumsalz" (Lasonil®) im Handel. Darüberhinaus haben auch vollsynthetische Hepari-noide wie *Natriumapolat*, das Natrium-Salz einer polymeren Ethensulfonsäure (Pergalen®), Bedeutung erlangt.

Fortschritte in der Entwicklung synthetischer direkter Antikoagulantien erwartet man von *Thrombin-Inhibitoren* mit Amidin-Struktur.

In vitro finden als direkte Antikoagulantien auch Stoffe Anwendung, die einen Entzug der für die Gerinnung essentiellen Calcium-Ionen herbeiführen. Durch Komplexbildung mit *Natriumcitrat* oder *EDTA* sowie Ausfällen mit *Natriumoxalat* oder *Natriumfluorid* läßt sich die Blutgerinnung verhindern.

Indirekte Antikoagulantien

Zu ihnen zählen als wirksame Stoffgruppen die

- *1,3-Indandione*
- *4-Hydroxycumarine*.

Beide sind den Naphthochinonen (Vitamin K-Gruppe, vgl. 12.8.14) strukturell ähnlich.

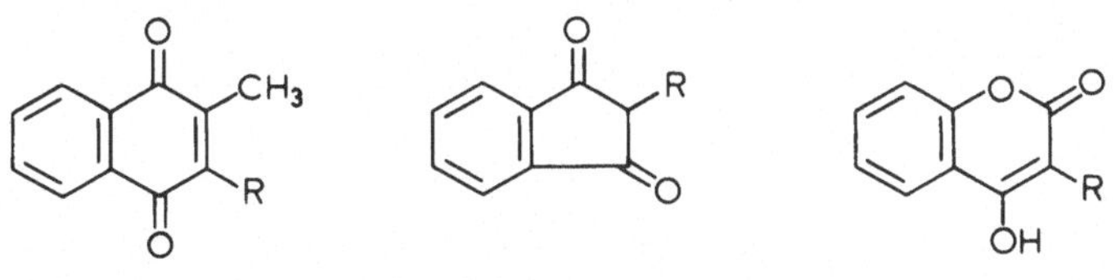

Naphthochinone   1,3-Indandione   4-Hydroxycumarine

Aufgrund erheblicher Nebenwirkungen haben 1,3-Indandione bei uns keine Bedeutung erlangt. In der Therapie häufig angewendet werden dagegen die *4-Hydroxycumarine*. Den Anstoß zu ihrer Synthese gab die Isolierung (Link, 1941) von *Dicoumarol*, 3,3'-Methylen-bis(4-hydroxycumarin), aus verdorbenem Süßklee, dessen Verfütterung an Tiere zu schwerer Blutungsneigung geführt hatte.

Dicoumarol

Die systematische Abwandlung von Dicoumarol führte schließlich zu noch wirksameren, auch unsymmetrisch gebauten Derivaten des 4-Hydroxy-cumarins. Handelsübliche Präparate sind das Dicoumarol-Derivat *Ethylbiscoumacetat* sowie die Benzylcumarin-Derivate *Warfarin*, *Acenocoumarol* und *Phenprocoumon*, 4-Hydroxy-3-(1-phenyl-propyl)-cumarin.

4-Hydroxycumarine	
Freiname (Handelsname)	Formel
Ethylbiscoumacetat (Tromexan®)	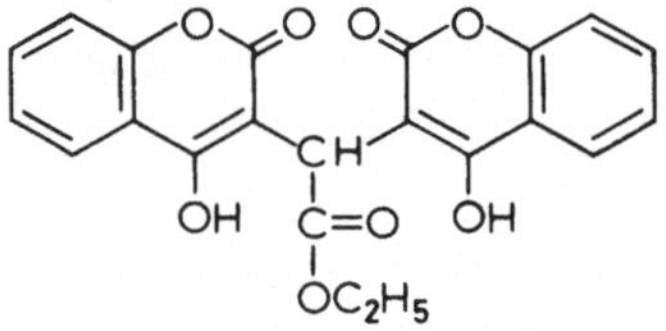
Warfarin (Coumadin®)	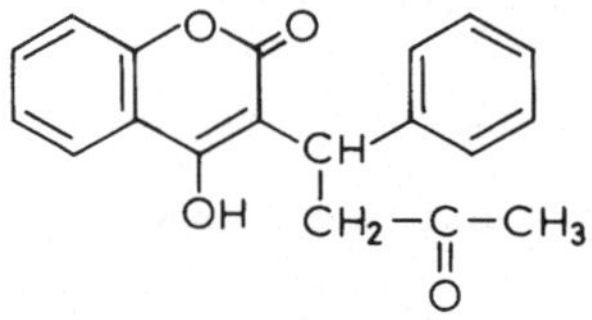
Acenocoumarol (Sintrom®)	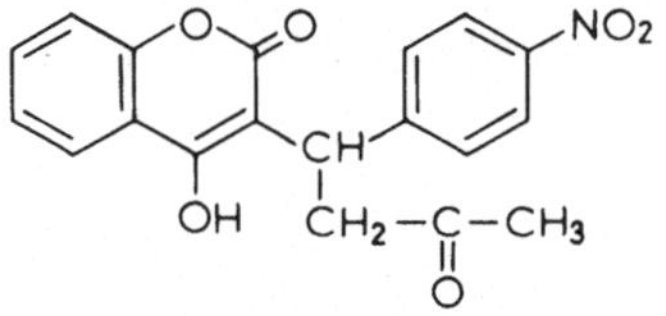
Phenprocoumon (Marcumar®)	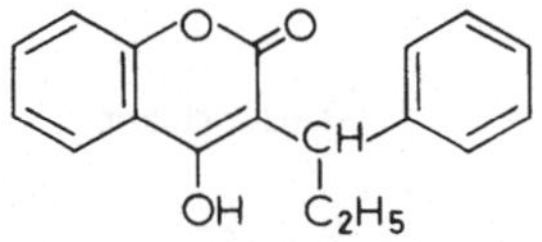

Pharmakologie　*Heparin* wird parenteral zur sofortigen Hemmung der Blutgerinnung, z.B. bei der Behandlung von Notfallsituationen (Herzinfarkt, Embolie, Inkompatibilitäten bei Blutaustauschtransfusion), eingesetzt. Dem Vorteil des unmittelbaren Wirkungseintritts steht der Nachteil fehlender peroraler Wirksamkeit und kurzer Wirkungsdauer entgegen. Die Wirkung von Heparin kann durch das Antidot *Protamin*, das vorzugsweise als Hydrochlorid (z.B. Protamin „Roche"®) zur Anwendung gelangt, sofort aufgehoben werden.

Heparinoide sind zwar preisgünstiger als das relativ teure Heparin, dafür aber weniger gut verträglich und von geringerer therapeutischer Breite. Sie werden hauptsächlich lokal (z.B. in Salbenform) bei oberflächlichen Thrombosen, Venenentzündungen, Blutergüssen etc. angewandt, wobei ihre Wirksamkeit bei dieser Form der Applikation umstritten ist.

4-Hydroxycumarine eignen sich als peroral wirksame Antikoagulantien insbesondere für die Langzeittherapie. Aufgrund der dabei bestehenden Blutungsneigung ist eine regelmäßige Kontrolle der Blutgerinnungszeit (Quickzeit = Thromboplastinzeit) erforderlich. Der Wirkungseintritt erfolgt erst nach einer gewissen Latenzzeit. Die einzelnen Präparate unterscheiden sich insbesondere in ihrer Wirkungsdauer.

4-Hydroxycumarine	Latenzzeit bis zum Wirkungsmaximum in Stunden	Wirkungsdauer in Stunden
Ethylbiscoumacetat	24	48
Warfarin	32	48–120
Phenprocoumon	60	120–140

Die Antikoagulantien vom Typ der 4-Hydroxycumarine unterliegen starker Plasmaeiweißbindung. Beispielsweise wird Phenprocoumon zu über 99 % an Albumin gebunden. Die gleichzeitige Gabe von 4-Hydroxycumarinen wie Warfarin und Phenprocoumon mit anderen Pharmaka führt häufig zu *Arzneimittelinteraktionen*. So kommt es z.B. mit Phenylbutazon, Oxyphenbutazon, Acetylsalicylsäure, Allopurinol und einigen Sulfonamiden zu unerwünschter Wirkungsverstärkung (Blutungsneigung). Im Falle von Phenylbutazon und Oxyphenbutazon ist die Freisetzung der 4-Hydroxycumarine aus ihrer Plasmaeiweißbindung an diesem Effekt mitbeteiligt.

Biochemische Wirkungen Die Wirkung von *Heparin* als direktes Antikoagulans beruht auf einer Hemmung der Aktivität proteolytischer Gerinnungsenzyme, insbesondere von Thrombin. Als Mechanismus wird eine Verstärkung der Wirkung von Antithrombin III (AT III) angenommen. AT III, ein α_2-Globulin, ist ein physiologischer Inhibitor aktivierter Gerinnungsfaktoren.

Die indirekten Koagulantien vom Typ der *4-Hydroxycumarine* können als Vitamin K-Antagonisten aufgefaßt werden. Sie verhindern die Vitamin K-abhängige Carboxylierung der Vorstufen der Gerinnungsfaktoren F II, VII, IX und X. Es resultieren inkomplette Faktoren mit verminderter Aktivität.

Eigenschaften Die relative Molekülmasse der *Heparine* schwankt zwischen etwa 6 000–20 000 (für Heparin wird im Mittel ungefähr 17 000 angegeben). Aufgrund des hohen Schwefelsäure-Anteils (bis zu 40 %) ist freies Heparin eine sehr starke Säure. Unter physiologischen Bedingungen liegt Heparin als polyvalentes Anion vor, das sich über seine hohe elektrophoretische Wanderungsgeschwindigkeit charakterisieren läßt. Im Gegensatz zur freien Säure sind deren Alkalisalze (z.B. Natriumheparinat) leicht wasserlöslich und sogar in der Wärme hydrolysestabil. Eine Salzbildung von Heparin mit stark basischen Proteinen wie *Protamin*, das zu etwa 2/3 aus Arginin besteht, hat Wirkungsverlust zur Folge.

Die sauren Eigenschaften der *4-Hydroxycumarine* werden durch die enolische Hydroxyl-Gruppe am ungesättigten Lacton-Ring geprägt. Als „vinyloge Säure" werden 4-Hydroxy-cumarine daher von Alkalien rasch gelöst. *Warfarin* ist als Natrium-Salz im Handel.

Struktur-Wirkungs-Beziehungen Molekülgröße sowie Anzahl zur Dissoziation befähigter Schwefelsäure-Reste sind Strukturmerkmale, die mit der Wirkung des *Heparins* verknüpft sind. *Heparinoide* mit optimaler Wirksamkeit weisen 12–17 % Schwefel sowie weitgehend einheitliche Molekülgröße auf. So sollen von Dextranen abgeleitete Heparinoide eine relative Molekülmasse von etwa 7 000 besitzen.

Die Wirksamkeit der 4-Hydroxycumarine ist an das intakte Ringsystem und an die 4-Hydroxy-Gruppe gebunden. Für die Substitution an C-3 ist eine Aralkyl-Gruppe günstig, diese beeinflußt insbesondere auch das pharmakokinetische Verhalten. Sowohl bei *Phenprocoumon* als auch bei *Warfarin* besitzt das S-Enantiomer 2–5 mal stärkere gerinnungshemmende Aktivität als das jeweilige R-Enantiomer.

Biotransformation Der Abbau von *Heparin* durch partielle Abspaltung der Sulfat-Reste findet in der Leber statt. Die renal ausgeschiedenen Produkte zeigen teilweise noch gerinnungshemmende Eigenschaften.

Aufgrund des extrem niedrigen, nicht Protein-gebundenen Anteils und den daraus resultierenden analytischen Schwierigkeiten ist der Metabolismus von *Phenprocoumon* beim Menschen bislang nicht vollständig aufgeklärt. Für *Warfarin* wurden in Abhängigkeit von der Konfiguration unterschiedliche Biotransformationswege aufgefunden.

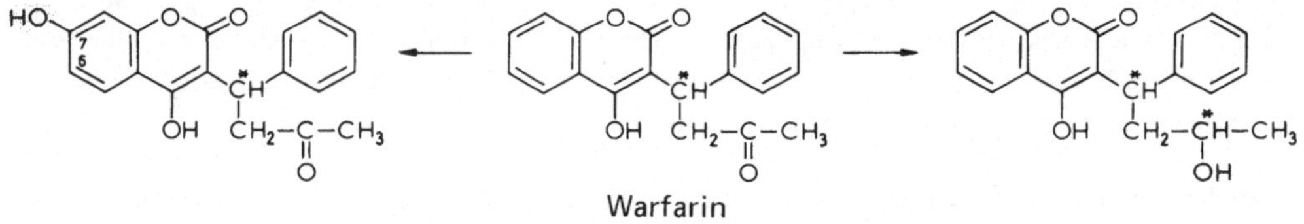

Warfarin

Biotransformation von Warfarin

Nach peroraler Applikation der *S-Form* entsteht als Hauptprodukt das am Cumarin-System hydroxylierte 7-Hydroxy-Warfarin. Nebenmetaboliten sind 6-Hydroxy-Warfarin sowie durch Reduktion der Carbonyl-Gruppe der Seitenkette entstandene diastereomere Alkohole, wobei das S,S-Diastereomer gegenüber der S,R-konfigurierten Form überwiegt.

Die Reduktion der *R-Form* des Warfarins liefert den R,S-konfigurierten Alkohol (Hauptmetabolit) neben Spuren von R,R-konfiguriertem Alkohol. Unter den diastereomeren Alkoholen zeigt die R,S-konfigurierte Verbindung die längste Plasma-Halbwertzeit und die stärkste gerinnungshemmende Aktivität, die jedoch im Vergleich zur Ausgangssubstanz nur 1–5 % beträgt.

Synthese Zur Darstellung von *Heparinoiden* läßt man überschüssige Chlorsulfonsäure auf Polysaccharide einwirken, die man durch partielle Säurehydrolyse und Fraktionierung aus geeigneten Naturprodukten gewinnt.

4-Hydroxycumarine können u. a. über die Reaktionswege (a) und (b) synthetisiert werden, die beide von geeigneten Salicylsäure-Derivaten ausgehen und z. B. zur Darstellung von *Phenprocoumon* dienen.

(a)

Acetylsalicylsäurechlorid

(b)

Salicylsäuremethylester

Phenprocoumon

Analytik *Heparin* kann durch seinen Schwefel-Gehalt ($> 9,5\,\%$) charakterisiert werden. Da dieser — ebenso wie die relative Molekülmasse — je nach Ausgangsmaterial (z. B. unterschiedliche Tierarten) variiert, ist der biologischen Wertbestimmung der Vorzug zu geben. Aus dem gleichen Grund bezieht sich die Deklarierung nicht auf Gewichts- sondern auf von einem internationalen Standard abgeleitete Einheit.

Zur Identifizierung von *Phenprocoumon* als nitrierbare aromatische Verbindung kann die Vitali-Morin-Reaktion (Rotfärbung, vgl. 7.1.3) herangezogen werden.

8.6.3 Blutgerinnungsfördernde Stoffe

Zur Behandlung von Störungen der Blutgerinnung kommt je nach Ursache die Anwendung unterschiedlicher Gerinnungsfaktoren sowie von Vitaminen der K-Gruppe in Betracht.

Die geschlechtsspezifisch vererbbare Bluterkrankheit (Hämophilie A bzw. B) erfordert eine Substitutionstherapie mit den fehlenden Gerinnungsfaktoren. So werden bei Mangel an Faktor VIII (Hämophilie A) Plasmaprotein-Fraktionen, die *Antihämophiles Globulin* = F VIII enthalten (z. B. Antihämophiles Kryopräzipitat), eingesetzt.

Bei Fibrinogen-Mangel, der durch akuten Verbrauch (Verbrauchskoagulopathie) verursacht sein kann, gelangt *Human-Fibrinogen* (z. B. Human-Fibrinogen Kabi) zur Anwendung.

Lokale Blutungen, etwa bei Operationen, können durch *Thrombin* (z. B. Topostasin®) gestillt werden. Handelspräparate enthalten Rinder-Thrombin. Die intravenöse Verabfolgung ist kontraindiziert, da durch Umwandlung von Fibrinogen in Fibrin eine unmittelbare Thrombosierung einsetzt. Bei gastrointestinalen Blutungen kann Thrombin (z. B. Velyn®) auch peroral appliziert werden („Schluckthrombin").

Thrombin besteht aus den Peptid-Ketten A (49 Aminosäuren) und B (259 Aminosäuren), die über eine Disulfid-Brücke verknüpft sind und deren Sequenz geklärt ist.

Der Einsatz von *Vitamin K* zur Förderung der Blutgerinnung ist — außer als Antidot der 4-Hydroxycumarine — nur bei entsprechenden Mangelzuständen (z.B. infolge von Resorptionsstörungen) sinnvoll. Die Behandlung setzt eine intakte Leberfunktion voraus.

8.6.4 Die Fibrinolyse beeinflussende Stoffe

Fibrinolytika

Bereits gebildete Thromben können, sofern der Einsatz früh genug erfolgt, durch Fibrinolytika aufgelöst werden. Dazu eignet sich *Plasmin*, das die proteolytische Spaltung von Fibrin zu Fibrinopeptiden bewirkt. *Streptokinase* (Kabikinase®, Streptase®), eine aus Streptokokken gewonnene Protease, fördert wie der im Harn vorkommende Gewebsaktivator *Urokinase* (Urokinase Serono) die Umwandlung von Plasminogen in Plasmin und somit die Fibrinolyse. Die Anwendung der Fibrinolytika — etwa bei Herzinfarkt oder Lungenembolie — erfordert die Möglichkeit zur Bestimmung des Gerinnungsstatus.

Antifibrinolytika

Zur Fibrinolyse-Hemmung stehen synthetische Aminocarbonsäuren wie *ε-Aminocapronsäure*, *4-Aminomethyl-benzoesäure* und *Tranexamsäure*, trans-4-(Aminomethyl)-cyclohexan-1-carbonsäure, zur Verfügung. Tranexamsäure wirkt nur als trans-Isomer mit äquatorial angeordneten Substituenten. Die antifibrinolytische Wirksamkeit der Tranexamsäure ist etwa 5—10 mal größer als die von ε-Aminocapronsäure. Die Antifibrinolytika inhibieren die Aktivatoren der Fibrinolyse, welche aus Plasminogen das aktive Plasmin freisetzen. Charakteristisch ist der weite Dipolabstand der beiden funktionellen Gruppen.
Fibrinolytika werden gegen Blutungen bei gesteigerter Fibrinolyse eingesetzt und dienen als Antidot bei einer Überdosierung von Streptokinase.

Antifibrinolytika	
Freiname bzw. chem. Bezeichnung (Handelsname)	Formel
ε-Aminocapronsäure (Epsilon-Aminocapronsäure Behringwerke bzw. „Roche"®)	$\overset{\oplus}{H_3N}-(CH_2)_5-COO^{\ominus}$
4-Aminomethyl-benzoesäure (Gumbix®)	$\overset{\oplus}{H_3N}-CH_2-\langle\text{Phenyl}\rangle-COO^{\ominus}$
Tranexamsäure (Anvitoff®, Ugurol®)	$\overset{\oplus}{H_3N}-CH_2-\langle\text{Cyclohexan}\rangle-COO^{\ominus}$

8.6.5 Anhang: Plasmaersatzmittel

Volumenmangelzustände des Gefäßsystems erfordern Flüssigkeitsersatz, der in seiner Zusammensetzung den physiologischen Erfordernissen angepaßt sein muß. Neben *Vollblut*, das durch eine Antikoagulanslösung, die Natriumcitrat, Citronensäure und Glucose enthält, ungerinnbar gemacht ist (Blutkonserve Ph. Eur.), kommen *körpereigene Plasmaersatzmittel* (vorbehandelte Serumkonserve, PPL = pasteurisierte Plasmaprotein-Lösung, Humanalbumin-Lösung) und *körperfremde Plasmaersatzmittel* in Betracht. Plasmasubstitute sollen folgenden Anforderungen genügen:

- Ihr osmotischer und kolloidosmotischer (onkotischer) Druck soll dem des Plasmas entsprechen.
- Sie sollen eine ausreichend lang anhaltende Gefäßauffüllung gewährleisten, aber nicht im Körper gespeichert werden.
- Sie sollen keine nachteiligen pharmakodynamischen Eigenwirkungen sowie keine antigenen Eigenschaften besitzen.
- Sie sollen Blutgruppenbestimmung und Blutgerinnung möglichst nicht beeinflussen.
- Ihre Grundstoffe sollen in ausreichender Menge zur Verfügung stehen; die Lösungen müssen sterilisierbar und haltbar sein.

Zur Bereitung von Plasmaersatzmitteln verwendete Stoffe	
Freiname bzw. chemische Bezeichnung (Handelsname)	Formel (charakteristischer Strukturausschnitt)
Dextran (Macrodex®)	
Hydroxyethylstärke (Plasmasteril®, Plasmotonin®)	

Fortsetzung der Tabelle

Freiname bzw. chemische Bezeichnung (Handelsname)	Formel (charakteristischer Strukturausschnitt)
Polygelin (Haemaccel®)	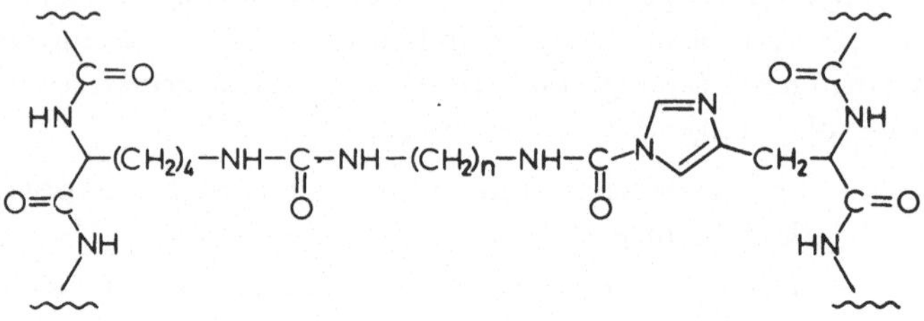 (charakteristischer Strukturausschnitt)

Körperfremde Plasmaersatzmittel enthalten Biopolymere oder davon abgeleitete Partial-synthetika. Derzeit wichtigste Stoffgruppe stellen die aus D-Glucose aufgebauten *Dextrane* dar. In der Polysaccharid-Kette (Hauptkette) sind die Glucose-Bausteine 1,6-α-glykosidisch verknüpft. Die Hauptkette enthält vorwiegend 1,4-α-verknüpfte Seitenketten. Als Plasmaersatzmittel verwendete Dextrane haben eine mittlere relative Molekülmasse von 60 000 (Dextran 60 = Macrodex®); die Polymereinheiten variieren zwischen ca. 25 000 und 110 000.

Hydroxyethylstärke kann als Ether-Derivat eines Amylopektin-Hydrolysates aufgefaßt werden. Amylopektin, neben Amylose ein Bestandteil der natürlichen Stärke, ist der körpereigenen Glucose-Speicherform Glykogen strukturell eng verwandt. Es ist aus verzweigten, teilweise untereinander verbundenen Glucose-Ketten aufgebaut. Die Ketten weisen 1,4-α-glykosidische Bindungen auf, während die Verzweigungen über 1,6-α-Bindungen getätigt werden. Auf je 10 Glucose-Einheiten der Hydroxyethylstärke entfallen im Mittel sieben 2-Hydroxyethyl-Reste. Die mittlere relative Molekülmasse des Handelspräparates liegt bei 450 000 (Verteilung: 90 % zwischen 10 000 und 1 000 000).

Polygelin besteht aus Gelatine-Abbauprodukten, die über Harnstoff-Brücken vernetzt sind. Die mittlere relative Molekülmasse beträgt etwa 35 000—36 000.

Pharmakologie Bluttransfusionen sind in der Regel nur bei lebensbedrohendem Erythrozytenmangel erforderlich. Der Einsatz von Blutfraktionen enthaltenden Plasmaersatzmitteln wird durch den hohen Preis und die begrenzte Verfügbarkeit eingeschränkt. Körperfremde Plasmaersatzmittel werden vor allem in der Therapie des peripheren Kreislaufversagens (Schock) benötigt. Hauptursachen des peripheren Kreislaufversagens sind akuter Verlust von Blut, Plasma oder anderen Körperflüssigkeiten sowie Herzversagen, Sepsis und anaphylaktische Reaktionen. Diese führen zu absolutem oder relativem Volumenmangel. Zu den lebensrettenden Sofortmaßnahmen gehört deshalb die Erhöhung der zirkulierenden Blutmenge.

Dextrane mit einer mittleren relativen Molekülmasse um 40 000 (Dextran 40 = Rheomacrodex®) hemmen die Thrombozytenaggregation und werden im Rahmen der Schockbehandlung zur Verbesserung der Mikrozirkulation eingesetzt (vgl. 8.6.1).

Eigenschaften Blutisotonische Elektrolyt-Lösungen, z.B. die 0,9 % NaCl enthaltende *physiologische Kochsalz-Lösung* oder *Ringer-Lösung* (Zusammensetzung: NaCl, KCl, $CaCl_2 \cdot 6 H_2O$) sind als Volumenersatz wenig geeignet, da die Elektrolyte zu rasch aus der Blutbahn eliminiert werden. Dagegen vermögen Kolloide wie *Dextran, Hydroxyethylstärke* und *Polygelin* aufgrund ihrer Molekülgröße Plasmamembranen nicht oder weniger leicht zu durchdringen. Infolgedessen sind sie in der Lage, Wasser über einen längeren Zeitraum im Gefäßlumen zu binden. Kolloidale Plasmaersatzmittel enthalten außer den gelösten Makromolekülen auch Elektrolyte. In einem solchen System tritt zusätzlich eine Hemmung der Diffusion von Ionen und damit gleichzeitig Retention von Hydratationswasser auf.

Biotransformation Makromolekulare Stoffe mit einer relativen Molekülmasse unter 50 000 — was in etwa der Nierenschwelle entspricht — können renal ausgeschieden werden. Größere Moleküle werden zunächst im reticulo-endothelialen System (z.B. von Leber und Milz) gespeichert und dort langsam enzymatisch abgebaut.

Die für Säuger ungewöhnliche 1,6-Bindung der *Dextrane* verhindert eine rasche enzymatische Hydrolyse zu kolloidosmotisch unwirksamen Spaltstücken. *Hydroxyethylstärke* mit einer relativen Molekülmasse von 450 000 wird im Blut unter Vermehrung kolloidosmotisch wirksamer Teilchen abgebaut. Etwa 30 min nach Infusionsende überwiegen Spaltstücke mit einer relativen Molekülmasse zwischen 40 000 und 80 000. Die 2-Hydroxyethyl-Gruppen bewirken einen im Vergleich zu Stärke verlangsamten Abbau durch α-Amylasen. *Polygelin* wird wie Dextrane und Hydroxyethylstärke hauptsächlich renal ausgeschieden, ein Abbau durch Proteasen ist jedoch ebenfalls möglich.

Gewinnung Leuconostoc mesenteroides und verwandte Milchsäure-Bakterien vermögen in Saccharose-haltiger Nährlösung *Dextrane* in großer Menge zu bilden. Mikrobiologisch gewonnenes Rohdextran ist hochmolekular. Die zur Bereitung von Plasmaersatzmitteln benötigten Dextrane erhält man durch partielle Hydrolyse mit Salzsäure und anschließende Fraktionierung. Unter Einhaltung bestimmter Bedingungen kann der Fermentationsprozeß auch so gelenkt werden, daß unmittelbar niedermolekulare Dextrane entstehen.

Die extrazellulär stattfindende Biosynthese läßt sich bilanzmäßig wie folgt darstellen:

$$n\ C_{12}H_{22}O_{11} \xrightarrow{\text{Dextran-Sucrase}} (C_6H_{10}O_5)_n + n\ C_6H_{12}O_6$$

$$\text{Saccharose} \qquad\qquad\qquad \text{Dextran} \qquad \text{Fructose}$$

Zur Darstellung von *Hydroxyethylstärke* wird aus Sorghum-Arten (Mohrenhirse) gewonnene Stärke, die sich durch einen hohen Amylopektin-Gehalt auszeichnet, durch Umsetzung mit Ethylenchlorhydrin (2-Chlor-ethanol) in Pyridin verethert und das erhaltene Produkt anschließend partiell hydrolysiert.

Ausgangsmaterial für die Darstellung von *Polygelin* ist Gelatine, die thermisch zu peptidischen Spaltstücken mit einer relativen Molekülmasse von etwa 12 000 abgebaut wird. Diese werden mit Diisocyanaten umgesetzt, wobei Produkte mit einer relativen Molekülmasse um 36 000 resultieren. Man nimmt deshalb an, daß jeweils drei Peptid-Ketten miteinander verknüpft werden. Die Ausbildung der Harnstoff-Brücken erfolgt durch Reaktion des bifunktionellen Diisocyanats mit der endständigen Amino-Gruppe basischer Aminosäuren wie z.B. Lysin sowie mit der Imino-Gruppe des Histidins.

8.7 Stoffe zur Behandlung von Anämien

Der Normwert der mittleren Hämoglobin(Hb)-Konzentration im Blut beträgt für den Mann 15,5, für die Frau 14 g Hb in 100 ml Blut. In der Regel spricht man von *Anämie*, wenn die Hb-Konzentration beim Mann 12,5, bei der Frau 11 g Hb in 100 ml Blut unterschreitet.

Der Begriff Anämie deckt sich also nicht mit dem Wortsinn „Blutarmut". Die verschiedenen Formen der Anämie lassen sich in folgende Hauptklassen unterteilen:

Durch Verlust von Erythrozyten bedingte Anämien	Ursachen sind akute und chronische Blutverluste
Durch verminderte Erythrozyten-Neubildung bedingte Anämien	Hierzu zählen *aplastische Anämien*, denen eine Verminderung der Erythrozyten-Neubildung (Erythropoese) im Knochenmark zugrunde liegt. Eine weitere wichtige Gruppe stellen die *Mangelanämien* (Eisen-, Vitamin B_{12}-, Folsäure-Mangel) dar.
Durch gesteigerten Erythrozyten-Abbau bedingte Anämien	Diese werden auch als *hämolytische Anämien* bezeichnet. Als Ursachen kommen hereditär bedingte Störungen der Synthese von Globin (Eiweißkomponente des Hämoglobins) sowie extrazelluläre Einflüsse (Einwirkung chemischer Noxen wie Blei, Nitro-Verbindungen, Phenacetin, Sulfonamide) in Betracht.

Unter pharmakotherapeutischen Gesichtspunkten kommt den Mangelanämien die größte Bedeutung zu. Bei der Eisenmangel-Anämie (häufigste Anämie-Form) weisen die Erythrozyten einen verminderten Hämoglobin-Gehalt auf und sind gegenüber der Norm verkleinert (*hypochrome, mikrozytäre Anämie*). Mangel an Vitamin B_{12} bzw. Folsäure führt zu einer verzögerten Zellteilung im Knochenmark, aus dem stark vergrößerte Erythrozyten (Megalozyten) in verminderter Zahl an das Blut abgegeben werden (megaloblastäre Anämien). Der Hämoglobin-Gehalt der Megalozyten ist erhöht (*hyperchrome, makrozytäre Anämie*). Die wichtigste Form der makrozytären Anämien stellt die *perniziöse Anämie* (vgl. 12.8.9) dar.

8.7.1 Eisen-Verbindungen

Zur oralen Eisentherapie wird zweiwertiges Eisen in Form anorganischer Salze, z.B. Eisen(II)-sulfat sowie häufig auch in Bindung an Mono- und Dicarbonsäuren, die teilweise komplexierende Eigenschaften haben, eingesetzt. Fe(III)-Präparate, die ausschließlich komplex gebundenes Eisen enthalten, können sowohl zur oralen als auch zur parenteralen Therapie verwendet werden.

Eisen-Präparate		
Stoffklasse	Chemische Bezeichnung bzw. Charakterisierung	Handelsname
Eisen(II)-Verbindungen	Eisen(II)-sulfat	Eryfer®, Kendural® C
	Eisen(II)-ammoniumsulfat	Ce-Ferro® Pillen
	Eisen(II)-gluconat	Aegrosan® Plus
	Eisen(II)-glycin-sulfat	ferro sanol®
	Eisen(II)-fumarat	Ferrum Klinge®
Eisen(III)-Verbindungen	Natrium-Eisen(III)-citrat-Komplex	Ferlixir® Ferrlecit®
	Eisen(III)-hydroxid-Saccharose-Komplex	Aegrosan® liq. Mardulcan®
	Eisen(III)-hydroxid-Dextrin-Komplex	Ferrum Hausmann® Injektionslösung
	Natrium-Eisen(III)-gluconat-Komplex	Ferrlecit®-Ampullen

Biochemie Der Organismus des erwachsenen Menschen enthält etwa 4–5 g Eisen in gebundener Form. Davon befinden sich ca. 70 % als Bestandteil des Hämoglobins in den Erythrozyten. Der Anteil an „Funktionseisen" als Bestandteil von Cytochromen und anderer Enzyme sowie von Myoglobin macht ungefähr 10 % aus. Weitere 20 % werden als „Depot-Eisen" in Form des wasserlöslichen Metalloproteins *Ferritin* (ggf. auch als unlösliches Hämosiderin) bevorzugt in Leber, Milz und Knochenmark gespeichert. Der tägliche Bedarf an Eisen liegt beim Erwachsenen um 0,5–1 mg (ohne Berücksichtigung der menstruationsbedingten Eisen-Verluste der Frau). Gemessen am täglichen Eisen-Umsatz von ca. 30 mg ist dieser Betrag gering. Die daraus ersichtliche Ökonomie des Eisen-Haushalts wird durch die weitgehende Wiederverwertung des beim Hämoglobin-Abbau freiwerdenden Eisens gewährleistet. Der tägliche Eisen-Verlust kann in der Regel durch das mit der Nahrung zugeführte Eisen voll ersetzt werden.

Das Nahrungseisen liegt überwiegend in dreiwertiger, komplex gebundener Form vor. Im sauren Milieu des Magens dissoziieren die weniger stabilen Komplexe, außerdem kann Reduktion zu zweiwertigem Eisen stattfinden. Die Resorption, die dem Bedarf angepaßt ist, erfolgt im oberen, beim Austritt des Speisebreis noch sauren Dünndarmabschnitt. In den tieferen, alkalisch reagierenden Abschnitten bilden sich Hydroxide. Insbesondere die schwer löslichen Fe(III)-hydroxide stehen damit für die Resorption nicht zur Verfügung. Dies wird als Hauptursache dafür angesehen, daß bei peroraler Applikation Eisen(II)-Salze wesentlich besser resorbiert werden als Eisen(III)-Salze. Der Übertritt der hydratisierten Eisen-Ionen aus dem Darmlumen in die Mukosazellen dürfte durch Diffusion sowie in Bindung an *mukosales Transferrin*, ein Transportprotein, erfolgen. *Ferritin* (Name der Eisen-freien Verbindung: *Apoferritin*), dem man früher eine solche

Funktion zuschrieb, stellt ein mukosales Eisen-Speicherprotein dar. Die Mechanismen des Übertritts von Eisen aus den Mukosa-Zellen in die Blutbahn sind weitgehend ungeklärt.

Im Blut erfolgt der Transport an die Stätten des Bedarfs in Bindung an das β-Globulin *Transferrin*, das dreiwertiges Eisen in Form eines *Eisen(III)-Transferrin*-Komplexes bindet.

Pharmakologie Als Ursachen eines Eisen-Mangels kommen eisenarme Ernährung, mangelhafte Resorption sowie Blutverluste in Betracht. Nach Möglichkeit bevorzugt man die orale Applikation. Parenteral darf nur $Fe^{3\oplus}$ verabreicht werden, da Transferrin nur dieses binden kann. Die parenterale Applikation ist problematisch, weil die Eisenbindungskapazität des Plasmas (ca. 1–4 mg/l) begrenzt ist, und freies Eisen toxisch wirkt. Daher ist die Gefahr einer akuten Eisenvergiftung relativ groß. Als Gegenmittel ist Dimercaprol (vgl. 13.6.2) kontraindiziert.

Dagegen eignet sich *Deferoxamin* (Desferal®), ein aus Streptomyces pilosus isolierter Naturstoff, der drei chelatfähige Hydroxamsäure-Funktionen aufweist, als Antidot. Mit $Fe^{3\oplus}$ bildet sich ein rot gefärbter, oktaedrisch gebauter 1:1-Chelat-Komplex, der gut wasserlöslich und nierengängig ist.

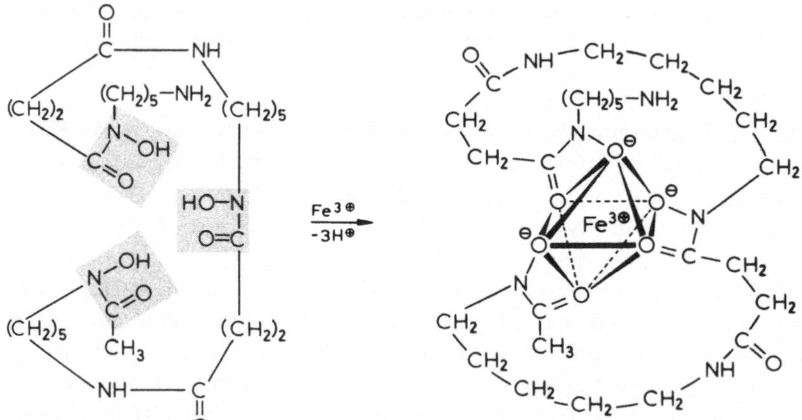

Deferoxamin

Deferoxamin-Eisen(III)-Chelat
(Ferrioxamin)

Aufgrund seiner sehr hohen Bindungsfähigkeit für $Fe^{3\oplus}$ bei praktisch fehlender Bindungsfähigkeit für $Fe^{2\oplus}$ kann Deferoxamin zwar dreiwertiges Eisen aus der Transportform Transferrin, nicht aber zweiwertiges Hämoglobin- oder Cytochrom-gebundenes Eisen unter Komplexbildung herauslösen.

Die Einnahme von Eisen-Präparaten sollte wegen der besseren Resorption auf nüchternen Magen (1/2–1 h vor dem Essen) erfolgen. Zweiwertiges Eisen wird im Vergleich zu dreiwertigem, komplexgebundenem Eisen rascher und weitgehender resorbiert. Hydratisierte $Fe^{3\oplus}$-Ionen wirken adstringierend, in höherer Dosis ätzend und sind deshalb zur Eisen-Therapie ungeeignet.

Analytik Neben der Identifizierung und Grenzprüfung auf Schwermetalle läßt Ph. Eur. bei Eisen(II)-sulfat auf Mangan, Zink und Chlorid, bei Eisen(II)-gluconat u.a. auf $Fe^{3\oplus}$ prüfen. Die Gehaltsbestimmung erfolgt in beiden Fällen cerimetrisch gegen Ferroin als Indikator. Außer über oxidimetrische Bestimmungsmethoden kann der Gehalt von Fe(III)- bzw. Fe(II)-Präparaten (nach Oxidation zur Fe(III)-Stufe) auch komplexometrisch über die Bildung des stabilen *Fe (III)-EDTA-Komplexes* in saurem Medium erfolgen, wo sonstige störende zweiwertige Kationen (einschl. $Fe^{2\oplus}$) nicht erfaßt werden. Als Indikator kann Thiocyanat, Salicylsäure oder auch Brenzkatechin-3,5-disulfonsäure (Tiron) dienen, das mit $Fe^{3\oplus}$ bei pH 5—7 einen violett gefärbten Komplex bildet. Auch eine Reihe *kolorimetrischer Verfahren* unter Bildung z. B. eines roten Fe(II)/2,2′-Bipyridyl- oder Fe(II)/Thioglykol-säure- bzw. violetten Fe(III)/Salicylsäure-Komplexes sind gebräuchlich.

8.8 Den Lipidblutspiegel senkende Stoffe

Über die Norm erhöhte Konzentrationen einzelner Blutlipidfraktionen werden als *Hyperlipidämien* oder, da die Serumlipide stets mit Proteinen assoziiert sind, als *Hyperlipoproteinämien* bezeichnet. Primäre Hyperlipidämien sind häufig genetisch bedingt, während sekundäre Hyperlipidämien in der Folge einer Grundkrankheit (z.B. Diabetes mellitus, Gicht, Hypothyreose, Pankreatitis) sowie bei Übergewicht, falscher Ernährung und Alkoholabusus auftreten können.

Aus epidemiologischen (statistischen) Untersuchungen ist bekannt, daß die Erhöhung bestimmter Blutlipidfraktionen mit der Häufigkeit des Auftretens einer *Arteriosklerose* (Einengung des Gefäßlumens, u.a. bedingt durch Einlagerung von Lipiden in die Intima der Arterien) positiv korreliert. Somit stellen Hyperlipidämien einen *Risikofaktor* für die Entstehung der koronaren Herzkrankheit und des Herzinfarkts (vgl. 8.3) dar, die unter den Todesursachen in hochentwickelten Industrieländern an erster Stelle stehen. Im Bereich kardiovaskulärer Erkrankungen dürfte für die Risikofaktoren folgende Rangordnung gelten:

1. Hyperlipidämie (Hypercholesterinämie)
2. Zigarettenrauchen
3. Hypertonie
4. Übergewicht
5. Bewegungsmangel
6. Diabetes mellitus
7. Gicht.

Ein wichtiger Ansatzpunkt für die Prophylaxe der Arteriosklerose besteht folglich darin, den Lipidgehalt (insbesondere den Cholesterin-Gehalt) des Blutes zu senken.

Biochemie, Physiologie Lipide sind wasserunlöslich. Ihre löslichen Transportformen im Plasma sind die *Lipoproteine*. In ihnen sind die Lipide an spezifische Proteine (Apoproteine) gebunden. Folgende Lipidklassen sind am Aufbau der Lipoproteine beteiligt:

— Triglyceride (Neutralfette)
— Phospholipide
— Cholesterin und Cholesterinester

Außerdem kommen im Plasma an Albumin gebundene Fettsäuren vor.

Lipoproteine können aufgrund unterschiedlicher physikochemischer Eigenschaften (Dichte, Sedimentationsgeschwindigkeit, elektrophoretisches Verhalten) in charakteristische Fraktionen getrennt bzw. eingeteilt werden. Die Lipoprotein-Fraktionen unterscheiden sich vor allem durch ihre Molekülgröße, Art der Apoproteine und die prozentuale Zusammensetzung.

Einteilung, Größe und Zusammensetzung der Lipoproteine*							
Trennung durch:		Durchmesser (nm)	Protein %	Cholesterin %	Triglycerid %	Phospholipid %	Kohlenhydrat %
Ultra-zentrifuge	Elektrophorese						
VLDL[1]	Chylomikronen	100–1000	1–2	6	85–90	4	–
	prä-β-Lipo-proteine	30– 70	10	15	59	15	1
LDL[2]	β-Lipoproteine	15– 25	24	44	10	21	1
HDL[3]	α-Lipoproteine	7,5– 10	48	20	3	27	2

1) very low density lipoproteins　2) low density lipoproteins　3) high density lipoproteins　* vgl. Pharm. Ztg. **124**, 1312 (1979)

Im Zusammenhang mit der Entwicklung der Arteriosklerose kommt den einzelnen Lipoprotein-Fraktionen unterschiedliche Bedeutung zu.

— *Chylomikronen*, welche vorwiegend mit der Nahrung aufgenommene Triglyceride (exogene Triglyceride) transportieren, sind zu groß, um in die Arterienwand einzuwandern. Ihre Bedeutung für die Entstehung einer Arteriosklerose (ihr atherogenes Potential) ist deshalb gering.

— *VLDL-Partikel*, zu denen vor allem die prä-β-Lipoproteine zählen, transportieren in der Leber synthetisierte Triglyceride (endogene Triglyceride) und können in die Gefäßwand eindringen. Ihr atherogenes Potential ist als hoch anzusehen.

— *LDL-Partikel* (β-Lipoproteine), die in der Blutbahn aus VLDL-Partikeln entstehen, weisen den höchsten Anteil an Cholesterin und das höchste atherogene Potential auf.

— *HDL-Partikel* können wegen ihres hohen Protein-Anteils auch als Vehikel für den Abtransport von intrazellulärem Cholesterin dienen. Sie sind daher eher als Schutzfaktor der Gefäßwand zu interpretieren.

Lipid-Stoffwechselstörungen werden zur Zeit entsprechend dem festgestellten Lipoproteinmuster (vgl. 6.4) nach Art des hauptsächlich vermehrten Lipoproteins in 6 Hyperlipoproteinämie-Typen eingeteilt (Fredrickson, 1964), jedoch zeichnet sich eine neue, auf den Apoproteinen basierende Klassifizierung ab. Etwa 90 % aller Hyperlipoproteinämien entfallen auf die Typen IIa, IIb und IV.

Hyperlipoproteinämien — Einteilung nach Fredrickson —	
Typ	Art der vermehrten Lipoproteine (elektrophoretische Charakteristik)
I	Chylomikronen
IIa	β-Lipoproteine
IIb	β- und prä-β-Lipoproteine
III	abnormes β-Lipoprotein
IV	prä-β-Lipoproteine
V	prä-β-Lipoproteine und Chylomikronen

8.8.1 Antilipidämische Stoffe unterschiedlicher Konstitution

Die therapeutisch verwendeten „Lipidsenker" sind von sehr unterschiedlicher Struktur. *Aryloxyalkansäuren*, die auch als substituierte Phenoxyessigsäuren aufzufassen sind, stellen die größte einheitliche Stoffklasse dar. Daneben haben *Nicotinsäure,* D-*konfigurierte Schilddrüsenhormone* sowie *Anionenaustauscher* und *β-Sitosterin*, ein Phytosterin, Bedeutung erlangt.

Antilipidämische Stoffe unterschiedlicher Konstitution		
Stoffklasse	Freiname (Handelsname)	Formel
Aryloxyalkansäure-Derivate	Clofibrat (Regelan® N, Skleromexe®)	$Cl-C_6H_4-O-C(CH_3)(CH_3)-C(O)-OC_2H_5$
	Clofibrinsäure (Regulipid®; Aluminium-Salz: atherolipin®)	$Cl-C_6H_4-O-C(CH_3)(CH_3)-COOH$
	Bezafibrat (Cedur®)	$Cl-C_6H_4-C(O)-NH-CH_2-CH_2-C_6H_4-O-C(CH_3)(CH_3)-COOH$

Fortsetzung der Tabelle

Stoffklasse	Freiname (Handelsname)	Formel
Nicotinsäure und Derivate	Nicotinsäure (Niconacid®)	
	Nicotinylalkohol (Ronicol® retard)	
D-konfigurierte Schilddrüsenhormone	Dextrothyroxin (Natrium-Salz: Dynothel®, Eulipos®)	
Anionenaustauscher	Colestyramin (Cuemid®, Quantalan® 50)	
Steroide (Sterine)	β-Sitosterin (Sitosterin Delalande®)	

Standardpräparat war bislang *Clofibrat*, 2-(4-Chlorphenoxy)-2-methyl-propionsäure-ethylester, das 1979 in der Bundesrepublik Deutschland zunächst verboten, später jedoch mit strengen Auflagen wieder zugelassen wurde. Weiter verwendet werden *Clofibrinsäure* — die dem Clofibrat zugrunde liegende freie Carbonsäure — und deren 2-Nicotinoyloxy-ethyl-Ester *Etofibrat* (Lipo-Merz®) sowie analoge Substanzen wie *Bezafibrat*.

Nicotinsäure und *Nicotinylalkohol* (vgl. 8.4.1) besitzen in hoher Dosierung ebenfalls antilipidämische Eigenschaften. Von den D-konfigurierten Schilddrüsenhormonen *Detrothyronin* und *Dextrothyroxin* (vgl. 12.2.1) ist letzteres als Natrium-Salz im Handel. *Colestyramin* ist die Chlorid-Form eines stark basischen Anionenaustauschers, der als vernetzte, hochpolymere Substanz im Magen-Darm-Trakt unlöslich und nicht resorbierbar ist. *β-Sitosterin* ist ein zu den Phytosterinen zählendes, natürlich vorkommendes Steroid. Die Sterine (Sterole), wozu auch das Zoosterin Cholesterin gehört, leiten sich von den Kohlenwasserstoffen Cholestan, Ergostan und Stigmastan ab und sind durch ein 3β-Hydroxyl und einen 17β-Kohlenwasserstoff-Rest gekennzeichnet.

Pharmakologie Grundlage jeder antilipidämischen Therapie sind diätetische Maßnahmen (Gewichtsreduktion, Verminderung der Zufuhr von Cholesterin und gesättigter Fettsäuren) sowie ggf. die Behandlung der Grundkrankheit. Reicht dieses Vorgehen nicht aus, so ist die Gabe von „Lipidsenkern" in Betracht zu ziehen.

Unter pharmakotherapeutischen Gesichtspunkten können die antilipidämischen Substanzen in drei Gruppen eingeteilt werden.

— *Clofibrat* und abgeleitete Stoffe sowie *Nicotinsäure* und ihre Derivate senken sowohl den Triglycerid- als auch den Cholesterin-Spiegel durch Eingriff in Stoffwechselvorgänge. Der Schwerpunkt der Clofibrat-Wirkung liegt in der Senkung der Triglyceride.

— Die D-*konfigurierten Schilddrüsenhormone* senken den Cholesterin-Spiegel über verstärkten Abbau (Oxidation zu Gallensäuren) und erhöhte Ausscheidung.

— *Colestyramin* und β-*Sitosterin* senken den Cholesterin-Spiegel über Beeinflussung der gastrointestinalen Resorptionsvorgänge. Im Austausch gegen Chlorid bindet Colestyramin im Dünndarm Anionen der Gallensäuren, die mit den Fäzes ausgeschieden werden. Die Unterbrechung des enterohepatischen Kreislaufes führt indirekt zu einer Stimulation des Cholesterin-Katabolismus. β-Sitosterin, das nur zu einem geringen Prozentsatz resorbiert wird, hemmt die Resorption von exogenem Cholesterin.

Aryloxyalkansäuren wie *Clofibrat* werden vorwiegend bei Hyperlipidämien der Typen III und IV eingesetzt. Wie aus einer WHO-Studie hervorgeht, nimmt unter Clofibrat das Risiko der Ausbildung einer ischämischen Herzkrankheit ab, nicht aber die Gefahr eines tödlichen Herzinfarkts. Eine Nebenwirkung der Clofibrat-Therapie besteht im erhöhten Auftreten von Gallensteinen. *Nicotinsäure* und ihre Derivate sind hauptsächlich bei Hyperlipidämien der Typen IIa und b indiziert. Subjektiv unangenehm ist das Auftreten von „flushes" (Erweiterung der Hautgefäße) sowie gastrointestinaler Beschwerden. *Colestyramin* wird ebenfalls bei den Typen IIa und b eingesetzt, während *Dextrothyroxin* und — in untergeordnetem Maße — β-*Sitosterin* beim Typ IIa indiziert sind.

Struktur-Wirkungs-Beziehungen Neben ihrem kalorigenen und kardiogenen Effekt und der Steigerung der Protein-Biosynthese beschleunigen die natürlich vorkommenden L-konfigurierten Schilddrüsenhormone den Cholesterin-Abbau. Im Unterschied dazu stehen mit den synthetischen Enantiomeren Substanzen zur Verfügung, bei denen eine weitgehende Trennung der antilipidämischen von den übrigen, hier unerwünschten Hormonwirkungen gelungen ist.

Biotransformation *Clofibrat* wird durch Biohydrolyse in *Clofibrinsäure*, die starker Plasmaeiweißbindung unterliegt, übergeführt (Möglichkeit der Wechselwirkung mit anderen Arzneistoffen). Die Clofibrinsäure wird als die eigentliche Wirkform angesehen. Hauptausscheidungsprodukt ist das Glucuronid der Clofibrinsäure.

Wichtigste Metaboliten der *Nicotinsäure* sind die durch Kopplung mit Glycin gebildete Nicotinursäure, Nicotinamid und dessen N-Oxid. Daneben kommen auch Hydroxylierungs- und N-Methylierungsreaktionen vor.

Nicotinursäure   Nicotinsäure   Nicotinamid

Synthese *Clofibrinsäure* erhält man durch Umsetzung von 4-Chlorphenol, Aceton und Chloroform in Anwesenheit von Alkalihydroxid. Anschließende Veresterung führt zu *Clofibrat*.

Clofibrinsäure   Clofibrat

Zur Darstellung von *Colestyramin* werden Styrol und Divinylbenzol in Gegenwart des Radikalbildners Dibenzoylperoxid kopolymerisiert. Die Einführung der basischen Gruppen erfolgt durch Chlormethylierung und anschließende Umsetzung mit Trimethylamin.

9 Stoffe mit Wirkung auf Niere, ableitende Harnwege und Elektrolythaushalt

9.1 Diuretika

Diuretika fördern die Harnausscheidung. Während man unter *Natriuretika* Stoffe versteht, die primär die Ausscheidung von Natrium-Ionen stimulieren, bewirken *Saluretika* die gleichzeitige Elimination von Natrium/Kalium- und Chlorid-Ionen. Die Elektrolyteliminaton ist mit einer Ausscheidung von Wasser verbunden.

9.1.1 Sulfonamid-Diuretika

Entwicklung Bis zur Einführung synthetischer Diuretika war *Theophyllin* (vgl. 7.5.8 und 8.2.2) neben einigen ätherischen Ölen das einzige, wenn auch schwach wirksame, natürliche Diuretikum. Etwa 1920 wurde die diuretische Wirkung der zur Syphilis-Therapie entwickelten *organischen Quecksilber-Verbindungen* erkannt. Als Standardpräparat dieser Gruppe erlangte *Mersalyl* (früher als Bestandteil von Salyrgan® im Handel), das zwar stark wirksam, aber wenig verträglich ist und intramuskulär injiziert werden muß, große Bedeutung.

Die Wirkung kommt über Blockierung SH-Gruppen-haltiger Enzyme in der Niere zustande.

Als wesentlicher Fortschritt gilt die Entdeckung der diuretischen Begleitwirkung antibakterieller Sulfonamide (vgl. 13.2.6). Bei der klinischen Erprobung von *Sulfanilamid* wurde häufig eine Azidose des Blutes beobachtet, die später als Folge einer Hemmung des Enzyms Carbonat-Dehydratase (,,Carboanhydrase") erkannt wurde. Das Enzym, das u. a. in den Tubulus-Zellen der Niere vorkommt, katalysiert die folgende Reaktion:

$$H_2O + CO_2 \rightleftharpoons H_2CO_3 \rightleftharpoons H^{\oplus} + HCO_3^{\ominus}$$

Als Folge der Enzymhemmung stehen die für die Rückresorption von Natrium- und Kalium-Ionen in den Nierentubuli erforderlichen Protonen nicht mehr zur Verfügung.

Bei der systematischen Untersuchung der Sulfonamide erwies sich eine *unsubstituierte Sulfonamid-Gruppe* als wesentliches Strukturelement einer ausgeprägten ,,Carboanhydrase"-hemmenden Aktivität. Diese wird durch Substitution der aromatischen Amino-Gruppe, die mit einem Verlust der chemotherapeutischen Wirksamkeit einhergeht, noch begünstigt. Besondere Aktivität zeigten Schwefel-haltige Heterocyclen mit freier H_2N-SO_2-Gruppe, von denen *Acetazolamid* als erster Vertreter in den Handel eingeführt wurde.

Sulfanilamid

Acetazolamid
(Diamox®)

Acetazolamid bewirkt vor allem eine vermehrte Ausscheidung von Natriumhydrogencarbonat. Da es primär die Elimination von Natrium-Ionen fördert, wird es als Natriuretikum bezeichnet.

In der Folge wurden Sulfonamide gesucht, die nicht nur $NaHCO_3$-Ausscheidung, sondern vorwiegend NaCl-Ausscheidung bewirken (Saluretika) und folglich keine Azidose hervorrufen. Als entscheidender Fortschritt erwies sich dabei die Prüfung der Derivate des *o-Chlorbenzolsulfonamids*, des Grundkörpers der therapeutisch wichtigen Sulfonamid-Diuretika. Diuretische Wirkung besitzen insbesondere Derivate mit zusätzlicher Sulfonyl- oder Carbonyl-Funktion in p-Stellung zum Chlor-Substituenten. Die beiden Verbindungstypen werden als Sulfonyl-Typ und Carbonyl-Typ bezeichnet.

o-Chlorbenzolsulfonamid

Sulfonyl-Typ

Carbonyl-Typ

Die Diuretika vom Sulfonyl-Typ stellen in der Regel Disulfonamide dar.

Die weitere Einführung einer Amino-Gruppe (in p-Stellung zur $H_2N\text{-}SO_2$-Gruppe des o-Chlorbenzolsulfonamids) führte zu den wichtigsten Derivaten beider Typen, die auch als Aminosulfonyl- bzw. Aminocarbonyl-Typ bezeichnet werden. Stammsubstanz der Verbindungen vom Aminosulfonyl-Typ ist *Chloraminofenamid*, dessen Zyklisierung mit Ameisensäure *Chlorothiazid*, 6-Chlor-1,2,4-benzothiadiazin-7-sulfonamid-1,1-dioxid, das erste oral wirksame Saluretikum, ergab. Chlorothiazid stellt die Stammsubstanz der *1,2,4-Benzothiadiazine* (Thiazide) dar.

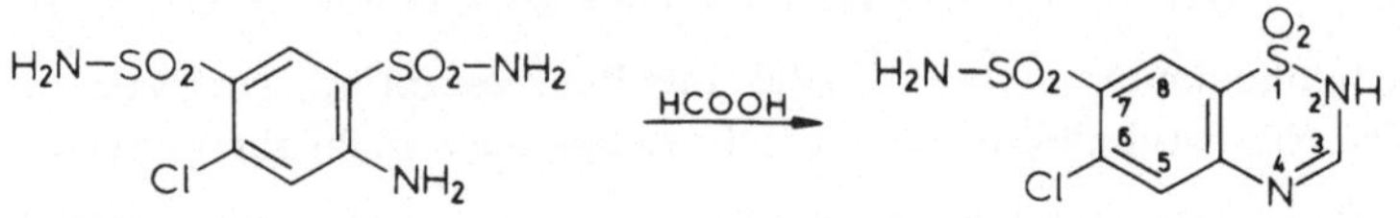

Chloraminofenamid $\xrightarrow{\text{HCOOH}}$ Chlorothiazid

Sulfonamid-Diuretika		
Untergruppe	**Freiname (Handelsname)**	**Formel**
Sulfonyl-Typ	Hydrochlorothiazid (Esidrix®)	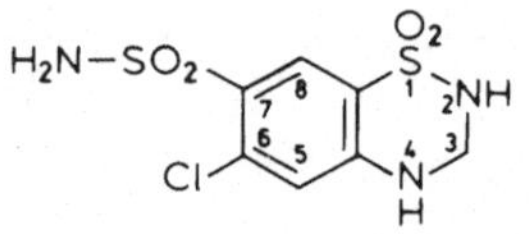
	Butizid (Saltucin®)	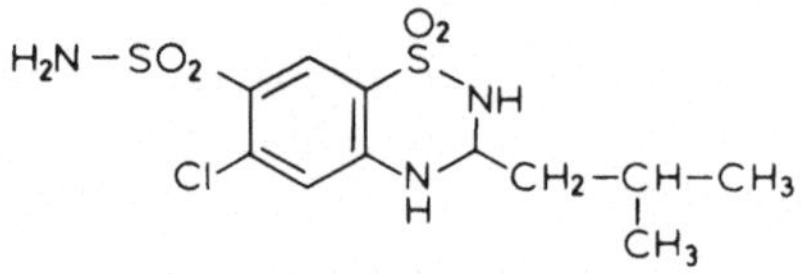
	Mefrusid (Baycaron®)	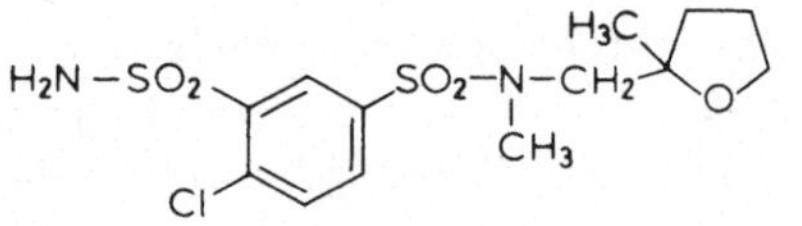
Carbonyl-Typ	Chlortalidon (Hygroton®)	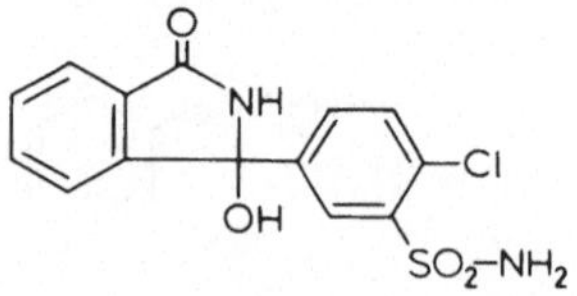
	Furosemid (Lasix®)	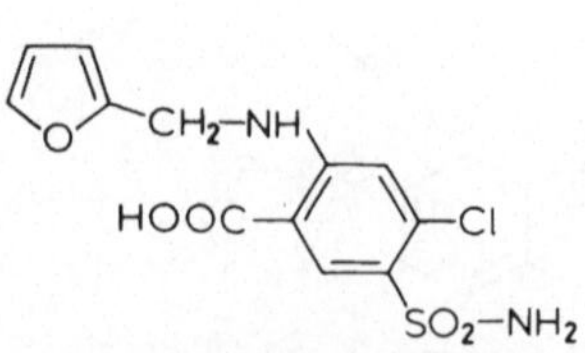

Hydrochlorothiazid, 3,4-Dihydro-Chlorothiazid, ist zugleich Grundkörper zahlreicher Diuretika, die sich vor allem durch den Substituenten am C-3 unterscheiden. Hierzu zählt u. a. *Butizid.* Nicht zur Stoffklasse der Benzothiadiazine gehört das Disulfonamid-Derivat *Mefrusid.*

Die Zugehörigkeit des *Chlortalidons* zum Carbonyl-Typ ist aus der Formel nicht direkt ersichtlich. Die Zuordnung wird jedoch verständlich, wenn man beachtet, daß Chlortalidon mit der ringoffenen Form im Gleichgewicht steht.

Chlortalidon

Furosemid kann als Anthranilsäure-Derivat aufgefaßt werden.

Pharmakologie Sulfonamid-Diuretika vermindern die Ionen-Konzentration im Extrazellulärraum, wodurch es zur Ausschwemmung von Wasser und zum Verschwinden von Ödemen kommt. Weiterhin haben sie als Basistherapeutika zur medikamentösen Behandlung der Hypertonie große Bedeutung erlangt (vgl. 8.5).

Die Benzothiadiazine (Thiazide) verfügen nur noch über geringe „Carboanhydrase"-hemmende Wirkung. Sie greifen vorzugsweise am distalen aufsteigenden Tubulus-Abschnitt an und hemmen die Resorption von Natrium- und passiv von Chlorid-Ionen, wogegen die Elimination von Hydrogencarbonat etwa unverändert bleibt.

Da auch Kalium-Ionen vermehrt ausgeschieden werden, kann es bei länger andauernder Applikation zur *Hypokaliämie* kommen, die eine gefährliche Begleitwirkung darstellt. Die Hypokaliämie ist durch Gabe von *Kaliumchlorid* (z. B. Kalinor®) oder durch kombinierte Medikation mit *Kalium-sparenden Diuretika* (vgl. 9.1.2) vermeidbar.

Wie die *Benzothiadiazine* besitzt auch *Mefrusid* mittlere Wirkungsdauer (12 h), während für *Chlortalidon* eine lange Wirkungsdauer (24 h) charakteristisch ist. Für die Benzothiadiazine ist typisch, daß über einen begrenzten Dosierungsbereich eine weitere Steigerung der Wirkung nicht möglich ist. Das Wirkplateau der Thiazide wird jedoch von *Furosemid* deutlich überschritten. Furosemid besitzt von den in der Tabelle aufgeführten Sulfonamid-Diuretika die weitaus stärkste Wirkung. Sie erstreckt sich auf alle Tubulus-Abschnitte, insbesondere auf den aufsteigenden Schenkel der Henleschen Schleife („*Schleifen-Diuretikum*"). Aufgrund der starken und schnell einsetzenden Wirkung ist Furosemid auch zur Therapie des Hirn- und Lungenödems geeignet. Es wird hierbei anstelle von *Osmodiuretika* wie z. B. *Mannit-Lösungen* (Osmofundin®, Osmosteril®) verwendet. Die Wirkungsdauer ist relativ kurz (6 h).

Eigenschaften Sulfonamid-Diuretika ohne Carboxyl-Funktion stellen schwache Säuren dar. *Hydrochlorothiazid* ($pK_a = 8,8$) ist in Wasser praktisch unlöslich, dagegen löslich in verdünntem Ammoniak, Natriumhydroxid-Lösung sowie in Alkoholen (Methanol, Ethanol).

Die Stabilität gegenüber Alkalien ist bei Benzothiadiazinen, die in 2- bzw. 3-Stellung substituiert sind, deutlich geringer, so daß Ringöffnung schon beim Erhitzen in organischen Lösungsmitteln auftreten kann.

Struktur-Wirkungs-Beziehungen   Für Benzothiadiazine gelten folgende Beziehungen zwischen chemischer Struktur und diuretischer Aktivität:

— In Position 7 muß eine unsubstituierte $H_2N\text{-}SO_2$-Gruppe stehen.

— Das C-6 muß einen elektronegativen Substituenten (Chlor- oder Trifluormethyl-Gruppe) tragen.

— Lipophile Substituenten an C-3 steigern die Wirkung, hydrophile setzen sie herab.

— Hydrierung der $\Delta^{3,4}$-Doppelbindung verstärkt die diuretische Aktivität und verbessert die Resorption.

So besitzt *Hydrochlorothiazid* etwa 15—20 mal stärkere diuretische Wirksamkeit als *Chlorothiazid*. Bei *Mefrusid* ist das (−)-Enantiomer deutlich stärker wirksam als das (+)-Enantiomer.

Während der Halogen-Rest (ggf. auch eine Trifluormethyl-Gruppe) als essentieller Substituent der Benzothiadiazine gilt, ist er in Verbindungen vom Typ des *Furosemids* gegen die Phenoxy-Gruppe austauschbar. Weiterhin kann das Anthranilsäure-Strukturelement gegen m-Aminobenzoesäure ohne Wirkungsverlust ersetzt werden. *Bumetanid*, ein m-Butylamino-benzoesäure-Derivat, ist etwa 40 mal wirksamer als Furosemid.

Furosemid
(Lasix®)

Bumetanid
(Fordiuran®)

Innerhalb homologer Reihen besteht bei Diuretika eine eindeutige Korrelation zwischen Lipoidlöslichkeit bzw. Verteilungskoeffizient und relativer Wirksamkeit. Je größer der Lipid/Wasser-Verteilungskoeffizient, desto stärker ist in aller Regel auch die relative Wirksamkeit.

Biotransformation   Verschiedene Diuretika wie z. B. *Hydrochlorothiazid* werden in der Niere überwiegend in unveränderter Form ausgeschieden. Dagegen wird *Mefrusid* fast vollständig metabolisiert. Hauptmetabolit ist ein Lacton (5-Oxotetrahydrofuran-Derivat), das mit der durch Hydrolyse gebildeten γ-Hydroxycarbonsäure in einem pH-abhängigen Gleichgewicht steht. Das Gleichgewicht liegt unter physiologischen Bedingungen weitgehend auf der Seite der Säure. Lacton und Säure, die beide diuretisch wirksam sind, dürften die eigentliche Wirkform des Mefrusids darstellen. Durch weiteren Abbau entsteht neben der Sulfonamid-Komponente auch γ-Carboxy-γ-valerolacton bzw. die entsprechende ringoffene Verbindung.

Mefrusid

Chloraminofenamid   Hydrochlorothiazid

Furosemid

Hauptmetabolit des *Furosemids* ist die durch N-Desalkylierung gebildete 4-Chlor-5-sulf-amoyl-anthranilsäure.

Synthese Die Darstellung von *Hydrochlorothiazid* geht von 3-Chloranilin aus, das durch Erhitzen mit Chlorsulfonsäure — ohne Schutz der Amino-Gruppe — und anschließende Reaktion mit Ammoniak zu Chloraminofenamid umgesetzt wird. Aus diesem ist Hydro-chlorothiazid durch Kondensation mit Paraformaldehyd oder Formaldehyd-Lösung er-hältlich. Als Ausgangsprodukt kann auch m-Dichlorbenzol verwendet werden.

Die Synthese von *Furosemid* geht von 2,4-Dichlorbenzoesäure aus, die in analoger Weise in das 5-Sulfamoyl-Derivat übergeführt wird. Die anschließende nucleophile Substitution eines Chlors durch Furfurylamin erfolgt regiospezifisch in o-Position zur Carboxyl-Gruppe.

Analytik In Sulfonamiden kann Schwefel nach oxidativem Aufschluß mittels Wasser-stoffperoxid als schwerlösliches $BaSO_4$ nachgewiesen und bestimmt werden. Bei einigen Sulfonamiden entsteht beim trockenen Erhitzen durch Pyrolyse H_2S, das Bleiacetat-Papier schwärzt.

Die bei der sauren Hydrolyse der Benzothiadiazine entstehenden primären aromatischen Amine (N-4) können durch Diazotierung und Kupplung nachgewiesen werden. *Hydro-chlorothiazid* spaltet bei saurer Hydrolyse Formaldehyd ab, der durch Reaktion mit *Chromotropsäure* (vgl. 5.3) nachweisbar ist.

Bei der Prüfung auf Identität von *Furosemid* nach Ph. Eur. wird ebenfalls mit Salzsäure hydrolysiert und die entstehende 4-Chlor-5-sulfamoyl-anthranilsäure durch Diazotierung und Kupplung mit N-(1-Naphthyl)-ethylendiamin nachgewiesen. Die Reaktion kann auch zur photometrischen Bestimmung von Furosemid herangezogen werden. Zur Gehaltsbe-stimmung nach Ph. Eur. wird mit Natriumhydroxid-Lösung in Dimethylformamid gegen Bromthymolblau titriert.

9.1.2 Diuretika unterschiedlicher Konstitution

Neben den Sulfonamid-Diuretika haben auch einige Verbindungen unterschiedlicher Konstitution aufgrund ihrer starken diuretischen Wirkung Bedeutung erlangt.

Diuretika unterschiedlicher Konstitution		
Stoffklasse	Freiname (Handelsname)	Formel
α,β-Ungesättigte Ketone	Etacrynsäure (Hydromedin®)	$H_3C-CH_2-\underset{H_2C}{\overset{\parallel}{C}}-\underset{O}{\overset{\parallel}{C}}$ —(2,3-Dichlorphenyl)— $O-CH_2-COOH$
Aminopteridin-Derivate	Triamteren (Jatropur®, Bestandteil von Dytide® H)	2,4,7-Triamino-6-phenyl-pteridin
Pyrazin-Derivate	Amilorid (Arumil®, Bestandteil von Moduretik®)	H_2N, NH_2, Cl, $C-NH-C-NH_2$ ($\parallel O$, $\parallel NH$)
Steroide	Spironolacton (Aldactone®, Osyrol®)	Steroidgerüst mit $S-C-CH_3$ ($\parallel O$)
	Kaliumcanrenoat (Aldactone® pro injectione, Osyrol® pro injectione)	Steroidgerüst mit $CH_2-COO^{\ominus}K^{\oplus}$, CH_2 OH

Etacrynsäure, ein 2,3-Dichlor-phenoxy-essigsäure-Derivat, besitzt als charakteristisches Strukturmerkmal eine α, β-ungesättigte Keton-Funktion. *Triamteren*, 2,4,7-Triamino-6-phenyl-pteridin, und *Amilorid*, ein Derivat der 3,5-Diamino-pyrazincarbonsäure, besitzen als gemeinsames Charakteristikum zyklische bzw. partiell zyklische Amidin-Gruppierungen.

Spironolacton stellt ein γ-Lacton einer 17 β-Hydroxy-17 α-pregn-4-en-21-carbonsäure dar. Unter physiologischen Bedingungen steht das Lacton mit der durch Hydrolyse gebildeten γ-Hydroxycarbonsäure im Gleichgewicht. *Kaliumcanrenoat* ist das Kalium-Salz der γ-Hydroxycarbonsäure, die dem Spironolacton-Metaboliten *Canrenon* (vgl. Biotransformation) entspricht.

Pharmakologie Die pharmakologische Wirkung der *Etacrynsäure* ähnelt der von *Furosemid.* Etacrynsäure hemmt den aktiven Transport von Natrium-Ionen in allen Tubulus-Abschnitten, insbesondere im aufsteigenden Schenkel der Henleschen Schleife (*„Schleifen-Diuretikum“*). Das Konzentrierungsvermögen der Niere wird aufgehoben, weshalb große Mengen plasmaisotonen Harns ausgeschieden werden. Der Verlust von Chlorid- ist größer als der von Natrium-Ionen. Wie Furosemid ist Etacrynsäure sehr stark wirksam. Die Wirkung setzt schnell ein und dauert bei peroraler Applikation 6 h. Etacrynsäure ist zur Behandlung von Ödemen (auch Lungen- und Hirnödem) sehr, zur Dauertherapie des Bluthochdrucks dagegen weniger geeignet.

Als α, β-ungesättigtes Keton reagiert Etacrynsäure — wie die *organischen Quecksilber-Verbindungen* — leicht mit Mercapto-Gruppen. Es wird daher vermutet, daß der diuretische Effekt durch Hemmung der Aktivität von Enzymen der Tubulus-Zellen zustande kommt. Die Wirkung bleibt erhalten, wenn die α, β-ungesättigte Keton-Funktion durch andere Substituenten ersetzt wird, die mit Mercapto-Gruppen reagieren können.

Spironolacton und *Kaliumcanrenoat* stellen *kompetitive Aldosteron-Antagonisten* dar, die aufgrund chemischer Ähnlichkeit mit *Aldosteron* (vgl. 12.4.3) um Mineralokortikoid-Rezeptoren konkurrieren. Sie hemmen folglich durch Angriff am distalen Tubulus der Niere die durch Aldosteron bedingte Rückresorption von Natrium-Ionen sowie die Ausscheidung von Kalium-Ionen. Es kommt somit zur vermehrten Ausschwemmung von NaCl und Wasser ohne Verlust von Kalium-Ionen (*Kalium-sparende Diuretika*). Die Wirkung setzt nach einer Latenz von etwa 3 Tagen ein und erreicht ihr Maximum nach etwa einer Woche. Spironolacton ist bei Hyperaldosteronismus, zur Ausschwemmung kardial bedingter Ödeme sowie insbesondere bei Leberzirrhose, die mit Ascites (Ansammlung seröser Flüssigkeit in der freien Bauchhöhle) und Ödemen einhergeht, indiziert. Bei Leberzirrhose können aufgrund verlangsamten Abbaus in der Leber erhöhte Aldosteron-Spiegel auftreten. In Kombination mit Sulfonamid-Diuretika wird Spironolacton auch zur Medikation des Bluthochdrucks eingesetzt.

Neben der Blockierung der Aldosteron-Rezeptoren kommt auch die *Hemmung der Aldosteron-Biosynthese* als therapeutisches Prinzip in Betracht. *Metyrapon* hemmt die Hydroxylierung am C-11 des Steroid-Systems.

Metyrapon
(Metopiron®)

Als Folge unterbleibt die Bildung von Aldosteron und Glukokortikoiden (vgl. 12.4.1). Über eine ACTH-Stimulation wird jedoch eine verstärkte Ausschüttung des Mineralokortikoids *Desoxycorton* (Cortexon, vgl. 12.4.3) induziert. Daher kann Metyrapon nur bei gleichzeitiger ACTH-Blockade durch Glukokortikoide angewendet werden. Es wird aus diesem Grund nur in der klinischen Diagnostik (Stimulation der ACTH-Sekretion) eingesetzt.

Triamteren und *Amilorid* werden als *Pseudo-Aldosteronantagonisten* bezeichnet, da ihre Wirkung der von Spironolacton entspricht, obwohl sie unabhängig von der Aldosteron-Anwesenheit ist. Sie hemmen im distalen Tubulus den Eintritt der Natrium-Ionen in die Tubulus-Epithelzellen und bewirken daher eine vermehrte Ausschwemmung von Natrium-Ionen ohne Kalium-Verluste (*Kalium-sparende Diuretika*).

Es dürfte sich um eine direkte Wirkung auf die „Natrium-Pumpe" bzw. den Austausch von Natrium- gegen Kalium-Ionen handeln. Kombinationen mit Sulfonamid-Diuretika werden zur Medikation des Hochdrucks eingesetzt.

Eigenschaften *Spironolacton* ist aufgrund seines lipophilen Charakters wasserunlöslich und somit nur zur peroralen Applikation geeignet. Dagegen kann das als Salz vorliegende *Kaliumcanrenoat*, das gut wasserlöslich ist, parenteral appliziert werden.

Biotransformation *Spironolacton* wird durch Abspaltung von Thiolessigsäure in den aktiven Metaboliten *Canrenon* (Wirkform) übergeführt.

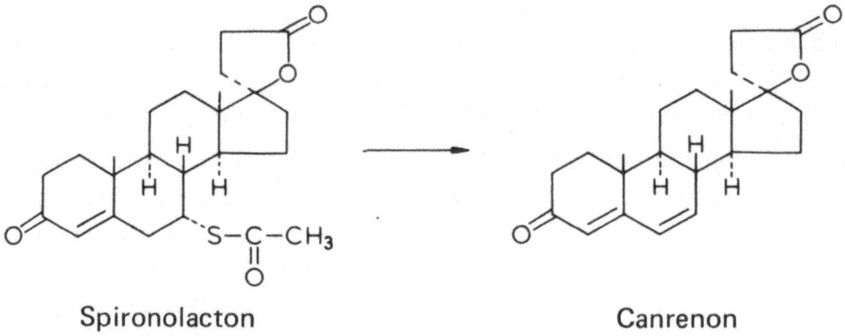

Spironolacton   Canrenon

Die Ausscheidung von *Etacrynsäure* erfolgt zum Teil in unveränderter Form (Galle und Harn), zum Teil als Cystein-Konjugat.

Synthese Die Darstellung von *Etacrynsäure* geht von 2,3-Dichlor-phenoxy-essigsäure aus, die mit Butyrylchlorid durch Friedel-Crafts-Acylierung in das entsprechende Keton übergeführt wird. Die Methylen-Funktion wird über eine Mannich-Kondensation mit Formaldehyd/Dimethylamin und nachfolgende thermische Desaminierung der Mannich-Base eingeführt.

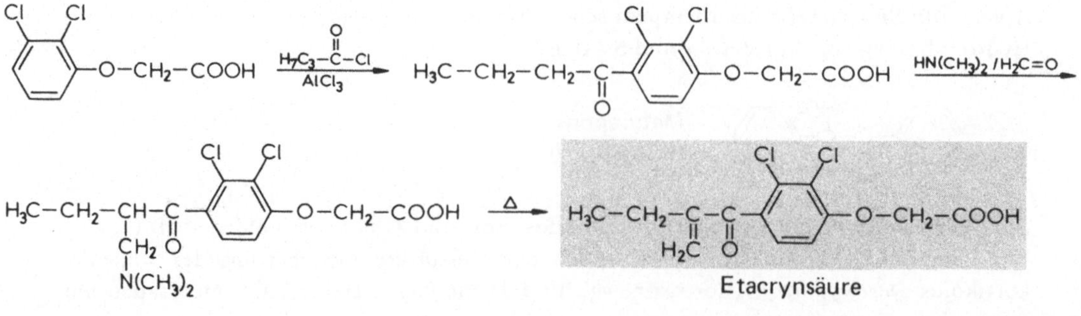

Etacrynsäure

10 Stoffe mit Wirkung auf den Respirationstrakt

10.1 Stoffe zur Behandlung der Bronchitis und des Asthma bronchiale

Chronische Bronchitis und *Asthma bronchiale* sind Erkrankungen des Respirationstraktes, die mit einer Verengung der Atemwege (Atemwegsobstruktion) einhergehen. Die Obstruktion kann durch entzündliche Schwellung der Bronchialschleimhaut, Schleimverstopfung infolge gesteigerter Sekretbildung und veränderter Sekretzusammensetzung sowie durch Bronchokonstriktion (Bronchospasmus) bedingt sein. Folgen der Obstruktion sind einerseits Atemnot, andererseits Auslösung des Hustenreflexes. Während bei der chronischen Bronchitis die exzessive Schleimproduktion und der chronische Husten im Vordergrund stehen, ist für Asthma bronchiale als akuter, anfallsartig auftretender Atemwegserkrankung Bronchokonstriktion und hochgradige Atemnot kennzeichnend.

Auslösende Faktoren der chronischen Bronchitis sind u. a. virale Infekte und chemische Reize (Luftverschmutzung, Tabakrauch), sekundär treten meist bakterielle Infektionen hinzu. Asthma bronchiale ist in der Mehrzahl der Fälle allergisch bedingt.

Die *akute Bronchitis* ist eine meist durch Viren ausgelöste Infektionskrankheit der Atemwege, die häufig eine Komponente der Erkältungskrankheit (common cold) darstellt.

10.1.1 Antitussiva

Antitussiva bewirken eine Hemmung des Hustenreflexes.

Antitussiva	
Freiname (Handelsname)	**Formel**
Noscapin (Lyobex® retard)	*(Strukturformel)*
Isoaminil (Peracon®)	*(Strukturformel)*

Fortsetzung der Tabelle

Freiname (Handelsname)	Formel
Clobutinol (Silomat®)	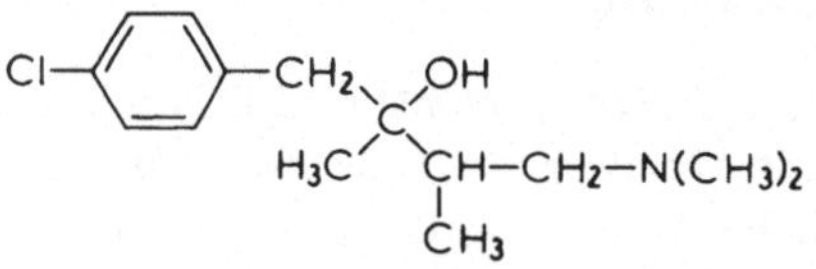 $Cl-\langle\text{Phenyl}\rangle-CH_2-C(OH)(CH_3)-CH-CH_2-N(CH_3)_2$ mit Seitenkette H_3C und CH_3
Oxeladin (dorex®-retard)	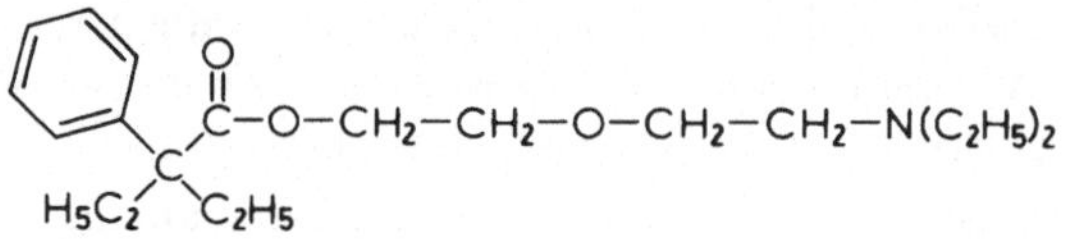 $\langle\text{Phenyl}\rangle-C(C_2H_5)(C_2H_5)-C(=O)-O-CH_2-CH_2-O-CH_2-CH_2-N(C_2H_5)_2$
Pentoxyverin (Sedotussin®)	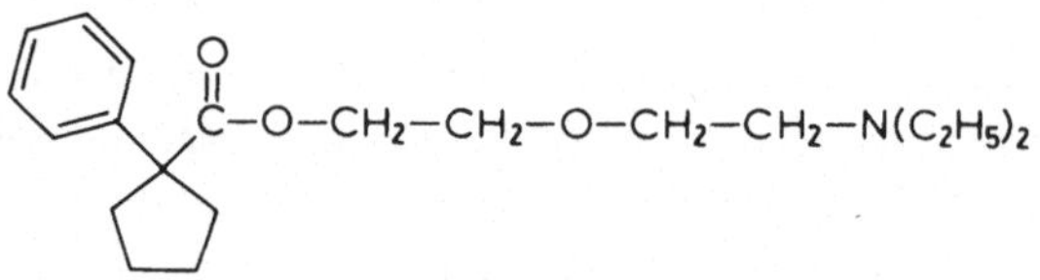 $\langle\text{Phenyl}\rangle-C(\text{Cyclopentyl})-C(=O)-O-CH_2-CH_2-O-CH_2-CH_2-N(C_2H_5)_2$

Die wichtigsten Vertreter leiten sich von Morphin und anderen stark wirksamen Analgetika ab. Größte Bedeutung besitzt *Codein* (z. B. Bestandteil von Codipront®). Weitere Antitussiva der Morphin- bzw. Dihydromorphin-Reihe sind *Ethylmorphin, Dihydrocodein, Hydrocodon* und *Thebacon* (vgl. 7.7.1). Antitussive Wirkung zeigt auch das Opium-Alkaloid *Noscapin* (Narcotin, Ph. Eur.), das als Benzyl-tetrahydro-isochinolin-Derivat dem Spasmolytikum Papaverin strukturell nahe steht. Die Konstitution des Noscapins wurde von Perkin und Robinson geklärt. Natürliches Noscapin (= α-Narcotin) ist am chiralen C-Atom des Lacton-Rings S-konfiguriert, entsprechend besitzt β-Narcotin R-Konfiguration. *Dextromethorphan*, das zur Stoffklasse der Morphinane (vgl. 7.7.2) gehört, sowie das zur Methadon-Reihe zählende *Normethadon* finden ebenfalls als Antitussiva Anwendung (vgl. 7.7.5). Entfernte Verwandtschaft zu dieser Stoffklasse zeigt *Isoaminil*, während *Clobutinol* strukturelle Analogie zu Dextropropoxyphen (vgl. 7.7.5) aufweist. *Oxeladin* stellt einen 2-Ethyl-2-phenyl-buttersäureester dar. Die Alkohol-Komponente beinhaltet — wie auch bei *Pentoxyverin* — ein Colamin-Strukturelement.

Pharmakologie Hustenauslösende Faktoren führen zu einer Stimulation der peripher (in den Atemwegen) gelegenen Hustenrezeptoren. Die Erregung wird auf nervalem Wege zum Hustenzentrum in der Medulla oblongata weitergeleitet,von wo der Hustenvorgang ausgelöst wird. Husten kann deshalb sowohl durch periphere als auch durch zentrale Mechanismen gehemmt werden. Die von stark wirksamen Analgetika abgeleiteten Antitussiva entfalten ihre Wirkung über zentralen Angriff am Hustenzentrum. Der Hustenvorgang ist als Schutzreflex anzusehen. Eine Hemmung durch Antitussiva ist deshalb bei starker, mit Husten einhergehender Bronchialsekretion problematisch. Eine Indikation für diese Stoffe stellt vor allem trockener Reizhusten dar. Die in der Tabelle aufgeführten Substanzen weisen mit Ausnahme von Isoaminil, bei dem Arzneimittelmißbrauch beobachtet wurde, keine besondere Gefahr der Suchtentwicklung auf.

10.1.2 Expektorantien

Als Expektorantien werden Stoffe bezeichnet, die den Abtransport des Bronchialschleims erleichtern. Neben Mineralsalzen wie Kaliumiodid (Ph. Eur.) und Ammoniumchlorid (Ph. Eur.) findet eine Vielzahl pflanzlicher Drogen bzw. Drogeninhaltsstoffe Anwendung. Als Wirkprinzipien kommen vor allem ätherische Öle und Saponine in Betracht.

Expektorantien	
Freiname (Handelsname)	Formel
Guaifenesin (Sirotol®)	Guajakolderivat mit OCH_3 und $O-CH_2-CH-CH_2OH$ mit OH
Acetylcystein (Mucolyticum „Lappe"®, Bestandteil von Fluimucil®)	$H_3C-C(=O)-HN-C(H)(COOH)-CH_2SH$
Carbocistein (Transbronchin®)	$H_3N^{\oplus}-C(H)(COO^{\ominus})-CH_2-S-CH_2-COOH$
Bromhexin (Bisolvon®)	Bromsubstituiertes Anilinderivat mit $CH_2-N(CH_3)-$Cyclohexyl, NH_2 und zwei Br

Weiterhin sind Guajakol-Derivate wie *Guaifenesin*, ein gleichzeitig muskelrelaxierend wirksamer Guajakolglycerinether, als Expektorantien gebräuchlich. Neueren Ursprungs sind die Cystein-Derivate *Acetylcystein*, N-Acetyl-L-cystein, und *Carbocistein*, S-(Carboxymethyl)-cystein, sowie *Bromhexin*, ein Synthetikum, bei dessen Entwicklung das Alkaloid Vasicin als Modell gedient hat. Von Bromhexin leitet sich der aktive Metabolit *Ambroxol* (Mucosolvan®) ab, der in 4-Stellung am Cyclohexyl-Ring hydroxyliert und gleichzeitig N-demethyliert ist.

Pharmakologie Als *Sekretolytika* wirksame Expektorantien reizen die Magenschleimhaut, wodurch die Bronchialsekretion über eine Vaguserregung gesteigert wird. Dies führt zur Bildung von dünnflüssigem und damit besser abhustbarem Sekret. *Kaliumiodid* gilt als wirksamstes Sekretolytikum. Einer breiteren Anwendung stehen Nebenwirkungen, z. B. auf die Schilddrüse, entgegen.

Acetylcystein, Carbocistein und *Bromhexin* setzen die Viskosität des Bronchialsekrets herab. Die Wirkung von Acetylcystein beruht auf einer direkten chemischen Reaktion mit den im Schleim enthaltenen Glykoproteinen.

Eigenschaften *Acetylcystein* vermag aufgrund seiner freien Mercapto-Gruppe die Disulfid-Brücken der Glykoproteine aufzuspalten. Die Reaktion kann folgendermaßen formuliert werden (R-SH = Acetylcystein):

Synthese Zur Darstellung von *Acetylcystein* geht man von Cystin aus, das sich aus Keratin gewinnen läßt. Nach Acetylierung mit Acetanhydrid in Gegenwart von Natriumhydroxid wird das gebildete N,N'-Diacetylcystin mit Zink in saurem Milieu reduziert.

Cystin → Acetylcystein

10.1.3 Bronchospasmolytika

Als Bronchospasmolytika werden Substanzen unterschiedlicher pharmakologischer Wirkklassen eingesetzt. Dazu zählen:

- Parasympatholytika
- β_2-Sympathomimetika und indirekte Sympathomimetika
- Xanthin-Derivate

Aus der Gruppe der Parasympatholytika hat *Ipratropiumbromid*, ein quartäres 2-Propyl-Derivat des Atropins, das lokal als Inhalat Anwendung findet, besondere Bedeutung. Neben den unter 7.2.1 angeführten β_2-Sympathomimetika *Terbutalin, Fenoterol* und *Salbutamol* wird auch das sehr niedrig dosierbare *Clenbuterol* angewendet. *Ephedrin* (vgl. 7.2.2) wirkt als indirektes Sympathomimetikum ebenfalls bronchospasmolytisch. Unter den Xanthin-Derivaten hat *Aminophyllin* (Ph. Eur.), das eine gut lösliche, salzartige Verbindung von Theophyllin mit Ethylendiamin im Verhältnis 2 : 1 darstellt, die größte Bedeutung erlangt (vgl. 7.5.8).

Bronchospasmolytika		
Stoffklasse	Freiname (Handelsname)	Formel
Parasympatholytika	Ipratropiumbromid (Atrovent®)	
β_2-Sympathomimetika	Clenbuterol (Spiropent®)	
Xanthine	Aminophyllin (Euphyllin®)	

Pharmakologie Die Bronchospasmolytika mindern den erhöhten Tonus der Bronchialmuskulatur und sind deshalb bei chronischer Bronchitis und Asthma bronchiale indiziert. Zur Therapie des allergisch bedingten Asthma bronchiale und bei entzündlichen Reaktionen sind darüberhinaus *Glukokortikoide* sowie gegebenenfalls *H_1-Antihistaminika* und *Cromoglicinsäure* (vgl. 12.7.1) von Bedeutung.

Biochemische Wirkungen Die Bronchomotorik wird parasympathisch und sympathisch innerviert. Man nimmt an, daß *Atropin* und *Ipratropiumbromid* die durch Acetylcholin unter Vermittlung von zyklischem Guanosin-3′,5′-monophosphat (*c-GMP*) ausgelöste *Bronchokonstriktion* hemmen (vgl. 12). Dagegen stimulieren die *β-Sympathomimetika* die über *c-AMP* vermittelte *Bronchodilatation*. Die *Xanthine* erhöhen die c-AMP-Konzentration über *Hemmung der Phosphodiesterase* (vgl. 7.2.1).

11 Stoffe mit Wirkung auf den Verdauungstrakt

11.1 Stoffe zur Behandlung von Störungen der Magensaft- und Gallensekretion

11.1.1 Acida

Im Magen werden pro Tag etwa 2—3 l Magensaft gebildet, der im wesentlichen aus *Mucin* (Magenschleim), *Salzsäure* und *Pepsin A*, einer meist nur als Pepsin bezeichneten Proteinase, besteht. Der Magensaft weist eine stark saure Reaktion (pH 0,8—1,5) auf.

Bei Sub- oder Anacidität können zur Substitution Salzsäure, verschiedene Acida sowie Pepsin angeboten werden.

Acida	
Freiname (Handelsname)	Formel
Betainhydrochlorid (Bestandteil von Acidol-Pepsin®)	$H_3C-\overset{\overset{\displaystyle CH_3}{\mid}}{\underset{\underset{\displaystyle CH_3}{\mid}}{\overset{\oplus}{N}}}-CH_2-COO^{\ominus} \cdot HCl$
Glutaminsäurehydrochlorid (Bestandteil von Pepsaldra®, Pepsaletten®)	$HOOC-CH_2-CH_2-\overset{\overset{\displaystyle}{\mid}}{\underset{\underset{\displaystyle \overset{\oplus}{N}H_3}{}}{CH}}-COO^{\ominus} \cdot HCl$
Citronensäure (Bestandteil von Citropepsin®)	$HOOC-CH_2-\overset{\overset{\displaystyle COOH}{\mid}}{\underset{\underset{\displaystyle OH}{\mid}}{C}}-CH_2-COOH$

Pharmakologie Die Salzsäure des Magensaftes leitet die Überführung des als inaktive Vorstufe sezernierten Pepsinogens in Pepsin A ein, die dann autokatalytisch fortschreitet. Pepsin A ist ein einkettiges, aufgrund einer Phosphorsäure-Gruppe stark saures Protein. Das Wirkungsoptimum liegt unter physiologischen Bedingungen bei pH 1,8—3,5. Bei Subacidität unterbleibt die Pepsinogen-Aktivierung und als Folge davon der Eiweißabbau.

Die Stimulation der Magensaftsekretion ist durch alkoholische Zubereitungen von Bitterstoffen (Amara), Aperitifs, Coffein und durch verschiedene andere Stoffe möglich. Zur Wirkung von Histamin und Gastrin vgl. 12.7.1 und 12.7.6.

Eine ausreichende Säuresubstitution ist mit den als Acida verwendeten Stoffen nicht möglich, da die in den Präparaten enthaltenen Mengen sauer reagierender Substanzen so gering sind, daß sie bereits durch den Speisebrei neutralisiert werden.

Daher ist eine Substitution der Verdauungsenzyme sinnvoller. Hierzu werden sowohl Magenextrakte (Bestandteil von Enzynorm®) als auch *Pankreatin*, ein Gesamt-Enzymextrakt des Pankreas, der aus Proteinasen, Lipase und Amylase besteht, verwendet. Da die Proteinverdauung zu ca. 80—90 % im Dünndarm abläuft, ist der Einsatz von Pankreatin (Bestandteil von Pankreon®, Panzynorm®, Combizym®, Gillazym®) vorzuziehen. Die proteolytischen Enzyme des Pankreas besitzen ein Verdauungsoptimum bei pH 6—8. Sie sollten in säureresistenter Form appliziert werden, um den Abbau des Pankreatins durch Pepsin im Magen zu verhindern.

Als pflanzliche proteolytische Enzyme werden auch die aus Frucht und Stengel der Ananas gewonnenen *Bromelaine* (Bestandteil von Mexase®, Nutrizym®) verwendet.

Eigenschaften   *Betainhydrochlorid* und *Glutaminsäurehydrochlorid* dienen als „Transportform" der Salzsäure. Betainhydrochlorid — auch als „Salzsäure in fester Form" bezeichnet — vermag in wäßriger Lösung etwa 23 % seines Gewichtes an Salzsäure abzuspalten. Bei beiden Substanzen handelt es sich nicht um Hydrochloride im üblichen Sinn (z. B. Hydrochloride der Alkaloide), da das Carboxylat-Ion als Protonenakzeptor dient.

Die therapeutisch verwendete Dosis von 400 mg Betainhydrochlorid entspricht 2,6 mmol HCl. Berücksichtigt man, daß der Magen physiologischerweise pro Mahlzeit 90—180 mmol HCl liefert, so entsprechen 400 mg Betainhydrochlorid nur etwa 2 % der pro Mahlzeit gebildeten mittleren Salzsäuremenge.

Synthese   L-*Glutaminsäure* wird großtechnisch mittels Corynebacterium glutamicum unter aeroben Bedingungen im Tankverfahren gewonnen. Als Substrate dienen Glucose (C-Quelle) und Harnstoff (N-Quelle). Im Zuge der unvollständigen Oxidation von Glucose häuft sich α-Ketoglutarsäure infolge eines im Citrat-Zyklus auftretenden Enzymdefekts an. Nach reduktiver Aminierung wird Glutaminsäure in das Medium abgeschieden.

α-Ketoglutarsäure   L-Glutaminsäure

Racemische Glutaminsäure ist vorteilhaft nach der Methode von Hellmann und Lingens darstellbar, bei der Malonester, Formaldehyd und Acetamidomalonester in Gegenwart katalytischer Mengen von Natriumhydroxid in Xylol bei 100 °C umgesetzt werden. Hierbei kondensiert der Formaldehyd vorzugsweise mit dem unsubstituierten Malonester unter Bildung von Methylenmalonester, der mit Acetamidomalonester nach Art einer Michael-Addition reagiert. Durch Erhitzen mit konz. Salzsäure wird der N-acetylierte Tetracarbonsäureester verseift und zur Glutaminsäure decarboxyliert.

Glutaminsäure

Citronensäure wird durch Vergären von Kohlenhydraten durch Schimmelpilze wie Aspergillus niger dargestellt.

Analytik   Die Wertbestimmung der Verdauungsenzyme erfolgt nach den Prinzipien der Enzymaktivitätsmessung (vgl. 6.1).

Die katalytische Aktivität — darunter versteht man die pro Zeiteinheit umgesetzte Substrat- bzw. gebildete Produktmenge — wird in „Enzymeinheiten" angegeben. Für Verdauungsenzyme werden dabei noch häufig mit Autorennamen (z. B. Willstätter, Anson, Kunitz) versehene Konventionseinheiten benutzt.

Von der Fédération Internationale Pharmaceutique (FIP) wurden zur Standardisierung einer Reihe von Enzympräparaten F.I.P.-Einheiten festgelegt. Die verschiedenen Einheiten sind untereinander nicht vergleichbar und entsprechen nicht den SI-Einheiten.

Für *Pepsin* DAB 8 wird nach dem Prinzip der Anson-Methode die proteolytische Wirksamkeit gegenüber Hämoglobin in Protease-Einheiten (PE) je Gramm bestimmt. Eine PE ist die Aktivität derjenigen Enzymmenge, die Hämoglobin unter den im Arzneibuch angegebenen Bedingungen mit einer solchen Geschwindigkeit abbaut, daß die pro Minute entstehenden, in Trichloressigsäure-Lösung löslichen Spaltprodukte mit Folins Reagenz die gleiche Extinktion ergeben wie 1 μmol Tyrosin. Pepsin DAB 8 muß auf einen Wirkwert zwischen 630—840 PE/g eingestellt sein.

11.1.2 Antacida

Bei starker Magensaftsekretion (Supersekretion) kann *Hyperacidität* auftreten, die sich im allgemeinen in Sodbrennen und Magenschleimhautentzündung (Gastritis) äußert. Wird gleichzeitig zuviel Pepsin gebildet, kann es zur Entstehung eines peptischen Geschwürs (Ulcus) kommen. Der therapeutische Ansatzpunkt besteht vor allem in der Gabe von

- *H_2-Antihistaminika* (vgl. 12.7.3), die die Salzsäuresekretion hemmen
- *Antacida*, die die gebildete Magensäure neutralisieren oder adsorptiv binden.

Parasympatholytika (vgl. 7.1.3) hemmen die Säuresekretion erst in Dosen, die unangenehme Begleitwirkungen wie Mundtrockenheit, Tachykardie und Akkomodationsstörungen verursachen.

Als Antacida werden besonders *Calcium-*, *Magnesium-* und *Aluminium*-Verbindungen eingesetzt.

Calciumcarbonat (Ph. Eur.), $CaCO_3$ (Bestandteil von Rennie®), gelangt als Antacidum vorzugsweise in präzipitierter Form zur Anwendung.

Magnesiumoxid, MgO, ist in Form des *leichten Magnesiumoxids* (Ph. Eur.) offizinell. Das Füllvolumen muß mindestens 150 ml pro 20 g Substanz einnehmen. Die pharmazeutisch verwendete Ware wird durch Glühen gefällter Magnesiumcarbonate dargestellt.

Magnesiumperoxid (DAB 8) stellt ein Gemisch aus Magnesiumperoxid (MgO_2) und Magnesiumoxid dar. Der Gehalt an MgO_2 beträgt 24—28 %. Reines MgO_2 ist nicht bekannt.

Basisches Magnesiumcarbonat enthält verschiedenartig gebundenes Magnesium. Die Bruttoformel variiert je nach Herstellungsverfahren zwischen $4\,MgCO_3 \cdot Mg(OH)_2 \cdot 5\,H_2O$ und $3\,MgCO_3 \cdot Mg(OH)_2 \cdot 3\,H_2O$. Da es beim Erhitzen in MgO übergeht, wird die Gehaltsangabe auf MgO (40—45 %) bezogen. Als Antacidum findet *leichtes basisches Magne-*

siumcarbonat (Ph. Eur.) mit einem Füllvolumen von etwa 200 ml pro 15 g Substanz Verwendung. Dagegen dient *schweres basisches Magnesiumcarbonat* (Ph. Eur.), dessen Füllvolumen nur etwa 30 ml pro 15 g Substanz einnimmt, als Konstituens für Puder. *Magnesiumtrisilikat* (Ph. Eur.) hat eine wechselnde Zusammensetzung von ungefähr $2\,MgO \cdot 3\,SiO_2 \cdot 6\,H_2O$. Es enthält mindestens 29 % MgO und mindestens 65 % SiO_2, berechnet auf die bei 1 000 °C geglühte Substanz.

Als Aluminium-Verbindungen finden sowohl *kolloidales Aluminiumhydroxid* (Aludrox®, Bestandteil von Solugastril®), das als ,,Aluminiumhydroxid-Gel" den Charakter eines Polymers besitzt, als auch *Aluminiumphosphat* (Phosphalugel®) und *Magnesium-Aluminium-silikat-hydrate* von unterschiedlicher Zusammensetzung (Gelusil®, Masigel®) therapeutische Verwendung.

Hydrotalcit, $Mg_6\,Al_2\,(OH)_{16}\,CO_3 \cdot 4\,H_2O$, ist ein Aluminium-Magnesium-hydroxidcarbonathydrat mit definierter Kristallstruktur.

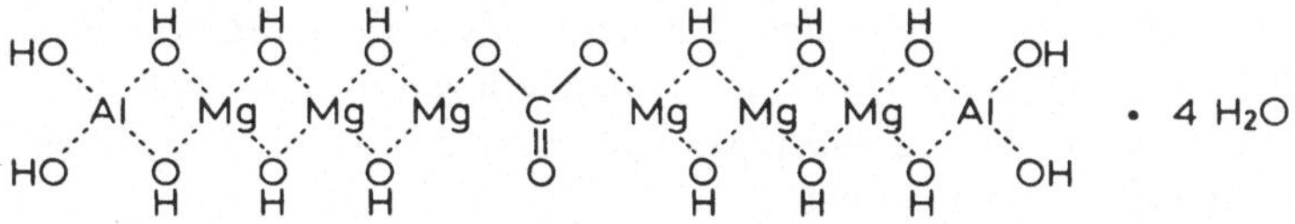

$$
\text{HO} \cdots \underset{\text{H}}{\text{O}} \cdots \underset{\text{H}}{\text{O}} \cdots \underset{\text{H}}{\text{O}} \cdots \text{O} \cdots \text{O} \cdots \underset{\text{H}}{\text{O}} \cdots \underset{\text{H}}{\text{O}} \cdots \underset{\text{H}}{\text{O}} \cdots \text{OH}
$$
$$
\text{Al} \quad \text{Mg} \quad \text{Mg} \quad \text{Mg} \quad \text{C} \quad \text{Mg} \quad \text{Mg} \quad \text{Mg} \quad \text{Al} \qquad \cdot\ 4\,H_2O
$$
$$
\text{HO} \cdots \underset{\text{H}}{\text{O}} \cdots \underset{\text{H}}{\text{O}} \cdots \underset{\text{H}}{\text{O}} \cdots \text{O} \cdots \underset{\text{H}}{\text{O}} \cdots \underset{\text{H}}{\text{O}} \cdots \underset{\text{H}}{\text{O}} \cdots \text{OH}
$$

Hydrotalcit (Talcid®)

Pharmakologie   Antacida sollen den Säuregrad des Magens auf den therapeutisch optimalen Bereich von pH 3—5 einstellen. Bei Hyperacidität steht die antipeptische Wirkung eines Antacidums in enger Korrelation zum pH-Anstieg. Bei einem pH > 3,5 wird die *Pepsin-Aktivität* gehemmt, bei pH 8 wird das Enzym irreversibel zerstört.

Verbindungen, die wie z. B. *Magnesiumoxid* und *Natriumhydrogencarbonat* eine zu hohe pH-Anhebung bewirken, rufen eine *reaktive Säureproduktion* (acid-rebound) hervor. Bei Neutralisation mit *Calciumcarbonat* wird das entstehende Calciumchlorid resorbiert, wodurch es zu einer erheblichen reaktiven Säuresekretion kommt. Dieser Effekt wird über eine Calcium-induzierte Gastrin-Freisetzung einerseits und die Stimulation der Säuresekretion durch Calcium-Ionen andererseits erklärt.

Eigenschaften   Für die Wirksamkeit eines Antacidums ist das *Säurebindungsvermögen* (vgl. Analytik) von ausschlaggebender Bedeutung. Das Säurebindungsvermögen kann jedoch durch die Bestandteile des Magensaftes wie z. B. Pepsin, Proteine und Mucin teilweise erheblich vermindert sein. In menschlichem Magensaft wird in vitro für verschiedene Antacida folgende Neutralisationskapazität gefunden:

| **Neutralisationskapazität verschiedener Antacida** | |
pro g Substanz	
Magnesiumoxid	$\sim$ 34 mmol $H^{\oplus}$
Hydrotalcit	$\sim$ 28 mmol $H^{\oplus}$
Natriumhydrogencarbonat	$\sim$ 12 mmol $H^{\oplus}$
Aluminiumhydroxid	$\sim$ 2 mmol $H^{\oplus}$
Magnesiumtrisilikat	$\sim$ 1 mmol $H^{\oplus}$

Daraus folgt, daß die *Säurebindungsrate* nur für *Natriumhydrogencarbonat* und *Hydrotalcit* praktisch 100 % beträgt — die Neutralisation somit stöchiometrisch quantitativ verläuft —, wogegen sie für *Magnesiumoxid*, besonders jedoch für *Aluminiumhydroxid* und *Magnesiumtrisilikat* stark erniedrigt ist.

Neben dem Säurebindungsvermögen ist die unerwünschte CO_2-Entwicklung Carbonathaltiger Antacida, die zu Blähungen und Aufstoßen führt und die Perforation eines Magengeschwürs verursachen kann, von Bedeutung. Während bei der Neutralisation mit *Natriumhydrogencarbonat* pro mol HCl ein mol CO_2 freigesetzt wird, ist die CO_2-Entwicklung bei *Hydrotalcit* mit 1 mol CO_2 pro 18 mol HCl sehr gering.

$$Mg_6Al_2(OH)_{16}CO_3 \cdot 4H_2O + 18\,HCl \longrightarrow 6MgCl_2 + 2\,AlCl_3 + 21H_2O + CO_2$$

Analytik Zur Bestimmung des *Säurebindungsvermögens* von *Magnesiumtrisilikat* nach Ph. Eur. wird die Substanz mit Salzsäure (0,1-normal) 2 h bei 37 °C gehalten und anschließend ein aliquoter Teil der überstehenden Lösung mit Natriumhydroxid-Lösung (0,1-normal) gegen Bromphenolblau titriert. Das Säurebindungsvermögen muß mindestens 100 ml Salzsäure (0,1-normal) für 1 g Substanz betragen, was einer Neutralisationskapazität von mindestens 10 mmol $H^{\oplus}$ entspricht.

11.1.3 Choleretika

Die Leberzellen sezernieren pro Tag etwa 0,5—1 l schwach alkalische Lebergalle, die in der Gallenblase gespeichert und konzentriert wird. Die Abgabe in den Zwölffingerdarm erfolgt vornehmlich während der Verdauungsphase.

Stoffe, die die Gallensekretion in der Leber erhöhen, werden als *Choleretika* bezeichnet. Hierzu zählen vor allem die Gallensäuren, die in Form ihrer Konjugate zugleich die physiologisch wichtigsten Bestandteile der Galle darstellen.

Gallensäuren	R^1	R^2
Cholsäure	OH	OH
Chenodesoxycholsäure	OH	H
Desoxycholsäure	H	OH

Die Gallensäuren gehören zu den Steroiden. Ihr nicht hydroxylierter Grundkörper ist die *Cholansäure*. Die Ringverknüpfung (A/B-cis, B/C-trans, C/D-trans) entspricht der *Koprostan-Reihe*. Sämtliche Hydroxyl-Gruppen sind α-ständig angeordnet.

In der Leber werden durch oxidativen Abbau von Cholesterin die *primären Gallensäuren Cholsäure*, $3\alpha,7\alpha,12\alpha$-Trihydroxy-cholansäure (Hauptbestandteil), und *Chenodesoxycholsäure*, $3\alpha,7\alpha$-Dihydroxy-cholansäure, gebildet und noch dort mit Glycin oder Taurin konjugiert. Aus Cholsäure entstehen dabei *Glykocholsäure* und *Taurocholsäure*.

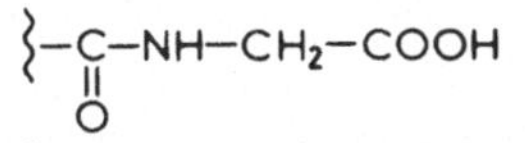

$$\}-\underset{\underset{O}{\|}}{C}-NH-CH_2-COOH \qquad \text{Glykocholsäure}$$

$$\}-\underset{\underset{O}{\|}}{C}-NH-CH_2-CH_2-SO_3H \qquad \text{Taurocholsäure}$$

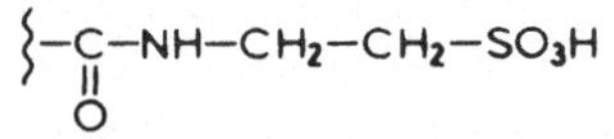

Im Dickdarm (Kolon) werden die konjugierten Gallensäuren dekonjugiert und durch bakterielle Einwirkung teilweise reduziert, wobei *sekundäre Gallensäuren* gebildet werden. Cholsäure kann auf diesem Weg partiell in *Desoxycholsäure* umgewandelt werden. Die Gallensäuren unterliegen dem entero-hepatischen Kreislauf.

Als Choleretika werden sowohl Cholsäure (Bestandteil von Bilival®) als auch die partialsynthetische *Dehydrocholsäure* (3,7,12-Trioxo-cholansäure) und *Ochsengalle* (Fel Tauri) angewandt. Daneben kommen Synthetika unterschiedlicher Konstitution in Betracht.

Choleretika	
Freiname **(Handelsname)**	**Formel**
Dehydrocholsäure (Decholin®)	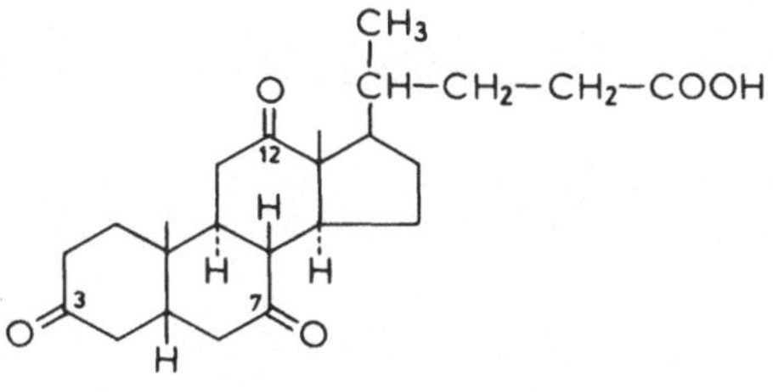
1-Phenyl-1-propanol (Felicur®)	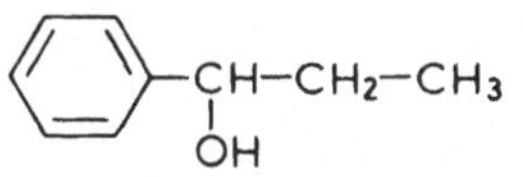
Azintamid (Bestandteil von Oragallin®)	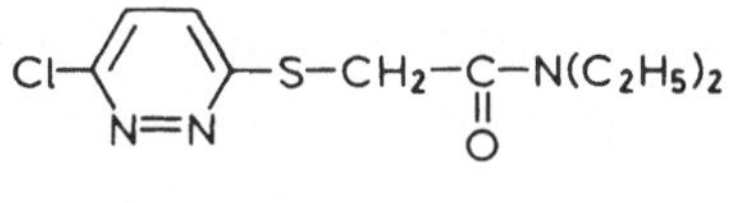

Neben den Choleretika gehören auch die *Cholekinetika* zu den Gallemitteln („Cholagoga"). Cholekinetika fördern die Entleerung der Gallenblase. Cholekinetisch wirken u. a. Fleischextrakte, Eigelb, Fette, Sorbit, Magnesiumsulfat sowie verschiedene ätherische Öle.

Weite Verbreitung als „Cholagoga" haben pflanzliche Extrakte, etwa aus Chelidonium majus, Silybum marianum, Taraxacum officinale oder Curcuma domestica gefunden.

Pharmakologie *Choleretika* sollen die Sekretion von Gallensäuren stimulieren und nicht allein dadurch, daß sie selbst in osmotisch wirksamen Konzentrationen in die Galle ausgeschieden werden, die Flüssigkeitsausscheidung in die Gallenkanälchen anregen.

Dehydrocholsäure ist ein gut wirksames Choleretikum, das die Sekretion erheblicher Mengen verdünnter Gallenflüssigkeit stimuliert. Ein vermehrter Gallenfluß kann zur Vermeidung von Gallensteinen vorteilhaft sein.

Gallensäuren sind oberflächenaktive Substanzen. Ihre physiologische Bedeutung liegt einerseits in der *Emulgierung der Fette* im Darm sowie andererseits in der *Aktivierung der Lipasen.* Dadurch wird die Hydrolyse der Fette im Darm gefördert und die Resorption erleichtert.

Cholekinetika werden zur besseren Entleerung, etwa bei der röntgenologischen Prüfung der Entleerungsfähigkeit, eingesetzt.

Eigenschaften Gallensäuren, besonders die *Desoxycholsäure*, können mit Fettsäuren und verschiedenen Lipoiden (Cholesterin, Carotin) *Molekülverbindungen* (Einschlußverbindungen) bilden. Eine kanalförmige Einschlußverbindung aus 8 Molekülen Desoxycholsäure und einem Molekül Palmitinsäure wird als *Choleinsäure* bezeichnet.

Cholsäure kann am äquatorialen 3α-Hydroxyl selektiv verestert werden. Die axial angeordneten 7α- und 12α-Hydroxyle sind dagegen leichter oxidierbar. Dabei läuft die Reaktion am C-7 bevorzugt ab, da der Wasserstoff am C-12 durch die benachbarte Methyl-Gruppe sterisch abgeschirmt ist.

11.2 Stoffe zur Behandlung der Obstipation

Die meist chronisch habituelle Obstipation wird durch schlackenarme Kost und Bewegungsarmut begünstigt. Zu ihrer Behandlung können *Laxantien* (Abführmittel) eingesetzt werden.

Die Formung der Fäzes erfolgt im Kolon unter Entzug von Flüssigkeit und Elektrolyten. Eingeleitet wird die Stuhlentleerung (Defäkation) durch eine peristaltische Welle, die die Fäzes aus dem Kolon in das Rektum transportiert. Der Stuhldrang ist durch Füllung des Rektums bedingt.

Die Laxantien können in folgende Gruppen unterteilt werden:

— *Dünndarmwirksame Stoffe*, wie *Rizinusöl* (Ph. Eur.), aus dem durch Hydrolyse unter Einwirkung von Lipasen *Ricinolsäure*, 12 R-Hydroxy-ölsäure, freigesetzt wird.

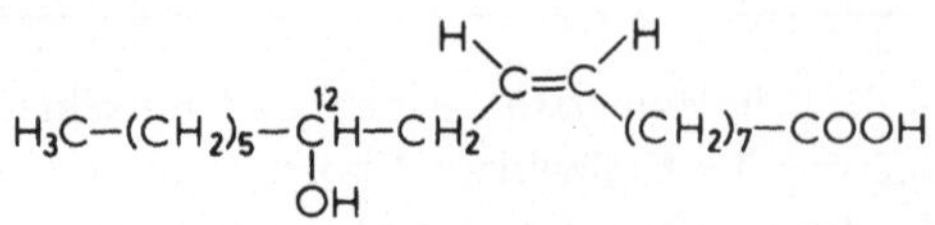

$$H_3C-(CH_2)_5-\underset{\underset{OH}{|}}{\overset{12}{C}}H-CH_2-\overset{H}{\underset{}{C}}=\overset{H}{\underset{}{C}}-(CH_2)_7-COOH$$

Ricinolsäure

Ricinolsäure bewirkt eine Reizung der Dünndarmschleimhaut mit intraluminaler Flüssigkeitsansammlung sowie – über Histaminfreisetzung – eine Verstärkung der Peristaltik.

– *Gleitmittel,* wie z.B. *dickflüssiges Paraffin* (DAB 8; Bestandteil von Agarol[®], Obstinol[®]). Die Viskosität soll mindestens 100 mPa · s betragen. Paraffin durchweicht den Darminhalt und bildet an der Darmwand eine Gleitschicht aus, wodurch die Defäkation erleichtert wird. Als Kohlenwasserstoff wird Paraffin nicht verdaut, jedoch ist in geringem Umfang Resorption möglich. Dies kann zur Fremdkörpergranulom-Bildung führen. Zur Prüfung auf polyzyklische Kohlenwasserstoffe vgl. 15.2.1.

Als nicht resorbierbares Tensid wird *Natriumdioctylsulfosuccinat* (Bestandteil von Agaroletten[®], Florisan[®]) dickdarmerregenden Laxantien zugesetzt. Man nimmt an, daß die Herabsetzung der Oberflächenspannung das Eindringen von Wasser in die Fäzes erleichtert, wodurch Aufweichung und verbesserte Gleitfähigkeit erreicht wird.

$$H_3C-(CH_2)_3-\underset{\underset{C_2H_5}{|}}{CH}-CH_2-O-\overset{\overset{O}{\|}}{C}-\underset{\underset{SO_3^{\ominus}\ Na^{\oplus}}{|}}{CH}-CH_2-\overset{\overset{O}{\|}}{C}-O-CH_2-\underset{\underset{C_2H_5}{|}}{CH}-(CH_2)_3-CH_3$$

Natriumdioctylsulfosuccinat

– *Füllmittel und Quellstoffe,* die nicht oder nur wenig resorbiert werden und unter Wasseraufnahme eine Volumenvergrößerung erfahren. Sie erhöhen den Füllungsdruck und lösen über eine Dehnung der Darmmuskulatur eine gesteigerte Peristaltik aus. Verwendet werden z. B. *Agar-Agar* (Bestandteil von Agarol[®]), *Bassorin,* ein Gemisch unlöslicher Polysaccharide aus Traganth (Bestandteil von Normacol[®]), sowie *Leinsamen* (DAB 8).

– *Osmotisch wirksame Laxantien,* die eine osmotisch äquivalente Menge Flüssigkeit im Darm zurückhalten und dadurch eine Eindickung der Fäzes verhindern.

– *Dickdarmwirksame Stoffe,* die die Peristaltik des Kolons anregen und somit eine schnellere Passage des Darminhalts bewirken.

11.2.1 Osmotisch wirksame Laxantien

Als osmotisch wirksame Laxantien sind einerseits schwer resorbierbare Zucker und Zuckeralkohole sowie andererseits schwer resorbierbare Salze, sogenannte „salinische Abführmittel", gebräuchlich.

Lactose, 4-O-β-D-Galactopyranosyl-α-D-glucopyranose, ist ein Disaccharid bestehend aus β-D-Galaktose und D-Glucose. Aufgrund des freien halbacetalischen Hydroxyls am C-1 des Glucose-Restes kann Lactose in einer α- und einer β-Form vorliegen. Der in der Pharmazie als Konstituens für Pulver, Tabletten etc. verwendete Milchzucker ist das Monohydrat der α-Lactose. *Lactulose,* 4-O-β-D-Galactopyranosyl-β-D-fructofuranose, ist ein Disaccharid aus β-D-Galaktose und D-Fructose. D-*Sorbit* (DAB 8) stellt einen im Pflanzenreich weit verbreitet – besonders in Sorbus- und Crataegus-Arten – vorkommenden 6-wertigen Zuckeralkohol dar.

Osmotisch wirksame Laxantien	
Freiname (Handelsname)	**Formel**
Lactose	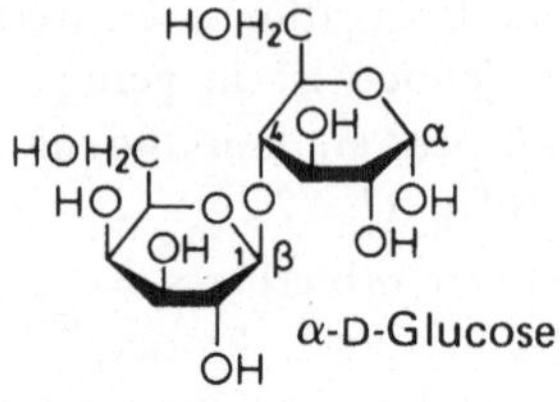 α-D-Glucose β-D-Galaktose
Lactulose (Bestandteil von Bifiteral®, Laevilac®)	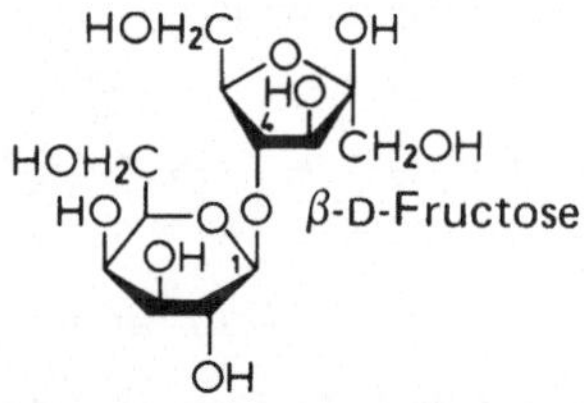 β-D-Fructose β-D-Galaktose
Sorbit (Bestandteil von Microklist®)	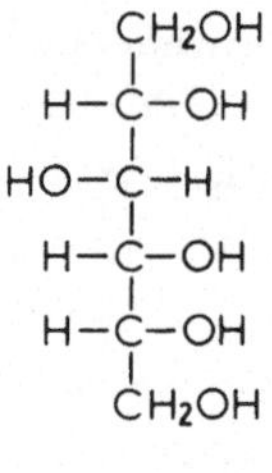

Als „*salinische Abführmittel*" werden Natriumsulfat (*Glaubersalz*), $Na_2SO_4 \cdot 10\,H_2O$ (Ph. Eur.), und Magnesiumsulfat (*Bittersalz*), $MgSO_4 \cdot 7\,H_2O$ (DAB 8), sowie *Karlsbader Salz*, das aus 44 % Natriumsulfat, 36 % Natriumhydrogencarbonat, 18 % Natriumchlorid und 2 % Kaliumsulfat besteht, verwendet.

Pharmakologie Die schwer resorbierbaren Disaccharide *Lactose* und *Lactulose* binden im Darm eine osmotisch äquivalente Flüssigkeitsmenge und verhindern dadurch eine Eindickung der Fäzes. Lactose wird als mildes Laxans vor allem für Kinder verwendet. Nach dem Säuglingsalter kann Lactose, in größerer Menge verabreicht, durch die im Dünndarm vorhandene β-Galaktosidase (Lactase) nicht mehr vollständig gespalten werden. Die nicht resorbierte Lactose ist laxativ wirksam. Vergärung durch E. coli des Dickdarms erzeugt saure Stühle. Dieser Effekt ist bei Lactulose noch ausgeprägter. Man nutzt ihn zur Behandlung von Ammoniak-Intoxikationen bei Lebererkrankungen. Außerdem hat die Veränderung des pH-Milieus des Darms bei der Therapie von Salmonellosen Bedeutung erlangt.

Mehrwertige Alkohole, insbesondere *Glycerin* (Babylax®) und D-*Sorbit* lösen bei rektaler Applikation den Defäkationsreflex aus, was vor allem in der Pädiatrie ausgenutzt wird. Sorbit dient als Zuckeraustauschstoff für Diabetiker, da er einerseits süß schmeckt („Diabetikerzucker") und andererseits in der Leber durch die L-Iditol-Dehydrogenase (Sorbit-Dehydrogenase) in Fructose umgewandelt wird.

Die Wirksamkeit der *„salinischen Laxantien"* beruht auf der Schwerresorbierbarkeit der Sulfat-Anionen. Da der Körper bestrebt ist, den Darminhalt — wie alle Körperflüssig-keiten — auf den osmotischen Druck des Blutes einzustellen, wird nach Einnahme von *hypertonischen Lösungen* Wasser in das Darmlumen abgegeben. Umgekehrt wird Wasser aus *hypotonischen Lösungen* bis zur Blutisotonie resorbiert.

Da bei Applikation hypertonischer Lösungen im Darm zunächst eine gewebsisotonische Lösung gebildet werden muß, beginnt die Darmentleerung erst nach etwa 10 Stunden. Bei normo- oder hypotonischen Lösungen setzt die Wirkung schon nach etwa 1—2 Stun-den ein.

Die Erweichung der Fäzes, verbunden mit einer besseren Darmfüllung, bewirkt über eine Stimulation der Dehnungsreflexe eine Verstärkung der Peristaltik.

Eigenschaften   *Lactose* ist ein 1,4-verknüpftes Disaccharid vom Maltose-Typ. Es redu-ziert Fehlingsche Lösung und bildet ein Osazon. Infolge der freien halbacetalischen Hydroxyl-Gruppe am C-1 des Glucose-Restes ist in wäßriger Lösung die Einstellung eines Mutarotations-Gleichgewichts zwischen einer α-Form ($[\alpha]_D^{20} = + 90°$) und einer β-Form ($[\alpha]_D^{20} = + 34,5°$) möglich. Das Gleichgewicht stellt sich auf $[\alpha]_D^{20} = + 52,3°$ ein.

Im Gleichgewicht überwiegt die stabilere β-Lactose (ca. 62 %), bei der sämtliche Sub-stituenten des Glucopyranose-Rings in äquatorialer Konformation vorliegen.

Lactulose reduziert ebenfalls und bildet auch ein Osazon. Das Mutarotations-Gleichge-wicht, das sich aufgrund des freien halbacetalischen Hydroxyls am C-2 des Fructose-Restes ausbilden kann, stellt sich in wäßriger Lösung auf $[\alpha]_D^{20} = - 51,4°$ ein.

D-*Sorbit* ist an allen chiralen C-Atomen gleich konfiguriert wie Glucose. Gegenüber Säuren, Basen und gegen Hitzeeinwirkung ist Sorbit beständiger als Monosaccharide. Durch intramolekulare Dehydratisierung können *Sorbitane* ($-1\,H_2O$) und *Sorbide* ($-2\,H_2O$) gebildet werden (vgl. 8.3.1).

Die *blutisotonischen Lösungen* der schwerresorbierbaren Salze haben folgende Konzen-trationen:

6,8 % $MgSO_4 \cdot 7\,H_2O$

4,2 % $Na_2SO_4 \cdot 10\,H_2O$

0,6 % Karlsbader Salz

Gewinnung   *Lactose* ist in der Muttermilch zu 5—7 %, in der Kuhmilch zu 3—5 % ent-halten. Zur Gewinnung dient die Molke der Labkäserei. Die angesäuerte Molke wird zu-nächst durch Erhitzen von Milcheiweiß befreit. Nach Neutralisierung, Konzentrierung und Klärung kristallisiert beim Abkühlen das Monohydrat der α-*Lactose* aus. Wasserfreie β-*Lactose* ist durch Kristallisation oberhalb 93,5 °C erhältlich.

Lactulose wird aus Lactose durch alkalische Epimerisierung gewonnen. Zur Darstellung von D-*Sorbit* vgl. 12.8.10.

Analytik *Lactose* (Ph. Eur.) gibt in ammoniakalischer Lösung beim Erwärmen im Wasserbad eine Rotfärbung (Reaktion nach Wöhlk).

Nach DAB 8 wird auf Identität von D-*Sorbit* durch Acetylierung und Schmelzpunktbestimmung des Hexaacetyl-Derivates geprüft. Oxidation mit alkalischer Kaliumpermanganat-Lösung ergibt ein Gemisch von Hexosen, das Fehlingsche Lösung reduziert. Mit Aldehyden und Ketonen bilden sich zyklische Acetale.

Zur Gehaltsbestimmung von Sorbit wird mit Natriummetaperiodat-Lösung (*Reaktion nach Malaprade*) erhitzt. Nicht verbrauchtes Periodat wird in Natriumhydrogencarbonat-haltiger Lösung mit Kaliumiodid zur Reaktion gebracht und das gebildete Iod mit Natriumarsenit-Lösung (0,1-normal) reduziert. Rücktitration des überschüssigen Arsenits mit Iod-Lösung (0,1-normal) gestattet bei Durchführung eines Blindversuchs die Berechnung des Gehalts.

$$HOH_2C-(CHOH)_4-CH_2OH + 5\,IO_4^{\ominus} \longrightarrow 2\,HCHO + 4\,HCOOH + 5\,IO_3^{\ominus} + H_2O$$

Da bei der Oxidation mit Periodat 5 C-C-Bindungen gespalten werden, beträgt der Verbrauch 5 $IO_4^{\ominus}$ pro Molekül Sorbit.

11.2.2 Dickdarmwirksame Stoffe

Als am Dickdarm angreifende Stoffe finden Anthra-Glykoside und synthetische Laxantien Verwendung.

Anthra-Glykoside kommen besonders in Aloe-, Cassia-, Rhamnus- und Rheum-Arten vor. Die Aglykone leiten sich von folgenden Grundkörpern ab:

Anthrachinon   Anthranol   Anthron   Bianthron

Sie sind an den C-Atomen 1 und 8 stets hydroxyliert. *Dantron*, 1,8-Dihydroxyanthrachinon, und *Dithranol*, 1,8,9-Trihydroxyanthracen, sowie das tautomere 1,8-Dihydroxyanthron werden auch synthetisch dargestellt.

Dantron   Dithranol   1,8-Dihydroxyanthron

Dantron (DAB 8) wurde als Laxans eingesetzt, während Dithranol (Cignolin®), das hautreizende Eigenschaften besitzt, äußerlich als Antipsoriatikum Anwendung findet.

Die Aglykone der Anthra-Glykoside heißen auch *Emodine*. Sie leiten sich von den 1,8-dihydroxylierten Grundkörpern ab, die zusätzlich an den C-Atomen 3 und 6 substituiert sind. Eingeführte Trivialnamen beziehen sich auf die *Emodine vom Anthrachinon-Typ*, deren wichtigste Vertreter tabelliert sind:

	R^1	R^2	Emodine vom Anthrachinon-Typ
	H	COOH	Rhein
	H	CH_2OH	Aloe-Emodin
	H	CH_3	Chrysophanol
	OH	CH_3	Frangula-Emodin

Die analogen *Emodine vom Anthron-* und *Bianthron-Typ* erhalten zur Unterscheidung die Endung -anthron bzw. -bianthron, z. B. Frangula-Emodin-anthron. Durch Dimerisierung entstandene Bianthrone können aus zwei gleichen (Iso-Bianthrone) oder zwei verschiedenen Anthronen (Hetero-Bianthrone) aufgebaut sein.

Rhabarber (DAB 8) — die unterirdischen Teile bestimmter Rheum-Arten — enthält die Anthrachinone Rhein, Aloe-Emodin, Chrysophanol und Frangula-Emodin teilweise in freier Form, hauptsächlich jedoch als Glykoside. Die analogen Anthron- und Bianthron-Glykoside kommen ebenfalls vor. Für die laxierende Wirkung soll besonders das Rhein-anthron-Glucosid Bedeutung haben.

Faulbaumrinde (Ph. Eur.), von Rhamnus frangula abstammend, ist aufgrund eines hohen Gehaltes an Bianthron-Glykosiden in frischem Zustand unverträglich. Sie wird vor Verwendung ein Jahr gelagert oder unter Zutritt von Luft und Erwärmen künstlich gealtert, wobei Oxidation zu Anthrachinon-Glykosiden stattfindet. Von therapeutischer Bedeutung sind besonders die Glykoside Glucofrangulin A und B.

Glucofrangulin A
R = α-L-Rhamnose

Glucofrangulin B
R = α-D-Apiose

Sie leiten sich vom Frangula-Emodin ab und unterscheiden sich durch die Zuckerkomponente α-L-Rhamnose (Glucofrangulin A) bzw. die verzweigte Aldopentose α-D-Apiose (Glucofrangulin B). Aus den Glucofrangulinen A und B entstehen durch enzymatische Abspaltung von β-D-Glucose die Franguline A und B.

Aloe ist der zur Trockne eingedickte Saft der Blätter einiger Arten der Gattung Aloe. *Kap-Aloe* (Ph. Eur.) stammt hauptsächlich von Aloe ferox, *Curaçao-Aloe* (Ph. Eur.) von Aloe barbadensis ab. Von den Inhaltsstoffen ist besonders Aloin (Barbaloin), das C-C-verknüpfte 10-Glucopyranosyl-Derivat des Aloe-Emodin-anthrons, von therapeutischer Bedeutung. Es stellt ein Gemisch zweier an C-10 stereoisomerer Aloine dar.

Aloin

Sennesblätter (Ph. Eur.) und *Sennesfrüchte* (Ph. Eur.), die von Cassia acutifolia und Cassia angustifolia abstammen, enthalten als wichtigste Glykoside die Bianthron-Derivate Sennosid A und B.

Sennosid A
(+)-Form

Sennosid B
Meso-Form

Die beiden Chiralitätszentren C-9 und C-9′ im Aglykon Sennidin sind aufgrund des symmetrischen Baus des Gesamtmoleküls strukturell gleichartig. Daher existieren nur eine (+)-Form (Sennosid A), eine in der Natur nicht vorkommende (−)-Form sowie die durch intramolekulare Kompensation optisch inaktive Meso-Form (Sennosid B). Sennosid A isomerisiert in Natriumhydrogencarbonat-Lösung bei 80 °C langsam zu Sennosid B.

Die in geringer Menge vorkommenden diasteromeren Sennoside C und D besitzen als Grundkörper ein Hetero-Bianthron, bestehend aus Rhein-anthron und Aloe-Emodinanthron.

Handelsübliche Laxantien enthalten meist Gemische verschiedener Extrakte Anthraglykosid-haltiger Drogen (Liquidepur®, Dragees Neunzehn®) oder sind auf Sennes-Basis allein aufgebaut (Bekunis®).

Von den synthetischen Laxantien mit Triarylmethan-Strukturelement besitzt *Bisacodyl*, Bis-(4-acetoxy-phenyl)-2-pyridyl-methan, die größte Bedeutung.

Pharmakologie *Anthraglykoside* reizen die Dickdarmschleimhaut. Es kommt zur Erregung der Muskulatur des Dickdarms, wodurch die Peristaltik und die Dickdarmbewegungen gesteigert werden. Dies hat eine schnellere Passage des Darminhalts zur Folge. Da gleichzeitig die Schleimsekretion stimuliert und die Wasserresorption gehemmt wird, resultieren weiche Stühle. Die Wirkung tritt nach 8–12 Stunden ein. Wirksamkeit sollen nur die Anthranole/Anthrone bzw. Bianthrone besitzen. Anthrachinone müssen erst reduziert werden (vgl. Biotransformation).

Synthetische Laxantien	
Freiname (Handelsname)	Formel
Phenolphthalein (Darmol®)	
Bisacodyl (Dulcolax®, Stadalax®, Bestandteil von Tirgon®)	
Natriumpicosulfat (Laxoberal®)	

Die Glykoside sind erheblich wirksamer als die Emodine. Als besonders wirksam gelten die Sennoside, das Rhein-anthron-Glucosid sowie Aloin, das jedoch Nierenreizungen verursachen kann.

Die synthetischen Laxantien besitzen eine den Anthra-Glykosiden vergleichbare Wirkung. *Phenolphthalein* und *Bisacoayl* wirken nach etwa 6—10 Stunden, *Natriumpicosulfat* hat einen schnelleren Wirkungseintritt (2—4 h). Bisacodyl, das die Magenschleimhaut reizt, muß in magensaftresistenter Form appliziert werden.

Laxantien führen bei chronischem Abusus zu Elektrolyt-, insbesondere zu Kalium-Verlust. Da Kalium-Ionen zur Aufrechterhaltung der Darmmotilität erforderlich sind, kann es zu einem „circulus vitiosus" kommen.

Biotransformation Die Hydrolyse der *Anthra-Glykoside* erfolgt unter dem Einfluß von Dickdarmbakterien (E. coli). Dabei entstehende Emodine vom Anthrachinon-Typ werden zur Anthranol/Anthron-Form reduziert. Ein kleiner Teil der Aglykone wird resorbiert und nach Glucuronidierung bzw. Sulfatierung mit dem Harn eliminiert, wodurch dieser dunkel gefärbt wird.

Phenolphthalein erscheint zu etwa 85 % unverändert in den Fäzes. Nur sehr wenig wird als Sulfat renal eliminiert. *Bisacodyl* wird desacetyliert, was z. T. erst während der Resorption in der Darmwand, teilweise aber auch durch mikrobielle Einwirkung erfolgt. Das aus dem freien Diphenol in der Leber gebildete Glucuronid unterliegt dem entero-hepatischen Kreislauf. Es wird schließlich im Darm mikrobiell dekonjugiert, so daß das freie Diphenol zur Wirkung gelangen kann.

Synthese *Phenolphthalein* ist durch Kondensation von Phthalsäureanhydrid und Phenol in Gegenwart von Schwefelsäure darstellbar.

Nach gleichem Syntheseweg kann *Bisacodyl*, ausgehend von Pyridin-2-carboxaldehyd, durch nachfolgende Acetylierung erhalten werden.

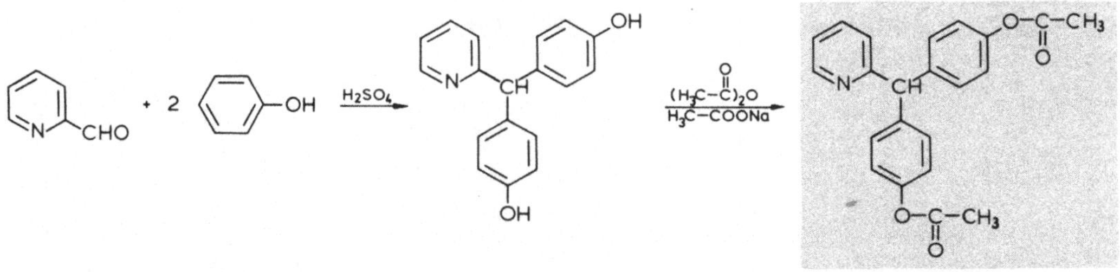

Bisacodyl

Analytik 1,8-Dihydroxyanthrachinone färben sich mit Natriumhydroxid-Lösung rot (*Reaktion nach Bornträger*). Anthrone und Bianthrone zeigen nur eine Gelbfärbung. Zur quantitativen Bestimmung werden die Glykoside sauer hydrolysiert und die gebildeten Anthrachinone nach Alkalisierung durch photometrische Messung bei etwa 500 nm (Ph. Eur.) bestimmt. Das Absorptionsmaximum liegt bei 520 nm und wird dem Mono-Anion der 1,8-Dihydroxyanthrachinon-Derivate zugeschrieben.

Sollen die Anthrone und Bianthrone miterfaßt werden, ist anschließende Oxidation erforderlich (z. B. mit Eisen(III)-chlorid in Salzsäure nach Ph. Eur.). Die C-glukosidische Bindung des Aloins muß mit Periodat oder Eisen(III)-chlorid oxidativ hydrolysiert werden.

Die hydroxylierten Anthracene vom Anthranol-Typ zeigen in alkalischer Lösung intensive Fluoreszenz.

11.3 Stoffe zur Behandlung der Diarrhöe

Als Ursachen der Diarrhöe (Durchfall) kommen insbesondere Magen/Darm-Infektionen, Intoxikationen sowie Gärungs- und Fäulnisdyspepsien in Betracht. Wichtigster Gesichtspunkt bei der Behandlung ist der Ersatz der Wasser- und Elektrolyt-Verluste. Daneben ist eine antiinfektiöse Therapie von Bedeutung. *Obstipantien* (Stopfmittel) sind vorzugsweise Adsorbentien und Adstringentien oder Stoffe, die die Darmmotilität hemmen.

11.3.1 Adsorbentien und Adstringentien

Als Adsorbens wird insbesondere *Medizinische Kohle*, Carbo activatus Ph. Eur. (Kohle-Compretten®), verwendet, die im wäßrigen Milieu des Darms vorhandene Giftstoffe adsorbiert.

Adstringentien bilden mit Proteinen unlösliche Niederschläge und wirken auf Schleimhäute gerbend. Eingesetzt werden einerseits schwer resorbierbare gerbstoffhaltige Präparate wie *Tanninalbuminat* (Tannalbin®) sowie andererseits *Silber-Salze* (kolloidales Silberchlorid in Adsorgan®) und *Bismut-Salze*.

Basisches Wismutcarbonat (Ph. Eur.) entspricht in seiner Zusammensetzung etwa $(BiO)_2 CO_3 \cdot 1/2 H_2 O$ mit einem Bismut-Gehalt von ungefähr 81 %. *Basisches Wismutgallat* (DAB 8) enthält 48—52 % Bismut und besitzt je nach Darstellung wechselnde Zusammensetzung. Da ein Molekül Wasser erst bei 170 °C abgegeben wird, ist eine koordinative Bindung anzunehmen.

Basisches Wismutgallat

Pharmakologie   Obstipantien werden bei Diarrhöe zur Verhinderung größerer Wasser- und Elektrolyt-Verluste eingesetzt.

Besondere Bedeutung kommt der *Medizinischen Kohle* zu, die bei Vergiftungen und Gastroenteritiden zur Adsorption von Toxinen und anderen Giftstoffen Verwendung findet. Die adsorbierende Wirkung ist im Magen wegen des niedrigen pH-Wertes schlechter als im Darm.

Obstipantien, die *Pektin* (Bestandteil von Kaopectate® N, Kaopromt-H®) enthalten, werden insbesondere in der Pädiatrie angewendet. Pektine sind pflanzliche Schleimstoffe (Mucilaginosa) von hochmolekularem, kohlenhydratartigem Bau. Sie bestehen im wesentlichen aus 1,4-α-glykosidisch verbundenen Galakturonsäure-Einheiten, deren Carboxyl-Gruppen zum Teil mit Methanol verestert sind. Durch die Schleim-Bildung wird die irritierte Darm-Mukosa geschützt.

Die hepatotoxische *Gerbsäure* darf nur in schwer resorbierbarer Form, z. B. als Tanninalbuminat verabreicht werden.

Bismut-Salze, die eine hohe Affinität zu Mercapto-Gruppen besitzen, schützen entzündetes Gewebe durch Protein-Denaturierung (adstringierende Wirkung) vor Reizung. Gleichzeitig werden Sekretion und Bakterienwachstum gehemmt.

Bei der peroralen Therapie kann es, auch bei Verwendung schwerlöslicher Oxid-Salze, zur Resorption geringer Bismut-Mengen kommen, die — besonders nach längerer regelmäßiger Einnahme — das Auftreten neurologischer Störungen verursachen können. Die Fäzes werden durch Sulfid-Bildung schwarz gefärbt. Durch Ablagerung von Bismutsulfid in der Mundschleimhaut tritt ein „Bismutsaum" auf. Als Antidot ist Dimercaprol (vgl. 13.6.2) geeignet.

Eigenschaften *Medizinische Kohle*, die zu den Aktivkohlen zählt, besitzt einen porösen, schwammartigen Bau mit großer innerer Oberfläche. Im Gegensatz zu polaren Adsorbentien wie Aluminiumoxid, Kieselgel oder Talcum vermag Kohle lipophile Stoffe aus wäßriger Lösung zu adsorbieren. Das Adsorptionsvermögen hängt von der Größe der Oberfläche, daneben auch von der Temperatur sowie von dem zu sorbierenden Stoff ab. Hierbei sind dessen chemische Natur (relative Molekülmasse, Polarität, Löslichkeit) sowie Konzentration und pH-Wert der Lösung von besonderer Bedeutung.

Für die Adsorptionsfähigkeit gilt die Langmuir-Volmersche Adsorptionsgleichung. Danach steigt die adsorbierte Menge mit der Konzentration der gelösten Moleküle schnell an und strebt nach weitgehender Oberflächenbesetzung allmählich dem Sättigungswert zu.

Die Adsorption ionogener Stoffe steigt mit abnehmender Dissoziation.

Darstellung *Medizinische Kohle* wird durch Verkohlung pflanzlicher Materialien gewonnen, wobei der Prozeß so geleitet wird, daß eine aufgelockerte, poröse Struktur entsteht. Dies ist z. B. durch Gasaktivierung möglich. Hierbei wird Wasserdampf oder Luft bei 700–800 °C (Norit-Verfahren) in das heiße, verkohlte Material eingeblasen, wodurch die Porosität der Struktur über Oxidationsprozesse erhöht wird, was mit einer Vergrößerung der Oberfläche („Aktivierung") einhergeht.

Analytik Das Adsorptionsvermögen von *Medizinischer Kohle* wird nach Ph. Eur. mit Phenazon geprüft. Dazu wird eine wäßrige Phenazon-Lösung mit Kohle kräftig geschüttelt, filtriert und das nicht adsorbierte Phenazon nach Ansäuren durch direkte Titration mit 0,1-normaler Bromid-Bromat-Lösung gegen Ethoxychrysoidin als Indikator bestimmt. Der Reaktionsverlauf bezüglich der Substitution entspricht der iodometrischen Phenazon-Bestimmung (vgl. 7.7.8).

Dagegen wird das Adsorptionsvermögen von Aktivkohle als Reagenz nach Ph. Eur. durch Entfärben einer Methylenblau-Lösung ermittelt.

11.3.2 Die Darmmotilität hemmende Stoffe

Zur Ruhigstellung des Darmes wird seit alters *Opiumtinktur* (DAB 8) verwendet.

Ausgehend von stark wirksamen Analgetika wurden in neuerer Zeit Wirkstoffe entwickelt, die Strukturmerkmale verschiedener Analgetika-Gruppen enthalten und aufgrund einer starken Hemmung der Darmmotilität zur symptomatischen Behandlung der Diarrhöe verwendet werden.

Diphenoxylat
(Bestandteil von Reasec®)

Loperamid
(Imodium®)

Diphenoxylat enthält Strukturelemente der Methadon- und Pethidin-Gruppe. Als aktiver Metabolit wird die durch Hydrolyse der Ester-Gruppierung entstehende Carbonsäure (*Difenoxin*) angesehen.

In *Loperamid* sind Strukturelemente der Methadon-Gruppe sowie der neuroleptisch wirksamen Butyrophenone (z. B. Haloperidol) enthalten.

Pharmakologie Die Wirkung des *Opiums* wird durch den Gehalt an Morphin und Nebenalkaloiden — vor allem Papaverin — bestimmt. Während Morphin den Tonus der Darmmuskulatur erhöht (gesteigerte Pendelbewegungen), wird die Propulsiv-Bewegung des Darms (Peristaltik) besonders durch Papaverin gehemmt (atonische Obstipation).

Diphenoxylat hemmt die Darmmotilität bereits in kleinen Dosen. Höhere Konzentrationen rufen aufgrund einer morphinartigen Wirkung euphorische Zustände hervor. Um eine mißbräuchliche Verwendung zu verhindern, enthält das Präparat Reasec® einen Zusatz von Atropin.

Da *Loperamid* keine zentralen morphinartigen Effekte ausübt, ist es Diphenoxylat vorzuziehen. Loperamid ist ein stark wirksames Antidiarrhoikum, dessen Wirkung lang anhält. Die spezifische Hemmung der Peristaltik wird als direkte Wirkung auf die Gastrointestinalwand angesehen. Loperamid wird überwiegend mit den Fäzes ausgeschieden.

12 Hormone, Stoffe mit Wirkung auf endokrine Drüsen sowie Vitamine

Hormone sind biologisch aktive, in sehr kleinen Mengen wirkende Stoffe, die in bestimmten Organen oder Geweben des tierischen und menschlichen Organismus gebildet werden und — nach eventueller Speicherung — auf dem Blutweg in entfernte Organe und Gewebe gelangen, wo sie spezifische Wirkungen entfalten. Hormone regulieren und koordinieren somit die verschiedenen Organe des Organismus auf humoralem Wege. Hormonproduzierende Drüsen werden als *endokrine Drüsen* (Drüsen mit innerer Sekretion) bezeichnet. Sie geben das von ihnen gebildete Hormon in die Blutbahn ab. Dagegen geben *exokrine Drüsen* (Drüsen mit exokriner Sekretion) ihre Stoffe nach außen ab, z. B. auf die Hautoberfläche oder in den Verdauungskanal.

Das endokrine und das nervale System sind aufeinander abgestimmt. Sie korrelieren die Funktion der Organe und Gewebe und verbinden diese zu funktionellen Einheiten. Der Begriff „Hormon" wurde von Bayliss und Starling für das aus der Darm-Mukosa stammende Secretin (INN) geprägt.

Die Einteilung der Hormone kann nach verschiedenen Gesichtspunkten erfolgen. In Abhängigkeit vom Bildungsort unterscheidet man

- *Drüsenhormone*, die in endokrinen Drüsen (z. B. Schilddrüse) gebildet werden
- *Neurohormone*, die in neurosekretorischen Zellen (z. B. Nervenzellen des Hypothalamus) gebildet werden
- *Gewebshormone*, die in bestimmten Zellen eines Organs (z. B. Darm) gebildet werden (vgl. 12.7).

Aufgrund des chemischen Baus unterscheidet man

- *Peptid-Hormone* (z. B. Insulin)

- *Steroid-Hormone* (z. B. Nebennierenrinden-Hormone)

- *Hormone*, die sich *von bestimmten Aminosäuren ableiten* (z. B. Adrenalin, Serotonin)

- *Hormone*, die sich *von Fettsäuren ableiten* (z. B. Prostaglandine).

Hierarchie der Hormondrüsen   Die Wechselbeziehungen und Rückkopplungsmechanismen lassen sich in Form von Regelkreisen darstellen, für die eine bestimmte Hierarchie gilt. So kann die Stimulation des Hypothalamus die Abgabe von *Releasing-Hormonen* bewirken, die im Hypophysen-Vorderlappen (Adenohypophyse) die Produktion und Freisetzung der *glandotropen Hormone* fördern. Diese regen die Biosynthese und Sekretion eines Hormons in einer peripher gelegenen Hormondrüse an. Ein steigender Blutspiegel eines *peripheren Hormons* kann durch negative Rückkopplung (negativer feed-back) auf Hypothalamus bzw. Hypophyse hemmend wirken und dort die Freisetzung des betreffenden Releasing-Hormons bzw. des entsprechenden Hypophysenvorderlappen-Hormons hemmen. Neuerdings ist auch eine Hemmung des Hypothalamus durch glandotrope Hormone der Hypophyse (short feed-back) nachgewiesen. Mit Hilfe dieser Regelkreise werden die Funktionen der Schilddrüse, der Nebennierenrinde, der Testes und der Ovarien geregelt.

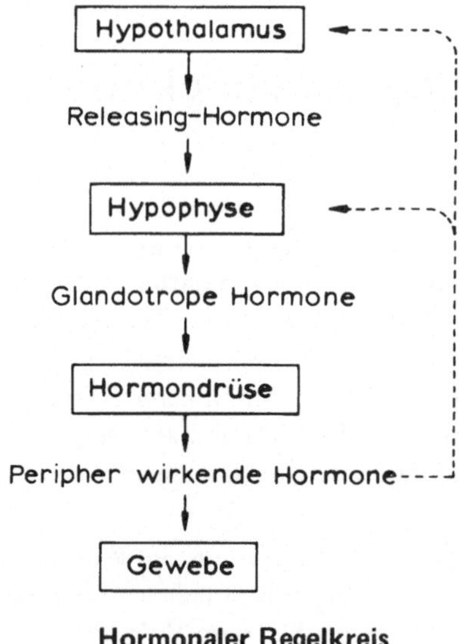

Hormonaler Regelkreis

⟶ Stimulation
- - - ⟶ Negative Rückkopplung (Hemmung)

Abweichend von diesem Hierarchie-Prinzip kann die Hormon-Sekretion auch durch direkte Rückkopplung der durch ein bestimmtes Hormon regulierten Substanz erfolgen. Hierbei wird die endokrine Drüse durch den Blutspiegel der regulierten Substanz gesteuert. Dieses Prinzip ist z. B. bei der Regulation der Sekretion von Insulin und Parathormon von Bedeutung.

Schließlich können in den Regelkreis auch bestimmte Rezeptoren eingeschaltet sein, die die extrazelluläre Konzentration bestimmter Substanzen registrieren und Abweichungen an die betreffende endokrine Drüse weitermelden. Auf diesem Weg wird u. a. die Sekretion des Vasopressins sowie des Aldosterons reguliert.

Hormonrezeptoren Die Organ- bzw. Gewebsspezifität der Hormone ist durch das Vorhandensein spezifischer Hormonrezeptoren zu erklären. Als erster wurde der *Estradiol-Rezeptor* nachgewiesen. Es handelt sich dabei um ein Protein, das nur in den Zellen der Erfolgsorgane des Estradiols vorkommt. Es schwimmt frei im Zytoplasma dieser Zellen herum und bindet spezifisch Estradiol. Ähnliche Rezeptoren sind inzwischen auch für alle anderen Steroid-Hormone bekannt.

Wirkungsweise der Hormone Als Mechanismen für die Vermittlung der physiologischen Hormon-Wirkungen kommen in Betracht:

— *Aktivierung der Adenylat-Cyclase*
— *Aktivierung der Genaktivität*

Das *Adenylat-Cyclase-System,* das in der Zellmembran lokalisiert ist, stellt ein universelles Effektor-System dar. Es besteht wahrscheinlich aus einem spezifischen Hormon-Rezeptor und dem Enzym Adenylat-Cyclase. Bestimmte Hormone (Botenstoffe), zu denen die *Katecholamine* und die *Peptid-Hormone* gehören, bewirken über einen Angriff am Hormon-Rezeptor — der mit einer konformativen Veränderung des Rezeptor-Proteins verbunden ist — eine allosterische Aktivierung der Adenylat-Cyclase, wodurch ATP in *c-AMP* übergeführt wird (vgl. 7.2.1).

Während dem Hormon die Funktion eines ersten Boten (*first messenger*) zukommt, wird c-AMP nach Sutherland als zweiter Bote (*second messenger*) angesehen, der in der Zelle zahlreiche Enzyme aktivieren und somit unterschiedliche Hormonwirkungen induzieren kann (vgl. 7.2.1). c-AMP ist somit als eine der Schlüsselsubstanzen der Hormonwirkung anzusehen. Zyklisches Guanosin-3',5'-monophosphat (*c-GMP*) stellt eine dem c-AMP strukturanaloge Substanz dar, die ebenfalls an der Vermittlung von Hormonwirkungen beteiligt ist.

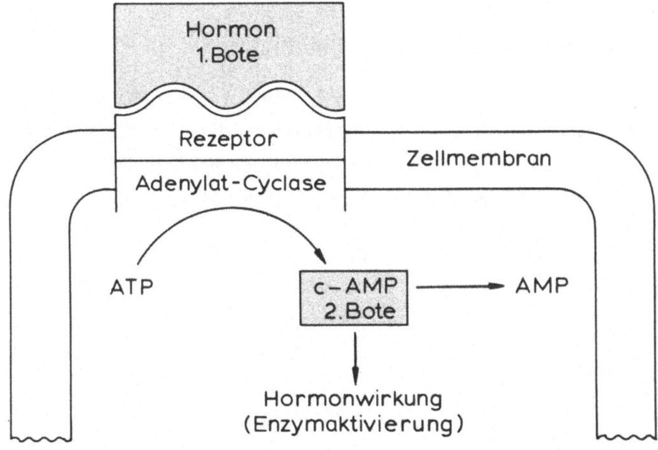

Hormonwirkung durch Aktivierung des Adenylat-Cyclase-Systems

Zahlreiche Hormone, besonders die *Steroid-* und *Schilddrüsen-Hormone*, entfalten ihre Wirkung durch *Genaktivierung* (Karlson). Das in die Erfolgszelle diffundierte Hormon wird zunächst im Cytosol an ein spezifisches Rezeptor-Protein gebunden. Der *Hormon-Rezeptor-Komplex* erfährt eine allosterische Konformationsänderung (Rezeptor-Transformation), wobei der Komplex durch eine Art Protein-Umfaltung aktiviert wird. Durch diese Aktivierung erhält der Hormon-Rezeptor-Komplex die Befähigung, in den Zellkern zu wandern und sich dort mit einem spezifischen Akzeptor, z. B. einem sauren Hüllprotein der DNA zu verbinden. In einem nicht vollständig geklärten Vorgang kann dabei durch Ablösung eines *Repressors* eine blockierte DNA-Sequenz freigelegt werden (Derepression). Durch diese Genaktivierung wird die Synthese von Messenger-RNA (Transkription) in Gang gesetzt.

Nach Ausschleusung der m-RNA aus dem Zellkern wird schließlich die Bildung eines Enzym-Proteins an den Ribosomen (Translation) bewirkt. Somit ist der Effekt der Steroid-Hormone letztlich über eine *Induktion bestimmter Enzyme* bzw. anderer Proteine im Erfolgsorgan zu erklären.

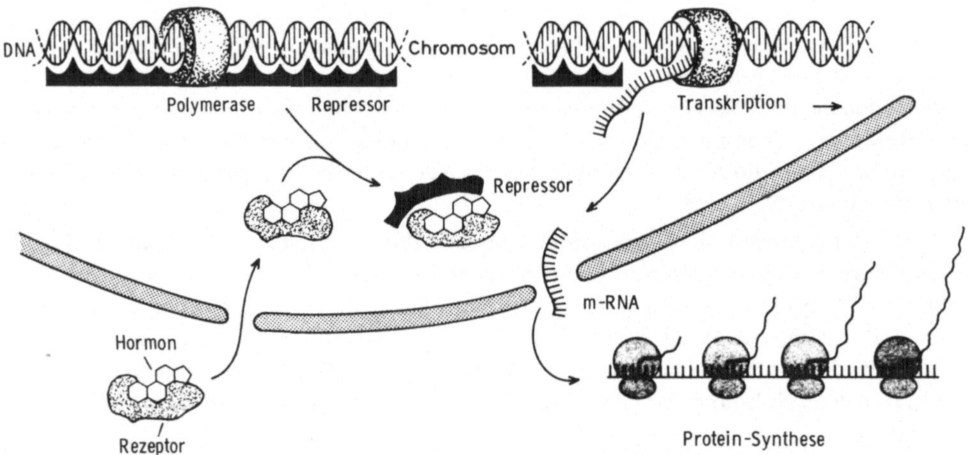

Hormonwirkung durch Enzyminduktion

Links ist die chromosomale DNA dargestellt, die mit Repressoren beladen ist. Durch den Hormon-Rezeptor-Komplex wird ein Repressor abgefangen, das betreffende Gen wird transkribiert. Die gebildete Messenger-RNA (m-RNA) steuert am Polysom die Synthese des entsprechenden Proteins (aus Karlson, Kurzes Lehrbuch der Biochemie, 10. Auflage).

12.1 Hormone des Hypothalamus und der Hypophyse

12.1.1 Hormone mit Hormon-freisetzender und Hormon-ausschüttungshemmender Wirkung (Releasing- und Release-Inhibiting-Hormone)

In der Hierarchie der Hormonbildungsstätten ist der Hypothalamus der Adenohypophyse (Hypophysenvorderlappen) übergeordnet. Die Hypothalamus-Hormone haben seit der Isolierung und Strukturaufklärung von *Protirelin* (Thyreotropin-Releasing-Hormon, TRH) durch Guillemin und Schally (Nobelpreis für Medizin, 1977) und ihre Arbeitsgruppen großes Interesse erlangt. Aufgrund des Einflusses der Hypothalamus-Hormone auf die Hypophyse unterscheidet man:

— *Releasing-Hormone*, die die Bildung und Freisetzung der Hypophysen-Hormone fördern

— *Release-Inhibiting-Hormone*, die die Freisetzung der Hypophysen-Hormone hemmen

Releasing-Hormone		
Freiname (Handelsname)	**Formel** Biochemische Bezeichnung	**Freigesetztes** Hypophysen- Hormon
Protirelin (Relefact® TRH, Thyroliberin TRF Merck)	Pyr—His—Pro—NH$_2$ Thyreotropin-Releasing-Hormon (TRH)	TSH
Gonadorelin (Relefact® LH-RH)	Pyr—His—Trp—Ser—Tyr—Gly—Leu—Arg—Pro—Gly—NH$_2$ Gonadotropin-Releasing-Hormon (Gn-RH = LH/FSH-RH)	LH und FSH
—	Corticotropin-Releasing-Hormon (CRH)	ACTH
—	Somatotropin-Releasing-Hormon (GH-RH)	STH
—	Prolactin-Releasing-Hormon (PRH)	LTH
Release-Inhibiting-Hormone		
Kurzbezeichnung	**Formel** Biochemische Bezeichnung	**Hemmung der** Freisetzung von
Somatostatin	H—Ala—Gly—Cys—Lys—Asn—Phe—Phe—Trp—Lys—Thr—Phe—Thr—Ser—Cys—OH Somatotropin-Release-Inhibiting-Hormon (GH-RIH)	STH
Prolactostatin	Prolactin-Release-Inhibiting-Hormon (PIH)	LTH

Sämtliche Hypothalamus-Hormone sind *Oligopeptide* bzw. *Polypeptide.* Oligopeptide enthalten bis 10 Aminosäuren, Polypeptide sind aus 10 bis 100 Aminosäuren aufgebaut.

Strukturell aufgeklärt sind bisher nur *Protirelin, Gonadorelin* und *Somatostatin.* Protirelin ist ein Tripeptid mit den ungewöhnlichen Bausteinen Pyroglutaminsäure (Pyr) und Prolinamid (Pro-NH$_2$).

Protirelin
L-Pyroglutamyl-L-histidyl-L-prolinamid

Pyroglutaminsäure ist das γ-Lactam der Glutaminsäure. Die Zyklisierung bedingt eine relative Stabilität gegenüber enzymatischem Abbau im Gastrointestinaltrakt.

Gonadorelin, ein Dekapeptid, stimuliert im Hypophysenvorderlappen die Sekretion der Gonadotropine LH und FSH (vgl. 12.1.2). Während die Anzahl der Aminosäuren des *Corticotropin-Releasing-Hormons* (CRH) noch nicht bekannt ist, stellt *Somatotropin-Releasing-Hormon* (GH-RH) möglicherweise ebenfalls ein Dekapeptid dar. Die Abkürzung GH ist von Growth-Hormon (Wachstumshormon) abgeleitet. Die Existenz eines *Prolactin-Releasing-Hormons* (PRH) ist nicht gesichert. Da auch Protirelin eine starke Prolactin-Freisetzung bewirkt, besteht die Möglichkeit, daß der Hauptanteil der physiologischen Prolactin-Freisetzung durch TRH verursacht ist.

Somatostatin, dessen Kette aus 14 Aminosäuren aufgebaut ist, enthält eine intrachenare Disulfid-Brücke. Es stellt ein heterodet-zyklisches Tetradekapeptid dar. In *heterodeten Peptiden* sind die Aminosäuren auch durch andere kovalente Bindungen miteinander verknüpft. Kommen dagegen ausschließlich peptidische Bindungen vor, so spricht man von *homodeten* Peptiden. Die Struktur von *Prolactostatin* ist noch nicht bekannt.

Physiologie   Die Zentren der endokrinen Regulation liegen im Hypothalamus, einem Teil des Zwischenhirns. Dieses Areal übt innerhalb des Endokriniums die Funktion eines Steuerungs- und Integrationszentrums aus, das affektive Reize, Impulse des Vegetativums und Rückmeldungen der peripheren Hormondrüsen koordiniert. Die Hypothalamus-Hormone werden in kleinen Nervenzellen der *hypophysiotropen Zone des Hypothalamus,* die eine Verknüpfungsstelle von Nervensystem und endokrinem System darstellt, gebildet. Von dort gelangen sie auf dem Blutweg zu den Hormonbildungszellen des Hypophysenvorderlappens, wo sie die korrespondierenden Hypophysen-Hormone freisetzen oder deren Freisetzung hemmen.

Die Sekretion der Releasing-Hormone wird durch die Rückkopplung der peripheren Hormone sowie durch nervöse Einflüsse reguliert. Als Neurotransmitter hierfür kommen Dopamin, Noradrenalin und Serotonin in Betracht.

Im Gegensatz zu den Hypophysen-Hormonen ist die Wirkung der Releasing-Hormone Spezies-unspezifisch, da Mensch und Tiere chemisch gleich gebaute Releasing-Hormone besitzen.

Somatostatin kommt auch im Gastrointestinaltrakt und in den Inselzellen des Pankreas vor. Exogen verabfolgt, hemmt es die Sekretion gastrointestinaler Hormone und die durch

Nahrungsaufnahme stimulierte Säure- und Pepsin-Sekretion. Die Insulin- und Glucagon-Sekretion wird ebenfalls gehemmt.

Pharmakologie Die Releasing Hormone *Protirelin* und *Gonadorelin* haben erhebliche Bedeutung in der Diagnostik der Schilddrüsen- und Gonaden-Funktion erlangt. So wird die Hypophyse z.B. nach intravenöser Applikation von Protirelin stimuliert, was bei *Euthyreose* (Normalfunktion der Schilddrüse) schon nach etwa 30 min an einem deutlichen Anstieg des Hypophysenvorderlappen-Hormons *Thyrotrophin* (TSH) erkennbar ist. Während der TSH-Anstieg bei *Hypothyreose* (Unterfunktion der Schilddrüse) noch deutlich höher ausfällt, wird bei *Hyperthyreose* (Überfunktion der Schilddrüse) kein TSH-Anstieg beobachtet, da die Hypophyse durch negative Rückkopplung der vermehrt produzierten Schilddrüsen-Hormone blockiert ist. Die TSH-Suppression ist durch Protirelin nicht zu durchbrechen.

Die diagnostische Anwendung der Releasing-Hormone setzt ein hochempfindliches analytisches Verfahren zur Bestimmung der entsprechenden Hypophysen-Hormone voraus. Als solches ist z.B. der *Radio-Immuno-Assay* (RIA, vgl. 6.2) geeignet. Gonadorelin wird vor allem zur Diagnostik von Fertilitätsstörungen eingesetzt. Es kann auch zur Ovulationsauslösung verwendet werden. Die sehr kurze Wirkungsdauer beschränkt die therapeutische Einsatzmöglichkeit.

12.1.2 Hormone des Hypophysenvorderlappens

Die Hypophyse (Hirnanhangdrüse) besteht aus *Adenohypophyse* (Hypophysenvorderlappen = HVL) und *Neurohypophyse* (Hypophysenhinterlappen = HHL) sowie einer *Pars intermedia,* die beim Menschen nur rudimentär ausgebildet ist.

Die HVL-Hormone werden in den Hormonbildungszellen der Adenohypophyse produziert. Die 5 erstgenannten Hormone der folgenden Tabelle bezeichnet man als *glandotrope Hormone,* da sie die Hormon-Bildung in peripheren endokrinen Drüsen stimulieren. Als *effektorische Hormone* entfalten Somatotropin und Lipotropin ihre Wirkungen im Organismus unmittelbar.

Die HVL-Hormone stellen *Peptide, Proteine* oder *Glykoproteine* dar. Sie können bei verschiedenen Tieren Unterschiede in der Aminosäure-Sequenz aufweisen, was eine Artspezifität bedingen kann.

Corticotrophin (Ph. Eur.), ein lineares Peptid, ist aus 39 Aminosäuren aufgebaut. Für eine ausgeprägte corticotrope Wirkung sind nur die ersten 18 Aminosäuren (vom N-Terminus aus gezählt) erforderlich. Das Peptid mit 20 Aminosäuren besitzt fast die Wirkung des natürlichen ACTH. Die restlichen Aminosäuren sind im Hinblick auf unterschiedliche Antigenität von Bedeutung. Folgende synthetisch dargestellte Peptide wurden in die Therapie eingeführt:

- *Tetracosactid* (INN) = Corticotropin (1—24), Handelsnamen: Cortrophin-S Depot®, Synacthen® Depot
- *Tosactid* (INN) = Corticotropin (1—28), Handelsname: Actid 1—28

Hormone des Hypophysenvorderlappens	
Freiname (Handelsname)	Biochemische Bezeichnung
Corticotrophin (Acethropan®) Thyrotrophin (Thyratrop®, Thyreostimulin®) — — — (Prolactin Ferring) — (Crescormon®) —	Corticotropin = Adrenocorticotropes Hormon (ACTH) Thyreotropin (TSH) Follitropin = Follikelstimulierendes Hormon (FSH) Lutropin = Luteinisierendes Hormon (LH), identisch mit Interstitialzellen- stimulierendes Hormon (ICSH) Lactotropin = Prolactin = Luteotropes Hormon (LTH) Somatotropin (STH) Lipotropin (LPH)

Thyrotrophin (TSH), *Follitropin* (FSH) und *Lutropin* (LH) stellen Glykoproteine mit unterschiedlich hohem Kohlenhydrat-Anteil dar. Die Protein-Komponente der drei Hormone besteht jeweils aus einer α- und einer β-Kette. Die kürzeren α-Ketten scheinen innerhalb einer Spezies gleich zu sein, während die längeren β-Ketten größere Unterschiede aufweisen und für die spezifischen Hormon-Wirkungen verantwortlich sind.

Die Struktur des menschlichen Thyrotrophins ist nicht vollständig geklärt.

- *α-TSH* scheint mit α-FSH und α-LH identisch zu sein. α-TSH vom Rind besteht aus 96 Aminosäuren und ist mit α-LH vom Rind identisch.
- *β-TSH*, für das etwa 114 Aminosäuren angegeben werden, ist in seiner Struktur nicht endgültig geklärt. Es soll einen Kohlenhydrat-Anteil aufweisen. β-TSH vom Rind besteht aus 113 Aminosäuren.

Die HVL-Hormone Follitropin, Lutropin und Lactotropin werden unter dem Begriff „*Gonadotropine*" zusammengefaßt, da ihre Wirkung auf die Funktion der Gonaden gerichtet ist.

Für die Aminosäuresequenz von Human-Follitropin liegt ein Strukturvorschlag vor.

- *α-FSH* besteht danach aus 89 Aminosäuren und ist mit zwei Kohlenhydrat-Anteilen verknüpft.
- *β-FSH* ist aus 115 Aminosäuren aufgebaut und weist ebenfalls zwei Kohlenhydrat-Anteile auf.

Die Aminosäuresequenz von Human-Lutropin ist ebenfalls bekannt.

- *α-LH* ist mit α-FSH strukturidentisch. Der Kohlenhydrat-Anteil beträgt 22 %.

- *β-LH* ist wie β-FSH aus 115 Aminosäuren aufgebaut, von diesem jedoch strukturell stark unterschieden. Es enthält nur einen Kohlenhydrat-Anteil.

Human-Lactotropin konnte bisher nicht isoliert werden. LTH vom Schaf, ein einkettiges Protein, ist aus 198 Aminosäuren aufgebaut und enthält keinen Zuckeranteil.

Menschliches *Somatotropin*, das aus einer Peptidkette mit 191 Aminosäuren und zwei Disulfidbrücken besteht, stellt ein heterodet zyklisches Protein dar.

Lipotropin (= β-Lipotropin), ein lineares Polypeptid, ist aus 91 Aminosäuren aufgebaut. γ-Lipotropin stellt ein Spaltprodukt des β-Lipotropins dar. Die Aminosäure-Sequenz des Lipotropins ist teilweise mit der von ACTH und β-Endorphin identisch (vgl. Struktur-Wirkungs-Beziehungen sowie 7.7.1).

Physiologie *Thyrotrophin* stimuliert die Aufnahme von Iodid-Ionen aus dem Blut in die Schilddrüse, die Biosynthese der Schilddrüsen-Hormone sowie deren proteolytische Freisetzung aus Thyreoglobulin.

Corticotrophin fördert die Biosynthese und Sekretion von Glukokortikoiden in der Nebennierenrinde (NNR). Als Folge sinkt der NNR-Gehalt an Cholesterin und Ascorbinsäure. Durch Aktivierung der Adenylat-Cyclase wird auch die Lipolyse gesteigert. Nach Selye wird die ACTH-Ausschüttung durch „Streß" (Verletzungen, Infektionen, Kälte etc. sowie psychische Faktoren) stark stimuliert.

Follitropin reguliert vor allem die generative Gonaden-Funktion. Es fördert Wachstum und Entwicklung der Keimzellen. Bei der Frau wird die Follikel-Reifung im Ovar, beim Mann die Spermatogenese stimuliert.

Lutropin ist an der Regulation der sekretorischen und generativen Gonaden-Funktion beteiligt. Es stimuliert bei der Frau die Östrogen-Bildung im Ovar, löst die Ovulation (Eisprung) aus und ist an der Umwandlung des Follikels in das Corpus luteum (Gelbkörper) – und somit an der Progesteron-Synthese – beteiligt. Die Bezeichnung „Luteinisierendes Hormon" weist auf die letztgenannte Funktion hin.

Beim Mann wird die Testosteron-Bildung in den Leydigschen Zwischenzellen (Interstitialzellen) des Hodens stimuliert.

Lactotropin fördert Wachstum und Entwicklung der Milchdrüse (Mammogenese) und stimuliert die Milchsekretion. Eine luteotrope Wirkung (Stimulation der Progesteron-Bildung) konnte nur bei Nagern gesichert werden.

Hypophysäre Gonadotropine werden von Frauen in der Menopause (Ausbleiben der Menstruation im Klimakterium) vermehrt ausgeschieden. Aus dem Menopausen-Harn wird HMG = *Human Menopausal Gonadotropin* (Humegon®, Pergonal-500®) gewonnen, das ein Gemisch aus FSH und LH darstellt.

Während der Schwangerschaft werden in den Chorionzotten der Plazenta Gonadotropine in erheblichen Mengen gebildet, die mit den hypophysären Gonadotropinen nicht identisch sind. In der Therapie finden Anwendung:

- *Choriongonadotrophin* (INN-Name) (HCG = Human Chorionic Gonadotropin; Predalon®, Primogonyl®), ein Glykoprotein mit einem hohen Kohlenhydrat-Anteil, dessen Protein-Struktur geklärt ist.

- *α-HCG* besteht aus 92 Aminosäuren. Es ist mit α-FSH bzw. α-LH identisch, weist jedoch am N-Terminus 3 Aminosäuren mehr auf.
- *β-HCG* ist aus 139 Aminosäuren aufgebaut.

  HCG wird aus dem Harn schwangerer Frauen gewonnen und besitzt vorwiegend luteinisierende Wirkung, die für die Erhaltung der Schwangerschaft von großer Bedeutung ist.
- *Serumgonadotrophin* (INN-Name) (PMS = Pregnant Mare Serum-Gonadotropin; Anteron®, Seragon®), das aus dem Serum trächtiger Stuten gewonnen wird. Es besitzt sowohl FSH als auch LH/ICSH-Wirkung).

Somatotropin ist durch eine hohe Spezies-Spezifität ausgezeichnet. So ist beim Menschen nur STH aus Menschen- oder Primaten-Drüsen wirksam. Als Hormon-Wirkungen sind zu nennen:

- Stimulation des Knorpel- und Knochenwachstums
- Stimulation der Protein-Synthese (anabole Wirkung)
- Mobilisierung des Depotfetts durch Lipolyse (Fettabbau)
- Hemmung der Glykolyse, die sich in einem Blutzucker-Anstieg (diabetogene Wirkung) äußert.

Die Wirkung wird teilweise über *Somatomedine*, die Peptid-Charakter besitzen, realisiert. Im Serum wurden die Somatomedine A, B und C nachgewiesen. Sie werden in Leber, Muskel und Niere gebildet. Ihre Hauptwirkung ist die Stimulation der Protein-Biosynthese. Im Gewebe entwickeln sie eine insulinähnliche Aktivität.

Lipotropin stimuliert den Abbau von Neutralfett und erhöht dadurch die Konzentration an freien Fettsäuren im Blut. Es besitzt somit ähnliche Wirkung wie STH.

Pharmakologie Im Gegensatz zur physiologischen Bedeutung der HVL-Hormone ist die therapeutische Anwendung auf wenige Indikationen beschränkt.

Thyrotrophin kann zur Verbesserung der Radioiod-Aufnahme bei Schilddrüsen-Tumoren eingesetzt werden. *Corticotrophin* wird insbesondere zur Diagnostik, seltener zur Therapie der sekundären Nebennierenrinden-Insuffizienz infolge mangelhafter ACTH-Produktion des Hypophysenvorderlappens verwendet. Da Corticotrophin nur über NNR-Hormone wirkt, ist es bei Erkrankung der Nebenniere (Morbus Addison) nicht indiziert.

Gonadotropine werden zur Sterilitätsbehandlung vorzugsweise in den Fällen, in denen eine Hypophysen-Unterfunktion nachgewiesen ist, sowie bei Amenorrhoe, Kryptorchismus und Hypogenitalismus eingesetzt. Von den Plazenta-Gonadotropinen sollte PMS als artfremdes Protein wegen der Gefahr der Antikörper-Bildung nicht mehr verwendet werden.

Auf dem Gehalt des Schwangerenharns an HCG beruhen die *immunologischen Schwangerschaftstests* (B Test, Pregnosticon®-Test), wobei der HCG-Gehalt durch eine Antigen-Antikörper-Reaktion nachgewiesen wird (vgl. 6.2).

Während *Prolactin* keine therapeutische Anwendung findet, können *Prolactin-Hemmstoffe* zur Laktationshemmung (z.B. Abstillen) benutzt werden. Der Dopamin-Agonist *Bromocriptin* (Pravidel®, vgl. 7.8.2) fördert die Freisetzung des Release-Inhibiting-Hormons Prolactostatin, wodurch die Prolactin-Freisetzung im HVL gehemmt wird. Außerdem hemmt Bromocriptin die Sekretion der Prolactin-sezernierenden Hypophysenzellen direkt. Gleichzeitig findet auch eine Hemmung der Somatotropin-Freisetzung statt, da die Sekretion beider HVL-Hormone über einen dopaminergen Mechanismus gesteuert wird.

Somatotropin wird bei hypophysärem Zwergwuchs eingesetzt. Überproduktion führt im jugendlichen Alter zu Riesenwuchs, im Erwachsenenalter zu Akromegalie (Spitzenwuchs) mit Verdickung und Deformation bestimmter Knochen.

Biopharmazeutische Eigenschaften   *Corticotrophin* ist nach parenteraler Applikation nur sehr kurz wirksam. Zur Verlängerung der Wirkungsdauer kommen Zusätze von Gelatine-Lösung (ACTH Depot „Schering") oder Carboxymethylcellulose (Acortan prolongatum) sowie eine salzartige Bindung an Polyphloretinphosphat (Depot-Acethropan®) in Betracht. Phloretin ist das Aglykon des Glykosids Phlorrhizin, das in der Baumrinde von Rosaceen (Apfel, Birne, Pflaume, Kirsche) vorkommt.

Eine protrahierte Wirkung kann auch durch Komplex-Bildung, z. B. durch Zusatz von Zinkhydroxid (Corticotrophin-Zinkhydroxid-Injektionssuspension nach Ph. Eur.) erreicht werden.

Struktur-Wirkungs-Beziehungen   Für die Hormon-Wirkung von *Corticotrophin* erwies sich der Sequenzbereich ACTH (4—10) als essentiell. Dieses „biologisch aktive Teilstück" ist auch in *Lipotropin* als Sequenz LPH (47—53) enthalten.

In der Pars intermedia bestimmter Tiere wird *Melanotropin* (Melanozytenstimulierendes Hormon = MSH) gebildet. α-MSH besteht aus den 13 ersten Aminosäuren des Corticotrophins, wobei das Amino-Ende acetyliert ist und das Carboxyl-Ende als Amid vorliegt.

Es bewirkt bei Amphibien und Fischen eine Verdunkelung der Haut. Aufgrund der Homologie von α-MSH und ACTH kann die durch große Mengen ACTH (M. Addison) verursachte Haut-Pigmentierung auch beim Menschen beobachtet werden.

12.1.3 Hormone des Hypophysenhinterlappens

Die HHL-Hormone *Oxytocin* und *Vasopressin* (Adiuretin) werden in großen Nervenzellen bestimmter Kerngebiete des Hypothalamus gebildet. Die Neurohormone wandern — an Neurophysine (lineare Polypeptide, bestehend aus 92–95 Aminosäuren) gebunden — innerhalb der Neuriten zum HHL. Hier werden sie gespeichert und bei Bedarf an das Blut abgegeben.

Hormone des Hypophysenhinterlappens		
Untergruppe	Freiname (Handelsname)	Formel
Genuine Hormone	Oxytocin (Orasthin®, Syntocinon®)	$\overset{1}{\text{H–Cys}}-\overset{2}{\text{Tyr}}-\overset{3}{\text{Ile}}-\overset{4}{\text{Gln}}-\overset{5}{\text{Asn}}-\overset{6}{\text{Cys}}-\overset{7}{\text{Pro}}-\overset{8}{\text{Leu}}-\overset{9}{\text{Gly}}-NH_2$
	Vasopressin (Pitressin)	H–Cys–Tyr–Phe–Gln–Asn–Cys–Pro–Arg–Gly–NH_2
Vasopressin-Analoge	Lypressin (Vasopressin Sandoz)	H–Cys–Tyr–Phe–Gln–Asn–Cys–Pro–Lys–Gly–NH_2
	Ornipressin (Por 8 Sandoz®)	H–Cys–Tyr–Phe–Gln–Asn–Cys–Pro–Orn–Gly–NH_2

Oxytocin (Ph. Eur.) und *Vasopressin* sind heterodet zyklische Nonapeptide, deren Cystein-Bausteine in Position 1 und 6 über eine Disulfid-Brücke verknüpft sind. Die C-terminale Aminosäure liegt als Amid (Glycinamid) vor. Die beiden Oligopeptide unterscheiden sich nur durch unterschiedliche Aminosäuren an Position 3 (Isoleucin/Phenylalanin) und Position 8 (Leucin/Arginin). Die Strukturen wurden durch du Vigneaud und Mitarbeiter geklärt und durch Synthese gesichert. Zu therapeutischen Zwecken werden die HHL-Hormone heute fast ausschließlich synthetisch dargestellt.

Vasopressin wird vorteilhaft als *Vasopressintannat* (Pitressin Tannat), das eine längere Wirkungsdauer besitzt, eingesetzt, da die genuinen Hormone im Körper rasch abgebaut werden.

Das synthetische *Lypressin* (Ph. Eur.), 8-Lysin-vasopressin, ist auch aus der Neurohypophyse des Schweins isolierbar. *Ornipressin,* 8-Ornithin-vasopressin, stellt ein weiteres Vasopressin-Analoges mit variierter Aminosäure in Position 8 dar.

Physiologie *Vasopressin* (Adiuretin = ADH) hemmt in physiologischen Konzentrationen die Diurese (antidiuretischer Effekt) durch Erhöhung der Permeabilität für Wasser im distalen Tubulus der Niere und in den Harnsammelrohren. Die Epithelien der Harnsammelrohre sind in Abwesenheit von ADH impermeabel für Wasser. Durch die ADH-bedingte Permeabilitätserhöhung wird die Wasserresorption aus dem Sammelrohrsystem in das hyperosmolare Interstitium erst ermöglicht.

Als Wirkungsmechanismus wird eine Aktivierung des Adenylat-Cyclase-Systems angenommen. Die Steuerung der ADH-Sekretion erfolgt vorzugsweise mit Hilfe von Osmorezeptoren, die im Hypothalamus gelegen sind und besonders durch Natrium-Ionen erregt werden. Ein Anstieg des osmotischen Drucks des Blutes bewirkt eine erhöhte ADH-Sekretion, wodurch der osmotische Druck über eine Abnahme des Harnzeitvolumens wieder ausgeglichen wird. ADH wird auch zur Volumenregulation — etwa bei Blutverlusten — ausgeschüttet, wobei die Steuerung über Volumenrezeptoren im Niederdruck-System erfolgt.

Bei ADH-Mangel kommt es zum Krankheitsbild des *Diabetes insipidus,* bei dem große Harnmengen (bis zu 30 l pro Tag) ausgeschieden werden.

Oxytocin greift an der glatten Muskulatur des Uterus direkt an und bewirkt in physiologischer Konzentration rhythmische Kontraktionen. Dies führt beim graviden Uterus zur Auslösung der Wehen.

Durch Kontraktion der myoepithelialen Zellen der Brustdrüse kommt es außerdem zur Milchejektion (Einschießen der Milch). Als physiologischer Reiz für die Oxytocin-Freisetzung ist z. B. der Saugakt anzusehen.

Pharmakologie   Neben dem antidiuretischen Effekt bewirkt *Vasopressin* in höherer Konzentration eine Kontraktion aller glatten Muskeln, was sich u. a. in Blutdrucksteigerung und erhöhter Darm-Peristaltik äußert. ADH wird daher sowohl zur Substitutionstherapie bei Diabetes insipidus als auch bei postoperativer Blasen- und Darmatonie verwendet. Die Anwendbarkeit ist wegen gleichzeitiger Kontraktion der Koronargefäße beschränkt.

Alkohol hemmt die ADH-Freisetzung, was die diuretische Wirkung des Alkohols erklärt.

Oxytocin wird in Form der intravenösen Dauertropfinfusion zur Einleitung der Geburt, bei Wehenschwäche sowie in der Nachgeburtsperiode zur Lösung der Plazenta und bei atonischem Uterus verwendet. Bei postpartalen Blutungen sind Ergometrin oder Methylergometrin (vgl. 12.1.4) vorzuziehen, da sie länger wirksam sind.

Die Empfindlichkeit des Uterus gegenüber Oxytocin wird durch Östrogene erhöht, durch Gestagene vermindert. Daher ist der Uterus am Ende der Schwangerschaft wegen der hohen Östrogen-Produktion der Plazenta besonders sensibel gegenüber Oxytocin. Dagegen wird Oxytocin während der Schwangerschaft durch das im Plasma stark angereicherte Enzym Cystyl-Aminopeptidase (Oxytocinase) inaktiviert.

Struktur-Wirkungs-Beziehungen   Durch systematische Abwandlung der Aminosäuresequenz (Primärstruktur) des Vasopressins ist es gelungen, die antidiuretische von der vasopressorischen Wirkkomponente zu trennen und Substanzen mit hoher Selektivität der Wirkung in die Therapie einzuführen.

So besitzt *Ornipressin* eine starke vasopressorische, aber nur eine sehr schwache antidiuretische Wirkung. Es kann zur Erzeugung von Ischämien, als gefäßkontrahierender Zusatz zu Lösungen von Lokalanästhetika sowie zur Blutstillung (Ösophagusvarizenblutungen) verwendet werden.

Lypressin wird als Antidiuretikum bei Diabetes insipidus eingesetzt. Die Wirkungsselektivität ist gering. Dagegen besitzt *Desmopressin* (Minirin®), 1-Desamino-8-D-arginin-vasopressin, starke antidiuretische Wirksamkeit ohne pressorische Nebenwirkungen.

12.1.4 Anhang: Nicht-hormonale uteruskontrahierende Wirkstoffe

Als nicht-hormonale Pharmaka mit uteruskontrahierender Wirkung werden *Ergometrin*, ein Mutterkorn-Alkaloid (vgl. 7.2.3), sowie das homologe *Methylergometrin* verwendet.

Ergometrin
(Bestandteil von Ergotren®,
Neo-Gynergen®)

Methylergometrin
(Methergin®)

Ergometrin (Ph. Eur.) ist ein Amid aus Lysergsäure (vgl. 7.2.3) und S-konfiguriertem L-(+)-2-Amino-1-propanol. Der Aminoalkohol ist in dem partialsynthetischen Methylergometrin durch das homologe L-(+)-2-Amino-1-butanol ersetzt. Die dadurch erreichte höhere Lipophilie bedingt eine bessere enterale Resorption.

Pharmakologie *Ergometrin* greift an der Uterusmuskulatur direkt an. Es ruft in niedriger Konzentration rhythmische Kontraktionen hervor, in höheren Konzentrationen besteht die Gefahr der Dauerkontraktion. Daher wird Ergometrin hauptsächlich postpartal bei atonischem Uterus, zur Lösung der Plazenta sowie zur Blutstillung verwendet. Wegen der Gefahr der Dauerkontraktion ist der Einsatz in der Eröffnungs- und Austreibungsphase als Kunstfehler anzusehen. *Methylergometrin* besitzt eine stärkere und länger anhaltende oxytocische Wirkung.

Als *wehenhemmende Mittel* (Tokolytika) können β_2-Sympathomimetika wie Fenoterol (Partusisten®, vgl. 7.2.1) verwendet werden.

Synthese Zur partialsynthetischen Darstellung von *Ergometrin* und *Methylergometrin* wird Lysergsäure in das Säurechloridhydrochlorid übergeführt und bei tiefer Temperatur mit überschüssigem Aminoalkohol umgesetzt. Die Synthese ist auch ausgehend von Lysergsäureazid möglich.

12.2 Hormone der Schilddrüse und schilddrüsenwirksame Stoffe

12.2.1 Hormone der Schilddrüse

Unter dem Einfluß des HVL-Hormons Thyrotrophin (TSH) werden in der Schilddrüse die Hormone *Liothyronin* (L-3,5,3′-Triiodthyronin = T3) und *Levothyroxin* (L-3,5,3′,5′-Tetraiodthyronin = L-Thyroxin = T4) gebildet.

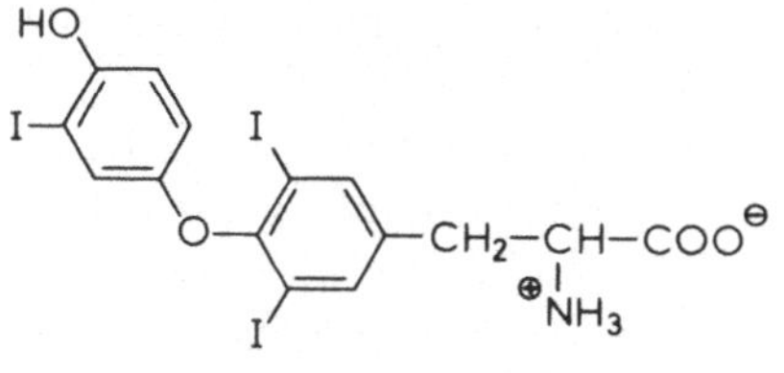

Liothyronin = T3
(Thybon®)

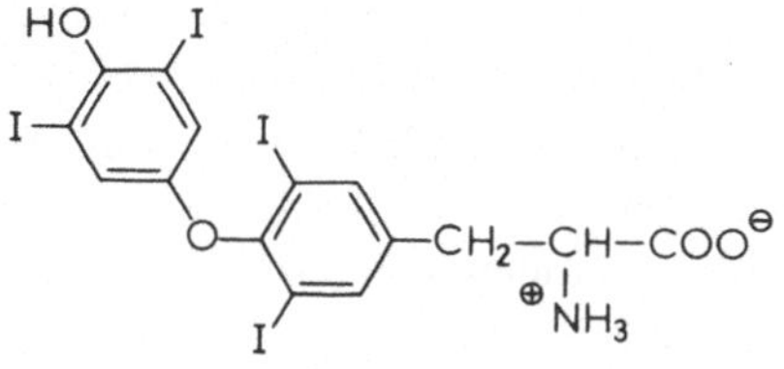

Levothyroxin = T4
(Euthyrox®, L-Thyroxin „Henning")

Levothyroxin, O-(4-Hydroxy-3,5-diiodphenyl)-3,5-diiod-L-tyrosin, wurde 1915 von Kendall isoliert. Konstitutionsermittlung (Harington, 1926) und Synthese (Harington und Barger, 1927) folgten bald darauf. Dagegen konnte Liothyronin, O-(4-Hydroxy-3-iod-phenyl)-3,5-diiod-L-tyrosin, erst 1952/53 (Gross und Pitt-Rivers) isoliert, aufgeklärt und synthetisiert werden.

Aufgrund der sperrigen Iod-Substituenten in 3- bzw. 5-Stellung läßt sich das Diphenyl-ether-Ringsystem der Schilddrüsenhormone nicht in einer Ebene anordnen.

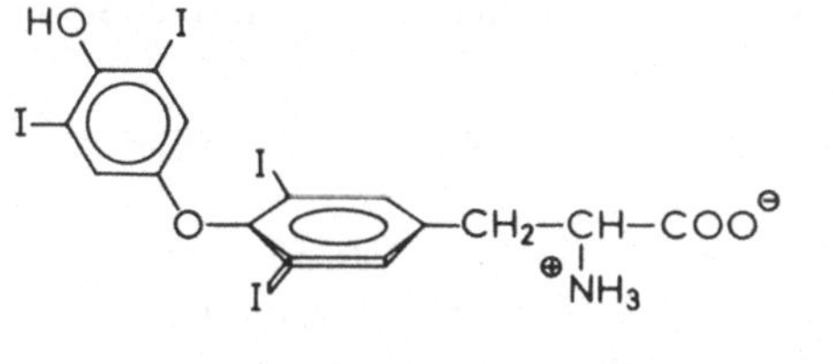

Der nichtiodierte Grundkörper ist das L-*Thyronin*, das formal aus 2 Molekülen L-Tyrosin unter Elimination von L-Alanin gebildet wird und durch die Diphenylether-Gruppierung charakterisiert ist.

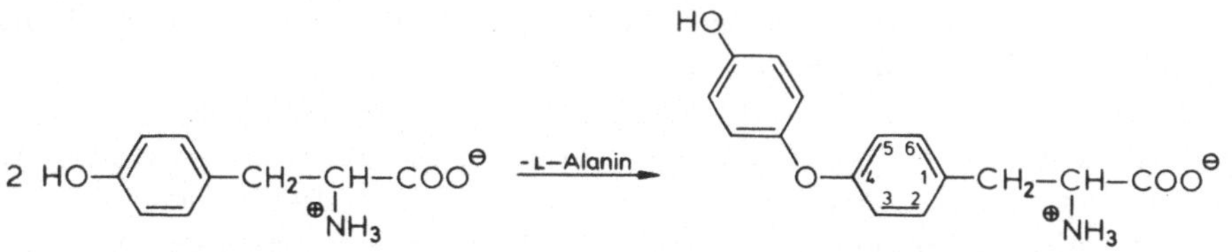

L-Tyrosin

L-Thyronin

Liothyronin und Levothyroxin sind in Form ihrer Natrium-Salze oder als Hydrochloride im Handel.

Physiologie Die Bildung der iodhaltigen Hormone setzt die Fähigkeit der Schilddrüse voraus, Iodid-Ionen aus dem Plasma aktiv anzureichern (*Iodination*). Diese werden mittels einer Iodid-Peroxidase zu elementarem Iod oxidiert (*Iodisation*). Die Biosynthese von T3 und T4 vollzieht sich in Bindung an das Glykoprotein *Thyreoglobulin*, das die Speicher-form der Schilddrüsenhormone darstellt. Primär werden Tyrosin-Bausteine zu 3-Monoiod- und 3,5-Diiodtyrosyl-Resten des Thyreoglobulins iodiert. In einem nicht vollständig ge-klärten Mechanismus wird danach durch Reaktion zweier Diiodtyrosyl-Reste T4 als Be-standteil des Thyreoglobulins gebildet, wobei der Anteil des T4 an der Gesamtmenge der

Schilddrüsenhormone über 90 % beträgt. In geringem Umfang entsteht durch Verknüpfung eines Monoiod- mit einem Diiodtyrosyl-Rest auch T3.

Unter dem Einfluß von TSH werden die Hormone durch eine Protease aus der Protein-Bindung freigesetzt und an das Blut abgegeben, wo sie an Plasmaproteine (α-Globulin und Präalbumin) gebunden werden. Der Anteil an freiem Hormon, das allein wirksam ist, beträgt für T4 0,5 ‰, für T3 5 ‰. Das *Protein-gebundene Iod* (PBI = Protein Bound Iodine) stellt daher ein geeignetes Maß für den Gehalt des Blutes an Schilddrüsenhormonen dar. Zu beachten ist, daß die Hormone durch Pharmaka (z.B. Phenytoin, Salicylate) aus der Plasmaeiweißbindung freigesetzt werden können.

Der Angriffsort der Hormone liegt in der Körperzelle selbst. Sie fördern das Wachstum sowie die geistige und körperliche Entwicklung und sind für die Leistungsanpassung von Bedeutung. Bei Amphibien kann durch Schilddrüsenhormone die Metamorphose der Larven (Kaulquappen) in jedem Stadium verfrüht hervorgerufen werden.

Zu den physiologischen Wirkungen gehört die Steigerung des Energieumsatzes (kalorigene Wirkung), der Sauerstoff-Verbrauch bestimmter Organe ist erhöht. Hormonausfall führt zu einer starken Erniedrigung des Grundumsatzes (Energieproduktion bei völliger Körperruhe). Die Hormone steigern die Protein-Biosynthese (Haupteffekt) sowie den Abbau von Kohlenhydraten und Fetten. Außerdem wird die Ansprechbarkeit auf Katecholamine erhöht.

Eine Entkopplung der oxidativen Phosphorylierung (Atmungskettenphosphorylierung), wodurch die Bildung von ATP pro verbrauchtem Sauerstoff vermindert wird, kann nur bei hohen Hormon-Konzentrationen in vitro nachgewiesen werden. Als Folge der Grundwirkungen der Schilddrüsenhormone können Tachykardie, Erhöhung der Körpertemperatur, erhöhte Schweißsekretion sowie Tremor auftreten.

Pharmakologie *Levothyroxin* und *Liothyronin* wirken qualitativ gleich. Die Wirkung setzt bei T3 schnell ein, erreicht nach einem Tag ein Maximum und klingt schnell wieder ab. Dagegen erlangt T4 sein Wirkungsmaximum erst nach 10 Tagen, zudem hält die Wirkung etwa 3 Wochen an, weshalb Kumulationsgefahr besteht.

T3 ist etwa 4 mal wirksamer als T4. Über 80 % der Gesamtmenge an T3 entstehen im peripheren Gewebe durch Deiodierung von T4 (sogenannte *T4 zu T3-Konversion*). Zudem wird T3 etwa 20 mal stärker an den Zellkern gebunden als T4. Daher wird T3 als das eigentlich wirksame Hormon angesehen. Es hat den Charakter eines Gewebshormons. In Analogie zu den Peptid-Hormonen wird T4 auch als Prohormon (vgl. 12.6.1) bezeichnet.

Als Funktionsstörungen der Schilddrüse treten *Hyperthyreose* (Überfunktion) sowie *Hypothyreose* (Unterfunktion) auf. Symptome der Hyperthyreose sind der Exophthalmus (hervortretende Augäpfel), die Tachykardie sowie eine meist geringgradige Kropfbildung (Struma). Eine ausgeprägte Hyperthyreose bezeichnet man als *Morbus Basedow*. Bei diesem Krankheitsbild wird das Auftreten eines γ-Globulins (LATS = Long Acting Thyreotropic Substance) der IgG-Gruppe beobachtet, das die Bildung der Schilddrüsenhormone ungehemmt anregt.

Die Hypothyreose ist durch eine starke Struma-Entwicklung gekennzeichnet. Die mangelhafte Bildung von Schilddrüsenhormonen bewirkt eine starke TSH-Freisetzung im Hypophysenvorderlappen, worauf die Schilddrüse mit einer Massenzunahme des Schilddrüsengewebes zur Kompensation der Unterfunktion antwortet.

Die Hypothyreose kann eine Folge von Iod-Mangel in Trinkwasser und Nahrung sein (endemischer Kropf). Als Folge der Hypothyreose tritt im frühen Kindesalter *Kretinismus* (Idiotie), im Erwachsenenalter *Myxödem* (schleimige Infiltration des Unterhautbindegewebes) auf.

Die Schilddrüsenhormone werden insbesondere zur *Substitutionstherapie* bei Hypothyreose bzw. Exstirpation der Schilddrüse eingesetzt. Die Substitution kann mit T4 allein oder mit einer Kombination von T3 und T4 (Novothyral®) durchgeführt werden. Die Verwendung von auf einen bestimmten Iod-Gehalt eingestellter *Schilddrüsentrockensubstanz* (Glandulae Thyreoideae siccatae), die aus den Drüsen von Schlachttieren gewonnen wird (Thyreoidin Merck, Thyreoid-Dispert®), ist wegen der Ungenauigkeit der Hormon-Dosierung problematisch. Andererseits ist zu beachten, daß T4 bei peroraler Applikation 60 % (T3 = 13 %) der parenteralen Wirksamkeit verliert.

Schilddrüsenhormone werden auch zur Begleittherapie bei antithyreoidaler Behandlung eingesetzt, um über eine TSH-Hemmung die Bildung eines Kropfes zu vermeiden. Schließlich findet T3 auch diagnostische Anwendung (T3-Hemmtest).

Eigenschaften Die Schilddrüsenhormone besitzen die Fähigkeit, als Redoxkatalysatoren zu wirken.

Levothyroxin ist eine schwache Säure (pK$_a$ = 6,7), es liegt im Serum weitgehend als Phenolat-Anion vor. Dagegen ist die Phenol-Gruppierung bei *Liothyronin* (pK$_a$ = 9,2) unter physiologischen Bedingungen praktisch undissoziiert.

Struktur-Wirkungs-Beziehungen Für die hormonelle Wirksamkeit ist der L-Thyronin-Grundkörper (Diphenylether- und L-Alanin-Strukturelement) von wesentlicher Bedeutung. Die Enantiomere *Dextrothyroxin* (D-T4) und *Detrothyronin* (D-T3) besitzen nur noch geringe hormonelle Aktivität. Sie werden zur Senkung des Cholesterin-Spiegels im Blut verwendet (vgl. 8.8.1).

Der Iod-Substituent ist durch andere Reste austauschbar, wobei die physiologische Wirksamkeit in folgender Reihenfolge abnimmt: I > Br > CH$_3$ > Cl > H. Wird der Iod-Substituent aus der 3,5- in die 2,6-Position verlagert, geht die Hormonwirkung verloren. 2,6-Diiodthyronin blockiert die Wirkung der Schilddrüsenhormone.

Biotransformation Aufgrund der hohen Plasmaeiweißbindung beträgt die biologische Halbwertzeit für *T4* etwa 8 Tage, für *T3* dagegen nur etwa einen Tag. Die freien Hormone werden in der Leber an der phenolischen Hydroxyl-Gruppe konjugiert und als Glucuronide bzw. Sulfate überwiegend biliär eliminiert.

In der Niere werden aus T4 durch oxidative Desaminierung und Decarboxylierung *3,5,3′, 5′-Tetraiodthyreobrenztraubensäure* und *3,5,3′,5′-Tetraiodthyreoessigsäure* gebildet, deren hormonelle Wirksamkeit weniger als 10 % beträgt.

3,5,3′,5′-Tetraiodthyreobrenztraubensäure   **3,5,3′,5′-Tetraiodthyreoessigsäure**

Die Diphenylether-Struktur ist in vivo sehr stabil. Mittels einer spezifischen Deiodase können sämtliche iodhaltigen Metaboliten deiodiert werden. Die durch Reduktion gebildeten Iodid-Ionen werden von der Schilddrüse erneut aufgenommen. Deiodierung von T4 ergibt neben *T3* auch das *reverse T3* (L-3,3′,5′-Triiodthyronin = rT3), das keine biologische Aktivität besitzt, sowie *3,5-T2* und *3′,5′-T2*.

Synthese Von *T3* und *T4* besitzen die L-*Enantiomere* als Schilddrüsenhormone, die D-*Enantiomere* zur Behandlung der Hypercholesterinämie Bedeutung. Die folgende Synthese hat den Vorteil, daß jeweils beide Enantiomere gleichzeitig darstellbar sind.

Als Ausgangsprodukt dient 4-Hydroxy-3-iod-5-nitro-benzaldehyd, der mit Benzolsulfochlorid in Pyridin zum Benzolsulfonsäureester und dieser nachfolgend mit 4-Methoxyphenol zum entsprechenden Diphenylether-Derivat umgesetzt wird. Kondensation mit

DL-3,5-Diiodthyronin

L—T3 und D—T3
L—T4 und D—T4

N-Acetylglycin in Acetanhydrid (*Azlacton-Kondensation* einer Carbonylverbindung mit einem methylenaktiven Acylglycin nach Erlenmeyer) ergibt ein Oxazolinon-Derivat (Azlacton), aus dem durch Alkoholyse mittels Natriummethylat in Methanol der entsprechende Zimtsäureester entsteht. Nach Hydrierung der Nitro-Gruppe in Gegenwart von Raney-Nickel und Diazotierung wird das zweite Iod-Atom mittels Iod-Kaliumiodid eingeführt. Durch anschließende Umsetzung mit wäßriger Iodwasserstoffsäure und rotem Phosphor wird die Doppelbindung reduziert sowie Methoxy-, Ester- und Amid-Gruppe gleichzeitig hydrolysiert. Die Racemattrennung des so erhältlichen D, L-*3,5-Diiodthyronins* erfolgt nach Formylierung der Amino-Gruppe mit Ameisensäure/Acetanhydrid mittels Brucin. Abspaltung der Formyl-Gruppe mit HBr und entsprechende Iodierung mit Iod-Kaliumiodid-Lösung ergibt die Enantiomere L- und D-T3 sowie L- und D-T4.

Analytik Die Lösung vom *Levothyroxin-Natrium* (Ph. Eur.) in 0,1-normaler Natriumhydroxid-Lösung zeigt ein Absorptionsmaximum bei etwa 325 nm. Die Anwensenheit von Liothyronin wird mit Hilfe der Dünnschichtchromatographie an Cellulosepulver-Platten untersucht. Nach Ph. Eur. darf T4 nur mit 1 % T3 verunreinigt sein. Der Iod-Gehalt wird nach der *Schöniger-Methode* (Verbrennung im Sauerstoff) bestimmt. Das bei der Verbrennung entstehende Iod disproportioniert in Alkalihydroxid-Lösung zu Iodid und Hypoiodit, die mit überschüssiger Bromid-Hypobromit-Lösung zu Iodat oxidiert werden. Anschließend wird mit Kaliumhydrogenphthalat angesäuert, wodurch überschüssiges Hypobromit mit Bromid zu Brom synproportioniert, das durch Verkochen entfernt wird.

$$I_2 + 2OH^{\ominus} \rightleftharpoons I^{\ominus} + IO^{\ominus} + H_2O$$

$$I^{\ominus} + IO^{\ominus} + 5\,BrO^{\ominus} \rightleftharpoons 2\,IO_3^{\ominus} + 5\,Br^{\ominus}$$

$$BrO^{\ominus} + Br^{\ominus} + 2H^{\oplus} \rightleftharpoons Br_2 + H_2O$$

Nach Zusatz von Iodid entsteht durch Synproportionierung mit Iodat Iod, das mit Thiosulfat-Lösung titriert wird.

$$IO_3^{\ominus} + 5I^{\ominus} + 6H^{\oplus} \longrightarrow 3I_2 + 3H_2O$$

$$I_2 + 2\,S_2O_3^{2\ominus} \longrightarrow 2I^{\ominus} + S_4O_6^{2\ominus}$$

Zur Bestimmung der T3- und T4-Konzentration im Serum stehen ein Radio-Immunoassay (T3-RIA bzw. T4-RIA) sowie ein Enzym-Immunoassay zur Verfügung.

Die Schilddrüsenszintigraphie wird derzeit mit dem kurzlebigen *Radionuklid ^{99m}Tc* (vgl. 15.1.2) durchgeführt. Das metastabile Technetium-Isotop ^{99m}Tc wird von der Schilddrüse wie Iod selektiv angereichert. Es besitzt eine Halbwertzeit von 6 Stunden und wandelt sich unter Emission von γ-Strahlung in ^{99}Tc um. Dagegen weist das früher verwendete ^{131}I eine Halbwertzeit von 8 Tagen auf. Zudem tritt bei ^{99m}Tc keine β-Strahlung auf, die für die Strahlenbelastung besonders verantwortlich ist. Mit Hilfe der Szintigraphie können Form und Größe der Schilddrüse sowie die Verteilung des Radionuklids bestimmt werden.

[131]Iod, das früher in Form des *Radioiodtests* große Bedeutung für die Schilddrüsen-diagnostik hatte, wird heute überwiegend für therapeutische Zwecke (Schilddrüsen-tumoren) verwendet.

12.2.2 Antithyreoidale Wirkstoffe („Thyreostatika")

Antithyreoidal wirksame Stoffe werden zur Behandlung der Hyperthyreose eingesetzt. Sie entfalten ihre Wirkung durch Hemmung der Biosynthese der Schilddrüsenhormone.

Antithyreoidale Wirkstoffe („Thyreostatika")		
Stoffklasse	Freiname (Handelsname)	Formel
Anorganika	Natriumperchlorat (Irenat®)	$NaClO_4$
	Kaliumperchlorat (Bestandteil von Anthyrinum®)	$KClO_4$
Thiouracile	Propylthiouracil (Propycil®)	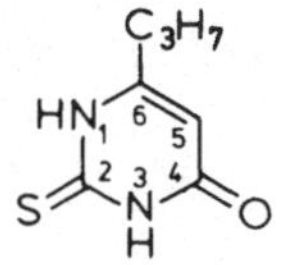
Mercaptoimidazole	Thiamazol (Favistan®)	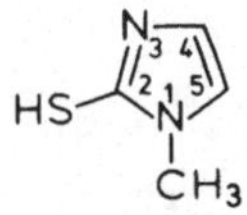
	Carbimazol (Carbimazol „Henning", neo-morphazole®)	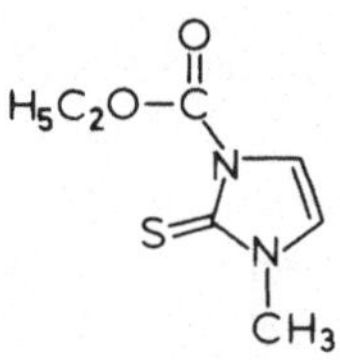
	Tribenzazolin (Thyreocordon®)	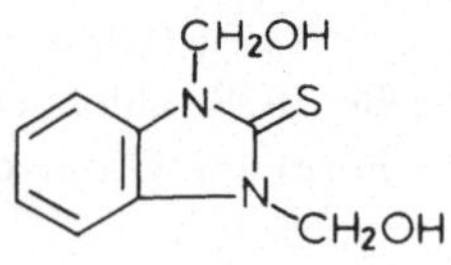

Thiouracile und Mercaptoimidazole besitzen *Thioharnstoff* als gemeinsames Strukturelement. *Propylthiouracil*, 2,3-Dihydro-6-propyl-2-thioxo-4(1 H)pyrimidinon (= 6-Propyl-2-thiouracil) wird aufgrund geringerer Nebenwirkungen gegenüber *Methylthiouracil* (Thyreostat®) bevorzugt eingesetzt.

Aus der Gruppe der Mercaptoimidazole besitzt *Thiamazol*, 2-Mercapto-1-methyl-imidazol, die größte Bedeutung. Daneben werden *Carbimazol* und *Tribenzazolin*, 1,3-Bis(hydroxymethyl)-2-benzimidazolin-thion, verwendet.

Pharmakologie Aufgrund des unterschiedlichen Wirkungsmechanismus kann man die Thyreostatika folgendermaßen einteilen:

- *Iod bzw. Iodid-Ionen* hemmen die Sekretion von Thyrotrophin (TSH) im Hypophysenvorderlappen.
- *Perchlorat-Ionen* hemmen die Aufnahme von Iodid-Ionen in die Schilddrüse kompetitiv (Iodinationshemmer).
- *Thiouracile* und *Mercaptoimidazole* hemmen die Oxidation von Iodid und den Einbau von Iod in die Tyrosyl-Reste des Thyreoglobulins (Iodisationshemmer).

Iod-Kaliumiodid-Lösung (*Lugolsche Lösung nach Plummer*) kann kurzfristig — zur Vorbereitung einer Struma-Operation — als Thyreostatikum gegeben werden. Durch Hemmung der TSH-Sekretion wird die Bildung der Schilddrüsenhormone gemindert sowie die Schilddrüse verkleinert, wodurch sie besser operabel wird. Gleichzeitig wird die Freisetzung der Schilddrüsenhormone aus Thyreoglobulin über eine Inhibition von Proteasen gehemmt. Unterbleibt die Operation nach dieser Behandlung, kann sich der Zustand nachhaltig verschlimmern.

Durch einwertige Anionen wie *Perchlorat* oder *Thiocyanat* (Rhodanid) können die für den aktiven Transport von Iodid-Ionen erforderlichen Enzymsysteme kompetitiv gehemmt werden, wodurch die Iodination verhindert wird.

Thyreostatika mit *Thioharnstoff-Strukturelement* senken über eine Hemmung des Iod-Einbaus den Hormon-Gehalt der Schilddrüse. Gleichzeitig wird die Bildung von freiem Iod durch Hemmung der Iodid-Peroxidase vermindert. *Mercaptoimidazole* zeigen gegenüber *Thiouracilen* deutlich stärkere Wirksamkeit.

Bestimmte Pharmaka mit aromatischer Amin- bzw. Phenol-Struktur wie z. B. Sulfonamide können mit Tyrosin um das substituierende Iod konkurrieren und auf diesem Weg antithyreoidale Wirkung entfalten.

Der Einsatz antithyreoidaler Substanzen erfordert die gleichzeitige Gabe von Schilddrüsenhormonen (Begleitmedikation) um eine überschießende TSH-Ausschüttung zu verhindern (Gefahr der Struma-Entwicklung) und gleichzeitig eine medikamentös hervorgerufene Unterfunktion der Schilddrüse zu kompensieren.

Synthese *Propylthiouracil* wird durch Kondensation des β-Ketosäureesters 3-Oxocapronsäureethylester mit Thioharnstoff in Gegenwart von Natriumethylat dargestellt.

Analytik   Beim Erhitzen von *Propylthiouracil* (DAB 8) mit Bromwasser wird Thioharn-
stoff-Schwefel oxidativ in Sulfat übergeführt. Der durch Fällung mit Bariumchlorid entstehende Niederschlag darf sich auf Zusatz von Alkalihydroxid-Lösung nicht violett färben.
Bei der Reaktion mit Bromwasser entstehen in einer für Alkylthiouracile typischen Reaktion 5-Brom-pyrimidin-Derivate, während nicht alkylierte Pyrimidine wie Uracil, Thiouracil
und N-alkylierte Uracile Alloxantin-Derivate ergeben, die mit Alkalihydroxid schwerlösliche, violettgefärbte Salze liefern.

Die Gehaltsbestimmung von Propylthiouracil erfolgt argento-acidimetrisch als zweibasische
Säure. Um eine quantitative Fällung zu erhalten, wird pro Mol Substanz in etwas weniger
als 2 Mol 0,1-normaler Natriumhydroxid-Lösung gelöst. Auf Zusatz überschüssiger 0,1-
normaler Silbernitrat-Lösung fällt das schwerlösliche Disilber-Salz aus. Die pro Molekül
Propylthiouracil freiwerdenden zwei Protonen werden dann mit 0,1-normaler Natriumhydroxid-Lösung gegen Bromthymolblau neutralisiert.

12.3 Hormon der Nebenschilddrüsen

12.3.1 Parathormon

Parathormon (PTH) wird in den 4 linsengroßen Epithelkörperchen (Nebenschilddrüsen =
Glandulae parathyreoideae) des Menschen gebildet. Es ist ein aus 84 Aminosäuren bestehendes, Cystein-freies, lineares Polypeptid, das kontinuierlich synthetisiert und sezerniert wird. Eine Speicherung in den Epithelkörperchen findet nicht statt. Erste wirksame Extrakte wurden von Collip 1925 gewonnen.

Das in den einzelnen Spezies gebildete Parathormon unterscheidet sich nur geringfügig in
der Aminosäure-Sequenz. Die Wirksamkeit ist nicht an die komplette Struktur gebunden.
So zeigt ein durch Partialhydrolyse erhältliches N-terminales Peptid aus 29 Aminosäuren
ebenfalls starke Aktivität. Ein durch Synthese erhaltenes Peptid aus 34 Aminosäuren besitzt qualitativ gleiche Wirksamkeit wie PTH. Der N-terminale Bereich ist für die Hormonwirkung essentiell. Die Abspaltung der beiden N-terminalen Aminosäuren Alanin und
Valin bedingt völligen Wirkungsverlust.

Das als Arzneistoff verfügbare *Parathormon* (Parathorm®) ist tierischen Ursprungs. Rinder-
PTH besitzt beim Menschen eine Halbwertzeit von 10–20 min. Da es bei längerer Anwendung zur Antikörper-Bildung kommt, ist es zur Dauertherapie ungeeignet.

Physiologie *Parathormon* ist an der Regulation des Calcium- und Phosphat-Haushalts maßgeblich beteiligt. Es bewirkt eine

- Erhöhung des Calcium-Spiegels des Blutes (Hyperkalzämie) durch Entmineralisierung von Knochensubstanz
- Steigerung der Calcium-, Magnesium- und Phosphat-Resorption durch die Dünndarmschleimhaut
- Erhöhung der Phosphat-Ausscheidung durch die Niere

Die Sekretion des Parathormons wird über den Blut-Calcium-Spiegel (negative Rückkopplung) gesteuert. PTH bewirkt eine Stimulation der Osteoklasten (Knochen abbauende Zellen). Daraus resultiert über enzymatischen Abbau des Hydroxylapatits im Knochen eine Mobilisierung von Calcium.

Die Verbesserung der Calcium- und Phosphat-Resorption aus dem Darm wird durch *Vitamin D* (vgl. 12.8.12) synergistisch beeinflußt.

Die Senkung des Phosphat-Spiegels des Blutes kommt durch vermehrte Phosphat-Elimination der Niere zustande, da die Rückresorption im proximalen Tubulus gehemmt, die Sekretion im distalen Tubulus gefördert wird.

Pharmakologie Bei Mangel an Parathormon (*Hypoparathyreoidismus*) tritt durch Hypokalzämie *Tetanie* (Krämpfe infolge gesteigerter neuromuskulärer Erregbarkeit) auf. Durch Calcium-Injektionen können die Symptome rasch, aber nur kurzfristig beseitigt werden. Für die Dauertherapie ist *Vitamin D* sowie *Dihydrotachysterol* (vgl. 12.3.2) geeignet.

Hyperparathyreoidismus ist aufgrund der starken Entmineralisierung des Knochens durch Osteoporose bzw. Osteomalazie (schwere Verlaufsform) gekennzeichnet.

12.3.2 Anhang: Ersatzpräparate des Parathormons

Die bei Mangel an Parathormon auftretende Tetanie kann durch Hormon-Ersatzstoffe wie *Dihydrotachysterol* (A.T. 10® = Anti-Tetanisches Präparat Nr. 10) behoben werden. Dihydrotachysterol entsteht bei der UV-Bestrahlung von *Ergosterin* (vgl. 12.8.12) in kleiner Menge. Aus dem in größerer Menge anfallenden *Tachysterin* ist Dihydrotachysterol durch partielle Reduktion mit Lithium in flüssigem Ammoniak (Birch-Reduktion) oder mit Natrium in Amylalkohol darstellbar.

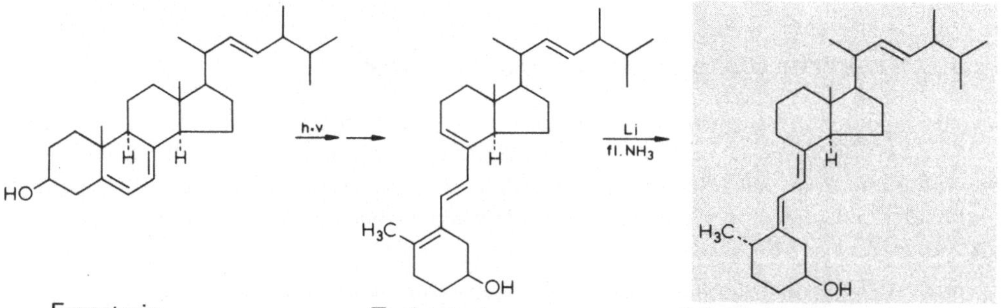

Ergosterin   Tachysterin   Dihydrotachysterol
                              (Tachysterol)   (A.T. 10®)

Dihydrotachysterol bewirkt wie Parathormon eine Steigerung des Blut-Calcium-Spiegels. Es wird anstelle von Parathormon zur Substitutionstherapie verwendet.

12.3.3 Anhang: Calcitonin

Calcitonin (CT) wird in den parafollikulären Zellen (C-Zellen) der Schilddrüse gebildet. Human-Calcitonin ist ein lineares Polypeptid, das aus 32 Aminosäuren aufgebaut ist und eine Disulfidbrücke aufweist. Calcitonin verschiedener Spezies unterscheidet sich in der Aminosäure-Sequenz stark.

Die Calcitonin-Bildung wird durch den Anstieg der Calcium-Ionen-Konzentration im Blut stimuliert. Es schützt den Körper vor den Folgen einer Hyperkalzämie.

Das in der Therapie verwendete Calcitonin-Sandoz® besteht aus synthetischem *Salm-Calcitonin*. Während Human-Calcitonin sowie Rinder- und Schweine-Calcitonin wirkungsgleich sind, ist das aus Salm gewonnene Hormon bis zu 35 mal stärker wirksam. Zudem besitzt es längere Wirkungsdauer.

Physiologie   *Calcitonin* senkt den Calcium-Spiegel des Blutes. Es ist in dieser Hinsicht der physiologische Antagonist des Parathormons.

Zugleich wird die Phosphat-Ausscheidung durch die Niere temporär gesteigert. Damit ist diese Wirkqualität synergistisch im Vergleich zur analogen Wirkung des Parathormons. Calcitonin kann bei Hyperparathyreoidismus eingesetzt werden.

12.4 Hormone der Nebennierenrinde und davon abgeleitete Stoffe

Die Hormone der Nebennierenrinde (NNR-Hormone) werden in folgenden Zonen der beiden Nebennieren gebildet:

- *Mineralokortikoide* in der außen liegenden Zona glomerulosa
- *Glukokortikoide* in der Zona fasciculata und in der an das Nebennierenmark angrenzenden Zona reticularis

Daneben entstehen in der Zona reticularis in geringer Menge auch *Androgene*.

12.4.1 Natürliche Glukokortikoide und ihre Ester

Als erstes Glukokortikoid wurde *Corticosteron* aus der Nebennierenrinde isoliert (Reichstein und Wintersteiner, 1936). *Cortison* ist gleichzeitig von Reichstein in der Schweiz sowie von Kendall in den USA entdeckt worden. Das wirksamste natürlich vorkommende Glukokortikoid, das in der Nebennierenrinde auch mengenmäßig dominiert, ist *Hydrocortison* (= Cortisol, Ph. Eur.).

Therapeutisch werden vorzugsweise die Ester *Hydrocortisonacetat* (Ph. Eur.) und *Cortisonacetat* (Ph. Eur.) eingesetzt.

Natürliche Glukokortikoide und ihre Ester

Formel	Freiname (Handelsname)
$^{21}CH_2OH$ / $^{20}C=O$ (Corticosteron-Struktur mit Nummerierung)	Corticosteron
CH_2OR / $C=O$ / --OH; R = H; R = C—CH$_3$ (mit =O)	Cortison; Cortisonacetat (Cortison CIBA)
CH_2OR / $C=O$ / --OH; R = H; R = C—CH$_3$ (mit =O)	Hydrocortison; Hydrocortisonacetat (Ficortril®, Scheroson® F)

Die NNR-Hormone gehören zur Stoffklasse der Steroide. Sie leiten sich wie das Gelbkörperhormon Progesteron (vgl. 12.5.3) strukturell von dem C_{21}-Grundkörper *Pregnan* ab, in dem die Ringverknüpfung A/B-cis, B/C-trans und C/D-trans vorliegt. Die cis-Verknüpfung der Ringe A und B bewirkt eine Winkelung des Moleküls an der Achse C-5/C-10. Legt man eine Ebene durch die gestreckt angeordneten Ringe B, C und D, so daß alle Kohlenstoffatome dieser drei Ringe einen minimalen Abstand von der Ebene aufweisen, so ragen die angulären Methyl-Gruppen in 10- und 13-Stellung aus dieser Ebene deutlich heraus. An C-17 weist Pregnan eine β-ständige Ethyl-Gruppe auf.

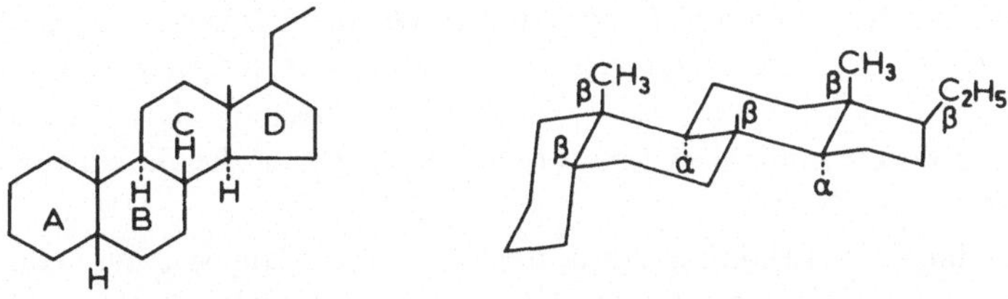

Konfigurationsformel   Konformationsformel

von **Pregnan** (cis-trans-trans-Verknüpfung)

Bei *Hydrocortison*, 11β,17,21-Trihydroxy-4-pregnen-3,20-dion, und *Cortison*, 17,21-Dihydroxy-4-pregnen-3,11,20-trion, entfällt − wie bei allen Glukokortikoiden − aufgrund der $\Delta^{4,5}$-Doppelbindung die Möglichkeit zur cis-trans-Verknüpfung der Ringe A und B. Die Doppelbindung ändert die Geometrie des Ringes A nachhaltig.

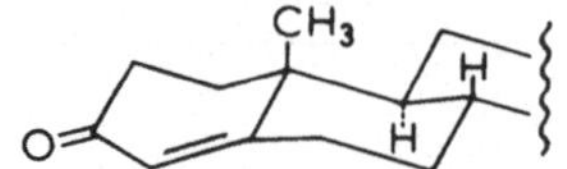

Konformation der Ringe A und B
der Glukokortikoide

Biosynthese   Die Steroid-Hormone werden im Körper aus Cholesterin gebildet. Durch oxidativen Abbau der Seitenkette tritt als erstes wichtiges Zwischenprodukt *Pregnenolon*, 5-Pregnen-3β-ol-20-on, auf, das durch Dehydrierung in die Schlüsselsubstanz *Progesteron* übergeführt wird. Das gestagen wirksame Sexualhormon Progesteron stellt somit zugleich eine Vorstufe der NNR-Hormone dar.

Die Hydroxyl-Gruppen werden mittels Steroid-Monooxygenasen (Steroid-Hydroxylasen) eingeführt, die bezüglich der Stellung am Steroid-System streng spezifisch angreifen. Die hydroxylierenden Enzyme werden in folgender Reihenfolge wirksam:

1. Steroid-17α-Monooxygenase
2. Steroid-21-Monooxygenase
3. Steroid-11β-Monooxygenase

Entsprechend entsteht aus Progesteron zunächst *17α-Hydroxyprogesteron* und aus diesem *11-Desoxycortisol* und schließlich *Cortisol*. Entfällt die 17α-Hydroxylierung, wird *11-Desoxycorticosteron* und daraus *Corticosteron* gebildet.

Die Hydroxylierungen laufen stets in dieser Reihenfolge ab. So kann die 17α-Monooxygenase nach 21-Hydroxylierung nicht mehr wirksam werden.

Die 11β-Hydroxy-Derivate (z. B. Cortisol) können reversibel zu 11-Keto-Derivaten (z. B. Cortison) dehydriert werden. Für die Biosynthese der Steroid-Hormone ist die Anwesenheit von Ascorbinsäure erforderlich, die wahrscheinlich als Elektronendonator für NADH-abhängige (vgl. 4.1) Hydroxylierungsreaktionen dient (vgl. Formelschema nächste Seite).

Physiologie   Die Glukokortikoide werden in der Nebennierenrinde unter dem Einfluß des HVL-Hormons *Corticotrophin* (ACTH) gebildet. Die Hormonsekretion unterliegt einem zirkadianen Rhythmus und erreicht in den frühen Morgenstunden (4 bis 8 Uhr) ein Maximum.

Glukokortikoide hemmen die Protein-Biosynthese und fördern zugleich den Protein-Abbau − speziell in Muskeln, Knochen und lymphatischen Organen. Durch diese *katabole Wirkung* gelangen vermehrt freie Aminosäuren in das Blut und stehen damit für die *Gluconeogenese* (Glucose-Neubildung aus Aminosäuren) zur Verfügung. Die Glukokortikoide stimulieren diesen Prozeß, indem sie die Aktivitäten einiger für die Gluconeogenese wichtiger Enzyme steigern.

Die Gluconeogenese bedingt eine Erhöhung des Blutzuckerspiegels. Die periphere Glucose-Verwertung ist gleichzeitig gehemmt (diabetogener Effekt). Durch die neugebildete Glucose wird die *Glykogen-Bildung* in der Leber gesteigert.

In *Streß*-Situationen ist die Sekretion der Glukokortikoide stark erhöht. Der biologische Sinn liegt möglicherweise in der durch Gluconeogenese bedingten Bereitstellung schnell verfügbarer Energie. Ein Totalausfall der NNR-Funktion führt unbehandelt in kurzer Zeit zum Tod.

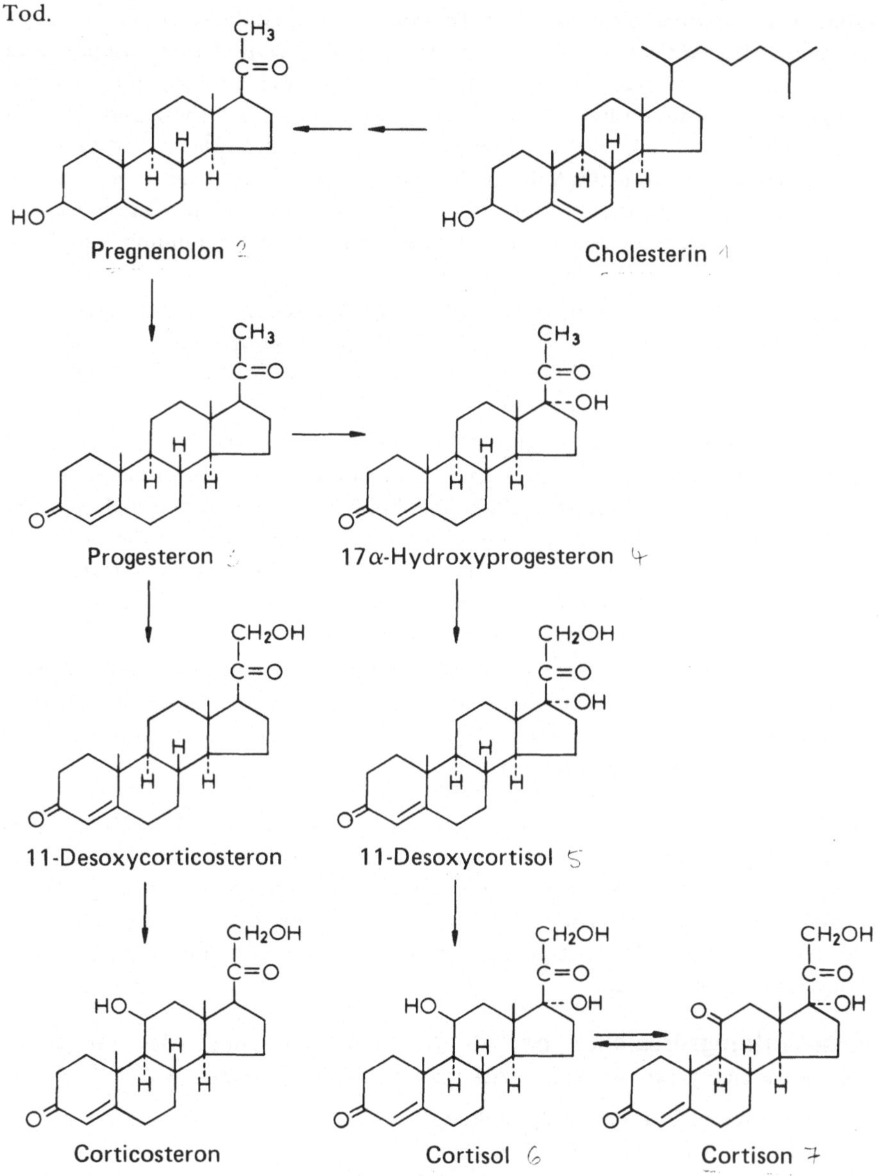

Pregnenolon Cholesterin

Progesteron 17α-Hydroxyprogesteron

11-Desoxycorticosteron 11-Desoxycortisol

Corticosteron Cortisol Cortison

Biosynthese der NNR-Hormone

Pharmakologie Bei der therapeutischen Verwendung von Glukokortikoiden ist grundsätzlich zu unterscheiden zwischen

- Substitutionstherapie und
- pharmakodynamischer Therapie.

Eine *Substitutionstherapie* ist bei NNR-Insuffizienz erforderlich, in deren Folge die Addisonsche Erkrankung auftritt, die sich in Muskelschwäche, Hypotonie und Hypoglykämie äußert.

Im Rahmen der *pharmakodynamischen Therapie* werden Glukokortikoide vorzugsweise als Antiphlogistika/Antirheumatika sowie als Antiallergika und Immunsuppressiva eingesetzt. Es handelt sich um eine symptomatische Therapie, die vorrangig auf der Hemmung mesenchymaler Reaktionen beruht. So werden etwa Kollagen-Synthese und Fibroblasten-Wachstum gehemmt. Auch wird die Biosynthese von Prostaglandinen und sauren Mucopolysacchariden verlangsamt. In Abhängigkeit von Konzentration und Dauer der Therapie vermindert sich die Zahl der Lymphozyten sowie der eosinophilen Granulozyten. Die immunsuppressive Wirkung beruht im wesentlichen auf der Hemmung lymphozytärer Elemente.

Glukokortikoide werden sowohl *topisch* (Haut-, Augen-, Gelenk-Erkrankungen) als auch *systemisch* (rheumatische/entzündliche/allergische Erkrankungen) eingesetzt. Die antiphlogistisch/antiexsudative Wirkung wird auch bei Schock, Streß, Verbrennung und anderen lebensbedrohenden Zuständen ausgenutzt.

Als Folge vermehrter Cortisol-Bildung (NNR-Tumoren) tritt das *Cushing-Syndrom* auf, das mit Stammfettsucht, Vollmondgesicht, Akne und Steroid-Diabetes einhergeht. Durch hochdosierte Langzeittherapie mit Glukokortikoiden können sich die Symptome des Cushing-Syndroms (*Steroid-Cushing*) entwickeln. Als weitere gefährliche Nebenwirkungen sind zu nennen: Aktivierung von Magen- und Duodenal-Ulzera, Minderung der Infektionsabwehr, Störung der Wundheilung sowie Osteoporose. Daher dürfen Glukokortikoide nur bei strenger Indikation systemisch angewendet werden.

Cortison und Hydrocortison besitzen auch eine erhebliche mineralokortikoide Wirkung. Aufgrund der negativen Rückkopplung wird die ACTH-Sekretion gehemmt, wodurch die Nebennierenrinde atrophiert. Nach längerer Therapie müssen Glukokortikoide daher langsam (ausschleichend) abgesetzt werden.

Eigenschaften Glukokortikoide sind aufgrund der α-Ketol-Struktur (α-Hydroxyketone) relativ instabil. Besondere Empfindlichkeit weisen sie gegenüber Licht und Sauerstoff auf. Mit alkalisch reagierenden Stoffen besteht Unverträglichkeit, da α-Ketole in alkalischem Milieu reduzierend wirken. Die α-Ketol-Gruppierung wird dabei zum α-Ketoaldehyd oxidiert (vgl. Analytik). Die entsprechenden Ketolester weisen im Vergleich zum freien Ketol bessere Haltbarkeit auf.

Struktur-Wirkungs-Beziehungen Als funktionelle Gruppen des Pregnan-Grundkörpers, die für eine glukokortikoide Wirkung erforderlich sind, gelten:

    — eine α-Ketol-Gruppe in 17β-Stellung
    — eine α,β-ungesättigte Keto-Gruppe im Ring A
    — eine 11β-Hydroxy-Gruppe bzw. eine Keto-Gruppe an C-11

Von diesen ist besonders die Sauerstoff-Funktion an C-11 für eine Glukokortikoid-Wirkung von Bedeutung. 11-Desoxy-Verbindungen besitzen mineralokortikoide Wirkung.

Eine 17α-Hydroxy-Gruppe verstärkt die glukokortikoide Wirkung.

Biotransformation *Hydrocortison* liegt im Blut zu über 90 % an das α-Globulin Transcortin gebunden vor. Freies Hydrocortison wird besonders in der Leber metabolisiert, wobei folgende Hauptabbaurichtungen auftreten:

- Reduktion der ungesättigten Keto-Gruppe im Ring A
- Oxidativer Abbau zu 17-Ketosteroiden

Durch Reduktion wird über *Dihydrocortisol* als Hauptmetabolit *Urocortisol* (Tetrahydrocortisol) gebildet. Im Urocortisol sind die Ringe A/B — wie im Pregnan-Grundkörper — cis-verknüpft, die Hydroxyl-Gruppe an C-3 steht α-ständig. Neben den 5β-Metaboliten werden in geringer Menge auch die 5α-Verbindungen gebildet. Die gesättigten Metaboliten werden nach Konjugation am C-3-ständigen Hydroxyl als Glucuronide oder Sulfate mit dem Harn eliminiert.

Durch oxidativen Abbau der Ketol-Gruppe entstehen *17-Ketosteroide,* die ihrerseits wieder im Ring A reduziert werden können. Die dabei gebildeten 5β-Verbindungen sind Derivate des Grundkörpers *Etiocholan* (= 5β-Androstan), die 5α-Verbindungen leiten sich vom *Androstan* (= 5α-Androstan, vgl. 12.5.4) ab.

Weiterhin können sämtliche Oxo-Gruppen zu Hydroxy-Gruppen reduziert werden. Die in der Therapie verwendeten Ester werden in Leber und Niere schnell hydrolysiert.

Hydrocortison
(Cortisol)

Dihydrocortisol

Urocortisol
(Tetrahydrocortisol)

11β-Hydroxy-
androsteron

11β-Hydroxy-
4-androsten-3,17-dion

3α, 11β-Dihydroxy-
etiocholan-17-on

Biotransformation von Hydrocortison

Synthese Die Totalsynthesen von *Cortisol* (Wendler und Mitarb., 1950) und *Cortison* (Woodward und Mitarb., 1951) haben keine technische Bedeutung erlangt. Die industrielle

Darstellung der Glukokortikoide beruht auf partialsynthetischen Verfahren, die hauptsächlich von folgenden natürlich vorkommenden Steroiden ausgehen:

- Diosgenin (vgl. 12.5.3)
- Gallensäuren (vgl. 11.1.3)
- Sitosterin und Stigmasterin

Diosgenin besitzt besondere Bedeutung für die Darstellung von *Progesteron* (vgl. 12.5.3), das als wichtigstes Zwischenprodukt für die Synthese von Glukokortikoiden gilt. Progesteron kann durch mikrobiologische Hydroxylierung mit Pilzen der Gattung Rhizopus (Rh. arrhizus oder Rh. nigricans) in sehr guter Ausbeute in 11α-Hydroxy-progesteron übergeführt werden. Aus diesem sind Cortison und Hydrocortison in einem mehrstufigen Verfahren darstellbar.

Die Synthese der Glukokortikoide aus verschiedenen *Gallensäuren* sowie aus dem Phytosterin *Sitosterin* ist nach verschiedenen vielstufigen Verfahren möglich. Hydrocortison wird auch aus *Cortexolon* (11-Desoxycortisol) gewonnen, das seinerseits aus Diosgenin über 16-Dehydro-pregnenolon erhältlich ist. Cortexolon läßt sich durch stereospezifische 11β-Hydroxylierung mit Hilfe der Pilze Cunninghamella blakesleeana oder Curvularia lunata direkt in Cortisol überführen.

Da Hydrocortison größere therapeutische Bedeutung besitzt als Cortison, ist auch die Synthese von Hydrocortison aus *Cortisonacetat* von praktischem Interesse. Dabei wird Cortisonacetat zunächst in das 3,20-Bis-semicarbazon übergeführt, wobei die 11-Keto-Funktion mit Semicarbazid aus sterischen Gründen nicht reagiert. Die anschließende Reduktion mit Kaliumborhydrid ergibt spezifisch das 11β-Hydroxy-Derivat bei gleichzeitiger Hydrolyse des 21-Esters. Hydrolytische Abspaltung der Semicarbazon-Gruppen mit Salpetriger Säure liefert Hydrocortison mit guter Ausbeute.

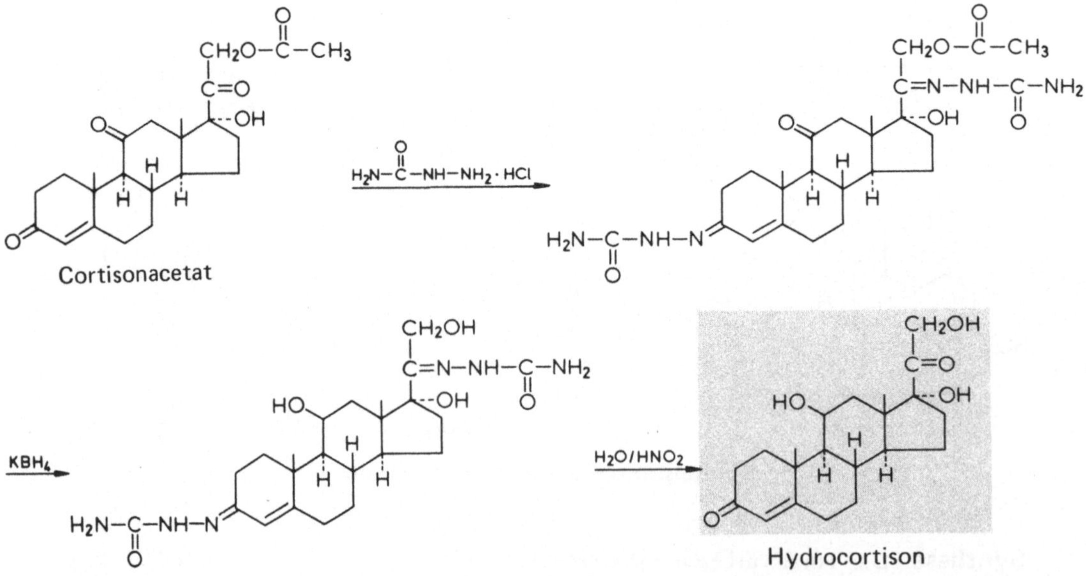

Cortisonacetat

Analytik Die Identifizierung von Steroid-Hormonen nach Ph. Eur. erfolgt mit Hilfe der *Dünnschicht-Chromatographie.* Die Prüfung wird in Form der Verteilungschromatographie auf mit Kieselgur G beschichteten Platten durchgeführt. Als stationäre Phase dient z. B. ein Gemisch aus Aceton/Formamid (90 + 10), mit dem die Platten imprägniert werden. Als mobile Phase findet Chloroform (unveresterte Kortikoide) oder Toluol/Chloroform (75 + 25) (Kortikoid-Ester) Verwendung. Die Detektion erfolgt durch Besprühen mit einer 20 proz. Lösung von Schwefelsäure in Ethanol. Beim Erhitzen auf 120 °C bilden sich gefärbte Reaktionsprodukte mit unterschiedlich starker Fluoreszenz, die im langwelligen UV-Licht erkennbar ist.

Die Gehaltsbestimmung der Glukokortikoide nach Ph. Eur. beruht auf der Oxidation der 20,21-Ketol-Gruppe mit *Triphenyltetrazoliumchlorid (TTC)*. Das dabei entstehende, rot gefärbte *Triphenylformazan* wird bei 485 nm spektralphotometrisch bestimmt. Bei der Reaktion wird die α-Ketol-Gruppe zum α-Ketoaldehyd oxidiert, aus dem im alkalischen Milieu die entsprechende α-Hydroxycarbonsäure durch intramolekulare Disproportionierung entsteht.

Triphenyltetrazoliumchlorid
(farblos)

Triphenylformazan
(rot)

Mit der *TTC-Reaktion* werden alle Tetrazolium-reaktiven Verunreinigungen, insbesondere andere Steroid-Hormone mit α-Ketol-Struktur erfaßt. Daher muß nach Ph. Eur. auf chemisch verwandte, *fremde Steroide* mittels Dünnschicht-Chromatographie geprüft werden. Dabei kommt die Adsorptionschromatographie an Kieselgel G-Schichten zur Anwendung, wobei neben der zu untersuchenden Substanz auch verschiedene Vergleichssubstanzen aufgetragen werden. Zur Sichtbarmachung wird mit alkalischer Tetrazolblau-Lösung besprüht.

Tetrazolblau

Analog TTC wird *Tetrazolblau* durch α-Ketole zu einem dunkelblau gefärbten *Biformazan* reduziert. Bei der Auswertung des Chromatogramms muß der Substanzfleck in bezug auf R_f-Wert, Größe und Farbreaktion dem der entsprechenden chemischen Referenzsubstanz ähnlich sein. Keiner der im Chromatogramm auftretenden Nebenflecke darf größer sein als der entsprechende Fleck der Vergleichssubstanz. Es handelt sich somit um eine Grenzprüfung.

12.4.2 Partialsynthetische Glukokortikoide

Für die *pharmakodynamische* (antiphlogistische/antirheumatische/antiallergische/immunsuppressive) Therapie werden Pharmaka benötigt, deren *mineralokortikoide* und *glukokortikoide* (hormonale) Wirkung möglichst gering ist. Durch partialsynthetische Abwandlung der natürlichen Glukokortikoide wurde versucht, ein günstiges Verhältnis von *antiphlogistischer* zu *hormonaler* Wirksamkeit zu erzielen.

Dabei ist es gelungen, die antiphlogistische Wirkungsstärke deutlich zu erhöhen sowie die Mineralokortikoidwirkung weitgehend bis vollständig zu eliminieren. Dagegen konnte die Abtrennung der unerwünschten glukokortikoiden Wirkungskomponente (Beeinflussung von Kohlenhydrat-, Fett- und Eiweiß-Stoffwechsel) von der antiphlogistischen Wirkung nicht erreicht werden.

Die *systemische Anwendung* der partialsynthetischen Glukokortikoide ist daher mit erheblichem Risiko behaftet. Deshalb kommt der *topischen* (örtlichen) *Anwendung* − besonders für entzündliche und allergische Hauterkrankungen − überragende Bedeutung zu. Aufgrund der unterschiedlichen Eigenschaften ist zwischen systemisch und topisch anwendbaren Stoffen zu unterscheiden.

Partialsynthetische Glukokortikoide		
Anwendung	Freiname (Handelsname)	Formel
Vorwiegend systemisch	Prednison (Decortin®, Ultracorten®)	
	Prednisolon (Decortin®-H, Deltacortril®, Scherisolon®)	

Fortsetzung der Tabelle

Anwendung	Freiname (Handelsname)	Formel
Vorwiegend systemisch	Methylprednisolon (Medrate®, Urbason®)	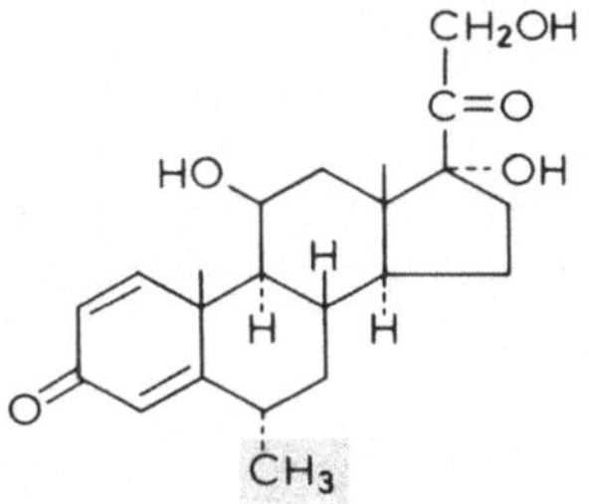
Systemisch und topisch	Triamcinolon (Delphicort®, Volon® A, Volonimat®)	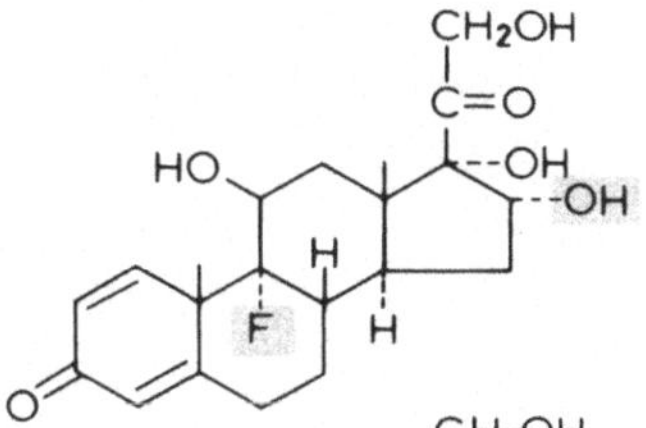
	Dexamethason (Decadron®, Fortecortin®; Bestandteil zahlreicher Kombinationspräparate)	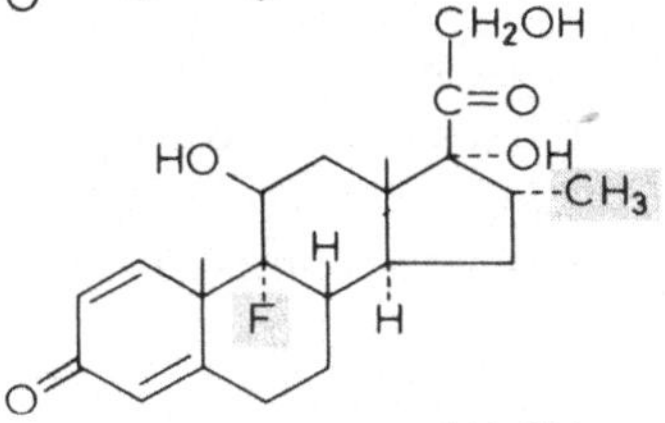
	Betamethason (Betnesol®, Celestan®)	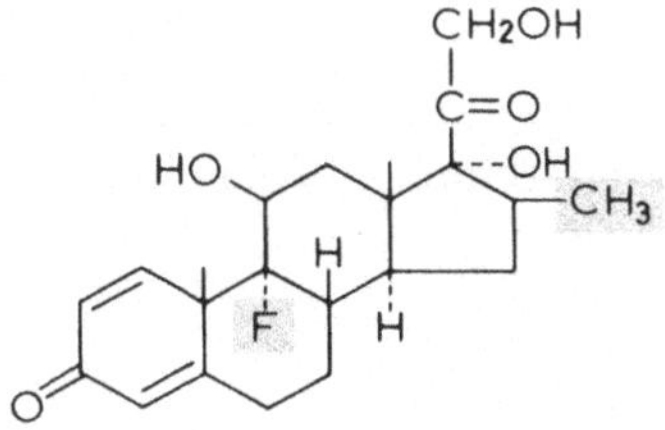
	Fluocortolon (Ultralan®)	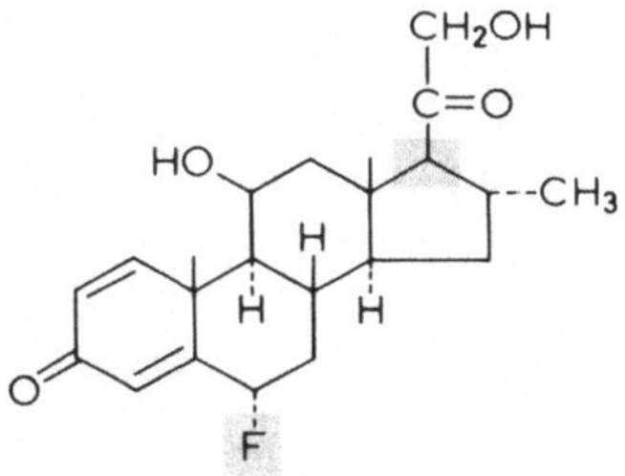

Fortsetzung der Tabelle

Anwendung	Freiname (Handelsname)	Formel
Vorwiegend systemisch	Methylprednisolon (Medrate®, Urbason®)	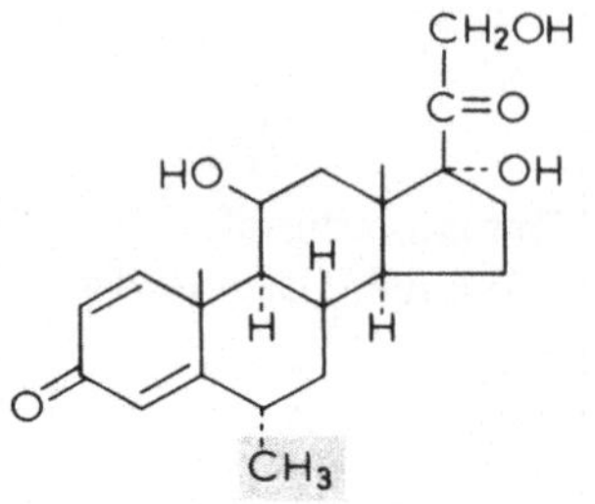
Systemisch und topisch	Triamcinolon (Delphicort®, Volon® A, Volonimat®)	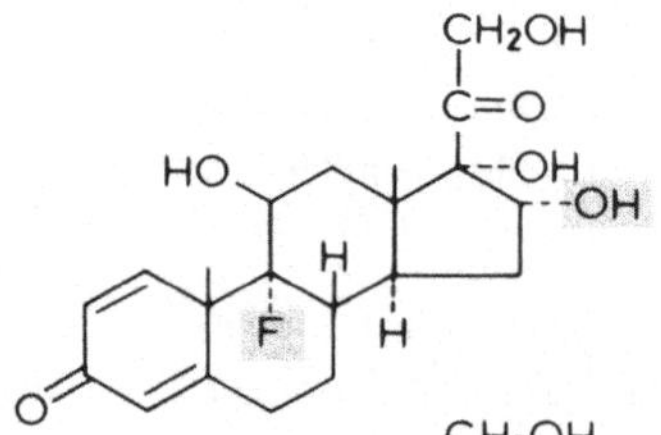
	Dexamethason (Decadron®, Fortecortin®; Bestandteil zahlreicher Kombinationspräparate)	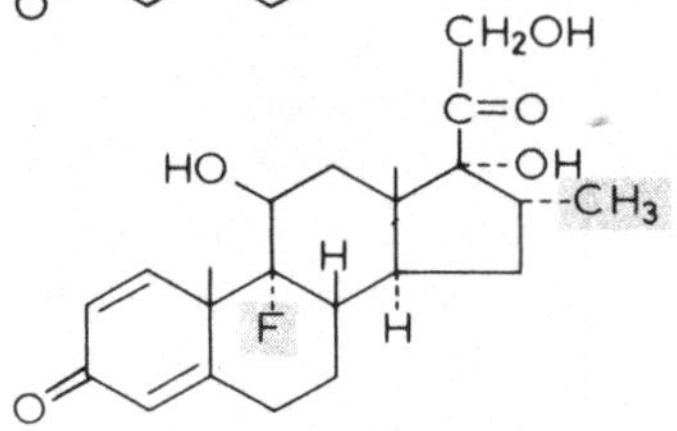
	Betamethason (Betnesol®, Celestan®)	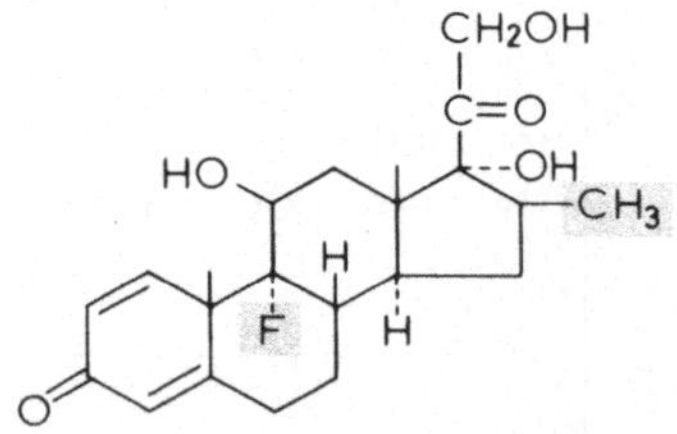
	Fluocortolon (Ultralan®)	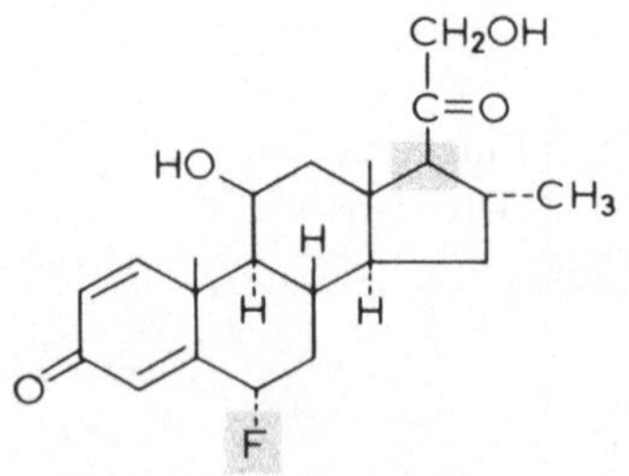

Als Steroide mit stark lipophilem Charakter sind die Glukokortikoide praktisch wasser-unlöslich. Zur intravenösen Applikation werden Ester bifunktioneller organischer Säuren (Bernsteinsäure) oder trifunktioneller anorganischer Säuren (Phosphorsäure) verwendet, deren Salze gut wasserlöslich sind.

$$CH_2-O-\underset{\underset{O}{\|}}{C}-CH_2-CH_2-COO^{\ominus} \quad Na^{\oplus} \qquad\qquad CH_2-O-PO_3^{2\ominus} \quad 2\,Na^{\oplus}$$

21-Hemisuccinat-
Natrium-Salz

21-Phosphat-
Dinatrium-Salz

Pharmakologie Zur Behandlung der NNR-Insuffizienz (Substitutionstherapie) sind *Prednison* und *Prednisolon* besonders geeignet, da sie auch Mineralokortikoid-Wirkung besitzen. Dagegen kommen die an C-16 substituierten Glukokortikoide, die den Natrium- und Kalium-Stoffwechsel kaum beeinflussen, für diesen Zweck weniger in Betracht.

Die hohe antiphlogistische Wirksamkeit insbesondere der fluorierten Partialsynthetika be-gründet eine breite Anwendbarkeit und macht diese zu wertvollen Pharmaka. Dies gilt speziell für die topisch angewendeten Kortikoid-Externa, die bei zahlreichen Hauter-krankungen, die mit Entzündungs- und Exsudationserscheinungen einhergehen, indiziert sind. Bei systemischer Anwendung steht der rheumatische Formenkreis im Vordergrund. Hierbei ist die für jede Substanz charakteristische *Cushing-Schwellendosis* zu beachten.

Die Esterbildung bedingt eine Wirkungsverstärkung (besonders bei topischer Applikation) sowie eine Verlängerung der Wirkungsdauer. Als Arzneiform, die eine protrahierte Wirkung ermöglicht, finden Kristall-Suspensionen Anwendung.

Struktur-Wirkungs-Beziehungen Als wichtigste Struktur-Variationen, die das Ver-hältnis von antiphlogistischer zu hormonaler Wirkung beeinflussen, sind zu nennen:

— *Dehydrierung* in 1,2-Stellung

   1-Dehydro-Derivate besitzen gegenüber den Ausgangsverbindungen eine etwa 4—5 mal höhere glukokortikoide Wirkung, während die mineralokortikoide Wirkung auf ein Drittel gesenkt ist. Die Erhöhung der Glukokortikoidwirkung hängt vermutlich mit der Änderung der π-Elektronendichte und der Geometrie des Ringes A zusammen.

— *Fluorierung* in 9- und 6α-Stellung

   9-Fluorierung steigert insbesondere die mineralokortikoide Wirkung (vgl. 12.4.3), jedoch wird auch die glukokortikoide Wirkung noch etwa um das 10 fache er-höht. Während 9-Chlor-Derivate etwa 5 fach stärker wirksam sind, zeigen die analogen Brom- und Iod-Derivate geringere Aktivität als die entsprechenden un-substituierten Ausgangsverbindungen.

   Die Aktivität steigt somit proportional zur Elektronegativität und umgekehrt proportional zur Größe des Halogens an. Das 11β-Hydroxyl erhält durch den negativ induktiven Effekt des Fluors an C-9 sauren Charakter. Dies erleichtert möglicherweise die Ausbildung einer Wasserstoff-Brückenbindung mit dem Rezeptor. Die Auswirkungen der 6α-Fluorierung lassen sich schwerer generalisieren.

— *Methylierung* in 6α- und 16α- bzw. β-Stellung

6α-Methylierung steigert die glukokortikoide und reduziert die mineralokortikoide Wirksamkeit. Methylprednisolon ist etwa 10 fach stärker antiphlogistisch wirksam als Hydrocortison.

16-Methylierung steigert die glukokortikoide Wirkung stark, während die mineralokortikoide Wirkung weitgehend eliminiert wird. Dexamethason (16α-Methyl-Derivat) und Betamethason (16β-Methyl-Derivat), die gleichzeitig in 9α-Stellung fluoriert sind, besitzen 30—40 fach höhere glukokortikoide Wirkung als Hydrocortison.

— *Hydroxylierung* in 16α-Stellung

Das 16α-Hydroxy-Derivat Triamcinolon zeigt im Vergleich zu Hydrocortison 5—10 fach höhere antiphlogistische Wirksamkeit. Die mineralokortikoide Wirkung ist vollständig eliminiert. Triamcinolon besitzt keine Natrium-retinierende, sondern bereits diuretische Wirkung.

Für die topische Anwendung sind Glukokortikoide hoher Lipophilie erforderlich, um die intrakutane Permeation zu begünstigen. Eine Erhöhung der Lipophilie kann vornehmlich durch Ester-Bildung erreicht werden. Als Partialsynthetika, die speziell für die topische Anwendung entwickelt wurden, sind zu nennen:

— *17-Desoxy-kortikosteroide*

Fluocortolon und Desoximetason (17-Desoxy-Dexamethason) können als Derivate des Corticosterons aufgefaßt werden. Das fehlen der Hydroxyl-Gruppe an C-17 bedingt eine höhere Lipophilie bei etwas reduzierter antiphlogistischer Wirksamkeit. Die 17-Desoxy-Derivate haben als hochwirksame Lokalkortikoide große Bedeutung erlangt.

— *9,6α-Difluor-kortikosteroide*

Flumetason und Fluocinolon, die in 9 und 6α-Stellung fluoriert sind, zeichnen sich durch starke lokal-antiinflammatorische Wirkung aus. Das 16α,17α-Ketal des Fluocinolons mit Aceton (Fluocinolonacetonid) besitzt bei topischer Anwendung höhere Aktivität als die Ausgangssubstanz.

— *Ester der Pregnadien-21-säure*

Fluocortin-butylester (Fluocortolon-21-säure-butylester) zeigt rein topische Wirkung. Nach perkutaner Resorption treten keine endokrinen Effekte auf. Die Ester-Gruppe stellt eine „Sollbruchstelle" dar, die in Plasma und Gewebe rasch hydrolysiert wird. Die freie Carbonsäure ist unwirksam, da sie nicht mehr an den Steroid-Rezeptor gebunden wird.

Synthese Die 1-Dehydro-Derivate *Prednison* und *Prednisolon* sind durch mikrobiologische Dehydrierung von *Cortison* und *Hydrocortison* mittels Corynebacterium simplex (Hershberg, 1955) erhältlich. Die *Dehydrierung* mit Selendioxid besitzt gegenüber dem mikrobiologischen Verfahren keine wirtschaftliche Bedeutung.

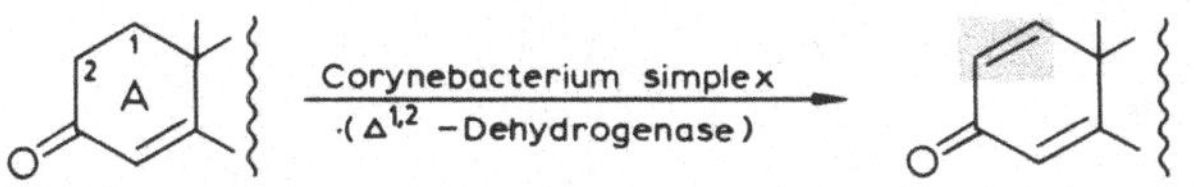

Glukokortikoide mit Dienon-Struktur im Ring A sind auch aus 3-Oxo-Derivaten erhältlich. Bromierung in essigsaurer Lösung ergibt 2,4-Dibrom-Derivate, aus denen durch Erhitzen in Kollidin (2,4,6-Trimethylpyridin) unter zweifacher HBr-Eliminierung das Dienon gebildet wird.

Zur Darstellung von *9-Fluor-Derivaten* geht man von 11α- oder 11β-Hydroxy-steroiden aus, die durch Dehydratisierung mit p-Toluolsulfonsäure in 9,11-Dehydro-Derivate übergeführt werden. Addition von Unterbromiger Säure und Behandlung mit Kaliumacetat in Methanol ergibt durch HBr-Abspaltung ein 9,11β-Epoxid, das durch Fluorwasserstoff zur 9-Fluor-Verbindung aufgespalten wird.

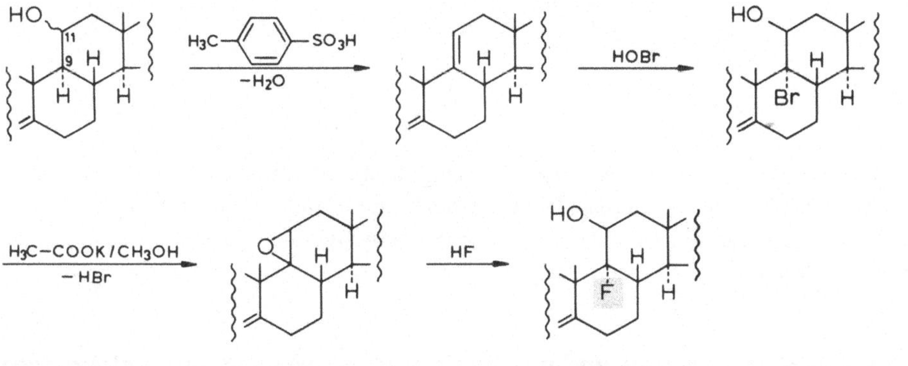

Verbindungen mit *16α-Methyl-Gruppe*, z.B. Dexamethason, sind durch Kupfer(II)-katalysierte 1,4-Addition von Methylmagnesiumiodid an die vinyloge Carbonyl-Gruppe von 16-Dehydro-20-oxo-steroiden erhältlich.

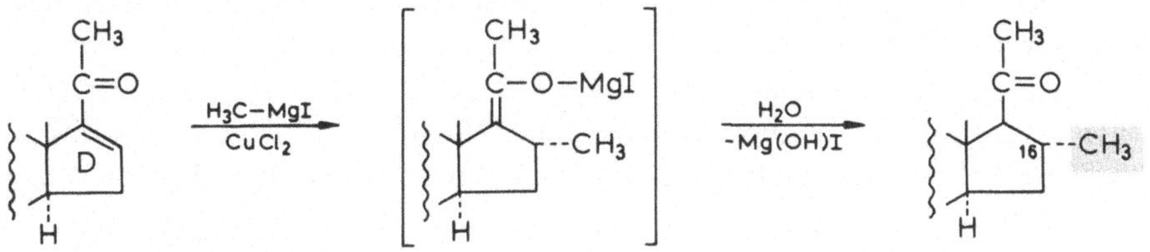

Zur *16β-Methylierung* (Betamethason-Synthese) wird Diazomethan in einer 1,3-dipolaren Cycloaddition an die Δ^{16}-Doppelbindung geeigneter Vorstufen addiert. Aus dem gebildeten 16α,17α-Pyrazolin-Derivat ist das entsprechende 16β-Methyl-Derivat durch Pyrolyse bei 200 °C und stereospezifisch verlaufende Hydrierung mit Palladium/Calcium-carbonat als Katalysator erhältlich.

Analytik Die Identifizierung von *Prednison* und *Prednisolon* sowie die Prüfung auf fremde Steroide wird nach Ph. Eur. wie bei allen Glukokortikoiden mit Hilfe der Dünnschicht-Chromatographie durchgeführt. Die Gehaltsbestimmung beruht auf der *TTC-Reaktion* (vgl. 12.4.1).

Zur Prüfung auf Identität von *Betamethason* und *Dexamethason* wird nach Ph. Eur. auch die *Porter-Silber-Reaktion* herangezogen. Hierbei wird die ethanolische Lösung der Substanz mit Phenylhydrazin-Schwefelsäure umgesetzt. Das gelb gefärbte Reaktionsprodukt zeigt ein Absorptionsmaximum bei etwa 420–450 nm.

Die Reaktion ist charakteristisch für 17,21-Dihydroxy-20-keto-steroide. Bei der Umsetzung soll zunächst durch Wasserabspaltung im stark sauren Milieu ein Enolaldehyd (bzw. der tautomere Ketoaldehyd) entstehen, der mit Phenylhydrazin zum 17-Desoxy-21-phenyl-hydrazon reagiert.

12.4.3 Aldosteron und andere Stoffe mit vorwiegend mineralokortikoider Wirkung

Mineralokortikoide sind an der Steuerung der Plasma-Konzentration und der Ausscheidung von Natrium- und Kalium-Ionen sowie damit indirekt auch an der Beeinflussung des Wasserhaushalts beteiligt.

Von den natürlich vorkommenden Mineralokortikoiden ist *Desoxycorton* (DOC) (Cortexon = 11-Desoxy-corticosteron) als Biosynthese-Vorstufe des Glukokortikoids Corticosteron (vgl. 12.4.1) von Bedeutung. Das bei weitem wirksamste biogene Mineralokortikoid ist *Aldosteron*.

Mineralokortikoide	
Freiname **(Handelsname)**	**Formel**
Desoxycortonacetat (Cortiron®)	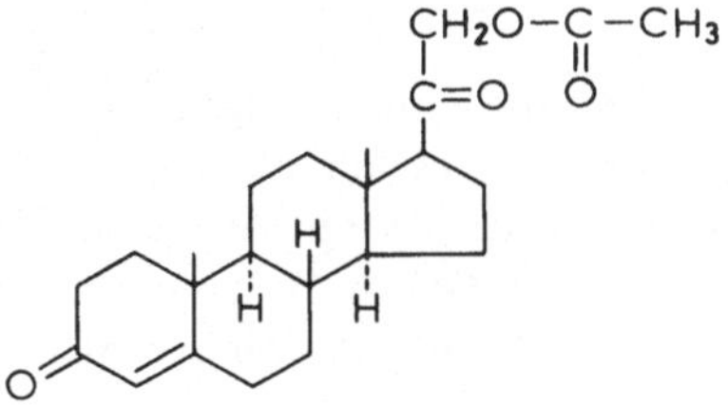
Aldosteron (Aldocorten®)	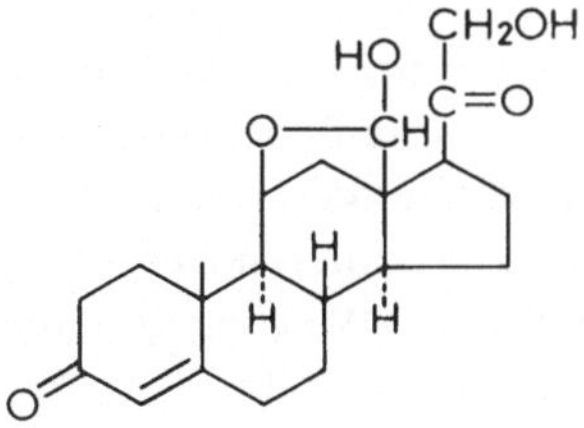
Fludrocortison (Astonin®-H)	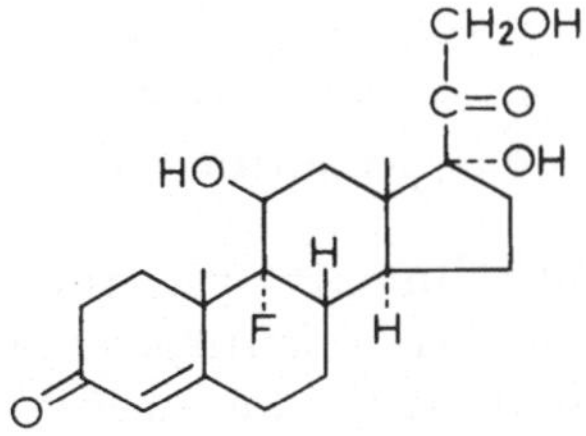

Aldosteron wird in vivo aus Corticosteron durch Oxidation der C-18 Methyl-Gruppe zur Formyl-Gruppe gebildet. Durch Ringschluß dieser C-13-ständigen Formyl-Gruppe mit dem Hydroxyl an C-11 entsteht anschließend ein Cyclo-Halbacetal. In Aldosteron-Lösungen stehen Aldehyd- und Halbacetal-Form im Gleichgewicht, wobei das Halbacetal überwiegt.

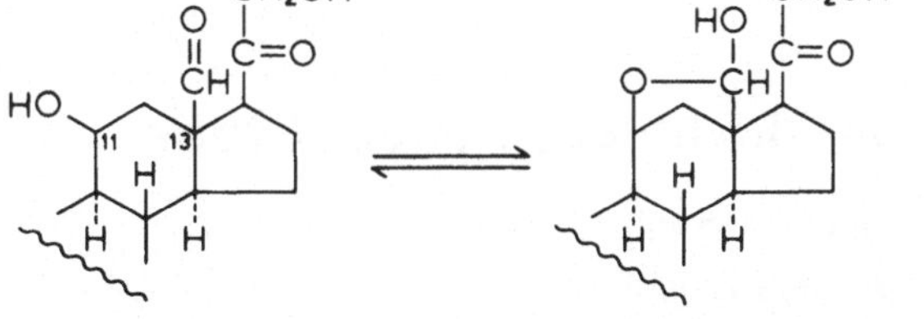

Aldehyd-Form   Cyclo-Halbacetal-Form

Aldosteron

Physiologie *Aldosteron* steigert durch Stimulation der Biosynthese von Proteinen den aktiven Transport von Natrium-Ionen durch Zellmembranen. Bei Applikation von Aldosteron tritt die Wirkung daher erst nach einer Latenzzeit von einer Stunde auf.

Durch Angriff am distalen Tubulus der Niere erhöht Aldosteron die Rückresorption von Natrium-Ionen und folglich — osmotisch bedingt — auch die Reabsorption von Wasser. Gleichzeitig wird im Austausch die Ausscheidung von Kalium-Ionen und Protonen gefördert.

Die Aldosteron-Sekretion wird vorzugsweise über *Angiotensin II* (vgl. 12.7.8) gesteuert. Einen unmittelbaren Einfluß übt auch die Elektrolyt-Konzentration (Natrium-Kalium-Quotient) des Plasmas aus. So nimmt die Aldosteron-Sekretion bei steigendem Kalium- oder sinkendem Natrium-Gehalt wie auch bei Abnahme des Plasma-Volumens zu. Dagegen spielt ACTH für die Regulation der Aldosteron-Sekretion nur unter extremen Bedingungen eine Rolle.

Pharmakologie Im Gegensatz zu den Glukokortikoiden besitzen die Mineralokortikoide nur geringe therapeutische Bedeutung. *Aldosteron* wird oral schlecht resorbiert, die Halbwertzeit im Plasma liegt unter 30 min. *Desoxycortonacetat* (DOCA, Ph. Eur.) besitzt nur 1/20—1/30 der Natrium-retinierenden Wirkung von Aldosteron. Aufgrund der guten mineralo- und glukokortikoiden Wirkung dominiert *Fludrocortison* heute in der Therapie. Zur Substitutionstherapie bei NNR-Insuffizienz müssen zusätzlich Glukokortikoide verabreicht werden. Mineralokortikoide finden weiterhin bei essentieller (konstitutioneller) Hypotonie, bei Hyperemesis gravidarum und Salzverlust-Syndrom Anwendung.

Der *Hyperaldosteronismus* ist besonders durch Hypokaliämie und Blutdruckanstieg gekennzeichnet. Ausgeprägte Hypernatriämie und Ödeme sind selten.

Struktur-Wirkungs-Beziehungen Die natürlich vorkommenden Mineralokortikoide unterscheiden sich von den Glukokortikoiden dadurch, daß die Sauerstoff-Funktion an C-11 fehlt (*Desoxycorton*) oder — wie im Falle des *Aldosterons* — verschlossen ist. Die Fluorierung von Glukokortikoiden in 9-Stellung steigert die mineralokortikoide Wirkung stärker als die glukokortikoide. *Fludrocortison* (9-Fluorhydrocortison) besitzt im Vergleich zu Desoxycorton 2—4 fache mineralokortikoide Wirkung, jedoch nur 1/6 der Aldosteron-Aktivität bei ausgeprägter Glukokortikoidwirkung.

Analytik Nachweis und quantitative Bestimmung der Mineralokortikoide entsprechen denen der Glukokortikoide (vgl. 12.4.1).

12.5 Sexualhormone und davon abgeleitete Stoffe

Die natürlichen Sexualhormone können unterteilt werden in

> — männliche Sexualhormone (*Androgene*)
> — weibliche Sexualhormone (*Östrogene* und *Gestagene*).

Die Sexualhormone gehören zur Stoffklasse der Steroide. Sie leiten sich von den Grundkörpern *Estran* (Östrogene), *Androstan* (Androgene) und *Pregnan* (Gestagene) ab.

Grundkörper der Sexualhormone			
Bezeichnung	Konfigurations-formel	Konformationsformel	Anzahl der C-Atome Ringverknüpfung
Estran			C_{18} cis-trans-trans
Androstan			C_{19} trans-trans-trans
Pregnan			C_{21} cis-trans-trans

Während Androstan aufgrund der trans-Verknüpfung aller Ringe gestreckte Molekülstruktur aufweist, bedingt die cis-Verknüpfung der Ringe A und B bei Estran und Pregnan eine Winkelung des Moleküls an der Achse C-5/C-10. Pregnan ist zugleich Grundkörper der Hormone der Nebennierenrinde (vgl. 12.4.1). Bei den meisten Sexualhormonen entfällt die Möglichkeit zur cis-trans-Verknüpfung der Ringe A und B wegen im Ring A enthaltener Doppelbindungen.

12.5.1 Östrogene

Die Hauptbildungsstätten der Östrogene sind der Graafsche Follikel des Ovars sowie — während der Gravidität — die Plazenta. Das wirksamste natürlich vorkommende Östrogen ist *Estradiol*, 1,3,5(10)-Estratrien-3,17β-diol. Als schwächer östrogen wirksame Metaboliten (vgl. Biotransformation) treten *Estron* und *Estriol* auf.

Estron wurde 1929 als erstes Sexualhormon von Doisy und gleichzeitig von Butenandt aus Schwangerenurin isoliert. Die Aufklärung der Konstitution gelang Butenandt 1932.

Östrogene		
Untergruppe	**Freiname (Handelsname)**	**Formel**
Natürliche Östrogene	Estradiol	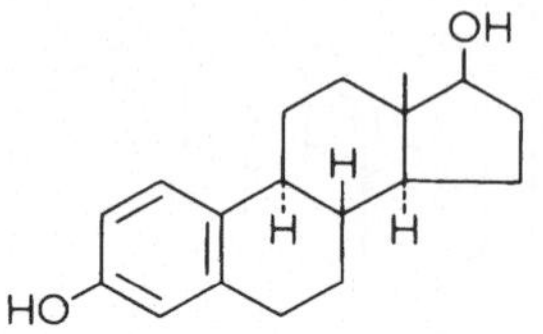 (Strukturformel)
	Estron (als Sulfat Bestandteil von Conjugen®)	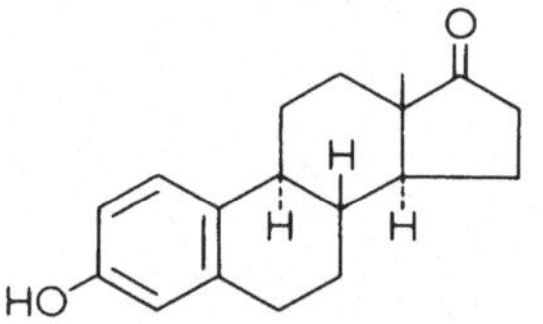 (Strukturformel)
	Estriol (Ovestin®)	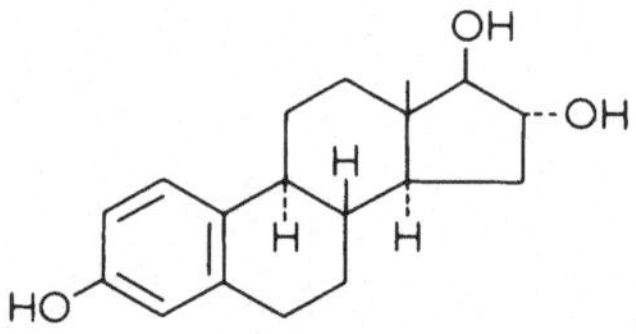 (Strukturformel)
Partialsynthetische Östrogene	Ethinylestradiol (Progynon®C; Bestandteil von Lyndiol®, Neogynon®)	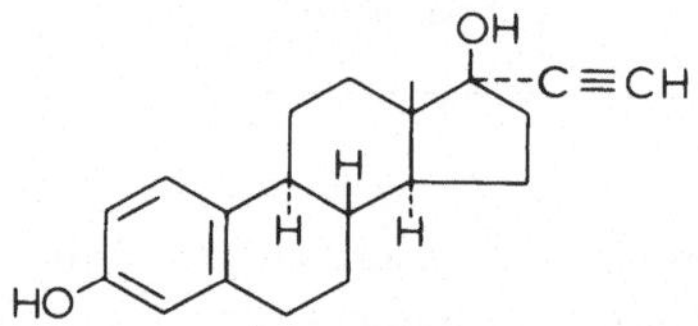 (Strukturformel)
	Mestranol (Bestandteil von Eunomin®, Ortho-Novum®)	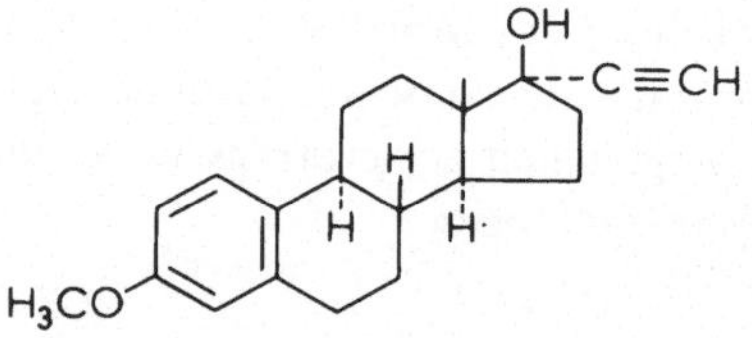 (Strukturformel)

Die natürlichen Östrogene sind C_{18}-Steroid-Hormone. Sie besitzen einen aromatischen Ring A, eine phenolische Hydroxyl-Gruppe an C-3 sowie an C-17 ein β-ständiges Hydroxyl bzw. eine Keto-Gruppe. Estriol weist zusätzlich an C-16 ein α-ständiges Hydroxyl auf.

Östrogene können durch Phenolat-Bildung (Hydroxyl-Gruppe an C-3) von anderen Steroid-Hormonen leicht abgetrennt werden.

Biosynthese Die Biosynthese von *Estradiol* verläuft über Testosteron (vgl. 12.5.4), dessen Methyl-Gruppe in 10-Stellung nach Hydroxylierung und Dehydrierung als Formaldehyd eliminiert wird. Danach schließt sich die Aromatisierung des Ringes A an. Aus dem Verlauf der Biosynthese ist ersichtlich, daß im weiblichen Organismus auch Androgene gebildet werden.

Physiologie Die Östrogene werden unter dem Einfluß von *Lutropin* (LH, vgl. 12.1.2) in den Follikeln der Ovarien (Eierstöcke) gebildet. Die Östrogen-Bildung, die mit der Reifung des Follikels zunimmt, erreicht unmittelbar vor dem Follikelsprung ein Maximum.

Östrogene lösen bei weiblichen Säugetieren den Östrus (Brunst) aus. Sie bewirken weiterhin die Ausbildung und Erhaltung der sekundären weiblichen Geschlechtsmerkmale.

Als *genitale Wirkungen* sind zu nennen

- Stimulation des Wachstums von Ovarien, Tuben, Uterus und Vagina
- Proliferation der Uterusschleimhaut (Endometrium)
- Bildung eines dünnflüssigen Zervikalsekrets (Bedeutung für die Spermienpenetration)

Die Entwicklung der Brustdrüsen wird gefördert. Östrogene hemmen die Gonadotropin-Ausschüttung (vgl. 12.1.2).

Die *extragenitalen Wirkungen* sind vergleichsweise von geringer Bedeutung. Hier dominiert die Lipid-anabole Wirkung (Entwicklung von subkutanem Fettgewebe), wogegen die Protein-anabole Wirkung nur schwach ausgeprägt ist.

Östrogene beschleunigen das Schließen der Epiphysenfugen stärker als Androgene und bedingen dadurch offenbar die geringere Körpergröße der Frau. Während die Östrogene Psyche und Libido der Frau nachhaltig beeinflussen, sind die typischen weiblichen Konstitutionsmerkmale auf eine geringere Ausschüttung an Androgenen zurückzuführen.

Estron besitzt etwa 30 %, *Estriol* etwa 10 % der östrogenen Aktivität des *Estradiols*. Als Wirkort kommen nur Erfolgsorgane in Betracht, deren Zellen den Estradiol-Rezeptor (vgl. 12) enthalten.

Pharmakologie Bei der therapeutischen Verwendung steht die *Substitutionstherapie* im Vordergrund, die zyklusgerecht (etwa vom 8.–19. Tag) zu erfolgen hat. Als Indikationen kommen u. a. Ovarialinsuffizienz, Uterushypoplasie, Hypogenitalismus und Amenorrhoe in Betracht. Eine Substitution ist auch nach Kastration sowie bei klimakterischen Ausfallserscheinungen und Altersveränderungen (senile Vaginitis, Pruritus vulvae u. a.) indiziert.

Die partialsynthetischen Östrogene haben weiterhin als Bestandteil der oralen Kontrazeptiva (vgl. 12.5.3) zur Hemmung von Ovulation und Nidation der Eizelle große Bedeutung erlangt. Mit Östrogenen kann sowohl der Milcheinschuß verhindert (primäres Abstillen) als auch eine bestehende Laktation unterdrückt werden (sekundäres Abstillen).

Eigenschaften *Estradiolbenzoat* (Ph. Eur.) ist gegen Lufteinwirkung stabil, aber empfindlich gegenüber Licht und Schwermetallsalzen (Oxidation) sowie gegenüber Alkalien (Esterhydrolyse).

Struktur-Wirkungs-Beziehungen Bei der partialsynthetischen Abwandlung von *Estradiol* standen *Wirkungsverlängerung* und *perorale Wirksamkeit* im Vordergrund. Eine Wirkungsverlängerung ist durch Acylierung der Hydroxyl-Gruppen an C-3 und C-17 zu erreichen. Folgende Ester werden therapeutisch eingesetzt:

- Estradiol-3-benzoat (Ovocyclin® M, Progynon® B oleosum)
- Estradiol-17-valerat (Progynova®, Progynon® Depot)
- Estradiol-17-cyclopentylpropionat (Bestandteil von Femovirin®)

Bei intramuskulärer Applikation öliger Lösungen ist die Wirkungsdauer besonders lang.

Von den natürlichen Östrogenen ist nur *Estriol* zur peroralen Applikation geeignet. *Ethinylestradiol*, ein in 17α-Stellung ethinyliertes Estradiol, besitzt für die perorale Therapie überragende Bedeutung, da es im Magen-Darm-Trakt stabil und gegen Inaktivierung in der Leber sehr resistent ist.

Biotransformation Die natürlichen Östrogene werden in der Leber schnell metabolisiert. Durch reversible Dehydrierung von *Estradiol* mittels Estradiol-17β-Dehydrogenase entsteht *Estron*. Hydroxylierung von Estradiol in 16α-Stellung ergibt den Hauptmetaboliten *Estriol*. Daneben wird auch in 2-Stellung hydroxyliert. Die Östrogene werden als Glucuronide oder Sulfate mit dem Harn ausgeschieden. Ein Teil unterliegt dem enterohepatischen Kreislauf.

Synthese Wichtige Rohstoffquellen für die Darstellung der Östrogene sind vor allem die Phytosterine *Sitosterin* und *Stigmasterin* sowie das Sapogenin *Diosgenin* (vgl. 12.5.3), aus dem *Androstenolon* durch Seitenkettenabbau über mehrere Stufen erhältlich ist. Anschließende Reduktion der Doppelbindung, Oxidation mit Chrom(VI)-oxid zum 3-Oxo-Derivat und nachfolgende Bromierung ergibt das 2,4-Dibrom-Derivat, das durch Erhitzen in Kollidin unter zweifacher HBr-Eliminierung in das Dien-dion übergeht und durch Pyrolyse zu *Estron* aromatisiert. Androstenolon kann durch mikrobiologische Umwandlung auch direkt in das Dienon übergeführt werden.

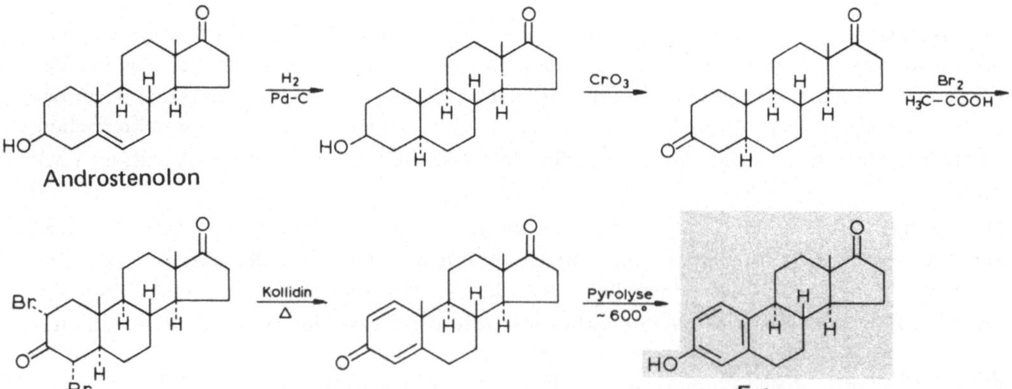

Für Estron sind auch verschiedene stereospezifische, industriell verwertbare Totalsynthesen entwickelt worden. Es kann auch aus dem Harn trächtiger Stuten oder aus dem von Hengsten gewonnen werden.

Aus Estron ist *Estradiol* durch Reduktion mit Kaliumborhydrid erhältlich. Ethinylierung von Estron mit Kaliumacetylenid in flüssigem Ammoniak ergibt *Ethinylestradiol.*

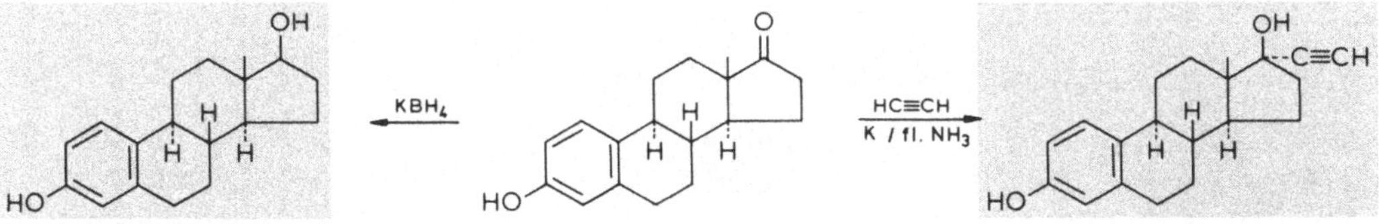

Estradiol   Estron   Ethinylestradiol

Analytik Wie die Hormone der Nebennierenrinde (vgl. 12.4.1) werden auch die Sexualhormone nach Ph. Eur. durch *Dünnschicht-Chromatographie* identifiziert. Die Untersuchung von Estradiolbenzoat (Ph. Eur.) und Estron (Ph. Eur.) erfolgt auf Kieselgur G-beschichteten Platten, die mit Aceton/Propylenglykol (90 + 10) imprägniert werden. Als mobile Phase sind Toluol oder Cyclohexan/Petrolether (50 + 50) geeignet. Die Detektion erfolgt durch Besprühen mit einer 20proz. Lösung von Toluolsulfonsäure in Ethanol.

Der Gehalt wird durch spektralphotometrische Ermittlung der Extinktion im Absorptionsmaximum bestimmt.

17-Ketosteroide wie z. B. *Estron* können durch *Zimmermann-Reaktion* (vgl. 7.7.1) identifiziert werden. Hierbei reagiert die C-16-Methylen-Gruppe, die durch die benachbarte Carbonyl-Funktion aktiviert ist, in alkalischer Lösung mit 1,3-Dinitrobenzol zur rotgefärbten *Zimmermann-Verbindung.*

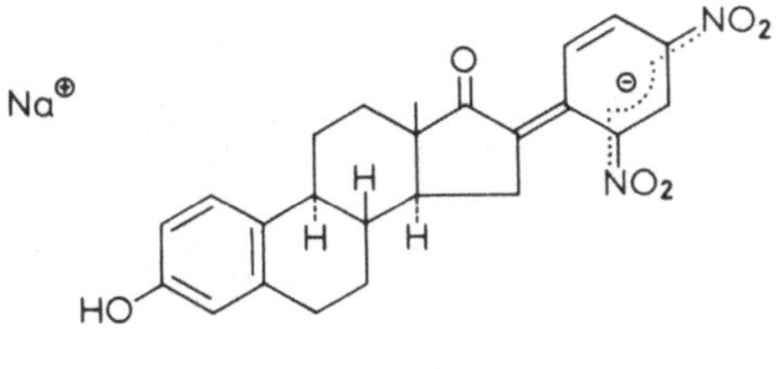

Zimmermann-Verbindung

12.5.2 Antiöstrogene

Neben den Gonadotropinen (vgl. 12.1.2) können auch Stoffe mit „*antiöstrogener* (bzw. *antigestagener) Wirkung*" zur Ovulationsauslösung verwendet werden. Ihre Struktur leitet sich von östrogen wirksamen Stilbenen (vgl. 14.1.4) ab.

Z-Isomer   E-Isomer

Clomifen
(Dyneric®)

Cyclofenil
(Fertodur®)

Zu dieser Gruppe zählt das Triphenylethen-Derivat *Clomifen*, das ein cis/trans-Isomeren-gemisch darstellt. Während das cis-konfigurierte Isomer (Z-Isomer) allein östrogene Aktivität aufweist, zeigt das E-Isomer, bei dem die unsubstituierten Benzol-Ringe an der Doppelbindung trans-ständig sind, nur schwach östrogene, jedoch ausgeprägte antiöstrogene Wirkung. Das Isomerengemisch ist — die Ovulationsauslösung betreffend — stärker wirksam als das E-Isomer allein. Für diesen Effekt scheint das Östrogen/Antiöstrogen-Verhältnis verantwortlich zu sein.

Pharmakologie   Der im Tierversuch nachweisbare antiöstrogene Effekt von *Clomifen* äußert sich beim Menschen insbesondere in einer Störung der negativen Rückkopplung der Östrogene auf den Hypothalamus. Dies führt über eine verstärkte Synthese und Freisetzung von Gonadotropin-Releasing-Hormon (Gn-RH, vgl. 12.1.1) zu einer vermehrten Ausschüttung der Gonadotropine FSH und LH, wodurch es bei Frauen mit anovulatorischem Zyklus bei intakter Hypothalamus-Hypophysen-Funktion zur Ovulationsauslösung kommen kann.

Cyclofenil hemmt die Progesteron-Biosynthese im Ovar (vgl. 12.5.3). Die Ovulationsauslösung erfolgt in Analogie zur Clomifen-Wirkung vor allem über einen antigestagenen Effekt. Im Gegensatz zu Gonadotropinen können Clomifen und Cyclofenil auch peroral appliziert werden.

12.5.3 Gestagene

Das gestagene Hormon *Progesteron*, 4-Pregnen-3,20-dion, ist das physiologisch wichtigste Gelbkörperhormon (Corpus-luteum-Hormon). Es stellt zugleich die Schlüsselsubstanz für die Biosynthese der Nebennierenrindenhormone (vgl. 12.4.1) dar. Progesteron wurde 1934 aus den Corpora lutea trächtiger Schweine isoliert. Die Strukturaufklärung erfolgte in den Arbeitskreisen von Butenandt und Slotta.

In geringen Mengen sind im Gelbkörper auch die gleichfalls biologisch aktiven 20α- und 20β-Hydroxy-4-pregnen-3-one enthalten.

Gestagene		
Untergruppe	**Freiname (Handelsname)**	**Formel**
Progesteron und Derivate	Progesteron (Proluton®)	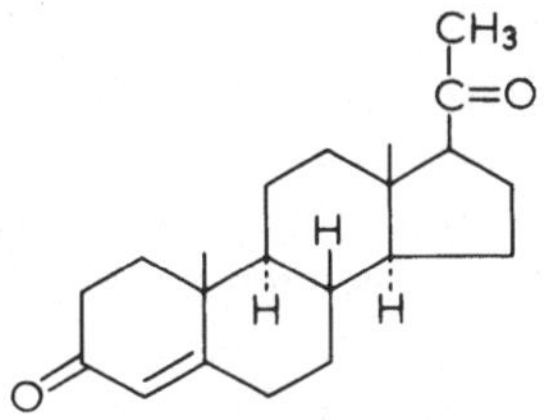
	Hydroxyprogesteroncaproat (Proluton® Depot; Bestandteil von Gravibinon®, Primosiston® Ampullen)	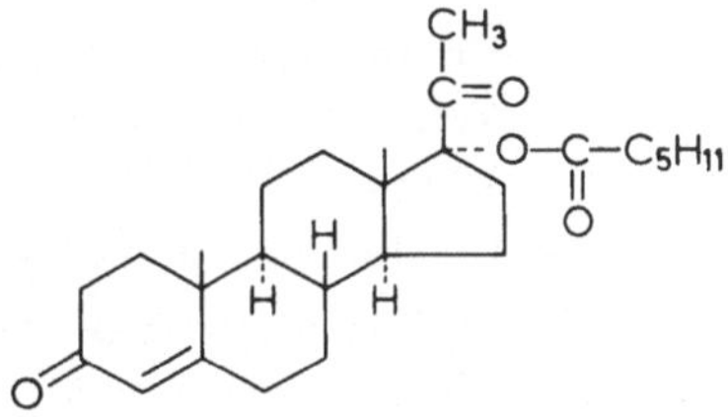
19-Nortestosteron-Derivate	Norethisteron (Bestandteil von Ortho-Novum®, Ovysmen®)	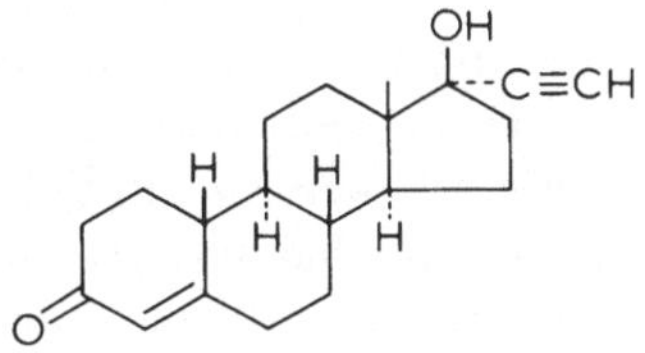
	Levonorgestrel (Bestandteil von Microgynon®, Neogynon®, Sequilar®)	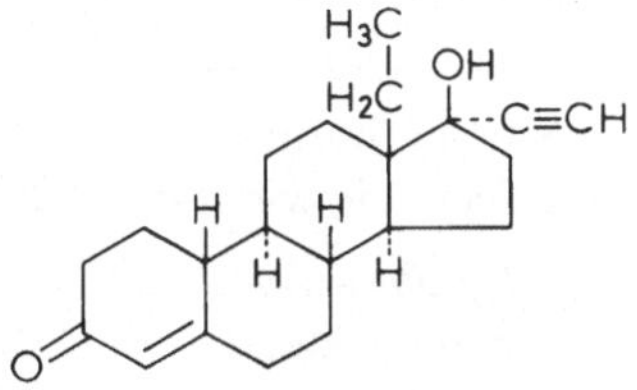
	Lynestrenol (Bestandteil von Lyndiol®, Ovanon®)	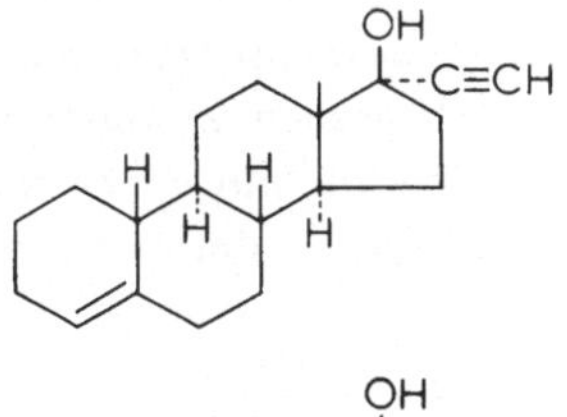
	Allylestrenol (Gestanon®)	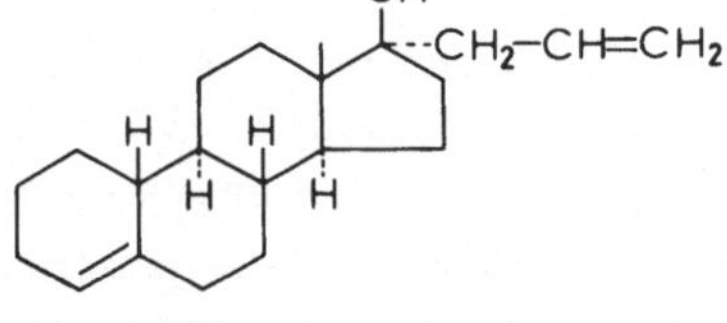

Progesteron gehört wie die Hormone der Nebennierenrinde in die Gruppe der C_{21}-Steroid-Hormone. Von den NNR-Hormonen unterscheidet es sich durch fehlende Sauerstoff-Funktionen an den C-Atomen 11, 17 und 21.

Die partial- oder vollsynthetischen 19-Nortestosteron-Derivate leiten sich von dem androgenen Hormon Testosteron (vgl. 12.5.4) ab. Sie sind, wie etwa *Norethisteronacetat* (Bestandteil von Anovlar®, Etalontin®), auch als Ester im Handel.

Physiologie Unter dem Einfluß von *Lutropin* (LH, vgl. 12.1.2) wird der Follikel nach dem Eisprung in das Corpus luteum (Gelbkörper) umgewandelt. Hier findet in der zweiten Zyklushälfte die *Biosynthese des Progesterons* statt. Während der Schwangerschaft werden zudem große Mengen Progesteron in der Plazenta gebildet.

Als *Wirkungen des Progesterons,* das die Regulation aller weiblichen Reproduktionsvorgänge beeinflußt, sind zu nennen:

— Umwandlung der Uterusschleimhaut vom Proliferations- zum Sekretionsstadium
— Verminderung der Zervikalsekretion und Erhöhung der Viskosität des Zervikalsekrets

— Erhaltung der Schwangerschaft

— Erhöhung der Basaltemperatur um etwa 0,5 °C in der zweiten Zyklushälfte (thermogenetische Wirkung)

— Hemmung der Gonadotropin-Ausschüttung (vgl. 12.1.2)

Pharmakologie Gestagene werden in Kombination mit Östrogenen bei Zyklusanomalien (Oligo- und Amenorrhoe) sowie bei Dysmenorrhoe (schmerzhafte Regelblutung) eingesetzt. Die Verwendung hoher Gestagen-Dosen zur Erhaltung der Schwangerschaft bei drohendem und habituellem Abort ist umstritten. Für diese Indikation kommt vor allem die intramuskuläre Applikation von *Hydroxyprogesteroncaproat,* das nicht zu einer Virilisierung der Feten führt, sowie das peroral anzuwendende *Allylestrenol* in Betracht.

Große Bedeutung kommt den Gestagenen als *Hauptbestandteil oraler Kontrazeptiva* zu. Die Basis der hormonalen Konzeptionsverhütung wurde 1955 durch die Arbeiten von Pincus gelegt. Die wichtigsten Methoden sind:

— *Einphasenmethode* (zyklische Methode), bei der eine Gestagen-Östrogen-Kombination vom 5.—25. Zyklustag eingenommen wird. Etwa 3 Tage nach Absetzen des Präparates tritt eine Abbruchblutung (Hormonentzugsblutung) auf.

— *Zweiphasenmethode* (Sequentialmethode), bei der — entsprechend den physiologischen Zyklusverhältnissen — in der ersten Zyklusphase Östrogen in Kombination mit einer niedrigen Gestagen-Dosis (oder Östrogen allein) verabreicht wird, in der zweiten Zyklusphase dagegen die gleiche Gestagen-Östrogen-Kombination wie bei der Einphasenmethode

— Kontinuierliche Zufuhr kleinster Gestagen-Mengen („*Minipille*", z.B. Microlut®)

Neben den oralen Kontrazeptiva finden *Depotpräparate* zur intramuskulären Injektion (alle drei Monate) wie z.B. *Medroxyprogesteronacetat,* 17 α-Acetoxy-6 α-methyl-progesteron (Depo-Clinovir®), Anwendung.

Weiterhin werden intrauterine „*Therapeutische Systeme*" (Biograviplan® Progestasert®), die über einen Zeitraum von etwa einem Jahr die kontinuierliche Abgabe des physiologischen Gestagens Progesteron aus einem Kunststoffkörper direkt an das Endometrium gestatten, zur Kontrazeption eingesetzt.

Als Wirkprinzipien der hormonalen Konzeptionsverhütung kommen u. a. in Betracht:

- *Hemmung der Ovulation* durch Blockade der Gonadotropin-Ausschüttung. Hierbei ist die Unterdrückung des die Ovulation auslösenden LH-Gipfels in der Zyklusmitte von besonderer Bedeutung.

- Verminderung der Implantationsbereitschaft der Uterusschleimhaut (*„Endometriumfaktor"*)

- Hemmung der Spermienpenetration durch Erhöhung der Viskosität des Zervikalsekrets (*„Zervixfaktor"*)

- Hemmung der Tubenmotilität, wodurch der Eitransport verlangsamt wird (*„Tubenfaktor"*)

Bei Anwendung der „Minipille" ist zwar die Östrogen-Belastung geringer, jedoch auch die kontrazeptive Sicherheit herabgesetzt, da die Ovulation nicht gehemmt wird.

Der Zusatz von 0,5—5 % Östrogen (bezogen auf die Gestagen-Menge) in Kombinationspräparaten bewirkt vor allem eine Vermeidung von Zwischenblutungen.

Struktur-Wirkungs-Beziehungen Progesteron besitzt bei peroraler Applikation nur geringe Wirksamkeit, bei parenteraler Anwendung nur geringe Wirkungsdauer. Eine *Verlängerung der Wirkungsdauer* ist durch Hydroxylierung in 17α-Stellung und nachfolgende Veresterung möglich. So findet Hydroxyprogesteroncaproat als Depot-Gestagen Verwendung.

Durch Einführung einer Ethinyl-Gruppe in 17α-Stellung des Testosterons gelangte man zu *Ethisteron*, das nur noch schwache androgene, aber ausgeprägte gestagene Wirkung besitzt und peroral appliziert werden kann. Große Bedeutung — insbesondere als Hauptbestandteil der oralen Kontrazeptiva — erlangten schließlich *19-Nortestosteron-Derivate*. Von diesen besitzt *Norethisteron* bei peroraler Applikation gegenüber Progesteron etwa 100fache Wirksamkeit. Die Einführung einer Ethyl-Gruppe an C-13 bewirkt eine weitere Steigerung der oralen Wirksamkeit. Man kommt so zu Verbindungen wie DL-*Norgestrel* (Bestandteil von Eugynon®, Stediril®), dessen gestagene Aktivität ausschließlich an das D-Enantiomer *Levonorgestrel* (= D-Norgestrel) gebunden ist.

In der Stoffklasse der Steroide haben D-Enantiomere einen β-ständigen Substituenten an C-10. Ist C-10 nicht asymmetrisch, so ist die D-Form durch einen β-ständigen Substituenten an C-13 charakterisiert.

Überraschenderweise ist die Sauerstoff-Funktion an C-3 für eine gestagene Wirkung entbehrlich (vgl. *Lynestrenol*).

Biotransformation *Progesteron* wird in der Leber stufenweise durch Reduktion der Doppelbindung sowie der Keto-Gruppen an C-3 und C-20 metabolisiert. Hauptausscheidungsprodukt ist das Glucuronid des *3α,20α-Pregnandiols*, das im Schwangerenharn in großer Menge vorkommt.

3α,20α-Pregnandiol

Zur Bildung von 17α-Hydroxyprogesteron vgl. 12.4.1.

Synthese   Eine technisch bedeutsame *Progesteron-Synthese* geht von dem Sapogenin *Diosgenin* aus, das man vor allem aus verschiedenen mexikanischen Dioscorea-Arten gewinnt. Diosgenin wird durch Erhitzen mit Essigsäureanhydrid in Gegenwart katalytischer Mengen von Lewis-Säuren (z. B. $AlCl_3$) oder Pyridinhydrochlorid, anschließende Oxidation mit Chrom(VI)-oxid und Kochen mit Essigsäure unter Ringöffnung und oxidativer Abspaltung der Seitenkette in 16-Dehydro-pregnenolon-3-acetat übergeführt. Regioselektive Hydrierung und nachfolgende alkalische Hydrolyse ergibt *Pregnenolon*, aus dem durch *Oppenauer-Oxidation* mit Cyclohexanon im Überschuß in Gegenwart von Aluminium-tri-isopropylat Progesteron entsteht.

Diosgenin

Pregnenolon

Progesteron

19-Nor-Steroide wurden erstmals aus Östrogenen durch Reduktion mit Alkalimetallen in flüssigem Ammoniak (*Birch-Reduktion*) erhalten.

Levonorgestrel wird durch stereoselektive Totalsynthese dargestellt. Die Synthese geht von dem Indan-Derivat (1) aus, das durch regioselektive Sulfonylmethylierung mit Paraformaldehyd und Benzolsulfinsäure in das Sulfon (2) übergeführt wird, dessen Hydrierung in saurer Lösung mit Palladium auf Kohle als Katalysator das trans-verknüpfte Sulfon (3) ergibt. Reaktion mit 7,7-Ethylendioxy-3-oxo-octansäureethylester und Natriumhydrid in unpolaren Lösungsmitteln liefert den Ester (4), der durch Zyklisierung, Hydrolyse und Decarboxylierung in den Trizyklus (5) übergeht. Aus diesem ist das 19-Nor-androstendion-Derivat (6) durch Hydrierung, Ketalspaltung und erneute Zyklisierung erhältlich. Ethinylierung von (6) ergibt Levonorgestrel.

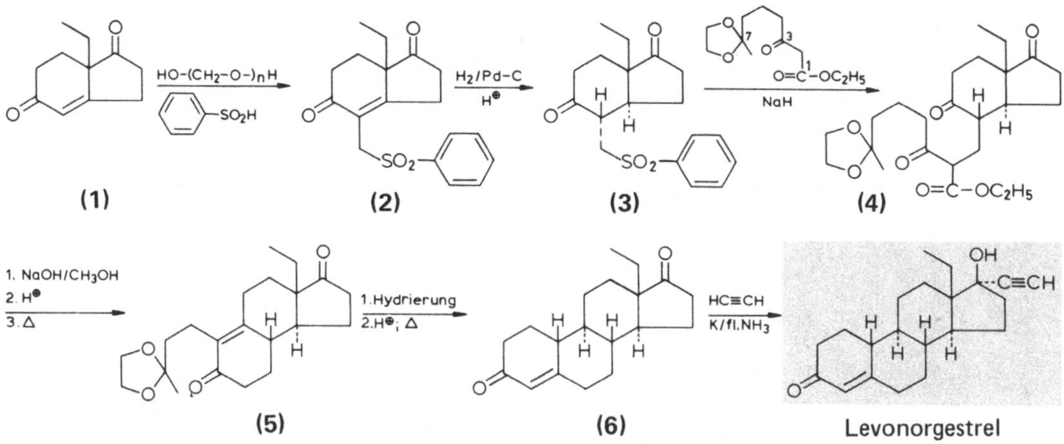

Analytik Die dünnschichtchromatographische Identifizierung von *Progesteron* nach Ph. Eur. erfolgt analog dem für Östrogene beschriebenen Verfahren (vgl. 12.5.1, Analytik) und durch IR-spektroskopischen Vergleich mit Progesteron CRS (vgl. 12.5.4, Analytik).

12.5.4 Androgene

Androgene werden vor allem in den Leydigschen Zwischenzellen des Hodens sowie in der Zona reticularis der Nebennierenrinde (vgl. 12.4) gebildet. Das wichtigste Androgen ist *Testosteron,* 4-Androsten-17β-ol-3-on. Daneben wird in den Zwischenzellen auch *4-Androsten-3,17-dion* gebildet, dem die Funktion eines „Prähormons" zukommt (vgl. Biosynthese).

Als erstes Androgen wurde *Androsteron,* ein Testosteron-Metabolit, aus Männerharn isoliert (Butenandt und Tscherning, 1931). Die Isolierung von Testosteron aus Stierhoden gelang Laqueur et al. 1935. Im gleichen Jahr wurde insbesondere durch Butenandt und Ruzicka auch die Konstitution des Testosterons ermittelt.

Androgene	
Formel	Freiname (Handelsname)
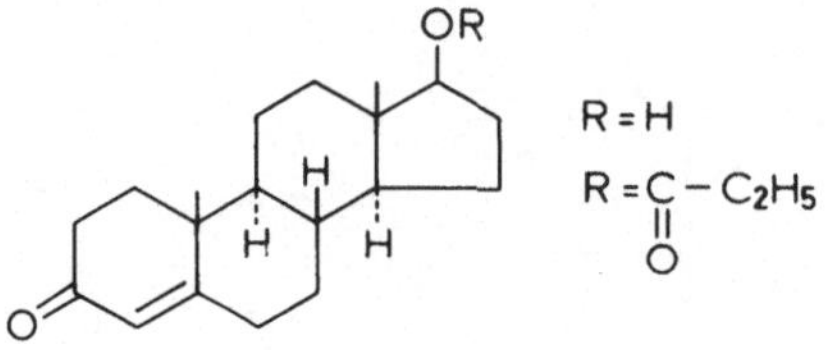 (Formel Testosteron, OR, R = H, R = C–C₂H₅)	Testosteron Testosteronpropionat (Testoviron®)
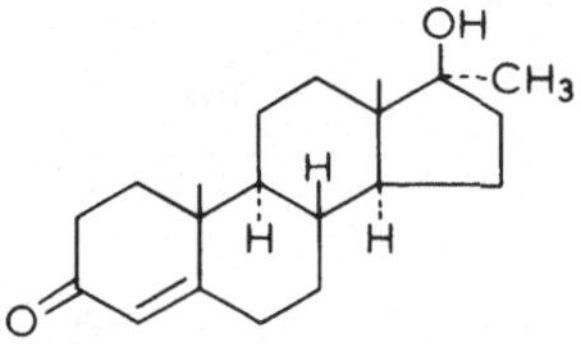 (Formel Methyltestosteron, OH, CH₃)	Methyltestosteron (Bestandteil von Pasuma®)
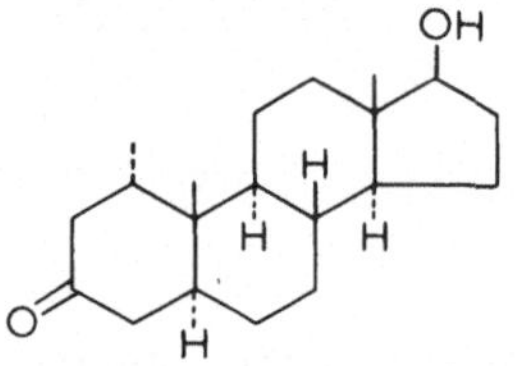 (Formel Mesterolon, OH)	Mesterolon (Proviron®, Bestandteil von Tonol®)

Die physiologischen Androgene sind C_{19}-Steroid-Hormone. Sie leiten sich vom Grundkörper *Androstan* (5α-Androstan) ab. Die entsprechenden 5β-Verbindungen sind Derivate des Grundkörpers *Etiocholan* (5β-Androstan) (vgl. 12.4.1 und 12.5).

Biosynthese   Die Biosynthese von *Testosteron* verläuft über 17α-Hydroxyprogesteron (vgl. 12.4.1), das durch oxidative Abspaltung der 17β-ständigen Acetyl-Gruppe in *4-Androsten-3,17-dion* übergeht. Dieses wird mittels Testosteron-17β-Dehydrogenase zu Testosteron reduziert.

Die Biosynthese kann auch über das aus Pregnenolon (vgl. 12.4.1) gebildete *Dehydroepiandrosteron* erfolgen, das zu *4-Androsten-3,17-dion* dehydriert oder zu *5-Androsten-3β,17β-diol* reduziert wird. Letzteres ergibt durch Dehydrierung Testosteron.

Dehydroepiandrosteron   4-Androsten-3,17-dion

Testosteron–17β–Dehydrogenase

5α–Reduktase

5-Androsten-3β,17β-diol   Testosteron   5α-Dihydrotestosteron

Von den Biosynthesevorstufen des Testosterons ist insbesondere 4-Androsten-3,17-dion als „Prähormon" anzusehen, da es in verschiedenen peripheren Organen (z. B. in der Haut) zu Testosteron umgewandelt wird.

In einem Teil der Erfolgsorgane, z. B. in den akzessorischen Geschlechtsorganen (Nebenhoden, Samenblasen, Prostata), wird Testosteron nach Eintritt in die Zellen durch das Enzym 5α-Reduktase zu *5α-Dihydrotestosteron* (4,5-Dihydrotestosteron) reduziert.

Physiologie   Die Androgene werden unter dem Einfluß von ICSH (vgl. 12.1.2) gebildet. Die Hormonsekretion unterliegt einem zirkadianen Rhythmus, wobei der morgendliche Androgenspiegel deutlich höher liegt als der abendliche.

Testosteron bzw. *5α-Dihydrotestosteron* werden intrazellulär an das Rezeptor-Protein gebunden. Der Hormon-Rezeptor-Komplex wandert in den Zellkern und bewirkt über eine Stimulation der RNA-Synthese letztlich eine Steigerung der Protein-Biosynthese. Androgen-Rezeptoren können zwischen Testosteron und 5α-Dihydrotestosteron nicht unterscheiden. Eine scheinbare Bevorzugung bestimmter Gewebe-Rezeptoren für eines der beiden Androgene hängt mit der unterschiedlichen Metabolisierung in verschiedenen Organen zusammen.

Androgene bewirken die Ausbildung und Erhaltung der sekundären männlichen Geschlechtsmerkmale.

Als *sexualspezifische Wirkungen* sind zu nennen:

- Ausbildung der männlichen Geschlechtsorgane
- Aufrechterhaltung der Funktion der akzessorischen Geschlechtsorgane
- Reifung der Spermien
- Erhaltung der Libido

Als *sexualunspezifische Wirkungen* sind von Bedeutung:

- Protein-anabole Wirkung, die die größere Muskelmasse des Mannes bedingt
- Beeinflussung von Knochenreifung und Längenwachstum
- Beeinflussung der Psyche

Pharmakologie   Substitution mit Androgenen ist bei Hypogonadismus, nach Kastration sowie bei Impotentia coeundi indiziert.

Die Therapie mit Androgenen kann infolge Hemmung des Hypothalamus-Hypophysen-Systems zu Hodenatrophie führen. Eine Steigerung der Spermatogenese bei Oligospermie ist — wenn überhaupt — nur durch den Rebound-Effekt möglich. Dieser äußert sich nach Absetzen der Androgen-Medikation in einer kurzfristigen Steigerung der FSH-Sekretion, die eine verbesserte Spermienreifung bedingt.

Mesterolon hemmt die Gonadotropin-Sekretion nicht.

Struktur-Wirkungs-Beziehungen   Derivate, die bei parenteraler Applikation eine gegenüber Testosteron verlängerte Wirkungsdauer aufweisen, können durch Veresterung des β-ständigen Hydroxyls an C-17 erhalten werden. Von den Testosteronestern hat *Testosteronpropionat* die größte Bedeutung. Ester mit längerkettigen Säuren besitzen Depotwirkung.

Durch Einführung einer Methyl-Gruppe in 17α-Stellung (*Methyltestosteron*) sowie in 1α-Stellung von Dihydrotestosteron (*Mesterolon*) wurden Verbindungen erhalten, die für eine orale Anwendung geeignet sind.

Biotransformation   Der Abbau der Androgene in der Leber führt zu zahlreichen Metaboliten. So wird *Testosteron* einerseits über *4-Androsten-3,17-dion* durch stufenweise Reduktion zunächst zu 3,17-Androstandion und schließlich zu *Androsteron*, einem Hauptmetaboliten, der noch schwache androgene Wirksamkeit besitzt, abgebaut. Andererseits kann der Abbau über *5α-Dihydrotestosteron* zu *3α,17β-Androstandiol* führen.

Neben diesen 5α-Androstan-Derivaten werden auch die entsprechenden 5β-epimeren Etiocholan-Derivate gebildet. Die Ausscheidung der Metaboliten mit dem Harn findet in Form ihrer Glucuronide oder Sulfate statt.

Analytik Die Identifizierung von *Testosteronpropionat* (Ph. Eur.) und *Methyltestosteron* (Ph. Eur.) erfolgt durch infrarotspektroskopischen Vergleich mit der jeweiligen „Chemischen Referenz-Substanz" (CRS-Substanz), wobei die IR-Absorptionsspektren nur Maxima gleicher relativer Intensitäten bei denselben Wellenlängen zeigen dürfen, sowie durch Dünnschicht-Chromatographie. Die DC-Untersuchung von Testosteronpropionat wird auf Kieselgur G-beschichteten Platten, die mit Petrolether/flüssigem Paraffin (90 + 10) imprägniert sind, durchgeführt. Als mobile Phase ist Wasser/Eisessig (60 + 40) geeignet. Die Detektion erfolgt durch Besprühen mit einer 20 proz. Lösung von Toluolsulfonsäure in Ethanol. Der Gehalt wird UV-spektrophotometrisch bestimmt.

12.5.5 Antiandrogene

Antiandrogene verdrängen Androgene von den Androgen-Rezeptoren kompetitiv. Das Antiandrogen *Cyproteronacetat* wurde 1961 aus 16-Dehydropregnenolon, einem Abbauprodukt des Diosgenins (vgl. 12.5.3), im Rahmen eines Syntheseprogramms für orale Gestagene dargestellt.

Cyproteronacetat
(Androcur®, Bestandteil von Diane®)

Cyproteronacetat ist ein 17α-Hydroxyprogesteron-Derivat, das als charakteristische Gruppierungen einen Chlor-Substituenten an C-6 und eine $1\alpha,2\alpha$-Methylen-Gruppe aufweist.

Pharmakologie *Cyproteronacetat* besitzt neben der antiandrogenen eine starke gestagene Wirkkomponente. Die Indikation umfaßt

— Behandlung von Hypersexualität und Sexualdeviationen, da Spermatogenese und Libido gehemmt werden

— Behandlung der Pubertas praecox (vorzeitiger Eintritt der Geschlechtsreife), die mit einem vorzeitigen Ende des Längenwachstums der Röhrenknochen verbunden ist

— Behandlung von Hirsutismus (Vermännlichung der Frau) und schweren Formen von Akne.

12.5.6 Anabolika

Anabolika sind Pharmaka, die die Protein-Biosynthese im Organismus fördern. Sie bewirken eine positive Stickstoff-Bilanz.

Die Anabolika leiten sich von den Androgenen ab. Die Problematik dieser Stoffklasse liegt in der schwierigen Trennung von *androgener* und *anaboler Wirkung.*

Anabolika	
Freiname **(Handelsname)**	**Formel**
Metandienon (Dianabol®)	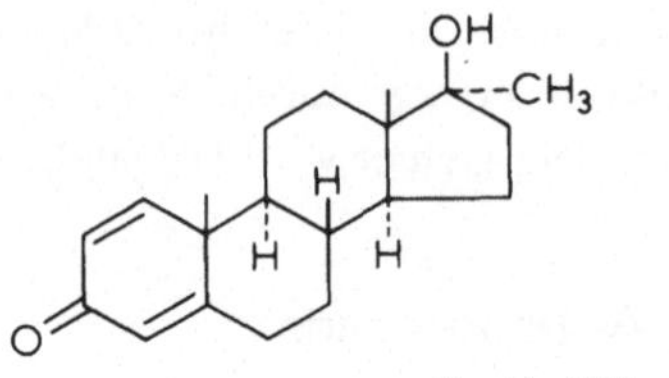
Metenolonacetat (Primobolan®)	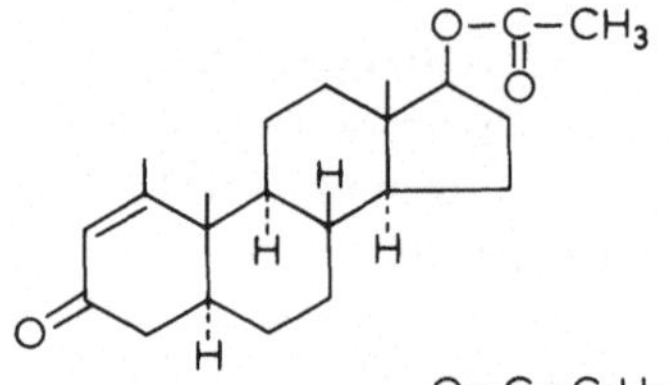
Nandrolondecanoat (Deca-Durabolin®)	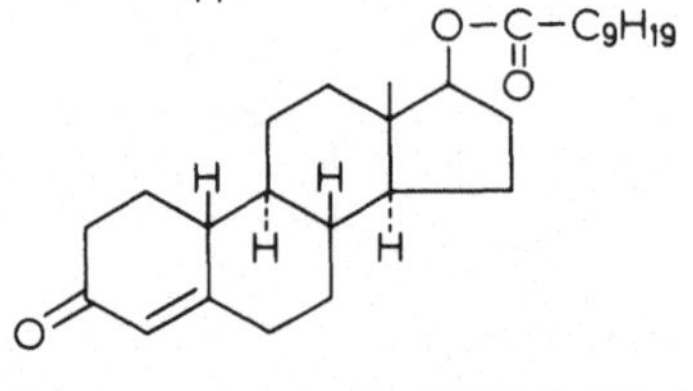

Metandienon, ein in 1,2-Stellung dehydriertes Methyltestosteron, wird aus diesem durch mikrobiologische Dehydrierung gewonnen. Das 5α-Dihydrotestosteron-Derivat *Metenolonacetat* ist sowohl in 1,2-Stellung dehydriert als auch an C-1 methyliert. *Nandrolonacetat* ist ein Ester des 19-Nortestosterons (Nandrolon).

Pharmakologie   Die anabole Wirkung äußert sich in einer Vermehrung der Muskelmasse sowie in einer Wachstumsstimulierung. Anabolika bewirken eine Retention von Wasser, Calcium-, Kalium- und Phosphat-Ionen sowie von Kreatinin. Aufgrund der androgenen Wirkungskomponente kann es bei Frauen zu Virilisierungen (tiefe Stimme, Behaarung, Akne) kommen.

Anabolika können bei Magersucht, in der Rekonvaleszenz, bei reduziertem Allgemeinzustand im Alter sowie bei Zytostatika-Therapie indiziert sein.

Leistungssportler verwenden Anabolika verbotenerweise zur Vermehrung der Muskelmasse. Anabolika unterliegen dem Doping-Verbot.

12.6 Hormone der Inselzellen des Pankreas und antidiabetisch wirksame Stoffe

Die Bauchspeicheldrüse (das Pankreas) ist ein *exkretorisches Organ*, in dem Enzyme für die Verdauung von *Kohlenhydraten* (α-Amylase), *Fetten* (Pankreaslipase) und *Proteinen* (z.B. das inaktive Proenzym Trypsinogen, das durch die Enteropeptidase des Dünndarms unter Abspaltung eines Hexapeptids in aktives Trypsin übergeführt wird) gebildet werden.

Das Pankreas enthält jedoch zusätzlich hormonproduzierende Zellverbände (*Langerhanssche Inseln*) und übt somit auch *endokrine Funktionen* aus. Die Inselzellen lassen sich differenzieren in

- *β-Zellen* (etwa 80 % der Inselzellen), die das Peptid-Hormon *Insulin* bilden und in
- *α-Zellen* (etwa 20 % der Inselzellen), die das Peptid-Hormon *Glucagon* bilden.

12.6.1 Insulin

1889 entdeckten v. Mehring und Minkowski, daß die Entfernung der Bauchspeicheldrüse bei Hunden zu einem Krankheitsbild führt, das demjenigen der *Zuckerkrankheit* (Diabetes mellitus) entspricht. Pankreas-Extrakte mit hohem Insulin-Gehalt wurden erstmals 1921 durch Banting und Best erhalten. Die Kristallisation des Insulins gelang Abel 1926, die Aminosäure-Sequenz wurde von Sanger 1954 aufgeklärt. Kleine Insulin-Mengen konnten auch durch Totalsynthese erhalten werden (Arbeitskreise von Zahn, Katsoyannis und Kung, 1963—1965).

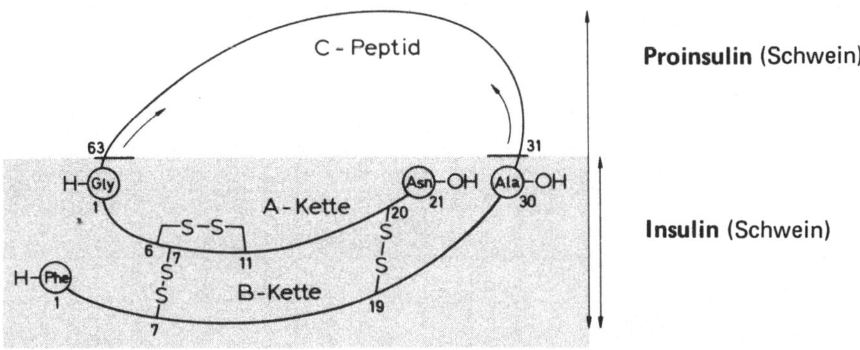

Insulin ist ein aus 51 Aminosäuren zusammengesetztes Polypeptid, das aus zwei Peptid-Ketten, einer *A-Kette* (21 Aminosäuren, eine intrachenare Disulfid-Brücke) und einer *B-Kette* (30 Aminosäuren) aufgebaut ist. A- und B-Kette sind über zwei interchenare Disulfid-Brücken miteinander verknüpft.

Die Unterschiede in der Aminosäure-Sequenz der Insuline von Mensch und Schlachttieren (Schwein, Rind) sind gering. So unterscheidet sich Human-Insulin von Schweine-Insulin nur durch die Aminosäure in Position 30 der B-Kette (L-Threonin anstelle von L-Alanin).

Verzögerungsinsuline Da die Wirkungsdauer von Insulin (*Altinsulin*) sehr kurz ist, wurden Insulin-Präparate mit protrahierter Wirkung (*Verzögerungsinsuline*, früher als Depotinsuline bezeichnet) dargestellt. Eine verzögerte Abgabe von Insulin aus der Injektionsstelle an das Blut ist durch Herabsetzung der Löslichkeit des Insulins zu erreichen.

Dies kann erfolgen durch

- *Bindung von Insulin an basische Stoffe* wie *Protamin* (vgl. 8.6.2), *Humanglobin* (der Protein-Komponente des Human-Hämoglobins, vgl. 6.3) oder *Amino-chinurid*, N,N'-Bis(4-amino-2-methyl-6-chinolyl)-harnstoff.

Aminochinurid (Surfen®)

- *Herstellung von Insulin-Zink-Kristallsuspensionen*, die im Gegensatz zu amorph ausgefälltem Insulin eine längere Wirkungsdauer besitzen. Die Löslichkeit des Insulins kann durch Zusatz von Zink-Salzen weiter herabgesetzt werden.
- *Chemische Abwandlung des Insulins*, wobei ohne Wirkungsverlust lediglich alkoholische Gruppen verestert und Amino-Gruppen acetyliert oder mit Phenyl-isocyanat in Phenylharnstoff-Derivate umgewandelt werden können.

Insuline				
Insulin-Typ	Handelsname	Spezies	Beschaffenheit	Wirkungsdauer [h]
Kurzwirksame Insuline (Altinsuline)	Insulin Hoechst®	Rind	klare Lösung; CR-Insulin	6
	Insulin S Hoechst®	Schwein	klare Lösung; CS-Insulin	6
	Insulin Novo Actrapid®	Schwein	klare Lösung; MC-Insulin	6–7
Intermediär-wirksame Insuline	Depot-Insulin Hoechst® klar	Rind	klare Lösung; CR-Insulin; Surfen®	10–16
	Depot-Insulin S Hoechst® klar	Schwein	klare Lösung; CS-Insulin; Surfen®	10–16
	®Komb-Insulin Hoechst	Rind	klare Lösung; 1/3 Alt, 2/3 Depot; Surfen®	9–14
	®Komb-Insulin S Hoechst	Schwein	klare Lösung; 1/3 Alt, 2/3 Depot; Surfen®	9–14

Fortsetzung der Tabelle

Insulin-Typ	Handelsname	Spezies	Beschaffenheit	Wirkungsdauer [h]
Intermediär-wirksame Insuline	HG-Insulin Hoechst®	Rind	klare Lösung; CR-Insulin; Humanglobin	12—16
	HG-Insulin S Hoechst®	Schwein	klare Lösung; CS-Insulin; Humanglobin	12—16
	Insulin Novo Semilente®	Schwein	Suspension von amorphem MC-Insulin	12—16
	Insulin Monotard®	Schwein	Suspension von 30 % amorphem und 70 % kristallinem MC-Insulin	18—22
Langwirksame Insuline	®Long-Insulin Hoechst	Schwein	Suspension; CS-Insulin; Surfen®	18—25
	Insulin Novo Lente®	Schwein/ Rind	Suspension von 30 % amorphem MC-Schweine- und 70 % kristallinem MC-Rinderinsulin	> 24
	Insulin Novo Ultralente®	Rind	Suspension von 100 % kristallinem MC-Rinder-insulin	> 34

CR-Insulin = Chromatographisch gereinigtes Rinder-Insulin	
CS-Insulin = Chromatographisch gereinigtes Schweine-Insulin	vgl. Gewinnung
MC-Insulin = Monocomponent-Insulin	

Insulin-Präparate nach Ph. Eur.   Die Zubereitungen werden aus kristallinem Insulin bereitet, das mindestens 23 I.E./mg enthält, und mit unterschiedlichen Mengen Zinkchlorid versetzt. Die Lösungen werden sodann isotonisch gemacht und auf den vorgeschriebenen pH-Wert eingestellt. Außerdem wird ein geeignetes Bakterizid zugesetzt. Als Puffersubstanz dient Dinatriummonohydrogenphosphat. Ph. Eur. beschreibt folgende Präparate:

— *Insulin-Injektionslösung:* pH 3,0—3,5; Zn-Gehalt: Nicht über 40,0 μg/100 I.E.

— *Amorphe Insulin-Zink-Injektionssuspension:* Gesamt-Zn-Gehalt: Höchstens 0,0095 % bei 40 I.E./ml und höchstens 0,0140 % bei 80 I.E./ml.

— *Kristalline Insulin-Zink-Injektionssuspension:* pH ~7,3; Gesamt-Zn-Gehalt: Bei Zubereitungen mit 40 I.E./ml 0,0133 %, bei 80 I.E. höchstens 0,0266 %.

— *Gemischte Insulin-Zink-Injektionssuspension:* 3 Volumenteile amorphe und 7 Volumenteile kristalline Insulin-Zink-Injektionssuspension; pH 6,9—7,5.

— *Protamin-Insulin-Zink-Injektionssuspension:* Protaminsulfat 1,0—1,7 mg/100 I.E.; Zn-Gehalt: 0,2 mg/100 I.E.; pH 6,9—7,5.

— *Isophan-Protamin-Insulin-Injektionssuspension:* Protaminsulfat 0,3—0,6 mg/100 I.E.; Zn-Gehalt: Höchstens 0,04 mg/100 I.E.; pH 6,9—7,5. Insulin und Protaminsulfat liegen im isophanen Verhältnis vor, so daß die überstehende Lösung nur einen minimalen Gehalt an Insulin oder Protamin enthält.

Biosynthese   Insulin wird in den β-Zellen aus dem einkettigen Polypeptid *Proinsulin* gebildet, das seinerseits aus *Präproinsulin*, einer noch höhermolekularen Vorstufe, entsteht. Im physiologisch inaktiven Proinsulin ist die terminale Amino-Gruppe der A-Kette mit der terminalen Carboxyl-Gruppe der B-Kette des Insulins durch ein Verbindungsstück, das sogenannte *C-Peptid* (Connecting peptide), verknüpft. Die proteolytische Abspaltung des C-Peptids erfolgt noch in den Speichergranula der β-Zellen.

Den Hauptstimulus für die Insulin-Sekretion stellt der *Anstieg des Blut-Glucosespiegels* dar. Die β-Zellen besitzen vermutlich einen Glucose-spezifischen, über c-AMP (vgl. 7.2.1) wirkenden Rezeptor. Es kann daher angenommen werden, daß die Insulin-Sekretion nicht allein vom Energiestoffwechsel der β-Zelle bestimmt wird. Für die Insulin-Ausschüttung ist auch die zelluläre Calcium-Ionen-Konzentration von Bedeutung.

Glucagon (vgl. 12.6.2) und *Somatotropin* (vgl. 12.1.2), dem eine Langzeitwirkung zukommt, verstärken die Insulin-Sekretion über eine Steigerung des Blut-Glucosespiegels. Möglicherweise hemmt Insulin die eigene Sekretion über einen Angriff an spezifischen Insulin-Rezeptoren der Langerhansschen Inselzellen.

Physiologie   Die Wirkung des Insulins wird über Rezeptoren, die in der Zellmembran verankert sind, vermittelt. Insulin beeinflußt vorzugsweise den Fett- und Kohlenhydrat-, jedoch auch den Protein-Stoffwechsel. Es kann als das *„Hormon der Speicherung"* angesehen werden, da es die Aufnahme von Glucose, Fettsäuren und Aminosäuren in die Zellen fördert und damit die Anlegung von Energiedepots begünstigt.

Kohlenhydrat-Stoffwechsel: Die Blutzucker-senkende Wirkung des Insulins beruht in erster Linie auf der *Erhöhung der Permeabilität der Zellmembranen für Glucose.* Dies ist vor allem für Muskel- und Fettzellen von Bedeutung. Insulin ermöglicht somit den Glucose-Einstrom in die Zelle, möglicherweise wird jedoch durch Enzyminduktion auch die Glykolyse — also der anaerobe Abbau zu Brenztraubensäure — in der Zelle gefördert.

Die Umwandlung von Glucose in den Speicherstoff *Glykogen* wird durch Insulin ebenfalls stimuliert. Das Polysaccharid Glykogen ist — ähnlich wie Amylopektin — 1,4-α-glykosidisch aus D-Glucose-Resten aufgebaut. Es unterscheidet sich von diesem aber durch einen doppelt so hohen Verzweigungsgrad. Die Verzweigungen kommen durch Seitenketten zustande, die 1,6-α-glykosidisch verknüpft sind und aus 6—12 Glucose-Resten bestehen.

Weiterhin hemmt Insulin auch die Gluconeogenese aus Aminosäuren.

Fett-Stoffwechsel: In verschiedenen Geweben wird durch Insulin die Aufnahme freier Fettsäuren, die in Form von Triglyceriden gespeichert werden, erhöht. Insulin hemmt im Fettgewebe die Lipolyse und damit die Freisetzung von Fettsäuren, die Umwandlung von Kohlenhydraten in Fett wird gefördert. Die Vermehrung des Fettgewebes bedingt einen vermehrten Insulin-Bedarf.

Protein-Stoffwechsel: An der Muskelzelle wird die Aufnahme von Aminosäuren gesteigert, die Protein-Synthese begünstigt sowie der Protein-Abbau gehemmt.

Als physiologische Substanzen mit Blutzucker-steigernder Wirkung sind besonders *Adrenalin* (vgl. 7.2.1), *Glucagon* und *Somatotropin* sowie eventuell *Glukokortikoide* (vgl. 12.4.1) von Bedeutung. Der Blut-Glucosespiegel wird auf einem Nüchternwert von 70—90 mg/dl Blut konstant gehalten. Ein Absinken des Blutzuckers unter 50 mg/dl wird als *Hypoglykämie* bezeichnet, die mit Tachykardie, Tremor und Heißhunger verbunden ist. Bei weiterem Absinken des Blut-Glucosespiegels kann es zum lebensbedrohenden *hypoglykämischen Schock* kommen. Ein Anstieg des Blutzuckerspiegels über die Norm wird als *Hyperglykämie* bezeichnet.

Pathophysiologie, Pharmakologie Die Zuckerkrankheit ist die bedeutendste Stoffwechselstörung. In hochindustrialisierten Ländern sind etwa 2—3 % der Bevölkerung davon betroffen. Als wichtigste Symptome sind zu nennen:

- *Hyperglykämie*, verbunden mit *Polyurie* infolge osmotisch bedingter Diurese-Steigerung
- *Glucosurie*, wenn die Hyperglykämie 180 mg/dl Blut (Schwellenwert) überschreitet
- *Hyperlipidämie* durch Mobilisierung der Fettreserven. Insbesondere steigt die Konzentration freier Fettsäuren.

Die durch Mobilisierung der Fettdepots gebildeten freien Fettsäuren werden in der Leber durch β-Oxidation zu großen Mengen Acetyl-CoA abgebaut. Kann dieses nicht in den Citrat-Zyklus eingehen, weil nicht genügend Oxalacetat, das aus Glucose und einigen Aminosäuren entsteht, vorhanden ist, kommt es zur Bildung von Acetoacetyl-CoA, aus dem die „*Ketonkörper*" Acetessigsäure, Aceton und β-Hydroxybuttersäure (vgl. 6.3) entstehen. Die Bildung der Ketonkörper stört das Säure-Basen-Gleichgewicht. Bei dekompensiertem Diabetes mellitus können daher als weitere Symptome *Ketonurie* und *Azidose* auftreten.

Grundsätzlich ist bei der Zuckerkrankheit zwischen jugendlichem (juvenilem) Diabetes und Altersdiabetes (Erwachsenendiabetes) zu unterscheiden.

- Der *jugendliche Diabetes*, der schon im Säuglingsalter auftreten kann, ist durch Fehlen intakter β-Zellen gekennzeichnet. Da kein Insulin mehr gebildet wird, sind orale Antidiabetika (vgl. 12.6.3) unwirksam.
- Der *Altersdiabetes*, der in der Regel mit Übergewicht einhergeht, ist eine Folge nachlassender Insulin-Sekretion. Aufgrund des vorhandenen Rest-Insulins sind orale Antidiabetika wirksam.

Das Frühstadium der Zuckerkrankheit (*Latenter Diabetes*) ist durch *Provokationstests* (orale Glucose-Belastung) erfaßbar.

Bei der Behandlung des Altersdiabetes stehen diätetische Maßnahmen — vor allem zur Reduktion des Körpergewichts — im Vordergrund. Ist eine Einstellung durch *Diät* allein nicht möglich, werden zusätzlich *orale Antidiabetika* verabreicht. Kann eine ausgeglichene Stoffwechsellage mit beiden Maßnahmen nicht erreicht werden, muß — wie beim jugendlichen Diabetes — *Insulin* appliziert werden. Da es als Peptid im Gastrointestinaltrakt der Proteolyse unterliegt, wird es überwiegend subkutan verabreicht. Um die Zahl der Injektionen gering zu halten, kommen vorzugsweise *Verzögerungsinsuline* zur Anwendung.

Altinsulin, das aus dem injizierten Depot schnell in das Blut gelangt, bewirkt eine rasche, aber nur kurzdauernde Blutzuckersenkung. Es ist bei Koma und Präkoma diabeticum, bei azidotischer Stoffwechsellage sowie bei Erst- und Neueinstellungen indiziert.

Anstelle von Glucose kann der Diabetiker *Fructose* bzw. *Sorbit* verwenden. Sorbit wird in der Leber zu Fructose dehydriert, die Insulin-unabhängig verwertet werden kann.

Eigenschaften   Die relative Molekülmasse des Insulins beträgt etwa 5 700, dürfte jedoch unter Berücksichtigung der Hydratation bei etwa 6 000 liegen. Dieser Wert ist jedoch nur für stark verdünnte Lösungen bei pH 2–3 gültig. In konzentrierteren Lösungen und bei steigendem pH-Wert tritt *Aggregation* zu Dimeren, Tetrameren, Hexameren und Octameren auf. Insulin besitzt eine weitgehend starre Raumstruktur.

Aufgrund der Röntgenstrukturanalyse enthalten rhomboedrische Insulin-Kristalle auf 6 Insulin-Moleküle zwei Atome Zink. Der Zink-Gehalt des Insulins ist von der Zink-Konzentration der Lösung abhängig.

Die Dimerisierung des Insulins erfolgt wahrscheinlich über Komplex-Bildung mit Zink-Ionen, wobei die Histidin-Reste in Position 5 und 10 der β-Kette als Liganden fungieren. Maximal 4 Dimere können zu einer noch größeren Einheit aggregieren.

Insulin ist im Bereich zwischen pH 4,3 und 6,8 schwer löslich. Sein isoelektrischer Punkt liegt bei etwa pH 5,4. Durch die Aufnahme von Zink wird der isoelektrische Punkt und folglich auch der pH-Bereich der Schwerlöslichkeit zum pH des Blutes hin verschoben.

Insulin ist alkalilabil, oberhalb pH 11 tritt rasch irreversible Denaturierung ein. Die Öffnung der Disulfid-Brücken bedingt einen Verlust der biologischen Wirkung. Im Gegensatz zu anderen Proteinen ist Insulin selbst in hochprozentigem Ethanol (bis 80 %) leicht löslich. Dies ist für die Gewinnung von Bedeutung.

Gewinnung   Bei der *Insulin-Gewinnung* wird das Pankreas von Schweinen oder Rindern zur Vermeidung proteolytischen Abbaus zunächst auf – 20 °C tiefgekühlt, danach zerkleinert, mit salzsaurem 70proz. Ethanol (pH 1–2) extrahiert und der Auszug mit Ammoniak auf pH 8 eingestellt. Das ausgefällte Begleiteiweiß wird abzentrifugiert, das Filtrat auf pH 3 angesäuert und im Vakuum konzentriert. Nach Aussalzen des Rohinsulins mit NaCl, Umfällung am isoelektrischen Punkt und Kristallisation in Gegenwart von Zinkchlorid erhält man kristallines Insulin, das jedoch noch erhebliche Mengen Begleitproteine aufweist. Wegen unterschiedlich starker Antigenität werden die Insuline verschiedener Spezies getrennt aufgearbeitet (*Monospezies-Insuline*).

Die Antigenität der Insulin-Präparate ist jedoch vor allem auf Begleitproteine zurückzuführen. Als solche sind exokrine Pankreasproteine, Proinsulin, Intermediatinsuline, die bei der Synthese von Insulin aus Proinsulin durch einseitige Abspaltung des C-Peptids entstehen, sowie Insulin-Abbauprodukte von Bedeutung. Die Abtrennung dieser Begleitproteine gelingt vor allem mittels Gelchromatographie (*chromatographisch gereinigte Insuline*). Dagegen sind *Monocomponent-Insuline* zusätzlich durch Anionenaustauscher-Chromatographie gereinigt. Seit der Verwendung derartig behandelter Präparate werden Insulin-Allergien seltener beobachtet.

Analytik   Die *Aktivität von Insulin-Zubereitungen* wird nach Ph. Eur. durch Vergleich mit der Aktivität eines Internationalen Standardpräparates unter gleichen Bedingungen bestimmt. Als biologischer Test dient die nach subkutaner Injektion an Kaninchen oder Mäusen auftretende hypoglykämische Reaktion.

Der Gesamt-Zink-Gehalt sowie in einigen Präparaten auch der Gehalt an gelöstem Zink wird durch Atomabsorptionsspektrometrie (vgl. 6.3) ermittelt.

12.6.2 Glucagon

Das in den α-Zellen der Langerhansschen Inseln gebildete *Glucagon* ist ein einkettiges, Cystein-freies Polypeptid, das aus 29 Aminosäuren aufgebaut ist. Glucagon zeigt keine Spezies-Unterschiede. Es ist im Bereich pH 4—9 schwer löslich, der isoelektrische Punkt liegt bei pH 7,5.

Physiologie   *Glucagon steigert* — über eine Stimulierung des Adenylat-Cyclase-Systems (vgl. 7.2.1) — *die Glykogenolyse,* wodurch zelluläre Energiedepots mobilisiert werden. Quantitativ gesehen, spielt die Glykogenolyse in den Leberzellen die größte Rolle. Glucagon fördert in der Leber auch die *Gluconeogenese.* Über die Steigerung des Blut-Glucosespiegels fungiert Glucagon als *funktioneller Antagonist des Insulins.*

Pharmakologie   *Glucagon* (Glucagon Novo), das in höherer Dosierung positiv inotrop und positiv chronotrop wirkt, wird bei akuter Herzinsuffizienz eingesetzt. Da es auch die Erregungsleitung verbessert (positiv dromotrope Wirkung), kommt es vor allem bei gleichzeitigen Überleitungsstörungen zur Anwendung.

Nachteilig ist die kurze Wirkungsdauer (20—30 min). Glucagon-Präparate mit protrahierter Wirkung (Zink- und Protamin-Zusätze, vgl. 12.6.1) sind in Erprobung.

Glucagon wird weiterhin zur Therapie von Hypoglykämien, z.B. nach Behandlung mit Antidiabetika, sowie bei Inselzell-Tumoren eingesetzt.

12.6.3 Sulfonylharnstoffe und Analoge

Entwicklung   Die Entwicklung peroral applizierbarer Blutzucker-senkender Substanzen erhielt ihren entscheidenden Anstoß, als Janbon 1942 beobachtete, daß das Sulfonamid IPTD (Sulfanilamid-*iso*propyl-*thia*diazol) hypoglykämische Wirkung zeigt und Loubatières die Möglichkeit einer Behandlung des Diabetes mellitus damit erkannte. Zur praktischen Anwendung kam dieser Befund jedoch erst, als Franke und Fuchs die Blutzucker-senkende Wirkung des *Carbutamids* fanden, eines Sulfonamids aus der Gruppe der 4-Aminobenzolsulfonylharnstoffe (Sulfanilharnstoffe), das 1955 als erstes *orales Antidiabetikum* in die Therapie eingeführt wurde. Besondere Bedeutung erlangte schließlich *Tolbutamid,* 1-Butyl-3-tosyl-harnstoff, das keine unerwünschte chemotherapeutische Wirksamkeit mehr besitzt.

Durch systematische strukturelle Abwandlung des im Gramm-Bereich zu applizierenden Tolbutamids gelangte man schließlich zu bedeutend stärker wirkenden Substanzen, die im Milligramm-Bereich dosiert werden können. Erster Vertreter dieses Typs war *Glibenclamid.*

Sulfonylharnstoffe		
Untergruppe	**Freiname (Handelsname)**	**Formel**
Sulfonamid-Typ	Carbutamid (Invenol®, Nadisan®)	$H_2N-\langle\ \rangle-SO_2-NH-C(-O)-NH-C_4H_9$
Tolbutamid-Typ	Tolbutamid (Artosin®, Rastinon®)	$H_3C-\langle\ \rangle-SO_2-NH-C(-O)-NH-C_4H_9$
	Chlorpropamid (Diabetoral®)	$Cl-\langle\ \rangle-SO_2-NH-C(-O)-NH-C_3H_7$
Glibenclamid-Typ	Glibenclamid (Euglucon®)	Glibenclamid-Struktur
	Glisoxepid (Pro-Diaban®)	Glisoxepid-Struktur

Pharmakologie

Orale Antidiabetika vom Typ der Sulfonylharnstoffe mobilisieren körpereigenes Insulin, indem sie die Insulin-Sekretion der β-Zellen der Langerhansschen Inseln erhöhen. Gleichzeitig dürfte an Plasma-Proteine gebundenes Insulin, das biologisch inaktiv ist, freigesetzt und damit reaktiviert werden. Da somit alle wesentlichen Wirkungen der Sulfonylharnstoffe Insulin-Effekte sind, ist diese Stoffklasse nur beim Altersdiabetes indiziert, bei dem die körpereigene Insulin-Produktion wenigstens noch zum Teil erhalten ist.

Die wichtigste Nebenwirkung sind Hypoglykämien, die besonders nach Gabe stark wirksamer Sulfonylharnstoffe auftreten können. Mit Pharmaka, die stark an Plasma-Proteine gebunden werden (z.B. Analgetika/Antiphlogistika oder Sulfonamide), kann es durch Verdrängung der Sulfonylharnstoffe aus der Plasma-Eiweißbindung sowie durch Konkurrenz um tubuläre Sekretionsmechanismen zu Arzneistoff-Interaktionen kommen.

Struktur-Wirkungs-Beziehungen

Als Grundstrukturen betazytotrop wirksamer Antidiabetika kommen insbesondere *Benzolsulfonylharnstoff* und *Benzolsulfonylsemicarbazid* (vgl. Glisoxepid) in Betracht, wobei der dissoziierbare Wasserstoff der Imid-Gruppierung $-SO_2-NH-CO-$ essentiell ist.

Benzolsulfonylharnstoff

Benzolsulfonylsemicarbazid

Die durch die Sulfanilamid-Struktur bedingte unerwünschte chemotherapeutische Wirksamkeit des *Carbutamids* kann durch Einführung unterschiedlicher Substituenten anstelle der p-ständigen Amino-Gruppe unter Erhalt der Blutzucker-senkenden Wirkung aufgehoben werden. *Tolbutamid* besitzt eine Methyl-Gruppe, die stark wirksamen *Sulfonylharnstoffe vom Glibenclamid-Typ* sind durch einen Acylaminoethyl-Substituenten gekennzeichnet.

Während die antidiabetische Wirkung durch einen endständigen Alkyl- oder Cycloalkyl-Rest am Harnstoff verstärkt wird, hat Substitution an anderen Positionen des Benzolsulfonylharnstoffs in der Regel Wirkungsverminderung zur Folge.

Nicht zur Stoffklasse der Sulfonylharnstoffe gehörig, ihr aber strukturell sehr ähnlich, ist das 2-Benzolsulfonamido-pyrimidin-Derivat *Glymidin*, das in Form seines Natrium-Salzes (Redul®) im Handel ist.

Glymidin

Glymidin enthält anstelle von Harnstoff Guanidin als Strukturelement.

Biotransformation Die Biotransformation des *Tolbutamids* führt durch Oxidation der Methyl-Gruppe zur entsprechenden Carbonsäure, die nicht mehr Blutzucker-senkend wirksam ist und mit dem Harn ausgeschieden wird, was bei der Harnanalyse zur Vortäuschung von Eiweiß führen kann. Die lange Wirkungsdauer von *Chlorpropamid* (biologische Halbwertzeit = 35 h) ist im wesentlichen auf die hier nicht mögliche Oxidation zurückzuführen. Chlorpropamid wird unverändert ausgeschieden. Als Metabolit des *Glibenclamids* wurde das am Cyclohexanring in 4-Stellung hydroxylierte Derivat isoliert. *Glymidin* wird zunächst entmethyliert und der gebildete Alkohol anschließend zur Carbonsäure oxidiert.

Synthese *Tolbutamid* ist aus p-Toluolsulfonamid (4-Methylbenzolsulfonamid) darstellbar, das mit Chlorameisensäuremethylester in Gegenwart von Alkalicarbonat zunächst in N-Tosyl-carbaminsäuremethylester übergeführt wird. Anschließendes Erhitzen mit n-Butylamin bis zur Beendigung der Methanol-Abspaltung ergibt Tolbutamid in guter Ausbeute.

Tolbutamid

Analytik Die Prüfung auf Identität von *Tolbutamid* nach Ph. Eur. erfolgt durch Hydrolyse mit Schwefelsäure, wobei p-Toluolsulfonamid entsteht (Schmp.). Das bei der Hydrolyse gleichermaßen gebildete n-Butylamin wird nach Alkalisierung mit Wasserdampf abdestilliert und mit diazotiertem 4-Nitranilin umgesetzt, wobei in Abhängigkeit von den Reaktionsbedingungen vorzugsweise gelb bis rot gefärbte Triazen-Farbstoffe entstehen.

Zur Gehaltsbestimmung von Tolbutamid wird das acide Imid-Proton mit Natronlauge in wäßrigem Ethanol gegen Phenolphthalein titriert.

12.6.4 Biguanide

Die frühe Beobachtung, daß Guanidin-Derivate Blutzucker-senkend wirken, führte zur Stoffklasse der Diguanidine, von denen besonders das 1,10-Diguanidino-decan (Synthalin A®) therapeutisch verwendet wurde.

$$H_2N-\underset{\underset{NH}{\|}}{C}-NH-(CH_2)_{10}-NH-\underset{\underset{NH}{\|}}{C}-NH_2 \qquad \text{Synthalin A}^®$$

Die Diguanidine wurden später wegen zu hoher Toxizität aus dem Handel gezogen. Als weniger toxisch erwiesen sich monosubstituierte *Biguanide*. Bei dieser Stoffgruppe kann als lebensbedrohliche Komplikation eine oft therapieresistente *Lactat-Acidose* auftreten. Von den Biguaniden ist nur noch *Metformin* im Handel, das gegenüber *Buformin* und *Phenformin* ein geringeres relatives Risiko besitzt.

$$H_2N-\underset{\underset{NH}{\|}}{C}-NH-\underset{\underset{NH}{\|}}{C}-N(CH_3)_2 \qquad \text{Metformin (Glucophage}^®\text{ retard)}$$

Pharmakologie Als einzige Indikation für *Metformin* gilt die Kombinationstherapie mit Sulfonylharnstoffen, wenn bei maximal ausgenutzter Diät eine befriedigende Einstellung des Altersdiabetikers mit Sulfonylharnstoffen allein nicht mehr möglich ist.

Biguanide lagern sich an zelluläre Membranen an und schädigen diese unspezifisch. Dies führt einerseits zur Verminderung der Glucose-Resorption im Darm und andererseits — über eine Anlagerung an die Mitochondrien-Membranen — zur Hemmung der Atmungskette, woraus eine verminderte ATP-Synthese resultiert. Als Folge steigt der anaerobe Glucose-Abbau. Die als Endprodukt der Glykolyse auftretende Brenztraubensäure wird zu Milchsäure reduziert. Wegen der Hemmung oxidativer Stoffwechselprozesse steigt der Lactat/Pyruvat-Quotient stark an, was die Entstehung der wegen ihrer hohen Mortalität gefürchteten Lactat-Acidose erklärt. Der Lactat-Anstieg wird durch eine ungenügende Metabolisierung in der Leber sowie eine verringerte Eliminierung über die Niere noch begünstigt.

Die Wirkung der Biguanide erfordert die Anwesenheit von Insulin. Eine vermehrte Insulin-Sekretion aus den β-Zellen erfolgt nicht. Möglicherweise durch Verzögerung der Magenentleerung kommt es zu einer Verminderung des Appetits. Diese anorexigene Wirkung ist bei übergewichtigen Diabetikern von Vorteil.

Synthese Metformin wird durch Umsetzung von Dicyandiamid (Cyanoguanidin) mit Dimethylamin erhalten.

$$H_2N-\underset{\underset{NH}{\|}}{C}-NH-C\equiv N \quad + \quad HN(CH_3)_2 \longrightarrow \quad H_2N-\underset{\underset{NH}{\|}}{C}-NH-\underset{\underset{NH}{\|}}{C}-N(CH_3)_2$$

Metformin

12.7 Gewebshormone und Antagonisten

Im Gegensatz zu Hormonen, die in endokrinen Drüsen gebildet werden, versteht man unter Gewebshormonen (vgl. 12) Substanzen, deren Bildung in spezialisierten Einzelzellen, die in nichtendokrines Gewebe diffus eingebettet sind, stattfindet. Zu den Gewebshormonen zählen u. a.

- — die biogenen Amine Histamin und Serotonin
- — die Prostaglandine, das Prostacyclin sowie die Thromboxane
- — die gastrointestinalen Hormone Gastrin, Secretin und Cholecystokinin/Pankreozymin u. a.
- — Im weiteren Sinne auch biologisch aktive Peptide wie
    - — die Kinine Bradykinin und Kallidin
    - — Angiotensin II

Man unterscheidet Gewebshormone, die in *endokrinen Zellen* gebildet werden und ihre Wirkung über den Blutweg entfalten von solchen, die *parakrin* sezerniert werden. Diese üben ihre Funktion per diffusionem in unmittelbarer Nachbarschaft zum Syntheseort aus.

Zahlreichen Gewebshormonen kommt die *Funktion eines Mediators* zu, der bei Erkrankungen freigesetzt oder neugebildet wird und folglich pathogenetische Bedeutung besitzen kann. Als Mediatoren sind u. a. die oben erwähnten biogenen Amine, bestimmte Prostaglandine sowie die Kinine in Betracht zu ziehen.

Stoffe, die parakrin sezerniert werden, treten insbesondere im Gastrointestinaltrakt auf. Dazu zählen die Polypeptide *GIP* (gastric inhibitory polypeptide; 43 Aminosäuren), *VIP* (vasoactive intestinal polypeptide; 28 Aminosäuren), *Substanz P* (11 Aminosäuren) und *Somatostatin* (vgl. 12.1.1), denen teilweise auch Funktionen im ZNS zukommen. Somit wird die Abgrenzung zu Neurohormonen problematisch.

Neurotransmitter (vgl. 7) werden den Gewebshormonen nicht allgemein zugerechnet.

12.7.1 Histamin und Histamin-Analoge

Histamin, 4-(2-Aminoethyl)-imidazol, wurde 1907 von Windaus und Vogt synthetisiert und wenig später von Barger und Dale in Secale cornutum sowie von Ackermann und Mitarb. im Körper von Säugetieren nachgewiesen.

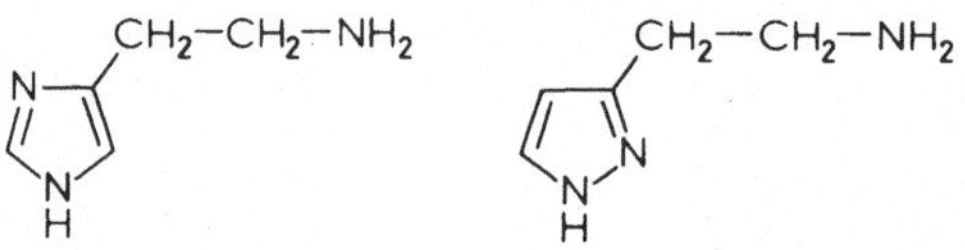

Histamin

Betazol
(Betazol, Lilly)

Histamin entsteht aus der Aminosäure L-Histidin durch Decarboxylierung mittels Histidin-Decarboxylase. Biosynthese und Speicherung finden in den *Gewebemastzellen* sowie in den *basophilen Leukozyten* des Blutes (Blutmastzellen) statt. Histamin kommt in nahezu allen Organen vor. Die höchsten Konzentrationen finden sich beim Menschen in Lungen, Haut und in der Mukosa des Magen-Darm-Traktes.

In den von Paul Ehrlich beschriebenen Mastzellen liegt Histamin in biologisch inaktiver Form, gebunden an das saure Mucopolysaccharid Heparin (vgl. 8.6.2) sowie an ein basisches Protein vor. Die Freisetzung (Histamin-Liberation) erfolgt durch Degranulation der Mastzellen.

Die *physiologische Funktion* ist nicht gesichert. Besondere Bedeutung besitzt Histamin wohl als physiologischer Chemostimulator der HCl-Sekretion in den Belegzellen der Magenschleimhaut. Daneben soll es u. a. eine Rolle bei der Regeneration und Heilung von Geweben spielen.

Als *Mediator* (vgl. 12.7) kommt Histamin pathophysiologische Bedeutung zu. So treten nach lokaler Histamin-Freisetzung vor allem Symptome wie Urtikaria, Quaddelbildung und Gefäßerweiterung auf. Dies ist insbesondere bei allergisch bedingten Erkrankungen von Bedeutung. Auch an Entzündung und Schmerzerzeugung ist Histamin beteiligt.

Pharmakologie   *Histamin* greift an zwei spezifischen Rezeptoren an, die aufgrund ihrer unterschiedlichen Hemmbarkeit als *Histamin H_1- und H_2-Rezeptoren* bezeichnet werden. Von diesen sind die H_2-Rezeptoren im Gegensatz zu den H_1-Rezeptoren an das membranständige Adenylat-Cyclase-System (vgl. 12) gekoppelt.

Erregung der H_1-Rezeptoren bewirkt

- Kontraktion der Bronchial-, Darm- und Uterus-Muskulatur (direkte Wirkung auf die glatte Muskulatur)
- Erhöhung der Permeabilität der Kapillaren
- Erweiterung von Arteriolen, Venolen und Kapillaren.

Erregung der H_2-Rezeptoren bewirkt

- Stimulation der Magensaft-Sekretion
- Steigerung der Herzfrequenz (positiv chronotrope Wirkung).

An der für Histamin charakteristischen Blutdrucksenkung sind H_1- und H_2-Rezeptoren beteiligt. Der Histamin-Kopfschmerz beruht auf der vasodilatatorischen Wirkung.

Histamin kann zur Diagnostik der Magensaft-Sekretion verwendet werden. Die fehlende Säure-Sekretion nach subkutaner Histamin-Injektion (Histamin-refraktäre Anacidität) ist ein Leitsymptom der perniziösen Anämie. Besser geeignet als Histamin ist das Pyrazol-Analoge *Betazol*, dessen Blutdruck-senkende und bronchokonstriktorische Wirkung vergleichsweise gering ist. H_2-Rezeptor-spezifische Agonisten befinden sich in Erprobung.

Von besonderer pathogenetischer Bedeutung ist die Histamin-Liberation durch Degranulation der Mastzellen. Hierbei kommt es zur Exozytose der basophilen Mastzellgranula mit anschließender Histamin-Freisetzung in das extrazelluläre Milieu. Als Ursachen kommen neben Zellzerstörung (z.B. bei Weichteilverletzungen) vor allem *allergische Reaktionen,* die auf der Interaktion von Antigenen mit mastzellständigen Antikörpern (IgE, vgl. 6.2) beruhen, in Betracht. Daneben sind *Histamin-Liberatoren* zu nennen, die folgenden Stoffklassen angehören:

- Muskelrelaxantien, z.B. Tubocurarinchlorid
- Narkotika, z.B. Thiopental
- Plasmaersatzmittel, z.B. Dextrane
- Röntgenkontrastmittel

Auch zahlreiche basische Substanzen wie die Alkaloide *Atropin* und *Morphin* bewirken eine Histamin-Liberation. Für die experimentelle Forschung ist die Substanz *48/80,* ein Kondensationsprodukt aus N-Methyl-4-methoxyphenylethylamin und Formaldehyd, von Bedeutung.

Biotransformation Die Metabolisierung des Histamins erfolgt einerseits durch N^τ-*Methylierung* (mit τ wird das von der Seitenkette entfernt stehende N-Atom des Imidazol-Rings bezeichnet) mittels Histamin-Methyltransferase. Durch anschließenden oxidativen Abbau der Aminoethyl-Gruppe entsteht als Endprodukt dieses Biotransformationsweges 1-Methyl-4-imidazolessigsäure.

Andererseits wird Histamin auch durch oxidative Desaminierung mittels Diamin-Oxidase inaktiviert. Der dabei entstehende 4-Imidazolacetaldehyd wird durch Oxidation und nachfolgende Nucleosid-Bildung in 1-Ribosyl-4-imidazolessigsäure übergeführt.

Analytik   *Histamin* kann durch Kupplung mit Diazonium-Salzen (diazotierte Sulfanil-säure oder Echtblausalz B) zu Azo-Verbindungen nachgewiesen werden. Zur Kupplung sind alle C-Atome des Imidazol-Rings befähigt, bevorzugt jedoch das C-2, da hier die Elektronendichte am größten ist.

Anhang: Cromoglicinsäure

Cromoglicinsäure, ein Bis-Chromon-Derivat, hemmt — nach längerer Applikation — die Fähigkeit der Mastzellen, Histamin freizusetzen. Das Dinatrium-Salz der Cromoglicin-säure (Intal®) wird daher bei Asthma bronchiale sowie bei allergischer Rhinitis einge-setzt.

Cromoglicinsäure

12.7.2 H_1-Antihistaminika

H_1-Antihistaminika (die klassischen Antihistaminika) verdrängen Histamin kompetitiv von H_1-Rezeptoren, wogegen H_2-Rezeptoren unbeeinflußt bleiben. Als erstes Anti-histaminikum wurde *Antergan*® (Halpern, 1942) in die Therapie eingeführt.

Unter formalen Gesichtspunkten können die H_1-Antihistaminika eingeteilt werden in

Ethylendiamin-Derivate

Colamin-Derivate

Propylamin-Derivate

H₁-Antihistaminika		
Untergruppe	Freiname (Handelsname)	Formel
Ethylendiamin-Typ	Promethazin (Atosil®) vgl. 7.5.3	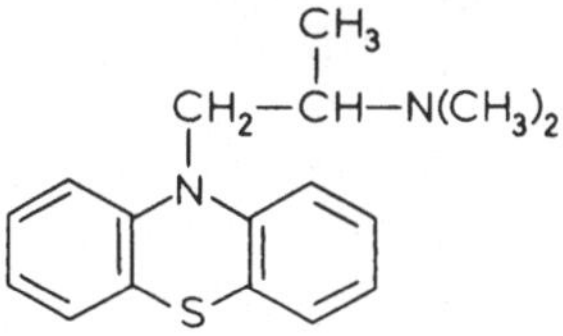
	Meclozin (Bonamine®) vgl. 7.9.4	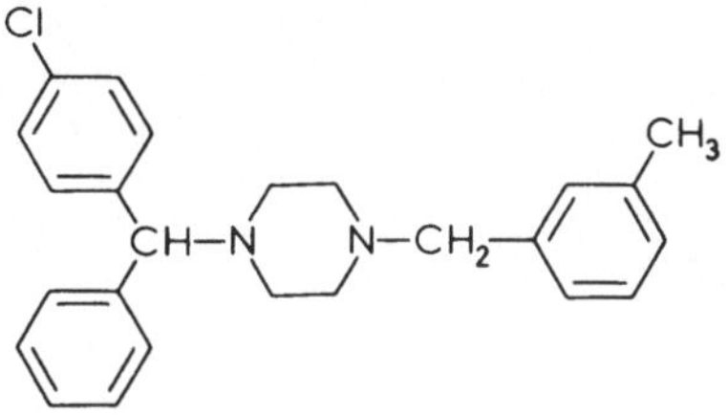
Analoge	Bamipin (Soventol®)	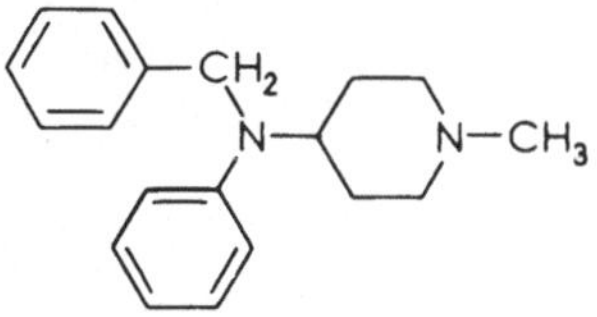
Colamin-Typ	Diphenhydramin (Dolestan®, Bestandteil von Betadorm®, Benadryl® Expectorans) vgl. 7.9.4	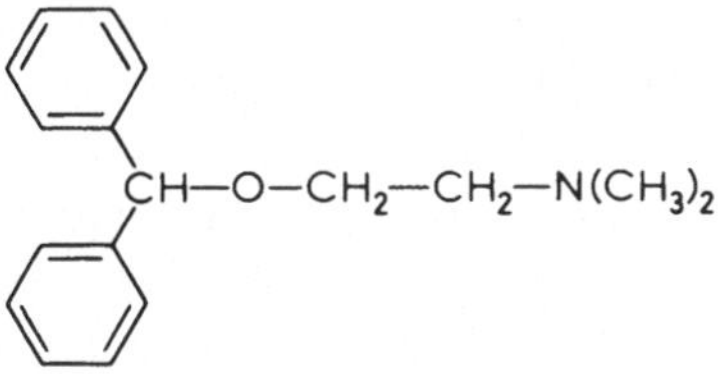
	Chlorphenoxamin (Systral®) vgl. 7.9.4	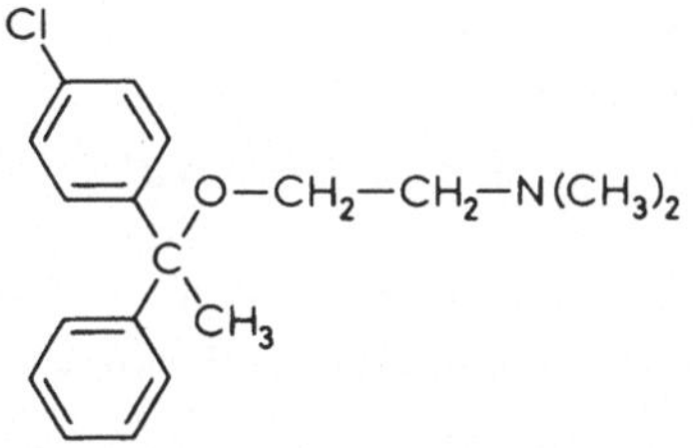
Analoge	Clemastin (Tavegil®)	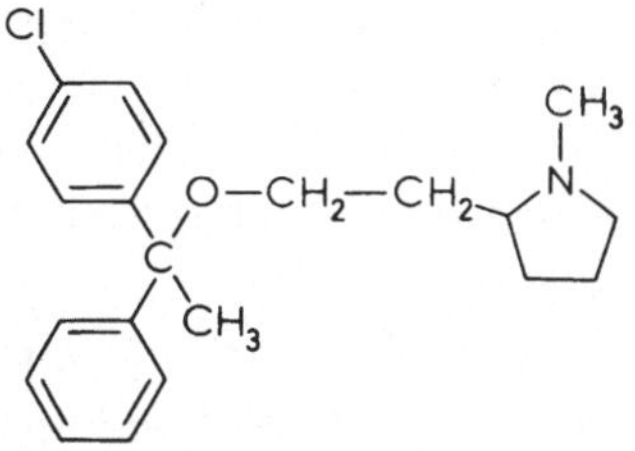

Fortsetzung der Tabelle

Untergruppe	Freiname (Handelsname)	Formel
Propylamin-Typ	Pheniramin (Avil®)	
	Brompheniramin (Ilvin®-Dupletten)	
Analoge	Dimetinden (Fenistil®)	

Pharmakologie H_1-*Antihistaminika* antagonisieren alle über H_1-Rezeptoren vermittelten Histamin-Wirkungen und sind insbesondere bei allergischen Reaktionen, die mit Histamin-Freisetzung einhergehen, indiziert. Dazu gehören Heuschnupfen, allergische Urticaria, Arzneimittelallergien, Serumkrankheit sowie auch allergisches Asthma bronchiale. Ebenso eignen sie sich zur Behandlung von Insektenstichen, bei denen Histamin exogen in die Haut gelangt. Als charakteristische Begleitwirkungen der Antihistaminika sind zu nennen

- zentral dämpfende Wirkung
- lokalanästhetische Wirkung
- parasympatholytische Wirkung
- sympatholytische Wirkung

Die Antihistaminika verschiedener Gruppen zeigen bei grundsätzlich gleichem Wirkungsmechanismus Unterschiede im Ausprägungsgrad der Begleitwirkungen. Neuere Wirkstoffe (*Clemastin, Dimetinden*) sind deutlich stärker wirksam als die länger eingeführten Substanzen. Zur Vermeidung einer unerwünschten sedierenden Wirkung enthalten Antihistaminika-Präparate häufig Zusätze von Psychostimulantien wie Coffein oder 8-Chlortheophyllin (vgl. 7.9.4).

Antihistaminika mit zentral dämpfenden Eigenschaften (z.B. *Diphenhydramin*) finden Anwendung als *Sedativa/Hypnotika*. Die *antiemetische* Wirkung hängt ebenfalls mit einem zentral dämpfenden Effekt zusammen. Ausgehend von dem Phenothiazin-Derivat

Promethazin (Ph. Eur.), das ausgeprägte zentral dämpfende Eigenschaften aufweist, wurden die *trizyklischen Neuroleptika* entwickelt (vgl. 7.5.3).

Die lokalanästhetische Wirkung ist bei lokaler Anwendung — etwa in Form eines Antihistaminikum-Gels — bei Pruritus (Hautjucken) von Vorteil.

Die Antihistaminika zeigen Strukturverwandtschaft zu *Antiparkinsonmitteln* (vgl. 7.8.1), mit denen sie parasympatholytische (anticholinerge) Wirkungen gemeinsam haben.

Weiterhin sind Antihistaminika Bestandteil zahlreicher Kombinationspräparate zur symptomatischen Behandlung von Erkältungskrankheiten. Zu diesen *„Grippemitteln"* zählen z.B. Doregrippin®, das Diphenhydramin enthält sowie Ilvico®, das Brompheniramin enthält.

Struktur-Wirkungs-Beziehungen   Die Struktur der H_1-Antihistaminika unterscheidet sich von der des Histamins grundsätzlich. H_1-Antihistaminika besitzen eine protonierbare basische Gruppierung (z.B. eine Dimethylamino-Gruppe), die über eine Zwischenkette mit einem lipophilen Strukturelement (z.B. zwei Aryl-Reste), dem die Funktion einer haptophoren Gruppe (vgl. 1.2) zukommt, verbunden ist. Es ist anzunehmen, daß bei der kompetitiven Verdrängung nur die protonierbaren Amino-Gruppen von Histamin und H_1-Antihistaminika miteinander interferieren.

Beim Ethylendiamin-Typ trägt ein N-Atom in der Regel einen aromatischen Substituenten, während Verbindungen des Colamin-Typs meist Benzhydryl-Derivate darstellen.

Synthese   Die Synthese von *Diphenhydramin* geht von Benzhydrol (Diphenylmethanol) aus, das zunächst mit Thionylchlorid in Benzhydrylchlorid übergeführt wird, welches mit 2-Dimethylamino-ethanol zu Diphenhydramin kondensiert.

Diphenhydramin

12.7.3 H_2-Antihistaminika

H_2-Antihistaminika verdrängen Histamin kompetitiv von H_2-Rezeptoren. Die pharmakologische Charakterisierung und Definition der H_2-Rezeptoren wurde durch die Entwicklung spezifischer H_2-Antagonisten möglich (Black und Mitarb., 1972). Als erstes H_2-Antihistaminikum wurde *Cimetidin* in die Therapie eingeführt.

Cimetidin (Tagamet®)

Pharmakologie Das peroral wirksame *Cimetidin* hemmt sowohl die durch Histamin als auch die durch Gastrin (vgl. 12.7.6) ausgelöste HCl-Sekretion des Magens kompetitiv, während die Bildung von Magenschleim und Pepsin kaum beeinflußt wird. Cimetidin wird vorzugsweise bei Ulcus duodeni, jedoch auch bei Ulcus ventriculi sowie bei hyperacider Gastritis eingesetzt.

Struktur-Wirkungs-Beziehungen H_2-Antihistaminika besitzen als charakteristische Strukturelemente einen Heteroaromaten (z.B. Imidazol), der über eine Zwischenkette mit einer polaren, nicht protonierbaren Gruppe, z.B. Cyanoguanidin (bei *Cimetidin*) oder Thioharnstoff (bei *Metiamid*), verbunden ist.

Es kann angenommen werden, daß die Imidazol-Ringe von Histamin und Cimetidin bei der kompetitiven Verdrängung miteinander interferieren.

Biotransformation *Cimetidin* wird überwiegend unverändert (70 %) renal ausgeschieden. Als Hauptmetabolit tritt das Sulfoxid (10 %) auf.

12.7.4 Serotonin und Serotonin-Antagonisten

Das in der Natur ubiquitär vorkommende *Serotonin* (5-Hydroxytryptamin, Enteramin), 3-(2-Aminoethyl)-5-hydroxy-indol, wurde erstmals aus Rinderserum isoliert (Rapport et al., 1948).

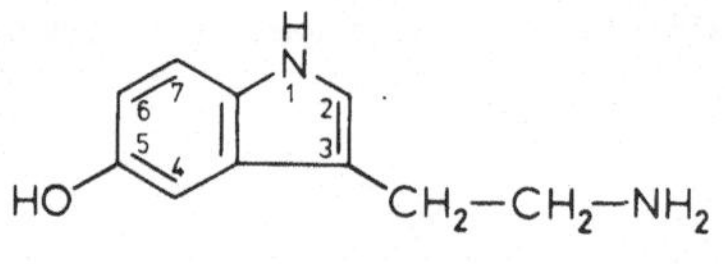

Serotonin

Serotonin wird durch Hydroxylierung der Aminosäure Tryptophan in 5-Stellung und nachfolgende Decarboxylierung durch die Aromatische-L-Aminosäure-Decarboxylase (Dopa-Decarboxylase, vgl. 7.2.1) vorwiegend in den *enterochromaffinen Zellen* der Dünndarmschleimhaut gebildet. Hohe Serotonin-Konzentrationen finden sich außer in der Darm-Mukosa auch in den Thrombozyten sowie in bestimmten Hirnabschnitten.

Die physiologische Bedeutung des Mediators Serotonin ist nicht gesichert. Es soll als *neurohumoraler Transmitter* fungieren und an der *Regelung der Darmmotorik* beteiligt sein.

Pharmakologie *Serotonin* bewirkt Kontraktion der Gefäße sowie der Bronchial-, Darm- und Uterus-Muskulatur (direkte Wirkung auf die glatte Muskulatur). Es wird bei Blutungen aus den Thrombozyten freigesetzt. Ob die Blutstillung durch die Gefäßkontraktion beeinflußt wird, ist unklar.

Biotransformation Der *Serotonin-Abbau* erfolgt durch oxidative Desaminierung mittels Monoaminoxidase zu 5-Hydroxy-indolacetaldehyd, der mittels Aldehyd-Dehydrogenase zu 5-Hydroxy-indolessigsäure oxidiert oder mittels Alkohol-Dehydrogenase zum entsprechenden Alkohol (5-Hydroxytryptophol) reduziert wird.

Serotonin-Antagonisten verdrängen Serotonin kompetitiv von den Serotonin-Rezeptoren.

Cyproheptadin
(Nuran®, Periactinol®)

Pizotifen
(Mosegor®, Sandomigran®)

Methysergid
(Deseril®-retard)

Serotonin-Antagonisten werden vor allem zur Migräne-Prophylaxe verwendet.

Cyproheptadin und *Pizotifen*, die Strukturverwandtschaft zu trizyklischen Antidepressiva (vgl. 7.5.5) aufweisen, besitzen starke Serotonin- und Histamin-antagonistische Eigenschaften. Die Ursache der gleichzeitig vorhandenen appetitsteigernden Wirkung ist unklar.

Methysergid, ein am Indol-Stickstoff methyliertes Methylergometrin (vgl. 12.1.4), wird bei schwerer oder therapieresistenter Migräne zur Intervall-Behandlung eingesetzt.

Eine starke Serotonin-antagonistische Wirkung besitzt auch das Psychotomimetikum *Lysergid* (vgl. 7.5.9) sowie sein 2-Brom-Derivat.

12.7.5 Prostaglandine

Prostaglandine (PG) sind natürlich vorkommende, ungesättigte, hydroxylierte Fettsäuren mit 20 C-Atomen. Sie sind Derivate der *Prostansäure*.

Prostansäure

Die Prostaglandine wurden von v. Euler und Goldblatt unabhängig voneinander in Geschlechtsdrüsen und in der Samenflüssigkeit des Menschen entdeckt. Besonderes Interesse erlangten PGE_1, PGE_2 und $PGF_{2\alpha}$ ($9\alpha,11\alpha,15S$-Trihydroxy-5-cis-13-trans-prostadiensäure), von denen PGE_2 und $PGF_{2\alpha}$ auch in die Therapie eingeführt wurden.

PGE$_1$

PGE$_2$
Dinoproston
(Minprostin® E$_2$)

PGF$_{2\alpha}$
Dinoprost
(Minprostin® F$_{2\alpha}$)

Die Prostaglandine werden in die *Gruppen E, F, D* und *A, C, B* eingeteilt. Sie unterscheiden sich in der Substitution am Cyclopentan-Ring bzw. in der Lage der Doppelbindung im Cyclopentenon-Ring.

PGE　　　PGF　　　PGD　　　　　　PGA　　　PGC　　　PGB

Primäre Prostaglandine

Die Prostaglandine E, F und D werden aus dem zyklischen Prostaglandin-Endoperoxid (vgl. Biosynthese) direkt gebildet (= *primäre Prostaglandine*). Aus PGE entstehen die Prostaglandine A, C und B durch Dehydratisierung und nachfolgende Isomerisierung.

Die Index-Zahlen geben die Anzahl der Doppelbindungen in den Seitenketten an, α bzw. β bezieht sich auf die Stellung der Hydroxyl-Gruppe an C-9.

Biosynthese　Die Prostaglandine werden aus *Arachidonsäure* und anderen hoch ungesättigten Fettsäuren durch einen mikrosomalen Multienzym-Komplex, die *Prostaglandin-Synthetase,* gebildet. Sie kommt in allen Organen vor, ihre Aktivität ist jedoch in den Samenblasen besonders hoch. Als äußerst reaktives Zwischenprodukt tritt ein aus Arachidonsäure und molekularem Sauerstoff mittels Prostaglandin-Cyclooxygenase gebildetes *zyklisches PG-Endoperoxid,* dessen biologische Halbwertzeit nur 5 min beträgt, auf. Aus diesem werden sowohl die *primären Prostaglandine* als auch *Prostacyclin* (PGI$_2$) und *Thromboxan A$_2$* (TXA$_2$) gebildet. Das äußerst instabile Thromboxan A$_2$ ($t_{1/2} = 0{,}5$ min), das vor allem in den Thrombozyten gebildet wird, geht schnell in das stabile *Thromboxan B$_2$* (TXB$_2$) über. Die Biosynthese des bizyklischen Prostacyclins findet in den Endothelzellen der Gefäße statt. Es ist in saurem und neutralem Milieu ziemlich instabil und geht in 6-Keto-Prostaglandin F$_{1\alpha}$ über.

Arachidonsäure

O_2 | Prostaglandin-Cyclooxygenase

Prostacyclin-Synthetase

Thromboxan-Synthetase

Prostacyclin   **Zykl. Endoperoxid**   **Thromboxan A$_2$**

1. PGE_2-Isomerase
2. PGD_2-Isomerase
3. $PGF_{2\alpha}$-Reduktase

6-Keto-PGF$_{1\alpha}$ **Primäre Prostaglandine**   **Thromboxan B$_2$**

1. PGE_2 : $R^1 = O$, $R^2 = \alpha{-}OH$
2. PGD_2 : $R^1 = \alpha{-}OH$, $R^2 = O$
3. $PGF_{2\alpha}$: $R^1 = R^2 = \alpha{-}OH$

Biosynthese von Prostaglandinen, Prostacyclin und Thromboxanen

Wirkungen Es ist anzunehmen, daß die biologisch hochwirksamen instabilen Arachidon-säure-Metaboliten (*Endoperoxide, Thromboxane, Prostacyclin*) für physiologische und pathophysiologische Regulationen von größerer Bedeutung sind als die klassischen Prosta-glandine. Die *Wirkungen der Prostaglandine* sind äußerst komplex und weisen hinsichtlich Wirkungsstärke und Wirkungspektrum große Unterschiede auf. Als gesicherte Effekte mit pathophysiologischer Bedeutung gelten u. a.:

— Beteiligung an Entzündungsreaktionen (z. B. durch Steigerung der Kapillarper-meabilität und Freisetzung von Lysosomen-Enzymen). *„Nicht steroidartige Anti-phlogistika"* (Acetylsalicylsäure, Indometacin), die die Prostaglandin-Synthetase hemmen, wirken folglich auch entzündungshemmend.

— Sensibilisierung der Schmerzrezeptoren für adäquate Reize.

— Beteiligung an der Fieber-Entstehung.

Als pharmakologische Wirkungen mit möglicher therapeutischer Relevanz sind zu nennen:

— Hemmung der Magensaftsekretion (PGE)
— Bronchospasmolytische Wirkung (PGE, PGA)
— Blutdrucksenkende Wirkung (PGE)
— Hemmung der Thrombozyten-Aggregation (PGE$_1$)
— Antifertile Wirkung

Die derzeit einzige therapeutische Nutzung beruht auf der Fähigkeit von $PGF_{2\alpha}$ und PGE_2, eine Tonuserhöhung des Uterus während der gesamten Schwangerschaft zu bewirken.

Dinoprost und *Dinoproston* werden zur Geburtseinleitung sowie zur Abortauslösung verwendet. Der therapeutische Einsatz der Prostaglandine ist durch ihren raschen Abbau sowie die multifaktorielle Wirkung stark eingeschränkt.

Thromboxane und *Prostacyclin* haben einander entgegengesetzte Wirkung. Thromboxane fördern die Thrombozytenaggregation und wirken vasokonstriktorisch. Prostacyclin hemmt die Thrombozytenaggregation und wirkt vasodilatatorisch.

Das Gleichgewicht der thrombozytär gebildeten Thromboxane sowie des vaskulär gebildeten Prostacyclins ist für die Homöostase des Gerinnungssystems (vgl. 8.6) von Bedeutung.

Biotransformation   Die *Desaktivierung der Prostaglandine* verläuft über folgende Reaktionen:

- Dehydrierung der Hydroxyl-Gruppe an C-15 zur Oxo-Gruppe mittels einer stereospezifischen 15 S-Hydroxyprostaglandin-Dehydrogenase
- Reduktion der Doppelbindung in 13,14-Stellung mittels Δ^{13}-Prostaglandin-Reduktase
- β-Oxidation der Fettsäure
- ω-Oxidation der endständigen Methyl-Gruppe zur Carbonsäure, wobei letztlich Dicarbonsäuren entstehen.

12.7.6 Gastrointestinale Hormone

Unter gastrointestinalen Hormonen versteht man Substanzen, die durch einen physiologischen Reiz aus endokrinen Zellen der Schleimhaut des Gastrointestinaltraktes freigesetzt werden und — auf dem Blutweg transportiert — eine spezifische Wirkung in anderen Teilen des Magen-Darm-Traktes oder in anderen Organen auslösen. Dieser klassischen Definition entsprechen u. a.:

- Gastrin
- Secretin
- Cholecystokinin/Pankreozymin

Gastrin   wird in den G-Zellen der Antrum-Mukosa des Magens sowie in der Duodenum-Mukosa gebildet. Es handelt sich um ein Gemisch aus zwei Polypeptiden mit jeweils 17 Aminosäuren. Im Gegensatz zu Gastrin I liegt im Gastrin II die Aminosäure L-Tyrosin in Position 12 als Schwefelsäureester vor.

Das C-terminale Tetrapeptid besitzt bereits alle physiologischen Wirkungen des Gastrins. Das synthetische Pentapeptid *Pentagastrin* enthält zusätzlich β-Alanin, dessen endständige Amino-Gruppe durch den tert.-Butyloxycarbonyl-Rest (Boc) geschützt ist.

$$Boc-\beta\text{-Ala}-Trp-Met-Asp-Phe-NH_2$$

Pentagastrin (Gastrodiagnost®)

Gastrin stimuliert die Magensaftsekretion und reguliert den Tonus des Pylorus (Pförtner).
Es ist unklar, ob die Wirkung direkt oder durch Histamin vermittelt zustande kommt.
Pentagastrin wird zur Diagnostik der Magensaftsekretion verwendet.

Secretin, ein aus 27 Aminosäuren bestehendes Polypeptid, wird in den S-Zellen der
Duodenum-Mukosa gebildet. Es stimuliert die exokrine Sekretion von Hydrogencarbonat-
haltiger Flüssigkeit im Pankreas.

Cholecystokinin/Pankreozymin, ein aus 33 Aminosäuren bestehendes Polypeptid,
wird in den I-Zellen der Dünndarm-Mukosa gebildet. Es stimuliert die exokrine Sekretion
von Pankreas-Enzymen und bewirkt durch Kontraktion eine Entleerung der Gallenblase.

12.7.7 Das Kallikrein-Kinin-System

Kinine sind lineare Polypeptide. Sie werden aus *Kininogenen* (sauren Glykoproteinen)
durch Proteolyse unter Einwirkung der Proteinase Kininogenin (Kallikrein®) gebildet.

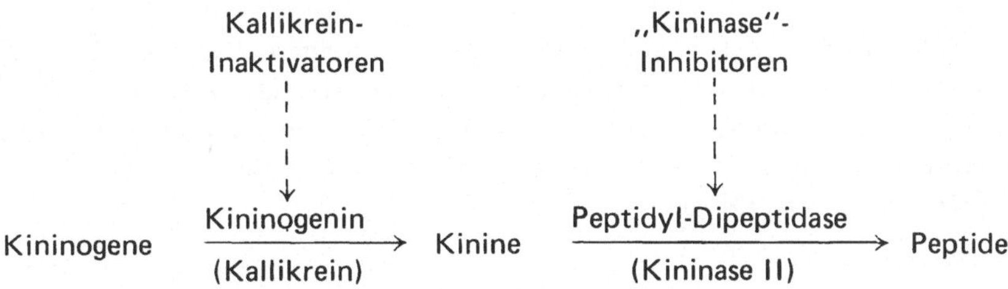

Die beiden wichtigsten Kinine sind das Dekapeptid *Kallidin,* das durch Proteolyse mittels
Organ-Kallikrein (z. B. Pankreas-Kallikrein) entsteht, sowie das Nonapeptid *Bradykinin,*
das durch Plasma-Kallikrein proteolytisch abgespalten wird.

H—Lys—Arg—Pro—Pro—Gly—Phe—Ser—Pro—Phe—Arg—OH   Kallidin

H—Arg—Pro—Pro—Gly—Phe—Ser—Pro—Phe—Arg—OH   Bradykinin

Kinine können auch durch Spaltung der Kininogene mit Hilfe von Plasmin (vgl. 8.6),
Trypsin (vgl. 12.6) und Schlangengiften erzeugt werden. Die Inaktivierung der Kinine erfolgt durch Abspaltung C-terminaler Dipeptide mittels *Peptidyl-Dipeptidase* (Kininase II),
einem Enzym, das mit dem Converting enzyme des Renin-Angiotensin-Aldosteron-Systems
(vgl. 12.7.8) identisch ist.

Wirkungen Die biologische Funktion des *Kallikrein-Kinin-Systems* ist noch weitgehend
unklar. *Kinine* gehören zu den stärksten Entzündungsmediatoren, sie spielen eine Rolle
bei allergischen und anaphylaktischen Reaktionen und sind auch an der Schmerzerzeugung beteiligt.

Als wichtige, dem Histamin vergleichbare Effekte sind zu nennen:

- Blutdrucksenkung durch Gefäßerweiterung
- Kontraktion der Bronchial-, Darm- und Uterus-Muskulatur
- Steigerung der Gefäßpermeabilität

Außerdem wirken Kinine chemotaktisch auf Leukozyten.

Pankreas-Kallikrein vom Schwein (Padutin®) wird u.a. bei peripheren Durchblutungsstörungen eingesetzt.

Kallikrein-Inaktivatoren wie z.B. *Aprotinin* (Trasylol®), ein aus Rinderlunge gewonnenes Polypeptid aus 58 Aminosäuren, hemmen die Kinin-Bildung. Aprotinin hemmt auch andere Proteinasen wie Trypsin und Plasmin. Es wird bei verschiedenen Schockformen, Verbrauchskoagulopathien (Mangel an Gerinnungsfaktoren, vgl. 8.6.3) sowie bei abdominellen Operationen zur Adhäsionsprophylaxe (Vermeidung von Verwachsungen) eingesetzt.

12.7.8 Das Renin-Angiotensin-Aldosteron-System

In den juxtaglomerulären Zellen der Niere wird die Proteinase *Renin* gebildet, die aus *Angiotensinogen*, einem α_2-Globulin des Plasmas, das Dekapeptid *Angiotensin I* abspaltet. Aus diesem wird durch weitere proteolytische Abspaltung eines C-terminalen Dipeptids mittels Peptidyl-Dipeptidase (*Converting enzyme*, vgl. 12.7.7) der eigentliche Wirkstoff *Angiotensin II*, ein Oktapeptid, gebildet.

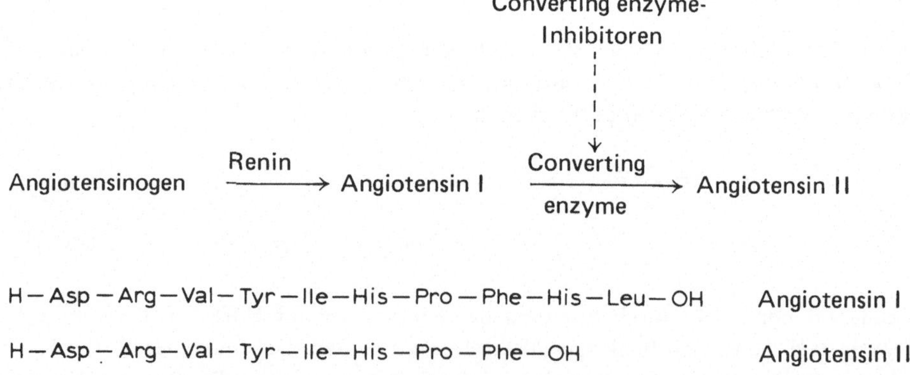

Wirkungen Die *Renin-Bildung* wird durch steigenden Natrium-Gehalt im distalen Tubulus der Niere stimuliert. Dies führt zur vermehrten Bildung von *Angiotensin II*, das das Mineralokortikoid *Aldosteron* (vgl. 12.4.3) aus der Nebennierenrinde freisetzt. Aldosteron fördert die Rückresorption von Natrium-Ionen im distalen Tubulus. Durch die Verminderung der Natrium-Ionen-Konzentration in diesem Abschnitt entfällt der Stimulus für die Renin-Bildung (Regelkreis).

Angiotensin II mindert die Nierendurchblutung und damit die Harnbildung durch starke lokale Vasokonstriktion. Die vasokonstriktorische und damit blutdrucksteigernde Wirkung ist wesentlich höher als die von Noradrenalin.

Angiotensinamid (Hypertensin CIBA), ein Angiotensin II-Analoges, das in Position 5 L-Valin anstelle von L-Isoleucin enthält, wird zur schnellen Wiederherstellung eines normalen Blutdrucks bei Schockzuständen verwendet.

Converting enzyme-Inhibitoren wie das oral wirksame *Captopril,* D-3-Mercapto-2-methylpropanoyl-L-prolin, stellen ein neues Therapieprinzip zur Behandlung der Hypertonie dar. Captopril senkt den systolischen und den diastolischen Blutdruck.

12.8 Vitamine

12.8.1 Allgemeines

Definition *Vitamine* sind physiologisch aktive Substanzen, die als essentielle Nahrungsbestandteile für die Aufrechterhaltung von Stoffwechselfunktionen erforderlich sind. Zum Vitamin-Begriff gehören folgende Charakteristika:

- Es handelt sich um niedermolekulare Substanzen, die bereits in geringer Dosis wirksam sind.
- Ihr Fehlen führt im allgemeinen zu Mangelkrankheiten.
- Sie können vom Organismus nicht oder nicht in ausreichendem Maß synthetisiert werden.

Den differenzierten Stoffwechselleistungen unterschiedlicher Lebewesen entsprechend, ist der Bedarf an bestimmten Vitaminen speziesabhängig.

Einteilung, Klassifikation Da die Vitamine sehr heterogenen Stoffklassen angehören, erfolgt ihre Einteilung nicht nach strukturchemischen Gesichtspunkten. Man unterscheidet *wasserlösliche* (C und B-Gruppe) und *fettlösliche* (A, D, E und K) *Vitamine.* Diese Einteilung gibt einerseits einen Anhaltspunkt, in welchen Nahrungsmitteln die entsprechende Unterklasse zu erwarten ist, andererseits sprechen auch therapeutische Gesichtspunkte für diese Untergliederung. Fettlösliche Vitamine — dies gilt insbesondere für Vitamin A und D — führen bei Überdosierung zu toxischen Erscheinungen (*Hypervitaminosen*). Bei wasserlöslichen Vitaminen ist in aller Regel mit Hypervitaminosen nicht zu rechnen, da der vom Organismus nicht benötigte Überschuß renal eliminiert wird. Nach biochemischen Gesichtspunkten unterscheidet man *Vitamine mit Coenzymfunktion* und *Vitamine ohne Coenzymfunktion.* Den wasserlöslichen Vitaminen mit Ausnahme von *Ascorbinsäure* (Vitamin C) kommt Coenzymfunktion zu, während die fettlöslichen Vitamine mit Ausnahme der *Vitamin K-Gruppe* keine solche Funktion besitzen.

Die Buchstabenklassifikation der Vitamine hat sich historisch entwickelt. Im Fall von Ascorbinsäure bezeichnet ein Buchstabe eine chemisch definierte Einzelsubstanz. Teilweise werden jedoch auch chemisch verwandte Verbindungen mit vergleichbaren physiologischen Eigenschaften als Gruppe zusammengefaßt (z. B. Vitamin A, D etc.). Die *Vitamin B-Gruppe* ist sowohl strukturchemisch als auch hinsichtlich biochemischer Funktionen heterogen. Zu ihr gehören *Vitamin B_1, B_2, B_6, B_{12}, Nicotinamid, Pantothensäure, Biotin, Folsäure* u. a.

Als *Provitamine* bezeichnet man Vorstufen wie beispielsweise die *Carotine* (vgl. *Vitamin A*, 12.8.11), die in vivo in das eigentliche Vitamin umgewandelt werden.

Vitaminmangel   *Avitaminosen* (absoluter Vitaminmangel) gehen meist mit charakteristischen Krankheitsbildern einher, während *Hypovitaminosen* (relativer Vitaminmangel) zu unspezifischen Krankheitssymptomen führen können. Wichtigste Ursachen des Vitaminmangels sind Unterernährung bzw. einseitige Ernährung. Erhöhter Vitaminbedarf tritt u. a. in der Wachstumsphase sowie während Schwangerschaft und Stillzeit auf. Die rationale Vitamintherapie beschränkt sich im wesentlichen auf Substitution bei Mangelerscheinungen. Auf Sonderindikationen wird bei dem jeweiligen Vitamin eingegangen.

Stabilität   Vitamine neigen insbesondere unter dem Einfluß von Licht, Feuchtigkeit, Luftsauerstoff und erhöhten Temperaturen zur Zersetzung.

Nichttherapeutische Anwendung   In der Nahrungsmittelindustrie werden Vitamine zur Vitaminierung bzw. Revitaminierung von Lebensmitteln und Diätetika eingesetzt. So finden die fettlöslichen *Vitamine A* und *D* bei der Margarineherstellung in erheblichem Umfang Anwendung. *Carotine (Provitamin A)* haben darüberhinaus als Lebensmittelfarbstoffe sowie als Bestandteil von Kosmetika (Sonnenschutzmittel) Bedeutung. *Tocopherole (Vitamin E)* dienen als Antioxidantien z. B. für Fette und Öle. *Ascorbinsäure* wird u. a. in der Getränkeindustrie in großen Mengen verwendet. Zusätzlich zur eigentlichen Vitaminfunktion kommt Ascorbinsäure als Antioxidans auch lebensmitteltechnologische Bedeutung zu.

12.8.2 Vitamin B_1

Als Ursache der *Beri-Beri*, eines gegen Ende des 19. Jahrhunderts in Ostasien gehäuft auftretenden Krankheitsbildes, wurde einseitige Ernährung mit geschältem Reis erkannt. 1926 erhielten Jansen und Donath den diese Mangelkrankheit auslösenden Stoff, *Vitamin B_1* bzw. *Thiamin*, in kristalliner Form aus Reiskleie. Damit gelang erstmals die Isolierung eines Vitamins als Reinsubstanz. Die Strukturaufklärung erfolgte 1932 bis 1936 in den Arbeitskreisen von Windaus und Williams.

Im Thiamin (Synonym: *Aneurin*) ist der substituierte Pyrimidin-Ring über eine Methylen-Brücke mit dem N-Atom der Thiazol-Komponente verknüpft. Das Molekül weist dementsprechend eine Thiazolium-Struktur auf. Vitamin B_1 wird hauptsächlich in Form von Thiaminchlorid-Hydrochlorid verwendet, bei dem der Pyrimidin-Ring an N-1 protoniert vorliegt. Multivitaminpräparate enthalten aus Stabilitätsgründen häufig Thiaminnitrat.

Vitamin B_1 kommt weitverbreitet, wenn auch zum Teil in sehr geringer Konzentration, in pflanzlichen und tierischen Geweben vor. Es findet sich insbesondere in Getreideprodukten, Hefe, Hülsenfrüchten, grünen Gemüsen, Kartoffeln und Fleisch.

Biochemie Nach Resorption wird *Thiamin* durch Thiaminpyrophosphorylase zu *Thiaminpyrophosphat* (TPP) phosphoryliert, dem wichtige Funktionen im Kohlenhydrat-Stoffwechsel zukommen.

Thiaminpyrophosphat
(TPP)

TPP ist als Coenzym an der *oxidativen Decarboxylierung* sowie am *Transfer von Aldehyd- und Keto-Resten* (Transaldolase- bzw. Transketolase-Reaktion) beteiligt. Die TPP-abhängige *oxidative Decarboxylierung des* insbesondere aus dem Glucose-Stoffwechsel entstammenden *Pyruvats* führt zur „aktivierten Essigsäure" (Acetyl-CoA, vgl. 4.2 und 12.8.6), die z.B. in den Citrat-Zyklus eingeschleust wird. Da Acetyl-CoA den Grundbaustein für Fettsäuren und Sterine darstellt, ist Vitamin B_1 auch für die Umwandlung von Kohlenhydraten in Lipide unentbehrlich. Die bei Vit. B_1-Mangel auftretende Anhäufung von Pyruvat (und Lactat) in Blut und Geweben ist eine Folge der verringerten Aktivität der TPP-abhängigen Pyruvat-Decarboxylase. Ebenfalls durch TPP katalysiert wird die *oxidative Decarboxylierung von α-Ketoglutarat* unter Bildung von Succinyl-CoA. Diese Reaktion stellt einen Teilschritt des Citrat-Zyklus dar. TPP greift ferner als *Coenzym der Transketolase* in den Pentosephosphat-Zyklus ein, der die Zelle zur wechselseitigen Umwandlung von Hexosen in Pentosen befähigt. Hierdurch wird die Bereitstellung von Pentosen zum Aufbau von Nucleotiden gewährleistet. Gleichzeitig entsteht NADPH, das vor allem für die Fettsäure-Synthese benötigt wird.

Reaktives Zentrum des TPP-Moleküls ist das nucleophile C-2 des Thiazols, das intermediär — vermutlich in carbanionischer Form — den Carbonyl-Kohlenstoff des Substrats bindet. Bei der oxidativen Decarboxylierung des Pyruvats, die durch einen Multienzymkomplex katalysiert wird, bildet sich zunächst die *α-Hydroxycarbonsäure*, die unter Abspaltung von CO_2 in *Hydroxyethyl-thiaminpyrophosphat* übergeführt wird. Im weiteren Verlauf wird die Hydroxyethyl-Gruppe auf *Liponsäure* übertragen, die im Multienzymkomplex als Amid an einen Lysin-Rest gebunden ist. Bei diesem Redox-Prozeß, der unter Regeneration von TPP verläuft, wird die Hydroxyethyl-Gruppe zur Acetyl-Gruppe dehydriert. Gleichzeitig bildet sich unter reduktiver Öffnung der Disulfid-Brücke das S-Acetyl-Derivat der *Dihydroliponsäure.* In der sich anschließenden Transacetylierungsreaktion wird der in Thioester-Bindung vorliegende Acetyl-Rest auf *Coenzym A* übertragen, wobei *Acetyl-Coenzym A* („aktivierte Essigsäure") entsteht. Die gleichzeitig gebildete Dihydroliponsäure wird abschließend zu Liponsäure dehydriert. Dabei wird der Wasserstoff von einem FAD-haltigen Flavoprotein auf $NAD^{\oplus}$ übertragen.

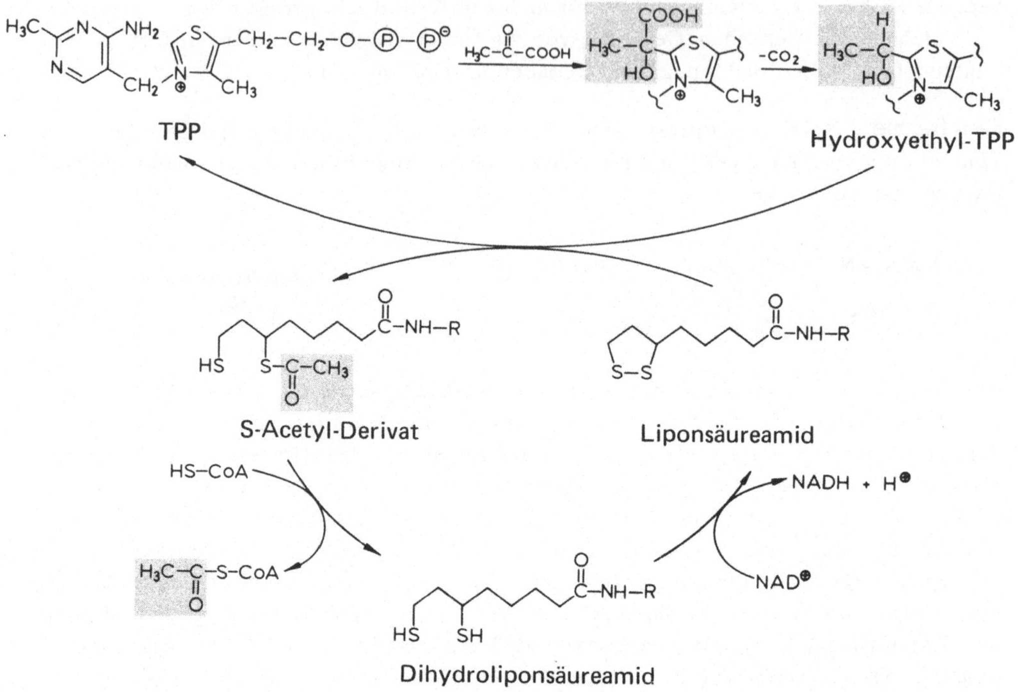

Oxidative Decarboxylierung von Brenztraubensäure zu aktivierter Essigsäure

Pharmakologie   Schwerer *Vit. B$_1$-Mangel* kann sich äußern in:

— Muskelschwäche und Lähmungserscheinungen

— Störungen der Herzfunktion (Myokardschädigungen und Bradykardie) sowie Ödeme

— Neurologische Störungen wie verminderte geistige Leistungsfähigkeit, Verwirrtheit

Das Indikationsgebiet umfaßt außer der in westlichen Ländern praktisch nicht auftretenden Beri-Beri Mangelzustände, die durch erhöhten Vit. B$_1$-Bedarf bedingt sind. Dies trifft z. B. für Alkoholiker zu. Infolge der engen Verknüpfung mit dem Kohlenhydrat-Stoffwechsel erhöht sich der Vit. B$_1$-Bedarf bei kohlenhydratreicher Ernährung.

Handelspräparate, die Vit. B$_1$ als *Thiaminchlorid-Hydrochlorid* enthalten, sind Benerva®, Betabion® u.a.. Thiamin-haltige Multivitaminpräparate (Neurobion®, Neurotrat®) werden bei Neuralgien und Neuritiden verabreicht.

Bei diabetischer Acidose, die mit Störungen der Phosphorylierung des Thiamins zum TPP einhergeht, wird *Thiaminpyrophosphat* (INN: *Cocarboxylase*, Berolase®) parenteral angewendet. Therapeutisch eingesetzt werden auch fettlösliche Analoge des Thiamins wie *Fursultiam* (judolor®), das durch einen Tetrahydrofurfuryldisulfid-Rest gekennzeichnet ist.

Eigenschaften   Reines *Thiaminchlorid-hydrochlorid* ist unter Schutz vor Licht und Feuchtigkeit relativ stabil. In wäßriger Lösung ist die Haltbarkeit jedoch stark pH-abhängig. Das Optimum liegt bei pH 3—4. In neutraler oder alkalischer Lösung, besonders auch in Anwesenheit oxidierender oder reduzierender Stoffe sowie beim Erhitzen wird es relativ rasch zerstört. Auch Schwermetalle beschleunigen die Zersetzung. In Gegenwart von Vitamin B_2 wird es zu *Thiochrom* oxidiert (vgl. Analytik). Dieser Vorgang wird durch steigende Vitamin B_2-Konzentration oder Luftzutritt gefördert.

In Trockenpräparaten spielt der Feuchtigkeitsanteil für die Hydrolyse und oxidative Zersetzung eine Rolle. Hier ist es häufig vorteilhaft, das weniger empfindliche, wenig wasserlösliche *Thiaminnitrat* anzuwenden.

Analytik   Der Nachweis von Vitamin B_1 erfolgt über die Bildung von *Thiochrom,* das aus Thiamin durch Behandeln mit milden Oxidationsmitteln entsteht. Ph. Eur. und DAB 8 verwenden hierzu Kaliumhexacyanoferrat(III) in alkalischer Lösung, wobei das in n-Butanol übergeführte Thiochrom im UV-Licht bei 365 nm intensiv hellblau fluoresziert. Bei Anwesenheit von Natriumsulfit tritt keine Fluoreszenz auf. Auf der Bildung von Thiochrom beruht auch die fluorimetrische Gehaltsbestimmung der *Thiamin-Tabletten* DAB 8 (Anregung bei 366 nm, Messung bei 436 nm).

Bei *Thiaminchlorid-Hydrochlorid* (Thiaminii chloridum, Thiaminhydrochlorid Ph. Eur.) wird neben einer Gesamtchlorid-Bestimmung nach Volhard und einer alkalimetrischen Hydrochlorid-Bestimmung (gegen Bromthymolblau) auch das Thiamin selbst gravimetrisch durch Fällung mit Wolframatokieselsäure ermittelt. *Thiaminnitrat* DAB 8 wird als Base in wasserfreiem Eisessig mit Perchlorsäure titriert.

12.8.3 Vitamin B$_2$

Riboflavin (Vitamin B$_2$), 7,8-Dimethyl-10-(1'-D-ribityl)-isoalloxazin, setzt sich aus den Bausteinen *7,8-Dimethyl-isoalloxazin* und D-*Ribit*, dem der Ribose entsprechenden fünfwertigen Alkohol, zusammen.

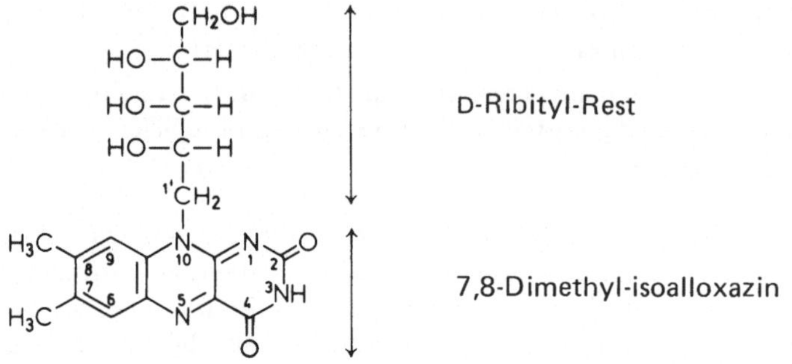

D-Ribityl-Rest

7,8-Dimethyl-isoalloxazin

Riboflavin

Die Isolierung von Riboflavin erfolgte aus Eiern, Molke, Leber und anderen Nahrungsmitteln (Kuhn, György und Wagner-Jauregg, 1933/34). Die Konstitution wurde durch die Arbeitskreise von Kuhn und Karrer 1935 ermittelt und durch Synthese bestätigt.

Riboflavin ist im Pflanzen- und Tierreich weit verbreitet. Es kommt vor allem in Hefe, Getreide, Gemüse, Leber, Eiern und Milch (daher früher *Lactoflavin* genannt) vor. Ein Teil des Riboflavin-Bedarfs wird durch die Darmbakterien gedeckt.

Biochemie   Aus *Riboflavin* entsteht durch Phosphorylierung der primären alkoholischen Gruppe in den Mukosa-Zellen der Darmwand *Riboflavin-5'-phosphat (Flavinmononucleotid = FMN)*. Die *Flavinnucleotide*, von denen *Flavin-adenin-dinucleotid (FAD)* die größte Bedeutung besitzt, sind Coenzyme von *Dehydrogenasen* (z. B. Acyl-CoA-Dehydrogenase, Succinat-Dehydrogenase) und *Oxidasen* (z. B. Xanthin-Oxidase, Glucose-Oxidase, L-Aminosäure-Oxidase).

Die Isolierung von FAD aus Hefe, Leber, Nieren u.a. sowie die Konstitutionsermittlung gelang Warburg und Mitarb. 1938.

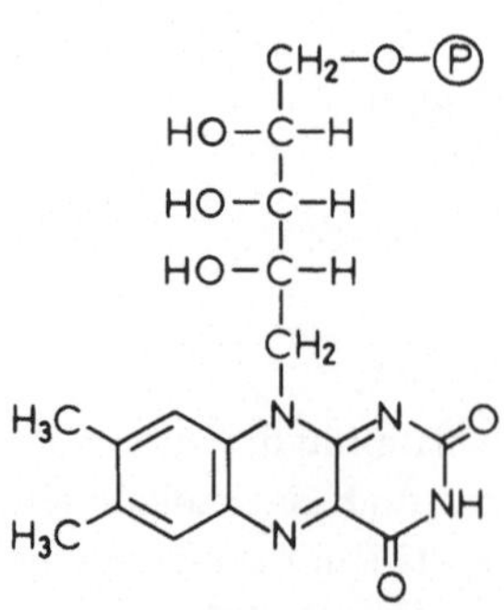

Flavinmononucleotid
(FMN)

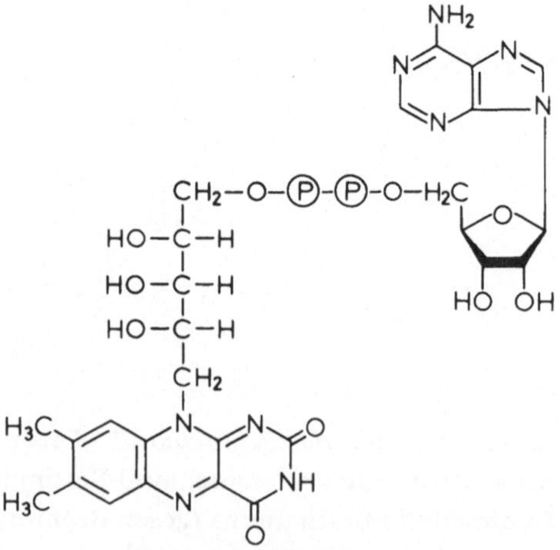

Flavin-adenin-dinucleotid
(FAD)

Die Flavinenzyme (*Flavoproteine*) katalysieren zahlreiche Dehydrierungsreaktionen, wobei die reversible Aufnahme von Wasserstoff an N-1 und N-5 des Isoalloxazins erfolgt. Die reduzierten Formen ($FMNH_2$ bzw. $FADH_2$) sind farblos (Leukoverbindungen).

Flavinnucleotide sind an der Wasserstoff-Übertragung in der Atmungskette, der Dehydrierung von Fettsäuren, der oxidativen Desaminierung von Aminosäuren und zahlreichen anderen Reaktionen des Intermediärstoffwechsels beteiligt.

Pharmakologie *Riboflavin* (Beflavin®; Bestandteil zahlreicher Vitamin-Kombinationspräparate) besitzt Bedeutung für Wachstum und Regeneration von Geweben. B_2-Hypovitaminosen äußern sich in Mundwinkelrhagaden, Stomatitis sowie in Läsionen an Haut- und Schleimhäuten. Besonders empfindlich gegen Vitamin B_2-Mangel sind die Augen (Photophobie, Tränenfluß etc.).

Eigenschaften Das orangegelb gefärbte *Riboflavin* ist in Wasser sehr schwer, in organischen Lösungsmitteln praktisch unlöslich. Dagegen löst es sich sowohl in konz. Salzsäure als auch in verdünnten Alkalihydroxid-Lösungen unter Salzbildung sehr leicht. Alkalische Lösungen zersetzen sich schnell.

Aus Riboflavin entsteht durch Lichteinwirkung in alkalischer Lösung gelbgrün gefärbtes *Lumiflavin*, das in gleicher Farbe fluoresziert. In saurer oder neutraler Lösung bildet sich bei Belichtung neben Lumiflavin farbloses *Lumichrom*, das blau fluoresziert.

Riboflavin ist gegenüber Oxidationsmitteln relativ beständig, durch starke Reduktionsmittel wie Natriumdithionit ($Na_2S_2O_4$) wird es zu nicht fluoreszierendem *Dihydroriboflavin* (Leukoflavin) reduziert.

Analytik Zur *Prüfung auf Identität* nach Ph. Eur. wird die spezifische Drehung einer alkalischen Riboflavin-Lösung bestimmt. Eine wäßrige Lösung zeigt im durchscheinenden

Licht eine gelbgrüne Färbung, im reflektierenden Licht eine intensive gelbgrüne Fluoreszenz, die auf Zusatz von Mineralsäuren oder Alkali verschwindet.

Zur *Prüfung auf Reinheit* wird eine wäßrige Lösung von Riboflavin mit Essigsäure/Natriumacetat versetzt und das Verhältnis der Extinktionen an den Maxima bei 375 und 267 nm sowie bei 444 und 267 nm bestimmt. Ein unzulässiger *Gehalt an Lumiflavin* kann durch Extraktion von Riboflavin mit ethanolfreiem Chloroform ermittelt werden. Das Filtrat darf dabei nicht stärker gefärbt sein als eine vorgeschriebene Farbvergleichslösung.

Die *Gehaltsbestimmung* erfolgt durch Ermittlung der Extinktion einer Riboflavin-Lösung bei 444 nm. Der Gehalt wird anschließend mit Hilfe der spezifischen Extinktion berechnet.

12.8.4 Vitamin B$_6$

Die *Vitamin B$_6$-Gruppe* umfaßt die Stoffe *Pyridoxin, Pyridoxal* und *Pyridoxamin*, die im Stoffwechsel ineinander übergeführt werden. Während therapeutisch vor allem Pyridoxin verwendet wird, kommt Pyridoxal und Pyridoxamin insbesondere biochemische Bedeutung zu.

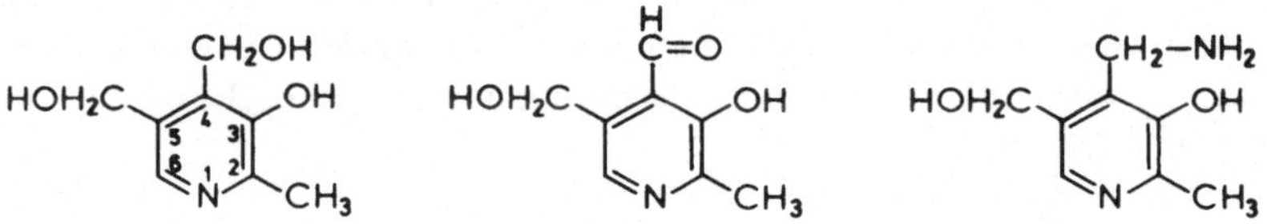

Pyridoxin (Pyridoxol)   Pyridoxal   Pyridoxamin

1935 wurde im Vitamin-B-Komplex ein Stoff nachgewiesen, der in der Lage war, bei Ratten eine spezifische Dermatitis zu heilen. Er erhielt die Bezeichnung *Vitamin B$_6$*. 1938 gelang es amerikanischen, deutschen und japanischen Arbeitskreisen unabhängig voneinander aus Reiskleie sowie aus Hefe Pyridoxin in kristalliner Form zu isolieren. 1942 wurden dann auch Pyridoxal und Pyridoxamin gefunden.

Vitamin B$_6$ ist in der Natur weit verbreitet. Es kommt vor allem in Hefe, Leber, Milch, Getreide, Kartoffeln und Gemüse vor.

Biochemie   *Pyridoxin* wird im Organismus durch Pyridoxin-Dehydrogenase (NADP$^{\oplus}$ als Coenzym) zu *Pyridoxal* dehydriert. Aus diesem entsteht die eigentliche Wirkform, *Pyridoxal-5-phosphat*, durch Phosphorylierung mittels Pyridoxal-Kinase.

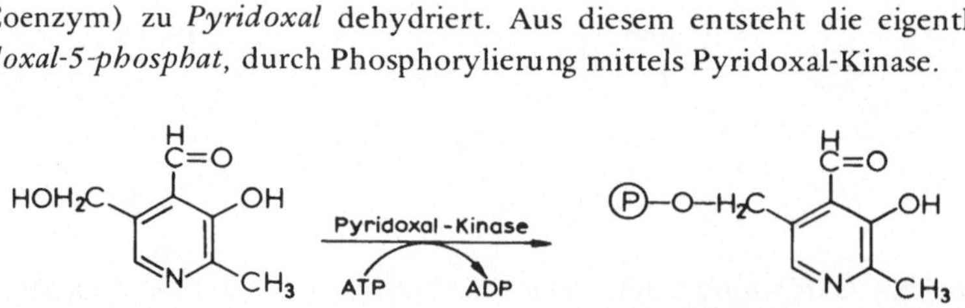

Pyridoxal   Pyridoxal-5-phosphat

Entsprechend wird aus Pyridoxamin *Pyridoxamin-5-phosphat* gebildet.

Pyridoxalphosphat ist das Coenzym zahlreicher Enzyme. Die wichtigsten Pyridoxalphosphat-abhängigen Reaktionen sind nachfolgend tabelliert.

Pyridoxalphosphat als Coenzym	
Enzyme	Enzymatische Reaktion
Aminotransferasen (Transaminasen, vgl. 6.3)	Transferieren Amino-Gruppen von einem Donator (L-Aminosäure) auf einen Akzeptor (2-Oxo-säure).
C_1-Transferasen (Hydroxymethyl-, Formyl-, etc.)	Transferieren verschiedene Gruppen. So wird z.B. Glycin in Serin übergeführt.
Decarboxylasen	Decarboxylieren L-Aminosäuren zu biogenen Aminen.
C-O- und C-S-Lyasen	Eliminieren H_2O (bzw. H_2S) aus Amino-säuren wie z.B. Serin (bzw. Cystein).

Die Übertragung verschiedener Gruppen ist aus einer gemeinsamen Zwischenstufe erklärbar. Pyridoxalphosphat (1) reagiert zunächst mit einer Aminosäure zum Aldimin (2). In diesem ist der Austritt eines der drei im Schema mit Pfeil markierten Substituenten – H (bei Transaminasen), R (z.B. bei Hydroxymethyl-Transferasen), CO_2 (bei Decarboxylasen) – erleichtert, da die hierbei am α-ständigen C-Atom der Aminosäure auftretende negative Ladung durch das konjugierte System stabilisiert werden kann.

Bei Transaminierungsreaktionen entsteht durch Deprotonierung das Zwischenprodukt 3, das mit 4 mesomer ist. Rückprotonierung am ehemaligen Aldehyd-Kohlenstoff des Pyridoxals ergibt das Ketimin (5). Dessen Hydrolyse führt zu Pyridoxaminphosphat (6) und der entsprechenden 2-Oxo-säure (α-Ketosäure).

Pyridoxalphosphat-katalysierte Transaminierung

Pharmakologie   Als Indikationen für eine Applikation von *Pyridoxin* (B$_6$-Vicotrat[®], Benadon[®] Roche, Hexobion[®]) kommen in Betracht:

- Prophylaxe und Therapie von Vit. B$_6$-Mangelzuständen
- Kinetosen ("Reisekrankheit") und Schwangerschaftserbrechen
- Behandlung neurologischer Nebenwirkungen bei der Langzeittherapie mit Isoniazid und Penicillamin.

Isoniazid (INH, vgl. 13.2.8) hemmt die durch Pyridoxal-Kinase katalysierte Phosphorylierung von Pyridoxal. Darüberhinaus reagiert Isoniazid auch direkt mit Pyridoxalphosphat unter Hydrazon-Bildung.

B$_6$-Hypovitaminosen sind beim Erwachsenen selten. Sie äußern sich in hypochromer Anämie, seborrhoischer Dermatitis und Neuritiden. Bei Säuglingen können epileptiforme Krämpfe auftreten.

Als Analoges des Pyridoxins wurde *Pyritinol* eingeführt, eine "neurotrope" Substanz, die keine Vitamin-Wirkung mehr besitzt. Pyritinol wird bei zerebralen Abbauerscheinungen sowie bei zerebral bedingten Entwicklungsstörungen und bei Hirnschädigungen eingesetzt.

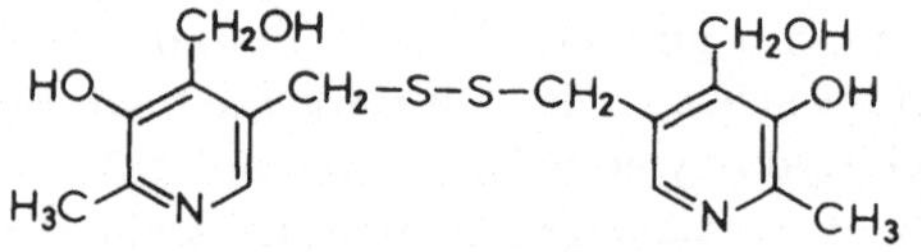

Pyritinol (Encephabol[®])

Eigenschaften   *Pyridoxinhydrochlorid* ist in Wasser leicht, in Ethanol schwer löslich. In saurer und neutraler Lösung ist es auch bei Temperaturen über 100 °C sehr beständig, so daß eine Hitzesterilisation möglich ist. Im Alkalischen zeigt es deutliche Lichtempfindlichkeit. Lösungen der freien *Pyridoxin-Base* sind thermolabil.

Synthese   Von den zahlreichen Synthesen für die technische Darstellung von *Pyridoxin* haben solche, die auf neuartigen *1,4-Cycloadditionsreaktionen* beruhen, große Bedeutung erlangt und die vielstufigen Reaktionsfolgen früherer Jahre abgelöst. Sie gehen von Oxazolen (als *Dien*) und geeignet substituierten Olefinen (als *Dienophil*) aus, die bei der *Diels-Alder-Reaktion* direkt das Grundgerüst des Pyridoxins ergeben.

So reagiert 4-Methyloxazol (1) mit 3-Methylsulfonyl-2,5-dihydrofuran (2), dessen Doppelbindung durch den elektronenziehenden Methylsulfonyl-Rest stark aktiviert ist, schon bei 80 °C unter Bildung des Pyridoxinethers (3) sowie des Disulfons (4).

Bei dieser Reaktion muß die Sauerstoff-Brücke des hypothetischen Diels-Alder-Addukts (5), das bisher nicht abgefangen werden konnte, unter Aromatisierung zum Pyridin-Ring spontan geöffnet werden. Gleichzeitig wird Methansulfinsäure eliminiert, die sich an ein zweites Molekül 3-Methylsulfonyl-2,5-dihydrofuran (2) unter Bildung des Disulfons (4) addiert. Aus dem Pyridoxinether (3) wird Pyridoxin (6) durch saure Etherspaltung erhalten.

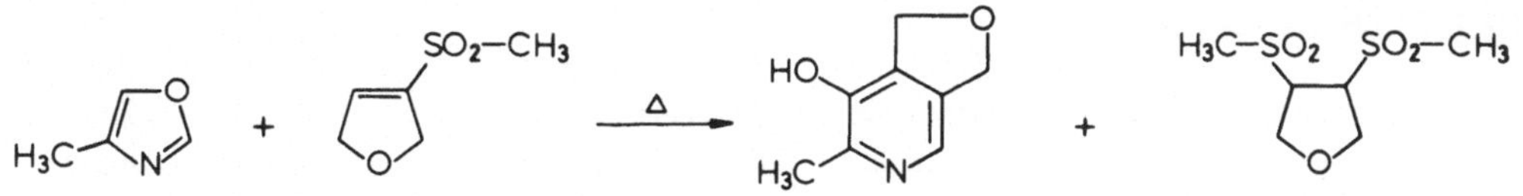

Analytik *Pyridoxinhydrochlorid*-Lösungen zeigen ein pH-abhängiges UV-Absorptions-
verhalten, das zur Identitätsprüfung herangezogen werden kann. Nach Ph. Eur. werden
UV-Spektren im sauren Milieu (Überwiegen der protonierten Form, λ_{max} = 290 nm) und
im angenähert neutralen Milieu (Gleichgewicht der undissoziierten und zwitterionischen
Form, Maxima bei 254 und 324 nm) aufgenommen.

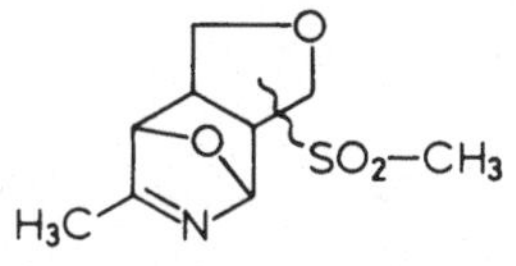

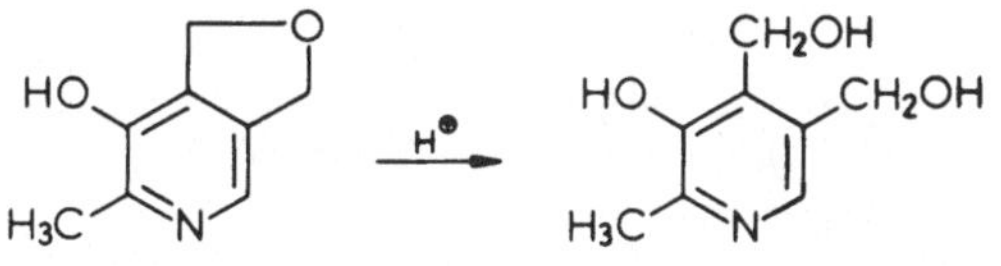

Mit dem *Phenol-Reagenz* 2,6-Dichlorchinon-chlorimid reagiert Pyridoxin in alkalischer
Lösung — wie viele in p-Stellung unsubstituierte Phenole — unter Bildung eines *Indophenol-Farbstoffs* (Blaufärbung).

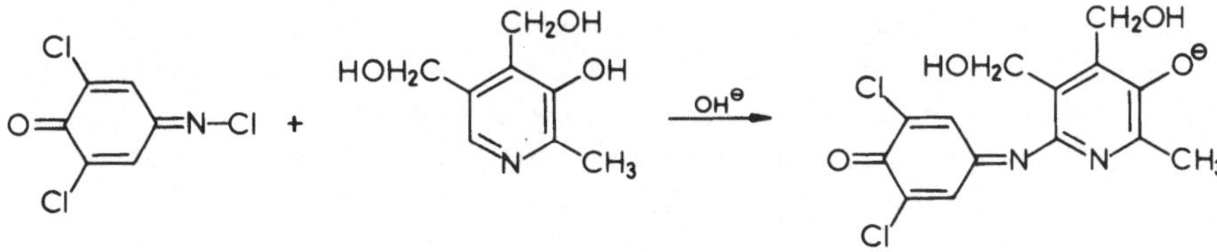

Durch vorherige Zugabe von Borsäure, die mit der phenolischen Hydroxyl-Gruppe und
der benachbarten Hydroxymethyl-Gruppe des Pyridoxins einen Komplex bildet, wird die
Entstehung des Farbstoffs verhindert. Bei der photometrischen Gehaltsbestimmung von
Pyridoxinhydrochlorid-Tabletten nach DAB 8 wird zur Erhöhung der Spezifität die Extinktion des Indophenol-Farbstoffs gegen einen Parallelansatz, der Borsäure enthält, gemessen.

Die titrimetrische Gehaltsbestimmung von Pyridoxinhydrochlorid nach Ph. Eur. erfolgt
durch Bestimmung der Chlorid-Ionen mit Perchlorsäure in wasserfreier Essigsäure in Gegenwart von Quecksilber(II)-acetat.

12.8.5 Nicotinamid

Das bereits 1894 synthetisierte *Nicotinamid*, 3-Pyridincarbonsäureamid, wurde 1937 von Elvehjem und Mitarb. aus Leberextrakten, die eine gegen *Pellagra* (vgl. Pharmakologie) schützende Wirkung zeigten, isoliert. Etwa zur gleichen Zeit erkannten Warburg sowie v. Euler und Mitarb. Nicotinamid als wichtigen *Baustein Wasserstoff-übertragender Coenzyme*.

Nicotinamid

Nicotinsäure (vgl. 8.4.1 und 8.8.1) war bereits früher aus Hefe isoliert worden. Im Organismus wird Nicotinsäure, die gleiche Vitaminwirksamkeit aufweist, in das Amid übergeführt.

Nicotinamid und Nicotinsäure sind in tierischen und pflanzlichen Geweben weit verbreitet. Besonders hoch ist der Gehalt in Hefe, Reiskleie, Leber, Muskelfleisch, Fisch und Vollkornbrot.

Nicotinamid muß nur zu etwa ein Drittel von außen zugeführt werden. Die restlichen zwei Drittel fallen beim körpereigenen Abbau verschiedener Aminosäuren an. Hierbei kommt Tryptophan besondere Bedeutung zu. Als Lieferanten von Nicotinsäure-Derivaten sind jedoch auch Glutaminsäure, Prolin und Ornithin nachgewiesen.

Biochemie   *Nicotinamid* ist ein wichtiger Bestandteil der *Pyridinnucleotide* (vgl. 6.1), die als Coenzyme von *Dehydrogenasen* und *Reduktasen* Wasserstoff von einem Donator auf einen Akzeptor übertragen. Die Pyridinnucleotide *Nicotinamid-adenin-dinucleotid* (NAD$^\oplus$) und *Nicotinamid-adenin-dinucleotidphosphat* (NADP$^\oplus$) enthalten als Dinucleotide die Nucleotid-Bausteine Base, Ribose, Phosphorsäure zweifach. Nicotinamid und Adenin sind mit dem C-1 der Ribose N-glykosidisch verknüpft.

Pyridinnucleotide

R = H   Nicotinamid-adenin-dinucleotid (NAD$^\oplus$)

R = Ⓟ   Nicotinamid-adenin-dinucleotidphosphat (NADP$^\oplus$)

Die Pyridinnucleotid-abhängigen Enzyme katalysieren zahlreiche Dehydrierungsreaktionen, wobei die reversible Aufnahme von Wasserstoff am C-4 des Pyridin-Rings des Nicotinamids erfolgt (vgl. 6.1). Von den reduzierten Pyridinnucleotiden gibt NADH seinen Wasserstoff meist an die Enzyme der Atmungskette ab, während NADPH den für Biosynthesen benötigten Wasserstoff bereitstellt.

Pharmakologie Das Krankheitsbild der *Pellagra* ist durch eine *Avitaminose von Nicotinamid* und anderen Vitaminen des B-Komplexes bedingt. Die wichtigsten Symptome der Pellagra sind *Dermatitis*, *Diarrhöe* und *Dementia* (Verblödung). Die Krankheit tritt in Gegenden, in denen vorwiegend Mais als Grundnahrungsmittel verwendet wird (z. B. Südeuropa, Südstaaten der USA) endemisch auf, da Mais sehr arm an Tryptophan ist.

In der Therapie werden neben *Nicotinamid* (Nicobion®) bevorzugt *Vitamin B-Komplex-Präparate* (BVK „Roche"®, Lederplex®, Polybion®) eingesetzt.

Nicotinamid muß auch bei Langzeittherapie mit *Isoniazid* (vgl. 13.2.8) verabreicht werden, da Isonicotinamid, das aus Isoniazid metabolisch entsteht, Nicotinamid kompetitiv verdrängt.

Synthese (vgl. 8.4.1)

Analytik Zur Prüfung auf Identität von *Nicotinamid* wird nach Ph. Eur. mit Natriumhydroxid-Lösung erhitzt, wobei Ammoniak freigesetzt wird. Mit Bromcyan-Lösung und Anilin entsteht eine goldgelbe Färbung. Hierbei wird aus Nicotinamid und Bromcyan zunächst N-Cyano-3-carbamoyl-pyridiniumbromid gebildet, das mit Anilin unter Spaltung des Pyridin-Rings zwischen N-1 und C-2 zu einem *Polymethinfarbstoff* kondensiert. Die Reaktion kann auch photometrisch ausgewertet werden.

Wird Nicotinamid mit 2,4-Dinitrochlorbenzol geschmolzen und die erkaltete Schmelze in ethanolischer Kaliumhydroxid-Lösung gelöst, so entsteht eine tiefrote Färbung (Identitätsnachweis des DAB 7). Bei der Reaktion bildet sich in der Schmelze zunächst ein Pyridinium-Salz, das durch Alkali zu rot gefärbten Salzen gespalten wird. Die Öffnung des Pyridin-Rings erfolgt dabei ebenfalls zwischen N-1 und C-2.

12.8.6 Pantothensäure

Pantothensäure, 3-(2,4-Dihydroxy-3,3-dimethyl-butyramido)-propionsäure, ist ein Amid aus R-konfigurierter *Pantoinsäure* (2,4-Dihydroxy-3,3-dimethyl-buttersäure) und β-Alanin.

Pantothensäure

R-Pantoinsäure   β-Alanin

Pantothensäure, 1938 von Williams und Mitarb. aus Leber isoliert, erwies sich als identisch mit einem Faktor, der von Elvehjem isoliert wurde und gegen Hühnerdermatitis wirksam war. Die Konstitution wurde 1940 geklärt. Im gleichen Jahr erfolgte auch die Synthese. Lipmann und Kaplan fanden 1946, daß Pantothensäure ein *Bestandteil des Coenzyms A* ist.

Der Name Pantothensäure deutet auf das ubiquitäre Vorkommen in pflanzlichem und tierischem Gewebe hin. Besonders hoch ist der Gehalt in Leber, Hefe, Eigelb und Fleisch. Pantothensäure wird auch von der Darmflora gebildet.

Biochemie   Die physiologische Bedeutung der *Pantothensäure* beruht darauf, daß sie neben *Cysteamin,* dem Decarboxylierungsprodukt des Cysteins, und *3′-Phosphoadenosin-5′-diphosphat* Bestandteil von *Coenzym A* ist.

Cysteamin   Pantothensäure   3′-Phosphoadenosin-
                                                                5′-diphosphat

Coenzym A

Coenzym A bildet mit Carbonsäuren Thioester (*Acyl-Coenzym A*), die als Coenzyme von Acyltransferasen große Bedeutung für die enzymatische Acylierung besitzen (vgl. 4.2).

Acetyl-Coenzym A („aktivierte Essigsäure") stellt eine zentrale Substanz des Intermediärstoffwechsels dar.

Pharmakologie   Während beim Menschen Hypovitaminosen nicht bekannt sind, kann ein *Mangel an Pantothensäure* bei Versuchstieren zu Wachstumsstillstand, Dermatitis und Depigmentierung des Haarkleides (z. B. Graufärbung der Haare bei Ratten) führen. Als weitere Symptome können Degeneration der Myelinscheiden markhaltiger Nerven sowie Entzündungen der Haut und Schleimhäute auftreten. Vitaminaktivität besitzt nur die R-konfigurierte D-(+)-*Pantothensäure.* Sie ist in Form des Calcium-Salzes Bestandteil zahlreicher Kombinationspräparate (BVK „Roche"®, Combionta®, Eunova®).

Dexpanthenol (Bepanthen® Roche), der der Pantothensäure entsprechende Alkohol, wird extern zur Förderung der Epithelisierung von Schürf- und Brandwunden sowie bei Ulzera und Dekubitus verwendet. Intern findet Dexpanthenol, das im Organismus zu Pantothensäure oxidiert wird, zur Rollkur bei Gastritis sowie als Aerosol bei Entzündungen der Atemwege Anwendung.

Eigenschaften *Pantothensäure* ist ein blaßgelbes, viskoses, sehr hygroskopisches Öl. Sie wird durch Säuren, Basen und Hitze schnell zerstört. Im pH-Bereich 6–8 ist Pantothensäure hydrolysebeständig. Auch gegen Lichteinfluß ist sie wenig empfindlich.

Wegen der Unbeständigkeit der freien Säure wird pharmazeutisch *Calciumpantothenat* verwendet, das wesentlich stabiler und nur schwach hygroskopisch ist.

Analytik Zur Prüfung auf Identität von *Calciumpantothenat* wird die wäßrige Lösung nach Ph. Eur. im Wasserbad mit Salzsäure erhitzt, wobei die Amid-Bindung gespalten wird und *Pantolacton* entsteht. Dieses setzt sich mit Hydroxylamin in alkalischer Lösung zur Hydroxamsäure um, die mit der entsprechenden Hydroximinsäure tautomer ist. Mit Eisen(III)-chlorid in saurer Lösung bilden diese einen charakteristischen weinroten Komplex.

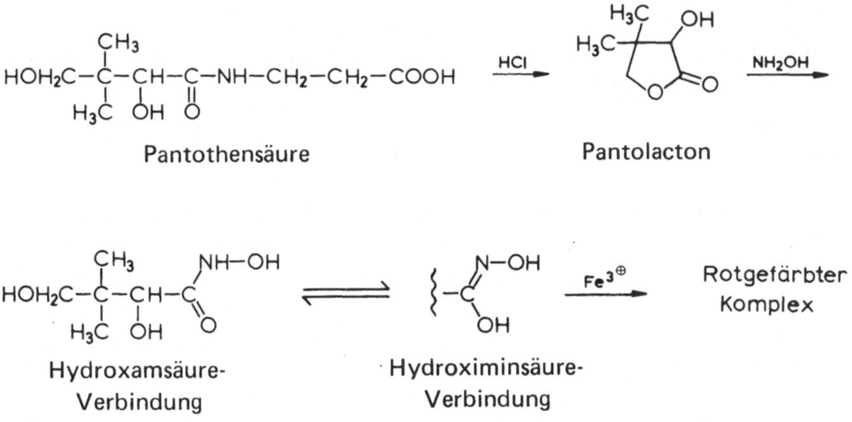

Pantothensäure $\xrightarrow{\text{HCl}}$ Pantolacton $\xrightarrow{\text{NH}_2\text{OH}}$

Hydroxamsäure-
Verbindung

Hydroximinsäure-
Verbindung

$\xrightarrow{\text{Fe}^{3\oplus}}$ Rotgefärbter Komplex

Zur Gehaltsbestimmung wird der Calcium-Gehalt komplexometrisch ermittelt. Hierbei wird nach dem indirekten Verfahren zunächst Zinksulfat-Lösung vorgelegt und anschließend mit Natrium-EDTA-Lösung gegen Eriochromschwarz T-Mischindikator titriert. Weiterhin schreibt Ph. Eur. eine Stickstoff-Bestimmung nach Kjeldahl vor.

12.8.7 Biotin

Biotin ist ein bizyklisches Harnstoff-Derivat, dessen Ringsystem, ein Thieno[3,4-d]imidazol, aus einem Imidazolidin- und einem Thiophan-Ring aufgebaut ist.

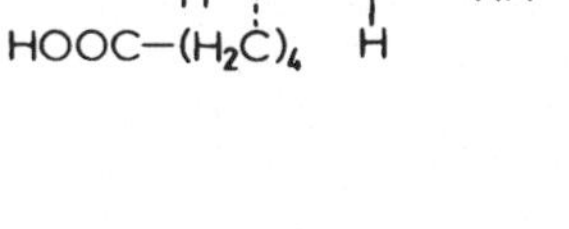

Biotin

An den asymmetrischen C-Atomen 3a, 4 und 6a ist Biotin all-cis-konfiguriert. Biotin wurde 1935 von Kögl aus Eigelb und 1941 von du Vigneaud aus Leberextrakten isoliert. 1941/42 gelang ihnen auch die Strukturaufklärung. Der Name soll auf die Bedeutung der Substanz für das Hefewachstum hinweisen.

Biotin kommt in geringen Mengen weit verbreitet vor. Es ist besonders in Hefe, Leber, Eigelb und Gemüse enthalten.

Biochemie   Die *Bedeutung des Biotins* beruht auf seiner Beteiligung am *Carboxyl-Transfer*. Es bindet in einer ATP-verbrauchenden Reaktion CO_2 am N-1 des Imidazolidin-Rings. Das so gebildete *Carboxybiotin* stellt die aktive Form des Kohlendioxids (,,*aktives Carboxyl*'') dar.

Biotin   Carboxybiotin

Carboxybiotin ist die prosthetische Gruppe von Enzymen, die an Carboxylierungsreaktionen beteiligt sind. Im Enzym ist die Carboxyl-Gruppe des Biotins peptidartig an die ε-Amino-Gruppe eines Lysin-Restes gebunden.

Biotin wird durch *Avidin*, ein spezifisches Eiklar-Protein, fest gebunden und dadurch inaktiviert.

Pharmakologie   *Biotin-Hypovitaminosen* sind beim Menschen unbekannt. Beim Versuchstier treten degenerative Veränderungen an Haut und Schleimhäuten auf. Biotin ist Bestandteil zahlreicher Vitamin-Kombinationspräparate.

Eigenschaften   *Biotin* ist stabil gegen Hitze und schwache Säuren, aber instabil gegenüber Laugen, Oxidationsmitteln und UV-Licht.

12.8.8 Folsäure

Die *Folsäure* (DAB 8), die für den Menschen *Vitamincharakter* hat, stellt für bestimmte Mikroorganismen einen *Wuchsstoff* dar. In ihr sind die Bausteine *Pteroinsäure* und L-*Glutaminsäure* peptidartig verknüpft (Pteroylglutaminsäure). Pteroinsäure ist aus *6-Methylpterin* und *p-Aminobenzoesäure* aufgebaut.

Folsäure

6-Methyl-   p-Amino-   L-Glutamin-
pterin   benzoesäure   säure

Pteroinsäure

6-Methylpterin ist ein Derivat des Pteridins. *Pteridin*, Pyrazino[2,3-d]pyrimidin, stellt den Grundkörper der *Pteridine*, einer Gruppe weitverbreiteter Naturstoffe, die z. B. als Pigmente in den Flügeln von Schmetterlingen vorkommen, dar.

Pteridin   Pterin

Folsäure wurde in kristalliner Form erstmals 1947 aus Leber sowie aus Hefe isoliert. Sie ist in der Natur weit verbreitet und kommt vor allem in Leber, Niere, Hefe und Gemüse vor. Auch von Darmbakterien wird Folsäure gebildet. Während in höheren Organismen das Monoglutamat vorherrscht, enthalten Pflanzen und insbesondere Mikroorganismen (z. B. Hefen) „Folsäurekonjugate", in denen 2–7 Glutaminsäure-Reste γ-peptidisch miteinander verbunden sind. Diese „Konjugate" werden in Darm-Mukosa und Leber durch Carboxypeptidasen gespalten.

Antibakterielle Sulfonamide sind *Antimetaboliten* (vgl. 3.1) der für Mikroorganismen essentiellen p-Aminobenzoesäure (vgl. 13.2.6).

Biochemie *Folsäure* wird im Organismus mittels Dihydrofolat-Dehydrogenase zu *7,8-Dihydrofolsäure* reduziert, die ihrerseits durch Tetrahydrofolat-Dehydrogenase zu *5,6,7,8-Tetrahydrofolsäure* (THF), der eigentlichen Wirkform, reduziert wird. An der enzymatischen Reduktion ist auch Ascorbinsäure beteiligt.

Folsäure   7,8-Dihydro-folsäure   5,6,7,8-Tetrahydro-folsäure

Durch die Reduktion entsteht am C-6 der Tetrahydrofolsäure ein neues Chiralitätszentrum, dessen absolute Konfiguration noch ungeklärt ist. Nach kernresonanzspektroskopischen Untersuchungen liegt der Tetrahydropyrazin-Ring in einer Halbsessel-Konformation mit pseudo-äquatorialer Stellung der Methylen-Gruppe an C-6 vor.

THF ist ein wichtiges Coenzym von Enzymen, die am C_1-*Transfer* beteiligt sind. Aus THF und Ameisensäure (Formiat) wird in einer ATP-abhängigen Reaktion mittels Formyltetrahydrofolat-Synthetase *Formyl-THF* gebildet. Der Formyl-Rest kann sowohl am N-10 als auch am N-5 (Folinsäure) fixiert sein. Unter dem Einfluß einer Cyclohydrolase entsteht aus Formyl-THF *5,10-Methenyl-THF*, die als charakteristisches Strukturelement ein zum

Imidazolin-Ring zyklisiertes Amidinium-System (nicht fixierte Doppelbindung) besitzt. Aus 5,10-Methenyl-THF wird durch Reduktion mittels Methylentetrahydrofolat-Dehydrogenase *5,10-Methylen-THF,* die einen Imidazolidin-Ring enthält, gebildet. 5,10-Methylen-THF kann durch weitere Reduktion mit Hilfe von 5,10-Methylentetrahydrofolat-Reduktase in *5-Methyl-THF* übergeführt werden.

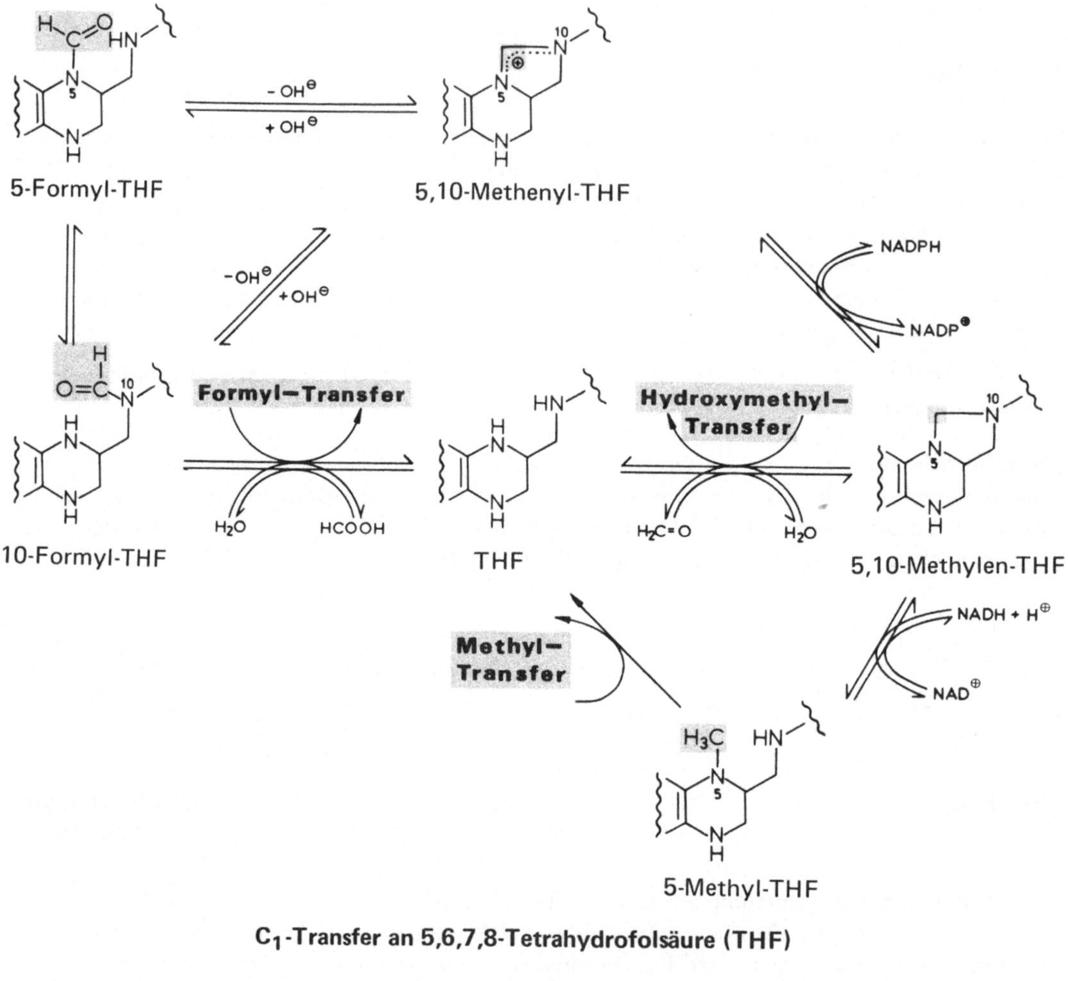

C₁-Transfer an 5,6,7,8-Tetrahydrofolsäure (THF)

Der C_1-Transfer spielt im Stoffwechsel von Purinen und Aminosäuren eine bedeutende Rolle. Als wichtigste C_1-Übertragungen sind zu nennen:

- **Formyl-Transfer,** bei dem 10-Formyl-THF (*„aktives Formiat"*) als Coenzym fungiert. Die Übertragung von Ameisensäure, die etwa aus dem Histidin- oder Tryptophan-Abbau stammen kann, ist z. B. für die *Purin-Biosynthese* von Bedeutung. Sowohl C-2 als auch C-8 des Purin-Systems stammen aus dem Formyl-Transfer.

— **Hydroxymethyl-Transfer,** wobei 5,10-Methylen-THF (*„aktiver Formaldehyd"*) als Coenzym beteiligt ist. Der Formaldehyd wird z. B. mittels Serin-Hydroxymethyl-transferase auf das C-2 des *Glycins* unter Bildung von *Serin* übertragen.

— **Methyl-Transfer,** bei dem 5-Methyl-THF als Coenzym fungiert. Dieser Schritt ist z. B. für die *Biosynthese von L-Methionin* aus L-*Homocystein* oder für die *Cholin-Biosynthese* von Bedeutung. Als Coenzyme der Methylgruppenübertragung dienen weiterhin Corrinoide (vgl. 12.8.9).

Pharmakologie *THF* ist an der Biosynthese von Purinen und Thymin (Methylierung von Uracil), die wichtige Bausteine der Nucleinsäuren darstellen, beteiligt. Ein *Folsäure-Mangel* äußert sich zuerst im Auftreten makrozytärer Anämien (vgl. 8.7), da die zellulären Elemente des blutbildenden Gewebes wegen ihrer hohen Mitoserate von einem Folsäure-Mangel besonders früh betroffen sind. Die sogenannten *„Megaloblastenanämien"* können bei Schwangeren und Kindern sowie als Arzneimittelnebenwirkung bei der Therapie mit *Antiepileptika* und nach Gabe *oraler Kontrazeptiva* auftreten. Hypovitaminosen sind auch bei Verdauungsstörungen sowie nach Therapie mit *Folsäure-Antimetaboliten* (vgl. 14.1.1) zu beobachten.

Zur Therapie makrozytärer Anämien wird *Folsäure* (Folsan®) in Kombination mit *Vitamin B*$_{12}$ (vgl. 12.8.9) verabreicht.

12.8.9 Vitamin B$_{12}$

Cyanocobalamin (Vitamin B$_{12}$) gehört zur Stoffklasse der *Corrinoide,* die *Corrin* als Grundgerüst besitzen und komplex-gebundenes dreiwertiges Cobalt als Zentralatom enthalten. Der Cobalt-Komplex bedingt die intensiv rote Farbe der Corrinoide.

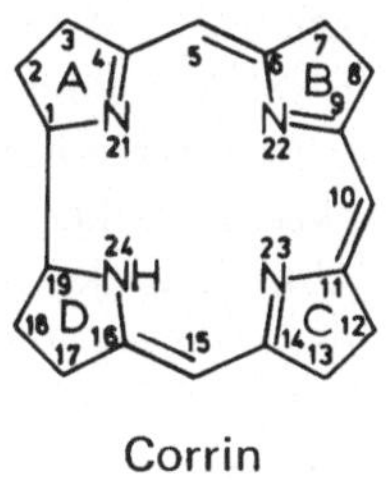

Corrin

Cyanocobalamin

Corrin unterscheidet sich von *Porphyrin* durch das Fehlen einer Methin-Gruppe zwischen den Ringen A und D. Die Bezifferung entspricht der des Porphyrins, da die Atomnummer 20 ausgelassen ist.

Als Substituenten des Corrins treten Methyl-, Acetamid- und Propionamid-Gruppen auf. Die Propionsäure-Gruppe an C-17 ist mit D-(−)-1-Amino-2-propanol amidiert. Im *Cobamid* ist die Hydroxyl-Gruppe des Aminopropanols mit einem α-D-Ribofuranose-3-phosphat-Rest durch Ester-Bindung verknüpft. *Cobalamin* schließlich entsteht − formal − durch N-glykosidische Verknüpfung von 5,6-Dimethyl-benzimidazol mit Cobamid über das C-1 der Ribose. Das zweite N-Atom des Benzimidazols dient als Ligand des Cobalts.

Cyanocobalamin, das eine Cyanid-Gruppe als weiteren Liganden am Cobalt besitzt, ist demnach ein α-(5,6-Dimethyl-benzimidazol-1-yl)-cobamid-cyanid. *Hydroxocobalamin* (Vit. B_{12a}) enthält eine Hydroxyl-Gruppe, *Aquocobalamin* (Vit. B_{12b}) koordinativ gebundenes Wasser anstelle der Cyanid-Gruppe. In wäßriger Lösung stehen Hydroxy-Form und Aquo-Form im Gleichgewicht.

$$HO-CoX \xrightleftharpoons{H_2O} [H_2O \cdot CoX]^{\oplus} OH^{\ominus}$$

Das kationische Verhalten des Aquocobalamins bedingt eine festere Bindung an Plasmaproteine und folglich eine längere Wirkungsdauer. Cyanocobalamin ist ein Artefakt, das aus natürlichen Cobalaminen in Gegenwart geringer Cyanid-Mengen (z.B. aus Aktivkohle stammend) bei der Aufarbeitung entsteht.

Cobalamine kommen praktisch in allen tierischen Geweben vor, besonders reich an Vitamin B_{12} ist die Leber. Wichtige Quellen der menschlichen Nahrung sind Fleisch, Eier und Milch.

Entwicklung   Bereits 1926 erkannten Minot und Murphy, daß der Verzehr größerer Mengen frischer Leber eine Normalisierung des Blutbildes bei *perniziöser Anämie* (vgl. Pharmakologie) bewirkt. Die Suche nach dem *Antiperniziosa-Faktor* führte bald zu wirksamen Extrakten, jedoch erst 1948 gelang es Folkers und Mitarb. (USA) sowie Smith und Parker (England) Vitamin B_{12} in kristalliner Form aus Leber sowie aus Fermentationsbrühen zu isolieren. An der Aufklärung der Konstitution mittels klassisch-chemischer Methoden waren zahlreiche Arbeitskreise beteiligt. Die endgültige Abklärung der Struktur gelang schließlich mit Hilfe der *Röntgenstrukturanalyse* (Dorothy Crowfoot-Hodgkin und Mitarb., 1955/56). Die *Totalsynthese* dieses extrem komplizierten Naturstoffs konnte von den Arbeitskreisen um Eschenmoser und Woodward 1972 realisiert werden.

Biochemie   Zur *Biosynthese von Cobalaminen* sind ausschließlich Mikroorganismen befähigt, nicht jedoch höhere Pflanzen oder Tiere.

Im Gewebe liegt Vitamin B_{12} hauptsächlich in der lichtempfindlichen, biologisch aktiven *Coenzym-Form* (Vit. B_{12}-Coenzym; INN: *Cobamamid*) vor, in der anstelle der Cyanid-Gruppe ein 5′-Desoxy-adenosyl-Rest über das C-5 der Desoxypentose an das Zentralatom gebunden ist.

Cobamamid
Vitamin B_{12}-Coenzym
5'-Desoxy-adenosyl-cobalamin

Von den zahlreichen Cobalamin-abhängigen enzymatischen Reaktionen des Intermediär-stoffwechsels ist der *Methyl-Transfer* (vgl. 12.8.8) auf L-Homocystein, der in der Leber zur Bildung von L-Methionin führt, besonders zu erwähnen. Die Reaktion macht die synergistische Wirkung von Folsäure und Vitamin B_{12} deutlich. Auch die durch Ribonucleosidtriphosphat-Reduktase katalysierte Reduktion von Ribonucleosidtriphosphaten zu 2-Desoxy-ribonucleosidtriphosphaten ist, wie auch die *Biosynthese von Purin-* und *Pyrimidin-Basen*, von Cobamid-Coenzymen abhängig.

Vitamin B_{12} greift somit vor allem in den Nucleinsäure- sowie in den Protein-Stoffwechsel ein. Es ist für die Erythropoese (Entwicklung der Erythrozyten) sowie für Nervenfunktion und Wachstum von Bedeutung.

Die Cobalamine werden im Plasma, an das α-Globulin *Transcobalamin* gebunden, transportiert. Die *Halbwertzeit* von Vit. B_{12} im Plasma beträgt etwa 5 Tage, wogegen das in der Leber gespeicherte Vitamin eine Halbwertzeit von über einem Jahr aufweist.

Pharmakologie Die Resorption von *Vitamin B_{12}* ist an die Anwesenheit eines in der Magenschleimhaut gebildeten und in den Magensaft abgesonderten Mukoproteins („*intrinsic factor*") gebunden. Der Mukoprotein-Vitamin B_{12}-Komplex wird im Dünndarm resorbiert.

Ist die Produktion von Magensaft aufgrund einer Degeneration der Magenschleimhaut gestört, entwickelt sich das Krankheitsbild der *perniziösen Anämie* (Biermersche Krankheit), die früher tödlich verlief. Das Fehlen des Intrinsic-Faktors führt zu einem Vitamin B_{12}-Mangel, der sich primär in einer Reifungsstörung der Erythrozyten äußert. Es werden stark vergrößerte Erythrozyten (Megalozyten) in verminderter Zahl an das Blut abgegeben. Ihr Hämoglobin-Gehalt ist erhöht (*hyperchrome, makrozytäre Anämie*; vgl. 8.7). Weiterhin kommt es zu schweren neurologischen Ausfallserscheinungen sowie zur Atrophie der Schleimhaut des Magen-Darm-Kanals.

Als Indikationen für eine Therapie mit *Cyanocobalamin* (B_{12}-Steigerwald, Cytobion®) bzw. *Hydroxocobalamin* (Aquo-Cytobion®, Novidroxin®) gelten:

- perniziöse Anämie (parenterale Applikation)
- andere Megaloblastenanämien
- Neuritiden (Polyneuritis) und Neuralgien (z. B. Stumpf- oder Trigeminusneuralgie)
- Virushepatitis, Herpes zoster u. a.

Die orale Applikation erfordert einen Zusatz von Intrinsic-Faktor. Hydroxocobalamin (bzw. Aquocobalamin) stellt wegen der besseren Proteinbindung eine „natürliche Depot-Form" dar.

Eigenschaften *Cyanocobalamin* bildet dunkelrote Kristalle, die in Wasser und Ethanol löslich sind. Neutrale bis schwach saure Lösungen sind unter Lichtausschluß stabil und können bei 110 °C sterilisiert werden. Bei Lichteinwirkung wird die Cyano-Gruppe unter Bildung von Aquocobalamin abgespalten. Durch Hydrolyse der endständigen Säureamid-Gruppen entstehen unwirksame, rot gefärbte Säuren. Aus wäßriger Lösung lassen sich Cobalamine mit n-Butanol sowie mit Phenolen extrahieren.

Gewinnung *Vitamin B_{12}* wird aus dem Kulturmedium verschiedener Mikroorganismen gewonnen, denen 5,6-Dimethylbenzimidazol als Prekursor zugesetzt wird. Zur Aufarbeitung werden neben verschiedenen Extraktionsverfahren vor allem adsorptions- und verteilungschromatographische Verfahren (z. B. Gegenstromverteilung mit Benzylalkohol) eingesetzt. Ballaststoffe werden durch Fällungsmittel wie $Zn(OH)_2$, saure und basische Corrinoide durch Ionenaustauscherchromatographie abgetrennt.

Analytik Zur *Prüfung auf Identität* nach Ph. Eur. wird die spezifische Extinktion $E_{1\,cm}^{1\%}$ an den Maxima bei 278, 361 und 550 nm bestimmt. Das ausgeprägte Absorptionsmaximum bei 361 nm dient auch zur *quantitativen Bestimmung.* Dieses Verfahren ist jedoch nur bei Reinsubstanz anwendbar. Zur Gehaltsbestimmung in Kombinationspräparaten werden auch mikrobiologische Methoden, die auf einer Wachstumsanregung von Vitamin B_{12}-Mangelmutanten basieren, herangezogen.

Cobalt wird nach Zerstörung des Corrin-Komplexes mit Kaliumsulfat und verd. Schwefelsäure mit Ammoniumthiocyanat nachgewiesen. Das blau gefärbte $[Co(SCN)_4]^{2\ominus}$ kann mit Benzylalkohol extrahiert werden.

12.8.10 Vitamin C

Ascorbinsäure (Vitamin C) ist eine den Monosacchariden strukturell nahestehende Substanz, die sich formal von *L-Gulose,* einer Aldohexose, ableitet. Sie kann als Oxidationsprodukt des γ-Lactons der entsprechenden Aldonsäure (*L-Gulonsäure*) aufgefaßt werden und stellt demnach ein 3-Oxo-L-gulonsäure-γ-lacton dar. Dieses liegt in der *Endiol-Form* vor, die durch intramolekulare Wasserstoff-Brücken (vgl. Eigenschaften) stabilisiert wird.

L-Gulose   L-Gulonsäure   L-(+)-Ascorbinsäure

Ascorbinsäure (L-(+)-Ascorbinsäure = L-Xyloascorbinsäure) besitzt an C-4 und C-5 Asymmetriezentren. Die optischen Isomere D-Xyloascorbinsäure sowie D- und L-Araboascorbinsäure zeigen keine Vitamin C-Wirksamkeit.

Ascorbinsäure ist in der Natur weit verbreitet. Hohen Vitamin C-Gehalt weisen vor allem Früchte wie Hagebutten, schwarze Johannisbeeren, Citrusfrüchte sowie Gemüse und Leber auf.

Entwicklung *Skorbut* ist die am längsten bekannte Mangelkrankheit. Maßnahmen zur Verhütung des Skorbuts, z. B. die prophylaktische Gabe von Citrusfrüchten, gehen bereits auf das 18. Jahrhundert zurück. Nachdem Holst und Fröhlich 1907 erkannt hatten, daß am Meerschweinchen durch Mangeldiät Skorbut erzeugt werden kann, stand ein Testmodell zur Prüfung der antiskorbutischen Wirksamkeit von Nahrungsbestandteilen und zur Anreicherung des Antiskorbutfaktors (*Vitamin C*) zur Verfügung. Im Rahmen biochemischer Untersuchungen isolierte Szent-Györgyi 1928 aus Nebennieren sowie aus pflanzlichem Material eine kristalline Substanz mit reduzierenden Eigenschaften, die später *Ascorbinsäure* genannt wurde. Daß diese Substanz mit dem aktiven Prinzip antiskorbutischer Extrakte identisch war, konnte 1932 gezeigt werden. Die Aufklärung der Konstitution sowie die Synthese (Arbeitskreise von Haworth und Reichstein) erfolgten ein Jahr später.

Biochemie Im Gegensatz zu anderen wasserlöslichen Vitaminen besitzt *Ascorbinsäure* keine Coenzymfunktion. Die biologische Bedeutung beruht vorwiegend auf ihren *Redoxeigenschaften*. So ist die Hydroxylierung von *Prolin* zu *Hydroxyprolin*, das wichtiger Baustein des Strukturproteins *Kollagen* ist, Ascorbinsäure-abhängig. Weiterhin ist Ascorbinsäure an der Hydroxylierung von *Dopamin* zu *Noradrenalin* sowie an der Hydroxylierung von *Nebennierenrindenhormonen* (vgl. 12.4.1) beteiligt. Die Reduktion von *Folsäure* zu *Tetrahydrofolsäure* erfordert ebenfalls die Anwesenheit von Ascorbinsäure (vgl. 12.8.8).

Vitamin C stellt lediglich für den Menschen, für Affen sowie für das Meerschweinchen einen essentiellen Nahrungsbestandteil dar. Die weitaus meisten Säuger sind zu eigenständiger Biosynthese befähigt. Diese geht, wie bei der Ratte nachgewiesen werden konnte, von D-Glucuronsäure aus, die in einer NADPH-abhängigen Reaktion in L-Gulonsäure umgewandelt wird. Die der Lacton-Bildung sich anschließende Dehydrierung ist beim Menschen aufgrund fehlender Enzymausstattung nicht möglich.

Ascorbinsäure kann im Menschen nach Oxidation zu *Dehydroascorbinsäure* und Hydrolyse zu 2,3-Dioxo-L-gulonsäure zu *Oxalsäure* und L-*Threonsäure* metabolisiert werden (Formelschema vgl. Eigenschaften). Etwa die Hälfte des im Harn aufgefundenen Oxalats soll dem Vitamin C-Stoffwechsel entstammen.

Pharmakologie Der Tagesbedarf an *Vitamin C* liegt für den Erwachsenen bei ca. 75 mg und übersteigt damit deutlich den anderer Vitamine. Er kann in der Regel mit der Nahrung gedeckt werden. Einseitige Ernährung oder falsch zubereitete Nahrung können zu *Hypovitaminosen* (,,präskorbutische Zustände") führen, die eine zusätzliche Zufuhr erforderlich machen. Zur Deckung eines Defizits wird Vitamin C (Cebion®, Cedoxon®, xitix®) oral verabreicht. *Avitaminosen* (*Skorbut* des Erwachsenen, *Möller-Barlowsche Erkrankung* des Kleinkindes) sind selten geworden. Zu den uncharakteristischen Anfangserscheinungen, wie sie auch bei der Hypovitaminose auftreten, gehören leichte Ermüdbarkeit, Neigung zu Zahnfleischbluten und erhöhte Anfälligkeit gegenüber Infektionskrankheiten. Kennzeichnend für die manifeste Avitaminose sind u. a. ausgeprägte Blutungsneigung (erhöhte Gefäßdurchlässigkeit als Folge der Störung des Kollagenstoffwechsels) und Zahnausfall. Beim Kleinkind sind Knochenbildung und Dentition gestört.

Der Ascorbinsäure werden über die eigentliche Vitaminfunktion hinaus eine Reihe therapeutischer Wirkungen zugeschrieben. Hierzu zählt insbesondere der umstrittene Effekt hoher Vitamin C-Gaben zur Prophylaxe von Erkältungskrankheiten.

Eigenschaften Die für *Ascorbinsäure* charakteristischen sauren und reduzierenden Eigenschaften sind durch die *Endiol-Gruppierung*, der in α-Stellung eine Carbonyl-Funktion benachbart ist, bedingt. Endiole sind tautomere Formen der α-Hydroxycarbonyl-Verbindungen. Eine zusätzliche Carbonyl-Funktion wie in Ascorbinsäure ermöglicht die Ausbildung von zwei intramolekularen Wasserstoff-Brücken (Bildung eines Doppelfünfring-Chelats). Dadurch wird die α-Ketoendiol-Form (*aci-Redukton-Struktur*) gegenüber anderen tautomeren Formen begünstigt.

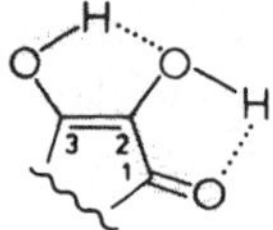

Stabilisierung der aci-Redukton-Struktur und Charakterisierung als vinyloge Carbonsäure

Die beiden enolischen Hydroxyl-Gruppen unterscheiden sich in ihrer Acidität ($pK_a = 4{,}2$ für OH-Gruppe an C-3; $pK_a = 11{,}6$ für OH-Gruppe an C-2). Der ausgeprägt saure Charakter des C-3-ständigen Hydroxyls kann über das *Vinylogie-Prinzip* erklärt werden, da Ascorbinsäure als aci-Redukton gleichzeitig die strukturellen Merkmale einer vinylogen Carbonsäure aufweist.

Ascorbinsäure bildet mit *Dehydroascorbinsäure* ein *reversibles Redoxsystem.*

$$\text{Ascorbinsäure} \quad \underset{+2\,H^{\oplus},\,+2e^{\ominus}}{\overset{-2\,H^{\oplus},\,-2e^{\ominus}}{\rightleftharpoons}} \quad \text{Dehydroascorbinsäure}$$

Im Gegensatz zu reduzierenden Zuckern reduziert Ascorbinsäure Fehlingsche Lösung, Silbernitrat-Lösung und Iod bereits bei Raumtemperatur. Schwermetallionen wie $Cu^{2\oplus}$ und $Fe^{3\oplus}$ katalysieren die Oxidation. Das System Ascorbinsäure/Wasserstoffperoxid/Eisen vermag organische Substrate über einen radikalischen Mechanismus zu hydroxylieren. Dehydroascorbinsäure kann durch SH-gruppenhaltige Agenzien reduziert werden.

Ascorbinsäure ist als kristalline Festsubstanz relativ stabil. Wäßrige Lösungen zersetzen sich in Anwesenheit von Luftsauerstoff. Während die Bildung von Dehydroascorbinsäure als erste Stufe der *oxidativen Zersetzung* noch umkehrbar ist, führt die nachfolgende Hydrolyse irreversibel zum Abbauprodukt *2,3-Dioxo-L-gulonsäure*, das im weiteren Verlauf oxidativ zu *Oxalsäure* und L-*Threonsäure* gespalten werden kann (vgl. S. 427).

In Abwesenheit von Luftsauerstoff ist Zersetzung unter Bildung von Furfural und Kohlendioxid möglich. Diese Reaktion läuft bevorzugt im sauren Milieu ab. Beim Abbau der Ascorbinsäure entstehen gleichzeitig braun gefärbte Zersetzungsprodukte. Das Stabilitätsoptimum liegt bei pH 5,6. Komplexbildner wie Citronensäure erschweren die Schwermetall-katalysierte oxidative Zersetzung.

COOH
|
C=O
|
C=O
|
H—C—OH
|
HO—C—H
|
CH₂OH

Dehydroascorbin-					**2,3-Dioxo-**					**L-Threonsäure**
säure						**L-gulonsäure**

COOH
|
COOH

COOH
|
H—C—OH
|
HO—C—H
|
CH₂OH

Synthese Die technische Synthese von *Vitamin C,* deren Grundlagen bereits 1934 von Reichstein und Grüssner ausgearbeitet wurden, geht von D-*Glucose* aus, die unter Kupferchromit-Katalyse zu D-*Sorbit* hydriert und anschließend auf mikrobiologischem Wege (Acetobacter suboxydans, Submersverfahren) selektiv zu L-*Sorbose* oxidiert wird. Bei der nachfolgenden Ketalisierung mit Aceton als Schutzmaßnahme bildet sich das *Diacetonid* der furanoiden Form mit freier Hydroxyl-Gruppe an C-1, das mit Oxidationsmitteln wie Kaliumpermanganat *Diaceton-2-oxo*-L-*gulonsäure* liefert. Im abschließenden Reaktionsschritt wird sauer hydrolysiert. Dabei erfolgt Abspaltung der Schutzgruppen unter Bildung freier *2-Oxo*-L-*gulonsäure*, die unter den gegebenen Reaktionsbedingungen durch Enolisierung und Lacton-Ringschluß in Ascorbinsäure übergeht.

D-Glucose					D-Sorbit							L-Sorbose

2-Oxo-L-						Ascorbinsäure
gulonsäure

Synthese von Ascorbinsäure

Analytik Die UV-Absorption der *Ascorbinsäure* ist pH-abhängig. Zur Identitätsprüfung wird nach Ph. Eur. in 0,1-normaler Salzsäure gemessen ($\lambda_{max} \approx 244$ nm). Weiterhin wird die spezifische Drehung bestimmt. Die Prüfung der reduzierenden Eigenschaften erfolgt mit Silbernitrat-Lösung. Wird die Prüflösung mit Natriumpentacyanonitrosylferrat(II) und verdünnter Natronlauge versetzt und anschließend verdünnte Salzsäure hinzugefügt, so schlägt die anfänglich gelbe Farbe nach Blau um. Diese Reaktionsweise ist für Aldehyde, Ketone und Enole charakteristisch.

Zur *Gehaltsbestimmung* läßt Ph. Eur. eine direkte iodometrische Titration durchführen (Bildung von Dehydroascorbinsäure). Ascorbinsäure kann auch als einbasige Säure mit 0,1-normaler Natronlauge gegen Phenolphthalein titriert werden. Die Bestimmung in biologischem Material erfolgt meist durch *Reaktion mit Tillmans-Reagenz* (2,6-Dichlorphenol-indophenol-Natrium).

Ascorbinsäure-Bestimmung mit Tillmans-Reagenz

Ascorbinsäure reduziert den in wäßriger Lösung tiefblauen Indophenol-Farbstoff zur Leukoform und geht ihrerseits in Dehydroascorbinsäure über. Bei der Titration mit Tillmans-Reagenz erkennt man den Endpunkt am Auftreten der blauen Farbe.

12.8.11 Vitamin A

Die *Vitamin A-Gruppe* besteht aus mehreren *Isoprenoiden* (aus aktiviertem Isopren aufgebaute Stoffe) vergleichbarer Wirkung. Von diesen ist *all-trans-Retinol*, ein primärer Diterpenalkohol ($C_{20}H_{30}O$) mit 5 konjugierten, trans-konfigurierten Doppelbindungen, der mengenmäßig wichtigste und biologisch wirksamste Stoff. Oxidationsprodukte sind *all-trans-Retinal* und *all-trans-Retinsäure* (INN: Tretinoin).

Die für die Retinol-Formel angegebene Bezifferung ist allgemein gebräuchlich. Nach IUPAC ist jedoch folgende Bezifferung vorgesehen:

Danach ist Retinol 2,6,6-Trimethyl-1-(9-hydroxy-3,7-dimethyl-nona-1,3,5,7-tetraenyl)-cyclohex-1-en. Die Bezeichnung nach Ph. Eur. weicht davon ab.

All-trans-Retinol wurde von P. Karrer aus Fischleberölen isoliert sowie von Baxter und Robeson (1942) kristallisiert.

Aufgrund der cis-trans-Isomeriemöglichkeiten der Seitenkette sind 16 Stereoisomere denkbar. Sterisch nicht gehindert sind jedoch nur die nachfolgend tabellierten Retinole. Die relative biologische Aktivität für den Menschen bezieht sich auf all-trans-Retinol als Vergleichssubstanz.

	Relat. biolog. Aktivität	Anteil in natürl. Vit. A
all-trans-Retinol	100 %	~ 70 %
13-cis-Retinol	75 %	~ 30 %
9-cis-Retinol	23 %	kleine Mengen
9,13-di-cis-Retinol	23 %	kleine Mengen

Als sterisch behinderte Isomere wurden 11-cis- und 11,13-di-cis-Retinol synthetisch dargestellt.

In Süßwasserfischen kommt *3-Dehydroretinol* vor, dessen biologische Aktivität für den Menschen im Vergleich zu Retinol etwa 40—50 % beträgt.

3-Dehydroretinol

Zur Deckung des menschlichen Bedarfs ist der relativ geringe Vitamin A-Gehalt von Milch, Milchprodukten, Eidotter und Leber ausreichend. Hohe Konzentrationen finden sich in Leberölen von Meeressäugetieren und Fischen („Lebertran", Oleum Jecoris), insbesondere in Heilbuttleberöl (Oleum Jecoris Hippoglossi).

Handelspräparate enthalten aus Stabilitätsgründen Ester des Retinols, z. B.

- *Retinolacetat* (Vitamin-A-Saar)
- *Retinolpropionat*
- *Retinolpalmitat* (A-Mulsin®, Arovit®, Vogan®)

Palmitinsäure ist $H_3C\text{-}(CH_2)_{14}\text{-}COOH$.

Die *Aktivität* Vitamin A-haltiger Präparate wird in Internationalen Einheiten (I.E.) ausgedrückt. 1 I.E. Vitamin A entspricht der Aktivität von $0,344\,\mu g$ all-trans-Retinolacetat bzw. $0,300\,\mu g$ all-trans-Retinol.

Ölige Lösungen von synthetischem Vitamin A müssen nach Ph. Eur. mindestens 500 000 I. E. je Gramm enthalten. Als Öl ist gereinigtes, peroxidarmes Erdnußöl besonders geeignet.

Provitamin A (Carotine)   Einige der in den Chromoplasten von Pflanzen vorkommenden Carotine sind für den Menschen als Provitamin A nutzbar. „Carotin" wurde erstmals aus der Karotte isoliert (Wackenroder, 1831). Die Bruttoformel stammt von Willstätter (1907), die Konstitution von β- bzw. α-Carotin von P. Karrer. 1931 fand R. Kuhn, daß es sich bei „Carotin" um ein Gemisch mehrerer 11- bis 12-fach ungesättigter Tetraterpene handelt. Von den in der Natur vorkommenden Carotinen haben nur solche mit β-Jonon-Ring Provitamin-Funktion. Es sind dies:

β-Carotin

R-(+)-α-Carotin

γ-Carotin

Während *β-Carotin* zwei β-Jonon-Ringe besitzt, enthält *α-Carotin* neben einem β-Jonon- auch einen isomeren α-Jonon-Ring. In diesem ist die Doppelbindung isoliert. Das chirale C-6′ des natürlich vorkommenden Enantiomers weist R-Konfiguration auf. In der Biosynthese wird primär *γ-Carotin* gebildet, das einseitig nicht zyklisiert ist. Die rote Farbe der Carotine ist auf die hohe Zahl konjugierter Doppelbindungen zurückzuführen. Die Lichtabsorption im Sichtbaren ist ein Charakteristikum derartiger *Polyene.*

Carotine	Anteil am Gesamt-Carotin	Relat. biolog. Aktivität
β-Carotin	~ 85 %	100 %
α-Carotin	~ 15 %	53 %
γ-Carotin	~ 0,1 %	45 %

Wie aus der Tabelle ersichtlich, kommt β-Carotin als Provitamin besondere Bedeutung zu. Es wird in Gegenwart von Gallensäuren (vgl. 11.1.3) im Darm resorbiert und z. T. bereits in der Darm-Mukosa, insbesondere jedoch in der Leber, mit Hilfe des Enzyms β-Carotin-15,15′-Dioxygenase unter Beteiligung von molekularem Sauerstoff über das zyklische

Peroxid in zwei Moleküle Retinal gespalten. Anschließend wird Retinal zu Retinol reduziert und als solches im Blut, gebunden an ein spezifisches Transportprotein, oder — nach Veresterung mit Fettsäuren — mit der Lymphe transportiert. Retinol wird in der Leber vornehmlich als Palmitat gespeichert. Die Abgabe an das Blut erfolgt nach Hydrolyse in freier Form.

Die zentrale Spaltung von β-Carotin führt zu zwei Molekülen Retinal. Gleichwohl werden nur etwa 50 % der zu erwartenden Vitamin-A-Aktivität gefunden. Daher wird auch ein schrittweiser Abbau von einem Molekülende her für möglich gehalten.

Biochemie, Physiologie   Vitamin A ist vor allem für den Sehvorgang von Bedeutung. Die Stäbchen der Netzhaut enthalten als lichtempfindliches Molekül das rote Chromoprotein *Rhodopsin* (Sehpurpur), das aus *Opsin*, einem Protein, und *11-cis-Retinal*, der prosthetischen Gruppe, besteht. Die Aldehyd-Gruppe des 11-cis-Retinals ist mit der ε-Amino-Gruppe eines bestimmten Lysin-Restes des Opsins in Form einer Schiffschen Base verknüpft. Die konjugierten Doppelbindungen des 11-cis-Retinals stellen ein stark absorbierendes chromophores System dar, das dem Sonnenspektrum angepaßt ist und ein Absorptionsmaximum bei 500 nm aufweist.

Die Chemie des Sehvorgangs wurde von George Wald (1953) aufgeklärt. Der Primärschritt besteht in der durch Licht bewirkten Isomerisierung der 11-cis-Retinal-Komponente des Rhodopsins zur all-trans-Form. Als Folge der geänderten Molekülgeometrie des Chromophors werden Konformationsänderungen des Opsin-Anteils ausgelöst, die über Zwischenstufen zur Bildung von gelbem *Metarhodopsin II* führen (Bleichung des Sehpurpurs). Während dieser Reaktionsphase kann in der Sehzelle ein frühes Rezeptorpotential gemessen werden. Die Konformationsänderung des Membranproteins Rhodopsin führt über eine Veränderung der Permeabilität der Ionenkanäle ($Na^\oplus$, $Ca^{2\oplus}$) zu einer Änderung des Membranpotentials und damit zu einer Erregung der Nervenzelle.

Im instabilen Metarhodopsin II wird die Azomethin-Gruppierung hydrolysiert. Das dabei frei werdende *all-trans-Retinal* kann in vivo mittels Retinal-Isomerase zu *11-cis-Retinal* isomerisiert werden, das mit Opsin zu Rhodopsin rekombiniert. All-trans-Retinal steht mit dem im Blut befindlichen *all-trans-Retinol* in einem durch die Retinol-Dehydrogenase katalysierten Gleichgewicht.

Über den Sehvorgang hinaus besitzt Vitamin A weitere physiologische Funktionen. So ist es über den Protein-Stoffwechsel für Wachstum und Funktion epithelialer Zellen von Bedeutung (Wachstumsfunktion). Es schützt die Schleimhäute vor Verhornung (Epithel-schutzfunktion) und — über eine Abdichtung der Epithelien — vor Infektionen.

Als Folge von *Hypovitaminosen* können folgende Symptome bzw. Krankheitsbilder auf-treten:

- Störung der Hell-Dunkel-Adaptation sowie Nachtblindheit (*Hemeralopie*)
- *Xerophthalmie* (Eintrocknung von Bindehaut und Hornhaut der Augen)
- *Keratomalazie* (Einschmelzung der Augenhornhaut)
- *Hyperkeratosen* (übermäßige Verhornung von Haut und Schleimhäuten)

Pharmakologie Während *Retinol* in Form seiner Ester vor allem zur Substitution bei Vitamin A-Mangel verwendet wird, findet *Tretinoin* (Airol® Roche, Epi-Aberel®) auf-grund seiner keratolytischen Wirkung in Form äußerlich zu applizierender Präparate bei Akne vulgaris Anwendung.

Hypervitaminosen sind selten. Bei akuter Überdosierung treten infolge Erhöhung des Liquordrucks Hirndruckzeichen wie Kopfschmerzen, Übelkeit oder Erbrechen auf. Chronische Überdosierungen können sich u.a. in Periostschwellungen mit Knochen- und Gelenkschmerzen sowie vorzeitigem Epiphysenschluß äußern.

Eigenschaften *All-trans-Retinol* ist eine kristalline Substanz, die in organischen Lö-sungsmitteln und fetten Ölen leicht, in Wasser dagegen praktisch nicht löslich ist. Bei 365 nm zeigt all-trans-Retinol eine intensive grünliche Fluoreszenz. Die Substanz ist-gegenüber Licht, oxidativen Einflüssen und Säuren sehr empfindlich, während sie gegen Alkalien relativ stabil ist.

Selbst bei Ausschluß von Licht treten bei längerem Lagern Isomerisierungen der Seiten-kette auf. Unter Lichteinwirkung und Ausschluß von Sauerstoff kann Dimerisierung erfolgen. Luftsauerstoff bewirkt Epoxidation, bevorzugt an der 5,6-Doppelbindung. Die Epoxide sind besonders säureempfindlich. Die Säureempfindlichkeit von all-trans-Retinol beruht auf der allylischen Hydroxyl-Gruppe, die nach Protonierung und Wasserabspaltung in ein Carbenium-Ion (Retinyl-Kation) übergeht, das sich in Folgereaktionen z.B. unter Bildung von *Anhydroretinol* stabilisiert.

Gegenüber all-trans-Retinol zeigen die Ester größere Stabilität.

Zur Stabilisierung von Vitamin A-Lösungen werden Antioxidantien verwendet. Als solche sind vor allem Tocopherole (vgl. 12.8.13) und leicht oxidierbare Phenol-Derivate wie 3-tert.-Butyl-4-hydroxy-anisol von Bedeutung.

Synthese · *Vitamin A* wird heute fast ausschließlich synthetisch dargestellt. Von den zahlreichen Verfahren hat in der Bundesrepublik Deutschland die *Pommer-Synthese*, die auf der *Carbonyl-Olefinierung nach Wittig* basiert, die größte Bedeutung erlangt. Danach wird β-Jonon durch Ethinylierung und nachfolgende partielle Hydrierung der Dreifachbindung zunächst in Vinyl-β-Jonol übergeführt. In Gegenwart von HCl als Protonendonator reagiert dieses mit Triphenylphosphin (Triphenylphosphan) zum entsprechenden Phosphonium-Salz, aus dem mit Natriummethylat das zugehörige Ylid gebildet wird. Umsetzung des Ylids mit β-Formylcrotylacetat ergibt in guter Ausbeute direkt all-trans-Retinolacetat, das durch Kristallisation von dem gleichzeitig gebildeten Triphenylphosphinoxid abgetrennt wird. Die Synthese läßt sich so steuern, daß man isomerenfreies all-trans-Retinol erhält.

β-Jonon

Vinyl-β-Jonol

Ylid (Ylen)

all-trans-Retinolacetat

all-trans-Retinol

Ylide werden aus Onium-Verbindungen (z.B. Ammonium- oder Phosphonium-Verbindungen) durch Umsetzung mit starken Basen erhalten. Die Bezeichnung Ylide wurde gewählt, da man der C-N- bzw. C-P-Bindung sowohl kovalenten (-yl) als auch ionischen (-id) Charakter zuschreiben kann. Die Phosphor-Ylide sind mesomeriestabilisiert und werden sowohl als Ylide (innere Phosphonium-Salze) als auch als doppelbindige *Ylene* (Phosphorane) formuliert.

$$[(C_6H_5)_3\overset{\oplus}{P}-\overset{\ominus}{C}H-R \longleftrightarrow (C_6H_5)_3P=CH-R]$$

Ylid   Ylen

Phosphor-Ylide aus Alkyl-triphenyl-phosphonium-Salzen sind als Olefinierungsreagenzien für Aldehyde und Ketone von erheblichem präparativem Interesse (Carbonyl-Olefinierung nach Wittig). Im Primärschritt dieser Reaktion greift dabei der carbanionische Ylid-Kohlenstoff den positivierten Carbonyl-Kohlenstoff nucleophil unter Bildung eines Zwitterions an, das meist spontan (vermutlich über einen zyklischen Übergangszustand) in das Olefin und Triphenylphosphinoxid zerfällt.

$$R^1R^2C=O + (C_6H_5)_3P=CH-R^3 \longrightarrow R^1R^2C-CH-R^3 \longrightarrow R^1R^2C=CH-R^3 + (C_6H_5)_3P=O$$

Zwitterion

Analytik Die *Identität von Vitamin A* bzw. seinen Estern wird nach Ph. Eur. auf verschiedene Weise geprüft. Eine Lösung in Chloroform ergibt mit Antimon(III)-chlorid-Lösung in Chloroform Blaufärbung (*Carr-Price-Reaktion*). Bei der Reaktion bildet sich mit der Lewis-Säure $SbCl_3$ zunächst ein Retinyl-Kation, das unter Abgabe eines Protons in Anhydroretinol übergeht (vgl. Eigenschaften). Dieses kann als Polyen erneut mit $SbCl_3$ entweder unter Addition an eine Doppelbindung der Seitenkette oder an die Doppelbindung des β-Jonon-Rings reagieren. Die Farbbildung ist durch Carbenium-Ionen verursacht.

Zur weiteren Identitätsprüfung wird das *UV-Absorptionsspektrum* in 2-Propanol aufgenommen, das ein Maximum zwischen 325 und 327 nm zeigen muß. Schließlich wird *dünnschichtchromatographisch* auf Kieselgel G-Schichten geprüft. Als Laufmittel für Vitamin A-Ester dient Cyclohexan/Ether (80 + 20). Die Anfärbung beruht auf der Carr-Price-Reaktion.

Die *Gehaltsbestimmung öliger Lösungen von Vitamin A-Estern* erfolgt durch direkte spektralphotometrische Messung (Methode A der Ph. Eur.). Zuvor muß die Abwesenheit störender Fremdsubstanzen gesichert sein. Dies kann angenommen werden, wenn das Absorptionsmaximum zwischen 325 und 327 nm liegt und ein bestimmtes Extinktionsverhältnis des Absorptionsmaximums zur Absorption bei lateralen Wellenlängen (300, 350 und 370 nm) vorliegt. Sind diese Kriterien nicht erfüllt, muß zunächst verseift werden (Methode B der Ph. Eur.). Dabei wird eine Oxidation durch Zusatz von Natriumascorbat-Lösung verhindert.

12.8.12 Vitamin D

Unter *D-Vitaminen* versteht man aus Steroiden durch photochemische Reaktion gebildete Substanzen mit antirachitischer Wirkung. Von diesen besitzt *Colecalciferol* (*Vitamin D₃*), das im menschlichen Körper durch Bestrahlung von *7-Dehydrocholesterin* (*Provitamin D₃*) mit UV-Licht entsteht, die größte Bedeutung. *Ergocalciferol* (*Vitamin D₂*) wird durch UV-Bestrahlung von *Ergosterin* (*Provitamin D₂*), einem in Pilzen vorkommenden Mycosterin, erhalten (vgl. Synthese).

Colecalciferol (INN)
Cholecalciferol (IUPAC)

Ergocalciferol

Ergocalciferol (Ph. Eur.) unterscheidet sich von Colecalciferol nur in der Seitenkette an C-17, die im Vit. D$_2$ eine $\Delta^{22,23}$-Doppelbindung und eine zusätzliche Methyl-Gruppe an C-24 enthält. Colecalciferol wird aus Stabilitätsgründen als 1:1-Molekülverbindung mit Cholesterin (*Colecalciferol-Cholesterin*, DAB 8) therapeutisch verwendet.

Vitamin D$_3$ kommt vor allem in Fischleberölen und in tierischem Fettgewebe vor. Geringe Mengen sind in Milch, Milchprodukten und Eigelb enthalten. Dagegen ist Provitamin D$_3$ als Begleitstoff des Cholesterins in tierischem Gewebe weit verbreitet.

Die *Aktivität* Vitamin-D-haltiger Präparate wird in Internationalen Einheiten (I.E.) ausgedrückt. 1 I.E. entspricht der Aktivität von 0,025 μg Vit. D$_3$.

Entwicklung Die Heilwirkung des Sonnenlichts bei Rachitis war schon im vorigen Jahrhundert bekannt. Daß es sich bei Rachitis um eine Mangelkrankheit handelt, wurde offenbar, als man die heilende Wirkung des unverseifbaren Anteils von Fischleberölen erkannte. Das antirachitische Prinzip erhielt den Namen *Vitamin D*. 1924 wurde beobachtet, daß bestimmte Lebensmittel durch Bestrahlung antirachitisch wirksam werden. 1926 erkannten Windaus und Hess die *Provitamin-Funktion* von *Ergosterin*. Aus dem durch UV-Bestrahlung von Ergosterin erhaltenen Substanzgemisch konnte 1932 mit *Ergocalciferol* erstmals ein reines D-Vitamin gewonnen werden. 1936 gelang Brockmann die Isolierung des antirachitischen Prinzips aus Lebertran. Es erwies sich mit dem von Windaus durch Bestrahlung von *7-Dehydrocholesterin* gewonnenen *Vitamin D$_3$* als identisch.

An der Ermittlung der Konstitution der D-Vitamine waren vor allem Windaus in Deutschland und Heilbron in England beteiligt. Bei der Reindarstellung und Bearbeitung der D-Vitamine erlangten insbesondere chromatographische Methoden sowie der Einsatz der UV-Spektrometrie Bedeutung. Die Stereochemie wurde durch *Röntgenstrukturanalyse* (Dorothy Crowfoot und Dunitz, 1948) geklärt. Die *Totalsynthese* von Vit. D$_3$ gelang Inhoffen 1960. Daß Colecalciferol durch Hydroxylierung in die eigentliche Wirkform übergeführt wird (vgl. Biotransformation), wurde 1968 gefunden.

Stereochemie Die *D-Vitamine* verfügen über ein System von 3 konjugierten Doppelbindungen (Trien). Solche konjugierten Systeme besitzen C-C-Einfachbindungen mit partiellem Doppelbindungscharakter. Cis-trans-Stellungen an diesen Einfachbindungen werden als *s-cis* („cisoid") bzw. *s-trans* („transoid") bezeichnet (s = single bond).

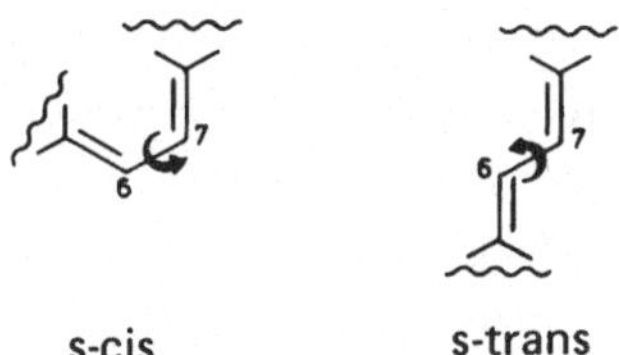

s-cis   s-trans

Im Kristall liegt *Ergocalciferol* nach den Ergebnissen der Röntgenstrukturanalyse überwiegend in der gestreckten Form (s-trans-Form an der 6,7-Einfachbindung) vor. Im gelösten bzw. geschmolzenen Zustand dürften sich s-trans- und s-cis-Form im Gleichgewicht befinden.

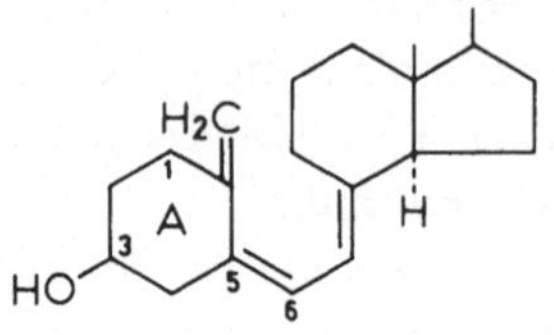

s-cis;
5,6-cis   s-trans;
5,6-cis   s-trans;
5,6-trans

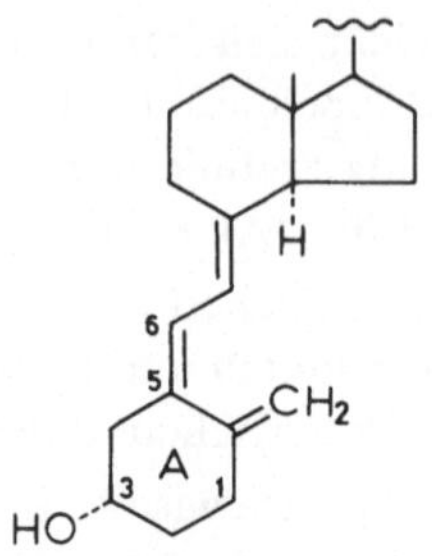

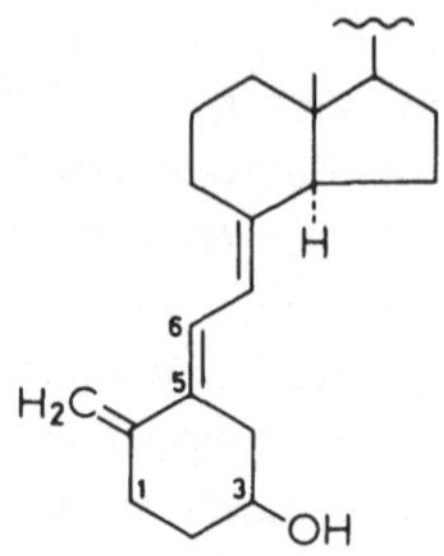

Die D-Vitamine sind an der $\Delta^{5,6}$-Doppelbindung entsprechend der Sequenzregel cis-konfiguriert. Sie lassen sich durch Spuren von Iod und gleichzeitige Einwirkung von Tageslicht in die entsprechenden *5,6-trans-Isomeren* umlagern. Die Isomerisierungen sind mit einer Änderung der α/β-Stellung der Substituenten im Ring A verbunden. So ist die Hydroxyl-Gruppe am C-3 der D-Vitamine in der s-cis-Form β-ständig, in der s-trans-Form α-ständig. Die Nomenklatur geht von der s-cis-Form aus.

Colecalciferol ist wie Cholesterin und die meisten natürlichen Steroïde (z. B. Gallensäuren, Diosgenin, Digitonin) am asymmetrischen C-20 R-konfiguriert.

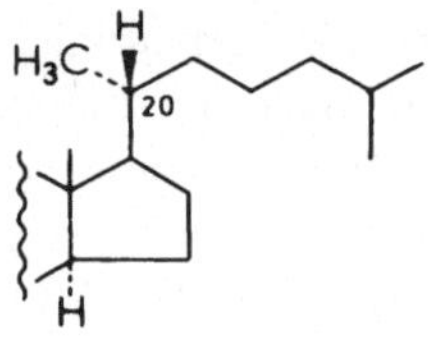

Colecalciferol
(20 R-Konfiguration)

Biochemie, Physiologie   Das *Provitamin D_3*, 7-Dehydrocholesterin, wird in der Leber aus Cholesterin mittels 7-Dehydrocholesterol-Reduktase (NADP$^{\oplus}$ als Coenzym) gebildet. Es wird in den äußeren Hautpartien, wo es der UV-Bestrahlung zugänglich ist, in *Vit. D_3* umgewandelt.

Vitamin D ist an der Regulation des Calcium-, Phosphat- und Citrat-Haushalts maßgeblich beteiligt. Es bewirkt eine

- Steigerung der Calcium- und Phosphat-Resorption aus dem Darm, wodurch der Calcium- und der Phosphat-Spiegel des Blutes ansteigen
- Verminderung der Phosphat- und Citrat-Ausscheidung durch die Niere
- Mobilisierung von Calcium-Ionen aus den Knochen zur Erhaltung eines konstanten Blut-Calcium-Spiegels.

Über die Steigerung der Calcium- und Phosphat-Resorption sowie die Hemmung der Phosphat-Ausscheidung wird die Voraussetzung geschaffen für den Calcium- und Phosphat-Einbau in die organische Knochenmatrix. An der Calcium- und Phosphat-Regulation sind auch *Parathormon* (vgl. 12.3.1) und *Calcitonin* (vgl. 12.3.3) beteiligt.

Da Provitamin D_3 durch körpereigene Synthese in der Regel in genügender Menge zur Verfügung steht, sind *Hypovitaminosen* vor allem durch mangelnde UV-Einstrahlung während der Wintermonate sowie durch Luftverschmutzung und damit verbundene erhöhte UV-Absorption bedingt. Als Folge des Vitamin-D-Mangels tritt im Säuglings- und Kleinkindalter das Krankheitsbild der *Rachitis* auf. Sie beruht auf einer mangelnden Verknöcherung der Knorpelmatrix des Knochens und äußert sich in Skelettdeformationen wie Skoliose, Trichterbrust, O-Beine, verzögerter Fontanellenschluß sowie Auftreibungen der Knochen-Knorpel-Grenzen der Rippen (rachitischer „Rosenkranz"). Bei starkem Absinken des Blut-Calcium-Spiegels treten tetanische Krämpfe auf. Vitamin D-Mangel führt beim Erwachsenen durch Entzug von Calcium aus der Knochensubstanz zum Krankheitsbild der *Osteomalazie*.

Pharmakologie Zur Prophylaxe und Therapie der Rachitis wird fast ausschließlich Colecalciferol-Cholesterin verwendet. Als *Dauerprophylaxe* werden von der zweiten Lebenswoche an bis zum Ende des ersten Lebensjahres (ev. auch im Winter des zweiten Lebensjahres) pro Tag 1 000 I. E. Vit. D_3 (Vigantoletten®, Vigorsan® 1000) gegeben. Bei Unzuverlässigkeit der Eltern wird eine *Stoßprophylaxe* durchgeführt. Hierbei werden im Abstand von drei Monaten dreimal jeweils 200 000 I. E. Vit. D_3 (Vigantol® „forte", Vigorsan-forte® D_3) verabreicht. Das gleiche Dosierungsschema ist auch zur *Therapie der Rachitis* geeignet. Gleichzeitig werden Calcium und Phosphat peroral angeboten.

Vit. D_3 wird in Kombination mit Natriumfluorid (D-Fluoretten®, Fluor-Vigantoletten®) auch zur *Kariesfrühprophylaxe* eingesetzt. Vit. D_2 sollte therapeutisch nicht mehr verwendet werden, da die therapeutische Breite geringer ist als die von Vit. D_3. Bei Überdosierung von D-Vitaminen kommt es zu einer starken Erhöhung des Blut-Calcium-Spiegels (Hyperkalzämie). Die *Hypervitaminose* ist durch eine Ablagerung von Calcium-Salzen im Gewebe, in den Gefäßen und insbesondere in den Nierentubuli (drohendes Nierenversagen) gekennzeichnet.

Bei chronischer Niereninsuffizienz findet die Metabolisierung von Colecalciferol zur eigentlichen Wirkform (vgl. Biotransformation) nur unzureichend statt. Dadurch werden Mineralhaushalt und Skelettstoffwechsel gestört. Als Folge treten Knochenveränderungen mit Entkalkung (*renale Osteopathie*) auf. Dieses Krankheitsbild ist gegen Vitamin D-Therapie resistent. Zur Substitution der Wirkform ($1\alpha,25$-Dihydroxycholecalciferol) hat sich *5,6-trans-25-Hydroxy-cholecalciferol* als geeignet erwiesen.

5,6-trans-25-Hydroxy-cholecalciferol
(Delakmin®)

Eigenschaften Die *D-Vitamine* sind in Wasser praktisch unlöslich, in fetten Ölen wenig löslich, jedoch in Methanol, Aceton, Chloroform und Ether leicht löslich. Sie werden durch Licht, Luftsauerstoff und Säuren verhältnismäßig leicht zersetzt, sind jedoch gegenüber Alkalien relativ stabil.

Colecalciferol-Cholesterin muß nach DAB 8 vor Licht geschützt, unterhalb 20 °C, in evakuierten oder mit einem Inertgas gefüllten, zugeschmolzenen Glasröhrchen oder in luftdicht verschlossenen Behältnissen gelagert werden.

Bei längerer Lagerung von *Ergocalciferol-Lösungen* tritt in geringem Umfang eine Isomerisierung zu Praecalciferol$_2$ (vgl. Synthese) auf, wobei jedoch die Wirksamkeit der Lösung kaum beeinflußt wird. Ergocalciferol geht oberhalb 120 °C irreversibel in unwirksame Isomere über.

Biotransformation   Das in der Haut gebildete *Colecalciferol* gelangt in die Leber und wird dort mittels Cholecalciferol-25-Hydroxylase zu *25-Hydroxy-cholecalciferol* hydroxyliert, welches im Fett- und Muskelgewebe gespeichert wird. 25-Hydroxy-cholecalciferol wird schließlich in der Niere mittels 25-Hydroxy-cholecalciferol-1α-Hydroxylase zu *1α, 25-Dihydroxy-cholecalciferol* hydroxyliert, das nach derzeitigem Kenntnisstand die *eigentliche Wirkform* darstellt.

Bei ausreichendem Vit. D- und Calcium-Angebot wird 25-Hydroxy-cholecalciferol in der Niere überwiegend zu 24,25-Dihydroxy-cholecalciferol metabolisiert. Sowohl dieses als auch 1α,25-Dihydroxy-cholecalciferol können schließlich zu 1α,24,25-Trihydroxy-cholecalciferol hydroxyliert werden. Die an C-24 hydroxylierten Metaboliten (absolute Konfiguration: 24 R) besitzen kaum noch antirachitische Aktivität. Sie gelten als Endprodukte des Vitamin-D-Stoffwechsels.

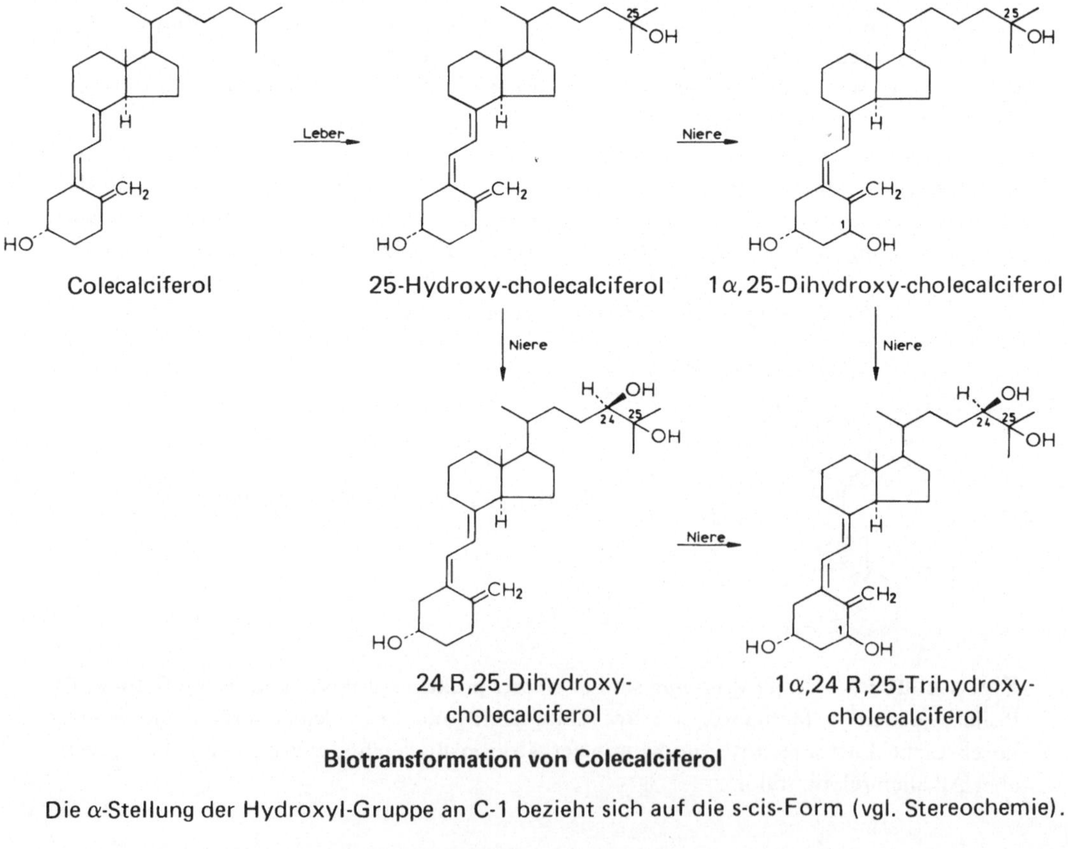

Colecalciferol   25-Hydroxy-cholecalciferol   1α,25-Dihydroxy-cholecalciferol

24 R,25-Dihydroxy-cholecalciferol   1α,24 R,25-Trihydroxy-cholecalciferol

Biotransformation von Colecalciferol

Die α-Stellung der Hydroxyl-Gruppe an C-1 bezieht sich auf die s-cis-Form (vgl. Stereochemie).

Das in der Niere gebildete 1α,25-Dihydroxy-cholecalciferol gelangt über die Blutbahn in die Mukosa-Zellen des Darms und verbindet sich dort — wie für Steroid-Hormone beschrieben, vgl. 12 — mit einem zytoplasmatischen Rezeptor-Protein. Der 1α,25-Dihydroxy-cholecalciferol-Rezeptor-Komplex wandert in den Zellkern und induziert hier die Synthese einer Messenger-RNA, die, nach Ausschleusung aus dem Zellkern, an den Ribosomen die Synthese eines spezifischen *Calcium-bindenden Proteins* bewirkt. Dieses Protein ist zusammen mit einer Calcium-abhängigen ATPase für die Resorption von Calcium-Ionen aus dem Darmlumen in die Darmzelle verantwortlich.

Aus dem Wirkungsmechanismus ergibt sich, daß 1α,25-Dihydroxy-cholecalciferol, das schon vom Bau her den Steroid-Hormonen ähnlich ist, auch die Funktionen eines Hormons erfüllt. Colecalciferol, das ja auch im Körper gebildet werden kann, ist daher eher als *Hormon* denn als *Vitamin* anzusehen.

Synthese Zur Herstellung von *Ergocalciferol* wird Ergosterin, das aus Bierhefe gewonnen wird, in Cyclohexan gelöst und mit UV-Licht (275 bis 310 nm) bestrahlt, wobei komplexe photochemische Reaktionen ausgelöst werden. Dabei entsteht primär unter Öffnung des Ringes B zwischen C-9 und C-10 das 9,10-Seco-Derivat *Praecalciferol*$_2$ (die aus Provitamin D$_3$ gebildeten Bestrahlungsprodukte erhalten den Index 3). Aus Praecalciferol$_2$ kann bei UV-Bestrahlung durch *konrotatorische elektrozyklische Reaktion* sowohl *Ergosterin* zurückgebildet als auch *Lumisterin*$_2$ neugebildet werden. Nach Woodward und Hoffmann versteht man unter konrotatorischer elektrozyklischer Reaktion einen Reaktionstyp, bei dem sich zwischen den endständigen C-Atomen eines linearen Doppelbindungssystems eine Einfachbindung bildet, wobei sich die an den endständigen C-Atomen befindlichen Reste gleichsinnig (konrotatorisch) gegeneinander drehen.

Bestrahlungsschema von Ergosterin nach Velluz

Erwärmt man Praecalciferol$_2$, so entsteht *Ergocalciferol* durch thermische Isomerisierung. Hierbei verschieben sich die drei Doppelbindungen, während gleichzeitig eine H-Wanderung von C-19 nach C-9 unter Bildung einer exozyklischen Methylen-Gruppe stattfindet. Bei einer Temperatur von 60 °C stellt sich innerhalb weniger Stunden ein Gleichgewicht von 85 % Ergocalciferol und 15 % Praecalciferol$_2$ ein.

Die UV-Bestrahlung von Praecalciferol$_2$ liefert in einer Nebenreaktion durch photochemische cis → trans-Isomerisierung der $\Delta^{6,7}$-Doppelbindung weiterhin *Tachysterin$_2$*. Bei zu langer Bestrahlungsdauer bilden sich in irreversibler Reaktion *Überbestrahlungsprodukte* wie die Suprasterine$_2$ und Toxisterin$_2$.

Die bestrahlte Lösung wird zur *Gewinnung von Ergocalciferol* im Vakuum eingedampft, unumgesetztes Ergosterin aus methanolischer Lösung ausgefroren und der Rest mit Digitonin gefällt. Tachysterin$_2$ kann mit Maleinsäureanhydrid als Diels-Alder-Addukt abgetrennt werden. Anschließend wird Ergocalciferol in den 3,5-Dinitrobenzoesäureester übergeführt, durch Umkristallisieren gereinigt und das reine Vitamin D$_2$ durch Hydrolyse gewonnen.

Die *Vitamin D$_3$-Synthese* geht von Cholesterin-3-acetat aus, das mit N-Bromsuccinimid an C-7 (Allylstellung) regiospezifisch bromiert wird. Nachfolgende Dehydrohalogenierung (Erhitzen in Kollidin) und alkalische Hydrolyse liefert *7-Dehydrocholesterin*, das nach obigem Bestrahlungsschema in *Colecalciferol* übergeführt wird.

Cholesterin-3-acetat

7-Dehydrocholesterin

Colecalciferol

Analytik Die als 9,10-Seco-Derivate der entsprechenden Provitamine aufzufassenden *D-Vitamine* können wie die Sterine selbst mit Hilfe der *Liebermann-Burchard-Reaktion* (vgl. 5.3) nachgewiesen werden. Dabei bildet sich sofort eine Rotfärbung, die schnell über Violett nach Blau (Colecalciferol-Cholesterin) sowie weiter nach Grün (Ergocalciferol) umschlägt.

Eine Lösung der D-Vitamine in Chloroform ergibt mit Antimon(III)-chlorid-Lösung eine orangegelbe Färbung (*Reaktion nach Brockmann-Chen*). Die Reaktion entspricht der Carr-Price-Reaktion (vgl. 12.8.11, Analytik).

Zur Prüfung auf Identität von Ergocalciferol wird nach Ph. Eur. auch die *spezifische Extinktion* einer ethanolischen Lösung bei 265 nm bestimmt. Wegen der Gefahr der Isomerisierung zu Praecalciferol$_2$ muß bei Raumtemperatur gearbeitet werden. Verunreinigungen mit Praecalciferol$_2$ können durch Bestimmung der *spezifischen Drehung* erkannt werden. Eine Differenzierung zwischen Vitamin D$_2$ und D$_3$ ist z.B. mit Hilfe der *IR-Spektroskopie* möglich.

Der Ergosterin-Gehalt von Ergocalciferol ist nach Ph. Eur. auf 0,2 % begrenzt. Die Prüfung wird dünnschichtchromatographisch auf Kieselgel G-Schichten mit Cyclohexan/Chloroform/Ethanol (75 + 20 + 5) als Laufmittel durchgeführt. Zur Anfärbung dient die Reaktion nach Brockmann-Chen.

Die chemischen Eigenschaften von Colecalciferol-Cholesterin entsprechen denen der beiden Bestandteile. So wird Cholesterin mit Digitonin gefällt, während Colecalciferol in Lösung bleibt.

12.8.13 Vitamin E

Die *Vitamin E-Gruppe* besteht aus mehreren *Tocopherolen*, von denen α-*Tocopherol* der mengenmäßig wichtigste und biologisch wirksamste Stoff ist. Die Tocopherole leiten sich von *Tocol*, 6-Hydroxy-2-methyl-2-(4,8,12-trimethyl-tridecyl)-chroman, ab. Sie unterscheiden sich durch Zahl und Stellung der Methyl-Gruppen am Benzolkern des Chroman-Systems.

Tocopherole kommen in der Natur mit *Tocotrienolen*, die in der Seitenkette drei Doppelbindungen besitzen, vergesellschaftet vor.

R^1	R^2	R^3	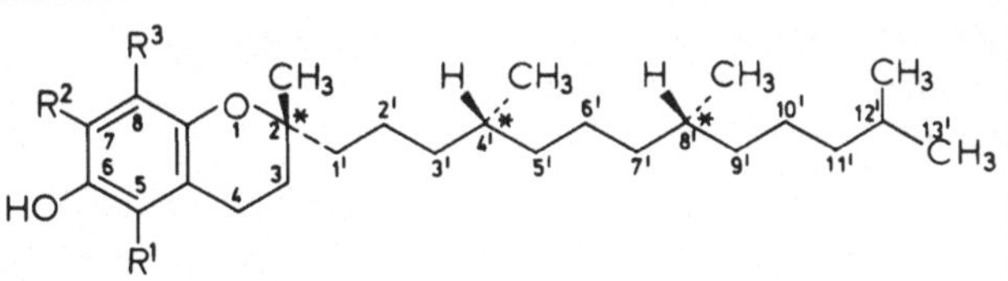	Relative Aktivität im Antisterilitätstest (Ratte)
H	H	H	Tocol	—
CH$_3$	CH$_3$	CH$_3$	α-Tocopherol = 5,7,8-Trimethyl-tocol	100 %
CH$_3$	H	CH$_3$	β-Tocopherol = 5,8-Dimethyl-tocol	30 %
H	CH$_3$	CH$_3$	γ-Tocopherol = 7,8-Dimethyl-tocol	10 %
H	H	CH$_3$	δ-Tocopherol = 8-Methyl-tocol	1 %

Die Tocopherole können als Kondensationsprodukte methylierter Hydrochinone mit *Phytol*, einem Diterpenalkohol, aufgefaßt werden. Tocol besteht aus einem 6-Hydroxy-chroman-Grundkörper, der an C-2 eine isoprenoide Seitenkette trägt.

Tocopherole sind in der Natur weit verbreitet. Einen hohen Gehalt weisen vor allem Weizenkeimöl, Maiskeimöl und Sojaöl auf. Auch Gemüse, Milch und Milchprodukte sind Vitamin E-haltig.

1922 beobachteten Evans und Bishop, daß einseitig ernährte Ratten Fortpflanzungsstörungen (Fehlgeburten sowie Sterilität der männlichen Tiere) zeigten. Der *Antisterilitätsfaktor* für Ratten wurde als Vitamin E bezeichnet. 1936 isolierten Evans und Emerson α-Tocopherol aus Weizenkeimöl in Form des *Allophanats.*

$$HO\!\!-\!\!R \xrightarrow{HN=C=O} H_2N\!\!-\!\!\underset{\underset{O}{\|}}{C}\!\!-\!\!O\!\!-\!\!R \xrightarrow{HN=C=O} H_2N\!\!-\!\!\underset{\underset{O}{\|}}{C}\!\!-\!\!NH\!\!-\!\!\underset{\underset{O}{\|}}{C}\!\!-\!\!O\!\!-\!\!R$$

Urethan   Allophanat

Alkohole bzw. Phenole bilden mit Isocyansäure zunächst Urethane, die mit überschüssiger Isocyansäure in Allophanate (Ester der Allophansäure; Carbamoylcarbamate) übergehen.

Die Konstitution von α-Tocopherol wurde von Fernholz (1937/38) ermittelt, die Synthese stammt von Karrer (1938).

Stereochemie   Alle *Tocopherole* besitzen drei Chiralitätszentren: C-2, C-4′ und C-8′. Natürliches (+)-α-Tocopherol hat 2 R, 4′R, 8′R-Konfiguration. Wird α-Tocopherol aus natürlichem Phytol dargestellt (vgl. Synthese), so erhält man als Epimerengemisch 2 RS, 4′R, 8′R-α-Tocopherol, das nur an C-2 racemisch ist. Geht die Synthese dagegen von totalsynthetischem (±)-Phytol aus, so erhält man totalracemisches α-Tocopherol (α-Tocopherolacetat nach Ph. Eur.), das ein Gemisch aller 8 möglichen optischen Isomere darstellt. Die Vitamin-E-Wirkung der optischen Isomere unterscheidet sich nur geringfügig.

Physiologie, Pharmakologie   *Tocopherole* sind *Antioxidantien.* Die Hauptbedeutung dürfte im Schutz der tierischen Zelle vor im Stoffwechsel gebildeten Peroxiden bestehen. Der unspezifische Oxidationsschutz erstreckt sich u. a. auf Hormone, Vitamine (z. B. Vit. A) sowie auf Lipide, die ungesättigte Fettsäuren enthalten.

Tocopherol-Mangel bewirkt bei Säugetieren (z. B. Ratte) eine Störung der Fortpflanzungsfähigkeit (Degeneration der Ovarien, Hemmung der Spermatogenese). Einige Tierarten reagieren mit einer Dystrophie der glatten und quergestreiften Muskulatur einschließlich der Herzmuskulatur.

Beim Menschen sind Hypovitaminosen nicht bekannt. Angebliche pharmakodynamische Wirkungen bei Durchblutungsstörungen, Myokardinsuffizienz etc. sind nicht gesichert. Therapeutische Anwendung findet α-*Tocopherolacetat* (Ephynal®, Evion®; Bestandteil von Rovigon®).

Eigenschaften   α-*Tocopherol* bildet mit α-*Tocopheryl-p-chinon* ein *Redoxsystem.*

α-Tocopherol   α-Tocopheryl-p-chinon

Die *Tocopherole* werden durch Luftsauerstoff relativ leicht oxidiert, die Oxidation durch Eisen(III)- oder Cer(IV)-Salze erfolgt sehr leicht. In Abwesenheit von Sauerstoff sind Tocopherole hitze- und alkalibeständig.

α-Tocopherolacetat ist eine ölige, leicht grünlich-gelbe Flüssigkeit, die in Wasser praktisch unlöslich, dagegen in Aceton, Ether, Chloroform und fetten Ölen leicht löslich ist. Es ist gegenüber Luftsauerstoff, Hitzeeinwirkung und UV-Licht deutlich stabiler als das freie Phenol. α-Tocopherolacetat besitzt keine antioxidativen Eigenschaften. Um die Verseifung des Esters zu vermeiden, müssen pharmazeutische Präparate trockene Trägerstoffe bzw. gut gereinigte Öle enthalten. α-Tocopherolacetat muß dicht verschlossen, vor Licht geschützt gelagert werden.

Synthese *Racemisches α-Tocopherol* wird durch Kondensation von Trimethylhydrochinon mit racemischem Phytol in Gegenwart von z.B. Ameisensäure oder Zinkchlorid gewonnen. Anstelle von (±)-Phytol kann auch aus Citral oder totalsynthetisch ausgehend von Aceton erhältliches (±)-Isophytol eingesetzt werden, wobei (±)-α-Tocopherol in sehr guter Ausbeute entsteht. (±)-*α-Tocopherolacetat* wird durch Umsetzung mit Acetanhydrid erhalten.

(±)-Phytol

(±)-Isophytol

(±)-α-Tocopherol

(+)-*α-Tocopherol* kann aus Weizenkeim- oder Sojaöl durch Ethanol-Extraktion gewonnen werden. Das dabei anfallende Gemisch verschiedener Tocopherole kann durch Methylierung an den freien 5- und/oder 7-Stellungen partialsynthetisch in α-Tocopherol übergeführt werden. Dies gelingt durch Chlormethylierung mit Formaldehyd/Salzsäure und nachfolgende Reduktion mit Zink/Salzsäure.

Analytik Zur Prüfung auf Identität von *α-Tocopherolacetat* wird nach Ph. Eur. zunächst die relative Dichte sowie der Brechungsindex bestimmt. Wird die ethanolische Lösung mit Salpetersäure versetzt und die Mischung auf dem Wasserbad 5 min erhitzt, so entsteht eine ziegelrote Färbung. Dabei wird α-Tocopherolacetat zunächst zu freiem α-Tocopherol hydrolysiert und dieses anschließend zu *Tocopherolrot*, einem Chroman-5,6-chinon, oxidiert.

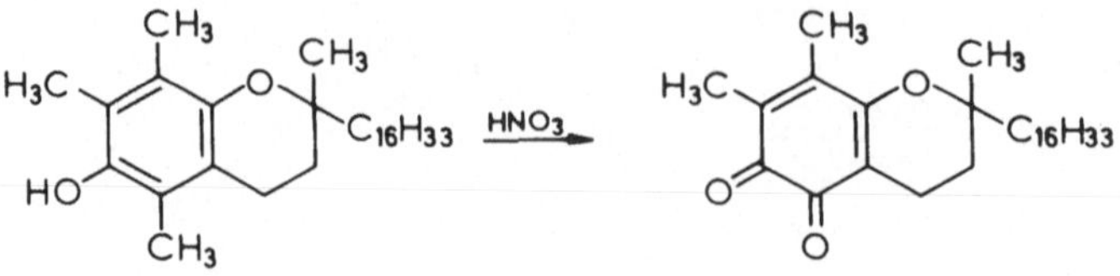

$$\text{α-Tocopherol} \xrightarrow{HNO_3} \text{Tocopherolrot}$$

α-Tocopherol   Tocopherolrot

Die ethanolische Lösung von α-Tocopherolacetat muß ein Absorptionsmaximum bei 284 nm sowie ein Minimum bei 254 nm aufweisen.

Zur Gehaltsbestimmung wird die ethanolische α-Tocopherolacetat-Lösung mit 5-normaler ethanolischer Schwefelsäure drei Stunden erhitzt. Die saure Hydrolyse ist erforderlich, da freies α-Tocopherol im Alkalischen sehr instabil ist. Nach dem Erkalten wird mit 0,01-normaler Ammoniumcer(IV)-sulfat-Lösung in Gegenwart von Diphenylamin-Schwefelsäure bis zur 10 Sekunden lang bleibenden Blaufärbung titriert, wobei α-Tocopherol zu α-Tocopheryl-p-chinon (vgl. Eigenschaften) oxidiert wird. 2 Äquivalente $Ce^{4\oplus}$ entsprechen 1 mol α-Tocopherol. Ein Blindversuch ist erforderlich.

12.8.14 Vitamin K

Die *Vitamin K-Gruppe* besteht aus mehreren antihämorrhagisch wirksamen Derivaten des 2-Methyl-1,4-naphthochinons. Von den natürlichen K-Vitaminen, die an C-3 eine isoprenoide Seitenkette enthalten, besitzt *Phytomenadion* (*Vitamin K_1*), 2-Methyl-3-phytyl-1,4-naphthochinon, die größte Bedeutung. *Vitamin K_2* (*Menachinon-n*) stellt eine Gruppe von K-Vitaminen dar, die durch eine aus 1–13 Isopren-Resten bestehende Kette an C-3 charakterisiert sind. n gibt die Anzahl der Isopren-Reste an. Von den K_2-Vitaminen kommt *Menachinon-7* (Vitamin $K_{2(35)}$) besonders häufig vor. *Menadion* (*Vitamin K_3*), 2-Methyl-1,4-naphthochinon (Ph. Eur.), ist ein rein synthetisches Produkt.

Vitamin K_1 ist in grünen Pflanzenteilen enthalten, K_2-Vitamine kommen in Mikroorganismen vor oder werden von diesen gebildet.

1929 beobachtete Dam eine auf einem erniedrigten Prothrombin-Gehalt beruhende Hemmung der Blutgerinnung bei Küken nach fettarmer Ernährung. Da die bis dahin bekannten Vitamine nicht in der Lage waren, den erniedrigten Prothrombin-Gehalt zu erhöhen, postulierte man ein neues Vitamin, das als *antihämorrhagischer Faktor* oder Vitamin K bezeichnet wurde. Die Erforschung der K-Vitamine ist vor allem den Arbeitskreisen von Karrer, Dam und Doisy zu verdanken. 1939 wurden aus Luzernenmehl (Alfalfa) Vit. K_1 und aus faulendem Fischmehl Vit. $K_{2(35)}$ mit einer Farnesyl-geranyl-geranyl-Seitenkette isoliert. 1959 wiesen Isler und Mitarb. nach, daß in der Natur verschiedene K_2-Vitamine vorkommen. So konnten sie aus faulendem Fischmehl Vit. $K_{2(30)}$ mit einer Farnesyl-farnesyl-Seitenkette isolieren. Aus Mycobacterien wurde Menachinon-9 erhalten.

Phytomenadion besitzt an den beiden Chiralitätszentren C-7$'$ und C-11$'$ R-Konfiguration, die 2$'$,3$'$-Doppelbindung ist trans-konfiguriert.

Vitamin	Freiname (Biochem. Name)	Formel
K_1	Phytomenadion (INN) (Phyllochinon)	
K_2	Menachinon-n n = 6 (Vitamin $K_{2(30)}$) n = 7 (Vitamin $K_{2(35)}$)	
K_3	Menadion	

Biochemie, Physiologie Die Hauptmenge an *Vitamin K* muß mit der Nahrung zugeführt werden. Die Bakterienflora (E. coli) des Darmes scheint für die Versorgung des
Menschen mit Vit. K von untergeordneter Bedeutung zu sein.

Vit. K greift indirekt in den Mechanismus der Blutgerinnung ein (vgl. 8.6.2). Es übt die
Funktion eines Coenzyms aus für eine Carboxylase, die mehrere Glutamyl-Reste am N-
terminalen Ende der Gerinnungsfaktoren F II, VII, IX und X in γ-Stellung carboxyliert.
Der γ-Carboxy-Glutamyl-Rest vermag Calcium-Ionen, die für die Blutgerinnung von entscheidender Bedeutung sind, fest zu binden.

Glutamyl-Rest
im Protein

γ-Carboxy-glutamyl-
Rest im Protein

Vitamin K_1 wird in der Leber durch eine Epoxidase in *Phyllochinon-2,3-epoxid* übergeführt, das seinerseits durch eine Epoxid-Reduktase in *Phyllochinon* rückgebildet werden
kann.

Vitamin K$_1$
(Phyllochinon)

Phyllochinon-
2,3-epoxid

Nach neueren Untersuchungen erfordern Carboxylierung und Epoxid-Bildung gleiche Bedingungen. Daher wird angenommen, daß aus Vitamin K ein Hydroperoxid gebildet wird, das sowohl an der Carboxylierung als auch an der Epoxidierung beteiligt ist.

Antikoagulantien vom Typ der 4-Hydroxycumarine (vgl. 8.6.2) hemmen die Epoxid-Reduktase, wodurch die Regeneration von biologisch wirksamem Vitamin K vermindert wird. Gleichzeitig kommt es zur Kumulation des gerinnungsinaktiven 2,3-Epoxids.

Pharmakologie Ein *Vitamin K-Mangel* kann vor allem bei ungenügender Resorption aufgrund fehlender Galle sowie bei längerer Darmsterilisation durch Breitbandantibiotika auftreten. Er äußert sich in einer verzögerten Blutgerinnung sowie in spontanen Hämorrhagien (Blutungen in das Gewebe).

Zur Substitution wird *Phytomenadion* (Konakion®) verwendet, wogegen *Menadion* wegen zu hoher Toxizität nicht mehr eingesetzt wird. Als Indikationen für Vitamin K kommen in Betracht:

- Blutungen oder Blutungsgefahr infolge Hypoprothrombinämie (Mangel an Gerinnungsfaktoren II, VII, IX und X)
- Überdosierung von 4-Hydroxycumarinen
- K-Hypovitaminosen
- Behebung von Pharmakanebenwirkungen (z. B. Hypoprothrombinämie unter einer Salicylat-Therapie).

Das 1,4-Naphthochinon-System der K-Vitamine wird im Körper durch eine NAD(P)H-Dehydrogenase zum 1,4-Naphthohydrochinon reduziert. 2-Methyl-1,4-naphthohydrochinon wird auch als *Menadiol (Vitamin K_4)* bezeichnet. *Menadioldibutyrat* wird bei Blutungsneigung therapeutisch eingesetzt.

R = H   Menadiol (Vitamin K$_4$)

R = $\underset{\underset{O}{\|}}{C}$—C$_3H_7$ Menadioldibutyrat
(Bestandteil von Styptobion®)

4-Amino-2-methyl-1-naphthol (*Vitamin K_5*) besitzt antimykotische Wirkung. Das N-Acetyl-Derivat ist Bestandteil kosmetischer Präparate.

R = H   4-Amino-2-methyl-1-naphthol (Vitamin K$_5$)

R = C–CH$_3$ 4-Acetamido-2-methyl-1-naphthol
      ‖   (Bestandteil von K$_5$-Tinktur)
      O

Eigenschaften   *Vitamin K$_1$* ist ein gelbes, viskoses Öl, das sich in organischen Lösungsmitteln leicht löst. Es ist in Ethanol schwer, in Wasser unlöslich. Phytomenadion ist beständig gegen Hitze und Luft, jedoch empfindlich gegen UV-Bestrahlung, Alkalien und starke Säuren.

Menadion ist ein hellgelbes Pulver, das sich unter Lichteinfluß zersetzt. Es ist in organischen Lösungsmitteln und fetten Ölen löslich. Ölige Lösungen können unter Lichtschutz ohne Wirkungsverlust erhitzt werden. Menadion reizt Haut- und Atmungsorgane.

Biotransformation   Nach Martius werden in Versuchstieren die isoprenoiden Seitenketten der K-Vitamine an C-3 enzymatisch abgespalten und durch einen Geranyl-geranyl-Rest (C$_{20}$) ersetzt. 2-Methyl-3-geranyl-geranyl-1,4-naphthochinon (*Menachinon*-4, Vitamin K$_{2(20)}$) soll die eigentliche *Wirkform der K-Vitamine* darstellen. Es wird auch aus Menadion gebildet.

Die natürlichen K-Vitamine werden durch β- und ω-Oxidation der isoprenoiden Seitenkette abgebaut.

Synthese   *Phytomenadion* ist z.B. durch Kondensation von 2-Methyl-1,4-naphthochinon mit Phytylbromid in Gegenwart von Zinkchlorid oder Bortrifluorid darstellbar.

Phytomenadion

Menadion ist durch Oxidation von 2-Methyl-naphthalin mit CrO$_3$ in Eisessig erhältlich.

Analytik   *Menadion* und *Menadiol* bilden ein Redoxsystem. Zur Gehaltsbestimmung wird Menadion mit Zinkstaub und Salzsäure quantitativ zu Menadiol reduziert. Dieses wird nach Abfiltrieren des Zinkstaubs mit 0,1-normaler Ammoniumcer(IV)-nitrat-Lösung gegen Ferroin als Indikator titriert, wobei Menadiol unter Abgabe von 2 Elektronen und 2 Protonen wieder zu Menadion oxidiert wird.

Menadion   Menadiol

13 Stoffe zur Prophylaxe und Therapie von Infektionskrankheiten

Als *Infektion* bezeichnet man den Befall eines Wirtsorganismus mit vermehrungsfähigen Erregern. Der Ausbruch einer *Infektionskrankheit* hängt von der Pathogenität der Keime für den Wirt sowie von dessen Immunitätslage ab. Erreger von Infektionskrankheiten sind vor allem

- Viren
- Bakterien und bakterienähnliche Mikroorganismen
- Pilze
- Protozoen

Zur Prophylaxe von Infektionskrankheiten gehört die Herbeiführung entsprechender sozialer und hygienischer Zustände. Chemische Maßnahmen zur Verhinderung der Übertragung pathogener Keime bestehen in der Anwendung von *Desinfektionsmitteln* (vgl. 13.6) sowie in der Ausschaltung von Zwischenwirten durch *Biozide* (vgl. 15.3).

Von besonderer Bedeutung für die Prophylaxe schwer therapierbarer Infektionskrankheiten ist die *aktive Immunisierung* durch *Impfstoffe*. Unter Impfstoffen versteht man antigenhaltige Präparationen, die nach Einbringung in den menschlichen bzw. tierischen Körper die Bildung spezifischer, gegen infektiöse Agenzien gerichtete Antikörper auslösen. Eine *passive Immunisierung* wird durch *Immunsera*, die vorgebildete Antikörper (Immunglobuline) enthalten, erreicht (vgl. 6.2). Immunsera können sowohl zur kurzfristigen Prophylaxe als auch zur Therapie eingesetzt werden.

Nach ersten Anfängen, zu Beginn dieses Jahrhunderts, konnte seit etwa 1940 infolge des Einsatzes von *Chemotherapeutika* die durch Infektionskrankheiten verursachte Sterblichkeit drastisch gesenkt werden. Chemotherapeutika sind Arzneistoffe, die — unter möglichster Schonung des Wirtes — eine hohe Toxizität für den Infektionserreger aufweisen sollen. Dieser Definition liegt das von Paul Ehrlich, dem Begründer der Chemotherapie, entwickelte Konzept der *selektiven Toxizität* zugrunde.

Den molekularen Ansatzpunkt der selektiven Toxizität stellen unterschiedliche chemische Strukturen bzw. Biosynthesesequenzen oder -raten bei Erreger und Wirt dar. Neben der Pharmakotherapie von Wurmerkrankungen wird auch die zytostatische Behandlung maligner Tumoren der Chemotherapie zugerechnet, da zwischen normalen und transformierten Zellen (Krebszellen) biochemische Unterschiede bestehen.

13.1 Antiviral wirksame Stoffe

Als *Viren* bezeichnet man infektiöse Agenzien, die aus DNA oder RNA, einem Proteinmantel (Capsid) sowie gegebenenfalls einer aus Proteinen, Glykoproteinen und Lipiden bestehenden Hülle aufgebaut sind. Daneben kennt man *Viroide* — ringförmige und dadurch gegen enzymatischen Abbau geschützte Nucleinsäuren — als Erreger von Pflanzenkrankheiten. Möglicherweise kommt bestimmten Viroiden auch Humanpathogenität zu. Die Chemotherapie der Viruserkrankungen hat trotz intensiver Bemühungen bis heute nicht entfernt an die Erfolge anknüpfen können, die bei bakteriell bedingten Krankheiten erzielt worden sind. Dies ist in erster Linie darin begründet, daß Viren im Gegensatz zu Bakterien über keinen eigenen Stoffwechsel verfügen. Ihre Vermehrung findet innerhalb lebender Wirtszellen in enger Anlehnung an darin ablaufende Stoffwechselvorgänge statt. Ein spezifischer Eingriff in den viralen Vermehrungszyklus ist daher ungleich schwieriger als bei Bakterien. Es wurden jedoch einige Ansatzpunkte zur Hemmung der Virusinfektion auf verschiedenen Entwicklungsstufen aufgefunden.

Eingriffsmöglichkeiten in den viralen Vermehrungszyklus	
Phase der Virusinfektion	Eingriff von Virustatika
Haftung des Virus an der Zellmembran (*Adsorption*) ↓ Eindringen des Virus in die Zelle (*Penetration*) ↓ Freisetzen der Virus-DNA bzw. Virus-RNA nach Auflösen der Proteinhülle (*Uncoating*) ↓ Synthese „früher" Proteine und Aufbau virusspezifischer DNA bzw. RNA (*Nucleinsäure-Synthese*) ↓ Aufbau virusspezifischer Proteine (*Protein-Synthese*) ↓ Reifung neuer Viren aus DNA bzw. RNA und Proteinen (*Maturation*) ↓ Virenfreisetzung durch Ausschleusung oder Zellzerfall (*Release*)	← – – – – Cycloalkylamine ← – – – – Nucleosid-Analoge ← – – – > Thiosemicarbazone ← – – – – Biguanide

Aus der Vielzahl untersuchter Substanzen haben nur wenige Stoffe Eingang in die Therapie gefunden. Sie gehören sehr unterschiedlichen chemischen Klassen an und sind oft nur prophylaktisch wirksam. Im Rahmen der Behandlung von Viruserkrankungen können zusätzliche Maßnahmen wie die Verhütung bakterieller Sekundärinfektionen sowie die Gabe von Analgetika/Antipyretika/Antiphlogistika angezeigt sein. Auf immunologischer Basis ist eine Therapie mit spezifischen Antikörpern (z.B. bei Masern mit Masern-Immunglobulin vom Menschen Ph. Eur.) sowie mit Immunglobulin-Gesamtfraktionen aus menschlichem Serum (z.B. Gamma-Venin®) möglich.

13.1.1 Cycloalkylamine

Aus der Stoffklasse der Cycloalkylamine werden *Amantadin*, 1-Aminoadamantan, und *Tromantadin*, ein von Amantadin abgeleitetes Amid, eingesetzt.

$$NH-\overset{\overset{\displaystyle O}{\|}}{C}-CH_2-O-CH_2-CH_2-N(CH_3)_2$$

Amantadin
(PK-Merz®, Symmetrel®)

Tromantadin
(Viru-Merz® Serol)

Die Cycloalkylamine sind Derivate des Kohlenwasserstoffs *Adamantan*, den man sich aus vier kondensierten, in Sesselform fixierten Cyclohexan-Ringen aufgebaut denken kann. Aufgrund dieser Struktur, die dem räumlichen Bau des Kohlenstoffgerüsts im Diamantgitter entspricht, ist Adamantan ein hochsymmetrisches starres Ringsystem, das sich chemisch weitgehend inert verhält. Andere Cycloalkylamine, z. B. Cyclooctylamin und 2-Aminobornan, besitzen antivirale Eigenschaften, die denen von Amantadin vergleichbar sind.

Pharmakologie   *Amantadin* wurde als Virustatikum zur Grippe-(Influenza-)-Prophylaxe konzipiert. Heute liegt die Hauptbedeutung dieser Substanz in der Behandlung des Morbus Parkinson (vgl. 7.8.2). *Tromantadin* wird topisch bei Haut- und Schleimhautläsionen durch Herpesvirus hominis (Herpes-simplex-Virus) angewendet. Prädilektionsstellen der Herpes-Infektion sind Lippen, die Hornhaut des Auges (Kornea) sowie die Genitalorgane.

Als Wirkungsmechanismus von Amantadin kommt eine Hemmung des „uncoating" in Betracht. Adsorptions- und Penetrationsphase werden nach neueren Ergebnissen nicht beeinflußt.

Synthese   Als primäres tert.-Alkylamin läßt sich *Amantadin* beispielsweise über die Ritter-Graf-Reaktion aus 1-Brom- oder 1-Hydroxy-adamantan und anschließende Verseifung des Carbonsäureamids oder über Hofmannschen Säureamid-Abbau von Adamantan-1-carbonsäureamid gewinnen.

Amantadin

13.1.2 Nucleosid-Analoge

Die zur antiviralen Therapie eingesetzten Nucleosid-Analogen sind Antimetaboliten der als Nucleinsäure-Bausteine auftretenden Nucleoside. *Idoxuridin*, 5-Iod-2′-desoxy-uridin, unterscheidet sich von Thymidin durch Ersatz der Methyl-Gruppe des Thymins gegen Iod. *Cytarabin*, Cytosin-arabinosid, ist gegenüber dem natürlichen Nucleosid Cytidin im Zuckerrest abgewandelt und enthält anstelle von Ribose den C-2-epimeren Arabinose-Rest. Entsprechend stellt *Vidarabin*, Adenin-arabinosid, ein Adenosin-Analoges dar.

Nucleosid-Analoge		
Freiname (Handelsname)	Formel	Korrespondierendes Nucleosid
Idoxuridin (IDU „Röhm Pharma", Synmiol®)		Thymidin
Cytarabin (Alexan®)		Cytidin

Fortsetzung der Tabelle

Freiname (Handelsname)	Formel	Korrespondierendes Nucleosid
Vidarabin (Vidarabin Thilo)		Adenosin

Pharmakologie *Idoxuridin* wird insbesondere bei Herpes corneae (Herpes-Befall der Kornea des Auges), die unbehandelt zur Erblindung führen kann, eingesetzt. Zur gleichen Indikation geeignet ist das hauptsächlich in der Tumortherapie verwendete *Cytarabin* (vgl. 14.1.1). Aufgrund zytotoxischer Eigenschaften kommt für beide Substanzen in der Regel nur eine topische Applikation in Betracht. Im Gegensatz dazu wird das bei verschiedenen DNA-Virusinfektionen wirksame *Vidarabin* systemisch angewendet.

Biochemische Wirkungen Nucleosid-Analoge interferieren mit der Nucleinsäure-Replikation. Mögliche Mechanismen sind die Hemmung von Enzymen der Nucleinsäure-Synthese sowie die Integration „falscher Bausteine" in die Nucleinsäure-Kette. Während die nicht infizierten Zellen des Wirtsorganismus aufgrund ihrer niedrigeren Nucleinsäure-Syntheserate nur wenig betroffen werden, erfolgt eine stärkere Beeinflussung der sich schneller vermehrenden viralen Nucleinsäure. Die Selektivität der Nucleinsäure-Analogen basiert demnach auf Unterschieden in der Syntheserate von Nucleinsäuren. Für *Vidarabin* ließ sich eine Hemmung Virus-spezifischer Enzyme nachweisen. Als Folge werden statt einer doppelsträngigen Virus-DNA einsträngige Fragmente gebildet. Dies erklärt die höhere Selektivität dieser Substanz.

13.1.3 Weitere antiviral wirksame Stoffe

Zur Pockenprophylaxe verwendbar, jedoch fraglich für die Therapie und von schlechter Verträglichkeit ist *Metisazon*, N-Methylisatin-β-thiosemicarbazon. Die entsprechende Nor-Verbindung (Demethyl-Metisazon) verhindert, wie Versuche mit Zellkulturen ergaben, den Aufbau der Protein-Hülle reifender Viren, später kommt auch die Virusprotein-Synthese zum Erliegen.

Metisazon
(Marboran®)

Moroxydin
(Flumidin®)

Das gegen Polioviren erst in nahezu toxischen Dosen wirksame Guanidinhydrochlorid hat zu den antiviralen Biguaniden geführt. Zu dieser Gruppe gehört *Moroxydin*, das zur Therapie der Influenza und des Herpes zoster (Gürtelrose, ausgelöst durch das Varizellenvirus) eingeführt wurde. Der therapeutische Wert dieser Substanz wird angezweifelt. Möglicherweise verzögern die in protonierter Form wirksamen Biguanide die Freigabe der ausgereiften Viren aus der Wirtszelle.

Interferone sind wirtsspezifische, aber Virus-unspezifische Glykoproteine, die dem befallenen Organismus eine nicht-immunologische Virusabwehr ermöglichen. Das Molekulargewicht der Interferone liegt bei 18 000, sie enthalten etwa 150 Aminosäuren. Neben Viren können auch einige andere Agenzien die Bildung von Interferonen auslösen. Da der Gewinnung ausreichender Mengen an Humaninterferon zur Zeit noch erhebliche Schwierigkeiten entgegen stehen, versuchte man, durch Entwicklung von *Interferon-Induktoren* eine neue Möglichkeit der Virusprophylaxe zu erschließen. *Poly-I: C*, ein doppelsträngiger Komplex aus Polyinosinsäure und Polycytosinsäure, stellt eine synthetische, Interferoninduzierende Substanz dar, die für Forschungszwecke eingesetzt wird.

13.2 Antibakteriell wirksame Stoffe

Bakterien unterscheiden sich als Prokaryonten u.a. durch das Fehlen eines echten Zellkerns sowie durch ihren speziellen Zellwandbau von höher entwickelten Organismen. Nach der Morphologie, aber auch im Hinblick auf den Einsatz von Chemotherapeutika kann man zwei Gruppen unterscheiden:

- *Grampositive Bakterien* sind nach außen hin durch ein mehrschichtiges Mureinnetz (vgl. 13.2.1, Biochemische Wirkungen) begrenzt.
- *Gramnegative Bakterien* besitzen ein einschichtiges Mureinnetz, dem Lipoproteine, Lipopolysaccharide und Phospholipide aufgelagert sind.

Für antibakterielle Stoffe gilt — wie auch für andere Chemotherapeutika —, daß die in vivo erreichbare Wirkstoffkonzentration über der in vitro für den betreffenden Erreger ermittelten *minimalen Hemmkonzentration* (MHK) liegen muß.

Nach Art der Einwirkung auf den Mikroorganismus unterscheidet man den *bakteriostatischen* vom *bakteriziden Wirkungstyp*. Bakteriostatisch wirksame Chemotherapeutika hemmen die Keimvermehrung der Bakterienpopulation. Die Inaktivierung des einzelnen Bakteriums muß über Abwehrmechanismen des Wirtes erfolgen. Falls eine bakteriostatische Therapie nicht lange genug durchgeführt wird, können die ruhenden Zellen erneut in die Reproduktionsphase übergehen. Bakterizide Chemotherapeutika bewirken eine Abtötung der Keime und sind deshalb in der Regel zu bevorzugen. Allerdings findet man Übergänge zwischen Bakterizidie und Bakteriostase. So läßt sich mit einigen für bestimmte Keime in niedriger Dosierung bakteriostatisch wirksamen Chemotherapeutika bei erhöhter Konzentration Bakterizidie erreichen.

Resistenzentwicklung ist ein generelles Problem der Chemotherapie, dem jedoch bei der Behandlung bakterieller Infektionen besondere Bedeutung zukommt. *Natürliche Resistenz* liegt vor, wenn eine Bakterienart durch ein bestimmtes Chemotherapeutikum unbeeinflußt bleibt, z. B. weil sie die betreffende Substanz enzymatisch zu inaktivieren vermag. Bei *primärer Resistenz* sind einzelne Erreger einer an sich sensiblen Art bereits ohne vorherigen Kontakt mit dem Antibiotikum resistent.

Sekundäre Resistenz entsteht unter der Therapie durch Spontanmutation und nachfolgende Selektion der nicht oder schwach empfindlichen Keime. Hinsichtlich der Geschwindigkeit der Ausbildung einer sekundären Resistenz unterscheidet man die *Einstufenresistenz* (Streptomycin-Typ) und die langsamere *Mehrstufenresistenz* (Penicillin-Typ). Von der primären und sekundären Resistenz, die auf ungerichteter Mutation beruht, ist die *übertragbare (infektiöse) Resistenz* abzugrenzen, die durch Transfer genetischen Materials von einem Bakterium auf ein anderes zustande kommt. Dieser Vorgang, der häufig zu Mehrfachresistenz führt, wird vor allem bei gramnegativen Erregern beobachtet. Weist ein Erreger Resistenz gegen ein bestimmtes Chemotherapeutikum auf und ist damit gleichzeitig Unempfindlichkeit gegen ein anderes − chemisch oder dem Wirkungsmechanismus nach ähnliches − Chemotherapeutikum verbunden, so spricht man von *Kreuzresistenz* (Parallelresistenz).

Antibiotika bilden die wichtigste Gruppe unter den antibakteriellen Stoffen. In Anlehnung an Waksman werden sie definiert als vorzugsweise von Mikroorganismen gebildete Substanzen, die bereits in geringer Konzentration andere Mikroorganismen hemmen. Den Antibiotika werden die *Chemotherapeutika* − in der Natur nicht vorkommende, synthetische Stoffe − gegenübergestellt. Mittlerweile beginnt sich die Bezeichnung „Chemotherapeutika" als Überbegriff für natürliche wie synthetische Antiinfektiva durchzusetzen.

13.2.1 β-Lactam-Antibiotika

Entwicklung, Strukturchemie Für die gegen Ende des 19. Jahrhunderts von mehreren Bakteriologen (z. B. Pasteur und Joubert, 1877) beobachtete gegenseitige Wachstumshemmung von Bakterienstämmen wurde der Begriff der Antibiose geprägt. In die Folgezeit fallen erste Versuche der medizinischen Nutzung dieses Prinzips. Ab 1929 berichtete A. Fleming über die antibiotische Wirkung eines heute als *Penicillium notatum* bekannten Pilzes aus der Familie der Aspergillaceae. Das im Nährmedium enthaltene antibakterielle Agens nannte er „*Penicillin*". Der entscheidende Durchbruch in der Antibiotika-Therapie erfolgte jedoch erst während des zweiten Weltkrieges, als es kooperierenden englischen („Oxford-Gruppe" um Florey, Chain und Abraham) und amerikanischen Forschern gelang, in Fortführung der Arbeiten Flemings die großtechnische Produktion der Penicilline, die bis heute die wichtigste Antibiotika-Gruppe darstellen, zu erschließen.

Die Penicilline gehören strukturchemisch zu den *β-Lactam-Antibiotika*. Weitere, therapeutisch angewendete Antibiotika mit β-Lactam-Struktur sind die *Cephalosporine* und deren 7α-Methoxy-Derivate, die *Cephamycine*.

Penicilline

Das Ringsystem der Penicilline setzt sich aus einem 4-gliedrigen β-Lactam-Ring und einem 5-gliedrigen Thiazolidin-Ring zusammen. Der unsubstituierte Bicyclus wird als *Penam* bezeichnet. Die einzelnen Penicilline können als Acyl-Derivate eines gemeinsamen Grundkörpers, der antibiotisch praktisch unwirksamen *6-Aminopenicillansäure* (6-APS), aufgefaßt werden. 6-APS ist entlang der N-4/C-5-Achse gewinkelt und trägt drei Chiralitätszentren (C-3, C-5, C-6). Nach ihrem biogenetischen Aufbau ist 6-APS ein aus Cystein und Valin zusammengesetztes Dipeptid.

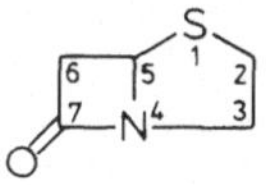

Penam　　　(Cystein)　Konfigurationsformel　(Valin)　Konformationsformel

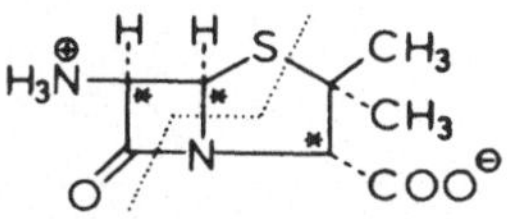

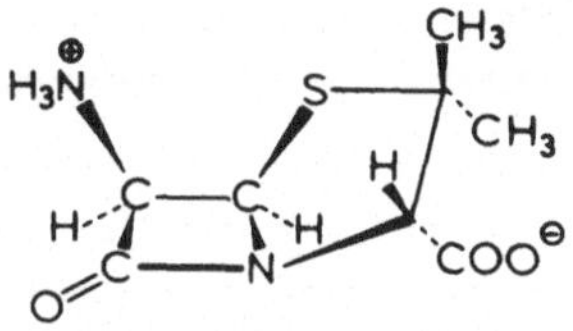

von 6-Aminopenicillansäure (6-APS)

Penicilline		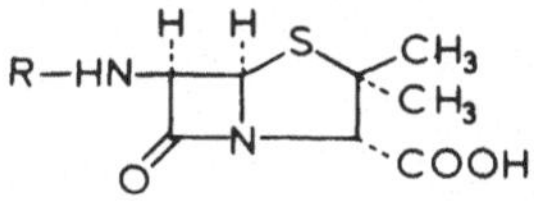				
Untergruppe	**Freiname (Handelsname)**	**Formel R**	**Säurestabilität**	**β-Lactamase-stabilität**	**Breitspektrum-Penicillin**	**Gegen Problemkeime wirksam**
–	Benzylpenicillin (Penicillin G Hoechst; Bestandteil von Megacillin® forte)	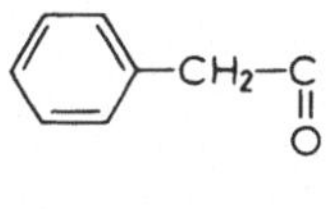	–	–	–	–
Phenoxy-Penicilline	Phenoxymethylpenicillin (Beromycin®, Isocillin®)	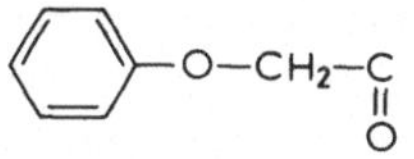	+	–	–	–
	Propicillin (Baycillin®)	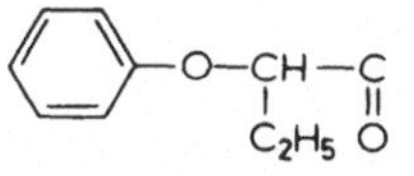	+	(+)	–	–

Fortsetzung der Tabelle

Untergruppe	Freiname (Handelsname)	Formel R	Säurestabilität	β-Lactamase-stabilität	Breitspektrum-Penicillin	Gegen Problemkeime wirksam
Isoxazolyl-Penicilline	Dicloxacillin (Dichlor-Stapenor®)	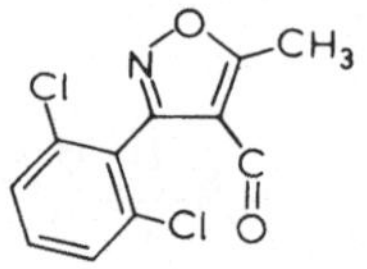	+	+	–	–
α-Aminobenzyl-Penicilline	Ampicillin (Amblosin®, Binotal®, Penbrock®)	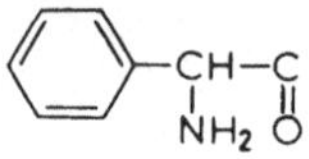	+	–	+	–
	Amoxicillin (Amoxypen®, Clamoxyl®)	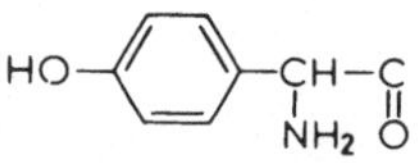	+	–	+	–
α-Carboxybenzyl-Penicilline	Carbenicillin (Anabactyl®, Microcillin®)	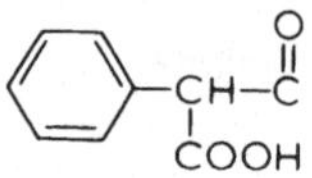	–	–	(+)	+
Acylureido-Penicilline	Azlocillin (Securopen®)	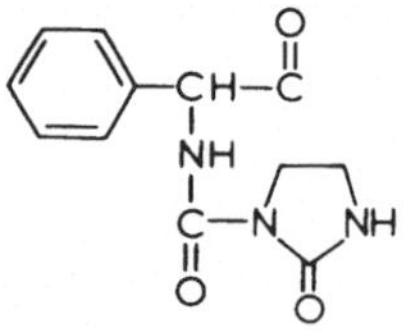	–	–	(+)	+
	Mezlocillin (Baypen®)	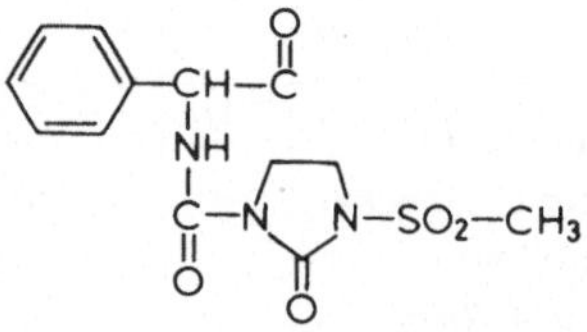	–	–	+	+

Die Strukturaufklärung der Penicilline erfolgte 1942 bis 1945. Besondere Schwierigkeiten ergaben sich durch die Labilität und Umlagerungstendenz der bis dahin in Naturstoffen nicht aufgefundenen β-Lactam-Struktur. Wichtige Informationen wurden durch Abbaureaktionen (u.a. saure und alkalische Hydrolyse sowie Spaltung mit Quecksilber(II)-chlorid; vgl. Eigenschaften) gewonnen. Der endgültige Konstitutionsbeweis erfolgte durch die erstmals in der Naturstoffchemie angewendete *Röntgenstrukturanalyse*, bei der auch die relative Konfiguration der Asymmetriezentren ermittelt werden konnte.

Als eines der natürlich vorkommenden Penicilline erlangte *Benzylpenicillin* (Penicillin G) (Ph. Eur.), das als erstes Antibiotikum großtechnisch durch Fermentation dargestellt wurde, besondere Bedeutung.

Benzylpenicillin

Phenoxymethylpenicillin (Penicillin V) (Ph. Eur.) wird durch „gelenkte" Fermentation (vgl. Synthese) gewonnen. Nach der Auffindung ergiebiger Wege zur Darstellung von 6-APS gewann die Entwicklung partialsynthetischer Penicilline an Bedeutung.

Das ebenfalls zu den Phenoxy-Penicillinen zählende *Propicillin*, eines der ersten partialsynthetischen Penicilline, ist ein R,S-2-Phenoxybuttersäure-Derivat der 6-APS.

Dicloxacillin gehört zu den Isoxazolyl-Penicillinen; *Ampicillin*, ein zwitterionisches R-2-Amino-2-phenylessigsäure- bzw. D-Phenylglycin-Derivat, ist Prototyp der α-Aminobenzyl-Penicilline. Zu dieser Gruppe gehört neben *Amoxicillin* auch *Pivampicillin*, ein Pivaloyloxymethylester des Ampicillins. Die Substanz weist als pro-drug praktisch keine in vitro-Wirksamkeit auf. In vivo wird unter Abspaltung von Pivalinsäure und Formaldehyd Ampicillin als Wirkform freigesetzt.

Pivampicillin
(Berocillin®, Maxifen®)

Carbenicillin ist ein α-Carboxybenzyl-Penicillin, das aus R,S-2-Phenylmalonsäure und 6-APS aufgebaut ist. Im analogen *Ticarcillin* (Aerugipen®) ist der Phenyl-Rest durch den 2-Thienyl-Rest ersetzt. *Azlocillin* und dessen Methylsulfonyl-Derivat *Mezlocillin* sind von Ampicillin abgeleitete Acylureido-Penicilline.

Cephalosporine

1945 isolierte Brotzu einen antibakteriell wirksamen Cephalosporium-Stamm, der, wie spätere Untersuchungen ergaben, Antibiotika unterschiedlicher chemischer Stoffklassen bildet. So wurden neben einer Wirksubstanz mit Steroid-Struktur ein Penicillin-Derivat und *Cephalosporin C* aufgefunden. Die zur Klasse der Ascomyceten gehörenden Cephalosporium-Arten stehen den Penicillium-Arten systematisch nahe.

Cepham   7-Aminocephalosporansäure
           (7-ACS)

Cephalosporin C

In den Cephalosporinen, die den Penicillinen biogenetisch und strukturchemisch verwandt sind, ist der β-Lactam-Ring mit einem 6-gliedrigen Dihydrothiazin-Ring verknüpft. Der gesättigte Grundkörper wird als *Cepham*, das entsprechende Δ^3-ungesättigte System als *3-Cephem* bezeichnet. Durch Abspaltung des D-α-Aminoadipinsäure-Restes von Cephalosporin C gelangt man zur *7-Aminocephalosporansäure* (7-ACS), deren Chiralitätszentren (C-6 und C-7) den korrespondierenden C-Atomen der 6-Aminopenicillansäure konfigurativ entsprechen. 7-ACS wurde zum Ausgangspunkt partialsynthetischer Cephalosporine, in denen häufig auch der C-3-ständige Substituent abgewandelt ist.

Cephalosporine

Freiname (Handelsname)	Formel	Applikationsart
Cefalotin (Cephalotin Lilly; Cepovenin®)	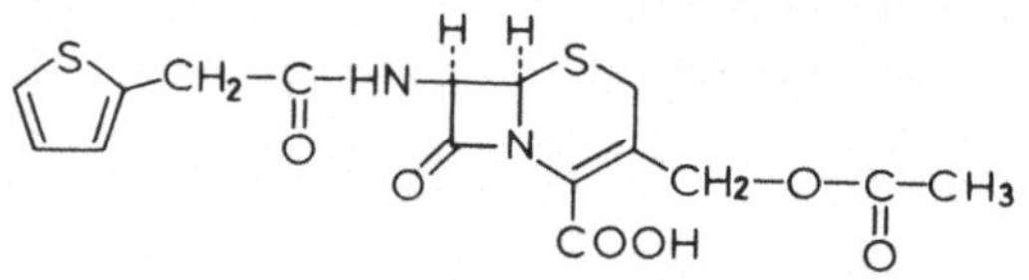	parenteral
Cefaloridin (Cepaloridin-Glaxo®)	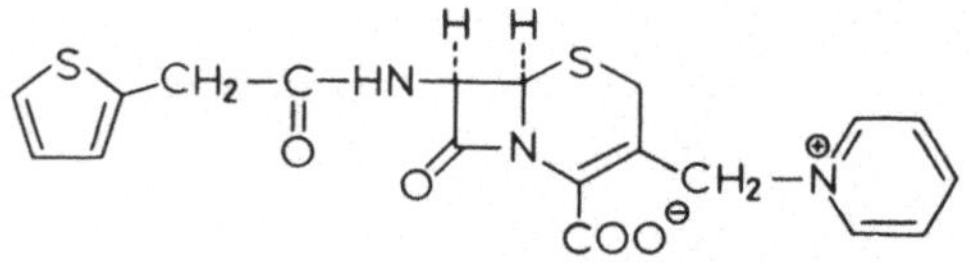	parenteral
Cefazolin (Elzogram®, Gramaxin®)	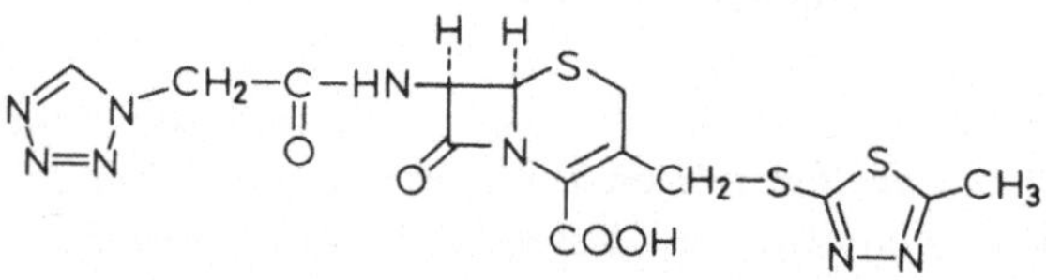	parenteral
Cefamandol (Mandokef®)	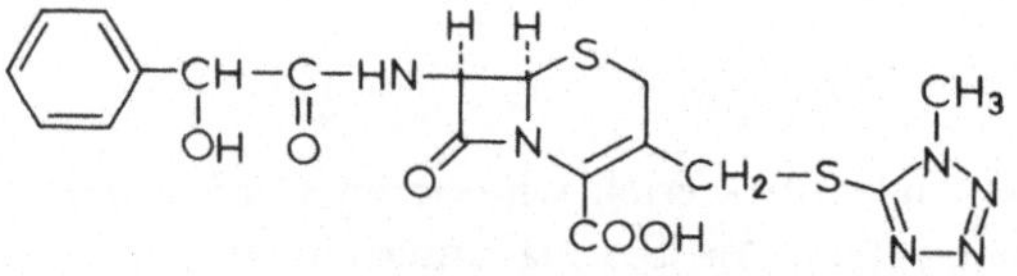	parenteral
Cefoxitin (Mefoxitin®), ein *Cephamycin*	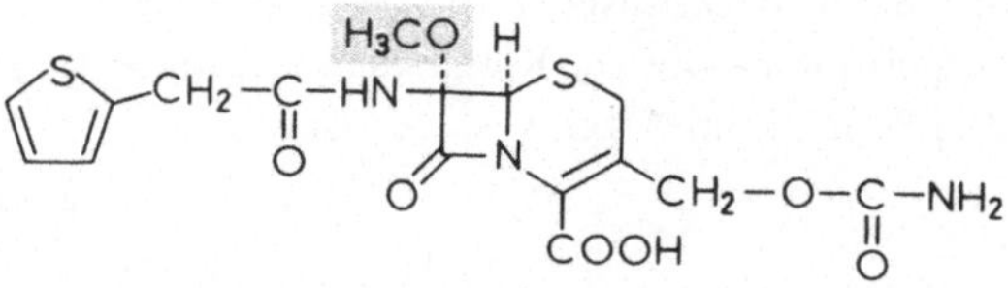	parenteral
Cefotaxim (Claforan®)	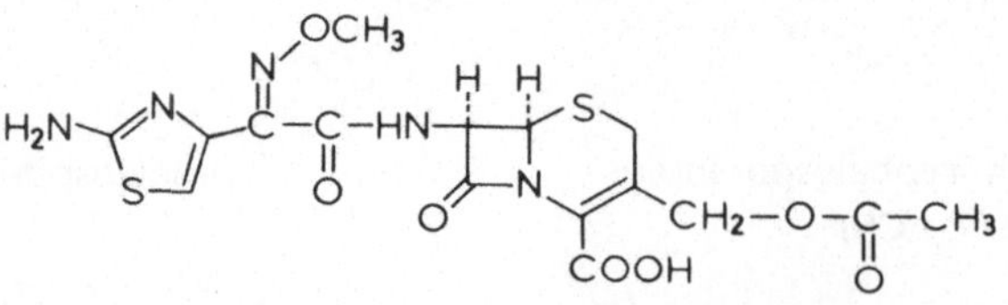	parenteral

Fortsetzung der Tabelle

Freiname (Handelsname)	Formel	Applikationsart
Cefalexin (Ceporexin® Oracef®)	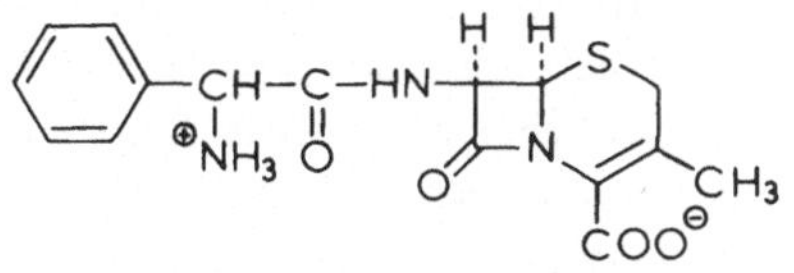 (Strukturformel)	oral
Cefaclor (Panoral®)	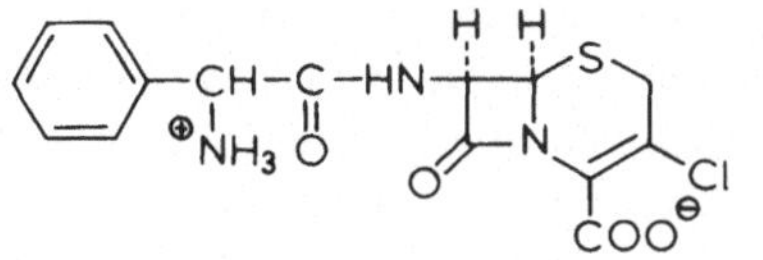 (Strukturformel)	oral

Cefalotin ist das 2-Thienyl-essigsäure-Derivat der 7-ACS. Im *Cefaloridin* ist zusätzlich der C-3-Substituent abgewandelt. Aufgrund der Pyridiniumstruktur liegt die Verbindung als Zwitterion vor. Im *Cefazolin* ist 7-ACS mit 1-Tetrazolylessigsäure amidiert, der Substituent an C-3 enthält einen 1,3,4-Thiadiazol-Ring. *Cefamandol*, bei dem ein N-Methyltetrazol-Ring im C-3-Substituenten enthalten ist, besitzt R-Mandelsäure als Acyl-Komponente. Das *Cephamycin*-Derivat *Cefoxitin* unterscheidet sich von den Cephalosporinen durch die zusätzliche Methoxy-Gruppe an C-7. *Cefotaxim* weist als strukturelle Besonderheit eine Oximether-Gruppierung auf. Die zwitterionischen Verbindungen *Cefalexin* und *Cefaclor* tragen wie Ampicillin eine Phenylglycin-Seitenkette.

Pharmakologie Unter therapeutisch-praktischen Gesichtspunkten erfolgt die Einteilung der β-Lactam-Antibiotika nach Wirkungsspektrum, Säure- und β-Lactamase-Stabilität sowie nach ihrem pharmakokinetischen Verhalten.

β-Lactamasen sind bakterielle Enzyme, unter deren Einfluß der β-Lactam-Ring der Penicilline und Cephalosporine hydrolysiert wird. Damit ist eine Inaktivierung dieser Antibiotika verbunden. Die Fähigkeit, β-Lactamasen zu bilden, ist eine der Ursachen bakterieller Resistenz. Nach dem bevorzugt angegriffenen Substrat unterscheidet man *Penicillinasen* (β-Lactamase I) und *Cephalosporinasen* (β-Lactamase II). Daneben gibt es Enzyme, die auf beide Antibiotika-Gruppen gleichermaßen inaktivierend wirken („Breitspektrum-β-Lactamasen").

Penicilline

Domäne des *Benzylpenicillins* stellen durch grampositive Bakterien (z. B. Streptokokken, Pneumokokken und nicht β-Lactamase-bildende Staphylokokken) sowie durch einige gramnegative Keime wie Gonokokken verursachte Infektionskrankheiten dar. Benzylpenicillin zeichnet sich durch besonders große therapeutische Breite aus. Im Extremfall können über 40 Mega IE (1 Internationale Einheit (IE) $\hat{=}$ 0,6 µg Benzylpenicillin-Natrium) pro Tag verabfolgt werden. Unter Höchstdosen kann es — wie auch bei anderen Penicillinen — zu neurotoxischen Erscheinungen (Krampfanfälle) kommen. Da Benzylpenicillin aufgrund fehlender Säurestabilität im Magen inaktiviert wird, ist parenterale Applikation erforderlich. *Phenoxymethylpenicillin* und *Propicillin* besitzen das gleiche Wirkungsspektrum wie Benzylpenicillin und sind oral anwendbar (Oralpenicilline). *Dicloxacillin,* ein Penicillinase-stabiles Isoxazolyl-Penicillin, eignet sich insbesondere zur Therapie von Infektionen, die durch Penicillinase-bildende Staphylokokken hervorgerufen sind. Das Breitspektrum-Penicillin *Ampicillin* erfaßt neben Benzylpenicillin-empfindlichen Keimen auch gramnegative Erreger wie Salmonellen, Shigellen und Haemophilus influenzae. Gegenüber grampositiven Keimen ist es schwächer wirksam als Benzylpenicillin. Die Anwendung kann sowohl oral als auch parenteral erfolgen.

Pivampicillin und *Amoxicillin* unterscheiden sich von Ampicillin in ihren pharmakokinetischen Eigenschaften. So zeigt Amoxicillin eine zweifach höhere Resorptionsquote bei oraler Gabe. *Carbenicillin, Ticarcillin* und die Acylureido-Penicilline *Azlocillin* und *Mezlocillin* weisen zusätzliche Wirksamkeit u.a. gegen Pseudomonas aeruginosa sowie gegen Ampicillin-resistente Proteus-Arten und E. coli-Stämme auf. Diese fakultativ pathogenen *Problemkeime* sind häufig Ursache von Hospitalinfektionen (z. B. Sepsis). Carbenicillin hatte als erstes „Pseudomonas-Penicillin" Bedeutung erlangt. Für diese Indikation werden heute Ticarcillin und Azlocillin bevorzugt. Mezlocillin wird als Breitspektrum-Penicillin eingesetzt. Es übertrifft Ampicillin hinsichtlich des Erregerspektrums und der Wirkungsintensität.

Während unter einer Penicillin-Behandlung toxische Nebenwirkungen i.a. nicht zu erwarten sind, werden allergische Reaktionen verhältnismäßig häufig beobachtet. Bei Ampicillin muß zusätzlich mit dem Auftreten von Hautexanthemen gerechnet werden, die von der eigentlichen Penicillin-Allergie zu unterscheiden sind.

Cephalosporine

Die Cephalosporine zeigen eine den Penicillinen vergleichbare therapeutische Breite. Sie können auch bei Penicillin-Allergie eingesetzt werden, da trotz der chemischen Ähnlichkeiten beider Stoffgruppen Kreuzallergie relativ selten auftritt.

Cefalotin und *Cefaloridin* weisen ein Ampicillin-ähnliches Wirkungsspektrum, das zusätzlich Klebsiellen, jedoch nicht Enterokokken umfaßt, sowie eine den Isoxazolylpenicillinen vergleichbare β-Lactamase-Festigkeit auf. Trotz Säurestabilität, einer Eigenschaft, die sie mit anderen Cephalosporinen teilen, ist wegen schlechter Resorbierbarkeit nur parenterale Anwendung möglich. Cefaloridin zeigt in höherer Dosierung Nephrotoxizität. Gegenüber Cefalotin und Cefaloridin ermöglicht *Cefazolin* bei gleicher Dosierung höhere Serumspiegel. *Cefamandol* und *Cefoxitin* sind ebenfalls parenteral anzuwenden. Beide Wirkstoffe zeichnen sich durch erhöhte Aktivität im gramnegativen Bereich und — dies gilt vor allem für Cefoxitin — durch besondere β-Lactamase-Festigkeit aus. Das Spektrum von Cefoxitin umfaßt auch anaerobe Problemkeime (z. B. Bacteroides fragilis). *Cefotaxim* besitzt besonders hohe Wirkungsintensität. Es zeigt auch Wirksamkeit gegen gramnegative Keime, die von anderen Cephalosporinen kaum gehemmt werden. Den neueren, parenteral zu applizierenden Cephalosporinen (Cefamandol, Cefoxitin, Cefotaxim) kommt besondere Bedeutung bei der Behandlung schwerer Allgemeininfektionen vor einem Erregernachweis zu. Oral anwendbar sind *Cefalexin* und das gegen verschiedene Keime stärker wirksame *Cefaclor.*

Allen β-Lactam-Antibiotika gemeinsam ist die bakterizide Wirkung auf proliferierende (im Wachstum begriffene) Keime. Die Entwicklung einer sekundären Resistenz erfolgt stufenweise und ist konzentrationsabhängig (Penicillin-Typ). Die in der Regel sehr niedrige Toxizität kann über den selektiven Eingriff in bakterienspezifische Stoffwechselvorgänge erklärt werden (vgl. Biochemische Wirkungen).

Eigenschaften Stabilität, Wirkungsmechanismus und allergische Nebenwirkungen der Penicilline und Cephalosporine stehen in engem Zusammenhang mit der Reaktivität der β-Lactam-Struktur gegenüber elektrophilen und insbesondere nucleophilen Agenzien.

Die Penam- und Cephem-Derivate zeigen im Vergleich zu einfachen β-Lactam-Verbindungen eine erhöhte, den Carbonsäureanhydriden nahekommende Reaktivität gegenüber Nucleophilen. Zu erklären ist dies über eine Störung der Amid-Mesomerie, die durch die Faltung der Ringsysteme und die dadurch erzwungene pyramidale Geometrie des Ring-Stickstoffs bedingt ist. Die Δ^3-Doppelbindung der Cephalosporine wirkt zusätzlich aktivierend, insgesamt zeigt diese Stoffklasse im Vergleich zu den Penicillinen jedoch eher abgeschwächte Reaktivität.

Die β-Lactam-Antibiotika werden einerseits unter nucleophilem Angriff von Hydroxyl-Ionen rasch hydrolysiert, andererseits wirken sie gegenüber Substraten mit nucleophilen Gruppen (z. B. Proteine) als Acylierungsmittel. Die milde alkalische Hydrolyse von Benzylpenicillin führt — ebenso wie die enzymatische Spaltung mit β-Lactamase — zu *Benzylpenicillosäure*, die in der Wärme zu *Benzylpenillosäure* decarboxyliert. Durch saure Hyrolyse (elektrophiler Angriff von $H^\oplus$) entsteht bei Einhaltung milder Bedingungen (pH 2, Raumtemperatur) als Folge einer Umlagerung am β-Lactam-Ring die gut kristallisierende *Benzylpenillsäure*. Der Thiazolidin-Ring läßt sich durch Behandeln mit Quecksilber(II)-chlorid unter Bildung von *Benzylpenaldinsäure* und *Penicillamin* (D-3-Mercaptovalin, vgl. 13.6.2) oxidativ aufspalten. Dabei kann sowohl von Benzylpenicillin als auch von Benzylpenicillosäure ausgegangen werden.

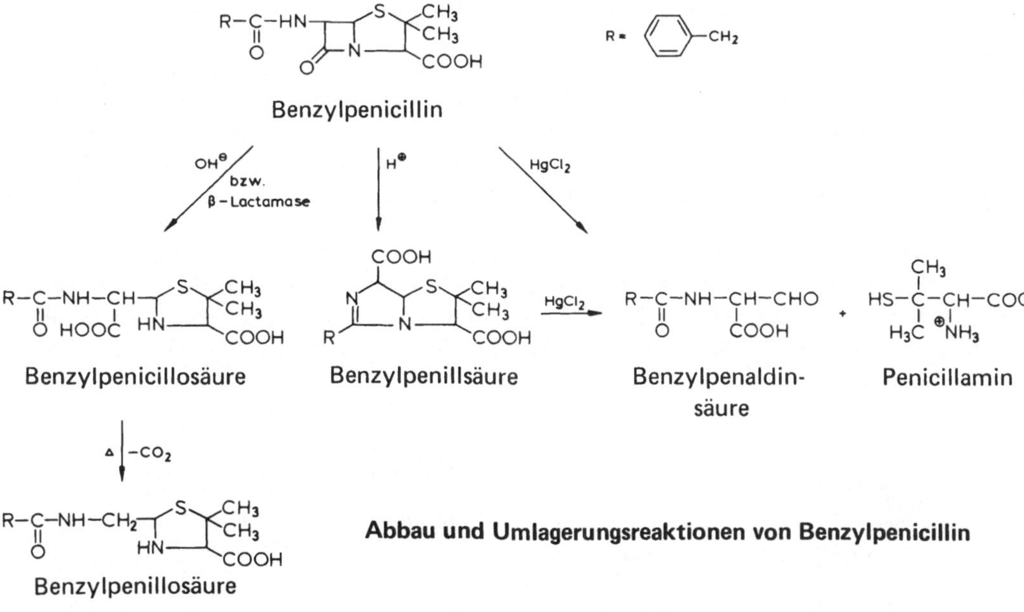

Abbau und Umlagerungsreaktionen von Benzylpenicillin

Als freie Säure ist *Benzylpenicillin* (pK$_a$ ≈ 2,7) schlecht wasserlöslich und instabil, dagegen sind die sehr leicht wasserlöslichen Kalium- und Natrium-Salze in festem Zustand lagerfähig. Zur Bereitung parenteral zu applizierender Lösungen sind Durchstechflaschen mit Trockensubstanz handelsüblich. Das Stabilitätsoptimum liegt im Bereich von pH 6,5 bis 7,5. Rasche Inaktivierung tritt ein bei erhöhten Temperaturen sowie in Gegenwart von Schwermetall-Ionen und Oxidationsmitteln. Alkohole können eine Solvolyse der β-Lactam-Struktur bewirken.

Mit organischen Basen wie *Procain* (vgl. 7.6.3) und dem als H$_1$-Antihistaminikum entwickelten *Clemizol* sowie mit *Benzathin* bildet Benzylpenicillin schwer wasserlösliche Salze, die im Gegensatz zu den Alkalisalzen länger anhaltende Wirkspiegel ermöglichen und als „*Depot-Penicilline*" bezeichnet werden.

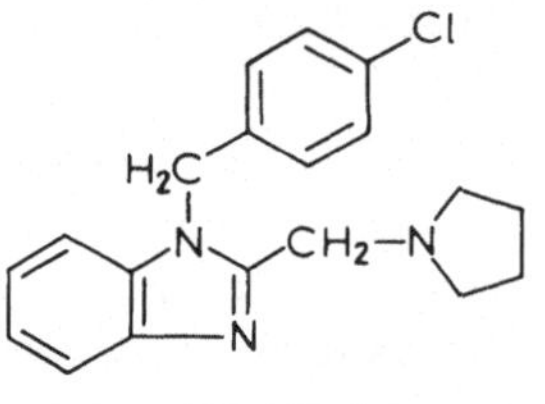

Clemizol 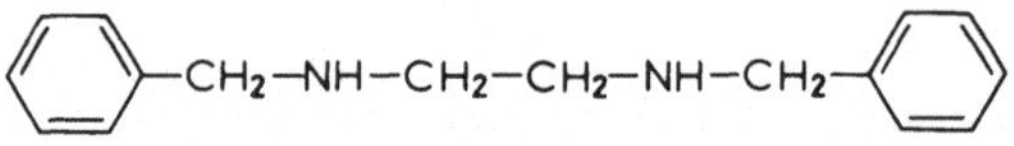   Benzathin

Benzathin-Benzylpenicillin enthält zwei Mol Penicillin pro Mol Benzathin (N,N'-Dibenzyl-ethylendiamin). Handelspräparate, die Depot-Penicilline enthalten, sind Hydracillin$^®$ (Procain-Benzylpenicillin), Megacillin$^®$ (Clemizol-Benzylpenicillin) und Tardocillin$^®$ 1200 (Benzathin-Benzylpenicillin).

Wie Benzylpenicillin werden auch andere Penicilline und Cephalosporine aus Löslichkeits- und Stabilitätsgründen bevorzugt als Alkalisalze eingesetzt. Ausnahmen sind *Phenoxy-methylpenicillin*, das häufig auch als freie Säure zur Anwendung gelangt sowie zwitterionische Substanzen wie das meist als Trihydrat vorliegende *Ampicillin*. Einen Sonderfall stellt *Cefamandol* dar, das als Natrium-Salz amorph und instabil ist. Angewendet wird daher das kristalline Cefamandolnafat-Natrium, in dem die Hydroxyl-Gruppe des Mandelsäure-Restes mit Ameisensäure verestert ist. Beim Zubereiten von Injektionslösungen aus der zusätzlich Natriumhydrogencarbonat enthaltenden handelsüblichen Trockensubstanz wird der labile Ester unter Rückbildung von Cefamandol hydrolysiert.

Biochemische Wirkungen   Das Stützskelett der Bakterienzellwand besteht aus *Murein*, einem heteropolymeren Glycopeptid, dessen Ketten so miteinander verknüpft sind, daß ein dreidimensionales Netzwerk, der *Mureinsacculus* entsteht. Bausteine des Mureins sind *N-Acetylglucosamin* und dessen Milchsäureether, *N-Acetylmuraminsäure*, die in alternierender Folge eine Polysaccharid-Kette bilden.

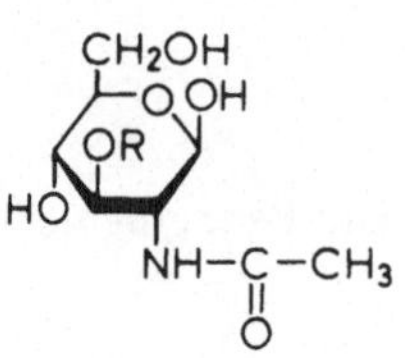

R = H   N-Acetylglucosamin

R = CH—COOH   N-Acetylmuraminsäure (MurNAc)
     |
    CH$_3$

Bei Staphylococcus aureus, einem grampositiven Bakterium, tragen diese Ketten Pentapeptide mit endständigem D-Alanyl-D-alanin-Rest, die über die Lactyl-Gruppe der N-Acetylmuraminsäure gebunden sind. Die einzelnen Glycopeptid-Stränge sind über Pentaglycin-Brücken quervernetzt. Bei der Vernetzung wird D-Alanin abgespalten.

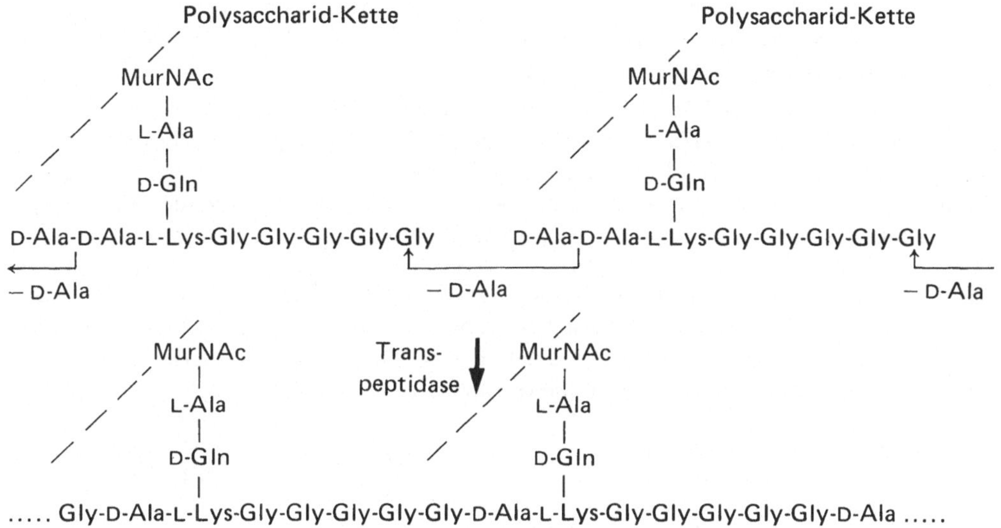

Quervernetzung der Glycopeptid-Ketten bei Staphylococcus aureus

Wie schematisch dargestellt, erfolgt als letzte Stufe der *Murein-Biosynthese* die Verknüpfung eines Pentaglycin-Endes mit dem benachbarten Glycopeptid-Strang. Katalysiert wird die Quervernetzung durch eine *Transpeptidase*. Man nimmt an, daß Benzylpenicillin und andere β-Lactam-Antibiotika aufgrund struktureller Ähnlichkeit zum D-Alanyl-alanin-Rest als falsches Substrat an die Transpeptidase gebunden werden. Bei dieser Acylierungsreaktion wird das Enzym irreversibel geschädigt. Das neugebildete Zellwandmaterial hält aufgrund der fehlenden Quervernetzung dem osmotischen Druck des Zytoplasmas nicht stand. Schließlich erfolgt Zelltod über Plasmolyse. Dieser Mechanismus erklärt die bakterizide Wirkung der β-Lactam-Antibiotika auf proliferierende (im Wachstum begriffene) Keime. Darüberhinaus werden weitere Angriffspunkte der β-Lactam-Antibiotika diskutiert. Auch die *Allergie* auslösenden Mechanismen können auf biochemischer Ebene über die Reaktivität der β-Lactam-Struktur erklärt werden. Den Penicillinen und Cephalosporinen kommt als niedermolekularen Substanzen die Funktion eines Haptens zu, das sich mit nucleophilen Gruppen (Amino- und Hydroxyl-Gruppen) von Biopolymeren in einer Acylierungsreaktion zum Vollantigen verbindet (vgl. 6.2). Durch sekundäre Umwandlung des Haptens können weitere determinante Gruppen entstehen. Polymere Abbauprodukte (z.B. von Benzylpenicillin) werden ebenfalls für allergische Reaktionen verantwortlich gemacht.

Struktur-Wirkungs-Beziehungen Die antibakterielle Aktivität der Penicilline und Cephalosporine ist abhängig vom intakten Penam- bzw. 3-Cephem-System, jedoch findet man auch unter vollsynthetischen Analogen mit abgewandeltem Fünfring wirksame Verbindungen. Öffnung des β-Lactam-Rings führt zu vollständigem Wirkungsverlust. Aufgrund der drei Chiralitätszentren sind bei Penicillinen 8 optische Isomere möglich. Es konnte gezeigt werden, daß nur das natürlich konfigurierte Isomer antimikrobiell aktiv ist. Bei Penicillinen, die ein asymmetrisches C-Atom in der Seitenkette aufweisen, treten zusätzliche Wirkungsunterschiede auf. So ist *Ampicillin,* dessen Seitenkette R-konfiguriert ist, wesentlich aktiver als das entsprechende S-Isomer.

Säure- und β-Lactamase-Festigkeit sind ebenfalls strukturabhängig. Bei Penicillinen bewirkt die Einführung elektronenziehender Gruppen in α-Stellung zur Amid-Gruppierung der Seitenkette i.a. eine Erhöhung der Stabilität gegenüber Säuren (Verhinderung der Penillsäure-Umlagerung). Die Inaktivierung durch β-Lactamasen ist besonders bei solchen Penicillinen erschwert, die sterisch behindernde Acyl-Reste (z. B. *Dicloxacillin*) tragen.

Biotransformation *Benzylpenicillin* wird nach i.m.-Applikation zu 30 bis 60 % in unveränderter Form renal ausgeschieden. Hauptmetabolit ist Benzylpenicillosäure, aus der sekundär durch Angriff an der Amid-Seitenkette Phenylessigsäure abgespalten wird. Deren Konjugation mit Glycin ergibt Phenacetursäure.

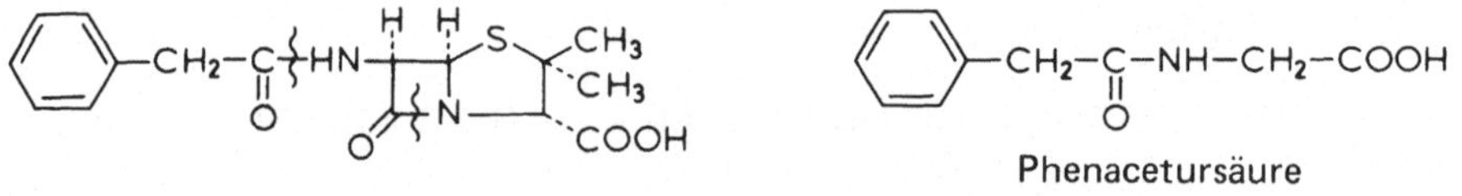

Biotransformation von Benzylpenicillin

Auch bei anderen Penicillinen steht die metabolische Inaktivierung durch Öffnung des β-Lactam-Rings im Vordergrund. *Ampicillin* wird nach oraler Gabe zu etwa 10 %, *Amoxicillin* zu 10 bis 25 % in Form der entsprechenden Penicillosäure eliminiert. Verglichen mit den Penicillinen weist der β-Lactam-Ring der Cephalosporine erhöhte Stabilität gegenüber metabolischem Angriff auf. *Cefalotin* wird zu 60 bis 80 % in unveränderter Form ausgeschieden. Vorherrschende Biotransformationsreaktion ist die Abspaltung des Acetyl-Restes am C-3-Substituenten. Der Metabolit zeigt abgeschwächte antibakterielle Aktivität.

Synthese Für die Gewinnung der β-Lactam-Antibiotika sind mikrobiologische Prozesse von zentraler Bedeutung. Vollsynthetische Wege, die erstmals bereits im Zuge der Konstitutionsermittlung der Penicilline aufgefunden wurden (u.a. du Vigneaud, 1946), sind bislang nicht von praktischem Interesse.

Penicilline

Zur industriellen Produktion natürlich vorkommender Penicilline werden durch Mutation und Selektion gewonnene Hochleistungsstämme, insbesondere von Penicillium chrysogenum, in belüfteten Großtanks in flüssigem Nährmedium gezüchtet (Submers-Verfahren). Die Penicilline werden dabei in die Kulturflüssigkeit abgeschieden. Um eine bevorzugte

Bildung von *Benzylpenicillin* neben möglichst geringen Mengen von „Fremdpenicillinen" zu erreichen, hat sich Maisquellwasser (cornsteep liquor) als Substrat bewährt. Maisquellwasser enthält Phenylessigsäure, die vom Pilz als Baustein (*Prekursor*) für die Seitenkette verwertet wird. Zusätzliche Gabe von Phenylessigsäure zur Nährlösung ermöglicht eine weitere Ausbeutesteigerung.

Zur Isolierung von Benzylpenicillin wird das Mycel abgetrennt und die Kulturflüssigkeit nach Ansäuerung mit Butylacetat oder Amylacetat extrahiert. Dabei geht die freie Säure in die organische Phase über und kann anschließend als Salz ausgefällt werden. Als Fällungsmittel eignet sich N-Ethylpiperidin, das mit Benzylpenicillin schwer lösliche, mit Fremdpenicillinen dagegen leichter lösliche Salze bildet. Anschließend wird in das Natrium- oder Kalium-Salz übergeführt.

Phenoxymethylpenicillin, das kein genuines Pilzprodukt darstellt, wird nach dem Prinzip der „gelenkten" Fermentation durch Zugabe von Phenoxyessigsäure als Seitenkettenvorstufe gewonnen.

Da Penicillium-Arten nur eine begrenzte Anzahl von Prekursoren zu verwerten in der Lage sind, kommt der Darstellung von *6-Aminopenicillansäure*, die auf chemischem Wege leicht acyliert werden kann, besondere Bedeutung zu. 6-APS kann durch streng Prekursor-freie Fermentation erhalten werden (Batchelor, 1959). Wegen zu geringer Ausbeute eignet sich dieses Verfahren jedoch nicht für die industrielle Produktion. Zur technischen Darstellung geht man deshalb von fermentativ gewonnenen Penicillinen aus, deren Seitenkette enzymatisch oder rein chemisch abgespalten wird.

Die enzymatische Hydrolyse der Amid-Bindung der Seitenkette gelingt mit *Penicillin-Amidasen*, die u.a. von E. coli gebildet werden. Zur Durchführung inkubiert man Benzylpenicillin mit einer abgetöteten Zellsuspension. Bei einer neueren Variante wird trägergebundene Penicillin-Amidase eingesetzt, die wiederverwertbar ist.

Zur chemischen Darstellung der 6-APS aus Benzylpenicillin wird die Carboxyl-Gruppe durch Umsetzung mit Dichlordimethylsilan geschützt. Anschließend wird der Silylester mit Phosphorpentachlorid in das Imidchlorid übergeführt. Die Reaktion kann als Austausch des Hydroxyls der enolisierten Amid-Bindung gegen Chlor gedeutet werden.

Durch Umsetzung mit Butanol erhält man unter gleichzeitiger Abspaltung der Carboxyl-Schutzgruppe den entsprechenden Imidoester, der sich ohne Beeinflussung der β-Lactam-Bindung schonend zu 6-APS hydrolysieren läßt.

6-APS

Zur Darstellung partialsynthetischer Penicilline werden in der Regel Säurechloride oder -anhydride als Acylierungsmittel eingesetzt. *Propicillin* erhält man durch Umsetzung von 6-APS mit racemischem α-Phenoxybutyrylchlorid.

Propicillin

Ampicillin kann einerseits in Umkehrung der Penicillin-Amidase-Reaktion aus 6-APS und R-2-Amino-2-phenyl-essigsäure (D-(−)-Phenylglycin) erhalten werden, andererseits sind auch mehrere partialsynthetische Methoden bekannt. So kann D-(−)-Phenylglycin in N-geschützter und C-aktivierter Form mit 6-APS nach dem Prinzip der Synthese eines Dipeptids umgesetzt werden (vgl. 2.1). Dabei dient der Benzyloxycarbonyl (CbO = Carbobenzoxy)-Rest als Schutzgruppe, während die Aktivierung durch Überführung mit Chlorameisensäureethylester/Triethylamin in das gemischte Anhydrid erfolgt. Die Schutzgruppe wird hydrogenolytisch abgespalten.

Ampicillin

Cephalosporine

Zur Gewinnung partialsynthetischer Cephalosporine geht man von *Cephalosporin C* aus, das durch Submerskultur bestimmter Stämme von Cephalosporium acremonium erhalten wird. Das Schlüsselprodukt *7-Aminocephalosporansäure* ist — in Analogie zu 6-APS — durch Hydrolyse des Imidoesters darstellbar. Die therapeutisch verwendeten Verbindungen erhält man durch Acylierung sowie durch Abwandlung an C-3. Da die mikrobiologische Penicillin-Produktion im Vergleich zur Cephalosporin-Gewinnung bessere Ausbeuten liefert, ist eine chemische Umwandlung des Penam- in das 3-Cephem-System von Interesse. Dies gelingt mit der *Sulfoxid-Umlagerung.* Oxidiert man ein geeignetes, an der Carboxyl-Gruppe verestertes Penicillin mit m-Chlorperbenzoesäure zum Sulfoxid und erhitzt dieses in Gegenwart katalytischer Mengen von p-Toluolsulfonsäure, so erhält man in guter Ausbeute das entsprechende Dihydrothiazin-Derivat. Das Verfahren hat insbesondere Bedeutung erlangt für die Darstellung von *Cefalexin* aus Benzylpenicillin.

Sulfoxid-Umlagerung

Ausgangsstoff für die Gewinnung des Cephamycin-Derivates *Cefoxitin* ist das aus einer Streptomyces-Art isolierte *Cephamycin C,* das somit — im Gegensatz zu anderen β-Lactam-Antibiotika — ein bakterielles Stoffwechselprodukt darstellt. Cephamycin C ist wie das natürlich vorkommende Cephalosporin C an der C-7-ständigen Amino-Gruppe mit D-α-Aminoadipinsäure amidiert. Der Austausch gegen den 2-Thienylacetyl-Rest erfolgt durch eine Transacylierungsreaktion.

Analytik Penicilline können durch *Hydroxamsäure-Reaktion* nachgewiesen werden. Versetzt man eine Probe mit Hydroxylammoniumchlorid und Natronlauge, so entsteht unter Aufspaltung des β-Lactam-Rings die entsprechende Hydroxamsäure, die mit $FeCl_3$-Lösung zu einem rotvioletten Komplex reagiert.

Hydroxamsäure-Reaktion

Nach Ph. Eur. (Methoden der Chemie) werden *Ampicillin, Benzylpenicillin* und *Phenoxymethylpenicillin* durch Erhitzen mit Chromotropsäure in Schwefelsäure nachgewiesen (vgl. 5.3). In Abhängigkeit von der Beobachtungszeit bilden die einzelnen Substanzen unterschiedliche Färbungen.

Cefaloridin ergibt nach Ph. Eur. beim Versetzen mit 80 proz. H_2SO_4, die 1 % HNO_3 enthält, eine bläulichgrüne Färbung.

Die *UV-Absorptionsspektroskopie* hat besondere Bedeutung für die Reinheitsprüfung fermentativ gewonnener Penicilline. Während *Benzylpenicillin* ein Absorptionsmaximum bei 264 nm aufweist, zeigt das „Fremdpenicillin" p-Hydroxybenzylpenicillin eine Hauptbande bei 280 nm. Als Chromophore sind der Phenyl- bzw. der Hydroxyphenyl-Rest anzusehen. Die zulässige Höchstmenge von p-Hydroxybenzylpenicillin in Benzylpenicillin-Natrium und -Kalium Ph. Eur. wird über das Verhältnis der Extinktionen in den entsprechenden Maxima festgelegt. Die *Cephalosporine* zeigen ein UV-Maximum bei etwa 240—260 nm, das auf den Chromophor O=C—N—C=C zurückgeführt wird.

Kennzeichnend für das *Infrarot-Spektrum* der Penicilline und Cephalosporine ist die stark ausgeprägte Carbonyl-Bande des β-Lactam-Rings im Bereich um $1\,780\,cm^{-1}$ (KBr), die zur Identifizierung und quantitativen Bestimmung herangezogen werden kann. Aufgrund der Ringspannung ist diese Bande im Vergleich zu einfachen Amiden, deren C=O-Valenzschwingung bei $1\,650\,cm^{-1}$ (KBr) liegt, deutlich zu höheren Frequenzen verschoben.

Ph. Eur. läßt *Benzylpenicillin* nach einer iodometrischen Methode bestimmen, in deren Verlauf zunächst eine alkalische Hydrolyse zu Benzylpenicillosäure erfolgt. Nach Zugabe überschüssiger Iod-Lösung werden pro Mol Penicillin $4\,Mol\,I_2$ verbraucht, anschließend wird mit Thiosulfat zurücktitriert. Ein reproduzierbarer Reaktionsverlauf ist nur bei genauer Einhaltung der Arzneibuchbedingungen gewährleistet. Insbesondere ist aufgrund der pH-Abhängigkeit eine Pufferung erforderlich. Die Methode erfaßt neben Benzylpenicillin auch Fremdpenicilline. Andererseits werden durch den gleichzeitig durchzuführenden Blindwert ohne Alkalihydrolyse — unter diesen Bedingungen erfolgt praktisch kein Iod-Verbrauch — Abbauprodukte getrennt ermittelt. Zur Errechnung des Gehalts ist eine Parallelbestimmung unter Verwendung von Referenzsubstanz vorgeschrieben. Für *Phenoxymethylpenicillin* sieht Ph. Eur. eine analoge iodometrische und zusätzlich eine UV-photometrische Bestimmung vor. Hierzu wird die Probe zunächst mit Natriumhydrogencarbonat in Lösung gebracht und die Extinktion E_1 bei 268 nm gemessen. Nach Säurebehandlung, wobei eventuell vorhandene säurelabile Fremdpenicilline zerstört werden, wird E_2 bei gleicher Wellenlänge ermittelt.

Die Gehaltsbestimmung von *Cefaloridin* nach Ph. Eur. erfolgt iodometrisch entsprechend der für Penicilline beschriebenen Methode.

13.2.2 Tetracycline

Die *Tetracycline* stellen eine Gruppe chemisch eng verwandter Antibiotika dar. Ihr erster Vertreter, das aus Streptomyces aureofaciens (Actinomyceten) isolierte *Chlortetracyclin*, wurde im Rahmen eines Screeningprogramms auf antibiotikabildende Bodenbakterien entdeckt (Duggar, 1948). *Tetracyclin*, das als Prototyp dieser Antibiotika-Gruppe zu betrachten ist, wurde zunächst durch Hydrogenolyse von Chlortetracyclin erhalten. Heute gewinnt man es auf fermentativem Weg unter Verwendung chloridarmer Nährmedien.

Der Stoffklasse der Tetracycline liegt das *Octahydronaphthacen-Ringsystem* zugrunde, das eine Dimethylamino- und eine Carboxamid-Gruppe trägt und in charakteristischer Weise mit Sauerstoff-Funktionen (alkoholische, enolische und phenolische Hydroxyl-Gruppen, Oxo-Sauerstoff) substituiert ist. Die auffällige Häufung der Sauerstoff-Funktionen wird verständlich, wenn man berücksichtigt, daß das Molekül biogenetisch aus Acetat-Einheiten aufgebaut wird. Tetracyclin besitzt 5 Asymmetriezentren, deren absolute Konfiguration bekannt ist. Die Abklärung der Stereochemie erfolgte durch Röntgenstrukturanalyse, die durch weitere physikalische Methoden (NMR, Circulardichroismus) ergänzt wurde. Totalsynthesen stammen von Woodward et al. (1962) sowie Muxfeldt und Rogalski (1965).

Neuere Tetracycline (z.B. *Doxycyclin, Minocyclin*) werden durch partialsynthetische Abwandlung fermentativ gewonnener Ausgangsstoffe erhalten. Sie unterscheiden sich hauptsächlich in ihrer Pharmakokinetik (bessere Resorption, längere Halbwertzeit) von älteren Vertretern.

Tetracycline					
Freiname (Handelsname)	R^1	R^2	R^3	R^4	R^5
Chlortetracyclin* (Aureomycin®)	Cl	CH_3	OH	H	H
Tetracyclin* (Achromycin®, Hostacyclin®, Supramycin®)	H	CH_3	OH	H	H
Rolitetracyclin** (Reverin®)	H	CH_3	OH	H	$CH_2-N\!\!<$ (Pyrrolidin)
Demeclocyclin* (Ledermycin®)	Cl	H	OH	H	H
Doxycyclin** (Vibramycin®, Vibravenös®)	H	CH_3	H	OH	H
Minocyclin** (Klinomycin®)	$N(CH_3)_2$	H	H	H	H

Reihenfolge nach Zeitpunkt der Entdeckung
* Gewinnung mikrobiologisch   ** Partialsynthetika

Pharmakologie Die *Tetracycline sind Breitspektrumantibiotika* mit weitgehend identischem Wirkungsspektrum. Es umfaßt eine Vielzahl grampositiver und gramnegativer Bakterien einschließlich bakterieller Sonderformen wie Mycoplasmen und Rickettsien. Eine Lücke besteht bei Problemkeimen wie Proteus vulgaris und Pseudomonas aeruginosa. Der Wirkungstyp ist bakteriostatisch. Obgleich die Zahl resistenter Stämme insgesamt zunimmt, erfolgt die Resistenzentwicklung unter der Therapie langsam. Typische Indikationen sind die orale Langzeittherapie von Mischinfektionen der Atemwege sowie Gallenwegsinfektionen. Häufigste Nebenwirkung der Tetracycline sind Magen-Darm-Störungen (Erbrechen, Durchfälle), die sowohl durch Veränderung der physiologischen Darmflora als auch durch direkte Schleimhautreizung bedingt sein können. Bei Überdosierung und Ausscheidungsstörungen kann es zu Leberschädigungen kommen. Die Gefahr des Auftretens von Photodermatosen besteht insbesondere bei Demeclocyclin. Tetracycline können sich in Knochen und Zähnen als Calciumphosphat-Komplex ablagern. Werden sie während der Mineralisationsperiode des Milchgebisses (ab 5. Schwangerschaftsmonat) oder des zweiten Gebisses verabreicht, so besteht die Gefahr einer *irreversiblen Gelb-*

färbung der Zähne. Da Tetracycline mit zwei- und mehrwertigen Kationen schwer resorbierbare Komplexe bilden, sollten sie nicht zusammen mit Antacida oder Eisen-Präparaten verabreicht werden.

Für die orale Therapie wird *Doxycyclin* wegen weitgehend vollständiger Resorption und günstiger Halbwertzeit, die eine einmalige Applikation pro Tag erlaubt, bevorzugt. Die renale Elimination von Doxycyclin ist aufgrund einer hohen tubulären Rückresorption gegenüber anderen Tetracyclinen sehr niedrig, so daß es auch bei eingeschränkter Nierenfunktion gegeben werden kann. Doxycyclin wird vor allem in konjugierter Form biliär ausgeschieden.

Biochemische Wirkungen *Tetracycline* sind *Hemmstoffe der Protein-Biosynthese* (Translation). Dieser an den Ribosomen sich abspielende Prozeß kann in Kettenstart (*Initiation*), Kettenverlängerung (*Elongation*) und Kettenschluß (*Termination*) unterteilt werden. In der Elongationsphase erfolgt der sukzessive Einbau der einzelnen Aminosäuren in die wachsende Kette. Die an die entsprechende transfer-RNA gebundenen Aminosäuren (Aminoacyl-t-RNA) heften sich zunächst an die ribosomale Akzeptorstelle und werden nachfolgend auf die Kette umacyliert. Tetracycline wirken bakteriostatisch, indem sie die Anlagerung der Aminoacyl-t-RNA an die Akzeptorstelle verhindern. Grundsätzlich kann auch die menschliche Protein-Biosynthese gehemmt werden. Hierfür sind jedoch wesentlich höhere Konzentrationen erforderlich.

Eigenschaften *Tetracycline* sind gelbe, kristalline Substanzen, die im physiologischen pH-Bereich in der Regel wenig wasserlöslich sind. Ihrem amphoteren Charakter entsprechend bilden sie mit Säuren und Basen Salze.

Die aciden Eigenschaften sind der enolischen Hydroxyl-Gruppe an C-3 (als Teil einer vinylogen Carbonsäure-Gruppierung) sowie dem „Phenol-diketon"-Strukturelement (C-10 bis C-12) zuzuschreiben, während die Dimethylamino-Gruppe die basischen Eigenschaften bedingt. Die pK_a-Werte für Tetracyclinhydrochlorid liegen bei 3,3 (OH-Gruppe an C-3), 7,7 (Phenol-diketon-Struktur) und 9,7 (Dimethylammonium-Gruppe). Der isoelektrische Punkt beträgt 4,8. Im schwach sauren Bereich liegt Tetracyclin demnach weitgehend als Zwitterion mit deprotonierter OH-Gruppe an C-3 und protonierter Dimethylamino-Gruppe vor.

Therapeutisch eingesetzt werden die Tetracycline als wasserlösliche, stark sauer reagierende Hydrochloride, die infolge Hydrolyse zum Ausfällen neigen. Eine Sonderstellung nimmt das Pyrrolidinomethyl-Derivat *Rolitetracyclin* ein, das bei physiologischem pH sehr hohe Wasserlöslichkeit aufweist.

Die Anordnung der Hydroxyl- und Carbonyl-Gruppen in den Tetracyclinen ermöglicht die Ausbildung intramolekularer Wasserstoffbrücken. Damit in Zusammenhang stehen *komplexierende Eigenschaften.* Das Phenol-diketon-System vermag zwei- und mehrwertige Kationen (z.B. $Fe^{2\oplus}$, $Mg^{2\oplus}$, $Ca^{2\oplus}$, $Al^{3\oplus}$) zu chelatisieren. Ein weiteres Kation kann von der Dimethylamino-Gruppe und der dazu cis-ständigen 12a-Hydroxyl-Gruppe gebunden werden. Die stabilen Chelatkomplexe sind in der Regel in Wasser praktisch unlöslich. Mit Anionen (z.B. Phosphat oder Citrat) und mit Neutralstoffen (z.B. Coffein, Polyvinylpyrrolidon) bilden Tetracycline schwache Komplexe mit erhöhter Löslichkeit. Dieser Effekt wird bei der Bereitung parenteral zu applizierender Präparate ausgenutzt.

So enthält Vibravenös® (ein Doxycyclin-Präparat) Polyvinylpyrrolidon als Lösungsvermittler.

Während die Tetracycline im festen Zustand unter Ausschluß von Feuchtigkeit und Licht stabil sind, unterliegen wäßrige Lösungen in Abhängigkeit von den jeweiligen Bedingungen unterschiedlichen chemischen Umwandlungen, wobei abgeschwächt wirksame oder antibiotisch unwirksame Verbindungen resultieren.

Epimerisierung an C-4 tritt bevorzugt im pH-Bereich zwischen 2 und 6 auf und führt zu einem reversiblen Gleichgewicht, das — je nach Zusammensetzung der Lösung — meist zur Epi-Form hin verschoben ist.

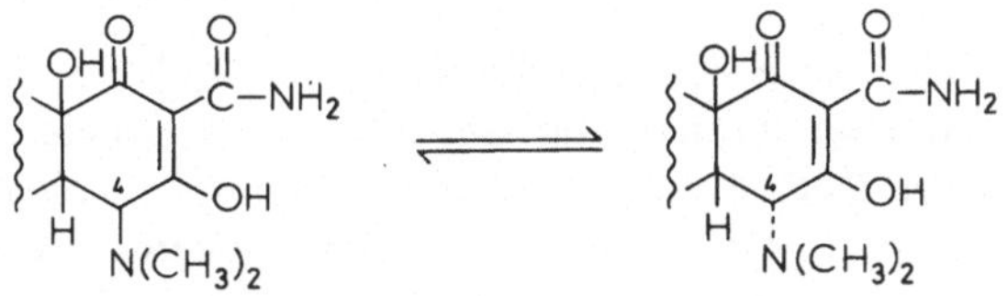

Tetracycline   Epi-Tetracycline

Bei pH $\leq$ 2 spalten Tetracycline mit C-6-ständigem Hydroxyl Wasser ab. Unter Aromatisierung bilden sich dabei *Anhydro-Tetracycline*.

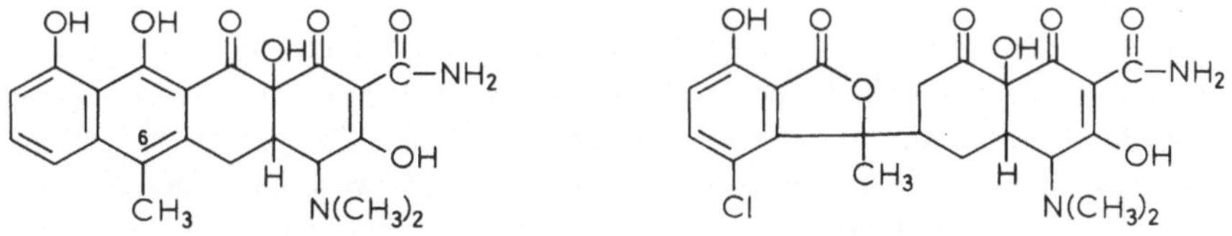

Anhydro-Tetracyclin   Iso-Chlortetracyclin

Insbesondere *Chlortetracyclin* ist alkalilabil. Als Zersetzungsprodukt entsteht unter Ringöffnung und anschließender Lactonisierung der intermediär gebildeten Carboxyl-Gruppe mit dem Hydroxyl an C-6 *Iso-Chlortetracyclin*.

Darstellung Die therapeutisch gebräuchlichen *Tetracycline* werden mikrobiologisch aus Kulturfiltraten von Streptomyces-Arten oder durch Partialsynthese gewonnen. Die Darstellung von *Rolitetracyclin* geht von Tetracyclin aus, das mit Paraformaldehyd und Pyrrolidin aminomethyliert wird.

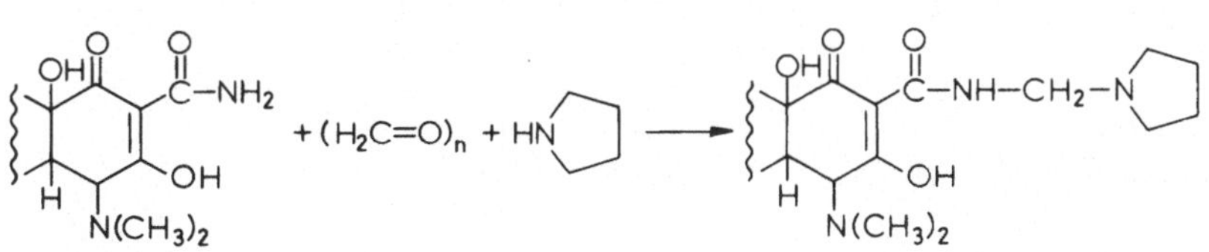

Tetracyclin   Rolitetracyclin

In wäßriger Lösung erfolgt allmählicher Zerfall in die Ausgangskomponenten bis zu einem Gleichgewicht.

Analytik Die in Ph. Eur. beschriebenen *Tetracycline* (Chlortetracyclinhydrochlorid, Oxytetracyclindihydrat und -hydrochlorid, Demeclocyclinhydrochlorid, Tetracyclinhydrochlorid) werden u.a. dünnschichtchromatographisch identifiziert, wobei Referenzsubstanzen (CRS) mitzuführen sind. Weiterhin wird eine Farbreaktion mit Schwefelsäure angegeben, die eine Differenzierung der einzelnen Antibiotika erlaubt.

Tetracycline kuppeln als Phenole mit diazotierter Sulfanilsäure im alkalischen Medium unter Bildung von Azofarbstoffen. Diese Reaktion wurde von DAB 7 zum Nachweis von Tetracyclinhydrochlorid herangezogen.

Zur Charakterisierung der Tetracycline eignen sich auch die bandenreichen UV-Spektren. Im Octahydronaphthacen-Körper sind zwei chromophore Bereiche zu unterscheiden: das gekreuzt konjugierte System der Ringe D, C, B und der Ring A-Chromophor, die durch das sp^3-hybridisierte Kohlenstoff-Atom 12a getrennt werden. Eine weitere, analytisch verwertbare Eigenschaft der Tetracycline ist ihre Fluoreszenz, die durch Komplexbildung mit Kationen verstärkt wird. Hierauf basieren Methoden zur quantitativen Bestimmung in Arzneistoffen und in biologischem Material.

13.2.3 Chloramphenicol und Derivate

Burkholder isolierte 1947 einen antibiotikabildenden Streptomyces-Stamm (S. venezuelae), aus dessen Kulturfiltraten ein Jahr später kristallines Chloramphenicol gewonnen werden konnte. *Chloramphenicol,* D-(−)-threo-2-Dichloracetamido-1-(4-nitrophenyl)-1,3-propandiol, ist ein substituierter Phenyl-propan-Körper. Der Nachweis der threo-Konfiguration (vgl. 7.2.2) gelang durch Überführung in die strukturell verwandte Norpseudoephedrin-Reihe. Die absolute Konfiguration der beiden Chiralitätszentren ist 1 R, 2 R. Chloramphenicol enthält zwei für Naturstoffe ungewöhnliche Strukturelemente: eine aromatische Nitro-Gruppe und einen Dichloracetyl-Rest. Es ist nachfolgend in Fischer-Projektion wiedergegeben.

Chloramphenicol
(Paraxin® u.a.)

Azidamfenicol
(Leukomycin®-N)

Therapeutisch angewendet werden auch Derivate, in denen die C-3-ständige Hydroxyl-Gruppe verestert vorliegt. Dazu zählen u.a. *Chloramphenicol-palmitat* (Palmitinsäure = $C_{15}H_{31}COOH$) und *Chloramphenicol-hemisuccinat-Natrium* (das Na-Salz des Bernsteinsäurehalbesters). Trotz umfangreicher Studien über Struktur-Wirkungs-Beziehungen in der Chloramphenicol-Reihe konnten keine Analogen aufgefunden werden, die der Ausgangssubstanz grundsätzlich überlegen wären. *Azidamfenicol*, das einen Azidoessigsäure-Rest enthält, wird nur lokal in Form wäßriger Augentropfen eingesetzt.

Pharmakologie *Chloramphenicol* ist ein Breitspektrumantibiotikum vom bakteriostatischen Wirkungstyp. Das Wirkungsspektrum deckt sich weitgehend mit dem der Tetracycline. Hervorzuheben sind die ausgeprägte Aktivität gegen Salmonellen (hierzu zählen die Erreger von Typhus und Paratyphus) und die gute Gewebediffusion. So können therapeutische Konzentrationen auch im Liquor cerebrospinalis erreicht werden.

Trotz dieser positiven Eigenschaften sollte Chloramphenicol nur angewendet werden, wenn durch andere Antibiotika kein entsprechender Therapieerfolg zu erwarten ist. Unter den Nebenwirkungen, die zu einer Einschränkung der früher sehr verbreiteten Anwendung geführt haben, sind vor allem Schädigungen des blutbildenden Systems zu nennen. Gefährlichste Komplikation ist die Möglichkeit des Auftretens einer irreversiblen Panzytopenie (Verringerung sämtlicher Blutzellen) bzw. einer aplastischen Anämie mit letalem Ausgang. „Gray-Syndrom" vgl. Biotransformation.

Biochemische Wirkungen *Chloramphenicol*, das nur in der D-(−)-threo-Form antibiotisch wirksam ist, interferiert mit der bakteriellen Protein-Biosynthese. Der Eingriff erfolgt in der Elongationsphase (vgl. 13.2.2). Man nimmt an, daß Chloramphenicol nach Anheftung an die ribosomale 50 S-Untereinheit die Peptidverknüpfung durch Hemmung der Aminoacyl-t-RNA-Synthetase (Peptidyltransferase) blockiert.

Eigenschaften Die Substanz zählt zu den stabilsten Antibiotika. Wäßrige Lösungen zeigen bei pH 6 die geringste Zersetzungstendenz. Im Alkalischen erfolgt rasche Verseifung der Amid-Bindung.

Im Gegensatz zum wenig wasserlöslichen *Chloramphenicol* eignen sich als Alkalisalze vorliegende Ester wie das Hemisuccinat zur Bereitung wäßriger Arzneiformen. Ester höherer Fettsäuren (z.B. Chloramphenicolpalmitat) besitzen nicht den für Chloramphenicol charakteristischen bitteren Geschmack.

Biotransformation *Chloramphenicol* wird rasch und annähernd vollständig aus dem Gastrointestinaltrakt resorbiert. Daher steht perorale Applikation im Vordergrund. Ester wie das Palmitat werden bereits vor Resorption enzymatisch gespalten. Hauptmetabolit des Chloramphenicols ist das antibiotisch unwirksame *Glucuronid*, das in der Leber gebildet und tubulär sezerniert wird. Ein geringerer Teil wird in unveränderter Form glomerulär filtriert. Da bei Früh- und Neugeborenen die Stoffwechselleistungen der Leber noch nicht ausgereift sind (verminderte UDP-Glucuronosyl-Transferase-Aktivität; vgl. 4.2), kann es zur Kumulation kommen. Die hiermit verbundenen toxischen Erscheinungen (Gray-Syndrom) äußern sich u.a. in grauer Hautverfärbung, gastrointestinalen Störungen und schwer beherrschbarem Kreislaufkollaps. Im Vergleich zur Glucuronidierung sind weitere Biotransformationsreaktionen (Reduktion der Nitro-Gruppe zum Amin, Hydrolyse der Amid-Bindung) von untergeordneter Bedeutung.

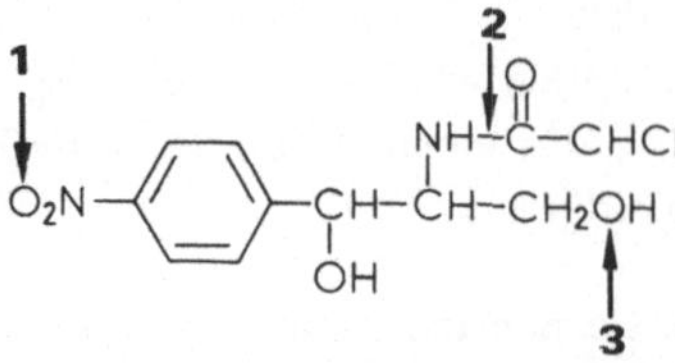

1 = Reduktion der Nitro-Gruppe
2 = Hydrolyse der Amid-Bindung
3 = Glucuronidierung

Biotransformation von Chloramphenicol

Synthese *Chloramphenicol* gehört zu den wenigen Antibiotika, die ausschließlich synthetisch dargestellt werden. Eine der industriellen Synthesen geht von Zimtalkohol aus, der mit HOBr (als Bromwasser) in das Bromhydrin übergeführt und anschließend mit Aceton zum zyklischen Ketal kondensiert wird. Der Austausch des Halogens gegen die Amino-Gruppe erfolgt ammonolytisch bei 145 °C und 55 bar. Nach Racemattrennung des als (±)-threo-Form vorliegenden Zwischenproduktes wird die Dichloracetyl-Gruppe in das D-(–)-threo-Enantiomer eingeführt. Bei der Umsetzung mit HNO_3/H_2SO_4 wird der Aromat in p-Stellung nitriert und die Ketal-Struktur hydrolytisch gespalten unter anschließender Veresterung der entstehenden Hydroxyl-Gruppen. Reduktive Verseifung – hierbei bildet sich Salpetrige Säure, die z.B. mit Harnstoff zerstört wird – liefert schließlich Chloramphenicol.

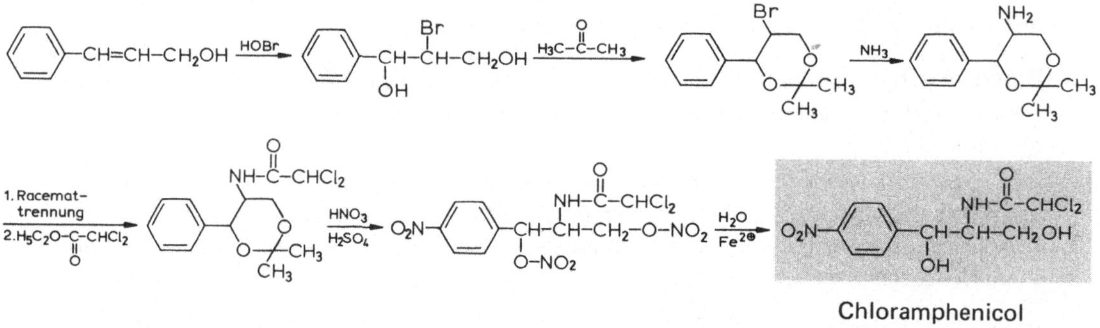

Chloramphenicol

Analytik Als aromatische Nitro-Verbindung kann *Chloramphenicol* durch Reduktion mit Zinkstaub/Schwefelsäure in das Amin übergeführt werden. Nach Diazotierung und Kupplung mit 2-Naphthol entsteht ein roter Azofarbstoff (Ph. Eur.).

Wird in Gegenwart von Phenol und Natriumhydroxid zum Sieden erhitzt, färbt sich die Lösung braunrot. Auf anschließende Zugabe von Wasser schlägt die Farbe nach Dunkelgrün um.

13.2.4 Aminoglykosid-Antibiotika

Grundbausteine der *Aminoglykosid-Antibiotika* sind Monosaccharide, Aminomonosaccharide (Aminozucker) sowie basisch substituierte Cyclite (Cyclohexan-Derivate mit mindestens drei Hydroxyl-Gruppen). Die einzelnen Komponenten sind glykosidisch miteinander verknüpft. Es können mehrere Gruppen untereinander eng verwandter Aminoglykoside differenziert werden. Die wichtigsten sind die

- *Streptomycin-Gruppe*
- *Neomycin-Paromomycin-Gruppe*
- *Kanamycin-Gentamicin-Gruppe*.

Streptomycin — zur Unterscheidung von anderen Streptomycinen auch *Streptomycin A* genannt — war das erste aus einer Streptomyces-Art gewonnene Antibiotikum. Es wurde 1944 von Waksman und Mitarb. aus Streptomyces griseus, einem zu den Actinomyceten zählenden Bodenbakterium isoliert. Die Gattung Streptomyces erwies sich in der Folgezeit als wertvolle Quelle zur Auffindung neuer Antibiotika.

NH—C—NH₂
NH
H₂N—C—HN
NH
OH
HO
OH
Streptidin
O
CHO
α
L-Streptose
H₃C
HO
HO
O
O
CH₂OH
H₃CHN
α
N-Methyl-L-2-glucosamin
Streptobiosamin
OH

Streptomycin A
(Streptothenat® u.a.)

Aglykon des Streptomycins ist *Streptidin*, ein all-trans-konfiguriertes 1,3-Diguanidino-2,4,5,6-tetrahydroxy-cyclohexan. Die Substituenten am Cyclohexan-Ring sind in äquatorialer Stellung (alternierend oberhalb und unterhalb der Ringebene) angeordnet. Streptidin leitet sich von *Streptamin* ab, das zwei Amino-Gruppen anstelle der Guanidino-Gruppen aufweist. Die beiden das Disaccharid *Streptobiosamin* bildenden Zuckerkomponenten — die *furanoide Streptose* und *N-Methyl-2-glucosamin* — gehören der in der Natur selten vorkommenden L-Reihe an und sind α-glykosidisch verknüpft. Die Bindung zum Aglykon ist ebenfalls α-glykosidisch. (In Haworth-Formeln von Zuckern der L-Reihe liegt die α-ständige Hydroxyl-Gruppe an C-1 oberhalb der Ringebene.)

Die Streptose wird üblicherweise mit freier Aldehyd-Gruppe an C-3 formuliert. Da im IR-Spektrum keine entsprechende Carbonyl-Bande und im ^{1}H-NMR-Spektrum kein Aldehydproton-Signal gefunden werden, ist davon auszugehen, daß die Aldehyd-Gruppe in maskierter Form vorliegt. Nach neueren NMR-Untersuchungen soll Streptomycin in wäßriger Lösung bevorzugt ein Aldehydhydrat ausbilden; weiterhin wird die Bildung innerer Halbacetale diskutiert.

Aus der Streptomycin-Gruppe hat nur Streptomycin A therapeutische Bedeutung.

Neomycin-Paromomycin-Gruppe		
2-Desoxy-streptamin — 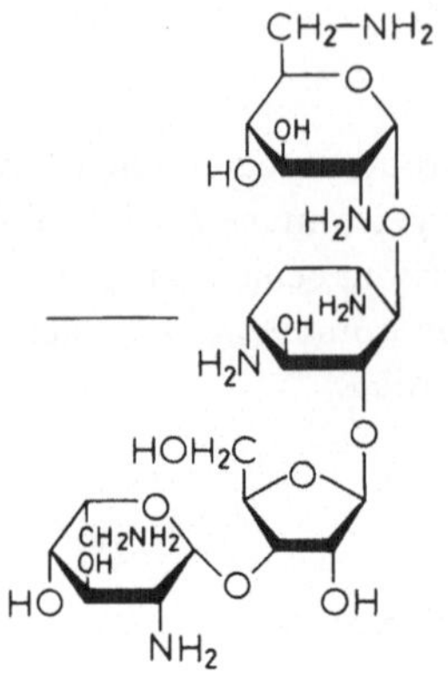 **Neomycin B**	Gruppe	Freiname (Handelsname)
	Neomycine	Neomycin (Bykomycin®, Bestandteil von Nebacetin®) Neomycin B (Framycetin „Göttingen")
	Paromomycine	Paromomycin (Humatin®)

Zentraler Baustein der Antibiotika der *Neomycin-Paromomycin-Gruppe* ist das *2-Desoxy-streptamin*, das als Aglykon mit einem Mono- und einem Disaccharid-Teil verbunden ist. Handelsübliches *Neomycin* (Neomycinsulfat Ph. Eur.) ist ein Gemisch verschiedener, aus Kulturen von Streptomyces fradiae gewonnener Neomycine, das als Hauptbestandteil *Neomycin B* enthält. Reines Neomycin B wird auch als *Framycetin* bezeichnet. Das den Neomycinen eng verwandte *Paromomycin* wird aus Kulturen von Streptomyces rimosus gewonnen und enthält als Hauptkomponente *Paromomycin I*.

Kanamycin-Gentamicin-Gruppe		
2-Desoxy-streptamin — 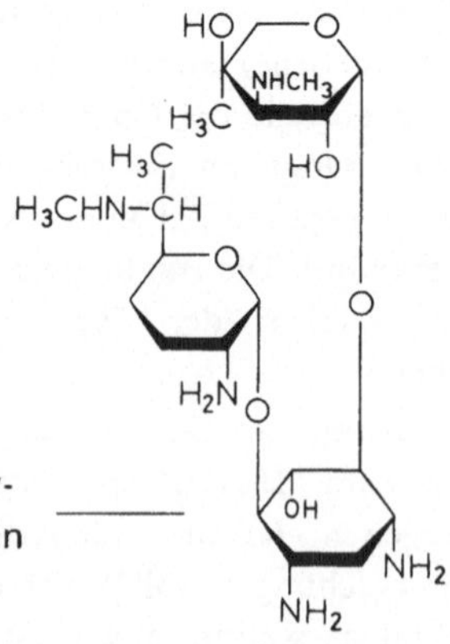 **Gentamicin C_1**	Gruppe	Freiname (Handelsname)
	Kanamycine und Analoge	Kanamycin (Kanamytrex®) Tobramycin (Gernebcin®) Amikacin (Biklin®)
	Gentamicine und Analoge	Gentamicin (Refobacin®, Sulmycin®) Sisomicin (Extramycin®, Pathomycin®)

Die Antibiotika der *Kanamycin-Gentamicin-Gruppe* besitzen als Aglykon ebenfalls *2-Desoxystreptamin,* das hier jedoch nur mit zwei Monosaccharid-Bausteinen verknüpft ist. *Kanamycin* (aus Streptomyces kanamyceticus) und das für die Therapie wesentlich bedeutsamere *Gentamicin* sind Antibiotika-Komplexe. Therapeutisch verwendetes Gentamicin besteht aus den Komponenten C_1 und C_{1a} (ca. 70 %) sowie C_2 (ca. 30 %). Von den neueren Aminoglykosiden, die als Einzelstoffe vorliegen, sind *Tobramycin* und das partialsynthetische *Amikacin* in chemischer Hinsicht dem Kanamycin verwandt, während *Sisomicin* sich lediglich durch eine Doppelbindung von Gentamicin C_{1a} unterscheidet. Gentamicin und Sisomicin werden aus Kulturen von Micromonospora-Arten gewonnen.

Pharmakologie *Streptomycin* zeichnet sich durch ein breites Wirkungsspektrum, insbesondere im gramnegativen Bereich, aus. Man betrachtete es daher zunächst als geeignete Ergänzung zu Benzylpenicillin, mit dem es auch häufig kombiniert wurde. Aufgrund der Nebenwirkungen und der Resistenzentwicklung ist Streptomycin heute speziellen Indikationen vorbehalten. Hierzu zählt als wichtigstes Gebiet die Therapie der *Tuberkulose.*

Wegen seiner hohen Toxizität bei systemischer Anwendung kommt *Neomycin* vor allem für eine lokale Therapie in Betracht. In Form äußerlich anzuwendender Präparate wird es bei Haut- und Schleimhautinfektionen eingesetzt. *Paromomycin,* das wie alle Aminoglykosid-Antibiotika bei peroraler Applikation nur zu sehr geringem Teil resorbiert wird, kann bei bestimmten Darminfektionen (Enterokolitis und Amöbenruhr, vgl. 13.4.3) eingesetzt werden. *Kanamycin* wird heute nur noch äußerlich (Haut, Auge) angewendet.

Gentamicin ist Prototyp einer Gruppe von Aminoglykosiden mit sehr breitem Wirkungsspektrum. Hauptindikation für diese Antibiotika stellen schwere Harnwegsinfektionen und schwere Allgemeininfektionen mit gramnegativen Problemkeimen dar. Solche Allgemeininfektionen treten vor allem bei hospitalisierten Patienten auf. Als besonders wirksam hat sich die Kombination mit β-Lactam-Antibiotika (insbesondere „Pseudomonas-Penicilline"), die zu einem antibakteriellen Synergismus führt, erwiesen. *Tobramycin* und *Sisomicin* können näherungsweise wie Gentamicin eingestuft werden. *Amikacin,* das gegen bakterielle Inaktivierung widerstandsfähiger ist als andere dem Gentamicin vergleichbare Aminoglykoside, gilt als Reserve-Antibiotikum.

Kennzeichnend für die gesamte Gruppe der Aminoglykosid-Antibiotika ist das breite, vor allem gramnegative Keime umfassende Wirkungsspektrum und der bakterizide Wirkungstyp. Die sehr geringe Resorbierbarkeit nach peroraler Gabe macht eine parenterale Applikation erforderlich. Die Anwendung der Aminoglykoside wird durch schwerwiegende Nebenwirkungen eingeschränkt. Durch Schädigung des 8. Hirnnervs kann es zu Gleichgewichtsstörungen sowie zu irreversiblen Hörschäden kommen (*Ototoxizität*). Das Auftreten dieser *neurotoxischen Nebenwirkungen* ist von Dosierung und Behandlungsdauer abhängig. Weiterhin zeigen Aminoglykoside in höherer Dosierung *nephrotoxische Nebenwirkungen. Allergische Reaktionen* kommen bei Streptomycin, nicht aber bei Gentamicin, relativ häufig vor. Für Streptomycin ist eine rasche, nach dem Einschrittmechanismus erfolgende Resistenzentwicklung charakteristisch. Dagegen ist die Ausbildung einer Resistenz unter Gentamicin-Therapie selten. Die Resistenz gramnegativer Bakterien gegenüber Aminoglykosiden kann auf enzymatischer Inaktivierung beruhen. Als Inaktivierungsreaktionen kommen die Acetylierung von Amino-Gruppen sowie Adenylierung und Phosphorylierung von Hydroxyl-Gruppen in Betracht.

Biochemische Wirkungen *Aminoglykosid-Antibiotika* hemmen die bakterielle Protein-Biosynthese. Die meisten Untersuchungen wurden am Beispiel von *Streptomycin* durchgeführt. Man geht jedoch davon aus, daß der Wirkungsmechanismus bei den anderen Aminoglykosiden grundsätzlich gleich ist. Die Anlagerung des Antibiotikums an das Bakterienribosom verursacht Ablesefehler bei der Translation, so daß falsche Enzym- und Strukturproteine („Nonsense"-Proteine), die zu irreversiblen Zellschäden führen, gebildet werden.

Eigenschaften Ihrer Verwandtschaft zu den Oligosacchariden entsprechend, sind Aminoglykoside hydrophile Substanzen, die auch als freie Basen wasserlöslich sind. *Streptomycin* besitzt drei basische Zentren: zwei stark basische Guanidino-Gruppen und eine schwächer basische N-Methylamino-Gruppe. Therapeutisch eingesetzt wird das gut wasserlösliche Sulfat, das gegenüber der freien Base stabiler ist. Wäßrige Lösungen zeigen zwischen pH 4,5 und pH 7 die geringste Zersetzungstendenz. Die saure Hydrolyse liefert Streptidin und Streptobiosamin. Durch katalytische Hydrierung kommt man zu *Dihydrostreptomycin*, das anstelle der (maskierten) Aldehyd-Gruppe eine Hydroxymethyl-Gruppe trägt. Dihydrostreptomycin ist als Alkohol stabiler als die Ausgangsverbindung. Es sollte jedoch aufgrund seiner stärkeren Ototoxizität therapeutisch nicht verwendet werden.

Analytik Beim Erhitzen mit 1-normaler Natronlauge bildet sich aus dem Streptose-Baustein des *Streptomycins* 3-Hydroxy-2-methyl-γ-pyron (*Maltol*), das als Enol mit $FeCl_3$-Lösung eine intensive Violettfärbung entwickelt. Ph. Eur. zieht die Maltol-Reaktion sowohl zur Identitätsprüfung als auch zur photometrischen Gehaltsbestimmung heran.

Maltol

Mit 1-Naphthol und Natriumhypochlorit-Lösung entsteht Rotfärbung (Ph. Eur.). Der als *Sakaguchi-Reaktion* bekannte Nachweis ist charakteristisch für Guanidine (vgl. auch Guanethidin, 8.5.2).

13.2.5 Weitere Antibiotika

Spectinomycin

Dieses aus dem Kulturfiltrat von Streptomyces spectabilis isolierte trizyklische Antibiotikum, dessen Ring A sich von einem Epimer des Streptamins ableitet, wird bisweilen den Aminoglykosiden zugerechnet. Auch hinsichtlich des Wirkungsmechanismus bestehen Ähnlichkeiten zu dieser Gruppe; dagegen ist der Wirkungstyp bakteriostatisch.

Spectinomycin
(Stanilo®)

Spectinomycin verfügt über ein breites Wirkungsspektrum. Therapeutisch relevant ist jedoch nur die Wirkung gegen Gonokokken. Spectinomycin stellt somit eine Alternative zu Benzylpenicillin bei der Behandlung der Gonorrhoe dar. Die Anwendung erfolgt durch einmalige intramuskuläre Injektion.

Lincomycin-Gruppe

Baustein des *Lincomycins* sind trans-1-Methyl-4-propyl-L-prolin und das α-Methylthioglykosid der Aminooctose *Lincosamin*, die über eine Amid-Bindung verknüpft sind. Im partialsynthetischen *Clindamycin* ist das Hydroxyl an C-7 unter Inversion der Konfiguration gegen Chlor ausgetauscht.

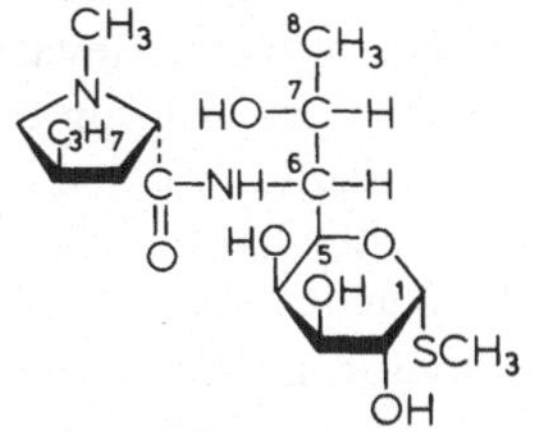

Lincomycin
(Albiotic®, Cillimycin®)

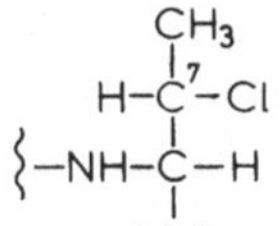

Clindamycin
(Sobelin®)

Das Wirkungsspektrum beider Antibiotika umfaßt vor allem grampositive Keime sowie gramnegative Anaerobier. Hauptanwendungsgebiete der oral und parenteral applizierbaren Substanzen sind durch Staphylokokken und Anaerobier verursachte Infektionen, die gegen β-Lactam-Antibiotika oder Erythromycin resistent sind.

Makrolide

Die Antibiotika dieser Gruppe sind durch einen 12- bis 16-gliedrigen, makrozyklischen Lacton-Ring, der mit einem oder zwei Aminozuckern glykosidisch verbunden ist, charakterisiert. Als weiterer Baustein kann ein Neutralzucker, der entweder direkt mit dem Lacton-Ring oder über einen Aminozucker verknüpft ist, im Molekül vorhanden sein. Wichtigstes Makrolid ist *Erythromycin* (Erythromycin A), dessen als *Erythronolid* bezeichneter Lacton-Ring biogenetisch aus Propionat-Einheiten aufgebaut wird. Erythromycin enthält als Aminozucker D-*Desosamin* und als Neutralzucker L-*Cladinose*. Zu den Makroliden zählt auch der Antibiotika-Komplex *Spiramycin*.

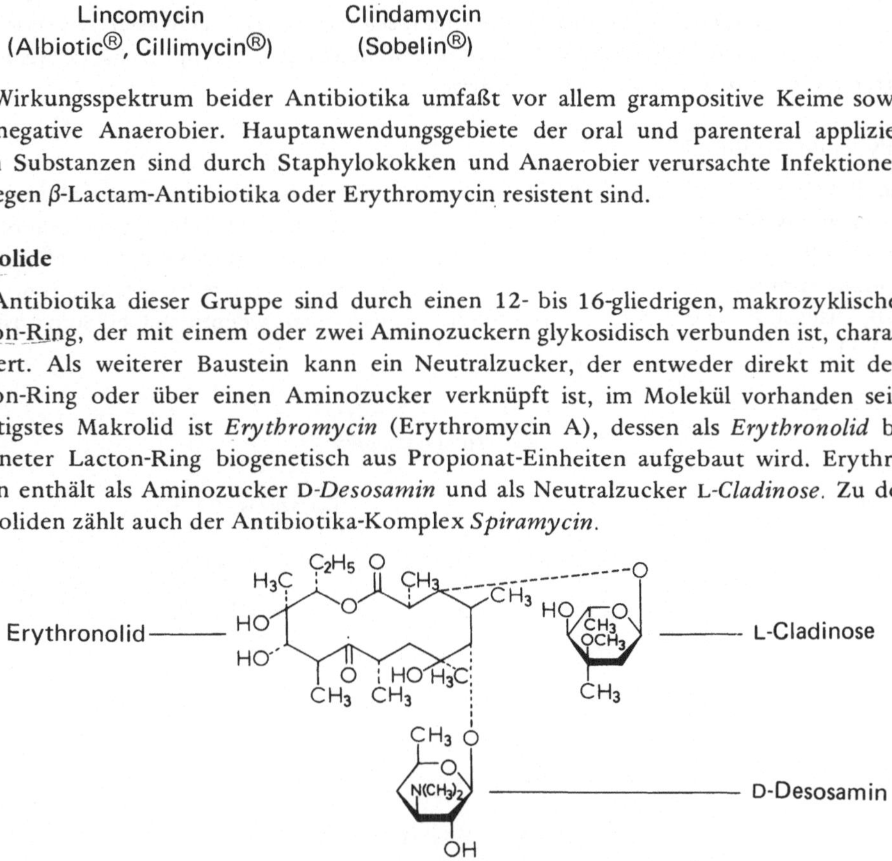

Erythronolid ———

L-Cladinose

D-Desosamin

Erythromycin
(Erythrocin®, Paediathrocin® u.a.)

Pharmakologie Der Wirkungstyp von *Erythromycin* ist bakteriostatisch. Das Wirkungsspektrum mit Schwerpunkt im grampositiven Bereich ähnelt weitgehend dem von Benzylpenicillin und umfaßt zusätzlich Haemophilus influenzae, Mycoplasmen u.a. Die Nebenwirkungen sind insgesamt gering. Nach oraler Applikation kann es zu leichten gastrointestinalen Störungen kommen. Bei länger andauernder Therapie mit *Erythromycinestolat* (vgl. Eigenschaften) besteht die Gefahr des Auftretens einer intrahepatischen Cholestase (Abflußstörung der Gallenflüssigkeit). *Spiramycin* (Rovamycine®, Selectomycin®) eignet sich aufgrund seiner hohen Speichelgängigkeit besonders zur Behandlung bakterieller Infektionen im Bereich der Mundhöhle.

Eigenschaften *Erythromycin* (Ph. Eur.) ist als Base in Wasser schwer, in Ethanol und anderen organischen Lösungsmitteln leicht löslich und von sehr bitterem Geschmack. Da sich die Substanz unterhalb pH 4 rasch zersetzt, ist orale Gabe nur in Form magensaftresistenter Darreichungsformen möglich. Zur parenteralen Applikation werden wasserlösliche Salze wie beispielsweise das *Lactobionat* eingesetzt. Lactobionsäure, ein Oxidationsprodukt der Lactose, ist eine 4-O-β-D-Galactopyranosyl-D-gluconsäure. Bei der Umsetzung von Erythromycin mit Carbonsäurechloriden oder -anhydriden wird nur das freie Hydroxyl des Desosamins verestert. *Erythromycinestolat* ist das Laurylsulfat (Salz von $H_{25}C_{12}-O-SO_3H$) des Erythromycin-propionsäureesters. Das in Wasser schwerlösliche Estolat ist weitgehend säurestabil. Es besitzt nicht den für Erythromycin charakteristischen bitteren Geschmack und wird gut resorbiert.

Polypeptid-Antibiotika

Die Polypeptid-Antibiotika sind in der Regel zyklisch gebaut. *Homomere* Polypeptide bestehen ausschließlich aus Aminosäuren, während *heteromere* Polypeptide weitere Bausteine enthalten. In *homodeten* Verbindungen sind die Ringaminosäuren nur über Amid-Bindungen miteinander verknüpft. Kommen dagegen auch andere Ringverknüpfungsarten (z.B. Disulfid-Brücken) vor, so spricht man von *heterodeten* Peptiden (vgl. Somatostatin, 12.1.1).

Polypeptid-Antibiotika		
Gruppe	Freiname (Handelsname)	Formelbeispiel
Tyrocidine	Tyrothricin *(ein Tyrocidin-Gramicidin-Komplex)* (Tyrosur®; Bestandteil von Dorithricin® Halstabletten, Tyrosolvetten®)	L-Gln — L-Tyr — L-Val — L-Orn — L-Leu ↑ ↓ L-Asn — D-Phe — L-Phe — L-Pro — D-Phe **Tyrocidin A**
Gramicidine	Gramicidin (Bestandteil von externen Volon® A- und Volonimat®-Präparaten)	1 6 OHC — L-Val — Gly — L-Ala — D-Leu — L-Ala — D-Val — 7 15 L-Val — D-Val — [L-Trp — D-Leu]$_3$ — L-Trp — NH—CH$_2$—CH$_2$OH **Valin-Gramicidin A**

Fortsetzung der Tabelle

Gruppe	Freiname (Handelsname)	Formelbeispiel
Bacitracine	Bacitracin (Bestandteil von Nebacetin®)	L-Asn — D-Asp — L-His \\ ... D-Phe ···· H_2N—C—H (mit CH_3 und C_2H_5 Seitenkette, H—C—C_2H_5); $\epsilon \downarrow$ L-Lys → D-Orn — L-Ile / ; $\alpha \uparrow$ L-Ile — D-Glu — L-Leu ← C (2-Thiazolin-Ring mit N, S, O) **Bacitracin A** (wahrscheinliche Struktur)
Polymyxine	Polymyxin B (Polymyxin B Pfizer) Colistin (Colistin-Präparate)	L-Leu — D-Phe — L-Dab ↖ ; ↓ ; L-Dab — L-Dab — L-Thr ↗ L-Dab $\overset{\alpha}{\underset{\gamma}{}}$ ← L-Dab — L-Thr — L-Dab – C—R ($\|$ O) **Polymyxin B$_1$** (—C—R = (+)-6-Methyl-octanoyl-Rest, mit $\|$ O)
Pfeile zeigen in der Amid-Bindung vom C zum N (—C → NH—) mit $\|$ O		

Die *Tyrocidine* sind basische, homomer-homodete Decapeptide. Therapeutisch eingesetzt wird der aus Bacillus brevis gewonnene Antibiotika-Komplex *Tyrothricin* (Dubos, 1939), der neben Tyrocidinen (Hauptbestandteil) auch etwa 20 % neutrale *Gramicidine* enthält. Die Gramicidine A, B, C und D sind lineare, heteromere Pentadecapeptide, deren terminale Amino-Gruppe formyliert und deren terminale Carboxyl-Gruppe mit Ethanolamin amidiert ist. In der Kette alternieren L- und D-Aminosäuren.

Bacitracine sind Dodecapeptide mit einem aus 7 Aminosäuren gebildeten Ring. Am Aufbau des seitenkettenständigen 2-Thiazolin-Rings sind das terminale L-Isoleucin und L-Cystein beteiligt.

Polymyxine, die aus Bacillus polymyxa und anderen Bacillus-Arten gewonnen werden, sind heteromer-homodete Decapeptide und besitzen wie die Bacitracine einen Heptapeptid-Ring. Die Seitenkette ist aus drei Aminosäuren und einem endständigen Fettsäure-Rest (z.B. 6-Methyloctansäure) aufgebaut. Als seltene Aminosäure tritt mehrmals L-2,4-Diamino-buttersäure (L-Dab) im Molekül auf. Aus der Gruppe der Polymyxine werden *Polymyxin B* (Ph. Eur.), das aus den Komponenten B$_1$ und B$_2$ besteht, und der Antibiotika-Komplex *Colistin* therapeutisch verwendet.

Pharmakologie *Tyrothricin*, *Gramicidin* und *Bacitracin* finden ausschließlich als Lokalantibiotika Anwendung. Sie wirken vorwiegend gegen grampositive Bakterien. *Polymyxin B* und *Colistin* werden als Reserveantibiotika bei sonst therapieresistenten Infektionen mit gramnegativen Problemkeimen (z.B. Pseudomonas aeruginosa) eingesetzt. Die ausgeprägte Nephro- und Neurotoxizität bei systemischer Anwendung begrenzt ihren therapeutischen Wert. Nach peroraler Applikation werden Polymyxine nicht resorbiert. Sie werden daher bei Darminfektionen sowie zur präoperativen Keimreduzierung im Darm verwendet.

Biochemische Wirkungen   Die *Tyrocidine, Gramicidine* und *Polymyxine* töten auch ruhende Keime ab (absolute Bakterizidie). Verantwortlich hierfür sind ihre grenzflächenaktiven Eigenschaften. So besitzen die Polymyxine aufgrund der Diaminosäuren einen kationenaktiven, hydrophilen Molekülteil sowie einen lipophilen Fettsäure-Rest. Sie können sich in die bakterielle Zytoplasmamembran einlagern und bewirken über eine Änderung der Membranpermeabilität den Austritt wichtiger Metaboliten und Enzyme. Dies führt in der Folge zum Zelltod.

13.2.6 Sulfonamide

Entwicklung   Mit den *antibakteriell wirksamen Sulfonamiden* — nachfolgend kurz als *Sulfonamide* bezeichnet — wurde erstmals ein breiter Bereich bakterieller Infektionskrankheiten der Chemotherapie zugänglich. Der Entwicklung dieser Wirkstoffklasse durch Domagk, Mietzsch und Klarer gingen Untersuchungen an *Azofarbstoffen* voran. Farbstoffe galten seit der Entdeckung der selektiven Anfärbung von Mikroorganismen als „Leitsubstanzen" für die Auffindung antibakterieller Wirkstoffe. Eine der Voraussetzungen für die Entdeckung der Sulfonamide als Chemotherapeutika war die durch Domagk veranlaßte in vivo-Testung potentieller Wirkstoffe, da sich gezeigt hatte, daß in vitro- und in vivo-Ergebnisse häufig schlecht korrelierten. Die schwache Aktivität einiger zunächst geprüfter Azofarbstoffe suchten Mietzsch und Klarer durch die Einführung „haptophorer Gruppen" zu verbessern. Als solche bot sich die Sulfonamid-Gruppe an, da aus der Farbstoffchemie bekannt war, daß sie eine bessere Anheftung an Protein-Strukturen (Wolle) ermöglicht. Unter den von ihnen synthetisierten und unter Domagk geprüften Azofarbstoffen mit Sulfonamid-Gruppe befand sich *Sulfamidochrysoidin*, das 1935 als Prontosil rubrum® in die Therapie eingeführt wurde. Mit dieser in vitro unwirksamen Substanz gelangen erste aufsehenerregende Erfolge, z.B. bei der Behandlung von Staphylokokken-Sepsis.

Sulfamidochrysoidin

Sulfanilamid

Noch im gleichen Jahr konnten Tréfouël, Nitti und Bovet zeigen, daß *Sulfanilamid*, 4-Amino-benzolsulfonamid (frühere Handelsbezeichnung: Prontalbin®), die Stammverbindung dieser Arzneistoffklasse, gleichfalls bakteriostatisch wirksam ist. Sie vermuteten, daß Sulfanilamid in vivo aus Sulfamidochrysoidin durch reduktive Spaltung der Azo-Gruppe als eigentlich wirksames Agens freigesetzt wird. Diese Auffassung bestätigte sich, so daß nach heutiger Terminologie Sulfamidochrysoidin als *pro-drug* zu bezeichnen wäre. Entgegen der ursprünglichen Konzeption erwies sich somit nicht die Azofarbstoff-Struktur, sondern die Sulfanilamid-Struktur als entscheidend für die antibakterielle Wirkung.

Bezifferung und allgemeine
Formel der Sulfonamide

Die therapeutisch eingesetzten Sulfonamide sind in der Regel N^1-Derivate des Sulfanilamids, d.h. sie enthalten einen nicht weiter substituierten *Sulfanilamido-Rest*. Der 4-Amino-benzolsulfonyl-Rest wird auch als *Sulfanilyl-Rest* bezeichnet.

Sulfonamide		
Klassifizierung	**Freiname (Handelsname)**	**Formel**
Kurzzeit-sulfonamide	Sulfacetamid (Sulfaleph®)	H_2N–⟨C₆H₄⟩–SO_2–NH–C(=O)–CH_3
	Sulfacarbamid (Euvernil®)	H_2N–⟨C₆H₄⟩–SO_2–NH–C(=O)–NH_2
	Sulfathiazol (Cibazol®)	H_2N–⟨C₆H₄⟩–SO_2–NH–(Thiazolyl)
	Sulfisomidin (Aristamid®, Elkosin®)	H_2N–⟨C₆H₄⟩–SO_2–NH–(2,6-Dimethylpyrimidinyl)
Mittelzeit-sulfonamide	Sulfadiazin (Bestandteil von Sterinor® und Tibirox®, vgl. 13.2.7)	H_2N–⟨C₆H₄⟩–SO_2–NH–(Pyrimidinyl)
	Sulfamethoxazol (Bestandteil von Bactrim® und Eusaprim®, vgl. 13.2.7)	H_2N–⟨C₆H₄⟩–SO_2–NH–(5-Methyl-isoxazolyl)
Langzeit-sulfonamide	Sulfametoxydiazin (Durenat®)	H_2N–⟨C₆H₄⟩–SO_2–NH–(Pyrimidinyl–OCH_3)
	Sulfalen (Longum®)	H_2N–⟨C₆H₄⟩–SO_2–NH–(Pyrazinyl–OCH_3)
	Sulfadoxin (Bestandteil von Fansidar®, vgl. 13.4.1)	H_2N–⟨C₆H₄⟩–SO_2–NH–(Dimethoxy-pyrimidinyl)

Fortsetzung der Tabelle

Klassifizierung	Freiname (Handelsname)	Formel
Schwer resorbierbare Sulfonamide	Sulfaguanidin (Resulfon®)	H_2N—⟨ ⟩—SO_2—NH—C(=NH)—NH_2
	Sulfaguanol (Enterocura®)	H_2N—⟨ ⟩—SO_2—NH—C(=NH)—NH—(Oxazol, CH_3, CH_3)
Sulfonamide mit Azo-Struktur	Salazosulfapyridin (Azulfidine®)	HO—⟨HOOC⟩—N=N—⟨ ⟩—SO_2—NH—(Pyridin)
Atypisches Sulfonamid	Mafenid (Napaltan®)	H_2N—CH_2—⟨ ⟩—SO_2—NH_2

Die therapieüblichen Sulfonamide können nach strukturchemischen Gesichtspunkten in N^1-Acyl-Derivate (Beispiel: Sulfacetamid), Sulfanilylharnstoffe und analoge Verbindungen sowie in heterozyklisch substituierte Derivate eingeteilt werden.

Üblicher ist die Klassifizierung nach der Plasma-Halbwertzeit. Danach unterscheidet man:

- *Kurzzeitsulfonamide* (HWZ < 8 h)
- *Mittelzeitsulfonamide* (HWZ 8–20 h)
- *Langzeitsulfonamide* (HWZ > 20 h)

Sulfalen und *Sulfadoxin*, die besonders lange Halbwertzeiten besitzen, können auch als Ultralangzeitsulfonamide charakterisiert werden.

Zusätzlich abgegrenzt werden *schwer resorbierbare Sulfonamide* einschließlich des eine therapeutische Sonderstellung einnehmenden *Salazosulfapyridins* sowie das atypische *Mafenid*, das als „Homosulfanilamid" nicht die strukturellen Kriterien antibakterieller Sulfonamide erfüllt, da es anstelle der aromatischen Amino-Gruppe einen basischen Aminomethyl-Rest besitzt.

Die Sulfonamide, die als Arzneistoffgruppe intensiv bearbeitet worden sind, waren ihrerseits Ausgangspunkt für die Entwicklung weiterer Wirkstoffgruppen (z.B. Sulfonamid-Diuretika und orale Antidiabetika).

Pharmakologie　Sulfonamide sind Bakteriostatika. Ihr Wirkungsspektrum, das für alle Vertreter annähernd gleich ist, umfaßt neben einer Vielzahl bakterieller Erreger auch bestimmte Protozoenarten. Die ursprüngliche Bedeutung der Sulfonamide ist stark zurückgegangen, seit mit den Antibiotika häufig wirksamere Substanzen zur Verfügung stehen. Auch ist die Resistenzsituation im Lauf der Zeit ungünstiger geworden. Zu den wichtigsten Indikationen zählen akute Harnwegsinfektionen durch coliforme Keime, bakterielle Dysenterie (Bakterienruhr), Ulcus molle und Nocardiose.

Für Harnwegsinfektionen eignen sich insbesondere Kurzzeitsulfonamide wie *Sulfacarbamid* und *Sulfisomidin* (DAB 8), die rasch resorbiert und als freies Sulfonamid in hoher Konzentration über die Niere ausgeschieden werden. Zu den Kurzzeitsulfonamiden zählt auch das bei uns nicht therapieübliche *Sulfadimidin* (Ph. Eur.). Schwer resorbierbare Sulfonamide (*Sulfaguanidin* (DAB 8), *Sulfaguanol*) werden bei Darminfektionen eingesetzt. Das ebenfalls schwer resorbierbare *Salazosulfapyridin* ist indiziert bei *Colitis ulcerosa* und *Morbus Crohn*. In beiden Fällen handelt es sich um unspezifische Darmentzündungen unbekannter Ätiologie. Der therapeutische Effekt von Salazosulfapyridin, das durch die Darmflora in Sulfapyridin und 5-Amino-salicylsäure gespalten wird, beruht wahrscheinlich nicht auf seinen antibakteriellen Eigenschaften.

Sulfacetamid wird heute nur noch äußerlich in ophthalmologischen Präparationen angewendet. *Mafenid* eignet sich zur externen Behandlung von Verbrennungen.

Zu den Nebenwirkungen der Sulfonamide zählen allergische Reaktionen, die sich in unterschiedlicher Weise manifestieren können, sowie gastrointestinale Störungen. Nierenschädigungen können durch Auskristallisation der Sulfonamide bzw. ihrer Acetyl-Derivate (vgl. Biotransformation) in der Niere entstehen. Dies trifft vor allem für ältere Präparate mit hoher Acetylierungsrate zu. Durch entsprechende Dosierung und ausreichende Flüssigkeitszufuhr, ggf. auch Alkalisierung des Harns, kann der Gefahr entgegengewirkt werden. Mit Ausnahme von Augeninfektionen ist die äußerliche Anwendung von Sulfonamiden wegen Sensibilisierungsgefahr zu vermeiden. Bei Neugeborenen sind Sulfonamide kontraindiziert.

Biochemische Wirkungen *Folsäure* (vgl. 12.8.8) stellt für den Menschen ein Vitamin dar. Dagegen sind zahlreiche Mikroorganismen zur Biosynthese von *7,8-Dihydrofolsäure* befähigt. Bei der mikrobiellen Synthese werden 7,8-Dihydro-6-hydroxymethyl-pterindiphosphat und p-Aminobenzoesäure durch die Dihydropteroat-Synthase unter Abspaltung von Diphosphat zu *7,8-Dihydropteroinsäure* verknüpft, die durch Amidierung mit L-Glutaminsäure mittels Dihydrofolat-Synthetase in *7,8-Dihydrofolsäure* übergeführt wird. Aus dieser wird *5,6,7,8-Tetrahydrofolsäure* durch Reduktion mittels Tetrahydrofolat-Dehydrogenase (vgl. 12.8.8) erhalten.

Die meisten Bakterien vermögen die Folsäure des Wirtsorganismus nicht aufzunehmen bzw. zu verwerten. Dies ist die Voraussetzung für eine erfolgreiche Therapie mit Antimetaboliten.

Die Vorstellung, daß p-Aminobenzoesäure und Sulfonamide aufgrund ihrer ähnlichen Struktur um ein für das Bakterienwachstum essentielles Enzym konkurrieren, geht auf Woods (1940) und Fildes (1940) zurück.

Sulfonamide konkurrieren als *Antimetaboliten* mit dem natürlichen Substrat p-Aminobenzoesäure um das katalytische Zentrum der Dihydropteroat-Synthase. Da die Affinität dieses Enzyms zu Sulfonamiden wesentlich größer ist als zu p-Aminobenzoesäure, resultiert eine Hemmung der 7,8-Dihydropteroinsäure-Synthese. Die kompetitive Hemmung kann durch große Mengen p-Aminobenzoesäure wieder aufgehoben werden. Um die p-Aminobenzoesäure zu Beginn einer Therapie schnell zu verdrängen, ist eine hohe Anfangsdosierung („Stoßtherapie") erforderlich.

Eine wesentliche Folge des verursachten metabolischen Blocks ist die Hemmung der Purin-Biosynthese und damit der Neubildung von Nucleinsäuren. Für einige Sulfonamide

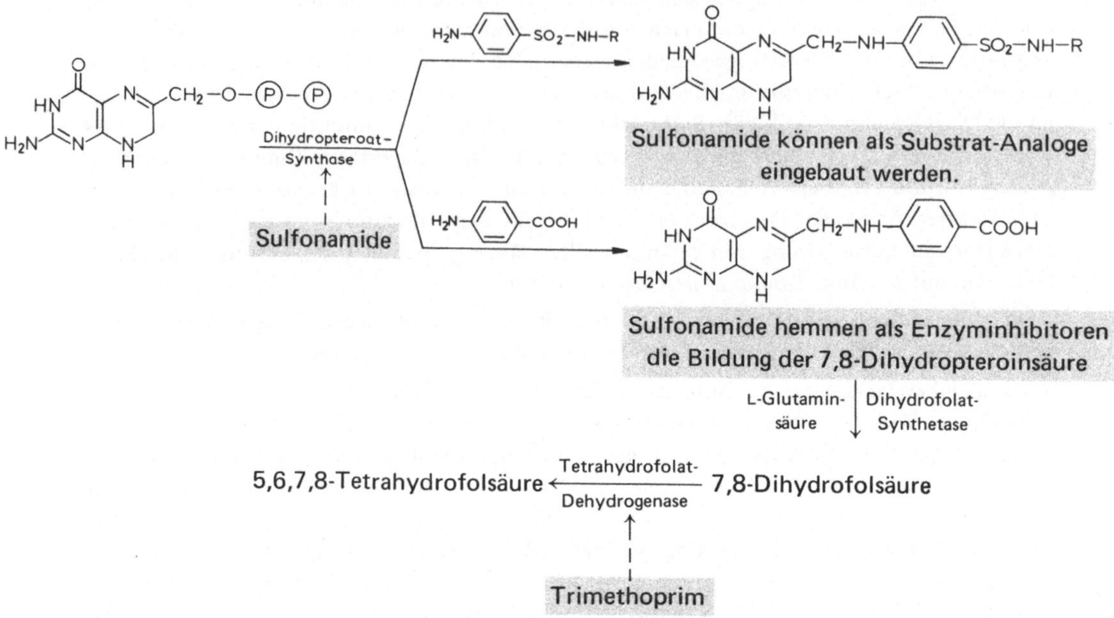

Hemmung der Biosynthese von Tetrahydrofolsäure durch Sulfonamide und Trimethoprim

ist darüberhinaus nachgewiesen, daß sie als Substrat-Analoge mit dem Pteridin-Baustein verknüpft werden. Dies gilt z. B. für Sulfamethoxazol, das in Kulturen von E. coli zum entsprechenden Dihydropteroinsäure-Analogen umgesetzt wird.

Der Wirkungsmechanismus von *Trimethoprim* und analogen Substanzen, die unter 13.2.7 behandelt werden, steht im engen Zusammenhang mit dem der Sulfonamide. Sie sind Hemmstoffe der Tetrahydrofolat-Dehydrogenase (Dihydrofolsäure-Reduktase). Obwohl die durch dieses Enzym katalysierte Reaktion auch für den höheren Organismus von Bedeutung ist, wirken Trimethoprim und verwandte Verbindungen in therapeutischen Dosen selektiv, da das bakterielle Enzym aufgrund höherer Affinität zu Trimethoprim bereits bei wesentlich niedrigerer Konzentration gehemmt wird.

Eigenschaften　*Sulfanilamid* und die Mehrzahl der therapeutisch eingesetzten Sulfonamide sind amphotere Substanzen. Die sauren Eigenschaften beruhen auf der Sulfonamid-Gruppierung (NH-Acidität aufgrund des induktiven Einflusses des Sulfonyl-Restes). Elektronenziehende Substituenten an N^1 wie beispielsweise die Acetyl-Gruppe des Sulfacetamids verstärken die Acidität. Die pK_a-Werte liegen in der Regel zwischen 4,8 und 10,4. Die aromatische Amino-Gruppe, deren schwache Basizität durch den elektronenziehenden Effekt der para-ständigen Sulfonyl-Gruppe weiter herabgesetzt ist, liegt nur im stark sauren Medium nennenswert in protonierter Form vor.

Im Gegensatz zu den freien Sulfonamiden sind die Salze (Natrium-Salze, Hydrochloride) leicht wasserlöslich. Die infolge Hydrolyse stark sauer reagierenden Hydrochloride können nicht für therapeutische Zwecke eingesetzt werden. Die intravenöse Injektion der basischen Natrium-Salze ist nur in Ausnahmefällen indiziert. *Sulfacetamid-Natrium* liefert als Salz einer Verbindung mit erhöhter NH-Acidität relativ schwach alkalische Lösungen, die sich zur topischen Anwendung (z.B. am Auge) eignen.

Ihrem amphoteren Charakter entsprechend zeigen Sulfonamide ein Löslichkeitsminimum, das bei pH 3—5 liegt. Daher kann die Gefahr eines Auskristallisierens im Harn durch Alkalisieren verhindert werden.

Besser als in Wasser lösen sich Sulfonamide in polaren organischen Lösungsmitteln wie Ethanol und insbesondere Aceton. Die Lipophilie der Sulfonamide, die von der Art des Substituenten an N^1 abhängt, streut über einen weiten Bereich. Sie ist von Bedeutung für das pharmakokinetische Verhalten, da die tubuläre Rückresorption durch erhöhte Lipophilie begünstigt wird. Für *Langzeitsulfonamide* ist neben hoher Eiweißbindung eine verstärkte Rückresorption charakteristisch.

Abweichungen im pH-abhängigen Lösungsverhalten zeigen Sulfonamide mit zusätzlicher saurer Gruppe wie *Salazosulfapyridin* und solche mit stark basischen Gruppen wie *Sulfaguanidin*, das nach spektroskopischen Untersuchungen bevorzugt in einer tautomeren Imino-Form vorliegt, in der kein dissoziierbares Proton an N^1 zur Verfügung·steht. Daher löst sich die Substanz praktisch nicht in Laugen. Amid-Imid-Tautomerie tritt auch bei einigen heterozyklisch substituierten Sulfonamiden auf.

Sulfaguanidin
(bevorzugte tautomere Form)

Struktur-Wirkungs-Beziehungen *Sulfanilamid* zeigt verhältnismäßig schwache chemotherapeutische Wirksamkeit. Durch Substitution an N^1 gelangt man zu Derivaten mit erhöhter Wirkungsstärke. Als besonders begünstigend erweist sich heterozyklische Substitution. N^1-disubstituierte Derivate sind im allgemeinen unwirksam. Die Sulfonamid-Gruppierung führt nur dann zu wirksamen Verbindungen, wenn sie zur aromatischen Amino-Gruppe para-ständig steht. Sie kann unter Erhalt der Aktivität gegen einige andere elektronenziehende Substituenten ausgetauscht werden. Hierzu zählen insbesondere Phenyl-substituierte Sulfonyl-Reste (*Sulfone*, vgl. 13.2.8). Ausschlaggebend für die chemotherapeutische Aktivität ist weiterhin die aromatische Amino-Gruppe, die entweder frei vorliegen muß oder nur solche Substituenten tragen darf, die in vivo leicht abspaltbar sind.

Biotransformation Wichtigste metabolische Reaktion ist die Acetylierung an N^4, die mit Inaktivierung und verminderter Wasserlöslichkeit verbunden ist. Konjugation mit Glucuron- und Schwefelsäure an N^4 sowie Konjugationsreaktionen an N^1 sind quantitativ von untergeordneter Bedeutung. Bei einigen Sulfonamiden kann der Benzol-Kern, ggf. auch der heterozyklische Substituent hydroxyliert werden.

Synthese Die Stammverbindung *Sulfanilamid* wurde erstmals bereits 1908 von Gelmo dargestellt. Die Synthese geht von Anilin aus, dessen Amino-Gruppe zunächst durch

Acetylierung geschützt wird. Acetanilid wird anschließend chlorsulfoniert und mit wäßrigem Ammoniak umgesetzt. Die Abspaltung der Schutzgruppe erfolgt durch Hydrolyse mit konzentrierter Natronlauge.

Sulfanilamid

Technische Synthesen N^1-substituierter Sulfonamide gehen häufig vom N^4-geschützten Sulfochlorid aus, das mit einem Amin umgesetzt wird oder sie erfolgen durch Substitution am N^4-geschützten Sulfanilamid. Anschließend wird die Schutzgruppe abgespalten.

Synthesewege für Sulfonamide
$(X = H_3C{-}CO$ bzw. $H_5C_2O{-}CO)$

Sulfaguanidin kann u.a. durch Verschmelzen von Sulfanilamid mit Guanidin dargestellt werden. In N^4-geschützter Form (als Ethoxycarbonyl-Derivat) ist es wichtiger Ausgangsstoff für Pyrimidin-Sulfonamide, deren Heterocyclus in der Regel nachträglich aufgebaut wird. Kondensationspartner für die Synthese von *Sulfametoxydiazin* ist 3-Dimethylamino-2-methoxy-acrolein.

Sulfametoxydiazin

Analytik   Die primäre aromatische Amino-Gruppe der Sulfonamide wird nach Ph. Eur. durch Farbreaktion mit 4-Dimethylaminobenzaldehyd (Bildung Schiffscher Basen) sowie durch Diazotierung und anschließende Kupplung mit 2-Naphthol (Bildung roter Azofarbstoffe) nachgewiesen. Beide Methoden können auch photometrisch ausgewertet werden. Ph. Eur. läßt eine nitritometrische Gehaltsbestimmung mit elektrometrischer Indizierung des Endpunktes durchführen.

Nach oxidativer Zersetzung kann das Schwefel-Atom der Sulfonamide als Sulfat nachgewiesen werden. Zur Oxidation von *Sulfaguanidin* verwendet DAB 8 Wasserstoffperoxid in Gegenwart von Fe^{3+}-Ionen. Dabei schlägt die anfänglich tiefrote Farbe nach Hellgelb um. Der Sulfat-Nachweis erfolgt durch Fällung mit Bariumchlorid-Lösung.

Zur Identifizierung von Sulfonamiden, die zusätzliche funktionelle Gruppen enthalten, können spezielle Reaktionen herangezogen werden. So läßt sich *Sulfathiazol* aufgrund des zweibindigen Schwefels durch *Iodazid-Reaktion* nachweisen.

13.2.7 Weitere antibakteriell wirksame Chemotherapeutika

Trimethoprim und Analoge

Entwicklung Die Suche nach Antimetaboliten des Folsäure-Stoffwechsels führte außer zu Folsäure-Analogen wie *Methotrexat* (vgl. 14.1.1) auch zu den einfacher gebauten *2,4-Diaminopyrimidinen*. Aus dieser Stoffklasse wurde Anfang der fünfziger Jahre das Malariamittel *Pyrimethamin* (vgl. 13.4.1) in die Therapie eingeführt. Die antibakteriell wirksamen *2,4-Diamino-5-benzyl-pyrimidine*, zu denen *Trimethoprim* und das neuere *Tetroxoprim* gehören, stellen Weiterentwicklungen dar. *Methotrexat* und die Pyrimidin-Abkömmlinge sind *Hemmstoffe der Tetrahydrofolat-Dehydrogenase*. Die unterschiedliche Affinität dieser Substanzen zur Tetrahydrofolat-Dehydrogenase von Bakterien, Protozoen und Säugetieren ist die Basis für ihre spezifischen Wirkungen.

Trimethoprim und Analoge	
Freiname (Handelsname)	Formel
Trimethoprim (plus Sulfamethoxazol = Co-trimoxazol, Bactrim®, Eusaprim®)	2,4-Diamino-5-(3,4,5-trimethoxybenzyl)pyrimidin
Tetroxoprim (plus Sulfadiazin = Co-tetroxazin, Sterinor®, Tibirox®)	2,4-Diamino-5-[3,5-dimethoxy-4-(2-methoxyethoxy)benzyl]pyrimidin

Pharmakologie *Trimethoprim* und *Tetroxoprim* werden in fester Kombination mit Sulfonamiden als antibakterielle Chemotherapeutika eingesetzt. Das Wirkungsspektrum dieser Kombinationen ist breit. Der Diaminopyrimidin-Komponente muß das Sulfonamid hinsichtlich pharmakokinetischer Eigenschaften angepaßt sein. Im Fall von *Trimethoprim/ Sulfamethoxazol* (Co-trimoxazol; übliches Mengenverhältnis: 1 + 5) besitzen die Einzelsubstanzen annähernd gleiche Halbwertzeiten. Hauptindikation für diese Kombinations-präparate sind akute und chronische Infektionen der Harnwege und des Respirations-trakts. Co-trimoxazol wird anstelle von Chloramphenicol auch bei Salmonellosen und einigen anderen Darminfektionen eingesetzt. Als Nebenwirkung können bei längerer An-wendung hämatotoxische Erscheinungen auftreten.

Biochemische Wirkungen *Trimethoprim-* bzw. *Tetroxoprim-Sulfonamid-Kombina-tionen* greifen auf zweifache Weise in den Folsäure-Stoffwechsel ein („*Sequentialblok-kade*"). Der Mechanismus ist unter 13.2.6 beschrieben.

Nitrofuran-Derivate

Aus der Vielzahl antibakteriell wirksamer *Nitrofuran-Derivate* besitzt vor allem *Nitro-furantoin*, das aus 5-Nitrofurfural und 1-Aminohydantoin aufgebaut ist, therapeutische Bedeutung.

Nitrofurantoin
(Furadantin® u.a.)

Nach oraler Gabe erfolgt schnelle Resorption. Aufgrund des Wirkungsspektrums und der raschen Elimination wirksamer Konzentrationen über die Niere eignet sich die Substanz zur Behandlung von Harnwegsinfektionen. Therapeutische Plasmaspiegel werden dagegen nicht erreicht. Nebenwirkungen (gastrointestinale Störungen, allergische Reaktionen, Polyneuropathien) treten relativ häufig auf. *Nitrofural* (Furacin®), das Semicarbazon des 5-Nitrofurfurals, wird bei Wundinfektionen und Verbrennungen lokal angewendet. Nachteilig ist das relativ rasche Auftreten allergischer Reaktionen.

Nalidixinsäure und Analoge

Bei der Prüfung auf antimikrobielle Eigenschaften von Zwischenprodukten der *Chloroquin-Synthese* (vgl. 13.4.1) erwies sich ein 4-Hydroxychinolin-Derivat als aktiv. Die Weiter-entwicklung führte zur *Nalidixinsäure*, die strukturell durch ein *1,8-Naphthyridin-System* gekennzeichnet ist.

Nalidixinsäure
(Nogram®)

Nalidixinsäure, die gegen gramnegative Erreger wirksam ist, wird wie Nitrofurantoin bei Harnwegsinfektionen eingesetzt. Nachteilig ist die rasche Resistenzentwicklung. Ver-wandte Substanzen, die ebenfalls als Harnwegstherapeutika verwendet werden, sind *Oxolinsäure* (Nidantin®) und *Pipemidsäure* (Deblaston®).

13.2.8 Gegen Tuberkulose und Lepra wirksame Stoffe

Die Abgrenzung der Antituberkulotika und der gegen Lepra wirksamen Mittel von den übrigen Chemotherapeutika bzw. Antibiotika ist aufgrund der Besonderheiten der Krankheitserreger und des jeweiligen Krankheitsverlaufs gerechtfertigt. Erreger dieser Infektionskrankheiten sind die zu den Aktinomyzeten zählenden *Mykobakterien* (Mycobacterium tuberculosis, M. leprae). Die Mykobakterien sind schlanke Stäbchen, deren wichtigstes diagnostisches Merkmal die Säurefestigkeit ist: Nach Anfärbung mit basischen Farbstoffen ist eine Entfärbung mit Ethanol/Salzsäure nicht möglich. Das Färbeverhalten ist durch den Lipoidreichtum der Bakterienzelle bedingt.

Die *Tuberkulose*, die meist aerogen übertragen wird, kommt als Organtuberkulose (häufigste Form: Lungentuberkulose) und in einer generalisierten Form (Miliartuberkulose) vor. Von der *Lepra* sind primär Haut und periphere Nerven betroffen.

Antituberkulotika („Tuberkulostatika")

Entwicklung Die schwache Aktivität einiger Sulfonamide gegen Tuberkelbakterien führte zur Entwicklung der *Sulfone,* die heute nur noch für die Therapie der Lepra von Bedeutung sind. Nachdem bekannt war, daß Sulfonamide als Antagonisten der p-Aminobenzoesäure fungieren, wurden auch substituierte Benzoesäuren auf chemotherapeutische Eigenschaften untersucht. Dabei wurde *p-Aminosalicylsäure* (PAS), 4-Amino-2-hydroxybenzoesäure, als wirksames Antituberkulotikum erkannt (Lehmann, 1946). Einen entscheidenden Fortschritt brachte die Einführung von *Isoniazid* (Isonicotinsäurehydrazid, INH), dessen antituberkulotische Eigenschaften 1952 unabhängig voneinander an drei verschiedenen Stellen aufgefunden wurden. Strukturelle Verwandtschaft zu Isoniazid zeigt *Protionamid,* das 2-Propyl-Derivat des Thioisonicotinsäureamids. Die Wirksamkeit N,N'-dialkylierter Ethylendiamine gegen Tuberkulose wurde 1961 entdeckt. Aus dieser Reihe ging *Ethambutol,* (+)-2,2'-(1,2-Ethylendiimino)bis-1-butanol, hervor, das zwei Chiralitätszentren besitzt. Zum R-(+)-Enantiomer existieren eine (−)- und eine meso-Form, die erheblich schwächer wirksam sind. Dagegen ist die Toxizität der Stereoisomeren in etwa gleich.

Als erstes gegen Tuberkulose wirksames Antibiotikum erlangte *Streptomycin* (vgl. 13.2.4) therapeutische Bedeutung. Es wird heute meist ersetzt durch das partialsynthetische *Rifampicin,* das zu den Rifamycinen gehört. Diese stellen eine erstmals 1959 aus Kulturen von Streptomyces mediterranei isolierte Gruppe verwandter Antibiotika dar. Strukturell sind sie durch ein Naphtho[2,1-b]furan (mit chromophorem Naphthohydrochinon-System) gekennzeichnet, das henkelartig mit einer langgliedrigen aliphatischen Brücke verknüpft ist. Aufgrund dieser Struktur werden die Rifamycine zu den *Ansamycinen* (ansa = Henkel) gerechnet.

Antituberkulotika		
Einteilung	Freiname (Handelsname)	Formel
Synthetische Antituberkulotika	p-Aminosalicylsäure (PAS-Heyl®)	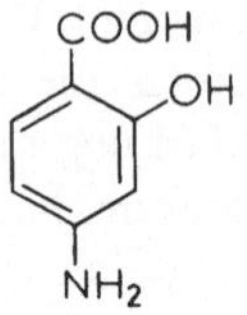 (Formel)
	Isoniazid (Isozid, Neoteben®, Tebesium® u. a.)	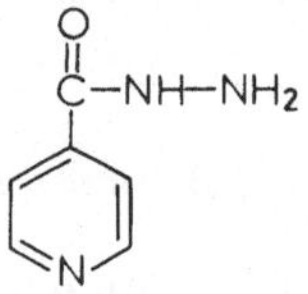 (Formel)
	Protionamid (Ektebin®, Peteha)	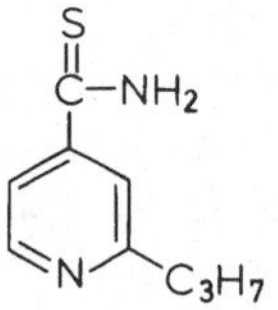 (Formel)
	Ethambutol (Myambutol®)	$H_5C_2-\overset{*}{C}H-NH-CH_2-CH_2-NH-\overset{*}{C}H-C_2H_5$ mit CH_2OH
Antibiotika	Streptomycin	vgl. 13.2.4
	Rifampicin (Rimactan®, Rifa®)	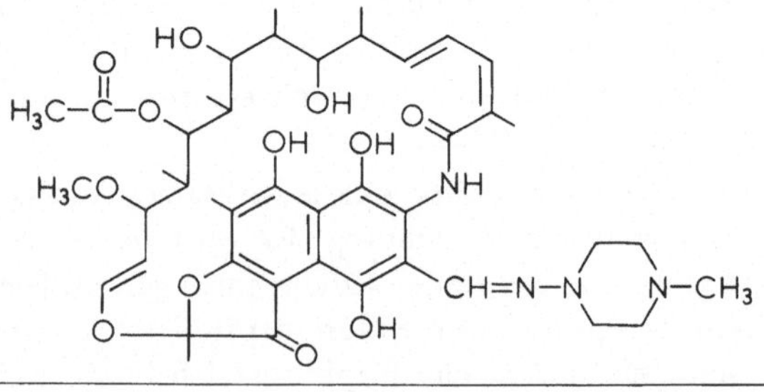 (Formel)

Pharmakologie Der langwierige Verlauf der Tuberkulose, die hohe Widerstandsfähigkeit der Tuberkelbakterien gegen äußere Einflüsse und ihre rasche Resistenzentwicklung unter der Therapie sowie die erschwerte Penetration von Pharmaka in tuberkulöses Gewebe machen die besonderen Anforderungen, die an Antituberkulotika zu stellen sind, deutlich. Nach ihrer therapeutischen Wertigkeit teilt man die Antituberkulotika in *Erstwahlmittel* und *Reservemittel* ein. Erstwahlmittel besitzen eine günstige Relation zwischen Wirksamkeit und Verträglichkeit. Zu ihnen zählen *Isoniazid, Rifampicin, Streptomycin* und *Ethambutol.* Zu den Reservemitteln gehören u.a. *Protionamid* und *p-Aminosalicyl-*

säure. Um die Selektion von Mutanten, die gegen ein einzelnes Antituberkulotikum resistent sind, zu vermeiden, werden in der *initialen Intensivbehandlung* Dreierkombinationen eingesetzt. Auswahlkriterien für deren Zusammensetzung sind u.a. Fehlen einer Kreuzresistenz und gleichgerichteter Nebenwirkungen. Wichtigste Dreierkombination ist derzeit *Isoniazid/Rifampicin/Ethambutol.* An die Intensivbehandlung schließt sich eine *Stabilisierungsphase,* bei der eine Zweierkombination ausreichend sein kann, und eine *Sicherungsphase,* bei der die alleinige Gabe von Isoniazid infrage kommt, an.

Biochemische Wirkungen Die Wirkungsweise von *p-Aminosalicylsäure* beruht wie die der Sulfonamide auf einem kompetitiven Antagonismus zu p-Aminobenzoesäure. *Isoniazid* soll nach enzymatischer Hydrolyse zu Isonicotinsäure als Antimetabolit von Nicotinsäure zur Synthese eines $NAD^{\oplus}$-Analogen führen und so die bakterielle Zellatmung hemmen. Dieser Mechanismus kann nicht als gesichert gelten. Die *Rifamycine* und *Rifampicin* hemmen die Initiation der RNA-Synthese bei Bakterien. Als Angriffsort gilt die DNA-abhängige RNA-Polymerase.

Eigenschaften Das chemische Verhalten der *p-Aminosalicylsäure* wird durch die aromatische Amino-Gruppe, die Carboxyl-Gruppe und die phenolische Hydroxyl-Gruppe bestimmt. Die pK_a-Werte betragen 1,8 ($NH_3^{\oplus}$), 3,6 (COOH) und 12,0 (OH). PAS ist mithin eine stärkere Carbonsäure als Essigsäure (pK_a = 4,76). Zersetzung kann durch Decarboxylierung, wobei m-Aminophenol gebildet wird, oder durch oxidative Prozesse (Entstehung braun gefärbter oder schwarzer Abbauprodukte) erfolgen.

Die basischen Eigenschaften von *Isoniazid* werden durch die endständige Amino-Gruppe der Hydrazid-Struktur geprägt. Die Substanz ist oxidationsempfindlich. Im Alkalischen kann Hydrazin abgespalten werden.

Biotransformation *PAS* wird zu über 50 % in N-acetylierter Form ausgeschieden. Mengenmäßig zweitwichtigster Metabolit ist p-Aminosalicylursäure, die durch Konjugation mit Glycin gebildet wird. Durch Decarboxylierung entstehendes m-Aminophenol, das im Harn nachgewiesen werden kann, scheint ein Artefakt zu sein. Als Konjugate werden Ether- und Ester-Glucuronide gefunden.

N-Acetyl-Derivat   p-Aminosalicylsäure   p-Aminosalicylursäure

Isoniazid wird ebenfalls weitgehend biotransformiert. Hauptmetabolit ist auch hier ein N-Acetyl-Derivat. Die Acetylierungsgeschwindigkeit ist genetisch festgelegt. Man unterscheidet eine Gruppe „langsamer Acetylierer" von „schnellen Acetylierern". Weiterhin entsteht in vivo Isonicotinsäure, die nach Kopplung an Glycin als Isonicotinursäure ausgeschieden wird.

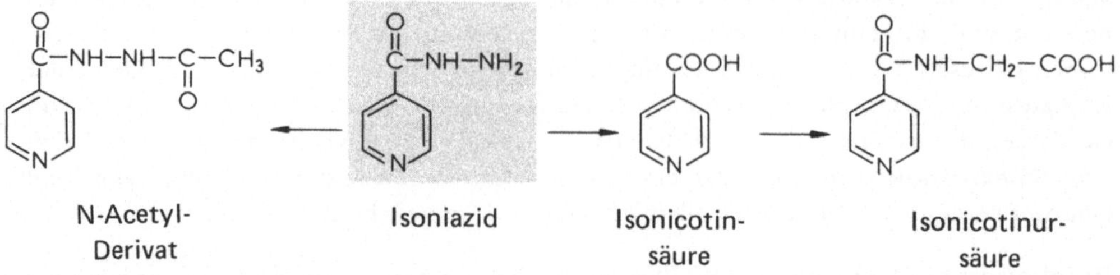

N-Acetyl-
Derivat

Isoniazid

Isonicotin-
säure

Isonicotinur-
säure

Rifampicin wird in vivo fast vollständig desacetyliert. Der so entstehende Metabolit zeigt volle antibakterielle Aktivität.

Synthese In Analogie zur Kolbe-Synthese von Salicylsäure führt die Carboxylierung von m-Aminophenol zu *p-Aminosalicylsäure*.

Zur Darstellung von *Isoniazid* kann man von 4-Methylpyridin (γ-Picolin) ausgehen, das mit Kaliumpermanganat zu Isonicotinsäure oxidiert wird. Das Hydrazid erhält man entweder durch direkte Umsetzung mit Hydrazin oder durch Veresterung und nachfolgende Hydrazinolyse.

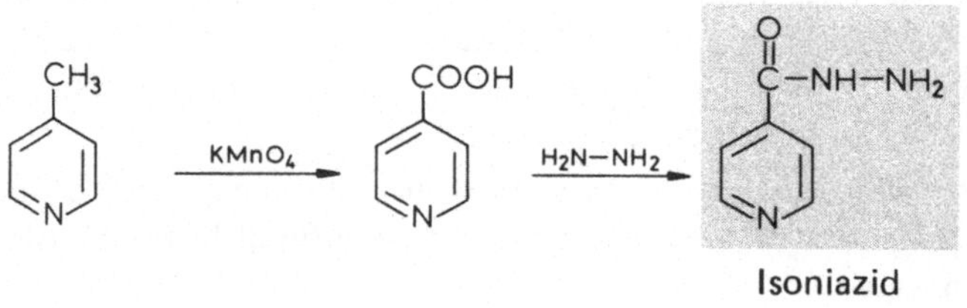

CH_3

$KMnO_4$

$COOH$

$H_2N{-}NH_2$

Isoniazid

Rifampicin wird durch Kondensation von 3-Formyl-rifamycin SV mit 1-Amino-4-methyl-piperazin dargestellt.

Analytik Nach Ph. Eur. wird *p-Aminosalicylsaures Natrium* als primäres aromatisches Amin über eine Diazo-Kupplungsreaktion oder durch Umsetzung mit 4-Dimethylamino-benzaldehyd nachgewiesen.

Isoniazid kann durch Reduktionsproben identifiziert werden. So entsteht mit ammoniakalischer Silbernitrat-Lösung unter Stickstoff-Entwicklung ein Niederschlag von metallischem Silber. Mit 1-Chlor-2,4-dinitro-benzol bildet sich im alkalischen Milieu eine intensiv gefärbte braunrote Lösung. Die Reaktion basiert auf einem nucleophilen Angriff des Hydrazids am desaktivierten Aromaten. Das anionische Reaktionsprodukt ist mesomeriestabilisiert.

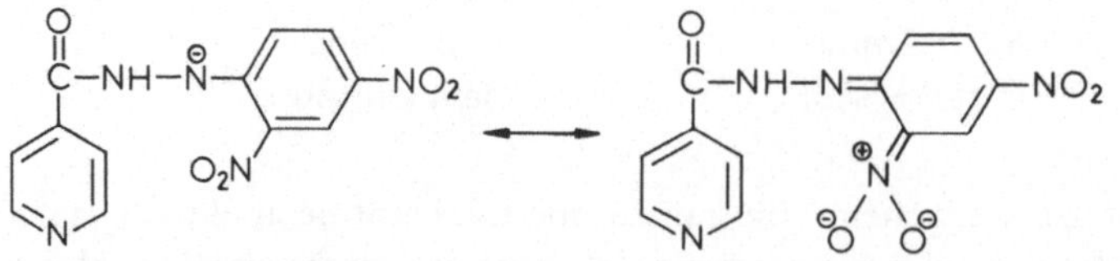

Die vorgenannten Nachweise entsprechen dem DAB 7. Ph. Eur. läßt eine analoge Reduktionsprobe mit Kupfer(II)-citrat-Lösung durchführen. Als weiterer Nachweis ist trockenes

Erhitzen mit Natriumcarbonat angegeben. Dabei bildet sich Pyridin (Geruch). Die Gehaltsbestimmung erfolgt bromometrisch unter Oxidation der Hydrazid-Gruppe zu elementarem Stickstoff.

Gegen Lepra wirksame Mittel

Lepra (Aussatz) ist heute fast ausschließlich auf tropische und subtropische Gebiete beschränkt. Zur Behandlung dieser Infektionskrankheit sind nur wenige, meist als Antituberkulotika entwickelte oder davon abgeleitete Wirkstoffe geeignet. Hierzu zählt *Dapson* (Diaphenylsulfon), ein Sulfon, dessen Wirkungsmechanismus dem der Sulfonamide entsprechen dürfte. Darüberhinaus hat *Clofazimin*, ein Phenazin-Derivat, Bedeutung erlangt. Für die Therapie geeignet ist weiterhin das Antibiotikum *Rifampicin*, das auch in Kombination mit *Isoniazid* und *Sulfamethoxypyrazin* eingesetzt wird.

Gegen Lepra wirksame Mittel

Freiname (Handelsname)	Formel
Dapson (Avlosulfon®)	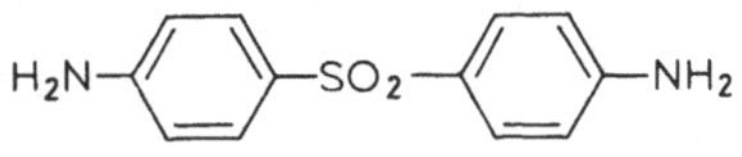
Clofazimin (Lampren®)	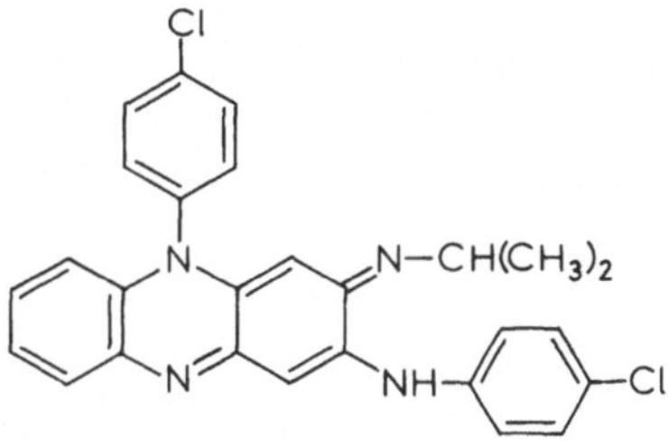

Die Präparate sind in der Bundesrepublik Deutschland nicht registriert.

13.3 Antimykotisch wirksame Stoffe

Die *humanpathogenen Pilze* können unter therapeutischen Gesichtspunkten wie folgt eingeteilt werden:

- *Dermatophyten* (Trichophyton, Microsporon, Epidermophyton)
- *Hefen* (Candida, Torulopsis, Cryptococcus)
- *Schimmelpilze* (Aspergillus, Mucor, Absidia)
- *Dimorphe Pilze* (Histoplasma, Coccidioides, Blastomyces), die außereuropäische Mykosen verursachen.

Als Erreger von *Organmykosen* (Systemmykosen) kommen insbesondere Candida albicans, Aspergillus fumigatus, Cryptococcus-, Torulopsis- und Mucor-Arten in Betracht.

Lokale Mykosen der Haut, ihrer Anhangsgebilde sowie der Schleimhäute werden vor allem durch Trichophyton-Arten (T. mentagrophytes, T. rubrum), Epidermophyton floccosum sowie durch Candida albicans u.a. hervorgerufen.

13.3.1 Antimykotisch wirksame Antibiotika

Die antimykotisch wirksamen Antibiotika umfassen die Gruppe der *Polyen-Antibiotika* sowie *Griseofulvin*.

Polyen-Antibiotika

In der Regel besitzen die Polyen-Antibiotika wie die antibakteriell wirksamen *Makrolide* (vgl. 13.2.5) einen *makrozyklischen Lacton-Ring*. Dieser enthält 5—7 Doppelbindungen und ist mit dem Aminozucker *Mycosamin*, 3-Amino-3,6-didesoxymannose, glykosidisch verknüpft. Die wichtigsten Vertreter der Polyen-Antibiotika sind:

- *Nystatin* (Candio-Hermal®, Moronal®)
- *Amphotericin B* (Ampho-Moronal®)
- *Natamycin* (Pimafucin®)

Ihrem ungesättigten Charakter entsprechend sind die Polyen-Antibiotika licht- und oxidationsempfindlich.

Nystatin A$_1$

Nystatin wurde 1950 aus Kulturen von Streptomyces noursei isoliert. Es konnte später in Nystatin A$_1$ und A$_2$ aufgetrennt werden, von denen nur Nystatin A$_1$ therapeutisch verwendet wird. Im kristallinen Nystatin A$_1$ bildet die Keto-Gruppe an C-13 mit der Hydroxyl-Gruppe an C-17 wahrscheinlich — wie bei Amphotericin B — ein Hemi-Ketal aus. Das konjugierte Dien- und das Tetraen-System sind all-trans konfiguriert.

Amphotericin B, ein Heptaen-Makrolid, wird aus Kulturen von Streptomyces nodosus gewonnen. Aufgrund der Strukturverwandtschaft weist es Kreuzresistenz mit Nystatin auf. Das von Streptomyces natalensis gebildete *Natamycin* (Synonym: Pimaricin) besitzt einen aus 25 C-Atomen bestehenden makrozyklischen Lacton-Ring.

Der *Wirkungsmechanismus* der Polyen-Antibiotika beruht auf einer Komplex-Bildung mit Sterinen in den Zellmembranen der Pilze. Als Folge treten Änderungen der Membranpermeabilität mit Verlust essentieller Zytoplasmabestandteile auf.

Pharmakologie Die Polyene werden nach oraler oder lokaler Applikation nicht nennenswert resorbiert. *Nystatin* und *Natamycin* können wegen toxischer Allgemeinwirkungen nicht parenteral eingesetzt werden. Sie finden vor allem Anwendung zur Lokalbehandlung von Candida-Mykosen. Der durch Candida albicans verursachte *Soor* tritt bevorzugt bei kachektischen Patienten, bei Diabetikern und Säuglingen sowie nach langdauernder Antibiotika- oder Glukokortikoid-Therapie auf. Prädilektionsstellen sind Mundhöhle, Vagina, Darm und die Räume zwischen Fingern und Zehen (Interdigitalräume). *Amphotericin B* wird bei schweren Organmykosen in Form der Dauertropfinfusion systemisch angewendet. Das Wirkungsspektrum umfaßt vor allem pathogene Hefen. Da gut wirksame System-Antimykotika fehlen, wird Amphotericin B auch bei anderen generalisierten Mykosen eingesetzt. Als häufige Nebenwirkungen sind Fieber, Krämpfe und Schüttelfrost zu nennen. Die Substanz besitzt eine hohe Nephrotoxizität.

Griseofulvin

Das bereits 1939 erstmals isolierte *Griseofulvin* wird aus Kulturen bestimmter Stämme von Penicillium griseofulvum sowie Penicillium patulum gewonnen.

Griseofulvin ist eine *Spiroverbindung*. Das Spiroatom gehört einem Benzofuran- und einem Cyclohexen-Ring gemeinsam an.

Von den Stereoisomeren zeigt nur das natürliche *(+)-Griseofulvin* (absolute Konfiguration: 2 S, 6′ R) biologische Aktivität.

Die Resorption der wenig wasserlöslichen Substanz hängt von der Teilchengröße ab. *Mikronisierte Präparate* mit einem mittleren Durchmesser von 2,7 μm werden 2−3 mal besser resorbiert als nicht mikronisierte. Bei der in Ph. Eur. beschriebenen Substanz soll eine mittlere Teilchengröße von 5 μm vorherrschen. Der *Wirkungsmechanismus* von Griseofulvin beruht möglicherweise auf einer Hemmung der Chitin-Biosynthese des Pilzes.

Pharmakologie Das oral systemisch wirksame *Griseofulvin* wird zur Behandlung schwerer *Dermatophyten-Infektionen* eingesetzt. Die fungistatisch wirksame Substanz lagert sich in die hornbildenden Zellschichten der Haut, der Haarwurzeln und des Nagelbettes ein. Mit jenen wandert sie im Verlauf des Verhornungsprozesses in die oberflächlicheren Hornhautschichten und schützt diese durch aufsteigende Imprägnierung. Griseofulvin ist das einzige Antimykotikum, das bei *Onychomykosen* (Pilzerkrankung der Nägel) und anderen tiefen, lokal nicht mehr zugänglichen *Dermatophytosen* wirksam ist. Die Therapiedauer beträgt bei Hautmykosen 4−6 Wochen, bei Nagelmykosen 4−6 Monate. Die Therapie soll durch lokale antimykotische Maßnahmen unterstützt werden.

Analytik Zur *Prüfung auf Identität* nach Ph. Eur. wird *Griseofulvin* in Schwefelsäure gelöst und mit Kaliumdichromat versetzt, wobei eine weinrote Färbung auftritt. Dabei soll sich nach Demethylierung der Methoxy-Gruppe an C-4 ein labiles 4,5-ortho-Chinon bilden. Die *Reinheitsprüfung* erfolgt u.a. durch Bestimmung der spezifischen Drehung. Der *Gehalt* wird UV-spektrometrisch bei 291 nm bestimmt.

13.3.2 Synthetische Antimykotika

Für die *Lokalbehandlung von Pilzerkrankungen* werden häufig *Desinfektionsmittel mit antifungaler Wirkung* eingesetzt. Diese enthalten u.a. halogenierte Phenole, Hydroxychinolin-Derivate, Invert- und Ampholytseifen oder Triphenylmethan-Farbstoffe wie Brillantgrün, Kristallviolett und Fuchsin. Daneben finden auch Teer- und Schwefel-Präparate Anwendung. Seit der Entwicklung spezifischer Antimykotika kommt diesen Präparaten vorwiegend unterstützende Bedeutung zu.

Synthetische Antimykotika		
Stoffklasse	Freiname (Handelsname)	Formel
Halogenierte Phenole	Dichlorophen (Ovis®)	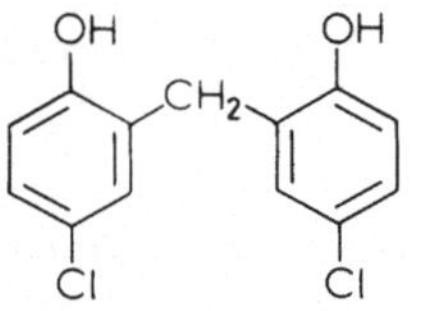
Phosphonium-Verbindungen	Dodecyl-triphenyl-phosphoniumbromid (Bestandteil von Myxal®)	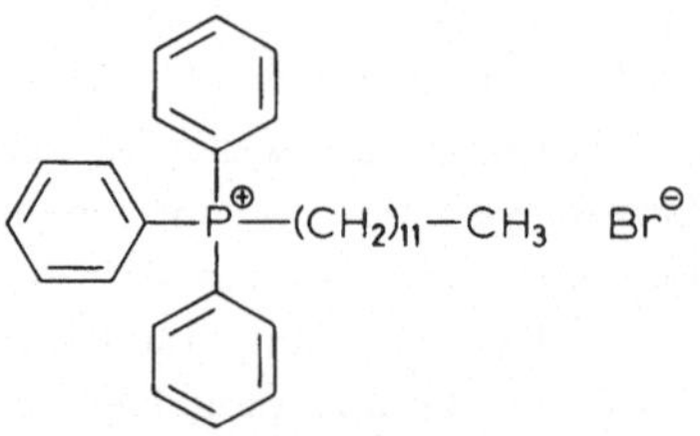
Fettsäuren	Undecylensäure (Benzoderm®)	$H_2C=CH-(CH_2)_8-COOH$
Thioncarbamin-säure-Derivate	Tolnaftat (Tonoftal®)	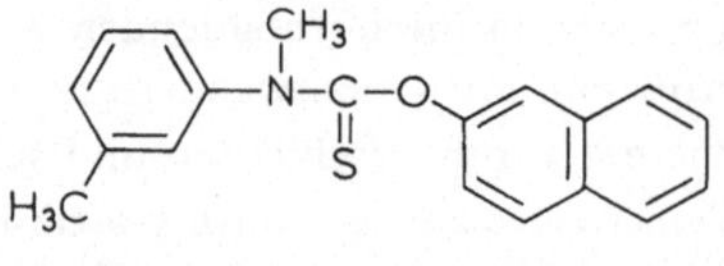
Pyrimidin-Derivate	Flucytosin (Ancotil®)	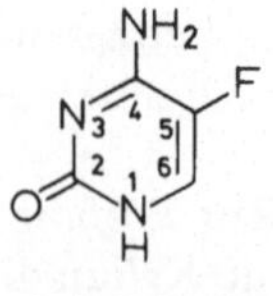

Fortsetzung der Tabelle

Stoffklasse	Freiname (Handelsname)	Formel
Imidazol-Derivate	Clotrimazol (Canesten®)	
	Miconazol (Daktar®, Epi-Monistat®)	

Dichlorophen, 2,2′-Methylen-bis(4-chlorphenol), und *Dodecyl-triphenyl-phosphonium-bromid* werden insbesondere zur unterstützenden Behandlung von Interdigitalmykosen sowie zum Schutz vor Neuansteckung verwendet. *Undecylensäure* (Ph. Eur.), 10-Undecensäure, ist natürlicher Bestandteil des Exkretes menschlicher Schweißdrüsen mit fungistatischen Eigenschaften.

Das Wirkungsspektrum von *Tolnaftat*, einem Thioncarbamat, umfaßt vor allem Dermatophyten, nicht aber Candida-Arten. Die Substanz dringt besser als andere lokale Antimykotika in tiefere Hautschichten ein. Bei Dermatomykosen, die durch sensible Keime hervorgerufen werden, ist sie hochwirksam.

Flucytosin, 5-Fluor-cytosin, ist ein *Antimetabolit des Cytosins*. Von Pilzen, die Cytosin aus der Umgebung aufnehmen und zu Uracil oxidativ desaminieren, wird Flucytosin ebenfalls aufgenommen, zu 5-Fluor-uracil desaminiert und anschließend in ribosomale RNA und t-RNA eingebaut, wodurch es zur Hemmung der ribosomalen Protein-Biosynthese kommt. Die Metabolisierung zu 5-Fluor-uracil ist beim Menschen von untergeordneter Bedeutung. Das systemisch wirksame Flucytosin, das rasche Resistenzentwicklung zeigt, ist nur gegen Hefen und einige Aspergillus-Arten wirksam. Bei generalisierter Candidose kann es auch in *Kombination mit Amphotericin B* verabreicht werden.

Imidazol-Antimykotika

Die 1-substituierten Imidazole sind *Breitspektrum-Antimykotika,* deren Wirksamkeit sich auf nahezu alle humanpathogenen Pilze erstreckt. Die Imidazole weisen hohe Wirkungsintensität auf, die Resistenzentwicklung ist gering.

Clotrimazol, 1-[(2-Chlorphenyl)-diphenylmethyl]-imidazol, wird vor allem lokal ange-
wendet, da die bei oraler Applikation erreichbare Serumkonzentration zu niedrig liegt.
Es bewirkt eine Enzyminduktion in der Leber und wird in Form unwirksamer Hydroxy-
Derivate biliär eliminiert. *Miconazol* wird in Ausnahmefällen bei generalisierten Mykosen
auch zur Infusionstherapie eingesetzt. Neuere Miconazol-Analoge sind *Econazol* (Epi-
Pevaryl®) und *Isoconazol* (Travogen®).

Biochemische Wirkungen Die *Imidazol-Antimykotika* blockieren die Synthese spezifischer Steroide der Pilzmembran auf der Stufe der Bildung von *Ergosterin* aus *Lano-
sterin*. Dadurch wird die Membranneubildung bei proliferierenden Pilzzellen gehemmt.
Es kommt zu Permeabilitätsstörungen, zu Auflösungserscheinungen der Membran sowie
zu Zytolyse.

Synthese *Clotrimazol* wird durch Kondensation von Imidazol mit 2-Chlorphenyl-
diphenylmethylchlorid in Triethylamin als HCl-Fänger erhalten.

Clotrimazol

13.4 Stoffe zur Behandlung von Protozoenerkrankungen

Protozoen sind einzellige tierische Lebewesen. Im Gegensatz zu Bakterien weisen sie als
Eukaryonten einen Zellkern sowie ein stark differenziertes Zytoplasma auf.

Nachfolgend sind die wichtigsten Gattungen humanpathogener Protozoen sowie die zugehörigen Krankheiten tabelliert.

Protozoen-Gattung	Krankheit
Plasmodien	Malaria
Trypanosomen	Schlafkrankheit, Chagas-Krankheit
Leishmanien	z.B. Kala Azar
Entamöben	Amöbiasis (z.B. Amöbenruhr)
Trichomonaden	Trichomoniasis
Toxoplasmen	Toxoplasmose

Blutparasiten wie Plasmodien und Trypanosomen weisen einen obligatorischen Wirts-
wechsel zwischen Mensch und Insekten (Zwischenwirte, Vektoren) auf.

13.4.1 Stoffe zur Behandlung der Malaria

Die *Malaria* ist mit jährlich über 100 Millionen Erkrankungen eine der am weitesten verbreiteten menschlichen Infektionskrankheiten. 1955 wurde von der Weltgesundheitsorganisation (WHO) ein Programm zur Ausrottung der Malaria initiiert. Es bestand insbesondere in der chemotherapeutischen Behandlung aller an Malaria erkrankten Personen sowie in der Bekämpfung der die Plasmodien übertragenden Anopheles-Mücken durch Insektizide wie z.B. *Clofenotan* (DDT, vgl. 15.3.1).

Die Zahl der registrierten Malariafälle ging daraufhin stark zurück und erreichte 1966 einen Tiefstand. Viele Länder wurden malariafrei. Seit jener Zeit breitet sich die Krankheit wieder stark aus, wofür vor allem folgende Faktoren in Betracht kommen:

— Resistenz der Plasmodien gegen Chemotherapeutika
— Resistenz der Mücken gegen Insektizide
— Vermehrung der Mücken durch Bau von Bewässerungsanlagen

Die Neuausbreitung der Malaria sowie die verstärkte Reisetätigkeit sind die Ursachen der sich ständig erhöhenden Zahl der Malariaeinschleppungen.

Malaria (= M.)	M. tertiana	M. quartana	M. tropica
Erreger (Plasmodium = Pl.)	Pl. vivax oder Pl. ovale	Pl. malariae	Pl. falciparum
Inkubationszeit (bis zum ersten charakteristischen Fieberanfall)	9—16 Tage	23—40 Tage	7—12 Tage
Auftreten der *Fieberanfälle*	jeden 3. Tag	jeden 4. Tag	unregelmäßig
Rezidive	insbesondere Frührezidive	Spätrezidive (noch nach 15—20 Jahren)	sehr selten

M. tertiana und quartana führen i.a. nicht zum Tode, neigen aber stark zu Rezidiven. Die in den Tropen vorherrschende M. tropica zeigt den gefährlichsten Krankheitsverlauf (u.a. Leber- und Milzschwellung, Bewußtseinsstörungen, intravasale Hämolyse „Schwarzwasserfieber"). Sie kann beim Nicht-Immunen innerhalb weniger Tage zum Tode führen.

Entwicklungszyklus der Plasmodien Durch den Stich infizierter weiblicher Anopheles-Mücken (Moskitos) gelangen *Sporozoiten* mit dem Speichel der Mücke in das Blut des Menschen. Sie befallen Leberzellen und vermehren sich hier stark (*präerythrozytäre Phase*). Schließlich wandeln sie sich über die Stufe der *Gewebeschizonten* in *Merozoiten* um, die aus den Leberzellen in das Blut übergehen. In den Erythrozyten bilden sich aus den Merozoiten über die *Trophozoiten* als Zwischenstufe letztlich *erythrozytäre Schizonten*, die beim Platzen der Erythrozyten freigesetzt werden und die charakteristischen

Fieberanfälle verursachen. Die *erythrozytäre Phase* endet mit der Umbildung dieser Schizonten zu Merozoiten, die erneut in Erythrozyten eindringen.

Aus Trophozoiten können sich als Geschlechtsformen *Mikro-* und *Makrogametozyten* bilden. Nur in der Mücke, die die Gametozyten mit dem Blut des kranken Menschen aufnimmt, kann die Reifung zu *Mikro-* und *Makrogameten* und deren Kopulation erfolgen. Über Zwischenformen entwickeln sich schließlich wieder *Sporozoiten,* die erneut auf den Menschen übertragen werden können und sich dort asexuell vermehren.

Ursache der Fieberrhytmik bei M. tertiana und M. quartana ist die nach einer Anfangsphase synchronisierte Entwicklung der Parasiten im Menschen. Für das Auftreten von Rezidiven sind die in Leberzellen parasitierenden *Gewebeschizonten* verantwortlich.

Gegen Malaria wirksame Stoffe		
Stoffklasse	Freiname (Handelsname)	Formel
4-Aminochinoline	Chloroquin (Resochin®)	
8-Aminochinoline	Primaquin	
Diaminopyrimidine	Pyrimethamin (Daraprim®; zusammen mit Sulfadoxin (vgl. 13.2.6) Bestandteil von Fansidar®)	
China-Alkaloide	Chinin (z.B. Chininum sulfuricum „Buchler")	

Chinin war lange Zeit die einzige malariawirksame Substanz. Als erstes blutschizontozid wirksames Synthetikum erlangte das 1931 synthetisierte 9-Aminoacridin-Derivat *Mepacrin*

(Atebrin®), das eine Gelbfärbung der Haut bewirkt, therapeutische Bedeutung. *Chloroquin* wurde schon 1937 synthetisiert, jedoch erst nach dem zweiten Weltkrieg zur Behandlung der Malaria eingeführt. Es löste Mepacrin und für längere Zeit auch Chinin ab.

Das erste synthetische Malariamittel überhaupt war das 1926 in die Therapie eingeführte 8-Aminochinolin-Derivat *Pamaquin* (Plasmochin®). Es wurde später durch das besser verträgliche *Primaquin* ersetzt. Die Malariamittel vom Chinolin-Typ haben — wie auch Mepacrin — als gemeinsamen Baustein das (ggf. substituierte) *1,4-Diaminopentan*. Der Abstand von 4 C-Atomen zwischen beiden N-Atomen erwies sich als optimal.

China-Alkaloide Die Alkaloide werden aus der Rinde von Cinchona succirubra (*„Apothekenrinde"*) sowie Cinchona calisaya bzw. Cinchona ledgeriana und den Hybriden dieser beiden Arten gewonnen (*„Fabrikrinde"*). Von den etwa 30 China-Alkaloiden besitzen vor allem *Chinin, Chinidin, Cinchonin* und *Cinchonidin* pharmazeutisches Interesse. Chinin wurde 1819 von Runge und unabhängig davon 1820 von Pelletier und Caventou entdeckt. An der Konstitutionsermittlung waren vor allem Skraup und Königs sowie Rabe und Mitarb. beteiligt. Die Totalsynthese gelang 1944/45 Woodward und v. Doering, nachdem Rabe bereits 1931 Dihydrochinin dargestellt hatte.

Das Grundgerüst der China-Alkaloide besteht aus einem *Chinolin-* und einem *Chinuclidin-Ringsystem*, die über eine Hydroxymethylen-Gruppe verknüpft sind. Der Chinolin-Ring ist bei Cinchonin und Cinchonidin unsubstituiert, bei Chinin und Chinidin dagegen an C-6' methoxyliert. Die C-Atome 3,4,8 und 9 sind asymmetrisch. Die Konfiguration der China-Alkaloide an den C-Atomen 3 und 4 (absolute Konfiguration: 3 R, 4 S) ist gleich. Dagegen unterscheiden sich Chinin und Cinchonidin (absolute Konfiguration: 8 S, 9 R) von Chinidin (vgl. 8.1.1) und Cinchonin (absolute Konfiguration: 8 R, 9 S) durch entgegengesetzte Konfiguration an den C-Atomen 8 und 9. Chinin und Chinidin stellen somit — wie auch Cinchonin und Cinchonidin — ein Diastereomeren-Paar dar. Die Wirksamkeit der China-Alkaloide gegen humanpathogene Plasmodien nimmt in der Reihenfolge Chinin > Chinidin > Cinchonin > Cinchonidin ab.

$H_2C=HC$

R = OCH₃   Chinin
R = H   Cinchonidin
Absol. Konfiguration: 3 R, 4 S, 8 S, 9 R

R = OCH₃   Chinidin
R = H   Cinchonin
Absol. Konfiguration: 3 R, 4 S, 8 R, 9 S

Unter dem Einfluß von Säuren können durch Reaktion der Hydroxyl-Gruppe an C-9 mit dem C-10 der Vinyl-Gruppe zyklische Ether gebildet werden. Dies ist — wie aus den Konfigurationsformeln ersichtlich — aus sterischen Gründen nur bei Chinidin und Cinchonin möglich.

Als Nebenalkaloide treten die sogenannten *„Epibasen"* auf. Sie unterscheiden sich von den zuvor genannten Alkaloiden durch entgegengesetzte Konfiguration an C-9. Die China-Alkaloide sind in der Droge weiterhin stets von entsprechenden *Dihydro-Alkaloiden* („Hydrobasen", mit Ethyl-Gruppe an C-3) begleitet.

Eigenschaften der China-Alkaloide
Der Stickstoff des Chinuclidin-Rings ($pK_a = 8,4$ für N-1) ist deutlich basischer als der Stickstoff des Chinolin-Rings ($pK_a = 4,2$ für N-1'). Folglich wird der Chinuclidin-Ring zuerst protoniert.

Eine wäßrige Lösung von Chinin zeigt in Gegenwart Sauerstoff-haltiger Säuren (z. B. H_2SO_4) eine intensiv *blaue Fluoreszenz*, die durch Halogenid-Ionen gelöscht wird. Beim Erhitzen mit Säuren entsteht aus Chinin in einer Reaktion, die Ähnlichkeit mit der Hydraminspaltung aufweist, *Chinotoxin.* Hierbei wird der Chinuclidin-Ring zwischen N-1 und C-8 geöffnet.

Aufgrund seines bitteren Geschmacks wird Chinin zur Herstellung von Tonicwater und verschiedenen Amara verwendet.

Malaria-Prophylaxe
Die Malaria ist die einzige Infektionskrankheit, für die eine Chemoprophylaxe empfohlen wird. Eine *kausale Prophylaxe* mit dem Ziel, die frühen Entwicklungsstadien der Plasmodien abzutöten und damit eine Blutinfektion zu verhüten, ist mit den heute zur Verfügung stehenden Mitteln praktisch nicht möglich. Die sogenannte Malaria-Prophylaxe bewirkt die Suppression einer stattgefundenen Infektion (*Suppressiv-Prophylaxe*). Das Ablaufen des Blutzyklus wird verhindert, so daß keine Fieberanfälle auftreten. Die Prophylaxe soll derzeit wie folgt durchgeführt werden:

- bei Reisen nach Afrika und Mittelamerika (nördlich vom Panamakanal) mit *Chloroquin*

- bei Reisen nach Asien und Lateinamerika (südlich vom Panamakanal) mit *Fansidar*®

Die Chemoprophylaxe beginnt eine Woche vor der Abreise und wird nach Rückkehr 3–6 Wochen fortgesetzt.

Chloroquin war lange Zeit Mittel der Wahl zur Malaria-Prophylaxe. Es ist gegen die Blutformen hochwirksam. Da keine Parasiten im Blut auftreten, kommt es auch nicht zum klinischen Bild der Malaria. Chloroquin beeinflußt jedoch die Gewebsformen der Plasmodien nicht. Bei Malaria tertiana und M. quartana können nach Beendigung der Suppression aufgrund extraerythrozytärer Formen in der Leber neue Blutzyklen und damit Fieberanfälle auftreten.

Chloroquin-resistente Stämme von Plasmodium falciparum haben sich in neuerer Zeit in zahlreichen Regionen zunehmend verbreitet. Für diese Gebiete wird Fansidar® zur Prophylaxe empfohlen.

Malaria-Therapie
Beim akuten Malaria-Anfall ist das *blutschizontozide Chloroquin* das Mittel der Wahl. Gegen Chloroquin resistente Pl. falciparum-Stämme wird das ebenfalls *blutschizontozide Chinin* eingesetzt. Wegen der hohen Rückfallhäufigkeit ist ggf. eine zusätzliche Therapie mit Fansidar®, das 500 mg *Sulfadoxin* und 25 mg *Pyrimethamin* enthält, angezeigt. Fansidar® ist vor allem *gewebeschizontozid* und *sporontozid* wirksam. Die synergistische Wirkung der beiden Bestandteile soll die Resistenzentwicklung verzögern.

Zur *Vermeidung von Rezidiven* vor allem nach überstandener Malaria tertiana und M. quartana ist eine Therapie mit *Primaquin* zu erwägen. Primaquin vermag als einziges Malariamittel die *persistierenden Gewebsformen* zu beseitigen. Da es sehr toxisch ist, wird es nur zur *Radikalheilung der Malaria* eingesetzt. Primaquin ist zugleich als einzige Substanz auch *gametozid* wirksam. Dadurch wird die Infektionskette Mensch → Mücke unterbrochen. Bei genetisch fixiertem Mangel an Glucose-6-phosphat-Dehydrogenase in den Erythrozyten, der etwa im Mittelmeerraum gehäuft auftritt, kann es nach Primaquin-Applikation zu intravasaler Hämolyse kommen.

Chinin, Chloroquin und *Primaquin* hemmen die Nucleinsäure-Synthese durch Komplex-Bildung mit DNA. Chinin ist darüberhinaus ein „Protoplasmagift", das vor allem in den Kohlenhydrat-Stoffwechsel hemmend eingreift. Es ist auch analgetisch/antipyretisch wirksam. Als schwere Nebenwirkungen (*Cinchonismus*) sind u.a. neurotoxische Wirkungen, insbesondere auf das Seh- und Hörorgan sowie intravasale Hämolyse zu nennen. Chloroquin wird in Depots (Leber, Niere, Milz) stark gespeichert. Es wird auch zur Basistherapie bei rheumatoider Arthritis sowie zur Behandlung des Lupus erythematodes eingesetzt.

Pyrimethamin hemmt die Tetrahydrofolat-Dehydrogenase (vgl. 13.2.6 und 13.2.7). Es wird in Kombination mit Sulfonamiden auch zur Therapie der Toxoplasmose verwendet.

Synthese   *Chloroquin* wird durch Kondensation von 4,7-Dichlorchinolin mit 4-Amino-1-diethylamino-pentan („*Novaldiamin-Base*") dargestellt. Bei der regiospezifisch verlaufenden Kondensation reagiert ausschließlich das Chlor-Atom an C-4.

Analytik   Zur Identifizierung von *Chininhydrochlorid* (Ph. Eur.) und *Chininsulfat* (DAB 8) wird die *Thalleiochin-Reaktion* durchgeführt. Dazu wird die wäßrige Lösung der Chinin-Salze mit Bromwasser und Ammoniakflüssigkeit im Überschuß versetzt, wobei eine smaragdgrüne Färbung auftritt. Der Nachweis fällt nur bei den an C-6′ methoxylierten Alkaloiden positiv aus. Chininsulfat kann auch aufgrund der intensiv blauen *Fluoreszenz* der schwefelsauren Lösung identifiziert werden.

Die Begrenzung des Gehalts an *Nebenalkaloiden* ist durch Bestimmung der spezifischen Drehung möglich. Über eine bromometrische Bestimmung der vinylgruppenhaltigen Alkaloide kann der Gehalt an *Dihydro-Alkaloiden* ermittelt werden. Nach Ph. Eur. darf Chininhydrochlorid höchstens 4 % *Hydrochininhydrochlorid* enthalten.

13.4.2 Stoffe zur Behandlung von Trypanosomen- und Leishmanien- Infektionen

Die wichtigsten Trypanosomen-Erkrankungen des Menschen sind die *Schlafkrankheit* und die *Chagas-Krankheit*. Die Erreger der afrikanischen Schlafkrankheit werden durch infizierte *Tsetse-Fliegen* (*Zwischenwirt*) auf den Menschen (*Hauptwirt*) übertragen. Als Erregerreservoir können einige Säugetiere (*Reservewirt*) fungieren.

Die Schlafkrankheit verläuft in zwei Infektionsstadien, dem

- *hämolymphatischen Stadium,* in dem sich die Parasiten über Blut- und Lymphsystem ausbreiten (Generalisierung), und dem
- *meningo-enzephalitischen Stadium,* in dem die Parasiten in den Liquor cerebrospinalis gelangen. Der Einbruch in das ZNS ist mit nervösen und psychischen Störungen verbunden (Schlafstadium).

Die durch *Trypanosoma* (= *Tr.*) *gambiense* hervorgerufene westafrikanische Schlafkrankheit zeigt einen chronischen Verlauf. Dagegen folgen bei der durch *Tr. rhodesiense* verursachten gefährlicheren ostafrikanischen Schlafkrankheit beide Stadien innerhalb von Wochen aufeinander. Große volkswirtschaftliche Bedeutung besitzt zudem die durch *Tr. congolense* und *Tr. vivax* hervorgerufene *Rindertrypanosomiasis.*

Die zahlenmäßig wichtigste Trypanosomen-Erkrankung des Menschen ist die in Südamerika verbreitete *Chagas-Krankheit.* Von der durch *Tr. cruzi* verursachten Krankheit, die durch verschiedene Arten von *Raubwanzen* übertragen wird, sind über 10 Millionen Menschen betroffen.

Als Folge einer *Infektion mit Leishmanien* können beim Menschen folgende Krankheitsbilder auftreten: Kala-Azar, Orientbeule und die südamerikanische Hautleishmaniose Espundia. Während die beiden letztgenannten auf die Haut beschränkt bleiben, befällt *Leishmania donovani,* der Erreger der in Indien verbreiteten *Kala-Azar,* das RES (Milz, Leber, Lymphknoten, Knochenmark) und vermehrt sich hier, wodurch es zum Absterben der Zellen kommt.

Entwicklung trypanozider Arzneistoffe   Die moderne Chemotherapie begann mit der Einführung organischer Arsen-Verbindungen. 1907 klärten Ehrlich und Bertheim die Struktur der *Arsanilsäure,* (4-Aminophenyl)-arsonsäure, auf, die nach Uhlenhut etwa 40 mal untoxischer als *Arsensäure* (H_3AsO_4) ist. Das Na-Salz der Arsanilsäure (*Atoxyl*®) wurde von Robert Koch auf seiner Afrikareise (1906−1908) erstmals gegen Schlafkrankheit eingesetzt.

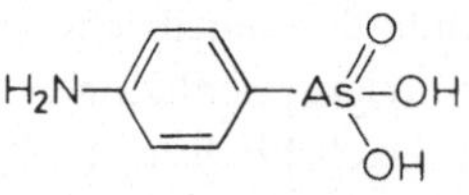

Arsanilsäure 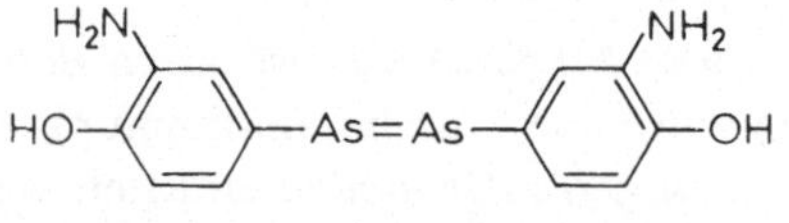   Arsphenamin (Salvarsan®) 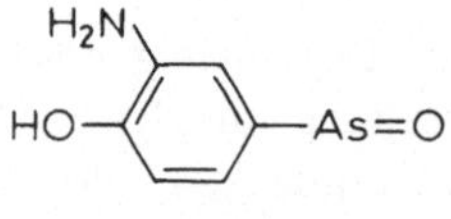   Oxophenarsin

In ersten Screening-Versuchen stellten Paul Ehrlich u. Mitarb. über 1000 organische Arsen-Verbindungen her und prüften sie auf ihre Wirksamkeit gegen Trypanosomen und gegen Treponema pallidum (Erreger der Syphilis = Lues). Von den untersuchten Verbindungen besaß das 1909 von Ehrlich und Hata dargestellte *Arsphenamin* (Salvarsan®) ausgezeichnete antisyphilitische Aktivität. Die traditionelle Salvarsan®-Formel ist wegen der As=As-Doppelbindung schon aus theoretischen Gründen unbefriedigend. Neuere Ergebnisse zeigen, daß Arsphenamin als komplexes Gemisch zyklischer und linearer Oligo- und Polymerer vorliegt. Charakteristisch sind As-As-Einfachbindungen; daneben kommen auch Moleküle mit As-O-As-Bindungen vor. Salvarsan® gilt als das erste erfolgreiche Chemotherapeutikum. Es wird im Körper durch oxidative Spaltung zu *Oxophenarsin,* der eigentlichen Wirkform, metabolisiert.

Die Untersuchungen von Ehrlich u. Mitarb. erbrachten zusammenfassend folgende Ergebnisse: Nur *dreiwertige Arsen-Verbindungen* sind biologisch aktiv. Die Wirksamkeit fünfwertiger Arsen-Verbindungen in vivo beruht auf der Reduktion zu dreiwertigem Arsen. Während 4-Aminophenylarsen-Verbindungen antitrypanosomale Wirksamkeit besitzen, weisen 4-Hydroxyphenylarsen-Verbindungen antiluetische Aktivität auf.

1919 fanden Jacobs und Heidelberger am Rockefeller Institut in New York das aus Atoxyl® und Chloracetamid erhältliche *Tryparsamid,* das als Mittel der zweiten Wahl zur Behandlung des meningo-enzephalitischen Stadiums der Schlafkrankheit bis heute von Bedeutung ist.

$$H_2N-\underset{O}{\overset{O}{C}}-CH_2-HN-\!\!\left\langle\right\rangle\!\!-\underset{ONa}{\overset{O}{As}}-OH \qquad \text{Tryparsamid}$$

Mittel der ersten Wahl zur Behandlung dieses Stadiums wurde das von Friedheim 1949 entwickelte *Melarsoprol,* das im Organismus möglicherweise in seine Bausteine *Melarsenoxid* und *Dimercaprol* (vgl. 13.6.2) gespalten wird. Durch die Verknüpfung der Arsen-Verbindung mit Dimercaprol konnte die Toxizität — bei erhaltener chemotherapeutischer Aktivität — vermindert werden.

In Verfolgung des Prinzips der selektiven Anfärbung von Parasiten wurden zahlreiche *anionische Farbstoffe* untersucht. Von diesen erwiesen sich vor allem Azofarbstoffe auf der Grundlage von Aminonaphthalinsulfonsäuren wie z.B. Trypanrot oder Trypanblau als wirksam. Durch Ersatz der Azo-Gruppe gegen Säureamid-Brücken gelangte man zu ungefärbten Substanzen. Unter etwa 2000 Verbindungen, die von Roehl auf trypanozide Aktivität untersucht wurden, besaß *Suramin-Natrium,* das 1921 als Germanin® zur Behandlung der Schlafkrankheit eingeführt wurde, einen ungewöhnlich günstigen chemotherapeutischen Index.

Durch Zufall stieß Ehrlich schließlich auf die Stoffklasse der Acridine. *Kationische Farbstoffe* dieses Typs zeigten ebenfalls chemotherapeutische Aktivität. Besonders bekannt wurde *Acriflavin* (Trypaflavin®), ein Gemisch aus 3,6-Diaminoacridin und dem quartären 10-Methyl-Derivat.

Arcriflavin
(Trypaflavin®, Panflavin®)

Trypaflavin® besitzt relativ schwache trypanozide Aktivität. Aufgrund seiner ausgeprägten antibakteriellen Wirksamkeit wird es noch heute als Antiseptikum eingesetzt. Zur Verwendung von Acridin-Farbstoffen in der Wundbehandlung vgl. 13.6.5.

Ausgehend von der Entdeckung, daß *Biguanide* (vgl. 12.6.4) bestimmte Trypanosomen-Infektionen auszuheilen vermögen, kam man schließlich über das Bauprinzip zweier Benzamidine, die in 4,4′-Stellung über eine Kette verknüpft sind, zu wirksamen Verbindungen, von denen insbesondere *Pentamidin* therapeutische Bedeutung erlangte. Durch Selbstkupplung von 4-Aminobenzamidin mit der diazotierten Base erhielt Jensch die Diazoamino-Verbindung *Diminazen,* die als N-Acetylglycin-Salz unter der Bezeichnung Berenil® im Handel ist.

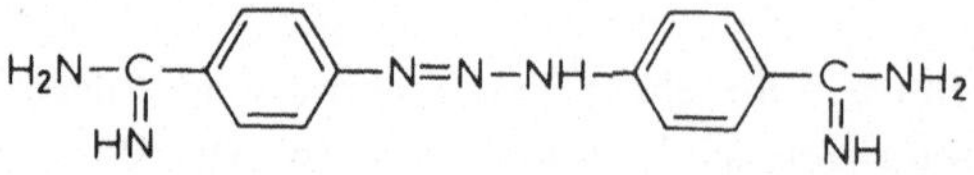

$$H_2N-\underset{\underset{HN}{\|}}{C}-\!\!\left\langle\bigcirc\right\rangle\!\!-N\!=\!N\!-\!NH-\!\!\left\langle\bigcirc\right\rangle\!\!-\underset{\underset{NH}{\|}}{C}-NH_2 \qquad \text{Diminazen (Berenil®)}$$

Das eine Triazen-Brücke aufweisende Berenil® wird vor allem zur Behandlung von Rinderinfektionen mit Tr. congolense und Tr. vivax eingesetzt.

Gegen Trypanosomen wirksame Stoffe		
Stoffklasse	Freiname (Handelsname*)	Formel
Von Farbstoffen abgeleitete Verbindungen	Suramin-Natrium (Germanin®)	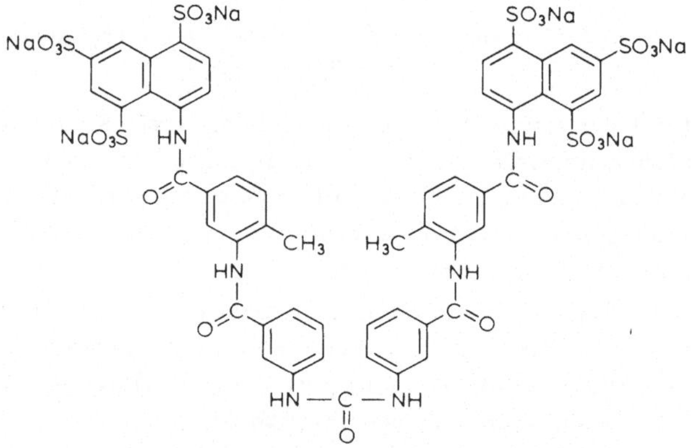 *[Strukturformel]*
Aromatische Diamidine	Pentamidin (Lomidin®)	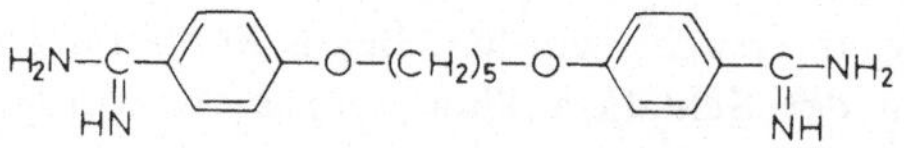 *[Strukturformel]*
Organische Arsen-Verbindungen	Melarsoprol (Mel B)	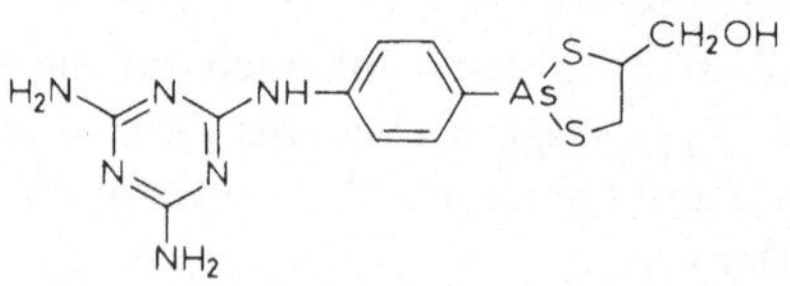 *[Strukturformel]*
Nitrofuran-Derivate	Nifurtimox (Lampit®)	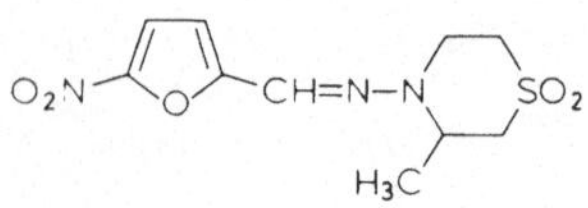 *[Strukturformel]*
* Die Handelspräparate sind in der Bundesrepublik Deutschland z.T. nicht registriert		

Suramin ist aus den Bausteinen 1-Aminonaphthalin-4,6,8-trisulfonsäure, 3-Amino-4-methyl-benzoesäure und 3-Aminobenzoesäure aufgebaut. Die beiden 3-Aminobenzoesäuren sind mittels $COCl_2$ zum Harnstoff verknüpft. Das 5-Nitrofurfural-Derivat *Nifurtimox* wird zur Therapie der Chagas-Krankheit eingesetzt.

Behandlung von Trypanosomen-Infektionen *Suramin-Natrium* (i.v.) ist Mittel der Wahl bei der Behandlung des hämolymphatischen Stadiums von Tr. gambiense. Die Wirkung ist bei Infektion mit Tr. rhodesiense weniger befriedigend. Suramin-Natrium kann auch zur Prophylaxe eingesetzt werden. Eine einmalige Injektion schützt bis zu 3 Monaten vor einer Infektion mit Tr. gambiense. *Pentamidin* ist ebenfalls zur Behandlung des hämolymphatischen Stadiums von Tr. gambiense und zur Prophylaxe geeignet. Bei Infektion mit Tr. rhodesiense ist die Wirkung gering.

Mittel der Wahl zur Behandlung des meningo-enzephalitischen Stadiums ist *Melarsoprol*, das im Gegensatz zu Suramin und Pentamidin die Blut-Hirn-Schranke zu überschreiten vermag. Als schwere Nebenwirkungen können Leberschäden und toxische Enzephalopathien auftreten.

Gegen Tr. cruzi sind die zuvor genannten Verbindungen unwirksam. Die Behandlung der Chagas-Krankheit wird primär mit *Nifurtimox* durchgeführt. Als Zweitwahlmittel gilt *Metronidazol* (vgl. 13.4.4).

Behandlung von Leishmanien-Infektionen Bei der Therapie der Kala-Azar stehen *fünfwertige Antimon-Verbindungen* im Vordergrund. Wegen der vergleichsweise guten Verträglichkeit besitzt *Natriumstibogluconat*, dem wahrscheinlich die nachfolgende Struktur zukommt, die weitaus größte Bedeutung.

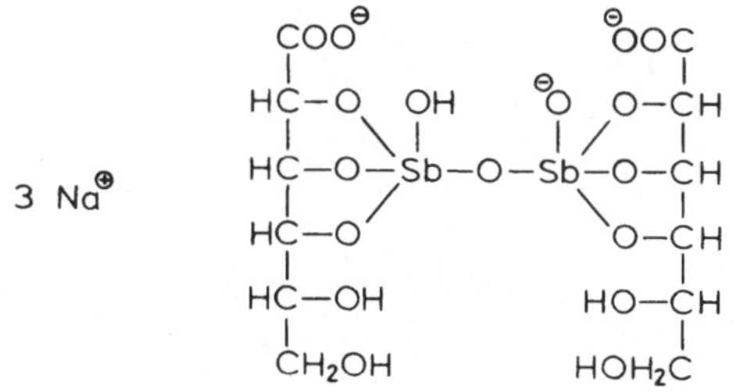

Natriumstibogluconat
(Pentostam®)

Bei Antimon-resistenten Leishmanien-Infektionen werden *Amphotericin B* (vgl. 13.3.1) und *Pentamidin* eingesetzt.

13.4.3 Stoffe zur Behandlung von Amöben-Infektionen

Die Infektion mit *Entamoeba histolytica*, dem Erreger der *Amöbenruhr*, erfolgt durch reife *Zysten* (Dauerformen), die von symptomlosen Amöbenträgern in großer Zahl ausgeschieden und mit kontaminierten Speisen übertragen werden. Die Zyste entwickelt sich im Darm zur sog. „*Minuta-Form*" (Darmlumenform), aus der sich unter bestimmten Bedingungen die sog. „*Magna-Form*" (Gewebsform) bilden kann.

Die akute Amöbenruhr, bei der Magna-Formen in großer Zahl nachweisbar sind, ist durch Kolitis und Diarrhöe gekennzeichnet. Die Magna-Formen dringen in das Gewebe ein. Sie können über die Pfortader in die Leber gelangen und hier den für die *Gewebsamöbiasis* charakteristischen *Amöbenleberabszeß* verursachen.

Stoffe zur Behandlung der Amöbenruhr	
Freiname (Handelsname*)	Formel
Diloxanid (Furamid®)	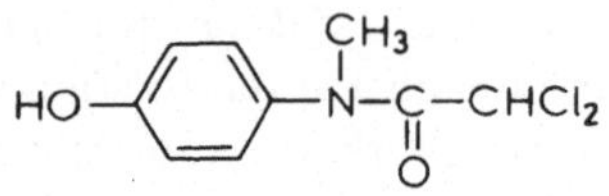
Phanquinon (Bestandteil von Mexaform® plus, Mexaform® S)	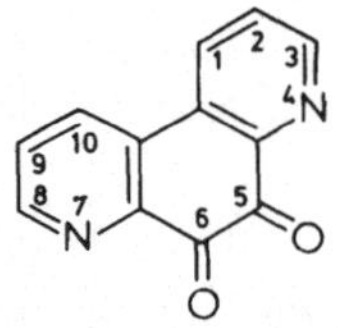
Dehydroemetin (Dametin®)	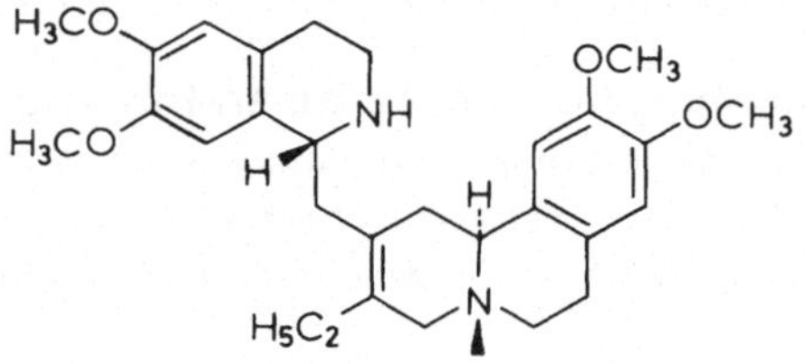
(–)-Emetin	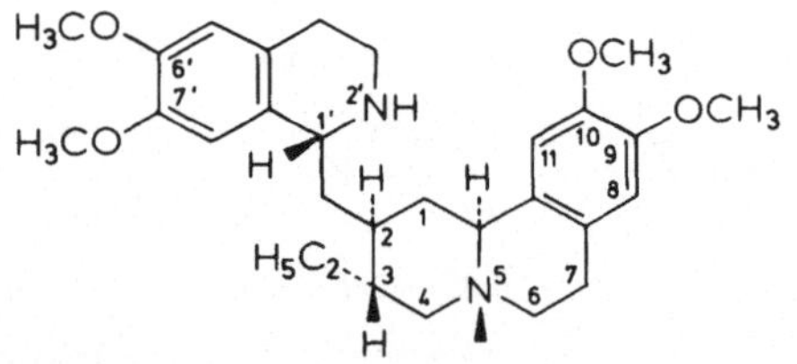

* Die Handelspräparate sind in der Bundesrepublik Deutschland z.T. nicht registriert.

Diloxanid, das wie Chloramphenicol (vgl. 13.2.3) einen Dichloracetyl-Rest enthält, liegt in den Handelspräparaten als Furoat (Ester der 2-Furancarbonsäure = Brenzschleimsäure) vor. *Phanquinon* ist ein 4,7-Phenanthrolin-5,6-dion.

Ipecacuanha-Alkaloide Hauptalkaloide der unterirdischen Organe von Cephaelis ipecacuanha und C. acuminata (,,Brechwurzel") sind *Emetin* und *Cephaelin*. Emetin ist 6′,7′,9,10-Tetramethoxy-emetan. Cephaelin unterscheidet sich von Emetin nur durch eine Hydroxyl-Gruppe anstelle der Methoxyl-Gruppe an C-6′.

An der Konstitutionsaufklärung waren u.a. die Arbeitskreise von Reichstein, Karrer und Pailer beteiligt. Die Stereochemie wurde vor allem durch Battersby u. Mitarb. sowie

Brossi u. Mitarb. geklärt. Das natürlich vorkommende Alkaloid ist das (–)-Enantiomer. *Isoemetine* unterscheiden sich von (–)- und (+)-Emetin durch entgegengesetzte Konfiguration an C-1'.

Die Ipecacuanha-Alkaloide fördern reflektorisch die Bronchialsekretion. Höhere Dosen bewirken Erbrechen. Die amöbizide Wirkung ist auf (–)-Emetin beschränkt. Wegen erheblicher Nebenwirkungen von Emetin, z.B. an Herz, Gefäßen und Darm, wird heute das totalsynthetische *Dehydroemetin* (Brossi u. Mitarb.), ein in 2,3-Stellung dehydriertes Emetin, bevorzugt. Es kann nicht durch Dehydrierung von Emetin erhalten werden. Dehydroemetin, von dem ebenfalls das (–)-Enantiomer wirksamer ist, besitzt bei etwa gleicher amöbizider Aktivität geringere Toxizität.

Behandlung der Amöbenruhr Erstwahlmittel sind *Metronidazol* und *Ornidazol* (vgl. 13.4.4), die bei guter Verträglichkeit starke amöbizide Wirksamkeit gegen alle Formen aufweisen. Bei schweren Verlaufsformen der Amöbenruhr wird Metronidazol auch in Kombination mit *Chloroquin* (vgl. 13.4.1) verabreicht. *Diloxanid* stellt eine Alternative zu den 5-Nitroimidazolen dar.

Dehydroemetin ist wie *Emetin* nur bei Gewebsinfektionen wirksam („Gewebe-Amöbizide"). Weitere Anwendung finden *Paromomycin* (vgl. 13.2.4), das nur im Darmlumen wirksam ist, und *Tetracycline* (vgl. 13.2.2), die die von den Amöben benötigte Darmflora verändern. An Bedeutung verloren haben *Phanquinon* sowie die halogenierten 8-Hydroxychinoline wie z.B. *Clioquinol* (Entero-Vioform®), die nur gegen die intestinalen Formen wirksam sind. Ihre Anwendung bei verschiedenen Darminfektionen (vgl. 13.6.5) ist umstritten. Als Nebenwirkungen können Neuropathien auftreten.

Analytik Zur Prüfung auf Identität nach DAB 8 wird *Emetindihydrochlorid* mit verdünnter Salzsäure und konz. H_2O_2-Lösung auf dem Wasserbad erhitzt, wobei eine orangerote Färbung auftritt. Dabei entsteht unter Einwirkung des Oxidationsmittels durch Dehydrierung und Neubildung eines Pyrrol-Rings über Ringverknüpfung zwischen C-1 und N-2' das orangerote, im langwelligen UV-Licht fluoreszierende *Rubremetinium-Salz*.

Rubremetinium-Salz

Emetin färbt sich mit Ammoniummolybdat/konz. Schwefelsäure (*Reagenz nach Fröhde*) hellgrün. Dagegen bilden Nebenalkaloide eine purpurne Farbe. Auf *Verunreinigung durch Cephaelin* wird mit Acetophenon-4-diazoniumchlorid-Lösung (Bildung eines Azofarbstoffs) gegen eine Farbvergleichslösung geprüft.

13.4.4 Stoffe zur Behandlung der Trichomoniasis

Infektionen der Vagina mit *Trichomonas vaginalis* treten vor allem im geschlechtsreifen Alter der Frau auf. Symptome sind Vaginitis, Vulvitis und Urethritis bei gleichzeitigem

Fluor vaginalis. Die Infektion wird hauptsächlich durch sexuelle Kontakte übertragen, weshalb eine Partnerbehandlung erforderlich ist.

<table>
<tr><td colspan="2" align="center">Gegen Trichomonaden wirksame Stoffe</td></tr>
<tr><td>Freiname
(Handelsname)</td><td align="center">Formel</td></tr>
<tr><td>Metronidazol
(Clont®, Sanatrichom®)</td><td> 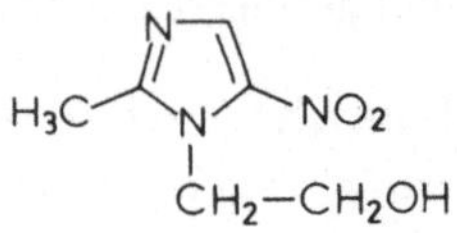</td></tr>
<tr><td>Ornidazol
(Tiberal® Roche)</td><td> 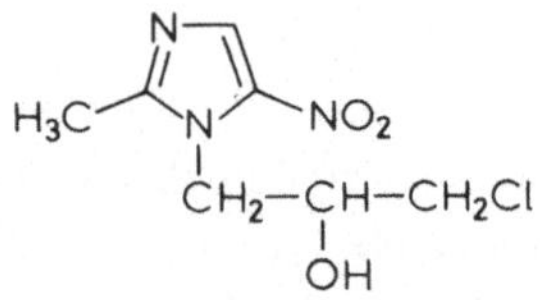</td></tr>
<tr><td>Tinidazol
(Simplotan®)</td><td> 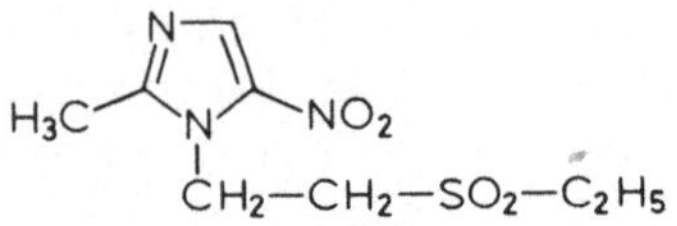</td></tr>
</table>

Metronidazol, 1-(2-Hydroxyethyl)-2-methyl-5-nitro-imidazol, gehört wie *Ornidazol, Tinidazol* und *Nimorazol* (Acterol® forte, Esclama®) zur Gruppe der *5-Nitroimidazole.*

Aufgrund ihres Wirkungsspektrums sind sie zur Therapie von *Trichomonaden-Infektionen* und *Amöbenruhr* (vgl. 13.4.3) sowie zur Behandlung der durch Lamblia intestinalis hervorgerufenen *Lambliasis* geeignet. *Metronidazol* ist auch antibakteriell wirksam. Es wird zur Behandlung von Infektionen mit obligaten Anaerobiern (z.B. Bacterioides-Arten) eingesetzt. Als Nebenwirkung ist *Alkoholunverträglichkeit* von besonderer Bedeutung. Metronidazol wird unverändert oder nach Hydroxylierung der Methyl-Gruppe in Form von Glucuroniden eliminiert. Es kann durch Reduktion, Diazotierung und Kupplung nachgewiesen werden.

Synthese *Metronidazol* wird ausgehend von 2-Methylimidazol durch Nitrierung und nachfolgende Umsetzung mit Ethylenoxid oder 2-Chlorethanol dargestellt.

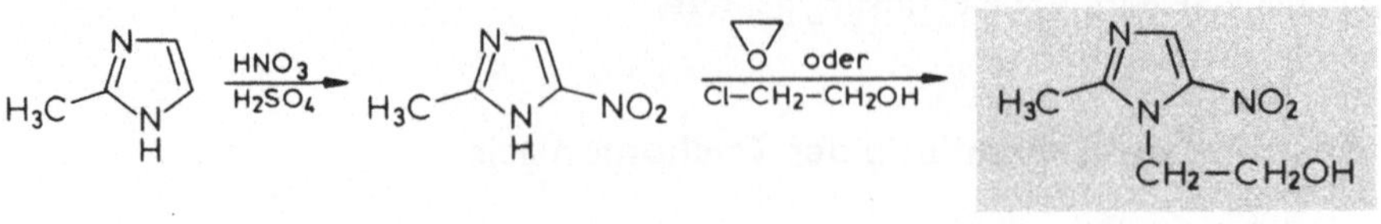

Metronidazol

13.5 Anthelminthika

Anthelminthika sind *Chemotherapeutika*, die *gegen parasitäre Würmer* wirksam sind. Die wichtigsten *humanpathogenen Würmer* können wie folgt unterteilt werden:

Plattwürmer (Plathelminthen)

    Bandwürmer (*Cestoden*)
        Rinderbandwurm (Taenia saginata)
        Schweinebandwurm (Taenia solium)
        Zwergbandwurm (Hymenolepis nana)

    Egel (*Trematoden*)
        Pärchenegel (Schistosomen)
        Leberegel (Clonorchis sinensis)
        Lungenegel (Paragonimus westermani)

Rundwürmer (Nemathelminthen)

    Rund- oder Fadenwürmer (*Nematoden*)
        Spulwürmer (Askariden)
        Madenwürmer (Oxyuren)
        Peitschenwürmer (Trichuren)
        Hakenwürmer (Ancylostoma u.a.)
        Fadenwürmer (Filarien)
        Trichine (Trichinella spiralis)

Von diesen sind vor allem die *Hakenwürmer*, die *Filarien* sowie die *Schistosomen* (Erreger der Bilharziose) an warme Klimate gebunden. In unseren Breiten spielt der Darmbefall mit *Tänien*, *Askariden* und *Oxyuren* eine besondere Rolle.

Cestoden (Bandwürmer)

Sie bestehen aus einem mit Saugnäpfen versehenen Kopfteil (Scolex), einem Halsstück und einer Kette von Gliedern (Proglottiden). Die mit Eiern gefüllten Endglieder werden abgestoßen und mit den Fäzes entleert. Aus den Eiern entwickeln sich in einem Zwischenwirt (z.B. Rind, Schwein) die Larven (Finnen), die in das Gewebe eindringen und beim Verzehr des (rohen) Fleisches des Zwischenwirts vom Menschen aufgenommen werden. Sie fixieren sich an der Darmwand und entwickeln sich hier zu geschlechtsreifen Bandwürmern.

Zahlenmäßig dominiert der *Rinderbandwurm*, der eine Länge von 10−12 m erreichen kann, während der Kopf nur stecknadelgroß ist.

Schistosomen (Pärchenegel)

Die 6−20 mm langen Männchen besitzen eine platte Grundform, die durch Einrollen der seitlichen Ränder zu einer Art Röhre umgestaltet ist. Diese umschließt das etwa 7−25 mm lange Weibchen, das einen runden Körperquerschnitt aufweist. Die paarweise vereinigten Würmer besiedeln vor allem die Venen des menschlichen Darms und des kleinen Beckens. Nach Eiablage kommt es dort zu Entzündungen und schließlich zur Granulombildung. Dadurch kann ein Teil der Eier über das umgebende Gewebe das Darm- und Blasenlumen erreichen und mit den menschlichen Ausscheidungen in Gewässer gelangen. Die aus den

Eiern ausschlüpfenden Larven (Mirazidien) befallen Süßwasserschnecken als obligate Zwischenwirte. Nach ungeschlechtlicher Vermehrung verläßt eine neue Larvenform (Zerkarien) die Schnecke. Kommen Zerkarien mit Menschen (z.B. Reisbauern) in Kontakt, so durchdringen sie die Haut und erreichen auf dem Blutweg die Leber. Die dort ausgereiften Würmer wandern schließlich nach Kopulation als Wurmpärchen zu den Orten der Eiablage.

Die *Bilharziose* (Schistosomiasis) wird in Afrika durch *Schistosoma* (= Sch.) *haematobium* und *Sch. mansoni*, in Asien durch *Sch. japonicum* hervorgerufen.

Askariden (Spulwürmer)

Der Spulwurm (Ascaris lumbricoides) besitzt eine Länge von 15 cm (Männchen) bzw. 25—40 cm (Weibchen). Der Mensch infiziert sich durch orale Aufnahme der Eier, vor allem beim Verzehr von gejauchtem, ungenügend gereinigtem Gemüse. Aus den Eiern werden im Darm Larven gebildet, die sich durch die Darmwand bohren und nach obligater Wanderung über Leber, Herz, Lunge, Trachea und Speiseröhre letztlich im Dünndarm zu geschlechtsreifen Würmern entwickeln, deren Eier mit den Fäzes ausgeschieden werden.

Oxyuren (Madenwürmer)

Der Madenwurm (Enterobius vermicularis) besitzt eine Länge von 3—6 mm (Männchen) bzw. 6—12 mm (Weibchen). Der Mensch kann sich durch orale (Nahrung) oder nasale (Staub) Aufnahme von Eiern infizieren. Aus diesen entwickeln sich im Darm die Larven. Nach der Kopulation sterben die Männchen ab, während die Weibchen bis in das Rektum steigen und ihre Eier auf der Analschleimhaut ablegen. Von hier kann eine Reinfektion (Anus-Finger-Mund) erfolgen. In ausgetrocknetem Zustand bleiben die Eier lange infektionsfähig.

13.5.1 Gegen Cestoden wirksame Stoffe

Wegen zu geringer therapeutischer Breite sind Präparate aus Dryopteris filix-mas (Wurmfarn) sowie zinnhaltige Präparate obsolet.

Als Mittel der ersten Wahl gilt heute allein *Niclosamid*, 2',5-Dichlor-4'-nitro-salicylanilid.

OH Cl C—NH NO₂ O Cl Niclosamid (Yomesan®)

Niclosamid ist in Wasser unlöslich und wird im Darm nicht resorbiert. Es greift in den Kohlenhydrat-Stoffwechsel des Bandwurms ein, indem es die Glucose-Aufnahme sowie den Citrat-Zyklus hemmt und eine Entkopplung der oxidativen Phosphorylierung in den Wurm-Mitochondrien bewirkt. Gleichzeitig wird die Glykolyse gefördert. Dies führt zu vermehrter Bildung von Milchsäure. Außerdem wird der Parasit durch mangelhafte Synthese von Schutzstoffen für die Proteinasen des Darmes angreifbar. Niclosamid bewirkt somit eine Abtötung der Bandwürmer. Die Gabe eines Laxans ist nicht erforderlich. Als Nebenwirkungen können Schleimhautreizungen des Magens auftreten.

Ein Mittel der zweiten Wahl ist *Paromomycin* (Humatin®), ein Aminoglykosid-Antibiotikum (vgl. 13.2.4). Es hat sich besonders bei Zwergbandwurm-Befall bewährt.

13.5.2 Gegen Schistosomen wirksame Stoffe

Man schätzt, daß zur Zeit etwa 200 Millionen Menschen (vor allem in Afrika und Südamerika) an *Bilharziose* leiden. Da die Ausrottung des Zwischenwirts aus ökologischen Gründen nicht in Betracht kommt und hygienische Maßnahmen nicht erfolgversprechend zu sein scheinen, wird eine Eindämmung dieser Parasitose durch zeitgleiche Behandlung größerer Bevölkerungskollektive angestrebt. Dazu bedarf es sicherer und einfach anzuwendender Chemotherapeutika.

Gegen Schistosomen wirksame Stoffe		
Stoffklasse	**Freiname (Handelsname*)**	**Formel**
Antimon-Verbindungen	Brechweinstein	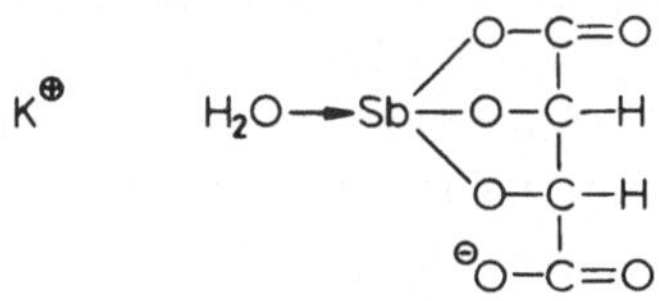 $K^{\oplus}$ — Sb-Tartrat-Komplex ($H_2O \rightarrow Sb$)
	Stibophen (Fuadin®)	$5\ Na^{\oplus}$ — Antimon-Bis(brenzcatechindisulfonat)-Komplex
Organophosphor-Verbindungen	Metrifonat (Bilarcil®)	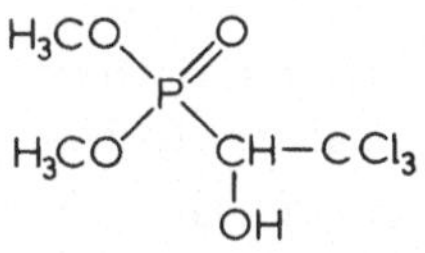 $(H_3CO)_2P(=O)\text{-}CH(OH)\text{-}CCl_3$
Heterozyklische Verbindungen	Niridazol (Ambilhar®)	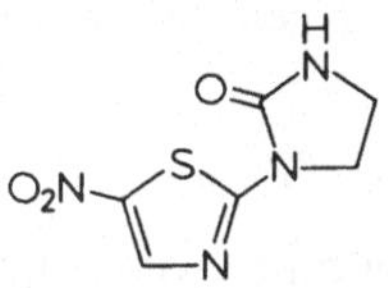 1-(5-Nitro-2-thiazolyl)-2-imidazolidinon
	Oxamniquin (Mansil®)	O_2N-, HOH_2C-substituiertes 1,2,3,4-Tetrahydrochinolin, $\text{-CH}_2\text{-NH-CH(CH}_3)_2$

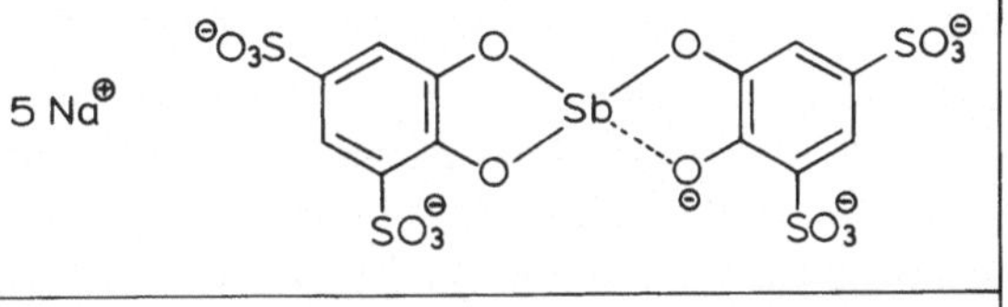

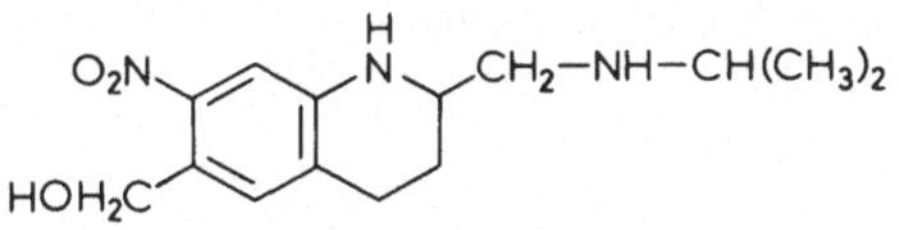

Fortsetzung der Tabelle

Stoffklasse	Freiname (Handelsname*)	Formel
Heterozyklische Verbindungen	Praziquantel (Biltricide®)	

* Die Handelspräparate sind in der Bundesrepublik Deutschland z.T. nicht registriert.

Derzeit kommt *dreiwertigen Antimon-Verbindungen* — auch aus Kostengründen — noch erhebliche Bedeutung zu. Die biologische Aktivität beruht auf der Blockade von Mercapto-Gruppen in Enzymen. Die beachtlichen Nebenwirkungen werden insbesondere auf Verunreinigungen mit Arsen und Blei zurückgeführt. *Brechweinstein*, Kalium-antimonotartrat, wird aus Kaliumhydrogentartrat und Antimontrioxid (Sb_2O_3) dargestellt. Er muß intravenös appliziert werden, da es bei peroraler Anwendung zu Erbrechen kommt.

Piperazin-diantimono-tartrat wird in Ägypten zur Massentherapie verwendet. Daneben werden *Stibophen*, ein Derivat der Brenzkatechin-3,5-disulfonsäure, und *Natriumstibocaptat*, das sich von 2,3-Dimercaptobernsteinsäure ableitet, eingesetzt.

Metrifonat ist ein Cholinesterase-Hemmstoff aus der Reihe der Organophosphor-Verbindungen. Es ist gegen Sch. haematobium wirksam. Gegen diese Schistosomenart kommt auch *Niridazol*, ein Imidazolidinon-Derivat aus der Stoffklasse der 5-Nitrothiazole, die ursprünglich als Antiprotozoika konzipiert wurden, zur Anwendung. *Oxamniquin*, ein Tetrahydrochinolin-Derivat, wird bei Befall mit Sch. mansoni eingesetzt. Trotz relativ hoher Heilungsraten ist die Verwendung der genannten Chemotherapeutika wegen Nebenwirkungen bzw. möglicher Risiken nicht unproblematisch.

Fortschritte verspricht man sich von *Praziquantel*, das als Grundkörper ein partiell hydriertes Pyrazino[2,1-a]isochinolin-System besitzt. Es ist gegen eine Vielzahl von Schistosomen-Arten und gegen Bandwürmer wirksam und kann als Eindosis-Präparat oral verabreicht werden.

13.5.3 Gegen Nematoden wirksame Stoffe

Die gegen Nematoden eingesetzten Anthelminthika gehören ganz unterschiedlichen Stoffklassen an.

Gegen Nematoden wirksame Stoffe		
Stoffklasse	Freiname (Handelsname)	Formel
Piperazin-salze bzw. Derivate	Piperazin (Tasnon®, Vermicompren®)	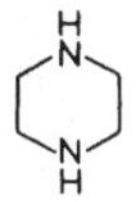
	Diethylcarbamazin (Hetrazan®)	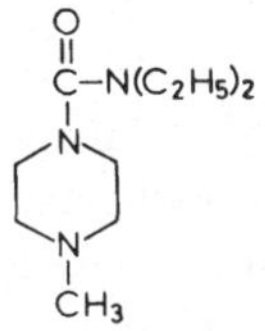
Zyklische Amidine	Pyrantelembonat (Helmex®)	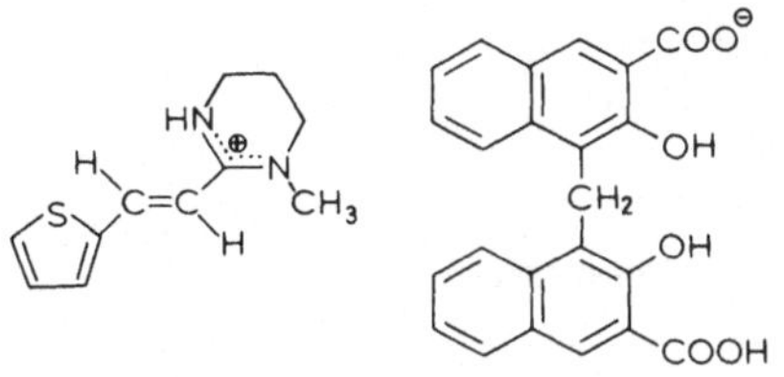
Cyanin-Farbstoff-Analoge	Pyrviniumembonat (Molevac®)	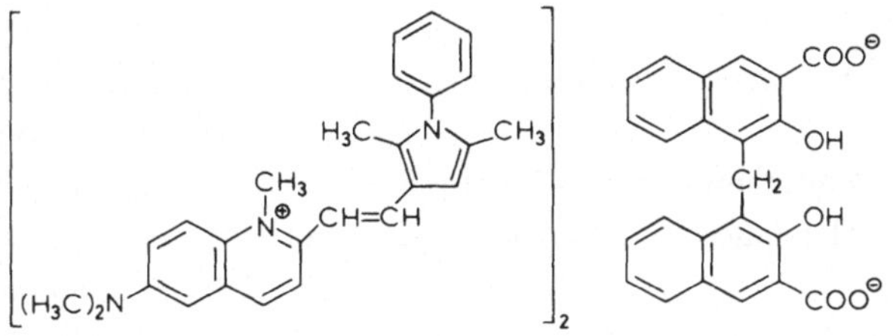
Quartäre Ammonium-Verbindungen	Bephenium-hydroxynaphthoat (Alcopar®)	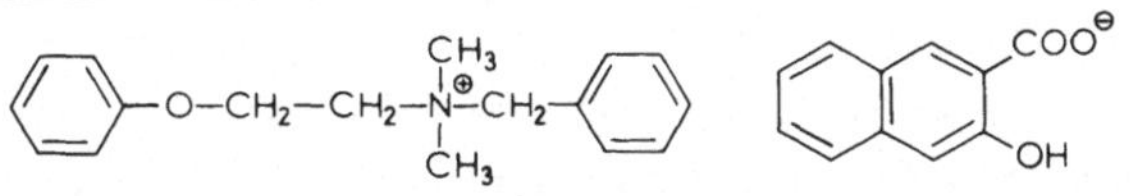
Benzimidazol-Derivate	Tiabendazol (Minzolum®)	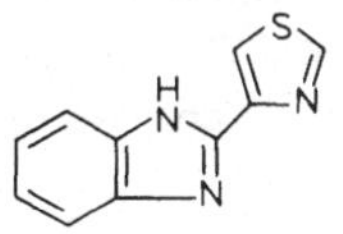
	Mebendazol (Vermox®)	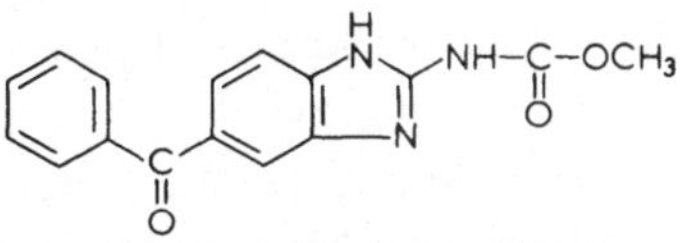

Piperazin, das als Hexahydrat, Adipat und Citrat offizinell (Ph. Eur.) ist, wird außerdem auch als Monophosphat therapeutisch verwendet. Es wird in beträchtlichem Umfang aus dem Darm resorbiert und über die Niere eliminiert. Die im Darmlumen verbleibende Menge reicht jedoch für eine sichere Wirkung aus.

Pyrviniumembonat besitzt strukturell starke Ähnlichkeit mit *Cyanin-Farbstoffen*, einer Untergruppe der Polymethin-Farbstoffe. Die Cyanin-Farbstoffe enthalten eine konjugierte Polymethin-Kette mit einer ungeraden Anzahl von C-Atomen zwischen zwei Heterozyklen mit einem quartären und einem tertiären Stickstoff.

Tiabendazol war das erste Breitspektrum-Anthelminthikum aus der Stoffklasse der Benzimidazol-Derivate. Nachteilig ist die rasche Metabolisierung zu 5-Hydroxy-Tiabendazol, das als solches oder als Glucuronid bzw. Sulfat renal eliminiert wird. Im *Mebendazol*, einem 2-Benzimidazol-carbamat, ist das C-5 durch einen Benzoyl-Rest substituiert. Mebendazol, das enteral nur wenig resorbiert wird, hemmt die Glucose-Aufnahme durch den Wurm irreversibel, wodurch es zum Absterben der Parasiten kommt.

Pharmakologie   Zur Behandlung der verschiedenen *Nematoden-Infektionen* sind folgende Anthelminthika indiziert:

Nematoden	Anthelminthikum
Spulwürmer (Askariden)	Piperazin, Pyrantelembonat, Mebendazol, Tiabendazol
Madenwürmer (Oxyuren)	Pyrviniumembonat, Mebendazol, Piperazin, Pyrantelembonat, Tiabendazol
Peitschenwürmer (Trichuren)	Tiabendazol, Piperazin, Mebendazol
Hakenwürmer (Ancylostoma u.a.)	Bepheniumhydroxynaphthoat, Pyrantelembonat, Mebendazol
Fadenwürmer (Filarien)	Diethylcarbamazin

Piperazin ist das Mittel der Wahl bei Ascaridiasis, da es zuverlässige Wirkung bei geringer Toxizität besitzt. Der Wirkungsmechanismus beruht auf einer *Stabilisierung des Membranpotentials* der Wurmmuskulatur, wodurch es zu einer curareartigen Lähmung (vgl. 7.8.4) der Würmer kommt. Bei Oxyuriasis ist Piperazin ebenfalls gut wirksam, jedoch sollte die Wurmkur nach einer Woche wiederholt werden. Fasten und Laxantien sind nicht erforderlich.

Pyrantelembonat wird in Form einer Einzeldosis (10 mg Pyrantelbase pro kg Körpergewicht) verabreicht. Es bewirkt eine *Depolarisierung der motorischen Endplatte* (vgl. 7.8.4) des Wurmes und hemmt zugleich dessen Cholinesterase.

Pyrviniumembonat ist Mittel der Wahl bei Oxyuriasis. Es wird als „Ein-Dosis-Oxyurizid" (5 mg Pyrvinium-Base pro kg Körpergewicht) angewendet. Der Wirkungsmechanismus beruht auf einer Blockierung der Atmungsenzyme der Würmer, wodurch die Glykolyse irreversibel gehemmt wird. Unter der Therapie färben sich die Fäzes rot.

Mebendazol ist als Breitspektrum-Anthelminthikum bei zahlreichen Nematoden-Infektionen indiziert. *Tiabendazol* soll auch bei Trichinose wirksam sein.

Diethylcarbamazin ist bei Filariasis indiziert. Es bewirkt eine Reduzierung bzw. Vernichtung der Mikrofilarien im Blut.

Eigenschaften Anthelminthika werden häufig als Salze der Embonsäure (INN: *Embonate*; Syn: Pamoate) eingesetzt. Embonate sind praktisch wasserunlöslich und werden nicht resorbiert. Durch Bildung von Embonaten können Nebenwirkungen wie z.B. die starke Reizung der Magen-Darm-Schleimhaut durch Pyrviniumchlorid vermieden werden.

Piperazin, das aus Wasser als Hexahydrat kristallisiert, kann als solches oder in Form verschiedener Salze appliziert werden. Piperazinbase ist in Wasser unter stark alkalischer Reaktion leicht löslich.

Analytik Zur *Prüfung auf Identität* nach Ph. Eur. wird die salzsaure Lösung von *Piperazin* mit Natriumnitrit versetzt und erhitzt. Beim Abkühlen kristallisiert N,N'-Dinitrosopiperazin, das durch Schmelzpunktbestimmung identifiziert wird. Auf primäre Amine wird mit 4-Dimethylamino-benzaldehyd geprüft. Die Extinktion darf nicht größer sein als eine unter gleichen Bedingungen hergestellte Referenzlösung mit Ethylendiamin. Die *Gehaltsbestimmung* erfolgt gravimetrisch über Fällung als Piperazindipikrat.

13.6 Stoffe zur Konservierung und Desinfektion

Nicht-chemotherapeutische Anwendungsbereiche antimikrobiell wirksamer Substanzen sind

- die chemische *Konservierung*
- die chemische *Desinfektion*
- die chemische *Sterilisation*

Konservierungsstoffe dienen dazu, Produkte vor schädigenden Einflüssen, insbesondere vor mikrobiellem Verderb, zu bewahren. In der Pharmazie werden sie zum Schutz von Arzneimitteln gegen die Zersetzung durch Mikroorganismen eingesetzt. Durch mikrobielle Kontamination gefährdet sind z.B. Sirupe und Salben. Ein Zusatz an Konservierungsstoffen kann auch bei am Auge anzuwendenden Arzneimitteln (Augentropfen, Augensalbe DAB 8), an die besonders hohe Anforderungen hinsichtlich der mikrobiellen Reinheit zu stellen sind, geboten sein.

Desinfektionsmittel bewirken eine Ausschaltung der Erreger übertragbarer Infektionskrankheiten. Sie entfalten ihre Wirkung über Eingriff in die Struktur oder den Stoffwechsel des infizierenden Agens. Die Empfindlichkeit infektiöser Krankheitserreger gegenüber Desinfektionsmitteln kann sehr unterschiedlich sein. Besonders widerstandsfähig sind Bakteriensporen. Da einzelne Desinfizientien Lücken in ihrem Wirkungsspektrum aufweisen können, enthalten handelsübliche Desinfektionsmittel häufig Wirkstoffkombinationen.

Nach den Richtlinien der Deutschen Gesellschaft für Hygiene und Mikrobiologie unterscheidet man nach praktischen Erfordernissen zwischen

- Händedesinfektion
- Flächendesinfektion
- Instrumentendesinfektion
- Wäschedesinfektion

Der Begriff „*Antiseptika*" für Desinfektionsmittel zur Anwendung an lebendem Gewebe (Haut- und Schleimhautdesinfektion, Wundbehandlung) ist problematisch. Einerseits bestehen fließende Übergänge zur lokalen Chemotherapie, andererseits wird bei Wundinfektionen häufig eine systemische Applikation von Chemotherapeutika vorzuziehen sein. Kriterium der Zuordnung antimikrobieller Substanzen zu den Chemotherapeutika ist ihre selektive Toxizität gegenüber Mikroorganismen.

Desinfektionsmittel werden auch zu Verwendungszwecken eingesetzt, die nicht in unmittelbarem Bezug zu pharmazeutischen und medizinischen Aufgabenbereichen stehen. Hierunter fällt insbesondere die Trinkwasserdesinfektion.

Sterilisation hat die Abtötung sämtlicher Keime zum Ziel. Sie wird in der Regel auf physikalischem Wege durchgeführt.

13.6.1 Halogene, Halogenverbindungen und weitere Oxidationsmittel

Die drastische Einschränkung des Kindbettfiebers und anderer Infektionen nach Einführung von Handwaschungen mit *Chlorkalk* durch den Wiener Arzt Semmelweiß (1848) war ein wichtiger Meilenstein im Bemühen, die Übertragung von Krankheitserregern zu verhindern. Heute wird Chlorkalk, der außer dem Doppelsalz $Ca(OCl)Cl$ noch freies $Ca(OH)_2$ enthält, wegen der ätzenden Wirkung nur noch zur *Grobdesinfektion* (z.B. von Fäkalien) eingesetzt. Dies trifft auch weitgehend auf die früher ebenfalls gebräuchlichen *Alkalihypochlorite* zu. Zur Entkeimung von Schwimmbädern und zur Aufbereitung von Trinkwasser (Chlorung des Wassers) wird in den meisten Ländern gasförmiges *Chlor* oder *Chlordioxid* angewendet, wobei noch 10^{-6} mol/l innerhalb kurzer Zeit eine ausreichende Entkeimung bewirken. Für allgemeine Desinfektionszwecke besser zu handhaben sind die N-chlorierten Sulfonamide wie *Tosylchloramid* (Chloramin 80) und dessen *Natriumsalz* (Chloramin T). Sie wirken aufgrund der allmählichen hydrolytischen Freisetzung (vgl. Eigenschaften) von Hypochlorit milder und langsamer, ihre Anwendung erfordert daher höhere Konzentrationen und Reaktionszeiten.

Das weniger reaktive, für die Haut besser verträgliche *Iod* gilt in Form der *Alkoholischen Iodlösung DAB 8* (Iodtinktur) als sicher und zuverlässig wirkendes Desinfiziens in der Wundbehandlung. Wachsende Bedeutung kommt den *Iodophoren* zu, in denen Iod in mizellaren, organischen Aggregaten locker gebunden vorliegt. Hierzu zählt *Polyvidon-Iod* (Polyvinylpyrrolidon-Iod-Komplex). Zur Struktur von Polyvidon vgl. 15.2.2. *Iodoform* (CHI_3) ist als Desinfektionsmittel obsolet.

Verdünnte Wasserstoffperoxid-Lösung (Ph. Eur.), die 2,5–3,5 % H_2O_2 enthält, wird zur Wundreinigung eingesetzt. Zur Anwendung als Mund- und Gurgelwasser wird ein Eßlöffel H_2O_2 3 % auf ein Glas Wasser verdünnt. Die desinfizierende und desodorierende (sowie bleichende) Wirkung entfaltet H_2O_2 hauptsächlich über enzymatische Freisetzung von Sauerstoff durch die Gewebekatalase.

Ein starkes, bakterizid hochwirksames Oxidationsmittel ist *Ozon* (O_3), das atomaren Sauerstoff abspalten kann. Seine Anwendung in der Trinkwasserentkeimung wurde aufgrund der Toxizität und hoher Herstellungskosten wieder aufgegeben.

In starker Verdünnung (1 : 1000 bis 1 : 5000) noch bakterizid wirksam ist *Kaliumpermanganat*, dessen Lösungen bei Wund- und Schleimhautspülungen durch das entstehende Mangandioxid (Braunstein) auch adstringierend wirken.

Als Bestandteil von Dermatika wird auch elementarer *Schwefel* (Feinverteilter Schwefel DAB 8) aufgrund seiner keratolytischen, antiparasitären sowie antibakteriellen Wirkung bei Hautkrankheiten häufig angewendet.

Oxidativ wirksame Desinfektionsmittel			
Stoffklasse	Name (Handelsname)	Formel bzw. Zusammensetzung	Anwendung in der Desinfektion
Halogene	Chlor	Cl_2	Wasser
	Alkoholische Iodlösung DAB 8	$KI\text{-}I_2$-Komplex	Haut, Wunden
	Polyvidon-Iod (Betaisodona®)	Polyvinylpyrrolidon-Iod-Komplex	Haut, Wunden, Schleimhäute
Halogen-verbindungen	Chlordioxid	ClO_2	Wasser
	Chlorkalk	$Ca(OCl)\,Cl \cdot Ca(OH)_2$	Wasser, Ausscheidungen
	Natriumhypochlorit (Antiformin® purum)	$NaOCl$ ($NaOCl \cdot NaOH$)	Wasser (Zahnkavitäten)
	Tosylchloramid-Natrium	$H_3C{-}\!\!\bigcirc\!\!{-}SO_2{-}\overset{\ominus}{N}{-}Cl \quad Na^{\oplus}$	Wasser, Ausscheidungen, Haut, Schleimhäute
Weitere Oxidationsmittel	Wasserstoffperoxid-Lösung	H_2O_2	Wunden, Schleimhäute
	Kaliumpermanganat	$KMnO_4$	Haut, Schleimhäute

Eigenschaften *Chlor* wirkt vor allem über das durch partielle Disproportionierung gebildete Hypochlorit. Die Reaktion ist pH-abhängig. Hypochlorit vermag organische Substrate zu oxidieren bzw. zu halogenieren, wobei der Reaktion mit mikrobiellen Enzymen besondere Bedeutung für die Wirkung zukommt. Die Desinfektion verläuft im schwach sauren Bereich rascher als im alkalischen Milieu. Dagegen besitzt *Chlordioxid* im Alkalischen stärkere Wirksamkeit. Die Verbindung (Sdp. 9,7 °C) beginnt sich schon ab 30 °C zu zersetzen und zerfällt bei 50 °C explosionsartig. Die ClO_2-Bereitung muß daher unmittelbar am Verbrauchsort erfolgen. *Tosylchloramid-Natrium* (Chloramin T) wird in Wasser partiell zu 4-Toluolsulfonamid und Hypochlorit hydrolysiert.

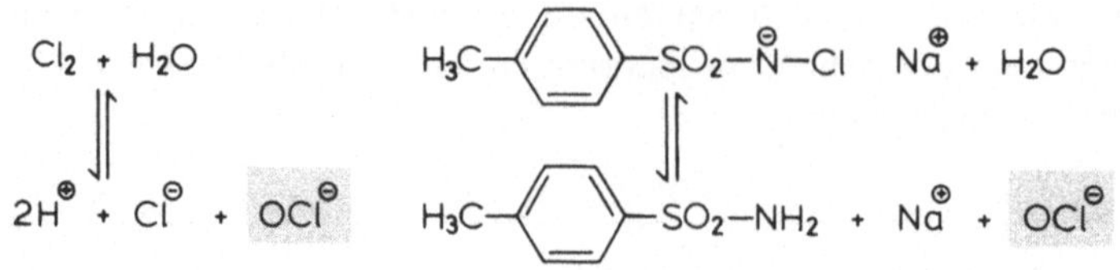

$$Cl_2 + H_2O \;\rightleftharpoons\; 2\,H^{\oplus} + Cl^{\ominus} + OCl^{\ominus}$$

$$H_3C{-}C_6H_4{-}SO_2{-}\overset{\ominus}{N}{-}Cl \;\; Na^{\oplus} + H_2O \;\rightleftharpoons\; H_3C{-}C_6H_4{-}SO_2{-}NH_2 + Na^{\oplus} + OCl^{\ominus}$$

In den *Hypochloriten* und *Chloraminen* liegt Chlor in „+ 1-wertiger Form" vor. Der Handelswert bemißt sich nach der in Gewichtsprozenten des Produkts ausgedrückten Menge des Chlors, das sich bei Ansäuern mit Salzsäure infolge von Synproportionierung bildet. Einem Gehalt von 12,5 % „Hypochlorit-Chlor" in Chlorkalk oder Chloramin T entspricht daher 25 % *wirksames (aktives) Chlor.*

Das bei der Herstellung von *Alkoholischer Iodlösung DAB 8* zu gleichen Teilen (2,4— 2,7 %) zugesetzte KI stabilisiert die Lösung (KI$_3$-Komplex) und erhöht deren Tiefenwirkung. Aus Polyvidon-Iod-Lösungen, die braun gefärbt und abwaschbar sind, wird Iod allmählich freigesetzt.

Wasserstoffperoxid — vor allem in Form der konzentrierten Lösung (30 % H_2O_2) — wird u.a. durch Schwermetallionen, Alkalien oder Staubteilchen katalytisch in heftiger Reaktion zu Sauerstoff und Wasser zersetzt. Zur Stabilisierung dient als komplexierende Säure vor allem H_3PO_4. Auch H_2SO_4, $Na_4P_2O_7$ sowie organische Stabilisatoren sind nach den Vorschriften der Ph. Eur. zulässig.

Synthese

Die Gewinnung von *Chlordioxid* für Desinfektionszwecke (Hallenschwimmbäder) erfolgt u.a. nach dem Chlorit-Chlor-Verfahren:

$$2\,NaClO_2 + Cl_2 \rightarrow 2\,ClO_2 + 2\,NaCl$$

Zur Darstellung von *Tosylchloramid-Natrium* geht man von Toluol aus, dessen Sulfochlorierung mittels Chlorsulfonsäure ein Gemisch aus 2- und 4-Toluolsulfonylchlorid liefert. Nach Abtrennung und Überführung von 4-Toluolsulfonylchlorid in das 4-Toluolsulfonamid wird mittels Natriumhypochlorit N-chloriert und das Natrium-Salz gebildet. Dieses kristallisiert auf NaCl-Zusatz als Trihydrat aus.

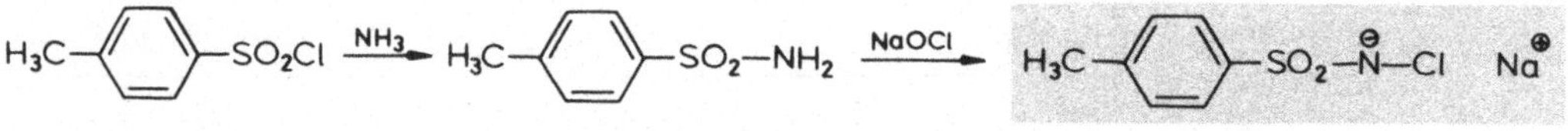

$$H_3C{-}C_6H_4{-}SO_2Cl \xrightarrow{NH_3} H_3C{-}C_6H_4{-}SO_2{-}NH_2 \xrightarrow{NaOCl} H_3C{-}C_6H_4{-}SO_2{-}\overset{\ominus}{N}{-}Cl \;\; Na^{\oplus}$$

4-Toluol-
sulfonylchlorid   4-Toluol-
sulfonamid   Tosylchloramid-
Natrium

H_2O_2 wird heute fast ausschließlich aus O_2 und H_2 nach dem Anthrachinon-Verfahren gewonnen.

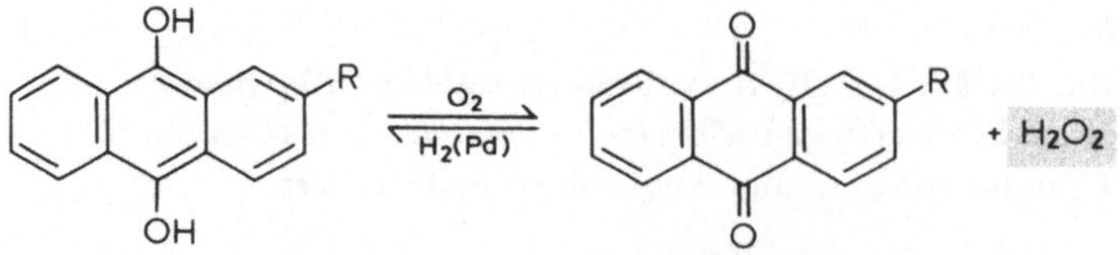

$$\text{Anthrahydrochinon-Derivat} \;\underset{H_2(Pd)}{\overset{O_2}{\rightleftharpoons}}\; \text{Anthrachinon-Derivat} + H_2O_2$$

Analytik *Tosylchloramid-Natrium* (Ph. Eur.) wird durch H_2O_2 zum 4-Toluolsulfon-amid reduziert und über dessen Schmelzpunkt identifiziert. Der Gehalt wird über die Freisetzung von Iod aus Iodid ermittelt.

$$\}-SO_2-\overset{\ominus}{N}-Cl \;+\; H_2O_2 \;\longrightarrow\; \}-SO_2-NH_2 \;+\; O_2 \;+\; Cl^{\ominus}$$

Bei der *Alkoholischen Iodlösung DAB 8* wird neben freiem Iod auch der Gehalt an Kaliumiodid nach Oxidation mit Bromwasser bestimmt. Die Entfernung der Hauptmenge des überschüssigen Broms erfolgt durch Reduktion mit Ameisensäure. Verbleibende Reste werden durch Bromierung von Natriumsalicylat entfernt. Zur Identifizierung von H_2O_2 (Hydrogenii peroxidum Ph. Eur.) dient die bekannte Reaktion mit Dichromat unter Ausschütteln des blauen CrO_5 in Ether. Die Gehaltsbestimmung erfolgt permanganometrisch.

13.6.2 Schwermetallverbindungen

Zu den in der Desinfektion verwendeten Schwermetallverbindungen zählen vor allem *Quecksilber-Verbindungen*. Ihre Anwendung geht auf Robert Koch (1882) zurück, der *Quecksilber(II)-chlorid* (Sublimat) gegen Milzbrandsporen einsetzte. Sublimat-Lösungen wurden zunächst zur Händedesinfektion, wegen der lokalen Reizwirkung später jedoch nur noch zur Instrumentendesinfektion benutzt. Das aus Sublimat durch Präzipitieren mit Ammoniak (vgl. Synthese) erhältliche *Quecksilber(II)-amidochlorid* (unschmelzbares Präzipitat) gelangte in Form der weißen *Quecksilberpräzipitatsalbe DAB 8* gegen parasitäre und bakterielle Hautinfektionen zur Anwendung. Es besteht aus Ketten, in denen linear gebundenes Hg und tetraedrischer N alternieren. Zwischen den Ketten ist Chlorid eingelagert.

$$Cl-Hg-Cl \qquad\qquad \}-Hg-\overset{\oplus}{N}H_2\underset{Cl^{\ominus}}{\overset{Cl^{\ominus}}{\diagdown}}Hg\underset{\overset{\oplus}{N}H_2-Hg-\}}{\diagup}$$

Sublimat   unschmelzbares Präzipitat

Aus Sublimatlösungen mit NaOH gefälltes, fein verteiltes gelbes *HgO* wird in Form der *Gelben Quecksilberoxid-Salbe DAB 8* als Ophthalmikum verwendet (Ophthosept® Augensalbe).

Für die Haut- und Schleimhautdesinfektion von Bedeutung sind wegen der wesentlich geringeren Toxizität und Reizwirkung *Organoquecksilber-Verbindungen*. Diese wirken — wie praktisch alle Hg-Verbindungen — bakteriostatisch. Zu ihnen zählen vor allem *Arylquecksilber-Verbindungen* wie *Phenylmercuriborat* (Phenylquecksilber(II)-borat). Handelsprodukte enthalten häufig eine äquimolare Menge an Phenylquecksilber(II)-hydroxid. Aus dieser Gruppe wird weiterhin das Dibromfluorescein-Derivat *Merbromin* zur Wundbehandlung und bei Verbrennungen verwendet. *Thiomersal* ist eine Alkylquecksilber-Verbindung, die u.a. als Konservierungsstoff für Augenarzneimittel eingesetzt werden kann.

Die Organozinn-Verbindung *Tri-n-butyl-zinn-benzoat* dient zur Flächendesinfektion.

Unter den Silber-Verbindungen haben *Silbernitrat* (AgNO$_3$) und *Silbereiweiß-Verbindungen* Bedeutung erlangt. Silbernitrat wird als Ätzmittel (Höllenstein), Adstringens und Desinfizienz eingesetzt. Zur Blennorhöe-Prophylaxe bei Neugeborenen wird in beide Augen 1 Tropfen einer 1%igen Silbernitrat-Lösung (Mova® Nitrat Pipette) instilliert (*Credésche Prophylaxe*). Silbereiweiß-Verbindungen enthalten an Albumine als Schutzkolloide komplex gebundenes Silber. Die Ätzwirkung ist im Vergleich zu AgNO$_3$ stark herabgesetzt. *Silbereiweiß-Acetyltannat* (DAB 7) findet äußerlich z.B. in Nasentropfen und innerlich zur „Rollkur" bei Gastritis und Magen-Darm-Ulzera Verwendung.

Schwermetallorganische Desinfektionsmittel		
Stoffklasse	**Freiname (Handelsname)**	**Strukturformel bzw. Zusammensetzung**
Arylquecksilber-Verbindungen	Phenylmercuriborat (Merfen®, Aderman®)	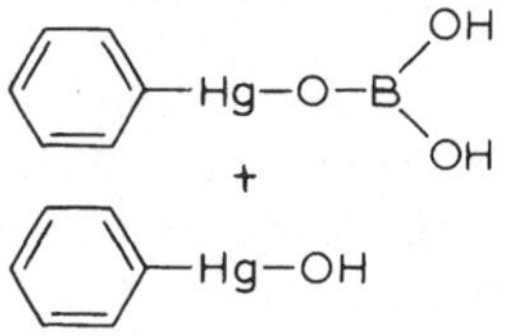
	Merbromin (Mercurochrom)	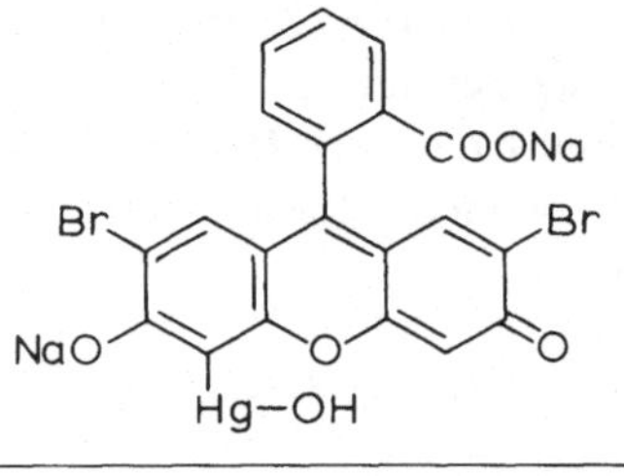
Alkylquecksilber-Verbindungen	Thiomersal	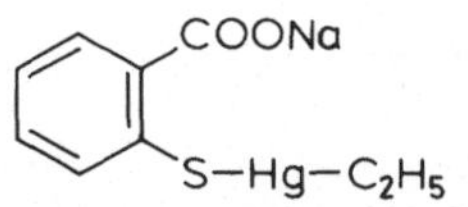
Organozinn-Verbindungen	Tri-n-butyl-zinn-benzoat (Bestandteil von Incidin®)	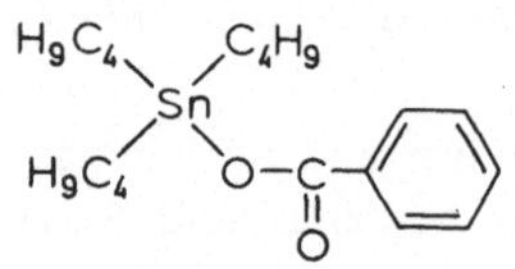
Silbereiweiß-Verbindungen	Silbereiweiß-Acetyltannat (Targesin®; Bestandteil von Targophagin®)	Ag-Albumin-Diacetyl-tannin-Verbindung (enthält ca. 6 % Ag)

Biochemische Wirkungen Der antibakteriellen Wirkung von *Quecksilber-Verbindungen* und anderer Schwermetalle liegt deren hohe Bindungsaffinität zu SH-Gruppen zugrunde, wobei besonders Sulfhydrylgruppen-haltige Enzyme in ihrer physiologischen Funktion betroffen werden. Im Fall der weniger toxischen *Organoquecksilber-Verbindungen* werden R-Hg$^{\oplus}$-Ionen als reversibel SH-bindende Wirkform angesehen.

Reaktion von Quecksilber-Verbindungen mit SH-haltigen Enzymen

Eigenschaften *Sublimat*, das kovalente Struktur besitzt, ist sowohl ethanol-, wasser- als auch etherlöslich und auch in Lösung praktisch undissoziiert. Wegen geringfügiger Hydrolyse zu HgOHCl reagieren wäßrige Lösungen schwach sauer. Zugabe von Natriumchlorid drängt die Hydrolyse zurück und erhöht die Löslichkeit infolge [HgCl$_4$]$^{2\ominus}$-Bildung. *Phenylmercuriborat* ist schwer wasser-, aber gut ethanollöslich. Bei der Anwendung von Quecksilber-Verbindungen (besonders am Auge) sind Iod-Präparate streng kontraindiziert (chemische Inkompatibilität).

Silbernitrat zersetzt sich unter Lichteinfluß, besonders in Anwesenheit von Spuren organischen Materials, zu feinverteiltem schwarzem Silber. Auch die Aufbewahrung von *Silbereiweiß-Acetyltannat* sollte lichtgeschützt, die Zubereitung wäßriger Lösungen frisch erfolgen.

Synthese Zur Darstellung von Organoquecksilber-Verbindungen verknüpft man zunächst wie beim *Phenylmercuriborat* den organischen Rest über eine Grignard-Umsetzung mit Quecksilber(II)-chlorid oder substituiert wie im Fall von *Merbromin* den aktivierten Aromaten elektrophil direkt mit Hg(II)-Salz („Mercurierung").

Phenylmercuriborat

Merbromin

Analytik   *Sublimat* (Hydrargyri perchloridum Ph. Eur.) bildet mit Lauge gelbes HgO und mit Iodid rotes HgI_2, das sich mit Iodidüberschuß zum $[HgI_4]^{2\ominus}$-Komplex löst. Die Gehaltsbestimmung der Hg(II)-Salze erfolgt komplexometrisch.

Anhang: Antidote bei Schwermetallvergiftungen

Die meisten Schwermetalle stellen Enzymgifte dar. Besonders gefährdet sind Magen-Darm-Kanal, Leber und Niere, in denen sie sich leicht anreichern. Der Behandlung von Schwermetallvergiftungen kommt daher besondere Bedeutung zu. Zur Anwendung gelangen vor allem *Chelatbildner,* die idealerweise u. a. folgenden Anforderungen genügen sollten:

- hohe Komplexbildungskonstante für toxische Metalle, niedrige für körpereigene
- Harn- (bzw. Galle-)gängigkeit der Schwermetallchelate
- pH-Stabilität der Schwermetallchelate im physiologischen pH-Bereich
- metabolische Stabilität der Schwermetallchelate
- untoxische Eigenschaften von Chelatbildner und Schwermetallchelat.

Dimercaprol, 2,3-Dimercapto-1-propanol, ist wegen seiner Entwicklung gegen den Arsenkampfstoff Lewisit auch unter der Bezeichnung *BAL* (British Anti-Lewisite) bekannt. BAL ist indiziert bei Vergiftungen mit Hg, As, Cr, Au, Sb, Bi, jedoch kontraindiziert bei Vergiftungen mit Pb, Fe, Se und Tl. Seine therapeutische Breite ist gering.

Chelatbildner als Schwermetallantidote		
Freiname (Handelsname)	Strukturformel	Metallvergiftung
Dimercaprol (Sulfactin Homburg®)	$CH_2-CH-CH_2OH$ mit SH, SH	Hg, As, Cr, Au, Sb, Bi
Penicillamin (Metalcaptase®, Trolovol®)	$H_3C-\overset{\displaystyle CH_3}{\underset{\displaystyle HS}{\overset{\displaystyle \vert}{\underset{\displaystyle \vert}{C}}}}-\overset{\displaystyle}{\underset{\displaystyle \overset{\oplus}{N}H_3}{CH}}-COO^{\ominus}$	Pb, Zn, Au, Hg, Cu
Calcium-Dinatrium-edetat (Calciumedetat-Heyl®)	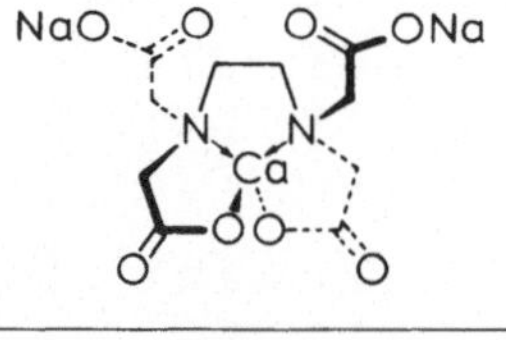	Pb und weitere Schwermetalle
Deferoxamin (Desferal®)	vgl. 8.7.1	Fe

Penicillamin, D-3-Mercapto-valin, chelatisiert eine Reihe von Schwermetallen, wobei die Bindung von Kupfer von besonderer therapeutischer Wichtigkeit ist (Morbus Wilson). Penicillamin dient auch als Basistherapeutikum zur Behandlung chronisch-entzündlicher Erkrankungen des rheumatischen Formenkreises. *Calcium-Dinatrium-edetat* bindet unter Verdrängung des Calciums Metallionen, die höhere Komplexbildungskonstanten aufweisen. Therapeutisch bedeutsam ist vor allem die Chelatisierung von Blei. Bei Vergiftungen mit dreiwertigem Eisen wird zur Bildung eines nierengängigen Chelats *Deferoxamin* eingesetzt (vgl. 8.7.1).

13.6.3 Alkohole, Aldehyde, Säuren und abgeleitete Verbindungen

Aus der Gruppe der einwertigen aliphatischen *Alkohole* sind neben *Ethanol* vor allem *n-Propanol* (1-Propanol) und *Isopropanol* (2-Propanol) für Desinfektionszwecke von Bedeutung. Wäßrige Lösungen geeigneter Konzentration wirken bakterizid aber nicht sporozid. Ethanol-Lösungen zeigen ein Wirkungsoptimum bei einem Alkoholgehalt von ca. 70—80 %, die etwas stärker wirksamen Propanole bei 60—70 %. Der mit homologer Reihe zunächst zunehmenden Wirksamkeit steht jedoch die rasch abnehmende Wasserlöslichkeit längerkettiger Alkohole entgegen. Der Anwendungsschwerpunkt von Ethanol, n-Propanol und Isopropanol liegt — meist in Kombination mit anderen Desinfizientien — in der Hände- und Hautdesinfektion (Amphisept®, Desderman®, Rapidosept®, Sterillium® u. a.).

2-Phenylethanol (β-Phenylethanol), ein Bestandteil des Rosenöls, findet als Konservierungsmittel für galenische Zubereitungen Anwendung. *Chlorobutanol* wird aufgrund seiner antibakteriellen und antimykotischen Eigenschaften ebenfalls als Konservierungsmittel, z.B. für ölige Augentropfen, eingesetzt. Die Substanz besitzt gleichzeitig sedativ-hypnotische und lokalanästhetische Wirkungen.

Chlorobutanol   2-Phenylethanol   β-Propiolacton

Zur *chemischen Sterilisation* dient häufig die Begasung mit *Ethylenoxid* oder *β-Propiolacton*. Als Epoxid bzw. β-Lacton weisen beide eine hohe Reaktivität gegenüber Nucleophilen auf. Ihrer mikrobiziden Wirkung liegen daher vermutlich Alkylierungs- bzw. Acylierungsreaktionen mit Proteinen bzw. Nucleinsäuren zugrunde. Für die zuverlässige Wirkung ist u.a. ein optimaler Feuchtigkeitsgrad während der Begasung notwendig. Handelsübliches Ethylenoxid wird zur Verringerung der Explosionsgefahr mit CO_2 verdünnt (Cartox®, Etox® u. a.).

Aus der Stoffklasse der *Aldehyde* besitzt *Formaldehyd* die größte Bedeutung als Desinfektions- und Konservierungsmittel. Durch Denaturierung von Eiweiß (u.a. Imin-Bildung durch „Formolreaktion") wirkt Formaldehyd bakterizid. Damit im Zusammenhang stehen auch adstringierende, desodorierende und antihidrotische (schweißhemmende) Eigenschaften. Für die viruzide Wirkung werden vor allem Reaktionen mit der Virus-

Nucleinsäure verantwortlich gemacht. Die Anwendung von Formaldehyd erfolgt sowohl auf der Basis der nach DAB 8 offizinellen wäßrigen *Formaldehyd-Lösung* (35 %ig, Formalin®) als auch in Form des festen, niederpolymeren *Paraformaldehyds*, der beim Erhitzen zu freiem Formaldehyd depolymerisiert. *Glutaraldehyd* wird insbesondere zur Instrumentendesinfektion eingesetzt.

$$HO-(CH_2-O)_n-H \qquad\qquad O=\overset{H}{C}-(CH_2)_3-\overset{H}{C}=O$$

Paraformaldehyd	Methenamin	Glutaraldehyd
(n = 30–100)	(Hiprex®, Mandelamine®)	

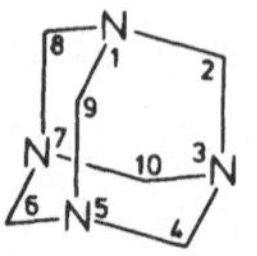

Methenamin (Hexamethylentetramin = 1,3,5,7-Tetraazaadamantan) fällt aufgrund der sich leicht bildenden hochsymmetrischen, spannungsarmen Adamantan-Struktur bereits beim Einengen einer Lösung von Formaldehyd mit überschüssigem Ammoniak an. Die Verbindung wird als Hippurat oder Mandelat bei Harnwegsinfektionen eingesetzt. In vivo spaltet sich aus ihr in nichtenzymatischer Reaktion Formaldehyd als wirksames Agens ab (vgl. Eigenschaften).

Zugelassene Konservierungsstoffe für Lebensmittel (Kenn-Nr. 1–4) finden sich vor allem in der Gruppe *organischer Säuren* (auch als Na-, K- und Ca-Salze). Hierzu zählen neben *Ameisensäure* (Kenn-Nr. 4) und *Benzoesäure* (Kenn-Nr. 2) die trans-trans-konfiguriert vorliegende *Sorbinsäure* (2,4-Hexadiensäure, Kenn-Nr. 1). Sie gehört zu den physiologisch unbedenklichen Konservierungsstoffen und wird bevorzugt gegen Schimmelbildung eingesetzt.

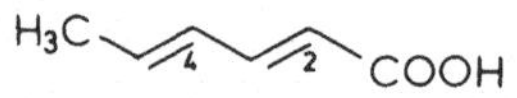

$$H_3C \diagup\!\!\diagdown_4\diagup\!\!\diagdown_2 COOH \qquad\qquad \text{Sorbinsäure}$$

In zahlreichen Externa werden die antibakteriellen, antimykotischen und keratolytischen Eigenschaften der *Salicylsäure* (vgl. 7.7.9) genutzt, die als Konservierungsstoff jedoch durch die gesetzlich zugelassenen *p-Hydroxybenzoesäureester* (*PHB-Ester*, Kenn-Nr. 3) verdrängt wurde (vgl. 13.6.4).

Eigenschaften *Formaldehyd* liegt in wäßriger Lösung im temperatur- und konzentrationsabhängigen Gleichgewicht zwischen monomerem Hydrat und oligomeren Hydraten ($HO-(CH_2-O)_n-H$) vor. Durch Zusatz von Methanol als Stabilisator werden Bildung und Ausfallen schwerlöslicher Polymerer (Paraformaldehyd) unterdrückt. Beim Abkühlen der 35 %igen Formaldehyd-Lösung kristallisiert häufig das wasserlösliche, zyklische Trimer *Trioxymethylen* (1,3,5-Trioxan) aus. In Gegenwart von Säuren spaltet *Methenamin* aufgrund seiner Aminal-Struktur wirksamen Formaldehyd ab.

$$(CH_2)_6N_4 + 4\,H_3O^\oplus + 2\,H_2O \rightarrow 6\,CH_2O + 4\,NH_4^\oplus$$

Sorbinsäure ($pK_a = 4{,}76$) ist nur wenig wasser-, aber leicht alkohol- und etherlöslich. Als zweifach ungesättigte Fettsäure ist sie oxidationsempfindlich. In wäßriger Lösung treten bereits bei Raumtemperatur Autoxidationsprodukte wie Malondialdehyd, Acrolein und Crotonaldehyd auf.

Salicylsäure ist aufgrund intramolekularer H-Brücken leicht flüchtig (Sublimation ab 75 °C). Ihre Carboxyl-Gruppe (pK_a = 3) ist stärker sauer als die von *Benzoesäure* (pK_a = 4,2), die phenolische Hydroxyl-Gruppe (pK_a = 13,4) ist schwächer sauer als die von Phenol (pK_a = 10).

Synthese *Chlorobutanol* wird unter Basenkatalyse durch Addition von Chloroform an Aceton erhalten.

Chlorobutanol

Die Darstellung der *Sorbinsäure* erfolgt über Anlagerung von Keten an die Carbonyl-Funktion von Crotonaldehyd. Dabei bildet sich eine β-Lacton-Zwischenstufe, die unter Ringöffnung zur trans-trans-ungesättigten Carbonsäure isomerisiert.

Sorbinsäure

Analytik Die Identifizierung von *Chlorobutanol* (Ph. Eur.) erfolgt in Umkehrung der Synthese über die Spaltung zu Aceton und Chloroform mittels konz. Alkalilauge. Das gebildete Chloroform wird mit Hilfe der *Fujiwara-Reaktion* über die Ringspaltung von Pyridin zu einem rotgefärbten Anion nachgewiesen, dessen Hydrolyse schließlich zum Glutacondialdehyd führt.

farbgebendes Anion

Glutacon-dialdehyd

Die Gehaltsbestimmung erfolgt nach alkalischer Abspaltung des organisch gebundenen Chlors argentometrisch.

Formaldehyd-Lösung DAB 8 wird mittels Chromotropsäure-Reaktion (vgl. 5.3) identifiziert. Die iodometrische Gehaltsbestimmung erfolgt durch Oxidation zu Formiat im Alkalischen und anschließende Rücktitration von nicht verbrauchtem Iod nach dem Ansäuern. *Methenamin DAB 8* wird zunächst mit überschüssiger Säure hydrolysiert und der Säureüberschuß gegen Methylrot zurücktitriert. *Sorbinsäure* kann z.B. durch Wasserdampfdestillation vom Konservierungsgut abgetrennt und über UV-Absorption (bei ca. 260 nm) bestimmt werden.

13.6.4 Phenol-Derivate

Phenol (DAB 8) wurde bereits 1867 durch J. Lister als Desinfektionsmittel in die chirurgische Praxis eingeführt. Wegen seiner toxischen Nebenwirkungen (Hautnekrosen, Nierenschäden, ZNS-Störungen) wurde es bald durch besser wirksame und weniger toxische *Phenol-Derivate* ersetzt. Dagegen ist es nach Ph. Eur. als Konservierungsmittel für Sera und Impfstoffe zulässig. Zu den als Desinfektionsmittel eingesetzten Phenol-Derivaten zählen

- Alkylphenole
- Arylphenole
- Halogenphenole.

Unter den Alkylphenolen hat nur noch das nach DAB 8 offizinelle *Thymol*, 2-Isopropyl-5-methyl-phenol, praktische Bedeutung. Es ist ca. 30 mal wirksamer und nur 1/4 so toxisch wie Phenol. Außerdem wirkt es fungizid. Zusammen mit *Carvacrol*, 5-Isopropyl-2-methyl-phenol, ist es im Thymianöl enthalten. Thymol findet seines relativ guten Geschmacks und Geruches wegen Anwendung in Mundwässern und -pastillen sowie Zahnpasten.

Aus der Gruppe der Arylphenole ist in vielen Kombinationspräparaten das *o-Phenylphenol* vertreten. Es ist praktisch geruchlos, gut verträglich und etwa 10 mal wirksamer als Phenol.

Als besonders aktiv haben sich alkylierte Halogenphenole erwiesen. Diese besitzen in p-Stellung zum phenolischen Hydroxyl als Halogen vorzugsweise Chlor. Breite Anwendung finden vor allem *p-Chlor-m-kresol* (4-Chlor-3-methyl-phenol), *p-Chlor-m-xylenol* (4-Chlor-3,5-dimethyl-phenol), *2-Benzyl-4-chlor-phenol*, sowie als mehrfach chloriertes, zweikerniges Phenol-Derivat *Hexachlorophen*, 2,2′-Methylen-bis(3,4,6-trichlor-phenol). Es ist hauptsächlich gegen grampositive Bakterien wirksam und Bestandteil vieler kosmetischer Präparate (z.B. Desodorantien). Da Resorption auch durch die intakte Haut nicht ausgeschlossen ist, sollten bestimmte Höchstkonzentrationen nicht überschritten werden. Resorptive Vergiftungen können inbesondere zu neurotoxischen Schädigungen führen.

Phenole als Desinfektionsmittel			
Stoffklasse	Freiname bzw. chem. Bezeichnung (Handelsname)	Strukturformel	m.Ph.K.
Alkylphenole	Thymol		~ 30

Fortsetzung der Tabelle

Stoffklasse	Freiname bzw. chem. Bezeichnung (Handelsname)	Strukturformel	m.Ph.K.
Arylphenole	o-Phenylphenol (Bestandteil von Sagrotan®, Lysolin® u.a.)		~10
Halogen-phenole	p-Chlor-m-kresol (Bestandteil von Sagrotan®, Lysolin® u.a.)		~12
	p-Chlor-m-xylenol (Bestandteil von Satinasept® u.a.)		~70
	2-Benzyl-4-chlor-phenol (Bestandteil von Sagrotan®, Sagromed® u.a.)		–
	Hexachlorophen (Bestandteil von pHisoHex® u.a.)		~100*
Resorcin-Derivate	Hexylresorcin (Bestandteil von Jodo-muc® jodfrei)		~90

m.Ph.K. = mittlerer Phenolkoeffizient
* grampositive Keime

In seinen antimikrobiellen Eigenschaften dem Phenol unterlegen ist *Resorcin* DAB 8, ein zweiwertiges Phenol. Es wird vor allem wegen seines keratolytischen Effektes in der Dermatologie eingesetzt. *Hexylresorcin* eignet sich zur Wundreinigung. Desinfizierende

Eigenschaften besitzt auch das von Brenzkatechin sich ableitende *Eugenol*, 4-Allyl-2-methoxy-phenol, das aufgrund seiner zusätzlichen lokalanästhetischen Wirkung zahnmedizinische Anwendung findet.

$$HO-\bigcirc-CH_2-CH=CH_2 \qquad HO-\bigcirc-\overset{\displaystyle}{\underset{\displaystyle O}{C}}-OCH_3 \qquad HO-\bigcirc-\overset{\displaystyle}{\underset{\displaystyle O}{C}}-OC_3H_7$$

Eugenol   Methylparaben   Propylparaben
(Nipagin M®)   (Nipasol M®)

Unter den *Phenolcarbonsäuren* sind neben *Salicylsäure* (vgl. 13.6.3) die Ester der p-Hydroxybenzoesäure (*PHB-Ester, Parabene*) von Bedeutung. Ihre Wirkung erstreckt sich auf Bakterien, Hefen und Schimmelpilze und ist in weiten Grenzen unabhängig vom pH-Wert des Mediums. Sie werden hauptsächlich als Konservierungsmittel eingesetzt. Sowohl *Methylparaben* (p-Hydroxybenzoesäuremethylester Ph. Eur.) als auch *Propylparaben* (p-Hydroxybenzoesäurepropylester Ph. Eur.) dienen zur Haltbarmachung pharmazeutischer Zubereitungen. Bei Externa besteht die Möglichkeit des Auftretens einer Kontaktdermatitis. Ethyl- und Propylester sowie deren Na-Salze (als Gemisch in Nipacombin®) zählen zu den gesetzlich zugelassenen Konservierungsstoffen für Lebensmittel (vgl. 13.6.3).

Struktur-Wirkungs-Beziehungen Die bakterizide Wirksamkeit von *Phenol-Derivaten* wird durch den „*Phenol-Koeffizient*" ausgedrückt. Er ist definiert als Quotient derjenigen Verdünnungen, bei denen das Phenol-Derivat und Phenol (als Standard) gerade noch einen vorgegebenen Bakterienstamm abtöten. Als Faktor, der angibt, um wieviel stärker wirksam ein Phenol-Derivat im Vergleich zum Phenol selbst (Phenol-Koeffizient = 1) ist, besitzt der Phenol-Koeffizient für unterschiedliche Bakterienstämme daher keine absolute Aussagekraft. Die Erhöhung der lipophilen Eigenschaften mit zunehmender Kernsubstitution durch Alkyl-Reste und Halogene geht mit einer Wirkungssteigerung bis zu einem Maximum und folglich mit wachsenden Phenol-Koeffizienten einher. Innerhalb der homologen Reihe der n-Alkylphenole wird mit wachsender Kettenlänge ein Wirkungsmaximum bei $R = C_5H_{11}$ erreicht (vgl. auch 1.3).

Phenol-Derivate zählen als Desinfizientien zu den *strukturunspezifischen Pharmaka* (vgl. 1.1). Ihre Wirkung ist an das undissoziierte Molekül gebunden. In Gegenwart von Serum werden sie entsprechend ihrer Tendenz zur Bindung an Eiweiß inaktiviert.

Eigenschaften *Phenol* ($pK_a = 10$) bildet infolge Licht- und Lufteinfluß gelb bis rosa verfärbte, hygroskopische Kristallnadeln, die ab 6 % Wasser bereits eine homogene Lösung ergeben. Bei einem Wassergehalt von 28−92 % bilden sich bei 20 °C zwei flüssige Phasen aus („Mischungslücke"), die oberhalb 65,3 °C nicht mehr auftreten. Auch *Resorcin* als zweiwertiges Phenol ($pK_{a_1} = 9{,}2$, $pK_{a_2} = 11{,}3$) verfärbt sich bei Licht- und Lufteinfluß (sowie in Gegenwart von Fe) rosa. Es reduziert sowohl Fehlingsche Lösung als auch ammoniakalische Silbersalzlösung.

Synthese Zur Darstellung von Hexachlorophen wird die chlorierte, einkernige Phenolkomponente durch Kondensation mit Paraformaldehyd über eine Methylen-Gruppe verbrückt.

Hexachlorophen

Die Synthese der *Parabene* geht von Kaliumphenolat und CO_2 aus, die nach Kolbe-Schmitt zur p-Hydroxybenzoesäure umgesetzt und anschließend verestert werden.

PHB-Ester

Analytik Im Gegensatz zu den meisten Phenolen gibt *Thymol* mit $FeCl_3$ keine Färbung. Seine Identifizierung erfolgt z.B. über die Bildung rotvioletter Triphenylmethanfarbstoffe mittels Chloroform in Natronlauge. Ph. Eur. und DAB 8 schreiben für *Phenol*, *Thymol* und *Parabene* bromometrische Gehaltsbestimmungen vor.

13.6.5 8-Hydroxychinolin- und Acridin-Derivate sowie weitere Stickstoffhaltige Verbindungen

Die Entdeckung der antimikrobiellen Wirkung substituierter *Chinolin-* und *Acridin-Derivate* ist eng verknüpft mit der Entwicklung antiparasitär wirksamer Pharmaka (vgl. 13.4).

Die zur Desinfektion gebräuchlichen *Chinolin-Derivate* stellen — im Unterschied zu den in der Malariabekämpfung eingesetzten 4- bzw. 8-Aminochinolinen — *8-Hydroxychinoline* dar, deren antimikrobielle Wirkung vor allem in den chelatisierenden Eigenschaften der durch die 8-Hydroxy-Gruppe und den Chinolinring-Stickstoff gekennzeichneten Teilstruktur begründet ist (vgl. Biochemische Wirkungen). *8-Hydroxychinolin* (Oxin) selbst kommt meist als wasserlösliches Hydrogensulfat zur Anwendung.

In der 8-Hydroxychinolin-Reihe führt die Einführung von Halogen in 5- und 7-Position zu einer erheblichen Wirkungsverstärkung. Dabei werden die chlorierten Derivate 5,7-Dichlor-8-hydroxy-chinolin (Hauptbestandteil von *Halquinol* INN) und *Chlorquinaldol*, 5,7-Dichlor-8-hydroxy-chinaldin, noch von den bromierten wie *Broxyquinolin*, 5,7-Dibrom-8-hydroxy-chinolin, und iodierten wie *Clioquinol*, 5-Chlor-8-hydroxy-7-iod-chinolin, und *Chiniofon*, 8-Hydroxy-7-iod-5-chinolin-sulfonsäure, übertroffen. Das Grundgerüst des Chlorquinaldols ist das *Chinaldin* (= 2-Methylchinolin).

Die 8-Hydroxychinoline besitzen sehr unterschiedliche Anwendungsgebiete. Sie werden extern gegen Hautinfektionen durch Pilze und Bakterien sowie häufig zur Mund- und Rachendesinfektion verwendet. Der Einsatz halogenierter 8-Hydroxychinoline zur Behandlung von „Reisediarrhöe" ist umstritten. Gebräuchliche „Darmantiseptika" sind Dignoquine®, Entero-Vioform®, Intestopan® und Mexaform®.

Von den *trizyklischen Acridin-Farbstoffen* wird *Ethacridin*, 6,9-Diamino-2-ethoxy-acridin, in Form seines wasserlöslichen Lactats äußerlich zur Wundbehandlung einge-setzt. Es ist auch Wirkstoff des Darmantiseptikums Metifex®.

Aus der Gruppe der *Hexahydropyrimidin-Derivate* hat *Hexetidin* Bedeutung erlangt. Ähnlich wie Hexamethylentetramin (vgl. 13.6.3) stellt auch die Hexahydropyrimidin-Struktur ein zyklisches Aminal des Formaldehyds dar. Hexetidin wird vor allem als Mund- und Rachendesinfizienz verwendet.

Chlorhexidin, ein Biguanid-Derivat, eignet sich zur Flächendesinfektion und als Konser-vierungsmittel in pharmazeutischen Präparaten (z.B. Augenarzneimittel). Es dient auch als Wirkstoff in Mund- und Rachendesinfizientien.

Das von p-Benzochinon durch Guanylhydrazon- und Thiosemicarbazon-Bildung sich ab-leitende *Ambazon* ist in Form von Lutschpastillen als Mund- und Rachendesinfizienz gebräuchlich.

8-Hydroxychinolin- und Acridin-Derivate sowie weitere N-haltige Verbindungen		
Stoffklasse	Freiname (Handelsname)	Strukturformel
8-Hydroxy-chinoline	8-Hydroxychinolin (Chinosol®)	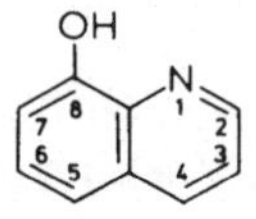
	R = H: Halquinol (Bestandteil von Mexaform plus® und Dignoquine®) R = CH$_3$: Chlorquinaldol (Sterosan®, Siogeno®, Bestandteil von Dignoquine®)	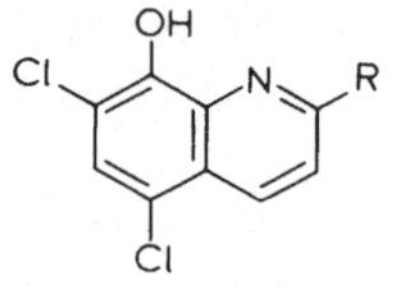
	Clioquinol (Vioform®, Entero-Vioform®, Bestandteil von Mexaform S®)	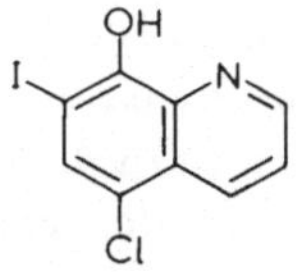
	Broxyquinolin (Bestandteil von Intestopan®)	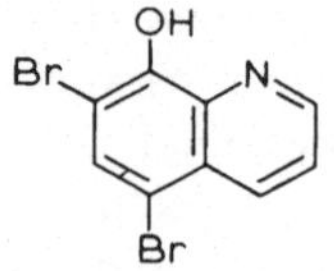
	Chiniofon (Yatren®, nicht im Handel)	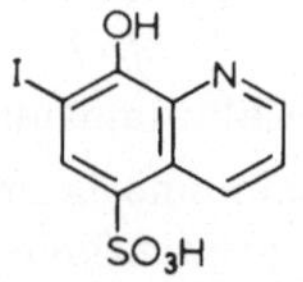

Fortsetzung der Tabelle

Stoffklasse	Freiname (Handelsname)	Strukturformel
6,9-Diamino-acridine	Ethacridin (Rivanol®, Metifex®)	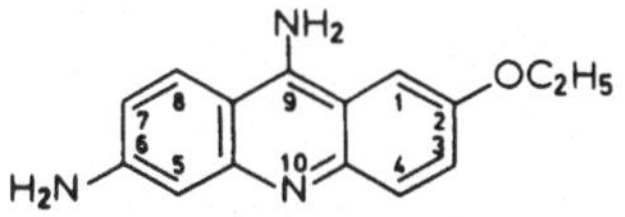
Hexahydro-pyrimidine	Hexetidin (Hexoral®, Glypesin®, Bestandteil von Doreperol®)	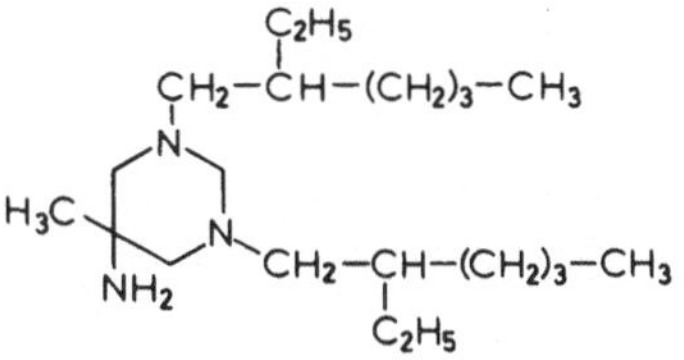
Biguanid-Derivate	Chlorhexidin (Chlorhexamed®, Hibiclens®)	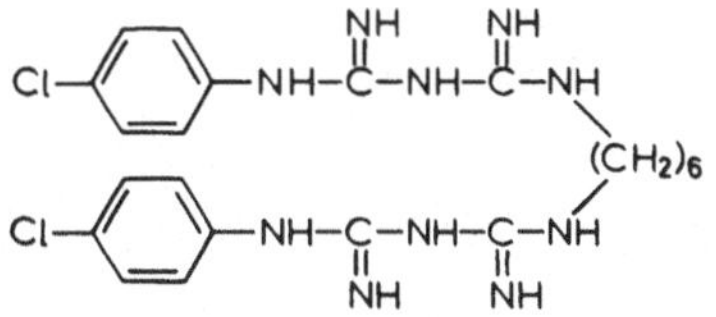
Thiosemicarbazon-Derivate	Ambazon (Iversal®)	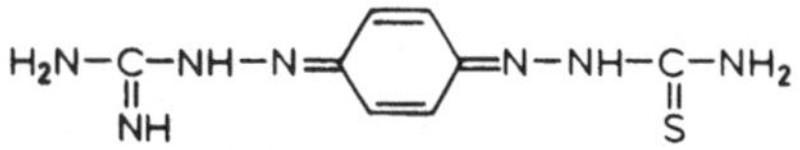

Biochemische Wirkungen Der antimikrobiellen Aktivität der *8-Hydroxychinoline* liegt ihre Fähigkeit zur Chelatisierung essentieller Metalle im Stoffwechsel von Mikroorganismen zugrunde. Davon betroffen ist in erster Linie das *Eisen*, dessen gesättigtes 3:1-Oxin-Fe(III)-chelat eine besonders hohe Stabilitätskonstante hat. Erwartungsgemäß sind nicht chelatfähige Stellungsisomere des Oxins mit C-2- bis C-7-ständiger OH-Gruppe unwirksam. Die Aktivität der *Diaminoacridine* ist an eine Molekülfläche, die eine Mindestgröße nicht unterschreiten darf, gebunden. Dieses steht im Einklang mit dem diskutierten Wirkungsmechanismus einer starken Bindung der planaren, kationischen Acridin-Moleküle an Nucleinsäuren über flache, sich jeweils über ein Basenpaar erstreckende Bereiche.

Synthese Die Darstellung von *8-Hydroxychinolin* geht von 2-Aminophenol und Acrolein aus, die entsprechend der Skraupschen Synthese umgesetzt werden. Die Darstellung von 8-Hydroxychinaldin erfordert den homologen Crotonaldehyd. Die Substitution in 5- und 7-Position erfolgt z.T. durch direkte Halogenierung (*Broxyquinolin, Halquinol, Chlorquinaldol*).

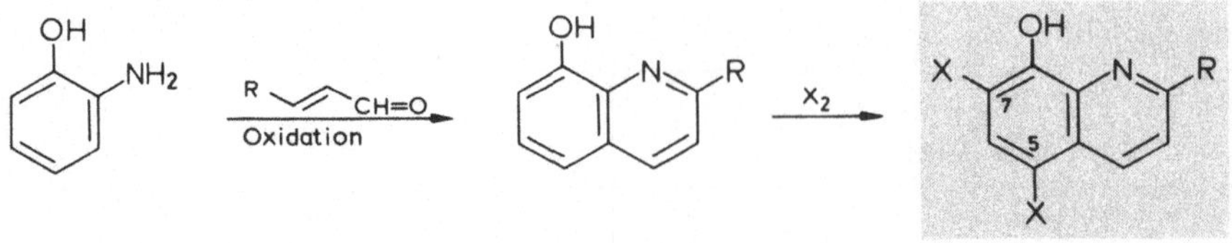

R = H   8-Hydroxy-
         chinolin

R = CH$_3$ 8-Hydroxy-
         chinaldin

R = H,   X = Br   Broxyquinolin
R = H,   X = Cl   Halquinol
R = CH$_3$, X = Cl   Chlorchinaldol

Die Substituenten können auch schrittweise über Chlorierung (*Clioquinol*) bzw. Sulfonierung (*Chiniofon*) an C-5 und nachfolgende Iodierung an C-7 eingeführt werden.

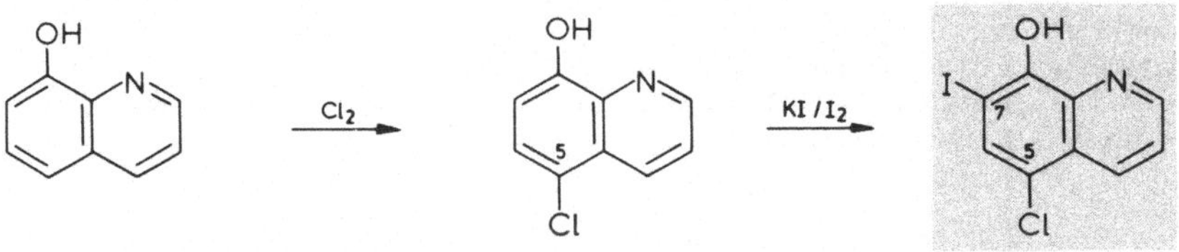

Clioquinol

Zur Gewinnung von *Ethacridinlactat* wird 2-Chlor-4-nitro-benzoesäure mit p-Phenetidin basisch (in Gegenwart von Cu-Bronze) zu einem Diphenylamin-Derivat kondensiert, das unter Zyklisierung in 9-Chlor-2-ethoxy-6-nitro-acridin übergeführt wird. Nach Austausch des C-9-ständigen Chlors gegen eine Amino-Gruppe und anschließende Reduktion der Nitro-Gruppe an C-6 resultiert der 6,9-Diamino-acridin-Farbstoff. Die Salzbildung zum Lactat erfolgt unter Protonierung an N-10.

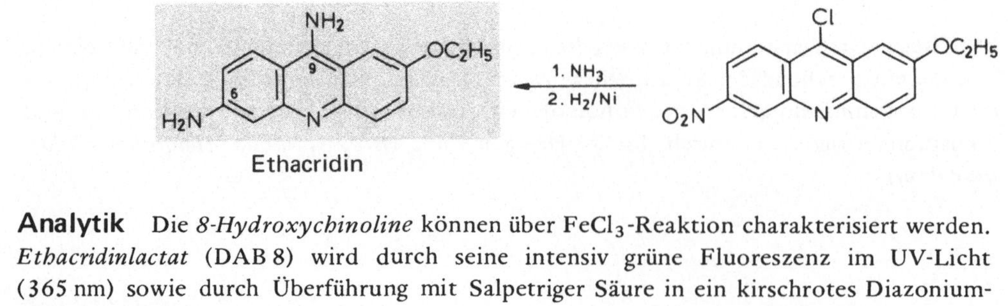

Ethacridin

Analytik Die *8-Hydroxychinoline* können über FeCl$_3$-Reaktion charakterisiert werden. *Ethacridinlactat* (DAB 8) wird durch seine intensiv grüne Fluoreszenz im UV-Licht (365 nm) sowie durch Überführung mit Salpetriger Säure in ein kirschrotes Diazonium-Salz identifiziert.

13.6.6 Quartäre Ammonium-Verbindungen und weitere Detergentien

Aus der Gruppe der Detergentien (*Tenside*), die als grenzflächenaktive Stoffe (vgl. 15.2.3) die Oberflächenspannung des Wassers stark herabsetzen, haben als Desinfektionsmittel vor allem *quartäre Ammoniumsalze* („*Quats*") Bedeutung erlangt. Die „Quats" stellen im Gegensatz zu den anionenaktiven Seifen, die keine oder nur schwach ausgeprägte antimikrobielle Wirkung aufweisen, kationenaktive Tenside („*Invertseifen*") dar. Quartäre Ammonium-Verbindungen zeigen ausgeprägte antimikrobielle Eigenschaften, wenn das Stickstoff-Atom mindestens eine hydrophobe, linear aufgebaute Alkyl-Kette mit 8–18 C-Atomen trägt (Domagk, 1935). Wirksame Verbindungen findet man auch unter jenen „Quats", die anstelle der Ammonium- eine *Phosphonium-* oder *Sulfonium-Struktur* als kationisches Zentrum besitzen.

Zu den wichtigsten quartären Stickstoff-Verbindungen zählen die Alkyl-trimethyl-ammoniumhalogenide (*Cetrimoniumbromid* = Cetrimid Ph. Eur.), Alkyl-benzyl-dimethyl-ammoniumhalogenide (*Benzalkoniumchlorid*) sowie *Cetylpyridiniumchlorid*. Häufig verwendet wird auch das bisquartäre Chinaldin-Derivat *Dequaliniumchlorid*. Den „Quats" in ihren Eigenschaften verwandt sind die „*Ampholytseifen*" (*Amphotenside*). Diese als *Tego®-Präparate* bekannten Tenside sind grenzflächenaktive N-substituierte Amino-säuren. Sie bilden Kationen, Anionen und Zwitterionen und nehmen somit eine Sonderstellung zwischen den Seifen und den „Quats" ein. Eine gebräuchliche Substanz dieser Reihe ist das in der HCl-Form vorliegende Glycin-Derivat *Tego 103 S®*.

Quartäre Ammonium-Verbindungen und amphotere Tenside		
Stoffklasse	**Name (Handelsname)**	**Formel**
Quartäre Ammonium-Verbindungen	Cetrimoniumbromid –	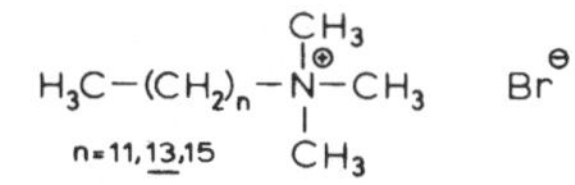 $H_3C-(CH_2)_n-\overset{\overset{CH_3}{\mid}}{\underset{\underset{CH_3}{\mid}}{N^{\oplus}}}-CH_3 \quad Br^{\ominus}$ $n = 11, \underline{13}, 15$
	Benzalkoniumchlorid (Laudamonium®, Quartamon®, Zephirol®)	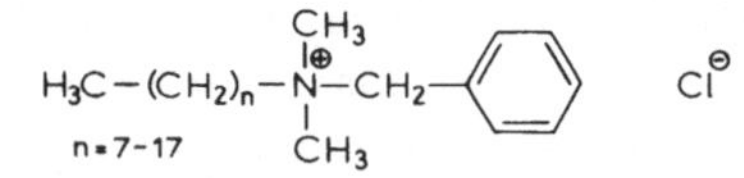 $H_3C-(CH_2)_n-\overset{\overset{CH_3}{\mid}}{\underset{\underset{CH_3}{\mid}}{N^{\oplus}}}-CH_2-C_6H_5 \quad Cl^{\ominus}$ $n = 7{-}17$
	Cetylpyridiniumchlorid (Dobendan®)	$H_3C-(CH_2)_{15}-N^{\oplus}(C_5H_5) \quad Cl^{\ominus}$
	Dequaliniumchlorid (Evazol®, Sorot®)	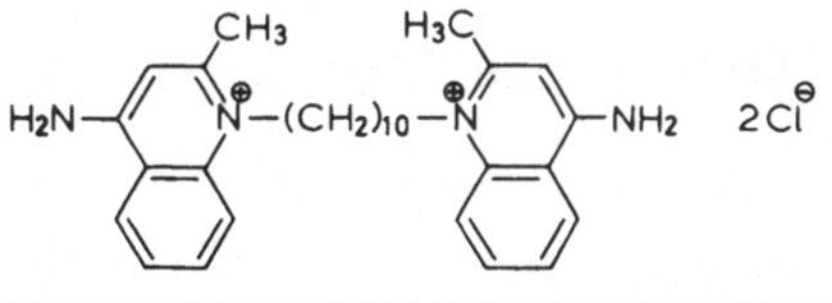 $H_2N{-}[\text{2-CH}_3\text{-chinolinium}]{-}N^{\oplus}{-}(CH_2)_{10}{-}N^{\oplus}{-}[\text{2-CH}_3\text{-chinolinium}]{-}NH_2 \quad 2\,Cl^{\ominus}$
Amphotere Tenside	– (Tego 103 S®)	$H_{25}C_{12}-NH-(CH_2)_2-NH-(CH_2)_2-NH-CH_2-COOH$

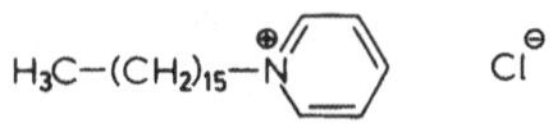

Anwendung, biochemische Wirkungen Die quartären Ammonium-Verbindungen besitzen ein relativ breites Wirkungsspektrum. Besonders empfindlich sind grampositive Bakterien. Dagegen werden Mycobakterien und Sporen nicht abgetötet. Einige Vertreter zeigen ausgeprägte antimykotische Wirksamkeit. Bestimmte Viren werden bereits in sehr niedriger Konzentration inaktiviert.

Die *Invert-* und *Ampholytseifen* sind vor allem im klinischen und öffentlichen Gesundheitsbereich weit verbreitete Desinfektionsmittel für Flächen, Instrumente, Hände und Haut. *Cetylpyridiniumchlorid* und *Dequaliniumchlorid* sind auch Bestandteil von Präparaten zur Mund- und Rachendesinfektion (z.B. Dobendan®, Sorot®). Quartäre Ammonium-Verbindungen werden u.a. als Konservierungsmittel in pharmazeutischen Präparaten (einschließlich Augenarzneimittel) eingesetzt.

Die antibakteriellen Eigenschaften der Quats und Ampholytseifen stehen mit ihrer Grenzflächenaktivität in Zusammenhang. Die hydrophobe Alkyl-Kette begünstigt den Kontakt zur lipophilen bakteriellen Zellwand. Durch Änderung der Membranpermeabilität kommt es zum Austreten essentieller Zellinhaltsstoffe. Darüberhinaus können Tenside durch Ladungsneutralisation die Denaturierung von Proteinen (Enzyme) bewirken.

Eigenschaften vgl. 15.2.3

Synthese Zur Darstellung der „Quats" wird im Fall von *Benzalkoniumchlorid* das bereits langkettig substituierte tertiäre Amin mit Benzylchlorid quaterniert.

Cetylpyridiniumchlorid erhält man durch Alkylierung von Pyridin mit 1-Hexadecylchlorid (Cetylchlorid).

Benzalkoniumchlorid

Analytik Quartäre Ammonium-Verbindungen, z.B. *Cetrimoniumbromid* (Ph. Eur.) bilden mit Farbstoff-Anionen wie *Methylorange,* das eine Sulfonsäure-Funktion enthält, *Ionenpaare.* Der Phasentransfer aus Wasser in Chloroform (Gelbfärbung der Chloroform-Schicht) kann daher zum Nachweis herangezogen werden.

14 Stoffe zur Behandlung maligner Tumoren

Unter der Einwirkung äußerer Faktoren können Zellen zu *Tumorzellen* transformiert werden. Der Prozeß, der von der Auslösung (*Initiation*) zur Entwicklung (*Promotion*) eines *Tumors* führt, kann molekularbiologisch nicht erklärt werden.

Als *karzinogene Faktoren*, die die *Transformation zur Tumorzelle* bewirken, kommen neben *physikalischen Faktoren* (z.B. ionisierende Strahlen) und *onkogenen Viren* vor allem chemische Substanzen in Betracht.

Chemische Karzinogene können lokal oder systemisch wirken. Systemisch aktive Karzinogene entfalten ihre Wirkung entweder in bestimmten Organen (*organotrope Wirkung*) oder an vielen Stellen des Organismus (*multipotente Kanzerogene*).

Die wichtigsten chemischen Karzinogene gehören folgenden Stoffklassen an:

— **Polyzyklische aromatische Kohlenwasserstoffe** (z. B. *Benzo[a]pyren* und *3-Methyl-cholanthren*). Sie treten bei Schwelungsprozessen auf und sind in der Umwelt weit verbreitet (Teer, Ruß, Autoabgase, Tabakrauch etc.). Ihre Wirkung entfalten sie lokal.

— **Aromatische Amine** Sie sind systemisch wirksam. *2-Naphthylamin* induziert vor allem Blasentumoren.

— **Nitrosamine** (z.B. *Dimethyl-* und *Diethylnitrosamin*). Sie besitzen ausgeprägte Organotropie. So induzieren symmetrische Dialkylnitrosamine Lebertumoren. Nitrosamine können im sauren Milieu des Magens aus mit der Nahrung aufgenommenen Aminen unter Einwirkung von Nitrit gebildet werden.

— **Alkylierende Verbindungen** (z.B. *Epoxide, Ethylenimine, Alkansulfonsäureester, Bis(2-chlorethyl)-amin-Derivate* u.a.; vgl. 14.1.2). Die krebsauslösende Wirkung der z.T. als Zytostatika verwendeten Alkylantien ist insbesondere in der postoperativen adjuvanten Chemotherapie (etwa nach Mammaamputation) zu beachten.

— **Naturstoffe** Zu den am stärksten karzinogen wirksamen Stoffen zählen die *Aflatoxine*. Es handelt sich um *Mykotoxine*, die von verschiedenen Schimmelpilzen (z.B. Aspergillus flavus) gebildet werden. Aflatoxin-bildende Pilze kommen auf Erdnußprodukten, Getreide sowie verschiedenen Nahrungsmitteln vor. Das stark toxische *Aflatoxin B*$_1$ induziert Leberkrebs.

Für die Induktion maligner Tumoren ist eine bestimmte Dosis eines Karzinogens erforderlich. Durch gleichzeitige Einwirkung zweier Kanzerogene (*Synkarzinogenese*) wird das Tumorrisiko speziell dann erhöht, wenn das Zielorgan der biologischen Wirkung identisch ist.

Chemische Karzinogene	
Chemische Bezeichnung	**Formel**
Benzo[a]pyren	
3-Methyl-cholanthren	

Fortsetzung der Tabelle

Chemische Bezeichnung	Formel
2-Naphthylamin	
Dimethylnitrosamin	
Vinylchlorid	$H_2C=CHCl$
Aflatoxin B_1	

Die chemischen Karzinogene werden häufig erst im Säugetierorganismus in *reaktive Metaboliten* (elektrophile Verbindungen) übergeführt. Diese können mit nucleophilen Zellbestandteilen reagieren, wobei unter dem Gesichtspunkt der Kanzerogenese Reaktionen mit informationstragenden Biopolymeren im Vordergrund stehen. Bei den polyzyklischen aromatischen Kohlenwasserstoffen spielt die Bildung von *Epoxiden* (Arenoxiden) eine besondere Rolle. Entgegen älteren Ansichten sind dabei die sogenannten *K-Regionen* (Stellen hoher Elektronendichte) wie z.B. der C-4/C-5-Bereich des Benzo[a]pyrens für die Bildung krebserregender Epoxide von untergeordneter Bedeutung. Entscheidend ist vielmehr der an das Pyren-System *anellierte Benzol-Ring.* So wird Benzo[a]pyren durch eine Cytochrom P 450-abhängige mikrosomale Monooxygenase (Arylkohlenwasserstoff-Hydroxylase) in das *7α,8α-Epoxid* übergeführt, das als *proximales Karzinogen* angesehen wird. Das Arenoxid kann durch eine Epoxid-Hydratase zum *trans-Dihydrodiol* (7,8-Dihydro-benzo[a]pyren-7β,8α-diol) hydratisiert werden. Aus der Gruppe der mikrosomalen Monooxygenasen werden unter dem Einfluß von Induktoren (z.B. 3-Methylcholanthren) solche Monooxygenasen gebildet, die das trans-Dihydrodiol in 9,10-Stellung erneut epoxidieren. Von den stereoisomeren *Diolepoxiden* besitzt das 9α,10α-Epoxi-7,8,9,10-tetrahydro-benzo[a]pyren-7β,8α-diol die stärkste mutagene und karzinogene Aktivität. Dieses *ultimale Karzinogen* wird auch in vivo bevorzugt gebildet.

Präkarzinogen	Proximale Karzinogene	Ultimales Karzinogen

Das ultimale Karzinogen kann mit dem genetischen Material im Zellkern (DNA) reagieren. Dabei entsteht unter Spaltung des Epoxid-Rings an C-10 ein durch das benachbarte aromatische System *stabilisiertes Carbenium-Ion*, das mit nucleophilen Zentren der DNA — bevorzugt mit der C-2-ständigen Amino-Gruppe des Guanins — in Reaktion tritt.

Diolepoxid-
Guanin-Addukt

Im erweiterten Sinn ist die Fähigkeit, stabilisierte „langlebige" Carbenium-Ionen zu bilden, als entscheidende Voraussetzung für die karzinogene Wirkung der polyzyklischen aromatischen Kohlenwasserstoffe anzusehen.

Die Veränderung des genetischen Materials kann eine Mutation und letztendlich den Verlust der Wachstumskontrolle, der zur malignen Entartung führt, bewirken.

Als chemische Karzinogene sind neben den polyzyklischen aromatischen Kohlenwasserstoffen vor allem die ubiquitär verbreiteten *N-Nitrosamine* von Bedeutung. Da sie in zahlreichen Tierspezies Tumoren erzeugen, muß eine Kanzerogenität auch für den Menschen angenommen werden.

Nitrosamine können sich aus sekundären und tertiären Aminen bilden. Darüberhinaus sind auch Säureamide, Säurehydrazide und ähnliche Verbindungen mit dialkyliertem Stickstoff als potentielle Nitrosamin-Bildner anzusehen. Da diesen Stoffklassen zahlreiche Pharmaka zuzuordnen sind, muß die Nitrosierbarkeit in jedem Einzelfall quantifiziert werden. So wurde z.B. *Aminophenazon* (vgl. 7.7.8) wegen relativ leichter Bildung von Dimethylnitrosamin aus dem Handel genommen.

Weiterhin sollte die *Zufuhr von Nitriten* soweit als möglich reduziert werden. Nitrite dienen u.a. zur Konservierung von Fleisch und Fisch. Sie sind in Pflanzen — vor allem nach Düngung mit Nitraten — enthalten.

Der *Wirkungsmechanismus der Nitrosamine* ist nicht vollständig geklärt. Dialkylnitrosamine werden primär durch Monooxygenasen an einem α-ständigen C-Atom hydroxyliert. Im Fall des Dimethylnitrosamins (1) entsteht dabei N-Hydroxymethyl-N-methyl-nitrosamin (2), aus dem Formaldehyd abgespalten wird. Bei dieser heterolytischen Reaktion dürfte primär das Diazohydroxid 3 entstehen, aus dem sich letztlich Carbenium-Ionen 4 als *ultimales Karzinogen* bilden.

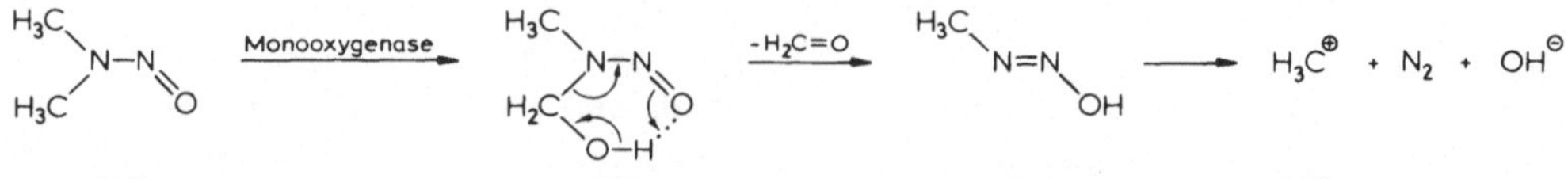

Bioaktivierung von Dimethylnitrosamin

Die Carbenium-Ionen stabilisieren sich unter Aufnahme eines nucleophilen Partners. Dies kann zur *Alkylierung* von Proteinen und Nucleinsäuren führen. Mengenmäßig steht die Alkylierung am N-7 des Guanins im Vordergrund. Für die Krebsentstehung scheint jedoch die O-Alkylierung des Guanins von größerer Bedeutung zu sein. Durch die Alkylierung wird die Basenpaarung (z. B. Cytosin-Guanin) der DNA, die über Wasserstoffbrücken-Bindungen erfolgt, gestört. Dies kann zu Fehlkodierungen, Mutierung und Kanzerisierung der Zelle führen.

Langzeitversuche zur Ermittlung der *karzinogenen Wirkung* von Substanzen sind sehr zeit- und kostenintensiv. Dagegen läßt sich die *mutagene Wirkung* (Veränderung des genetischen Materials) durch Schnelltests ermitteln. Zwischen Mutagenität und Karzinogenität besteht eine 80—90 %ige Übereinstimmung.

Am bekanntesten ist der von *Ames* und Mitarb. 1975 entwickelte *Test* mit verschiedenen Histidin benötigenden Salmonella typhimurium-Stämmen als Indikatororganismen. Sie werden durch mutagene Substanzen zum Histidin-unabhängigen Wildtyp rückmutiert. Mit Hilfe dieser Schnelltests ist es möglich, potentiell krebserzeugende Stoffe für die Langzeitversuche auf Karzinogenität zu selektieren.

14.1 Zytostatisch wirksame Stoffe

Unter *Krebs* wird die *maligne Gewebeneubildung* aus vorher normalen Körperzellen verstanden. Hauptcharakteristikum ist *das eigengesetzliche Wachstum,* das den übergeordneten Steuerungsmechanismen des Organismus entzogen ist.

Die wichtigsten Kennzeichen der *Malignität von Tumoren* sind

    — die Invasion in die Umgebung
    — die Metastasierung.

Krebsgewebe wächst *autonom* (eigengesetzlich), *infiltrativ* (schrankenlos) und *destruierend* (zerstörerisch). Es bildet an anderen Stellen des Organismus *Metastasen* (Tochtergeschwülste).

Die Tumorbildung erfolgt in einem mehrstufigen Prozeß. Die wichtigsten Stufen sind:

- Tumorinitiation (mit Veränderungen der DNA)
- Latenzperiode (mit morphologischen Zellveränderungen)
- Tumormanifestation (mit Invasion und Metastasierung)

Das anfänglich exponentielle Wachstum geht rasch in ein nicht exponentielles Wachstum über.

Die *malignen Tumoren* können unterteilt werden in:

- *epitheliale Tumoren* (Karzinome)
- *mesenchymale Tumoren* (Sarkome)
- *neurogene Tumoren* (z.B. Gliome, Glio- und Medulloblastom)

Eine besondere Gruppe bilden die *Hämoblastosen,* die das blutbildende Gewebe betreffen.

Für die *Tumorbehandlung* gilt prinzipiell folgende Reihenfolge:

1. Operative Entfernung des Tumors
2. Bestrahlung
3. Antineoplastische Chemotherapie

Die Chemotherapie mit *Zytostatika* (Antineoplastika) ist besonders bei inoperablen Krebsarten, bei Metastasierung und zur Verhinderung der Metastasierung während oder kurz nach der Operation indiziert.

Zytostatika bewirken eine Schädigung oder Zerstörung der Krebszelle. Sie sind wenig spezifisch. Die an gesunden Zellen gesetzten Schäden betreffen besonders

- das hämatopoetische (blutbildende) System des Knochenmarks
- die Keimdrüsen
- die Schleimhäute (speziell die Darmschleimhaut)
- die Haare und Nägel.

Gegenüber der *Chemotherapie von Infektionskrankheiten,* die durch körperfremde Organismen hervorgerufen werden, besteht das grundlegende Problem der *antineoplastischen Chemotherapie* in der Schwierigkeit, Stoffe mit selektiver Toxizität für Tumorzellen zu finden. Eine auf immunologischen Unterschieden aufbauende Therapie ließ sich bisher nicht realisieren. Die therapeutisch verwendeten Zytostatika schwächen die Immunabwehr und können daher prinzipiell auch als *Immunsuppressiva* eingesetzt werden.

Der Erfolg der Chemotherapie hängt insbesondere ab von der Zellzahl und der Verdoppelungszeit des Tumors sowie von der Zeitdauer der Therapie und dem Therapieintervall. Eine kontinuierliche Chemotherapie erhöht die Gefahr der Resistenz sowie der Tumorneubildung und ist daher abzulehnen.

Monochemotherapie wird nur bei bestimmten Tumoren durchgeführt. Die *Polychemotherapie* ist der Regelfall. Da es sich bei Tumorgewebe um asynchron wachsendes Gewebe handelt, ist eine *Synchronisation des Wachstums* durch Beeinflussung des Zellzyklus von großer Bedeutung. Sie ist — zumindest vorübergehend — durch kombinierte Polychemotherapie erreichbar.

Der *Zellzyklus* besteht aus der *Mitosephase* (M-Phase), in der das Kernmaterial erbgleich an die Tochterzellen weitergegeben wird, und der *Interphase,* der Zeit zwischen zwei Zellteilungen. In der Interphase durchläuft die Zelle

- die *präsynthetische Wachstumsphase* (G_1-Phase), in der die Synthese von Ribonucleinsäuren und Proteinen unter Vermehrung der Zellmasse erfolgt,

- die *Synthesephase* (S-Phase), in der die identische Replikation der DNA stattfindet,

- die *postsynthetische Wachstumsphase* (G_2-Phase), in der die Chromosomen bereits in Form der Chromatiden vorliegen.

Teilungsfähige Zellen können auch in eine *zytokinetische Ruhephase* (G_0-Phase) eintreten. Aus der G_0-Phase können die Zellen durch Stimulation wieder in den Zellzyklus (G_1-Phase) eingeführt werden.

Ein Teil der Tumorzellen befindet sich stets in der G_0-Phase, in der die ruhenden Zellen von Zytostatika kaum erreicht werden. Da eine Stimulation derzeit nicht realisierbar ist, versucht man, durch Gabe von Mitosehemmstoffen (z.B. *Vincristin*, vgl. 14.1.5) zunächst eine gewisse Phasengleichheit (*Teil-Synchronisation*) zu erreichen. Die Therapie kann dann − gleichzeitig oder konsekutiv − als Kombinationstherapie fortgesetzt werden.

Als unter günstigen Umständen *heilbar* gelten heute z.B. das Chorionkarzinom (Aderhaut des Auges), der Wilms Tumor (embryonale Niere), die lymphatische Leukämie der Kinder sowie die Lymphogranulomatose (M. Hodgkin). Ihr prozentualer Anteil an der Gesamtzahl maligner Tumoren ist jedoch relativ gering. *Gut beeinflußbar* sind z.B. bestimmte Leukämie-Formen sowie einige Karzinome des Genitalsystems.

Als *kaum beeinflußbar* gelten vor allem die soliden Tumoren des Brust- und Bauchraums, bei denen nur zeitlich begrenzte Remissionen erreichbar sind.

Die *Nebenwirkungen der Antineoplastika* können unterteilt werden in:

- *Frühreaktionen:* Übelkeit, Erbrechen, Fieber etc.

- *Spätreaktionen:* Leukopenie (dosisbegrenzender Faktor), Hemmung von Ovulation und Spermatogenese, Haarausfall, Beeinträchtigung der Schleimhäute, teratogene, mutagene und karzinogene Wirkungen

- *Indirekte Wirkungen:* Immunsuppressive Wirkung, Anstieg des Harnsäurespiegels

14.1.1 Antimetaboliten

Antimetaboliten (vgl. 3.1) sind Strukturanaloge physiologischer Stoffwechselprodukte (Metaboliten), die den Stoffwechsel auf folgenden Wegen blockieren:

- *Substrat-Analoge* (Konkurrenz-Substrate) werden wie das Substrat enzymatisch umgesetzt. Die entstehenden Produkte gehen wie das Reaktionsprodukt des Substrats in den Stoffwechsel ein. Antimetaboliten dieses Typs hemmen den Substratumsatz kompetitiv.

- *Enzyminhibitoren* hemmen bestimmte Enzyme. Aufgrund ihrer höheren Affinität zu diesen Enzymen verdrängen sie die natürlichen Substrate (Inaktivierung des Metabolismus). Sie liefern kein substratanaloges Reaktionsprodukt.

Die als Zytostatika verwendeten Antimetaboliten greifen insbesondere in die *Nuclein-säure-Biosynthese* ein. Da der Bedarf an Nucleotiden in sich schnell teilenden Zellen (z. B. Tumorzellen) besonders hoch ist, wird die Teilung dieser Zellen zuerst gehemmt.

Antimetaboliten		
Freiname (Handelsname)	**Formel**	**Antimetabolit von**
Methotrexat (Methotrexat „Lederle")	*(Strukturformel)*	Folsäure
Fluorouracil (Fluoro-uracil „Roche"®)	*(Strukturformel)*	Uracil (bzw. Thymin)
5-Fluor-1-(tetrahydro-2-furanyl)-uracil (Ftorafur®)	*(Strukturformel)*	Uridin (bzw. Thymidin)
Cytarabin (Alexan®, Udicil®)	vgl. 13.1.2	Cytidin
Mercaptopurin (Puri-Nethol®)	*(Strukturformel)*	Adenin und Hypoxanthin
Tioguanin (Thioguanin-Wellcome®)	*(Strukturformel)*	Guanin

Methotrexat (Ph. Eur.) unterscheidet sich von *Folsäure* (vgl. 12.8.8) durch die Amino-Gruppe an C-4 und die Methyl-Gruppe an N-10. Die an *C-5 halogenierten Uracil-Analogen* sind Antimetaboliten von Uracil bzw. Thymin, wobei der Atomradius des Halogensub-stituenten entscheidend ist. So stellt das 5-Fluor-Derivat *Fluorouracil* vor allem einen Uracil-Antimetaboliten dar, während 5-Ioduracil (Bestandteil von *Idoxuridin*, vgl. 13.1.2) ein Antimetabolit des Thymins ist.

Biochemische Wirkungen *Methotrexat* hemmt die Tetrahydrofolat-Dehydrogenase (Dihydrofolsäure-Reduktase, vgl. 12.8.8), die 7,8-Dihydrofolsäure zu 5,6,7,8-Tetrahydrofolsäure (THF) reduziert. Die Affinität von Methotrexat zum Enzym ist über 1000fach größer als die von Dihydrofolsäure. THF liefert einerseits in Form der 10-Formyl-THF C_1-Bausteine für die Purin-Biosynthese. Andererseits ist THF in Form der 5,10-Methylen-THF C_1-Überträger für die Methylierung von Uridin- bzw. Desoxyuridinmonophosphat zu den entsprechenden Thymidin-Derivaten. Die Hemmung der Übertragung von C_1-Bausteinen stört somit sowohl den *Purin-* als auch den *Pyrimidin-Stoffwechsel.* Die Blockade der DNA-Biosynthese wirkt sich in der S-Phase (vgl. 14.1) besonders stark aus.

Fluorouracil wird über das Ribonucleotid in 5-Fluor-2′-desoxyuridinmonophosphat umgewandelt, das die Thymidylat-Synthetase aufgrund sehr hoher Affinität hemmt. Dieses Enzym bewirkt die Methylierung von Desoxyuridinmonophosphat zu Desoxythymidinmonophosphat, einem DNA-Baustein.

Cytarabin, das in vivo zum 5′-Monophosphat bioaktiviert wird, blockiert möglicherweise (wie auch *Hydroxycarbamid,* vgl. 14.1.7) die DNA-Synthese durch Hemmung des Enzyms Ribonucleosiddiphosphat-Reduktase, das den Ribosyl-Rest von Ribonucleosiddiphosphaten zum 2′-Desoxyribosyl-Rest reduziert. Gleichzeitig wird die DNA-Nucleotidyl-Transferase (DNA-Polymerase), die Desoxynucleosidtriphosphate zu DNA-Ketten verknüpft, gehemmt.

Mercaptopurin wird in das entsprechende Nucleotid 6-Mercapto-inosinmonophosphat, das über eine Enzymhemmung den einleitenden Schritt der Purin-Biosynthese blockiert, übergeführt. Gleichzeitig werden die Enzyme gehemmt, die Inosinmonophosphat einerseits in Xanthinmonophosphat (aus dem Guanosinmonophosphat entsteht) und andererseits in Adenylsuccinat (aus dem Adenosinmonophosphat entsteht) überführen. Mercaptopurin wird mittels Xanthin-Oxidase über 6-Mercapto-xanthin zu 6-Mercapto-harnsäure metabolisiert. Da die Aktivität der Xanthin-Oxidase in Tumorzellen häufig sehr niedrig ist, könnte der Abbau von Mercaptopurin hier verlangsamt sein, was eine selektive Wirkung ermöglichen würde.

Tioguanin wirkt auf ähnliche Weise. Es soll seine tumorhemmende Wirkung auch durch Blockade der RNA-Synthese über Hemmung der RNA-Nucleotidyl-Transferase (RNA-Polymerase) entfalten.

Therapeutische Anwendung Die *Wirkung der Antimetaboliten* ist recht unspezifisch. Zellen mit langsamer Teilung und daher geringerer DNA-Synthese sind weniger betroffen als sich sehr schnell vermehrende Tumorzellen. Die Selektivität der Antimetaboliten beruht folglich z.T. auf Unterschieden in der Syntheserate der Nucleinsäuren.

Methotrexat, Mercaptopurin und *Tioguanin* sind vor allem bei akuten Leukämien sowie bei Chorionkarzinom wirksam. Als Antidot bei kritischem Abfall der Leukozyten unter Methotrexat-Behandlung ist 5-Formyl-THF (= Folinsäure; Leucovorin®) indiziert. Als Hauptnebenwirkung von Methotrexat können schwere Knochenmarksschädigungen auftreten.

Cytarabin wird ebenfalls bei Leukämien sowie bei Lymphogranulomatose (M. Hodgkin) eingesetzt.

Fluorouracil ist bei einigen soliden Tumoren (z.B. Mamma-, Magen-, Colon-, Pankreas-Karzinome) wirksam. Es wird bei Neoplasmen der Haut auch lokal angewendet.

Synthese *Mercaptopurin* ist aus 6-Hydroxypurin (Hypoxanthin) durch Umsetzung mit Phosphor(V)-sulfid oder aus 6-Chlorpurin und Thioharnstoff erhältlich. Kondensation von Mercaptopurin mit 5-Chlor-1-methyl-4-nitro-imidazol ergibt *Azathioprin* (vgl. Anhang).

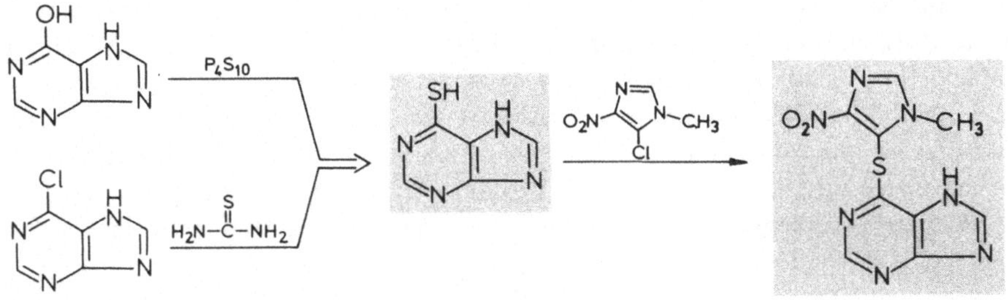

Mercaptopurin   Azathioprin

Anhang: Immunsuppressiva

Immunsuppressiva sind Stoffe, mit denen Immunreaktionen unterdrückt werden können. Ihr Anwendungsbereich sind:

- *Organtransplantationen*, bei denen die Abstoßung des Transplantats verhindert werden soll.

- *Autoimmunkrankheiten* (z.B. Lupus erythematodes, Sklerodermie u.a.), bei denen die Immunreaktion durch körpereigene Substanzen ausgelöst wird.

Neben *Antilymphozyten-serum* bzw. *-globulin* kommen zur Immunsuppression vor allem *Glukokortikoide* (vgl. 12.4.1) und *Zytostatika* in Betracht. Von den generell immunsuppressiv wirksamen Zytostatika werden für diesen Zweck insbesondere *Cyclophosphamid* (vgl. 14.1.2) und *Methotrexat* (vgl. 14.1.1) eingesetzt.

Besondere Bedeutung erlangte jedoch das sich von *Mercaptopurin* ableitende *Azathioprin* (Imurek®, s.o.).

Der Vorteil von Azathioprin liegt in der gleichmäßigen und protrahierten Freisetzung des aktiven Metaboliten Mercaptopurin. Möglicherweise kommt der gleichzeitig entstehenden Imidazol-Komponente über Bindung an Sulfhydryl-Gruppen zusätzlich Eigenwirkung zu.

14.1.2 Alkylierende Verbindungen

Hierunter werden verschiedene Substanzklassen zusammengefaßt, die ihre Wirkung über Alkylierung von Biopolymeren entfalten.

Entwicklung Das als Kampfgas verwendete Bis(2-chlorethyl)-sulfid ($S(CH_2-CH_2-Cl)_2$ = Lost = Senfgas) rief bei Vergifteten u.a. eine drastische Senkung der Leukozytenzahl sowie schwere Störungen stark proliferierender Gewebe (z.B. Knochenmark und Dünndarm-Mukosa) hervor. Der Einsatz als Zytostatikum scheiterte an der hohen Toxizität. Bedeutung erlangte dagegen N-Methyl-bis(2-chlorethyl)-amin (*Chlormethin* = N-Lost), das ebenfalls noch hoch toxisch ist, dessen Derivate mit verminderter Basizität des Stickstoffs (z.B. Acyl-Derivate, N-Oxid) jedoch deutlich geringere Toxizität besitzen. In der Folge wurden zahlreiche Bis(2-chlorethyl)-amin-Derivate mit dem Ziel dargestellt, Tumorzellen selektiv — bei möglichst geringer Schädigung gesunder Gewebe — zu zerstören.

Ausgehend von der Vorstellung, daß die in Tumorzellen vorhandenen Phosphatasen und Phosphamidasen aus an sich unwirksamen Verbindungen (,,*Transportform*") die zytotoxische Bis(2-chlorethyl)-amin-Gruppe (,,*Wirkform*") abspalten, stellten Arnold, Bourseaux und Brock zahlreiche substituierte Phosphorsäureamide mit Bis(2-chlorethyl)-amin-Gruppe dar. Von diesen besaß *Cyclophosphamid*, ein zyklisches Phosphorsäureester-diamid-Derivat, den höchsten therapeutischen Index. Cyclophosphamid entfaltet in vivo deutliche zytostatische Aktivität. Die Bioaktivierung (vgl. Biotransformation) beruht nicht auf der ursprünglichen Vorstellung einer spezifischen Hydrolyse in den Tumorzellen.

Alkylierende Verbindungen		
Stoffklasse	Freiname (Handelsname)	Formel
Bis(2-chlorethyl)-amin-Derivate (N-Lost-Verbindungen)	Chlormethin	$H_3C-N(CH_2-CH_2-Cl)_2$
	Melphalan (Alkeran®)	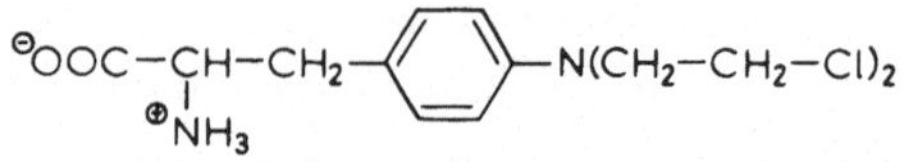 $^{\ominus}OOC-CH(\overset{\oplus}{N}H_3)-CH_2-C_6H_4-N(CH_2-CH_2-Cl)_2$
	Chlorambucil (Leukeran®)	$HOOC-(CH_2)_3-C_6H_4-N(CH_2-CH_2-Cl)_2$
	Cyclophosphamid (Endoxan®)	cyclisches Phosphorsäureesterdiamid mit $N(CH_2-CH_2-Cl)_2$
	Trofosfamid (Ixoten®)	cyclisches Phosphorsäureesterdiamid mit $N(CH_2-CH_2-Cl)_2$ und $N-CH_2-CH_2-Cl$
Aziridine (Ethylenimin-Derivate)	Thiotepa (Thiotepa ,,Lederle")	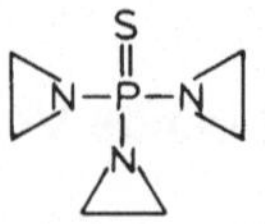 Tris(aziridinyl)-phosphinsulfid
Methansulfon-säureester	Busulfan (Myleran®)	$H_3C-SO_2-O-(CH_2)_4-O-SO_2-CH_3$

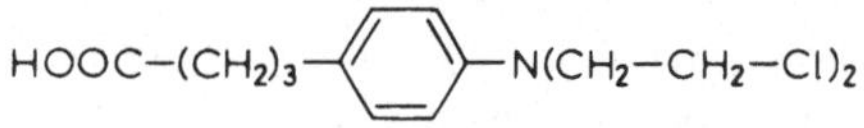

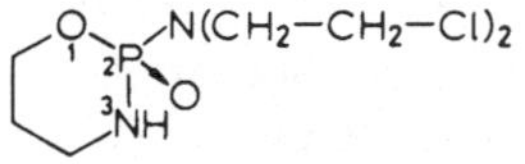

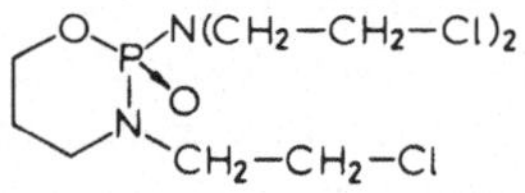

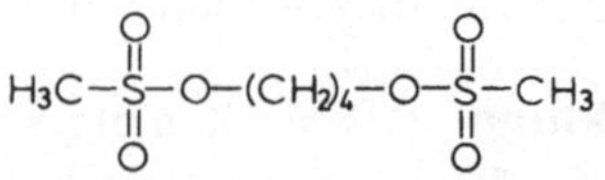

Melphalan, ein Derivat des L-Phenylalanins, und *Chlorambucil* gehören in die Gruppe der aromatischen N-Lost-Derivate, bei denen die Basizität des Stickstoffs durch das aromatische System herabgesetzt ist. *Cyclophosphamid,* N,N-Bis(2-chlorethyl)-tetrahydro-2H-1,3,2-oxazaphosphorin-2-amin-2-oxid, gehört mit Trofosfamid und Ifosfamid (Holoxan®) zu den N-Lost-Derivaten des heterozyklischen 1,3,2-Oxazaphosphorins.

Die *Aziridin-Derivate* wirken ebenfalls alkylierend. Neben dem Thiophosphorsäure-Derivat *Thiotepa* wurde zeitweise auch *Triaziquon* (Trenimon®) eingesetzt.

Von den *Sulfonsäureestern* erwies sich *Busulfan,* ein Bismethansulfonsäureester des 1,4-Dihydroxybutans, als die am stärksten zytostatisch wirksame Substanz.

Eigenschaften Der Mechanismus der Alkylierung der Bis(2-chlorethyl)-amin-Derivate ist wie folgt erklärbar:

Aliphatische N-Lost-Derivate werden in einer schnellen intramolekularen Reaktion in Aziridinium-Ionen umgewandelt, die in einer langsameren Reaktion an das nucleophile Zentrum addieren. Die Reaktionsgeschwindigkeit ist folglich von der Konzentration des Nucleophils abhängig (Reaktion 2. Ordnung).

Mechanismus der Alkylierung

Aromatische N-Lost-Derivate bilden dagegen wegen der geringeren Basizität des Stickstoffs und der dadurch bedingten geringeren Stabilität der Aziridinium-Ionen vorwiegend Carbenium-Ionen. Wegen der hohen Reaktionsgeschwindigkeit der folgenden Addition des Carbenium-Ions an das Nucleophil ist die Geschwindigkeit der Gesamtreaktion von der Konzentration des Nucleophils unabhängig. Es resultiert eine Reaktion 1. Ordnung (S_N1-Reaktion).

Biochemische Wirkungen *Alkylantien* können im Prinzip mit allen nucleophilen Zentren wie Amino-, Hydroxyl-, Thiol-, Carboxyl-Gruppen u.a. reagieren. Der Angriff auf die DNA, die eine große Anzahl alkylierbarer Zentren besitzt, ist jedoch im Hinblick auf die biologischen Konsequenzen am bedeutsamsten. Von den Basen der Nucleinsäuren werden bevorzugt Guanin, Adenin und Cytosin alkyliert. Quantitativ gesehen steht die unter Quaternisierung verlaufende Alkylierung am N-7 des Guanins im Vordergrund.

Durch die *bifunktionellen Alkylantien* wird die DNA alkylierend vernetzt (cross linking hypothesis). Dabei kann die Verknüpfung innerhalb eines DNA-Strangs erfolgen oder die beiden Komplementärstränge betreffen.

Vernetzende Verknüpfung durch bifunktionelle Alkylantien

Struktur-Wirkungs-Beziehungen	Der *Bis(2-chlorethyl)-amin-Rest* ist für die vernetzende Verknüpfung besonders geeignet. Andere Halogene vermindern die Wirksamkeit. Eine Trimethylen-Kette zwischen Cl- und N-Atom führt zu Wirkungsverlust, da sich kein Aziridinium-Ion bilden kann.

Cyclophosphamid besitzt ein asymmetrisches Phosphor-Atom. Das S-(−)-Enantiomer weist gegenüber dem R-(+)-Enantiomer einen etwa doppelt so hohen therapeutischen Index auf.

Therapeutische Anwendung	Unter den Alkylantien besitzt *Cyclophosphamid* die größte Bedeutung. Als Indikationen sind vor allem zu nennen: Chronische lymphatische und myeloische Leukämien, Lymphogranulomatose, Lymphosarkom sowie Tumoren mit disseminiertem (ausstreuendem) Wachstum, wie z.B. Ovarial-, Mamma- und Bronchialkarzinom. Weiterhin wird es zur Rezidiv- und Metastasenprophylaxe sowie zur Immunsuppression verwendet. *Chlorambucil* wird bei chronischer lymphatischer Leukämie, M. Hodgkin sowie bei Mamma- und Ovarialkarzinom eingesetzt. *Thiotepa* findet darüber hinaus bei Tumoren des Magen- und Darmtraktes sowie lokal Anwendung (z.B. Blasenkarzinom). *Busulfan* wird bevorzugt bei chronischer myeloischer Leukämie und bei Polyzythämie verwendet.

Biotransformation	*Cyclophosphamid* wird zunächst durch die mikrosomale Monooxygenase der Leber zu *4-Hydroxy-Cyclophosphamid* hydroxyliert, das mit der ringoffenen Aldehyd-Form (*Aldophosphamid*) im Gleichgewicht steht. In normalen Zellen werden diese primären Metaboliten in die untoxischen Derivate *4-Oxo-Cyclophosphamid* und *Carboxyphosphamid* (Hauptmetabolit) umgewandelt. Die dafür erforderlichen Enzyme fehlen in den Tumorzellen. Hier zerfällt Aldophosphamid in nichtenzymatischer Reaktion in die zytotoxischen Produkte *Acrolein* und *N,N-Bis(2-chlorethyl)-phosphorsäurediamid* („NH-Lost-Phosphorsäurediamid"), dem am stärksten alkylierend wirksamen Metaboliten.

Biotransformation von Cyclophosphamid

In sehr geringen Konzentrationen wurden auch andere aktive Metaboliten nachgewiesen, z.B. N-(2-Chlorethyl)-aziridin und N,N-Bis(2-chlorethyl)-amin (NH-Lost).

Acrolein wird auch im Harn durch spontanen Zerfall der primären Metaboliten von *1,3,2-Oxazaphosphorinen* gebildet. Es ist für die Harnwegstoxizität (Urotoxizität) dieser Verbindungsklasse verantwortlich. Durch i.v.-Applikation von *Mesna* (Uromitexan®), dem Natrium-Salz der 2-Mercaptoethansulfonsäure ($HS\text{-}CH_2\text{-}CH_2\text{-}SO_3^{\ominus}\,Na^{\oplus}$), das praktisch nicht gewebegängig ist und über die Nieren schnell ausgeschieden wird, kann die Urotoxizität (Hämaturie, Zystitis) verhütet werden, da Mesna mit Acrolein ein untoxisches Additionsprodukt bildet, das mit dem Harn eliminiert wird.

Synthese Die Darstellung von *Cyclophosphamid* geht von Bis(2-chlorethyl)-amin (NH-Lost) aus, das mittels Phosphoroxidchlorid in das entsprechende Phosphorsäureamid-dichlorid übergeführt wird. Aus diesem ist Cyclophosphamid durch Zyklisierung mit 3-Aminopropanol in Triethylamin erhältlich.

Cyclophosphamid

14.1.3 N-Nitrosoharnstoff-Derivate

Nachdem man erkannte, daß es mit N-Methyl-N-nitroso-harnstoff gelingt, intrazerebral implantierte Leukämien zu beeinflussen, wurden zahlreiche Derivate untersucht. Bedeutung erlangten insbesondere solche Harnstoff-Derivate, die zusätzlich zur Nitroso-Gruppe ein bis zwei 2-Chlorethyl-Reste im Molekül aufweisen wie z.B. *Carmustin*, N,N'-Bis(2-chlorethyl)-N-nitroso-harnstoff (BCNU), oder *Lomustin* (CCNU).

Carmustin (Nitrumon®)

Lomustin (Belustine®)

Die N-Nitrosoharnstoffe gehören zu den *Alkylantien*. In Anbetracht der geringen Basizität der Harnstoff-N-Atome soll jedoch die Alkylierung biologischen Materials für die Gesamtwirkung von untergeordneter Bedeutung sein.

Bei der *Hydrolyse von Carmustin* entsteht u.a. 2-Chlorethylisocyanat ($Cl\text{-}CH_2\text{-}CH_2\text{-}N=C=O$). Es wird daher vermutet, daß die Acylierung (*Aminocarbonylierung*) von Amino-Gruppen der Makromoleküle durch Isocyanate an der zytostatischen Wirkung beteiligt ist.

N-Nitrosoharnstoffe vermögen die Blut-Hirn-Schranke zu durchdringen. Sie werden daher bei Hirntumoren eingesetzt. In Form der Kombinationsbehandlung (z.B. mit *Fluorouracil*, vgl. 14.1.1) finden sie darüberhinaus vor allem bei kolorektalen Karzinomen und Magenkarzinomen Anwendung.

14.1.4 Hormone

Hormone waren die ersten therapeutisch verwendeten Substanzen, deren *selektive tumorhemmende Eigenschaften* auf dem pharmakokinetischen Verhalten (Anreicherung im Tumor) beruhen. Die Chemotherapie des Krebses begann mit dem Einsatz von *Östrogenen* beim Prostatakarzinom. Es folgte die Verwendung von *Androgenen* beim Mammakarzinom. Heute sind auch *Gestagene* sowie *Antiöstrogene* und *Antiandrogene* zur antineoplastischen Chemotherapie von Bedeutung.

1938 wurde die östrogene Wirkung einfacher Stilben-Derivate gefunden. Von diesen fand *Diethylstilbestrol* (Ph. Eur.), trans-α,α'-Diethyl-4,4'-dihydroxystilben, wegen guter oraler Wirksamkeit zeitweilig breite Anwendung. Bei der Chemotherapie des Prostatakarzinoms traten jedoch starke Feminisierungserscheinungen auf. Der Synthese von *Fosfestrol,* dem 4,4'-Diphosphorsäureester von Diethylstilbestrol, lag die Überlegung zugrunde, daß aus dieser *Transportform* durch die im Tumorgewebe der Prostata in hoher Konzentration enthaltene saure Phosphatase Diethylstilbestrol als *Wirkform* freigesetzt werde. Dies sollte eine spezifische Therapie des Prostatakarzinoms ermöglichen.

Den zahlreichen Versuchen, selektiv wirkende Zytostatika durch Verknüpfung von alkylierenden Wirkgruppen (z. B. N-Lost) mit Hormonen als Träger (*carrier*) zu erhalten, war bisher kein bedeutender Erfolg beschieden.

Hormone		
Hormonklasse	**Freiname (Handelsname)**	**Formel**
Östrogene	Diethylstilbestrol (Cyren®-A)	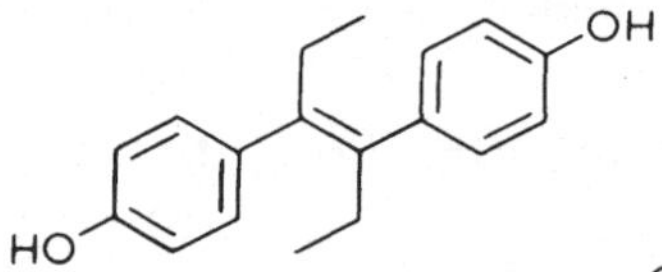
	Fosfestrol (Honvan®)	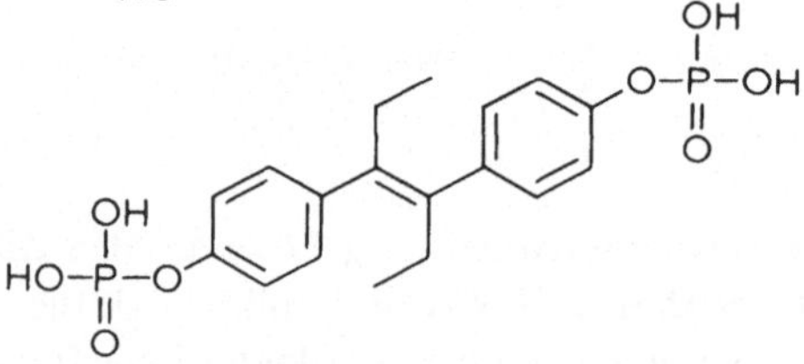
	Chlorotrianisen (Merbentul®)	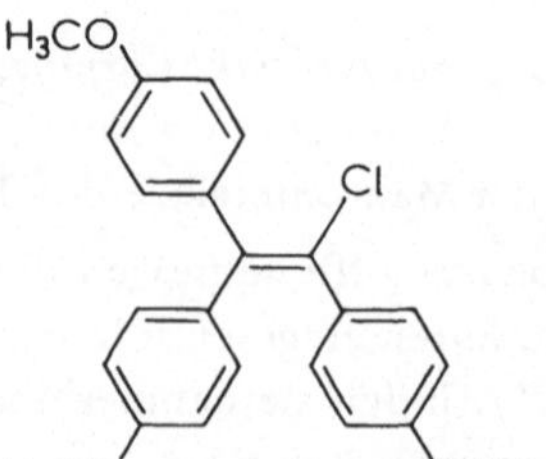

Fortsetzung der Tabelle

Hormonklasse	Freiname (Handelsname)	Formel
Antiöstrogene	Tamoxifen (Nolvadex®)	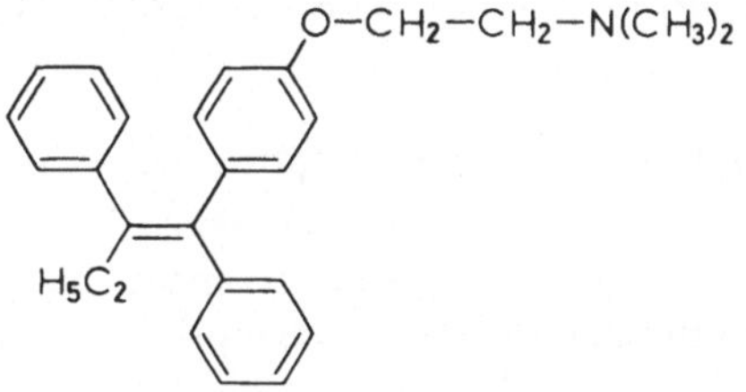 $O-CH_2-CH_2-N(CH_3)_2$ … H_5C_2
Gestagene	Gestonoroncaproat (Depostat®)	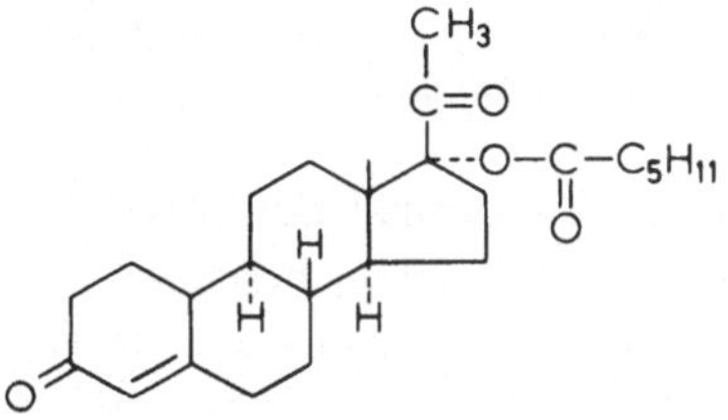 CH_3 … $C=O$ … $O-C-C_5H_{11}$
Androgene	Drostanolonpropionat (Masterid®)	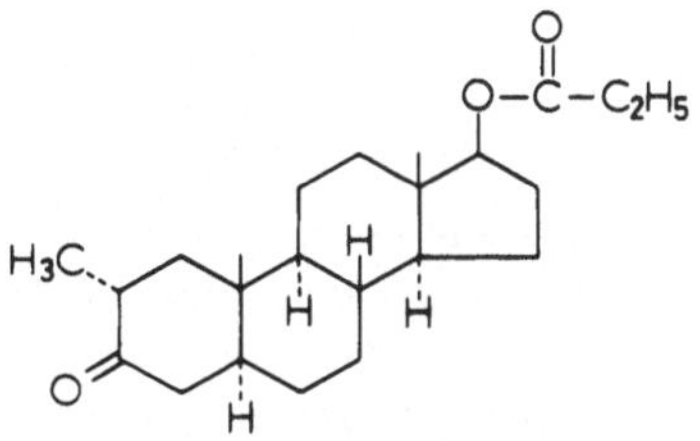 $O-C-C_2H_5$ … H_3C
	Testolacton (Fludestrin®)	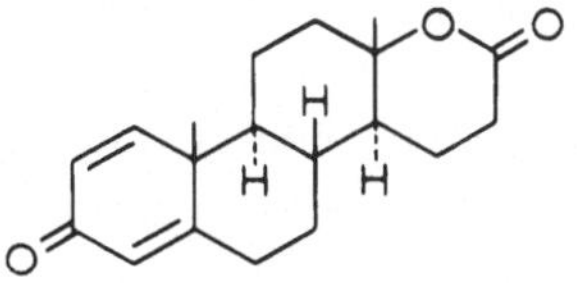
Antiandrogene	Cyproteronacetat (Androcur®)	vgl. 12.5.5

Als *Östrogene* werden sowohl *Estradiol-Derivate* (vgl. 12.5.1) wie *Ethinylestradiol* (Lynoral®, Progynon® M) und *Estradiolundecylat* (Progynon® Depot; Undecansäure (Undecylsäure) = $H_3C\text{-}(CH_2)_9\text{-}COOH$) als auch *Stilben-Derivate* wie *Diethylstilbestrol* und *Fosfestrol* eingesetzt. Das Triphenylethen-Derivat *Chlorotrianisen* besitzt große Strukturähnlichkeit mit dem Antiöstrogen Clomifen (vgl. 12.5.2).

Das *Antiöstrogen Tamoxifen* liegt als cis-Isomer vor. Dagegen besitzt das trans-Isomer östrogene Wirkung.

Als *Gestagene* kommen neben *Gestonoroncaproat* auch *Medroxyprogesteronacetat* (Clinovir®; vgl. 12.5.3) und *Megestrolacetat* (Niagestin®) zur Anwendung.

Aus der Gruppe der *Androgene* (vgl. 12.5.4) besitzen *Testosteronenanthat* (= Testosteronheptanoat; Testoviron-Depot®), *Drostanolonpropionat* und das durch mikrobiologische Transformation aus Progesteron bzw. Testosteron u. a. erhältliche *Testolacton* die größte Bedeutung.

Biochemische Wirkungen   Wachstum und Funktion der Zellen von Prostata, Mamma und Uterus sind *hormonabhängig*. Tumoren, die aus diesen Organen hervorgehen, können die Hormonabhängigkeit für längere Zeit behalten und sind in diesem Zeitraum hormonell beeinflußbar. Die Hormonempfindlichkeit solcher Tumoren beruht auf der Fähigkeit der Tumorzellen, *Hormonrezeptoren* (vgl. 12) zu bilden, die z. B. Östrogene bzw. Androgene spezifisch binden. Je mehr Rezeptoren der Tumor besitzt, desto hormonempfindlicher ist er. Mit der Erhöhung der Empfindlichkeit des Rezeptornachweises zeigte sich, daß der Anteil hormonabhängiger Tumoren deutlich höher liegt als früher angenommen.

Struktur-Wirkungs-Beziehungen   Die östrogene Wirksamkeit von *Diethylstilbestrol* ist auf das trans-Isomer beschränkt, während das instabile cis-Isomer weitgehend unwirksam ist. Die hohe Östrogen-Aktivität wird auf die räumliche Strukturähnlichkeit mit natürlichen Östrogenen zurückgeführt. Röntgenstrukturuntersuchungen ergaben, daß der Abstand der Hydroxyl-Gruppen tragenden C-Atome in Diethylstilbestrol dem Längsdurchmesser des Östron-Moleküls entspricht.

Therapeutische Anwendung   Das Wachstum sexualhormonabhängiger Tumoren kann durch (meist gegengeschlechtliche) Hormone gehemmt werden. *Androgene* sind beim inoperablen, rezidivierenden und metastasierenden Mammakarzinom indiziert. Wegen der Gefahr der Virilisierung werden Präparate bevorzugt, die bei starker tumorhemmender Wirkung möglichst schwache oder fehlende androgene Wirkung besitzen (z. B. Testolacton). Das *Antiöstrogen Tamoxifen* hat — besonders beim metastasierenden Mammakarzinom — die häufig mit ungünstigen Nebenwirkungen behaftete Androgen-Therapie weitgehend abgelöst. Wenn die Menopause mehr als 5 Jahre zurückliegt, werden zunächst *Östrogene* verordnet, da dann sowohl Primärtumoren als auch Metastasen auf Östrogene besser ansprechen.

Gestagene kommen insbesondere beim inoperablen Endometriumkarzinom des Uterus sowie beim Hypernephrom zur Anwendung.

Östrogene hemmen das Wachstum von Tumor und Metastasen beim inoperablen Prostatakarzinom. Die Wirkung der Östrogene wird durch Kastration verstärkt. Wegen der geringen Feminisierung wird *Fosfestrol* als Östrogen bevorzugt. *Diethylstilbestrol* wird heute nur noch in der zytostatischen Therapie eingesetzt, nachdem ein gehäuftes Auftreten von Vaginalkarzinomen bei jungen Mädchen, deren Mütter Stilben-Derivate während der Schwangerschaft genommen hatten, festgestellt wurde. Anstelle der Östrogene kann zur Behandlung des Prostatakarzinoms auch das *Antiandrogen Cyproteronacetat* eingesetzt werden.

Glukokortikoide kommen aufgrund ihrer antiproliferativen Wirkung bei Leukämien zur Anwendung.

14.1.5 Alkaloide

Colchicin (vgl. 7.7.12), ein Mitosehemmstoff, der die Ausbildung der Teilungsspindel in der Metaphase hemmt, ist für die zytostatische Therapie wegen zu geringer therapeutischer Breite nicht geeignet.

Vinblastin und *Vincristin* sind kompliziert aufgebaute Alkaloide aus Vinca rosea (Immergrün), die ein Indol- und ein Indolin-System im Molekül enthalten und sich nur durch den Substituenten am Stickstoff des Indolins unterscheiden.

R = CHO   Vincristin (Vincristin, Lilly)

R = CH₃   Vinblastin (Velbe®)

Der *Wirkungsmechanismus* ist nicht vollständig geklärt. In niedriger Konzentration hemmen Vinca-Alkaloide die Zellteilung in der Metaphase, bei höheren Konzentrationen sind Veränderungen der Chromosomen nachweisbar. Vincristin soll über Hemmung der RNA-Synthese wirksam werden.

Vinblastin wird vor allem bei M. Hodgkin, Hämoblastosen, Chorionepitheliom sowie beim kleinzelligen Bronchialkarzinom eingesetzt. *Vincristin* besitzt besondere Bedeutung bei der Synchronisationstherapie (vgl. 14.1). Es kommt bei M. Hodgkin, akuter Leukämie bei Kindern, beim kleinzelligen Bronchialkarzinom sowie bei verschiedenen Sarkomen zur Anwendung. *Vindesin*, ein Vinblastin-Derivat, soll beim Plattenepithel- und Adenokarzinom der Lunge sowie beim malignen Melanom wirksam sein.

Vinca-Alkaloide besitzen erhebliche neurotoxische Nebenwirkungen, Vincristin weist zusätzlich neuromuskuläre Toxizität auf.

14.1.6 Antibiotika

Als Zytostatika werden solche Antibiotika eingesetzt, die das Tumorwachstum über eine Bindung an die DNA hemmen.

Die aus Streptomyces-Arten gewonnenen Antibiotika *Daunorubicin* und *Doxorubicin* gehören zur Gruppe der *Anthracycline*, worunter Glykoside zusammengefaßt werden, deren Aglykon aus einem *Anthrachinon-Chromophor* mit linear ankondensiertem Cyclohexan-Ring besteht. Der Grundkörper stellt somit ein partiell hydriertes Naphthacen dar. Er ist mit der L-Aminopyranose *Daunosamin* glykosidisch verbunden.

Dactinomycin gehört zu der erstmals 1940 von Waksman aus Streptomyces-Arten isolierten Gruppe der *Actinomycine*. Es handelt sich um *Chromopeptide*, die *Phenoxazin* als gemeinsamen Chromophor besitzen, das mit zyklischen Peptid-Seitenketten verknüpft ist.

Bleomycin (Bleomycinum Mack) besteht aus einem Komplex chemisch verwandter *Glyko-peptid-Antibiotika* aus Streptomyces verticillus (Umezawa, 1965).

Antibiotika	
Formel	**Freiname** **(Handelsname)**
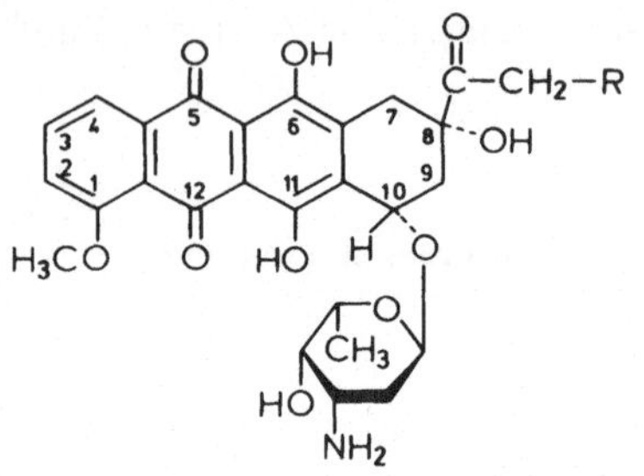 *(Struktur Daunorubicin/Doxorubicin)* R = H	Daunorubicin (Syn.: Rubidomycin) (Daunoblastin®)
R = OH	Doxorubicin (Syn.: Adriamycin) (Adriblastin®)
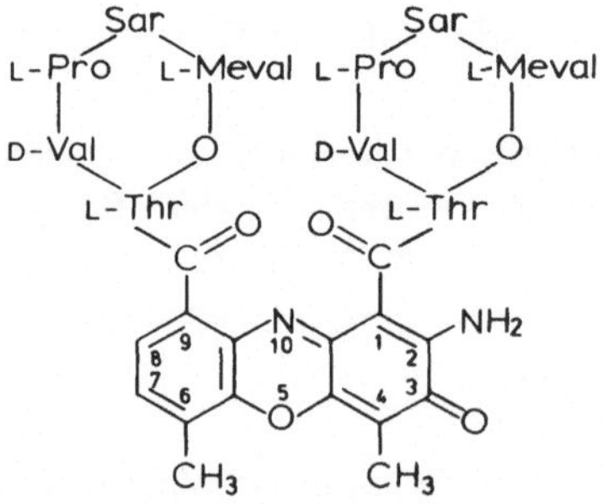 *(Struktur Dactinomycin)*	Dactinomycin (Syn.: Actinomycin D) (Lyovac-Cosmegen®) Erklärung: Sar = Sarkosin L-Meval = N-Methyl-L-valin

Biochemische Wirkungen   *Daunorubicin, Doxorubicin* und *Dactinomycin* lagern sich aufgrund der flachen Struktur ihrer Ringgerüste in die DNA-Doppelhelix ein (*Interkala-tion*) und bewirken dadurch eine Hemmung der DNA-Replikation. Durch Blockade der DNA-abhängigen RNA-Polymerase wird auch die RNA-Synthese auf der Stufe der Trans-kription gehemmt. *Bleomycin* soll eine Fragmentierung der DNA bewirken (z.B. Abspal-tung von Thymin) und repair-Mechanismen blockieren.

Therapeutische Anwendung   *Daunorubicin* wird bei akuten lymphatischen und myeloischen Leukämien eingesetzt. *Doxorubicin* ist besonders wertvoll, da es bei soliden Tumoren (Mamma-, Bronchial-, Ovarialkarzinome sowie verschiedene Weichteilsarkome) wirksam ist. Beide Antibiotika zeigen kardiotoxische Nebenwirkungen.

Dactinomycin ist bei Kindern mit Rhabdomyosarkom und Wilms-Tumor wirksam. Als Nebenwirkung steht die Schädigung des blutbildenden Knochenmarks im Vordergrund.

Bleomycin beeinflußt Plattenepithel-Karzinome (Haut, Bronchien, Urogenitaltrakt). Es ruft als Nebenwirkung Lungenfibrosen hervor. Zu den antineoplastischen Antibiotika gehört auch *Mithramycin* (Mithramycin Pfizer).

14.1.7 Zytostatika unterschiedlicher Konstitution

Die in diesem Abschnitt zusammengefaßten Zytostatika gehören unterschiedlichen Stoffklassen an. Ihr Wirkungsmechanismus ist z. T. mit dem der Antineoplastika vorangehender Abschnitte verwandt.

Verschiedene Zytostatika		
Stoffklasse	Freiname (Handelsname)	Formel
Harnstoff-Derivate	Hydroxycarbamid (Litalir®)	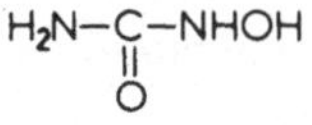 $H_2N-\overset{\overset{\displaystyle}{\|\|}}{\underset{\displaystyle O}{C}}-NHOH$
Methylhydrazin-Derivate	Procarbazin (Natulan®)	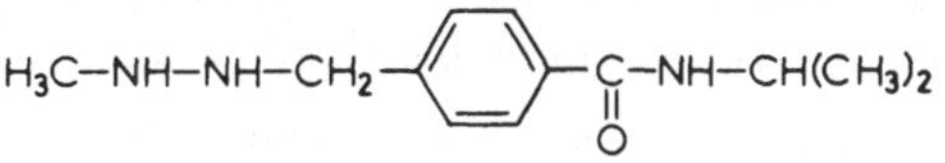 $H_3C-NH-NH-CH_2-\langle\text{Aryl}\rangle-C(=O)-NH-CH(CH_3)_2$
Triazen-Derivate	Dacarbazin	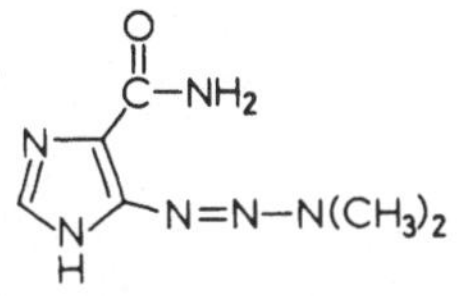 Imidazol-Derivat mit $C(=O)-NH_2$ und $N=N-N(CH_3)_2$
Podophyllinsäure-Derivate	Mitopodozid (Proresid® Ampullen)	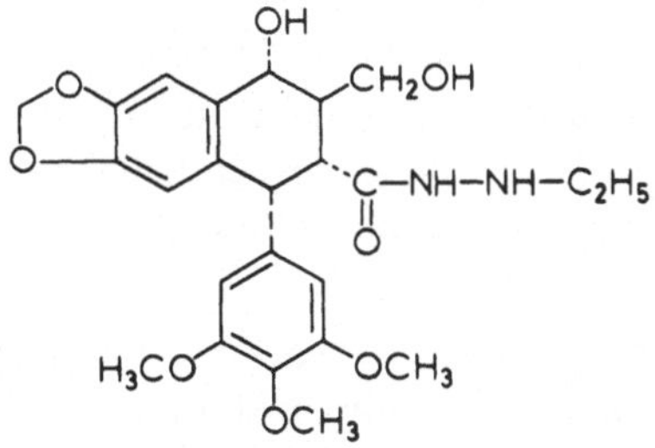 Podophyllotoxin-Derivat mit CH_2OH und $C(=O)-NH-NH-C_2H_5$, OCH_3/OCH_3/OCH_3
Platin-Komplexe	Cisplatin (Platinex®)	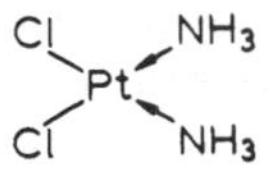 $Cl_2Pt(NH_3)_2$

Hydroxycarbamid

Hydroxycarbamid (Hydroxyharnstoff) blockiert — wie *Cytarabin* (vgl. 14.1.1) — die DNA-Synthese über eine Hemmung der Reduktion von Ribosyl- zu $2'$-Desoxyribosyl-Resten. Es ist ein Mittel der zweiten Wahl, das bei chronischer myeloischer Leukämie, die auf *Busulfan* nicht mehr anspricht, eingesetzt wird.

Procarbazin

Der Wirkungsmechanismus von *Procarbazin* ist weitgehend ungeklärt. Die möglicherweise alkylierend wirksame Substanz soll eine Depolymerisierung der DNA verursachen. Procarbazin wird speziell gegen Lymphogranulomatose eingesetzt, wobei es zu vollständigen Remissionen kommen kann.

Dacarbazin

Für *Dacarbazin*, 5-(3,3-Dimethyl-1-triazenyl)-imidazol-4-carboxamid, werden verschiedene Wirkungsmechanismen diskutiert. In saurem Milieu bilden sich Diazonium-Ionen, die einerseits mit nucleophilen Zentren reagieren oder andererseits zu 2-Azahypoxanthin, einem Purin-Antimetaboliten, zyklisieren können. In der Leber wird Dacarbazin demethyliert.

Das Monomethyltriazen-Derivat kann über Methyldiazohydroxid Methylium-Ionen bilden, die Nucleinsäuren und andere Biopolymere methylieren.

Dacarbazin ist Mittel der ersten Wahl bei der Behandlung des malignen Melanoms. In Kombination mit *Doxorubicin* wird es bei Lymphomen und Weichteilsarkomen angewendet.

Mitopodozid

Aus dem Rhizom von Podophyllum peltatum ist *Podophyllotoxin,* das Lacton der *Podophyllinsäure,* isolierbar. *Mitopodozid,* das Ethylhydrazid der Podophyllinsäure, wird partialsynthetisch dargestellt. In Proresid® Kapseln sind benzylidenierte Glucoside aus Podophyllum emodi enthalten.

Mitopodozid ist ein stark wirksames Mitosegift, das die Ausbildung des Spindelapparates hemmt. Es ist vor allem bei malignen Lymphomen, bei Blasenkarzinom und bei akuter myeloischer Leukämie wirksam.

Cisplatin

Cisplatin, cis-Diammin-dichloro-platin(II), stellt einen planaren Komplex mit $Platin^{2\oplus}$ als Zentralatom, das von einzähnigen Liganden (zwei Ammoniak-Moleküle und zwei Chlor-Atome) in cis-Stellung umgeben ist, dar. Die Chlor-Atome fungieren als reaktive Liganden, die durch nucleophile Zentren von Nucleinsäuren und Proteinen verdrängt werden können. In Analogie zu den bifunktionellen Alkylantien wird dadurch eine Quervernetzung zwischen beiden DNA-Strängen sowie eine Vernetzung innerhalb der Einzelstränge der DNA-Doppelhelix bewirkt. Die Aktivität verschiedener Enzyme wird gehemmt. Die Wirkung erstreckt sich auch auf ruhende Zellen.

Cisplatin ist vor allem bei Ovarial- und nichtseminomatösen Hodenkarzinomen sowie bei malignen Tumoren der Hals- und Kieferregion wirksam. Gesicherte Aktivität ist auch bei Blasen- und Bronchialkarzinom nachgewiesen. Als Nebenwirkungen treten Oto- und Nephrotoxizität (Tubulusnekrosen) auf. Platinex® enthält Mannit, um die Nephrotoxizität durch forcierte Diurese zu vermindern.

Asparaginase

Für bestimmte Tumorzellen stellt L-Asparagin eine essentielle Aminosäure dar, da den Zellen das Enzym Asparagin-Synthetase fehlt, das L-Asparaginsäure zu L-Asparagin amidiert. Werden solche Tumoren mit *Asparaginase* (Crasnitin®) behandelt, die L-Asparagin zu L-Asparaginsäure hydrolysiert, so wird das Wachstum durch Erniedrigung des Asparagin-Gehalts gehemmt. Mit dem aus Kulturen von E. coli isolierbaren Enzym gelang es erstmals, Stoffwechselunterschiede zwischen normalen und neoplastischen Zellen für die Tumortherapie auszunutzen.

Asparaginase wird bei lymphoblastischer Leukämie eingesetzt, jedoch kommt es rasch zur Resistenzentwicklung. Als körperfremdes Protein verursacht Asparaginase allergische Reaktionen. Durch den Asparagin-Entzug entwickelt sich eine Hypoproteinämie.

15 Diagnostika, Hilfsstoffe und Biozide

15.1 Diagnostika

Zu den unmittelbar am Menschen angewendeten *Diagnostika* gehören *Röntgenkontrastmittel, Radiodiagnostika* sowie für *Funktionstests* einsetzbare Substanzen. Hierzu zählt beispielsweise *p-Aminohippursäure*, die zur Prüfung der Nierentätigkeit (Clearance-Verfahren) verwendet wird.

15.1.1 Röntgenkontrastmittel

Beim Durchgang durch Materie wird *Röntgenstrahlung* mit Zunahme

- der Schichtdicke
- der Dichte
- der effektiven Ordnungszahl

des Objekts abgeschwächt. Die *effektive Ordnungszahl* (Z_{eff}) von Verbindungen oder Gemischen errechnet sich aus den *Kernladungszahlen* $Z_{1...i}$ und den prozentualen Anteilen $p_{1...i}$ der betreffenden Elemente.

$$Z_{eff} = Z_1 p_1 + Z_2 p_2 + ... Z_i p_i$$

Stoffe, die eine stärkere Strahlenabschwächung als körpereigene Strukturen bewirken, erzeugen einen *positiven Kontrast*. Als (positive) *Kontrastmittel* werden *Bariumsulfat* und *organische Iod-Verbindungen* eingesetzt.

Bariumsulfat-Suspensionen (z. B. Neobar®, Unibaryt® flüssig) eignen sich zur Darstellung des Magen-Darm-Trakts. Obwohl sehr hohe Dosen zur Anwendung gelangen, sind wegen der Schwerlöslichkeit keine toxischen Erscheinungen durch *Barium-Ionen* zu erwarten. Um die erforderliche geringe Teilchengröße zu gewährleisten, läßt Ph. Eur. die Sedimentationsgeschwindigkeit ermitteln. Auf Abwesenheit *löslicher Barium-Salze* wird mit Schwefelsäure geprüft.

Iod besitzt einerseits eine relativ hohe Kernladungszahl, andererseits kann es leicht in geeignete organische Verbindungen eingebaut werden. Je nach Art des Grundmoleküls und des Substitutionsmusters lassen sich die pharmakokinetischen Eigenschaften (Organspezifität) variieren. Daher kommt *organischen Iod-Verbindungen* die weitaus größte Bedeutung als Kontrastmittel zu. Sie müssen u. a. folgende Anforderungen erfüllen:

- Zur Vermeidung toxischer Wirkungen sollen die Iod-Atome in möglichst fester Bindung (z. B. als aromatisch gebundenes Iod) vorliegen. Die Verbindungen dürfen keine pharmakodynamischen Eigenwirkungen besitzen.

- Zur Erzielung eines hohen Kontrasteffektes sollten stets mehrere Iod-Atome im Molekül gebunden sein.

- Für intravenös oder intraarteriell zu injizierende Kontrastmittel ist möglichst hohe Wasserlöslichkeit zu fordern, damit konzentrierte Lösungen (10–15 %ig) hergestellt werden können. Der osmotische Druck dieser Lösungen darf nicht zu hoch sein.

- Die Verbindungen sollen innerhalb eines geeigneten Zeitraums vollständig ausscheidbar sein.

Die organischen Kontrastmittel gehören in der Mehrzahl der *Diiodpyridon-* und insbesondere der *Triiodbenzol-Reihe* an.

Röntgenkontrastmittel		
Stoffklasse	Freiname (Handelsname*)	Formel
Diiodpyridon-Derivate	Propyliodon (Dionosil® Aquosum)	Strukturformel: Diiodpyridon mit N–CH$_2$–C(=O)–O–C$_3$H$_7$ und zwei I am Ring, Ringketon =O
Triiodbenzol-Derivate	Amidotrizoesäure (Urografin®, Urovison®)	Strukturformel: Triiodbenzol mit COOH, zwei I, H$_3$C–C(=O)–HN und NH–C(=O)–CH$_3$

Fortsetzung der Tabelle

Stoffklasse	Freiname (Handelsname*)	Formel
Triiodbenzol-Derivate	Iotalaminsäure (Conray®)	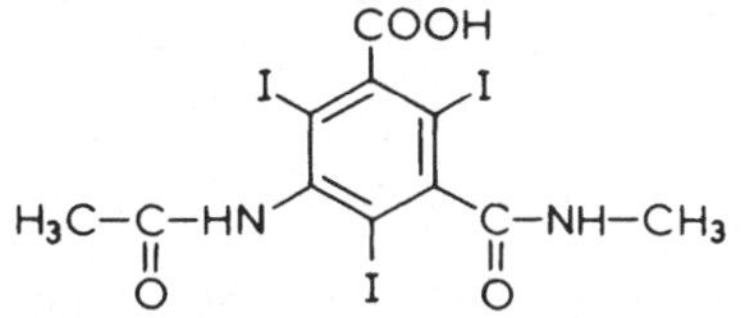 $H_3C-\overset{\text{O}}{\underset{\|}{C}}-HN$ ... COOH, I, I, $\overset{\text{O}}{\underset{\|}{C}}-NH-CH_3$, I
	Adipiodon (Biligrafin®)	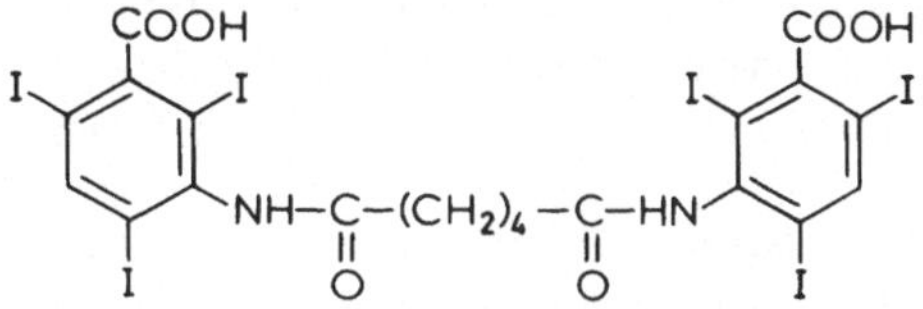 $I-\text{(Ring, COOH, I)}-NH-\overset{\text{O}}{\underset{\|}{C}}-(CH_2)_4-\overset{\text{O}}{\underset{\|}{C}}-HN-\text{(Ring, COOH, I)}-I$
	Iopodat (Biloptin®)	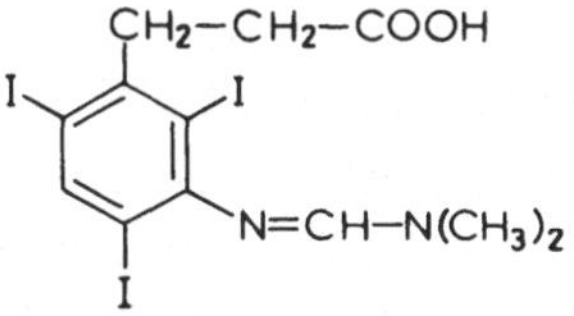 CH_2-CH_2-COOH, I, I, I, $N=CH-N(CH_3)_2$, I

* Die Handelspräparate liegen meist als Natrium- bzw. Meglumin-Salze vor.

Die Bedeutung der einzelnen Strukturelemente für Verbindungen der *Triiodbenzol-Reihe* sei am Beispiel von *Amidotrizoesäure*, einem Kontrastmittel, das u.a. zur Darstellung der Niere und der ableitenden Harnwege verwendet wird, aufgezeigt: Die Kontrastgebung ist an die Iod-Atome gebunden. Die kernständige Carboxyl-Gruppe trägt einerseits zur Wasserlöslichkeit bei, andererseits ist sie Voraussetzung für die Harngängigkeit. Löslichkeit und Pharmakokinetik werden weiterhin durch die Substituenten an den beiden verbleibenden freien Positionen des Benzol-Rings beeinflußt.

Nach dem Prinzip der „*Molekülverdopplung*" gelangt man zu zweikernigen Kontrastmitteln wie *Adipiodon*, deren Lösungen im Vergleich zu den einkernigen Verbindungen einen niedrigeren osmotischen Druck besitzen.

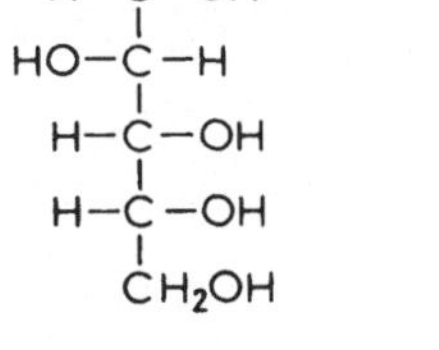

$$\begin{array}{l} CH_2-NH-CH_3 \\ H-C-OH \\ HO-C-H \\ H-C-OH \\ H-C-OH \\ CH_2OH \end{array} \qquad \text{Meglumin}$$

Kontrastmittel mit Carboxyl-Gruppen gelangen in Form ihrer Salze zur Anwendung. Neben den gut wasserlöslichen *Natrium-Salzen* werden auch *Meglumin-Salze* (Meglumin INN = N-Methylglucamin) sowie Mischungen eingesetzt. Die Meglumin-Salze zeichnen sich durch bessere Verträglichkeit, in manchen Fällen auch durch höhere Löslichkeit aus. Im Vergleich zu den Natrium-Salzen sind ihre Lösungen jedoch stärker viskos.

15.1.2 Radiodiagnostika

Zubereitungen, die *Radionuklide* oder mit Radionukliden markierte Verbindungen enthalten und zur Anwendung am Menschen bestimmt sind, werden als *Radiopharmaka* (Radioaktive Arzneimittel Ph. Eur.) bezeichnet. Hierunter fallen oral oder parenteral zu applizierende *Radiodiagnostika* und *Radiotherapeutika*.

Grundlagen Ein *Nuklid* ist eine durch die Anzahl seiner Protonen (Kernladungszahl) und Neutronen im Atomkern charakterisierte Atomart. Nuklide gleicher Kernladungszahl, aber unterschiedlicher Neutronenzahl heißen *Isotope*. Atomkerne radioaktiver Nuklide (*Radionuklide, Radioisotope*) sind instabil. Die Umwandlung in stabile Nuklide erfolgt in der Regel über radioaktive Zerfallsprozesse. Diese können beinhalten

- die Emission geladener Partikel (α- bzw. *β-Strahlung*), mit oder ohne begleitende Energiestrahlung (*γ-Strahlung*)
- den Elektroneneinfang (EE) unter Emission von *Röntgen-Strahlung*, mit oder ohne begleitende γ-Strahlung
- den isomeren Übergang (IT) unter Emission von γ-Strahlung (vgl. Eigenschaften ^{99m}Tc).

Jedes Radionuklid wird durch die *Art und Energie seiner Strahlung* sowie seine *physikalische Halbwertzeit* charakterisiert. Letztere ist eine nuklidspezifische Konstante, die angibt, nach welcher Zeit von einer vorgegebenen Menge die Hälfte zerfallen ist. Sie kann Bruchteile von Sekunden bis mehrere Millionen Jahre betragen.

Die verschiedenen Strahlungsarten (α-Strahlung = Helium-Kerne, β^--Strahlung = Elektronen, γ- und Röntgen-Strahlung = elektromagnetische Wellen) differieren erheblich im Durchdringungsvermögen für Materie. So kommen *α-Strahler* aufgrund ihrer geringen Reichweite (im Gewebe nur Bruchteile eines mm) und hoher *Radiotoxizität* (die Radioaktivität wird innerhalb eines sehr kleinen Gewebevolumens abgegeben) medizinisch nicht zur Anwendung. Eine in der Tumortherapie angestrebte hohe lokale Strahlendosis unter weitgehender Schonung von Nachbargewebe wird am besten durch *β^--Strahler* gewährleistet (Reichweite im Gewebe mehrere mm). Die Reichweite von *γ-Strahlen* in Wasser bzw. Gewebe beträgt mehrere cm bis m. In der Diagnostik werden nach Möglichkeit reine γ-Strahler, d. h. Nuklide, die keine primär begleitende β^--Strahlung emittieren, eingesetzt.

Nachfolgend sind wichtige Radiopharmaka der Ph. Eur. tabelliert.

Radiopharmaka der Ph. Eur.			
Präparat	Kernum-wandlung	Art der Strahlung; Halbwert-zeit	Nuklearmedizinische Anwendung
Kolloidale Gold [^{198}Au]-Injek-tionslösung	$^{198}_{79}$Au $\downarrow$ $^{198}_{80}$Hg	β^-, γ; 2,7d	Vorwiegend zur Tumortherapie (Instillation in die Pleurahöhle)
Natriumiodid [^{131}I]-Lösung	$^{131}_{53}$I $\downarrow$ $^{131}_{54}$Xe	β^-, γ; 8,06d	Vorwiegend zur Therapie von Schilddrüsentumoren sowie zur Diagnostik von Metastasen
Cyanocobalamin [^{57}Co]-Lösung	$^{57}_{27}$Co $\downarrow$ $^{57}_{26}$Fe	γ(EE); 270d	Enterale Vitamin B$_{12}$-Resorptions-diagnostik (Schilling-Test). Gemessen wird die mit dem Harn ausgeschwemmte Radioaktivität.
Natrium-pertechnetat [^{99m}Tc]-Injek-tionslösung (nicht aus Kern-spaltprodukten)	$^{99m}_{43}$Tc $\downarrow$ $^{99}_{43}$Tc	γ(IT); 6h	Szintigraphie von Schilddrüse, Speicheldrüse, Magenschleimhaut. Ausgangsstoff für die Herstellung weiterer mit ^{99m}Tc markierter organspezifischer Substanzen zur Leber-, Milz-, Lymphknoten-, Lungen-, Nieren- und Skelett-szintigraphie sowie zur szinti-graphischen Diagnostik bei Herz- und Kreislauferkrankungen sowie Hirntumoren (Beispiel: ^{99m}Tc-Methylendiphos-phonat zur Skelettszintigraphie).

Szintigraphie   Nuklearmedizinische *Lokalisations- und Funktionstests* basieren meist auf szintigraphischen Meßtechniken. Die *Szintigraphie* ermöglicht die flächenhafte Aufzeichnung der räumlichen Radioaktivitätsverteilung in Organen. Dadurch können Informationen über die Topographie von Organen gewonnen werden. Änderungen in der Speicherfähigkeit für Radiopharmaka signalisieren abweichende Gewebefunktionen. Meßgeräte sind *Gammascanner*, die nach dem Abtastprinzip arbeiten oder *Gammakameras*. Die Detektion der Strahlung erfolgt über *Szintillationskristalle* (vgl. 6.2, Radio-Immuno-assay).

Gewinnung von ^{99m}Tc   Unter den in der nuklearmedizinischen Diagnostik eingesetzten Nukliden kommt Technetium-99m die bei weitem größte Bedeutung zu. ^{99m}Tc ist ein Isotop des künstlichen radioaktiven Elementes *Technetium.* Die auftretende γ-Strahlung ist eine Folge des isomeren Übergangs ^{99m}Tc $\rightarrow$ ^{99}Tc. Hierbei gehen im angeregten (metastabilen = m) Zustand befindliche Kerne in den Grundzustand über. Wegen der kurzen Halbwertzeit von ^{99m}Tc kommt ein Transport nicht in Frage. Es wird daher unmittelbar am Ort des Verbrauchs durch *kernchemische Reaktion* in einem *Radionuklidgenerator* hergestellt. Der ^{99m}Tc-Generator enthält als längerlebiges radioaktives *Mutternuklid Molybdän-99* (als Molybdat), das an der Al_2O_3-Matrix einer bleiabgeschirmten Chromatographiesäule fixiert ist. Erst bei Bedarf wird vom Mutternuklid das sich ständig bildende *Tochternuklid* ^{99m}Tc durch Elution mit physiologischer Kochsalzlösung als radioaktives Pertechnetat (^{99m}TcO$_4^{\ominus}$) eluiert. Der Prozeß läuft unter sterilen Bedingungen ab.

Das Mutternuklid ^{99}Mo kann durch Abtrennung aus dem Radionuklidgemisch der Kernspaltung von *Uran-235* gewonnen werden. Das für die Herstellung des in Ph. Eur. beschriebenen ^{99m}Tc-Präparates benötigte ^{99}Mo wird durch *Neutronenaktivierung* von natürlichem Molybdän erhalten. Der Zerfall von ^{99}Mo unter spontaner β^-- und verzögerter γ-Strahlung erfolgt zu über 88 % über ^{99m}Tc in das relativ langlebige ^{99}Tc. Stabiles Endglied der Kette ist *Ruthenium-99.*

$$^{98}_{42}\text{Mo}\,(n,\,\gamma)\,\longrightarrow\,^{99}_{42}\text{Mo} \qquad \bigg| \qquad \xrightarrow[\beta^-]{67\ h}\,^{99m}_{43}\text{Tc}\,\xrightarrow[\gamma]{6\ h}\,^{99}_{43}\text{Tc}\,\xrightarrow[\beta^-]{2\cdot10^5\ a}\,^{99}_{44}\text{Ru}$$

Gewinnung und Zerfall von Molybdän-99

Anwendung von ^{99m}Tc   Das *Pertechnetat-Anion* verhält sich in vivo ähnlich wie das *Iodid-Ion.* Es reichert sich in Schilddrüse, Speicheldrüse und Magenschleimhaut an. Diese Organe können deshalb unmittelbar unter Verwendung von Na^{99m}TcO$_4$ dargestellt werden. Für andere diagnostische Fragestellungen werden *organspezifische* ^{99m}Tc-*Präparationen* eingesetzt. So läßt sich das generatorgewonnene Pertechnetat mittels Zinn(II)-Salzen reduzieren und gleichzeitig an Vehikelsubstanzen binden. Dadurch wird der Anwendungsbereich des Nuklids beträchtlich erweitert. Aufgrund der kurzen Halbwertzeit von ^{99m}Tc und der reinen γ-Strahlung liegt die Strahlenbelastung in der Regel unter der vergleichbarer Röntgenuntersuchungen.

Analytik   Für die Qualitätskontrolle *radioaktiver Präparate* schreibt Ph. Eur. umfangreiche Prüfungen vor. Physikalisch geprüft werden die

— *Halbwertzeit* sowie *Art und Energie der Strahlung* als Identitätskriterien (meist über β^-- bzw. γ-Spektrometrie)

— *Radioaktivität* (Aktivität) = Zahl der pro Zeiteinheit in einer gegebenen Menge des Präparates stattfindenden Kernprozesse.

Als Maß dient das *Curie* = Ci (1 Ci = $3,7\cdot10^{10}$ s^{-1}) oder das *Becquerel* = Bq (1 Ci = $37\cdot10^9$ Bq).

Unter *spezifischer Aktivität* versteht man die Aktivität des betreffenden Radionuklids pro Gewichtseinheit. Die *Aktivitätskonzentration* gibt die Aktivität des betreffenden Radionuklids pro Volumeneinheit einer Lösung an.

— *Radionuklid-Reinheit* als Kriterium für unzulässige radioaktive Fremdnuklide (meist mittels γ-Spektrometrie).

Chemisch geprüft wird vor allem die

— *Radiochemische Reinheit* als Kriterium für das Vorliegen des Radionuklids in der deklarierten Verbindungsform (über chromatographische Trennung und Aktivitätsmessung).

Biologisch geprüft wird bei Injektionslösungen auf Sterilität und Pyrogenfreiheit.

15.2 Hilfsstoffe

Arzneistoffe werden in aller Regel nicht als Reinsubstanzen, sondern zusammen mit *Hilfsstoffen* in Form von *Arzneimitteln* angewendet. Den Hilfsstoffen kommen unterschiedliche pharmazeutisch-technologische Aufgaben zu. *Trägerstoffe (Grundstoffe)* verleihen der jeweiligen *Arzneiform* ihre charakteristische Beschaffenheit. So enthalten Salben plastische Massen wie etwa Vaselin, Suppositorien dagegen Hartfette, die bei Körpertemperatur schmelzen. Als arzneiformspezifische Hilfsstoffe werden beispielsweise zur Herstellung von Tabletten *Binde-*, *Gleit-* und *Sprengmittel* benötigt; die Bereitung von Emulsionen erfordert den Einsatz von *Emulgatoren*. Zur Gewährleistung einer einwandfreien mikrobiologischen Beschaffenheit werden in geeigneten Fällen *Konservierungsmittel* zugesetzt. Eine ausreichende chemische Stabilität gegenüber oxidativen Einflüssen kann durch *Antioxidantien* erreicht werden. Die Einnahmebereitschaft — insbesondere bei flüssigen oralen Arzneimitteln — wird durch *Geschmacks-* und *Geruchskorrigentien* verbessert.

Biopharmazeutische Anforderungen an Hilfsstoffe betreffen u. a. die Liberation des Arzneistoffs aus der Arzneiform und resorptionsbeeinflussende Eigenschaften. Weiterhin sollten Hilfsstoffe keine unerwünschten pharmakodynamischen Eigenwirkungen aufweisen und toxikologisch unbedenklich sein.

15.2.1 Trägerstoffe und Lösungsmittel

Gebräuchliche anorganische Trägerstoffe für feste Arzneiformen (Pulver, Tabletten etc.) sind *Calciumcarbonat* (Ph. Eur.), *Talkum* (Ph. Eur.), ein wasserhaltiges Magnesiumsilikat, und *Hochdisperses Siliciumdioxid* (DAB 8). *Weißer Ton* (Bolus alba; Kaolinum ponderosum Ph. Eur.) und *Bentonit* (Ph. Eur.) sind wasserhaltige Aluminiumsilikate mit unterschiedlichem Schichtaufbau. Während weißer Ton u. a. als Pudergrundlage Verwendung findet, wird Bentonit vor allem als Gelbildner eingesetzt. Der Nachweis dieser Anorganika erfolgt nach üblichen Methoden (Aufschluß, Ionennachweis).

Unter den organischen Trägerstoffen spielen Mono- und Disaccharide, insbesondere *Lactose* (vgl. 11.2.1) eine bedeutende Rolle. Ph. Eur. läßt Lactose über eine Reduktionsprobe und die Reaktion nach Wöhlk (Rotfärbung der mit Ammoniak-Lösung versetzten Probe nach Erwärmen) nachweisen. Makromolekulare Trägerstoffe werden unter 15.2.2 aufgeführt.

Als Lösungsmittel zur Bereitung flüssiger Arzneiformen dienen insbesondere *Wasser* (*Aqua purificata* und *Aqua ad iniectabilia* Ph. Eur.) und *Ethanol* DAB 8, an die das Arzneibuch besondere Reinheitsanforderungen stellt.

1,2-Propandiol (Propylenglykol Ph. Eur.) ist eine viskose, hygroskopische Flüssigkeit, die außer als Lösungsmittel auch als Weichmacher und Feuchthaltemittel eingesetzt wird und die gleichzeitig antimikrobielle Eigenschaften besitzt. Der Nachweis nach Ph. Eur. kann über Derivatisierung mit 4-Nitrobenzoylchlorid (Schmelzpunkt) erfolgen.

Glycerin (1,2,3-Propantriol, Glycerol Ph. Eur.), ebenfalls eine viskose, hygroskopische Flüssigkeit, findet außer zur Bereitung pharmazeutischer Präparate auch in der Kosmetik umfangreiche Anwendung. Beim Erhitzen mit Kaliumhydrogensulfat entsteht unter Dehydratisierung stechend riechendes Acrolein (Nachweis nach Ph. Eur.). Als lipophile Lösungsmittel werden neben fetten Ölen (z. B. *Erdnußöl* DAB 8) auch Paraffine eingesetzt. DAB 8 unterscheidet *dickflüssiges* und *dünnflüssiges* Paraffin. Die Charakterisierung erfolgt über Bestimmung der relativen Dichte und der Viskosität. Die UV-Absorption bei 275, 295 und oberhalb 300 nm darf bestimmte Höchstwerte nicht überschreiten. Hierdurch soll ein unzulässiger Gehalt an polyzyklischen Kohlenwasserstoffen ausgeschlossen werden. Dieser Reinheitsprüfung kommt besondere Bedeutung zu, da einige polyzyklische Kohlenwasserstoffe (z. B. Benzo[a]pyren, vgl. 14) karzinogene Eigenschaften besitzen.

Macrogole (Polyethylenglykole unterschiedlicher mittlerer Molekülmasse) sind als Polymerisationsprodukte des Ethylenoxids oder als Polykondensationsprodukte des Ethylenglykols aufzufassen. Ihre Darstellung kann durch kationische Polymerisation von Ethylenoxid unter Zinn(IV)-chlorid-Katalyse in Gegenwart geringer Mengen Wasser als Startermolekül erfolgen. Der Polymerisationsgrad läßt sich durch Wahl der Reaktionsbedingungen steuern.

$$n\ H_2C\overset{O}{\diagup\!\!\!\diagdown}CH_2 \xrightarrow[\text{(SnCl}_4\text{)}]{H_2O} HOCH_2-CH_2-\left[O-CH_2-CH_2-\right]_{n-2}O-CH_2-CH_2OH$$

Die Macrogole werden durch eine beigefügte Zahl, die die mittlere relative Molekülmasse angibt, charakterisiert. Produkte bis zu einem Wert von etwa 600 sind klare, viskose Flüssigkeiten, die aufgrund der endständigen Hydroxyl-Gruppen und der Ether-Sauerstoffatome (Akzeptoren für Wasserstoffbrücken-Bindungen) hydrophile Eigenschaften aufweisen. Höhermolekulare Produkte sind wachsartig. Zur Ermittlung der mittleren relativen Molekülmasse wird die *Hydroxylzahl* bestimmt. Diese gibt an, wieviel mg KOH der von 1 g Substanz bei der Acetylierung gebundenen Essigsäure äquivalent sind. Mit steigender relativer Molekülmasse der Macrogole nimmt der prozentuale Gehalt der Hydroxyl-Gruppen ab.

Polyethylenglykole werden z. B. als Weichmacher, Salbengrundlagen und Suppositorienmassen verwendet (Carbowax®, Cremolan®).

15.2.2 Makromolekulare Stoffe

Cellulose und ihre partialsynthetischen Abwandlungsprodukte finden vielfältige Anwendung als Hilfsstoffe. Grundbaustein der Cellulose ist β-D-Glucose, die 1,4-β-glykosidisch verknüpft vorliegt. Die unverzweigten Makromoleküle besitzen im Fall des aus Baumwolle isolierten Produkts einen *Polymerisationsgrad* (Anzahl der Monomer-Einheiten) von 14000. In nativer Cellulose sind die einzelnen Molekülketten über Wasserstoffbrücken-Bindungen zu bündelartigen Elementarfibrillen vereinigt.

R	
H	Cellulose
CH_3	Methylcellulose
C_2H_5	Ethylcellulose
CH_2-CH_2OH	Hydroxyethylcellulose
$CH_2-COONa$	Natrium-Carboxymethylcellulose

Cellulose und Cellulose-Ether
(Kettenausschnitt; der Substitutionsgrad variiert)

Cellulosepulver ist in Wasser und organischen Lösungsmitteln praktisch unlöslich. Es dient u.a. als Tablettensprengmittel. Daneben findet auch *mikrokristalline Cellulose* (Avicel®), eine gereinigte, partiell hydrolysierte Cellulose, als Gelbildner pharmazeutische Anwendung. Die DAB 8-Monographie „*Cellulosepulver*" umfaßt gereinigte Cellulose und mikrokristalline Cellulose.

Cellulose-Ether wie Methyl- und Ethylcellulose werden durch Alkylierung von Cellulose gewonnen. Je nach *Substitutionsgrad* (durchschnittliche Anzahl von Alkyl-Resten pro Glucose-Einheit) weisen sie unterschiedliche physikalische und technologische Eigenschaften auf. *Methylcellulosen* (z.B. Tylose SL®) lösen sich im Gegensatz zur nativen Cellulose in kaltem Wasser, sofern ihr Substitutionsgrad nicht zu hoch liegt. Durch die partielle Veretherung können sich weniger intermolekulare Wasserstoffbrücken-Bindungen ausbilden. Da somit der Zusammenhalt der einzelnen Ketten weniger fest ist als in nativer Cellulose, wird die Quellung (Hydratation der freien Hydroxyl-Gruppen) erleichtert. Methylcellulosen finden als viskositätserhöhende Stoffe und Filmbildner vielfältige Anwendung.

Weitere, in der pharmazeutischen Technologie verwendete Cellulose-Derivate mit Ether-Struktur sind *Hydroxyethylcellulose* und *Natrium-Carboxymethylcellulose* (Natrium-celluloseglykolat; Tylose KN®).

Cellacefat (Celluloseacetatphthalat Ph. Eur.) ist ein *Mischester*, der durch Umsetzung partiell acetylierter Cellulose mit Phthalsäureanhydrid gewonnen wird. Aufgrund dissoziationsfähiger Carboxyl-Gruppen löst sich die Substanz in alkalischem Milieu sowie im Duodenalsaft (pH 6,8), nicht dagegen im sauren Milieu des Magens. Cellacefat eignet sich daher zur Herstellung magensaftresistenter Überzüge für Tabletten und Dragees.

Die Acetyl-Gruppen werden nach Ph. Eur. als Ethylacetat (alkalische Verseifung und anschließende saure Veresterung mit Ethanol) nachgewiesen (Geruch). Hydrolytisch abgespaltene Phthalsäure kondensiert in Gegenwart von Schwefelsäure mit zwei Molekülen Resorcin zu gelbem Fluorescein, das im Alkalischen intensiv grün fluoresziert.

Fluorescein

Die Phthalyl-Gruppen (sowie ggf. vorhandene freie Phthalsäure) werden durch Titration mit NaOH bestimmt. Zur Bestimmung der Acetyl-Gruppen wird mit überschüssiger NaOH-Lösung unter Erwärmen verseift und mit HCl zurücktitriert. Bei der Berechnung muß der für die Phthalyl-Gruppen gefundene Wert in Abzug gebracht werden.

Pharmazeutische Bedeutung besitzen auch *synthetische makromolekulare Stoffe* (,,Kunststoffe''). Diese können unterteilt werden in

- **Polykondensate** wie *Polyamid*
- **Polyaddukte** wie *Polyurethan*
- **Polymerisate** wie *Polyethylen* und *Polymethacrylat.*

Polymethacrylsäure und ihre Ester finden als Eudragit®-Präparate zum Überziehen fester Arzneiformen Anwendung.

Polymethacrylsäureester   Polyvidon

Polyvidon (Polyvinylpyrrolidon, PVP) ist in Wasser und polaren organischen Lösungsmitteln löslich. Polymerisate mit einer mittleren relativen Molekülmasse von 12 600 wurden früher zur Bereitung von Plasmaersatzmitteln eingesetzt (Periston® N). In der Pharmazeutischen Technologie dient Polyvidon u. a. als Bindemittel für Tabletten.

15.2.3 Grenzflächenaktive Stoffe

Grenzflächenaktive Stoffe (*Tenside, Detergentien*) sind Substanzen, die sich in gelöster oder dispergierter Form an der Grenzfläche anreichern und damit die physikalisch-chemischen Eigenschaften der Flüssigkeit beeinflussen. Charakteristisch ist das *Herabsetzen der Grenzflächenspannung* (vor allem der hohen Oberflächenspannung des Wassers). In höheren Konzentrationen kommt es zur *Ausbildung von Mizellen,* die den Einschluß endophiler Stoffe begünstigen können (z. B. unter Solubilisierung lipophiler Substanzen in wäßriger Lösung beim Waschprozeß).

Auf pharmazeutischem Sektor werden Tenside vor allem als *O/W- und W/O-Emulgatoren* eingesetzt, an die besondere Anforderungen hinsichtlich chemischer und physiologischer Indifferenz zu stellen sind. Wichtige Stoffklassen mit typischen Beispielen enthält die nachfolgende Tabelle.

<table>
<tr><td colspan="3" align="center">Grenzflächenaktive Stoffe</td></tr>
<tr><td>Einteilung</td><td>Stoffklasse</td><td>Formelbeispiel
Name (Handelsname)</td></tr>
<tr><td rowspan="3">Anionenaktive Tenside</td><td>Seifen</td><td>$Na^{\oplus}\ ^{\ominus}OOC-C_{17}H_{35}$
Natriumstearat</td></tr>
<tr><td>Alkylsulfate</td><td>$Na^{\oplus}\ ^{\ominus}O_3S-O-C_{16}H_{33}$ +
$Na^{\oplus}\ ^{\ominus}O_3S-O-C_{18}H_{37}$
Cetylstearylschwefelsaures Natrium</td></tr>
<tr><td>Alkylsulfonate</td><td>$Na^{\oplus}\ ^{\ominus}O_3S-C_{12}H_{25}$
Natriumdodecylsulfonat</td></tr>
<tr><td>Kationenaktive Tenside</td><td>Quartäre Ammonium-Verbindungen</td><td>vgl. 13.6.6</td></tr>
<tr><td>Amphotere Tenside</td><td>Ampholytseifen</td><td>vgl. 13.6.6</td></tr>
<tr><td rowspan="5">Nichtionogene Tenside</td><td>Partialfettsäureester mehrwertiger Alkohole</td><td>H_2C-OH
$HC-OH$
$H_2C-O-\underset{O}{\overset{\|}{C}}-C_{17}H_{35}$ Glycerinmonostearat</td></tr>
<tr><td>Partialfettsäureester der Sorbitane</td><td>$CH_2-O-\underset{O}{\overset{\|}{C}}-C_{11}H_{23}$
Sorbitandodecansäureester
(Span 20®)</td></tr>
<tr><td>Partialfettsäureester der Polyoxyethylene</td><td>$HO-CH_2-CH_2-[O-CH_2-CH_2-]_n\,O-CH_2-CH_2-O-\underset{O}{\overset{\|}{C}}-C_{17}H_{35}$
Polyethylenglykol-400-stearat ($\bar{n} = 7$)
(Cremophor AP fest®)</td></tr>
<tr><td>Polyoxyethylensorbitan-fettsäureester</td><td>$CH_2-O-\underset{O}{\overset{\|}{C}}-C_{11}H_{23}$
Polysorbat 20
(Tween 20®)
$R = CH_2-CH_2-[O-CH_2-CH_2-]_4O-CH_2-CH_2-OH$</td></tr>
<tr><td>Polyoxyethylenfett-alkoholether</td><td>$HO-CH_2-CH_2-[O-CH_2-CH_2-]_2\,O-CH_2-CH_2-O-C_{12}H_{25}$
(Brij 30®)</td></tr>
</table>

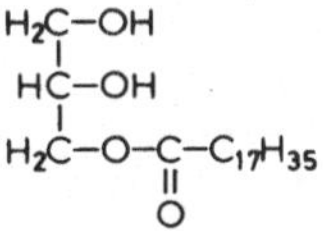

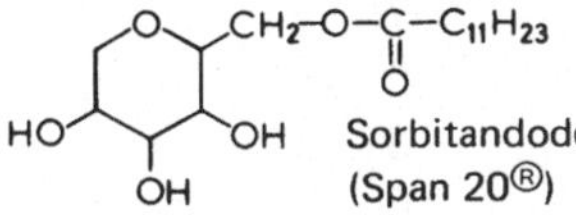

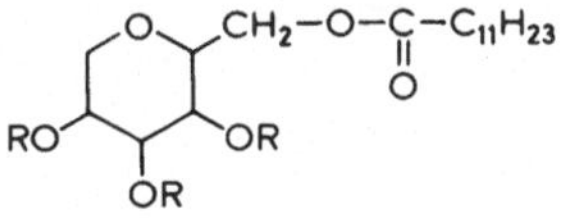

Pharmazeutisch haben *nichtionogene Emulgatoren* vor allem wegen ihrer neutralen Reaktion und der geringen Beeinflußbarkeit durch Elektrolyte gegenüber ionogenen Emulgatoren (anionen- und kationenaktive Tenside, amphotere Tenside) an Bedeutung gewonnen.

Tenside vereinen in ihrer Molekülstruktur sowohl lipophile als auch hydrophile Gruppen und werden daher auch als *amphiphile Stoffe* bezeichnet. In der Regel liegen darin lipophile, unpolare Kohlenwasserstoff-Ketten und hydrophile, polare Funktionen (anionische, kationische, zwitterionische, alkoholische) räumlich getrennt vor.

Eigenschaften   Die *amphiphilen Eigenschaften* eines Tensids werden nach Griffin über den *HLB-Wert* (*hydrophilic-lipophilic-balance*) charakterisiert. Er läßt sich für nichtionogene Tenside nach einer empirischen Formel errechnen, in der M_0 die relative Molekülmasse des hydrophoben Molekülteils und M die relative Molekülmasse des Gesamtmoleküls bedeuten.

$$HLB = 20 \left(1 - \frac{M_0}{M}\right)$$

Danach erhalten lipophile Tenside niedrige, hydrophile dagegen höhere HLB-Werte. Die Korrelation dieser Werte mit dem Verwendungszweck zeigt die nachfolgende Aufstellung.

Verwendungszweck	HLB-Wert
Entschäumer	1– 3
W/O-Emulgator	4– 6
Netzmittel	7– 9
O/W-Emulgator	8–18
Waschmittel	13–15
Lösungsvermittler	10–18

Alkaliseifen zeigen hohe Empfindlichkeit gegen Härtebildner des Wassers ($Ca^{2\oplus}$, $Mg^{2\oplus}$) mit denen sie (ebenso wie mit $Al^{3\oplus}$, $Fe^{3\oplus}$) schwerlösliche Niederschläge bilden. *Alkylsulfate* werden durch Härtebildner nicht gefällt. Sie sind im alkalischen Bereich nicht hydrolyseanfällig, werden aber biologisch abgebaut. *Quartäre Ammonium-Verbindungen* bilden mit anionenaktiven Stoffen unlösliche, elektroneutrale Komplexe. *Amphotere Tenside* sind mit anderen grenzflächenaktiven Stoffen gut verträglich, auch Elektrolyte stören nicht.

Nichtionogene Tenside mit Ester-Struktur wie *Glycerinmonostearat* und *Polysorbate* werden durch Elektrolyte wenig beeinflußt. Gegenüber schwachen Säuren und Basen sind sie relativ stabil. Von starken Säuren und Basen werden sie allmählich verseift. *Glycerinmonostearat Ph. Eur.* ist keine einheitliche Substanz, sondern ein Gemisch von Glyceriden der Palmitinsäure ($C_{15}H_{31}COOH$) und Stearinsäure ($C_{17}H_{35}COOH$).

Synthese   Ausgangsbasis für die *Sorbitanmonofettsäureester* und *Polysorbate* ist D-Sorbit, der unter intramolekularer Dehydratisierung in *Sorbitane* (monozyklische Ether) sowie nach nochmaliger Wasserabspaltung in den bizyklischen Ether *Sorbid* (= Isosorbid, vgl. 8.3.1) übergeht. Die Veresterung der Dehydratisierungsprodukte mit Fettsäuren im Verhältnis 1:1 führt zu einem Estergemisch, dessen freie Hydroxyl-Gruppen mittels Anlagerung von Ethylenoxid zu den Polyoxyethylen-Derivaten verethert werden.

Dehydratisierung von D-Sorbit

Analytik Die Identifizierung oberflächenaktiver Tenside wie *Cetylstearylschwefelsaures Natrium DAB 8* und auch *Polysorbat 20/60/80 Ph. Eur.* erfolgt mittels Schüttelschaumprobe. Beim *Polyethylenglykol-400-stearat DAB 8* werden die veresterten Polyethylenglykole (Macrogole) beim Erhitzen mit H_2SO_4 in *1,4-Dioxan* übergeführt, dessen Dämpfe beim Einleiten in eine $HgCl_2$-Lösung einen schwer löslichen Anlagerungskomplex ergeben.

1,4-Dioxan

15.2.4 Süßstoffe

Unter Süßstoffen versteht man Substanzen, die einen deutlich höheren Süßungsgrad als *Saccharose* (Sucrose, Rohrzucker), β-D-Fructofuranosyl-α-D-glucopyranosid, aufweisen, aber praktisch keinen Nährwert besitzen. Sie haben einerseits Bedeutung als Geschmackskorrigens für peroral einzunehmende Arzneimittel, andererseits werden sie zur Herstellung diätetischer Lebensmittel (u.a. für Diabetiker) verwendet. Als Süßstoffe sind *Saccharin* bzw. *Saccharin-Natrium* (Sacchillen®, Süßstoff Bayer) sowie *Natrium-* bzw. *Calcium-Cyclamat* (Assugrin®, Ilgonetten®, natreen®) zugelassen.

Zucker	Süßstoffe	
Saccharose	Saccharin-Natrium	Natrium-Cyclamat

Eigenschaften   *Saccharin*, ein gemischtes Säureimid, ist eine NH-acide Verbindung mit einem pK_a-Wert von 1,6. Das sehr leicht wasserlösliche Natrium-Salz liefert annähernd neutrale Lösungen. Saccharin und Saccharin-Natrium sind etwa 400 mal süßer als Rohrzucker. Dies gilt jedoch nur für verdünnte Lösungen, da der *Süßungsgrad* konzentrationsabhängig ist. Der Süßungsgrad gibt an, wieviel Gramm Saccharose in einem bestimmten Volumen Wasser gelöst werden müssen, damit die Lösung gerade genau so süß schmeckt wie die Lösung von einem Gramm Süßstoff im gleichen Volumen Wasser. *Cyclamat-Salze* sind etwa 40 mal süßer als Rohrzucker. Der Süßungsgrad kann durch Kombination zweier Süßstoffe erheblich gesteigert werden.

Synthese   Als Ausgangsstoff für die Darstellung von *Saccharin* eignet sich 2-Toluolsulfonylchlorid, das im Gemisch mit dem 4-Isomer bei der Sulfochlorierung von Toluol anfällt. Nach Umsetzung mit Ammoniak und Oxidation mit Kaliumpermanganat erhält man Benzoesäure-2-sulfonamid, das unter der Einwirkung von Mineralsäuren zum Imid zyklisiert. Das Natrium-Salz fällt bei der Neutralisation von Saccharin-Lösungen mit NaOH aus.

Saccharin

Cyclamate, Salze der Cyclohexylsulfamidsäure, erhält man durch Umsetzung von Cyclohexylamin mit Chlorsulfonsäure und anschließende Salzbildung. Alternativ gelangt man über Hydrierung der aus Anilin zugänglichen Phenylsulfamidsäure zu Cyclamaten.

Analytik   DAB 8 läßt zum Nachweis von *Saccharin-Natrium* eine Alkalischmelze durchführen. Dabei entsteht Salicylsäure, die sich mit $FeCl_3$ violett färbt. Saccharin-Natrium kann mit dem Natrium-Salz des Benzoesäure-4-sulfonamids (bei der Synthese aus 4-Toluolsulfonylchlorid entstehend) verunreinigt sein. Säuert man die wäßrige Prüflösung mit Essigsäure an, so darf sich kein Niederschlag bilden (Ausfallen der schwachen Säure).

Zum Nachweis von *Cyclamaten* wird die angesäuerte Lösung mit Natriumnitrit versetzt. Dabei bildet sich unter Stickstoff-Freisetzung Cyclohexen, das gaschromatographisch bestimmt werden kann, sowie Sulfat, das durch Fällung mit Bariumchlorid identifiziert bzw. gravimetrisch bestimmt wird.

15.3 Biozide (Pestizide)

Unter dem Begriff „*Pestizide*", der dem sehr weit gefaßten Begriff „*Biozide*" vorzuziehen ist, versteht man Stoffe oder Zubereitungen zur Bekämpfung von Schadorganismen (*Schädlingsbekämpfungsmittel*). Weitaus wichtigster Anwendungsbereich ist der *Pflanzenschutz*. Nach Art der Schaderreger unterscheidet man:

- *Insektizide*
- *Akarizide*
- *Fungizide*
- *Herbizide*
- *Rodentizide*

Weitere Gruppen sind von untergeordneter Bedeutung. Akarizide richten sich gegen die zu den Spinnentieren zählenden Milben. Die Spinnentiere bilden neben den Insekten eine eigenständige Klasse der Arthropoden (Gliederfüßler). Einige Insektizide besitzen gleichzeitig akarizide Eigenschaften. Rodentizide (z.B. *Warfarin*, vgl. 8.6.2) dienen der Bekämpfung von Nagern.

Pestizide gehören mit den Arzneistoffen zu den *bioaktiven Substanzen*. Von daher ergeben sich unter pharmazeutisch-chemischen Gesichtspunkten weitgehende Parallelen, die beispielsweise Entwicklung, Struktur-Wirkungs-Beziehungen, biochemische Wirkungen und Analytik betreffen. Einige Insektizide bzw. Akarizide werden gleichzeitig als Arzneistoffe gegen Ektoparasiten angewendet oder dienen der Bekämpfung von Zwischenwirten menschlicher oder tierischer Krankheitserreger.

Um die Bedeutung der Pestizide, die ein Schwerpunktthema der ökologischen Diskussion bilden, zu umreißen, sei angemerkt, daß zur Zeit etwa ein Drittel der möglichen Welternte durch Schaderreger vernichtet wird. Man schätzt, daß ohne chemischen Pflanzenschutz die Verlustquote doppelt so hoch läge. Zur Minimierung der mit dem Pestizideinsatz verbundenen Gefahren — hier ist u.a. an das Rückstandsproblem und die Anreicherung in der Nahrungskette zu denken — wurde das Konzept des *integrierten Pflanzenschutzes* entwickelt, das eine Bündelung chemischer, biologischer und agrartechnischer Maßnahmen unter Berücksichtigung ökologischer und ökonomischer Zielvorstellungen vorsieht.

Unter den Pestiziden nehmen in Westeuropa die Herbizide mengenmäßig eine dominierende Stellung ein. Es folgen Fungizide und Insektizide.

15.3.1 Insektizid wirksame Chlorkohlenwasserstoffe

Als Vorläufer der insektiziden Chlorkohlenwasserstoffe kann das Mottenmittel *p-Dichlorbenzol* (Globol®) gelten.

Prototyp von Wirkstoffen mit aliphatisch gebundenem Chlor ist *Clofenotan*, 1,1,1-Trichlor-2,2-bis(4-chlorphenyl)-ethan, das unter der Bezeichnung *DDT* (von Dichlor-diphenyl-trichlorethan abgeleitet) allgemein bekannt wurde. Die insektiziden Eigenschaften wurden von Paul Müller 1940 entdeckt. DDT war lange Zeit das wichtigste Insektizid überhaupt. *Methoxychlor* ist eine von DDT abgeleitete Verbindung. Zu den Chlorkohlenwasserstoffen, deren Ringsystem nach dem Diels-Alder-Prinzip aufgebaut wird und die auch als *Cyclodien-Insektizide* bezeichnet werden, zählt *Aldrin*. *Lindan* ist das γ-Isomer des 1,2,3,4,5,6-Hexachlorcyclohexans. Von den 8 cis-trans-Isomeren des Hexachlorcyclohexans besitzt eines keine Symmetrieebene und kann deshalb in optische Isomere aufgespalten werden. Die insektizide Wirkung ist fast ausschließlich an das γ-Isomer gebunden. Technisches Hexachlorcyclohexan (ein Isomerengemisch) besitzt einen ausgeprägten Modergeruch und enthält hauptsächlich das toxikologisch bedenkliche β-Isomer.

Insektizid wirksame Chlorkohlenwasserstoffe	
Freiname **(Handelsname)**	**Formel**
Clofenotan, DDT (Gesarol®)	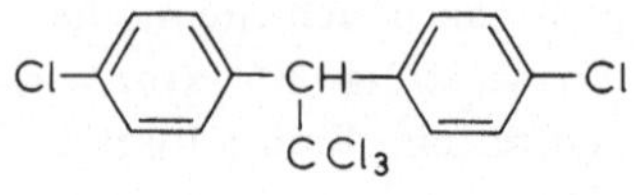
Methoxychlor (Marlate®)	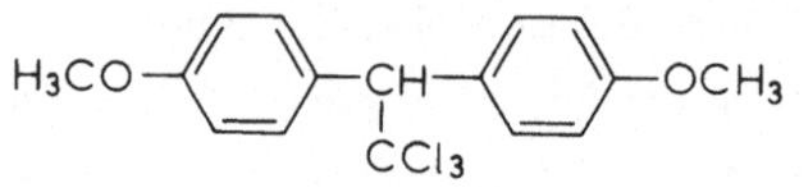
Aldrin (Octalene®)	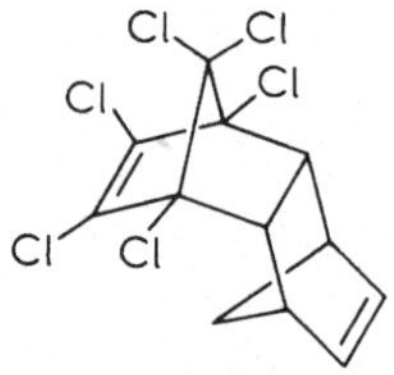
Lindan (Jacutin®)	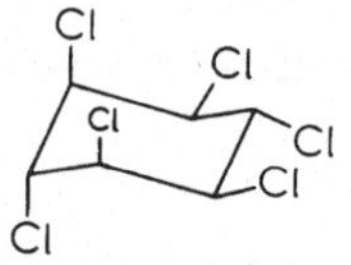

Eigenschaften, Anwendung

Das Mottenbekämpfungsmittel *p-Dichlorbenzol* wirkt aufgrund seines hohen Dampfdrucks als *Atemgift*.

DDT ist eine relativ schwerflüchtige Festsubstanz, die in reinem Zustand farblos ist. Es besitzt geringe Wasserlöslichkeit, dagegen löst es sich in organischen Lösungsmitteln wie Chloroform und Aceton. Gegenüber oxidativen Einflüssen und Säuren ist DDT weitgehend beständig. Beim Erhitzen oder unter alkalischen Bedingungen erfolgt Dehydrohalogenierung zu biologisch inaktivem 1,1-Dichlor-2,2-bis(4-chlorphenyl)-ethen (*DDE*). Energische alkalische Hydrolyse liefert Bis(4-chlorphenyl)-essigsäure (*DDA*; vgl. Biotransformation). DDT, das bei hoher Toxizität für Insekten eine sehr niedrige *akute Toxizität* für Warmblüter besitzt, wirkt als *Kontakt-* und *Fraßinsektizid*. Als Kontaktgift dringt es über die lipidhaltigen Gelenkhäute und die Sinnesorgane in das Insekt ein. Nach einer vorübergehenden Exzitationsphase werden vitale Funktionen gelähmt. Die chemische Stabilität von DDT, die anwendungstechnologisch einen Vorteil darstellt, bedingt gleichzeitig eine hohe Persistenz (lange Verbleibdauer in der Umwelt). Aus diesem Grund unterliegt der Verbrauch von DDT in Europa gesetzlichen Restriktionen. In der Bundesrepublik Deutschland darf es nur in Ausnahmefällen im Forstschutz eingesetzt werden. Anders ist die Situation in tropischen Regionen. Dort gehört DDT nach wie vor zu den bedeutendsten Insektiziden. Gleichzeitig ist es wichtiger Bestandteil in WHO-Programmen zur Bekämpfung von Vektoren (z.B. Anopheles-Mücke).

Ein Vorteil des gegenüber DDT schwächer wirksamen *Methoxychlors* ist die praktisch fehlende Tendenz zur Anreicherung im Fettgewebe. Die nicht chlorierte Doppelbindung von *Aldrin* ist Ursache der oxidativen Angreifbarkeit dieser Substanz. Dagegen verhalten sich die C–Cl-Bindungen chemisch nahezu inert. Aldrin darf in der Bundesrepublik Deutschland nur noch zu speziellen Zwecken im Weinbau eingesetzt werden.

Lindan, das flüchtiger ist als DDT, wirkt als *Kontakt-, Fraß-* und *Atemgift.* Aufgrund seiner relativ guten Wasserlöslichkeit ist es auch als Bodeninsektizid zur Bekämpfung von Larvenformen geeignet. Während die Substanz im sauren Milieu hohe chemische Stabilität aufweist, erfolgt im Alkalischen Dehydrohalogenierung zu stellungsisomeren Trichlorbenzolen. Die akute Warmblütertoxizität ist höher als die von DDT. Dagegen ist die Kumulationsgefahr im menschlichen Organismus geringer anzusetzen, da die lipophile Substanz nach anfänglicher Speicherung im Fettgewebe zu exkretionsfähigen Metaboliten umgewandelt wird.

Humanmedizinische Bedeutung   Auf die Vektorenbekämpfung wurde bereits hingewiesen. Gegen den Befall mit Läusen (Pedikulosis) und Krätzmilben (Skabies) eignen sich Lindan-Präparationen, die äußerlich am Menschen anzuwenden sind. Externe Antiskabiesmittel, die nicht zu den Chlorkohlenwasserstoffen gehören, sind *Benzylbenzoat* (ein Bestandteil des Peru-Balsams), das im Ausland u.a. als Ascabiol® bekannt ist, und *Crotamiton,* das bei uns hauptsächlich als *Antipruriginosum* (juckreizstillendes Mittel) Anwendung findet.

Benzylbenzoat

Crotamiton (Euraxil®)

Biotransformation   Warmblüter und resistente Insekten vermögen *DDT* mit Hilfe des Enzyms DDT-Dehydrochlorinase durch Dehydrochlorierung in den inaktiven persistenten Metaboliten *DDE* zu überführen. Als nierengängiger Metabolit kann aus DDT über mehrere Zwischenstufen *DDA* gebildet werden.

DDA   DDT   DDE

Im Gegensatz zu DDT enthält *Methoxychlor* anstelle des aromatisch gebundenen Chlors metabolisch angreifbare Methoxyl-Gruppen. Dies bedingt die leichtere biologische Abbaubarkeit (geringere Persistenz) dieser Substanz.

Lindan wird von Warmblütern zu 1,2,4-Trichlorbenzol metabolisiert, das nach Hydroxylierung zu stellungsisomeren Trichlorphenolen in Form von Glucuroniden ausgeschieden wird.

Synthese *DDT* erhält man durch Kondensation von zwei Mol Chlorbenzol mit einem Mol Chloral in Gegenwart von Schwefelsäure. Das Rohprodukt enthält Stellungsisomere. Nach dem Prinzip der DDT-Synthese können auch Analoge wie *Methoxychlor* dargestellt werden.

Die Synthese von *Aldrin* geht von Cyclopentadien und Acetylen aus, die zu *Norbornadien* umgesetzt werden. Anschließend erfolgt Addition von Hexachlorcyclopentadien. Beide Stufen entsprechen dem Prinzip der *Diels-Alder-Reaktion*.

Technisches Hexachlorcyclohexan gewinnt man durch Photochlorierung von Benzol. Das Rohprodukt enthält 10–18 % des γ-Isomers. Die Reindarstellung von *Lindan* erfolgt durch Extraktion, fraktionierte Kristallisation und andere Reinigungsoperationen.

Analytik Die Nitrierung von *DDT* führt zu einem Tetranitro-Derivat, das mit methanolischem Natriummethoxid eine intensive Blaufärbung liefert. Die Farbreaktion eignet sich zur photometrischen Auswertung (*Schechter-Haller-Methode*). Die Rückstandsanalytik von Chlorkohlenwasserstoffen erfolgt vorzugsweise gaschromatographisch.

15.3.2 Insektizid wirksame Phosphorsäure- und Carbaminsäureester

Die Chemie der „*Organophosphate*" erhielt entscheidende Anstöße durch Schrader, der 1937 den ersten insektizid wirksamen *Phosphorsäureester* entdeckte und die Entwicklung dieser Stoffklasse vorantrieb. Als Insektizide werden in der Regel Derivate des 5-bindigen Phosphors eingesetzt, denen nachfolgende allgemeine Formel zugrunde liegt:

R^1 und R^2 sind Alkoxy-, Alkyl- oder Amino-Gruppen, der Substituent X kann z.B. ein Acyl-Rest, ein Phenolat-Rest oder ein anorganischer Säurerest wie Fluorid sein. Die allgemeine Formel ist eine modifizierte Form der sog. „*Schraderschen Acyl-Formel*".

Ihrem Wirkungsmechanismus nach entsprechen die insektiziden *Carbaminsäureester* (*Carbamate*) den Phosphorsäureestern.

In der allgemeinen Formel

$$R^1-O-\underset{\underset{O}{\|}}{C}-N\begin{smallmatrix}R^2\\R^3\end{smallmatrix}$$

ist R^1 in der Regel ein aromatisches System, während R^2 durchweg für eine Methyl-Gruppe und R^3 für Wasserstoff steht. Dieser allgemeinen Formel folgt auch das Alkaloid *Physostigmin* (vgl. 7.1.2).

Insektizid wirksame Phosphorsäure- und Carbaminsäureester		
Stoffklasse	Freiname (Handelsname)	Formel
Phosphorsäureester	Parathion (E 605)	H_5C_2O, H_5C_2O—P(=S)—O—C_6H_4—NO_2
	Methyldemeton (Metasystox®)	H_3CO, H_3CO—P(=S)—O—CH_2—CH_2—S—C_2H_5
	Malathion —	H_3CO, H_3CO—P(=S)—S—CH(CH_2—C(=O)—OC_2H_5)—C(=O)—OC_2H_5
	Dichlorvos (Vapona®)	H_3CO, H_3CO—P(=O)—O—CH=CCl_2
Carbaminsäureester	Carbaril (Sevin®)	Naphthyl—O—C(=O)—$NHCH_3$

Parathion (vgl. 7.1.2) ist das bekannteste insektizide Phosphorsäure-Derivat. Zu den O,O,O-Trialkylthionophosphorsäureestern zählt *Methyldemeton*. Die Thion-Verbindung isomerisiert leicht zur Thiol-Form, bei der die Seitenkette über Schwefel an das Phosphor-Atom gebunden ist. Metasystox® enthält ein Isomerengemisch von Thion- und Thiolester im Verhältnis 2:1. *Malathion* gehört zu den O,O-Dialkyl-S-alkyl-dithiophosphorsäureestern. Im Schwefel-freien *Dichlorvos* ist eine Enolester-Struktur zu erkennen. *Carbaril* ist Prototyp der Carbamate. Weitere wichtige Vertreter dieser Gruppe sind *Mercaptodimethur* (Mesurol®) und *Propoxur* (Baygon®, Unden®).

Eigenschaften, biochemische Wirkungen   Die insektiziden Phosphorsäureester bilden eine chemisch außerordentlich variationsfähige Stoffklasse. *Parathion*, ein typischer Vertreter, ist eine braune, knoblauchartig riechende Flüssigkeit von geringer Wasserlöslichkeit. Die wenig flüchtige Substanz ist mit einer Reihe organischer Lösungsmittel mischbar.

Aufgrund ihrer Esternatur sind die „*Organophosphate*" leicht hydrolytisch bzw. enzymatisch abbaubar. Im Vergleich zu den insektiziden Chlorkohlenwasserstoffen besitzen sie daher eine wesentlich kürzere Wirkungsdauer. Unter umwelttoxikologischen Gesichtspunkten ist dies ein deutlicher Vorzug. Entsprechendes gilt auch für die *Carbamate*.

Der in der Schrader-Formel als Rest X gekennzeichnete Substituent weist bei insektizid wirksamen Phosphorsäureestern elektronenziehende Eigenschaften auf. Dadurch wird die Bindung zum positiv polarisierten Phosphor-Atom gelockert und ein nucleophiler Angriff begünstigt. Die alkalische Hydrolyse verläuft in Analogie zur S_N2-Reaktion am gesättigten Kohlenstoff-Atom.

Hydrolyse ist auch unter neutralen sowie sauren Bedingungen möglich.

Alkalische Hydrolyse von Phosphorsäureestern

Der Wirkungsmechanismus der Phosphorsäure- und Carbaminsäureester beruht auf einer *Hemmung der* auch bei Insekten vorkommenden *Acetylcholinesterase* (vgl. 7.1.2 und Anhang).

Anwendung   *Parathion* wirkt als Kontakt-, Fraß- und Atemgift. Es besitzt einen breiten Anwendungsbereich. *Methyldemeton* wird als *systemisches Insektizid* von der Pflanze aufgenommen. Die Substanz verteilt sich u. a. über das Leitbündelsystem.

Systemische Insektizide besitzen den Vorteil, daß nur pflanzensaugende oder -fressende Schaderreger abgetötet werden. *Malathion* zeichnet sich durch eine geringe Warmblütertoxizität aus. Aufgrund seiner hohen Flüchtigkeit besitzt *Dichlorvos* im Freiland nur eine kurze Wirkungsdauer. Die gegen nahezu alle Arthropoden wirksame Substanz wird häufig als Haushaltsinsektizid (z.B. in Sprayform) angewendet. *Carbaril* wirkt als Fraß- und Kontaktinsektizid.

Biotransformation   Thionphosphorsäureester werden in vivo zu den entsprechenden Phosphorsäureestern entschwefelt (vgl. 7.1.2 Anhang). Die mikrosomale Reaktion erfordert Sauerstoff und NADPH. Auf diese Weise entsteht aus *Parathion* der Acetylcholinesterase-Hemmstoff *Paraoxon* (Bioaktivierung bzw. Giftung).

Parathion $\xrightarrow[\text{[O}_2]]{\text{NADPH}_2}$ Paraoxon

Insektizide sollten möglichst geringe Warmblütertoxizität aufweisen. Unterschiedliche Biotransformationsreaktionen bzw. Reaktionsraten bei Insekten und Warmblütern können die Basis für *selektive Toxizität* sein. So besitzt das sehr stark insektizid wirksame *Malathion*, dessen charakteristische Biotransformationswege das nachfolgende Schema zeigt, bei Ratten etwa 100fach schwächere Toxizität als Parathion.

Malathion

(schwacher Acetylcholinesterase-Hemmstoff)

Malaoxon

(starker Acetylcholin-esterase-Hemmstoff)

Abbau zur inaktiven Dicarbonsäure

Abbau zur inaktiven Dicarbonsäure

Warmblüter

Insekt

Die Entalkylierung von Phosphorsäure-triestern zu Diestern kann über eine enzymatische Reaktion mit Glutathion (G—SH; vgl. 4.2) erfolgen, das hierbei alkyliert wird.

Synthese   O,O-Dialkylphosphorsäurechloride und die entsprechenden Thiono-Verbindungen sind wichtige Ausgangsstoffe für die Synthese insektizider Phosphorsäureester.

Zur Darstellung von *Parathion* wird zunächst Phosphorsulfidtrichlorid mit Ethanol zu Diethylthionophosphorsäurechlorid umgesetzt. Das Esterchlorid reagiert mit Natrium-4-Nitrophenolat zu Parathion.

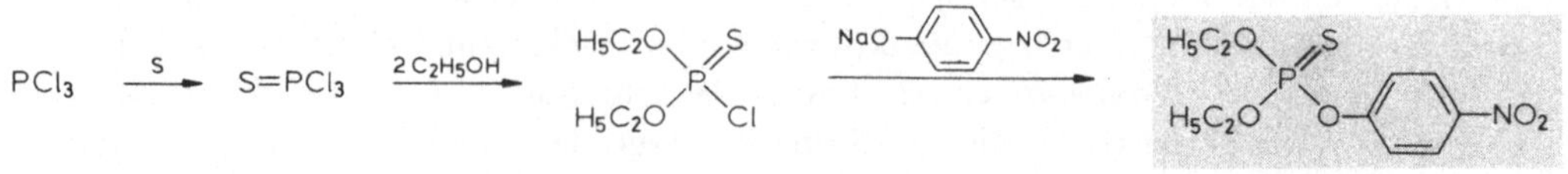

$$PCl_3 \xrightarrow{\ S\ } S{=}PCl_3 \xrightarrow{\ 2\,C_2H_5OH\ } \begin{array}{c} H_5C_2O \\ H_5C_2O \end{array}\!\!P\!\!\begin{array}{c} S \\ Cl \end{array} \xrightarrow{\ NaO\!-\!\langle\ \rangle\!-\!NO_2\ } \begin{array}{c} H_5C_2O \\ H_5C_2O \end{array}\!\!P\!\!\begin{array}{c} S \\ O\!-\!\langle\ \rangle\!-\!NO_2 \end{array}$$

Parathion

Analytik   Der Nachweis von *Parathion* kann durch Reduktion der Nitro-Gruppe, Diazotierung und anschließende Kupplung, z.B. mit N-(1-Naphthyl)-ethylendiamin, erfolgen. Die Farbreaktion ist photometrisch auswertbar.

Insektizid wirksame Phosphorsäureester können auch enzymatisch bestimmt werden. Das Verfahren, das u.a. für die Analyse von Rückständen in pflanzlichen Nahrungsmitteln von Bedeutung ist, basiert auf der Cholinesterase-Hemmwirkung der Phosphorsäureester und folgt dem Prinzip der Enzymaktivitätsbestimmung. Die Insektizid-Konzentration errechnet sich aus der Aktivitätsdifferenz zwischen ungehemmtem und gehemmtem Testansatz (vgl. Cholinesterase-Bestimmung, 6.3).

15.3.3 Fungizide

Kontaktfungizide wirken *protektiv*, d.h., sie schützen die Pflanze vor dem Eindringen krankheitserregender Pilze. Durch *systemische Fungizide,* die sich mit dem Transpirationsstrom im pflanzlichen Gewebe verteilen, kann sowohl Neubefall verhindert als auch eine vorhandene Infektion gestoppt werden (*kurativer* Effekt). Die Abgrenzung beider Gruppen kann im Einzelfall problematisch sein. Zahlreiche Fungizide wie z.B. *Benomyl* wirken systemisch.

Fungizide		
Stoffklasse	**Freiname (Handelsname)**	**Formel**
Quecksilber-organische Verbindungen	Phenylquecksilberacetat (Germisan®)	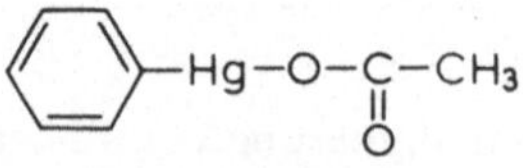 $\langle\ \rangle\!-\!Hg\!-\!O\!-\!\overset{\displaystyle}{\underset{\displaystyle O}{C}}\!-\!CH_3$
Dithiocarbamate	Maneb (Dithane M-22®)	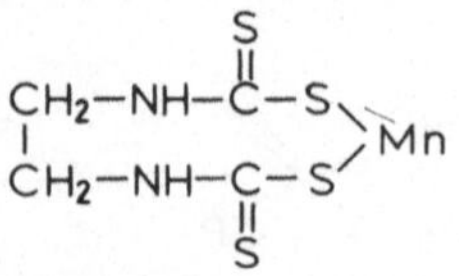 $\begin{array}{c} CH_2\!-\!NH\!-\!\overset{S}{C}\!-\!S \\ \;\; \\ CH_2\!-\!NH\!-\!\underset{S}{C}\!-\!S \end{array}\!\!Mn$

Fortsetzung der Tabelle

Stoffklasse	Freiname (Handelsname)	Formel
Benzimidazol-Derivate	Benomyl (Benlate®)	

15.3.4 Herbizide

Totalherbizide wie Natriumchlorat ($NaClO_3$) werden zur Bekämpfung unerwünschten Pflanzenbewuchses auf unkultivierten Flächen eingesetzt. Calciumcyanamid ($CaCN_2$), das hauptsächlich als Stickstoff-Dünger Anwendung findet, wirkt bei Ausbringung höherer Konzentrationen ebenfalls als Totalherbizid. Wesentlich bedeutsamer sind *selektive Herbizide*, mit denen Unkräuter in Nutzkulturen bekämpft werden können. Dabei handelt es sich in aller Regel um organische Wirkstoffe.

Chlorphenoxyessigsäure-Derivate sind Wuchsstoffe mit hormonartiger Wirkung, die eine Fehlsteuerung des Pflanzenwachstums verursachen ("Totwachsen"). Bipyridyl- und s-Triazin-Derivate wirken als Hemmstoffe der Photosynthese.

Herbizide		
Stoffklasse	Freiname (Handelsname)	Formel
Chlorphenoxyessigsäure-Derivate	2,4-Dichlor-phenoxyessigsäure	
Bipyridyl-Derivate	Paraquat (Gramoxone®)	
s-Triazin-Derivate	Simazin (Gesatop®)	

Sachregister

(Hauptstellen sind fettgedruckt)

A

Abführmittel 312
–, salinische 313
Abstillen 365
ABTS 71
Acedicon® 180
Acenocoumarol 276
Acetanilid 29, **198**
Acetazolamid 293
Acetessigsäure 74, **76**, 383
Acetoacetyl-CoA 383
Aceton 74, **76**, 383
4-Acetylamino-Phenazon 206
N-Acetylanthranilsäure 129
N-Acetyl-p-benzochinonimin 200
Acetylcholin 4, 79, **80**, 219, 226
Acetylcholinesterase **82**, 578
–, Blockade 85
– Reaktivatoren 86
–, Reaktivierung 87
Acetyl-Coenzym A 405, **416**
Acetylcystein **303**, 304
Acetyldigitoxin 244
α- und β-Acetyldigoxin 244
Acetylen 164
Acetylgitoxin 244
N-Acetylglucosamin 462
N-Acetylmuraminsäure 462
N-Acetyl-norpseudotropin 91
N-Acetylphenylalanin 28
Acetylsalicylsäure 38, 42, 46, 197, **209**, 211, 274, 277, 399
Acetylsalicylsäureanhydrid **210**, 211
O-Acetyltropylchlorid 93
Achromycin® 469
Aci-Alkaloide 111
Acida 306
Acidol-Pepsin® 306
Acidose 293
–, diabetische 406
acid-rebound 309
aci-Redukton-Struktur 426
Acokanthera ouabaio 247
Acortan prolongatum 333
Acridin 239
Acridine 507, 533
Acridon 239
Acriflavin 507
Acrolein 550

7-ACS 457
Acterol® forte 512
ACTH 100, 327, **330**, 331, 348
ACTH Depot „Schering" 333
Actid 1–28 329
Actinomyceten 468
Actinomycin D 556
Actinomycine 555
Actol® 213
Acyl-Coenzym A 416
Acylharnstoffe 120
Acyloin-Kondensation 107
Acyltransferasen 40
Acylureido-Penicilline 456
Acyl-Wanderung 91
Adalat® 258
Adalin® 120
Adamantan 450
Adelphan-Esidrix® 266
Adenin 545
Adenohypophyse 327, **329**
Adenokarzinom 555
Adenosin 452
3′,5′-Adenosinmonophosphat, zyklisches 100
Adenosintriphosphat 100
S-Adenosyl-homocystein 42
S-Adenosyl-methionin 42
Adenylat-Cyclase **100**, 325
Aderman® 524
ADH 334
Adipiodon 561
Adiuretin 334
Adrenalin 96, **97**, 170, 383
–, Biotransformation 102
Adrenalinhydrogentartrat **101**, 104
Adrenalon 103
Adrenochrom 101
Adrenocorticotropes Hormon 330
Adriamycin 556
Adriblastin® 556
Adsorbentien 321
Adsorgan® 321
Adsorptionsvermögen (Kohle) 322
Adstringentien 321
Adumbran® 131
Aegrosan® Liq. 285
Aegrosan® Plus 285
Aerugipen® 457

Affinität 81
Affinitätskonstante 59
Affinitätsmarkierung 58
Aflatoxin B_1 540
Aflatoxine 539
Agar-Agar 313
Agarol® 313
Agaroletten® 313
Agglutinationsreaktion 60
Agonisten 3
Airol® Roche 432
Ajmalin **241**, 264
Akarizide 572
Akinese 219
Akineton® 220
Akromegalie 333
Aktivität, katalytische 53
–, spezifische 565
Aktivitätskonzentration 565
–, katalytische 53
Aktivkohle 322
β-Alanin 415
Albiotic® 479
Albumine 69
Alcopar® 517
Alcuroniumchlorid **227**, 230
Aldactone® 298
Aldactone® pro injectione 298
Aldehyd-Dehydrogenase 102, 222, 396
Aldehyde (Desinfektionsmittel) 527
– (Hypnotika) 118
Aldehyd-Reduktase 102, 119
Aldocorten® 361
Aldophosphamid 550
Aldosteron **361**, 402
Aldosteron-Antagonisten 299
Aldrin **574**, 576
Alexan® **451**, 545
Alival® 153
Alkaliseifen 570
Alkaloide 29
–, zytostatische 555
Alkamin 90
Alkansulfonsäureester 539
Alkeran® 548
Alkinole 118, 119
Alkohol-Dehydrogenase 36, 37, 71, 102, 119, 261, 396
Alkohole (Desinfektionsmittel) 527

Abkürzungen

7-ACS	7-Aminocephalosporansäure
ACTH	Adrenocorticotropes Hormon
ADH	Adiuretin
ADP	Adenosindiphosphat
Ala	Alanin
AMP	Adenosinmonophosphat
c-AMP	zyklisches 3′,5′-Adenosinmonophosphat
6-APS	6-Aminopenicillansäure
Arg	Arginin
Asn	Asparagin
Asp	Asparaginsäure
ATP	Adenosintriphosphat
BAL	British Anti-Lewisite
CoA	Coenzym A
COMT	Katechol-O-Methyltransferase
CRH	Corticotropin-Releasing-Hormon
CRS	Chemische Referenzsubstanz
Cys	Cystein
DAB 7	Deutsches Arzneibuch, 7. Ausgabe
DAB 8	Deutsches Arzneibuch, 8. Ausgabe
DC	Dünnschichtchromatographie
DCC	Dicyclohexylcarbodiimid
DNA	Desoxyribonucleinsäure
DOCA	Desoxycortonacetat
EDTA	Ethylendiamintetraessigsäure
EIA	Enzym-Immunoassay
FAD	Flavin-adenin-dinucleotid
FADH$_2$	Flavin-adenin-dinucleotid (reduzierte Form)
FMN	Flavinmononucleotid
FMNH$_2$	Flavinmononucleotid (reduzierte Form)
FSH	Follikelstimulierendes Hormon
GABA	γ-Aminobuttersäure
GC	Gaschromatographie
Gln	Glutamin
Glu	Glutaminsäure
Gly	Glycin
c-GMP	zyklisches 3′,5′-Guanosinmonophosphat
Gn-RH	Gonadotropin-Releasing-Hormon
GOD	Glucose-Oxidase
GOT	Glutamat-Oxalacetat-Transaminase
GPT	Glutamat-Pyruvat-Transaminase
HCG	Human Chorionic Gonadotropin
HHL	Hypophysenhinterlappen
His	Histidin
HPLC	Hochdruckflüssigkeitschromatographie